普通高等教育"十一五"国家级规划教材

Fish Physiology

鱼类生理学

林浩然 ◎ 编著

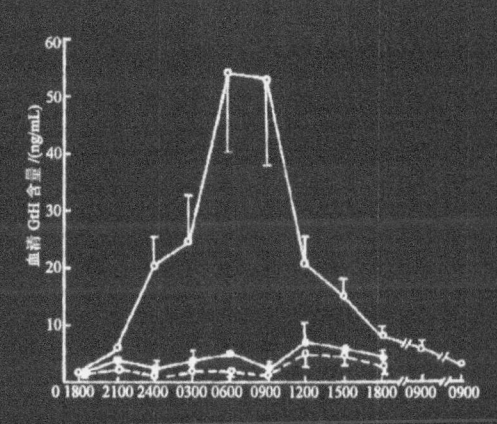

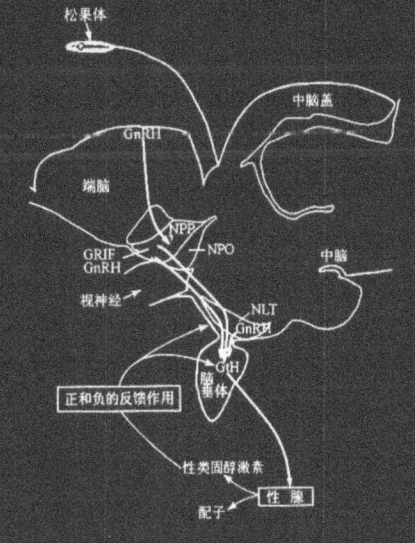

中山大学出版社
·广州·

版权所有　翻印必究

图书在版编目（CIP）数据

鱼类生理学/林浩然编著. —广州：中山大学出版社，2011.3
（普通高等教育"十一五"国家级规划教材）
ISBN 978-7-306-03821-0

Ⅰ. 鱼… Ⅱ. 林… Ⅲ. 鱼类学：生理学 Ⅳ. Q959.405

中国版本图书馆 CIP 数据核字（2010）第 250324 号

出 版 人：王天琪

策划编辑：周建华
责任编辑：周建华
封面设计：曾　斌
责任校对：海　生
责任技编：黄少伟
出版发行：中山大学出版社
电　　话：编辑部 020-84111996，84111997，84113349，84110779
　　　　　发行部 020-84111998，84111981，84111160
地　　址：广州市新港西路135号
邮　　编：510275　传　真：020-84036565
网　　址：http://www.zsup.com.cn　E-mail：zdcbs@mail.sysu.edu.cn
印 刷 者：广东虎彩云印刷有限公司
规　　格：787 mm×1092 mm　1/16　31.5 印张　750 千字
版次印次：2011 年 3 月第 1 版　2024 年 7 月第 7 次印刷
印　　数：4501~5000 册　定　价：49.80 元

如发现本书因印装质量影响阅读，请与出版社发行部联系调换

内 容 简 介

本书综合当前鱼类生理学的研究成果，系统介绍鱼类在不同环境条件下身体各个系统的生理功能特点和变化情况，并与鱼类养殖生产实际紧密联系。全书包括营养生理、摄食和消化生理、呼吸生理、代谢与生长、血液和血液循环生理、排泄和渗透压调节、生殖生理、内分泌生理、免疫、神经生理、感觉器官及其生理功能等共11章，约80万字，插图200多幅。本书内容充实而新颖，理论性与应用性兼顾，适合于综合性大学以及农业、水产和师范院校生物学科高年级本科生和研究生学习与参考，亦可供中学与中专生物学和水产养殖教师以及农业、动物、水产、环保、生物工程、医药等方面的研究人员和科技工作者参考。

新版说明

鱼类生理学是动物生理学或比较动物生理学的一个重要分支学科，也是一门正在蓬勃发展的新兴学科。鱼类生理学不仅在学术理论方面有重要意义，而且与环境保护、医药卫生、生物工程等方面有密切联系，特别是对鱼类捕捞和养殖生产的发展有重要的指导作用。近40年来，国外特别是欧美和日本的鱼类生理学研究有很大发展，继20世纪60年代初英国的 M. E. Brown 编辑出版《鱼类生理学》（*The Physiology of Fishes*）（上、下册）之后，从60年代末开始，加拿大的 W. S. Hoar 和 D. J. Randall 又编辑出版了一系列的《鱼类生理学》（*Fish Physiology*），至今已经出版20多卷，综合和评述到20世纪末鱼类生理学的主要研究成果。我国鱼类生理学的研究进展比较缓慢，发表的论著也不多，与国外相比有很大差距，很有必要在今后加强这方面的教学、科学研究和人才培养工作。

作者于1979—1981年在加拿大不列颠哥伦比亚大学（University of British Columbia）动物学系 W. S. Hoar 教授和 D. J. Randall 教授的实验室以及阿尔伯特大学（University of Alberta）动物学系 R. E. Peter 教授的实验室进修鱼类生理学并开展这方面的研究工作。回国后于1982年4月至6月与 D. J. Randall 教授一起在中山大学举办了一期鱼类生理学短期讲习班，全国各地有40多位学者参加；并编写《鱼类生理学专题》讲义，概括介绍了当时鱼类生理学主要领域的研究进展。在此基础上，从1984年起我们在中山大学动物学专业鱼类学选课组的本科生和鱼类生理学研究方向的研究生中开设了"鱼类生理学"课程及实验，编写了《鱼类生理学》和《鱼类生理学实验技术和方法》的讲义。在20世纪90年代，一些综合性大学和师范院校的生物学专业和动物学专业，海洋大学、水产院校和农业院校的水产专业和养殖专业等都陆续开设了"鱼类生理学"课程，其中有些院校的研究生也修读鱼类生理学。为了满足当时教学、科学研究和人才培养的需要，促进我国鱼类生理学的发展，作者参照当时自己研究工作的进展，对鱼类生理学讲义作了修订和补充，正式出版了《鱼类生理学》一书。《鱼类生理学》一书的出版得到同行的关注和许多相关院校师生们的热心支持，累计印数近万册，成为我国学习与研究鱼类生理学一本较好的教材和参考书。为了提高本书的学术水平和出版质量，进一步满足广大读者的要求与期望，本书于2006年作了适当的修订工作，图书内容质量进一步提高。

2007年，本书被评为"普通高等教育'十一五'国家级规划教材"。在接下来的两年多时间中，作者对图书内容做了较大幅度的充实与完善，主要是：增加"代谢与生长"、"免疫"两章，使全书由9章增至11章；第二章"摄食和消化生理"增加了"摄食"的新内容；每章都增添了近年来国内外取得的研究进展，并详细列出主要参考文献，使读者们进一步扩大学习和探讨的范围。

中山大学出版社总编辑周建华博士负责本书的统编和出版工作，中山大学水生经济动物研究所秘书刘晗负责本书稿件打印，特在此对他们的辛勤劳动表示衷心感谢！

近年来，国内外的鱼类生理学研究不断取得新的进展，随着渔业生产发展的引领和相关学科发展的带动，鱼类生理学的内容和学科水平也在持续充实与提高。衷心希望本书新的版本能有助于进一步促进我国鱼类生理学的教学、科学研究和人才培养，同时欢迎广大读者和有关专家继续给予批评指正。

中山大学生命科学学院
林浩然　院士
2010 年 6 月 30 日

目 录

第一章 营养生理 ······ 1
第一节 蛋白质 ······ 1
一、必需氨基酸及其需要量 ······ 1
二、蛋白质需要量 ······ 5
三、蛋白质的营养价值 ······ 6
四、食物能量与蛋白质利用的关系 ······ 10
五、蛋白质的代谢 ······ 12
六、鱼类饲料中蛋白质的来源 ······ 13

第二节 脂类 ······ 14
一、鱼类脂肪酸组成及其特点 ······ 14
二、必需脂肪酸的需要量 ······ 16
三、必需脂肪酸在鱼体的代谢和机能 ······ 18
四、鱼类饲料中脂类的适宜含量 ······ 19

第三节 糖 ······ 20
一、糖元的利用 ······ 20
二、糖异生作用 ······ 21
三、鱼类饲料中糖的适宜含量 ······ 22

第四节 维生素 ······ 24
一、水溶性维生素 ······ 25
二、脂溶性维生素 ······ 29

第五节 矿物质 ······ 31

第六节 亲鱼和幼鱼饲料 ······ 33
一、亲鱼饲料 ······ 34
二、幼鱼饲料 ······ 35

主要参考文献 ······ 37
复习与思考 ······ 41

第二章 摄食和消化生理 ······ 42
第一节 鱼类的摄食活动 ······ 42
一、摄食器官和摄食方式 ······ 42
二、摄食行为 ······ 42
三、摄食类型 ······ 43

第二节 摄食活动的调节 ······ 45

         一、神经调节 ··· 45
         二、内分泌调节 ·· 45
         三、生长激素对摄食活动的影响 ··· 52
         四、下丘脑-脑垂体-肾间腺轴调节鱼类摄食活动的作用 ········ 53
    第三节 消化器官、消化液和消化酶 ·· 54
         一、消化器官 ·· 54
         二、消化液和消化酶 ·· 57
    第四节 食物的消化和吸收 ··· 64
         一、消化 ··· 64
         二、吸收 ··· 65
         三、消化吸收率 ··· 67
    第五节 消化道的运动 ·· 68
         一、消化道的神经支配 ·· 68
         二、消化道的运动方式 ·· 71
         三、消化道运动的调节 ·· 71
    主要参考文献 ··· 75
    复习与思考 ·· 82

第三章 呼吸生理 ·· 83
    第一节 鳃的构造和呼吸机能 ··· 83
         一、鳃的构造 ·· 83
         二、鳃的呼吸机能 ·· 85
         三、鱼类鳃呼吸机能的调节 ·· 88
    第二节 氧和二氧化碳在血液中的运送 ··· 92
         一、水和血液中氧和二氧化碳的含量 ···································· 92
         二、氧在血液中的运送 ·· 96
         三、二氧化碳在血液中的运送 ··· 101
         四、氧和二氧化碳在血液中运送的调节 ································· 102
    第三节 鱼类的空气呼吸 ··· 104
         一、鱼类适应空气呼吸的形态构造 ······································· 105
         二、鱼类以气鳔（肺）进行空气呼吸的血液循环 ···················· 107
         三、鱼类空气呼吸的生理特性 ··· 108
    主要参考文献 ··· 111
    复习与思考 ·· 114

第四章 代谢与生长 ·· 115
    第一节 代谢 ··· 115
         一、代谢和能量的转换 ·· 115

二、代谢和能量的消耗 ··· 116
　　三、能量的损耗 ··· 126
第二节　生长 ··· 127
　　一、鱼类生长的基本特点 ··· 128
　　二、影响鱼类生长的因素 ··· 129
　　三、鱼类生长的神经内分泌调控 ··· 129
主要参考文献 ··· 144
复习与思考 ·· 152

第五章　血液和血液循环生理 ··· 153
第一节　鱼类的血液 ·· 153
　　一、血液的组成成分 ··· 153
　　二、红细胞 ·· 154
　　三、白细胞 ·· 156
　　四、血小板 ·· 157
　　五、血浆的成分 ··· 157
　　六、血液的凝固 ··· 158
　　七、溶血 ··· 159
　　八、造血器官 ·· 159
第二节　鱼类心血管系统的特点 ·· 159
第三节　心脏的构造及生理特性 ·· 161
　　一、心脏的构造 ··· 161
　　二、心脏活动的调节 ··· 165
第四节　鳃的血液循环 ··· 169
第五节　身体的血液循环 ·· 174
　　一、心脏输出量 ··· 174
　　二、血量 ··· 177
　　三、血液的分布 ··· 178
　　四、血管 ··· 179
　　五、身体血液循环的调节 ··· 180
第六节　对缺氧和运动的生理反应 ··· 184
　　一、缺氧（低氧） ··· 184
　　二、运动 ··· 186
主要参考文献 ··· 188
复习与思考 ·· 192

第六章　排泄和渗透压调节 ··· 193
第一节　肾脏的排泄和渗透压调节机能 ··· 194

一、肾脏的结构 194
　　　二、尿的形成与肾脏的排泄机能 196
　　　三、肾脏的渗透压调节作用 201
　第二节　鳃的排泄和渗透压调节作用 205
　　　一、鳃上皮结构 205
　　　二、鳃的排泄作用 207
　　　三、鳃的渗透压调节作用 208
　　　四、鳃上皮离子转运的机理 210
　第三节　鱼类在淡水和海水中的渗透压调节 213
　　　一、由淡水进入海水的调节 213
　　　二、由海水进入淡水的调节 219
　第四节　酸碱调节 221
　　　一、稳定状态的酸碱调节 222
　　　二、应激状态的酸碱调节 226
　主要参考文献 231
　复习与思考 236

第七章　生殖生理 237
　第一节　生殖方式和生殖周期 237
　　　一、生殖方式 237
　　　二、生殖周期 237
　第二节　脑/下丘脑-脑垂体-性腺轴 240
　　　一、下丘脑 242
　　　二、神经垂体 244
　　　三、腺垂体 245
　第三节　促性腺激素：结构和功能 249
　第四节　促性腺激素分泌活动的调节机理 256
　　　一、下丘脑和脑垂体的神经内分泌因子 256
　　　二、性类固醇激素对 GtH 分泌的反馈作用 278
　　　三、促性腺激素分泌的周期性 280
　　　四、环境因素对促性腺激素分泌的影响 282
　　　五、鱼类促性腺激素亚单位基因表达的调控 285
　第五节　性别决定和性别分化 287
　　　一、性腺的早期发生 287
　　　二、性别决定 287
　　　三、性类固醇激素和性别分化 289
　第六节　性腺的构造和配子形成 290
　　　一、精巢和精子发育成熟 290

  二、卵巢和卵母细胞发育成熟 ······ 292
  三、GtH 促使性腺发育成熟的作用 ······ 295
 第七节 性类固醇激素 ······ 298
  一、性类固醇激素生成的组织 ······ 298
  二、性类固醇激素在性腺发育成熟过程中的作用 ······ 303
 第八节 性外激素和生殖行为 ······ 307
  一、和生殖行为有关的性类固醇激素 ······ 307
  二、第二性征 ······ 307
  三、性外激素 ······ 308
  四、生殖行为 ······ 310
 主要参考文献 ······ 312
 复习与思考 ······ 324

第八章 内分泌生理 ······ 325
 第一节 鱼类内分泌系统的特点 ······ 325
 第二节 脑垂体 ······ 327
  一、神经垂体 ······ 328
  二、腺垂体 ······ 330
 第三节 甲状腺 ······ 339
 第四节 鳃后体和钙的调节 ······ 344
 第五节 胰岛和胃肠激素 ······ 347
 第六节 肾上腺髓质——嗜铬组织 ······ 352
 第七节 肾上腺皮质——肾间组织 ······ 353
 第八节 尾下垂体 ······ 356
 第九节 松果体 ······ 358
 第十节 利尿钠肽 ······ 362
 第十一节 前列腺素 ······ 365
 主要参考文献 ······ 366
 复习与思考 ······ 371

第九章 免疫 ······ 372
 第一节 鱼类免疫系统的细胞、组织与器官 ······ 372
  一、免疫细胞 ······ 372
  二、免疫组织和器官 ······ 373
 第二节 非特异性免疫系统 ······ 375
  一、细胞免疫（防御） ······ 375
  二、体液免疫（防御） ······ 383
 第三节 特异性免疫系统 ······ 391

一、细胞免疫（防御）……………………………………………………………………391
　　二、体液免疫（防御）……………………………………………………………………395
第四节　免疫系统的个体发育……………………………………………………………398
　　一、非特异性免疫的个体发育…………………………………………………………398
　　二、淋巴器官的个体发育………………………………………………………………398
　　三、特异性免疫的个体发育……………………………………………………………400
　　四、老化对免疫系统的影响……………………………………………………………401
第五节　免疫和内分泌的相互作用………………………………………………………403
　　一、下丘脑-脑垂体-肾间腺轴和鱼类免疫系统的相互作用…………………………403
　　二、生长激素和鱼类免疫系统…………………………………………………………405
主要参考文献………………………………………………………………………………407
复习与思考…………………………………………………………………………………411

第十章　神经生理……………………………………………………………………412
第一节　鱼类神经系统的发生和分化……………………………………………………412
第二节　中枢神经系统……………………………………………………………………415
　　一、脑的构造和机能……………………………………………………………………415
　　二、脊髓的构造和机能…………………………………………………………………427
第三节　外周神经系统……………………………………………………………………429
　　一、脑神经………………………………………………………………………………429
　　二、脊神经………………………………………………………………………………431
第四节　自主神经系统……………………………………………………………………432
主要参考文献………………………………………………………………………………436
复习与思考…………………………………………………………………………………441

第十一章　感觉器官及其生理功能…………………………………………………442
第一节　化学感受器………………………………………………………………………442
　　一、嗅觉器………………………………………………………………………………442
　　二、味觉器………………………………………………………………………………446
　　三、一般的化学感受……………………………………………………………………447
　　四、化学感受的生物学意义……………………………………………………………448
第二节　机械感受器………………………………………………………………………449
　　一、触觉器………………………………………………………………………………449
　　二、侧线器官……………………………………………………………………………449
第三节　听觉器……………………………………………………………………………453
　　一、内耳的构造…………………………………………………………………………453
　　二、内耳的机能…………………………………………………………………………456
第四节　光感受器…………………………………………………………………………459

一、眼睛的构造···459
　　二、眼睛的机能和视觉能力·······································460
第五节　发电器官和电感受器··466
　　一、发电器官···466
　　二、电感受器···470
第六节　其他···473
　　一、温度的感受···473
　　二、茂氏细胞···474
　　三、气鳔··476
　　四、抗冻蛋白···479
主要参考文献···482
复习与思考···488

第一章 营养生理

自从发现维生素和微量元素，以及阐明必需氨基酸和脂肪酸之后，人们对动物的营养开始有了实质性的了解。由于人口增长引起对食物需要量的增加，也由于鱼类自然资源的减少，鱼类养殖正日益受到重视。充足的食物是鱼类快速生长的基础，因此也关系到养殖的成败。为了提供鱼类生长所需要的食物，就必须深入了解它们的营养需要。过去的研究主要集中在鲑鳟鱼类，近年来对其他鱼类，特别是鲤科鱼类也有不少的研究。本章以这两类鱼类为主要例子，对鱼类各种营养成分，特别是蛋白质、脂类、糖、维生素和矿物质的主要作用及其需要量等作一介绍。

第一节 蛋 白 质

蛋白质是食物的组分。食物蛋白质具有三方面的基本功能：维持正常的组织机能，补充损耗组织，形成新的蛋白质以维持鱼体的生长。

一、必需氨基酸及其需要量

氨基酸是组成蛋白质的基本成分。根据鱼体能否合成，可将氨基酸分为必需氨基酸（Essential Amino Acids）和非必需氨基酸（Non-essential Amino Acids）两类。必需氨基酸在鱼体内不能合成，必须靠食物提供；非必需氨基酸在鱼体内可以通过生化过程合成而得到。

1. 必需氨基酸的确定

确定必需氨基酸的经典方法是应用 Halver 设计的试验饲料进行投喂实验。这种试验饲料以酪蛋白-明胶的氨基酸组分为模式，含 18 种高纯度的氨基酸。实验时，将试验饲料中的某种氨基酸除去，代之以等量的 α-纤维素粉，然后将长期投喂缺少某种氨基酸的饲料的鱼与投喂氨基酸齐全的试验饲料的鱼的生长情况进行比较，便可确定哪种氨基酸为鱼体生长所必需。用这种方法成功地确定了大鳞大麻哈鱼（*Oncorhynchus tschawytscha*）的必需氨基酸。图 1-1 比较了投喂缺乏精氨酸的饲料和投喂氨基酸齐全的试验饲料后大鳞大麻哈鱼的生长情况。投喂氨基酸齐全的试验饲料后，鱼体重日渐上升；而投喂缺乏精氨酸的饲料后，鱼的体重没有明显变化。这就说明食物中的精氨酸对鱼的生长是必不可少的，因此是必需氨基酸。投喂缺乏组氨酸、异亮氨酸、亮氨酸、赖氨酸、蛋氨酸、苯丙氨酸、苏氨酸、色氨酸或缬氨酸的饲料后，鱼的生长情况也与投喂缺乏精氨酸饲料的相似，如表 1-1 所示。说明这 10 种氨基酸都是大鳞大麻哈鱼的必需氨基酸。

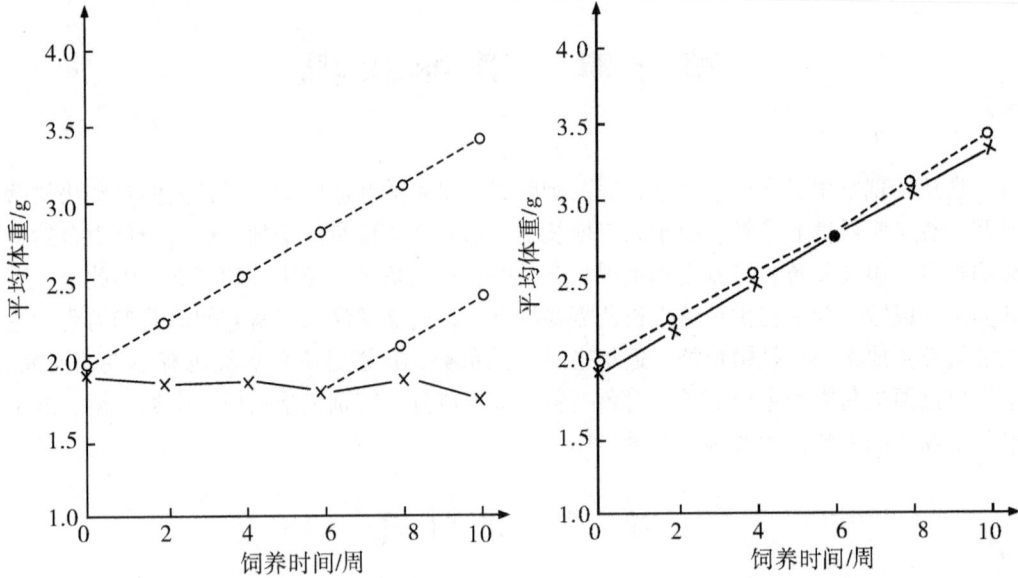

图1-1 投喂缺乏精氨酸的饲料和投喂氨基酸齐全的试验饲料后大鳞大麻哈鱼生长情况的比较
——：投喂缺乏精氨酸的饲料的鱼；
- - - - ：投喂氨基酸齐全的试验饲料的鱼
参考 J. E. Halver

图1-2 投喂缺乏胱氨酸的饲料和投喂氨基酸齐全的试验饲料后大鳞大麻哈鱼生长情况的比较
——：投喂缺乏胱氨酸的饲料的鱼；
- - - - ：投喂氨基酸齐全的试验饲料的鱼
参考 J. E. Halver

表1-1 投喂缺乏各种必需氨基酸的饲料后大鳞大麻哈鱼的生长情况

饲　料	实验前体重/g	2周后体重/g	4周后体重/g	6周后体重/g	8周后体重/g	10周后体重/g
缺乏精氨酸	1.88	1.84	1.86	1.76	1.84	1.71
缺乏组氨酸	1.88	1.99	2.03	2.01	1.91	1.80
缺乏异亮氨酸	1.88	1.93	1.93	1.88	1.84	1.59
缺乏亮氨酸	1.91	1.86	1.90	1.86	1.63	1.42
缺乏赖氨酸	1.87	1.94	1.96	1.86	1.86	1.81
缺乏蛋氨酸	1.88	2.00	2.05	1.99	1.83	1.82
缺乏苯丙氨酸	1.96	2.11	2.09	2.07	1.96	1.87
缺乏苏氨酸	1.90	1.98	1.96	1.95	1.97	1.97
缺乏色氨酸	1.92	1.93	1.96	1.94	1.86	1.77
缺乏缬氨酸	1.93	2.00	2.05	1.97	1.94	1.78

引自 *Fish Nutrition*（J. E. Halver）。

图 1-2 显示，投喂缺乏胱氨酸的饲料和氨基酸齐全的试验饲料后大鳞大麻哈鱼的生长曲线。投喂两种饲料的鱼体重都增加，生长情况相似。由此说明食物中的胱氨酸对鱼体的生长并非必不可少，鱼体可以通过生化合成过程而得到胱氨酸，所以它是非必需氨基酸。其他几种氨基酸，如丙氨酸、天冬氨酸、谷氨酸、甘氨酸、脯氨酸、丝氨酸和酪氨酸的实验结果与胱氨酸相似，如表 1-2 所示。虽然非必需氨基酸在鱼体内能合成，但如果在饲料中存在着非必需氨基酸，就可以减少鱼类因合成它们而需要消耗的能量，从而可以保存能量。实际上，饲料中非必需氨基酸的组成对鱼类获得蛋白质、脂类和能量亦有很大影响。最近对尼罗罗非鱼的研究表明，只有投喂氨基酸组成和鱼粉相似的饲料，鱼体质量才能增加，生长正常；而投喂由非必需氨基酸的前体氨基酸替代的饲料或者只含有一种非必需氨基酸即谷氨酸的饲料，鱼体质量都没有增加，生长停滞。这说明非必需氨基酸对罗非鱼正常生长很重要。

表 1-2　投喂缺乏各种非必需氨基酸的饲料后大鳞大麻哈鱼的生长情况

饵　料	实验前体重/g	2 周后体重/g	4 周后体重/g	6 周后体重/g	8 周后体重/g	10 周后体重/g
氨基酸齐全的饲料	2.00	2.26	2.48	2.78	3.10	3.42
缺乏丙氨酸	1.90	2.13	2.40	2.65	2.97	3.23
缺乏天冬氨酸	1.92	2.16	2.47	2.76	3.07	3.46
缺乏胱氨酸	1.90	2.14	2.45	2.73	3.03	3.28
缺乏谷氨酸	1.93	2.22	2.56	2.86	3.23	3.52
缺乏甘氨酸	1.89	2.11	2.47	2.83	3.11	3.33
缺乏脯氨酸	1.91	2.11	2.39	2.76	3.01	3.29
缺乏丝氨酸	1.94	2.18	2.49	2.83	3.13	3.44
缺乏酪氨酸	1.92	2.16	2.51	2.70	2.98	3.31

参考 *Fish Nutrition* (J. E. Halver)。

此外，还可使用放射性同位素标记的方法来确定必需氨基酸。给试验鱼注射 ^{14}C 标记的葡萄糖，约经 6 d 检测排出 CO_2 的放射性后，将鱼杀死后取肌肉样品，分离组织蛋白并水解，将组成蛋白质的氨基酸分离提纯并测定其放射性活度。具有放射性的氨基酸是鱼体以自身已具备的物质合成的，不是必要的食物成分，因此是非必需氨基酸；不具放射性的氨基酸不是在鱼体中合成，而是直接从食物中得到的，为必需氨基酸。

用上述方法对各种鱼类所进行的研究表明，鱼类的必需氨基酸是精氨酸、组氨酸、异亮氨酸、亮氨酸、赖氨酸、蛋氨酸、苯丙氨酸、苏氨酸、色氨酸和缬氨酸。这与其他高等脊椎动物是相似的。表 1-3 归纳了这方面的研究资料。

表1-3 具有相同的10种必需氨基酸的鱼类

种 类	参考文献
大鳞大麻哈鱼（*Oncorhynchus tschawytscha*）	Halver 等（1957）
红大麻哈鱼（*Oncorhynchus nerka*）	Halver 和 Shanks（1960）
虹鳟（*Oncorhynchus mykiss*）	Shanks 等（1962）
鲤鱼（*Cyprinus carpio*）	Nose 等（1974）
斑点鮰（*ctalurus punctatus*）	Dupree 和 Halver（1970）
日本鳗鲡（*Anguilla japonica*）	Nose（1976）
太平洋拟庸鲽（*Pleuronectes platessa*）	Cowey 等（1971）
舌鳎（*Solea solea*）	Cowey 等（1971）
尖吻鲈（*Dicentrarchus labrax*）	Metuiller 等（1973）
罗非鱼（*Tilapia zillii*）	Mazid 等（1978）

2. 必需氨基酸的需要量

测定必需氨基酸需要量的方法是以 Halver 等设计的试验饲料为基础。试验饲料含有少量的完全蛋白（酪蛋白或明胶）和大量的结晶氨基酸。测定某种必需氨基酸的需要量时，用一组含有该氨基酸不同浓度的试验饲料投喂鱼，求得氨基酸含量与鱼体生长的对应关系。能使鱼体达到最佳生长的最低食物氨基酸含量，就是这种鱼对该氨基酸的需要量。研究者用这种方法测定了几种鲑鳟鱼类对10种必需氨基酸的需要量。

表1-4列出了几种鱼类的必需氨基酸需要量，并与哺乳类的代表动物大鼠以及鸟类的代表动物鸡作比较。由表1-4可见，鱼类的精氨酸需要量大大高于鼠，而与鸡相似。这是因为哺乳类中75%的精氨酸来自尿素循环，而鱼和鸟的尿素循环很不发达。从总的氨基酸需要量来看，鱼类比哺乳类高两倍多，比鸟类高一倍多。实际上，鱼类的蛋白质净氮保留量并不比哺乳类多，因此，它们之间氨基酸的分解代谢可能有明显不同。

必需氨基酸的需要量因鱼种类而异，如鳗鲡对异亮氨酸、色氨酸和苏氨酸等含硫氨基酸的需要量比大鳞大麻哈鱼高，而对精氨酸的需要量却比较低，因此，配制饲料时应有相应的改变。可以采取适当的途径以各种不同的食物蛋白质组合来满足鱼类对必需氨基酸的需要。对比大鳞大麻哈鱼的氨基酸需要量和常见的几种蛋白质或蛋白质组合在食物中含量为50%时所提供的氨基酸含量，表明除蛋氨酸和苯丙氨酸外，这些蛋白质或蛋白质组合都能提供明显过量的必需氨基酸。对植物蛋白质氨基酸成分的研究发现，除了欠缺蛋氨酸和苯丙氨酸外，还缺乏赖氨酸。植食性的草鱼幼鱼，食物中需含有2.24%（干重计，下同）的赖氨酸才能得到最佳的生长。而肉食性的斜带石斑鱼，食物中赖氨酸的适宜含量是2.83%。食物中如果有足够酪氨酸的话，苯丙氨酸的需要量可以降低。如日本鳗鲡在食物中缺少酪氨酸时所测定的苯丙氨酸需要量是 2.2 g/100 g 干食物，而当食物中有2%的酪氨酸时，苯丙氨酸的需要量可降至1.2%；鲤鱼在没有

表1-4 几种鱼类的必需氨基酸需要量及其与鼠和鸡的比较[d]

氨基酸	大鳞大麻哈鱼	虹鳟	日本鳗鲡	鲤鱼	鼠	鸡
精氨酸	2.4 (6.0/40)	1.40 (3.5/40)	1.7 (4.0/42)	1.6 (4.3/38.5)	0.2 (1.5/13.19)	1.1 (6.1/18)
组氨酸	0.7 (1.8/40)	0.64 (1.6/40)	0.8 (1.9/42)	0.8 (2.1/38.5)	0.4 (3.0/13.19)	0.3 (1.7/18)
异亮氨酸	0.9 (2.2/41)	0.96 (2.4/40)	1.5 (3.6/42)	0.9 (2.5/38.5)	0.5 (3.8/13.19)	0.8 (4.4/18)
亮氨酸	1.6 (3.9/41)	1.76 (4.4/40)	2.0 (4.8/42)	1.3 (3.3/38.5)	0.9 (6.8/13.19)	1.2 (6.7/18)
赖氨酸	2.0 (5.0/40)	2.12 (5.3/40)	2.0 (4.8/42)	2.2 (5.7/38.5)	1.0 (7.6/13.19)	1.1 (6.1/18)
蛋氨酸	0.6 (1.5/40)[a]	0.27 (1.8/40)[a]	0.9 (2.1/42)[a]	0.8 (2.1/38.5)[a]	0.6 (4.6/13.19)	0.8 (4.4/18)
苯丙氨酸	1.7 (4.1/41)[b]	1.24 (3.1/40)[b]	1.2 (2.9/42)[b]	1.3 (3.4/38.5)[c]	0.9 (6.8/13.19)	1.3 (7.3/18)
苏氨酸	0.9 (2.2/40)	1.36 (3.4/40)	1.5 (3.6/42)	1.5 (3.9/38.5)	0.5 (3.8/13.19)	0.6 (3.3/18)
色氨酸	0.2 (0.5/40)	0.20 (0.5/40)	0.4 (1.0/42)	0.3 (3.8/38.5)	0.2 (1.5/13.19)	1.2 (1.1/18)
缬氨酸	1.3 (3.3/40)	1.24 (3.1/40)	1.5 (3.6/42)	1.4 (3.6/38.5)	0.4 (3.0/13.19)	0.8 (4.4/18)
总计	12.3 (30.5/40)	11.19 (29.1/40)	13.5 (32.3/42)	12.1 (34.7/38.5)	5.6 (42.4/13.19)	9.2 (45.5/18)

说明：a. 在胱氨酸存在的情况下测定；b. 在酪氨酸存在的情况下测定；c. 在缺少酪氨酸的情况下测定；d. 数据以 100 g 干食物所含氨基酸的量（g）来表示，括号内分母为 100 g 食物中蛋白质的量（g），分子为 100 g 蛋白质中氨基酸的量（g）。

引自 C. B. Cowey 和 J. R. Sargent，1979。

酪氨酸时需要 2.5% 的苯丙氨酸，当食物中有 1% 的酪氨酸时，则只需要 1.3% 的苯丙氨酸。此外，胱氨酸的存在也可以降低蛋氨酸的需要量，日本鳗鲡在食物中有 1% 的胱氨酸时，可以使蛋氨酸的需要量从 1.2% 降至 0.8%。斜带石斑鱼的幼鱼在食物中有 0.26% 的胱氨酸时，蛋氨酸的需要量为 1.31%。出现这种情况的原因可能是：苯丙氨酸可以用来合成酪氨酸，蛋氨酸可以合成胱氨酸，当食物中缺少酪氨酸和胱氨酸时，则不必动用苯丙氨酸和蛋氨酸，从而使它们的需要量下降。

在实际应用中，还可以在欠缺某种必需氨基酸的食物中添加这种氨基酸。但是，并非所有的鱼类都能利用这种添加的游离氨基酸。例如，在鲤科鱼类的食物中增加所欠缺的氨基酸能取得良好的生长效果，而幼鲤和美洲鲶鱼都不能利用游离的氨基酸。

食物中缺乏必需氨基酸一般会引起鱼类食欲降低，导致摄食减少，生长下降。曾报道，虹鳟缺乏色氨酸时会引起暂时性的脊椎侧凸、充血，脊柱周围和肾出现异常的钙质沉积等症状。

二、蛋白质需要量

蛋白质需要量是指鱼体达到最适生长时所需要摄入的食物蛋白质含量。确定蛋白质需要量一般采用蛋白质梯度饲料法，即：配制能量充足，含有适宜脂肪酸、维生素和矿物质以及不同浓度蛋白质的饲料，进行一定时间的喂养实验。当食物蛋白质含量由低到高增加时，鱼体重和体内蛋白质的含量随之增加；当食物蛋白质含量增加到某一数值后，鱼体重和体内蛋白质的含量就不再继续增加。这一食物蛋白质数值就是蛋白质需要量。用这一方法测定大鳞大麻哈鱼的蛋白质需要量如图1-3所示，当食物蛋白质含量从15%增加到40%时，鱼体重随之增加；而当蛋白质含量从40%增加到65%时，鱼体重不但没有增加，甚至有下降的趋势。因此，大鳞大麻哈鱼的蛋白质需要量就是40%。现在，研究者们对很多鱼类都进行类似的实验来测定蛋白质需要量，如表1-5所示。

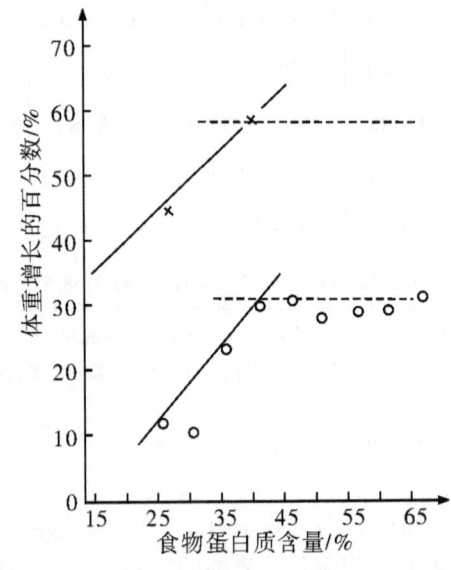

图1-3 大鳞大麻哈鱼的蛋白质需要量
两条曲线分别表示两个不同的实验（参考 J. E. Halver）

蛋白质需要量随着鱼个体的变化或年龄的增长会有所改变。例如，幼鲑鱼需要50%的粗蛋白以维持鱼体的正常发育生长，而1龄鲑只需要40%的蛋白质；鲤鱼幼苗需要43%~47%的蛋白质，未成熟的鲤鱼需要37%~42%的蛋白质，而成鱼和亲鱼只需要28%~32%的蛋白质。此外，环境温度也会影响鱼类对蛋白质的需要量。例如，大鳞大麻哈鱼在10℃时需要40%的蛋白质，而当环境温度为15℃时，其蛋白质需要量也上升至50%。

三、蛋白质的营养价值

鱼体对食物蛋白质的利用程度与食物蛋白质的氨基酸组成、食物中的热能含量以及动物的生理状况有密切关系。食物蛋白质越是能够满足动物对必需氨基酸的需要，它的利用率就越高，其营养价值也就越高。以下几种方法常用来评价鱼体对蛋白质的利用效率。

表1-5 几种鱼类的蛋白质需要量

种　类	食物蛋白质需要量/%	参考文献
大鳞大麻哈鱼（Oncorhynchus tschawytscha）	40	Delong 等（1958）
虹鳟（Salmo gairdneri）	40~60	Tiews 等（1976），Zeitoun 等（1976）
鲤鱼（Cyprinus carpio）	38	Ogino 和 Chen（1973）
草鱼（Ctenopharyngodon idella）		
幼苗（0.15~0.20 g）	41~43	Dabrowski（1977）
鱼种（2.4~8.0 g）	22.7~27.6	林鼎等（1980）
南亚野鲮（Labeo rohita）	30	Debnath 等（2007）
南方鲇（Silurus meridionalis）	47~51	张文兵等（2000）
日本鳗鲡（Anguilla japonica）	44.5	Nose 和 Arai（1972）
金头鲷（Sparus anrata）	40	Sabaut 和 Luguet（1973）
真鲷（Pagrus major）	55	Yone（1976）
五条鰤（Seriola quinqueradiata）	55	Takeda 等（1975）
尖吻鲈（Lates calcarifer）	42.5	Catacutan 和 Coloso（1995）
银锯眶鯻（Bidyanus bidyanus）	42.15±1.87	Yang 等（2002）
大西洋绒须石首鱼（Microgogonias undulates）	45	Davis 和 Arnold（1997）
舌齿鲈（Dicentrarchus labrax）	44	Ballestrazzi 等（1994）
北美鲳鲹（Trachinotus carolinus）	45	Lazo 等（1998）
点带石斑鱼（Epihephelus malabaricus）	47.8	Chen 和 Trai（1994）
斜带石斑鱼（E. coioides）	48	Luo 等（2004）
遮目鱼（Chanos chanos）	40	Lim 等（1979）
点篮子鱼（Siganus guttatus）	35	Parazo（1990）
拟红石首鱼（Sciaenops ocellatus）	44	Daniels 和 Robinson（1986）
太平洋拟庸鲽（Hippoglossoides elassodon）	50	Couey 等（1974）
漠斑牙鲆（Paralichthys lethostigma）	51.25	Gao 等（2005）

1. 蛋白质效率比（Protein Efficiency Ratio，r_{PE}）

蛋白质效率比是指鱼体摄入每克粗蛋白后所增加的体重。即：

$$r_{PE} = \frac{增加的体重（g）}{粗蛋白摄入量（g）}$$

r_{PE} 与食物中蛋白质所占的百分比有关,即在一定的蛋白质含量时,r_{PE} 可以达到最大。r_{PE} 也随鱼的种类不同而异,甚至在同种鱼的个体大小之间(如成鱼和幼鱼)也有所不同。

2. 蛋白质净利用率(NPU:Net Protein Utilization,r_{NPU})

尽管 r_{PE} 能反映出食物蛋白质的营养价值,但它不能计算出用于维持和补充鱼体蛋白的那部分蛋白质。蛋白质净利用率能更好地反映出食物蛋白质的利用率。r_{NPU} 指摄入的蛋白质保留在体内的情况。其计算公式如下:

$$r_{NPU} = \frac{m_B - m_{B_k}}{m_I} \times 100\%$$

式中:m_B 为投喂试验饲料的鱼的总体氮;m_I 为鱼摄入的总氮量;m_{B_k} 为投喂无蛋白饲料的鱼的总体氮,即内源性的氮。因此,$m_B - m_{B_k}$ 即为投喂蛋白质以后体内所增加的氮。

采用图1-4的装置可测定鱼类的 r_{NPU}。试验装置包括三部分:① 养鱼水族箱,容纳试验鱼,每次一尾;② 试管,以一虹吸管和养鱼池相连,管内含氯仿以作防腐剂,同时含氧化铜以沉淀粪便中的蛋白质;③ 强酸性离子交换树脂柱与试管的出口相连,以吸收尿中的氮。水流通过水池进入试管,然后进入离子交换树脂柱。试管收集了粪便,而离子交换树脂柱吸附了代谢产物,再分别测定这两者的含氮量。用该法测定的 r_{NPU} 可用下式表示:

$$r_{NPU} = \frac{m_I - (m_F - m_{F_k}) - (m_U - m_{U_k})}{m_I} \times 100\%$$

式中:m_F 和 m_U 分别为投喂试验饲料的鱼其粪便(Feces)和尿(Urine)中的氮;m_{F_k} 和 m_{U_k} 分别为投喂无蛋白饲料的鱼其粪便和尿中所含的氮量,即为内源性氮的失去量

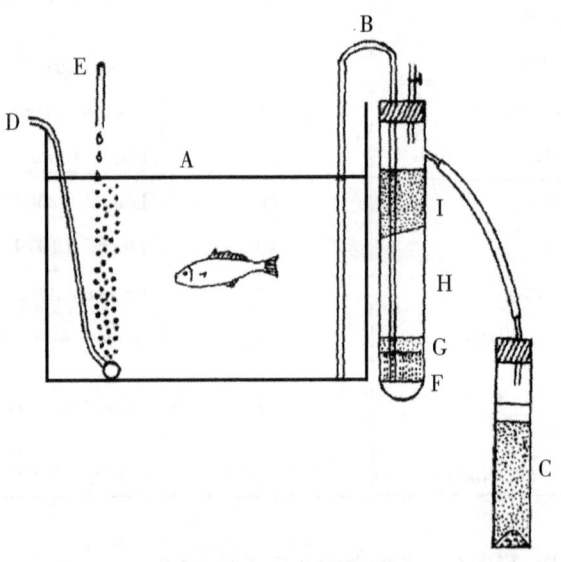

图1-4 测定鱼类蛋白质净利用率的试验装置

A. 试验水族箱(36 cm×20 cm×27 cm);B. 收集粪便的试管;C. 离子交换树脂柱(5.5 cm×60 cm),收集溶解性含氮化合物;D. 充气管;E. 水源;F. 氯仿,作防腐剂用;G. 氧化铜,用以沉淀粪便中的蛋白质;H. 收集的粪便;I. 玻璃纤维(参考 C. Ogino)

(Endogenus Nitrogen Excretion)。内源性氮的失去量的测定比较困难。用这种投喂无蛋白饲料后测定排出的氮量的方法，估算了鲤鱼的内源性氮的失去量是：20℃时为 7.2 mg/(100 g·d)（实验鱼体重为78～370 g），22℃时为14 mg/(100 g·d)（实验鱼体重为1.5～11.9 g），27℃时为8.6 mg/(100 g·d)（实验鱼体重为133～215 g）。由此可见，小鱼的内源性氮的失去量要比大鱼高，这可能是由于小鱼有较高的代谢率所致。此外，当实验鱼体大小相近时，环境温度升高，内源性氮的失去量也随之增加，这可能是温度升高使鱼体代谢率加快所造成的。

当内源性氮的失去量难以估算时，可以用表观蛋白质净利用率（NPUa：Apparent NPU, r_{NPUa}）表示：

$$r_{NPUa} = \frac{m_b - m_a}{m_I} \times 100\%$$

式中：m_I 为氮的总摄入量；m_b 和 m_a 分别为试验结束和开始时的总体氮。

3. 蛋白质的生物学价值（BV：Biological Value, r_{BV}）

蛋白质的生物学价值是指实际吸收的蛋白质保留在体内的百分比。如果已知实际消化率（TD：True Digestibility, r_{TD}）和 r_{NPU}，则 r_{BV} 可表示为：

$$r_{BV} = \frac{r_{NPU}}{r_{TD}} \times 100\%$$

因为 $r_{TD} = \frac{m_I - (m_F - m_{F_k})}{m_I}$，分别把 r_{TD} 和 r_{NPU} 代入上式后就可得到：

$$r_{BV} = \frac{m_I - (m_F - m_{F_k}) - (m_U - m_{U_k})}{m_I - (m_F - m_{F_k})} \times 100\% = \frac{m_B - m_{B_k}}{m_I - (m_F - m_{F_k})} \times 100\%$$

同样，当内源性氮无法校正时，可以用表观生物学价值（BVa：Apparent Biological Value, r_{BVa}）表示：

$$r_{BVa} = \frac{r_{表观NPU}}{r_{表观消化率}} = \frac{m_I - m_F - m_U}{m_I - m_F} \times 100\% = \frac{m_b - m_a}{m_I - m_F} \times 100\%$$

哺乳类在食物蛋白质含量很高时，测定到的各种蛋白质营养价值总是很相近。例如，当蛋白质含量为40%时，在鼠类测定到的牛肉粉、酪蛋白和谷蛋白的净利用率很接近，但当蛋白质含量为10%时，这些蛋白质的净利用率就显示出差别。这是因为摄入高蛋白食物时，除了个别完全缺乏某种必需氨基酸的蛋白质（如明胶和玉米朊）以外，即使蛋白质的营养价值较低，也能满足鼠对必需氨基酸的需要量。但鱼类的情况并非如此。尽管食物蛋白质含量很高，不同蛋白质也能显示出不同的营养价值。如鲤鱼在蛋白质含量为43%时，酪蛋白和鱼粉的生物学价值比玉米粉高出将近1倍；太平洋鲑鱼在食物蛋白质含量为40%时，从用作饲料的鱼体分离出来的蛋白质表观利用率也比酪蛋白高出近1倍。表1-6列出了一些研究资料，从中可以看出不同蛋白质营养价值的差别。如前所述，鱼类对必需氨基酸的需要量比哺乳类高，这可能就是造成鱼类摄入高蛋白质时，不同蛋白质仍能显示出不同营养价值的原因。此外，从表1-6中还可以看到，同一种蛋白质在不同鱼类也有不同的营养价值。这可能与鱼类对必需氨基酸需要量的差异有关。

表1-6 几种蛋白质的营养价值

种 类	蛋白质种类	食物蛋白质含量/(g/100 g)	采用的测定方法	营养价值/%	参考文献
虹鳟	酪蛋白	53.5	生物学价值（BV）	50.8	Nose（1971）
	鱼粉	37.2	生物学价值（BV）	44.5	Nose（1971）
	豆粉	35.3	生物学价值（BV）	25	Nose（1971）
鲤鱼	酪蛋白	43	生物学价值（BV）	63	Ogino 和 Chen（1973）
	鱼粉	43	生物学价值（BV）	64	Ogino 和 Chen（1973）
	玉米粉	43	生物学价值（BV）	39	Ogino 和 Chen（1973）
太平洋鲑鱼	酪蛋白	40	表观蛋白质净利用率	13	Rumsey 和 Ketola（1975）
	酪蛋白+氨基酸	40	表观蛋白质净利用率	24	Rumsey 和 Ketola（1975）
	分离的鱼蛋白质	40	表观蛋白质净利用率	24	Rumsey 和 Ketola（1975）

引自 C. B. Cowey 和 J. R. Sargent。

四、食物能量与蛋白质利用的关系

食物中的蛋白质不仅是有机体的氨基酸来源，作为细胞和酶的结构成分，它还能作为能源。如果食物中的能量供应不足，食物蛋白就会被当作能源消耗掉。因此，合理地调整食物蛋白质的含量，在生产实际上有着重要意义。

对鱼类的食物蛋白质含量与食物总能量之间关系的研究表明，蛋白质效率比与蛋白质能量和食物总能量之比呈负相关关系，即食物蛋白质能量/食物总能量高时，蛋白质效率比就降低；反之亦然。也就是说，当食物总能量保持一定水平时，食物中蛋白质含量降低能提高其利用率；相反，食物中蛋白质含量过多就会降低其利用率。同样，当食物中的蛋白质保持一定水平时，如果食物的总能量不足，食物中的蛋白质就会用作能量来源从而使其利用效率降低；反之，如果食物的总能量充足，蛋白质的利用效率就会提高。所以，适当调整食物中蛋白质能量在食物总能量中所占的比例，就能最大限度地利用蛋白质。在配制饲料时要考虑到食物中蛋白质含量既能满足鱼类生长的需要，又尽可能少转换成能量而被消耗掉；同时亦要考虑到食物中的能量既满足鱼体代谢的需要，又不会造成鱼体脂肪沉积，从而影响饲养效果。

在鱼类中曾研究各种营养物质的热值（每克物质在体内氧化时的产热千焦数）。在淡水鲶鱼中发现玉米淀粉在食物中的含量为25%时，其热值为11.3 kJ/g。对虹鳟的研究表明，煮熟的淀粉为8.96 kJ/g，而生的淀粉只有3.0 kJ/g（淀粉在食物中的含量为50%）；葡萄糖和糊精的热值分别为13.1 kJ/g 和12.7 kJ/g；脂肪的热值为28.4 kJ/g，这比哺乳类要低得多。在虹鳟中测定到的蛋白质热值为18.8 kJ/g，这比在哺乳类中所测定到的稍高，这是因为哺乳类蛋白质代谢的最终产物是尿素，而鱼类蛋白质代谢的最终产物主要是氨（NH_3）。

有学者试图确定最适合的食物蛋白质和能量的比例。例如，对溪红点鲑（*Salvelinus fontinalis*）的研究发现，食物中每克蛋白质约需 31.4 kJ 的可代谢能量；对黄带鲕的研究则表明，当食物中每克蛋白质提供 37.7 kJ 可代谢能量时，鱼体的蛋白质保持量达到最大。全面研究虹鳟蛋白质利用与食物中蛋白质含量/食物总能量的关系，实验结果如表 1-7 所示。根据这些实验结果，当食物中蛋白质含量为 35%～53%、食物总能量为 12.56～18.84 kJ/g 时，鱼体的蛋白质保持量和蛋白质能量与食物总能量之比的关系可用下式表示：

$$N = 51.76 - 0.27 P$$

式中：N 表示蛋白质保持量；P 为蛋白质能量在食物总能量中所占的百分比。当食物总能量较高（18.84 kJ/g）时，则 $N = 68.98 - 0.69P$。

表 1-7　虹鳟食物中蛋白质能量与食物总能量之比对蛋白质利用的影响

食物总能量/ （kJ/g）	食物中蛋白质含量/ （g/g）	蛋白质能量占食物 总能量之百分比/%	蛋白质净利用率 r_{NPU} / %	蛋白质效率比 r_{PE}
13.44	0.35	46	37.0	2.28
13.23	0.44	57	36.9	2.27
13.40	0.53	67	34.6	2.10
16.08	0.35	38	39.7	2.28
16.24	0.44	46	39.8	2.47
16.41	0.53	55	36.9	2.29
19.09	0.35	32	45.5	2.97
19.26	0.44	39	42.0	2.70
19.43	0.53	46	36.9	2.43

引自 C. B. Cowey 和 J. R. Sargent。

对鲶鱼的试验表明：热值为 2.75 kJ/g 的食物中，粗蛋白的含量为 24.1% 时最适于生长；热值为 14.28 kJ/g 的食物中，蛋白质含量为 28%～32% 时生长最好。根据实验结果，鱼体蛋白质保持量和蛋白质能量与食物总能量之比的关系可用下列公式表示：

$$N = 76.94 - 0.82 P \quad （食物热值为 11.30 \text{ kJ/g}）$$
$$N = 63.11 - 0.65 P \quad （食物热值为 14.28 \text{ kJ/g}）$$

应用上述这些公式，可以预测在食物热值和蛋白质能量的合理范围内蛋白质的利用率，同时也可以以此为依据确定实际使用的饲料中符合鱼类生长需要的蛋白质能量与食物总能量的比例。

五、蛋白质的代谢

1. 蛋白质的合成

对鱼类蛋白质合成的研究着重在合成速率的调控方面。鱼类的蛋白质合成速率明显受到温度的影响。给鳉鱼注射^{14}C标记的亮氨酸，发现它结合到肌肉蛋白质中的速率随温度的升高而增加，超过临界温度（26～29℃）后则迅速下降。禁食、把水中溶解氧含量降低到2.5 mg/L以下和应激反应都能降低亮氨酸结合到蛋白质中的速率，而注射胰岛素则使其增加。此外，运动、光照、鱼体大小或性别对亮氨酸的结合没有明显影响。

测定毒棘豹蟾鱼（*Opsanus tau*）肝脏总的蛋白质合成速率是1.6 mg/（g肝脏·h）（实验前鱼的驯化温度为22℃，测定温度为24℃），这大约为哺乳类的1/5。但是，如果同时考虑温度和核糖体浓度的差别等因素，那么毒棘豹蟾鱼肝脏的蛋白质系统还是与哺乳类的相似。

鱼类蛋白质的合成有"温度补偿作用"。无论测定时的温度如何，适应于低温环境的鱼比适应于高温环境的鱼有更快的蛋白质合成率。例如，驯化温度为11℃的鱼，其肝脏蛋白质合成速率比驯化温度为22℃的鱼高50%左右。已经证明，蛋白质合成速率的调控主要是在肽链延长和释放两方面进行的。适应于低温环境的鱼类，蛋白质合成快，其肽链延长因子Ⅰ[催化氨酰基转移RNA（tRNA）结合到密码子所识别的位点上]的含量也较高。此外，氨基酸在肝脏的积累速率和氨酰基tRNA形成的速率对蛋白质合成速率都没有影响。

2. 氨基酸的分解

氨基酸在体内的分解情况主要有以下三种：①脱氨基：氨基酸经脱氨作用后分解成含氮的氨基部分和不含氮部分。含氮部分可转为氨、尿酸或尿素而排出体外；不含氮部分进一步分解为二氧化碳和水，也可用于合成糖和脂肪。②氨基转换：在转氨酶的作用下，把氨基转移给其他化合物，从而形成新的氨基酸。③脱羧基：氨基酸经脱羧作用后形成胺类。

哺乳类中氨基酸分解的调节包含"粗"和"细"的两种调控过程。"粗"的调节指氨基酸降解酶类活性或浓度的改变，如食物中的蛋白质含量升高时，动物体内氨基酸降解酶类，尤其是分解必需氨基酸的酶类大量增加，从而加快了氨基酸的分解。"细"的调节则是在酶K_m值水平上的调节。如果组织中底物的浓度小于酶的K_m值时，酶促反应缓慢进行；但当底物浓度高于K_m值时，反应则迅速加快。

在鱼类中出现一些类似哺乳类氨基酸代谢调节的机理。喂以80%酪蛋白饲料的鲤鱼，其组氨酸脱氨酶的活性为摄食5%酪蛋白饲料的10倍左右；在低蛋白饲料中添加组氨酸，组氨酸脱氨酶的活性便随之增加。但是，在鲽鱼和鲤鱼肝脏中发现食物蛋白质含量对谷氨酸脱氢酶、天冬氨酸转氨酶或丙氨酸转氨酶的活性都没有明显的影响。值得注意的是，这些酶都是分解非必需氨基酸的。

在杂食性哺乳类（如鼠）组织中大部分氨基酸的浓度都低于1 mmol，而分解氨基酸的酶K_m值通常都在1 mmol以上，这就使得氨基酸的分解不能进行或只能缓慢进行。

但是，只要组织中的氨基酸浓度一旦提高（如进食后或蛋白质摄取量增加），氨基酸的分解就会迅速增加。鱼类组织中的氨基酸浓度可能因种类而异，但在斑点鮰中测定到肝脏、鳃和肾脏氨基酸的浓度都高于 1 mmol。鱼类酶的 K_m 值受环境温度的影响，当温度下降时，K_m 值也随之下降。

六、鱼类饲料中蛋白质的来源

鱼粉一直是鱼类食物蛋白质的主要来源。但是，由于用于制造鱼粉的鱼越来越少，人们便通过各种途径寻找新的蛋白质来源以代替鱼粉。目前研究得最多且认为比较可行的方法是以植物蛋白代替鱼粉，因为这些蛋白质来源稳定，容易生产，价格便宜。

对虹鳟的研究发现，用大豆蛋白代替一部分鱼粉，或者完全用大豆蛋白代替鱼粉，再添加一些氨基酸，都可以达到良好的生长效果。罗非鱼在食物蛋白质含量为 36% 时，用豆粉完全取代鱼粉的鱼其生长情况与投喂鱼粉的相似。在这些实验中，两种饲料都添加了 1.1% 的蛋氨酸。

但是，对斑点鮰、鲽鱼和鲤鱼等的研究发现，大豆蛋白的营养价值比不上鱼粉，用大豆蛋白代替鱼粉后鱼的生长率有所下降；添加氨基酸也不能改善其生长。这可能与这些鱼不能利用游离的氨基酸有关。

除大豆外，在鲤鱼中还研究了几种其他来源的蛋白质，结果表明，细菌和酵母蛋白能达到与酪蛋白相似的营养价值（表 1-8）。最近在利用大豆为主要蛋白源的配合饲料饲养鲤鱼的试验报告中证明，大豆可作为鲤鱼饲料中的主要蛋白源，但鱼粉仍是不可缺少的动物蛋白源，在鲤鱼配合饲料中鱼粉蛋白与大豆蛋白的比例以 1:5~1:3 较为适宜。

表 1-8　鲤鱼对各种蛋白质的利用

蛋白质来源	食物转换率/%	r_{PER}	r_{NPU}/%	消化率/%	r_{BV}/%
鲱鱼粉	1.42	2.82	64	80.3	79
嗜甲烷细菌	1.14	2.54	49	95.5	52
酪蛋白	1.39	2.48	49	93.0	52
石油酵母	1.55	2.08	47	96.6	49
大豆蛋白	2.86	1.35	42	83.7	51

参考 K. Jauncey（1980），*Carp Nutrition—A Review*。

用家畜、家禽加工后的副产品制成的肉粉和血粉等亦是一种可以开发利用的鱼类饲料蛋白质来源。例如，配制 7 种含有 45% 蛋白质和 12% 脂类的等氮饲料（Isonitrogenous Diet），其中的鱼粉分别用 10%、20%、30%、40%、50%、80% 和 100% 的动物肉粉和血粉（4:1）混合物所取代，并以含 100% 鱼粉的饲料或新鲜杂鱼为饲料作为对照，分别对斜带石斑鱼（*Epinephelus coioides*）幼鱼进行两个月的饲养试验，对比它们的生长率、成活率、食物转化率和鱼体的主要化学组成。结果表明：只有投喂用 100% 的动物肉粉和血粉取代鱼粉的饲料和新鲜杂鱼为饲料的两组幼鱼的生长率和成活率降低，其余各组没有明显差别。这说明采用80%的动物肉粉和血粉取代鱼粉制成的饲料培育石斑鱼幼鱼是行之有效的。

第二节 脂 类

食物脂类主要有两方面的功能：一是作为代谢能量的来源；二是维持细胞膜的结构和完整性。对鱼类脂类营养的研究主要集中在必需脂肪酸需要量等方面。

一、鱼体脂肪酸组成及其特点

根据分子中是否含有双键，可以把脂肪酸分为饱和脂肪酸（Saturated Fatty Acid）和不饱和脂肪酸（Unsaturated Fatty Acid）。依双键的数目又可把不饱和脂肪酸分为单不饱和脂肪酸（Monounsaturated Fatty Acid）和多不饱和脂肪酸（PUFA：Polyunsaturated Fatty Acid）。

不饱和脂肪酸的命名原则是：用两个数字分别表示碳原子数和双键数，两者之间用冒号隔开。通常在双键后面还用希腊字母 ω 表示从第一个甲基到第一位双键的碳原子数。例如，18：2ω6 表示该脂肪酸由18个碳原子组成，分子中有两个双键，第一个双键出现在第6位碳原子上。

根据第一个双键的位置可把不饱和脂肪酸分为四类：①亚麻酸（Linolenic Acid）：第一个双键出现在第3位碳原子上，即ω3；②亚油酸（Linoleic Acid）：第一个双键出现在第6位碳原子上，即ω6；③油酸（Oleic Acid）：第一个双键出现在第9位碳原子上，即ω9；④棕榈油酸（Palmitoleic Acid）：第一个双键出现在第7位碳原子上，即ω7。

由于长链脂肪酸都是从羧基末端延长分子的，因此，这四类脂肪酸包含了59种不饱和脂肪酸，其中亚麻酸17种、亚油酸21种、油酸12种、棕榈油酸9种。油酸和棕榈油酸是单不饱和脂肪酸，鱼体能够合成。亚麻酸和亚油酸为多不饱和脂肪酸，鱼体不能合成，为必需脂肪酸（EFA：Essential Fatty Acid）。鱼类的EFA主要是亚麻酸（ω3）类，它们对鱼体脂肪的特性起决定性作用。

鱼体脂肪酸的相对含量随种类、年龄、性别、温度等的变化而改变，在很大程度上还受食物的影响。例如，用鱼粉作主要蛋白质来源的配合饲料投喂尼罗罗非鱼，鱼体的长链高不饱和脂肪酸含量较高；而投喂用向日葵饼取代部分鱼粉作主要蛋白质来源的配合饲料，鱼体的脂肪酸和饲料一样主要是亚油酸、油酸和棕榈油酸，而ω3组脂肪酸较少。表1-9列出了几种鱼体内脂肪酸的组成情况，由此可以看出不同鱼类之间的差别以及在同一种类内由于环境影响所造成的差别。

在同一区域不同季节捕获的鲻鱼，其体内脂肪酸组成有明显的差别。12月捕获的鲻鱼体脂中有13.4%的22：6ω3，而次年7月捕获的鲻鱼，22：6ω3 的含量却只有3.2%，但20：5ω3，16：2ω7，16：1ω7 和 14：0 的含量都较高。生活在淡水中的银大麻哈鱼幼鱼比生活在海水中的成鱼有更多的 18：2ω6，但 20：5ω3，22：5ω3 和 22：6ω3 的含量则较低。

表 1-9 不同鱼类脂肪酸组成的比较

含量/% 脂肪酸	鱼类 鲻鱼		银大麻哈鱼		毛鳞鱼		虹鳟
	样品 1[a]	样品 2[b]	样品 1[c]	样品 2[d]	样品 1[e]	样品 2[f]	样品[g]
14:0	4.6	7.5	4.6	3.7	8.6	8.8	3.7
15:0	6.3	4.5	0.5	0.5	—	—	+
16:0	17.3	13.9	14.7	10.2	13.3	12.0	22.5
16:1	11.0	15.5	9.0	6.7	16.5	14.9	14.1
16:2	3.8	6.0	1.4	1.2	—	—	+
17:0	0.8	1.0	—	0.9	—	—	—
18:0	5.0	5.1	6.1	4.7	1.6	1.8	7.7
18:1	8.4	9.1	19.3	18.6	10.7	9.0	25.7
18:2	3.2	2.2	11.7	1.2	—	—	8.0
18:3	1.4	1.0	1.0	0.6	—	—	1.7
18:4	3.0	3.1	4.3	2.1	—	—	1.3
19:0	1.5	1.6	—	1.8	—	—	—
20:1	0.7	0.6	3.0	8.4	17.2	21.5	3.6
20:4	2.6	3.6	3.8	0.9	—	—	2.7
20:5	7.5	11.8	—	12.0	8.6	5.8	0.7
22:1	0.7	—	0.5	5.5	14.2	18.5	—
22:5	3.9	3.2	1.8	2.9	0.9	0.5	0.6
22:6	13.4	3.2	7.4	13.8	4.8	3.6	4.0

注："—"表示没测数据，"+"表示痕量。a. 12 月捕获的鲻鱼；b. 7 月捕获的鲻鱼；c. 幼鱼；d. 成鱼；e. 雌鱼；f. 雄鱼；g. 不分性别。

引自 *Fish Nutrition* (J. E. Halver)。

从毛鳞鱼（*Mallotus villosus*）的例子可以看出雌雄鱼脂肪酸含量的差异：雌鱼比雄鱼含有更多的 20：5ω3，22：5ω6 和 22：6ω3 脂肪酸，这可能与雌鱼卵中含有较多的高度不饱和脂肪酸有关。

下面介绍各种鱼类脂肪酸组成的特点，并分析引起脂肪酸组成差异的主要原因。

1. 淡水鱼和海水鱼

与陆生脊椎动物相比，鱼体含有更多的 ω3 组脂肪酸。鱼类主要的多不饱和脂肪酸是 20：5ω3 和 22：6ω3，而陆生脊椎动物主要是 18：2ω6（亚油酸）和 20：4ω6（花生四烯酸）。海水鱼和淡水鱼的 ω3 和 ω6 组脂肪酸含量差别较大：ω6/ω3 在淡水鱼中是

0.37±0.1，而海水鱼是 0.16±0.1。淡水鱼类和海水鱼类之间 ω6/ω3 的差别也出现在一些洄游鱼类中，如香鱼和大麻哈鱼在洄游过程中体内的 ω6/ω3 都发生相应的变化。

造成淡水鱼和海水鱼体内脂肪酸组成差异的原因可能有两方面：一是与食物中脂肪酸的含量有关；二是环境盐度的影响，鱼体为适应环境而引起生理变化。已经证明，鱼类在盐水中对 ω3 组的脂肪酸有迫切的需要。给分别蓄养在海水和淡水中的虹鳟投喂主要含 ω6 脂肪酸的玉米油，12 周后海水虹鳟的死亡和生长下降程度要比淡水虹鳟高得多；而投喂主要含 ω3 的鲱鱼油的海水虹鳟则没有出现这种情况。

2. 温水性鱼类和冷水性鱼类

温水性鱼类（如鲤鱼、鲶鱼和罗非鱼等）的 ω6/ω3 较冷水性鱼类（如鲑科鱼）高，但冷水性鱼类 PUFA（c-20 和 c-22）的含量较高。这主要是由环境温度造成的。淡水鳗鲡蓄养在 15~20℃ 时，其体内 ω6/ω3 = 1.67；而蓄养在 5~10℃ 时，ω6/ω3 = 0.43。对食蚊鱼、虹鳉、金鱼和虹鳟的研究都发现，低温情况下鱼体内高度不饱和脂肪酸增加（即 ω3 组不饱和脂肪酸高于 ω6 组）。

以上结果可以用在不同温度下生物膜的流动性不同来解释。脂类是生物膜的基本骨架，蛋白质分子就镶嵌在这些脂类之中。酶蛋白分子的运动对膜功能是必不可少的，这种运动需要脂肪有一定程度的流动性，而脂肪的流动性主要由 PUFA 的不饱和程度所决定。在鳗鲡中发现，不同温度下鳃上皮膜的流动性因其脂肪的不饱和程度的改变而发生变化：低温时膜上主要是 ω3 组 PUFA，高温时主要是 ω6 组 PUFA。在金鱼中发现低温时有更多的高度不饱和脂肪酸结合到磷脂膜分子中。这些结果说明，温度既能影响脂肪酸的合成，也能促进脂肪酸进入磷脂分子。

3. 压力或深度对鱼类脂类组成的影响

水压力和深度对鱼体脂类也有影响。鱼体的中链饱和脂肪酸和长链多不饱和脂肪酸随着水深度的增加而减少，而蜡酯沉积增加。这种变化可能是对减少身体浮力的适应，也可能与它们的天然食物含有较多的蜡酯有关。

4. 食物脂类对鱼体脂肪酸组成的影响

食物脂类的组成明显影响着鱼体脂肪的组成。当食物中 ω6 组脂肪酸含量高时，鱼体 ω6 和 ω3 的组成变化大；而食物中 ω3 组脂肪酸含量高时，鱼体 ω6 和 ω3 的比例变化就很小。

二、必需脂肪酸的需要量

由于生活环境的差异，各种鱼类在脂肪酸组成方面各有特点。显而易见，它们对必需脂肪酸的需要量也会有所差异。

1. 淡水鱼类

虹鳟是冷水性鱼类，实验证明，ω3 组脂肪酸对虹鳟的生长是必不可少的。表 1-10 列出含有 5 种不同脂肪组成的饲料（10% 玉米油、5% 鲱鱼油+5% 玉米油、1% 鲱鱼油+9% 玉米油、10% 大豆油和 1% 18：3ω3+9% 玉米油）对虹鳟生长率和死亡率的影响。结果可见，投喂 18：3ω3 含量很低（1.18%，即 10% 玉米油饲料中只含 0.118%）

的饲料后，虹鳟生长缓慢且死亡率很高。在玉米油中添加18∶3ω3，使其18∶3ω3增加到10.71%（即饲料中含1.07%）时，能显著地促进生长和降低死亡率。一般认为，食物中含有0.88%～1.66%的ω3组脂肪酸时，就能满足虹鳟对必需脂肪酸的需要。

表1-10　各种脂肪食物对虹鳟生长和死亡率的影响

脂肪酸　　不同脂肪组成　含量/%	10% C.O.	5% S.O. + 5% C.O.	1% S.O. + 9% C.O.	10% S.B.O.	1% 18∶3ω3 + 9% C.O.
14∶0	痕量	2.41	0.48		痕量
16∶0	11.74	14.68	11.34	11.40	11.98
16∶1ω7		4.91	0.98		
16∶2?		0.54	0.10		
18∶0	2.11	2.87	2.25	3.70	2.69
18∶1ω9	28.10	29.40	28.27	22.41	30.21
18∶2ω6	56.86	30.53	51.72	55.60	53.99
18∶3ω3	1.18	1.24	1.19	7.30	1.07
20∶1ω9	痕量	2.66	0.53		痕量
20∶4ω6		0.30	痕量		
22∶1		1.74	0.34		
未知		0.62	0.12		
20∶5ω3		3.07	0.61		
22∶5ω3		1.12	0.22		
22∶6ω3		2.41	0.48		
12周增加的体重/g	4.2	13.9	7.9	9.2	8.4
投饲量/体重增加量	1.22	0.77	1.02	0.77	0.92
死亡率/%	25	5	6	4	2

注：C.O.：玉米油；S.O.：鲑鱼油；S.B.O.：大豆油。

引自 *Fish Nutrition*（J. E. Halver）。

食物中的18∶2ω3或18∶3ω3在虹鳟体内仅能转变为同组的c-20或c-22的PUFA。所以，20∶3ω3和22∶3ω3与18∶3ω3同样具有必需脂肪酸作用。20∶5ω3和22∶6ω3甚至比18∶3ω3具有更高的营养价值。

当食物中缺乏PUFA时，18∶1ω9通过去饱和以及加长碳链而形成20∶3ω9。因此，20∶3ω9可以作为体内PUFA缺乏的指标。对虹鳟的研究发现，当20∶3ω9/22∶6ω3等于或大于0.4时，鱼体就会出现缺乏必需脂肪酸的症状。

温水性鲤鱼的必需脂肪酸包括ω3和ω6组PUFA。镜鲤幼鱼对必需脂肪酸的需要量是饲料中含1%亚麻酸+1%亚油酸。给鲤鱼喂以亚油酸能使其体内20：4ω6上升，而20：3ω9含量下降；喂以亚麻酸则使22：6ω3升高，而20：3ω9含量也下降。因此，20：3ω9/20：4ω6 或 20：3ω9/22：6ω3 都可以作为评价鱼体是否缺乏必需脂肪酸的指标。一般认为，如果20：3ω9/20：4ω6低于0.4，而20：3ω9/22：6ω3低于0.6，鲤鱼体内就有足够的ω6和ω3组PUFA。饲料中含3%大豆油+2%鳕鱼肝油、4%玉米油+1%甲基亚麻酸或3%玉米油+2%甲基亚麻酸都能使20：3ω9/20：4ω6和20：3ω9/22：6ω3达到0.4以下，从而满足鲤鱼对必需脂肪酸的需要。

2. 海水鱼类

海水鱼类的情况与淡水鱼类有很大差别。用放射性标记的方法对大菱鲆（*Scophthalmus maximus*）的脂肪酸代谢进行研究，发现它的碳链加长和去饱和作用很弱。因此，不能用20：3ω9/22：6ω3来评价它对必需脂肪酸的需要情况。大菱鲆在食物中含有ω3组PUFA的生长要比含有ω6组PUFA的好得多，但食物中只有18：3ω3时还不能满足鱼体的需要，长链的ω3组PUFA至少应占食物的0.8%。

真鲷（*Chrysophrys major*）用玉米油+1%亚麻酸投喂不能提高其生长率，但如果在玉米油中添加2%的20：5ω3和22：6ω3混合物，则能大大改善其生长并提高食物转换效率，这说明它更需要长链的ω3脂肪酸。

三、必需脂肪酸在鱼体的代谢和机能

鱼类不能合成ω3或ω6组的脂肪酸，除非在食物中已有这种ω3或ω6构造的前身物，鱼类能够将ω9，ω6和ω3脂肪酸去饱和（即增加双键）与延长碳链（即增加碳原子数）。鱼体中脂肪酸的去饱和与延长作用可用图1-5表示。

必需脂肪酸对鱼体的生长和生存起重要作用，主要有以下几方面：

（1）能量的贮存和产生：鱼类脂肪酸的β-氧化与哺乳类相似，所有的脂肪酸都可以通过β-氧化作用而产生能量。

（2）身体构造的成分：脂类是生物膜的主要成分，磷脂分子中必需脂肪酸的不饱和程度决定了生物膜磷脂骨架的流动性，从而也影响着膜的功能。

（3）酶的活性：对鼠脑的研究发现，磷脂酰丝氨酸和磷脂酰甘油能有效地激活ATP酶系统，而且只有脂肪酸链是流体时，这些磷脂才能有效地起激活作用。鱼的磷脂酰丝氨酸可能需要PUFA以便在低温时对酶系统起激活作用。

（4）合成前列腺素：目前已经鉴别出十多种前列腺素，它们都有20个碳原子，而且在碳链的中部都有一个五碳环圈。已经鉴别的前列腺素主要是由ω6组脂肪酸合成的，20：5ω3也能合成前列腺素。在鱼类中已经证明ω6组可以合成前列腺素，但鱼类的20：5ω3要比20：4ω6和20：3ω6多，因此它们也可能在前列腺素的合成中起作用。

（5）对其他脂类的作用：ω3和ω6组的PUFA能促使胆固醇的转变和排泄，从而降低血液中胆固醇的浓度。投喂PUFA可使过高的胆固醇含量下降，因为鱼油比其他食物脂类能更有效地降低血液中胆固醇的含量。

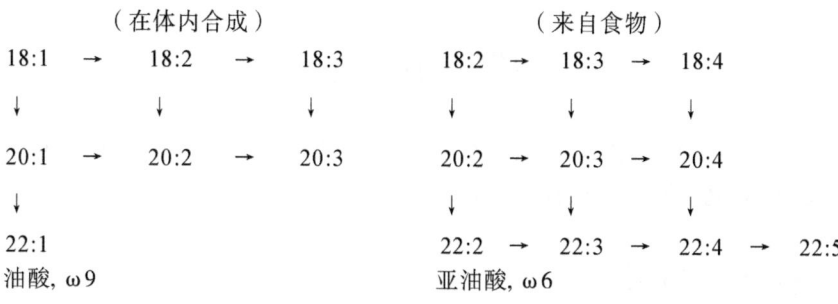

图 1-5 多不饱和脂肪酸在体内的合成途径
横箭号表示去饱和；竖箭号表示延长碳链
引自 C. B. Cowey 和 J. R. Sargent

四、鱼类饲料中脂类的适宜含量

在上一节中已说明蛋白质利用和食物总能量的关系：提高食物总能量可以增加蛋白质的利用率。在脂类、糖和蛋白质中，以脂类的热值最高，因此它是增加食物总能量的最有效物质。各种鱼类食物中的脂类都有一定的适宜含量。如镜鲤食物中的脂类从 6.12% 升至 18%，而蛋白质从 45% 降至 29% 时，其生长率、蛋白质效率比和表观蛋白质净利用率都增加。虹鳟食物中的脂类含量升至 15%~20%，蛋白质含量从 48% 降至 35% 时，体重的增加不受影响。当食物中脂类为 18%、20%、25% 和 30% 时都没有发现鱼体出现生理缺陷。斜带石斑鱼的苗种（体重 10~25 g）在食物中的脂类含量为 10%、蛋白质含量为 53% 时生长得最好。

食物中脂类含量也必然影响鱼体的脂类含量。在淡水鲶鱼、大鳞大麻哈鱼、虹鳟、大菱鲆和镜鲤中都发现鱼体脂类含量随食物脂类含量的增加而增加。如果体脂含量过多，饲养的效果便不佳，因此食物脂类含量不能无限制地增加。对鲤鱼的研究发现，天然池养鲤鱼体脂含量为 20%，人工养殖系统喂养的鲤鱼体脂含量为 10%；而投喂 18% 脂类、45% 蛋白质饲料的鲤鱼，体脂只有 9.5%，这说明鲤鱼摄取含 18% 脂类的食物并不会出现脂类过度积累。植食性的草鱼对食物脂类含量要求不高，以投喂 2%~4% 脂类含量的食物最适宜于其生长；投喂不含脂类的食物，草鱼也不会出现缺乏必需脂肪酸的症状；但是，投喂脂类含量过高的食物反而会使草鱼生长缓慢，饲料利用率降低。

第三节 糖

食物中的糖主要用作代谢能源。对一些鱼类的研究表明，当食物中糖含量达到25%时，糖就能和脂肪一样成为能量的来源。

一、糖元的利用

1. 糖元的利用

鱼类利用淀粉的能力随种类不同而异，与食性有关。一般来说，植食性和杂食性鱼类对淀粉的利用能力强，而肉食性鱼类则弱。如杂食性的鲤鱼，当食物中含有19%~48%的α-淀粉时，能消化其中的85%。但肉食性的五条鰤（Seriola quinqueradiata），当食物中含有10%~20%的淀粉时，其生长率比投喂不含糖饲料的稍差，而蛋白质利用率仍有所提高；但如果饲料中的含糖量高达40%时，则食物消化率和生长率明显下降。

哺乳类在饥饿时能很快动员体内的肝糖元分解为葡萄糖。但鱼类利用肝糖元的能力很差，曾经发现饥饿22 d的鲤鱼，其血液中糖元和葡萄糖的含量与正常投喂的鲤鱼没有显著性差别；甚至饥饿100 d后，鲤鱼肝脏仍可测到糖元的存在（1.5%）。这种情况在欧洲鳗鲡和日本鳗鲡中也存在。催化糖元转变为葡萄糖-1-磷酸的酶是磷酸化酶。鱼类对糖元的利用能力低，可能是这种酶的量少或者它的活性受到某种代谢因子或激素的限制。

2. 纤维素的利用

关于鱼类利用纤维素的问题至今还有异议，但比较一致的看法是：植食性和草食性鱼类能够利用食物中少量的纤维素。例如，利用同位素^{14}C标记植物中纤维素的试验结果表明：草鱼对粗纤维具有一定的消化能力，其幼鱼的粗纤维消化率为3%~6%；而草鱼对粗纤维的需要量，经研究认为以占饲料成分的15%左右为宜。至于分解纤维素所需要的酶，可能来自消化道中的微生物，很多实验结果支持这一看法。例如，在美国东南沿海16种河口鱼类的消化道中检测到纤维素酶活性，这些酶活性与消化道中的微生物群落有关。摄取天然饲料的斑点鲷其消化道中存在纤维素酶活性，但投喂人工饲料的则没有；饥饿的斑点鲷用链霉素处理后失去纤维素酶活性，而不经链霉素处理的鱼饥饿时仍然可以检测到此酶活性。此外，取食无脊椎动物的鱼其肠道纤维酶的活性都较高，因而推想肠道中纤维素酶的活性可能来自食物中的无脊椎动物。

3. 葡萄糖的利用

鱼类利用葡萄糖的能力比不上哺乳类，这可能是因为鱼体内分解葡萄糖的酶活性较低。在很多鱼类中可测到己糖激酶的活性，但鱼类肝脏中己糖激酶的活性比鼠类低10倍左右。此外，与哺乳类相似，鱼类红肌中己糖激酶的活性比白肌高，而鱼体红肌和白肌的比例低于哺乳类，因此，肌肉中总的己糖激酶活性也就低于哺乳类。表1-11列出了几种鱼类组织中己糖激酶的活性，并与鼠作比较，可见无论是肝脏、心脏、肾脏还是肌肉中，鱼类己糖激酶的活性都比鼠低。己糖激酶是葡萄糖氧化分解过程中的关键酶之一，其活性低，也就限制了葡萄糖代谢的能力。

表1-11 鱼类和鼠组织中己糖激酶的活性

种类	肝脏	心脏	肾脏	肌肉
草鱼	0.28	3.58	0.99	0.19
鲤鱼	0.29	1.99	0.88	0.29
虹鳟	0.52	1.45	0.99	0.19
鳗鲡	0.25	3.14	0.94	0.17
鼠	2.50	6.10	2.80	2.00

注：酶活性表示为每克组织每分钟转化底物的微摩尔数。
引自 C. B. Cowey 和 J. R. Sargent。

在几种鱼的肝脏和肾脏中都发现磷酸戊糖循环中的酶活性，从而说明这些组织可能存在磷酸戊糖循环途径。这一循环能为脂肪酸合成提供大量的还原型辅酶Ⅱ。在鲑科鱼的肝脏中分离出葡萄糖脱氢酶，这种酶需要 Mg^{2+} 和辅酶Ⅱ作为辅助因子，在 pH 值为 10 时被激活。肉食性鱼类肝脏中葡萄糖脱氢酶的活性比哺乳类高 4~7 倍，而植食性鱼类则与哺乳类相似。

采用放射性标志的葡萄糖可以测定鱼类对葡萄糖的氧化速率以及饲料组成对葡萄糖氧化速率的影响。例如，投喂含有 50% 蛋白质饲料的鲤鱼，其葡萄糖氧化速率要比投喂含有 10% 蛋白质与高淀粉含量饲料的鲤鱼低得多；投喂这两种饲料后进一步比较鲤鱼对葡萄糖和谷氨酸的氧化速率，结果表明鲤鱼对谷氨酸的氧化明显快于葡萄糖。这说明与葡萄糖相比，谷氨酸是鲤鱼比较优良的能量来源。不过，事实上大多数动物对谷氨酸的氧化都相当快，如鼠类，不管饲料中蛋白质含量为多少，谷氨酸的氧化速率都很快。所以，鱼类和杂食性哺乳动物对氧化非必需氨基酸的能力很相似，而对氧化葡萄糖的能力则不同。

二、糖异生作用

体内的糖可以从食物中得到，也能通过其他物质转变而成为葡萄糖和糖元，这一过程称为糖异生作用。糖异生在维持血糖浓度中起重要作用。糖异生的场所是肝脏和肾脏，原料是氨基酸和三酰甘油。但是，由于甘油可以从葡萄糖衍生而来，因此严格来说，只有氨基酸是新的葡萄糖的来源。摄取高蛋白食物的鱼或多或少会发生糖异生作用。

在鳗鲡中，可用测定肝糖元、血清氨基酸、酶活性等方法间接了解糖异生的过程。长期禁食的鳗鲡，其血糖浓度保持相当稳定，肝糖元开始降低，后又逐渐回升；肝脏中丙氨酸和天门冬氨酸转氨酶的活性增加；而血浆 α-氨基氮含量下降后又保持稳定。这些结果提示禁食的鳗鲡可能从体蛋白分解出氨基酸来参加糖异生作用。在鳗鲡中还证明胰岛素能控制糖异生作用。肌肉注射胰岛素使血浆 α-氨基氮的含量下降，从而降低糖异生；但注射胰岛素对果糖二磷酸酶和转氨酶的活性没有影响。

食物成分能明显影响糖异生作用。如表 1-12 所示，用 ^{14}C 标记丙氨酸，观察它转变成葡萄糖和糖元的比例,从而了解食物成分对虹鳟糖异生的影响,发现喂以高蛋白而不含糖的饲料时,糖元和葡萄糖的含量升高,放射性比例也升高,说明糖异生作用加强。相反,如果喂以低蛋白高糖的食物,则糖异生作用显著下降。出现这种情况,既可能是因为氨基酸太少,也可能是葡萄糖太多,抑或两者兼有,其具体的机制尚未明了。

表1-12 食物成分对虹鳟糖异生作用的影响

食 物[①]	血 糖		肝糖元	
	浓度/ (mg/100 mL)	放射性强度 的百分比[②]/%	浓度/ (mg/g)	放射性强度 的百分比[②]/%
饥饿	54	2.9	2.6	0.005
60%蛋白质+8%脂肪,无糖	71	3.1	4.6	0.040
10%蛋白质 + 13%脂肪 + 55%糖	96	0.5	83.5	0.024

注:①连续投喂4周以上;②糖异生作用是以 ^{14}C 丙氨酸处理后6 h,在葡萄糖和肝糖元中所测定到的放射性强度占总的 ^{14}C 丙氨酸放射性强度的百分比表示。

引自 C. B. Cowey 和 J. R. Sargent。

三、鱼类饲料中糖的适宜含量

在食物中适当提高糖类的含量,可以代替部分作为能源消耗的蛋白质,从而提高蛋白质的利用率。例如,大菱鲆饲料中糖的含量从9%增加到18%时,蛋白质效率比和净利用率都升高。鲽鱼的情况也相似。然而,如果食物中糖的含量过高,也会引起鱼类生长缓慢。对虹鳟的研究发现,如果食物的糖含量为17%时,生长率最高;但当食物含糖量升到38%时,则生长率最低。对于斑点鲖,食物中糊精的含量从2.5%增至10%时,体重随之增加;但糊精增至15%~20%时,体重则下降。由此说明,食物中糖含量适中时,才能保证鱼体发育良好,同时又不会浪费蛋白质。

近年来动物饲养中蛋白质的短缺已成为普遍的问题,所以,鱼类营养学的研究很重视如何采用其他可供代谢的能源物质来代替一部分用于能量消耗的食物蛋白质;而可以用来代替蛋白质的就是糖类。由于考虑到一般的鳟鱼饲料中蛋白质含量都超过净生长的需要量,而这些蛋白质就成了代谢过程中的能量来源,所以一些学者转而研究使用不同比例的糖类取代部分蛋白质后对蛋白质利用率的影响。在鳟鱼基本饲料(75%鱼粉、23.5%酪蛋白和1.5%其他)中加入一定比例的糖类以替代部分蛋白质,结果发现,除明胶和乳糖外,加入的其他糖替代物(葡萄糖、蔗糖和淀粉)都能使蛋白质效率比和表观蛋白质利用率升高,同时体重也增加(表1-13)。在进一步的试验中,用10%~40%的蔗糖或胶凝玉米淀粉取代鳟鱼的基本饲料,使蛋白质含量从67.6%下降至33.6%,投喂60 d后,发现无论是蔗糖还是淀粉,其含量在10%~40%时都能提高蛋白质利用率,而且对鱼体化学成分也没有什么影响(表 1-14)。对黄鳍鲷(*Sparus latus*)的研究亦表明,它们能利用预糊化玉米淀粉和麦芽糖作为非蛋白质的能量来源。投喂粗蛋白占 45%、粗脂肪占 9% 并含有 25% 预糊化玉米淀粉和麦芽糖的饲料,黄鳍鲷鱼种不仅生长率明显改善,而且蛋白质效率比和饲料利用率都显著提高。这些研究对饲料的配制提供了很有价值的资料。

表 1-13 各种糖类补充物对鳟鱼蛋白质利用的影响

替代物	基本饲料+替代物/(g+g)	投饲量/体重增加量/(g/g)	蛋白质效率比(r_{PE})	表观蛋白质净利用率(r_{NPU})/%	K_{tot}[①]/%	K_{part}[②]/%
无	7+0	0.91	1.62	29.6	39.3	—
基本饲料	7+3	0.94	1.58	25.5	40.4	42.9
葡萄糖	7+3	1.00	2.16	33.4	43.5	57.2
蔗 糖	7+3	0.94	2.23	36.1	46.1	63.4
乳 糖	7+3	1.16	1.79	29.9	31.0	11.8
凝胶淀粉	7+3	0.91	2.29	38.0	45.5	61.2
明 胶	7+3	1.10	1.19	20.9	32.9	19.3
向日葵油	7+1.3	0.86	2.07	33.1	43.1	63.2

注:①$K_{tot} = \dfrac{\text{保持的能量}}{\text{投给的总能量}} \times 100\%$;②$K_{part} = \dfrac{\text{由补充物而保持的能量}}{\text{由补充物投喂的总能量}} \times 100\%$。

表 1-14 不同含量的蔗糖(Suc)和胶凝玉米淀粉(MST)对蛋白质利用率和鱼体成分的影响

饲 料	食物蛋白质含量/%	蛋白质效率比(r_{PE})	$r_{表观NPU}$/%	K_{tot}/%	试验后鱼体成分/%				
					干物质	N×6.25	乙醚抽提物	粗灰分	能量/(J/g)
基本饲料	67.6	1.42	23.4		28.0	17.1	8.5	2.3	7.23
Suc 10	59.9	1.67	25.5		26.8	16.4	8.0	2.2	6.78
Suc 20	50.6	1.73	28.0		28.0	16.8	8.6	2.3	7.14
Suc 30	42.2	1.92	30.6		28.0	16.8	8.7	2.4	7.16
Suc 40	33.9	1.98	29.0		27.3	16.3	8.5	2.4	7.22
MST 10	59.9	1.67	27.6		27.8	17.0	8.4	2.3	7.09
MST 20	51.7	1.91	32.8	42.2	28.7	17.4	9.8	2.5	7.22
MST 30	42.9	2.20	34.6	43.0	28.5	16.4	9.3	2.3	7.62
MST 40	33.6	2.79	40.8	40.4	27.6	15.9	8.5	2.2	7.91
试验前鱼体成分/%					24.9	17.8	4.5	2.6	6.04

第四节 维 生 素

维生素的定义通常包括以下几方面：①具有机化学性质；②在天然食物中以极微量存在；③在动物体内不能合成，只能从食物中得到；④食物中缺少它们时，动物体会出现特殊的"缺乏症"。维生素在动物的代谢活动中起着重要作用，是机体保持健康和生长所必需的。

最早设计的是由结晶纤维素、酪蛋白、糊精和鱼油组成的试验饲料，并测定了虹鳟对若干种维生素的需要量。有学者用一种含酪蛋白、明胶、淀粉、棉籽油、α-纤维素粉、矿物质、鳕鱼肝油和结晶维生素的试验饲料，成功地研究了鱼类几种维生素缺乏症。接着对该试验饲料作了改进，对鲑鳟鱼类的维生素缺乏症和需要量做了大量研究，后人又把它成功地用于鲶鱼、鲤鱼、黄带鲕和鳗鲡等的研究。这种试验饲料的配方如表1-15所示。当测定某种维生素的需要量时，可用含有不同浓度待测维生素的一系列试验饲料长期投喂鱼，对比各试验组鱼肝脏中该维生素的含量，以及鱼体生长状况和食物转换率。能使肝脏中维生素的积累达到最大、食物转换率高、鱼体生长发育良好、死亡率低的试验饲料中的维生素含量，就是鱼对该维生素的需要量。如果是测定维生素缺乏症，则从试验饲料中除去待测的维生素，用缺乏该维生素的试验饲料长期投喂鱼，直到出现生理缺陷为止。但是，近年来也有人用生物化学测定技术，通过测定组织中依赖于维生素的酶活性来评价鱼体是否缺乏维生素。这种方法更为简便，也更加灵敏。

表 1-15 维生素试验饲料配方

饲料主要成分/g		维生素混合物/mg		矿物质混合物/mg	
酪蛋白	38	盐酸硫胺素	5	美国药典 X11.2，每 100 g 盐混合物中，再加入：	
明胶	12	核黄素	20		
玉米油	6	盐酸吡哆醇	5	$AlCl_3$	15
鳕鱼肝油	3	胆碱氯化物	500	$ZnSO_4$	300
糊精	28	尼克酸	75	$CuCl_2$	10
α-纤维素	8	泛酸钙	50	$MnSO_4$	80
维生素混合物	1	肌醇	200	KI	15
矿物质混合物	4	维生素 H	0.5	$CoCl_2$	100
水	200	叶酸	1.5		
		L-抗坏血酸	100		
		维生素 B_{12}	0.01		
		维生素 K	4		
		维生素 E	40		

引自 *Fish Nutrition*（J. E. Halver）。

一、水溶性维生素

通常在鱼的饲料中，水溶性维生素（Water-soluble Vitamins）的含量非常低，因为它们在鱼类摄食饲料前已大量溶失在水中。因此，饲料中水溶性维生素的添加量取决于鱼体大小、饲喂的颗粒饲料在水中的稳定性以及在水中被鱼类摄食前的留存时间。由于鱼体内贮存的水溶性维生素损耗较快，因此必须注意应经常补充以防止发生缺乏症。

1. 维生素 B_1

维生素 B_1（硫胺素，Thiamin）是焦磷酸硫胺素（又称羧化辅酶）辅酶的组成部分，是糖类和脂类在中间代谢阶段丙酮酸和α-氧化戊二酸的脱羧作用所必需的成分，亦有助于激活组织的转羟乙醛酶，而这种酶是葡萄糖直接氧化的细胞代谢所需要的。

维生素 B_1 还可抑制胆碱酯酶的活性。硫胺素有助于保持良好食欲、正常消化功能和生长等，也为维持神经组织的正常机能所必需。食物中缺少硫胺素引起的缺乏症，在鲑鳟鱼中观察到神经障碍、食欲不振、生长缓慢、对外界刺激的敏感性增加；对鳗鲡还引起躯干摆动、鳍基出血；对鲤鱼则出现厌食、体色变浅、鳍和皮肤充血。

哺乳类对硫胺素的需要量是 0.5 mg/4.1868 kJ 热量的食物。肉食性鱼类与此相差不大，鲑鳟鱼类大多在 1~10 mg/kg 食物的范围内。杂食性鱼类和植食性鱼类差别较大。如鲤鱼需要食物中有 0.5 mg/kg 食物的硫胺素，而大菱鲆需要量在 0.6~2.6 mg/kg 食物之间。此外，食物中糖的含量能影响硫胺素的需要，这是因为羧化辅酶通过丙酮酸而影响糖和脂肪的代谢。高脂肪而低糖的饲料可以降低鱼对硫胺素的需要量并延缓缺乏症的出现。

硫胺素分布于谷物的胚、酵母、动物肝脏和卵黄中，鱼类食物中的硫胺素一般来自植物种子，以及各种豆类、米糠、麦麸和干酵母等。

2. 维生素 B_2

维生素 B_2（核黄素，Riboflavin）在组织中以黄素单核苷酸（FMN）和黄素腺嘌呤二核苷酸（FAD）的形式起作用。FMN 和 FAD 是黄素蛋白的辅基，在生物氧化过程中起氢离子传递作用。鱼类缺乏核黄素可引起白内障、皮肤充血、畏光、食欲不振、食物转换率低、生长缓慢等症状，严重者可导致死亡。

鲑鳟鱼类对核黄素的需要量大多为 20~30 mg/kg 食物。鲤鱼在每千克食物中含有 4 mg 核黄素时，生长率和食物转换率最好；当核黄素在每千克食物中的含量为 6.2 mg 时，则肝胰脏的核黄素的积累达到最大，因此它的需要量为每千克食物含有 4~6.2 mg。

核黄素多存在于酵母、谷物、动物的肝脏和乳汁中。

3. 维生素 B_6

维生素 B_6 包括吡哆醇（Pyridoxine）和吡哆醛（Pyridoxal），在体内经磷酸化作用后变成磷酸吡哆醛，是氨基酸转氨酶和脱羧酶的辅酶，对肠道吸收氨基酸也起重要作用。磷酸吡哆醛亦是生物合成许多神经内分泌物质（如由色氨酸衍生的 5-羟色胺）所必需的成分。鱼体缺乏维生素 B_6 后，缺乏食欲、食物转换率低、生长缓慢，并出现一系列神经紊乱症状,如身体失去平衡、癫痫症发作、游泳异常等。

在虹鳟中发现用缺乏吡哆醛的食物投喂后9周,红细胞内丙氨酸转氨酶的活性显著下降,如果用维生素齐全的饲料投喂3周后,则酶的活性又恢复正常。此外,红细胞在孵育前如果用磷酸吡哆醛处理,则酶的活性可提高40%。

鳟鱼对吡哆醛的需要量是10~15 mg/kg食物,鲑鱼则为15~20 mg/kg食物;幼鲤每千克体重平均每天需要0.15 mg吡哆醛。

维生素B_6广泛分布于各种谷物、酵母、肝脏、乳汁和蛋黄等中。

4. 泛酸

泛酸(Pantothenic Acid)是辅酶A和磷酸泛酰疏基乙胺的成分,参与通过三羧酸循环从碳水化合物、脂类和蛋白质代谢和能量释放的酶解过程中转移乙酰基的代谢作用;它有助于体内生物合成脂肪酸和脂肪酸氧化;同时亦作为醋酸盐基团(如乙酰化反应)的受体和供体,是各种需要能量的生化过程所必需的因素。

饲料中缺乏泛酸可能使鱼类出现富含线粒体细胞的代谢功能受损,导致细胞有丝分裂加快和能量消耗增高。用缺乏泛酸的饲料投喂鲤鱼,10 d后便开始出现食欲下降、体重减轻等症状,接着,鱼的游泳能力变弱并浮于近水面;5周后,一些鱼有突眼、内出血和贫血等症状。在鲑鳟鱼类中还观察到棒鳃病(Clubbed Gills),鳃瓣上皮增殖、隆起而形成棍棒状,同时鳃表面覆盖着一些分泌物。这种症状也见于鳗鲡和鲶鱼中。

当食物中泛酸的含量达到50 mg/kg时,鲤鱼肝胰脏中泛酸的含量达到最高;但在泛酸含量为30 mg/kg时,鱼生长率最高。因此,鲤鱼需要30~40 mg/kg食物的泛酸,相当于1.0~1.4 mg/(kg体重·d)的摄取量。对几种鲑鳟鱼类的研究发现,它们对泛酸的需要量略高于鲤鱼,都为40~50 mg/kg食物。

泛酸分布于肝脏、卵黄、花生、豆类、酵母、谷类和糖浆等中。

5. 叶酸

叶酸(Folic Acid)又称蝶酰谷氨酸,有三个组成部分:喋啶、对氨基苯甲酸和谷氨酸。叶酸是生物合成各种核酸、脱氧核糖核酸(DNA)和核糖核酸(RNA)的必需成分。因此,正常的红细胞形成就需要叶酸。缺乏叶酸会引起营养性贫血、厌食、饲料转化率低、生长缓慢和鳍脆弱等。但是,在鲤鱼中却发现不投喂叶酸对其生长率、死亡率、肝胰脏泛酸含量和红细胞数量都没有影响;进而又发现,鲤鱼肠道的微生物能合成叶酸。

鲑鳟鱼类对叶酸的需要量很相近,为6~10 mg/kg食物;鲤鱼因为没有观察到缺乏症,加上肠内微生物能合成,故也没有明确的需要量,但也有学者建议以15 mg/kg食物作为鲤鱼对叶酸的需要量。

酵母、绿叶、肝脏、肾脏、鱼的内脏和组织都是叶酸的丰富来源。

6. 维生素C

维生素C(抗坏血酸,Ascorbic Acid)在细胞的氧化还原过程中起重要作用,参与羟化作用,还与硫酸软骨素(Chondroitin Sulphate)和胞间基质(Intercellular Ground Substance)的形成有关,因而对胶原和正常软骨的形成、骨骼修补和伤口愈合是必需的。长期缺乏维生素C的鱼通常出现与胶原形成受损害有关的症状,如脊柱侧弯、脊柱前弯、内出血,以及鳃、棘、鳍、颌部等支持软骨不正常。

对鱼类抗坏血酸的需要量研究得比较多,例如,斜带石斑鱼维生素 C 的适宜需要量为 70 mg/kg 饲料。在正常情况下,食物中含有约 100 mg/kg 的抗坏血酸就能满足需要;但在应急情况下,其需要量能增长 1~2 倍;当鱼体受损伤时,则需要至少 500 mg/kg 食物的抗坏血酸。最近的研究表明,在饲料中添加较高剂量的抗坏血酸(1000 mg/kg 饲料),能明显提高鱼类抗病的能力,降低死亡率。由于抗坏血酸容易被氧化分解,因此可用与抗坏血酸同样具有维生素作用的抗坏血酸硫酸酯来代替抗坏血酸,从而可以降低它的需要量。

维生素 C 主要存在于果实、蔬菜以及肝、肾等组织中。

7. 胆碱

胆碱(Choline)分子中的三个甲基基团是重要的甲基供体。胆碱与乙酰辅酶 A 发生反应而形成神经递质乙酰胆碱,参加机体代谢活动的调节。此外,胆碱亦是卵磷脂和神经鞘磷脂的组成部分。

缺乏胆碱使食物转换率低,脂肪代谢减弱,鱼体生长缓慢;在鲤鱼中观察到肝胰脏脂肪过度积累;在鳟鱼中有肾和肠出血的现象,而鲑鱼还出现胃排空的时间增加。

给大鳞大麻哈鱼和银大麻哈鱼投喂不同胆碱含量的试验饲料,12 周后,这两种鱼都显示出相同的需要量,即 600~800 mg/kg 食物。鲤鱼的需要量要比大麻哈鱼高,当食物中含有 2000~4000 mg/kg 的胆碱时才能预防脂肪肝。

小麦、各种豆粉、脑和心脏中都存在丰富的胆碱。

8. 尼克酸

尼克酸(Niacin,或称烟酸)是辅酶Ⅰ(NAD)和辅酶Ⅱ(NADP)的主要组分,起传递氢的作用,对各种活细胞是必不可少的。鱼体缺乏尼克酸会出现食欲不振、食物转换率低、生长缓慢、肌肉痉挛、水肿、贫血以及皮肤出血等症状,而且死亡率很高。

鲤鱼对尼克酸的需要量是 28 mg/kg 食物,或者 0.55 mg/(kg 体重·d)。鲑鳟鱼类对尼克酸的需要量要高得多,一般需要 120~200 mg/kg 食物才能使肝脏贮存的尼克酸量达到最高。

大多数动植物组织中都存在尼克酸,酵母、肝、肾、心脏、绿色蔬菜等都是尼克酸丰富的来源。

9. 维生素 H

维生素 H(生物素,Biotin)是一些催化 CO_2 固定到有机链上的酶类,如乙酰辅酶 A 羧化酶、丙酰辅酶 A 羧化酶等的辅酶,参与 CO_2 固定和羧化过程;对脂肪酸的合成也是必需的。与泛酸相似,生物素对碳水化合物、脂类和蛋白质三种产生能量的营养物质具有促进代谢和能量释放的功能。缺乏维生素 H 的鱼大多显示出食欲不振、生长缓慢、肌肉萎缩、痉挛、贫血以及鳃、皮肤和直肠损伤;在溪红点鲑中出现很特殊的蓝色黏液斑。

鲤鱼对生物素的需要量是 10 mg/kg 食物,鲑鳟鱼类只需要 1~2 mg/kg 食物。

肝脏、肾脏、酵母、牛奶制品、蛋黄等含有丰富的生物素。

10. 维生素 B_{12}

维生素 B_{12}(氰钴胺素,Cyanocobalamin)参与鱼类和其他动物的许多代谢功能。动物的正常生长、红细胞成熟、脱氧核糖核酸生物合成、健康的神经组织都需要维生素B_{12}。维生素B_{12}连同叶酸，是红细胞生成组织中生物合成 DNA 提供甲基基团等单碳单元所必需的组分；它还参与蛋氨酸、胆碱、铁、维生素 C 和泛酸的代谢功能。缺乏维生素B_{12}引起食欲不振、血红蛋白含量下降、红细胞断裂、贫血、食物转换率下降和生长缓慢等症状。

对鲤鱼肠道 198 种细菌的研究发现，这些细菌中有一半以上能合成维生素B_{12}，它们能给鲤鱼提供足够的B_{12}。由于微生物能够合成B_{12}，使得对其需要量的测定比较困难。鲑鱼蓄养在微生物较少的特殊水环境中，经 16 周实验后发现它们对B_{12}的需要量很少（0.015~0.02 mg/kg 食物）。通常，鱼体能通过食物链从微生物中获得充足的B_{12}。

11. 肌醇

肌醇（Inositol）是一种有生物活性的环己六醇类化合物，是磷脂的主要结构成分之一，还是肌肉紧急状态下的糖来源。肌醇能防止胆固醇的过度积累，也参与维持正常的脂肪代谢。在鲑鳟鱼类、鲤鱼和鲶鱼中都观察到缺乏肌醇引起水肿、胃肠肿胀、增加胃排空时间、生长缓慢等症状。

鱼类对肌醇的需要量大。对几种鲑鳟鱼类的研究发现，要使鱼体达到最适生长和最大的肝脏肌醇贮存量，需要 200~400 mg/kg 食物；鲤鱼对肌醇的需要量是 440 mg/kg 食物。

在大多数生物组织中都发现有肌醇存在，小麦和各种豆类、脑和心脏等都是肌醇丰富的来源。

鲑鳟鱼类和鲤鱼的维生素需要量分别总结如表 1-16 和表 1-17 所示。

表 1-16　鲑鳟鱼类的维生素需要量

单位：mg/kg 食物

维生素	虹鳟	溪红点鲑	褐鳟	大鳞大麻哈鱼	银大麻哈鱼
维生素 B_1	10~12	10~12	10~12	10~15	10~15
维生素 B_2	20~30	20~30	20~30	20~25	20~25
维生素 B_6	10~15	10~15	10~15	15~20	15~20
泛酸	40~60	40~50	40~50	40~50	40~50
叶酸	6~10	6~10	6~10	6~10	6~10
维生素 C	100~150	—	—	100~150	50~80
胆碱	—	—	—	600~800	600~800
尼克酸	120~150	120~150	120~150	120~150	120~150
维生素 H	1.0~1.2	1.0~1.2	1.5~2.0	1.0~1.5	1.0~1.5
维生素 B_{12}	—	—	—	0.015~0.02	0.015~0.02
肌醇	200~300	—	—	300~400	300~400
维生素 A*	200~250	—	—	—	—
维生素 E	—	—	—	40~50	—

注："—"表示没测到具体数字，下同；*维生素 A 的单位为 IU/kg 食物，该单位已被废弃，但实际工作中还在使用，因此此处仍保留。

表1-17 鲤鱼的维生素需要量

维生素	需要的食物中含量/mg·kg^{-1}食物	每天需要的摄取量/mg·kg^{-1}体重
维生素 B_1	60	—
维生素 B_2	4.0~6.2	0.11~0.17
维生素 B_6	20	0.15~0.20
泛 酸	30~40	1.0~1.4
叶 酸	15	—
维生素 C	2000	—
胆 碱	2000~4000	60~120
尼克酸	28	0.55
维生素 H	10	0.02~0.03
维生素 B_{12}	0.09	—
肌 醇	400	7~10
维生素 A*	2000 以上	4000~20000
维生素 E	100	—
维生素 K	40	—

* 维生素 A 的单位为 IU/kg 食物。

二、脂溶性维生素

脂溶性维生素（Fat-soluble Vitamins）主要包括维生素 A、维生素 D、维生素 E、维生素 K 等。

1. 维生素 A

维生素 A 是一个统称，用来说明所有具有视黄醇（Retinal）生物活性的化合物，通常包括 A_1 和 A_2 两种。每一个国际单位（IU）的维生素 A 规定为 0.3 μg 的全反式视黄醇。A_1 存在于动物肝脏、血液和眼球的视网膜中，而 A_2 只存在于淡水鱼中。A_2 比 A_1 在化学结构上多一个双键，所以也称脱氢视黄醇。一分子的 β-胡萝卜素（β-carotene）可以生成两分子的维生素 A。维生素 A 与视觉有关，是维持正常视力所必需的；同时它也参与黏多糖形成而保持黏膜和骨骼的构造。鱼体缺乏维生素 A 会出现生长不正常等症状。由于脂溶性维生素难以排泄，因此在体内过度积累也会引起中毒。在鱼类中发现，维生素 A 过多时（表现在肝油中维生素含量很高，血清碱性磷酸酶含量升高），鱼体出现异常生长、皮肤损伤、上皮角化、骨骼不正常等症状；适当减少食物中的维生素 A 可使这些症状消失，鱼恢复正常。

维生素 A 的需要量也列在表 1-16 和表 1-17 中。对鲤鱼的研究发现，当食物中维生素 A 含量高于 2000 IU/kg 时，肝脏才开始积累维生素 A；而且，如果在缺乏维生素 A

的鲤鱼食物中增加2000 IU/kg的维生素A，鱼体的恢复很慢，所以鱼体对食物中维生素A的需要量在2000 IU/kg以上，通常认为每千克鲤鱼饲料需要添加4000~20000 IU维生素A。

2. 维生素D

维生素D是由维生素D原经紫外光激活后形成的。维生素D原如果是动物皮下的7-脱氢胆固醇，经紫外光激活后转化为维生素D_3（胆钙化醇，Cholecalciferol）；维生素D原如果是植物油和酵母中的麦角固醇，经紫外光激活后则成为维生素D_2（麦角钙化醇，Ergocalciferol）。维生素D_3的生物活性比维生素D_2强3~27倍，能满足鳟鱼对维生素D的需要。维生素D国际单位的定义是0.025 μg胆钙化醇所含有的生物活性。维生素D最重要的功能是促进钙吸收和调节钙磷代谢。哺乳类缺乏维生素D会引起骨骼异常生长，但是在鱼类中没有观察到明显的维生素D缺乏症；相反，维生素D过多则引起鱼类生长缓慢、食物转换率低、肝脏脂质增加、肝毒症、体内钙平衡失调等症状。

斑点鲴的每千克饲料中仅需添加维生素D_3约500 IU。在15℃饲养的虹鳟鱼种，每千克饲料至少需添加维生素D_3 1600~2400 IU。很多动物只要受到阳光照射，就能获得维生素D。鱼肝油中含有丰富的维生素D。

3. 维生素E

维生素E（生育酚，α-tocopherol）是抗氧化剂，能抑制不饱和脂肪酸（特别是亚油酸）的氧化作用，在氢转移系统中作为供氢体，也起辅酶作用；此外，维生素E还参与维持正常的生殖活动。鱼体缺乏维生素E出现肌肉营养不良、生长缓慢、眼干燥、皮下组织水肿、红细胞断裂、贫血、脂肪肝，以及脾脏、肾脏和胰脏蜡酯沉积等症状。维生素E过多时引起鱼类生长缓慢、肝毒症并可导致死亡。

大鳞大麻哈鱼需要40~50 mg/kg食物的维生素E，鲤鱼则需要100 mg/kg食物。此外，曾研究鲤鱼维生素E需要量与食物中不饱和脂肪酸的关系。食物中亚油酸的含量增加，维生素E的量也要增加，才能防止鲤鱼肌肉营养不良。如果食物中含有5%的亚油酸，则鲤鱼对维生素E的需要量增加到300 mg/kg食物。维生素E存在于植物组织中，麦胚油含量最多，大豆油以及玉米、蔬菜等中的含量也颇丰富。

4. 维生素K

维生素K是一组具有α-甲基-1,4-萘醌结构的化合物，与凝血蛋白质合成中mRNA的形成有关，因此它能维持快的凝血率，这对生活在水环境中的鱼类来说尤为重要。此外，维生素K还参与体内氢化还原过程，在黄素蛋白和细胞色素之间起电子传递作用。缺乏维生素K的鱼凝血时间长，组织出血，损伤后恢复缓慢，病情严重者可导致死亡；出血范围多见于鳃、眼睛和血管等。维生素K过多会引起鱼类生长缓慢和贫血。

每千克饲料含有与0.5~1.0 mg甲基萘醌相等的亚硫酸氢钠甲基萘醌（MSB）或亚硫酸氢钠二甲嘧啶酚甲基萘醌（MPB）足可维持鳟鱼正常的血液凝固和红细胞比容值；而每千克饲料含有2400 mg高浓度亚硫酸氢钠甲基萘醌并不影响幼龄鳟鱼的生长、成活、血液凝固或红细胞数。

维生素K在绿叶蔬菜中含量丰富，动物肝脏中也有不少维生素K，大豆中也有少量存在。

第五节 矿物质

各种矿物质既可以通过消化系统也可以通过鳃和皮肤进入鱼体，从而使矿物质需要量的研究复杂化。可以说，这种复杂性是由于鱼类和水环境的密切关系所造成的。

淡水鱼类由于体液的高渗性，不断有离子渗出到水环境中。因此，食物中足够的矿物质供应对淡水鱼来说更为重要。用不同矿物质含量的饲料投喂鱼，对比它们与生长的关系，发现虹鳟、鲤鱼和东方鲀在食物中含有4%的矿物质混合物时，生长率最高；而鳗鲡在食物中含有2%的矿物质混合物时，生长率和食物转换率达到最高；草鱼幼苗则需要9.7%的矿物质才能维持鱼体的正常生长。用不含矿物质的饲料投喂后，虹鳟出现厌食、食物转换率下降、生长缓慢、脊柱前凸、抽搐和头部形成异常等现象。鲤鱼对缺乏矿物质的敏感性不如虹鳟高，但经过较长时间的喂养后，也会出现食物转换率下降、生长缓慢、脊柱侧凸、血红蛋白含量下降等症状。

矿物质的生理机能既包括其元素形式，也包括它们的化合物形式。下面介绍一些主要矿物质的生理作用及其需要量。

1. 钙和磷

钙和磷在代谢过程特别是骨骼形成和维持酸碱平衡中起重要作用；此外，钙还参与肌肉收缩、血液凝固、神经传递、渗透压调节和多种酶反应等过程，也与保持生物膜的完整性有关。磷在糖和脂肪的代谢中起重要作用，还参与能量转化，维持细胞的通透性，调控遗传密码和生殖活动。

鱼类除了从食物中得到钙以外，还可以从水中获得。淡水鱼可以通过鳃和鳍吸收钙，而海水鱼通过吞饮海水而获得钙。曾经发现鲤鱼的生长率与食物中磷的含量成正相关关系，而与食物中钙的含量则不存在这种关系。这是因为水环境中存在着钙，当鲤鱼摄取低钙食物时，它还能从水中再补充一些钙；而磷则不一样，它在水中的含量很少，食物是鱼类磷的主要来源。

各种鱼类对钙和磷的需要量有所不同。斑点叉尾鲴在食物含有1.5%的钙时，生长率最高，钙高于1.5%时则导致生长下降；当食物中磷的含量为食物的0.8%~1.0%时生长最好，磷低于0.5%时鱼体出现缺乏症，高于1.2%则导致生长下降。鲤鱼需要食物中含有0.6%~0.7%的磷以维持良好生长。海水鱼对钙的需要量与淡水鱼差别很大。海水鱼能吞饮含有大量钙的海水，因此对食物中钙的需要就相对较少，如真鲷只需要食物中含0.34%的钙和0.68%的磷；鳗鲡对钙和磷的需要量分别是食物的0.27%和0.29%。鱼体缺钙时食物转换率低，生长缓慢，死亡率高；而缺磷则导致骨骼发育不正常，特别是头部畸形，血细胞含量减少，食物转换率低以及生长缓慢。

由于钙和磷的代谢关系密切，因此，这两种元素的需要量常一起考虑。食物中钙和磷的比例能影响鱼体的生长。真鲷在食物中的钙磷之比为1:2时，生长率最高；草鱼幼鱼需要钙磷之比为3:2，以维持最适生长；鲤鱼食物中最适钙磷比是1:1~2:1，而溪红点鲑、鳗鲡和斜带石斑鱼都是1:1。

2. 镁

镁除了参与骨骼形成外，还是很多酶（如磷酸转移酶、脱羧酶和酰基转移酶等）的激活剂。

镁主要来源于食物。食物中缺少镁会使鱼类食欲不振、生长缓慢、全身痉挛、活动呆滞并可导致死亡率增高。幼鲤对镁的需要量是在食物中含有 0.04%~0.05%，鳗鲡是 0.04%，虹鳟为 0.1%。镁的需要量与食物中钙和磷的含量关系很大。当食物钙含量很高时，镁缺乏症被加重；而减少钙和磷含量，同时增加镁的摄取量，就不会出现镁缺乏症。相反，如果钙和磷过多，则鱼对镁的需要量增加。这主要是钙和磷能降低对镁吸收的缘故。

3. 钠、钾和氯

钠、钾和氯三种元素在维持鱼体细胞内外液的渗透压平衡、维持体液的酸碱平衡和神经刺激传导中起重要作用。钠和钾还参与维持神经肌肉的应激反应。食物中钠、钾和氯严重欠缺时会引起鱼体生长缓慢、体质衰弱、痉挛，甚至死亡。

4. 硫

硫在体内主要以有机物的形式存在，如胱氨酸、蛋氨酸、生长激素和硫胺素等，因此其作用也就是这些化合物的作用。硫很少出现欠缺情况。

5. 铜

铜为红细胞生成和保持活力所必需，也是细胞色素氧化酶和皮肤色素的成分。缺乏铜会引起贫血、体表褪色、生长缓慢、脑和脊髓损伤等症状。

6. 锰

锰是磷酸转移酶和脱羧酶等的活化剂，也为维持正常生殖能力所必需。锰欠缺时会引起生长缓慢、体质下降、生殖能力降低等症状。

7. 铁

铁是血红蛋白和肌红蛋白的组分，参与 O_2 和 CO_2 的运输；铁还是细胞色素系统和过氧化物酶及过氧化氢酶的组成成分，在呼吸和生物氧化过程中起重要作用。食物缺铁引起鱼类贫血。鳗鲡对铁的需要量为每千克饲料含 170 mg，真鲷对铁的需要量为每千克饲料含 50 mg，斜带石斑鱼对铁的需要量为每千克饲料含 100 mg。

8. 钴

钴是维生素 B_{12} 的组成成分，因此其生理机能与 B_{12} 有密切联系，在食物或水中加入钴化合物能促进鲤鱼生长与血红蛋白形成。钴的最低需要量尚未被确定。微量的钴分布于各种动植物的饲料成分中。

9. 锌

锌参与核酸的合成，也是很多酶的组成成分，或为酶活性的表现所必需，如碳酸酶和谷氨酸脱氢酶等。食物中锌的含量对鱼的食欲、生长率和死亡率都有影响，而且还影响组织中锌、铁和铜的含量。鲤鱼食物中如果锌的含量低于 1 百万分（1 ppm）浓度时，皮肤和鳍会出现糜烂；鲤鱼对锌的需要量是 15~30 百万分（15~30 ppm）浓度。斑点鮰对锌的需要量为 20 百万分（20 ppm）浓度。在虹鳟中，锌能预防白内障；当食物中锌的含量为 0.006% 时，75% 的虹鳟出现白内障；而当锌的含量为 0.015% 时，白内障没有出现,而且生长率显著提高。

10. 碘

碘是合成甲状腺素的原料,缺乏碘时引起甲状腺肿大。大鳞大麻哈鱼幼鱼对碘的需要量是食物的 0.06%~0.11%。植物蛋白质中含有丰富的碘。

除以上矿物质元素外,还有硼、钼、硒等微量元素。目前对这些微量元素的研究不多,主要的报道有:①食物中添加硼和钼能改善鲤鱼的生长和存活;②食物中添加硒和维生素 E 能预防大西洋鲑鱼肌肉发育不良。

近年来由于养殖业的发展,我国对草鱼的营养需要作了全面的研究,矿质营养是其中之一。对草鱼幼鱼各种无机离子的适宜比例和无机盐的日需要量进行研究后,发现当食物中钙、磷、硫、铁、镁的比例为 18:12:9:2:1 时,草鱼能达到良好生长的效果。草鱼幼鱼对 13 种无机离子的日需要量列于表 1-18 中。

表 1-18 草鱼幼鱼对 13 种无机离子的需要量

名称	每 100 g 鱼种的每日需要量/mg
钙	32.63 ~ 36.69
磷	22.05 ~ 24.79
硫	15.49 ~ 17.41
铁	4.10 ~ 4.60
镁	1.79 ~ 2.01
钴	0.045 ~ 0.051
铜	0.023 ~ 0.025
锰	0.045 ~ 0.051
碘	0.005 ~ 0.006
锌	0.44 ~ 0.50
钾	25.0 ~ 28.33
钠	7.68 ~ 8.7
氯	20.87 ~ 23.46

引自黄耀桐、刘永坚(1989)。

第六节 亲鱼和幼鱼饲料

亲鱼和幼鱼的营养对鱼类的大规模养殖生产无疑是至关紧要的。亲鱼营养研究的重点是配制能促进卵巢成熟、促进产卵和提高卵子质量的亲鱼饲料;而对幼鱼来说,则是设法寻求营养价值高、适宜幼鱼摄取而又能满足其生长发育需要的幼鱼饲料。

一、亲鱼饲料

亲鱼饲料营养价值的高低将影响到卵巢成熟、产卵量和卵子质量。最近的研究表明，下列因素能影响卵子质量：

1. 蛋白质

喂以低蛋白饲料（36%粗蛋白）的真鲷亲鱼，产出卵中能受精的浮性卵很少，正常的鱼苗也只占孵出苗的4%；而投喂蛋白质含量为51%的饲料，则孵出的幼苗中有62%是正常的。可见，亲鱼饲料中必须含有较高的蛋白质。

2. 脂类

投喂缺乏必需脂肪酸饲料的雌虹鳟，产卵数量少，孵化率低；如果在食物中加入亚油酸（18：2 ω6），便能改善这种情况。投喂缺乏必需脂肪酸饲料的真鲷亲鱼，产出卵中浮性、能受精的不到25%；如果用玉米油代替基本饲料中的乌贼肝油，也会引起卵质量下降，正常鱼苗的比例也下降（投喂玉米油饲料得到的正常鱼苗为1.2%，投喂乌贼肝油饲料得到的正常鱼苗为53%）。给点蓝子鱼（*Siganus guttatus*）的饲料中添加鳟鱼肝油，它们能持续产卵5个多月，而不添加鳟鱼肝油只产卵2个月。给海鲈（*Dicentrarchus labrax*）投喂含有10% ~ 22%鱼油的饲料能显著提高卵子质量和幼苗成活率。特别是精制鱼油中含有丰富的ω3组高不饱和脂肪酸，能有效地增加养殖鱼类的繁殖能力。这些说明食物中高不饱和脂肪酸的种类和数量对促进鱼类性腺发育成熟和提高产卵量起重要作用。

通常，鱼卵中含有大量的磷脂。食物中有足够的磷脂时，能提高幼苗的生长率和成活率。此外，磷脂以及含有虾青素的磷虾粉能有效地提高卵子质量。

给日本鳗鲡（*Anguilla japonica*）多次注射鲑鱼脑垂体匀浆液后，能诱导其性腺发育成熟、排卵和受精并孵出幼鱼，但幼鱼的死亡率很高，而且不能正常发育生长。对人工诱导性腺发育成熟的鳗鲡的肝脏和卵巢以及排出卵子进行脂肪酸组成的分析测定，结果表明，在人工诱导性腺发育期间，肝脏和卵巢的ω3组PUFA含量在总脂肪酸中的比例明显降低，而排出卵子的PUFA含量亦显著低于其他鱼类。其中排出卵的ω3组PUFA只占总脂肪酸中的16%，而大麻哈鱼为25% ~ 40%，条斑星鲽为42%；ω6组PUFA只占总脂肪酸中的1%左右，其他鱼类为2.5% ~ 4.5%（图1-6）。这表明PUFA的欠缺可能是人工诱导鳗鲡产出卵子质量不高、孵出幼鱼成活率和生长率低下的主要原因之一。

3. 维生素

与其他高等动物一样，维生素E在鱼类产卵和保持卵质量方面起重要作用，可以说，它在所有与生殖器官发育相关的营养因子中是最重要的一个。在香鱼产卵前3个月，连续用维生素E含量不同的饲料投喂，结果表明，当食物中含有3.4 mg/100 g的维生素E时才能保持良好的孵化率和幼苗成活率。在鲤鱼中，用缺乏维生素E的饲料连续投喂7个月后，卵巢发育受到阻抑。真鲷在产卵前两个月用添加维生素E、β-胡萝

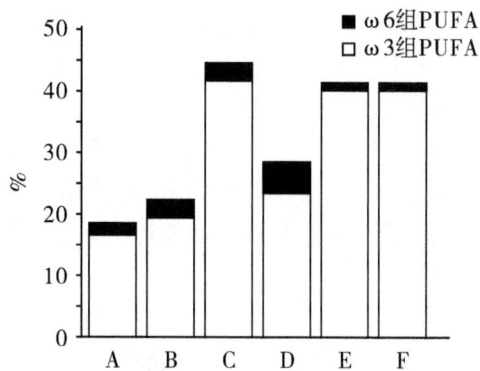

图1-6 人工诱导性成熟的日本鳗鲡和其他几种鱼类产出卵子的 PUFA 占总脂肪酸的百分比

A. 日本鳗鲡；B. 野生鳗鲡；C. 条斑星鲽；D. 马苏大麻哈鱼；E. 大麻哈鱼；F. 细鳞大麻哈鱼（参考 Ozaki 等）

卜素和角黄素的饲料投喂能提高其卵子质量；直接投喂冰冻的磷虾亦有良好的效果。

4. 矿物质

香鱼食物中缺乏磷可导致生长缓慢，产卵量少；真鲷亲鱼食物缺乏磷时产出卵中正常卵的比例减少。在虹鳟中，食物中缺乏微量元素时，除了食物转换率低和生长缓慢以外，还能导致产卵异常，卵质量下降。

二、幼鱼饲料

鱼苗刚孵出时，能从卵黄囊摄取所需养分；一旦卵黄囊消失，鱼苗就开始需要食物来提供营养。常用的鱼苗饲料是一些幼小的水生生物，如轮虫等。使用这种活体饲料需要花费大量的设备和劳力，成本较高，因此发展人工饲料以供鱼苗生长就显得很必要。目前研究得比较多的是微颗粒饲料（Microparticulate Diets），它们的颗粒口径小，在 10～500 μm 之间，比重与水相近，能悬浮于水体中，营养成分丰富，易被消化吸收，且营养素在水中不易溶解，可以取代活体饲料作为鱼苗的开口饲料。已经制出的微颗粒饲料大致可以归为下面三类：

1. 微胶囊饲料（MED：Microencapsulated Diets）

这类饲料是指用一层薄膜把含有各种营养成分的溶液、胶质或悬浮液包成胶囊，主要有聚酰胺纤维-蛋白质 MED、明胶-阿拉伯胶 MED、蛋清蛋白 MED、糖肽 MED 和脱乙酰壳多糖 MED 几种。

2. 微粘合饲料（MBD：Microbound Diets）

把食物粉末结合到某种粘合剂上就成为微粘合饲料，主要有角叉藻聚糖 MBD、琼脂 MBD、玉米朊 MBD、藻酸 MBD 和明胶 MBD 等。

3. 微膜饲料（MCD：Microcoated Diets）

在微胶囊饲料或微粘合饲料外面再包上一层被膜物质，以提高其在水中的稳定性，如玉米朊 MCD、胆固醇-卵磷脂 MCD 和聚酰胺纤维-蛋白质 MCD。

用微颗粒饲料大量培育香鱼和鲤鱼幼苗已获得成功。投喂微粘合饲料 90 d 的香鱼苗，其生长率和存活率与投喂活体饲料轮虫、卤虫等的相近（图1-7）；而且，用含有卵磷脂的微粘合饲料培养的香鱼苗，很少发现营养缺乏症（如脊椎侧凸等）的出现；用含有磷脂特别是磷脂酰胆碱的微颗粒饲料培养金头鲷幼苗，能刺激其摄食活动和提高生长率。这些结果说明，在维持鱼苗生长和存活方面，微颗粒饲料与天然活体饲料有相近的营养价值。

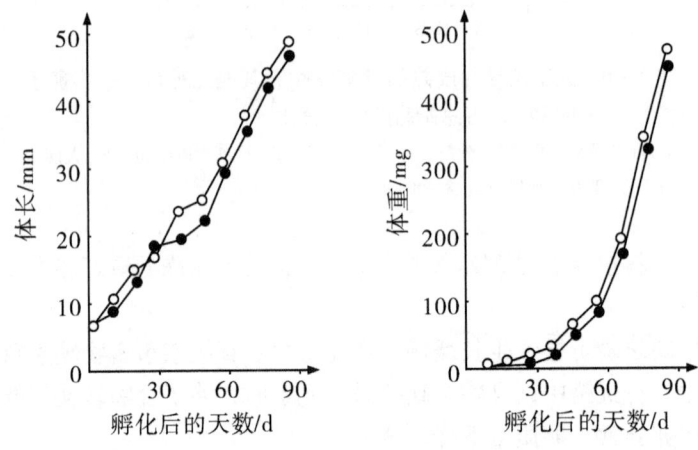

图 1-7 投喂微颗粒饲料的香鱼幼苗的生长情况
○表示投喂活体饲料；●表示投喂微粘合饲料（参考 A. Kanazawa）

鲤鱼的情况与香鱼类似，单独投喂微颗粒饲料能使幼鲤发育良好，成活率也很高。投喂微颗粒饲料对鲤鱼生长和成活的影响如图 1-8 所示。

一般来讲，饲料中蛋白质含有的必需氨基酸含量和鱼体或鱼卵蛋白质中的含量相似，就能得到高的营养价值。因此，可以从分析某种鱼（如香鱼）整体的蛋白质氨基酸组成入手，然后采用各种不同的蛋白质原配制和鱼幼体蛋白质氨基酸组成相近似的微颗粒饲料，再通过投喂试验进行对比和筛选，就可以配制成功培育某种鱼类苗种营养价值最高的人工饲料。例如为牙鲆（*Paralichthys olivaceus*）幼鱼配制五种粗蛋白含量为 50% 但氨基酸组成不同的饲料，投喂 40 d 后观察对比饲料对幼鱼生长和鱼体主要生化组成的影响。在五种饲料中，对照组饲料的粗蛋白为酪蛋白和明胶（2∶1），其他 4 种饲料的粗蛋白为 30% 酪蛋白和明胶、20% 晶体氨基酸，而晶体氨基酸的组成分别和红海重牙鲷卵的蛋白质（REP）、牙鲆鱼苗整体蛋白质（FLP）、牙鲆幼鱼整体蛋白质（FJP）、褐鱼粉蛋白质（BFP）的氨基酸组成相近似。投喂的结果是：含有褐鱼粉蛋白质氨基酸组成的饲料对牙鲆的生长最有效，食物转化率、蛋白质效率比、蛋白质净利用率亦都最高，其次是对照组饲料，再次是含 FJP、FLP 和 REP 氨基酸组成的饲料。投喂后牙鲆幼鱼的整体氨基酸组成，除个别氨基酸外，与饲料中氨基酸组成没有明显差别。这表明褐鱼粉的氨基酸组成最适于作为牙鲆幼鱼饲料氨基酸组成的参考型式。

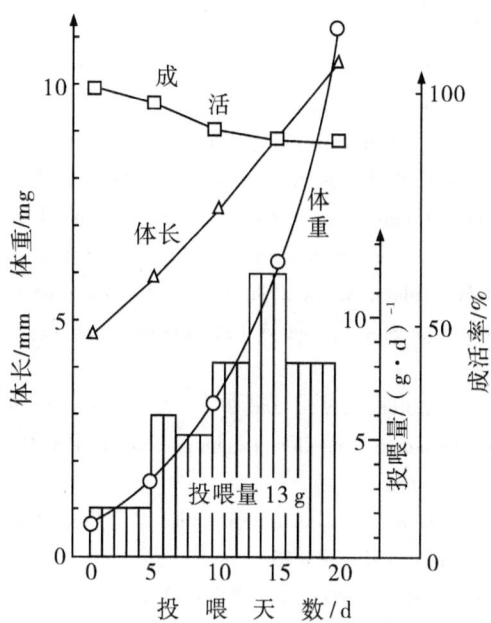

图 1-8 投喂微颗粒饲料的鲤鱼的生长和成活情况

参考 A. Kanazawa

主要参考文献

1. 林鼎，毛永庆. 鱼类营养与配合饲料. 广州：中山大学出版社，1987：1-66
2. 黄耀桐，刘永坚. 草鱼鱼种无机盐需要量的研究. 水生生物学报，1989，13：135-151
3. 周岐存，刘永坚，麦康森，田丽霞. 维生素 C 对斜带石斑鱼（*Epinephelus coioides*）生长及组织中维生素 C 积累量的影响. 海洋与湖沼，2005，36：152-158
4. 张文兵，谢小军，付世建，曹振东. 南方鲇的营养学研究：饲料的最适蛋白质含量. 水生生物学报，2000，24：603-609
5. Alam, S., Teshima, S., Yaniharto, D., Koshio, S., and Ishikawa, M. Influences of different dietary amino acid patterns on growth and body composition of juvenile Japanese flounder, *Paralichthys olivaeus*. *Aquaculture*, 2002, 210: 359-369
6. Astuniano, J. F., Sorbera, L. A., Carrillo, M., Bromage, N., and Zanuy, S. Evidence of the influence of polyunsaturated fatty acids in vivo and in vitro in the reproduction of the European sea bass (*Dicentrarchus labrax* L.). In: B. Norberg, O. S. Kjesbu, G. L. Taranges, E. Andersson and S. O. Stefansson, eds. Proceedings of the 6th International Symposium on the Reproductive Physiology of Fishes. Bergen, Norway, 1999: 194
7. Ballestrazzi, B., Lanari, D., Agaro, E. D., and Mion, A. The effects of dietary protein level and source on growth, body composition, total ammonia and reactive phosphate excretion of growing sea boss (*Dicentrarchus labrax*). *Aquaculture*, 1994, 127: 197-206
8. Bitterlich, G. The nutrition of stomachless phytoplanktivorous fish in comparison with Tilapia. *Hydrobiologia*, 1985, 121: 173-179

9. Castell, J. D. Review of lipid requirement of finfish. In: Proc. World Symp. on Finfish Nutrition and Fishfeed Technology. Berlin, 1979: 60 - 84

10. Catacutan, M. R., and Coloso, R. M. Effect of dietary protein to energy ratios on growth. survival, and body composition of juvenile Asian seabass, *Lates calcarifer*. *Aquaculture*, 1995, 131: 125 - 133

11. Chen, H. Y., and Tsai, J. C. Optimal dietary protein level for the growth of juvenile grouper, *Epinephelus malabaricus* fed semipurified diets. *Aquaculture*, 1994, 119: 265 - 271

12. Collie, N. L. Intestinal nutrient transport in coho salmon (*Oncorhynchus kisutch*) and the effects of development, starvation, and seawater adaptation. *J. Comp. Physiol.*, part B, 1985, 156: 163 - 174

13. Cowey, C. B., Adron, J. W., Blair, A., and Shanks, A. M. Studies on the nutrition of marine flatfish: Utilization of various dietary protein by plaice (*Pleuronectes platessa*). *Br. J. Nutr.*, 1974, 31: 297 - 306

14. Cowey, C. B., Pope, J. A., Adron, J. W., and Blair, A. Studies on the nutrition of marine flatfish: Growth of plaice, *Pleuronectes platessa*, on diets containing proteins derived from plants and other sources. *Mar. Biol.*, 1974, 10: 145 - 153

15. Cowey, C. B. Protein and amino acid requirements of finfish. In: Proc. World Symp. on Finfish Nutrition and Fishfeed Technology. Berlin, 1979: 4 - 15

16. Cowey, C. B., and Sargent, J. R. Nutrition. In: W. S. Hoar and D. J. Randall, eds. Fish Physiology. Vol. 8. New York: Academic Press, 1979: 1 - 58

17. Cowey, C. B., Mackie, A. M., and Bell, J. G. Nutrition and Feeding in Fish. London: Academic Press, 1985

18. Dabrowski, K. Protein requirement of grass carp fry (*Ctenopharyngodon idella* Val.). *Aquaculture*, 1977, 12: 63 - 73

19. Dabrowski, K. Protein digestion and amino acid absorption along the intestine of the common carp (*Cyprinus carpio*), a stomachless fish: an in vitro study. *Reprod. Nutr. Develop.*, 1986, 26: 755 - 766

20. Dabrowska, H., and Wojno, T. Studies on the utilization by rainbow trout (*Salmo gairdneri*) of feed mixture containing soya bean meal and an addition of amino acids. *Aquaculture*, 1977, 10: 297 - 310

21. Daniels, W. J., and Robinson, E. H. Protein: energy requirement of red drum, *Sciaenops ocellata*. *Aquaculture*, 1986, 53: 263 - 270

22. Davis, D. A., and Arnold, C. R. Response of Atlantic croaker fingerlings to practical diet formulations with varying protein and energy contents. *J. World Aquacul. Soc.*, 1997, 28: 241 - 248

23. Debrath, D., Pal, A. K., Sahu, N. P., Yengkokpam, S., Baruah, K., Choudhury. D., and Venkateshwarlu G. Digestive enzgmes and metabolic profile of *Lablo rohita* fingerlings fed diets with different crude protein levels. *Comp. Biochem. Physiol.*, part B, 1997, 146: 107 - 114

24. DeLong, D. C., Haver, J. E., and Mertz, E. T. Nutrition of salmonoid fishes. VI. Protein requirement of chinook salmon at two water temperature. *J. Nutr.*, 1958, 65: 589 - 599

25. Du, Z. Y., Liu, Y. J., Tian, L. X., Wang, T. T., Wang, Y., and Liang, G. Y. Effect of dietary lipid level on growth, feed utilization and body composition by juvenile grass carp (*Ctenopharyngodon idella*). *Aquaculture Nutrition*, 2005, 11: 139 - 146

26. Dupree, H. K., and Halver, J. E. Amino acids essential for the growth of channel catfish, *Ictalurus punctatus*. *Trans. Am. Fish. Soc.*, 1970, 99: 90 - 92

27. Gao, Y., Lv, J., Lin, Q., and Li, L. Effect of protein levels on growth, feed utilization, nitrogen and energy budget in juvenile southern flounder, *Paralichthys lethostigma*. *Aquaculture Nutrition*, 2005, 11:

427 - 433

28. Gaye-Siessegger, J. , Focken, L. , Abei, Hj. , and Becker, K. Influence of dietary non – essential amino acid profile on growth performance and amino acid metabolism of Nile tilapia, *Oreochromis niloticus* (L). *Comp. Biochem. Physiol.* , part A, 2007, 146: 71 - 77

29. Halver, J. E. Nutrition of salmonoid fishes. Ⅲ. Water-soluble vitamin requirement of chinook salmon. *J. Nutr.* , 1957, 62: 225 - 243

30. Halver, J. E. , and Shanks, W. E. Nutrition of salmonoid fishes. Ⅷ. Indispensable amino acids for sockeye salmon. *J. Nutr.* , 1960, 72: 340 - 346

31. Halver, J. E. Fish Nutrition. Academic Press, 1972: 1 - 99

32. Kanazawa, A. New development in fish nutrition. In: The First Asian Fisheries Forum. Philippines, 1986: 9 - 14

33. Kaushik, S. J. Nutrient requirements supply and utilization in the context of carp culture. *Aquaculture*, 1995, 129: 255 - 241

34. Koven, W. , Kalkovski, S. , Hadas, E. , Gamsiz, K. , and Tandler, A. Advances in the development of microdiets for gilthead seabream, *Sparus aurata*: A review. *Aquaculture.* , 2001, 194: 107 - 121

35. Lall, S. P. Minerals in finfish nutrition. In: Proc. World Symp. on Finfish Nutrition and Fishfeed Technology. Berlin, 1979: 85 - 92

36. Lazo, J. P. , Davis, D. A. , and Arnold, C. R. The effects of dietary protein levels on growth, feed efficiency and survival of juvenile Florida pompano (*Trachinotus carolinus*). *Aquaculture*, 1998, 169: 225 - 232

37. Lin, D. , Sukhawongs, S. , and Pascual, F. P. A preliminary study on the protein requirements of *Chanos chanos* (Forskal) fry in a controlled environment. *Aquaculture*, 1979, 17: 195 - 201

38. Luo, Z. , Liu, Y. J. , Mai, K. S. , Tian, L. X. , Liu, D. H. , and Tan, X. Y. Optimal dietary protein requirement of grouper *Epinephelus coioides* juveniles fed isoenergetic diets in floating net cages. *Aquaculture Nutrition*, 2004, 10: 247 - 252

39. Luo, Z. , Liu, Y. J. , Mai, K. S. , Tian, L. X. , Liu, D. H. , Tan, X. Y. , and Lin, H. Z. Effect of dietary lipid level on growth performance, feed utilization and body composition of grouper, *Epinephelus coioides* juveniles fed isonitrogenous diets in flouting netcages. *Aquaculture International*, 2005, 13: 257 - 269

40. Luo, Z. , Liu, Y. J. , Mai, K. S. , Tian, L. X. , Yang, H. J. , Tan, X. Y. , and Liu, D. H. Dietary L-methionine requirement of juvenile grouper *Epinephelus coioides* at a constant dietary cystine level. *Aquaculture*, 2005, 249: 409 - 418

41. Luo, Z. , Liu, Y. J. , Mai, K. S. , Tian, L. X. , Tan, X. Y. , Yang, H. J. , Liang, G. Y. , and Liu, D. H. Quantitative L-lysine requirement of juvenile grouper, *Epinephelus coioids*. *Aquaculture Nutrition*, 2006, 12: 165 - 172

42. Maina, J. G. , Beames, R. M. , Higgs, D. , Mbugua, P. N. , Iwama, G. , and Kisia, S. M. Partial replacement of fishmeal with sunflower cake and corn oil in diets for tilapia *Oreochromis niloticus* (L.): effect on whole body faity acids. *Aquaculture research*, 2003, 34: 601 - 608

43. Millamera, O. M. Replacement of fish meal by animal by-product meals in a practical diet for grow-out culture of grouper, *Epinephelus coioides*. *Aquaculture*, 2002, 204: 75 - 84

44. Navar, J. M. , Mananos, E. , Thrush, M. , Ramus, J. , Zanuy, S. , Carrillo, M. , Zohar, Y. , and Bromage, N. Effect of dietary lipid composition on vietllogenin, 17β-estradiol and gonadotropin plasma levels and spawning performance in captive sea bass (*Dicentrarchus labrax*). *Aquaculture*, 1998, 165: 65 - 79

45. Nose, T. Determination of nutritive value of food protein in fish. Ⅲ. Nutritive value of casein, white fishmeal and soybean meal in rainbow trout fingerlings. *Tansuika Suisan Kenkyusho Kenkyu Hokoku*, 1971, 21: 85-98
46. Nose, T., and Arai, S. Optimum level of protein in purified diet for eel, *Anguilla japonica*. Takyo: Bull. *Freshwater Fish Res. Lab.*, 1972, 22: 145-154
47. Nose, T., Arai, S., Lee, D., and Hashimoto, Y. A note on amino acids essential for growth of young carp. *Bull. Japan. Soc. Sci. Fish.*, 1974, 40: 903-908
48. Ogino, C. B vitamin requirements of carp, *Cyprinus carpio*. I. Deficiency symptoms and requirements of vitamin B_6. *Bull. Japan. Soc. Sci. Fish.*, 1965, 31: 546-551
49. Ogino, C. B vitamin requirements of carp. Ⅱ. Requirements of riboflavin and pantothenic acid. *Bull. Japan. Soc. Sci. Fish.*, 1967, 33: 351-354
50. Ogino, C., Kakino, J., and Chen, M. S. Protein nutrition in fish. Ⅱ. Determination of metabolic faecal nitrogen and endogenous nitrogen excretion of carp. *Nippon Suisan Gakkaishi*, 1973, 39: 519-523
51. Ozaki, Y., Koga, H., Adachi, S., and Yamauchi, K. Changes in fatty acid compositions of the muscle, liver and ovary of the Japanese eel, *Anguilla japonica*, during artificial maturation. In: B. Norberg, O. S. Kjesbu, G. L. Taranges, E. Andersson and S. O. Stefansson, eds. Proceedings of the 6th International Symposium on the Reproductive Physiology of Fishes. Bergen, Norway, 1999: 424
52. Parazo, M. M. Effect of dietary protein and energy level on growth, protein utilization and carcass composition of rabbitfish, *Siganus guttatus*. *Aquaculture*, 1990, 86: 41-49
53. Rumsey, G. L., and Ketola, H. G. Amino acid supplementation of casein diets of Atlantic salmon (*Salmo salar*) fry and of soybean meal for rainbow trout (*Salmo gairdeneri*) fingerlings. *J. Fish. Res. Board Can.*, 1975, 32: 422-426
54. Sabaut, J. J., and Luquet, P. Nutritional requirement of the gilthead bream (*Chrysophrys aurata*), quantitative protein requirement. *Marine Biol.*, 1973, 18: 50-54
55. Sargent, J. R., McEvoy, L. A., and Bell, J. G. Requirement, presentation and sources of polyunsaturated fatty acids in marine fish larval feeds. *Aquaculture*, 1997, 155: 117-127
56. Shanks, W. E., Gahimer, G. D., and Halver, J. E. The indispensable amino acids for rainbow trout. *Progressive Fish Culturist.*, 1962, 24: 68-73
57. Sobhana, K. S., Mohan, C. V., and Shankar, K. M. Effects of dietary vitamin C on the disease susceptibility and inflammatory response of mrigal, *Cirrhinus mrigala* to experimental infection of *Aeromonas hydrophila*. *Aquaculture.*, 2002, 207: 225-238
58. Takeda, M., Shimeno, S., Hosokawa, H., Kajiyama, H., and Kaisyo, T. The effect of dietary calorie-to-protein ratio on the growth, feed conversion, and body composition of young yellow tail. *Nippon Suisan Gakkaishi*, 1975, 41: 443~447
59. Tiews, K., Gropp, J., and Koops, H. On the development of optimal rainbow trout pellet feeds. *Arch. Fischereiwiss, Beih.*, 1976, 27: 1-29
60. Wang, S., Liu, Y. J., Tian, L. X., Xie, M. Q., Yang, H. J., Wang, Y., and Liang, G. Y. Quantitative dietary lysine requirement of juvenile grass carp. *Ctenopharyngodon idella*. *Aquaculture*, 2005, 249: 419-429
61. Wu, X. Y., Liu, Y. J., Tian, L. X., Mai, K. S., and Yang, H. J. Utilization of several different carbohydrates sources by juvenile yellow fin seabream (*Sparus latus*). *J. Fish. China*, 2007, 31: 463-471
62. Yang, S. D., Liou, C. H., and Lin, F. G. Effects of dietary protein level on growth performance, carcass

composition and ammonia excretion in juvenile silver perch (*Bidyanus bidyanus*). *Aquaculture*, 2002, 213: 363 – 372

63. Ye, C. X., Liu, Y. J., Tian, L. X., Mai, K. S., Du, Z. Y., Yang, H. J., and Niu, J. Effect of dietary calcium and phosphorus on growth, feed efficiency, mineral content and body composition of juvenile grouper, *Epinephelus coioides*. *Aquaculture*, 2006, 255: 263 – 271

64. Ye, C. X., Liu, Y. J., Mai, K. S., Tian, L. X., Yang, H. J., Niu, j., and Huang, J. W. Effect of dietary iron supplement on growth, haematology and microelements of juvenile grouper, *Epinephelus coioides*. *Aquaculture Nutrition*, 2007, 13: 471 – 477

65. Yone, Y., and Fujii, M. Studies on nutrition of red sea bream. Ⅳ. Effect of ω3 fatty acid supplement in a corn oil diet on growth rate and feed efficiency. *Nippon Suisan Gakkaishi*, 1975, 41: 73 – 77

66. Yone, Y. Nutritional studies of red sea bream. In: Price, K. S., Shaw, W. N., and Danberg, K. S., eds. Proceedings of the First International Conference on Aquaculture Nutrition. Lewes/Rehoboth: University of Delaware, 1976: 39 – 64

67. Zeitoun, J. H., Ullrey, D. E., Magee, W. T., Gill, J. L., and Bergen, W. G. Quantifying nutrient requirements of fish. *J. Fish. Res. Board Can.*, 1976, 33: 167 – 172

复习与思考

1. 必需氨基酸及其需要量对鱼类生长的影响如何？
2. 如何确定各种养殖鱼类的蛋白质需要量？确定养殖鱼类的蛋白质需要量在养殖生产中有什么意义？
3. 怎样评价蛋白质对鱼类的营养价值？
4. 食物的总能量与鱼类对食物中蛋白质的利用效率之间有什么联系？如何提高食物中蛋白质的利用效率？
5. 鱼类食物的蛋白质来源有哪些？如何解决鱼类养殖生产中蛋白质来源不足的问题？
6. 必需脂肪酸及其需要量对鱼类生长、发育和生殖能力的影响如何？
7. 淡水鱼类和海水鱼类体内脂肪酸的组成有哪些差别？它们对必需脂肪酸的需要量有何不同？
8. 糖在鱼类中的营养价值如何？确定鱼类饲料中糖的适宜含量有哪些生理学意义？
9. 鱼类常见的维生素缺乏症有哪些？在鱼类饲料中需要添加哪些维生素？
10. 矿物质对鱼类生理机能的作用主要有哪些方面？研究养殖鱼类饲料中主要无机离子的适宜比例和无机盐的需要量在养殖生产中有何意义？
11. 亲鱼饲料有哪些特点？配制亲鱼饲料需要注意哪些重要成分？
12. 幼鱼饲料有哪些特点？天然的活体饲料和人工配制的幼鱼微颗粒饲料各有什么优缺点？
13. 人工配制的微颗粒饲料有哪些类型？它们为什么能够取代天然的活体饲料？

第二章 摄食和消化生理

第一节 鱼类的摄食活动

鱼类一旦发现并确定其食物的位置后,就会采用各种不同形式的摄食器官和行为去捕获和吞食。下面分别介绍鱼类主要的摄食器官以及摄食方式、摄食行为和摄食(食物)类型。

一、摄食器官和摄食方式

鱼类主要依靠上下颚和口部的活动以获取食物。根据摄食器官的功能和鱼类生态-形态学特征,鱼类主要采取咬食(Biting)、灌食(Ram Feeding)和吸食(Suction Feeding)三种摄食方式。

咬食的鱼类是通过口部的上下颚去咬取大型食物的一部分或者撕咬附着在水底的食物。这类鱼通常具有强壮的上下颚和锋利的牙齿、发达的收肌和两颚活动能力,其食物包括附着在岩石上的大型藻类、固着生活的多毛类、珊瑚虫、各种贝类等;如果食物大而坚硬,有些鱼类能将它们咬住并不断转动撕拉,直到将它们撕成碎块。鲨鱼类和鳗鱼类捕食鱼或其他大形猎物、植食性的线鳚科(Stichaeidae)鱼类取食大型海草时,就是采用这种方式。

灌食的鱼类是张开口部迅速游向密集的食物,让食物随着逆向的水流灌进口腔内。灌食鱼类的特点是口裂和口腔容积较大,体形适于加速向前推进,具有适度延长的躯干部和坚厚的尾柄以及位置靠后的背鳍与臀鳍;它们的上下颚灵活但不强壮,牙齿并不锋利但能抓住猎物,两颚的收肌中等发达;它们的食物包括鱼类、虾类、桡足类等。

吸食的鱼类是将口腔尽量扩大而产生比体外低的压力,让食物和水流一起吸进口腔内。吸食是大多数鱼类的摄食方式,它们的口裂和口腔容积都较小,体形适于灵敏地游动,通常为侧扁而较高的体型,胸鳍侧位以便于遇到攻击时灵活快捷地转动身体。吸食的鱼类包括各种滤食浮游生物、追食快速移动的猎物、刮取藻类、采摘无脊椎动物、抽吸缝隙中栖息的小型动物等的鱼类。

二、摄食行为

按照鱼类的体形、摄食方式以及它们与摄取的猎物与饲料的关系,可以大体上把鱼类的摄食行为归纳为六个类型:漫游摄食型、埋伏等待摄食型、表层定位摄食型、底层摄食型、侧扁体形摄食型、鳗形摄食型。

漫游摄食型鱼类的身体为流线形，口位于吻端，尾柄狭小而坚强，尾鳍叉形，能持续游泳以觅寻和追捕猎物，包括金枪鱼、鲐鱼、旗鱼以及鲤科鱼类等。

埋伏等待摄食型鱼类的身体为长鱼雷形，头部稍扁平，口大而具利齿，背鳍和臀鳍后位，尾鳍发达，能突然迅猛推进以伏击加速移动的猎物，包括雀鳝、狗鱼、颌针鱼、舒鱼等。

表层定位摄食型鱼类通常体形较小，呈纺锤形，头部宽而稍扁平，口部略朝上，适于捕食水表层的浮游生物和自游生物以及岸边水草中的昆虫等，包括鳉鱼、银汉鱼、飞鱼等。

底层摄食型鱼类的体形多种多样，经常栖息于水底层或接近底层，取食各种底栖生物，包括鳐鱼、魟鱼、鲨鱼、鲟鱼、鲶鱼、鰕虎鱼、喉盘鱼、长尾鳕和鲽形目鱼类等。

侧扁体形摄食型鱼类的身体左右侧扁，体高，口小而略向前突出，眼大，胸鳍胸位，能在狭小的空间内灵活游动，善于在珊瑚礁的缝隙和水生植被稠密的溪流湖泊中觅食，包括蝴蝶鱼、太阳鱼、豆娘鱼等。

鳗形摄食型鱼类的身体为长圆筒形，头部稍尖突而尾部圆形或稍尖，游动灵活，栖息于洞穴或软的水底，以底栖的大型藻类和无脊椎动物为食，包括各种鳗形目和含鳃目鱼类。

三、摄食类型

鱼类摄食类型根据食物的性质通常可分为植食性鱼类、腐屑食性鱼类、食浮游生物鱼类、食无脊椎动物的肉食性鱼类、食鱼的凶猛肉食性鱼类等。这种区分是相对的，实际上许多鱼类是混合性摄食类型的。此外，根据鱼类摄取食物种类的多少，还可将它们分为以许多种饲料为食的广食性鱼类（Euryphagic Fish）和以少数几种饲料为食的狭食性鱼类（Stenophagic Fish）。

植食性鱼类（Herbivores）：以底栖植物（大型藻类、硅藻类以及一些被子植物）为主要食物，包括19科海洋鱼类和约20科淡水鱼类，但只占硬骨鱼类已确认的426科鱼类的5%左右。它们大多栖息于浅而温暖的水域，但因其食性位置处于食物链的底层，因此在生物群落中通常都是个体数量最为丰富的鱼类。典型植食性鱼类的吻部短而圆钝，口部具紧密排列的齿，并形成可以切割、刮削、挖凿或刷擦的齿角；它们可以刮取或吸取底层的藻类，如海水中的鹦嘴鱼科（Scaridae）鱼类、刺尾鱼科（Acanthuridae）鱼类和淡水中的丽鱼科鱼类；亦可以啃食或撕取水中大型藻类和水草等，如海水中的线鳚科（Stichaeidae）鱼类和淡水中的鲤科鱼类。此外，植食性鱼类还包括一些取食植物根、叶、花果和种子的鱼类，如脂鲤科（Characidae）鱼类，它们在雨季游到水淹的林区，取食落入水中的花果和种子。

腐屑食性鱼类（Detritivores）：以聚集在江河湖泊底部各种降解的有机物为主要食物，包括许多热带、亚热带的淡水鱼类和海水鱼类，如热带湖泊中的丽鱼科鱼类（罗非鱼 Oreochromis 等）吞食底层的腐屑聚集物，也摄食大型水生植物的落叶；生活在印度-太平洋珊瑚礁中的刺尾鱼科（Acanthuridae）鱼类吸食微小的底层沉积物，并用它们灵活的梳状齿扫取沉积的腐屑和小型藻类；在温带海水、河口和淡水中广泛分布的鲻科（Mugilidae）鱼类不仅摄食硅藻和附生的微型藻类，还挖掘沉积物并利用其结构精细的鳃耙滤取腐屑物。

食浮游生物鱼类（Planktivorous Fish）：大多数食浮游生物鱼类摄食浮游动物，亦有一些鲱科、鲤科和丽鱼科鱼类滤食水中的浮游植物。它们的鳃耙发达，数量多，通常细长而柔软，形成致密的食物过滤网；能选择性地滤取一些独特的颗粒，或者不加选择地滤过摄食，特别是在其饲料生物微小而密度大的情况下。实际上，许多食浮游生物鱼类[如鳀科（Engraulidae）、鲱科、鲭科（Scombridae）的一些鱼类]都能按照这两种摄食方式的相对有利性而转换采用。例如，对大西洋鲱（*Clupea harengus*）的研究证明滤食的能量消耗是咬食的 1.4~4.6 倍。食浮游生物鱼类的两种滤食方式和前面提到的灌食和吸食的摄食方式相似。灌食性的滤食鱼类向前游泳时口张开，鳃盖伸展，水流进入口腔，经过鳃耙而从鳃孔流出，能不加选择地滤取微小的浮游生物，如鲭科的鲔鱼（*Euthynnus affinis*）；吸食性的滤食鱼类身体静止不动而不定向地迅速把水吸进口腔并经过鳃腔的鳃耙滤取一些微小颗粒食物，如鲱科的美州真鲦（*Dorosoma cepedianum*）、丽鱼科的饰金罗非鱼（*Tilapia aurea*）、鲤科的直齿鱼（*Orthodon microlepiolotus*）等。

食无脊椎动物的肉食性鱼类（Invertebrate Feeder）：包括许多在浅水水域以底栖无脊椎动物为食的鱼类，它们的摄食器官构造和摄食行为十分多样化，以珊瑚礁鱼类和非洲东部大湖中的丽鱼科鱼类为典型代表。生活在珊瑚礁的鮨科（Serranidae）和海鳝科（Muraenidae）鱼类以埋伏等待方式捕食甲壳动物和小型鱼类，笛鲷科（Lutjanidae）和鳂科（Holocentridae）鱼类主动搜寻捕食甲壳类和多毛类底栖动物，鲀科（Tetraodontidae）和隆头鱼科（Labridae）鱼类以碾压方式捕食甲壳动物、海胆类、腹足类和其他有坚硬甲壳的无脊椎动物；而海龙科（Syngnathidae）和一些盔鱼（*Coris*）用细长的口器从珊瑚礁丛中吸食小型无脊椎动物。栖息在非洲东部大湖中的丽鱼科鱼类，有的以尖锐的圆锥形齿抓捕猎物，然后经过咽部时挤碎吞食，如非州孔雀鲷（*Aulonacara nyassae*）；有的以狭小的口器和长而弯曲的牙齿在海藻床中采捕昆虫和介形类动物，如 *Lalidochromis vellicans*；有的用强壮的上下颚将有硬壳的腹足类压碎后吞食，如朴丽鱼（*Haplochromis placodon*）。

食鱼的凶猛肉食性鱼类（Fish Feeder）：它们的摄食器官和摄食行为与食无脊椎动物的肉食性鱼类相似，只是体形较大，游动更为灵活，通常以大形的口和朝后生长的尖锐牙齿将猎物捕获后整个吞食。其摄食行为主要有：①主动追击与捕捉猎物，包括一些上层和中上层以捕食成群浮游鱼类为主的体形大而能快速游泳的鱼类，如鲭科（Scombridae）、旗鱼科（Istiophoridae）、鲹科（Carangidae）、鯥科（Pomatomidae）等鱼类；②潜泳追踪猎物，包括一些缓慢朝向猎物靠近，一旦到达适宜位置就迅猛冲前将猎物吞食的鱼类，如管口鱼科（Aulostomidae）鱼类；③埋伏突击猎物，包括许多埋伏暗处（如水草丛或底泥中）等待时机，直到猎物出现就突然冲前将它们捕获的鱼类，如狗鱼科（Esocidae）、狗母鱼科（Synodontidae）、牙鲆科（Paralichthyidae）鱼类；④用引诱物引诱猎物，包括底栖生活并将第一背鳍演变为食饵状悬挂在口部上方引诱猎物的鱼类，如鮟鱇科（Lophiidae）和躄鱼科（Antennariidae）鱼类。

第二节 摄食活动的调节

鱼类对食物的摄取和摄食活动受到多方面因素的影响。例如，环境因素（如水中的低 pH 值、高氨含量、低溶氧量、污染物等）、群居因素（如鱼群中的拥护现象、争斗现象）和人为因素（如养殖过程的人工操作）等都会抑制鱼类的摄食行为，影响其对食物的摄食量。但是，这些外界的应激因子如何通过神经系统和内分泌系统相关的生理作用调节鱼类的摄食活动，还有待于深入研究。

在哺乳类中，摄食的调节是由复杂的下丘脑神经元网络（Neuronal Network）通过整合中枢与外周短期的食欲和饱食、厌食信号以及长期的能量平衡信号而实现的。近十多年来，对鱼类的研究亦证明下丘脑的神经元回路（Neuronal Circuitry）能整合一系列增食类（Orexigenic）和抑食类（Anorexigenic）的信号分子而调节鱼类的摄食活动。

一、神经调节

鱼类关于神经调控摄食活动的研究比较少，主要是采用电刺激、脑的定位损伤和切断神经通道来研究一些神经基质参与摄食活动调节的作用。

在脑的一些特定区域埋植电报，通过电刺激观察鱼的摄食活动和行为，可以了解不同脑区参与鱼类摄食调节的作用。在蓝鳃太阳鱼（*Lepomis macrochirus*）和罗非鱼（*Tilapia macrocephala*）的试验表明，电刺激下丘脑下叶第三脑室外侧隐窝能引起一系列摄食行为（如寻找食物、撕咬砂石或碎屑，以及口部嚼碎和吞咽动作等）。刺激金鱼端脑的一些部位能诱导摄食行为，而切断嗅束使金鱼的摄食活动减弱，表明嗅觉的神经传入和端脑的神经传出参与诱导摄食行为。进一步的研究证明，端脑的神经传出是经过前脑内侧束到达下丘脑的下叶。此外，电刺激太阳鱼和盔鱼（*Coris*）的视叶亦能诱导摄食行为，表明从视顶盖神经传入到下丘脑亦能引起摄食活动。综合这些研究的结果证明，侧下丘脑（LH：Lateral Hypothalamus）是鱼类组织和调节摄食行为的中心部位。

二、内分泌调节

目前在鱼类脑中已鉴别出一系列与摄食活动调节相关的信号分子（即神经肽类）。它们主要是两大类：脑增食类信号分子（Brain Orexigenic Signaling Molecules）和脑抑食类信号分子（Brain Anorexigenic Signaling Molecules）。

（一）脑增食类信号分子

1. 神经肽 Y

神经肽 Y（NPY：Neuropeptids Y）是由 36 个氨基酸组成的多肽，属于胰多肽家族（Pancreatic Polypeptide Family），其化学结构在进化上十分保守，金鱼的 NPY 只有 5 个氨基酸残基（与鼠的 NPY 不同）。在哺乳类中，NPY 是最有效的食欲和摄食刺激因子，而下丘脑的 NPY 细胞是整合调控能量稳态和平衡的外周激素信号的重要部位。在鱼类中，已证明 NPY 免疫反应神经元出现在金鱼腹内侧后下丘脑和下丘脑下叶，而 NPY 结合部位是在下丘脑的摄食调节中枢。原位杂交和 RNA 印迹研究表明，NPY mRNA 主要在金鱼的端脑和间脑表达，特别是端脑腹面的内侧大脚脑核、视前区、嗅球和各个丘脑区；而在中脑，NPY mPNA 亦出现在视顶盖和蓝斑（Locus Coerulous）。原位杂交表明，银大麻哈鱼丘脑内 NPY mPNA 的分布与金鱼相似；而在禁食时，NPY 基因表达只在下丘脑的视前区明显增强，表明 NPY 参与鱼类摄食的调节。给金鱼第三脑室内注射金鱼 NPY 能剂量依存地提高金鱼平均食物摄食量；而注射 NPY 的 Y1 受体拮抗剂 BIBP-3226，不仅使金鱼的基础摄食量减少，同时亦降低注射 NPY 后刺激的食物摄取量，这直接证明 NPY 能有效地通过 NPY 的 YI 型受体介导而刺激金鱼的摄食行为和摄食量。金鱼体内合成的 NPY 对摄食调节的作用最近亦得到证实。金鱼饥饿 24~72 h 使下丘脑的 NPY mRNA 含量呈现时间依存的增加；将金鱼的食量正常水平（约为体重的 2%）降低 50%，亦使下丘脑、端脑 - 视前区（TEL-POA）、视顶盖 - 丘脑区（OT-THAL）的 NPY mRNA 明显增加。这些研究结果表明，NPY 通过与一些脑区的特异性受体结合对刺激鱼类的食物摄取和摄食行为起着生理调节作用。这与哺乳类的情况一致。

哺乳类的性类固醇激素可能通过对下丘脑弓状核（ARC：Arcuate Nucleus） - 室旁核（PVN：Paraventricular Nucleus）的 NPY 通道直接作用而调节食物摄取和体重增长。而在金鱼中，雌二醇和睾酮能使端脑、视前区的 NPY 基因表达显著增强，表明性类固醇激素亦可能通过 NPY 通道调节鱼类的摄食活动。

此外，投喂高碳水化合物含量（占 45% 和 55%）的饲料 1 周和 4 周后的金鱼，其 NPY 在端脑 - 视前区和视顶盖 - 丘脑区的基因表达要比投喂低碳水化合物含量（占 35% 和 40%）饲料的金鱼明显减少；投喂低和高碳水化合物含量饲料的金鱼 1 周后，其 NPY 在下丘脑的表达要比对照组（碳化合物含量占 40%）明显增加，但投喂 4 周后出现相反的情况。投喂高脂肪含量（占 9%）的饲料 1 周和 4 周后的金鱼，其 NPY 在 TEL-POA 的基因表达很少，但投喂低脂肪含量（占 2% 和 3%）的饲料 1 周和 4 周后，其 NPY 在下丘脑的基因表达明显增加。投喂低脂肪含量（占 2%）饲料 1 周后的金鱼，其 NPY 在 OT-THAL 的基因表达减少，但投喂 4 周后其 NPY 的基因表达增强。投喂蛋白质不同含量的饲料 1 周或 4 周后的金鱼，其脑的 NPY 基因表达没有变化。这些研究结果证明，NPY 在金鱼脑部的基因表达受到常量营养物质摄取量的影响，同时亦表明金鱼偏爱高碳水化合物和高脂肪的饲料而并不喜食高蛋白质食物。

2. 促食欲素

促食欲素（OX：Orexins/Hypocretins）族是最近在大鼠和人体中被发现并鉴别的神经肽，其中促食欲素 A（OX-A）由 33 个氨基酸组成，促食欲素 B（OX-B）由 28 个氨基酸组成，它们是由同一个蛋白质前体经蛋白酶酶解加工而产生。促食欲素的受体有两种：OX-1-R 和 OX-2-R。促食欲素 A 能与两种受体结合，而促食欲素 B 只与 OX-2-R 结合。在啮齿类中，促食欲素的神经元核周体分布在外侧下丘脑、背内侧下丘脑和围穹窿核（Perifornical Nucleus）。脑室内注射促食欲素 A 和 B 能刺激大鼠的摄食活动，但其作用强度不及 NPY。禁食使促食欲素基因在大鼠下丘脑的表达增强。因此，促食欲素是下丘脑调节摄食活动的一种新介质。

虽然在鱼类中尚未分离和鉴别出促食欲素，但给金鱼脑室注射人促食欲素 A 和促食欲素 B 都能刺激其食欲和摄食量，而且促食欲素 A 的效能比促食欲素 B 强，前者不仅能以较低的剂量刺激金鱼的摄食活动，而且在相同剂量时刺激作用亦比较显著。这表明促食欲素的作用在金鱼和大鼠中一样能调节摄食行为和食物摄取，同时亦表明金鱼脑中亦存在促食欲素样肽和促食欲素受体。最近的研究证明，OX-A 样的免疫反应物存在于花鲈（*Lateolabrax japonicus*）腺垂体生长激素细胞的分泌颗粒内，可能参与脑垂体有关生长激素功能的调节作用。

此外，OX 和 NPY 刺激金鱼摄食活动的作用是互相联系的。通过向脑室注射 NPY 的 Y1 受体特异性拮抗物 BIBP-3226 能抑制 OX 诱导的摄食活动，表明 NPY 对 OX 引起的反应起着调节作用；相反，抑制 OX 的受体（使用 OX 的高度脱敏剂量）亦会使 NPY 诱导的摄食活动受到抑制。进一步的研究表明，注射 OX 的金鱼，其端脑和下丘脑的 NPY mRNA 含量比对照组明显增加。

3. 甘丙肽

甘丙肽（GAL：Galanin）最早是从猪的小肠分离出来的由 29 个氨基酸组成的多肽，广泛分布在哺乳动物的中枢神经系统和胃肠道，其刺激食欲的作用位点亦广泛出现在脑区各部。此外，GAL 和其他脑增食类信号因子生成细胞之间还存在解剖和功能方面的密切联系。例如，在大鼠脑的弓状核（ARC）和室旁核（PVN）产生 GAL 的神经元与产生 NPY 的神经元有直接联系，因此 GAL 可能部分地介导 NPY 诱导的摄食反应。

从虹鳟分离的 GAL，其氨基酸序列与猪的同源性为 79%。GAL 样的免疫反应细胞体及其纤维分布在一些鱼类的脑部和胃肠道，主要集中在下丘脑-脑垂体区，特别是视前室周核、视前核（NPO）和外侧结节核（NLT）。在大西洋鲑中，GAL 样肽的结合部位主要集中在后下丘脑，这为 GAL 参与鱼类摄食的调节提供了解剖学的证据。给金鱼脑室注射 GAL，注射后的前 2 h 能显著刺激摄食活动，而腹腔注射 GAL 则完全没有作用，表明 GAL 参与中枢神经调节鱼类对食物的摄取。给金鱼脑室同时注射 GAL 和 GAL 的受体拮抗物（Galantide），能阻断 GAL 对食物摄取的刺激作用，但 GAL 的受体拮抗物本身并不能影响金鱼的摄食活动，这表明 GAL 在鱼类中是通过特异性受体通道调节食物的摄取。此外，GAL 对金鱼食物摄食的刺激作用能为 α2-肾上腺素能受体的拮抗物所阻断，而 α1-肾上腺素能受体的拮抗物则不起作用，表明 α2-肾上腺素能受体通道可能参与 GAL 调节鱼类的摄食活动，这与哺乳类的情况相似。

4. 阿黑皮素原基因衍生肽

阿黑皮素原（POMC：Pro-opiomelanocortin）mRNA 编码一个大的前体蛋白，然后加工成 α-促黑激素（α-MSH：α-melanophore-stimulating Hormone）、促肾上腺皮质激素（ACTH：Adreno-corticotropin Hormone）和 β-促脂解素（β-LPH：β-lipotropin）。由 ACTH 再衍生出 α-促黑激素（α-MSH）和促肾上腺皮质激素样垂体中叶肽，由 β-LPH 再衍生出 α-促脂解素（α-LPH）、β-促黑激素（β-MSH）、β-内啡肽（β-END：β-endophin）和甲硫氨酸-脑啡肽（Methionine-enkephalin）。POMC 神经元主要集中在下丘脑的弓状核（ARC），其神经纤维分布到腹内侧核（VMN）、室旁核（PVN）、背内侧核

(DMN) 和下丘脑的其他部分。由下丘脑产生的 β-内啡肽（β-END）、强啡肽 A 和脑啡肽等是下丘脑产生的阿片样肽，能刺激哺乳类的摄食活动，但与 NPY 相比，其作用持续时间较短，强度亦较弱。

从鲑鱼中已分离出内啡肽，并在脑部发现了内啡肽样肽的免疫反应和结合位点。已经克隆许多种鱼类 POMC 的 cDNA，并且进行了序列测定，包括大麻哈鱼、鲤鱼、金鱼和虹鳟。与哺乳类一样，鱼类 POMC 基因编码能加工成为 α-MSH、β-END 和 ACTH 的前体，不同的是鱼类 POMC 基因没有 α-MSH 的编码区。鲤鱼和金鱼的 POMC mRNA 能在下丘脑和其他一些脑区表达。对金鱼的研究表明，阿片样肽参与摄食行为的调控。脑室内注射 β-END，在注射后的初始 2 h 诱导金鱼食物摄取量增加，但随后的 6 h 没有影响；相反，腹腔注射同样剂量的 β-END 对食物摄取没有作用；脑室内注射阿片样肽受体拮抗剂纳洛酮（NAL）能使金鱼减少食物摄取，而用 NAL 做预处理能减弱 β-END 对食物摄入的刺激作用。这些研究结果表明，β-END 是通过金鱼脑部的阿片样肽受体而刺激食物摄取的。采用阿片样肽各种不同的激动剂和拮抗剂的研究表明，β-END 是结合金鱼脑部的 μ-阿片样肽受体而刺激摄食活动。

由 POMC 基因编码的非阿片样肽 α-MSH 广泛分布于大鼠的下丘脑，其作用与 β-END 及其他阿片样肽不同，可能是通过黑皮质素 4 型受体（MC4-R）而抑制食物摄取。在鱼类中，一系列研究已证明 α-MSH 具有调控皮肤颜色的作用，但它们对食物摄取和摄食行为的作用还有待于阐明。

5. 黑色素浓集激素

黑色素浓集激素（MCH：Melanin-concentrating Hormone）最初在大麻哈鱼脑垂体被发现，它作用于皮肤色素细胞内的黑色素体而调节肤色。在鱼类的鳞片和皮肤系统中，MCH 和 α-MSH 的作用是互相颉颃的，MCH 诱导黑色素体聚集而使肤色变淡，而 α-MSH 诱导黑色素体分散而使肤色变深。脑室内注射 MCH 能刺激大鼠的摄食活动，而禁食能加强小鼠 MCH mRNA 的表达。MCH 对鱼类食物摄取和摄食活动的影响如何，还有待于研究。

6. 脑肠肽

脑肠肽（Ghrelin）最先是从大鼠的胃中被分离纯化的一种能促进生长激素释放的酰化肽，由 28 个氨基酸组成，其第 3 位的丝氨酸连接 N-辛酰基。鱼类的脑肠肽已从虹鳟、日本鳗鲡、尼罗罗非鱼和金鱼的胃中被分离纯化或者由其 cDNA 克隆与分析而得到；它们的氨基酸组成长度不同，具有特别的酰基修饰以及 COOH 终端酰胺化。例如，日本鳗鲡的脑肠肽由 21 个氨基酸组成，第 3 位丝氨酸连接 N-辛酰基或 N-癸酰基，COOH-终端有酰胺基结构；尼罗罗非鱼的脑肠肽由 20 个氨基酸组成，第 3 位丝氨酸连接 N-癸酰基，COOH-终端有酰胺基结构。脑肠肽主要分布在鱼类的消化道中，从金鱼的脑中亦能分离纯化得到。脑肠肽的生理作用是多方面的，除了刺激生长激素的分泌活动外，对脑垂体其他激素（如 LH、PRL）的分泌也有一定的作用。此外，给金鱼脑腔和腹腔注射人和金鱼的两种脑肠肽，能刺激摄食活动；采用狭线印迹分析（Slot Blot Analysis）可在金鱼的脑和消化道中检测到脑肠肽 mRNA 表达在不同摄食状况下的变化，即：饱食后脑肠肽 mRNA 在下丘脑和消化道的表达降低，而饥饿使脑肠肽 mRNA 在下丘脑和消化道的表达增强；同时，血液中脑肠肽含量显著增加，前脑肠肽原 mRNA 在外周组织（如肝脏、脾脏）的表达也增强。这表明，与哺乳类一样，脑肠肽也参与鱼类摄食活动的调节。对虹鳟的研究则表明，脑肠肽的释放受到食物组成及鱼体长期能量状态的影响，与生长和代谢活动密切联系，而对刺激食欲的作用不明显。

最近的研究证明，从罗非鱼（*Oreochromis mossambicus*）分离出来的两种脑肠肽 ghrelin-c8 和 ghrelin-c10 在离体与在体实验中都能刺激生长激素（GH）释放，但对催乳激素释放没有作用；脑肠肽对 GH 释放的刺激作用能为生长激素受体的拮抗物〔D-Lys^3〕-GHRP-6 所抑制；腹腔注射两种脑肠肽都能使 IGI-I 和生长激素受体 mRNA 在肝脏的表达增强，血液中 IGF-I 的含量增加；GH 受体的两种类型都存在于脑垂体中。这些研究结果清楚表明，罗非鱼体内的脑肠肽是通过与脑垂体 GH 受体的结合而刺激 GH 释放。脑肠肽刺激 IGF-I 和 GH 受体在肝脏中的表达则表示脑肠肽在鱼体内的代谢功能。

（二）脑抑食类信号分子

1. 缩胆囊肽

缩胆囊肽（CCK：Cholecystokinin）和胃泌素（Gastrin）都是 C-端具有 Trp-Met-Asp-Phe-NH$_2$ 结构的肽类，哺乳类的 CCK 存在于消化道的内分泌细胞以及中枢与外周神经系统内，并在消化道和神经中枢的特殊脑区起着厌食因子的作用。CCK/胃泌素样免疫反应核周体和纤维广泛分布于金鱼和虹鳟的前脑、中脑和后脑中，并且高度密集在下丘脑的后腹侧与腹内侧和下叶。在这些脑区亦发现 CCK/胃泌素的特异性结合位点。〔^{3}H〕-CCK 的特异性结合位点出现在海鲈的下丘脑摄食区。腹腔或脑室内注射 CCK-8 的硫酸盐能迅速抑制金鱼摄食，证明 CCK 是鱼类的厌食因子。

编码金鱼脑 CCK 前体的完整核苷酸序列已经被分析测定。该 CCK 前体靠近 C – 端包括 CCK-8，与哺乳类的 CCK-8 相比只替换了一个氨基酸（在 CCK-8 第 5 位由 Met 替代 Lys）。原位杂交显示 CCK mRNA 在金鱼的后腹侧下丘脑表达，这与免疫细胞化学检测的结果一致。进食后，金鱼脑内的 CCK mRNA 水平出现短暂而迅速的增加，表明金鱼 CCK 的合成与释放是出现在摄食之后。此外，在下丘脑、嗅球、端脑 – 视前区和后脑，CCK 的基因表达亦在进食后增加，这表明下丘脑以外的脑区亦可能参与 CCK 的抑食作用。

2. 铃蟾肽

铃蟾肽（BBS：Bombesin）最先是从火铃蟾（*Bomlina bombina*）皮肤提取物中分离出来的 14 肽。在哺乳类中，BBS 和胃泌素释放肽（GRP：Gastrin-releasing Peptide，由 27 个氨基酸组成的多肽，其 C-端有一个与 BBS 相似的 10 肽）广泛分布于消化道和中枢神经系统中。给哺乳类腹腔注射或者在下丘脑和/或后脑的特定部位施于 BBS 相关肽，能有效地抑制摄食活动。在鱼类消化道、心血管系统和脑的神经元与内分泌细胞中已检测到 BBS 相关肽，并且也证明它们参与一些鱼类消化道运动和内脏活动的调节。金鱼 BBS/GRP 样免疫反应出现在与鱼类下丘脑摄食中心相关的腹后下丘脑和下丘脑下叶的细胞核区，同时在这些脑区亦发现特异性和高亲和力的 BBS/GRP 结合位点。给鲤鱼腹腔注射 BBS，使其摄食活动减弱；给金鱼腹腔或脑室内注射 BBS，能急速抑制金鱼摄食。从金鱼脑已分离出编码 BBS/GRP 的 cDNA，并进行了序列测定。目前正在研究 BBS 相关肽的基因表达和合成对调节鱼类摄食活动的作用。

3. 促皮质激素释放因子家族的多肽

促皮质激素释放因子（CRF：Corticotropin-releasing Factor）是刺激脑垂体释放促肾上腺皮质激素（ACTH：Adrenocorticotropic Hormone）的下丘脑激素，而 ACTH 又刺激肾上腺分泌皮质激素。CRF 除了参与下丘脑-脑垂体-肾间腺轴的调控之外，在哺乳类中，它还是降低食欲的有效物质，能抑制食物摄入，增加能量消耗，促使体重减轻。CRF 的厌食作用位点在下丘脑的室周核（PVN：Periventricular Nucleus），可能是由 CRF 受体 I 或 II 介导的。尿皮质素（Urocortin）是 CRF 肽家族的新成员，和 CRF 有 45% 的同源序列，具有比 CRF 更有效的抑制禁食诱导的和夜间的摄食活动。

从大麻哈鱼和金鱼中分离得到的 CRF 以及从白亚口鱼（*Catostomus commersoni*）中克隆的 CRF cDNA 都表明哺乳类和鱼类的 CRF 序列是高度保守的，亦表明在进化过程中，它们的生理功能亦是保守的。硬骨鱼类脑的视前核（NPO）和侧结节核（NLT）是 CRF 肽及其 mRNA 存在的主要部位。在金鱼中，CRF 是食物摄取的调节剂。脑室内注射 CRF 后 2 h，金鱼的摄食活动受到抑制，但腹腔注射 CRF 则没有这种影响，表明 CRF 是通过神经中枢起作用的。脑室内注射 CRF 的拮抗物 α-螺旋 CRF 9-41 能消除 CRF 降低金鱼食欲的作用，这表明 CRF 的厌食作用是由特异性受体介导的。CRF 降低鱼类食欲作用与脑垂体-肾间腺系统的活动没有联系，因为腹腔注射皮质醇与血液的皮质醇水平升高并不影响金鱼的摄食活动。此外，α_1-肾上腺素能受体、D1 和 D2 多巴胺能受体都参与 CRF 对金鱼的厌食作用。

4. 可卡因-安非他明调节转录肽

可卡因-安非他明调节转录（CART：Cocaine-and Amphetamine-regulated Transcript）肽是一种新的能调节大鼠摄食行为的神经肽，它最先是采用 PCR 差异显示从大鼠下丘脑产生的 mRNA 被分离出来，并且，可卡因和安非他明等心理活动刺激物能调节它的转录。CART 肽在下丘脑区表达，说明它参与摄食行为的调控。通过差别剪接可得到两种不同的 CART 肽转录体，进而得到由 102 个氨基酸（长型）或 89 个氨基酸（短型）组成的成熟肽。成熟肽包含几个潜能的切割位点，使 CART 肽可以通过后翻译加工而形成几个具有生物活性的片段。给小鼠和大鼠脑室内注射重组的 CART 肽片段，能抑制正常的和饥饿引起的摄食活动；而给大鼠注射免抗 CART 肽制品，能引起较强的摄食活动。此外，CART 肽还能影响瘦素（Leptin）和神经肽 Y 这两种食物摄取关键调节剂的作用。脑室注射人的 CART 62-76 和 CART 55-102，已证明能使限食的金鱼和用 NPY 与 OX 诱导摄食的金鱼降低其摄食活动；而且，与鼠类的试验结果一样，CART 55-102 的活性要比 CART 62-76 强。禁食使 CART 肽 mRNA 在金鱼一些脑区的表达减弱。这些研究结果表明，CART 肽对金鱼的摄食活动亦起着调节作用。此外，在哺乳类中，CART 与 NPY 的神经纤维之间以及 OX 和 NPY 的细胞之间都证明存在着突触联系，但在金鱼并未发现 CART 肽和 OX 之间有神经解剖方面的联系，这表明 CART 肽对 OX 诱导金鱼摄食活动的影响是通过 NPY 媒介的，而且已经证明 NPY 受体参与 OX 刺激金鱼的摄食活动。

5. 速激肽

速激肽（Tachykinins）是一类具有 C-端 Phe-X-Gly-Leu-Met-NH$_2$ 序列的肽类。哺乳类的神经组织中含有速激肽、P 物质（SP）、神经激肽 A（NKA）、神经肽 K（NPK）和神经肽 γ，它们都由前速激肽原-A（PPT-A）基因衍生而来。速激肽存在于哺乳类的下丘脑，表示它参与生殖和食欲的调控。NPK 能急速而持续地抑制大鼠的摄食行为，且腹腔注射要比脑室注射的效应强得多。通过中枢神经系统或者外周身体组织给予 SP 亦能抑制大鼠的摄食活动。这些研究结果表明，速激肽可能起着内源性抑食类肽的作用。

从鱼类的神经组织和消化道中已分离出几个类型的速激肽。鱼类的下丘脑已被证明存在着相当高密度的速激肽样免疫反应和速激肽结合位点。γ-PPT mRNA（PPT mRNA 同功型之一）广泛分布于金鱼的脑区，其中嗅球和下丘脑的表达水平较高；而且餐后 γ-PPT mRNA 在金鱼嗅球和下丘脑的表达水平亦急速增高，这表明速激肽参与金鱼摄食活动的神经中枢调节。

6. 5-羟色胺

5-羟色胺（5-HT：5-hydroxytryptamine，又名血清素 Serotonin）已被证明参与哺乳类摄食行为和体重的神经中枢调节。使用下丘脑 5-HT 合成与释放的刺激剂能减少食物摄取量和体重，而使能量消耗增加。5-HT 调节摄食的作用由位于内侧下丘脑各个核团的 5-HT 受体所介导；此外，5-HT 的受体通道和下丘脑围脑室核（PVN）的 NPY 诱导摄食活动的通道是互相颉颃的。5-HT 对硬骨鱼类的神经中枢抑食作用已经得到证实。脑室内注射 5-HT 2 h 后能显著减少食物摄入，而腹腔注射 5-HT 不会影响摄食。用 CRF 拮抗物 α-CRF 9-14 做预处理能部分地阻抑 5-HT 对金鱼摄食的抑制作用，表明 CRF 可能部分地介导 5-HT 对金鱼引起的抑制摄食的作用。早先的研究已证明，5-HT 能抑制金鱼的脑垂体释放生长激素，但 5-HT 对生长激素和摄食活动两者的调节活动之间有何联系，还有待于研究。

7. 瘦素

瘦素（Leptin）是由脂肪细胞分泌的分子量为 16 千道尔顿（kDa）的蛋白质，其血液含量和基因表达取决于脂肪贮存状态以及由饥饿与饱食所引起的能量平衡变化。瘦素作用于神经中枢的靶神经元以调节摄食行为、能量平衡和神经内分泌功能。通过外周和中枢神经给予瘦素能使鸟类和哺乳类减少摄食量。一些重要的摄食调节剂（如 NPY、GAL、POMC 衍生肽、CART 肽、MCH、OX 等）都在下丘脑成为瘦素作用的媒介物。瘦素的受体已在腹内和腹侧弓状核含有 NPY 和 POMC/CART 的神经元以及侧下丘脑含有 MCH 和 OX 的神经元中被检测到。用瘦素处理能抑制由 MCH、GAL 和 NPY 引起的摄食活动增强。瘦素还能激活下丘脑的 CART 肽神经元，并使 NPY mRNA 在下丘脑的表达减弱。

虽然在非哺乳类动物中还未分离出瘦素，但最近的研究证明它们出现在低等脊椎动物中。在几种鱼类中已发现与哺乳类瘦素相似的免疫反应物质，且饥饿的太阳鱼血液中瘦素含量要比投喂的鱼低。用人的瘦素长期给予银大麻哈鱼，对其摄食活动没有明显影响。在金鱼中，神经中枢注射低剂量瘦素对食物摄取虽然没有作用，但能抑制 NPY 诱导的摄食活动并增强由 CART 肽引起的抑制摄食活动的作用。此外，经瘦素处理的金鱼，在投喂6 h后，与对照组相比，下丘脑的NPY mRNA含量较低而CART肽mRNA含量较高。这些研究结果都证明瘦素对鱼类摄食活动起着调节作用。

三、生长激素对摄食活动的影响

鱼类生长由生长激素-胰岛素样生长因子所调控。采用调控生长激素分泌的神经内分泌因子能刺激鱼类生长，而促进生长必须摄取适量的食物。因此，生长激素对鱼类摄食活动起着重要的调节作用。缓慢给予GH能促使鱼类摄食量增加并提高食物转化效率。在金鱼中，已经证明血液GH含量与摄食活动呈现短时间的互相联系。给金鱼投喂体重2%的食量30 min后，血液GH含量迅速升高，然后明显降低；在接下来的3 h，血液GH含量仍逐渐降低，并且明显低于未投喂的对照组鱼。

鱼类生长激素的分泌活动受到一系列刺激性的和抑制性的神经激素的调控。值得注意的是，一些调节摄食活动的神经肽亦能调节GH的分泌活动。例如，给金鱼注射CCK-85或BBS，30 min后会抑制摄食活动而伴随着血液GH含量的升高。CCK和BBS能直接作用于脑垂体，刺激GH分泌。因此，CCK和BBS能整合进食后的厌食感和餐后GH分泌活动短时间增强的调节作用。又如，NPY能刺激金鱼GH的分泌；而金鱼在预定投喂之前，NPY基因表达增强与血液GH含量增加是密切相关的。再者，金鱼禁食后，NPY基因表达增强亦与血液GH含量增加相联系，并在投饵后都相应降低，这表明NPY是综合调节摄食活动和GH分泌的重要神经肽。另一方面，GH可能参与介导NPY诱导鱼类摄食活动的通道，但GH影响摄食活动的作用机理还不清楚，而且血液GH含量增加与摄食活动增强之间的联系并非完全必要；正如在金鱼中，GH的生理作用增强和生长率下降以及食欲不振可以同时出现。

在哺乳类中，生长激素释放激素（GHRH）和生长抑素（SRIF）是调节GH分泌的主要肽类，它们都参与摄食的神经中枢调节以及整合与代谢、生长相关的中枢和外周的功能。从鲤鱼下丘脑已分离出GHRH，一些鱼类的GHRH cDNA和GHRH受体亦已被克隆。GHRH受体mRNA在脑垂体和整个脑部表达。用合成的人或鲤GHRH能刺激一些鱼类的GH释放。但GHRH对鱼类摄食的影响还没有研究报道。另一方面，对一些鱼类SRIF的分离和鉴别以及编码SRIF前体的cDNA克隆，表明SRIF存在多个类型，包括前SRIF原-I（PPS-I：Preprosomatostatin I）加工为SRIF-14，PSS-Ⅱ加工为大型的SRIF-25和SRIF-28。此外，在鱼类和其他脊椎动物中已鉴别出几个SRIF-14的变体。从金鱼和斜带石斑鱼的脑中已鉴别出三种PSScDNA，分别编码PSS-I（SRIF-14）、PSS-Ⅱ（SRIF-28）和PSS-Ⅲ（可能加工为〔Pro^2〕SRIF-14）。SRIF是鱼类GH基础分泌和刺激分泌的主要抑制性激素。〔Pro^2〕SRIF-14对金鱼和虹鳟的GH释放亦有抑制作用，其效能与SRIF-14相似。从金鱼脑中已克隆出一种SRIF受体。SRIF受体mRNA和三种PSS mRNA在金鱼各个脑区广泛表达，这与哺乳类一样为SRIF相当广的生理功能提供解剖学基础。SRIF对鱼类摄食的作用尚未有深入研究。虹鳟血液SRIF-14的含量呈现明显的昼夜节律，在餐后有明显增加，表明SRIF-14可能参与摄食活动的调节。

此外，在鱼类中促性腺激素释放激素（GnRH）、促甲状腺素释放激素（TRH）和多巴胺都能刺激 GH 的释放，它们是否参与鱼类摄食活动的调节，还有待于研究。

图 2-1 概括表示了鱼类的脑对摄食活动的调控以及食物摄取与生长激素分泌活动之间的关系。脑的增食类信号分子（如 NPY、OX、GAL 和 β-END 等）刺激鱼类的摄食活动，而脑的抑食类信号分子（如 CCK、BBS、CRF、CART 肽和 5-HT 等）抑制鱼类的摄食活动。速激肽亦可能参与鱼类的抑食作用。脑的下丘脑区与摄食活动的调节直接联系，但下丘脑以外的部位亦可能参与这种调节作用。血液 GH 含量与摄食行为的短期变化之间有直接关系，但整合这些作用的机理尚有待于研究。

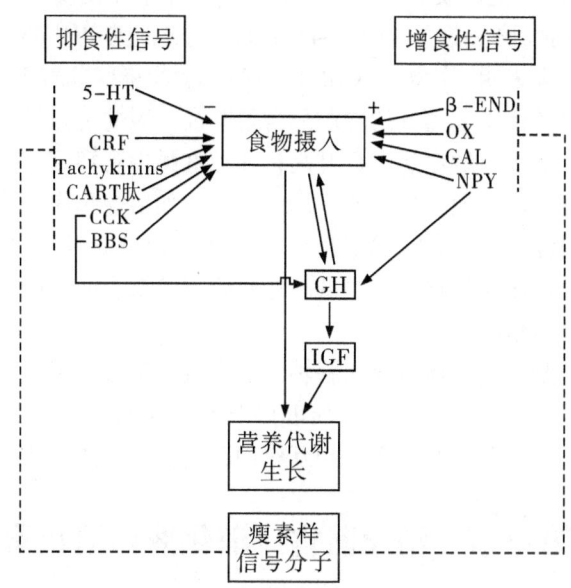

图 2-1　鱼类的脑对摄食活动的调控以及食物摄取与生长激素分泌活动之间的关系
参考 Lin 等

四、下丘脑-脑垂体-肾间腺轴调节鱼类摄食活动的作用

如前所述，各种环境因素（如低 pH、高氨含量、低溶氧量、污染物）、群居因素（如从属关系、拥挤效应）和人为因素（如人工捕捉、拉网）引起的应激反应都会抑制鱼类的摄食行为和食物摄取。鱼类对应激反应的共同特征是激活下丘脑-脑垂体-肾间腺（HPI）轴。下丘脑的视前核（NPO）和侧结节核（NLT）受到应激反应后释放神经肽（即促肾上腺皮质激素释放因子，CRF：Corticotropin-releasing Factor）和硬骨鱼紧张肽（UI：Urotensin I），促进脑垂体释放促肾上腺皮质激素（ACTH）；ACTH 进入血液循环后引起头肾的肾间腺细胞合成与释放皮质醇。血液中的皮质醇含量升高后对脑垂体分泌 ACTH 和下丘脑合成 CRF 和 UI 起负反馈作用。因此，HPI 轴激活后分泌产生的各种激素对介导应激反应抑制鱼类的摄食活动起着重要作用。

与哺乳类一样，CRF 神经肽是抑食类的信号分子。给金鱼脑室注射牛或鼠的 CRF，或鲤鱼的 UI，能剂量依存地抑制食物的摄取。CRF 对金鱼的抑食作用能被它的受体抑制剂（α-螺旋 CRF 9-41）消除掉。尽管由神经中枢注射 CRF 和 UI 能使金鱼血液中皮质醇含量增加，但 CRF 和 UI 的抑食作用似乎不必通过 HPI 轴的激活，而可以由 CRF 受体介导。给金鱼腹腔埋植糖皮质激素受体抑制剂 RU-486，或皮质醇合成抑制剂甲吡酮（Metyrapone），能剂量依存地使摄食活动持续减弱；与此同时，端脑-视前区和下丘脑的 CRF 和 UI 基因表达缓慢增强，表明埋植的 RU-486 和甲吡酮刺激了 CRF 和 UI 合成神经元的活性。甲吡酮通过抑制皮质醇合成而阻抑了皮质醇对糖皮质激素的负反馈作用机制，而 RU-486 由于能对抗皮质醇对 HPI 轴的负反馈作用而使皮质醇出现短暂的过量分泌。埋植 CRF 受体拮抗物 α-螺旋 CRF 9-41 也能部分地阻断 RU-486 和甲吡酮抑制食欲的作用。这些研究结果表明，内源的 CRF 对鱼类的食物摄取起着重要的调节作用。

鱼类对应激反应的标志是血液的皮质醇含量升高，因此可以推想，鱼类受到抑制食欲的应激反应后血液的皮质醇含量也会升高，如在虹鳟中观察到摄食活动受到阻抑时血液的皮质醇含量缓慢升高。但是也出现不同的情况，如给金鱼腹腔注射皮质醇对食物摄取没有影响；对大西洋鲑幼鱼每天给予应激刺激使食物摄取量减少，经过 42 d 处理后其血液中皮质醇的含量比对照组明显降低。这些研究结果表明，HPI 轴激活后的最终产物皮质醇也参与鱼类摄食活动的调节。

总的看来，下丘脑-脑垂体-肾间腺轴的各个成员都参与了应激反应抑制鱼类食欲的调节作用。但是，CRF 的相关肽、皮质醇以及参与应激反应的其他成员怎样与鱼类下丘脑摄食中枢的复杂线路相互联系、相互作用，还有待于进一步研究确定。

第三节 消化器官、消化液和消化酶

食物进入鱼体后，经过消化器官和消化液、消化酶的一系列物理和化学作用，分解成小分子物质而被机体所吸收的过程称为消化。鱼类对食物的消化和吸收与高等脊椎动物相似，但也显示其自身的特点，主要是因为对栖息环境和食物性质不同所产生的适应性。

一、消化器官

消化器官是消化和吸收的结构基础，包括消化道以及连附的消化腺。下面介绍这些器官宏观和微观的解剖构造。

（一）消化道

消化道为一肌肉质的管道。它起自口腔，经过咽、食道、胃和肠等部分，止于肛门。食物在消化道内进行消化和吸收。

1. 口咽腔

鱼类的口和咽没有明显界限，出现鳃的部位为咽，其前方为口腔，一般合称为口咽腔。口咽腔内有齿、舌和鳃耙等构造，它们都因鱼的食性不同而异。口裂的形状及大小与食性和摄取饲料的大小有关。肉食性鱼类（如狗鱼、鲑鱼和鲈鱼等）的口裂一般都很大，杂食性和植食性鱼类则相对较小。鱼类牙齿的变化比其他脊椎动物更为明显。除了着生在颚上的齿外，有的鱼类在舌、口盖或咽等处有齿，而有的鱼类则无齿。凶猛肉食性鱼类的牙齿尖利，以取食浮游生物为主的鱼类其牙齿弱小，植食性的鱼牙齿多为咀嚼型。鲤科鱼类的上下颚都无齿，但咽部有咽齿，其形状和发达程度也与食性密切相关，如肉食性的鳡鱼呈犬齿状，草食性的鲩鱼呈锉刀状，杂食性的鲤鱼呈臼齿状，而以浮游生物为食物的鲢和鳙鱼，其咽齿不发达。岩鳚科（Odacidae）鱼类有锐角的咽齿，可撕碎海藻食物；隆头鱼科（Labridae）鱼类有块状咽齿，可压碎有硬壳的无脊椎动物；鹦咀鱼科的鱼类有发达的咽板，可磨破藻类的细胞壁。鱼类的舌一般不发达，没有肌肉，亦不能活动；但具有味蕾，起味觉作用。鳃弓的内侧有鳃耙，是滤食器官，与鱼类的食性和摄食方式有密切关系。植食性和肉食性鱼类的鳃耙短而稀疏，对获取食物作用不大；以浮游生物为主的鱼类，鳃耙长而细密，数量多且结构复杂。如鳙和鲢的鳃耙非常细长、柔软，数量多而排列密集，以体长 50 cm 的鱼为例，鳙鱼每厘米鳃弓上有鳃耙 40~80 枚，鲢鱼有 160~175 枚，且鲢鱼还有由黏膜组成的筛膜把鳃耙横隔起来，形成密致的筛网，便于黏附和收集浮游生物，形成食物团并输送到消化道内。口咽腔的组织结构有黏膜层（Mucosa）、肌层（Muscularis）、纤维层（Fibrous Layer）。黏膜层由复层上皮构成，表层为扁平上皮细胞以及许多分泌黏液的杯状细胞和味蕾。肌层发达，为横纹肌。纤维层为蜂窝结缔组织，其纤维常交织成网状。

2. 食道

大多数鱼类的食道很短，内壁具黏膜褶，以增强扩张能力。食道壁黏膜层的复层上皮中有丰富的黏液分泌细胞，能分泌黏液以助食物吞咽；有的还有味蕾。少数无胃鱼类的食道还能分泌消化酶。食道的肌层发达，内面的环肌层较厚，外面的纵肌层较薄，均为横纹肌；在与胃交界处有食道扩约肌。

3. 胃

胃为消化道的膨大部分。靠近食道处为贲门部，靠近肠的一端为幽门部，两者之间为胃底。胃的大小与其食性有关：吃大型捕获物的鱼通常胃较大；而食物较小的鱼一般胃也比较小。鲻科、刺尾鱼科、魟科（Girellidae）鱼类的胃呈砂囊状，肌肉壁厚，能将沙子或其他沉积物吞入胃内，通过强有力的胃壁活动，将摄取的硅藻、大形海藻、各种碎屑等磨碎。有的鱼类无胃，如鲤科、亚口鱼科（Catostomidae）、隆头鱼科、鹦咀鱼科、岩鳚科、鳚科（Blenniidae）鱼类。

胃壁的组织结构与其他脊椎动物相似，从内向外依次为黏膜、黏膜下层（Submucosa）、肌层和浆膜（Serosa）。黏膜上有分泌黏液、胃蛋白酶和盐酸的各种细胞。有些鱼类在贲门部和胃底的黏膜褶深处增厚而形成简单的或分支的管状腺，由许多起分泌作用的腺细胞组成，开口于凹隔处。腺细胞与其他脊椎动物胃腺的主细胞（Chief Cell）相似。胃腺细胞富含粗面内质网，基部含有酶原样的分泌颗粒，可通过胞吐作用从细胞顶部释放出来。一些鱼类的幽门部没有分泌作用，而具有丰富的血管，可能有吸收作用。肌层由平滑肌组成，内层为较厚的环行肌，外层为薄的纵行肌。环行肌肉在幽门部特别发达，形成幽门扩约肌。

4. 肠

肠前端与胃相连，无胃鱼类的肠直接与食道相连；肠后端止于肛门。一些鱼类在肠与胃交界处有一些盲囊状的突起，称为幽门盲囊（Pyloric Caecum）。幽门盲囊的组织学构造和酶含量等都与附近的肠相似，说明它们的作用可能是用于扩大肠的表面积，帮助食物的消化和吸收。

肠的形状与食性有密切关系。植食性鱼类的肠很长，且常常盘曲于腹腔中，如草鱼的肠长度可达体长的 2.29~2.54 倍，盘曲达 8 次之多。肉食性鱼类的肠较短，多为一直管，如鳜鱼的肠仅为体长的 0.54~0.63 倍，没有盘曲。杂食性鱼类肠管的长度介于植食性和肉食性鱼类之间。肠管越长，消化作用的时间也越长，使得食物能被充分地消化、吸收。植食性鱼类肠管较长，可能与植物性饲料较难被消化和吸收有关。年龄的变化也会影响肠的长度，当然，其中也可能包括食性变化的影响，如拟鲤，其食物由卵黄转变为动物性浮游生物，直到大型无脊椎动物，肠的长度亦逐渐增加。有些鱼类由于食物可得性和食物种类的改变，肠的长度甚至出现季节性变化。

肠壁的组织学构造与胃壁相似，也分为黏膜、黏膜下层、肌层和浆膜。黏膜由起吸收作用的柱状上皮细胞与能分泌消化酶和黏液的杯状细胞组成。柱状上皮细胞的边缘具有微绒毛的纹状缘（Striated Border）。黏膜下层很薄，含疏松胶原、弹性纤维、血管和神经等。肌层由内层的环行肌和外层的纵行肌组成；有些鱼类还发现有横纹肌。浆膜由疏松结缔组织和间质细胞组成。

软骨鱼类的肠壁有呈螺旋状的皱褶，称为螺旋瓣（Spiral Valve），其作用是使食物缓慢通过，以利于充分消化，同时也能扩大吸收面积。大多数硬骨鱼类的肠管有发达的黏膜褶，其形状多种多样，因种类而异，通常肠前部的黏膜褶较发达，褶层很深，褶间的隐窝很窄，褶顶有分支，甚至褶与褶之间相连成网状；而在肠的中部和后部，褶的深度和分支情况逐渐减弱，到肠部末端，褶少而浅。黏膜褶在空腹时很深，当食物团进入肠以后，肠管伸展，皱褶便变浅甚至消失了。

肠的后段通常分化为较宽的类似直肠的构造，其黏膜含有大量杯状细胞。板鳃类还有直肠腺，其作用是分泌 Na^+ 和 Cl^-，以调节渗透压平衡（详见第六章）。肠后段的肌层与肠其他部分的相似，但在靠近肛门处出现横纹肌。

（二）消化腺

1. 肝脏和胆囊

肝脏是由胚胎期消化道的上皮突起发展起来的，其最简单的形状是分支的管状腺，如圆口类的肝脏。一些鱼类（如鳗鲡等）的肝脏也具有管状结构。但大多数鱼类的肝脏是由密集而相互交错形成网状的肝细胞群所组成，肝细胞群之间有大量窦状隙（Sinusoid），充满毛细血管与红细胞。最近的研究表明，硬骨鱼类肝脏的肝细胞群——窦状隙结构主要有三种类型：①索状型。大多数肝细胞排列成单层，窦状隙扩大，充满直的毛细血管；肝细胞多角形，核圆形。②管状型。大多数肝细胞排列成双层，窦状隙的毛细血管狭小而不规则形，常见 3~4 个肝细胞围绕一个窦状隙毛细血管；肝细胞多角形、方形或圆形，核圆形。③实心型。大多数肝细胞排列成多层，窦状隙狭小，毛细血管短而弯曲；肝细胞圆形，核小而圆，细胞质中常充满脂肪滴。据统计分析，鲤形目、鲀形目一些鱼类的肝脏为实心型，鲑形目、鲱形目、鳗形目、鲶形目、鲻形目、金眼鲷目以及鲽形目鱼类的肝脏为管状型，而鲈形目鱼类肝脏多为索状型。由此可见，鱼类肝脏的组织结构与鱼类的系统进化有一定联系：随着鱼类由低等向高等进化，肝脏组织由实心型转变为管状型和索状型，肝细胞形状由圆形转变为方形或多角形。与其他脊椎动物一样，鱼类肝细胞含有大量的线粒体、粗面内质网、高尔基体、过氧化物酶体、脂肪和糖元颗粒。肝细胞有两种类型：一种富含脂肪，另一种富含糖元。不同鱼类的肝细胞类型也有所不同，有的以含糖元肝细胞为主，如光鳃鱼（*Chromis*）、兵鲶（*Corydoras*）、双锯鱼（*Amphiprion*）；有的则以含脂肪的为主，如鲀（*Tetraodon*）、黄盖鲽（*Limanda*）。

肝细胞能分泌胆汁，胆汁通过肝管进入胆囊中并贮存。肝管在肝脏内是由许多细管汇合成几支大管，最后合成一大肝管在肝脏前部与胆囊管相通。胆囊管的基部与胆囊相连。胆囊呈椭圆形，大部分埋在肝脏内，因贮存胆汁而呈深绿色。胆囊管与肝管相连后继续向前延伸而形成胆管，其末端进入肠前部的右侧腹面，胆囊壁含有由柱状或矩形细胞组成的黏膜层和一层很薄的黏膜下组织，以及由平滑肌细胞组成的肌层。

2. 胰脏

胰脏由外分泌的组织和内分泌的组织组成。圆口类的胰脏由肠黏膜上含有酶原颗粒的外分泌腺细胞组成。软骨鱼类的胰脏很发达，为一独立的致密型器官，胰管开口于肠的前部，其显微结构与哺乳类的胰脏很相似；此外还有很多分散的由内分泌细胞形成的小岛。硬骨鱼类的胰脏通常是弥散型的，由分散在肠表面的结缔组织、肠系膜以及幽门盲囊周围或在肝脏、脾脏中的腺泡和分支小管组成。只有少数硬骨鱼类的胰脏（如鳗鲡、鲶鱼、舒鱼、石斑鱼等）是和肝脏分开的独立的致密型器官。胰管单独开口于肠或幽门盲囊，或者与胆管联合进入肠。有些鱼类（如鲤科鱼）的胰脏分散在肝脏中，合称为肝胰脏；胰管和肝管在肝胰脏内交错排列，最后各小胰管也合成一支大胰管，它与胆管紧贴，外有结缔组织包被，同时进入肠管。胰脏的外分泌细胞呈强嗜碱性，含有丰富的酶原颗粒。有些鱼类在肠系膜、幽门盲囊及胆囊附近散布的胰腺细胞具有内分泌功能，参与组成胃肠胰内分泌系统（Gastro-enteropancreatic（GEP）Endocrine System）（详见第八章"内分泌生理"）。

二、消化液和消化酶

鱼类的口、咽和食道通常都没有消化酶，因此没有消化作用；但它们能分泌黏液，润滑食物，便于吞咽。一般所说的消化液是指胃液、胰液、胆汁和肠液，它们在消化过程中起重要作用。

（一）胃液和胃消化酶

除无胃鱼类以外，大多数鱼类能分泌由盐酸、消化酶和黏液组成的胃液。

1. 盐酸

胃分泌盐酸的作用在摄食后增加，表现为胃液的 pH 值降低。鲨鱼进食后的胃液 pH 值为 1.69，而空腹时所测定到的胃液则呈弱碱性或中性。大多数硬骨鱼在空腹时的胃液 pH 值接近中性，有的呈弱酸性或弱碱性，而在胃充满饲料时的胃液则呈强酸性。

胃液的酸性依食物类型和数量而改变。大的食物需要更多的盐酸，根据测定，鲨鱼类胃液中含 2.7%～9.3% 的盐酸。盐酸的分泌十分重要，因为合适的 pH 值能激活胃蛋白酶原，提供胃蛋白酶所需要的酸性环境，使食物中的蛋白质变性而有助于消化。海水鱼类为了调节体内渗透压的平衡，需要吞饮海水。碱性的海水大量进入胃中，必然会降低胃液的酸性。海水鱼类往往采用以下几种方法进行调节：①食物在胃中消化时不吞饮海水；②分泌过量的酸以酸化进入胃中的海水；③食道和幽门相互靠近，使海水通过胃的部位受到限制；④在胃黏膜上消化食物，胃蛋白酶和盐酸直接分泌在食物的表面。

2. 消化酶

胃蛋白酶（Pepsin）是胃液中最重要的消化酶；它以酶原的形式分泌出来，在酸性环境中被激活而成为胃蛋白酶；它是一种肽链内切酶（Endopeptidase），作用于酸性氨基酸和芳香族氨基酸所形成的肽键，从而把蛋白质分解成蛋白胨和蛋白腖。胃蛋白酶能水解多种蛋白质，但对黏蛋白（Mucin）、海绵硬蛋白（Sponging）、贝壳硬蛋白（Conchiolin）、角蛋白（Keratin）或分子量小的肽类不起作用。

从星鲨（*Mustelus canis*）的胃黏膜中分离出四种不同的胃蛋白酶原。在一些硬骨鱼类中，通过分离胃蛋白酶原，并使它转变成胃蛋白酶而得到结晶的胃蛋白酶。胃蛋白酶的结构和特性（如氨基酸组成、最适 pH 值、最适温度以及活性等）都有着种类特异性。对大鳞大麻哈鱼和金枪鱼等胃蛋白酶的分析表明，其结晶特性和氨基酸组成等都与猪的胃蛋白酶不同。虽然胃蛋白酶的最适 pH 值在不同鱼中有所不同（如鲱鱼是 2.5～2.8，鲈鱼是 1.65～1.8，鲽鱼是 1.5～2.5），但差异不大，多变动于 2～3 之间。鲑鳟鱼类的胃蛋白酶相对来说有更高的 pH 稳定性，也就是说它能够在更广的 pH 值范围内起作用。胃蛋白酶的最适温度变动范围很大，从 30℃ 到 50℃。温水性鱼类最适温度较高，冷水性鱼类则较低。

除胃蛋白酶外，有些鱼类的胃液中还发现有非蛋白消化酶，如大西洋鲱和美洲真鲦的胃液里含有淀粉酶（Amylase），罗非鱼胃里有脂肪酶（Lipase），虹鳟胃里有酯酶（Esterase），板鳃类、吃昆虫的硬骨鱼类和多鳍鱼（*Polypterus*）的胃肠道有壳多糖酶（Chitinase），日本鲭鱼（*Scomber japonicus*）胃的黏膜中有透明质酸酶（Hyaluronidase）等。此外，在一些河口鱼类和淡水鱼类的胃和前肠中曾发现有纤维素酶活性，但这种活性在链霉素处理后消失，因此认为这种酶可能来自消化道中的微生物。

（二）胰液和胰消化酶

由于很难收集到纯的胰液，因此对大多数鱼类的胰液化学成分了解得不多。但是，毫无疑问，胰液中含有多种可以消化蛋白质、糖、脂肪和核苷酸等的酶类。此外，与高等脊椎动物的一样，鱼类的胰液中也可能含有碳酸氢盐，以中和进入肠内的盐酸。

1. 蛋白酶

各种胰蛋白酶类,包括胰蛋白酶(Trypsin)、胰凝乳蛋白酶(Chymotrypsin)、羧肽酶(Carboxypeptidase)和弹性蛋白酶(Elastase)都以酶原形式存在于胰细胞中。当这些酶原进入肠腔时,肠黏膜细胞分泌的肠激酶将它们激活成有活性的胰蛋白酶,后者进而激活其他蛋白酶。

在肠激酶的作用下,胰蛋白酶原上由赖氨酸和异亮氨酸组成的肽键发生水解,形成胰蛋白酶和一个六肽分子。胰蛋白酶为肽链内切酶(Endopeptidase),其最适 pH 值为 7.0。它作用的肽键中的碳酰基来自精氨酸或赖氨酸。从软骨鱼类、硬骨鱼类和肺鱼类的胰脏中都分离到胰蛋白酶。

胰凝乳蛋白酶是类似于胰蛋白酶的肽链内切酶,由胰蛋白酶作用于胰凝乳蛋白酶原而形成。胰凝乳蛋白酶的最适 pH 值为 8~9,所作用的肽键中的碳酰基来自芳香族氨基酸(如酪氨酸、色氨酸和苯丙氨酸)。含胰蛋白酶的鱼类大多也含有胰凝乳蛋白酶。

弹性蛋白酶由胰蛋白酶作用于弹性蛋白酶原而形成,专门水解弹性蛋白中的肽键。圆口类可能没有弹性蛋白酶,但大多数软骨鱼类和硬骨鱼类的胰脏都含有此酶。一些无胃的鱼类(如金鱼)中没有发现弹性蛋白酶。

羧肽酶是肽链外切酶(Exopeptidase),从肽链的羧基末端逐一水解肽键;羧肽酶有 A 和 B 两种特异性不同的形式,都是由胰蛋白酶激活其酶原而形成的。圆口类只发现有羧肽酶 A。软骨鱼类和硬骨鱼类都发现有羧肽酶活性,但以哪种形式的活性为主,则不同的种类有所不同,如金枪鱼中发现的是羧肽酶 B 的活性,而日本鲭鱼中发现的是羧肽酶 A 的活性。

上述几种胰蛋白酶类在结构上很接近,它们和其他几种蛋白水解酶的分子活性基团都含有丝氨酸,故称其为丝氨酸蛋白酶。根据对不同脊椎动物提纯的胰蛋白酶原的氨基酸顺序分析表明,胰蛋白酶原结构可能存在着进化上的变异,而非洲肺鱼(*Protopterus*)胰蛋白酶原的分子结构与无脊椎动物的胰蛋白酶有相似之处。可以推测,各种丝氨酸蛋白酶都是由一个共同的祖先分子进化而来的。

2. 淀粉酶

软骨鱼类的胰脏抽提液中含有淀粉酶。对硬骨鱼类淀粉酶的研究很多,它的分布和活性与食性有关。植食性罗非鱼的整个消化管中都可以发现淀粉酶活性,其最适 pH 值为 6.71。由于胃的 pH 值太低,不利于淀粉酶起作用,因此罗非鱼对糖类起消化作用的主要是胰和肠中的淀粉酶。杂食性鲤鱼的胰液中也有活性强的淀粉酶,其最适温度为 23℃。与此不同,肉食性的鲈鱼只是在分散于肠附近的结缔组织的胰腺细胞中发现有淀粉酶。

很多鱼类的肝胰脏还发现有麦芽糖酶,如鲤鱼、鳗鲡、鲇鱼、圆鲀、锦鱼等。在取食昆虫和甲壳类的鱼的胰液中有壳多糖酶的活性,如银鲛无胃,以虾为主食,它的胰液中壳多糖酶的活性很高,其最适 pH 值为 8~10。但在一些有胃的海水鱼中,发现此酶的活性主要在胃黏膜而不是胰脏中,其最适 pH 值为 1.25~3.60。壳多糖酶能把几丁质分解为 N-乙酰-D-氨基葡糖(NAG:N-acetyl-D-glucosamine)的二聚体和三聚体,接着由氨基葡糖苷酶(Glucosaminidase)将其进一步分解。肠道中的细菌也可能合成壳多糖酶，但主要还是由胃或胰脏的腺细胞合成。

3. 脂肪酶

脂肪酶是能切断酯键的酯酶，它能水解甘油酯、磷脂和蜡酯。在鱼类消化系统的很多部位都发现脂肪酶的活性，例如，在软骨鱼类的角鲨、鳐等的胰脏提取液和胰液中可检测到脂肪酶活性，而底鳉、鲽鱼、鈍鱼等的胃黏膜和肠黏膜中都有脂肪酶活性。所以，关于胰脂肪酶的来源曾有不同看法，有人认为由胰脏分泌，有人认为胃、肠黏膜也参与分泌。目前普遍认为胰脏是脂肪酶的主要分泌器官。通常，致密型的胰脏比弥散型的胰脏含有更丰富的脂肪酶。

（三）胆汁

所有脊椎动物的肝脏都能合成胆汁。胆汁在肝脏中合成后贮存于胆囊中，当胆囊壁平滑肌收缩时，胆汁便经胆管进入肠腔。胆汁是有机盐和无机盐的混合液。鱼类胆汁的成分与哺乳类的相似，主要有胆汁盐、胆固醇、磷脂、胆汁色素、有机阴离子、糖蛋白和无机离子等，钠含量高而氯含量低，呈弱碱性。胆汁盐是一种特殊的类固醇，在肝脏中由胆固醇衍生而来。例如，给鲤鱼以 ^{14}C 标志的胆固醇，就可以产生有放射性的胆汁盐。软骨鱼和肺鱼的胆汁盐多是胆汁硫酸酯盐，而硬骨鱼类与高等脊椎动物相同，胆汁盐由胆汁酸和牛磺酸（Taurine）结合而成；但鲤科鱼类的胆汁盐还是硫酸酯盐，与软骨鱼类相似。

多数鱼类的胆汁中不含消化酶，但在一些具有肝胰脏的鱼类中也发现其胆汁含有少量的胰蛋白酶、脂肪酶和淀粉酶等。一般认为这些酶是由胰细胞分泌后混入胆汁的。

在消化过程中胆汁起重要作用，主要是由于胆汁盐的存在。胆汁盐能沉淀经胃消化而产生的酸性变性蛋白胨等，使其停留在小肠，让胰液消化作用充分进行；胆汁盐还能激活胰脂肪酶，消化分解脂肪。此外，胆汁盐能乳化脂肪酸、胆固醇和脂溶性维生素等，以利于吸收。

与哺乳类一样，鱼类分泌的大部分胆汁盐以及其他胆汁成分能被重新吸收进入血液，然后重新返回肝脏。这一过程称为肠肝循环（Enterohepatic Circulation）。

（四）肠液

与哺乳类不同，鱼类没有由多细胞组成的肠腺，只是肠黏膜的杯状细胞分泌一些酶类而已。肠液中所发现的酶类，除了肠细胞分泌的以外，还有一些来自胰液和胃液，甚至来自食物中的微生物。

一般认为肠黏膜能分泌下列酶类：①分解肽类的酶，如氨肽酶（Aminopeptidase）、肠肽酶（Erepsin，包括二肽和三肽酶）；②分解核苷的碱性和酸性核苷酶（Nucleosidase）以及多核苷酸酶；③酯酶，包括脂肪酶、卵磷脂酶（Lecithinase）等；④糖类消化酶，如淀粉酶、麦芽糖酶、异麦芽糖酶（Isomaltase）、蔗糖酶（Sucrase）、乳糖酶（Lactase）、海藻糖酶（Trehalase）和地衣多糖酶（Laminarinase）等。这些酶活性的强弱与鱼的食性密切相关。如杂食性鲤鱼的肠液淀粉酶的活性要明显高于肉食性的鳟鱼、大西洋鳕和鲽鱼，而取食浮游生物和植物碎屑的罗非鱼的肠液有很强的地衣多糖酶活性。

(五) 消化液分泌的调节

1. 胃酸的分泌

软骨鱼类胃酸的分泌受交感神经的抑制。破坏脊髓能使胃酸出现麻痹性分泌（Paralytic Secretion），此时胃中即使没有食物也分泌大量的胃酸。注射肾上腺素能使麻痹性分泌停止，因此，麻痹性分泌可能是由于脊髓损伤后失去了交感神经抑制作用。软骨鱼类在空腹时亦能持续分泌少量的胃酸，直接刺激交感神经抑制这种分泌，而切断迷走神经或注射阿托品对胃酸的少量分泌没有明显影响。但是，在离体情况下，乙酰胆碱和组胺都能刺激灌流胃的胃酸分泌。能促使高等脊椎动物的胃分泌活动的猪胃泌素（Gastrin）对软骨鱼的胃酸分泌没有影响。在星斑鳐（*Raja asterias*）中还观察到血管括约肌与胃酸的分泌有关，用麦角（Ergot）处理使血管括约肌收缩，这时胃液由酸性变为碱性，这说明血液循环可能对胃酸的分泌有某种影响。

硬骨鱼类胃酸的分泌是间断性的，只有在消化食物或受到刺激时才开始分泌。下列因素可促进其胃酸分泌：

（1）胃扩张：扩张胃体能刺激胃酸的分泌，这可能与胆碱能迷走神经的反射活动有关。

（2）组胺：组胺是胃酸分泌的有效促进剂。在欧洲鲶鱼（*Silurus glanis*）和大西洋鳕（*Gadus morhua*）中都发现注射组胺能使其胃酸分泌增加。此外，这些鱼的胃黏膜也存在大量组胺。这表明组胺具有调节胃酸分泌的生理功能。

（3）胆碱能药物：氨基甲酰胆碱（Carbacholine）能促进胃酸分泌，这一作用伴随有血管扩张；可用阿托品阻断这一作用。

（4）激素的作用：在许多鱼类的胃肠道中发现很多与高等脊椎动物相似的胃肠激素（表2-1），它们在鱼体中的作用将在第八章说明。

（5）神经系统的作用：在鲶鱼中观察到神经系统对胃液分泌的作用。鲶鱼在刚吞下食物而尚未开始消化时就有大量胃液分泌。给长期饥饿的鲶鱼投喂活体饲料并养成习惯，然后把它们放入有玻璃隔板的水族箱中，向隔板的另一边投入活体饲料，鲶鱼多次试图吞食而撞在隔板上，同时有纯净的胃液经胃瘘管流出。这表明鲶鱼的胃液分泌过程存在着条件反射。因此，神经系统在胃液分泌过程中的作用不能忽视，值得深入研究。

在哺乳类中，胃蛋白酶原的分泌受迷走神经的刺激。鱼类的胃也由丰富的迷走神经支配，但还不清楚它们是否影响胃蛋白酶原的分泌。

2. 胰液的分泌

哺乳类胰液的分泌主要受两种激素的调节：肠促胰液肽（Secretin）促进碳酸氢盐的分泌；胰酶分泌素（Cholecystokinin，也称胆囊收缩素）促进胰酶原的分泌。此外，胃泌素和胆碱能药物也能促进胰液的分泌。

给鳐鱼小肠注入盐酸（0.36%～0.95%）或酸性蛋白胨，能显著促进其胰液的分泌，这与哺乳类相似，可能是酸引起促胰液肽的分泌。在有些鱼类中已经发现有促胰液

表2-1 鱼类胃肠道的激素和类激素物质

物质名称	分泌组织	种　类	参考文献
胰岛素	胰岛	所有鱼类	
胃泌素（Gastrin）	胰岛	铲吻黎头鳐	Hansen（1975）
促胰液肽（Secretin）	肠	大西洋盲鳗 鲑鱼、狗鱼、鳐鱼 狗鱼、鳕鱼	Nilsson（1973） Baykuss 和 Starling（1903） Dockray（1975）
胆囊收缩素 （Cholecystokinin）	肠	大西洋盲鳗 大西洋银鳐	Nilsson（1973）
类胆囊收缩素物质	肠	七鳃鳗、海七鳃鳗 狗鱼、鳗鱼	Barrington（1972） Barrington 和 Dockray（1972）
P物质	肠	鳕鱼、白斑角鲨	Dahlstedt 等（1959）
组胺	胃 肠	虹鳟、鳕鱼、 狗鱼 大西洋盲鳗	Reite（1969） Lorentz 等（1973） Reite（1965）
类蛙皮缩胆囊肽物质	胃	鳕鱼	Larsson 和 Rehfeld（1978）

引自 Fange 和 Grove，1979。

肽和胰酶分泌素存在，这可能也促进胰液的分泌。此外，注射肾上腺素、乙酰胆碱和组胺等药物对胰液的分泌都没有影响。

3. 胆汁的分泌

胆汁的分泌包括由肝脏向胆囊分泌以及由胆囊向肠腔分泌两个过程。在鳐鱼中发现肝脏能持续分泌胆汁，但与门静脉血压呈正相关关系。在圆口类的盲鳗（*Myxine glutinosa*）和硬骨鱼类的底鳉（*Fundulus heteroclitus*）中都发现胆碱能迷走神经能引起胆囊收缩，排出胆汁。此外，胆囊收缩素也可能与哺乳类一样，起刺激胆汁分泌的作用。

（六）消化酶的分泌与鱼类食性和习性的关系

如前所述，鱼类对其生活条件、营养习性等有着结构上和生理上的适应性，消化酶的分泌也不例外。

1. 食性和消化酶

鱼类消化道的形态和机能依食性不同而各有所异。消化酶的种类和分泌量也与此相对应。通常，肉食性鱼类的消化道短，蛋白酶活性高；植食性鱼类的消化道长，淀粉酶活性高；杂食性鱼类则无论是消化道长度还是消化酶活性，都介于前两者之间。

从消化酶的种类来看，肉食性鱼类主要分泌蛋白酶，如狗鱼消化液中以蛋白酶为主，不存在麦芽糖酶。植食性鱼类则主要分泌淀粉类消化酶，如鲻鱼虽然有胃，但不分泌胃蛋白酶，而是分泌淀粉酶和麦芽糖酶等。从消化酶的分泌量和活性来看，肉食性鱼类的蛋白酶多，活性高，如鳡鱼的胰蛋白酶活性很高，而胰淀粉酶活性则很低；植食性鱼类与此相反，杂食性鱼类则居于两者之间。如杂食性鲤鱼的胰蛋白酶活性只为肉食性狗鱼的1/8，而淀粉酶活性则比狗鱼强1000倍左右。取食昆虫和有几丁质外壳动物的鱼类，壳多糖酶活性很高；取食桡足类浮游动物的鱼类，则有很高的脂肪酶和酯酶活性。

2. 饲料和消化酶

饲料的种类和质量对消化酶的分泌有影响。鱼类能适应于不同的饲料而调整其消化酶的分泌。对金鱼曾进行酶适应的研究，发现不投喂褐藻酸和木聚糖的金鱼没有分解这些物质的酶，但如果在饲料中添加这两种物质，连续喂养数日，则可观察到肝胰脏和肠的酶液中有木聚糖酶和褐藻酸酶产生。至于这些酶是因为原来活性太低测不出，经添加饲料投喂后活性加强，还是由于原来不存在，经投喂饲料后新产生的，则尚未清楚。

杂食性的罗非鱼如果用蛋白质饲料（兔肉）、淀粉类饲料（面包）和脂肪饲料（含脂牛肉）投喂，可发现其胃蛋白酶活性及脂肪酶活性不受饲料成分的影响，而胰蛋白酶和淀粉酶活性则与饲料中蛋白质和淀粉的含量呈正相关变化。

图2-2和表2-2表明饲料的组成对鲤鱼蛋白酶活性的影响，可见肠管蛋白酶活性随着饲料中蛋白质含量的升高而升高。

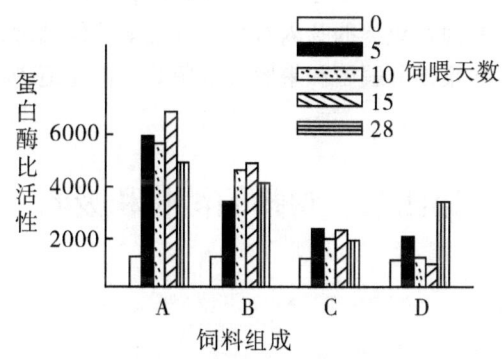

图2-2 饲料组成（见表2-2）对鲤鱼肠管蛋白酶活性的影响
参考 Fange 和 Grove，1979。

表2-2 四个试验组的饲料组成

饲料组成	A组	B组	C组	D组
鱼粉	80	60	40	20
马铃薯淀粉	20	20	20	20
α-纤维素	0	20	40	60
无机盐	2	2	2	2
维生素	1.5	1.5	1.5	1.5

引自 Fange 和 Grove，1979。

饲料成分不但能影响消化酶活性，而且对肝脏的代谢酶也有影响。投喂高糖饲料的鲤鱼，其肝脏糖酵解酶增加；投喂低糖饲料时，葡萄糖-6-磷酸酶、果糖二磷酸酶等糖合成酶的活性增加。

3. 运动和消化酶

鱼的运动状态多种多样，有的能快速地不断游动，有的则在水里静止不动。由于运动的能量来自营养物质的氧化，所以，运动习性的差异也反映在物质代谢过程中，而消化酶的种类和活性又直接受到代谢底物的影响。所以，鱼的运动能力与代谢所需酶的分泌量成正比关系。通常，活动能力强、游泳迅速而持久的鱼类（如大洋性鱼类）需要较多的能量供应，因此消化酶（主要是蛋白酶、淀粉酶和脂肪酶）较多，消化作用较强；中等活动的鱼类其消化酶含量适中；而底栖鱼类（如蟾鱼科）的蛋白酶和淀粉酶含量较低。

（七）肠道中的微生物

有些鱼类肠道中存在着微生物，它们能帮助发酵与消化植物性食物的多糖而产生短链脂肪酸（SCFAs）。在罗非鱼、鲤鱼、真鲦等的消化道中都能检测到厌氧细菌活性和吸收的SCFA。此外，鲻鱼能利用食物中的尿素，这与其肠内存在氮代谢细菌有关。鲈鱼的消化道中可分离出若干种能分解几丁质的细菌，它们所产生的壳多糖酶的最适pH值为7.0，而鱼本身胃黏膜所产生的壳多糖酶的最适pH值为5左右，据此可以区分这两种不同来源的酶。一些河口鱼类的肠内有分泌纤维素酶的细菌，可帮助鱼消化分解纤维素；还发现一些鱼有木聚糖分解菌和果胶分解菌等。消化道中微生物的存在通常与食性有关。

第四节 食物的消化和吸收

一、消化

在消化酶的作用下，食物中的各种营养物质分解成小分子而形成能够被吸收的状态。这一过程称为消化。

1. 蛋白质的消化

有胃鱼类的蛋白质消化作用开始于胃。胃蛋白酶的肽链内切酶活性对食物蛋白质进行第一步分解。进入肠以后，胰蛋白酶和胰凝乳蛋白酶进一步把蛋白质分解为多肽。接着，在羧肽酶和肠肽酶的作用下，多肽又分解成小肽和氨基酸，从而被机体所吸收。弹性蛋白酶和胶原酶分解特别的蛋白质。在无胃鱼类中，食物直接进入肠管而开始蛋白质的消化。以酪蛋白为基础饲料来研究鲤鱼等无胃的鲤科鱼类的消化作用，观察到肠管后半段的蛋白质的消化作用最强。在幼鱼阶段，由于胃尚未充分发育，摄入的食物直接进入肠管，为胰脏分泌的酶类所消化；未能完全消化的蛋白质为直肠细胞通过胞饮作用而吸收，再由这些细胞中的溶酶体酶进一步消化。

2. 脂类的消化

食物中的脂类除了甘油三酯外，蜡酯的含量也很丰富，尤其在一些海水鱼类中。脂肪酶能把甘油三酯分解为甘油二酯、甘油一酯或甘油和脂肪酸。脂肪酶也能消化蜡酯和磷脂，但水解蜡酯的速度要比甘油三酯慢4倍左右。蜡酯水解后释放出乙醇和脂肪酸。胆盐能溶解脂解作用的产物并一起形成胶粒。类固醇、胆固醇和脂溶性维生素等需要和胆盐结合成胶粒后才能被鱼类吸收。

3. 碳水化合物的消化

碳水化合物的消化作用主要在肠中进行。由胰脏和肠上皮细胞分泌的各种淀粉类消化酶能把多糖分解为单糖。例如，α-淀粉酶能把淀粉分解为麦芽糖，再由麦芽糖酶将其分解为葡萄糖。纤维素只是在少数鱼类中能被分解，这些鱼类的肠管中具有能分解纤维素的微生物。有些鱼类（特别是取食甲壳类的鱼）具有高活性的壳多糖酶，能把几丁质分解为N-乙酰氨基糖。

二、吸收

吸收是指各种经消化作用后形成的小分子营养物质（如氨基酸、葡萄糖、甘油和脂肪酸）等通过消化道壁进入血液和淋巴的过程。鱼类吸收的机理与哺乳类大致相同，主要形式是扩散和主动运输。

肠是吸收消化产物的主要部位。鱼类肠壁的构造比较原始，没有像哺乳类那样发达的微绒毛，只是形成各种各样的黏膜褶，以此延缓食物通过的时间，并增加吸收面积。肠上皮的吸收功能由柱状细胞完成。除了肠以外，幽门盲囊也具有吸收作用。例如，未进食的鲱鱼其幽门盲囊收缩，呈奶油色；进食后胀大，含油滴和其他小的饲料颗粒，呈橙红色。幽门盲囊皱褶很多，其黏膜分布着大量血管，表明它与肠一样是消化吸收的重要场所。

1. 蛋白质的吸收

各种鱼类的肠吸收蛋白质的部位不同，如虹鳟主要是在附有幽门盲囊的肠管，而鲤鱼则是在肠的后部。

蛋白质主要以氨基酸和二肽的形式被吸收，这种吸收逆着浓度梯度，而且依赖于钠离子，是主动运输的过程。此外，少量蛋白质和多肽也能被鱼体吸收，其机制可能是胞饮作用或与此有关的过程。例如，给金鱼以蛋白质辣根过氧化酶（Horseradish Peroxidase），发现在肠后段一些细胞可能特化而能够吸收这种大分子物质。

2. 脂类的吸收

脂类吸收的部位主要是肠的前部，包括幽门盲囊。胃和肠的中后部也能吸收少量脂肪。在哺乳类中，脂类的水解产物与胆盐形成水溶性复合物，进一步聚合成脂肪微粒，进入肠黏膜后重新合成中性脂肪，与蛋白质、磷和胆固醇等形成乳糜微粒，再进入乳糜管，由淋巴运输。鱼类的脂肪吸收过程与哺乳类的机制有所不同。在鱼类中，形成的脂肪微粒与肠上皮的刷状缘接触，胆汁盐释放到肠腔时，促使单酰甘油和长链脂肪酸被动吸收；短链脂肪酸可以被直接吸收而无需胆汁盐。大多数硬骨鱼类的肠上皮中都有与哺乳类乳糜管相似的淋巴管，但在血浆中却没有发现乳糜微粒。

3. 碳水化合物的吸收

鱼类吸收的单糖有己糖（葡萄糖、半乳糖、果糖、甘露糖等）和戊糖（核糖、木糖和阿拉伯糖）。这些糖在肠内的吸收速率不一样，一般是己糖比戊糖吸收快些。但在一些鱼类中也发现果糖的吸收比戊糖还慢。根皮甘（Phlorhizin）能抑制豹蟾鱼（*Opsanus tau*）和丁鱥（*Tinca vulgaris*）对葡萄糖等己糖的吸收，但对戊糖的吸收没有影响。因为根皮甘能抑制钠泵和磷酸化的酶促过程，因此认为己糖的吸收是通过主动运输，与钠泵有关；而戊糖的吸收很慢，且不受根皮甘的影响，因此戊糖可能是通过简单扩散的方式而被吸收的。

糖的吸收速率受到以下因素的影响：

（1）糖浓度：在一定情况下，糖的吸收速率随食物中糖浓度的增加而增加。如丁鱥在食物含糖量为12.5%以上时，糖的吸收速度为浓度的函数；鳗鲡在食物含糖量为6.7%~18.0%之间时，糖的吸收速度不依赖浓度，但在此浓度以上时，吸收速度与浓度成正比。

（2）肠内的pH值：肠内pH值能影响糖的吸收。如石鲉（*Scorpaena porcus*）在酸性（pH值为2~5）条件下，肠对葡萄糖的吸收非常快，但这种吸收是异常的，可能是由于强酸性使肠表面受损伤所致；pH值在5.5以上似乎对肠黏膜无损伤，pH值在5.5~10.0范围内时，以9.1时的吸收率为最高。

（3）盐度：狭盐性的海水鱼类进入淡水后，其肠对葡萄糖的吸收明显减少；广盐性的鳗鲡在淡水中对葡萄糖、木糖和阿拉伯糖的吸收都明显低于在海水中。生活在淡水中的鳗鲡其血清渗透压比海水中的低，肠的pH值也低些（在淡水中pH值为6~7，在海水中为10）。因此，在海水和淡水中，肠对糖吸收的差异除了pH值的变化外，渗透压的变化是否也有影响，值得进一步探讨。

（4）温度：己糖的吸收随温度的升高而增加，而戊糖的吸收却几乎不受温度的影响。低温时葡萄糖的吸收受到阻抑。

4. 水和无机盐的吸收

淡水鱼类生活在低渗环境中，几乎不饮水，但无机盐仍通过排泄系统排出体外，因此，淡水鱼类必须通过肠吸收无机盐。海水鱼类的情况则刚好相反，它们生活在高渗环境中，需要吞饮大量海水来补充体内的水分，多余的盐离子通过排泄系统和肠排出体外。海水鱼类每天吞饮的海水可达体重的5%~12%，其肠管对水分的吸收能力也很强，远远超过淡水鱼类。水分吸收的部位主要是肠的后部，其机制尚未完全清楚，可能与Na^+的主动运输有关，即NaCl的吸收伴随着水分的转移，但也发现水分顺着渗透压梯度吸收而不依赖于Na^+转运的情况。

一价阳离子（如Na^+和K^+）通过主动运输过程而被吸收，Cl^-则伴随着被动吸收。可溶性钙盐通过主动运输而被吸收，其转运依赖于Na^+。钙盐在酸性溶液中呈可溶性，在碱性溶液中不溶解，因此，消化道的pH值影响钙的吸收。肠前部呈酸性，适合钙的吸收；而肠后部呈碱性，钙的吸收就比较困难。维生素D可促进钙的主动吸收，但机理不详。铁以Fe^{2+}的形式被肠主动吸收。食物中的还原性物质（如抗坏血酸等）可促

进 Fe^{2+} 吸收。磷酸通常以有机化合物的形式被摄入体内，消化分解为无机磷酸后被吸收，吸收的部位是胃和肠。阳离子（如 Ca^{2+}、Mg^{2+}、Ba^{2+}、Al^{3+}、Fe^{2+}、Pb^{2+} 等）过多时会与 PO_4^{3-} 结合成不溶性盐，从而降低对 PO_4^{3-} 的吸收。高脂肪和低 pH 值能促进鱼类对 PO_4^{3-} 的吸收。磷酸盐的吸收不依赖于 Na^+ 的转运。

三、消化吸收率

鱼类摄取的饲料从进入消化道到排出体外，有多少被鱼体消化吸收而利用，这是消化生理的研究内容之一，对鱼类养殖和饲料利用效率等方面都有重要意义。评价饲料在鱼类体内消化吸收率的办法主要有两类。

1. 直接法

用单一物质投喂鱼，使其摄取一定量（m_A），测定所排出残渣的量（m_a），此时的消化吸收率可用下式表示：

$$消化吸收率 = \frac{m_A - m_a}{m_A} \times 100\%$$

这种通过投喂实验而直接求得消化吸收率的方法称为直接法。这种方法对于生活在水中的鱼类来说并不很适合，因为食物摄取量和粪便排泄量受多种因素影响而很难准确测定，容易造成误差，因此目前较少采用。

2. 间接法

把指标物质均匀地混在饲料中投喂鱼，测定饲料和粪便中指标物质的含量以及所测成分的比率而求得消化吸收率，这是间接法。可用下式表示：

$$消化吸收率 = \left(1 - \frac{饲料中指标物质浓度}{粪便中指标物质浓度} \times \frac{粪便中营养成分}{饲料中营养成分}\right) \times 100\%$$

$$= \left(1 - \frac{饲料中指标物质浓度/饲料中营养成分}{粪便中指标物质浓度/粪便中营养成分}\right) \times 100\%$$

这种方法中所用的指标物质应该是完全不被鱼体吸收，也不影响鱼对营养成分的吸收，而且还必须无害，容易定量。硫酸钡、氧化铁、木质素和氧化铬等可以作为指标物质，而最常用的是三氧化二铬（Cr_2O_3）。

近年来也使用放射性同位素标记的方法来测定消化吸收率，即用放射性标记的物质投喂鱼，通过测定鱼体放射性活度，再与食物放射性活度相比而求出消化吸收率。公式如下：

$$消化吸收率 = \frac{鱼体总放射性活度（c/min）}{食物总放射性活度（c/min）} \times 100\%$$

饲料中各种营养素的消化吸收率依鱼的种类而有所不同，因为不同种的鱼类有不同的食性，它们的消化器官构造和消化酶系统也不相同，对各种营养素的消化吸收率就会出现差异。此外，同一种鱼类对不同饲料来源的各种营养素的消化吸收率亦会有差别，这与不同饲料来源的营养素本身的结构和特性有关。

不同食性的鱼类（如鲤鱼、虹鳟、鳗鲡等）对蛋白质的消化吸收率有一定的差别，但是总的来看，鱼类对动物性蛋白质的消化吸收率较高，通常都达到 90% 以上，而对植物性蛋白质的消化吸收率较低，约为80%。处于不同发育阶段的鱼类对蛋白质的消化吸收率有一些差别，通常是幼鱼阶段较低，而成鱼阶段稍高。例如，体重5~6 g的虹鳟幼鱼对酪蛋白的消化吸收率仅为73%，而体重100 g的虹鳟成鱼对酪蛋白的消化吸收率达94%。这种差别与幼鱼阶段消化器官和消化功能尚未完善有关。通常，人工配合饲料中脂肪和淀粉含量的变化对鱼类消化吸收饲料中的蛋白质会产生一定的影响。

不同食性的鱼类对糖类的消化吸收率有较大的差别，杂食性和草食性鱼类对糖类的消化吸收率较高，而肉食性鱼类较低。鱼类对单糖或双糖的消化吸收率要比淀粉等多糖类高；而在淀粉中，对熟淀粉（α-淀粉）的消化吸收率要比生淀粉高。

各种鱼类对脂肪的消化吸收率都相当高，而且差别不大；但是对不同脂肪酸的吸收率却明显不同。对虹鳟的研究表明，随着脂肪酸碳原子数的增大，它们的消化率有降低的趋势；而对碳原子数相同的脂肪酸，不饱和的脂肪酸比饱和脂肪酸有较高的消化吸收率。

第五节 消化道的运动

一、消化道的神经支配

1. 神经支配的研究方法

常用于研究胃肠道神经支配的方法有下面三种：

（1）解剖学方法：通过解剖，追踪神经通路，找到支配部位。用这种方法在很多鱼类中发现了消化道的自主性神经支配。例如，在鲨鱼中可以看到食道和胃受迷走神经的支配，在鳐鱼中观察到迷走神经分布到胃体近中央处的肌肉，在瞻星鱼（*Uranoscopus*）和鮟鱇（*Lophius*）中观察到迷走神经通向食道和胃；交感神经则支配胃和肠的全部。

（2）生理学方法：通过刺激神经，既可以了解神经纤维的分布，也可以弄清楚它们所起的作用。例如，刺激迷走神经可以引起鲨鱼的食道和胃收缩，而肠没有任何反应，由此便可说明，鲨鱼的食道和胃由迷走神经支配，而且迷走神经的作用是刺激性的。

（3）药理学方法：用一些能作用于神经递质受体的药物可以了解神经的分布和机能。根据所释放的神经递质可以把交感神经称为肾上腺素能神经，把其受体称为肾上腺能受体；而释放乙酰胆碱的副交感神经则称为胆碱能神经，其受体为胆碱能受体。当递质或其激动剂与受体结合时，能引起一系列反应；而拮抗剂能占据受体，使递质不能与受体结合，从而不能引起反应。表2-3列出了一些常用于研究胃肠道运动的药物及其所作用的受体。

表2-3 鱼类胃肠道运动的研究中常用的药物及其作用位点

受体或效应	激动剂	拮抗剂
1. 蕈毒碱受体 （平滑肌上的胆碱能受体）	乙酰胆碱（Ach） 毛果碱 氨甲酰胆碱 Methacol	阿托品（Atr） 天仙子碱
2. 烟碱受体 （神经元上的胆碱能受体）	乙酰胆碱 氨甲酰胆碱 1, 1-Dimethyl-4-phenyl-Piperazoniam（DMPP）	烟碱 己烷双胺（C_6） D-箭毒块茎碱（dTC） Mecamylamine（Mec）
3. 烟碱受体 （横纹肌上的胆碱能受体）	乙酰胆碱	d-箭毒块茎碱
4. 肾上腺素能受体		
α	脱羟肾上腺素 肾上腺素（A） 去甲肾上腺素（NA）	苯氧苄胺（PBZ） 酚妥拉明（Phent） 二氢麦角胺（DHE） 呱扑罗生（PiP）、盲亨宾碱
β	异丙肾上腺素（Iso） 肾上腺素、去甲肾上腺素	心得安（Prop） 丁氧胺
5. 色胺受体	5-羟色胺（5-HT）	氢甲丙基甲基麦角酰胺 2-溴-麦角酸二乙酰胺（BOL） 苯氧苄胺、麦角胺
6. 嘌呤能受体	腺苷三磷酸（ATP）	
7. 组胺受体（H）	组胺	Mepyramine
8. 胆碱酯酶抑制剂 阻断所有神经	豆扁毒碱、河豚毒素（TTX）	
9. 神经元阻断剂 阻断胆碱能神经 阻断肾上腺素能神经	普鲁卡因、吗啡、密胆碱 利血平、胍乙啶、溴苄胺	

引自Fange和Grove, 1979。

2. 内在神经元（Intrinsic Neurons）

在消化道壁的两层平滑肌之间存在着内在神经元。它们与交感神经和迷走神经一起组成神经丛。激活肠壁内在神经元的方法主要有两种：第一种是"Trendelenburg技术"，通过扩张肠壁而激活神经元，即将很少伸展的肠段浸泡在没有活性的溶液中观察加入刺激物后的反应;第二种是用电极来刺激神经元,包括场刺激(Field Stimulation,即在浸泡着的肠段标本附近施加刺激)以及在肠壁两侧给予跨壁刺激(Transmural Stimulation)。

目前的研究表明,鱼类可能有三种类型的内在神经元:①非胆碱能/非肾上腺素能抑制性神经元;②非胆碱能/非肾上腺素能兴奋性神经元;③胆碱能兴奋性神经元。

图2-3表示鳟鱼胃壁的内在神经元及其神经丛。这些神经丛是消化道蠕动的基础。用鳟鱼离体肠管所进行的研究表明,鱼类消化道的蠕动与高等脊椎动物是相似的。

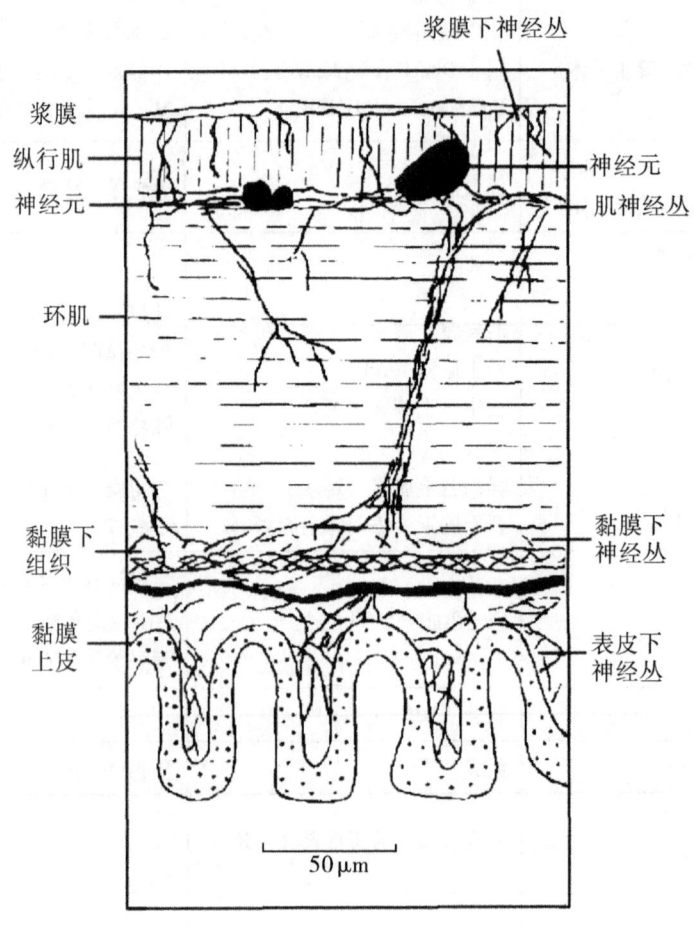

图2-3 鳟鱼胃壁的神经丛
参考 Smith

3. 外部神经元 (Extrinsic Neurons)

支配鱼类消化道的外部神经来自自主性神经系统,即交感神经和副交感神经。鱼类消化道受这两种神经双重支配的部位不多,而且这两种神经的拮抗作用也不如哺乳类那样明显。这些神经可以直接支配平滑肌细胞,也可以通过内在神经元而起作用。

二、消化道的运动方式

鱼类消化道的运动主要有蠕动、摆动和分节运动三种方式。

蠕动是指消化道环行肌的顺序收缩所形成的收缩环沿着管道向后方推进的运动。胃的运动方式主要是蠕动。通过蠕动，食物逐渐与胃液接触并混合成食糜，同时以适当的速度逐渐把食糜推入肠。在星鲨中可以观察到每分钟有 2～3 个蠕动收缩波从贲门传向幽门。鲤鱼和虹鳟蠕动的强弱与消化道的部位有关，前部 2/5 强，中间 2/5 较弱，后部 1/5 最弱。在鳟鱼中发现蠕动波以 2 cm/min 的速度移动，当温度上升至 18℃ 以上时，蠕动也消失。由此说明，蠕动是由神经控制的，即神经原性的（Neurogenic）运动。

摆动是纵行肌缓慢而有规律的收缩，这种运动方式出现在消化道排空的时候。当消化道因摄入饲料而膨大，特别是有蠕动时，这种摆动方式就不明显。鳟鱼在 4～16℃ 时，摆动速度为 0.5 次/min；当温度升至 30℃ 左右时，摆动速度可达 1.3 次/min；而在 4℃ 以下或 32℃ 以上时，摆动消失，但长时间保持适宜温度后又可恢复。摆动是肌原性的（Myogenic）运动，不受神经控制，破坏神经的药物不影响摆动。

分节运动是以环行肌舒缩为主的节律性运动。在食糜所在的一段肠管上，一群等间隔的环行肌同时收缩，把食糜分成很多节段；数秒钟以后，收缩的部位开始舒张，而原先舒张的部位收缩，于是食糜又重新分节。这样反复进行，使得食糜和消化液充分混合，肠黏膜对消化产物的吸收得以充分进行。目前，有关鱼类消化道分节运动的详细报道还较少。在鲤鱼中观察到整个肠道作蠕动以外，每隔 2～3 cm 处有中间变细、然后复原、接着又变细的现象，推测这就是分节运动。

三、消化道运动的调节

1. 软骨鱼类

早期的研究表明，乙酰胆碱和毛果碱（Pilocarpine）能引起消化道的收缩，阿托品能抑制这种作用。肾上腺素的作用则不是很明显，有时观察到兴奋性效应，有时则观察到抑制性效应。例如，较低剂量的肾上腺素能使消化道收缩，亦会对鲨鱼直肠和鳐类肠管的运动产生抑制作用；但肾上腺素对角鲨的胃肠道收缩没有抑制作用。

对鳐鱼胃壁自发蠕动性收缩的研究表明，注射胆碱能药物（如氨甲酰胆碱和毛果碱等）能加强这种收缩，但阿托品的抑制作用并不很强。胆碱能神经可能参与蠕动的调节。肌原性收缩也可能对胃肠道的节律性运动起重要作用。

软骨鱼类的消化道受迷走神经和内脏神经的支配。迷走神经主要分布在胃及其邻近的肠。刺激小点猫鲨（*Scyliorhinus canicula*）颅腔内的迷走神经根部能抑制胃的有规则运动，但也观察到迷走神经能引起食道横纹肌收缩。迷走神经的抑制作用有部分原因可能是由于激活了抑制性的内在神经元。软骨鱼类的胃和肠中分布着胆碱能兴奋性纤维和肾上腺素能抑制性纤维。

2. 硬骨鱼类

硬骨鱼类的食道和胃由丰富的迷走神经支配。在一些无胃鱼类中，迷走神经还延伸至肠，胃和肠还接受由交感神经节发出的内脏神经的支配。对硬骨鱼类胃肠道运动的调节控制研究得比较多，主要有以下几方面：

（1）胃肠道受体的分析。一般来说，胆碱能药物和5-羟色胺引起胃肠道平滑肌收缩，而肾上腺素能药物则使消化道松弛或抑制其自发的活动。

乙酰胆碱可能直接刺激肌肉组织上的蕈毒碱受体（Muscarinic Receptor），因为其受体拮抗物阿托品能强烈抑制它的作用。乙酰胆碱还能作用于肠内在神经元上的烟碱受体（Nicotinic Receptor）；高剂量的阿托品也能抑制这种作用。目前，较多的研究结果表明，外源的乙酰胆碱主要作用于平滑肌上的蕈毒碱受体；但在一些无胃鱼类（如金鱼和丁鲅）中则主要作用于壁下神经丛中抑制性神经元上的烟碱受体。

肾上腺素能受体的作用也很复杂。肾上腺素和去甲肾上腺素通过 α-受体拮抗剂酚妥拉明（Phentolamine）、苯氧苄胺（Phenoxybenzamine）或二氢麦角胺（Dihydroergotamine）能消除这种抑制性作用。在金鱼的肠以及鲽鱼的胃和肠中还发现 β-肾上腺素能受体的抑制性作用；α-受体拮抗剂丁氧胺（Butoxamine）或心得安能消除这种抑制作用。

5-羟色胺是胃肠运动的强力刺激剂。关于它的作用位点的研究不多，可能是作用于胆碱能内在神经元上。5-羟色胺的刺激作用大多是间接性的，它能把乙酰胆碱从胆碱能神经末梢置换出来。此外还发现，5-羟色胺能刺激纵行肌收缩，但对环行肌则没有影响。

（2）药物对离体肠段作用的研究。应用各种受体的激动剂和拮抗剂，对肠内神经丛的作用以及与蠕动的对应关系的研究表明，当肠段受扩张时，肌原性收缩和神经原性的蠕动同时存在。

通常认为，胆碱能药物能促进肠受扩张时所产生的自发收缩，而阿托品则起抑制作用。豆扁毒碱（Eserine）能增加蠕动的速率。抑制乙酰胆碱在神经细胞上作用的药物［如烟碱、己烷双胺（Hexamethonium）］和抑制神经轴突传导的药物［如河豚毒素（Tetrodotoxin）和普鲁卡因（Procaine）］都能够减慢或消除蠕动。通常，这些药物并不能完全消除蠕动，这是因为神经元活动受抑制之后，肠道还有肌原性的收缩，而这种收缩与钙离子有关。内在神经元是起始蠕动所必需的，因为先用河豚毒素处理，蠕动就不能开始，而阿托品并不能抑制蠕动的开始。所以，参与蠕动起始过程的内在神经元可能是非胆碱能兴奋性的。但是，一旦蠕动已经开始，阻断神经原性的控制就使得肌原性节律显示出来（图2-4 A）。与哺乳类一样，鱼类肠管肌原性活动也可能受肌细胞本身释放的乙酰胆碱的控制。胃肠的运动通常受交感神经能药物的抑制。图2-4 B 显示了肾上腺素对肠道肌原性收缩的抑制作用；但是偶然也会出现肾上腺素能药物刺激胃的活动性。

（3）内外神经元调控消化道运动的研究。很多研究者用电刺激的方法，观察离体情况下神经系统对消化道运动的调控。下面列举对几种鱼的研究结果。

金鱼：跨膜刺激肠段样品引起一个多时相的反应，包括：①抽搐，该时相反应可被

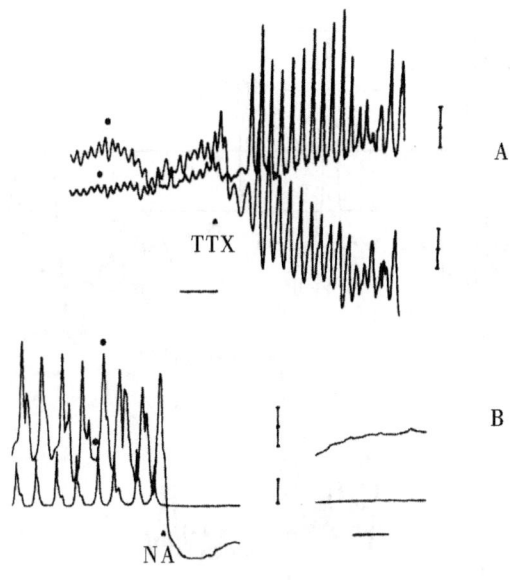

图 2-4 鲽鱼（*Pleuronectes platessa*）离体肠段的运动
A. 用河豚毒素（TTX，7×10^{-7} g/mL）处理后蠕动改变为肌原性活动；B. 在河豚毒素存在的情况下，加入去甲肾上腺素（NA，7×10^{-5} g/mL）使肌原性活动受到抑制。每图的上图表示纵行肌的张力，下图表示跨膜压力（每刻度表示 5 cm 水柱）；时间刻度为 1 min（参考 Fange 和 Grove）

箭毒块茎碱（Tubocurarine）或阿托品所阻断；②舒张，此时不受肾上腺素能或胆碱能阻断剂的影响；③缓慢的收缩，此反应可被阿托品部分阻断。所有这些时相都能被神经阻断剂河豚毒素所抑制。场刺激也诱导了一个多时相的反应，包括：①高频而迅速的抽搐，可被河豚毒素或箭毒块茎碱所阻断，可能是由横纹肌运动所引起的；②舒张期，受河豚毒素所阻断，但不受 α-肾上腺素和 β-肾上腺素能受体阻断剂的影响；③慢收缩；④持续几分钟的延缓收缩。第 3 和第 4 时相都能被阿托品和河豚毒素所阻断，因此可以认为是胆碱能神经元的作用。

鲽鱼：跨膜刺激胃样品，在刺激开始的几秒钟内就引起强烈收缩，低剂量的阿托品便可以抑制这种收缩，用河豚毒素处理也使反应消失，因此认为这是胆碱能运动神经的作用。刺激迷走神经能引起纵行肌强烈收缩，接着有一短暂的舒张。在颅腔内刺激迷走神经的根部可使平滑肌层产生一个两时相的反应；注射阿托品后，兴奋性作用消失，此时刺激迷走神经则引起抑制（图 2-5 A），这表明迷走神经可能包含兴奋性和抑制性两种纤维。刺激内脏神经同样引起胃的两时相反应（图 2-5 B）。兴奋期可被阿托品抑制，而抑制期可因利血平（使肾上腺素消竭）或丁氧胺（Butoxamine，β-肾上腺素能受体拮抗剂）的处理而消失，说明内脏神经中包含了胆碱能兴奋性和肾上腺素能抑制性两种纤维。此外，刺激支配肠的内脏神经能抑制肠的运动，肾上腺素或其他儿茶酚胺具有相似的作用。在鲽鱼中还发现有非胆碱能、非肾上腺素能的抑制作用，可能是肠壁内抑制性嘌呤能神经元的作用。

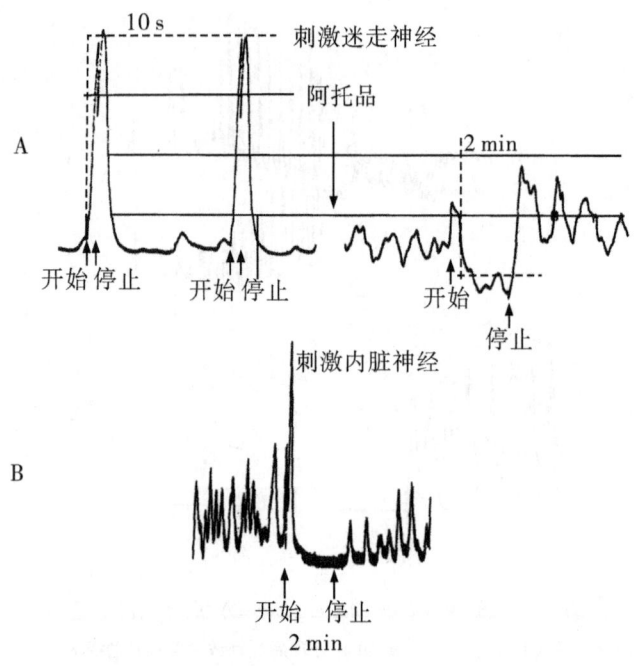

图 2-5 刺激鲽鱼自主性神经后胃的活动性
A. 刺激迷走神经后引起两时相的反应；经阿托品处理后，兴奋性作用消失，此时刺激迷走神经抑制收缩；B. 刺激内脏神经（含胆碱能兴奋性神经纤维和肾上腺素能抑制性神经纤维）后引起两时相的反应（参考 Stevenson 和 Grove）

鳟鱼：褐鳟和虹鳟消化道运动的调控与鲽鱼有很大的差别。迷走神经以兴奋性纤维支配食道横纹肌，但对胃的作用却是抑制性的。在颅腔内，刺激迷走神经根部能抑制胃的自发收缩。相反，内脏神经能刺激胃收缩，这种反应不受胆碱能受体拮抗剂天仙子碱（Hyoscine）的影响，而破坏肾上腺素能神经的药物如溴苄胺（Bretylium）则可使此反应消失。组织化学的观察发现内脏神经中有肾上腺素能神经纤维，它们进入胃壁形成神经丛。用儿茶酚胺处理也能刺激胃的运动，这些都说明交感神经具有刺激消化道运动的功能。

以上所述都是从离体胃和肠的样品得到的研究结果。但是，有关鱼体在正常生活条件下对胃、肠蠕动的控制还了解得不多。胆碱能药物能促进鲽鱼胃的运动，而阿托品则延缓胃排空的时间；采用 X 射线研究方法发现氨甲酰胆碱（Carbachol）缩短而阿托品延长鲽鱼肠的运行时间，但肠对这些药物的敏感性较低。在无胃的鳚鱼（*Blennius pholis*）中使用这些药物也观察到相似的作用。

图 2-6 概括了硬骨鱼类消化道运动的调控机理。当消化道受扩张时，平滑肌能产生自发的肌原性活动。鲽鱼需要非胆碱能兴奋性神经来诱导这一反应。蠕动依赖于内在神经元（胆碱能或非胆碱能兴奋性，非胆碱能/非肾上腺素能抑制性），它们与感受器或神经丛中的其他神经元形成突触联系。来自脑的迷走神经激活非胆碱能的抑制性内在神经元；节后胆碱能兴奋性神经纤维通过内脏神经支配平滑肌。肾上腺素能神经通过内

脏神经进入神经丛中的神经节细胞，也可直接支配肌肉。在大多数情况下交感神经是抑制的，但在鳟鱼中发现它也有兴奋作用。

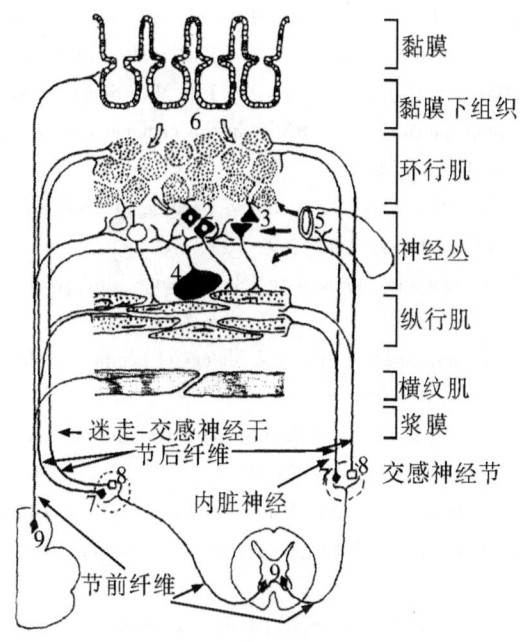

图2-6　硬骨鱼类消化道运动控制机理模式图

1. 非肾上腺素能/非胆碱能抑制性神经元；2. 胆碱能兴奋性神经元；3. 非肾上腺素能/非胆碱能兴奋性神经元；4. 牵拉受体；5. 血液循环中的肾上腺素；6. 内源性的5-羟色胺；7. 起源于交感神经节的节后胆碱能兴奋性神经元；8. 起源于交感神经节的节后肾上腺素能抑制性神经元；9. 起源于中枢神经系统的节前胆碱能神经元（参考Fange和Grove）

主要参考文献

1. 秉志. 鲤鱼解剖. 北京：科学出版社，1960：24-30
2. 中山大学生物学系教研室，同位素实验室. 草鱼的营养代谢生理研究 Ⅱ. 应用^{14}C研究草鱼对粗纤维的消化吸收. 中山大学学报（自然科学版），1978，4：106-109
3. 尾崎久雄. 鱼类消化生理（上册）. 吴尚来，李爱杰，沈宗武 译. 上海：上海科学技术出版社，1982：64-77，87-95，279-299
4. 尾崎久雄. 鱼类消化生理（下册）. 吴尚来，李爱杰，沈宗武 译. 上海：上海科学技术出版社，1985：365-402，421-503，518-526
5. 林鼎，毛永庆. 鱼类营养与配合饲料. 广州：中山大学出版社，1987：67-85
6. 吴金英，林浩然. 斜带石斑鱼消化系统胚后发育的组织学研究. 水产学报，2003，27：7-12
7. 张海发，刘晓春，林浩然. 斜带石斑鱼仔鱼的摄食节律及日摄食量. 水产学报，2004，28：669-674
8. Ahimo, R. S., Saper, C. B., Flier, J. S., and Elmquist, J. K. Leptin regulation of neuroendocrine system. *Front Neuroendocrinol*, 2000, 21：263-307
9. Akiyoshi, H., and Jmoue, A. Comparative histological study of teleost livers in relation to phylogeny. *Zool. Sci.*, 2004, 21：841-850

10. Anastasi, A., Erspamer, V., and Bucchi, M. Isolation and structure of bombesin and alytensin, two analogous active peptides from the skin of the European amphibians, Bombina and Alytes. *Experentia*, 1971, 27: 166 – 167

11. Anglade, I., Wang, Y., Jensen, J., Tramu, G., Kah, O., and Conlon, J. M. Characterization of trout galanin and its distribution in trout brain and pituitary. *J. Comp. Neurol.*, 1994, 350: 63 – 74

12. Arends, R. J., Vermeer, H., Marents, G. J. M., Leunissen, J. A. M., Bonga, S. E. W., and Flik, G. Cloning and expression of two proopiomelanocortin mRNAs in the common carp (*Cyprinus carpio* L.). *Mol. Cell. Endocrinol.*, 1998, 143: 23 – 31

13. Ash, R. Protein digestion and absorption. In: Nutrition and Feeding in Fish. C. B. Cowey, A. M. Mackie and J. G. Bell. eds. Academic Press, 1985: 69 – 93

14. Baker, B. I. The role of melanin-concentrating hormone in colour change. *Ann. N. Y. Acad. Sci.*, 1993, 680: 279 – 289

15. Barrington, E. J. W. The pancreas and intestine. In: The Biology of Lampreys. M. W. Hardisty and I. Potter, eds. Academic Press, 1972: 135 – 169

16. Barrington, E. J. W., and Dockray, G. J. Cholecystokinin-pancreozyminlike activity in the eel (*Anguilla anguilla* L.). *Gen. Comp. Endocrinol.*, 1972, 19: 80 – 87

17. Batten, T. F. C., Cambre, M. L., Moons, L., and Vandersande, F. Comparative distribution of neuropeptide-immunoreactive systems in the brain of the green molly, *Poecillia latipinna*. *J. Comp. Neurol.*, 1990, 302: 893 – 919

18. Bayliss, W. M., and Starling, E. H. On the uniformity of the pancreatic mechanism in vertebrata. *J. Physiol. (London)*, 1903, 29: 174 – 180

19. Beitinger, T. L. Behavioral reactions for the assessment of stress in fishes. *J. Great Lakes Res.*, 1990, 16: 495 – 528

20. Bernier, N. J., Lin, X., and Peter, R. E. Differential expression of corticotropin-releasing factor (CRF) and urotensin I precursor genes and evidence of CRF mRNA regulation by cortisol in goldfish brain. *Gen. Comp. Endocrinol.*, 1999, 116: 461 – 477

21. Bernier, N. J., and Perter, R. E. The hypothalamic-pituitary-interrenal axis and the control of food intake in teleost fish. *Comp. Biochem. Physiol.*, part B, 2001, 129: 639 – 644

22. Bjenning, C., Farrell, A. P., and Holmgren, S. Bombesin-like immunoreactivity in skates and the in vitro effect of bombesin on coronary vessels from the longnose skate, *Raja rhina*. *Regul. Pept.*, 1991, 35: 207 – 219

23. Blomqvist, A. G., Soderberg, C., Lundell, I., Milner, R. J., and Larhammar, D. Strong evolutionary conservation of neuropeptide Y: sequences of chicken, goldfish, and *Torpedo marmorata* DNA clones. *Proc. Natl. Acad. Sci. USA*, 1992, 89: 2350 – 2354

24. Bowen, S. H. Digestion and assimilation of periphytic detrial aggregate by *Tilapia mossambica*. *Trans. Am. Fish. Soc.*, 1981, 110: 241 – 247

25. Chan, K. W., Yu, K. L., Rivier, J., and Chow, B. K. Identification and characterization of a receptor from goldfish specific for a teleost growth hormone-releasing hormone-like peptide. *Neuroendocrinology*, 1998, 68: 44 – 56

26. Dabrowski, K. Protein digestion and amino acid absorption along the intestine of the common carp (*Cyprinus carpio*), a stomachless fish: an in vivo study. *Reprod. Nutr. Develop.*, 1986, 26 – 3: 755 – 766

27. Dahlstedt, E., von Euler, U. S., Lishajko, F., and Östlund, E. Observations on the distribution and ac-

tion of substance P in marine animals. *Acta Physiol. Scand.* , 1959, 47: 124 – 130

28. Date, Y. , Ueta, Y. , Yamashita, H. , Yamsguchi, H. , Matsukura, S. , Kangawa, K. , Sakuraik, T. , Yanagisawa, M. , and Nakazato, M. Orexins, orexigenic hypothalamic peptides, interact with autonomic, neuroendocrine and neuroregulatory systems. *Proc. Natl. Acad. Sci. USA*, 1999, 96: 748 – 753

29. De Pedro, N. , Alonso-Gómez, A. L. , Gancedo, B. , Delgado, M. J. , and Alonso-Bedate, M. Role of corticotropin-releasing factor (CRF) as a food intake regulator in goldfish. *Physiol. Behav.* , 1993, 53: 517 – 520

30. De Pedro, N. , Delgado, M. J. , and Alonso-Bedate, M. Central administration of beta-endorphin increases food intake in goldfish: pretreatment with the opioid antagonist naloxone. *Regul. Pept.* , 1995, 55: 189 – 195

31. De Pedro, N. , Alonso-Gómez, A. L. , Gancedo, B. , Valenciano, A. I. , Delgado, M. J. , and Alonso-Bedate, M. Effect of alpha-helical-CRF [9 – 41] on feeding in goldfish: involvement of cortisol and catecholamines. *Behav. Neurosci.* , 1997, 111: 398 – 403

32. De Pedro, N. , Pinillos, M. L. , Valenciano, I. , Alonso-Bedate, M. , and Delgado, M. J. Inhibitory effect of serotonin on feeding behavior in goldfish: involvement of CRF. *Peptides*, 1997, 19: 505 – 511

33. Demski, L. S. Feeding aggressive behavior evoked by hypothalamic stimulation in a cichlid fish. *Comp. Biochem. Physiol.* , 1973, 44A: 685 – 692

34. Demski, L. S. , Knigge, K. M. The telencephalon and hypothalamus of the bluegill (*Lepomis macrochirus*): evoked feeding, aggressive and reproductive behavior with representative frontal sections. *J. Comp. Neurol.* , 1971, 143: 1 – 16

35. Dockray, G. J. Comparative studies on secretin. *Gen. Comp. Endocrinol.* , 1975, 25: 203 – 210

36. Edwards, D. J. The effects of drugs and nerve section on the rate of passage of food through the gut of the plaice, *Pleuronectes platessa*. *Fish Biol.* , 1973, 5: 441 – 446

37. Fange R. and Grove D. Digestion. In: Fish Physiology. W. S. Hoar, D. J. Randall and J. R. Brett, eds. Acadmic Press, 1979: 162 – 260

38. Fish, G. R. The comparative activity of some digestive enzymes in the alimentary canal of *Tilapia* and perch. *Hydrobiologia*, 1960, 15: 161 – 179

39. Fox, B. K. , Riley, L. G. , Dorough, C. , Kaiya, H. , Hirano, T. , and Grau, E. G. Effects of homologous ghrelins on the growth hormone/Insulin-like growth factor-1 axis in the Tilapia, *Oreochromis mossambicus*. *Zool. Sci.* , 2007, 24: 391 – 400

40. Fryer, J. , Lederis, K. , and Rivier, J. Cortisol inhibits the ACTH-releasing activity of urotensin I, CRF and sauvagine observed with superfused goldfish pituitary cells. *Peptides*, 1984, 5: 925 – 930

41. Gerking, S. D. Feeding Ecology of Fish. San Diego: Academic Press, 1994

42. Gershon, M. D. Inhibition of gastrointestinal movement by sympathetic nerve stimulation: The site of action. *J. Physiol. (London)*, 1967, 189: 317 – 328

43. Girgis, S. On the anatomy and histology of the alimentary tract of an herbivorous bottom-feeding cyprinoid fish, *Labeo horie* (Cuv). *J. Morphol.* , 1952, 90: 317 – 362

44. Goddard, J. S. The effects of cholinergic drugs on the motility of the alimentary canal of *Blennius philis* L. *Experientia*, 1973, 29: 974 – 975

45. Govoni, J. J. , Boehlert, G. W. , And Watanabe, Y. The physiology of digestion in fish larvae. *Environ. Biol. Fishes*, 1986, 16: 57 – 77

46. Grove, D. J. , and Crawford, C. Correlation between digestion rate and feeding frequency in the stomach-

less teleost, *Blennius pholis* L. *J. Fish Biol.*, 1980, 16: 235–247

47. Hale, P. The morphology and histology of the digestive systems of two freshwater teleosts, *Poecilia reticulata* and *Gasterosteus aculeatus*. *J. Zool.*, 1965, 146: 132–149

48. Hansen, D. Evidence of a gastrin-like substance in *Rhinobatus productus*. *Comp. Biochem. Physiol. C*, 1975, 52: 61–64

49. Himick, B. A., and Peter, R. E. CCK/gastrin-like immunoreactivity in brain and gut, and CCK suppression of feeding in goldfish. *Am. J. Physiol.*, 1994a, 267: R841–R851

50. Himick, B. A., and Peter, R. E. Bombesin acts to suppress feeding behavior and alter serum growth hormone in goldfish. *Physiol. Behav.*, 1994b, 55: 65–72

51. Himick, B. A., and Peter, R. E. Bombesin-like immunoreactivity in the forebrain and pituitary and regulation of anterior pituitary hormone release by bombesin in goldfish. *Neuroendocrinology*, 1995a, 61: 365–376

52. Himick, B. A., and Peter, R. E. Neuropeptide regulation of feeding and growth hormone secretion in fish. *Neth. J. Zool.*, 1995b, 45: 3–9

53. Himick, B. A., Vigna, S. R., and Peter, R. E. Characterization and distribution of bombesin binding sites in the goldfish hypothalamic feeding center and pituitary. *Regul. Pept.*, 1995, 60: 167–176

54. Himick, B. A., Vigna, S. R., and Peter, R. E. Characterization of cholecystokinin binding sites in goldfish brain and pituitary. *Am. J. Physiol.*, 1996, 271: R137–R143

55. Hinton, D. E., and Pool, C. R. Ultrastructure of the liver in channel catfish *Ictalurus punctatus* (Rafinesque). *J. Fish Biol.*, 1976, 8: 209–219

56. Hinton, D. E., Snipes, R. L., and Kendall, M. W. Morphology and enzyme histochemistry in liver of largemouth bass (*Micropterus salmoides*). *J. Fish. Res. Board Can.*, 1972, 29: 531–534

57. Hofer, R. Morphological adaptations of the digestive tract of tropical cyprinids and cichlids to diet. *J. Fish. Biol.*, 1988, 33: 399–408

58. Holloway, A. C., Reddy, P. K., Sheridan, M. A., and Leatherland, J. F. Diuranl rhythms of plasma growth hormone, somatostatin, thyroid hormones, cortisol and glucose concentrations in rainbow trout, *Oncorhynchus mykiss*, during progressive food deprivation. *Biol. Rhythm Res.*, 1994, 25: 415–432

59. Holmqvist, B. I., and Carlberg, M. Galanin-receptors in the brain of a teleost: autoradiographic distribution of binding sites in the Atlantic salmon. *J. Comp. Neurol.*, 1992, 326: 44–60

60. Hom, M. H. Feeding and digestion. In: The Physiology of Fishes. D. H. Evans, ed. 2nd Edition. Boca Raton, FL: CRC Press, 1998: 43–63

61. Inui, A. Feeding and body-weight regulation by hypothalamic neuropeptides-mediation of the action of leptin. *Trends Neurosci.*, 1999, 22: 62–67

62. Ito, Y., and Kuriyama, H. Nervous control of the motility of the alimentary canal of the silver carp. *J. Exp. Biol.* 1971, 55: 531–534

63. Jany, K. D. Studies on the digestive enzymes of the stomachless bonefish *Carassius auratus gibelio* (Bloch): endopeptidases. *Comp. Biochem. Physiol.*, part B, 1976, 53: 31–38

64. Jensen, J., and Conlon, J. M. Substance P-related and neurokinin A-related peptides from the brain of the cod and trout. *Eur. J. Biochem.*, 1992, 206: 659–664

65. Jensen, J. Regulatory peptides and control of food intake in non-mammalian vertebrates. *Comp. Biochem. Physiol.*, part A, 2001, 128: 469–477

66. Jonsson, E., Forsman, A., Einarsdottir, I. E., Kaiya, H., Ruohonen, K., and Bjornsson, B. T.

Plasma ghrelin levels in rainbow trout in response to fasting, feeding and food composition and effects of ghrelin on volutary food inlake. *Comp. Biochem. Physiol.*, part A, 2007, 147: 1116 - 1124

67. Kaiya, H., Kojima, M., Hosoda, H., Riley, L. G., Hirano, T., Grau, E. G., and Kangawa, K. Amidated fish ghrelin: purification, cDNA cloning in the Japanese eel and its biological activity. *J. Endocrinol.*, 2003a, 176: 415 - 423

68. Kaiya, H., Kojima, M., Hosoda, H, Moriyama, S., Takahashi, A., Kawauchi, H., and Kangawa, K. Peptide purification, complementary deoxyribonucleic acid (DNA) and genomic DNA cloning and functional characterization of ghrelin in rainbow trout. *Endocrinology.*, 2003b, 144: 5215 - 5226

69. Kaiya, H., Kojima, M., Hosoda, H., Riley, L. G., Hirano, T., Grau, E. G., and Kangawa, K. Identification of tilapia ghrelin and its effects on growth hormone and prolactin release in the tilapia, *Oreochromis mossambicus*. *Comp. Biochem. Physiol.*, part B, 2003c, 135: 421 - 429

70. Kapoor, B. G., Smit, H., and Verighina, I. A. The alimentary canal and digestion in teleorts. *Adv. Mar. Biol.*, 1975, 13: 109 - 239

71. Kawauchi, H., Kawazoe, I., Tsubokawa, M., Kishida, M., and Baker, B. I. Characterization of melanin-concentrating hormone in chum salmon pituitaries. *Nature*, 1983, 305: 321 - 323

72. Kojima, M., Hosoda, H., Date, Y., Nakazato, M., Matsuo, H., and Kangawa, K. Ghrelin is a growth hormone-releasing acylated peptide from stomach. *Nature*, 1999, 402: 656 - 660

73. Kristensen, P., Judge, M. E., Thim, L., Ribel, U., Christjansen, K. N., Wulff, B. S., Calusen, J. T., Jensen, P. B., Madsen, O. D., Vrang, N., Larsen, P. J., and Hastrup, S. Hypothalamic CART is a new anorectic peptide regulated by leptin. *Nature*, 1998, 393: 72 - 76

74. Kuhar, M. J., and Dall Vechia, S. E. CART peptides: novel addiction-and feeding-related neuropeptides. *Trends Neurosci.*, 1999, 22: 316 - 320

75. Kumari, U., Yashpal, M., Mittal, S., and Mittal, K. Morphology of the pharyngeal cavity, especially the surface ultrastructure of gill arches and gill rakers in relation to the feeding ecology of the catfish *Rita rita* (Siluriformes, Bagridae). *J. Morphology*, 2005, 265: 197 - 208

76. Larsson, L. I., and Rehfeld, J. F. Evolution of CCK-like hormones. In: Gut Hormones. S. R. Bloom, ed. New York: Churchill Livingstone, 1978: 68 - 73

77. Lederis, K., Fryer, J. N., Okawara, Y., Schonrock, C., and Richter, D. Corticotropin-releasing factors acting on the fish pituitary: experimental and molecular analysis. In: Fish Physiology; Molecular Endocrinology of Fish. Vol. XIII. Sherwood, N. M., Hew, C. L. eds. San Diego: Academic Press, 1994: 64 - 100

78. Lin, X. W., Otto, C. J., and Peter, R. E. Expression of three distinct somatostatin messenger ribonucleic acids (mRNA) in goldfish brain: characterization of the complementary deoxyribonucleic acids, distribution and seasonal variation of the mRNAs, and action of a somatostatin-14 variant. *Endocrinology*, 1999, 140: 2089 - 2099

79. Lin, X., Volkoff, H., Narnaware, Y., Bernier, N. J., Peyon, and P., Peter, R. E. Brain regulation of feeding behavior and food intake in fish. *Comp. Biochem. Physiol.* 2000, 126A: 415 - 434

80. Lorentz, W., Matejka, E., Schmal, A., Reimann, H. J., Uhlig, R., and Mann, G. A phylogenetic study on the occurrence and distribution of histamine in the gastrointestinal tract and other tissues of man and various animals. *Comp. Gen. Pharmacol.* 1973, 4: 229 - 250

81. Lovejoy, D. A., and Balment, R. J. Evolution and physiology of the corticotropin-releasing factor (CRF) family of neuropeptides in vertebrates. *Gen. Comp. Endocrinol.*, 1999, 115: 1 - 22

82. Morley, S. D., Schonrock, C., Richter, D., Okawara, Y., and Lederis, K. Corticotropin-releasing factor (CRF) gene family in the brain of the teleost fish *Catostomus commersoni* (white sucker): molecular analysis predicts distinct precursors for two CRFs and one urotensin I peptide. *Mol. Mar. Biol. Biotech.* 1991, 1: 48 – 57

83. Narnaware, Y. K., Peyon, P. P., Lin, X., and Peter, R. E. Regulation of food intake by neuropeptide Y (NPY) in goldfish. *Am. J. Physiol.*, 2000, 279: R1025 – 1034

84. Narnaware, Y. K., and Peter, R. E. Influence of diet composition on food intake and neuropeptide Y (NPY) gene expression in goldfish brain. *Regulatory Peptides.*, 2002, 103: 75 – 83

85. Nilsson, A. Gastrointestinal hormones in the holocephalian fish *Chimaera monstrosa* (L.). *Comp. Biochem. Physiol.*, 1970, 32: 387 – 390

86. Nilsson, A. Secretin-like and cholecystokinin-like activity in *Myxine glutinosa* L. *Acta Regiae Soc. Sci. Litt. Gothob. Zool.*, 1973, 8: 30 – 32

87. Okawara, Y., Morley, S. D., Burzio, L. O., Zwiers, H., Lederis, K., and Richter, D. Cloning and sequence analysis of cDNA for corticotropin-releasing factor precursor from the teleost fish *Catostomus commersoni*. *Proc. Natl. Acad. Sci. USA.*, 1988, 85: 8439 – 8443

88. Peng, C., Gallin, W., Peter, R. E., Blomqvist, A. G., and Larhammar, D. Neuropeptide-Y gene expression in the goldfish brain: distribution and regulation by ovarian steroids. *Endocrinology*, 1994, 134: 1095 – 1103

89. Peter, R. E. The brain and feeding behavior. In: Fish physiology. Vol. VIII. W. S. Hoar, D. J. Randall and J. R. Brett, eds. New York: Academic Press, 1979: 121 – 159

90. Peter, R. E. Brain regulation of feeding and growth in fish. *Bull. Aquacul. Assoc. Can.*, 1995, 95: 14 – 16

91. Peters, D. S., and Hoss, D. E. A radioisotopic method of measuring food evacuation time in fish. *Trans. Am. Fish. Soc.*, 1974, 103: 626 – 629

92. Peyon, P., Saied, H., Lin, X., and Peter, R. E. Postprandial variation in cholecystokinin gene expression in goldfish brain. *Mol. Brain Res.*, 1999, 74: 190 – 196

93. Phillips, A. M. Nutrition, digestion and energy utilization. In: Fish Physiology. Vol. I. W. S. Hoar and D. J. Randall, eds. New York: Academic Press, 1969: 391 – 432

94. Reite, O. B. A phylogenetical approach to the functional significance of tissue mast cell histamine. *Nature (London)*, 1965, 206: 1334 – 1336

95. Reite, O. B. Phylogenetic persistence of the nonmast cell histamine stores of the digestive tract: A comparison with mast cell histamine. *Experientia*, 1965, 25: 276 – 277

96. Rimmer, D. W., and Wiebe, W. J. Fermentative microbial digestion in herbivorous fish. *J. Fish. Biol.*, 1987, 31: 229 – 236

97. Rosenblum, P. M., and Callard, I. P. The endogenous opioid peptide system in male brown bullhead catfish, *Ictalurus nebulosus* Lesueur: characterization of naloxone binding and the response to naloxone during the annual reproductive cycle. *J. Exp. Zool.*, 1988, 245: 244 – 255

98. Sakurai, T., Amemiya, A., Ishii, M., Matsuzaki, I., Chemelli, R. M., Tanaka, H., Williams, S. C., Richardson, J. A., Kozlowski, G. P., Wilson, S., Arch, J. R. S., Buchingham, R. E., Haynes, A. C., Carr, S. A., Annan, R. S., McNulty, D. E., Liu, W.-S., Terrett, J. A., Elshourbagy, N. A., Bergsma, D. J., and Yanagisawa, M. Orexins and orexin receptors: a family of hypothalamic neuropeptides and G protein-coupled receptors that regulate feeding behavior. *Cell*, , 1998, 92: 573 – 585

99. Silverstein, J. T., Breininger, J., Baskin, D. G., and Plisetskaya, E. M. Neuropeptide-Y like gene expression in the salmon brain increases with fasting. *Gen. Comp. Endocrinol.*, 1998, 110: 157 – 165

100. Smith, L. S. Digestion. In: Introduction to Fish Physiology. Hong Kong: T. F. H. Publications, 1982: 157 – 179

101. Smith, L. S. Digestive function in teleost fishes. In: Fish Nutrition. J. E. Halver. Ed. 2nd Edition. Chapter 7. San Diego: Academic Press, 1987

102. Somoza, G. M., and Peter, R. E. Effects of serotonin on gonadotropin and growth hormone release from in vitro perifused goldfish pituitary fragments. *Gen. Comp. Endocrinol.*, 1991, 82: 103 – 110

103. Stacey, N. E., and Kyle, L. Effects of olfactory tract lesions on sexual and feeding behavior in the goldfish. *Physiol. Behav.*, 1983, 30: 621 – 628

104. Stevenson, S. V., and Grove, D. J. The extrinsic innervation of the stomach of the plaice, *Pleuronectes platessa* L. 1. The vagal nerve supply. *Comp. Biochem. Physiol. C*, 1977, 58: 143 – 151

105. Stevenson, S. V., and Grove, D. J. The extrinsic innervation of the stomach of the plaice, *Pleuronectes platessa* L. 2. The splanchnic nerve supply. *Comp. Biochem. Physiol. C*, 1978, 60: 45 – 50

106. Suzuki, H., Miyoshi, Y., and Yamamoto, T. Orexin-A (hypocretin1) -like immunoreactivity in growth hormone-containing cells of the Japanese seaperch (*Lateolabrax japonicus*) pituitary. *Gen. Comp. Endocrinol.*, 2007, 150: 205 – 211

107. Trendelenburg, U. Physiologische und pharmakologische Versuche über die Dünndarmperistaltik. *Arch. Exp. Pathol. Pharmakol.*, 1917, 81: 55 – 129

108. Unniappan, S., Lin, X. W., Cervini, L., Rivier, J., Kaiya, H., Kangawa, K., and Peter, R. E. Goldfish ghrelin: molecular characterization of the complementary deoxyribonucleic acid, partial gene structure and evidence for its stimulatory role in food intake. *Endocrinology.*, 2002, 143: 4143 – 4146

109. Unniappan, S., and Peter, R. E. Structure, distribution and physiological functions of ghrelin in fish. *Comp. Biochem. Physiol*, part A, 2005, 140: 390 – 408

110. Vallarino, M. Occurrence of β-endophin-like immunoreactivity in the brain of the teleost, *Boops boops*. *Gen. Comp. Endocrinol.*, 1985, 60: 63 – 69

111. Volkoff, H., Bjorklund, J. M., and Peter, R. E. Stimulation of feeding behavior and food consumption in the goldfish, *Carassius auratus*, by orexin-A and orexin-B. *Brain Res.*, 1999, 846: 204 – 209

112. Volkoff, H., Peyon, P., Lin, X., and Peter, R. E. Molecular cloning and expression of cDNA encoding a brain bombesin/gastrin-releasing peptide-like peptide in goldfish. *Peptides*, 2000, 21: 639 – 648

113. Volkoff, H., and Peter, R. E. Novel peptides involved in the control of feeding in goldfish. In: Perspective in Comparative Endocrinology: Unity and Diversity. Goos, H. J. Th., Rastoyi, R. K., Vaudry, H., Pierantoni, R., eds. Monduzzi Editore, 2001: 703 – 708

114. Weld, M. M., Kar, S., Maler, L., and Quirion, R. The distribution of tachykinin binding sites in the brain of an electric fish (*Apteronotus leptorhynchus*). *J. Chem. Neuroanat.*, 1994, 7: 123 – 139

115. Welsch, U. N., and Storch, V. N. Enzyme histochemical and ultrastructural observations on the liver of teleost fishes. *Arch. Histol. Jap.*, 1973, 36: 21 – 37

116. Windell, J. T., Norris, D. O., Kitchell, J. F., and Norris, J. S. Rate of gastric digestion in rainbow trout, *Salmo gairdneri*, to pellet diets. *J. Fish. Res. Board Can.*, 1972, 26: 1801 – 1812

117. Ye, X., Li, W. S., and Lin, H. R. Polygenic expression of somatostatin in orange-spotted grouper (*Epinephelus coioides*): Molecular cloning and distribution of the mRNA encoding three somatostatin precursors. *Mol. Cell. Endocrinol.*, 2005, 241: 62 – 72

复习与思考

1. 鱼类的摄食方式主要有哪些？摄食器官和摄食方式的相互联系如何？
2. 鱼类的摄食类型主要有哪几种？摄食行为与摄食类型有何关系？
3. 鱼类摄食活动的神经调节与内分泌调节之间有什么联系？
4. 鱼类脑的增食类信号分子主要有哪些？它们之间有哪些联系？
5. 鱼类脑的抑食类信号分子主要有哪些？它们之间有哪些相互作用？
6. 鱼类的生长激素如何参与调节鱼类的摄食活动？
7. 鱼类下丘脑－脑垂体－肾间腺轴产生的哪些激素参与调节鱼类的摄食活动？它们的作用如何？
8. 鱼类消化道的基本结构及其特点是什么？
9. 鱼类主要的消化腺是什么？鱼类肝脏和胰脏的构造有什么特点？
10. 鱼类的消化酶有哪些？它们的分泌活动受到哪些因素的影响？
11. 鱼类消化酶的活性及其分泌如何与它们的生活条件及营养习性相适应？
12. 鱼类对食物中主要营养素的消化吸收有哪些特点？
13. 如何测定鱼类对食物的消化吸收率？测定鱼类的食物消化吸收率有何意义？
14. 鱼类消化道的运动方式有哪些？它们对食物的消化吸收起什么作用？
15. 鱼类消化道运动受到哪些神经活动的调节和支配？研究鱼类消化道运动的调节有些什么意义？

第三章 呼吸生理

第一节 鳃的构造和呼吸机能

一、鳃的构造

鱼类鳃的外部有可以活动的鳃盖和鳃盖条骨。鳃盖开关之孔称为外鳃孔。鳃盖内侧有薄的皮膜，叫鳃盖膜，它沿着鳃盖后缘略为伸展；鳃盖关闭时，鳃盖膜可以使外鳃孔紧密封闭。以鲤鱼为例，其外鳃孔宽大，鳃盖内的鳃腔左右两侧各有五条鳃弓。第一到第四条鳃弓都有两列鳃片（Branchial Lamellae），亦叫鳃丝（Branchial Filament），并排列在鳃弓的外侧面。第五条鳃弓没有鳃片。鳃弓上的两列鳃片彼此可以分开，基部有退化的鳃间膜（鳃隔，Interbranchial Septum）与鳃片相连，并把两列鳃片基部联系于鳃弓上（图3-1和图3-2）。

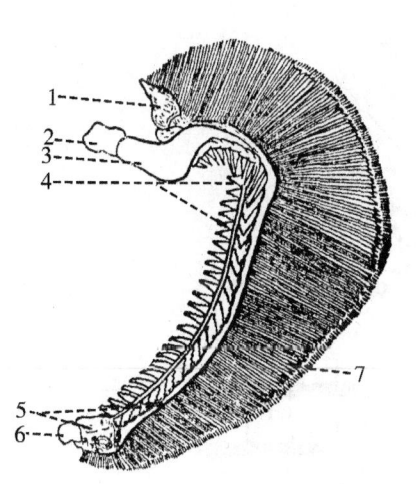

图3-1 鳃弓左侧面
1. 结缔组织；2. 咽鳃骨；3. 上鳃骨；4. 鳃耙；
5. 角鳃骨；6. 下鳃骨；7. 鳃片（引自秉志）

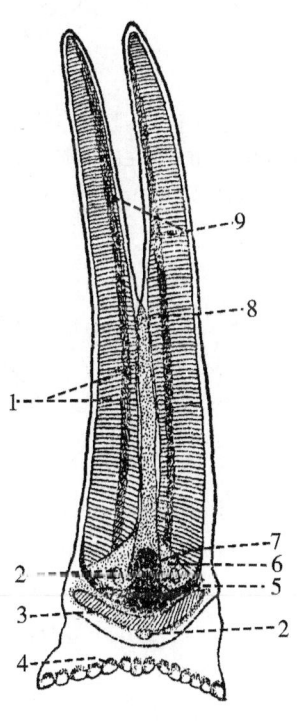

图3-2 鳃弓横切面
1. 鳃片；2. 神经；3. 角鳃骨；4. 鳃耙；5. 出鳃动脉；6. 结缔组织；7. 入鳃动脉；8. 鳃隔；9. 入鳃动脉毛细管（引自秉志）

鱼类的鳃呈筛网状，位于由呼吸动作造成的水流所通过的位置，以进行气体交换。进行气体交换的部分是鳃丝上的次级鳃瓣（Secondary Lamellae），其位置、结构和水流通过的情况如图3-3和图3-4所示。

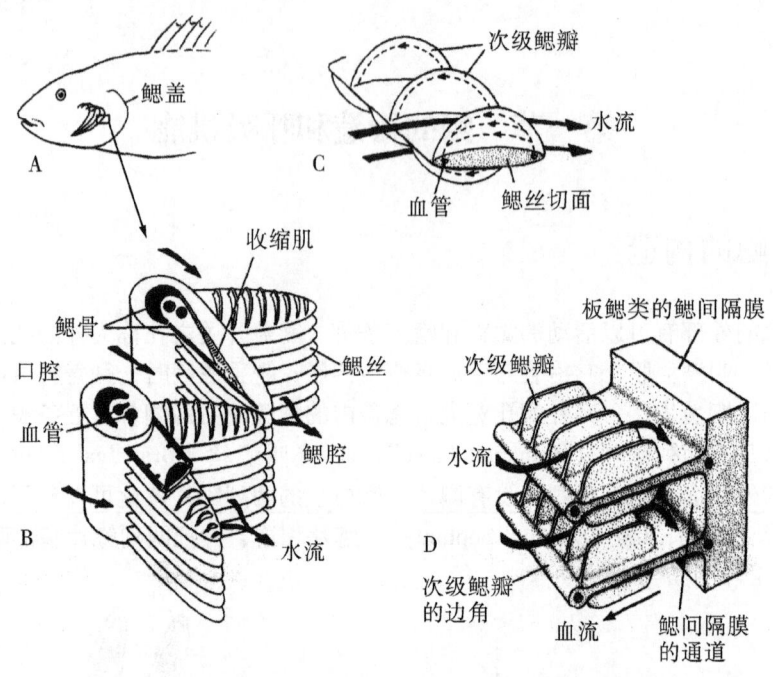

图3-3 鱼类次级鳃瓣的位置、结构及水流通过的模式图

A. 表示四条鳃弓在鱼体左侧的位置；B. 表示两条鳃弓的鳃丝和水流的方向；C. 表示一个鳃丝上的三个次级鳃瓣及水流和血液流动的不同方向；D. 表示鲨鱼鳃的一部分，水流和血液流动的方向相反（依 D. J. Randall）

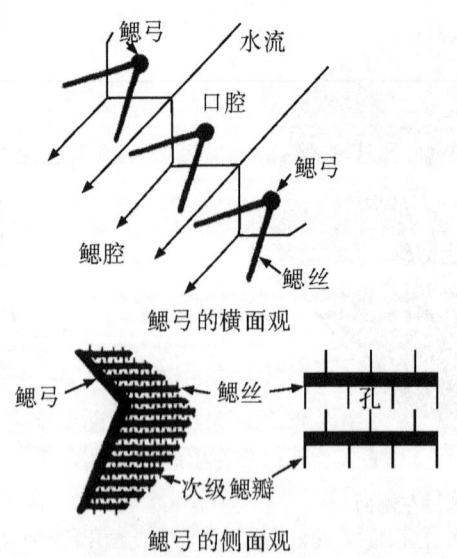

图3-4 硬骨鱼类鳃腔、鳃弓和鳃丝的结构和位置图解

依 D. J. Randall

根据对硬骨鱼类的测定，鱼鳃的平均表面积（也即呼吸表面积）为 5 cm^2/g 体重。由此可见，按单位体重来计算，鱼类的呼吸表面积要比哺乳类小得多，只有游泳能力很强的金枪鱼其呼吸表面积才接近哺乳类的水平（图 3-5）。

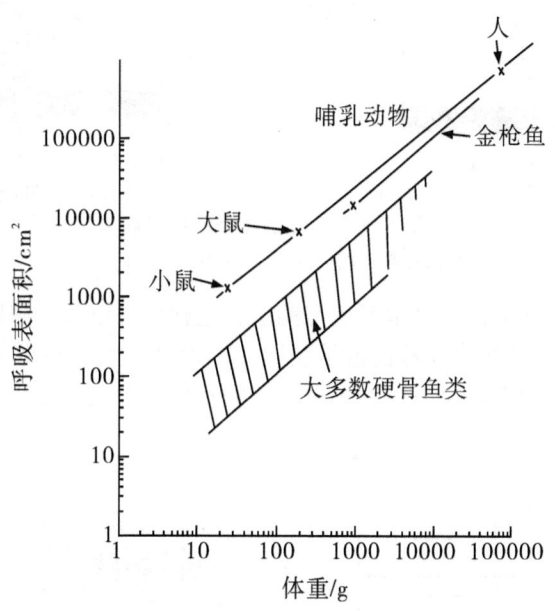

图 3-5　鱼类和哺乳类呼吸表面积与体重的关系
参考 D. J. Randall

鱼类的呼吸表面积比哺乳类小，因此鱼类的氧摄取量（$\dot{M}_{O_2}$）也比哺乳类少，因为呼吸表面积与 $\dot{M}_{O_2}$ 之间通常成一定的正相关关系。

鱼类的呼吸表面积比较小与鱼鳃的双重机能（即气体交换、离子和水交换）有密切的关系，因为增加鳃的表面积就会同时增加气体交换以及离子与水的交换。对于淡水鱼类，为了减少离子与水的交换，它们往往会限制鳃的表面积。

二、鳃的呼吸机能

鱼类的呼吸动作是通过口腔和鳃腔两个"唧筒"或"泵"连续而协调的收缩与扩张的运动，造成连续不断的水流通过鳃腔和鳃片（图 3-6）。在呼吸动作中，口腔和鳃腔的作用依鱼类的栖息环境而不同。活动缓慢的鱼类主要依靠口腔和鳃腔的连续动作进行呼吸。快速游泳的鱼类在前进时把口张开，由于口腔外面水的压力大，无需呼吸动作，水流就可以灌入口腔和鳃腔而进行呼吸。这种停止呼吸动作而简单张口的呼吸叫"冲压呼吸"（Ram Ventilate），如金枪鱼主要进行冲压呼吸而很少有正常的呼吸动作。

通常，每种鱼从一定容量的水中摄取的氧量（以百分比计）相当稳定，不受水中溶氧量的影响。例如，鲤鱼通常可利用水中含氧量的 80% 左右，而鳟鱼只能利用 30%，这与各种鱼类的氧离曲线（也即血红蛋白对氧的亲和力）有直接关系。

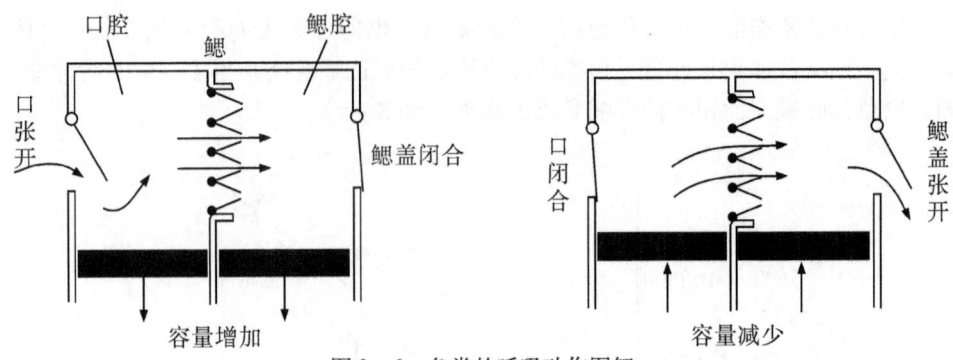

图 3-6 鱼类的呼吸动作图解
长箭头表示水流方向（参考 D. J. Randall）

水流通过鳃部和血流灌注鳃部是反方向的，这样就可以最大限度地提高气体交换效率。如图 3-7 所示，如果水流和血流是相同方向的话，水流与血流之间的气体交换量就很少；如果水流和血流是反方向而两者之间的扩散阻力又很小，水流与血流之间的气体交换就会大大增加。

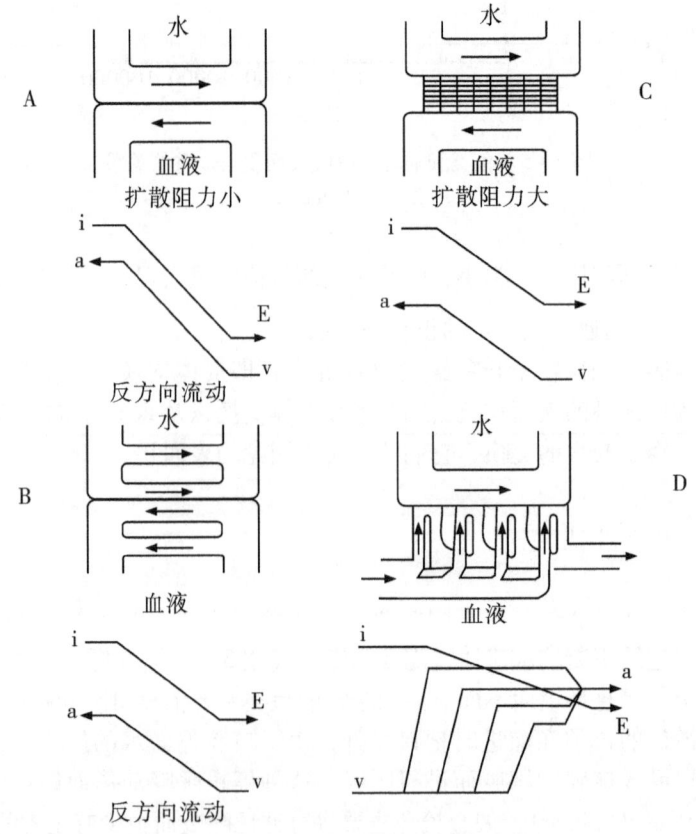

图 3-7 鱼类呼吸表面水流和血流方向和气体交换的关系
a. 动脉血的氧分压；v. 静脉血的氧分压；i. 入鳃水流的氧分压；E. 出鳃水流的氧分压。箭头表示它们的氧分压变化情况。A. 表示水流和血流是反方向而两者之间的扩散阻力小；B. 表示水流和血流是反方向，水流与血流之间分支经过呼吸表面；C. 表示水流和血流是反方向，但两者之间的扩散阻力大；D. 表示水流通过多重微血管中的血流，是板鳃鱼类特有的模式（参考 D. J. Randall）

在鱼类的呼吸过程中，通过鳃的水流量（V_g）和血流量（Q）的比例大约是10∶1，即 $V_g/Q=10$；而不像在哺乳类中通过肺泡的空气流量（V_a）和血流量（Q）的比例接近 1∶1，即 $V_a/Q=1$（图 3-8）。这反映了两种不同呼吸介质（水和空气）的不同含氧量，因为水的溶氧量要比空气的含氧量低得多。

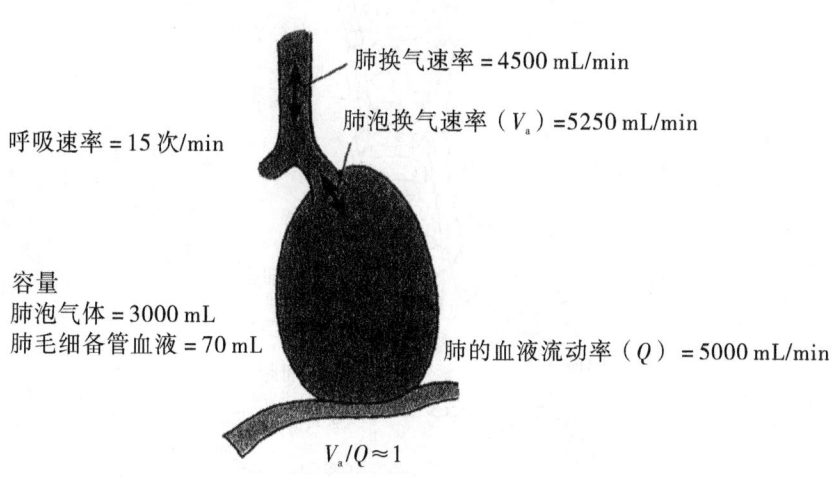

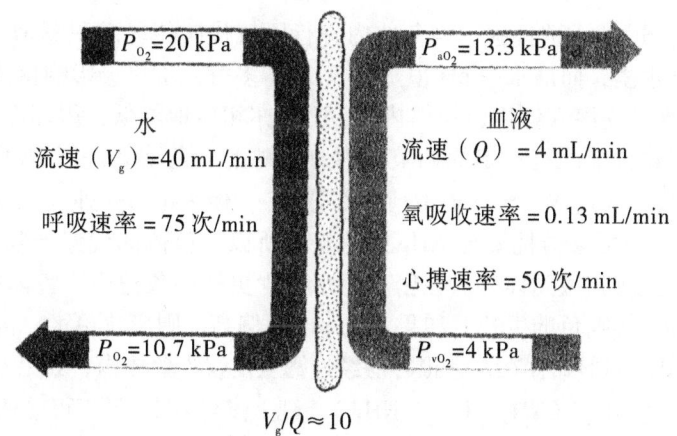

图 3-8　鳃呼吸和肺呼吸的比较
A. 肺（人类）；B. 鳃（鳟鱼）（参考 D. J. Randall）

鱼类次级鳃瓣的鳃上皮厚度在 1~10 μm 之间，由两层上皮细胞组成，其下为基底膜；当中有一层支柱细胞把水和血液隔开，其中有充满红细胞的血道（Blood Channel）（图 3-9）。

鳃上皮对 CO_2、NH_3、H^+ 和 O_2 是可渗透的，但对 HCO_3^- 则是不可渗透的。所以，水中 CO_2、O_2、H^+ 和 NH_3 的浓度变化能明显影响这些分子通过鳃上皮的转移（渗入或者渗出），而水中 HCO_3^- 的变化对体内 CO_2 的排出影响不大。

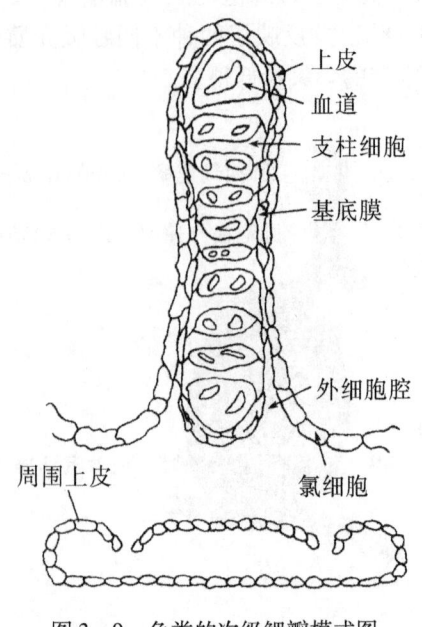

图 3-9　鱼类的次级鳃瓣模式图

由于鳃上皮对 H^+ 的渗透性强，当鱼体内进行厌氧代谢使乳酸积累增多时，H^+ 可经过鳃上皮渗透到水里；而当水中 pH 值降低、H^+ 增多时，不仅会影响鱼体内 H^+ 的排出，H^+ 还会经过鳃上皮渗入体内，使体内的 pH 值亦相应地降低，因而会对鱼体造成不良影响。鱼类对这种情况有一定的调节能力，即鳃上皮主动地进行 HCO_3^- 和 Cl^- 交换、Na^+ 和 H^+ 交换，通过 Na^+ 渗入而取代一部分 H^+，使之排出体外（图 3-10）。

鳃上皮对 NH_4^+ 的可渗透性要比 NH_3 差得多，所以，鱼体的代谢产物氨主要是以 NH_3 的形式经过鳃上皮扩散到体外。在密养而水很少更换的鱼池中，鱼体排出 NH_3 的增多会使水质变坏，影响鱼的生长。如果水的 pH 值偏高，则影响更大，因在 pH 值较高时，氨主要以 NH_3 的形式存在，它很容易经过鳃上皮渗入鱼体内；如果水的 pH 值较低，大多数氨转变为 NH_4^+（$NH_3 + H^+ \rightarrow NH_4^+$），鳃上皮对 NH_4^+ 是不可渗透性的，对鱼的影响就比较小。

三、鱼类鳃呼吸机能的调节

鱼类在静止时，经过鳃部的水流量为 100~400 mL/（kg 体重·min），而在运动、低氧、高碳酸或高含氧量时，经过鳃部的水流量可以增加到近 30 倍。呼吸水流量的增加通常是由于显著增强呼吸搏出量和略为提高呼吸频率而实现。呼吸水流量增加使通过扩散屏障的分压梯度加大而增强呼吸气体的转移，促使流出鳃的水流中 O_2 增多而 CO_2 减少，即经过鳃上皮增加 O_2 和 CO_2 的交换量。

鱼类呼吸机能的作用机理主要受到水中 O_2、CO_2 和/或酸-碱状态以及儿茶酚胺的

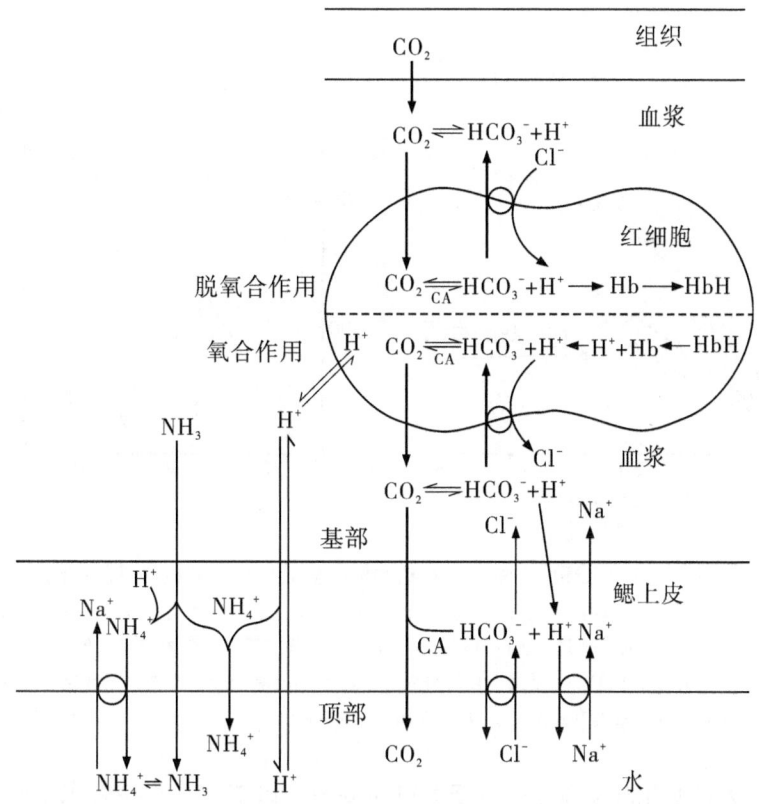

图 3-10 CO_2、H^+ 和 NH_3 通过鱼的鳃上皮扩散到外界水中的示意图

此图表示鱼体组织中的 CO_2 与红细胞内中 HCO_3^- 和 H^+ 在碳酸酐酶（CA）的催化作用下脱水形成的 CO_2 都经过鳃上皮扩散到外界水中；鱼体代谢产物 NH_3 可直接通过鳃上皮扩散到体外；如果 NH_3 和 H^+ 形成 NH_4^+，则可通过与 Na^+ 的交换而排出体外（参考 D. J. Randall 等）

影响。

由于水的含氧量比空气低得多（约为空气的 1/13），而 CO_2 在水和空气中的容量系数相近，从而使水对 CO_2 的容量要比对 O_2 大得多。因此，鱼在水介质中很难获得 O_2，而很容易将 CO_2 排出去，使得鱼类的呼吸驱动力主要是基于 O_2 而不是 CO_2 或 pH。

1. 氧气

水中持续的低氧，开始时对鱼类的呼吸没有影响（即呼吸非依存性），但接着会引起明显的耗氧量降低（即呼吸依存性）。如图 3-11 所示，水中氧分压降低时，活动耗氧量（代谢率）明显降低，而对标准耗氧量（代谢率）的影响不大；但驯养在空气饱和水中的鱼（如美洲红点鲑），当水中氧分压降低时，其标准耗氧量（代谢率）明显增加。

鱼类在水中氧分压降低时会引起呼吸作用增强，其作用机理是：通过感觉性输入信息，进入脑的呼吸中枢后，发出运动性输出信息，从而引起鳃部呼吸动作幅度加大和呼吸频率增多。研究表明，感应这些信息的受体是基于血液的，它们对血液中 O_2 的含量

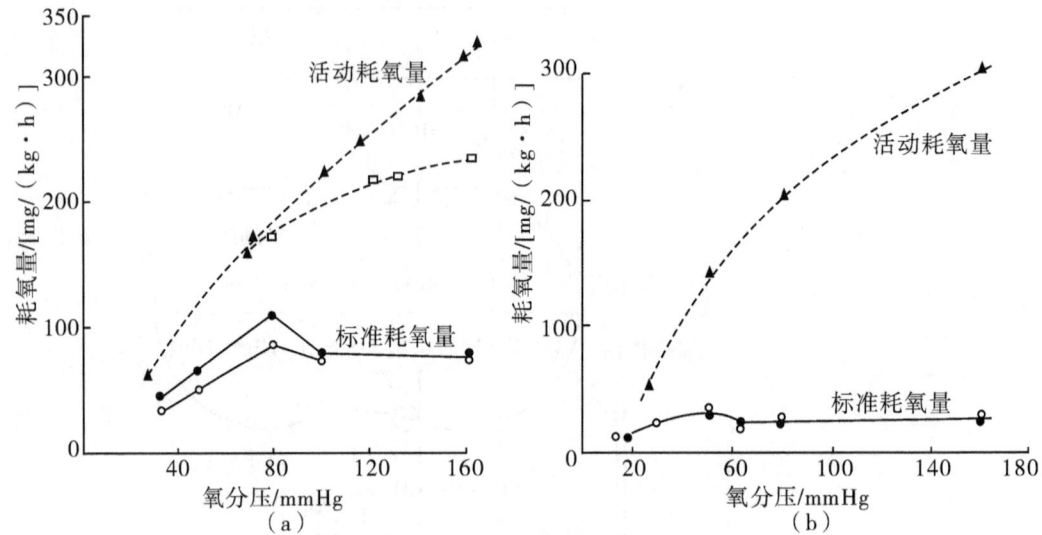

图 3-11　水环境中氧分压对鱼类标准耗氧量和活动耗氧量的影响

(a) 美洲红点鲑，10℃中；活动耗氧量（□）来自 1955 年，（▲）来自 1959 年，标准耗氧量（●）的鱼驯养于空气饱和的水中，（○）的鱼驯养于所在的氧分压水中。当氧分压低时，驯养于空气饱和水中的鱼的标准耗氧量明显较高。(b) 鲤鱼，10℃中；曲线所用符号同（a）；活动耗氧量和标准耗氧量均来自 1964 年；驯养在不同情况下的鱼的标准耗氧量没有差别（引自 G. Shelton, 1970）

或者 O_2 的释放量变化起反应。这些受体可能分布于以下三个部位：①咽腔壁和鳃的表面，感受水环境或呼吸水流中氧含量的变化；②含有鳃部充氧后血液的动脉或者与动脉血密切联系的组织，感受血流中氧含量的变化；③含有静脉血的血管（包括腹大动脉、入鳃动脉）或者与静脉血密切联系的组织，感受流经身体各部分后血液中的氧含量。通常都认为这些受体分布于假鳃内，因为灌注从丁鲹假鳃分离出来的神经可以记录到对 O_2 和 CO_2 含量变化的敏感性；但这并不表明这类受体都只是分布在一个部位。例如，将第九对和第十对脑神经的两侧分支都切断，并不会消除鱼类在缺氧状态下产生的呼吸反应。由此可见，感受氧变化的受体存在于第九对和第十对脑神经分布以外的部位，可能包括第五对脑神经分布的口腔周围以及第七对脑神经分布的腭部和鳃盖。

2. 二氧化碳

由于 CO_2 在水中的容量很高，使 CO_2 能迅速地从血液中排除掉，因此 CO_2/pH 的变化并不是鱼类呼吸活动的基本驱动力。但水中 CO_2 含量的升高对鱼类呼吸活动影响明显。水中 CO_2 含量很高时，产生毒性，会完全抑制鱼对氧的摄取和消耗。CO_2 含量升高时，鱼类能存活一段时间，但从水中摄取 O_2 的能力明显下降，而降低程度取决于水中 CO_2 含量或 H^+ 浓度。例如，水中 CO_2 含量升高到张力为 50 mmHg 时，亚口鱼、鲷鱼和鲤鱼的耗氧量明显降低。同时，如图 3-12 所示，美洲红点鲑和鲤鱼的活动耗氧量（活动代谢）随着水中 CO_2 张力的升高而减少，但对标准耗氧量（标准代谢）的影响不大。

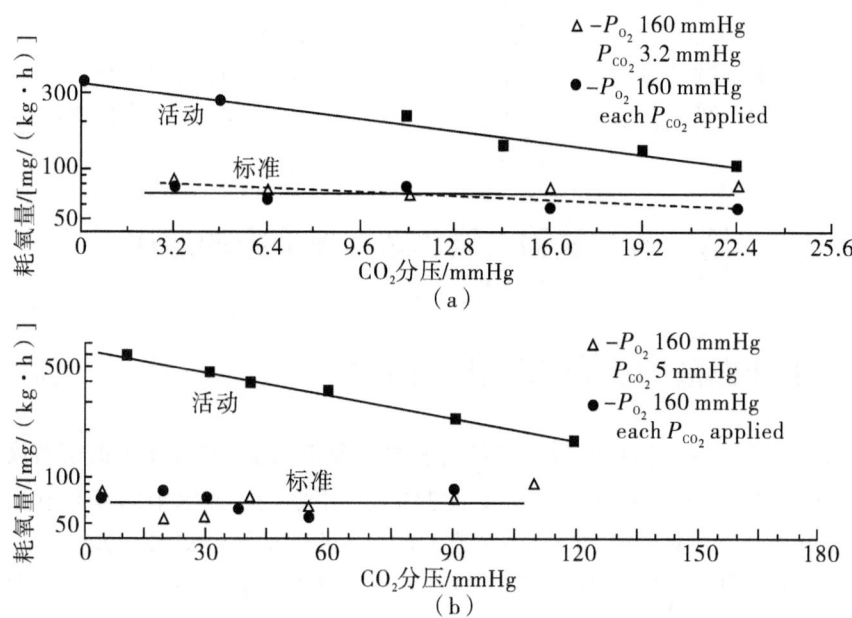

图 3-12 水环境中 CO_2 分压升高对鱼类标准耗氧量和活动耗氧量的影响

(a) 在 10℃的美洲红点鲑；(b) 在 25℃的鲤鱼。氧分压保持在 160 mmHg。在标准代谢的线条上，●表示鱼驯养在各自的 CO_2 分压中，而△表示鱼驯养在较低的 CO_2 分压中。美洲红点鲑的虚线表示驯养在各自的 CO_2 分压中，标准代谢耗氧量在 CO_2 分压升高时出现小而明显的降低。当 CO_2 分压升高时美洲红点鲑和鲤鱼的活动代谢耗氧量均明显降低（参考 G. Shelton）

许多研究结果表明，水中 CO_2 含量增加会使鱼类呼吸频率增加，呼吸动作幅度加大，从而使呼吸水容量明显增加，特别是当 CO_2 张力很高时（达到 25~56 mmHg）。当水中 CO_2 张力中等程度增加时（15~35 mmHg），鱼只在开始时增加呼吸水容量，不久又回复到原来的水平。

参与 CO_2 影响鱼类呼吸活动的感觉作用机理还了解不多。感受水中 CO_2 含量变化的相关受体可能和 O_2 受体一样分布在三个共同的部位。假鳃亦证明具有对 CO_2 含量变化的敏感性，但将第九对和第十对脑神经切断而使鱼的鳃部完全去神经支配（Denervation）之后，鱼对水中 CO_2 含量变化而引起呼吸活动显著变化仍在持续着。给鱼类延脑的一些区域注射少量含有 CO_2 的生理盐水能引起呼吸活动的变化，但受到刺激的准确部位和反应特性尚未阐明。

在板鳃鱼类中，CO_2/pH 对呼吸活动的影响明显，这是因为它们缺乏 Root（鲁特）效应，通常不会出现在硬骨鱼类发生的高碳酸或酸中毒对血液 O_2 状态的严重影响。例如，眼斑鳐（*Raja ocellata*）处于中等高碳酸的水中而动脉 P_{O_2} 或 O_2 含量没有变化（亦即 O_2 的驱动力没有改变）的情况下，检测到持续而明显的呼吸活动增加，即过度通气（Hyperventilation）。

3. 儿茶酚胺

除了 O_2 状态作为鱼类呼吸作用的主要驱动力和 CO_2/pH 补充驱动之外，释放到血液循环中的儿茶酚胺亦可能刺激呼吸活动（如在严重的低氧和耗尽体力的运动状态下）。但一些试验出现互相矛盾的结果；而近期的试验表明，处于高碳酸或低氧水中的鱼类是在没有调动体内儿茶酚胺进入血液循环的情况下增强呼吸作用的。因此，近年来的试验结果说明，血液循环中儿茶酚胺的增高并不会对刺激鱼类的呼吸活动起作用。

第二节　氧和二氧化碳在血液中的运送

一、水和血液中氧和二氧化碳的含量

O_2 和 CO_2 在淡水和海水中的含量差别很大（表 3-1）。氧在水中的溶解度依温度和水中离子含量而不同。所有水中的氧都是物理性溶解的，而水中的 CO_2 和血液中的 O_2 和 CO_2 并不只是物理性溶解，还依照它们的分压不同而发生变化。水和血液中 O_2 和 CO_2 的含量与它们的分压之间的关系可以用水和血液中 O_2 和 CO_2 的离解曲线来说明（图 3-13、图 3-14）。

表 3-1　O_2 和 CO_2 在水中的溶解系数和其他的常数

温度 /℃	气体溶解度系数/[mL/(L·mmHg)]						水的蒸气压 /mmHg	水的黏度 /(cm²/s)
	淡水			海水				
	O_2	CO_2	CO_2/O_2	O_2	CO_2^*	CO_2/O_2		
0	0.0647	2.254	35	0.0497	1.90	38	4.58	0.0175
5	0.0567	1.871	33	0.0433	1.57	36	6.54	0.0149
10	0.0505	1.571	31	0.0390	1.34	35	9.21	0.0128
15	0.0455	1.341	30	0.0353	1.16	33	12.79	0.0112
20	0.0414	1.155	28	0.0324	1.00	31	17.54	0.0098
25	0.0381	0.999	26	0.0300	0.88	29	23.76	0.0087
30	0.0351	0.875	25	0.0281	0.77	28	31.82	0.0078
37	0.0322	0.683	21	0.0256	—	—	47.07	—

* 由于变化大，列出的是大约数据。引自 D. J. Randall。

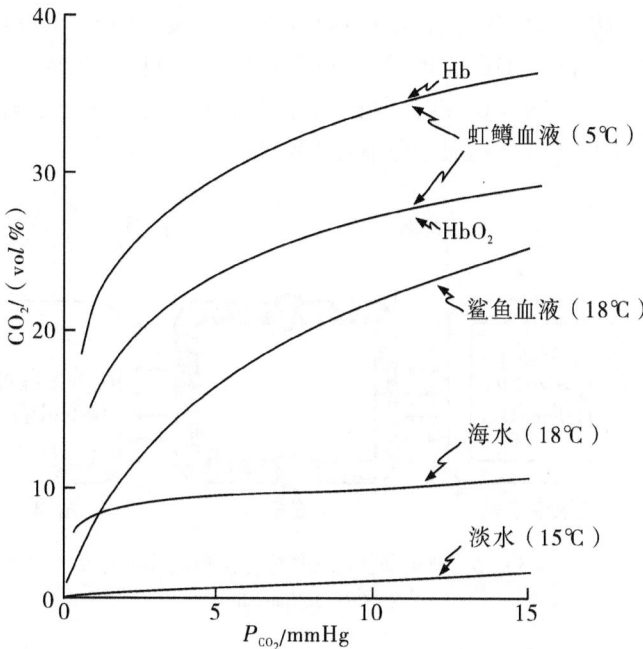

图 3-13　CO_2 在淡水、海水和鱼类血液中的离解曲线

表示在红鳟和鲨鱼血流中 CO_2 的离解曲线呈曲线形。CO_2 在水（淡水和海水）中受到碳酸盐-碳酸氢盐系统的缓冲作用而减小其离解曲线随着 P_{CO_2} 增加而变化的幅度（引自 D. J. Randall）

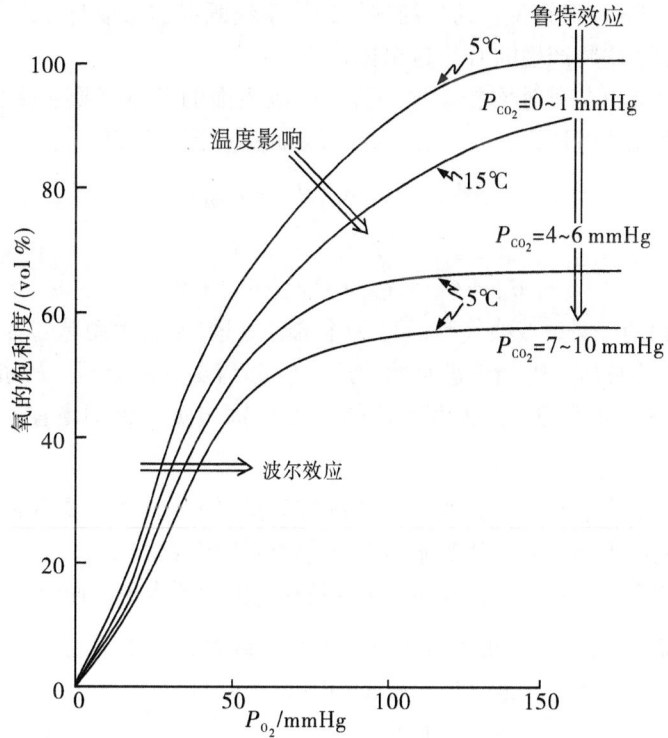

图 3-14　虹鳟血液在不同温度和不同 CO_2 含量下的氧离解曲线

表示随着 P_{CO_2} 的增加和温度的升高，血液中 O_2 的饱和度降低（引自 D. J. Randall）

与其他脊椎动物一样，鱼类的 O_2 和 CO_2 运送都是按照图 3-15 所示的模式，以下列几个基本步骤进行的：①通过连续的呼吸动作，不断把空气或水输送到呼吸器官（鳃或肺）表面；② O_2 和 CO_2 以扩散作用通过呼吸上皮；③通过血液以运送 O_2 和 CO_2；④ O_2 和 CO_2 以扩散作用通过毛细血管壁和组织的细胞膜。

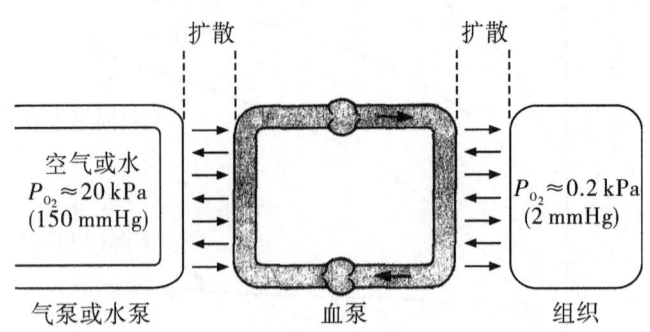

图 3-15　脊椎动物进行气体交换和运送的图解
参考 D. J. Randall

物质按照一定梯度的扩散率（Rate of Diffusion）通常与它的分子量（或密度）的平方根成反比例，即分子量小的物质其扩散率大，反之则小。由于 O_2 和 CO_2 的分子大小相似，其扩散率也就相似；而在动物体内，$\dot{M}_{O_2}$ 和 $\dot{M}_{CO_2}$ 在正常情况下也大致相等（$R_Q = 0.7 \sim 1.0$），因此一般来说，动物的气体运输系统既能够摄取与输送身体所需的 O_2，也能够以适当的速率将产生的 CO_2 运出体外。

事实上，鱼类也与其他脊椎动物一样，呼吸表面的气体交换包括换气（或呼吸）（Ventilation）和灌注（Perfusion，指注入呼吸表面的血流量）两部分。所以有：

$$\dot{M}_{O_2} = V_g \cdot A_w (P_{iO_2} - P_{eO_2})$$

或者

$$\dot{M}_{O_2} = Q \cdot (A_{aO_2} \cdot P_{aO_2} - A_{vO_2} \cdot P_{vO_2})$$

在这里，V_g 为鳃的呼吸率或换气率；A_w 为水的容氧量；A_{aO_2} 为动脉的容氧量；A_{vO_2} 为静脉的容氧量；P 为分压（P_i 指流进水的分压，P_e 指流出水的分压，P_a 指在动脉血的分压，P_v 指在静脉血的分压）；Q 为有效的心脏总输出量，也即灌注在呼吸表面的血流量。

由于空气中的容氧量（A_g）大于水中的容氧量（A_w），如果要得到同样的 $\dot{M}_{O_2}$，陆栖脊椎动物肺的呼吸率（V_l）就明显小于鱼的鳃呼吸率（V_g）。

因此，陆栖脊椎动物能用较少的能量保持较高的代谢水平，而鱼类需要付出较多的能量来取得所需的 $\dot{M}_{O_2}$。这表现为得到单位重量（或容积）的氧所付出的换氧（呼吸）工作量不同，可用对流需要量（Convection Requirement）表示：

$$\text{鱼类对流需要量} \left(\frac{V_g}{\dot{M}_{O_2}}\right) > \text{陆栖脊椎动物对流需要量} \left(\frac{V_l}{\dot{M}_{O_2}}\right)$$

在身体组织中的 P_{O_2}，鱼类与陆栖脊椎动物一样都很低，但是陆栖动物身体组织中的 P_{CO_2} 相当高，如人体是 6 kPa，而鱼类很低，只有 933 Pa（图 3-16）。这是由于 CO_2 很容易扩散和溶解在水中，它在水中的容量系数（Capacitance Coefficient，B）要比 O_2 在水中的容量系数大得多。因此，当 $A_{WCO_2} > A_{WO_2}$ 时，如果 $R_Q = 1$，即 $\dot{M}_{O_2} = \dot{M}_{CO_2}$，则 CO_2 在水中：

$$(P_{eCO_2} - P_{iCO_2}) < (P_{iO_2} - P_{eO_2})$$

于是，血液中的 $P_{CO_2} < P_{O_2}$，使鱼类对 CO_2 变化的敏感性很低。

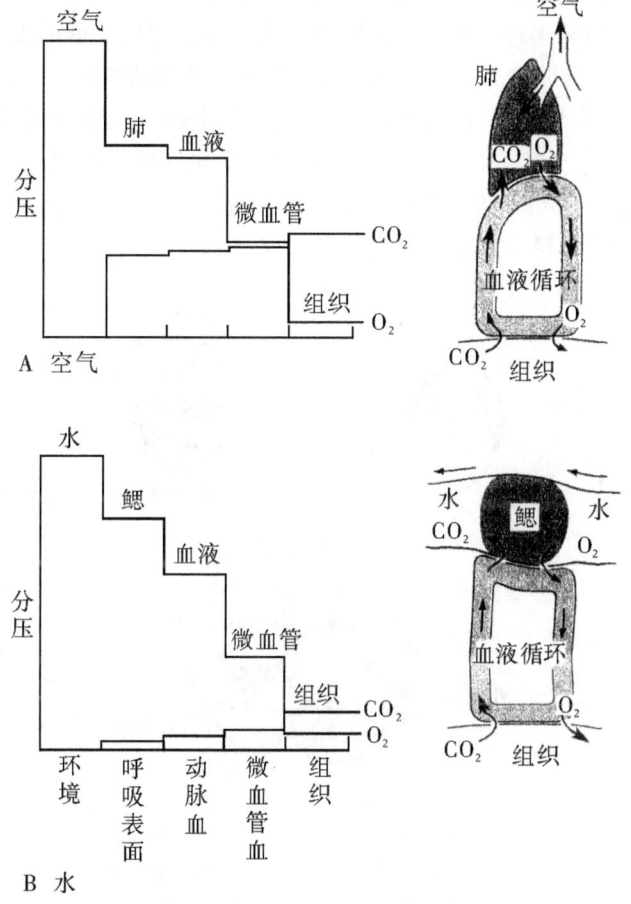

图 3-16 鱼类和陆栖脊椎动物身体组织以及空气（A）与水（B）中 P_{O_2} 和 P_{CO_2} 的变化

参考 D. J. Randall

陆栖脊椎动物则不同，$B_{gCO_2} = B_{gO_2}$，即在空气中 CO_2 和 O_2 的容量系数相同，于是有：

$$(P_{eCO_2} - P_{iCO_2}) \approx (P_{iO_2} - P_{eO_2})$$

使血液中的 P_{CO_2} 和 P_{O_2} 大致相等。

二、氧在血液中的运送

鱼类血液中含有具核、卵圆而扁平的红细胞,其短径为 7~10 μm,长径为 14~20 μm。鱼类血液的血细胞容量(Hematocrit)变化很大,如南极的冰鱼,其血液中没有红细胞或血红蛋白,而一些鲑科鱼类的血红蛋白可达 40%,大多数鱼类在 20%~30% 之间。

与其他脊椎动物一样,鱼类血红蛋白(Hemoglobin, Hb)的分子量约为 68000,是一个四聚物(Tetramer),由四个亚铁原卟啉(或称血红素,Heme)与珠蛋白(Globin)结合组成。血红素以卟啉环(Porphyrin Ring)为基础,组成卟啉环的四个吡咯环(Pyrrole Ring)上的氮又与亚铁(Fe^{2+})相连接。珠蛋白与亚铁相连接,也可以与各个吡咯环上的侧链相连接(图 3-15)。这样,血红蛋白是由四条肽链(或亚基,即 2 条相同的 α-链和 2 条相同的 β-链)以非共价键分别和一个血红素相连接。于是,血红蛋白可以离解为四个重量大致相等的亚单位,每个含有一条多肽链和一个血红素;或者两个相等的部分,即 2 条多肽链(α 链和 β 链)和两个血红素。

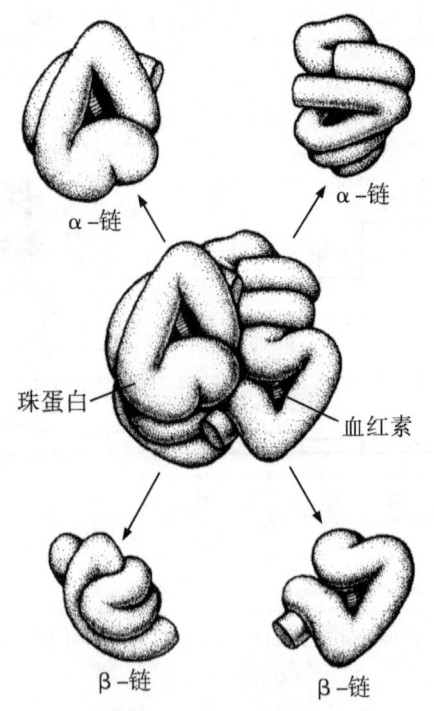

图 3-17　血红蛋白结构模式图

珠蛋白具有种族特异性(Species Specificity),不同的珠蛋白其氨基酸组成有所不同,并往往表现出不同的与氧结合的亲和力。

每个血红蛋白分子能结合四个氧分子,即每个血红素结合一个氧分子。与氧结合的血红蛋白叫氧合血红蛋白（Oxyhemoglobin），此作用称为氧合作用（Oxygenation）。与氧气分离的血红蛋白叫脱氧血红蛋白（Deoxyhemoglobin），此作用称为排氧作用（Deoxygenation）。

血红蛋白与氧结合的程度在鱼体内主要受到 P_{O_2} 和 pH 值的影响。如果全部血红蛋白分子的所有位置都与氧分子结合，血液就是 100% 氧饱和的，这时血液的氧含量（Oxygen Content，即实际结合的氧量）就等于氧容量（Oxygen Capacity，即血液中血红蛋白所能结合的氧量）。

1 mmol 血红素能结合 1 mmol（按容积为 22.4 mL）氧。鱼类每 100 mL 血液含有 0.2～0.9 mmol 血红素，亦即能结合 0.2～0.9 mmol 氧，其氧容量为（0.2～0.9）× 22.4 mL，即在 4%～20% 容量范围内变化。

血液的氧含量（按单位容量计）包括氧物理性溶解（即氧溶解于血液中）和与血红蛋白结合的氧。在大多数情况下，溶解氧只占含氧量的很小部分。

氧容量随血红蛋白浓度的增加而按比例增加。为了对血红蛋白含量不同的血液进行比较，就采用血红蛋白氧饱和的百分比（亦即 HbO_2 所占的百分比），把实际氧含量表示为所占氧容量的百分比。氧离解曲线（Oxygen Dissociation Curve）就表示了血红蛋白氧饱和的百分比和 P_{O_2} 之间的关系。

与其他脊椎动物相似，鱼类的氧离解曲线呈 S 形。当 P_{O_2} 低时，氧与血红蛋白很少结合；而当 P_{O_2} 较高时，几乎所有的血红蛋白都与氧结合而达到饱和状态。

各种鱼类的氧离解曲线稍有不同。现比较鲤鱼和鳟鱼的氧离解曲线（图 3-18）。

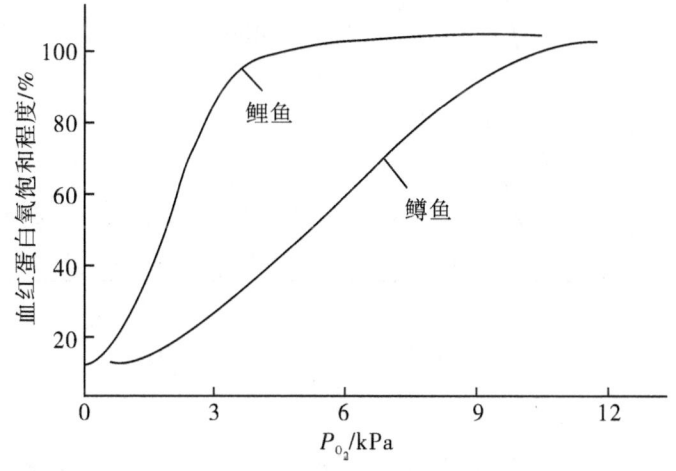

图 3-18　鲤鱼和鳟鱼的氧离解曲线
参考 D. J. Randall

鲤鱼在 P_{O_2} 不很高时，血红蛋白的氧饱和程度就接近 100%，而鳟鱼需要 P_{O_2} 很高时才能达到饱和。如鲤鱼血红蛋白氧饱和程度达到 50% 时的 P_{O_2} 是 933 Pa，而鳟鱼是 5 kPa，表明鲤鱼血红蛋白对 O_2 的亲和力要比鳟鱼的强。鲤鱼适应于生活在溶氧量比较低的水体中，但在身体组织中，O_2 和血红蛋白的离解就比较困难，要在 P_{O_2} 很低时才行。而鳟鱼则相反，需要生活在溶氧量较高的水体中，但很容易把氧释放到身体组织内。由此看来，对氧亲和力强的血红蛋白适于从水中摄取氧，而对氧亲和力低的血红蛋白适于把氧释放到组织中。从生理学的角度看，血红蛋白在呼吸上皮应有高的氧亲和力，而在组织内应有低的氧亲和力。实际上，鱼类血红蛋白的氧亲和力受到血液中物理和化学因素变化的影响（如 pH 值、P_{CO_2}、温度等）而有利于在呼吸上皮与氧结合，而在组织内把氧释放出来。

血液 pH 值的变化对血红蛋白与氧的亲和力有明显影响。当血液 H^+ 增加（即 pH 值降低）时，使血红蛋白与氧的亲和力降低，结果就使氧离解曲线往右侧偏移（图 3 - 19），这就是波尔效应。

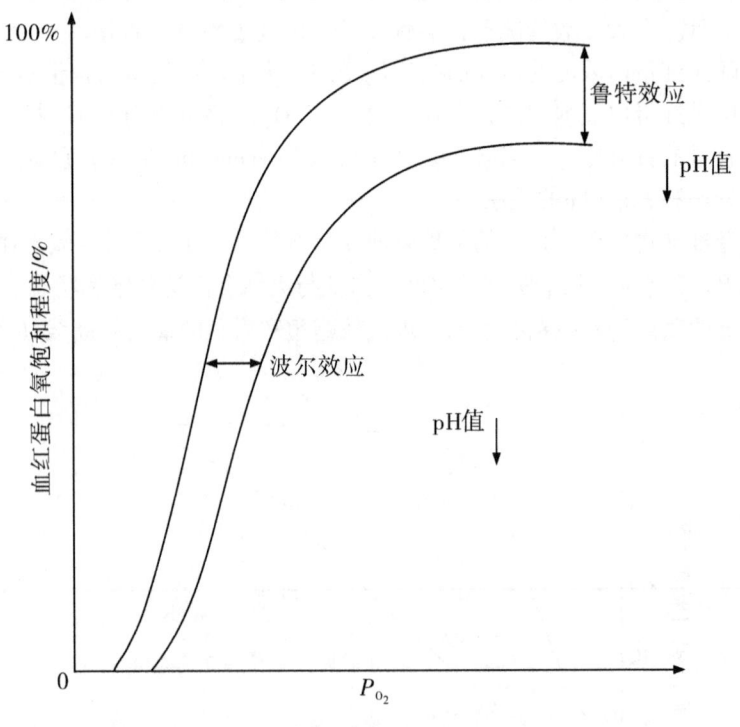

图 3 - 19 鱼类典型的血红蛋白氧离解曲线
参考 D. J. Randall

在组织内，由于 CO_2 和其他代谢产物累积后，使 H^+ 增加，就会降低血红蛋白的氧亲和力而促使氧释放出来。氧合血红蛋白在组织内释放一个 O_2 的同时还结合一个 H^+，即：$HbO_2 + H^+ \rightarrow HbH^+ + O_2 \uparrow$，能补偿由呼吸作用形成的 CO_2 所引起 pH 值的降低；在鳃部的血中，CO_2 迅速扩散并溶解到水中，使 pH 值升高，又促进血液对氧的摄取（图 3 - 20）。

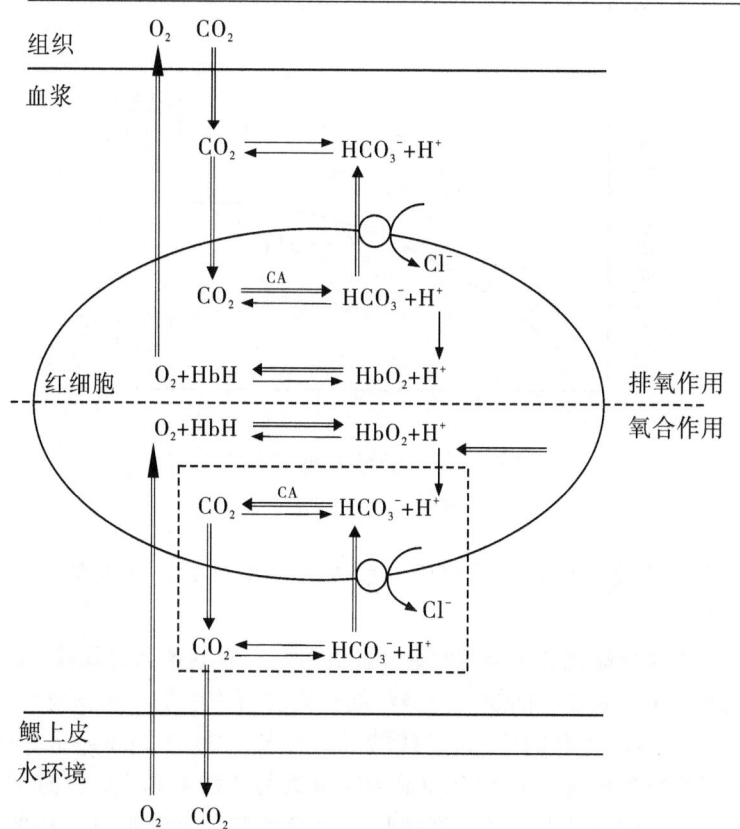

图 3-20 在鱼类血液中 O_2 摄取和 CO_2 排出的示意图

表示 O_2 以扩散作用通过鳃上皮进入血液，与红细胞的血红蛋白结合成为氧合血红蛋白，即氧合作用；然后在 CO_2 和 H^+ 增加的情况下，血红蛋白对氧的亲和力降低，促使氧合血红蛋白将 O_2 释放出来并进入身体组织，即排氧作用。鱼体代谢活动产生的 CO_2 从组织扩散到血液中，经过红细胞的细胞膜迅速扩散而进入红细胞，在碳酸酐酶（CA）的催化作用下 HCO_3^- 成为 CO_2 的主要形式；红细胞的血红蛋白在充氧时产生的 H^+ 促使 HCO_3^- 脱水形成 CO_2，从红细胞扩散到血浆内，再经过鳃上皮扩散到外界水中（引自 K. M. Gilmour）

这种氧的结合和离解与 CO_2 和 pH 值变化之间的关系在各种鱼类中的表现有所不同，而与它们的生态环境以及在不同生活条件下对氧的结合和释放的调节需要有密切的关系。因此，可以认为鱼类的血液对 CO_2 的感受性（即波尔效应）是一种生理适应性。波尔效应意味着少量 CO_2 就能促使血液大量释放 O_2；鱼类运动时身体组织需要大量 O_2，所以越是活动性强的鱼类，其波尔效应越明显。

在许多鱼类中，CO_2 增加或 pH 值降低，不仅使血红蛋白对氧的亲和力降低（波尔效应），而且使血红蛋白的氧容量（即血红蛋白结合氧的饱和水平）降低，这称为鲁特效应，为鱼类所特有，如鲂鮄鱼（*Prionotus carolinus*）（图 3-21）。

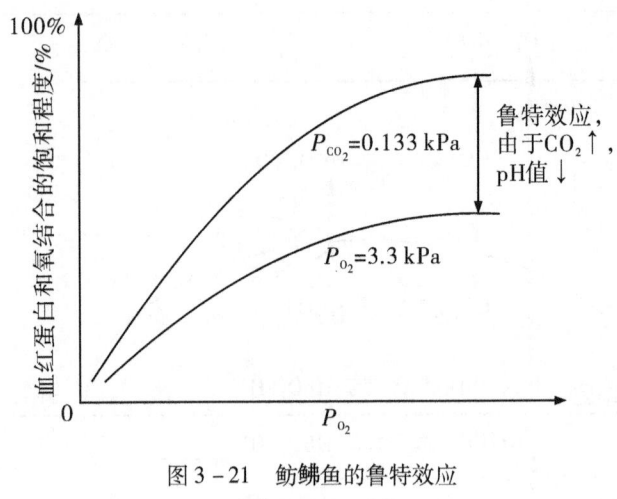

图 3-21　鲂鲱鱼的鲁特效应
参考 D. J. Randall

硬骨鱼类的鲁特效应与氧气分泌到气鳔内的作用有关，这将在第十一章第六节"气鳔"中介绍。

红细胞的有机磷酸盐化合物通常都会使血红蛋白与氧的亲和力降低，因此它们在红细胞内的变化亦会影响氧离解曲线。鱼类红细胞内含有大量的三磷酸腺苷（ATP），其作用与哺乳类红细胞内含有的 2，3-二磷酸甘油酸盐（2，3-diphosphoglycerate，DPG）相似，能与脱氧血红蛋白的 α-链结合而显著降低其与氧的亲和力，并且明显增加波尔效应的幅度。在缺氧的条件下，鱼类红细胞 ATP 含量降低而使血红蛋白的氧亲和力显著增强，从而使血液在呼吸表面对氧的摄取量增加。

由于红细胞对 H^+ 是可渗透性的，H^+ 很容易透过细胞膜而散布。通常，红细胞内 pH 值大约比血浆的 pH 值低 0.3，而血浆 pH 值的降低会使红细胞的 pH 值相应地降低。所以，当血浆中乳酸增加时，血浆 pH 值下降，也使红细胞 pH 值下降，进而使血红蛋白的氧亲和力下降，通过波尔效应和鲁特效应而使血红蛋白与氧的结合能力降低。

在中性的水中，H^+ 排出使虹鳟鳃部水的 pH 值明显降低。但是，如果水的 pH 值比血液的 pH 值低 2.5 单位，H^+ 排出就受到抑制，而所有水 pH 值的变化都是由于 CO_2 的水合作用和氨的质子化作用。H^+ 经过鳃排出对 0.1 mmol/L 的离子转运抑制剂（如氨氯吡嗪脒和 SITS）是不敏感的，但对另一些离子转运抑制剂（如钒酸盐、乙酰唑磺胺和水的 pH 值）是敏感的。因此，可以认为是在鳃上皮顶膜上的主动 H^+ 泵介导 H^+ 的排出，与青蛙皮肤的情况相似；较高浓度（0.5 mmol/L 和 1 mmol/L）的氨氯吡嗪脒能降低氨和酸的排出，可能是由于鳃上皮外侧边缘上 Na^+/K^+-ATP 酶活性受到抑制。对虹鳟的研究证明，在中性水中呼出水的酸化作用主要是由鳃瓣顶膜的主动质子泵介导的 H^+ 净排出所引起；此质子泵对钒酸盐和乙酰唑磺胺敏感，并受到水环境中的 CO_2 和 pH 值所调节，与蛙皮肤的生电质子泵（Electrogenic Proton Pump）相似。

三、二氧化碳在血液中的运送

与其他脊椎动物一样，CO_2 从鱼类组织扩散到血液中，由血液运输到鳃，又通过扩散作用经过鳃上皮而进入水中。其反应式是：

$$CO_2 + H_2O \rightleftharpoons H_2CO_3 \rightleftharpoons H^+ + HCO_3^-$$
$$HCO_3^- \rightleftharpoons H^+ + CO_3^{2-}$$

在这个反应过程中，CO_2 与 H_2CO_3 之间的比例受到 pH 值和温度等的影响。在血液中，$CO_2 : H_2CO_3$ 大约是 1000 : 1，而 $CO_2 : HCO_3^-$ 大约是 1 : 20，所以在正常血液 pH 值下（如鱼类一般是 7.4），反应都朝右方进行，HCO_3^- 是 CO_2 在血液中的主要形式；CO_3^{2-} 的含量很少，只有在低温和血液 pH 值很高的情况下，CO_3^{2-} 含量可以达到血液总 CO_2 含量的 5%。

血液中 CO_2 的存在形式主要是 HCO_3^-，但鳃上皮对 HCO_3^- 却不是很容易渗透的，因此大部分 CO_2 仍然要以 CO_2 分子的形式扩散到水中去。

在血液中，与 CO_2 运输的有关反应过程主要是在红细胞内进行，血浆只起次要作用，这些过程可以归纳如下：

1. 细胞和组织→静脉血

（1）代谢活动产生的 CO_2 进入血浆内，少量 CO_2 物理性地溶解于血浆内，一部分 CO_2 与血浆蛋白结合：

$$\text{血浆蛋白}-N\begin{smallmatrix}H\\H\end{smallmatrix} + CO_2 \rightleftharpoons H^+ + \text{血浆蛋白}-N\begin{smallmatrix}H\\COO^-\end{smallmatrix}$$

大部分（90% 以上）CO_2 迅速扩散，经过红细胞的细胞膜而进入红细胞。

碳酸酐酶是一种含锌的酶，能加速碳酸的合成和分解，对协助血液运输 CO_2 起重要作用；但血浆中没有碳酸酐酶，所以有：

$$CO_2 + H_2O \rightleftharpoons H_2CO_3 \rightleftharpoons H^+ + HCO_3^-$$

其作用缓慢，HCO_3^- 只在血液离开组织和处于静脉内时才形成。

（2）红细胞含有大量的碳酸酐酶，进入红细胞的大部分 CO_2 在碳酸酐酶的催化作用下，使下列反应：

$$CO_2 + H_2O \rightleftharpoons H_2CO_3 \rightleftharpoons H^+ + HCO_3^-$$

朝右方进行，HCO_3^- 成为 CO_2 的主要形式。

少部分 CO_2 在红细胞内与血红蛋白结合而形成氨甲酰血红蛋白（Carbaminohemoglobin），进行运输：

$$Hb-N\begin{smallmatrix}H\\H\end{smallmatrix} + CO_2 \rightleftharpoons H^+ + Hb-N\begin{smallmatrix}H\\COO^-\end{smallmatrix}$$

2. 静脉血→鳃上皮

（1）血浆的 HCO_3^- 含量增加，而 CO_2 分压降低。

（2）血红蛋白在充氧时产生的 H^+ 促使红细胞内的 HCO_3^- 脱水形成 CO_2，从红细胞扩散到血浆内，再经过鳃上皮扩散到外界水中（图3-22）：

$$H^+Hb + O_2 \rightleftharpoons HbO_2 + H^+$$

$$H^+ + HCO_3^- \rightleftharpoons H_2CO_3 \rightleftharpoons H_2O + CO_2 \uparrow$$

而红细胞由于 CO_2 扩散到血浆中，使 pH 值增加，因而提高了血红蛋白的氧亲和力，促使氧与血红蛋白结合。

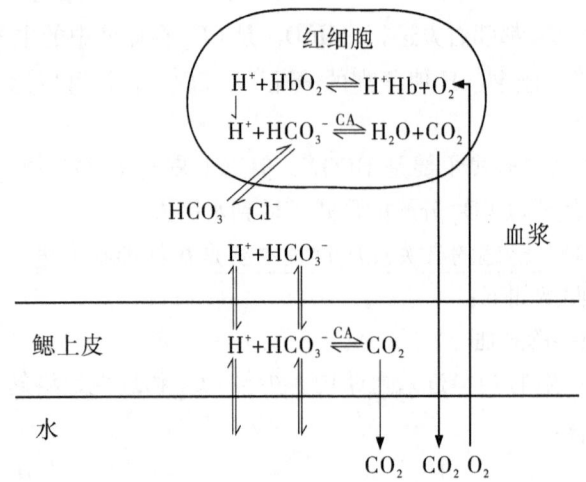

图3-22　CO_2 和 O_2 在鱼的红细胞和鳃上皮中交换的示意图

表示 O_2 经鳃上皮进入血液，与红细胞的血红蛋白结合成为氧合血红蛋白；而红细胞和鳃上皮的 HCO_3^- 和 H^+ 在碳酸酐酶（CA）的催化作用下，脱水形成 CO_2，从红细胞扩散到血浆内，再经过鳃上皮扩散到外界水中（参考 D. J. Randall 等）

（3）由于红细胞内 HCO_3^- 脱水形成 CO_2 并扩散到体外，HCO_3^- 的量减少，血浆中的 HCO_3^- 进入红细胞并交换 Cl^- 化合物，从而进一步促使 HCO_3^- 脱水形成 CO_2。

所以，CO_2 主要以 HCO_3^- 的形式贮存于血液中，但以 CO_2 的形式经过鳃上皮扩散到体外。

四、氧和二氧化碳在血液中运送的调节

鱼类的 O_2 摄取量（$\dot{M}_{O_2}$）和 CO_2 产生量（$\dot{M}_{CO_2}$）变化很大，其量的大小取决于鱼类的活动（代谢）水平以及水环境中 O_2 和 CO_2 的张力。例如，鱼类在持续进行需氧运动时，$\dot{M}_{O_2}$ 比静止时增加 12~15 倍，所增加 $\dot{M}_{O_2}$ 的 93% 左右直接运送给运动的肌肉，而 $\dot{M}_{CO_2}$ 亦随之增加。因此，鱼类必须调控血液的气体运送能力，以满足因运动和环境胁迫

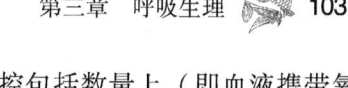

而增加的 O_2 和 CO_2 交换量。鱼类血液运送 O_2 能力的调控包括数量上（即血液携带氧容量）和质量上（即 Hb-O_2 结合亲和力和结合容量）的调节。由于血液运送 O_2 和 CO_2 之间的密切联系，所以血液携带氧容量或者 Hb-O_2 结合亲和力和结合容量的调节亦会转而影响到血液对 CO_2 的运送。

1. 鱼类血液携带氧容量的调节

鱼类血液携带氧容量的调节主要通过调整血液中血红蛋白的含量（浓度）而实现。在运动或环境胁迫反应影响下，鱼类通过脾脏补充红细胞和通过血浓缩（Hemoconcentration）能迅速增加血液中血红蛋白的含量。血浓缩是由于剧烈运动使尿流速增加和由细胞外到细胞内的净液体转移导致血浆水分流失而引起的。在鱼类运动、水中缺氧和高碳酸含量时，由脾脏 α-肾上腺素受体的反应所介导，刺激脾脏平滑肌收缩，使贮存的红细胞进入血液循环。注射儿茶酚胺或者合成的 α-肾上腺素受体激动剂能引起血液中血红蛋白的含量增加，同时使脾脏的湿重和血红蛋白含量减少；如果预先用 α-肾上腺素受体拮抗物处理或切除脾脏，就会阻抑这种反应。长期处于环境的胁迫反应中，增强红细胞生成作用（Erythropoiesis）将有助于提高血液中血红蛋白的含量，例如处于低氧环境 6 h 或 24 h 的鲽鱼，其头肾中幼态红细胞的增殖和分化明显增强。

2. 鱼类 Hb-O_2 结合亲和力或结合容量的调节

调节鱼类 Hb-O_2 结合亲和力或结合容量通常通过调整红细胞内血红蛋白的化学微环境而实现，其主要作用机理包括调整红细胞的 pH 值、红细胞的核苷三磷酸（NTP：Nucleoside Triphosphates）含量和红细胞的容量。对硬骨鱼类的研究表明，整合红细胞对儿茶酚胺转移进入血液循环后产生的一系列反应，就可以调整红细胞内的 pH 值、NTP 含量以及红细胞的容量。

鱼类在运动或环境胁迫（如水中低氧或碳酸过多）时，血液中含氧量降低，引起头肾嗜铬细胞将它们合成与贮存的儿茶酚胺（肾上腺素和去甲肾上腺素）释放到血液循环中。进入血液循环的儿茶酚胺与红细胞膜上的 β-肾上腺素受体结合并耦联腺苷酸环化酶，刺激环化腺苷酸（cAMP）形成。cAMP 作为第二信使，启动级联磷酸化作用，最终激活红细胞膜上独特的 c-AMP 敏感的 Na^+/H^+ 反向转运蛋白（Antiporter），使从血红蛋白释放出来的 H^+ 和 CO_2 经水合作用产生的 H^+ 排出红细胞而与血浆中的 Na^+ 交换，从而使红细胞内的 pH 值升高而红细胞外的 pH 值降低。红细胞的碱化作用驱使红细胞内的 CO_2-HCO_3^--H^+ 反应朝向 CO_2 水合作用进行，因而增加红细胞内 HCO_3^- 浓度，促使 HCO_3^- 从红细胞排出而与 Cl^- 交换。于是，Na^+ 和 Cl^- 同时进入红细胞，并通过渗透压平衡原理将水分带入红细胞，使红细胞胀大，容量增加。红细胞胀大后使血红蛋白和 Hb:NTP 稳定比例中的有机磷酸盐稀释，从而减弱 Hb-NTP 结合力而增强 Hb-O_2 结合亲和力。此外，积累在红细胞内的 Na^+ 亦刺激 Na^+/K^+ 泵，它的活动需要消耗能量，使红细胞内的 NTP 减少（图 3-23）。

总的来说，在许多硬骨鱼类中，进入血液循环的儿茶酚胺刺激红细胞膜上的 β-肾上腺素受体，导致红细胞内 pH 值升高、红细胞 NTP 减少和红细胞胀大，它们的共同作用使 Hb-O_2 结合亲和力与结合容量增加，从而使鱼类在运动和环境胁迫的情况下能够

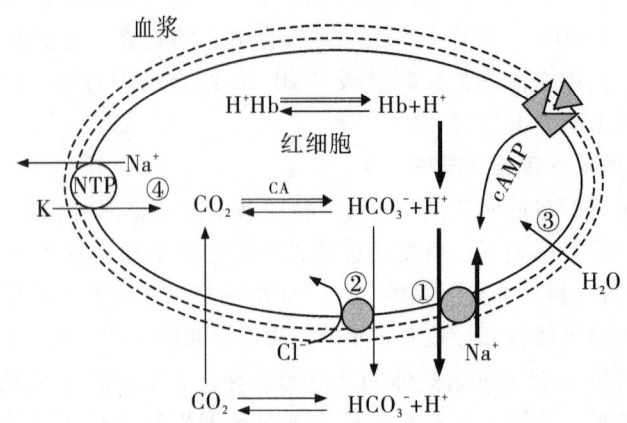

图 3-23 儿茶酚胺影响硬骨鱼类红细胞化学微环境的示意图

表示血液循环中的儿茶酚胺与红细胞膜上的 β-肾上腺素受体结合，产生的 cAMP 作为第二信使激活红细胞膜上的 Na^+/K^+ 反向转运蛋白，促使从血红蛋白分离出来的 H^+ 和 CO_2 经水合作用产生的 H^+ 从红细胞排出，引起红细胞内的 pH 值升高而红细胞外的 pH 值降低。① CO_2 水合作用亦使红细胞内的 HCO_3^- 增加而刺激 Cl^-/HCO_3^- 交换泵，使 HCO_3^- 从红细胞排出而 Cl^- 进入红细胞；②由于 Na^+ 和 Cl^- 同时进入红细胞，通过渗透压平衡作用使水进入红细胞，从而使红细胞容积增加；③红细胞内 Na^+ 增加也刺激耗能的 Na^+/K^+ 交换泵作用；④能量消耗增加而导致红细胞内的核苷三磷酸（NTP）减少（引自 K. M. Gilmour）

提高血液与 O_2 的亲和力，最大限度地提高 O_2 的运送能力。

硬骨鱼类红细胞的肾上腺素能反应在不同种类中有所不同。鲑鳟鱼类的红细胞对儿茶酚胺敏感性最强，而鲤科鱼类、鲽科鱼类、棱鲈、丁鱥、鳗鱼的红细胞对儿茶酚胺介导的反应性很弱，其原因还不清楚。板鳃鱼类没有肾上腺素刺激 Na^+/H^+ 反向转运蛋白的作用，这可能与它们缺乏鲁特效应有关。七鳃鳗红细胞亦没有儿茶酚胺介导的调节红细胞内 pH 值的作用机理。

在红细胞缺乏肾上腺素能的反应性或者儿茶酚胺未能调动进入血液循环的情况下，鱼类能以另一种作用机理调整红细胞内的 pH 值、NTP 含量和红细胞容量，以达到调控血红蛋白与 O_2 结合亲和力和结合容量的目的。在碳酸含量正常的水中，增强通气（Hyperventilation）作用使 CO_2 排出量增加，血液的 P_{CO_2} 降低，从而使细胞外的 pH 值升高；这种呼吸性碱中毒会使红细胞内的 pH 值升高，并通过波尔效应和鲁特效应而提高 $Hb-O_2$ 结合亲和力与结合容量。

第三节 鱼类的空气呼吸

鱼类除了用鳃在水里进行气体交换外，还能以其他许多不同的形式进行空气呼吸。可以说，鱼类进行空气呼吸是普遍现象，因为许多鱼类都不同程度地进行空气呼吸。

鱼类有专性空气呼吸（Obligate Air Breathing）的，即必须进行空气呼吸以维持它们的氧气供给，如肺鱼类；有兼性空气呼吸（Facultative Air Breathing）的，只在有些时候才空气呼吸，包括大多数鱼类。

一、鱼类适应空气呼吸的形态构造

有些鱼类用鳃进行短时间的空气呼吸，它们鳃的构造比较坚硬，次级鳃瓣之间的距离较大，鳃丝亦较粗短，以防止鳃瓣离水后折叠在一起，但这种构造使鳃的呼吸表面积相对减少；口腔和鳃腔的上皮分布有大量血管，便于和空气接触时进行气体交换。这些鱼类以水中呼吸为生，只短时间进行空气呼吸，因为受到失水和温热（陆地太阳直接照射）的限制而不能持久，如合鳃鱼（*Synbranchus*）、鳗鲡（*Anguilla*）、弹涂鱼（*Periophthalmus*）、短吻电鳗（*Hypopomus*）等。

有些鱼类以辅助空气呼吸器官（Accessory Air-breathing Organ）进行空气呼吸。辅助空气呼吸器官多种多样，包括口腔和咽腔的特殊构造、皮肤、肠道、变态的气鳔等。

有些鱼类的口腔上皮形成皱褶或乳突，以扩大与空气接触和交换气体的表面积。如电鳗（*Electrophorus electricus*），乳突分布于口腔的顶部和底部，在鳃弓和鳃腔外侧壁亦有较小的突起，它们形成错综复杂的空气通道，可进行空气呼吸的表面积达到体表总面积的15%左右。由于口腔和鳃腔有较发达的空气呼吸的构造和功能，电鳗的鳃明显退化（图3-24）。

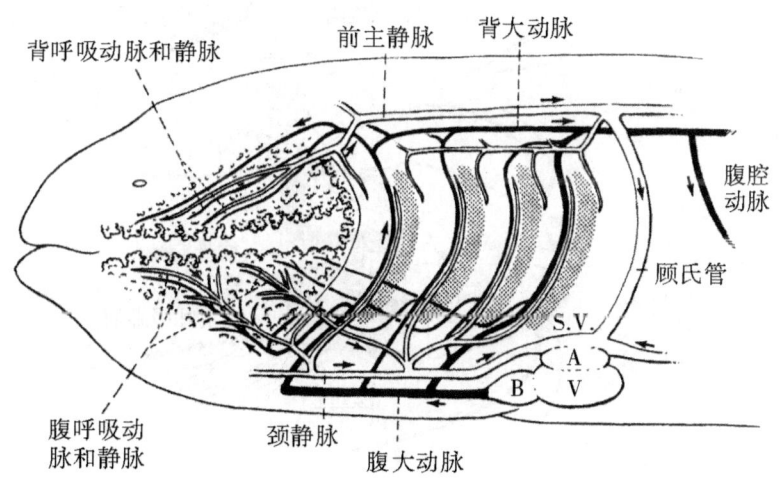

图3-24　电鳗口腔内的辅助呼吸器官及其血管和心脏与血液循环系统的联系
A. 心房；B. 动脉球；V. 心室；S.V. 静脉窦。箭头表示血流方向（引自 K. Johansen）

有些鱼类的口腔和咽腔内凹形成特殊的"气室"，其内壁上皮丰富的血管有利于交换气体时接触空气。如鳢科（*Ophiocephalidae*）分布于亚洲和非洲沼泽地带的种类，鳃腔的背方有发达的气室，部分为头颅骨包围；印度的双囊鳝（*Amphipnous cuchia*）头部后方延长与扩展的气室形成所谓的"咽肺"，内有许多花瓣状分支的突起构造，上面分布有大量的微细血管。黄鳝（*Monopterus albus*）和一些鰕虎鱼类（如矛状拟平方鰕虎鱼，*Pseudapocryptes lanceolatus*）等鳃腔的气室充满空气时，鳃腔壁变薄而有弹性，支持鳃腔的骨骼退化，使气室扩大呈气球状，鳃腔的肌肉还能进行交换气体的运动，使空气不断进入气室。弹涂鱼除了用皮肤进行空气呼吸外，亦利用咽喉交换气体，它们在第一对鳃弓的前上末端形成深凹处，包被以微血管稠密的表皮。

有些鱼类鳃腔膨大，向头颅内侧延伸形成的气室内还形成螺旋管状（如攀鲈科鱼类）或珊瑚状与树枝状（如胡子鲶科鱼类）的鳃上器官（图3-25）。由入鳃动脉发出的血管分支分布到这些器官，形成稠密的微血管网。根据对毛足鲈（*Trichogaster*）的测定，鳃上器官微细血管中血液和空气的扩散距离最小的只有 600Å（10^{-8}cm），最大的亦仅 1.2 μm，有些微细血管甚至没有基膜和内皮，在空气与血液之间只有一层薄薄的上皮，气体交换的效率大大提高。

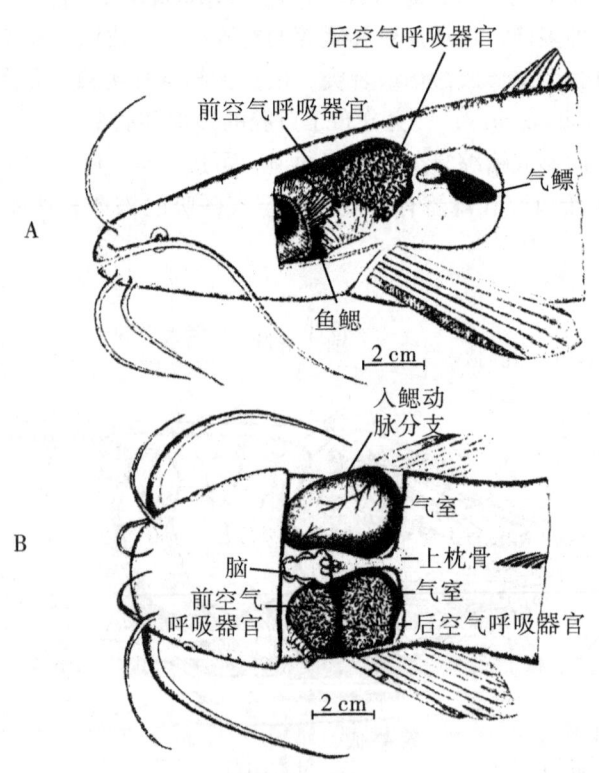

图3-25　胡子鲶鳃上辅助呼吸及器官的侧面观（A）和背面观（B）
引自 K. Johansen

有些鱼类消化道的一部分发生变化而有节奏地吞入空气，进行气体交换。如泥鳅可以用肠来呼吸，主要在中肠和后肠进行，这部分肠壁上分布有稠密的微血管网而没有吸收食物的作用；同时，为了让排泄物通过肠的吸收部分，粪便被大量黏液包成块状。泥鳅常上升到水表面用口吞取空气，然后经过肠交换气体后以小气泡从肛门排出体外。甲鲶科（Loricariidae）的吸口鲶（*Plecostomus plecostomus*）、美鲶科（Callichthyidae）的美鲶（*Callichthys*）和护胸鲶（*Hoplosternum*）亦是用肠呼吸空气的鱼类，但它们往往经过口腔和鳃裂放出经过呼吸的气体。

气鳔是鱼类很特殊的空气辅助呼吸器官，其结构与肺相似，鳔壁形成蜂窝状结构，分布有丰富的微血管网。用气鳔进行空气呼吸的包括一些硬骨鱼类和肺鱼类，其中最明显的是弓鳍鱼（Amia）、鳞骨鱼（Lepidosteus）、多鳍鱼（Polypterus）和肺鱼类。除澳洲肺鱼外，这几种鱼类的鳔已形成类似成对的肺。例如，多鳍鱼的鳔分为一对不等的部分，左方的大，右方的小，它们互相连接在一起，而以狭小的裂缝开口于咽的腹壁，鳔的内壁有丰富的皱襞和内凹，凹沟铺以纤毛上皮，在突起的表面布满微血管。非洲肺鱼和美洲肺鱼的鳔亦由两部分组成，它们在前端连接，其形态构造与两栖类的肺十分相似，鳔壁形成成群的蜂窝状肺泡或者分隔成许多小室，含有丰富的平滑肌，有交感神经分布；微血管网布满蜂窝或小室之间的肺泡和间隔的上皮，而完全没有纤毛上皮。

具有辅助呼吸器官的鱼类，鳃的作用往往有不同程度的退化。如攀鲈（Anabas），在第一对鳃弓上由鳃上突起形成辅助呼吸器官，其鳃表面积只有 1.44 cm^2/g 体重，比一般鱼类小得多，而次级鳃瓣的鳃上皮厚达 20 μm。所以，攀鲈的鳃上皮进行气体交换的作用很小；其鳃表面积的缩小，主要是为了减少血液中的氧经过鳃时扩散到缺氧的水中，并且限制离子与水分经过鳃的交换；此外，它们的血红蛋白具有高的氧亲和力，以避免在缺氧的水中血液经过鳃时氧气由血液扩散到水中。

二、鱼类以气鳔（肺）进行空气呼吸的血液循环

气鳔容量通常占身体体积的 10% 左右。由于气鳔容量大，空气含氧量高，鱼类进行空气呼吸的频率很低，可以每隔 3~5 min 才呼吸一次。这些鱼类也用鳃进行呼吸，但其摄取氧的作用大大减少。如巨骨舌鱼（Arapaina gigas），通过气鳔呼吸的 O_2 约占 78%，排出的 CO_2 占 37%，而通过鳃呼吸的 O_2 仅占 22%，排出的 CO_2 占 63%，所以这种鱼主要用气鳔从空气中吸收 O_2，而主要通过鳃把 CO_2 排到水中。

这些鱼类的循环途径是：从身体组织回来的血液由心脏灌注到鳃，由于 CO_2 很容易在水中扩散，因此血液中大部分 CO_2 经过鳃时扩散到水中；然后血液输送到气鳔（肺），在那里从空气中大量吸收氧。由气鳔回来的血液回到心脏，还需再次经过鳃才能输送到身体各部分（图 3-26）。由于鳃呼吸和气鳔（肺）呼吸的血液循环没有分开，如果水是缺氧的，从气鳔回来的充氧血液在灌注鳃部时，相当多的氧就会散失到水里，所以它们的鳃也和攀鲈一样退化。鳃的退化会影响 CO_2 扩散到水中而使 CO_2 在体内积累增多，以致这些专性空气呼吸鱼类血液中的 P_{CO_2} 几乎与空气呼吸的陆栖脊椎动物一样，达到 6 kPa。在这种情况下，这些鱼类的血红蛋白与氧结合的亲和力受到 CO_2 影响的敏感性大为降低，而血液中血红蛋白的含量也增加，以便能增加血液摄取氧的能力。

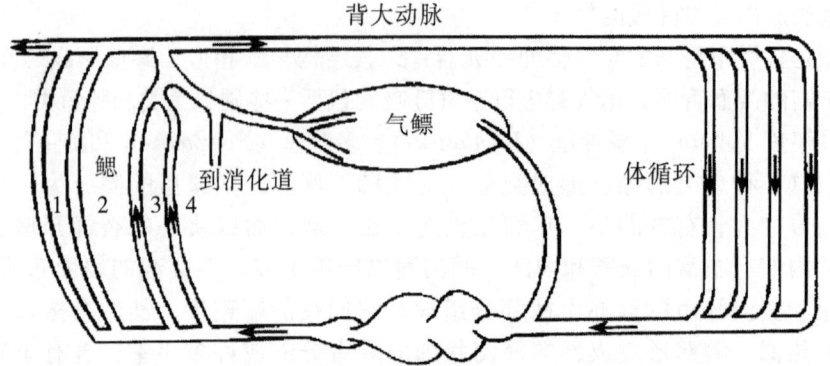

图 3-26　进行气鳔（肺）空气呼吸的鱼类 *Hoplerythrinus unitaeniatus* 的血液循环图解

第 3 对、第 4 对鳃弓并不直接连接背大动脉，而是通过一条狭小的血管，由腹腔动脉发出分支到气鳔，由气鳔回来的静脉血直接流入心脏（参考 D. J. Randall）

空气呼吸最为发达的肺鱼类，如非洲肺鱼（*Protopterus*），从气鳔（肺）回来的充氧血液进入心脏后能直接由血管输送到身体各部分，而从身体回来的静脉血液经过心脏输送到鳃后，大部分能直接送到气鳔（肺）进行充氧。这种血液循环已经具有陆栖脊椎动物将肺循环和体循环分开的雏形（图 3-27）。

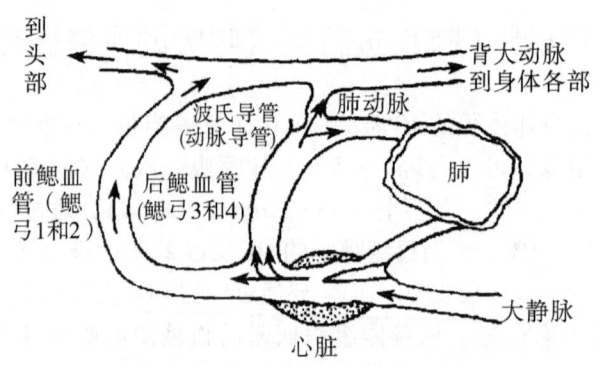

图 3-27　非洲肺鱼血液循环模式图

箭头表示血流，在肺换气的间歇期间，血流方向和流量会发生变化（参考 D. J. Randall）

三、鱼类空气呼吸的生理特性

（一）空气呼吸鱼类的代谢活动

通常在缺氧的情况下，鱼类都启动厌氧代谢。由于葡萄糖能厌氧代谢为乳酸盐，因而缺氧时血浆中乳酸盐含量明显增加。缺氧意味着低的氧张力，但缺氧对代谢的影响取决于 P_{O_2} 和鱼类的生理状况。许多鱼类在水中缺氧的情况下进行空气呼吸。例如，澳洲肺鱼（*Neoceratodus forsteri*）在缺氧的水中，血浆中乳酸盐浓度仍很低，表明它们在低氧张力的水中时从空气中获得的氧仍足以维持完全的需氧代谢，因此它们并不在缺氧的情况下进行厌氧代谢。又如进行空气呼吸的 *Hoplerythrinus unitaeniatus*，当它们处于缺氧时（氧张力低到 30～40 mmHg），血浆中儿茶酚胺的含量明显增加，但是当氧张力低到 10～20 mmHg 进行空气呼吸时，血浆中儿茶酚胺的含量并不增加。这时，它们血液中氧含量并未下降到使儿茶酚胺释放的阈值。缺氧时的儿茶酚胺主要是肾上腺素。可见，使鱼类分泌儿茶酚胺的主要变化因子是血液中的氧含量，而进行空气呼吸的 *Hoplerythrinus unitaeniatus*，缺氧对其肾上腺素能的反应和水中呼吸的鱼类是相似的。

胡子鲶科鱼类能进行空气呼吸，它们既可以称为兼性空气呼吸鱼类，因为它们可以长期生活在没有空气氧的环境中，又可以称为专性空气呼吸鱼类，因为它们可以依靠空气的氧生存。它们能在窒息状态中生活 11～22 h，依个体大小（20～360 g）而异。26 g 的个体在窒息中可生存 52 h，而 49 g 的个体可生存 14 h。非洲胡子鲶（*Clarias gariepinus*）经过 8 h 窒息后，其血液中的血细胞比容和血红蛋白明显增加，但平均的细胞血红蛋白浓度（Mean Cellular Hemoglolin Concentralion）没有变化，表明血液携带氧能力的增加是从血液循环中进入较多的红细胞，即通过肾上腺素能和胆碱能的刺激由脾脏释放出大量红细胞；在窒息时血浆中乳酸盐浓度不断增加，表明持续激活厌氧的糖酵解，到达持久的缺氧状态；此时，血浆中的葡萄糖含量没有变化，但游离脂肪酸含量伴随着血浆去甲肾上腺素含量的增加而明显下降，表明能进行空气呼吸的胡鲶，缺氧时去甲肾上腺素起着传导降低血浆游离脂肪酸含量的作用，而与进行水中呼吸的鱼类相似。

（二）空气呼吸鱼类的气体交换

所有空气呼吸鱼类都能进行水中呼吸，因此它们的气体交换是双态的，并且取决于水经过鳃与皮肤以及空气有节律地通过空气呼吸器官的交换扩散情况。这些鱼类能够根据外界环境条件而同时进行两种气体交换方式，或者在一定的时间内只采用一种气体交换方式。只有极少数鱼类能主动穿越潮湿的土地或草地，这时水中呼吸完全停止，只通过皮肤交换气体。夏眠的空气呼吸鱼类是特殊的例子，尽管它们的洞穴或茧内仍保持潮湿的小环境，但它们几乎完全依靠空气进行气体交换。

空气呼吸鱼类必须承受两种差别很大的环境。氧在水中的溶解度很低，在通气的水中，能提供的氧只有热带空气的 1/30。因此，要获得同样的氧，水中呼吸就需要比空气呼吸大得多的换气容量。此外，由于水和空气的密度相差很大，在水中交换气体的能量消耗也进一步加重。但是 CO_2 在水中的溶解度很高，加上水中呼吸的换气容量相当大，CO_2 就很容易排去，使水中呼吸鱼类体内的 CO_2 张力只有陆地脊椎动物的 1/30。空气呼吸的优点是容易获得充足的氧以及氧的高扩散率，但鱼体容易受到脱水危险以及在大气中重力影响下鱼体需要机械的支撑。专性空气呼吸鱼类由于体内的 CO_2 张力升高，还必须加强其体内缓冲系统的效率，因此它们为了避免这种状态而经常停留在水里，只把大气作为获取氧气的来源。

鱼类空气呼吸器官的气体交换率（排出的 CO_2/摄取的 O_2）都很低，表明它们的主要功能是摄取 O_2。鳃和皮肤主要是排出 CO_2，其气体交换率就高于整体水平。

专性空气呼吸鱼类，如南美肺鱼（*Lepidosiren*）和非洲肺鱼（*Protopterus*），在水中

呼吸以摄取 O_2 的作用很小，还不到氧摄取总量的 10%，而在水中排出 CO_2 的作用十分重要，是由肺（气鳔）排出 CO_2 的 2.5 倍。许多鱼类的皮肤在气体交换中起重要作用，特别是排出 CO_2。处在空气中，皮肤对气体交换也起重要作用，如鳗鱼和南美肺鱼出现明显的皮肤血管舒张。以肠管进行空气呼吸的鳅鱼（*Cobitis fossilis*）和以口咽腔进行空气呼吸的长颌姬鰕虎鱼（*Gillichthys mirabilis*），它们也主要通过空气呼吸摄取 O_2。

（三）空气呼吸鱼类体内的气体转运

呼吸器官和代谢组织之间的气体转运取决于代谢率、血液循环速率和形式以及血液的呼吸特征。表 3-2 列举了一些空气呼吸鱼类血液和空气呼吸器官的气体成分。

表 3-2　空气呼吸鱼类动脉和静脉血液中的气体张力

种类	体静脉血		体动脉血			进入呼吸器官的血液（相当于肺动脉）		离开呼吸器官的血液（相当于肺静脉）		温度/℃
	P_{O_2}	P_{CO_2}	P_{O_2}	氧饱和度/%	P_{CO_2}	P_{O_2}	P_{CO_2}	P_{O_2}	P_{CO_2}	
南非肺鱼	—	—	31.5	80	—	10.0	—	48~50	90	18~20
澳洲肺鱼	14.3	6.5	38.9	95	3.60	38.9	3.6	36.3	3.8	20
非洲肺鱼	2.0	—	27.0	78	25.70	19.9	25.5	39.8	21.7	20
电鳗	—	—	20.8	70	27.70	20.8	27.7	—	—	25~28

参照 K. Johansen。

肺鱼类中的澳洲肺鱼（*Neoceratodus*）比较特殊，其主要进行水中呼吸。在静止状态，它们通过鳃能获得全部的氧摄取量，使体动脉血的氧饱和度达到 95%，而肺动脉和肺静脉的 P_{O_2} 接近平衡，表明肺（气鳔）对气体交换没有什么作用。南美肺鱼和非洲肺鱼偏重于空气呼吸。南美肺鱼肺动脉血的氧饱和度只有 40%~50%，而肺静脉血含氧几乎完全饱和。非洲肺鱼的血液通过肺（气鳔）后氧饱和度增加 30%，达到氧完全饱和的 90%，CO_2 张力同时也降低；但是它们主要还是通过水中呼吸排出 CO_2。

空气呼吸的重要性和效率在澳洲肺鱼和非洲肺鱼明显不同。在静止而通气的水中，澳洲肺鱼只进行水中呼吸，而非洲肺鱼频繁进行空气呼吸，使流经肺（气鳔）的血液氧饱和度明显增加，同时伴随着 CO_2 张力的明显降低。但非洲肺鱼的 CO_2 张力比澳洲肺鱼要高得多，这是由于非洲肺鱼频繁地进行空气呼吸。

当澳洲肺鱼处在大气中时，肺（气鳔）迅速摄取氧，肺静脉血的氧张力由大约 5.33 kPa（40 mmHg）增加到 12 kPa（90 mmHg）以上，但由于没有足够的血流进入肺，氧张力的增加还未能保持体动脉血的氧饱和度，从而使之急剧下降；而且这种加氧作用的变化还伴随着血液 CO_2 张力的明显升高。非洲肺鱼通过空气呼吸使肺静脉和体动脉的加氧作用都增加，同时由于通过鳃和皮肤排除 CO_2 的通道减弱而使 CO_2 张力增加。

电鳗以特殊变态的口腔黏膜进行空气呼吸。口腔的氧张力从一次空气呼吸后的 17.67 kPa（140 mmHg）下降到平均 2 min 一次空气呼吸间隔结束时的 60 mmHg；同时，CO_2 张力由 0.93 kPa 增加到 4.0 kPa（30 mmHg）。气体交换比率由一次空气呼吸后的 0.85 降低到下次空气呼吸开始时的 0.20。因此，CO_2 是在水中呼吸时通过皮肤和废退的鳃大量排出。

主要参考文献

1. 秉志. 鳃鱼解剖. 北京：科学出版社，1960：31-32
2. Allers, C., Manz, R., Muster, D., and Hughes, G. M. Affect of acclimation temperature on oxygen transport in the blood of the carp, *Cyprinus carpio*. *Respir. Physiol*., 1983, 52：165-179
3. Beamish, F. W. H. Respiration of fishes with special emphasis on standard oxygen consumption. Ⅱ. Influence of weight and temperature on respiration of several species. *Can. J. Zool*., 1964a, 42：177-188
4. Beamish, F. W. H. Seasonal changes in the standard rate of oxygen consumption of fishes. *Can. J. Zool*., 1964b, 42：189-194
5. Beamish, F. W. H. Respiration of fishes with special emphasis on standard oxygen consumption. Ⅲ. Influence of oxygen. *Can. J. Zool*., 1964c, 42：355-366
6. Beamish, F. W. H. Respiration of fishes with special emphasis on standard oxygen consumption. Ⅳ. Influence of carbon dioxide and oxygen. *Can. J. Zool*., 1964d, 42：847-856
7. Beamish, F. W. H., and Mookherjii, P. S. Respiration of fishes with special emphasis on standard oxygen consumption. Ⅰ. Influence of weight and temperature on respiration of goldfish. *Can. J. Zool*., 1964, 42：161-175
8. Bishop, I. R., and Foxon, G. E. H. The mechanism of breathing in the South American lungfish, *Lepidosiren paradoxa*, a radiological study. *J. Zool*. London, 1968, 154：263-271
9. Brauner, C. J., and Randall, D. J. The interaction between oxygen and carbon dioxide movements in fishes. *Comp. Biochem. Physiol*., part A, 1996, 113：83-90
10. Brauner, C. J., Gilmour, K. M., and Perry, S. F. Effect of hemoglobin oxygenation on Bohr proton release and CO_2 excretion in the rainbow trout. *Respir. Physiol*., 1996, 106：65-70
11. Daxboeck, C., and Davie, P. Effect of pulsatile perfusion on flow distribution within an isolated saline-perfused trout head preparation. *Can. J. Zool*., 1992, 60：994-999
12. Dejours, P., Armand, J., and Verriest, G. Carbon dioxide dissociation curves of water and gas exchange of water breathers. *Respir. Physiol*., 1968, 5：23-33
13. Dejours, P. Comparative physiology of respiration in vertebrates. *Res. Physiol*., 1972, 14：1-236
14. Eddy, F. B., and Morgan, R. I. G. Some effects of carbon dioxide on the blood of rainbow trout (*Salmo gairdneri*, Richardson). *J. Fish. Biol*., 1969, 1：361-372
15. Farrell, A. P., and Daxboeck, C. Oxygen uptake in the lingcod *Ophiodon elongatus* during progressive hypoxia. *Can. J. Zool*., 1981, 59：1272-1275
16. Gilmour, K. M. Gas exchange. In：The Physiology of Fishes. Second Edition. Evans, D. H., ed. CRC Press, 1998：101-127
17. Gilmour, K. M. The CO_2/pH ventilatory drive in fish. *Comp. Biochem. Physiol*., 2001, 130A：219-240
18. Graham, J. B. Air breathing fishes. San Diego：Academic Press, 1997

19. Graham, J. B. Aquatic and aerial respiration. In: The Physiology of Fishes. Third Edition. D. H. Evans and J. B. Claiborne, eds. CRC Press, 2006: 85 – 118
20. Gray, I. E. Comparative study of the gill area of marine fishes. *Biol. Bull.*, 1954, 107: 219 – 225
21. Hills, B. A., Hughes, G. M., and Koyama, T. Oxygenation and deoxygenation kinetics of red cells in isolated lamellae of fish gills. *J. Exp. Biol.*, 1982, 98: 269 – 275
22. Hughes, G. M. The dimensions of fish gills in relation to their function. *J. Exp. Biol.*, 1966, 45: 177 – 195
23. Hughes, G. M. General anatomy of the gills. In: Fish Physiology. Vol. XA. Hoar, W. S., and Randall, D. J. eds. London: Academic Press, 1984: 1 – 72
24. Hughes, G. M., and Datta Munshi, J. S. Fine structure of the respiratory surfaces of an air breathing fish, the climbing perch *Anabas testudineus* (Bloch). *Nature*, 1968, 219: 1382 – 1384
25. Hughes, G. M., and Munshi, J. S. D. Fine structure of the gills of some Indian airbreathing fishes. *J. Morphol.*, 1979, 160: 169 – 194
26. Hyde, D. A., and Perry, S. F. Absence of adrenergic red cell pH and oxygen content regulation in American eel (*Anguilla rostrata*) during hypercapnic acidosis in vivo and in intro. *J. Comp. Physiol.* B, 1990, 159: 687 – 693
27. Jensen, F. B. Hydrogen ion equilibria in fish haemoglobins. *J. Exp. Biol.*, 1989, 143: 225 – 234
28. Jesse, M. T., Shub, C., and Fishman, A. P. Lung and gill ventilation of the African lungfish. *Respir. Physiol.*, 1967, 3: 267 – 287
29. Johansen, K. Air breathing in the teleost *Symbranchus marmoratus*. *Comp. Biochem. Physiol.*, 1966, 18: 383 – 395
30. Johansen, K. Air breathing in fishes. In: Fish Physiology. Vol. Ⅳ. Hoar W. S., and Randall, D. J. eds. Academic Press, 1970: 361 – 431
31. Johansen, K., and Lenfant, C. Respiration in the African lungfish. Ⅱ. Control breathing. *J. Exp. Biol.*, 1968, 49: 453 – 468
32. Kinkead, R., and Perry, S. F. The effects of catecholamines on ventilation in rainbow trout during hypoxia or hypercapnia. *Respir. Physiol.*, 1991, 84: 77 – 92
33. Lenfant, C., and Johansen, K. Respiration in the African lungfish, *Protopterus althiopicus*. I. Respiratory properties of blood and normal patterns of breathing and gas exchange. *J. Exp. Biol.*, 1968, 49: 437 – 452
34. Lin, H., and Randall, D. J. The effect of varying water pH on the acidification of expired water in rainbow trout. *J. Exp. Biol.*, 1990, 149: 149 – 160
35. Lin, H., and Randall, D. J. Evidence for the presence of an electrogenic proton pump on the trout gill epithehim. *J. Exp. Biol.*, 1991, 161: 119 – 134
36. Motais, R., Borgese, F., Fievet, B., and Garcia-Romen, F. Regulation of Na^+/H^+ exchange and pH in erythrocytes of fish. *Comp. Biochem. Physiol.*, 1992, 102A: 579 – 602
37. Moussa, T. A. Morphology of the accessory air breathing organs of the teleost, *Clarias lazera* (C. & V.). *J. Morph.*, 1956, 98: 125 – 160
38. Muir, B. S., and Hughes, G. M. Gill dimensions for three species of tuna. *J. Exp. Biol.*, 1969, 51: 271 – 285
39. Munshi, J. S. D. The accessory respiratory organs of *Anabas testudineus* (Bloch) (Anabantidae, Pisces). *Proc. Linnean Soc. London*, 1968, 179: 107 – 126

40. Newstead, J. D. Fine structure of the respiratory lamellae of teleostean gills. *Z. Zellforsch. Mikroskop. Anat.*, 1967, 79: 369 - 428
41. Nikinmaa, M. Gas transport. In: The Physiology of Fishes. Third edition, D. H. Evans and J. B. Claiborne, eds. CRC Press, 2006: 153 - 174
42. Perry, S. F. Carbon dioxide excretion in fish. *Can. J. Zool.*, 1986, 64: 565 - 572
43. Perry, S. F., and Gilmour, K. M. Consequences of catecholamines release on ventilation and blood oxygen transport during hypoxia and hypercapnia in an elasmobranch (*Squalus acanthias*) and a teleost (*Oncorhynchus mykiss*). *J. Exp. Biol.*, 1996, 199: 2105 - 2118
44. Perry, S. F., and Gilmour, K. M. Sensing and transfer of respiratory gases at the fish gill. *J. Exp. Zool.*, 2002, 293: 249 - 263
45. Perry, S. F., and Randall, D. J. Effects of Amiloride and SITS on branchial ion fluxes in rainbow trout, *Salmo gairdneri*. *J. Exp. Zool.*, 1981, 215: 225 - 228
46. Perutz, M. F. Cause of the Root effect in fish heamoglobins. *Nature Struct. Biol.*, 1996, 3: 211 - 212
47. Playle, R. C., Munger, R. S., and Wood, C. M. Effects of catecholamines on gas exchange and ventilation in rainbow trout (*Salmo gairdneri*). *J. Exp. Biol.*, 1990, 152: 353 - 367
48. Powers, E. B., and Clark, R. T. Control of normal breathing in fishes by receptors located in the regions of the gills and innervated by the IXth and Xth cranial nerves. *Am. J. Physiol.*, 1942, 138: 104 - 107
49. Puper, J., and Baumgarten-Schumann, D. Effectiveness of O_2 and CO_2 exchange in the gill of dogfish (*Scyliorhinus stellaris*). *Respir. Physiol.*, 1968, 5: 338 - 349
50. Randall, D. J. Gas exchange in fish. In: Fish Physiology. Vol. IV. Hoar, W. S. and Randall, D. J., eds. Academic Press, 1970: 253 - 292
51. Randall, D. J. The control of respiration and circulation in fish during hypoxia and exercise. *J. Exp. Biol.*, 1982, 100: 275 - 288
52. Randall, D. J., and Daxboeck, C. Oxygen and carbon dioxide transfer across fish gills. In: Fish Physiology. Vol. XA. Hoar, W. S. and Randall, D. J., eds. Academic Press, 1984: 263 - 314
53. Randall, D. J., Holeton, G. F., and Stevens, E. Don. The exchange of oxygen and carbon dioxide across the gills of rainbow trout. *J. Exp. Biol.*, 1967, 46: 339 - 348
54. Randall, D. J., and Wright, P. A. The interaction between carbon dioxide and ammonia excretion and water pH in fish. *Can. J. Zool.*, 1989, 67: 2936 - 2942
55. Romano, L., and Passow, H. Characterization of anion transport system in trout red blood cell. *Amer. J. Physiol.*, 1984, 62A: 257 - 271
56. Saint-Paul, U. Physiological adaptation to hypoxia of a neotropical Characaid fish *Colossoma macroponum*, Serrasalmidae. *Environ. Biol. Fish.*, 1984, 11: 53 - 62
57. Saxena, D. B. A review on ecological studies and their importance in the physiology of air breathing fishes. *Ichthyologica*, 1963, 2: 116 - 128
58. Shelton, G. The regulation of breathing. In: Fish Physiology. Vol. IV. Hoar, W. S. and Randall, D. J., eds. Academic Press, 1970: 293 - 359
59. Smith, F., and Jones, D. R. The effects of changes in blood oxygen-carrying capacity on ventilation volume in the rainbow trout, *Salmo gairdenri*. *J. Exp. Biol.*, 1982, 97: 325 - 334
60. Steen, J. B., and Kruyose, A. The respiratory function of teleostean gills. *Comp. Biochem. Physiol.*, 1964, 12: 127 - 142
61. Steffensen, J. F. The transition between branchial pumping and ram ventilation in fishes: energetic conse-

quences and dependence on water oxygen tension. *J. Exp. Biol.*, 1985, 114: 141 – 150

62. Swan, H., and Hall, F. G. Oxygen-hemoglobin dissociation in *Protopterus acthiopicus*. *Am. J. Physiol.*, 1966, 210: 487 – 489

63. Thomas, S., and Perry, S. F. Control and consequences of adrenergic activation of red blood cell Na^+/H^+ exchange on blood oxygen and carbon dioxide transport in fish. *J. Exp. Zool.*, 1992, 263: 160 – 175

64. Todd, E. S., and Ebeling, A. W. Aerial respiration in the longjaw mudsucker *Gillichthys mirabilis* (Teleostei: Goliidae). *Biol. Bull.*, 1966, 130: 265 – 288

65. Van den Thillart, G., Randall, D. J., and Lin H. R. CO_2 and H^+ excretion by swimming coho salmon, *Oncorhynchus kisuch*. *J. Exp. Biol.*, 1983, 107: 169 – 180

66. Van Heeswijk, J. C. F., Van Pelt, J., and Van den Thillart, G. E. E. J. M. Free fatty acid metabolism in the air-breathing African catfish (*Clarias gariepinus*) during asphyxia. *Comp. Biochem. Physiol.*, part A, 2005, 141: 15 – 21

67. Wood, C. M., and Simmons, H. E. The conversion of plasma HCO_3^- to CO_2 by rainbow troat red blood cells in vitro: adrenergic inhibition and the influence of oxygenation status. *Fish Physiol. Biochem.*, 1994, 12: 445 – 454

68. Young, S. The activity of respiratory neurons in fish observed with chronically implanted electrodes. *J. Physiol.* (London), 1969, 200: 85

复习与思考

1. 鱼类鳃的构造如何适应它们在水中进行气体交换的功能？
2. 试比较鱼类进行鳃呼吸和哺乳类进行肺呼吸在形态结构和生理机能方面的异同。
3. 鱼类鳃呼吸机能受到哪些因素的影响？它们的调节作用机理如何？
4. 鱼类血液和水中的氧和二氧化碳含量变化有哪些特点？它们对鱼类呼吸生理有哪些影响？
5. 鱼类的血液如何高效率地运输氧气？试说明波尔效应和鲁特效应的生理意义。
6. 鱼类代谢活动产生的二氧化碳如何在血液中运输并排出体外？
7. 鱼类通过哪些途径调节氧和二氧化碳在水中的运送？它们的调节作用机理如何？
8. 鱼类适应空气呼吸形成哪些共同的和特异性的形态构造？
9. 试比较鱼类以气鳔（肺）进行空气呼吸和两栖类以肺进行空气呼吸的血液循环特点。
10. 鱼类进行空气呼吸和进行水中呼吸的生理特性有何不同？

第四章 代谢与生长

第一节 代　谢

一、代谢和能量的转换

代谢是各种生命活动的基础。生物有机体与外界环境不断交换物质、能量和信息，摄取所需物质和能量来构建自身，同时排出废物。代谢涉及生物体内各个层次的全部物理、化学和生理过程。

鱼类与其他生物有机体一样符合热力学定律（Laws of Thermodynamics）。物质和能量可以转化但永不会消灭。鱼类从食物中获取物质和能量，而在提供能量以维持生命活动需要的分解代谢（Catabolism）以及完成生殖产物的复杂过程中耗费所吸收的物质和能量。物质的分解代谢产生热能、H_2O、CO_2 以及部分氧化中间产物。

在需氧的代谢过程中，有 40%～50% 的化学能暂时贮存在腺苷三磷酸（Adenosine Triphosphate）和相关的不稳定的化合物中。这些"高能的"化合物为生物合成、膜输送等吸能过程（Endergonic Process）以及身体肌肉组织进行运动提供即时能量。化学能量降解为热能。在恒温的脊椎动物中，当外界温度低于体温时，这些代谢热能用来维持它们的正常体温；而在变温的鱼类中，代谢热能完全散失于体外。

为了维持鱼体质量，鱼类从食物吸取的外源能量必须和维持正常生命活动所消耗的能量相等。当外源的能量超过所需要的能量时，物质（主要是蛋白质）就可以贮存而使鱼体生长。在生长过程中，能量以蛋白质、脂类、碳水化合物中共价键的化学能贮存起来。如果食物中的能量不足以进行降解代谢，鱼体一些组织或器官的生长就要消耗之前在生长过程中贮存的内在（内源性）能量。如果没有摄取任何食物，所有维持鱼类生命活动的能量都要由内源性能量提供。

鱼类从食物中获得能量的来源和陆栖脊椎动物有所不同。鱼类不能很好地消化和充分吸收利用饲料中的碳水化合物，如鲑鳟鱼类只能消化 30%～40% 的粗淀粉，如果饲料中碳水化合物的含量超过 25%，其消化率明显降低。一些杂食性和植食性鱼类（如鲶鱼、鲤鱼等），利用碳水化合物的能力较高。但是，鱼类甚至草食性的草鱼，其主要的可消化和吸收的能量来源是饲料中的蛋白质和简单的碳水化合物（如双糖、寡糖、半纤维素等）。蛋白质是鱼类主要的能量来源，鱼类血液中的葡萄糖较多地来自于蛋白质的葡糖异生作用，而不是直接来自于食物中碳水化合物的分解。脂类是肉食性和杂食性鱼类主要的非蛋白质能量来源，它们能被充分消化吸收和易于代谢分解。

按照热力学定律，鱼类摄入的所有能量（I）必须通过代谢（M）、生长（G）和排泄（E）转化为另一种形式的能量。因此，$I = M + G + E$，即摄入的能量＝代谢的能量＋生长贮存的能量＋排泄的能量。

代谢（M）可分为几个不同的代谢水平，即标准代谢（M_S）、常规代谢（M_R）、摄食代谢（M_F）和活动代谢（M_A）。因此有：

$$M = M_S + aM_{R-S} + bM_{F-S} + cM_{A-S}$$

公式中：a，b，c 为常数，用以估算一天内常规、摄食和活动代谢所占的时间分量。

同时，生长（G）可以包括配子的产生（G_G）和鱼体质的生长（G_S）。因此有：

$$G = G_G + G_S$$

排泄（E）可包括粪便（E_F）、尿和氨（E_U），以及从皮肤分泌的黏液和脱落的上皮细胞（E_S）。

综合以上各式，于是有：

$$I = (M_S + a M_{R-S} + b M_{F-S} + c M_{A-S}) + (G_G + G_S) + (E_F + E_U + E_S)$$

对鲈鱼、褐鳟等肉食性鱼类的分析研究表明，在正常的环境条件和摄食状况下，它们平均的能量安排大致是：

$$100 I = (44 \pm 7) M + (29 \pm 6) G + (27 \pm 3) E$$

对鲤科、鲴科、丽鱼科等植食性鱼类，由于植物食物可消化率较低（60%～70%），其通常的能量安排大致是：

$$100 I = 37 M + 20 G + 43 E$$

食物的种类和它们的可消化率对摄入能量的利用与安排有很大影响。例如，在22℃中，给体重40～120 g的草鱼投喂莴苣（生菜），$100 I = 16 M + 3 G + 81 E$，食物的消化与吸收率很低，能量的排泄部分很高，达到81%，鱼生长极为缓慢，几乎只能保持自身的体重。如果改为投喂颤蚓科（Tubificidae）食物，草鱼的生长明显改善，$100 I = 23 M + 17 G + 60 E$。

但是，投喂单种饲料所得到的食物能量转换结果只能作参考，因为它们不能说明在自然界或养殖生产中鱼类获得的能充分满足它们良好生长所需求的混合（或多种）饲料的能量转换情况。

二、代谢和能量的消耗

与其他脊椎动物一样，鱼类体内的物质代谢分解和能量释放过程有两种形式：一种是需氧过程，叫需氧代谢（Aerobic Metabolism），或者叫需氧糖酵解（Aerobic Glycolysis），它需要呼吸系统和循环系统的活动，通过血液循环不断供给氧气，将物质完全氧化为二氧化碳和水，产生能量，这是主要的代谢活动；另一种是不需氧的过程，叫不需氧（或厌氧）代谢（Anaerobic Metabolism），或者叫厌氧糖酵解（Anaerobic Glycolysis），它完全依靠细胞内已有的物质（主要是糖元）进行糖酵解过程，最终产物是乳酸。例如，葡萄糖分解代谢（Catabolism）的两种过程如下：

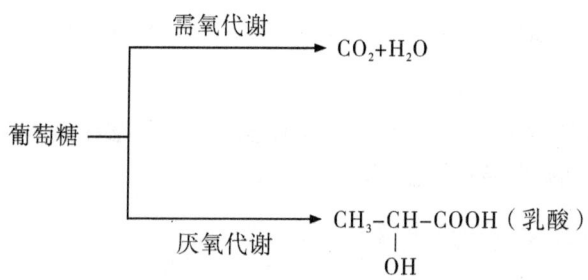

厌氧代谢的终产物乳酸，由于扩散系数小，会很快在血液和肌肉中积累，使血液和肌肉的 pH 值降低，破坏酶的作用，抑制血液的载氧能力，从而抑制代谢的正常进行。如果厌氧代谢的活动过强，就会使耗氧量明显增加，导致身体衰竭。

需氧代谢可以把厌氧代谢的终产物乳酸氧化分解为 CO_2 和 H_2O，亦可提供能量将乳酸从排泄器官中排出体外，或者输送到肝脏内把它再转变为糖元或葡萄糖。所以，需氧代谢活动可以持久地长时间地进行，不致引起肌肉疲劳，而厌氧代谢活动只能短暂地进行。

与其他脊椎动物一样，在通常情况下，鱼类身体活动依靠需氧代谢就可得到足够的能量。但是，当进行剧烈的肌肉活动时，耗氧量骤然增加，虽然呼吸系统和循环系统的活动性也随之增强，但它们的机能还需要经过一段时间才能完全适应身体组织对耗氧量迅速增长的要求，所以，这时鱼类摄取的氧量虽有所增加，而氧化过程所提供的能量还远远不能满足肌肉的实际需要，于是就要求厌氧代谢给组织细胞提供短时间所急需的能量。

但是，厌氧代谢产生的能量并不多，如 1 mol 葡萄糖只产生 2 mol ATP 和 209.2 J 热，而乳酸的大量积累产生一系列不良影响，又会进一步促使耗氧量增加。所以，在剧烈的肌肉运动时，能量供不应求，表现为对氧的需要超过氧的供应，出现所谓的"氧债"（Oxygen Debt）；活动越剧烈，氧债愈大，使剧烈活动不能持久。直到肌肉活动停止后，耗氧量还继续增加，以偿还氧债。据测定，硬头鳟（*Salmo gairdneri*）血液乳酸正常值是（17.5±1.1）mg/L，剧烈运动时乳酸进入血液，血液乳酸量增加到（99.8±1.0）mg/L；鲤鱼血液乳酸的正常值是（8.5±2.69）mg/L，运动后增到（54.3±4.49）mg/L。鱼类血液的乳酸量一经增加，需要数天时间才能恢复到正常水平。

对大多数鱼类，厌氧代谢只是在短时间的剧烈运动时才是必需的。但是，少数鱼类能依靠厌氧代谢进行长时间的低强度活动。如深海鱼类，海水中溶氧量不到 0.1 mg/L，而它们的血液中血红蛋白含量不及 10%，摄取的氧量非常有限，所以它们在深海处主要是通过厌氧代谢获得必需的活动能量。

此外，鱼类厌氧代谢的作用途径也可能不仅仅是产生乳酸。例如，有些鲫鱼在结冰的湖面下生活半年之久，湖面下的水因死亡生物的分解和硫化氢的形成而完全缺氧，但鱼体组织中并没有发现乳酸存在，表明糖酵解在这些鱼体内可能是通过其他途径进行的。目前对这种代谢途径尚未完全了解，很可能在缺氧时鱼体能利用乳酸而形成乙醇和二氧化碳：

$$CH_3—\underset{\underset{OH}{|}}{CH}—COOH \longrightarrow CH_3CH_2OH + CO_2\uparrow$$

乙醇容易流失于水中，CO_2 可排出体外，这样就解决了乳酸在鱼体内累积过多所造成的不良影响，使鱼能在缺氧条件下生存较长时间。

（一）代谢率或代谢水平

通常用代谢率（Metabolic Rate）或代谢水平（Level of Metabolism）表示代谢的强度。

鱼类的代谢水平可以分为以下三种：

（1）标准代谢水平（Standard Level of Metabolism）或基础代谢水平（Basal Level of Metabolism）：是指鱼类处在静止状态、不受任何干扰时的最低代谢率。鱼类的基础代谢水平比哺乳类低 10 倍，比鸟类低约 100 倍。由于低的基础代谢率，鱼类能长期耐受饥饿，在环境变化过程中（如垂直和水平洄游）可以长期停止摄食。

（2）日常代谢水平（Routine Level of Metabolism）：是指鱼类在日常活动的情况下，包括在水族箱和池塘的一般条件下，可自由摄食，但不受外界条件的特殊刺激时的代谢率。从能量来源看，此水平由正常的需氧代谢提供能量。

（3）活动代谢水平（Active Level of Metabolism）：是指鱼类在长时间和长距离游泳状态下能持续的最高代谢率。如洄游时或以相当于临界最大速度进行游泳时的代谢水平。据测定，鱼类的活动代谢水平一般为标准代谢水平的 10 倍左右，差别程度比鸟类和哺乳类小些。

鱼类不同的代谢水平通常都以不同条件下的氧摄取量或耗氧量（$\dot{M}_{O_2}$）来表示。

测定 $\dot{M}_{O_2}$ 的方法很多，归纳起来主要是两类：一类是采用简单的密闭容器或者可以缓慢进水和出水的玻璃容器测定在一定时间内鱼所消耗的氧量。由于这类装置不能调节进水的流速与促使鱼类以各种不同的速度进行游泳，因而通常只能测定鱼类基础代谢和日常代谢的耗氧量。另一类是采用特别设计的呼吸测定计（Respirometer），可让水以不同的流速在密闭的呼吸测定计内不断循环流动；水中含氧量的消耗可通过注入纯氧来补充，使其保持原来的水平，这样就可以长时间观察并测定鱼类以不同速度进行游泳的活动代谢耗氧量。这类呼吸测定计主要有两种类型：一种是 Blazka 型（图 4-1）：其结构比较简单，由内外两个管道组成，电动机把水流从外管道不断推进到作为鱼类呼吸室的内管道，然后流到外管道，如此不断循环流动。这种装置的水容量比较小，水流速度的调节范围有限，只适合对小型鱼类进行较为简单的试验。另一种是 Brett 型（图 4-2）：它由金属环形管道组成，呼吸室位于管道正中间。呼吸室前面的进水处设置筛状隔板以造成湍流，使马达推进的水流能以均匀平整的流速通过呼吸室；呼吸室后面设置电网（拦）以促使试验鱼不断向前逆水游动。呼吸室上方开口供放入或取出试验鱼。新鲜水源不断由进水口输入呼吸室，过多的水由上方开口的出水口流出。测定鱼类游泳能力时可关闭各个开口，使整个装置的水不断循环流动。调节马达的转速能产生一定的水流速度,并使鱼以一定的游泳速度朝向呼吸室前面逆水游动;当鱼类逆水游动并保持相对稳定的位置时,水流速度就代表鱼的游泳速度。试验开始前需用水流速计测定在各种不同的马达转速情况下水的流速变化,以确定马达转速和水流速度的相应关系。使用这种呼吸室装置就可以测定鱼类处在不同状况下(亦即不同游泳速度)活动代谢水平的耗氧量。

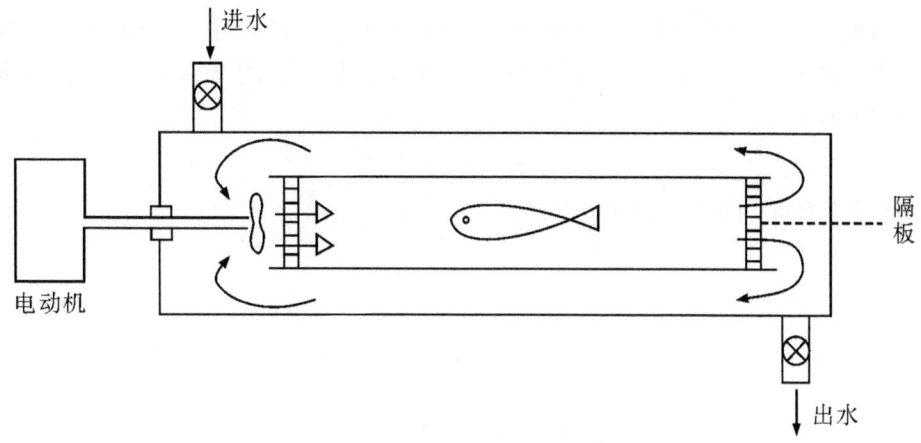

图 4-1　Blazka 型呼吸室
参考 D. J. Randall

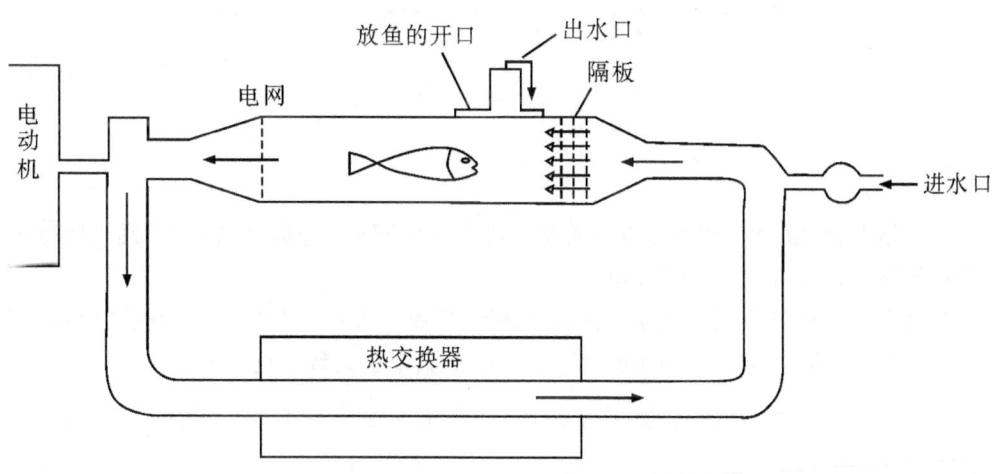

图 4-2　Brett 型管道呼吸室
参考 D. J. Randall

(二) 影响代谢水平的主要因素

1. $\dot{M}_{O_2}$ 和鱼体大小 (体重) 的关系

$\dot{M}_{O_2}$ 随鱼体重量的增加而增加，即以整尾鱼看，大鱼的耗氧量要比小鱼的大。

如果以 $\dot{M}_{O_2}$ 的对数和体重的对数相关各点作图，将得到一倾斜的直线（图4-3）。这条直线的斜率在一些曾研究过的鱼类中都比较接近，如红点鲑（*Salvelinus*）为0.85，非洲肺鱼（*Protopterus*）为0.9，虹鳟为0.78~0.8。目前认为0.8在鱼类是比较普遍的。因此得出公式：

$$\dot{M}_{O_2} = Km^{0.8}$$

式中：K 为各种鱼的常数；m 为鱼体重。

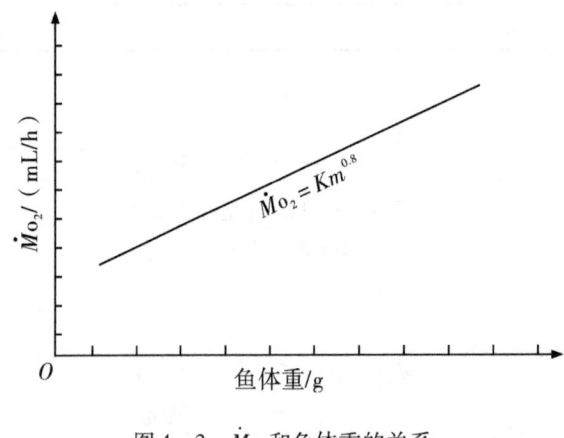

图4-3 $\dot{M}_{O_2}$ 和鱼体重的关系

参考 D. J. Randall

要了解某种鱼的 $\dot{M}_{O_2}$ 和鱼体重的关系，可先测定它的 K 值，然后再依公式推导出它的大小不同个体标准代谢的耗氧量。

对红点鲑的研究表明：活动代谢的耗氧量和鱼体大小（体重）的关系也和标准代谢的耗氧量一样随体重的增加而增加，其直线的斜率也大致接近0.8。

鱼体的一些器官和组织，其质量和 $\dot{M}_{O_2}$ 的关系，也和鱼体重与 $\dot{M}_{O_2}$ 的关系相同，即器官或组织的质量大，$\dot{M}_{O_2}$ 也相应增多。如肝脏：$\dot{M}_{O_2} = K_1 m^{0.8}$，$K_1$（表示肝脏）= 常数。

但是，$\dot{M}_{O_2}$ 的体重比（Weight Specific），即 $\dot{M}_{O_2}/m$，则随着体重的增加而减少。亦即：大鱼有较小的相对 $\dot{M}_{O_2}$（除以体重），而小鱼有较大的相对 $\dot{M}_{O_2}$（除以体重）。

$\dot{M}_{O_2}$/体重依鱼体重增加而减少的一般规律是：$m^{-0.2}$，即直线的斜率为 -0.2，如图 4-4 所示。因此：$\dot{M}_{O_2}/m = Km^{-0.2}$，$K =$ 某种鱼的常数。

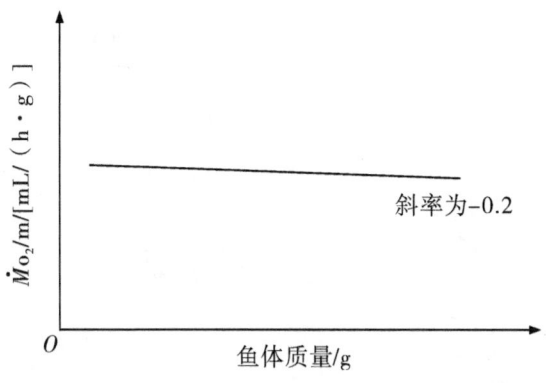

图 4-4 $\dot{M}_{O_2}$/体重依鱼体重增加而减少的关系

引自 D. J. Randall

2. $\dot{M}_{O_2}$和鱼体生理状况的关系

鱼类的$\dot{M}_{O_2}$受到季节、水中氧含量、温度、光照、食物丰度、营养水平、性腺发育和生殖活动、内分泌活动、运动能力和水平、疾病、盐度等的影响。

下面分析温度和游泳对$\dot{M}_{O_2}$的影响。

1. 温度

一般说来,鱼类的$\dot{M}_{O_2}$随着温度的升高而增加。但它们之间的确切关系依不同的种类、鱼所适应的温度以及环境温度的变化范围等而有所不同。

通常,在鱼所适应(驯化)的温度±10℃的范围内,温度变化10℃,$\dot{M}_{O_2}$的变化大约是 2.3 的因数。也就是说,在鱼类适应温度(即驯化温度)的±10℃范围内,$\dot{M}_{O_2}$以2.3 的倍数发生变化。适应温度一般是指鱼经过 2~3 个星期的适应或驯养的温度。超出适应温度±10℃的范围,$\dot{M}_{O_2}$的变化就没有规律性了。

如图 4-5 所示,鱼类标准代谢的$\dot{M}_{O_2}$随着温度的升降而增加或减少;这时,鱼类活动状态的$\dot{M}_{O_2}$在不同的温度下也出现类似的变化。

对红点鲑和金鱼的研究表明:活动代谢率和标准代谢率的相差数值,在较高温度和较低温度时都比较小,而在驯化温度时最大。这两种代谢率($\dot{M}_{O_2}$)之间的相差数值可称为活动代谢范围(Scope for Activity)。鱼类处在驯化温度时的活动范围最大,表明鱼类在驯化温度下的活动能力最强,而在不太适应的温度范围,活动能力就比较小。

如果把鱼驯养在比较低的温度下几个星期,图 4-5 中两条变化的曲线可朝较低的温度方向移动;而如果把鱼驯养在较高的温度下,曲线就会朝较高的温度方向移动。总之,鱼类在适温下其活动代谢的范围最大。

对红大麻哈鱼(*Oncorhynchus nerka*)的试验可以进一步说明温度驯化的作用。红大麻哈鱼的最低致死温度是2℃,最高致死温度是22℃左右,但致死高温和致死低温均可

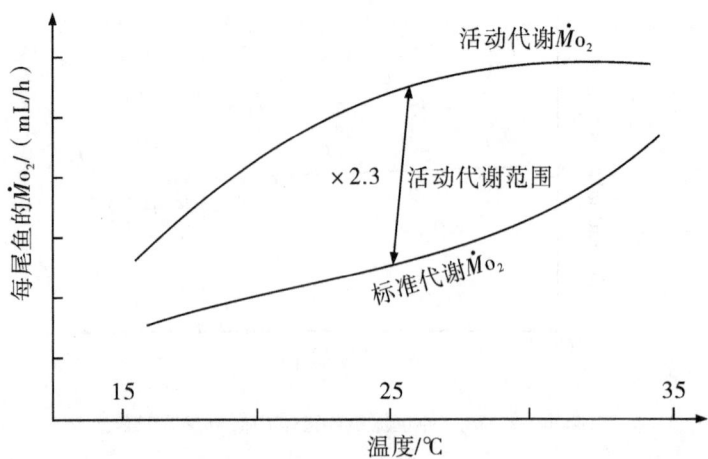

图4-5　鱼类的标准$\dot{M}_{O_2}$和活动$\dot{M}_{O_2}$与温度的关系

引自 D. J. Randall

随着驯化温度的升高（或降低）而略为升高（或降低）。如果把致死高温和致死低温的上限和下限都连接起来，就可以得到红大麻哈鱼所能忍受的最大温度范围。红大麻哈鱼正常活动的温度范围同样也受到驯化温度的影响（图4-6）。

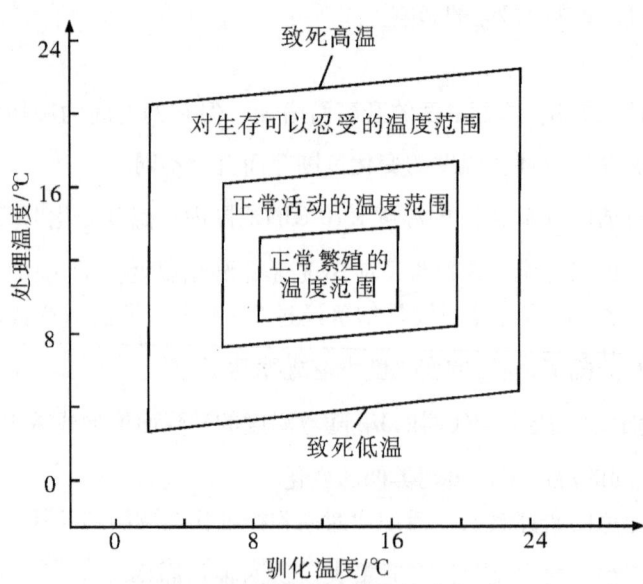

图4-6　红大麻哈鱼在不同驯化温度下的致死高温和致死低温

参考 D. J. Randall

鱼类在温度的驯化过程中能自动调节其代谢水平，即保持代谢水平的相对稳定性。如果把同种鱼放在几个不同的较高或较低的温度下进行驯化，所测的$\dot{M}_{O_2}$值都很相似，没有显著差别。这是因为鱼驯养在比原来较低的温度下，能调节其代谢水平升高到接近原来的水平；而当鱼驯养在比原来较高的温度下，能调节其代谢水平降低到接近原来的水平。鱼类能适应在一定的温度下生活，主要就是调节与保持其稳定的代谢水平。各种鱼类对温度的适应范围不同，如广温性鱼类和狭温性鱼类，它们调节代谢水平的能力和范围也就不同。当然，这里指的是鱼类能够适应的温度范围之内，如果超出它的适温范围，鱼就不但不能调节其代谢水平，反而会导致代谢的紊乱，直至死亡。

鱼类在适应范围内调节其代谢水平的基本机理是对酶活性（特别是对参与代谢活动的各种酶活性）的调节。这包括：

（1）酶浓度（分泌量）的变化：包括许多参与分解代谢活动的酶类，如氧化磷酸化作用的乳酸脱氢酶（Lactate Dehydrogenase）、苹果酸脱氢酶（Malate Dehydrogenase）、琥珀酸脱氢酶（Succinic Dehydrogenase）等。当然，酶活性的增加并不一定是由于酶浓度（量）的增加。

（2）酶类型（质）的变化：变温动物（包括鱼类）的一些酶在不同温度条件下能产生"冷的"和"热的"变型或者同功酶（Isozyme），如丙酮酸激酶（Pyruvate Kinase）。这种季节性同功酶（Seasonal-specific Isozyme）的季节性变化在水生变温动物中很明显，如虹鳟脑的乙酰胆碱酶（Acetylcholinase）。这些同功酶在不同温度下表现出明显不同的酶－底物亲和力（Enzyme-substrate Affinity）。

（3）酶活性的变化：通常用酶－底物亲和力来表示酶的活性。K_m 值（即米氏常数，Michaelis Constants）表示酶反应速度达到最大反应速度一半时的底物浓度，以 mol/L 为单位。K_m 值越低，表示酶－底物亲和力越强。K_m 值最低时的温度正是鱼所驯化的温度。如果把鱼驯养在新的温度下，则 K_m 值的最低值亦会在新的驯化温度下出现。这是因为在鱼的适温范围内进行驯化时，酶活性出现正的温度调节（Positive Temperature Modulation），温度降低时，酶－底物的亲和力增加，表现为 K_m 值降低。虹鳟的丙酮酸激酶及其底物磷酸烯醇丙酮酸（Phosphyoenol Pyruvate，PEP）在 2℃ 和 18℃ 时的亲和力见图 4－7。

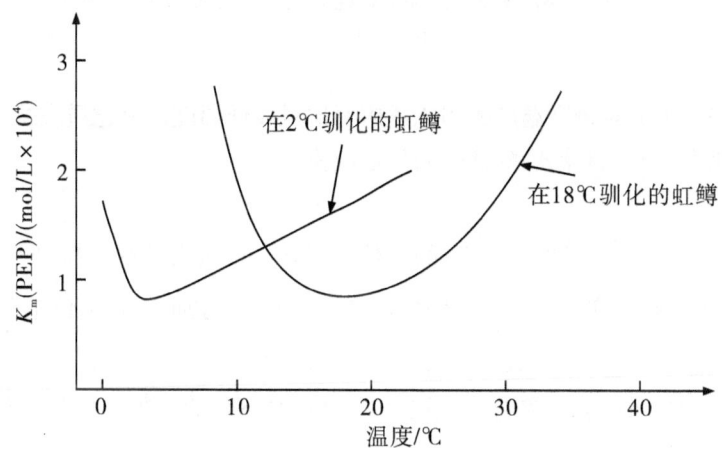

图 4－7　虹鳟的丙酮酸激酶及其底物磷酸烯醇丙酮酸在驯化温度 2℃ 和 18℃ 时的亲和力（K_m 值）

参考 D. J. Randall

$$PEP + ADP \xrightleftharpoons{\text{丙酮酸激酶}} Pyruvate + ATP$$

（这个反应为 K^+、Mg^{2+} 所激活，为 Ca^{2+} 所抑制）

如图4-7所示，在18℃和2℃的驯化温度下，K_m值都在驯化温度时最低。而当温度低于驯化温度时，表现负的温度调节（Negative Temperature Modulation），即温度降低使酶-底物亲和力降低，表现为K_m值升高。所以，酶活性的最适温度和鱼类的驯化温度是一致的。

（4）细胞内环境和组成的变化：包括细胞内pH值、离子组成和膜构造的变化。如鲤鱼，温度降低引起血浆P_{CO_2}降低，导致细胞内pH值升高，从而影响到一系列酶的活性和反应速率。又如，冷处理引起线粒体膜脂类的变化，对金鱼的琥珀酸脱氢酶的活性有直接影响；加入从低温驯化鱼得到的脂类比从高温驯化鱼得到的脂类能较好地激活琥珀酸脱氢酶。图4-8表示不同来源的脂类对提纯的琥珀酸脱氢酶的活化情况（脂类为从在5℃和25℃驯化后的鱼的游离线粒体中提纯的线粒体脂类）。

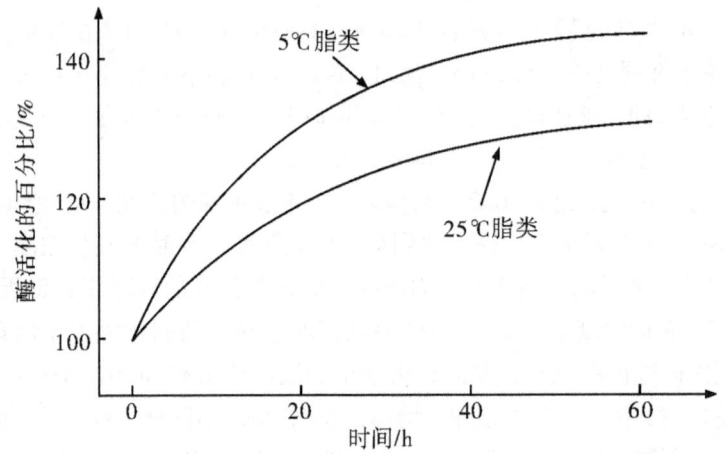

图4-8　不同来源的脂类对提纯的琥珀酸脱氢酶的活化情况
引自 D. J. Randall

一般说来，鱼类对较高温度的驯化适应要比对较低温度的驯化适应快；同样，对温度升高的驯化适应亦比对温度降低的驯化适应快。

2. 游泳

鱼类在游泳时，$\dot{M}_{O_2}$通常能以10的因数而增加，少数游泳能力特别强的鱼类其$\dot{M}_{O_2}$可以增加15倍。在一般情况下，鱼类的游泳速度每增加一个体长单位［即体长/s（Body Length/Second）］，$\dot{M}_{O_2}$以大约2.3的因数增加，如图4-9所示。

鱼类的最大游泳速度通常随着体重（即个体大小）的增加而增加，即大鱼比小鱼的游泳速度要快些。这与$\dot{M}_{O_2}$随着体重的增加而增加是一致的。

对一些游泳能力很强的鱼类试验表明：在最大游泳速度时，$\dot{M}_{O_2}$和体重（m）的关系是：

$$\dot{M}_{O_2} = K\, m^{0.95}$$

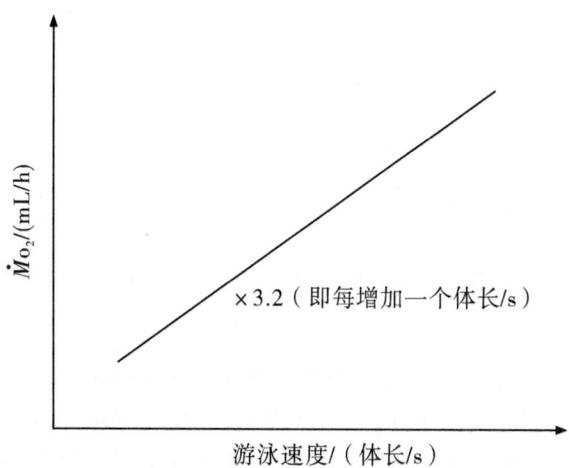

图 4-9 鱼类的 $\dot{M}_{O_2}$ 和游泳速度的关系

引自 D. J. Randall

即鱼以最大速度游泳时，$\dot{M}_{O_2}$ 随着体重的增加而增加的程度，要比在静止状态和一般活动状态显著些，如图 4-10 所示。

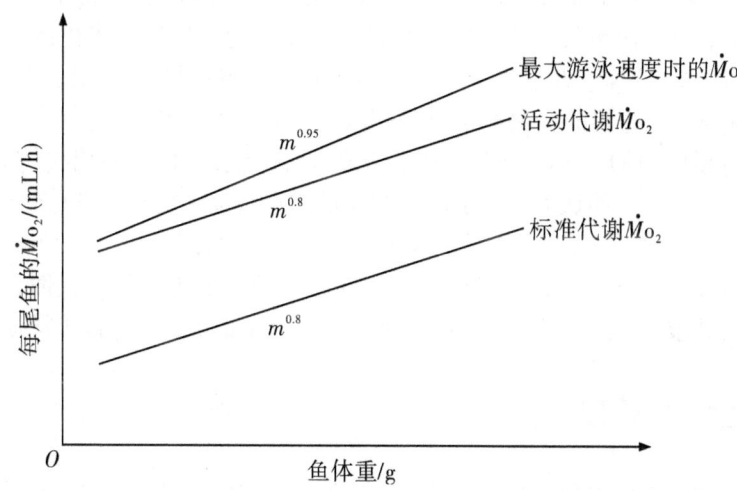

图 4-10 鱼体重和标准代谢 $\dot{M}_{O_2}$、活动代谢 $\dot{M}_{O_2}$ 以及最大游泳速度时 $\dot{M}_{O_2}$ 的关系

引自 D. J. Randall

在鱼类从外界摄取的总氧量中，大约有 65% 以上通过鳃进入体内，由血液携带而输送到身体各部分；另有 20%~35% 由鱼体表面组织（如皮肤、口腔和鳃腔上皮等）直接从水中摄取。

鱼体各主要部分利用氧的情况如下：鳃的代谢活动旺盛，需要能量多，消耗 20%~30% 的 $\dot{M}_{O_2}$；体表皮肤消耗 10%~20% 的 $\dot{M}_{O_2}$；进行呼吸运动的肌肉消耗 7% 的 $\dot{M}_{O_2}$；与呼吸直接联系的心脏活动消耗 7% 的 $\dot{M}_{O_2}$。因此，只有不到 60% 的 $\dot{M}_{O_2}$ 可以进入血液并输送到身体的其他部分。

鱼类在快速游泳时，$\dot{M}_{O_2}$可增加 10~15 倍，但此时鳃部所消耗的$\dot{M}_{O_2}$没有明显增加，而所增加的$\dot{M}_{O_2}$中大约有 90% 是直接消耗于肌肉的运动。

（三）二氧化碳产生量

二氧化碳产生量（Carbon Dioxide Production）以$\dot{M}_{CO_2}$表示。通常，$\dot{M}_{CO_2}$随着$\dot{M}_{O_2}$的变化而变化。

与其他脊椎动物一样，鱼类的呼吸商（R_Q: Respiratory Quotient，即$\dot{M}_{CO_2}/\dot{M}_{O_2}$）依所代谢利用的物质不同而变动于 0.7~1.0 之间，如正在游泳的鱼类常利用贮存于体内的脂类，$R_Q = 0.7$；而处于饥饿状态的鱼类常利用贮存于体内的蛋白质，R_Q接近于 0.8。

但是，如果测定鱼实际摄取的O_2和排出的CO_2所得到的气体交换率（R_E: Rate of Gas Exchange），则其变幅就相当大，可以从 0.2 到 2.0。

呼吸商和气体交换比率差别的原因主要是由于鱼体内产生的CO_2不一定都立即排出体外，鱼体内贮存的氧很少，但可以贮存大量CO_2。据测定，鱼体内CO_2的贮存量是 10~15 mmol/（h·kg 体重），而CO_2的排出率是 1~5 mmol/（h·kg 体重）。如果CO_2的贮存量增加，其排出量就受到影响，R_E就会发生变化。所以，当鱼体内CO_2的贮存量没有变化时，R_E就等于R_Q。如果CO_2在体内的贮存量增加，R_E就小于 0.7，甚至可低到 0.2。但CO_2贮存量的变化通常只是短时间的，因此，R_E短时间的过低就可以解释为CO_2贮存量的增加。长时间观察测定的R_E应能代表身体组织确实的R_Q值，如果两者仍存在差别，就不能认为是由于体内CO_2的贮存量发生变化。如处于缺氧环境中的金鱼，R_E长时间过高，甚至达到 2.0，表明CO_2大量排出而O_2的摄取量很少。这种情况与CO_2贮存量的变化无关，而是由于金鱼在缺氧条件下进行厌氧代谢，将葡萄糖酵解为乳酸，而乳酸又分解为乙醇和CO_2，因而氧摄取量很少，CO_2排出量很多。

三、能量的耗损

鱼类的食物中不可消化部分，以及脱落的肠上皮细胞、黏液、参与分解代谢的消化酶、细菌等组成粪便的主要成分。此外，还有分泌到消化道内的代谢性粪便氮，占总粪便氮的 5%~17%。粪便的排出损耗了通过食物摄入的部分能量。

人工饲料的配方通常都是选用易消化吸收的能量平衡的营养成分，以便最大限度地为鱼体所利用而尽量降低粪便所造成的能量损耗，因此，人工饲料中含有许多并非野生鱼类正常摄取的食物成分。这里研究和讨论的通常是指鱼类取食天然饲料后能量损耗的情况。

要精确计算鱼类通过粪便排出而耗损的能量并非易事，因为粪便中的悬浮液和可溶解成分会流失至水中，而在较长时间的样品收集过程中，粪便成分又可能因为微生物作用而发生变化。例如，轻微搅动收集的新鲜鱼类粪便 24 h 后，会使它以悬浮液形式流失 16.8% 左右。由于粪便中的热能含量很低（约 2.7 Kcal/g），所流失的粪便悬浮液相当于摄取食物原有能量的 40% 左右。粪便中可溶解的有机物占粪便总能量的 1% ~ 4%。此外，从同一种鱼类收集的不同粪便样品，其含有的能量也可能出现明显差别。

如同在第二章中提到的，很难完全收集排泄到水中的鱼类粪便。简便的方法是：用虹吸管收集水中的颗粒粪便，再用精细的过滤法收集悬浮水中的微小颗粒。鱼类营养生理研究常用的方法，如在食物中加入惰性标志物质、用放射性同位素 ^{14}C 标记食物等，都可以比较准确地测定鱼类摄取的食物经过消化吸收后的粪便排泄量。

在肉食性鱼类中，取食具有坚硬外壳的无脊椎动物（如虾类、端足类甲壳动物）的，粪便损耗能量占食物总能量的 16.8% ±5.9%；而取食软体无脊椎动物（如多毛类、乌贼类）的，粪便损耗能量只占 4.5% 左右。取食不易消化的颤蚓，粪便损耗量达到 22.1% ±7.0%；而取食鱼类的，粪便损耗能量平均为 6.1% ±3.4%。

植食性鱼类（如草鱼）的食量大而植物的消化吸收率低，粪便损耗能量为 30% ~ 40%，遮目鱼（*Chanos chanos*）达到 50% ~65%，这取决于摄食的食物种类。

此外，温度、食量、摄食频率、鱼体大小、饥饿程度等都会影响粪便损耗能量。例如，取食颤蚓的虹鳟在较高温度下有较大的同化作用效率，5℃ 时粪便损耗能量为 28.2%，而在 20℃ 时降低为 15.2%。

天然食物中的蛋白质被鱼类同化的程度显著高于食物中的其他成分。在植物性食物中，如果细胞壁仍保持完好，不能消化的纤维素会阻碍鱼类利用其中的蛋白质。食物中动物蛋白质的同化率都很高。例如，蓝鳃太阳鱼（*Lepomis macrochirus*）取食粉虫，能从中吸收 98% 的蛋白质；鲈鱼、鲽鱼、舌鳎等取食无脊椎动物，能从中吸收 92% 的蛋白质。但是，若食物中蛋白质含量超过鱼类的需求量，或者蛋白质的氨基酸组成不能很好地适合鱼体生长的需要，就会发生脱氨基作用（Deamination），产生氮排泄物（主要是氨和尿素），通过鳃排出体外。食物中的（即外源的）含氮排泄物也是能量损耗的一部分，但这和鱼体内的蛋白质分解代谢造成的正常能量消耗完全不同，两者不能混为一谈。

关于蛋白质的同化利用和氮的排泄可用下列公式表示：

（1）从食物中消耗的氮 = 已同化与吸收的氮 + 粪便中损耗的氮。

（2）已同化与吸收的氮 = 可代谢的氮 + 已排泄的氮（主要是外源的氮排泄，即超过鱼体需要量的过多蛋白质或不符合鱼体需要的蛋白质氨基酸组成经脱氨基作用而排泄的氮）。

（3）可代谢的氮 = 保留在鱼体内的氮 + 已排泄的氮（主要是内源的氮排泄，即鱼体内蛋白质经分解代谢产生能量后排出的氮）。

第二节 生 长

鱼类从食物中获能的净能量（可代谢的部分减去热增长量，Heat Increment），主要用于三个方面，即游泳活动、维持正常生理需要、生长。其中，游泳活动和生理需要都是鱼类为了存活而日常所必需的，生长的需求往往列在最后；但从长远看，生长和生殖对物种生存至关重要。因此，在自然界，动物（包括鱼类）必须收集和摄取足够的食物以满足生长的需要。

一、鱼类生长的基本特点

生长通常是指随着时间的进程生物体积增大或者细胞数量增多，其重要的内涵是正的能量平衡，即能量的贮存。生长也可以伴随着身体组织的分化（Differentiation），但不包括组织的持续性再生（如皮肤和肠黏膜）和身体组成的正常代谢或更新，而是指碳前身（Carbon Precursors）以高于替换率的速率进入生物大分子内以及它们的有机组成进入细胞构造中。

体长、体重和肥满度（或外型指数）（Condition Factor, k = 体重 × 体长$^{-3}$ × 100）是表示鱼类生长最常用的数据。用这些线性数据可以绘制鱼类的生长曲线。但是，这些数据的不足之处是没有考虑能量的参数，例如，没有包含母体对下一代的能量投入，没有顾及鱼类经常出现的无限生长（Indeterminate Growth），也忽视了鱼类性成熟个体以相当大比例的身体成分用于性腺发育成熟和产出大量配子。用于评价鱼类生长的参数还有耳石微细结构的增长变化、放射性标志氨基酸在鳞片中的掺入量、氮的存留量（Retention）、RNA:DNA 比率分析等。其中，RNA:DNA 比率分析的依据是基于转录的蛋白质合成和核糖体活性以及细胞 RNA 含量增加成正比例关系，而 DNA 总量没有类似的变化，因而这是鱼类生长很好的评价指标，特别是鱼苗和幼鱼。氮的存留量与鱼体的蛋白质合成以及瘦体重（无脂肪）生长存在密切联系，这也是很合适的生长指标。

在鱼类的生活史中，通常可以把生长划分为几个阶段，每个阶段之间在发育和生长中会出现一些明显的转变或者不连续性（Discontinuity），如孵化、性成熟或者生境改变等。划分不同生长阶段的依据包括：

（1）身体结构的再组织（Reorganization）。例如变态，典型的是鳗鲡科鱼类由扁平透明的柳叶鳗变态为圆筒形有色素的幼鳗；又如鲆鲽类，由左右对称的营浮游生活的幼鱼变态为两眼位于头部一侧的营底栖生活的成鱼。

（2）体形、附肢长度或消化道长度和构造发生显著变化。例如，对一些鱼类的体长对鳍长或者体重对体长的测定值作对数曲线分析，可以发现其斜线出现折断，如缺帘鱼（*Brycon guatamalensis*）出现在体长 27 mm 时，鲱鱼（*Clupea harengus*）出现在体长 50 mm 时。

（3）主要的生理功能发生变化。例如对温度或盐度的耐变性，并伴随着内分泌或其他内部器官的变化。典型的是洄游于海水和淡水的鱼类，其生理功能的变化常常伴随着体形和体色的变化。例如，大麻哈鱼幼鱼适应海水生活后，体色由条纹转变为银色，体形延长，生长率明显增快，反映为鳞片上环纹之间的距离加宽；而成鱼由海水洄游进入江河后，适应淡水生活，体色变得五彩鲜艳，皮肤增厚，消化道退化，外形也出现明显变化。

（4）生长率突然增快或者减慢。这是一种不很明确的生长变化，通常是由于个体自然选择的结果。如鲈鱼（*Perca*）在一定的个体大小时会由以食昆虫为主改变为以食鱼为主，生长率剧烈加快，这也可以认为是一个新的生长阶段。

二、影响鱼类生长的因素

鱼类的生长受到许多因素的影响，其中有外源性的因素和内源性的因素。外源性因素包括温度、光照、降雨、盐度、容氧量、水质特性、食物丰度、食物形状大小和可消化程度、鱼的密度、鱼的社会性相互关系、鱼的种内和种间竞争、捕食作用和病原体接触等。外源性因素对鱼类生长影响的明显表现是季节性生长周期，通常是夏季和雨季生长较快而冬季和旱季生长较缓慢。在寒冷的冬季和干旱季节，许多鱼类停止生长，有些鱼类甚至体重会下降，典型的例子如美国阿拉斯加的黑鱼（*Dallia*）像蛙类一样在寒冷的冻土带塘底冬眠，非洲肺鱼在干涸的泥土中造茧休眠。由于受到多种复杂因素的影响，鱼类生长的伸缩性很强。例如，温度能够影响耗氧量、代谢率和食物的利用，对鱼类的生长有促进作用，但温度升高不一定就会使生长加快，在最适条件和没有竞争者的情况下鱼类甚至也会拒绝摄食；温度与生长率的关系在某种情况下可能是食物可利用程度与生长率的关系。鱼类还可以通过选择适当的温度状况或者控制自身游泳活动能力而调节它们的生长率，如拟鲤（*Rutilus rutilus*）在性腺发育期间会减少游泳活动，促使原来用于代谢活动和体质生长的营养物质转运到正在发育成熟的生殖腺。此外，鱼类还有补偿性生长（Compensatory Growth）现象，即经过一段时间的饥饿或禁食之后，生长会明显加快，以补偿之前的负生长，并且迅速恢复持续性生长。调节鱼类生长的内源性因素是体内贮存产物的整合与利用，主要是蛋白质转换（包括蛋白质合成与蛋白质降解）与脂类生物合成。由于碳水化合物对鱼类体重增长和能量贮存的作用很小，因此通常可以忽略不计。

三、鱼类生长的神经内分泌调控

与哺乳类相似，鱼类的生长受到脑（主要是下丘脑分泌产生的各种神经内分泌因子）-脑垂体（由生长激素细胞分泌生长激素）-肝脏（肝细胞产生类胰岛素生长因子）轴的调控。其中，生长激素对鱼类生长的调节起着主要作用（图 4-11）。

（一）生长激素的结构和功能

生长激素（GH）属于包括催乳激素（PRL）、生长乳素（SL：Somatolactin）、胎盘催乳素（PL：Placental Lactogen）等在内的激素家族，它们都来自一个共同的祖基因，分子量约为 22000，大约由 200 个氨基酸组成，包含 2 个（GH、PL）或 3 个（PRL）二硫键。硬骨鱼类的 GH 是一条单链的 21~23 kDA 的多肽蛋白，其大小的变异性很大，但包含在二硫键中的半胱氨酸残基在家族的所有成员中高度保守，表明它们在生物活性中起重要作用。

鲤鱼、草鱼、鲢鱼、鳙鱼等鲤科鱼类以及其他许多种鱼类的生长激素已经分离提纯并阐明了其化学结构。鱼类的 GH 由 173~188 个氨基酸组成，分子量为 20000~22000，它们与哺乳类的 GH 化学结构主要的相同特征是：①有 4 个半胱氨酸残基（鲤鱼类有 5

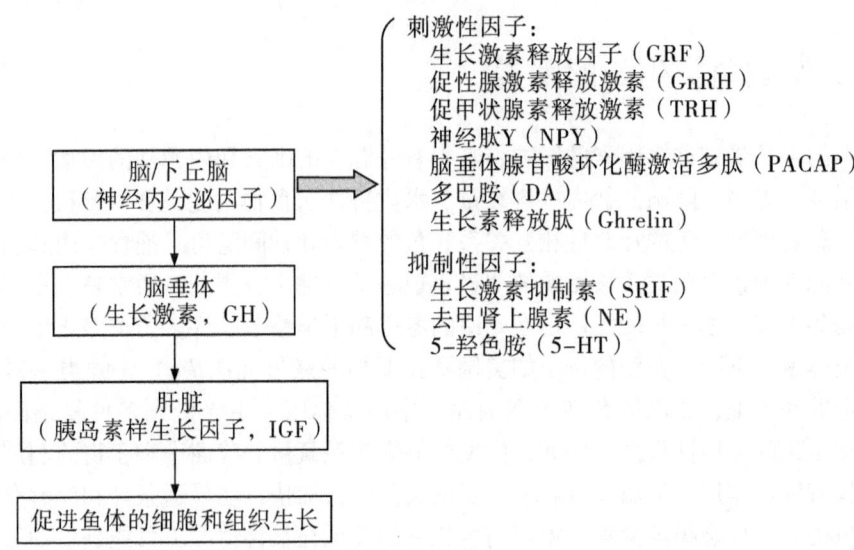

图 4-11 调控鱼类生长的脑/下丘脑-脑垂体-肝脏轴基本模式

个）而形成两个二硫链；②在第 82 位置上都保留 1 个色氨酸残基；③有 4 个相同的氨基酸顺序区（功能性区段），即由第 6 到第 22、第 60 到第 82、第 110 到第 119、第 158 到第 180 位的氨基酸残基。

在鱼类中，同一目的种类，其 GH 的氨基酸组成大约有 80% 以上是相同的。例如，鲤鱼、草鱼、鲢鱼和鳙鱼的 GH 完全相同，鲑鱼和鳟鱼的 GH 也完全相同，鳗鱼和海鳗的 GH 有 97% 相同，而鲈形目的金枪鱼、鲹鱼和罗非鱼的 GH 有 82%~91% 是相同的。由此可见，同一目的鱼类，其 GH 的化学结构是相当保守的。但在不同目的鱼类之间，GH 就有较大差异，一般只有 49%~68% 相同，表现出明显的种类特异性。鱼类和四足类脊椎动物的 GH 只有 37%~58% 相同（表 4-1）。

表 4-1 脊椎动物生长激素的同源性分析

种 类	1	2	3	4	5	6	7	8	9	10
鳙鱼（1）	100									
鲑鱼（2）	68	100								
罗非鱼（3）	56	67	100							
金枪鱼（4）	54	66	89	100						
海鳗（5）	52	48	45	46	100					
鲨鱼（6）	49	36	47	42	45	100				
青蛙（7）	44	42	43	40	52	53	100			
龟（8）	45	40	45	40	58	68	64	100		
鸡（9）	45	40	46	38	57	60	63	89	100	
牛（10）	43	37	38	37	53	61	56	76	78	100

注：参考 Chang 等，1992。

在草鱼鱼种背大动脉安置血管导管进行长时间连续取血样并测定其GH含量，证明GH分泌活动是阵发式分泌（Episodic Secretion）的。其分泌形式有两种情况：一种是每6 h的连续取血样期间有两个阵发性的分泌波峰，其间隔时间平均是2.5 h；另一种是每6 h的连续取血样期间只出现一个明显波峰或者几个小波峰的聚集。鱼类GH的这种阵发性分泌形式与在一些鸟类和哺乳类中观察到的情况相似。

对草鱼血液生长激素含量昼夜变化的研究发现，在（27.7±0.13）℃时，生长激素含量的高峰出现在22:00和02:00，而在（22.4±0.23）℃则出现在16:00和20:00。同样，在不同的季节，血液生长激素含量的昼夜变化也有所不同：在一月，平均含量在04:00时较高，而在八月和十一月，平均含量在20:00时较高。这表明血液生长激素含量的昼夜变化没有明显的规律，与环境的昼夜周期以及不同的季节没有明显联系。

对草鱼鱼种血液生长激素含量和生长速率年周期变化的研究发现，最高的血液生长激素含量和生长速率都出现在八月；但最低的血液生长激素含量出现在四月，而最低的生长速率却出现在十一月和一月。这表明生长速率与血液生长激素含量的季节变化有一定联系，但并不吻合，因为生长速率还明显受到温度、光照长度和季节变化的影响。

此外，饲料中蛋白质含量对草鱼鱼种血液中生长激素含量和生长速率有明显影响。用蛋白质含量分别为30%和40%的饲料投喂，草鱼鱼种的生长速率和血液生长激素含量要明显比用蛋白质含量分别为20%和10%的饲料投喂的高。

鱼类的GH基因结构比四足类脊椎动物有较大的变异性。骨鳔鱼类（Qstariophysi）的GH基因由5个外显子和4个内含子组成，而棘鳍鱼类（Acanthopterygii）的GH基因有6个外显子和5个内含子。这可能在四足类脊椎动物和骨鳔鱼类从棘鳍鱼类的共同祖先进化分支以后，第5个内含子插入祖基因中将第5个外显子分为2个（即第5和第6个外显子）。

生长激素和位于靶组织中的膜被GH受体（GHR）结合而起作用。GHR是Ⅰ型细胞因子受体家族的成员之一。这个受体家族包括催乳激素受体、白细胞介素受体、集落刺激因子（CSF：Colony-stimulating Factor）受体、红细胞生成素（Erythropoietin）受体和瘦蛋白（Leptin）受体等。在鲑形目、鲤形目、鲈形目和鲽形目等许多鱼类中分离和鉴别的GHR是一个单链跨膜蛋白，包括细胞外区、跨膜区和细胞质区，其序列与哺乳类的GHS有许多相似之处。鱼类GHR的细胞外区都有三对保守半胱氨酸参与组成的二硫键，但鲑形目例外；此外，还有一个保守的GH结合区和几个N-糖基化位点。在鱼类GHR的细胞质（细胞内）区有8个酪氨酸残基，它们对磷酸化和激活细胞内通道起重要作用；还有两个与哺乳类相似的序列对信号转导是必要的。鱼类的GHR在多种组织中表达，这与GH的多种功能一致。GH的主要靶器官是肝脏，GHR在肝脏中的密度也最大。GH在肝脏的主要作用是诱导胰岛素样生长因子（IGF：Insulin-like Growth Factor）的合成和释放，IGF进而促进身体组织的生长和分化。因此，GH促进生长的作用主要通过IGF而实现。但GH也有直接的促生长作用，如分布在肌肉和脂肪组织的GHR，与GH结合后能促进生长和影响蛋白质与脂类代谢。GHR也在鳃、肾脏和肠表达，这与GH参与渗透压调节的功能相关。GHR还在性腺和一些脑区特别是在下丘脑表达，表明GH与鱼类的生殖和行为的调控有关，并且可能对下丘脑调控GH的分泌活动起着负反馈作用。

(二) 生长激素分泌活动的神经内分泌调节

对许多鱼类的研究证明，生长激素的分泌活动受到脑特别是下丘脑产生的许多神经内分泌因子的调节以及性类固醇激素与甲状腺素的影响，其中有刺激性的，也有抑制性的（图4-12）。

1. 刺激性神经内分泌因子

（1）生长激素释放激素（GHRH：Growth Hormone-releasing Hormone）和脑垂体腺苷酸环化酶激活多肽（PACAP：Pituitary Adenylate Cyclase-activating Peptide）。

在哺乳类，GHRH 和 PACAP 分别由两个基因编码，而 PACAP 和 PACAP 相关肽（PRP：PACAP-related Peptide）存在于同一的前蛋白原。在鱼类和其他非哺乳类的脊椎动物中，先前的研究结果都认为 GHRH 和 PACAP 是由同一个基因和相同的 mRNA 前体一起编码的多肽，所以将它们列在一起介绍。但是，随着分子生物学技术的迅速发展和多种模式生物基因组的大规模测序，最近在金鱼和斑马鱼以及蛙类的研究结果证明，存在着能促进 GH 分泌的独立编码的 GHRH 及其受体 GHRHR，从斜带石斑鱼也克隆到单独编码的 GHRH；而原先认为的 GHRH［即 GHRH 样肽（GLP：GHRH-like Peptide）］则重新界定为 PACAP 相关肽（PRP）。因此，GHRH 和 PACAP 分别来自两个不同的基因，但从进化观点看，GHRH 和 PACAP 可能起源于同一个祖基因。PACAP 的氨基酸序列在脊椎动物中高度保守（同一性达到92%）。在哺乳类中分离出两种有活性的 PACAP，即 PACAP38 和 PACAP27。PACAP38 由 38 个氨基酸组成，由于其氨基端 28 个氨基酸残基中有 68% 与血管活性肠肽（VIP：Vasoactive Intestinal Peptide）同源，部分氨基酸序列也与 GHRH、促胰液素、胰高血糖素等同源，因而被认为是促胰液素/胰高血糖素/VIP/GHRH 家族的成员；PACAP27 是 PACAP38 氨基端的 27 个氨基酸残基；PACAP38 第 28 位的甘氨酸跟随着两个碱性氨基酸，此处可能是 PACAP38 裂解产生 PACAP27 的部位。身体组织中 PACAP27 的含量要比 PACAP38 少得多，一般只占 PACAP 总量的 10% 或更少。从许多鱼类中也分离到 PACAP38 和 PACAP27，其中 PACAP38 也是鱼类脑中 PACAP 的主要形式。哺乳类的 GHRH 通常由 42~44 个氨基酸组成，其中 N-端的前 29 个氨基酸是生物活性区域，其结构较为保守。鱼类（金鱼、斑马鱼、斜带石斑鱼等）的 GHRH cDNA 都编码一段 27 个氨基酸的 GHRH 成熟肽，它与人的 GHRH N-端前 27 个氨基酸的同源性高达 81%~85%，与非洲爪蟾同源性达 75%，表明 GHRH 在进化中相当保守。GHRH 和 PACAP 的活性都是通过特异性的 7 个跨膜区受体和腺苷酸环化酶偶联而传递的。

在鱼类的脑中，GHRH 免疫反应的核周体分布在视前区、前腹基下丘脑的外侧结节核、松果体和中脑盖的外侧丘系（Lateral Lemniscus）；GHRH 免疫反应的神经纤维出现在端脑腹部、视前区、脑垂体、中脑盖和下丘脑下叶。对一种银汉鱼（*Odontheshes bonariensis*）的个体发育研究证明，孵化一周后幼鱼脑垂体的前腺垂体和下丘脑视前区出现 GHRH 免疫反应的核周体，这表明 GHRH 在幼鱼发育早期就参与 GH 分泌活动的调节。PACAP 同样也分布在视前区和下丘脑以及丘脑的背区和腹区。对斜带石斑鱼曾研究了 PACAP 和 GHRH mRNA 在脑中的表达，但目前还没有对同一种鱼类 PACAP 和 GHRH 在脑的免疫组织化学分布研究结果的报道。

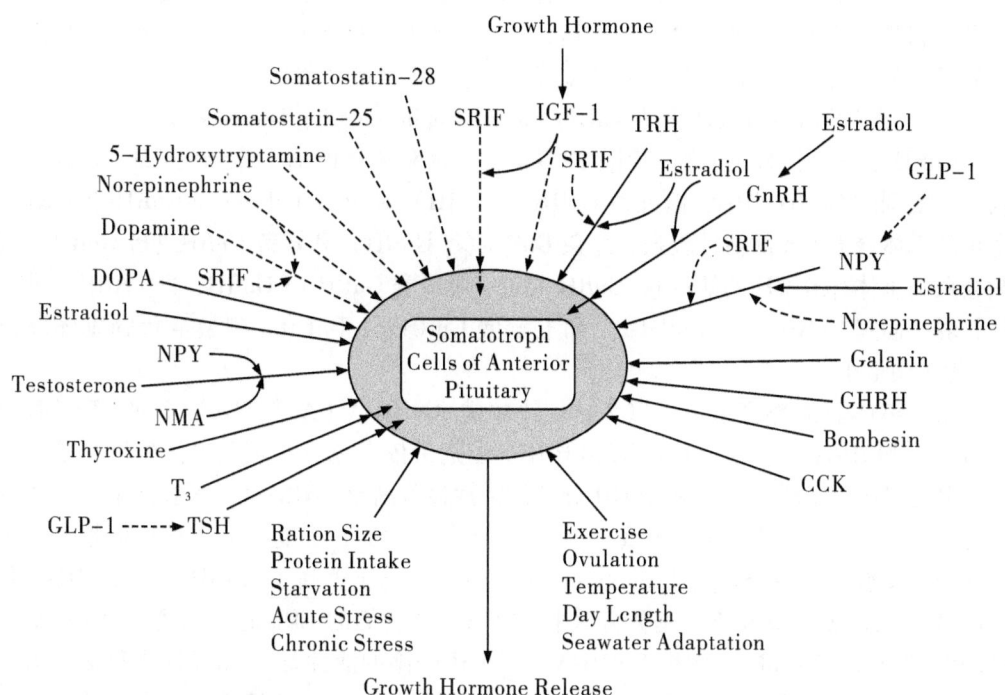

图 4-12　参与调控鱼类脑垂体生长激素分泌细胞合成与释放生长激素的各种神经内分泌因子和生理状态
CCK，缩胆囊素；DOPA，多巴；GHRH，生长激素释放激素；GLP-1，胰高血糖素样肽-1；GnRH，促性腺激素释放激素；IGF-1，胰岛素样生长因子-1；NMA，N-甲基天冬氨酸；NPY，神经肽 Y；SRIF，生长抑素；TRH，促甲状腺素释放激素；TSH，促甲状腺素；T₃，三碘甲酸原氨酸。Bombesin，铃蟾肽；Dopamine，多巴胺；Estradiol，雌二醇；Galanin，甘丙肽；Growth Hormone，生长激素；5-Hydroxytryptamine，5-羟色胺；Norepinephrine，去甲肾上腺素；Somatostatin，生长抑素；Testosterone，睾酮；Thyroxine，甲状腺素。Acute Stress，急性应激反应；Chronic Stress，慢性应激反应；Day Length，日照长度；Exercise，运动；Ovulation，排卵；Protein Intake，蛋白质摄入；Ration Size，日粮大小；Seawater Adaptation，海水适应；Starvation，饥饿；Temperature，温度。-----虚线表示抑制性作用，——实线表示刺激性作用；箭头进入前腺垂体生长激素分泌细胞（Somatotroph Cells of Anterior Pituitary）内表示调节生长激素的合成（参考 T. P. Mommsen）

合成的鲤鱼 GHRH 能剂量依存地刺激金鱼、虹鳟、罗非鱼等的体脑垂体和离体灌流脑垂体细胞释放 GH，表明 GHRH 能直接作用于生长激素分泌细胞。性腺退化金鱼的脑垂体细胞对 GHRH 的反应较强于性腺恢复发育金鱼的脑垂体细胞，表明在性腺发育成熟期间性类固醇激素可能会影响生长激素分泌细胞对 GHRH 的反应性。大麻哈鱼 PACAP 能剂量依存地刺激孵育的脑垂体细胞释放 GH，而大麻哈鱼 GHRH 也能刺激 GH 释放，但其效能较差，而且不是剂量依存的。PACAP 也能高效和剂量依存地刺激金鱼、鲤鱼、草鱼等孵育的脑垂体细胞释放 GH。

（2）生长释放肽（Ghrelin）。

鱼类生长素释放肽的分子结构、基因克隆、生化特征等已在第三章阐述，其生理作用包括调节摄食活动、生长激素释放和其他许多方面。

离体实验证明,生长素释放肽能直接作用于金鱼、虹鳟、罗非鱼、鲷鱼等的脑垂体生长激素分泌细胞,刺激 GH 释放,也能刺激促黄体激素和催乳激素释放。生长素释放肽还能刺激一些鱼类 GH mRNA 的表达,从而调节 GH 的合成。给金鱼、虹鳟、斑点叉尾鮰等的腹腔注射生长素释放素能刺激其血液中 GH 含量升高。

(3) 促性腺激素释放激素(GnRH:Gonadotropin-releasing Hormone)。

GnRH 及其高活性类似物能刺激许多鱼类在体和离体的脑垂体释放 GH。在脊椎动物已经鉴别的 GnRH 当中,以鲑鱼 GnRH (sGnRH) 和鸡 GnRH-Ⅱ (c-GnRH-Ⅱ) 刺激金鱼脑垂体释放 GH 的活性较强,鲶鱼 GnRH (cf-GnRH) 和鲨鱼 GnRH (df-GnRH) 刺激金鱼脑垂体释放 GH 的活性和 sGnRH 相近,哺乳类 GnRH (mGnRH,即 LHRH) 的活性较弱,而鸡 GnRH-I (c-GnRH-I) 和七鳃鳗 GnRH (L-GnRH) 刺激金鱼脑垂体释放 GH 的作用最小。

采用离体灌流孵育系统,以 2 min 脉冲式 sGnRH-A (Arg^6, Trp^7, Leu^8, Pro^9-NEt-LHRH) 和 LHRH-A (Ala^6, Pro^9-NEt-LHRH) 能剂量依存地直接刺激离体的鲤鱼脑垂体碎片分泌 GH,且 sGnRH-A 刺激 GH 分泌的活性显著高于 LHRH-A;腹腔注射它们的两种剂量(0.01 和 0.001 μg/g 体重),每周一次,共六周,都能剂量依存地促进草鱼鱼种血液 GH 水平和生长速率提高,sGnRH-A 的作用也显著高于 LHRH-A。sGnRH-A 和 sGnRH 都能直接刺激鲤鱼脑垂体碎片释放 GH,但它们的 ED_{50} 值分别为 (0.5±0.1) nM 和 (2.8±0.7) nM,表明 sGnRH-A 刺激 GH 分泌的活性要比 sGnRH 强得多。由于在许多硬骨鱼类中已经证明 sGnRH 刺激 GtH 释放的活性比 LHRH 强,而它们的高活性类似物 sGnRH-A 和 LHRH-A 刺激 GtH 分泌活性都比原初的 sGnRH 和 LHRH 强,表明 GnRH 刺激鱼类 GtH 分泌作用的结构与功能的关系同样存在于 GnRH 刺激 GH 分泌作用中。表 4-2 比较了几种 GnRH 肽刺激 GtH 和 GH 释放的相对效能,可以看到这些 GnRH 肽增强刺激 GtH 或 GH 的效能是一致的。

表 4-2 几种 GnRH 肽刺激 GtH 和 GH 释放的相对效能

GnRH 肽	刺激 GH 释放的相对效能	刺激 GtH 释放的相对效能
sGnRH	1.00	1.00
(D-Arg^6, Pro^9-NEt) -sGnRH	4.30	9.24
(D-Ala^6, Pro^9-NEt) -sGnRH	0.96	1.15
LHRH	0.31	0.28
(D-Ala^6, Pro^9-NEt) -LHRH	0.60	0.35
(D-Trp^6, Pro^9-NEt) -LHRH	0.33	0.51
鸡-GnRH-Ⅱ	0.89	1.27

对金鱼和虹鳟的研究还表明,GnRH 肽刺激 GH 分泌的作用在性腺发育成熟期最

强，而在性腺退化期最弱。

此外，离体灌流孵育的鲤鱼脑垂体碎片生长激素的基础性分泌和 sGnRH 刺激的生长激素分泌都是细胞外 Ca^{2+} 依赖的；没有细胞外 Ca^{2+} 存在时，基础性生长激素分泌明显下降。Ca^{2+} 通道阻滞剂异博定以剂量依存形式显著抑制基础的和 sGnRH 刺激的生长激素释放，表明细胞外 Ca^{2+} 的作用至少部分通过细胞膜电位敏感性 Ca^{2+} 通道。50 mM K^+ 能显著刺激基础性生长激素的分泌，并显著加强 sGnRH 刺激生长激素分泌的作用，而且 K^+ 的作用也依赖于细胞外 Ca^{2+}。

对 GnRH 激动剂和拮抗物的生物活性进行全面分析研究的结果证明，在鱼类脑垂体的 GtH 细胞和 GH 细胞中都存在着与 GnRH 特异性结合的受体，当 GnRH 和 GtH 细胞的受体相结合就刺激 GtH 释放，而当 GnRH 和 GH 细胞的受体相结合就刺激 GH 释放；但非洲鲶鱼（Clarias gariepinus）例外，它们的 GH 细胞没有 GnRH 的特异性受体，因而 GnRH 也不能刺激 GH 释放。

含有 GnRH 的神经元通常分布在视前区和前腹下丘脑，由于 GtH 细胞和 GH 细胞都分布在中腺垂体，由神经内分泌的神经末梢释放的 GnRH 肽也很容易到达 GH 细胞附近。采用 GnRH 拮抗物能使性成熟金鱼血液中的 GH 含量降低，表明 GnRH 能调节 GH 的基础性分泌。

（4）促甲状腺素释放激素（TRH：Thyrotropin-releasing Hormone）。

不同剂量（10～1000 nmol/L）的 TRH 能刺激离体的金鱼和鲤鱼脑垂体碎片释放 GH，刺激作用的强度随着 TRH 剂量的提高而增强；而且 TRH 刺激性腺发育成熟金鱼的脑垂体释放 GH 的敏感性要比性腺退化金鱼的强一些。

（5）神经肽 Y（NPY：Neuropeptide Y）。

NPY 是由 36 个氨基酸组成的多肽，存在于许多脊椎动物（包括鱼类）的脑中；金鱼的 NPY 与人的 NPY 相比只有 5 个氨基酸不同。现已证明，人和金鱼的 NPY 都能刺激金鱼在体和离体的脑垂体释放 GH，其作用途径，一方面是与脑垂体 GH 细胞的 Y1-型受体相结合，另一方面是与脑垂体和下丘脑视前核的神经内分泌末梢的 Y2-型受体相结合而刺激 GnRH 释放，从而促进 GH 释放。免疫细胞化学研究还发现，有 NPY 免疫反应的神经纤维紧密连接着金鱼中腺垂体的 GH 细胞，这进一步证明 NPY 参与 GH 释放的调节。性类固醇激素能影响 NPY 刺激 GH 释放的活性，如在性成熟的金鱼中，NPY 刺激 GH 释放的作用最强，注射睾酮而不是注射雌二醇能增强 NPY 的作用。

（6）胆囊收缩素（CCK：Cholecystokinin）。

胆囊收缩素是一种胃肠道激素，存在于脑区的 CCK（由 33 个氨基酸组成的直链多肽）能刺激离体的金鱼脑垂体碎片释放 GH，处于性腺退化期的金鱼尤为敏感。注射 CCK 也能有效地刺激金鱼血液中 GH 的含量升高。免疫细胞化学研究发现鱼类 CCK 免疫反应的神经纤维分布到脑垂体的 GH 细胞附近。

（7）铃蟾肽（BBS：Bombesin）。

铃蟾肽由 14 个氨基酸组成，0.1～1000 nmol/L 的剂量能刺激金鱼离体的脑垂体碎片释放 GH。这种刺激作用还是特异性的，因为以同样剂量的 BBS 并不能刺激脑垂体释放 GtH。铃蟾肽样的免疫反应神经纤维分布于金鱼的脑垂体中叶和中腺垂体中；低密度的铃蟾肽受体也存在于金鱼的中腺垂体中；铃蟾肽 mRNA 在金鱼的脑以及卵巢、鳃、皮肤、消化道和脑垂体中广泛表达。因此，铃蟾肽既可以由下丘脑直接通过神经纤维的分布而到达脑垂体，也可能通过血液循环输送到脑垂体。

(8) 多巴胺（DA：Dopamine）。

已经证明：多巴胺及其激动剂阿朴吗啡（APO：Apomorphine）和前体 L-多巴（L-dopa）等都能促进金鱼、鲤鱼和草鱼的 GH 释放；相反，儿茶酚胺能的神经毒素 6 羟-多巴胺（6-hydroxydopamine）以及 L-多巴与多巴胺的合成抑制剂 α-甲基-P-酪氨酸（α-MPT：α-methyl-para-tyrosine）则抑制 GH 释放。例如，对鲤鱼的研究表明，在性腺发育和成熟期间注射 DA（10 或 100 μg/g 体重）和 APO（20 μg/g 体重）能刺激脑垂体释放 GH，血液中最高的 GH 含量出现在 10 月份的性腺发育期；但在 6 月份性腺处于退化期，DA 和 APO 刺激 GH 释放的作用不明显。DA 和 APO 刺激脑垂体释放 GH 的作用随着性腺发育成熟和退化而有所减弱，这可能是一些与性周期有关的因子参与调节生长激素细胞对 DA 刺激的反应性。

对鲤鱼离体的脑垂体碎片在灌流孵育系统中的实验也证明，DA 激动剂 APO（10，100 和 1000 nM）能以剂量依存形式显著促进鲤鱼离体脑垂体碎片分泌 GH，但对 GnRH 促进的 GH 分泌没有影响。这证明，多巴胺确实起着刺激 GH 释放的作用。使用不同类型多巴胺受体激动剂和拮抗物的综合研究证明多巴胺是和金鱼脑垂体生长激素细胞的 D-1 型受体相结合而刺激 GH 释放的。鱼类生殖内分泌学的研究也证明，多巴胺是通过与脑垂体促性腺激素细胞的 D-2 型受体相结合而抑制 GH 释放的。这表明多巴胺作为鱼类神经内分泌因子对调节脑垂体激素的分泌活动是多功能的，它既能抑制 GtH 的释放，又能刺激 GH 的释放。在虹鳟中，多巴胺能的神经分泌末梢分布在中腺垂体生长激素细胞附近；在金鱼中，多巴胺能神经纤维来自下丘脑的前腹视前区，分布到腺垂体，直接起着刺激 GH 释放的作用。

2. 抑制性神经内分泌因子

(1) 生长激素抑制素（SS，SRIF：Somatostatin）。

SS-14 是由 14 个氨基酸组成的直链多肽，存在于脊椎动物各个类群（包括鱼类）的下丘脑中，既能抑制脑垂体释放 GH，也能抑制由其他神经内分泌因子刺激的 GH 释放，例如，抑制 NPY 刺激金鱼离体脑垂体细胞释放 GH 和抑制 TRH 刺激鲤鱼脑垂体释放 GH。所以，SS 是鱼类中最主要的抑制 GH 分泌活动的神经肽类激素。

SS 是一种多成员和多功能的神经多肽，至今已在鱼类中发现有三种 SS，如在斜带石斑鱼中分离到生长抑素前体（PSS：Preprosomatostatin）PSS-I、PSS-II 和 PSS-III 的基因 cDNA 全序列。其中：PSS-I cDNA 编码 123 个氨基酸，其 C 端带有 SS_{14} 肽；PSS-II 编码 127 个氨基酸，其 SS_{28} 肽的 C 端带有 SS_{14} 肽的变异体（由 Tyr^7 和 Gly^{10} 分别代替 Phe^7 和 Thr^{10}）；PSS-III 编码 110 个氨基酸，带有 $[Pro^2]SS_{14}$ 变异体。它们广泛分布于中枢神经系统（脑）和外周组织包括胃肠道、肝胰脏、性腺等。SS 在鱼类脑的端脑腹部、视前区、外侧结节核、视顶盖、迷走叶等部位表达。对金鱼脑的原位杂交研究表明，三种 SS 类型都有各自的分布特点和不同的功能；但是它们的 cDNA 都分布到金鱼脑的调控脑垂体分泌活动（Hypophysiotropic）的部位，表明 SS-14、SS-28 和 $[Pro^2]SS$-14 都具有调控脑垂体分泌活动的功能。对金鱼的离体实验表明,SS-28 直接作用于生长激素分泌细胞,具有比 SS-14 更强的抑制 GH 释放的作用,而 [Pro^2] SS 和 SS-14 的作用相似。此外,SS 还参与调控胰岛素和胰高血糖素的分泌活动、糖原分解(Glycogenolysis)和脂质分解(Lipolysis)作用以及摄食行为等,起着神经递质和神经调节剂的作用。

给金鱼体内埋植雌二醇能使血液 GH 含量以及 PSS-Ⅰ 和 PSS-Ⅲ mRNA 在下丘脑的含量增加,而对 PSS-Ⅱ mRNA 含量没有影响,表明 SS-28 并不参与调控性成熟和生殖相关的 GH 分泌活动。但金鱼摄食时下丘脑 PSS-Ⅱ mRNA 的含量降低,表明 SS-28 可能参与 GH 对摄食和营养方面的调节。PSS-Ⅱ 在摄食时的内分泌调节作用较为复杂,至少还有胃泌素释放肽(GRP:Gastrin-releasing Peptide)和生长素释放肽(Ghrelin)等共同参加。对金鱼的研究还表明,腹腔注射一些胃肠肽(如 GRP、CCK、生长素释放肽等)并不会影响 PSS-Ⅲ mRNA 在脑中的含量,表明 PSS-Ⅲ 和这些胃肠肽调节 GH 分泌活动没有联系。[Pro^2] SS-14 对 GH 分泌活动的具体调节作用还不清楚,离体的研究表明它和 SS-14 的作用相似,这可能是由于它们具有相似的化学结构。

(2) 去甲肾上腺素(NE:Norepinephrine)和 5-羟色胺(5-HT:Serotonin)。

去甲肾上腺素和 5-羟色胺都能抑制金鱼离体的脑垂体碎片释放 GH,表明它们直接作用于 GH 细胞。腹腔注射 NE 也能降低金鱼血液中 GH 含量。NE 和 5-HT 也抑制由 GnRH、PACAP 和 DA 引起的 GH 释放作用。给金鱼腹腔注射 NE 能使血液中 GH 的含量降低。但 NE 和 5-HT 抑制 GH 释放的生理作用还不很清楚,因为金鱼脑垂体中 5-HT 的含量很少,而 NE 甚至不能检测到;只有当鱼类处于应激反应时血液中才会含有大量 NE 和肾上腺素(E),这时 NE 和 E 可能进入脑垂体而影响 GH 释放。

(3) 胰岛素样生长因子(IGF:Insulin-like Growth Factor)。

对虹鳟进行 IGF-I 和脑垂体碎片的离体孵育实验,结果是减弱 GH 的释放,而注射 IGF-I 也能抑制脑垂体的 GH 分泌,这表明 IGF 对脑垂体 GH 分泌活动的负反馈作用在鱼类中与哺乳类一样是相当保守的。

3. 性类固醇激素

对金鱼和鲤鱼等的研究表明,性类固醇激素特别是雌二醇对血液 GH 含量的季节性变化起着调节作用。例如,埋植雌二醇能使虹鳟、金鱼、鲤鱼、罗非鱼等血液中 GH 含量增加;但埋植睾酮的作用不明显,需要将睾酮芳构化为雌二醇才能诱导 GH 分泌。

性类固醇激素虽然不能影响虹鳟、罗非鱼等 GH mRNA 的稳态,但用雌二醇处理后使它们脑垂体的 GH 含量增加,表明翻译作用增强。睾酮能使金鱼脑垂体的 GH mRNA 含量增加,说明转录和翻译作用都增强;但也有报道显示性类固醇激素对金鱼脑垂体的 GH mRNA 含量并没有影响。因此,性类固醇调控 GH 合成的作用如何,还需深入研究。

性类固醇激素和性腺发育状况对调控 GH 释放的神经内分泌因子的活性有一定影响。在金鱼中,埋植 E_2 后能增强端脑的 NPY 表达和前脑的 GHRH 和 PACAP mRNA 表达。E_2 处理能增强 DA 的周转。在虹鳟中,E_2 使血液中 SS 含量减少,并伴随着血液 GH 含量的增加。

性类固醇对脑垂体分泌活动最显著的作用是调节生长激素细胞对下丘脑神经内分泌因子的反应性。性腺发育成熟和用 T 处理的金鱼能增强 NPY 促进 GH 释放的效应。在体试验证明，E_2 能增强 GnRH 和 TRH 诱导 GH 分泌的效应，减弱 DA 对 GH 释放的刺激性作用，并能调节谷氨酸能（Glutamatergic）对 GH 释放的作用。例如，埋植性类固醇激素 5 d 后对 sGnRH-A 刺激 GH 释放的作用在不同性腺发育时期的雌鲤中有所不同。在性腺发育和性腺成熟的（产卵前）雌鲤中，埋植睾酮（100 μg/g 体重）并不能明显增强 sGnRH-A 刺激 GH 释放的作用；在性腺成熟的雌鲤，埋植雌二醇后能明显增强 sGnRH-A 刺激 GH 释放的作用；在性腺退化的雌鲤中，埋植睾酮和雌二醇后都能显著增强 sGnRH-A 刺激 GH 释放的作用。这些结果表明，雌性鲤鱼性腺产生的性类固醇激素可能通过影响 GnRH 肽刺激 GH 释放作用的反应性而增强 GH 的分泌活动。

性类固醇激素除了影响鱼类脑垂体生长激素细胞对下丘脑刺激性神经内分泌因子的反应性之外，对虹鳟和金鱼的研究表明，E_2 能减弱 SS 抑制 GH 释放的作用。在金鱼中，E_2 使 SS 的抑制作用减弱是由于 SS-Ⅱ型受体 mRNA 的含量减少，这表明 E_2 能通过影响 SS 受体 mRNA 的表达水平而调节脑垂体生长激素细胞对 SS 的反应性。

归纳起来，性类固醇激素影响 GH 分泌活动的作用机理包括：①在脑垂体水平增强 GH 的合成；②修饰下丘脑各种神经内分泌因子的活性；③修饰脑垂体生长激素细胞对下丘脑各种神经内分泌因子的反应性。

4. 甲状腺素

甲状腺素对鱼类 GH 分泌活动的影响涉及两个方面：①影响脑垂体 GH 的合成和释放量；②增强鱼体组织和细胞对 GH 反应的敏感性。这些方面还有待于进一步研究。

在脊椎动物（包括鱼类）中已证明肝脏中存在着高度保守的甲状腺素核受体，但鱼类的这类受体与它们配体的结合亲和力低于其他脊椎动物，这可能与鱼类较低的体温有关，因为甲状腺素与受体结合受温度的影响。

对鸟类和哺乳类的研究已证明，甲状腺素能影响 IGF-I mRNA 在肝脏的表达。最近对罗非鱼的研究表明，将 T_3 和肝细胞一起孵育或者腹腔注射 T_3 都能剂量依存地促使 IGF-I 在肝脏中的生成量显著增加，这说明除下丘脑的神经内分泌因子外，甲状腺素对鱼类肝脏 IGF-I 的产生也起着重要的调节作用。

（三）生长激素促进生长的作用

对体重 20~40 g 的草鱼鱼种每星期腹腔注射剂量为 0.1 或 1.0 μg/g 体重的基因重组金枪鱼生长激素（r-tGH），连续注射 4 个星期，结果其生长速率（体重和体长增长率）、鱼体肥满度以及血清 GH 含量都比对照组明显增高。通过食道每周灌喂一次剂量为 0.1 μg/g 体重的 r-tGH，连续 4 个星期，对草鱼鱼种的生长没有明显的促进作用，但把灌喂 r-tGH 的剂量提高到 1.0 μg/g 体重，或者将 r-tGH 混入饲料中投喂（剂量为 15 μg/g 饲料），经过 6 个星期处理后，草鱼鱼种的生长速率、鱼体肥满度以及血清 GH 含量都明显增高。将草鱼基因重组生长激素进行草鱼鱼种投喂试验，也明显促进它们的生长速率。这表明草鱼鱼种的消化道能吸收大分子的 GH 并保持其促进鱼体生长的活性。

对草鱼鱼种腹腔注射两种剂量（0.01 μg/g 体重或 0.001 μg/g 体重）的 sGnRH-A 和 LHRH-A，每星期一次，共 6 个星期，都能显著提高相对体重和相对体长的生长率，并促进血液 GH 水平增高，其作用是剂量依存的，且 sGnRH-A 促进生长的作用显著高于 LHRH-A。将 LHRH-A 10 μg/g 饲料的剂量拌入饲料中并制成颗粒饲料投喂草鱼鱼种,经过 5 个星期后,生长速率显著高于对照组,其作用也是剂量依存的。这表明分子较小的 LHRH-A 能为鱼种消化道吸收并刺激鱼体内源 GH 释放与促进鱼体生长。进一步的试验证明,将 LHRH-A 和 SRIF 的抑制剂半胱胺(Cysteamine)一起拌入饲料中并投喂石斑鱼和黄鳍鲷的鱼种,能显著促进 GH 释放和提高生长速率。

上述试验证明,利用外源的 GH 或者刺激 GH 释放的神经内分泌因子通过注射、浸泡、埋植、灌喂和投喂等方式都能促进鱼类生长,所以鱼类体内分泌产生的 GH 无疑是促进鱼体生长的主要激素。对金鱼和草鱼的研究表明,血液中 GH 含量与鱼体生长速率的季节性变化有明显的相关联系,但并不完全吻合。这是因为温度、光照、盐度、饲料等环境因素的季节性变化对鱼体在不同季节的生长速率有明显影响,同时,在 GH 调节鱼体生长的过程中还有其他许多因子参与(图 4-12)。例如,在组织和细胞水平,GH 的受体数量和亲和力的变化就会明显影响这些组织和细胞对血液中 GH 的敏感性;营养状况(摄食、饥饿、日粮大小)、代谢水平、生殖状况、运动强度、应激反应以及其他一些激素(如甲状腺素)都可能使 GH 的受体数量和亲和力发生变化,从而影响 GH 的作用。近年的研究已经证明,与哺乳类相似,GH 促进鱼体生长的作用至少部分是通过类胰岛素生长因子(IGF)来传递的,而 IGF 的含量或其受体数量的变化就会明显影响鱼类的生长。

与哺乳类一样,鱼类 GH 在组织和细胞水平起作用的第一步是与细胞膜上的特异性受体相结合。GH 的受体主要分布在肝脏(肝细胞),但在脑、性腺、鳃、肠和肾脏中也有分布。这表明 GH 除了与肝细胞的受体结合以促进生长之外,还有其他多种功能。例如,^{125}I-GH 能与成熟鳟鱼的精巢和卵巢的特异性受体相结合,并促进类固醇激素生成以及精子与卵子发育。GH 和脑受体的结合可以传递 GH 在下丘脑通路的反馈作用,以调节脑垂体的 GH 分泌活动。GH 和鳃、肠、肾脏的受体结合可能是参与渗透压的调节。例如,将虹鳟移入海水中,血液 GH 含量随着 Na^+ 含量的增加而增加(图 4-13);给移入海水中的虹鳟注射外源 GH,能使其鳃中氯细胞的数量增加,鳃中的 Na^+、K^+、ATP 酶活性增强;在肝、鳃、肠和肾中都存在高度亲和力的 GH 受体,肝、鳃和肾中的 IGF-I mRNA 也随之增加;同时,GH 能增强肾间腺对 ACTH 的敏感性,使皮质醇的分泌增加。因此,GH 对虹鳟进入海水中的渗透压调节作用可能是 IGF 和皮质醇介导的。GH 和肠道受体结合可能影响肠道机能,促进肠内氨基酸的转运,从而提高食物的转换效率。

鱼类肝脏的 GH 受体受到 GH 本身和营养状况的影响。例如,脑垂体切除后没有内源的 GH 分泌,使肝脏的 GH 受体数量减少,而注射外源的 GH 能使肝脏 GH 受体的数量增加好几倍;长期禁食虽然使鱼类血液中的 GH 含量明显增加,但肝脏 GH 的受体数量却明显减少。

早期用哺乳类的 IGF-I 和 IGF-II 通过免疫交叉反应证明许多鱼类的血清中含有与哺乳类 IGF 相似的物质。用重组 DNA 技术分析鲑科鱼类 IGF 的化学结构,证明它们的氨基酸序列与哺乳类的 IGF-I 十分相似:70 个氨基酸中只有 14 个不同。这说明 IGF-I 在脊椎动物的进化过程中相当保守。

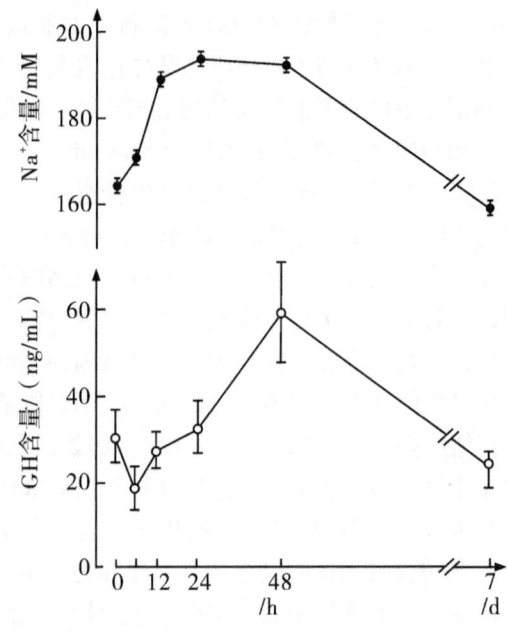

图 4-13　虹鳟幼鱼由淡水移入 80% 海水中，其血浆中 Na^+ 和 GH 含量的变化
参考 T. Hirano

　　对鲑科鱼类的研究发现 IGF-I 的 mRNA 在肝脏中的含量最高，表明肝脏是 IGF-I 合成的主要器官。在脑、肌肉、心脏、肠道、胰脏、肾脏、性腺、脂肪组织和脾脏等部位都可以检测到 IGF-I 的 mRNA。这种情况与哺乳类相似，在各个器官和组织中产生的 IGF-I 可能具有自分泌或旁分泌的功能。在银大麻哈鱼胚胎的抽提物中也发现 IGF-I 的 mRNA，表明 IGF-I 在鲑科鱼类的发育过程中起着胚胎生长因子的作用。

　　最近的研究证明，斜带石斑鱼（*Epinephelus coioides*）的 IGF-I 由 68 个氨基酸组成，与同一目的黑鲷 IGF-I 的同源性高达 97.3%，与鲽形目牙鲆及鲀形目河鲀 IGF-I 的同源性也较高，而与哺乳类的人和鼠类 IGF-I 的同源性较低。采用半定量逆转录酶－多聚酶链式反应（RT-PCR）方法显示，斜带石斑鱼 IGF-I mRNA 在未受精卵和胚胎发育过程中都有表达，但表达水平低；在幼体发育过程中其表达水平不断提高，并且在成鱼组织中的表达水平远远高于幼体，表明 IGF-I 主要是在幼鱼孵出后的生长发育中起着重要作用。IGF-I mRNA 在肝脏中的表达水平极显著地高于脑和肌肉等其他组织中的水平，表明 IGF-I 主要是在肝脏中合成，其他组织也能合成少量的 IGF-I，起局部的旁分泌和自分泌作用。斜带石斑鱼的 IGF-Ⅱ 由 70 个氨基酸组成，与同一目的鲈鱼及鲽形目牙鲆 IGF-Ⅱ 的同源性很高，而与哺乳类 IGF-Ⅱ 的同源性较低。斜带石斑鱼 IGF-Ⅱ mRNA 在未受精卵中有微弱的表达，在胚胎发育过程和幼鱼发育前期的表达水平逐渐提高；但在幼鱼发育后期表达渐趋减弱，并且成鱼组织中表达的水平明显低于幼鱼，表明 IGF-Ⅱ 主要对胚胎发育起重要作用。IGF-Ⅱ mRNA 在鱼体各个组织中都有表达，但肝脏中的表达水平也显著地高于其他组织，表明 IGF-Ⅱ 和 IGF-I 一样主要在肝脏合成，其他组织也能合成少量 IGF-Ⅱ，作用于自身组织细胞。

在哺乳类中，血液循环中的 IGF 与分子量相当大的结合蛋白结合在一起。IGF 结合蛋白（IGFBP）是一类以高度亲和力与 IGF 特异性结合的分泌性蛋白，它们不仅起着 IGF 载体的作用，以调节血液循环中 IGF 的周转、运输和分布，能抑制或者增强 IGF 的活性，而且还能通过它们在细胞膜上的受体或者直接进入到细胞核内来影响细胞的生长或分化。目前已从人体和其他哺乳类中分离出 6 个不同的 IGFBP，定名为 $IGFBP_1$ 到 $IGFBP_6$，分子量为 24~45 kDa；它们都有一个非常保守的 N-端结构域和一个保守的 C-端结构域，只在中间的连接结构域出现差异。鱼类的 IGFBP 也已被克隆和鉴别，如斑马鱼的 IGFBP-1，-2，-3，-5，金头鲷和长颌姬鰕虎的 IGFBP-2，条纹鲈的 IGFBP-1，-2，-3，莫三比克罗非鱼的 IGFBP-3，虹鳟的 IGFBP-1，-2，-3，-4，-5，-6 等。从虹鳟和大鳞大麻哈鱼血液中分离出几种 IGFBP，它们在血液中的含量受到合成代谢和分解代谢的影响而波动。IGF-I 能使鲈鱼肝脏 IGFBP-1 的产生量减少，而雌二醇能使之增加；甲状腺素、胰高血糖素、IGF-I 等使肝脏 IGFBP-2 的合成减少，雌二醇也能使之增加。脑垂体切除后鲈鱼血液中 IGFBP-3 含量降低而 IGFBP-2 含量增加，注射 GH 后使 IGFBPs 恢复至正常水平。这些结果表明，鱼类和哺乳类的 IGFBPs 都是高度保守的。IGFBP-2 是血液中含量最多的 IGFBP 之一，最近对鲤鱼 IGFBP-2 mRNA 在胚胎发育和性腺发育期间的表达进行分析，结果表明它们能通过调节局部的 IGF 对生殖活动和胚胎发育的影响而对鲤鱼的生长与发育起重要作用。但 IGFBP 对鱼类 IGF 功能的影响如何，目前还了解得不多。研究还表明，鱼类 IGFBP 能与哺乳类的 IGF-I 和 IGF-II 相结合，但不能与哺乳类或鱼类的胰岛素相结合，这表明鱼类血液中的 IGFBP 是特异性地与 IGF 分子相结合的。

对一些鱼类 IGF 在脑部结合的特征和生化分析的结果证明，鱼类存在着与哺乳类 IGF-I 型受体相类似的受体（IGF-IR），它们属于异四聚体酪氨酸激酶家族中的一种生长因子受体，与胰岛素受体相近，对 IGF-I 和 IGF-II 都具有相当的亲和力，但对胰岛素的亲和力低。鱼类肌肉中的 IGF-IR 要比胰岛素受体（IR）多得多，表明鱼类 IGF-I 调控肌肉的功能要比胰岛素强。鲑鳟鱼类和斑马鱼都有两种类型的 IGF-I 受体：IGF-IRa 和 IGF-IRb。在斑马鱼发育过程中，IGF-IRa 和 IGF-IRb 表现出不同的表达形式。离体孵育的虹鳟肌肉细胞在分化过程中 IGF-IR 增加。饥饿的虹鳟，IGF-IRa 增加，摄食后 IGF-IRa 降低，而 IGF-IRb 没有变化。除营养外，环境因子（如温度）也影响虹鳟体内 IGF-IR 的表达，但是有哪些神经内分泌因子参与了环境因子对 IGF-IR 的调节，还有待于研究。最近的研究证明，斜带石斑鱼 IGF-I 的受体（IGF-IR）由 1413 个氨基酸残基组成，其 α-亚基有富含半胱氨酸的区域，而 β-亚基有保守的跨膜区和酪氨酸激酶（TK））区；与哺乳类 IGF-IR 的同源性不到 70%，其显著差别是石斑鱼 IGF-IR 在 C-终端含有一个大的插入序列。斜带石斑鱼 IGF-IR mRNA 在脑的表达高于身体外周组织，而在身体各组织中，肝脏、性腺、骨骼肌、鳃、视网膜等的表达水平较高，但心脏、胸腺等的表达较低。此外，IGF-IR mRNA 在未受精卵、胚胎和早期发育的幼鱼中都有表达。在鲟鱼（Acipenser ruthenus）中，IGF-I mRNA 在卵巢的卵黄生成期间表达明显增强，而 IGF-IR mRNA 在卵黄生成后期与排卵前的卵巢和发育成熟的精巢中表达也显著增强，这表明 IGF-I 对鲟鱼性腺发育成熟起着重要的旁分泌调节作用。但是，在鱼类中未发现与哺乳类相类似的 IGF-Ⅱ型的受体。这些研究结果证明，鱼类 IGF 的生理作用至少是部分地通过与哺乳类 IGF-I 型受体相类似的受体结合而传递的。

　　鱼类血液中 IGF-I 的含量或者身体组织中 IGF-I mRNA 的含量都与鱼类的摄食量、摄食的蛋白质含量、鱼体生长速率呈正相关联系。在鱼的生长季节，血液中 IGF-I 的含量明显增加，而且温度和日照长度能刺激鱼血液中 IGF-I 的含量增加。对鱼类的研究可直接证明，由 GH 诱导产生的 IGF 能促进生长。例如，注射 GH 能特异性地刺激银大麻哈鱼和日本鳗鲡肝脏 IGF-I mRNA 的表达，并能提高血液中 IGF-I 的活性；而注射 IGF-I 能使银大麻哈鱼的生长速率加快。所以，IGF 能传递 GH 促进鱼类生长的作用。

　　对银大麻哈鱼、日本鳗鲡、金鱼的软骨组织和哺乳类的 IGF-I 一起进行离体孵育并测定 ^{35}S-硫酸盐的掺入量，结果表明 IGF-I 能直接刺激软骨蛋白多糖的合成；而 GH 和软骨组织一起孵育就没有这种作用。这表明 IGF-I 在鱼类中是通过刺激软骨基质的蛋白质合成，从而促进骨骼组织的生长。同时，GH 未能直接影响软骨蛋白多糖的合成也证明 GH 促进骨骼生长的作用是通过 IGF-I 传递的。不过，最近的研究发现，在鲤鱼鳃软骨组织的离体孵育中，同时加入 IGF-I 和 GH 的协同作用要比 IGF-I 的单独作用能更明显地促进 ^{35}S-硫酸盐掺入，表明 GH 对鱼软骨组织的生长可能也有某种直接作用。此外，金鱼切除脑垂体后，其软骨组织对 IGF-I 的反应要比对照组明显减弱，而注射 GH 后又能恢复这种反应。金鱼软骨组织对 IGF-I 的反应还有季节性变化，较明显的反应是出现在一年中金鱼血液 GH 含量最高的时期。这些研究结果证明，鱼类的 GH 和 IGF-I 的作用有密切的联系。

　　温度能明显影响鱼类 IGF-I 的作用和生长。例如，长期饲养在 23℃ 中的漠斑牙鲆（*Paralichthys lethostigma*），其个体要比饲养在 28℃ 中的大 65%~83%，肌肉中的 IGF-I mRNA、血液中的 IGF-I、肝体系数（HSI）等也都比较高，这表明温度对牙鲆生长有明显影响，而且这种温度诱导的生长与鱼体的 IGF-I 含量以及局部（如肌肉）IGF-I mRNA 含量的增加是密切相关的。采用 [^{14}C] 标志氨基酸进行的摄取实验可以证明，IGF-I 能剂量依存地增强底鳉（*Fundulus grandis*）的肌肉蛋白质合成以及提高鱼类肌肉细胞对氨基酸的摄取率。

　　总的来说，鱼类的 IGF-I 不仅刺激细胞分裂与促进生长，还参与代谢、发育、生殖以及在海水中渗透压的调节作用（表 4-3）。

　　IGF-Ⅱ mRNA 在鱼类幼鱼、成鱼的肝脏以及脑、眼、心脏、消化道、肾脏、骨骼肌、脾脏和性腺等许多器官中都有表达，以肝脏的表达最为显著。但 IGF-Ⅱ 的精确定位和 IGF-Ⅱ mRNA 在肝脏以外的分布研究得还不多。一般认为 IGF-Ⅱ 的受体并不存在于非哺乳类脊椎动物中。在鱼类，只报道在孵化后 5 周的虹鳟幼鱼出现过 IGF-Ⅱ 的受体，但其作用还不明确。IGF-Ⅱ 能调节虹鳟肌肉细胞的代谢活动，表明它与 IGF-I 一样不只是生长因子，也是一种代谢激素。初步研究表明，IGF-Ⅱ 和 IGF-I 都是通过促分裂原活化蛋白激酶（MAPK：Mitogen-activated Protein Kinase）和磷脂酰肌醇 3-激酶（PI 3 激酶：Phosphatidylinositol 3-kinase）的传导通路而诱导斑马鱼胚胎细胞增殖和 DNA 合成。但是，IGF-I 和 IGF-Ⅱ 对多种不同靶细胞产生影响的细胞内信号传导途径还有待于深入研究。

表 4-3　IGF-I 在鱼类中的主要作用

增强作用	
对鱼的整体	攻击能力
	食物消耗
	切除胰岛素后的生长
	正常身体生长（特别是日粮有限时）
	组织摄食氨基酸、葡萄糖
	对盐度的耐受力
对各个组织	
脂肪组织	脂质分解
软骨组织	硫酸盐摄取、软骨生长
细胞系	蛋白质合成
鳃	Na^+/K^+-ATP 酶活性
肝脏	脂质分解、蛋白质合成
肌肉	DNA 合成、蛋白质合成
卵母细胞	核质溶解（GVBD）
卵巢细胞	DNA 合成
塞托利细胞	DNA 合成
抑制作用	
对鱼的整体	
	血液氨基酸含量
	血液葡萄糖含量
对各个组织	
脑	GH 释放
	各种神经内分泌因子刺激的 GH 释放
细胞系	蛋白质降解

参考 T. P. Mommsen (1998)。

哺乳类的 IGFBP-6 对 IGF-Ⅱ 的亲和力明显高于其他 5 种 IGFBP，并且可能是 IGF-Ⅱ 作用的有效抑制剂，鱼类是否也存在类似的 IGFBP，目前尚不清楚。

鱼类 IGF-I 和 IGF-Ⅱ 的基因在所有器官中都受到 GH 的调控，这是独一无二的，因为在其他脊椎动物中 GH 只能调节 IGF-I 基因的表达。这是否为鱼类所特有，还有待于研究。

由于近年来取得的研究成果，目前已经出现通过脑神经分泌因子-生长激素-类胰岛素生长因子轴的调控作用以促进养殖鱼类生长的应用前景。可提供生产实践中应用的主要途径是：①在饲料中加入一些能刺激鱼类 GH 分泌的高活性神经内分泌因子，如 GHRH 的类似物、GnRH 的类似物、DA 的激动剂等。最近的研究表明，一些肽类神经内分泌因子能被鱼类消化道完整地吸收而进入血液循环并保持其生物活性，从而刺激

GH 分泌。这说明把它们拌入饲料中投喂鱼类以促进它们的生长是完全可行的。此外，生长抑素（SRIF）的抑制剂［如半胱胺（Cysteamine）］能抑制 SRIF 的合成，从而促进 GH 的释放，也能显著提高生长速率。当前的研究目的是筛选出高活性、用量少、来源方便、成本低和无副作用的药物，以适宜的剂量添加到鱼类饲料中，应用在大规模的鱼种培育过程中，提高生长速率，缩短鱼种培育周期或者培育大规格鱼种，从而达到提高养鱼产量的目的。②在饲料中加入用基因工程技术生产的基因重组 GH 制品，投喂养殖鱼类以直接刺激它们快速生长。目前，已有许多种鱼类的 GH 基因被分离提纯并在高效表达系统中表达而得到基因重组的 GH。例如，通过家蚕多角病毒表达系统在家蚕体内表达基因重组的草鱼 GH（r-gGH），具有与天然草鱼 GH 相似的免疫原性和生物活性，给草鱼鱼种注射、灌喂或者拌入饲料中投喂这种基因重组 GH 都能显著提高其生长速率，表明草鱼肠道能吸收这种大分子的 GH。斜带石斑鱼 GH 基因在毕赤酵母表达系统中以分泌方式获得高效表达，把酵母表达产物拌入苗种饲料中进行投喂实验，结果显示酵母表达的重组石斑鱼 GH 能显著促进石斑鱼苗种生长。此外，在基因重组 GH 中添加适当的药物以减缓 GH 在消化道内被蛋白酶分解（如中和消化道的酸性环境），提高它们在肠道内被吸收的程度，能明显提高投喂的 GH 促进鱼体生长的效果。因此，在确保基因重组 GH 的使用安全性和降低生产成本的前提下，将鱼类基因重组 GH 拌入饲料中，投喂养殖鱼类以促进鱼体生长也将是可行的。

主要参考文献

1. 林信伟，林浩然. 细胞外 Ca^{2+} 和 H^+ 对鲤鱼垂体离体生长激素分泌调节的影响. 水产学报，1993，17：7-13
2. 林信伟，林浩然，张庆. 促性腺激素释放激素类似物促进鱼类生长激素分泌和生长. 水产学报，1993，17：282-288
3. 林信伟，林浩然. 鲑鱼促性腺激素释放激素（sGnRH）调节鲤鱼脑垂体生长激素分泌的离体研究. 动物学报，1994，40：30-38
4. 张为民，林浩然，马广智. 草鱼血清生长激素水平的日变化. 水产学报，1995，19：263-267
5. 林浩然. 鱼类生长和生长激素分泌活动的调节. 动物学报，1996，42：69-79
6. 张为民，张利红，林浩然. 儿茶酚胺类药物对草鱼生长激素分泌的影响. 水生生物学报，1997，20：340-344
7. 李福顺，林浩然. 低盐度及甲状腺素（T_4）对加州鲈鱼生长及存活的影响. 鱼类学论文集（第六辑），1997：107-111
8. 王黎，林浩然. 促黄体素释放激素类似物和多巴胺对鲤鱼幼鱼和性成熟雌鱼生长激素分泌的作用. 动物学报，1997，43：303-308
9. 华益民，林浩然. 鱼类胰岛素样生长因子-I 的研究进展. 水产学报，1997，21：327-335
10. 李文笙，林浩然. E_2 对鲤鱼生长激素分泌的影响：离体研究. 中山大学学报：自然科学版，1998，37：23-27
11. 华益民，林浩然，钟翎. 用 RNase 保护法定量检测鲤鱼组织 IGF-I mRNA 的表达. 中山大学学报：自然科学版，1998，37：121-124
12. 华益民，林浩然. STR 对幼鲤生长和肝脏 IGF-I mRNA 表达的影响. 中山大学学报：自然科学版，1999，38：72-75

13. 沈文英,林浩然,张为民. 饥饿和再投喂对草鱼鱼种生物化学组成的影响. 动物学报,1999,45: 404-412
14. 李文笙,林浩然. 性类固醇激素对鲤鱼脑垂体生长激素基因表达的影响. 动物学报,2000,46: 175-182
15. 林浩然. 神经内分泌因子调控鱼类生殖和生长的相互作用. 动物学研究,2000,21:12-16
16. 华益民,林浩然. 营养状况对幼年鲤鱼肝脏 IGF-I mRNA 表达的影响. 动物学报,2001,47:94-100
17. 华益民,林浩然. IGF-ImRNA 在不同年龄鲤表达的差异和 LHRH-A 对 IGF-I mRNA 表达的影响. 水生生物学报,2001,25:498-502
18. 华益民,林浩然. 草鱼 IGF-I cDNA 的克隆和在原核生物中的表达. 动物学报,2001,47: 274-279
19. 邓利,张为民,林浩然. 生长激素受体的研究进展. 动物学研究,2001,22:226-230
20. 邓利,张为民,林浩然. 黑鲷生长激素及其受体的季节变化. 水产学报,2001,25:203-208
21. 温海深,肖东,林浩然,WONG, A. O. L., LEE, E. K. Y. 野生鲇鱼生长激素分泌的季节变化及其神经内分泌调控. 动物学报,2002,48:213-220
22. 邓利,张为民,林浩然,郑汉其. 黑鲷生长激素放射受体分析法的建立及其受体组织的分布. 动物学报,2002,48(2):270-276
23. 邓利,张为民,郑汉其,林浩然. 定量测定黑鲷生长激素受体 mRNA 的液相杂交/RNase 保护法. 中国实验动物学报,2003,11:7-11
24. 邓利,张为民,林浩然. 饥饿对黑鲷血清生长激素、甲状腺激素以及白肌和肝脏脂肪、蛋白质含量的影响. 动物学研究,2003,24:94-98
25. 李文笙,林浩然. 17β-雌二醇对不同性腺发育时期鲤鱼生长激素分泌的影响. 中国实验动物学报,2003,11:96-102
26. 冉雪琴,李文笙,林浩然. 甲状腺素和生长激素与斜带石斑鱼早期个体发育的关系. 中山大学学报:自然科学版,2003,42:74-78
27. 肖东,林浩然. 半胱胺对草鱼下丘脑-脑垂体组织共孵育中生长激素分泌的影响. 动物学报,2003,49:600-605
28. 冉雪琴,李文笙,林浩然. 重组斜带石斑鱼生长激素及其抗血清在放射免疫测定中的应用. 动物学报,2003,49:663-669
29. 邓利,张为民,林浩然. 盐度变化对黑鲷生长激素及其受体的影响. 热带海洋学报,2003,22: 9-14
30. 张为民,张勇,李欣,田静,林浩然. 石斑鱼生长激素 cDNA 克隆及其在大肠杆菌中融合表达. 水产学报,2003,27:391-397
31. 冉雪琴,李文笙,林浩然. SRIF 及 CSH 对斜带石斑鱼脑垂体生长激素合成和分泌的调控. 动物学报,2004,50:222-230
32. 龙进,刘晓春,谢嘉华,林浩然. 投喂 LHRH-A 粗制品对鲫鱼生长激素释放和生长速率的影响. 中山大学学报:自然科学版,2004,43:37-40
33. 曹运长,李文笙,叶卫,林浩然. 蓝太阳鱼生长激素全长 cDNA 的克隆与序列分析. 水产学报, 2004,28:289-293
34. 周立斌,刘晓春,叶卫,林浩然. 长臀鮠生长激素的生殖周期变化. 水生生物学报,2004,28: 679-681
35. 石和荣,张勇,张为民,刘晓春,柯浩,林浩然. 半胱胺盐酸盐和 LHRH-A 对黄鳍鲷 IGF-I 基因

表达和生长的影响. 动物学报, 2005, 51: 108 – 116

36. 曹运长, 李文笙, 叶卫, 林浩然. 外源生长激素基因在蓝太阳鱼中的整合、表达和遗传. 动物学报, 2005, 51: 299 – 307

37. 石和荣, 张为民, 刘晓春, 柯浩, 林浩然. 半胱胺盐酸盐和 LHRH-A 对黄鳍鲷生长激素分泌的影响. 海洋学报, 2005, 27: 147 – 153

38. 曹运长, 李文笙, 叶卫, 林浩然. 生长激素 mRNA 在蓝太阳鱼垂体外组织中的表达分布. 动物学研究, 2005, 26: 174 – 178

39. 马细兰, 刘晓春, 张勇, 林浩然. 尼罗罗非鱼生长激素及其受体的 cDNA 克隆与 mRNA 表达的雌雄差异. 动物学报, 2006, 52: 924 – 933

40. 孙颖, 林浩然. 几种神经内分泌因子促进草鱼鱼种生长激素分泌和生长的作用. 中山大学学报: 自然科学版, 2006, 45: 86 – 90

41. 孙颖, 林浩然. 基因重组草鱼生长激素 (γ-gGH) 对草鱼鱼种生长的促进作用. 水产学报, 2006, 30: 740 – 746

42. 孙颖, 陈练茜, 林浩然. LHRH-A 和 5-HT 拮抗剂的协同作用对草鱼鱼种生长激素分泌活动和生长的影响. 中国水产科学, 2007, 14: 473 – 477

43. 叶星, 李文笙, 林浩然. 鱼类生长抑素及其受体的研究进展. 水产学报, 2007, 31: 264 – 272

44. 马细兰, 张勇, 刘晓春, 林浩然. 雄尼罗罗非鱼肝脏二种生长激素基因受体表达的发育性变化. 中国水产科学, 2009, 6: 1 – 7

45. Beamish, F. W. H. Oxygen consumption of largemouth bass, *Micropterus salmoides*, in relation to swimming speed and temperature. *Can. J. Zool.*, 1970, 48: 1221 – 1228

46. Beckman, B. R., Larsen, D. A., Morigama, S., Leapawlak, B., and Dickhoff, W. W. Insulin-like growth factor-1 and environmental modulation of growth during smoltification of spring Chinook salmon (*Oncorhynchus tshawytscha*). *Gen. Comp. Endocrinol.*, 1998, 109: 325 – 335

47. Caelers, A., Berishvili, G., Meli, M. L., Eppler, E., and Reinecke, M. Establishment of a real-time RT-PCR for the determination of absolute amounts of IGF-I and IGF-II gene expression in liver and extra-hepatic sites of the tilapia. *Gen. Comp. Endocrinol.*, 2004, 137: 196 – 204

48. Canosa, L. F., Chang, J. P., and Peter, R. E. Neuroendocrine control of growth hormone in fish. *Gen. Comp. Endocrinol.*, 2007, 151: 1 – 26

49. Carter, C. G., Houlihan, D. F., Brechin, J., and McCarthy, I. D. The relationships between protein intake and protein accretion, synthesis and retention efficiency for individual grass carp, *Ctenopharyngodon idella* (Val.). *Can. J. Zool.*, 1993, 71: 392 – 400

50. Carter-Su, C., Schwartz, J., and Smit, L. S. Molecular mechanism of growth hormone action. *Annu. Rev. Physiol.*, 1996, 58: 187 – 207

51. Castillo, J., Codina, M., Martinez, M. L., Navarro, I., and Gutierrez, J. Metabolic and mitogenic effects of IGF-I and insulin on muscle cells of rainbow trout. *Am. J. Physiol. Regul. Integr. Comp. Physiol.*, 2004, 283: R647 – R652

52. Chan, S. J., Nagamatsu, S., Cao, Q. P., and Steiner, D. F. Structure and evolution of insulin-like growth factors in chordates. *Brain Res.*, 1992, 92: 15 – 24

53. Chan, S. J., Cao, Q. P., Nagamatsu, S., and Steiner, D. F. Insulin and insulin-like growth factor genes in fishes and other primitive chordates. In: Biochemistry and Molecular Biology of Fishes. Vol. 2. Hochachka, P. W. and Mommsen, T. P. eds. New York: Elsevier Science, 1993: 407 – 417

54. Chauvigne, F., Gabillard, J. C., Weil, C., and Rescan, P. Y. Effect of refeeding on IGF-I, IGF-II,

IGF receptors, FGF2, FGF6, and myostatin mRNA expression in rainbow trout myotomal muscle. *Gen. Comp. Endocrinol.*, 2003, 132: 209 - 215

55. Chen, T. T., Marsh, A., Shamblott, M. J., Chan, K. -M., Tang, Y. -L., Cheng, C. M., and Yang, B. -Y. Structure and evolution of fish growth hormone and insulinlike growth factor genes. In: Fish Physiology. Vol. XIII. Molecular Endocrinology of Fish. Sherwood, N. M. and Hew, C. L. eds. San Diego: Academic Press, 1994: 179 - 209

56. Chen Ting, Tang Zhiguo, Yan Aifen, Li Wensheng, Lin Haoran. Molecular cloning and mRNA expression analysis of two GH secretagogue receptor transcripts in orange-spotted grouper (*Epinephelus coioides*). *J. Endocrinol.*, 2008, 199: 253 - 265

57. Chen Wenbo, Li Wensheng and Lin Haoran. Commor carp (*Cyprinus carpio*) insulin-like growth factor binding protein 2 (IGFBP-2) molecular cloning, expression profiles and hormonal regulation in hepatocytes. *Gen. Comp. Endocrinol.*, 2009, 161: 390 - 399

58. Company, R., Astola, A., Pendón, C., Valdivia, M. M., and Perez-Sánchez, J. Somatotropic regulation of fish growth and adiposity: growth hormone (GH) and somatolaction (SL) relationship. *Comp. Biochem. Physiol.* C, 2001, 130: 435 - 445

59. Devlin, R. H., Yesaki, T. Y., Donaldson, E. M., Du, S. J., and Hew, C. L. Production of germline transgenic Pacific salmonids with dramatically increased growth performance. *Can. J. Fish. Aquat. Sci.*, 1995, 52: 1376 - 1384

60. Dicky L. Y. Tse, Margaret C. L. Tse, Chan, C. B., Dong X., Zhang, W. M., Lin, H. R., and Christopher H. K. Cheng. Seabream growth hormone receptor: molecular cloning and functional studies of the full-length cDNA, and tissue expression of two alternatively spliced forms. *Biochem. Biophys. Acta.*, 2003, 1625: 64 - 76

61. Dong Haiyan, Zeng Lingxian, Duan Da, Zhang Haifa, Wang Yunxin, Li Wensheng and Lin Haoran. Growth hormone and two forms of insulin-like growth factors I in the giant grouper (*Epinephelus lanceolatus*): molecular cloning and characterization of tissue distribution. *Fish Physiol Biochem.*, 2010, 36: 201 - 212

62. Duan, C., Duguay, S. J., Swanson, P., Dickhoff, W. W., and Plisetskaya, E. M. Regulation of insulin-like growth factor gene expression in salmon. In: Perspectives in Comparative Endocrinology. Davey, K. G., Peter, R. E., and Tobe, S. S. eds. Ottawa: NRC Canada, 1994: 365 - 372

63. Duan, C. and Hirano, T. Plasma kinetics of growth hormone in the Japanese eel, *Anguilla japonica*. *Aquaculture*, 1991, 95: 179 - 188

64. Duan, C. and Hirano, T. Effects of insulin-like growth factor-I and insulin on the in vitro uptake of sulphate by eel branchial cartilage: evidence for the presence of independent hepatic and pancreatic sulphation factors. *J. Endocrinol.*, 1991, 133: 211 - 219

65. Duan, C., Noso, T., Moriyama, S., Kawauchi, H., and Hirano, T. Eel insulin: isolation, characterization and stimulatory actions. *Gen. Comp. Endocrinol.*, 1991, 133: 221 - 230

66. Duan, C., Plisetskaya, E. M., and Dickhoff, W. W. Expression of insulin-like growth factor I in normally and abnormally developing coho salmon (*Oncorhynchus kisutch*). *Endocrinology*, 1995, 136: 446 - 452

67. Duan, C., and Xu, Q. Roles of insulin-like growth factor (IGF) binding proteins in regulating IGF actions. *Gen. Comp. Endocrinol.*, 2005, 142: 44 - 52

68. Fine, M., Sakal, E., Vashdi, D., Daniel, V., Levanon, A., Lipshitz, O., and Gertler, A. Recombi-

nant carp (*Cyprinus carpio*) growth hormone: expression, purification, and determination of biological activity in vitro and in vivo. *Gen. Comp. Endocrinol.*, 1993, 89: 51–61

69. Flett, P. A., van der Kraak, G., and Leatherland, J. F. Effects of excitatory amino acids on *in vivo* and *in vitro* gonadotropin and growth hormone secretion in testosterone-primed immature rainbow trout, *Oncorhynchus mykiss*. *J. Exp. Zool.*, 1994, 268: 390–399

70. Foster, A. R., Houlihan, D. F., Hall, S. J., and Burren, L. J. The effects of temperature acclimation on protein synthesis rates and nucleic acid content of juvenile cod (*Gadus morhua* L.). *Can. J. Zool.*, 1992, 70: 2095–2102

71. Fukazawa, Y., Siharath, K., Iguchi, T., and Bern, H. A. In vitro secretion of insulin-like growth factor-binding proteins from liver of striped bass, *Morone saxatilis*. *Gen. Comp. Endocrinol.*, 1995, 99: 239–247

72. Gabillard, J. C., Weil, C., Rescan, P. Y., Navarro, I., Gutierrez, J., and Le Bail, P. Y. Effects of environmental temperature on IGF-I, IGF-II, and IGF type I receptor expression in rainbow trout (*Oncorhynthus mykiss*). *Gen. Comp. Endocrinol.*, 2003, 133: 233–242

73. Gomez, J. M., Boujard, T., Fostier, A., and Le Bail, P. Y. Characterization of growth hormone nycthemeral plasma profiles in catheterized rainbow trout (*Oncorhynchus mykiss*). *J. Exp. Zool.*, 1996, 274: 171–180

74. Goodman, H. M. Growth hormone and metabolism. In: The Endocrinology of Growth, Development, and Metabolism in Vertebrates. Schreibman, M. P., Scanes, C. G., and Pang, P. K. T. eds. San Diego: Academic Press, 1993: 93–115

75. Gray. E. S., Young, G., and Bern, H. A. Radioreceptor assay for growth hormone in coho salmon (*Oncorhynchus kisutch*) and its application to the study of stunting. *J. Exp. Zool.*, 1990, 256: 290–296

76. Greene, M. W., and Chen, T. T. Characterization of teleost insulin receptor family members. *Gen. Comp. Endocrinol.*, 1999, 115: 254–269

77. Houlihan, D. F., Carter, C. G., and McCarthy, I. D. Protein synthesis in fish. In: Biochemistry and Molecular Biology of Fishes. Vol. 4. *Metabolic Biochemistry*. Hochachka, P. W. and Mommsen, T. P. eds. Amsterdam: Elsevier Biomedical, 1995: 191–220

78. Houlihan, D. F., and Laurent, P. Effects of exercise training on the performance, growth and protein turnover of rainbow trout (*Salmo gairdneri*). *Can. J. Fish. Aquat. Sci.*, 1987, 45: 951–964

79. Jiang, Y., Li, W. S., Xie, J. and Lin H. R. Sequence and expression of a cDNA encoding both pituitary adenylate cyclase activating polypeptide and growth hormone-releasing hormone in grouper (*Epinephelus coioides*). *Acta Bioche. Biophy. Sin.*, 2003, 35: 864–872

80. Jones, J. J., and Clemmons, D. R. Insulin-like growth factors and their binding protein: biological actions. *Endocrine Rev.*, 1995, 16: 3–34

81. Kawaye, T. T., Okimoto, D. K., Shimoda, S. K., Howerton, R. D., Lin, H. R., Pang, P. K. T., and Grau, G. Effects of 17α-methyltestosterone on the growth of the euryhaline tilapia, *Oreochromis mossambicus*, in freshwater and seawater. *Aquaculture*, 1993, 113: 137–152

82. Kelley, K. M., Gray, E. S., Siharath, K., Nicoll, C. S., and Bern, H. A. Experimental diabetes mellitus in a teleost fish. II. Roles of insulin, growth hormone, insulin-like growth factor-I, and hepatic GH receptors in diabetic growth inhibition in the goby. *Gillichthys mirabilis*. *Endocrinology.*, 1993, 132: 2696–2702

83. Kelley, K. M., Haigwood, J. T., Perez, M., and Galima, M. M. Serum insulin-like growth factor bind-

ing protein (IGFBPs) as markers for anabolic/catabolic condition in fishes. *Comp. Biochem. Physiol.* B, 2001, 129: 229 – 236

84. Kojima, M., Hosoda, H., Date, Y., Nakazato, M., Matsuo, H., and Kangawa, K. Ghrelin is a growth hormone-releasing acetylated peptide from stomach. *Nature*, 1999, 402: 656 – 660

85. Kuang Y. M., Li W. S., and Lin H. R., Molecular cloning and mRNA profile of insulin growth like factor type I peptide in orange-spotted grouper *Epinephelus coioides*. *Acta Biochem. Sinica.*, 2005, 37: 327 – 334

86. Lee, L. T., Siu, F. K., Tam, J. K. Lau, I. I., Wong, A. O., Lin, M. C., Vaudry, H., and Chow, B. K. Discovery of growth hormone-releasing hormones and receptors in nonmammalian vertebrates. *Proc. Natl. Acad. Sci. U. S. A.*, 2007, 104: 2133 – 2138

87. Leibush, B., Párrizas, M., Navarro, I., Lappova, Y., Maestro, M. A., Encinas, M., Plisetskaya, E. M., and Gutiérrez, J. Insulin and insulin-like growth factor-I receptors in fish brain. *Regul. Pept.*, 1996, 61: 155 – 161

88. Li W. S., and Lin H. R. Effects of sex steroid on the growth hormone (GH) secretion and gene expression in the pituitary of common carp, *Cyprinus carpio*. In: Recent Progress in Molecular and Comparative Endocrinology. H. B. Kwon, J. M. P. Joss and S. Ishii. eds. 1999: 537 – 543

89. Li W. S., Lin H. R. and Anderson O. L. W. Effects of gonadotropin-releasing hormone on growth hormone secretion and gene expression in common carp pituitary. *Comp. Beochem. physiol.*, part B., 2002, 132: 335 – 341

90. Li W. S., Chen D., Anderson O. L. W. and Lin, H. R. Molecular cloning, tissue distribution, and ontogeny of mRNA expression of growth hormone in orange-spotted grouper (*Epinephelus coioides*). *Gen. Comp. Endocrinol.*, 2005, 144: 78 – 89

91. Li Yun, Liu Xiaochun, Zhang Yong, Zhu Pei and Lin Haoran. Molecular cloning, characterization and distribution of two types of growth hormone receptor in orange-spotted grouper (*Epinephelus coioides*). *Gen. Comp. Endocrinol.*, 2007, 152: 111 – 122

92. Lin, H. R., Lin, X. W., Zhang, Q. and Peter, R. E. Effect of hypothalamic peptides and catecholamines on the regulation of growth hormone secretion and growth on carp. In: Proceedings of the Second Congress of the Asia and Oceania Society for Comparative Endorcrinology. P. N. Saxena, K. Muralidhar, L. Bhagat, N. Saxena and P. Kaushal. eds. India: New Delhi, 1991: 84 – 88

93. Lin H. R., Lin, X. W., Zhang, Q., and Peter, R. E. The regulation of growth hormone secretion in carp. In: Proceedings of the Third International Symposium of Fish Physiology, Toxicology and Water Quality Management. U. S. EPA Publication, 1994: 1 – 13

94. Lin, H. R., Zhang, Q., and Peter, R. E. Effect of recombinant tuna growth hormone and analogs of gonadotropin-releasing hormone on the growth of grass carp (*Ctenopharyngodn idellus*). *Aquaculture*, 1995, 129: 342

95. Lin, H. R., Lu, M., Zhang, W. M., Sun, Y. and Chen, L. X. Effects of gonadotropin-releasing hormone (GnRH) analogs and sex steroids on growth hormone (GH) secretion in common carp (*Cyprinus carpio*) and grass carp (*Ctenopharyngodonidellus*). *Aquaculture*, 1995, 135: 173 – 184

96. Lin, X. W., Lin, H. R. and Peter, R. E. The regulatory effects of thyrotropin-releasing hormone (TRH) on growth hormone secretion from perifused pituitary of common carp *in vitro*. *Fish Physiol. Biochem.*, 1993, 11: 71 – 76

97. Lin, X. W., Lin, H. R. and Peter, R. E. Growth hormone and gonadotropin secretion in the common

carp (*Cyprinus carpio*): *In vitro* interactions of gonadotropin-releasing hormone, somatostatin, and the dopamine agonist apomorphine. *Gen. Comp. Endocrinol.*, 1993, 89: 62-71

98. Lin, X., and Peter, R. E. Somatostatins and their receptors in fish. *Comp. Biochem. Physiol.*, part B, 2001, 129: 543-550

99. Luckenbach, J. A., Murashige, R., Daniels, H. V., Godwia, J., and Borski, R. J. Temperature affects insulin-like growth factor I and growth of juvenile southern flounder, *Paralichthys lethostigma*. *Comp. Biochem. Physiol.*, part A., 2007, 146: 95-104

100. Ma Xilan, Liu Xiaochun, Zhang Yong, Zhu Pei, Ye Wei and Lin Haoran. Two growth hormone receptors in Nile tilapia (*Oreochromis niloticus*): Molecular characterization, tissue distribution and expression profiles in the gonad during the reproductive cycle. *Comp. Biochem. Physiol.*, part B, 2007, 147: 325-339

101. McCormick, S. D. Effects of growth hormone and insulin-like growth factor I on salinity tolerance and gill Na^+, K^+-ATPase in Atlantic salmon (*Salmo salar*) Interaction with cortisone. *Gen. Comp. Endocrinol.*, 1996, 101: 3-11

102. McCormick, S. D., Kelley, K. M., Young, G., Nishioka, R. S., and Bern, H. A. Stimulation of coho salmon growth by insulin-like growth factor I. *Gen. Comp. Endocrinol.*, 1992, 86: 398-406

103. Mendez, E., Planas, J. V., Castillo, J., Navarro, I., and Gutierrez, J. Identification of a type II insulin-like growth factor receptor in fish embryos. *Endocrinology.*, 2001, 142: 1090-1097

104. Metcalfe, N. B., Huntingford, F. A., and Thorpe, J. E. Feeding intensity, growth rates, and the establishment of life-history patterns in juvenile Atlantic salmon *Salmo salar*. *J. Anim. Ecol.*, 1988, 57: 463-474

105. Metcalfe, N. B., Taylor, A. C., and Thorpe, J. E. Metabolic rate, social status and life-history strategies in Atlantic salmon. *Anim. Behav.*, 1995, 49: 431-436

106. Mommsen, T. P. and Plisetskaya, E. M. Insulin in fishes and agnathans: history, structure, and metabolic regulation. *Rev. Aquat. Sci.*, 1991, 4: 225-259

107. Mommsen, T. P. Growth and metabolism. In: The Physiology of Fishes. Second Edition. D. H. Evans. eds. Boca Raton: CRC Press, 1998: 65-97

108. Peng, C., Chang, J. P., Yu, K. L., Wong, A. O. L., Van Goor, F., Peter, R. E., and Rivier, J. Neuropeptide-Y stimulates growth hormone and gonadotropin-II secretion the goldfish pituitary: involvement of both presynaptic and pituitary cell actions. *Endocrinology*, 1993, 132: 1820-1829

109. Pérez-Sánchez, J., Martí-Palanca, H., and Kaushik, S. J. Ration size and protein intake affect circulating growth hormone concentrations and plasma insulin-like growth factor-I immunoreactivity in a marine teleost, the gilthead seabream (*Sparus aurata*). *J. Nutr.*, 1995, 125: 546-552

110. Peter, R. E. and Marchant, T. A. The endocrinology of growth in carp and related species. *Aquaculture*, 1995, 129: 299-321

111. Peyon, P., Baloche, S., and Burzawa-Gérard, E. Potentiating effect of growth hormone on vitellogenin synthesis induced by 17β-estradiol in primary culture of female silver eel (*Anguilla anguilla* L.) hepatocytes. *Gen. Comp. Endocrinol.*, 1996, 102: 263-273

112. Pickering, A. D., Pottinger, T. G., Sumpter, J. P., Carragher, J. F., and Le Bail, P. Y. Effects of acute and chronic stress on the levels of circulating growth hormone in the rainbow trout, *Oncorhynchus mykiss*. *Gen. Comp. Endocrinol.*, 1991, 83: 86-93

113. Plisetskaya, E. M. and Duan, C. Insulin and insulin-like growth factor I in coho salmon *Oncorhynchus*

kisutch injected with streptozotocin. *Am. J. Physiol.*, 1994, 267: R1408－1412

114. Plisetskaya, E. M. and Mommsen, T. P. Glucagon and glucagons-like peptides in fishes. *Int. Rev. Cytol.*, 1996, 168: 187－257

115. Pozios, K. C., Ding, J., Degger, B., Upton, Z., and Duan, C. IGFs stimulate zebrafish cell proliferation by activating MAP kinase and PI 3-kinase signaling pathways. *Am. J. Physiol. Regul. Integr. Comp. Physiol.*, 2001, 280: R1230－1239

116. Radaelli, G., Patruno, M., Maccatrozzo, L., and Funkenstein, B. Expression and cellular localization of insulin-like growth factor-II protein and mRNA in *Sparus aurata* during development. *J. Endocrinol.*, 2003, 178: 285－299

117. Ran X. Q., Li W. S., and Lin H. R. Stimulatory effects of gonadontropin-releasing hormone and dopamine on growth hormone release and growth hormone mRNA expression in *Epinephelus coioides*. *Acta Physiol. Sinica.*, 2001, 56: 644－650

118. Ran X. Q., Li W. S. and Lin H. R. Rat ghrelin stimulate GH release and GH mRNA expression in the pituitary of orange-spotted grouper, *Epinephelus coioides*. *Fish Physiol. Biochem.*, 2004, 30: 95－102

119. Rand-Weaver, W. and Kawauchi, H. Growth hormone, prolactin and somatolactin: a structural overview. In: Biochemistry and Molecular Biology of Fishes. Vol. 2. *Molecular Biology Frontiers*. Hochachka, P. W. and Mommsen, T. P. eds. New York: Elsevier Science, 1993: 39－56

120. Reinecke, M., Bjornsson, B. T., Dickholf, W. W., McCormick, S. D., Navarro, I., Power, D. M., and Gutierrez, J. Growth hormone and insulin-like growth factors in fish: where we are and whose to go. *Gen. Comp. Endocrinol.*, 2005, 142: 20－24

121. Reinecke, M., and Collet, C. The phylogeny of the insulin-like growth factors. *Int. Rev. Cytol.*, 1998, 183: 1－94

122. Schmid, A. C., Lutz, I., Kloas, W., and Reinecke, M. Thyroid hormone stimulates hepatic IGF-I mRNA expression in a bony fish, the tilapia, *Oreochromis mossamlicus*, in vitro and vivo. *Gen. Comp. Endocrinol.*, 2003, 130: 129－134

123. Shi, F. T., Li, W. S., Bai, C. H., and Lin, H. R. IGF-I of orange spotted grouper *Epinephelus coioides*: cDNA cloning, sequencing and expression in *Escherichia coli*. *Fish Physiol. Biochem.*, 2002, 27: 147－156

124. Srivostava, R. K., and Van der Kraak, G. Multifactorial regulation of DNA synthesis in goldfish ovarian follicles. *Gen. Comp. Endocrinol.*, 1995, 100: 397－403

125. Uchida, K., Kajimura, S., Riley, L. G., Hirano, T., Aida, K., and Grau, E. G. Effects of fasting on growth hormone/insulin-like growth factor I axis in the tilapia, *Oreochromis mossambicus*. *Comp. Biochem. Physiol.* A, 2003, 134: 429－439

126. Unniappan, S., Lin, X., Cervini, L., Rivier, J., Kaiya, H., Kangawa, K., and Peter, R. E. Goldfish ghrelin: molecular characterization of the complementary deoxyribonucleic acid, partial gene structure and evidence for its stimulatory role in food intake. *Endocrinology*, 2002, 143: 4143－4146

127. Uniappan, S., and Peter, R. E. Structure, distribution and physiological functions of ghrelin in fish. *Comp. Biochem. Physiol.*, part A, 2005, 140: 396－408

128. Wang Anderson O. L., Li Wen Sheng, Lee Eric K. Y., Lueng Mei Yee, Tse Lai Yin, Chow Billy K. C., Lin Hao Ran and Chang John P. Pituitary adenylate cyclase activating polypeptide as a novel hypophysiotropic factor in fish. *Biochem. Cell Biol.*, 2000, 78: 329－343

129. Weber, G., and Sullivan, C. V. Effects of insulin-like growth factor-I on in vitro final oocyte maturation

and ovarian steroidogenesis in striped bass. *Morone saxatilis. Biol. Reprod.*, 2000, 63: 1049 – 1057

130. Wuertz, S., Gessner, J., Kirschbaum, F., and Kloas, W. Expression of IGF-1 and IGF-1 receptor in male and female starlet, Acipenser ruthenus-evidence for an important role in gonad maturation. *Comp. Biochem. Physiol.* part A, 2007, 147: 223 – 230

131. Xiao, D., Anderson O. L. W., and Lin H. R. Lack of growth-hormone-releasing peptide-6 action on *in vivo* and *in vitro* growth hormone secretion in sexually immature grass carp (*Ctenopharyngodon idellus*). *Fish Physiol. Biochem.*, 2002, 26: 315 – 327

132. Xiao D., Chu Mables M. S., Lee Eric K. Y., Lin H. R., and Wang O. L. Anderson. Regulation of growth hormone release in common carp pituitary cells by pituitary adenylate cyclase-activating polypeptide: Signal transduction involves cAMP-and calcium-dependent mechanisms. *Neuroendocrinology.*, 2002, 76: 325 – 338

133. Xiao D., and Lin H. R. Cysteamine-a somatostatin-inhibiting agent induced growth hormone secretion and growth acceleration in juvenile grass carp (*Ctenopharyngodon idellus*). *Gen. Comp. Endocrinol.*, 2003, 134: 285 – 295

134. Xiao D., and Lin H. R. Effects of cysteamine-a somatostatin-inhibiting agent, on serum growth hormone levels and growth in juvenile grass carp (*Ctenopharyngodon idellus*). *Comp. Biochem. Physiol.* part A., 2003, 134: 93 – 99

135. Ye X., Li W. S., and Lin H. R. Polygennic expression of somatostatin in orange-spotted grouper (*Epinephelus coioides*): Molecular cloning and distribution of the mRNA encoding three somatosatin precursors. *Mol. Cell. Endocrinol.*, 2005, 241: 62 – 72

136. Zhang, W. M., Lin, H. R. and Peter, R. E. Espodic growth hormone secretion in the grass carp, *Ctenopharyngodon idellus. Gen. Comp. Endocrinol.*, 1994, 95: 337 – 341

复习与思考

1. 鱼类的代谢和能量转换有哪些特点？如何评估各种鱼类的能量转换？
2. 鱼类的代谢水平有哪些特点？如何测定鱼类的代谢水平？
3. 鱼类的氧摄取量（$\dot{M}_{O_2}$）受哪些因素的影响？其变动的基本规律如何？
4. 鱼类的二氧化碳产生量（$\dot{M}_{CO_2}$）受哪些因素的影响？它和$\dot{M}_{O_2}$的关系如何？
5. 鱼类能量的耗损有哪些特点？如何评估各种鱼类的能量损耗？
6. 鱼类生长的基本特点是什么？影响鱼类生长的主要因素有哪些？
7. 分析说明调控鱼类生长的脑/下丘脑－脑垂体－肝脏轴基本模式。
8. 鱼类生长激素的结构特点、主要功能和分泌模式是什么？
9. 刺激鱼类生长激素分泌的神经内分泌因子有哪些？它们的作用机理如何？
10. 抑制鱼类生长激素分泌的神经内分泌因子有哪些？它们的作用机理如何？
11. 性类固醇激素和甲状腺素等如何影响鱼类生长激素的分泌活动？
12. 鱼类的生长激素如何通过胰岛素样生长因子（ICG）的介导而促进鱼体的生长？
13. 鱼类IGF-I和IGF-II的结构特点和主要功能有哪些？
14. 分析说明通过鱼类脑神经内分泌因子－生长激素－胰岛素样生长因子轴的调控作用以促进养殖鱼类生长的应用前景。

第五章 血液和血液循环生理

与其他的脊椎动物一样,鱼类血液循环系统的功能,是把从外界吸收来的养料和氧气输送到体内各个组织和器官内,并把机体生命活动所形成的代谢产物运送到排泄器官。血液循环系统还负责输送激素,以调节体内各部位的机能,以及对外界各种环境因子(如水温和水质等)的影响进行调节和适应,防御外来微生物、细菌及各种毒素对机体的侵害。

第一节 鱼类的血液

一、血液的组成成分

血液由液体的血浆(Plasma)及悬浮于其中的血细胞(Hemocyte)组成。血液抽出体外放置,将会出现凝固并收缩,同时析出透明的淡黄血清(Serum)。凝固部分为血细胞、血小板(Thrombocytes)及纤维蛋白原(Fibrinogen)。若在抽出体外的血液中加入抗凝剂,放置一段时间或离心分离后,则可分出沉淀的血细胞、血小板和液态的血浆。血浆中含有纤维蛋白原。

每 100 mL 血液中血细胞所占的容积,称血细胞比容(Hematocrit)。由于鱼类血液中白细胞的含量很少,所以血细胞比容主要由红细胞的数量和体积所决定。从表 5-1 可看出,不同种类的鱼,其血细胞比容各不相同。运动能力强的鱼类,血细胞比容较大,如金枪鱼可达 40% 以上;而活动能力较差的鳐则不到 10%。同一条鱼在不同生理状态下,血细胞比容也会发生变化,如在患病期间,血液的血细胞比容下降。对鲤鱼进行的人为急性贫血(反复抽血)试验发现,取血后 1~3 d,血细胞比容减小,但到第 5~15 d 就可恢复到正常值,说明鱼体能迅速制造出大量的血细胞补充入血液中。血液中二氧化碳的含量也影响血细胞比容。二氧化碳能改变红细胞膜的通透性,使水易于进入红细胞,增加细胞的体积,所以静脉血的红细胞体积一般比动脉血的红细胞体积大。另外,季节变化、摄食营养条件、温度、盐度的变化等都会影响血细胞比容。

表 5-1 几种鱼类的血细胞比容

鱼 名	血细胞比容/%
锤头双髻鲨(*Sphyrna zygaena*)	15.20
鳐(*Raja* sp.)	9.90
硬头鳟(*Salmo gairdneri*)	39.28
鲤(*Cyprinus carpio*)	40.00
金枪鱼(*Thunnus thynnus*)	41.00

二、红细胞

红细胞（Erythrocyte）是血液有形部分最主要的成分。红细胞内所含的血红蛋白是运输氧气和二氧化碳的载体，承担了气体运输这一血液的主要功能。

鱼类成熟的红细胞为椭圆形的中心凸出的细胞，与哺乳类红细胞的最大区别是具有一个细胞核。

红细胞的大小以其长短径来表示。一般来说，运动能力强的鱼类，其红细胞较小。脊椎动物中，进化程度越高的种类，其红细胞体积越小。红细胞体积小，能使表面积相对增加，提高呼吸机能。

红细胞的数量用每立方毫米血液中血细胞的数量来表示。红细胞数量在各种鱼类中的情况与上述红细胞体积的情况相反，即：运动能力越强的鱼类，进化程度越高的动物，其血液中红细胞的数量就越多。表5-2列举了几种鱼的红细胞情况。

表5-2 各种鱼类红细胞的长短径、红细胞数和血红蛋白含量

鱼名	红细胞的长短径/ ($\mu m \times \mu m$)	红细胞数/ (百万个/mm^3)	血红蛋白量/ (g/100 mL)
真鲨	16.2×12	0.242	4.0
鳐鱼	25.2×17.3	0.100	1.6
鳟鱼	16.7×10.3	1.200	8.5
鲤鱼	14.1×8.1	2.410	8.5
泥鳅	13.2×10.1	2.463	10.7
鳗鲡	9.9×6.9	2.721	9.4
金枪鱼	7.2×6.6	3.640	14.4

鱼类红细胞数量在不同生理状态和环境条件下变动的情况已研究得很多。环境中缺氧，是使循环血液中红细胞数量迅速增加的因素之一。例如，阻止黄鳝的口吻伸出水面与空气接触，33 h后其红细胞的数量比在氧量充足的水中自由活动时升高30%。增加的红细胞的来源，一般认为是脾脏等储血器官收缩，释放出储存于其中的红细胞。但在斑点圆鲀等鱼的实验中发现，鱼窒息时红细胞的增加，是由于血液中水分的排泄而导致红细胞相对含量的增加所致。

营养状况也影响红细胞的含量。鲫鱼饥饿半个月，红细胞下降约40%；而耐饥饿的黄鳝饥饿1个月，其红细胞下降甚微，饥饿3个月时红细胞才显著下降。

鱼体的病理变化会改变红细胞的数量。一般来说，各种疾病都会引起红细胞数的减少。寄生虫严重感染的鱼几乎完全没有红细胞。

正常生理状态下的鱼，其红细胞的数量在不同性别之间也有差异，往往是雄性较多，雌性较少。季节变化对红细胞数量的影响表现为：冬季红细胞数量显著下降，春季

产卵前剧烈增加。

在一定容量的血液中，红细胞数量是血液氧容量（一定容量血液携带的最大氧量）的主要决定因素。在心输出量不变的情况下，增加红细胞数量将会促进 O_2 的运送。红血球数量（亦即血红蛋白浓度和血液携带氧容量）通常有两种调节作用。

（1）短时间（几分钟到几小时）的调节：从储存器官释放红细胞或者减少血浆容量都可以迅速增加红血球数量和血液的 O_2 容量。对运动和缺氧的瞬时反应是在肾上腺素能神经或激素的调控下促使红细胞的主要储存器官脾脏释放红细胞。脾脏收缩对血浓缩起作用，但其重要性在不同鱼类中有所不同。季节和温度对脾脏大小有明显影响，但这些因子对鱼类脾脏收缩和红细胞数量变化的影响如何还研究得不多。通过增加尿液流量能迅速减少血浆容量。对虹鳟的研究表明，在急性缺氧的情况下，尿液流速和血液的血细胞比容同时增加。虽然尿液流速增加和血浆容量减少在脊椎动物缺氧时普遍出现，但这些变化的作用机理还不清楚，可能是由于心脏的肽类释放增加而使尿液流量增加。在哺乳类中，缺氧或无氧时，心房钠尿肽（ANP：Artial Natriuretic Peptide）从心脏的释放量增加，且缺氧时 ANP 基因表达增强。鲑鳟鱼类释放的心脏肽类亦能引起利尿和持续血浓缩。缺氧通常会引起心动过缓，这时心输出量（Cardiac Output）并不明显变化，而每搏输出量（Stroke Volume）明显增加；但每搏输出量增加必然加强心肌牵张，这对于心脏的肽类释放是强有力的刺激作用。

（2）长时间（数十小时）的调节：红细胞的生成和分解能影响红细胞数量。红细胞分解受到各种环境毒物和环境温度的影响，但红细胞分解并不会影响鱼类对环境变化的反应。相反，红细胞生成（Erythropoiesis）是所有脊椎动物在氧需要量和红细胞的氧容量比例降低时出现的反应。所以，鱼类在贫血（血液 O_2 容量减少）和缺氧（水中氧含量减少）时红细胞迅速生成。新形成的红细胞主要在前肾（头肾）产生，其血红蛋白含量较老红细胞低，表明一些血红蛋白是在血液循环中的红细胞内合成的。哺乳类在低氧时引起红细胞生成的分子机理已经阐明：低氧使转录因子——低氧诱导因子 I（HIF-I，它在氧正常情况下不稳定）不会分解；运送到细胞核的蛋白质和芳香烃受体核易位体（ARNT：Ary Hydrocarbon Receptor Nuclear Translocator）形成二聚体，并与红细胞生成素（Erythropoietin）基因启动子区的低氧反应成分结合；接着二聚体和 DNA 结合，红细胞生成素基因被激活而产生红细胞生成素激素，它是促使红细胞增殖的主要激素。在哺乳类中，红细胞生成素主要在肾脏的小管周细胞（Peritubule Cell）中产生。人的红细胞生成素能刺激鱼类红细胞生成。用人的红细胞生成素 RIA 试剂盒测定虹鳟的红细胞生成素含量，表明它们在肾脏中的含量要比其他组织高。但是，鱼类在低氧下红细胞生成素基因的调节作用还未见报道。此外，长颌姬鰕虎鱼（Gillichthys mirabilis）肝脏的基因表达状况表明，有几种与胰岛素或胰岛素样生成因子相关的基因参与在低氧下红细胞数量的调节作用，这表明鱼类与哺乳类一样，胰岛素样生长因子可能参与激活红细胞生成。

血红蛋白是红细胞的主要组成成分。鱼类血红蛋白的结构及特征在第四章"呼吸生理"中已有详述。血红蛋白在氧分压高时结合氧、在氧分压低时释放氧的特性，使它特别适宜在体内担负运输氧的机能。事实上，通过血液运输的氧，绝大部分是以血红蛋白为载体，只有极小部分是溶解在血浆中被运输的。

血红蛋白还能与少量进入红细胞中的二氧化碳结合，形成氨甲酰血红蛋白，协助二氧化碳的运输。其余大部分二氧化碳不与血红蛋白结合，而只是扩散入红细胞的细胞液内，在其中完成与二氧化碳运输有关的重要反应。

血红蛋白与一氧化碳有极强的亲和力。对鲂鲱的测定表明，血红蛋白与一氧化碳的亲和力为氧亲和力的 168 倍。当血红蛋白由于 pH 值的变化而与氧的亲和力显著下降时，与一氧化碳的亲和力仍然不变。所以，当环境中一氧化碳含量过高而使鱼中毒时，其血液运输氧的能力就会大大下降，结果导致鱼类呼吸困难甚至窒息死亡。

血红蛋白的量以每 100 mL 血液中所含血红蛋白的克数表示。血红蛋白的量随鱼的种类、营养状况、季节变化等而有所不同。一般来说，硬骨鱼类的血红蛋白量比软骨鱼类多，同种鱼中雄性个体较雌性个体多。饲料充足、营养条件好时鱼类的血红蛋白含量高，环境缺氧时血红蛋白量也会迅速增加。运动能力强的鱼类较运动能力弱或底栖生活的鱼类有较多的血红蛋白。同一条鱼在运动时血红蛋白明显增加，患病时则减少。

三、白细胞

白细胞（Leucocyte）是血液中除红细胞、血小板以外其他各种细胞的总称。在鱼类血液中白细胞只占很少量。鱼类白细胞的个体较红细胞小，这一点与哺乳动物不同，原因是鱼类的红细胞在成熟过程中没有进一步分化。

鱼类白细胞的分类研究尚不够完善。参照人体中的分类方法，鱼类白细胞可分为颗粒白细胞（包括嗜中性白细胞、嗜酸性白细胞和嗜碱性白细胞）和无颗粒白细胞（包括单核细胞和淋巴细胞）。鱼类白细胞大部分是嗜中性白细胞和淋巴细胞（表 5-3）。

表 5-3　几种鱼类白细胞总数及各种白细胞占总数的百分比（%）

鱼　名	嗜中性白细胞	嗜酸性白细胞	淋巴细胞	单核细胞	白细胞/（个/mm^3）
真　鲨	36.9	—	50.1	13.0	6900
鲤　鱼	55.4	0.2	36.3	8.1	40200
日本鳗鲡	42.96	—	56.60	0.44	19380
黄鳍金枪鱼	75.3	0.6	16.7	7.4	38400

对鲤鱼的研究表明，白细胞数量甚少，形状多为圆形，也可变形而成为各种形状。白细胞的原生质清晰，有些细胞的原生质中有明显的较粗粒质，有些则透明无粒质。吞噬细胞为白细胞中的一种，能像变形虫一样伸出伪足，吞噬细菌等。淋巴细胞个体较小，其最大的特点是细胞核特别大。还有一种多形细胞（或称多核细胞），细胞内有多个核，彼此相连，也有吞噬作用。

白细胞的主要作用是保护机体，抵御病害的侵袭。嗜中性颗粒白细胞有吞噬和消化的机能，能做变形运动，穿过毛细血管壁，进入组织间隙，吞噬病菌和自身老化与坏死的细胞；嗜酸性颗粒白细胞与嗜碱性颗粒白细胞的作用相似，前者还与抗原抗体复合物有亲和力，能吞噬该复合物。淋巴细胞也能做变形运动，在机体特异性免疫过程中起重要作用。有关鱼类白细胞的机能还将在第九章"免疫"中详述。

鱼类在患病，特别是出现炎症时，白细胞常表现增多，这与人类的情况相同。黄鳝长期饥饿后白细胞数可升高 50%；在环境缺氧时，白细胞的数量保持不变。鱼类在产卵季节，其白细胞的种类有显著的变化。无论在自然条件下产卵或注射脑下垂体人工催产，都会使鱼类的淋巴细胞剧烈下降，而单核细胞和多形细胞数量增加。

四、血小板

鱼类的血小板（Thrombocyte，亦称纺锤形细胞、血栓细胞）是较白细胞更小的细胞，具一大核，原生质层很薄；人类的血小板无核。血小板易于彼此黏连成块，当血液流出体外时，血小板凝集成团并破裂，其中的凝血致活酶进入血液，启动血液的凝固过程。

五、血浆的成分

水占血浆重量的 80%~90%。生活在淡水中的鱼，其血浆含水量比生活在海水中的鱼的血浆含水量低，前者平均为 83.93%，后者为 86.20%。运动量大的鱼，其血浆含水量比不活动或底栖鱼类的低。洄游性鱼类从海水进入淡水时，其体内的调节机制能够将血液中的部分水分排出，这种调节功能保证了鱼体与外界环境渗透压的相对平衡。

血浆蛋白是多种蛋白的总称，是血浆中的主要有机物。血浆中除去纤维蛋白原外，其他的蛋白统称为血清蛋白。血清蛋白含量为血液的 2.5%~5.0%。雌鱼的血清蛋白总量通常都较雄鱼多，淡水鱼类较海水鱼类多。季节的变化使血清蛋白的含量呈周期性的改变。鱼处于饥饿或患病时，其血清蛋白含量明显下降。

依照哺乳类血清蛋白的分类法，血清蛋白大体上可分为白蛋白和球蛋白两种。白蛋白为各种物质的载体，它分解后产生的氨基酸又是体内合成蛋白质的原料。球蛋白又可分为 α、β、γ 三种。α 球蛋白与 β 球蛋白一起，与脂类结合，运输磷脂、胡萝卜素、铜、铁等，并在机体防御机制方面起重要作用。γ 球蛋白几乎都是抗体，能与抗原如细菌、病毒等致病因素结合，形成抗体复合物，为吞噬细胞所消灭，对机体起保护作用。人血清蛋白中的四种组分（即白蛋白和三种球蛋白）可用电泳分离。一般情况下，用纸电泳法分离鱼类血清蛋白所得的白蛋白、α 球蛋白、β 球蛋白及 γ 球蛋白与人血清蛋白的成分很对应。例如，在鲟鱼中，白蛋白平时大量存在，约占血清蛋白总量的 18.3%；α 球蛋白常清晰存在，能与白蛋白明显区别，含量为 8.7%；β 球蛋白大量存在，含量达 51.7%；γ 球蛋白在正常状态下则非常少。纸电泳分析几种海水硬骨鱼的血清蛋白，与人的血清蛋白相比，除金枪鱼未见 γ 球蛋白存在之外，其他几种蛋白的成分都与人血清蛋白成分相对应，但含量有所不同。纸电泳及蒂塞里斯（Tiselius）电泳分析均表明，许多板鳃鱼类的血清中缺少白蛋白成分。

血清蛋白在维持血浆正常胶体渗透压、对物质的运输和体内酸碱度平衡等方面均起重要作用。白蛋白、纤维蛋白原及部分球蛋白在肝脏中合成，另一部分球蛋白由组织中淋巴细胞分化出来的浆细胞合成。血清蛋白在体内不断地分解、合成，参与机体的代谢活动。

血糖来自食物中消化吸收后的葡萄糖及肝糖元的分解和异生作用，是肌体组织生化活动所需能量的来源。血糖也是血浆中的重要组分。肌肉和肝脏以糖元形式储存糖，在血液中则以葡萄糖形式存在，二者之间时常保持动态平衡状态。实验证明，运动能力强的鱼类其血糖值较高，行动迟缓的鱼类其血糖值较低，原因可能是活动性鱼类时常处于运动状态，肾上腺素的分泌导致血糖增加。摄食糖类饲料也会导致血糖的急剧上升，患病时则逐渐下降。胰岛素有降低鱼类血糖的作用，这与哺乳类的情况相同。不论是同种个体的胰岛素，还是其他动物（如牛）的胰岛素，注射之后都能使鱼的血糖下降。正常状态下，血糖值越高的鱼类对胰岛素的降血糖作用越敏感。肾上腺素的作用与胰岛素相反，能使血糖升高。如在鲤鱼中，以肾上腺素 5 μg/kg 体重的剂量已能起作用，效应时间长达 24 h。

乳酸是葡萄糖在肌肉中无氧酵解提供能量时的代谢产物。肌肉产生的乳酸大部分进入血液，随血液循环到达肝脏，在肝脏中再生成糖。肌肉做剧烈运动时，产生的大量乳酸进入血液，要恢复到正常水平，需长达数天的时间。鱼类易于疲劳，恢复迟缓，运动过度会出现死亡。尽管还不清楚乳酸的大量生成是否是死亡的直接原因，但这对鱼体的调节功能来说，无疑是很大的负担。血液中乳酸含量的增加对血红蛋白与氧结合的能力也产生影响，会使血红蛋白的最大氧结合量减少。

尿素是氮化合物代谢的产物。鱼类血液中尿素的含量特别高，软骨鱼类尤为高。这种情况在其他动物中未曾发现，可能与鱼体存在着某些特殊的调节机制有关。尿素是鱼类血液中除氯化钠以外最重要的维持血液渗透压的成分。硬骨鱼类血液渗透压的75%、软骨鱼类血液渗透压的41%~47%由氯化钠决定，剩下的由尿素决定。

鱼类血浆中还含有多种无机物，大多以离子形式存在；重要的阳离子有 Na^+、K^+、Ca^{2+}、Mg^{2+} 等，重要的阴离子有 Cl^-、SO_4^{2-}、PO_4^{3-} 等。这些离子在维持血浆晶体渗透压、酸碱平衡以及神经肌肉的正常兴奋性等方面起重要作用。必须强调的是 Ca^{2+}，它在多种生理现象中发挥着极特殊的作用。例如，血浆中的 Ca^{2+} 在血液凝固过程中起重要作用；成熟雌鱼在卵黄积累阶段，血浆中 Ca^{2+} 含量明显增加，已有实验证明，肝脏合成的钙结合蛋白被血液输送到卵巢后可生成为卵黄。

六、血液的凝固

血液流出血管后失去流动性并形成琼胶状的凝块，称为凝血。凝胶块放置不动或离心，凝胶部分的纤维蛋白把血液中的有形成分网罗成凝块并逐渐收缩，分离出血清。收缩是由于纤维蛋白缩短所致。

鱼类的血液容易凝固，硬骨鱼类的血液可在 20~30 s 内凝固。健康鱼的血液凝固时间比健康不良者短。低温下血液不易凝固。凝固时间因操作方法的不同而有差异，如血液触及玻璃或其他粗糙的物体,或混入任氏液、氯化钠溶液等,则凝固加快;在与血液接触的玻璃上涂一层石蜡,则可延缓凝固过程。

凝固的生化过程,开始于血小板破裂。血小板释放出的凝血致活酶,在钙离子的协助下,使血液中的凝血酶原变成凝血酶。后者促使纤维蛋白原变成纤维蛋白,并逐渐收缩,形成凝血块。这一过程在脊椎动物各主要类群中的情况都相似。

具有抗凝作用的物质有:①肝素,它由毛细血管壁的艾利希(Ehrlich)细胞产生,可与凝血酶原结合,阻止凝血酶的形成;②草酸盐、枸橼酸盐,能与钙形成不溶性盐,减少血液中钙的含量,抑制凝固过程。表面光滑的容器,如在玻璃上涂一薄层蜡,都能使血小板不易破裂而延缓凝血。在血液中加氯化钙溶液,由于增加了钙离子的浓度,可以加速血液的凝固。维生素K可使肝脏产生凝血酶原,也能促进凝血。

七、溶血

血红蛋白从红细胞中释放出来,称为溶血(Hemolysis)。离开红细胞的血红蛋白失去其生物活性。

造成溶血的原因有:红细胞外渗透压低于红细胞内渗透压,水大量渗入红细胞使其破裂而造成溶血;某些生物毒素的作用也能造成溶血。血浆及血清有抑制溶血的作用,糖能抑制皂碱所致的溶血。

八、造血器官

高等脊椎动物血细胞形成的主要中心是骨髓,它产生红细胞和有颗粒白细胞,而淋巴腺和其他淋巴器官产生淋巴细胞。但是鱼类明显不同,它们没有骨髓和淋巴腺,而且制造红细胞和白细胞的造血组织是分开的。软骨鱼类和硬骨鱼类的红细胞和血小板在脾脏中形成。软骨鱼类的白细胞由赖狄氏器官(Legdig's Organ)形成,它是在食道黏膜上聚集的淋巴髓状组织;有些软骨鱼类白细胞的造血中心在生殖腺或肾脏;硬骨鱼类由肾脏结缔组织、胰腺淋巴组织聚集处以及肠黏膜形成白细胞。所以,脾脏是鱼类重要的造血器官,而且是红细胞的后备储存所,必要时脾脏能收缩而把储存的红细胞送入血液循环。例如,水中缺氧时,鱼类脾脏缩小,血液中红细胞数量和血红蛋白浓度迅速增加。有些鱼类(如鳗鲡)切除脾脏后还能生存,这是由于它们的脾脏能再生;而其他鱼类切除脾脏后经过一段时间就会死亡。

此外,硬骨鱼类还有头肾(Head Kidney),它是拟淋巴组织(Lymphoid Tissue),其功能和脾脏相似,亦可产生新的红细胞。头肾内有许多淋巴窦和血窦。淋巴窦为窄细的空隙,与淋巴毛细管相通,将淋巴细胞隔开;血窦与毛细血管相通,内含红细胞。

第二节 鱼类心血管系统的特点

鱼类的心血管系统为闭锁式、单循环。闭锁式是指血液在循环过程中始终在管道内运行，只在毛细血管处与组织间进行部分物质的变换，以此完成其物质运输的功能。单循环是指血液在整个鱼体内循环一周，只经过一次心脏，而心脏也只有一心耳一心室。由心脏泵出的血液经过鳃部时进行气体交换，然后直接进入体循环，而不像高等脊椎动物那样，进行气体交换后的血液又回到心脏，再由心脏重新泵入体循环。

血液经过鳃部时分散进入鳃毛细血管，出鳃后进入体循环的血压变得很低。由于是单循环，血液循环一周，要经过两个以上的毛细血管网系统。而高等脊椎动物则分为肺循环和体循环，即血液循环一周可经过两次心脏的加压，故循环系统的效率较鱼类高。

鱼类只有单循环系统，对动、静脉血管的区分仍沿用与其他动物相同的规则，即离心方向的血管称为动脉，向心方向的血管称为静脉。动、静脉血管之间由毛细血管相连接。鳃部的血管都称为动脉，鳃毛细血管之前为入鳃动脉，鳃毛细血管之后为出鳃动脉。血管中血液的含氧量不因动脉或静脉而异，而是以鳃毛细血管为界。到达鳃毛细血管之前的血液为二氧化碳含量高的污血，经过鳃毛细血管之后的血液为氧含量高的净血。心脏内的血液全部是含二氧化碳高的污血。

血液由心脏泵出，经腹大动脉到入鳃动脉，血液进入鳃后经过鳃毛细血管进行气体交换。每侧的多条出鳃动脉先汇集成鳃上动脉，两侧的鳃上动脉再汇集成背大动脉。背大动脉向头部分出颈总动脉，负责头部皮肤及脑的血液供应，向后沿脊椎腹面延伸至尾部。背大动脉到达体腔时由前至后分出多条分支，主要有锁下动脉、体腔肠系膜动脉、背鳍动脉、肾动脉、生殖腺动脉及臀鳍动脉等，分别到达相应的组织和器官。背大动脉出体腔后进入尾椎的脉弓中而成为尾动脉。尾动脉经过毛细血管折入尾静脉。尾静脉在尾部紧贴于尾动脉腹面。尾静脉向前进入体腔后分为左右两条后主静脉，沿途收集部分内脏器官的静脉血，进入心脏。另一部分内脏器官的静脉与肝门静脉联系，由肝静脉注入心脏。大多数鱼类的静脉血液在回到心脏之前，经过肾门静脉或肝门静脉系统（图5-1）。

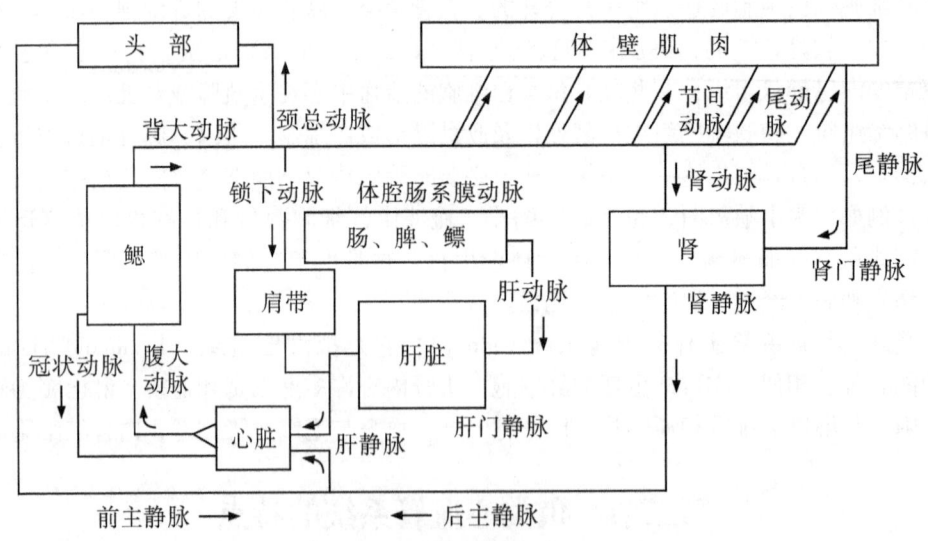

图 5-1 硬骨鱼类血管循环路线示意图
箭头表示血流方向

第三节 心脏的构造及生理特性

一、心脏的构造

心脏是整个循环系统的动力中心,心脏搏动产生的压力,驱使血液流经整个身体。心脏搏动所需要的能量来自于体内的生化反应产生的化学能。

鱼类的心脏位于身体腹面前方由左右两肩带的骨骼和肌肉所围成的围心腔内。围心腔与腹腔之间有结缔组织的横膈(Septum Transversum)。

由后向前观,心脏由四个部分组成:静脉窦(Sinus Venous)、心房(Atrium)、心室(Ventriclus)、动脉球(Bulbus Arteriosus)或动脉圆锥(Bulbus Conus)。

静脉窦为一肌肉层很薄的囊,收集所有回流心脏的静脉血。静脉窦虽是心脏的一部分,但它与各大静脉同源。高等脊椎动物的静脉窦则并入心房。静脉窦壁的构造也与大的静脉管相似,由甚薄的上皮内层、具平滑肌的中层和结缔组织形成的外层组成。心脏的起搏细胞分布在静脉窦和窦房口附近,它们启动心搏,并传导到心房引起心房收缩。但静脉窦的收缩对于心房的灌注作用很小,因为静脉窦的心肌细胞并不多,而且没有瓣膜防止血液逆向流回静脉。

心房壁较静脉窦稍厚,含有较多心肌,可分为内膜层、心肌层和外膜层三层。有些种类的心肌层又可分为两层:外层心肌密而薄,内层甚厚;心肌细胞形成肌柱,排列成网状。尽管心房质量仅为心室的8%~25%,但其容量和心室相当,甚至还较大些。

心室的体积一般小于心房,心室壁坚厚,是循环原动力所在部位,收缩时将血液压送出心脏。心室壁的结构与心房大致相似,但心室的心肌较心房的心肌稠密得多。心室的心肌层可分为内外两层,内层纵肌较多,也有斜肌与环肌,并向心室腔内形成许多隆起的肌柱,各自分支成网状。内层肌肉可以从流经心脏的血液中直接摄取营养。外层心肌较紧密,由冠状动脉供给血液。心室的大小、形状以及组织成分在各种鱼类中有所不同。心室的形状有囊状的(最为常见,包括板鳃鱼类和许多海水硬骨鱼类)、管状的(许多体呈长圆筒形的鱼类)、锥形(金字塔形)的(活动能力强的板鳃鱼类和硬骨鱼类)。心室的心肌细胞有两种排列方式:一种是小梁型(Trabecular)(即海绵状的)心肌,和心房相似;另一种为非小梁型(即致密状的)心肌。大多数硬骨鱼类的心室只有海绵状心肌,可列为Ⅰ型心室。Ⅰ型心室还可分为三个亚型。大多数鱼类的心室为Ia型,心脏只依靠静脉血提供营养物质和氧;Ib和Ic型心室有表面冠动脉,不同的是Ib型的冠动脉只在心外膜(如鲽鱼),而Ic型的冠动脉直接和小梁间隙接触(如没有血红蛋白的南极鱼)。Ⅰ型心室的小梁海绵状结构能增加和血液接触的面积;小梁还连接成行,使心室形成分支的网腔,以增强心脏收缩的效能。在其他的鱼类,致密的心肌细胞覆盖海绵状心肌,而根据致密的心肌质量和冠状血管的分布可分别列为Ⅱ型、Ⅲ型或Ⅳ型心室。致密的心肌通过冠动脉直接从鳃提供带氧的血液。Ⅱ型心室的冠状动脉微血管只出现在心肌的致密部,而海绵状心肌仍可以继续直接从体静脉血提取氧。Ⅲ型和Ⅳ

型心室在心肌的致密部和海绵部都有冠状动脉微血管,但Ⅳ型心室的致密部发达(占心室质量的30%以上),如活动力强而且内温(吸热)的鲨鱼和硬骨鱼类(图5-2)。生长中的鳗鱼,心室的致密部和海绵部小梁的厚度都增加,而心肌腔隙减少,从而增强心室的功能。在同一种鱼类的不同个体,通过运动的训练并不会影响海绵状心肌和致密状心肌的比例。许多鱼类的心脏都能忍受中等程度的低氧,但严重低氧时心脏就会受到损伤。

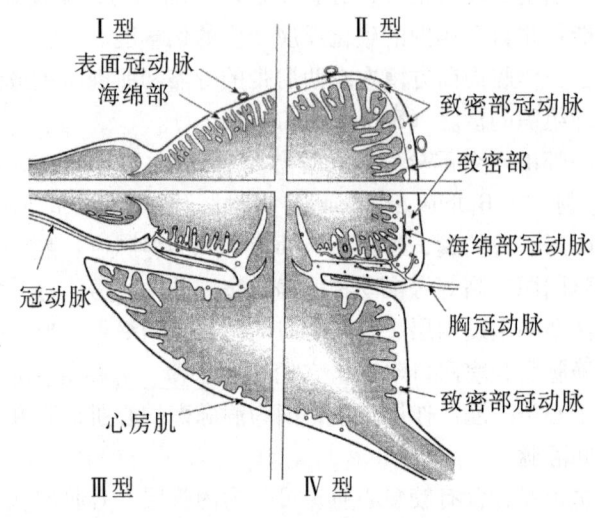

图5-2 鱼类心室四种类型的结构模式图

Ⅰ型心室的特点是只有一种心肌类型,即海绵状,心室肌肉中没有毛细血管,大多数的Ⅰ型心脏没有冠动脉。Ⅱ型心室的特点是具有二个肌肉层,内层为海绵状,外层为致密状,冠动脉分布在致密状心肌层。Ⅲ型心室和Ⅳ型心室相似,在海绵状和致密状心肌都有冠动脉分布,但Ⅳ型心室的致密状心肌发达,占心室质量的30%以上,毛细血管分布较多。冠动脉主要由头颅的血管衍生而来,亦有些鱼类的冠动脉来自胸部(参考Davie和Farrell,1991)

与其他脊椎动物相似,鱼类心脏的质量通常和身体质量成正比例关系。但实际上,相对心室质量(心室质量占身体质量的百分比)在不同种的鱼类以及在同一种鱼类的不同个体之间都有很大差别,例如鲽鱼心室质量为身体质量的0.035%,而鲣鱼(*Katsuwonus pelamis*)为0.38%,相差达10倍。鱼类相对心室质量的差别有下列基本特点:

(1) 活动性强的鱼类具有较大的心室。活动性强的硬骨鱼类(如鲱科鱼类,0.249%)比活动性强的板鳃鱼类(如鲨鱼,0.196%)有较大的相对心室质量。在同一个种类,如虹鳟,溯河洄游的鱼比湖泊中栖息的鱼有较大的心室。但底栖的板鳃鱼类(如鲨鱼,0.098%)比底栖的硬骨鱼类(如鲽科鱼类,0.061%)有较大的相对心室质量。

(2) 内温的(吸热的,Endothermic)鲨鱼比外温的(变温的,Ectothermic)鲨鱼有较大的心室。

(3) 运动训练对鱼类心脏的生长有不同的影响。有些训练方式能使相对心室质量有所增加,而有些训练方式对心脏生长没有作用。

（4）低温驯化能使虹鳟、鲤、鲫等的相对心室质量增加。例如，虹鳟在温度低10℃的环境中驯化能使其相对心室质量增加70%。水温的季节性变化亦会引起鱼类相对心室质量出现季节性变化。南极鱼类具有较大的相对心室质量。

这些特点表明，鱼类较大的相对心室质量有助于活动时产生较强有力的血压，以补偿低温引起的负收缩能效应，并且产生大的心输出量。

鱼类的心肌细胞较哺乳类的狭小而长，从而明显增加相对表面积的比例，这有利于细胞膜的离子交换，特别是对兴奋-收缩偶联作用（Excitation-contraction Coupling）。鱼类心肌细胞的肌质网（Sarcoplasmic Reticulum）常退化，亦没有T管，有时只有周围的胞膜。有些鱼类的肌原纤维靠近细胞表面而线粒体和细胞其他成分位于细胞中央，这可能有利于将细胞外钙输送给收缩的蛋白质。除金枪鱼外，对于大多数鱼类，由肌质网释放钙的作用不大。对鲈鱼和虹鳟心脏生长的研究表明，心肌细胞数量的增加超过心肌细胞体积的增大，这和哺乳类的后新生儿（Postneonate）很相似。

动脉球是硬骨鱼类所特有的，它不属于心脏本部，由腹大动脉血管基部扩大而成。动脉球壁由很厚的肌纤维与弹性纤维网构成，能随心室收缩的压力而被动扩张，防止血液直接冲入鳃毛细血管中，并保持血流的持续性。动脉球本身不具有收缩性，构成动脉球的肌肉为平滑肌而非心肌。

动脉圆锥为软骨鱼类所特有，它能随心室的节律而自动收缩，属于心脏的组成部分。硬骨鱼类的动脉圆锥退化。动脉圆锥的内壁有若干列纵排的瓣膜，以防止血液倒流。图5-3为鳟鱼和鲨鱼的心脏构造示意图。

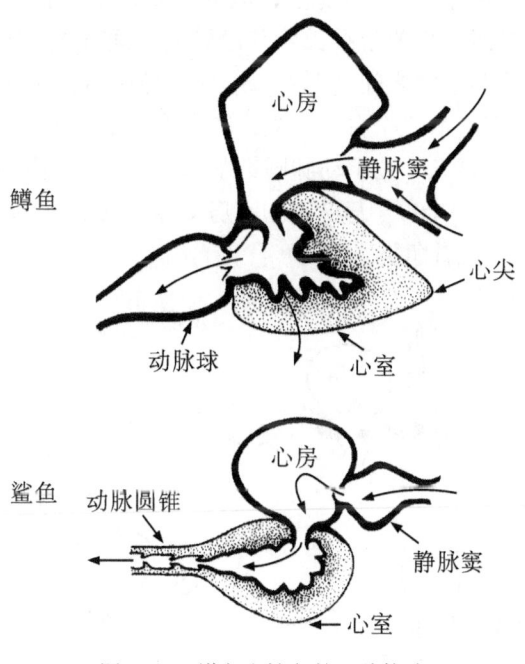

图5-3 鳟鱼和鲨鱼的心脏构造

参考 D. J. Randall

在心脏的各个组成部分之间由瓣膜控制血流方向。静脉窦与心房之间有窦房瓣（Valvula Sinoauricularis），心房与心室之间有房室瓣（Valvula Auricolo Ventricularis），心室与动脉球（或动脉圆锥）之间有半月瓣（Valvula Semilunaris）。各心瓣膜的构造相似，由内膜与少量肌肉形成，基部较厚，有交感神经分布。

与其他脊椎动物一样，鱼类心脏的收缩和舒张也是在其各个组成部分之间依次而行的。当心房收缩时，在围心腔内产生负压，心室借此舒张，接受来自心房的血液；当收缩达到心室时，心室压出血液流入动脉球（或动脉圆锥），同时心房舒张，接受来自静脉窦的血液。在心脏的收缩和舒张的整个过程中，由于瓣膜的作用，保证了血流流动的方向。

供应心脏本身肌肉血液的血管为冠动脉。鱼类的冠动脉大多数是由经过毛细血管换气后的鳃上动脉发出的分支组成。

与体重相比较，鱼类的心脏相对较小。例如，鲤鱼的心脏为体重的 1.11% ~ 1.23%，鳗鲡为 0.59%，其他大多数种类也都为 1% 左右。而哺乳动物的心脏占体重的 4.6%，蛙为 4%。

心脏本身具有独立进行搏动的特性，称为自动性（Automatism），但这种自动性在整个心脏范围内并不一样，有自动性强的、自动性弱的和没有自动性的部分。自动性特别强的部分称为自动中枢（Automatic Centre）或起搏点（Pace-maker），是能进行自发性活动的特殊心肌细胞集合的部位。由于心肌细胞之间互有联系，一个细胞搏动会引起整个心脏搏动，所以这个自动中枢控制着心脏的搏动。

鱼类心脏的自动中枢主要位于静脉窦，但可以细分为三个类型（图 5-4）：A 型：有三个自动中枢，其中第一个位于顾氏管和静脉窦之间（A_1），第二个位于心房底部（A_2），第三个位于心房与心室之间（A_3）。A_1 为主导中枢，通常是按其节律搏动。如体型细长的鳗鱼类。B 型：有三个自动中枢，其中第一个位于静脉窦（B_1），第二个位于心房与心室间（B_2），第三个位于动脉圆锥基部（B_3）。如许多软骨鱼类。C 型：只有两个自动中枢，其中第一个位于静脉窦和心房交界处（C_1），第二个位于心房与心室交界处（C_2）。如大部分硬骨鱼类。

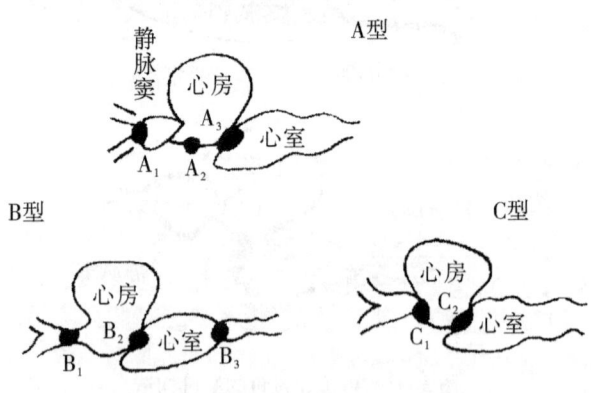

图 5-4 鱼类心脏自动中枢的分布

用 Stannius 氏结扎法在心脏的某些位置牢固结扎以切断两部分的生理联系，观察鱼类自动中枢的作用，结果表明：A_1、B_1、C_1 为第一级中枢，A_2、B_2、C_2 为第二级中枢，而 A_3、B_3 所引起的搏动数少而且弱。在正常情况下，由第一级中枢主导整个心脏的搏动，而当它被结扎而切断其作用时，则由第二级中枢按其特有节律和强度开始搏动。

心脏各部分以心室收缩产生的压力最大，可达 5 kPa。在心室收缩之后紧接着动脉球的压力亦增加达 2~2.5 kPa（图 5-5）。

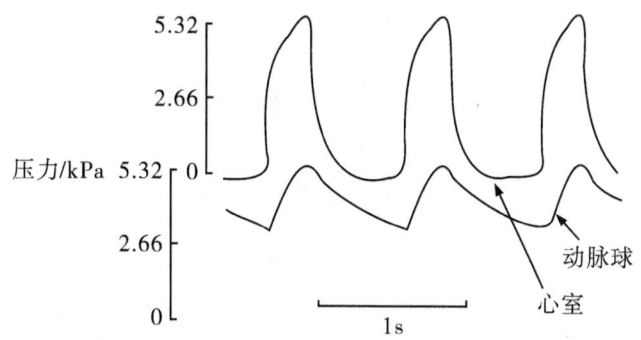

图 5-5　长蛇齿鱼　（*Ophiodon elongates*）心室和动脉球记录的压力
参考 D. J. Randall

硬骨鱼类动脉球压力的变化和心室压力的变化几乎同时进行；它们之间有瓣膜，心室收缩使瓣膜张开，血液进入动脉球。动脉球本身虽不能收缩，但弹性很强。心室舒张时，瓣膜关闭，动脉球的弹性反作用仍保持一定压力，因而将血液继续向前输送，经过腹大动脉而进入鳃部。

软骨鱼类由于有动脉圆锥而稍为不同，其心室收缩时动脉圆锥亦会收缩，这种收缩是从心室沿着动脉圆锥向腹大动脉慢慢逐次移动；与此同时，动脉圆锥内一系列瓣膜亦逐次张开和关闭，以防止血液倒流回心室并使血流一直向前推进到腹大动脉而进入鳃部。

心脏兴奋（去极性）始于静脉窦的起搏细胞（P 细胞），经窦房部和房室部后迅速扩散到心房和心室。鱼类心脏尚未发现有特殊的传导性心肌细胞。

与哺乳类相似，鱼类的心电图组成为：P-波，心房去极化信号；QRS 复波，表明心室去极化；下波，代表心室复极化（图 5-6）。此外，V-波表示静脉窦去极化信号（可能出现在静脉窦含有较多心肌的鱼类，如盲鳗）；B-波表示板鳃鱼类和全骨鱼类（Holosteans）动脉圆锥中心肌的去极化；T_A-波表示心房复极化，可能出现在 QRS 复波之前。

二、心脏活动的调节

调节控制心脏搏动的有神经性和非神经性两种类型。

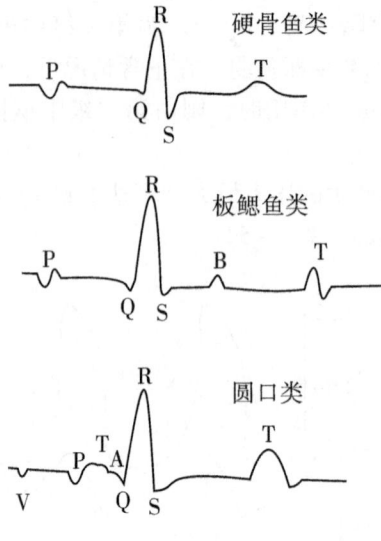

图 5-6 鱼类的心电图

P-波，心房去极化；QRS 复波，心室去极化；T-波，心室复极化；V-波，静脉窦去极化；B-波，动脉圆锥中心肌去极化；T_A-波，心房复极化，出现在 QRS 复波之前（参考 K. Qlson 和 A. Farrell，2006）

（一）神经性调节（Nervous Regulation）

与其他脊椎动物一样，鱼类心脏受到双重植物性（自主性）神经的支配。

一方面由属于副交感神经系统（Parasympathetic Nervous System）的迷走神经（由延脑发出的第 10 对脑神经）的胆碱能神经纤维（Cholinergic Nerve Fiber）所支配。它们对心脏活动有抑制作用，因为切断迷走神经会使心脏搏动显著加快，刺激迷走神经能使心搏徐缓（Bradycardia），而用使心搏率增加的阿托品（Atropine）能抑制这种情况。对许多鱼类的试验已经证明，使用迷走神经的介质乙酰胆碱能使心脏的活动性减弱，包括减少心脏搏动率，减弱心肌收缩力和传导性。

另一方面由属于交感神经系统（Sympathetic Nervous System）的心交感神经的肾上腺素能神经纤维（Adrenergic Nerve Fiber）所支配。它们对心脏活动有兴奋作用，使用心交感神经的介质肾上腺素对鱼类心脏有增加收缩速率的作用（Positive Chronotropic Effect）和增加收缩能力的效应（Inotropic Effect）。如对乌鳢的心脏使用 10^{-6} g 肾上腺素便具有促进搏动作用；对鳗鲡的心脏使用 5×10^{-9} g 时搏动数稍有增加，使用 $10^{-9} \sim 2 \times 10^{-8}$ g 时观察到振幅增大、搏动数增加。生物化学分析亦证明鱼类心脏含有儿茶酚胺，如大西洋鲑（*Salmo salar*）的心脏含有肾上腺素 0.042 μg/g，去甲肾上腺素 0.029 μg/g；梭鲈（*Lucioperca lucioperca*）的心脏含有肾上腺素 0.012 μg/g，去甲肾上腺素 0.12 μg/g。虽然，对鱼类心脏活动是否受交感神经的支配，学者们根据一些不同的研究结果而持不同意见，但肾上腺素和去甲肾上腺素在心脏组织中的存在以及肾上腺素能促进心脏活动都表明心脏活动受到交感神经的支配。

胆碱能迷走神经纤维通过其介质乙酰胆碱的作用机理是：增加心肌纤维对 K^+ 的通

透性，亦即提高 K^+ 的传导性，因而增加膜（心肌）的超极化（Hyperpolarization），降低心脏起搏点电位的去极化速率（Rate of Depolarization），这样就使动作电位之间的间隔时间增加，使心搏率减慢。概括来说，就是在迷走神经和乙酰胆碱的作用下，使起搏点的兴奋发展与传导过程缓慢，从而推迟动作电位的产生，使心搏率减慢。

交感神经纤维和儿茶酚胺（包括肾上腺素和去甲肾上腺素）能提高心搏率和心脏收缩力。儿茶酚胺使心搏率增加的作用机理是：增加 Na^+ 的传导性，因而增加心脏起搏点电位的去极化速率，缩短了连续的每个动作电位之间的间隔时间，因而使心搏率增加。也就是在交感神经和儿茶酚胺的作用下，加快心搏点的兴奋发展与传导过程，从而加快动作电位的产生，使心搏率加快。至于增加心肌收缩力，则是儿茶酚胺对所有心肌细胞（Myocardia Cell）直接影响的结果。

以上作用机理，鱼类和其他脊椎动物基本一样。只是这两种作用不同的神经纤维对鱼类心脏活动的具体调控作用目前还不像对哺乳动物那样了解得很清楚。

（二）非神经调节（Aneural Regulation）

鱼类的心脏和其他脊椎动物一样是按照 Starling's 定律进行非神经性心脏调节的。这个定律认为：心脏收缩的能量是心肌纤维"原来"（指未收缩时）长度的函数；亦就是：心肌纤维长度较长，收缩时产生的力量较大，较大的最终舒张量（Diastolic Volume）将会产生较大的收缩力，因而产生较大的心搏量（Stroke Volume）。概括地就是：舒张量增加引起心搏量增大。当然，如果舒张量超出一定范围时，心脏的收缩力就不是增加而是逐渐减少。所以，这个定律适用于心脏舒张在一定范围之内。

引起心脏舒张量增加的因素是：①流回心脏的静脉血输入压力增加，亦即静脉血量增加；②心搏率降低而增加心脏灌满时间，亦会使心脏舒张量增加，从而使心搏量增加。

鱼类的心搏量亦会受静脉血压的影响：当静脉血压升高时，静脉窦的压力随之升高并作用于起搏点的心肌纤维，诱导心肌的舒张，从而使心搏率增加。对离体的硬头鳟（*Salmo gairdneri*）心脏的试验表明，在 6℃ 时用泵将生理盐水泵入心脏，使输入心脏的压力增加，结果是由于静脉窦压力增加直接影响到起搏点肌肉纤维而使心搏率增加，由于舒张量增加而使心搏量增加；继而由于心搏率和心搏量增加而使心脏总输出量增加（图 5-7）。

环境因素（如温度）对鱼类心脏活动亦有明显影响。通常，温度升高时都会使离体和在体心脏的心搏率增加。成鱼心脏搏动数的温度系数一般在 1.8~2.5 之间。在离体心脏，温度升高时心搏率的增加往往为心搏量的下降所抵消，因此心脏总输出量保持稳定不变。温度降低时心脏的收缩能力明显增加，即心脏收缩力增强，心搏量增加，而心搏率则较低。

但是，温度升高直接作用于长蛇齿鱼在体心脏，能使心脏起搏点肌肉细胞的内在活动速率增加，因而使心搏率增加。但是，心搏量在一定的温度范围内基本保持稳定，于是，温度升高使心搏率增加，心脏总输出量亦随之增加（图 5-8）。

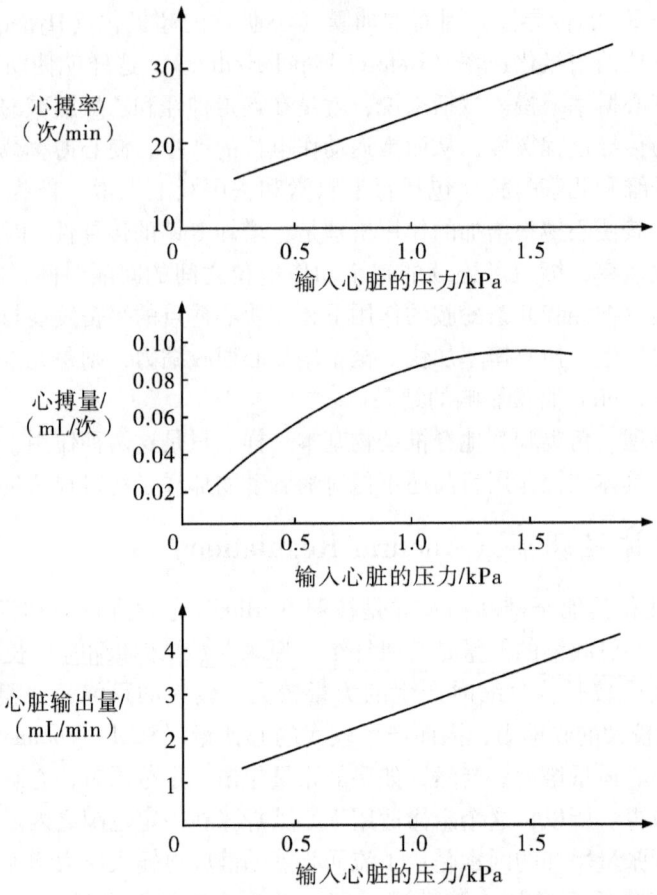

图 5-7 输入心脏的压力对心搏率、心搏量和心脏输出量的影响

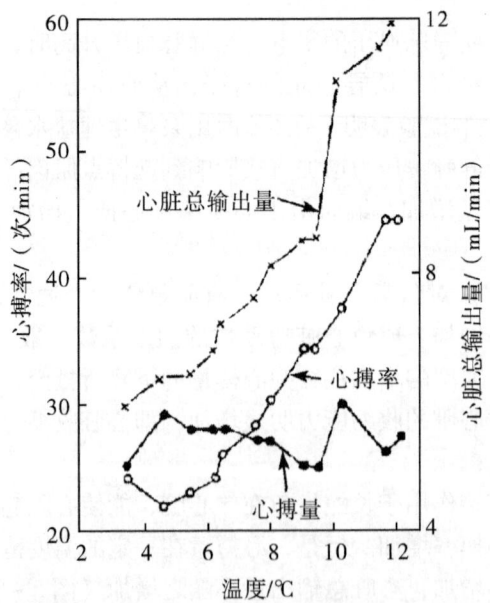

图 5-8 温度对长蛇齿鱼心搏率、心搏量和心脏总输出量的影响
引自 D. J. Randall

所以，鱼类心脏活动的调节包括神经性和非神经性的，它们的作用通常是互相联系与协同配合的。

例如，鱼类在缺氧时心脏活动的调节包括：①胆碱能迷走神经活动性增强，使心搏率降低；②由于心搏率降低，就有充分的时间使心脏灌满血液；③根据 Starling's 定律，心脏有较大的舒张容量，心室就有较大的收缩力，因而有较大的心搏量，把较多的血液输送到腹大动脉。④与此同时，血液中儿茶酚胺含量增加，使心脏收缩力提高，亦促使心搏量增加。所以，鱼类在缺氧时心搏量增加主要是由于心搏率降低而通过 Starling's 定律起作用，而血液循环中儿茶酚胺含量增加亦起一定作用。结果，心搏率虽降低，但心脏总输出量变化不大，因为心搏率降低为心搏量增加所抵消。

又如，鱼类在活动时，心搏率增加，心搏量也增加，其调节机制包括：①胆碱能迷走神经活动性降低；②肾上腺素能神经活动性增加；③血液循环中儿茶酚胺含量升高；④静脉血压升高，静脉窦压力随之升高而作用于起搏点的心肌纤维；⑤可能还有其他的一些作用。

一般来说，鱼类心搏率的变化较小，而心搏量的变化较大，这和哺乳类不同。在鱼类中，影响心脏输出量的主要是心搏量，而哺乳类则是心搏率。

第四节 鳃的血液循环

鱼类循环系统中的血液与外界气体的交换，主要靠鳃部的呼吸完成。与在陆地环境中呼吸相比，在水环境中呼吸有许多不利因素。例如，溶于水中的氧量仅为空气中氧含量的 1/30，而水的密度约为空气的 1000 倍，黏度为空气的 100 倍，气体在水介质中的扩散受到很大阻力。但是，鳃的构造及生理机能的特殊适应性，保证了处于水环境中的鱼类能顺利进行气体交换。

硬骨鱼类鳃丝（Gill Filament）的血液循环途径是：腹大动脉（Ventral Aorta）→入鳃弓动脉（Afferent Arch Artery）→在鳃丝后缘进入入鳃丝动脉（Afferent Filament Artery）→入鳃瓣小动脉（Afferent Lamellae Arteriole）→进入次级鳃瓣进行气体交换→出鳃瓣小动脉（Efferent Lamellae Arteriole）→经过鳃丝前缘的出鳃丝动脉（Efferent Filament Artery）进入出鳃弓动脉（Efferent Arch Artery）→背大动脉（Dorsal Aorta）。这是鱼类鳃部主要的血液循环，血液流量大，血压亦高，促使大量血液灌注次级鳃瓣而和注入的水流进行气体交换（图5-9、图5-10）。

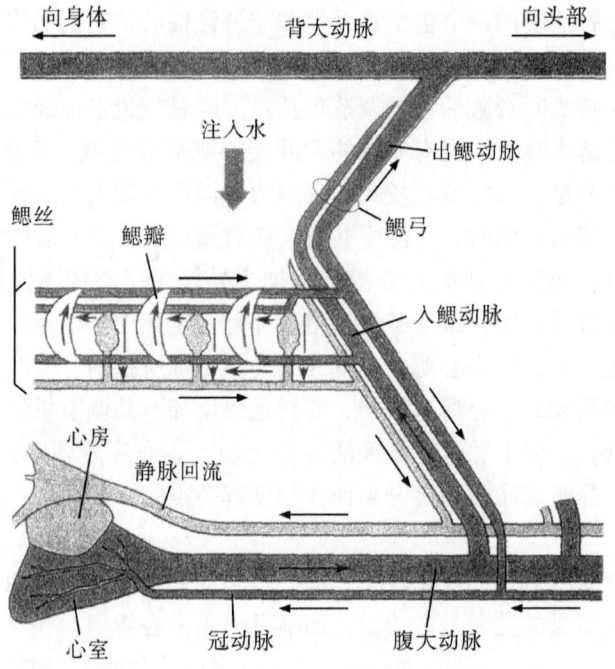

图 5-9　硬骨鱼类鳃部血液循环模式图
引自 D. J. Randall

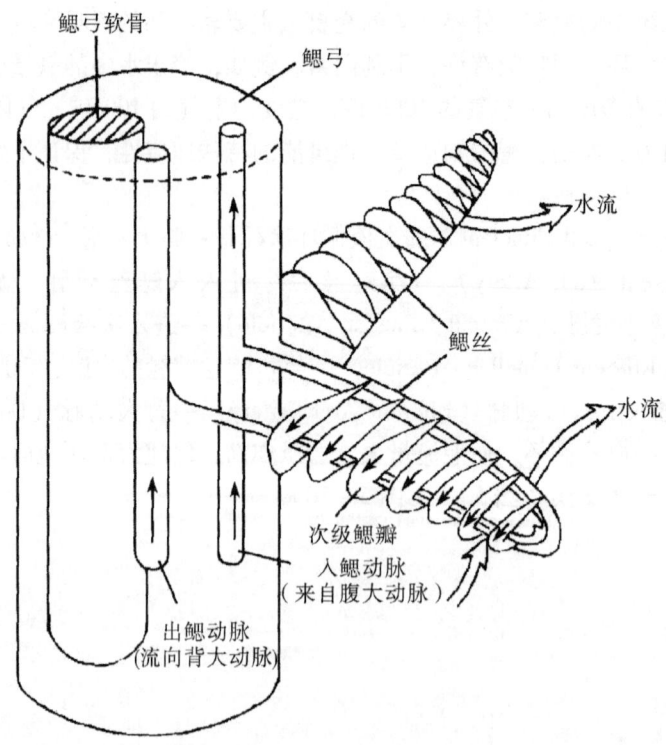

图 5-10　鱼类鳃部血流与水流呈反方向的示意图
引自 D. J. Randall

此外，有少部分血液流入鳃丝的中央窦（Central Vascular Sinus），再经过静脉淋巴管（Venolymphatic Duct）进入前主静脉（Anterior Cardinal Vein）而回到心脏。这个循环的血液流量少，血压也很低，属于静脉-淋巴血液循环，主要作用是支持氯细胞进行离子交换和渗透压调节，没有发生气体交换作用。

次级鳃瓣（Secondary Lamellae）是气体交换的场所。次级鳃瓣由外层单层表皮细胞和内层很薄的结缔组织组成一薄囊，中间是毛细血管空隙（Capillary Space）。毛细血管空隙中充满红细胞。红细胞通过次级鳃瓣极薄的壁与水流进行氧气和二氧化碳的交换，十分便利。这一极薄的壁称为呼吸上皮（Respiratory Epithelium）。各种鱼的次级鳃瓣厚度不相同，游泳能力越强的种类，其次级鳃瓣越薄，以利于气体渗透通过。在水流经过鳃时，鳃丝的游离末梢互相接触形成栅栏，使水充分与次级鳃瓣接触。水流方向与次级鳃瓣内的血流方向正好相反，这使水流自始至终都保持较血流高的氧分压，以促进二者之间的氧气及二氧化碳的交换（图5-11）。

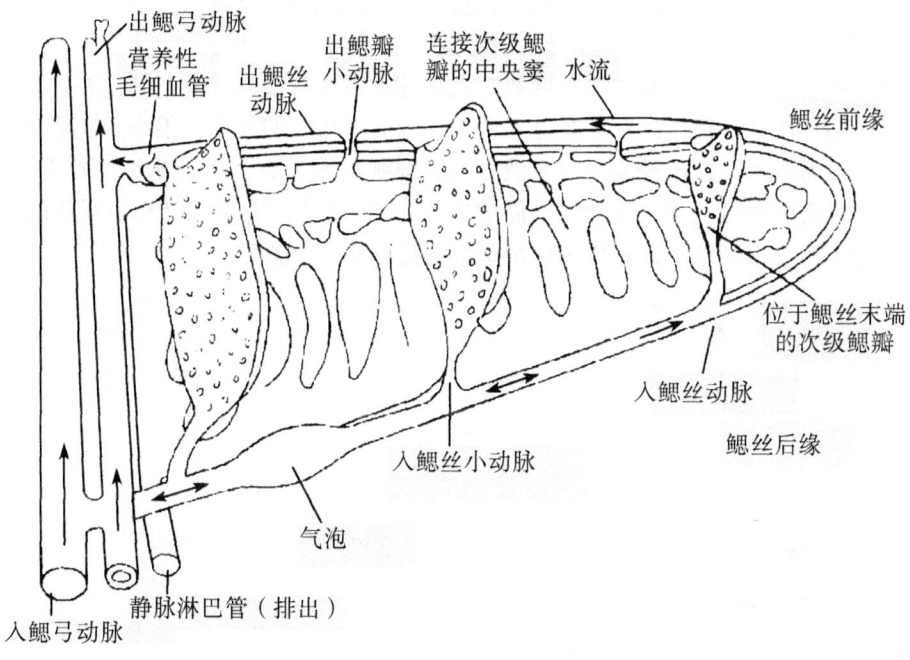

图5-11 硬骨鱼类次级鳃瓣血液循环模式图
引自 D. J. Randall

尽管空气中的含氧量比水中多，但大多数鱼离开水后会窒息。这是由于鳃丝比较柔软，在水中时，水的浮力能支持鳃丝的重量，使之舒展伸直，而在空气中时，由于鳃丝表面的黏着力，多个鳃片以至整个鳃片贴合在一起，使呼吸表面积大大减少，妨碍了氧的吸收。

在双循环的哺乳动物，肺循环的血压要比体循环的血压低；但单循环的鱼类则相反，鳃部血液循环的血压要比身体其他部分血液循环的血压高。鳃部的血管阻力（Vascular Resistance）约是全身血流总的血管阻力的20%~40%，所以，由心脏发出的血流经过鳃部后，压力大约下降1/2（图5-12）。如腹大动脉血压约6 kPa，背大动脉只有3 kPa，而淋巴静脉的血压很低，不到1 kPa。

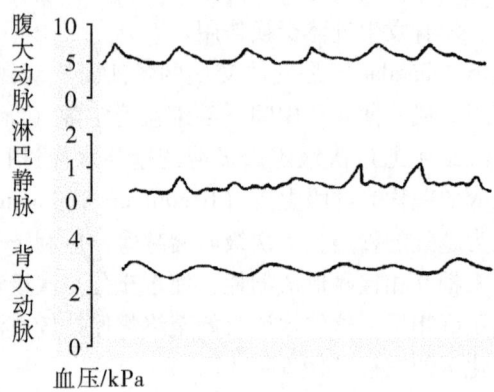

图5-12　鱼类腹大动脉和背大动脉的血压变化

由于鳃靠近心脏，心脏的搏动导致腹大动脉的血压有很大波动，同样亦导致鳃部的血压有明显的波动，但由出鳃动脉进入背大动脉后，血压的波动就很小。次级鳃瓣薄而柔软，很容易扩展，血压升高时，血液注入次级鳃瓣血道空腔而使次级鳃瓣明显变厚，亦即次级鳃瓣的厚度随着血压的增加而增加（图5-13）。由于次级鳃瓣承受的血压相当高，为了防止水分渗出，其周围的组织细胞排列都十分紧密。

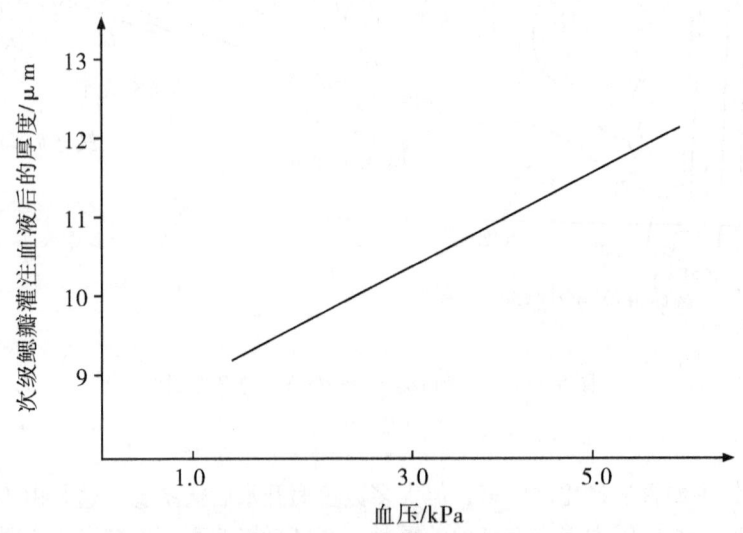

图5-13　鱼类血压和次级鳃瓣灌注血液后的厚度变化

血液在鳃片的分布情况和次级鳃瓣受到血液灌注的数目都受到血压的影响。血压低时，每片次级鳃瓣只有基部和边缘的血管受到血液灌注；血压高时，血流比较均匀地灌注整个次级鳃瓣。对鳟鱼的研究表明，全部鳃瓣的血液量大约是0.7 mL/kg体重，在静止状态时血压低，大约只有60%的次级鳃瓣受到血液灌注，这时全部鳃瓣的血液量只有0.42 mL/kg 体重；而在运动时血压升高，所有的次级鳃瓣受到灌注，血液量又恢复到0.7 mL/kg 体重。1 kg 重的鳟鱼，在静止状态和最大的运动之间，心搏量可以由0.46 mL 增加到1.03 mL，这表明在休息或运动时，一次的心脏搏动就可以使整个鳃部灌满血液。在缺氧或受到某种特殊的刺激时，都可以由于血压升高而增加次级鳃瓣受到血液灌注的数量。

鱼类的鳃有肾上腺素能神经分布，亦有 α 和 β 肾上腺素能的受体，刺激 α-受体能使血管收缩（Vasoconstriction），刺激 β-受体能使血管扩张（Vasodilation）。已经证明，儿茶酚胺能使鳃部血管扩张。如肾上腺素可使鳗鲡鳃部血管以及次级鳃瓣血管舒张，降低流入鳃部血流的阻力，使较多的血液和氧结合的饱和程度大大增加。鲑科鱼类运动和血液循环中儿茶酚胺含量的增加以及背大动脉血压的升高有密切联系。如果使用 α-肾上腺素能受体的抑制剂苯氧苄胺（Phenoxybenzamine），就能抑制肾上腺素的作用。

鱼类的鳃亦有胆碱能神经分布，刺激它或使用乙酰胆碱能使鳃部血管收缩，从而使血流经过鳃的阻力增加，结果使鳃瓣的血流量减少。

血液流经一个次级鳃瓣需1~3 s，其运行时间在运动时减少（约1 s）而在缺氧时增加（约3 s）。红细胞经过次级鳃瓣时，其血红蛋白大约需要1 s 来充氧。由于在大多数情况下血液流经次级鳃瓣的时间都足以让血红蛋白充氧，所以当红细胞离开鳃时，血红蛋白都能完全达到氧饱和。因而，在正常充氧的水中，鳃摄取的氧量就决定于：①流经鳃部的血液流量；②静脉血的氧含量；③血液的容氧量，亦即红细胞数量和血红蛋白含量。其中，②和③是比较稳定的，则氧的摄取量就和流经鳃部的血流量成正相关关系（图 5-14）。

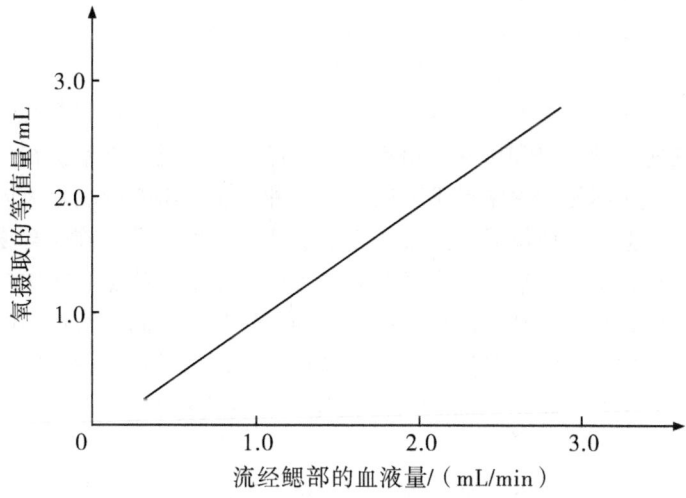

图 5-14　氧摄取量和流经鳃部的血流量的关系

第五节　身体的血液循环

一、心脏输出量

心脏每次搏动所输出的血量称为每搏输出量（Stroke Volume）；每搏输出量乘以每分钟的心搏（Heart Beat）数，即 1 min 输出的血量称为每分钟心脏输出量。用电磁或超声波的血流计（Blood Flowmeter）或者用染料稀释法（Dye Dilution）可以直接测定腹大动脉血流的速度，从而计算心脏输出量（Cardiac Output）。

心脏输出量亦可以依照 Fick 原理间接测定，即设返回心脏的 100 mL 静脉血氧含量为 V，经过鳃进行气体交换后的血液氧含量为 A，而流经鳃部的水流每分钟被吸收 C mL 的氧量，则流过鳃的血量应为：

$$\frac{100 \text{ mL} \times C}{A - V} \text{ 或 } \frac{C \text{ (mL/min)}}{A - V} \times 100$$

即相当于从心脏输出的血量。

$$每分钟心脏输出量 = \frac{鳃的氧摄取量（mL/min）}{腹大动脉和背大动脉氧含量的差} \times 100$$

所以，测定背大动脉和腹大动脉血液的氧含量及流入鳃部和流出鳃部水流的氧含量和每分钟的水流量，就可以推算出心脏输出量。

对板鳃鱼类的测定表明：心脏输出量是 9~25 mL/（kg 体重·min）。

对硬骨鱼类，心脏输出量的变化范围较大，为 5~100 mL/（kg 体重·min），大多数鱼类是 15~30 mL/（kg 体重·min），如尖口鲈（*Stenotomus chrysops*）为 13.7 mL/（kg 体重·min），斑圆鲀（*Tetradon maculates*）为 15.5 mL/（kg 体重·min），而活动能力强的金枪鱼可达到 100~300 mL/（kg 体重·min）。

常用的测定心搏次数的方法有两种。一种是切开体壁，通过观察心脏的跳动来计算心搏次数。但从捕捉到麻醉和手术，鱼难免发生挣扎，而且心脏暴露在空气中也会影响心脏的正常搏动，从而使观察结果不准确。另一种方法是将心脏摘除离体，用任氏液灌注，保持其搏动。但心脏离体后神经必然完全被切断，加上灌注液所含物质的影响，也将影响心脏的搏动频率。目前比较准确的方法是通过心电图测定心搏次数。即将电极固定在鱼体表面，任其自由游动，保持心脏搏动的自然状态，同时通过心电图仪接受心脏活动的电信号。用这种方法能测量到鱼体在静息时、运动时及各种不同生理状态时的心搏情况。但这一方法并不是对所有的鱼都适用，因为有些鱼的皮肤表面不能记录到电信号。

通过仔细测定鱼类心脏的搏动间隔时间，发现鱼的心脏即使在没有任何刺激的情况下，搏动也是不规则的。例如鳗鲡心脏每两搏动的间隔时间，变动达 ±0.2 s 以上。据推测，这一现象是由于先天性的心率不齐所致，可能是由于鱼是低等脊椎动物，还没有形成发达的保持心搏稳定的机制。

鱼类的心脏输出量和代谢水平紧密偶联。在静止的鱼类，心输出量在 10~20 mL/

(kg 体重·min) 之间变动；在同一种鱼类，心输出量可按照鱼类代谢生理活动的需要而调整，如在运动时心输出量可增加 2~3 倍，餐后亦可增加 1~2 倍。图 5-15 表示鱼类心脏输出量的一些决定因素。

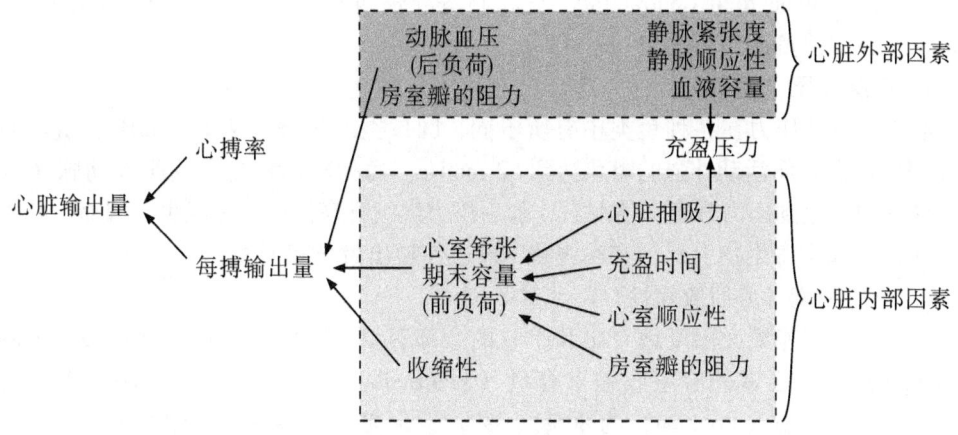

图 5-15 鱼类心脏输出量的决定因素

心输出量直接受到心搏率和每搏输出量的影响。心搏率由静脉窦的起搏细胞决定，主要受到交感神经和副交感神经调节。每搏输出量直接和心室舒张期末容量（即前负荷）和心室收缩性相关。舒张期末容量直接和充盈时间（即舒张期）、充盈压力以及心室壁应变性相关，而和房室瓣的阻力呈反向联系。充盈压力由心室抽吸（反冲和心包压力）和心房输出所产生。心房充盈压力决定于中央静脉压力，而中央静脉压力直接和血量以及静脉紧张性相关，并间接受到静脉应变性影响。参考 K. Olson, 1998

（一）心搏率

心搏率（Heart Rate）由静脉窦内起搏细胞去极化的内在节律所决定，主要受到自主神经的输入信号和温度变化的调节。肾上腺素能的刺激使心搏率增加，而胆碱能（迷走）的刺激使心搏率减少。惊吓性心动过缓、低氧心动过缓、高血压心动过缓等都是迷走性胆碱能紧张性增强的反应；而在剧烈活动和应激反应时，肾上腺素能紧张性增加，迷走性胆碱能紧张性消失，使心搏率增强。急剧的温度变化使心搏率增加，通常每变动 10℃，心搏率可增加一倍左右。对鱼类进行温度驯化后，部分通过电压控制的 K^+ 离子通道的再组织，可以重新安排起搏率。各种鱼类的心搏率有所不同，在静止状态，圆口类心搏率最低，每分钟 22~27 次，板鳃鱼类每分钟 30~46 次，硬骨鱼类每分钟 35~50 次；鱼类最大的心搏率很少超过每分钟 120 次，只有金枪鱼例外，如鲣（*Katsuwonus pelamis*）的心搏率为每分钟 117~126 次，黄鳍金枪鱼（*Thunnus albacares*）的心搏率为每分钟 91~172 次，而游泳中的金枪鱼心搏率可达到每分钟 180~240 次。金枪鱼心搏能如此之快，可能和离子泵与膜通透性、兴奋收缩偶联的 Ca^{2+} 扩散、动作电位传导性以及氧的供给等心肌活动作用机理的显著增强密切相关。

（二）每搏输出量

每搏输出量（Stroke Volume）是指每次心搏所输出的血量，它的决定因素是动脉血压［Arterial Pressure，亦即后负荷（Afterload）］、心室强度［Ventricular Strength，亦即心肌收缩性（Myocardial Contractility）］和心室舒张期末容量［Ventricular End-diastolic Volume，亦即前负荷（Preload）］。

1. 动脉血压（后负荷）

心脏的操作压力在各种鱼类中有所不同，圆口类的盲鳗可达 13 mmHg，鲨鱼类在 38 mmHg 以上，而活动性强的鳟鱼达到 62 mmHg。每搏输出量主要受腹大动脉（P_{VA}）压力的影响，直到压力升高一倍左右，随后压力继续升高而搏出量减少。因而，外流血管的梗阻（如由寄生物引起）和瓣膜狭窄就会使搏出量缓和下来。

2. 心室强度（心肌收缩性）

鱼类的心脏能最大限度地泵出几乎它的全部容量，图象分析技术（Image Analysis Technique）表明正常的心室收缩末容量（Ventricular End Systolic Volume）都相当低［射血分数（Ejection Fraction）为 80%～95%］。但是，一些鱼类都能通过变动心室舒张期末容量而使心输出量在一定范围内发生变化。因此，在一定限度内，较大的心室充盈（Ventricular Filling）会导致较大的每搏出量。这是由于肌肉纤维长度增加时，受到肌节内在特性的影响而增加收缩力，即著名的心脏斯塔林定律（Starling Law of the Heart）。

收缩性（Contractility）是指在一定肌纤维长度下的收缩力。增强收缩性［即正收缩能作用（Positive Inotropism）］的因素包括：细胞外钙、温度、刺激 β 肾上腺素受体、刺激心脏肾上腺素神经、激活线粒体 ATP-敏感的 K^+ 通道、腺苷、前列环素（Prostacyclin）、神经肽 Y 和 5 mM K^+。低温驯化能增加鳟鱼 β-肾上腺素受体浓度和儿茶酚胺的收缩能作用，这可能是为了抵消寒冷对心脏的直接影响。对一些鱼类起正收缩能作用的分子还包括组胺、精氨酸、催产素和内皮缩血管肽。降低 Ca^{2+}、低氧、刺激胆碱能受体、10 mM K^+ 等使收缩性降低，而刺激 β-肾上腺素受体亦使一些鱼类的收缩性降低。酸中毒使鳟鱼、五条鰤、美洲绒杜父鱼降低收缩性，但对鲽科鱼类只有短暂影响。值得注意的是，氧化氮或氧化氮供体对鳗鱼和大麻哈鱼是负收缩能作用的，而对冰鱼（*Chionodraco hamatus*）却起正收缩能作用。血管紧张肽Ⅱ（ANG Ⅱ）、5-羟色胺和利尿钠肽并不影响心脏收缩性。

3. 心室舒张期末容量（前负荷）

心室舒张期末容量主要决定于充盈时间（Filling Time）、充盈压力（Filling Pressure）、心室顺应性（Ventricular Compliance）和房室瓣的阻力（A-V Valvular Resistance）。心室的充盈是两时相的，静脉回流引起初始的心室充盈，而心房收缩能增强稍后的心室舒张期充盈。

心舒期充盈时间和心搏率呈现反向的关系。鱼类在静止状态，心搏率和每搏出量的交互变化能够保持正常的心输出量，即低氧的心动过缓增加心舒期的充盈时间，并提高每搏出量。然而，心室舒张期末容量的最终决定因子是心脏充盈压力而不是心搏率。

心脏充盈的压力主要来自于由心室分送到动脉系统并传导到静脉系统的能量（即来自后方的力）和心脏抽吸力（即来自前方的力）。此外，血液循环系统中的血液容量、静脉顺应性（Venous Compliance）和静脉紧张度（Venous Tone）亦会影响心脏充盈的压力。心脏抽吸力主要来自于心室收缩，它使围心压力降低，从而对心房、静脉窦和围心腔的静脉产生一种负的（胀大的）跨壁压力（Transmural Pressure）。

二、血量

鱼类的血量（Blood Volume）和其他脊椎动物一样包括血浆量（Plasma Volume）和血细胞量（Hematocrit），它们在不同种鱼类变化很大，而同一种鱼由于发育阶段和生理状态不同亦有差别。通过血液与组织之间的交换、肾脏排泄尿液、鳃与水环境之间的离子交换和水分交换、细胞通透性的调节等等，血量既经常发生变动，但又能调节而保持在相对稳定水平。低等的圆口类（如盲鳗），其血量约为体重的15%，软骨鱼类血量大约是体重的6%，而高等硬骨鱼类的血量大约是体重的3%，如硬头鳟是3.5%、鲤鱼是3%、鳕鱼是2.4%。所以，鱼类在进化过程中趋向于有较小的血量，但其意义还不清楚。影响血量的主要因素是红细胞的产生和周转、通过上皮（鳃、皮肤、消化道）的液体交换、肾脏的排泄作用以及通过毛细血管（Transcapillary）的液体交换。鱼类血液的最适血细胞比容为30%左右，而血量的70%是血浆，它很容易受到由内皮调节液体平衡作用的影响。通过毛细血管的液体交换（Jv）取决于毛细血管的滤过系数（Kf.c）和通过毛细血管的净压力梯度（Net Pressure Gradient）。

常用的全血量测定方法有以下几种：

（1）集血法：从心脏抽取体内的所有血液，同时用任氏液灌注血管，将所得的稀释液与正常血液的浓度相比，计算出血液的总量。残留在肝、肾等毛细血管中的血液难以收集干净，故误差较大。

（2）稀释法：将定量染料注入血管内，测其稀释情况。染料须无害，在血液中不起变化，难以被排泄和代谢或渗透到血管外，易于比色。常用染料有伊文思蓝、刚果红等。

（3）一氧化碳法：利用一氧化碳与血红蛋白结合不易分离的性质，向血管注射定量的一氧化碳，然后测定其稀释度，计算出血液量。

（4）同位素法：制备含有放射性同位素的 Fe^*、I^*、P^* 或 Cr^* 的红细胞或血清蛋白，注射入血管内，取血样测定放射性强度，根据稀释情况推算出全血量。

如果掌握鱼的血量和每分钟心脏输出量，就可以计算血液循环时间（Circulation Time）：

$$血液循环时间 = \frac{血量}{心脏输出量/min}$$

例如：体重为 1 kg 的鱼，心脏输出量/min = 25 mL/（kg 体重/min）；血量的容积按体重的5%来推算，为 50 mL/kg 体重；血液循环时间 =（50 mL/kg 体重）/［(25 mL/（kg 体重/min）］= 2 min。

将造影剂注入血管内，其移动情况可推算鳗鲡血液经过鳃部平均需 (5.6±1.9) s；到达头部动脉环亦只需数秒，而血液在离开心脏大约 20 s 后就可以在内脏的静脉中出现，从尾静脉到达心室所需时间为 (4.2±1.8) s，完成整个血液循环所需时间约为 30 s。可见，直接观察的血液循环时间要比推算的快得多。因为推算的是表示血液循环时间的平均值，而在鱼体的各个部分，血液循环的时间是有差异的。

三、血液的分布

测定鱼类血液的分布（Blood Distribution），常用的方法有两种：一种是将一定量的放射性铷（Rb）注射到鱼体血液内，让其通过血液循环均匀分布，然后将鱼迅速冰冻，分别测定鱼体各主要部分的放射性强度，再换算为血液在身体各部分的分布量；另一种是将放射性标志的直径略小于毛细血管径的粉球均匀分布在稀释液内，注射到鱼体之后，以同样方法测定身体各部分的放射性强度。这两种测定方法的结果虽略有差异，但基本一致（表 5-4）。

表 5-4　鳟鱼身体各主要部分的血液分布

身体主要部分	占血液的百分比/%		占体重的百分比/%
	A	B	
由红肌与白肌"镶嵌"在一起的肌肉	36	49	66
红　肌	7	11	2.5
肾　脏	9	5	1.0
皮　肤	—	8	4.0
肝　脏	9	5	1.2
消化道	8	7	3.0
脾　脏	1	1	0.2
性　腺	2	10*	4.0

说明：A. 采用 ^{86}Rb 测定；B. 采用放射性标志的粉球测定；＊性腺的差别是由于两种测定方法采用的性腺发育状况不同所引起的。参考 D. J. Randall。

鱼类血液在身体各部分的分布很不均匀。例如，在虹鳟中，占体重 67% 的肌肉只含有总血量的 21.8%，而只占体重 33% 的内脏和其他部分却占有总血量的 78.2%；在肌肉当中，按单位重量计，红肌的含量为白肌的 2~3 倍（表 5-5）。

据研究，鱼类在运动时其血液在身体各部分的分布并没有明显变化，只是脾脏由于输送红细胞到血液循环中而使其血量略为减少；而消化道的血量略为增加。

表 5-5　虹鳟各个器官和组织的重量和血液分布量*

器官和组织	A（占体重的百分比）	B（占总血液容量的百分比）	A/B 的比值
白　肌	66.0	15.8	0.24
红　肌	1.0	6.0	6.0
心　脏	0.2	2.0	10.0
鳃	3.9	7.6	19.0
消化道	5.1	2.4	0.47
肝　脏	1.4	4.0	2.9
脾　脏	0.3	1.4	4.7
动脉、静脉和肾脏等	3.0	60.0	20.0
其　他	19.1	0.9	0.005
总　计	100.0	100.1	

* 总血液容量以占体重的5%计算。参考 E. Stevens, 1968。

四、血管

按照功能划分，血管可分为弹性血管、传导性血管、阻力血管、交换血管和容量血管等五种。这种区分并不很清晰，因为许多血管都具有多种功能。

1. 弹性血管（Elastance Vessels）

弹性血管吸收和贮存由心脏间歇性喷射的动能并使之成为血管壁的势能（Potential Energy）。大多数动脉血管都具有一些脉冲减压（Pulse-dampening）作用，以便在广泛的压力振动中保护脆弱的鳃部和身体的微循环，多余的动脉压力在心室收缩时减弱；而这些血管的弹性反冲力在心舒期使舒张压降到最低并维持组织的血液流动。动脉球（Bulbus Arteriosus）和动脉圆锥（Conus Arteriosus）是弹性血管的特殊例子。动脉球是围心腔内管壁很厚的血管，它含有大量平滑肌、弹性纤维和胶原纤维，并且通过纵向和辐射状的排列结构而加固。动脉球的膨胀力是哺乳类主动脉的30倍左右，能暂时贮存心室输出量的25%~100%。动脉球分布有神经，并接受各种内分泌和旁分泌的刺激而收缩或者松弛。板鳃鱼类、全骨鱼类和肺鱼类的动脉圆锥含有心肌和弹性纤维，具有两组或多组瓣膜［雀鳝（*Lepisosteus osseus*）具有多至10组的瓣膜］，它能传导动作电位，并能进行自发节律性收缩。腹大动脉也含有弹性组织，亦能使动脉的搏动缓和，但其作用不及动脉球和动脉圆锥。

2. 传导性血管（Conductance Vessels）

主要的动脉和它们的分支都是传导性血管，它们将血液输送到鳃部和身体各个组织和器官，有儿茶酚胺能的、羟色胺能的和肽能的神经分布，对各种收缩激动剂和拮抗物起反应。但传导性血管对于血流在身体组织中分布的调节作用可能很小。鳃前的传导性动脉包括腹大动脉及其分支——进入各个鳃弓的入鳃动脉。鳃后的传导性动脉包括出鳃动脉、背大动脉、颈动脉、冠状动脉、舌下动脉、腹腔系膜动脉、尾动脉以及它们的分支。

3. 阻力血管（Resistance Vessels）

阻力血管阻碍血流，使血压急剧下降。与哺乳类相似，鱼类小的（直径小于 300 μm）动脉和微动脉是主要的阻力血管，它们受到自主神经和激素的调控，而末端的毛细血管前血管（Precapillary Vessels）主要受到局部微环境，特别是代谢产物的影响。

4. 交换血管（Exchange Vessels）

营养物和代谢废物以扩散方式经过毛细血管和微血管进行交换。组织中毛细血管的密度变化很大，这和氧需求量密切联系，如鳗鲡的红肌是 15~30 μL/g 组织，而白肌是 1~3 μL/g 组织，相差 10 倍。毛细血管由直径 4~10 μm、长度 500~1000 μm 的围绕以基膜的圆柱形内皮鞘组成。血液中溶质的转移率（Js）取决于毛细血管的通透性（Permeability，Ps）、毛细血管的表面积（A）和厚度（T）以及穿过毛细血管壁的浓度梯度（ΔCs），即：

$$Js = Ps \cdot (A/T) \cdot \Delta Cs$$

由于毛细血管的通透性和厚度一般不会发生变化，因此，调整溶质通过毛细血管的转移率主要是通过调整毛细血管的表面积和穿过毛细血管壁的浓度梯度。毛细血管的血液流量增加可能在短时间影响转移率，而血管生成（Angiogenesis）或血管稀疏（Rarefaction）对毛细血管密度起慢性调节作用。例如，持续运动使慢抽搐的肌肉纤维过度增生，由于毛细血管和肌纤维的比率保持不变，因而会异常地使毛细管密度降低 30%。

5. 容量（静脉）血管（Apacitance Vessels）

鱼类的静脉系统可以划分为三个亚系：①体系统引流头部和肌节的血液、肾门系统引流尾部的血液经成对的顾氏管（Ductus Cuvier）进入静脉窦；②肝门系统引流消化道血液进入肝窦（Hepatic Sinusoid），再经肝静脉进入静脉窦；③四对长的皮肤静脉（背、腹和左右侧）引流鳃部、皮肤、口部和鳃盖表皮的血液进入尾静脉和顾氏管。大的静脉血管壁经常和周围的组织整合在一起，含有很少的平滑肌。静脉瓣只出现在静脉联结处［即心门瓣（Ostial Valve）］，没有"抗引力的"（顶壁）瓣将静脉纵向分节。静脉（如顾氏管）有分布神经，能对各种收缩性刺激引起反应。哺乳类的静脉和微静脉能容纳大部分血量（约 80%），鱼类的静脉血容量还不清楚。容量血管最重要的功能是调节心输出量。

五、身体血液循环的调控

与其他脊椎动物一样，鱼类也可以通过调整小动脉的血管阻力而调节分布到身体各个组织和器官的血流，并且保持相对稳定的动脉血压。心血管系统的生理调节作用包括局部的（Local）和远程的（Remote）两方面。局部调控是根据某些特定组织或器官的需要而释放一些重要的代谢物（O_2、CO_2、腺苷酸、三羧酸循环中间产物等）以及来自血管本身的旁分泌产物。远程调控是保持体动脉的血压稳定以及在紧急状态下维持脑、心脏等重要器官的正常功能，其调控作用机理包括心脏、血管、血量等的神经调控和内分泌调控。

（一）心脏和血管的局部调控

1. 代谢物（Metabolites）

局部产生的代谢物会直接影响血管平滑肌，使血液流向代谢活动需要的部位。典型的血管舒张物质包括 CO_2、H^+、三羧酸循环中间产物、腺苷酸等，但它们对鱼类心血管的调节作用还研究得很少。

2. 旁分泌介导反应

鱼类血管平滑肌能产生旁分泌物质。这些局部释放的血管活性物质可能比神经的或内分泌的调节起更大的作用。

（1）前列腺素。前列腺素 PGE_2 和 PGI_2（前列环素）是鱼类主要的内皮细胞原舒血管因子（EDRF）。缓激肽、ANG Ⅱ 和钙离子通道能启动它们的释放，但这些松弛因子的生理调控作用还不是很清楚。血栓烷 A_2（Thromboxane）及其类似物是强有力的血管收缩剂，而 PGI_2 通常亦起收缩作用。

（2）氧化氮。氧化氮（NO）供体对圆口类、软骨鱼类和少数硬骨鱼类起血管收缩作用，而对大多数硬骨鱼类则起血管舒张作用。NO 供体能有效降低鳟鱼体循环血管阻力；对鳗鲡心脏起负的收缩能作用，而对冰鱼类起正的收缩能作用。还不清楚 NO 是否是鱼类的一种内皮细胞原舒血管因子，因为目前只能从完整无损的鱼体或灌流的制剂中获得一些证据，尚未曾在鱼类游离的血管中发现 NO 的存在。

（3）内皮缩血管肽（Endothelin）。内皮缩血管肽使大多数鱼类离体的心管收缩，并且表明有 ET-A 和 ET-B 受体参与。内皮缩血管肽 I 是强有力的鱼鳃柱状细胞收缩剂，能增强 P_{VA}（腹大动脉血压）而降低 P_{DA}（背大动脉血压）。内皮缩血管肽 I 能略微增强血管的顺应性，但不会影响静脉紧张度和心脏收缩力。

（4）硫化氢。最近证明哺乳类血管平滑肌能合成硫化氢（H_2S），起着旁分泌的血管舒张剂作用。鳟鱼血管能合成 H_2S，其在体内血浆中的含量和离体的血管舒张活性一致；而较高的 H_2S 浓度是血管收缩性的。在其他鱼类，H_2S 既可以是血管舒张性的（如盲鳗、板鳃鱼类），亦可以是血管收缩性的（如七鳃鳗）。因此，鱼类心血管系统可能对 H_2S 特别敏感。

（二）心脏和血管的远程调控

1. 神经调控

（1）化学感受器的作用。与其他脊椎动物一样，鱼类对动脉血压升高的迅速反应是由迷走神经介导的心动过缓，并减少心输出量，这称为"稳压反射"。相反，鱼类对低血压引起心动过速反应较为微弱且变化大。低血压对板鳃鱼类只引起轻微反应。对稳压反射的受体和传入途径还不是很清楚，但受体活性出现于鳃部。鳃部的化学感受器对水环境低氧或血内碳酸过多（Hypercarbia）起反应并引起迷走神经传导的心动过缓，同时还可能和肾上腺素能介导的高血压偶联。

（2）中枢神经系统的作用。心脏的神经支配呈现进化发展的模式。盲鳗的心脏没有神经分布，但贮存在心脏组织中的儿茶酚胺能引起收缩能反应和变时（Chronotropic）反应。七目鳗心脏有刺激性的迷走性胆碱能（烟碱）神经分布。抑制性迷走神经胆碱能（蝇蕈碱性）神经出现在板鳃鱼类和硬骨鱼类的心脏。板鳃鱼类和肺鱼类没有肾上腺素能神经分布，而硬骨鱼类有。

大多数鱼类的体循环血管有肾上腺素能神经分布，但圆口类和板鳃鱼类的鳃部血管则没有。除鳃部和嗜铬组织外，很少证据表明鱼类血管有胆碱能神经分布。

板鳃鱼类和硬骨鱼类的心脏和血管通过血液循环而接受肾上腺素能刺激，盲鳗和肺鱼的心脏和血管接受局部释放的儿茶酚胺刺激。和肾上腺髓质同源的嗜铬细胞都分布在各种鱼类的大静脉或心脏附近，它们对胆碱能神经信号和血液成分变化起反应而把儿茶酚胺释放到静脉血中。在循环的血浆中，儿茶酚胺含量通常为 1~10 nM，但严重的应激反应可使儿茶酚胺含量升高 10~100 倍，并在有 α 和 β-肾上腺素受体的情况下极大地刺激心脏和血管组织。

鱼类血管亦有非肾上腺素能的和非胆碱能的神经递质，包括 5-羟色胺、嘌呤、血管活性肠肽（VIP）、P 物质、速激肽等。

2. 内分泌调控

（1）肾素-血管紧张素系统（RAS：Renin Angiotensin System）。各种鱼类都含有肾素-血管紧张素的成分，在七鳃鳗、板鳃鱼类和硬骨鱼类都曾分离出血管紧张素（ANG I 或 ANG II）。RAS 通过多种作用机理抵制鱼体液缺失和低血压。例如，鳟鱼由于出血而引起血压降低时，由肾脏的近肾小球细胞（Juxtaglomerular Cell）分泌血管紧张原酶（Renin）到入肾的小动脉中，它起酶的作用，将由肝脏制造而进入血浆的血管紧张肽（$α_2$-球蛋白）的亮氨酸-亮氨酸键分解而释放十肽的血管紧张素 I（Angiotensin I）；接着它又在血浆的转化酶作用下移去另外两个氨基酸而转化为八肽的血管紧张素 II。然后血管紧张素作用于肾小管，增强对 Na^+ 的重吸收作用，提高 Na^+ 的保留量，从而提高水分的保留量，减少尿液排出，结果增加血液容量，使血压升高而回复原来的水平。所以，鱼类的血管紧张肽是通过把 Na^+ 和水保留在体内以调节血量而起着负反馈作用。在有些鱼类中，RAS 有效地维持血压，而在另一些鱼类中，RAS 促使低血压复原。ANG II 是阻力血管的强有力收缩剂，对静脉容量影响不大，亦能通过内皮细胞源舒血管物质（Endothelium-derived Relaxing Substances）使一些传导性血管舒张。血管紧张素和心肌细胞（Cardioicytes）结合，对有些鱼类产生收缩能效应。α-肾上腺素受体介导硬骨鱼类 10%~70% 的血管紧张素加压作用，但给鳗鲡注射 ANG II 使心输出量增加，而对体循环阻力没有影响。RAS 不参与板鳃鱼类动脉血压的调节，只通过刺激儿茶酚胺释放进入血液循环而对低血压状态起间接调节作用。鱼类血管紧张素受体和哺乳类的 AT_1 受体相似。

（2）利尿钠肽（Natriuretic Peptides）。硬骨鱼类含有一系列利尿钠肽（NPs），包括心房 NP（ANP）、C-形 NP（CNP）、脑 NP（BNP）、心室 NP（VNP）等，而盲鳗只有一

种 NP, 板鳃类只发现有 CNP。ANP、BNP、VNP 都由心肌细胞合成，对心脏膨胀起反应而释放到血液循环中。CNP 由心外的组织产生，可能具有其他的心血管功能。除了对血管容量的稳态起长期作用外，NPs 还强有力的血管舒张剂。鱼类鳃部血管阻力和血管容量对 NPs 很敏感。NPs 的利尿作用能进一步减弱血液循环的充盈压力。总之，NPs 能对心脏过量的前负荷和后负荷起保护作用。

（3）精氨酸加压素（AVT：Arginine Vasotocin）。精氨酸加压素是血管收缩剂，对鳃部血管的作用特别强。在低血压时，动脉血压的自发性振动和视前核增强的电活动相联系，而这可能和神经垂体释放如 AVT 的血管收缩物质偶联。AVT 使静脉紧张性增加，而其抗利尿作用能急性或慢性地调控血管容量。

（4）缓激肽（BK：Bradykinin）。从鳟鱼、鳕鱼、颌针鱼、弓鳍鱼和肺鱼的血浆中都曾分离出缓激肽。缓激肽能使鳕鱼和肺鱼的血压单相地升高，而对其他鱼类能引起多相的加压/降压反应。缓激肽的作用通常由内皮释放的前列腺素介导，并为交感神经反射和肾素血管紧张肽系统（RAS）的反射激活。缓激肽刺激鳗鲡的饮水活动，并能影响其他鱼类的液体容量。

（5）硬骨鱼紧张肽（Urotensin）。硬骨鱼紧张肽-I（u-1）使血管松弛，但在鱼体内能引起由 α-肾上腺素介导的体循环阻力和血压增高。脑室内注射 u-1 引起心输出量和血压升高。除盲鳗外，各种鱼类都含有 u-Ⅱ，它是强有力的血管收缩剂。

（6）肾上腺髓质素（Adrenomedullin）。肾上腺髓质素是由 52 个氨基酸组成的哺乳类强有力的血管舒张剂。鱼类中已分离出多种肾上腺髓质素，其中有些是头肾分泌的血液循环激素，但它们对鱼类血管的作用还有待于研究。

身体血液循环主要是由心脏发动的。心脏搏动可直接把动脉血输送到身体各部分。而静脉血返流回心脏则和心脏活动以及其他的一些因素有关：

（1）心脏搏动增强会使坚韧的围心膜内的压力大大降低，从而增强吸引力（Aspirator Force），把静脉血吸回心脏。静脉血返流到静脉窦、心耳和心室，其流速决定于静脉系统内（由小静脉到大静脉）的压力差，如果小静脉始端的压力提高，而主静脉末端的压力降低，则压力差大，有助于静脉血回流。小静脉始端的压力取决于毛细血管中的压力，如果毛细血管的压力高，流入静脉的血量多，小静脉的血压就升高。主静脉末端的压力取决于心房的压力，如果心室的搏动强，输出量大，心房、静脉窦和主静脉末端的压力降低，产生的吸引力大，就有利于静脉血回流。所以，心脏搏动是降低静脉窦和心房压力、保证静脉回流的重要因素。

（2）肌肉运动能帮助静脉血回流。许多鱼类的动脉和静脉内部有瓣膜，以防止肌肉收缩运动时血液倒流，并能促使血液流回心脏。

（3）从血液贮存器官把血液调动出来参加循环，亦能帮助静脉回流。如许多鱼类在运动时脾脏的容量减少，这有助于增加心脏输出量和静脉血回流。

（4）鱼类向前游泳推进时，最大压力处在鱼的正前方；前进时水流经过身体表面，外界压力降低，而最低的压力正好是在心脏附近，这亦可能有助于促进静脉血流回心脏。

第六节 对缺氧和运动的生理反应

一、缺氧（低氧）

鱼类在缺氧（Hypoxia）情况下有两种不同的反应。有些鱼类是被动地适应缺氧条件，可称为氧随变鱼类（Oxygen Conformer），如鲟科鱼类。它们在水中溶氧量降低时，心搏率降低，呼吸活动减缓，$\dot{M}_{O_2}$降低，致使身体代谢活动水平下降。这是对缺氧的被动适应。大多数鱼类在缺氧条件下能进行调节活动，继续保持一定的代谢活动水平，这可称为氧调变鱼类（Oxygen Regulator）。例如，鲫鱼对缺氧条件有较强的忍耐和调节能力，特别是曾在低氧条件下驯养的鲫鱼，能在缺氧条件下生存较长时间。

鱼类对水中氧气不足的一般反应是心搏率降低，心搏量增加，使心脏输出量仍维持在正常水平；$\dot{M}_{O_2}$起初略有增加，可能和进行较高频率的呼吸动作而消耗较多的能量有关，然后逐渐降低（图5-15）。

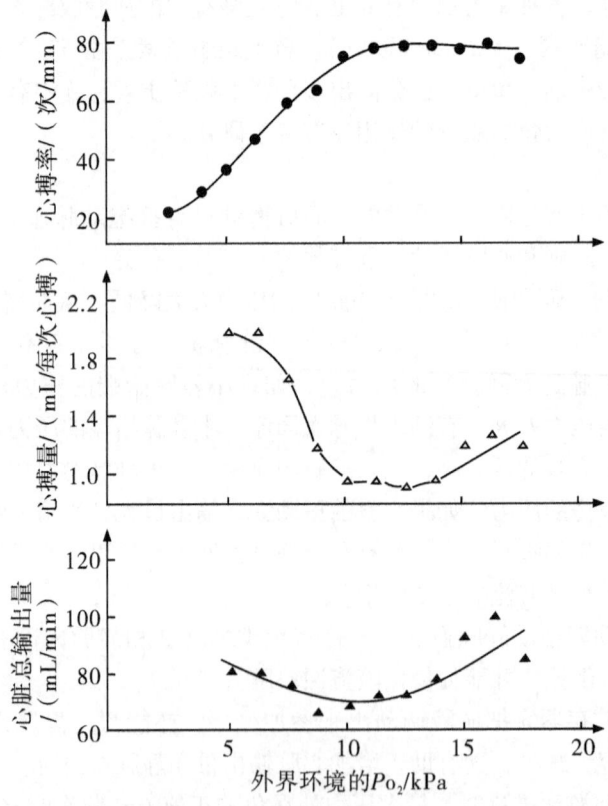

图5-15 缺氧对虹鳟心搏率、心搏量和心脏总输出量的影响

引自 D. J. Randall

对鳟鱼和鲤鱼的研究表明：在对水中氧气不足的适应过程中，主要的调节机理是：

（1）胆碱能迷走神经活动性增强而使心搏率降低，心搏量随之增大，使心脏输出量保持在一定水平。

（2）呼吸频率（Breathing Rate）和呼吸幅度（Breathing Amplitude）增加，造成较大的水流量经过鳃部，使次级鳃瓣得到较多的水流灌注，亦即扩大 V_g（呼吸率）和 Q（心脏总输出量）的比率，以便鱼能从水中摄取一定的氧。

（3）随着水中 P_{O_2} 降低，背大动脉和腹大动脉的血压升高，使较多的次级鳃瓣受到均匀的血流灌注，结果使鳃的氧扩散容量（Oxygen Diffusing Capacity）明显增大，亦即增加有效的呼吸表面积，使水中的氧更容易扩散到血液中去（图 5-16）。此外，由于心搏率降低，使血液在次级鳃瓣的转换时间延长，CO_2 更容易扩散到水中去，因而使血红蛋白和氧的亲和力增强，鱼能在较低的 P_{O_2} 中摄取氧。

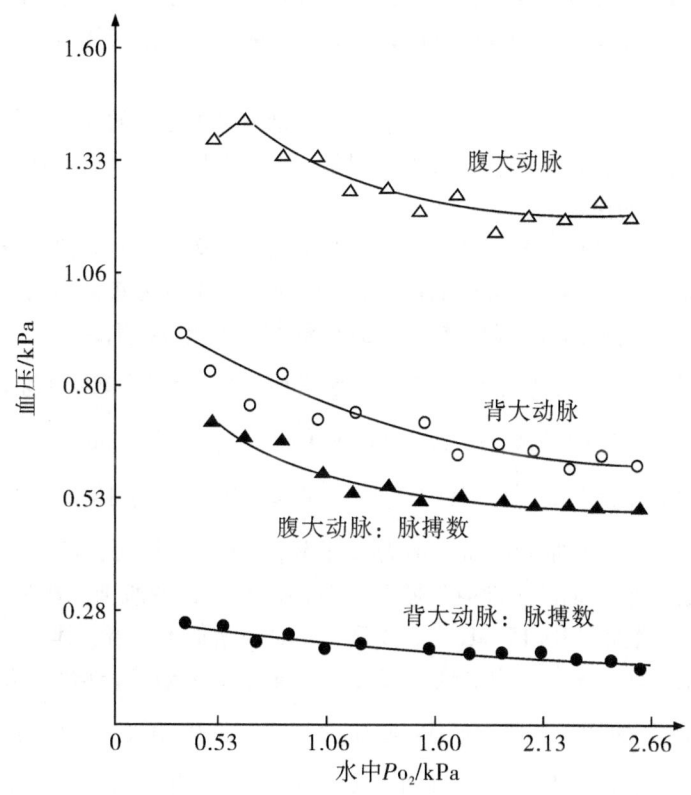

图 5-16 缺氧对背大动脉和腹大动脉血压和脉搏数的影响示意图
引自 D. J. Randall

（4）红细胞的 ATP 含量降低，使血红蛋白和氧的亲和力增强，这种效应至少可以补偿在缺氧情况下进行厌氧代谢使 H^+ 增加、pH 值下降所引起的 Bohr 效应。

（5）由于血液中红细胞数量增加而使血细胞容量增加，鱼能够在水中含氧量较低的情况下摄取一定量的氧。

(6) 由于在氧气不足情况下进行的代谢活动使静脉的 P_{O_2} 降低,因而在鳃表面交换气体时,在水中 P_{O_2} 不高的情况下鱼仍能保持一定的氧摄取量。

(7) 激素的调节作用,如肾上腺素可促使进入中央窦的血液分流而让较多的血液进入次级鳃瓣进行气体交换,等等。

(8) 在长期缺氧条件下鳃会过度增生以增加呼吸表面积;有些鱼类还能进行厌氧代谢以得到能量,但这期间身体血液循环的变化还不了解。

二、运动

鱼类的运动主要是肌肉的活动。鱼类的骨骼肌分为两类:一类为红肌(Red Muscle, Dark Muscle),位于皮下和体侧的浅表部位,颜色深红;另一类为白肌(White Muscle, Light Muscle),是除红肌以外的所有骨骼肌,颜色淡白。这两种肌肉形成各自的运动系统,分别接受不同神经的支配,肌肉中的酶含量、线粒体数量及肌纤维的大小等都不相同。

白肌的作用是负责短时间的爆发性运动,能量来自不需氧的糖酵解作用,运动时肌肉中的糖元大量消耗,代谢产物乳酸迅速积累。白肌极易疲劳。血管在白肌中的分布很稀疏,限制了氧气的供应。

红肌的作用是维持持久性运动,红肌几乎不疲劳。运动期间肌肉中糖元的含量不改变,能量由脂肪的氧化供给。红肌的血流量和毛细血管网的分布,为同等单位重量的白肌的3倍。鲨鱼和鲭鱼的红肌含量较高,故长距离游泳能力特别强。

鱼类运动时,$\dot{M}_{O_2}$ 可以增加 12~15 倍,所增加的 $\dot{M}_{O_2}$ 大部分都用于肌肉活动。例如,鳟鱼在以 80% 的临界速度游泳时,$\dot{M}_{O_2}$ 由 0.409 mL/(kg 体重·min) 增加到 2.969 mL/(kg 体重·min),增加 7.26 倍;其中红肌 $\dot{M}_{O_2}$ 由 0.219 mL/(kg 体重·min) 增到 2.588 mL/(kg 体重·min),增加 11.8 倍。所增加的 $\dot{M}_{O_2}$ 有 93% 用于肌肉运动。和 $\dot{M}_{O_2}$ 增加直接相关的是血流量的增加。运动时红肌和白肌镶嵌在一起的肌肉,血流量由 5.49 mL/(kg 体重·min) 增加到 10.15 mL/(kg 体重·min),增加 1.8 倍。其中,红肌的血流量由 0.68 mL/(kg 体重·min) 增加到 9.73 mL/(kg 体重·min),增加 14.3 倍。这是因为游泳主要是红肌的活动,肌肉 $\dot{M}_{O_2}$ 的增加主要是红肌 $\dot{M}_{O_2}$ 增加,而白肌在正常游泳时不起作用,其 $\dot{M}_{O_2}$ 反而明显减少。此外,游泳时心脏输出量由 12.88 mL/(kg 体重·min) 增加至 38.15 mL/(kg 体重·min),增加约 3 倍,而身体其他部分(肌肉除外)的血流量由 6.22 mL/(kg 体重·min) 增至 11.79 mL/(kg 体重·min),只增加 1.9 倍。所以,血流量增加较多的是肌肉,特别是在游泳运动时起主要作用的红肌。

鱼类在运动时的调节机理主要包括以下几方面:

(1) 胆碱能迷走神经活动性降低,肾上腺素能神经活动性增强,使心搏率增加;血液循环中儿茶酚胺含量升高和静脉血压升高,使心搏量增大,结果使心脏输出量明显增大。这时心脏活动性增强,其消耗的能量亦明显增加,如鳟鱼在快速游泳时,心脏的

$\dot{M}_{O_2}$增加到 9.6 倍（图 5-17）。

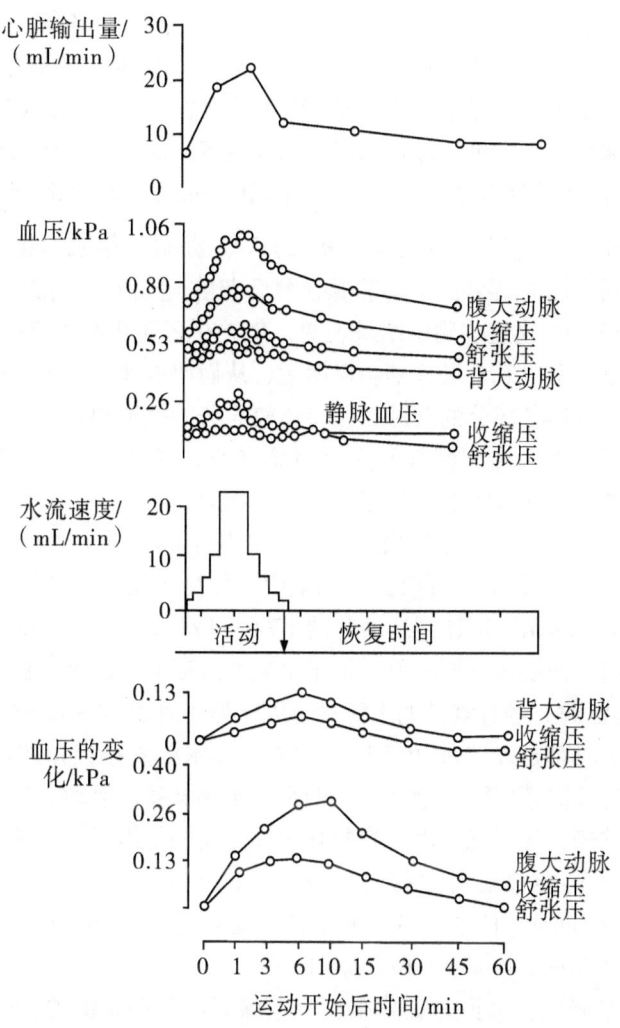

图 5-17　运动对背大动脉和腹大动脉的血压以及心脏输出量的影响示意图
参考 D. J. Randall

（2）血液循环中儿茶酚胺含量增高和肌肉代谢物质的释放增加，作用于影响肌肉血管扩张的 β-肾上腺素能受体，使肌肉（特别是红肌）的血管扩张，从而使进入肌肉的血液流量大大增加。

（3）消化道和脾脏的血管收缩，血液循环中儿茶酚胺含量增加，使背大动脉和腹大动脉的血压升高，造成较多的血流输入鳃部，使几乎全部的次级鳃瓣都受到血流均匀而充分的灌注，鳃部摄取氧的能力显著增强。

（4）由于运动时代谢活动增强而消耗大量氧，肌肉的 P_{O_2} 大大降低，因而肌肉能从流经的血液中取得的氧量增加。例如，鳟鱼的动脉血氧含量（即占血液容量的百分数）在静止状态和运动状态变动于 10.2%~10.4% 之间，几乎没有差别，而静脉血的氧含量却由静止状态的 7.1% 降低至运动状态时的 2.9%，致使动脉血和静脉血之间含量的差别由静止状态的 3.3% 增加到运动时的 7.3%，即增加了 1 倍多。与此同时，身体组织（包括肌肉）从血液中摄取的氧容量亦从 31.7% 增加了 1 倍多。运动时，血液输送到肌肉的氧量为 2.689 mL/(kg 体重·min)，而由肌肉摄取到的氧量为 2.588 mL/(kg 体重·min)，也就是说，在运动状态，肌肉能够摄取血液氧量的 96% 左右。这样就使得运动状态时静脉血的氧含量比静止状态降低 2 倍多。此外，在运动状态，身体其他部分从血液中摄取的氧量只有 0.381 mL/(kg 体重·min)，而肌肉摄取的氧量为 2.588 mL/(kg 体重·min)，这表明，在运动时 $\dot{M}_{O_2}$ 的 90% 是提供给肌肉运动的。对鲤鱼的心脏血样测定亦得到相似的结果：平均静脉血氧含量在运动开始前为 9.33%，在运动开始后就降到 5.84%。上述这些测定结果表明，鱼类在运动状态血液中摄取较多的氧量，使动脉血和静脉血之间的氧含量差别明显增大，从而使血液在鳃表面能够从水流摄取较多的氧，使输送到身体各部分的动脉血保持比较充分的氧饱和状态。

（5）鱼类在运动时灌注到鳃部的水流明显增加。在静止状态，进入鳃的水流量由通过口腔与鳃腔连续不断地收缩与扩张而造成。在运动状态，口腔鳃腔的活动频率和活动幅度都大为增加，如虹鳟的呼吸频率在静止状态为 83（次）/min，在快速游泳时增至 146（次）/min；与此同时，呼吸运动的幅度增加更为明显，使得鳃部水流量由静止的 211 mL/(kg 体重.min) 增加到运动时的 1700 mL/(kg 体重·min)，增加 8 倍左右。事实上，鱼类快速向前游泳的同时就增加了水流经过鳃部的流量。据报道，当鱼以 50～80 cm/s 的速度游泳时，经过鳃部的水流量可以比静止时大 10～15 倍。许多长距离快速游泳的鱼类在前进时都是以"冲压呼吸"的方式让水流直接经口腔而灌注鳃腔。鱼类在游泳速度增加时呼吸频率随之增加，可能是由于感觉身体运动的某些受体将水流变化的感受传入中枢神经，亦可能是由于脊髓呼吸神经元的传出活动而导致有节奏的呼吸动作停止。这些受体可能包括听觉侧线系统（Acoustico-laterals System）的水流感受器（Flow-sensitive Receptor），位于鳃弓上的机械感受器（Mechanoreceptor）和位于皮肤的肌肉伸展感受器（Stretch-sensitive Receptor）等。

（6）脾脏容量降低。鱼类脾脏分布有肾上腺素能和胆碱能的神经纤维，刺激这些神经或者使用 α-肾上腺素能受体的兴奋剂（激动剂）能使脾脏收缩而释放红细胞，使血液中血细胞容量增加，从而使血液的血红蛋白含量增加。如虹鳟的血细胞容量在最大游泳速度时比静止状态增加 9%～14%。

主要参考文献

1. Altimiras, J., and Axelsson, M. Intrinsic autoregulation of cardiac output in rainbow trout (*Oncorhynchus mykiss*) at different heart rates. *J. Exp. Biol.*, 2004, 207: 195–201

2. Axelsson, M., and Nilsson, S. Blood pressure control during exercise in the Atlantic cod, *Gadus morhua*. *J. Exp. Biol.*, 1986, 126: 225–236

3. Axelsson, M., Ehredstrom, F., and Nilsson, S. Cholinergic and adrenergic influence on the teleost heart in vivo. *Exp. Biol.*, 1987, 46: 179–186

4. Beriner, N. J., Mckendry, J. E., and Perry, S. F. Blood pressure regulation during hypotension in two

teleost species: differertial involvement of the renin-angiotensin and adrenergic system. *J. Exp. Biol.*, 1999, 202: 1677 – 1690

5. Blank, J. M., Morrissette, J. M., Davie, P. S., and Block, B. A. Effects of temperature, epinephrine and Ca^{2+} on the heart of yellow tuna (*Thunnus allacares*). *J. Exp. Biol.*, 2002, 205: 1881 – 1888

6. Bushnell, P. G., and Brell, R. W. Responses of swimming skipjack (*Katsuwonus pelamis*) and yellowfin tuna (*Thunnus allacares*) to acute hypoxia, and a model of their cardiorespiratory system. *Physiol. Zool.*, 1991, 64: 787 – 811

7. Bushnell, P. G., Jones, D. R., and Farrell, A. P. The arterial system. In: Fish Physiology. Vol. XII. part A. W. S. Hoar, D. J. Randall and A. P. Farrell, eds. Academic Press, 1992: 89 – 140

8. Butler D. G., Oudit, G. Y., and Cadinouche, M. Z. A. Angiotensen I and II and norepinephrine mediated pressor responses in an ancient holostean fish, the bowfin (*Amia calva*). *Gen. Comp. Endocrinol.*, 1995, 98: 289 – 302

9. Chan, D. K. O. Cardiovascular and renal effects of urotensins I and II in the eel, *Anguilla rostrata*. *Gen. Comp. Endocrinal.*, 1975, 27: 52 – 61

10. Chui, K. W., and Lee, Y. C. The cardiac effects of neurohypophysial hormones in the eel, *Anguilla japonica* (T. & S.). *J. Comp. Physiol.*, 1990, 160: B213 – B216

11. Conklin, D. J., Chavez, A., Dull, D. W., Weaver, L., Jr., Zhang, Y., and Olson, K. R. Cardiovascular effects of arginine vasotocin in the rainbow trout, *Oncorhynchus mykiss*. *J. Exp. Biol.*, 1997, 200: 2821 – 2832

12. Conte, F. P., Wagner, H. H., and Harris, T. Measurements of the blood volume of the fish, *Salmo gairdneri*. *Am. J. Physiol.*, 1963, 205: 533 – 540

13. Cruz-Neto, A. P., and Steffensen, J. F. The effects of acute hypoxia and hypercapnia on oxygen consumption of the freshwater European eel. *J. Fish. Biol.*, 1997, 50: 759 – 769

14. Davie, P. S., and Farrell, A. P. Cardiac performance of an isolated heart preparation from the dogfish (*Squalus acanthias*): The effects of hypoxia and coronary artery perfusion. *Can. J. Zool.*, 1991, 69: 1822 – 1828

15. Dombkowski, R. A., Russell, M. J., and Olson, K. R. Hydrogen sulfide as an endogenous regulator of vascular smooth muscle tone in trout. *Amer. J. Physiol. Regul. Integr. Comp. Physiol.*, 2004, 286: R678 – R685

16. Duff, D. W., and Olson, K. R. Atrial natriuretic peptide clearance receptors in trout. Effects of receptor inhibition in vivo. *J. Exp. Zool.*, 1992, 262: 343 – 346

17. Egginton, S. Temperature and angiogenesis: the possible role of mechanical factors in capillary growth. *Comp. Biochem. Physiol. A*,, 2002, 132: 773 – 787

18. Evans, D. H. The roles of natriuretic peptide hormones in fish osmoregulation and hemodynamics. *Advances in Comparative and Environmental Physiolgy*. Bertin: Springer-verlag, 1995: 119 – 152

19. Farrell, A. P. A review of cardiac performance in the teleost heart: intrinsic and humoral regulation. *Can. J. Zool.*, 1984, 62: 523 – 536

20. Farrell, A. P. From hagfish to tuna-a perspective on cardiac function. *Physiol. Zool.*, 1991, 64: 1137 – 1164

21. Farrell, A. P., and Jones, D. R. The heart. In: Fsih Physiology. W. S. Hoar, D. J. Randall and A. P. Farrell, eds. Vol. XII, part A. Academic Press, 1992: 1 – 88

22. Farrell, A. P., Macleod, K. R., and Chancey, B. Intrinsic mechanical properties of the perfused rain-

bow trout heart and the effects of catecholamines and extracellular calcium under control and acidotic condition. *J. Exp. Biol.*, 1986, 125: 319 – 345

23. Farrell, A. P., Hammons, A. M., Graham, M. S., and Tibbits, G. F. Cardiac growth in rainbow trout, *Salmo gairneri*. *Can. J. Zool.*, 1988, 66: 2368 – 2373
24. Forster, M. E., Axelsson, M., Farrell, A. P., and Nilsson, S. Cardiac function and circulation in hagfishes. *Can. J. Zool.*, 1991, 69: 1985 – 1992
25. Fritsche, R., and Nilsson, S. Autonomic nervous control of blood pressure and heart rate during hypoxia in the cod, *Gadus morhus*. *J. Comp. physiol.*, 1990, 160 (B): 287 – 292
26. Goolish, E. M. Cold-acclimation increases the ventricle size of carp, *Cyprinus carpio*. *J. Thermal. Biol.*, 1987, 12: 203 – 206
27. Hazon, N., Balment, R. J., Perrott, M., and O' Toole, L. B. The renin-angiotensin system and vascular dipsogenic regulation in elasmobranchs. *Gen. Comp. Endocrinal.*, 1989, 74: 230 – 236
28. Hazon, N., Tierney, M. L., and Takei, Y. Renin-angiotensin system in elasmobranch fish: A review. *J. Exp. Zool.*, 1999, 284: 526 – 534
29. Hoagland, T. M., Weaver, L., Jr., Conlon, J. M., Wang, Y., and Olson, K. R. Effects of endothelin-1 and homologous trout endothelin on cardiovascular function in trout. *Am. J. Physiol.*, 2000, 278: R460 – R468
30. Holeton, G. F., and Randall, D. J. Changes in blood pressure in the rainbow trout during hypoxia. *J. Exp. Biol.*, 1967, 46: 297 – 305
31. Imbrogno, S., De Iuri, L., Mazza, R., and Tota, B. Nitric oxide modulates cardiac performance in the heart of *Anguilla anguilla*. *J. Exp. Biol.*, 2001, 204: 1719 – 1727
32. Janvier, J. J. Cardio-vascular and ventilatory effects of prostaglandin E_2 in the European eel *Anguilla anguilla*. *J. Comp. Physiol.*, 1997, 167: 517 – 526
33. Johanson, K., and Hanson, A. Functional anatomy of the hearts of lungfishes and amphibians. *Am. Zoologist*, 1968, 8: 191 – 210
34. Kawakoshi, A., Hyodo., S., Inoue, K., and Takei, Y. Four natriuretic peptides (ANP, BNP, VNP, and CNP) coexist in the sturgeon: identification of BNP in fish lineage. *J. Mol. Endocrinal.*, 2004, 32: 547 – 555
35. Keen, J. E., Vianzon, D. M., Farrell, A. P., and Tibbits, G. F. Thermal acclimation alters both adrenergic sensitivity and adrenoreceptor density in cardiac tissue of rainbow trout. *J. Exp. Biol.*, 1993, 181: 27 – 47
36. Kolok, A. S., Spooner, R. M., and Farrell, A. P. The effects of exercise on the cardiac output and blood flow distribution of the largescale sucker, *Catostomus macrocheilus*. *J. Exp. Biol.*, 1993, 183: 301 – 321
37. Korsemyer, K. E., Lai, N. C., Shadwick, R. E., and Graham, J. B. Heart rate and stroke volume contributions to cardiac output in swimming yellow tuna: response to exercise and temperature. *J. Exp. Biol.*, 1997, 200: 1975 – 1986
38. Milligan, C. L., Graham, M. S., and Farrell, A. P. The response of trout red cells to adrenaline during seasonal acclimation and changes in temperature. *J. Fish. Biol.*, 1989, 35: 229 – 236
39. Mustafa, T., and Agnisola, C. Vasoactivity of adrenosin in the trout (*Oncorhynchus mykiss*) coronary system: involvement of nitric oxide and interaction with adrenaline. *J. Exp. Biol.*, 1998, 201: 3075 – 3083
40. Nilsson, S. Evidence for adrenergic nervous control of blood pressure in teleost fish. *Physiol. Zool.*,

1994, 67: 1347 - 1359

41. Olson, K. R. The cardiovascular system. In: The physiology of Fishes. Second Edition. D. H. Evans, ed. Boca Raton: CRC Press, 1997: 129 - 156

42. Olson, K. R., and Farrell, A. P. The cardiovascular system. In: The physiology of Fishes. Third Edition. D. H. Evans and J. B. Claiborne, eds. Taylor & Francis, CRC Press, 2006: 119 - 152

43. Oudit, G. Y., and Buther, D. G. Angiotensin II and cardiovascular regulation in a freshwater teleost, *Anguilla rostrata* Le Suear. *Am. J. Physiol.*, 1995, 269: R726 - R735

44. Platzack, B., Axelsson, M., and Nilsson, S. The renin-angiotensin system in blood pressure control during exercise in the cod, *Gadus morhua. J. Exp. Biol.* 180, 253 - 262

45. Poupa, O., and Lindstrom, L. (1983). Comparative and scaling aspects of heart and body weights with reference to blood supply of cardiac fibres. *Comp. Biochem. Physiol.*, 1993, 76A: 413 - 421

46. Randall, D. J. The nervous control of cardiac activity in the tench (*Tinca tinca*) and goldfish (*Carassius auratus*). *Physiol. Zool.*, 1966, 34: 185 - 192

47. Randall, D. J. Functional morphology of the heart in fishes. *Am. Zoologist.*, 1968, 8: 179 - 189

48. Randall, D. J. The circulatory system. In: Fish Physiology. Vol. IV. W. S. Hoar and D. J. Randall, eds. Academic Press, 1970: 133 - 172

49. Randall, D. J. The control of respiration and circulation in fish during exercise and hypoxia. *J. Exp. Biol.*, 1982, 100: 275 - 288

50. Randall, D. J. Cardiorespiratory modeling in fishes and the consequences of the evolution of airbreathing. *Cardioscience*, 1994, 5: 167 - 171

51. Randall, D. J. and Stevens, E. Don. The role of adrenergic receptors in cardiovascular changes associated with exercise in salmon. *Comp. Biochem. Physiol.*, 1967, 21: 415 - 424

52. Russell, M. J., Klemmer, A. M., and Olson, K. R. Angiotensin signaling and receptor types in teleost fish. *Comp. Biochem. Physiol.* A, 2001, 128: 41 - 51

53. Santer, R. M. Morphology and innervation of the fish heart. *Adv. Anat. Embryo. Cell Biol.*, 1985, 89: 1 - 102

54. Santer, R. M., and Greer Walker, M. Morphological studies on the ventricle of teleost and elasmobranch hearts. *J. Zool. London.*, 1980, 190: 250 - 272

55. Santer, R. M., Greer Walker M. G., Emerson, L., and Witthames, P. R. On the morphology of the heart ventricle in marine fish (Teleostei). *Comp. Biochem. Physiol.*, 1983, 76A: 453 - 457

56. Satchell, G. H. The venous system. In: Fish Physiology. Vol. XII. part A. W. S. Hoar, D. J. Randall and A. P. Farrell, eds. Academic Press, 1992: 141 - 184

57. Schurmann, H., and Steffensen, J. F. Effects of temperature, hypoxia and activity on the metabolism of juvenile Atlantic cod. *J. Fish Biol.*, 1997, 50: 1166 - 1180

58. Steven, E. Don. The effect of exercise on the distribution of blood to various organs in rainbow trout. *Comp. Biochem. Physiol.*, 1968, 25: 615 - 625

59. Steven, E. Don, and Randall, D. J. Changes in blood pressure, heart rate and breathing rate during moderat swimming activity in rainbow trout. *J. Exp. Biol.*, 1967, 46: 307 - 315

60. Sureau, D., Lagardere, J. P., and Pennee, J. P. Heart rate and its cholinergic control in the sole (*Solea vulgaris*) acclimatized to different temperatures. *Comp. Biochem. Physiol.*, 1989, 92A: 49 - 51

61. Sverdrup, A., Kruger, P. G., and Helle, K. B. Role of the endothelium in regulation of vascular functions in two teleosts. *Acta Physiol. Scand.*, 1994, 152: 219 - 233

62. Tang, Y., Lin, H., and Randall, D. J. Compartmental distributions of carbon dioxide and ammonia in rainbow trout at rest and following exercise, and the effect of bicarbonate infusion. *J. Exp. Biol.*, 1992, 169: 235 – 249

63. Taylor, E. W., Jordan, D., and Coote, J. H. Central control of the cardiovascular and respiratory systems and their interactions in vertebrate. *Physiol. Rev.*, 1999, 79: 855 – 916

64. Tibbits, G. F., Hove-Madsen, L., and Bers, D. M. Calcium transport and the regulation of cardiac contractility in teleosts: A comparison with higher vertebrates. *Can. J. Zool.*, 1991, 69: 2014 – 2019

65. Tibbits, G. F., Moyes, C. D., and Hove-Madsen, L. Excitation contraction coupling in the teleost heart. In: Fish Physiology. Vol. XII. part A. W. S. Hoar, D. J. Randall, A. P. Farrell, eds. Academic Press, 1992: 267 – 297

66. Tierney, M. L., Luke, G., Cramb, G., and Hazon, N. The role of renin-angiotensin system in the control of blood pressure and drinking in the European eel, *Anguilla anguilla*. *Gen. Comp. Endotrinol.*, 1995, 100: 39 – 48

67. Vornanen, M., and Tuomennoro, J. Effects of acute anoxia on heart function in cucian carp: importance of cholinergic and purinergic control. *Amer. J. Physiol.*, 1999, 277: 465 – 475

68. Webber, D. M., Boutilier, R. G., and Kerr, S. R. Cardiac output as a predictor of metabolic rate in cod, *Gadus morhua*. *J. Exp. Biol.*, 1998, 201: 2779 – 2789

69. Wood, C. M., and Shelton, G. Cardiovascular dynamics and adrenergic responses of the rainbow trout in vivo. *J. Exp. Biol.*, 1980, 87: 247 – 270

70. Xu, H. Y., and Olson, K. R. Significance of circulating catecholamines in regulation of trout splanchnic vascular resistance. *J. Exp. Zool.*, 1993, 267: 92 – 96

71. Yamamoto, K. I., and Itazawa, Y. Erythrocyte supply from the spleen of exercised carp. *Comp. Biochem. Physiol. A.*, 1989, 92: 134 – 144

72. Zhang, Y., Weaver, L., Jr., Ibeawuchi, A., and Olson, K. R. Catecholaminergic regulation of venous function in the rainbow trout. *Amer. J. Physiol.*, 1998, 274: R1195 – R1202

复习与思考

1. 鱼类的血液组成和血细胞有哪些特点？
2. 鱼类的造血器官是什么？其造血功能如何？
3. 鱼类通过哪些途径调控红血球数量？其作用机理如何？
4. 试述鱼类心血管系统的特点及主要的血液循环路线。
5. 鱼类心脏的构造及其生理特性和哺乳类相比较有何异同？
6. 鱼类心室的形状和构造有哪些类型？鱼类相对心室质量有哪些基本特点？
7. 说明调节控制鱼类心脏搏动的神经性和非神经性的两种类型。
8. 鱼类心输出量的决定因素有哪些？它们各起什么主要作用？
9. 详述鱼类鳃血液循环和气体交换的过程。
10. 鱼类身体的血液循环有什么特点？如何进行身体血液循环的调节？
11. 鱼类的血管有哪些不同的功能？它们的结构有什么特点？
12. 说明鱼类身体血液循环的局部调控和远程调控的作用机理。
13. 鱼类如何进行血液循环生理的调节以适应在缺氧条件下生存？
14. 鱼类如何在运动与代谢活动增强的情况下保持足够的氧量供给？

第六章 排泄和渗透压调节

排泄是指机体将其物质分解代谢产物，尤其是终末产物清除出体外的生理过程。鱼类组织在其新陈代谢过程中产生了多种无机物和有机物，如水、二氧化碳、氢离子和钠、钾、钙、磷等各种盐类，以及非蛋白含氮化合物，如氨、尿素、尿酸、肌酸、肌酸酐等。这些代谢产物在细胞内生成后，首先透过细胞膜而至细胞外液，主要是血浆；然后，当血液流经各种排泄器官时，这些代谢产物便以各种不同的形式分别转运至体外。鱼类的排泄器官主要是鳃和肾脏。肾脏主要排泄水、无机盐以及氮化合物分解产物中比较难扩散的物质，如尿酸、肌酸、肌酸酐等。鳃排泄二氧化碳、水和无机盐以及易扩散的含氮物质，如氨和尿素。除了肾脏和鳃外，有些鱼类的肠和板鳃类的直肠腺具有泌盐的功能。

鱼类的肾脏和鳃还具有维持水盐平衡、调节渗透压的功能。渗透压（Osmotic Pressure）是用以阻止水分子通过半透性膜进入水溶液的压力。溶液的渗透压与其渗透浓度成正比。渗透浓度是指用溶液颗粒数表示的浓度，可用液体的冰点降低度来测定。当水中有粒子存在时（在生物液体中主要是电解质的粒子及含氮化合物），可使液体的冰点降低，冰点降低的程度与粒子的浓度成正比。冰点降低常用希腊字母 Δ 来表示。此外，渗透浓度也可用液体的重量（摩尔浓度）来表示，即每升溶液中所含粒子的摩尔数，又叫渗透摩尔浓度（Osmolarity），在生物体液中通常以毫渗摩尔（Milliosmole，mosM）来表示。

生活在淡水或海水中的各种鱼类，它们体液的渗透浓度是比较接近和稳定的，但它们所生活的外界水环境的盐度却相差很大。为了维持体内一定的渗透浓度，鱼类必须进行渗透压调节。生活在不同水环境的鱼类，以及不同的鱼种类，渗透压的调节方式和调节能力是不同的。圆口类的盲鳗，其体液的渗透压或渗透浓度和环境水的相同，且随水的渗透压的变化而变化，称为变渗动物（Osmoconformer）。一般鱼类都具有调节渗透压的能力，使体液渗透压保持相对稳定，称为调渗动物（Osmoregulator）或恒渗动物。鱼类调节渗透压能力的大小，决定了鱼类适应环境的能力。有些鱼类只能在盐度变化不大的环境中生活，这些鱼类称为狭盐性鱼类（Stenohaline Fishes）；有些鱼类可以忍受较大的盐度变化，能进入半咸水内，或在淡水和海水之间洄游，它们调节渗透压的能力强，适应的环境盐度范围广，称为广盐性鱼类（Euryhaline Fishes）。

酸碱调节（Acid-base Regulation）是指动物调节和维持体液相对稳定的酸碱度（pH值），以维持各种代谢途径的正常进行和生物膜的稳定性。鱼类不仅通过体内缓冲机制和气体交换机制来调节酸碱平衡，更重要的是通过排泄机制进行酸碱调节，因此，鱼类的排泄、渗透压调节和酸碱调节是相互联系的生理过程。

第一节 肾脏的排泄和渗透压调节机能

一、肾脏的结构

鱼类的肾脏通常为左右一对，呈长条形，沿着脊椎骨紧贴于腹腔背侧，位于背大动脉两侧。硬骨鱼类的肾脏按其解剖位置可分为头肾（前部）、躯干部（中部）和尾肾（后部）。肾脏的形状主要有五个类型：A型，左右肾脏几乎完全融合，头部和躯干部区分不明显，如虹鳟、鲱鱼；B型，肾脏的前部和中部左右分开，而后部融合，如香鱼；C型，肾脏的前部左右分开，中部和后部融合，头部和躯干部明显区分，如鲤鱼、鲶鱼；D型，肾脏只在后部融合，头部和躯干部未明显区分，如鳗鱼；E型，肾脏前部左右分开，中部和后部融合，头部和躯干部区分不明显，如五条鰤。如图6-1所示。

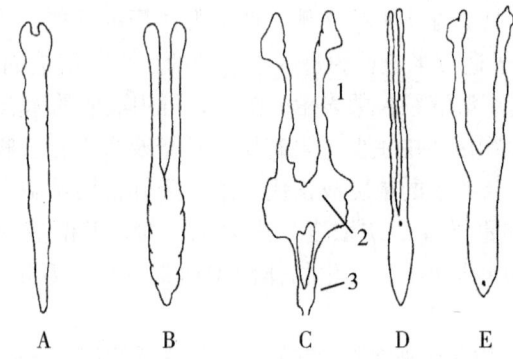

图6-1 硬骨鱼类肾脏形状的主要类型

肾脏按其解剖位置可区分为：1. 头肾（前部）；2. 躯干部（中部）；3. 尾肾（后部）。这里按解剖位置区分的头肾不同于按发生和功能区分的头肾，后者为前肾衍生的免疫器官，其排泄功能已退化

鱼类肾脏由许多肾单位（Nephron）构成。每个肾单位可分为肾小体和肾小管两部分；肾小体又分为肾小囊和肾小球；典型的肾小管可分为颈区、近段小管、中段小管和远段小管，以及集合小管和集合管等部分（图6-2）。

1. 肾小体

肾小体（Renal Corpuscle）由肾小囊（Renal Capsule 或 Bowman's Capsule）及其包住的肾小球（Glomerulus）构成。肾小囊（又叫肾球囊）是肾小管前端扩大呈球状、其前壁向内凹入形成具有单层细胞的中空的环状凹囊构造。肾小球则是由背大动脉分支的肾动脉进入肾球囊内而形成的网状血管小球。肾小球与肾球囊内壁紧密相接，形成完整的肾小体结构。有些海洋硬骨鱼类的肾小球退化消失，肾小管缩短，如海龙、海马、蟾鱼、鮟鱇、杜父鱼和鲀科鱼类。

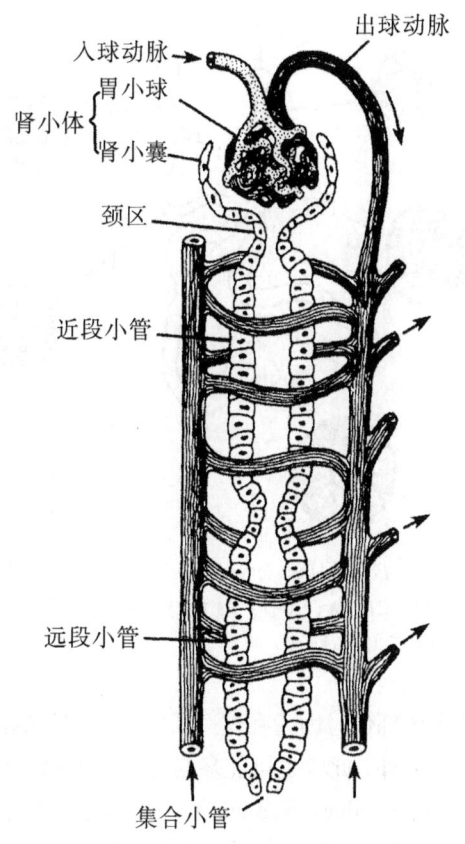

图 6-2 鱼类肾脏的肾单位

2. 肾小管

肾小体后方为很长的肾小管（Renal Tubule）。肾小管往往长而盘曲，根据其细胞形态及机能特点，可以分为以下几个区段（图 6-3）：

(1) 颈区（Neck Region）。肾小管的开始部分，各种鱼类都有，仅海水无肾小球鱼类例外。颈区的机能还不太清楚，但其明显的纤毛活动对于让物质由肾小囊向肾小管腔移动是很重要的，特别是对于鱼类低压的滤过系统来说尤为重要。两栖类的肾小管也有颈区，但在高等脊椎动物中不存在。

(2) 第一近段小管（PSⅠ：First Proximal Segment）。细胞有明显的刷状缘（顶管系统），线粒体丰富，溶酶体发达，酸性磷酸酶含量高。发达的顶管系统说明通过胞饮作用吸收颗粒，可能与滤出的蛋白质和其他大分子的重吸收作用有关。第一近段小管还具有葡萄糖和氨基酸的重吸收、Na^+ 和 Cl^- 的等渗重吸收、酚红的分泌等功能。无肾小球鱼类没有这一部分。

(3) 第二近段小管（PSⅡ：Second Proximal Segment）。这是鱼类肾小管最长的一段，也是代谢最活跃的部分。细胞内有大量线粒体，溶酶体和胞饮小囊泡系统不发达，表明它对大分子的吸收作用很小。另一方面，已证明它参与有机酸的分泌。由于它组成肾小管最长的部分，又是无肾小球海水硬骨鱼类近段小管的唯一部分，因此，第二近段小

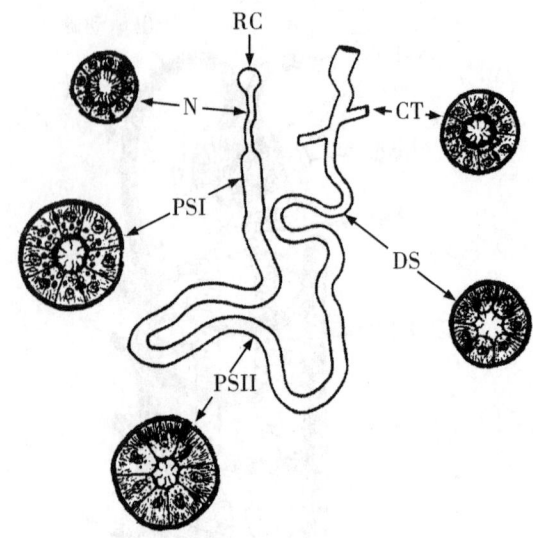

图 6-3 漠斑牙鲆（*Paralichthys lethostigma*）肾小管的区段及其细胞形态
RC：肾小囊；N：颈区；CT：集合小管；PSⅠ：第一近段小管；PSⅡ：第二近段小管；DS：远段小管（参考 C. Hickman）

管可能是二价离子分泌的主要部位，因为在这一段肾小管细胞的内质网腔内观察到与尿沉积物中相似的微结晶聚集。另外，此段也可能参与等渗的钠离子重吸收和氢离子的分泌。

（4）中段小管（IS：Intermediate Segment）。这一段的划分仍有争议，主要出现在一些淡水硬骨鱼类。中段小管富有纤毛，可能是第二近段小管的特化部分，其机能可能是促进尿液沿肾小管推进。

（5）远段小管（DS：Distal Segment）。出现于淡水鱼类、河口鱼类和软骨鱼类。远段小管的细胞内具有长的线粒体，有许多基质膜（Basical Plasmalemma）的皱褶，与两栖类的远曲小管、哺乳类的亨利氏袢上升支相似。它主要参与钠的主动重吸收。在淡水鱼类和河口鱼类，远段小管对单价离子的保存和尿的稀释起重要作用。

（6）集合小管（CT：Collecting Tubule）和收集管（CD：Collecting Duct）。CT 和 CD 系统的作用是从滤液中重吸收单价离子以形成稀薄尿液。集合小管和收集管存在于各种鱼类中，其细胞具有大量线粒体和很高的线粒体酶活性。这与两栖类膀胱的水不渗透性和离子重吸收系统的构造相似，表明它们可调控水的渗透压。

许多集合小管汇集成收集管，收集管又汇集到总的输尿管（Ureter）中；肾脏滤泌的尿液通过输尿管排出体外。

二、尿的形成与肾脏的排泄机能

肾脏的泌尿作用是通过肾小体的滤过作用和肾小管的吸收与分泌作用完成的（图 6-4）。采用显微穿刺术（Micropuncture Method），用微吸管插入肾单位的不同部位取得少量液体样品并进行分析，就可了解各个部位的机能和尿的形成过程。

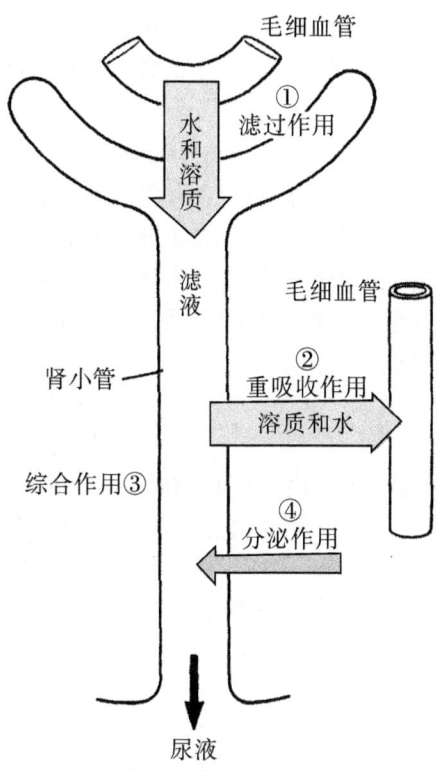

图6-4 尿在肾小体和肾小管中的形成过程

尿的形成可分为以下三个过程：

（一）滤过作用

滤过作用（Filtration）在肾小体内进行。在肾小球内血液的高压作用下，除去大分子蛋白质及血红细胞外，其他的血液成分，如水分、盐类、激素及葡萄糖、氨基酸等营养物质，均可由肾小球滤过到肾球囊内，然后渗透经过单层细胞的肾球囊壁进入肾小管，形成原尿。因此，原尿实际为无蛋白质的血浆滤过液。

血液通过肾小球的滤过作用与肾小球微血管血压、血浆胶体渗透压以及肾球囊内压都有密切的关系。在滤过时，血压必须大于血液的胶体渗透压；如果降低血压使之低于胶体渗透压，或血浆的蛋白质含量增大，使胶体渗透压增加，均会影响滤过作用，甚至使滤过作用停止（图6-5）。

肾小球滤过率（r_{GF}：Glomerular Filtration Rate）

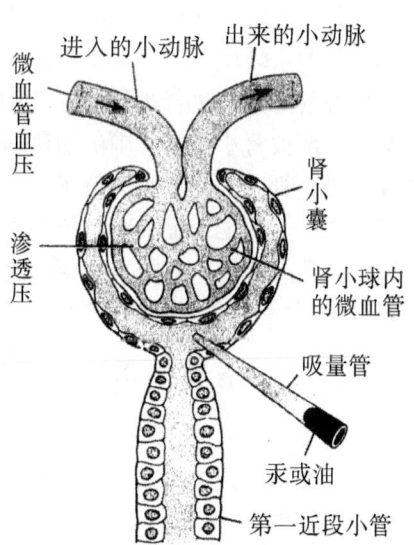

图6-5 肾小体内的滤过作用

是指单位时间内肾脏生成的原尿量。它与肾小球微血管内和肾球囊内的压力差成正比，即压力差大，滤过率也大，反之亦然。肾小球微血管压与肾球囊内压力之差称为肾小球滤过压，它是肾小球滤过作用的动力。由于肾小管的重吸收作用和不断把尿液输送到收集管，并由输尿管排出体外，从而保持较低的肾小囊内压，使得肾小球可以不断滤过血浆形成原尿。例如，一些硬骨鱼类的肾小管含有肌肉质，能进行蠕动，把尿液输送到收集管，因而降低肾小囊内压，增大滤过压，使滤过量增加。

肾小球滤过率可以通过一种能滤过但又不为肾小管重吸收或分泌的物质（如菊粉）的清除率计算出来。清除率是指在单位时间内通过肾脏排泄而使这种物质（x）清除出血浆的量（C_x）。如下列公式：

$$C_x \cdot P_x = U_x \cdot V \Rightarrow C_x = \frac{U_x \cdot V}{P_x}$$

式中：P_x 是物质（x）在血浆中的浓度；U_x 是物质（x）在尿液中的浓度；V 是尿量。

一般低等脊椎动物（如鱼类），其体动脉血压为 2.66~5.33 kPa，肾小球滤过压为 1.33~2 kPa，r_{GF} 是 20~100 mL/(kg·d)。淡水鱼类 r_{GF} 较大而海水鱼类较小。在鸟类和哺乳类，由于体循环和肺循环分开，肾脏受到高血压的血流灌注，肾小球滤过压超过 5.33 kPa，r_{GF} 为 2~20 mL/(kg·min)。

（二）重吸收作用

重吸收作用（Reabsorption）是滤液经过肾小管时，其中的水分和各种溶质全部或部分被管壁细胞所吸收，最后返回到血液中的过程。被动重吸收指肾小管中滤液的水和溶质顺着浓度差或电位差，通过被动的扩散，由肾小管细胞重吸收，这是不耗能的过程，如水、Cl^-、HCO_3^-、尿素等的重吸收。一般机体所需的营养物质和一些单价离子（如葡萄糖、氨基酸、Na^+、K^+ 等）都是肾小管通过耗能的主动运输过程重吸收的。

肾小管对一些离子和分子的主动吸收作用发生在一定的部位，而且在不同的鱼类因其所处的水环境不同，肾小管重吸收的物质和部位也有所差异（图6-6）。据观察，淡水鱼类的滤液经过肾小管后，其中的 Na^+、Cl^-，葡萄糖和氨基酸等营养物质，以及激素等全部被肾小管壁周围的血管所吸收。血液因为离子和其他物质的重吸收而变为高渗性，肾小管内的滤液则为低渗性，因此部分水分也就随之被动地经过肾小管壁渗透到血液中去。一般地，葡萄糖、氨基酸等大分子以及水、Na^+、Cl^- 主要在第一近段小管和远段小管处被吸收。海水板鳃鱼类滤液中的尿素和三甲铵化氧（TMAO：Trimethylamine Oxide）大量地在第二段小管处被重吸收，且水分也随之被吸收。

（三）分泌作用

肾小管把血液中带来的一些离子和代谢产物（如尿素、肌酸、尿酸、有机酸等）主动分泌到滤液中去，它对尿液的最终形成十分重要。分泌作用（Secretion）通常是在近段小管部位进行。分泌物有有机酸，Mg^{2+}、SO_4^{2-} 和 Ca^{2+} 等二价离子，以及 H^+、NH_3、肌酐、尿酸、肌酸、三甲铵化氧、尿素、酚红等（图6-6）。

经过肾小管的重吸收和分泌作用之后，滤液最后形成排出体外的尿液。

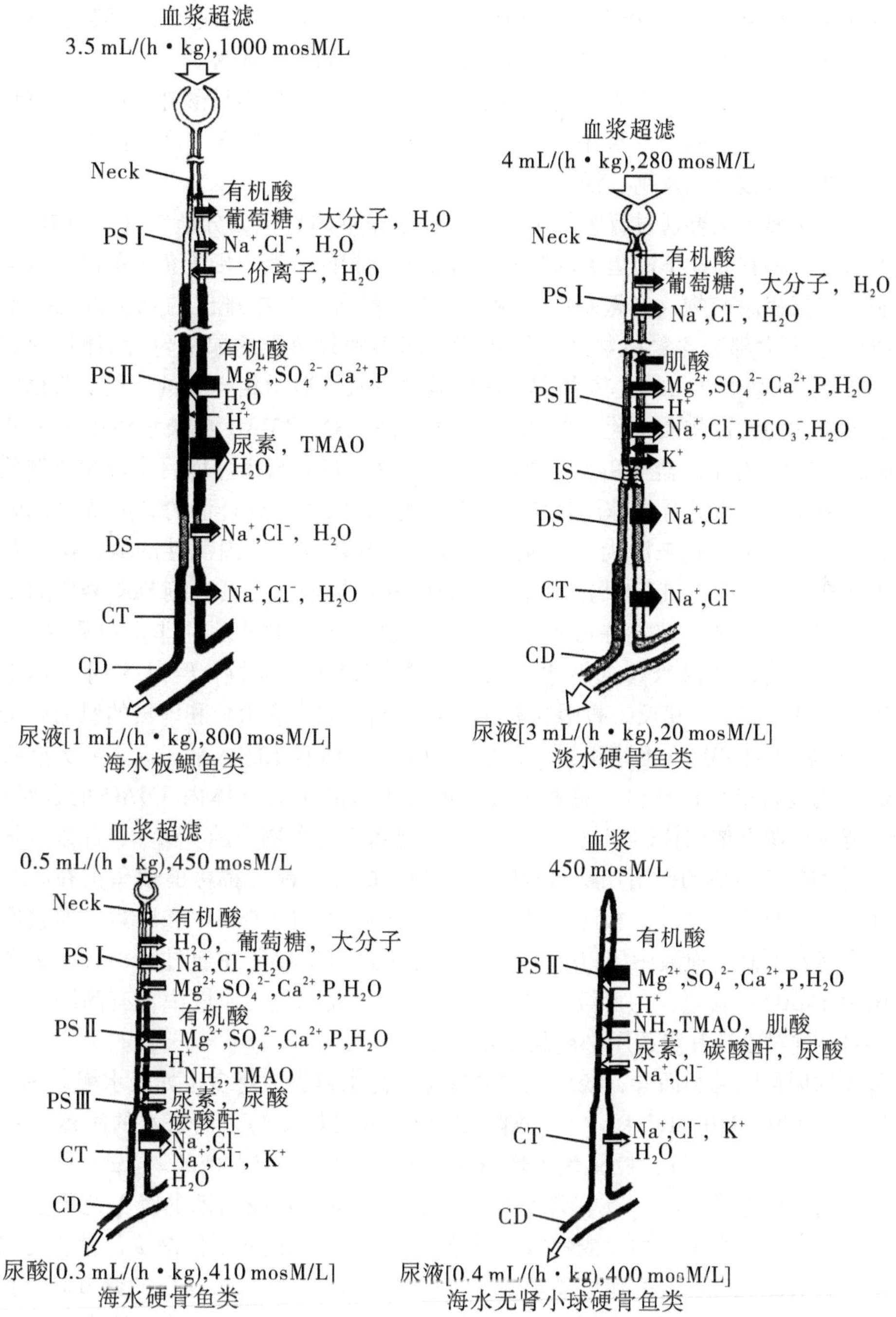

图 6-6 各种鱼类肾小球的重吸收与分泌作用

黑色箭头表示主动转移,白色箭头表示被动转移。箭头的粗细与通过肾小管上皮的物质转移速率成比例。Neck: 颈区; PS I: 第一近段小管; PS II: 第二近段小管; IS: 中段小管; DS: 远段小管; CT: 集合小管; CD: 收集管 (参考 C. Hickman)

有些海水硬骨鱼类的肾脏没有肾小球,这类鱼又称海水无肾小球硬骨鱼 (Marine

Aglomerular Teleost)。它们没有过滤作用，完全通过将离子和代谢产物分泌到肾小管内，以及水分随着这些离子和分子的被动渗透到肾小管内而形成尿液。

鱼类的尿液是透明无色或黄色的液体。肉食性鱼类的尿多呈酸性反应，而草食性鱼类的则呈碱性反应。鱼类尿液中无机物成分包括水和无机盐类，后者有磷酸盐、氯化物、硫酸盐、碳酸盐以及钙、镁、钾、钠及氢离子等。

水和二价离子主要通过肾脏排出体外。鱼类尿中的有机成分通常含有尿素、尿酸、肌酸及氨等，但它们在不同鱼类的尿液中含量不尽相同。淡水硬骨鱼类的尿中包含许多肌酸和一些氮代谢产物，如氨基酸、少量尿素及氨等，尿中排出的氮量占总排出量的7%~25%，而大部分含氮废物通过鳃排泄。海水硬骨鱼类的尿中包含肌酸、肌酸酐、NH_3、尿素、尿酸及TMAO，其中TMAO排泄占总氮排泄中相当大的比例。TMAO是弱碱性、可溶性的无毒物质，化学结构为$(CH_3)_3N{\rightarrow}O$。TMAO在淡水鱼中处于低水平（体液和尿中），对于广盐性鱼类（如幼鲑），仅在其进入海水环境后才较大比例地以这种形式排泄氮。海水无肾小球硬骨鱼类（如鮟鱇），以TMAO排泄的氮量高达50%。但是，关于TMAO的生化来源尚未有充分研究，普遍认为它是内源性的氮代谢产物，当鱼类生活在海水中时，其组织和血液中TMAO的含量增加，具有调节渗透压的生理功能。但TMAO也可能是鱼类在海水中通过食物进入体内的外源性非蛋白质代谢产物。例如，将大麻哈鱼从淡水移入海水并投喂不含TMAO的饲料，经过5周后其体内的TMAO含量没有变化；相反，投喂含有TMAO饲料（如大麻哈鱼和扇贝的肌肉）的大麻哈鱼，3周后体内TMAO迅速积累，含量达到生活在海水中的水平，这表明大麻哈鱼体内TMAO的高含量来自饲料。总的来说，鱼类进入海水后其体内TMAO的含量增加，这既可能是内源性体内代谢产物，也可能来自海水鱼类食物中的TMAO；此外，消化道微生物对TMAO生成的作用和鳃与肾脏对TMAO的保留能力都可能使鱼类在海水中生活时体内TMAO含量增加。板鳃鱼类体内虽然含有大量的TMAO和尿素，但它们在尿液中的含量却不高，血液中70.0%~99.5%的尿素和TMAO在通过肾小管时重新被吸收，尿中TMAO的含量仅为血液中的10%，这使得板鳃鱼类血液中含有高浓度的尿素和TMAO，这对维持其渗透压平衡起重要作用。

鱼类的尿量因种类而异，淡水鱼类排尿量比海水鱼类大得多。如淡水鲴（*Ameiurus*）的排尿量为140~320 mL/(kg·d)，鲤鱼为120 mL/(kg·d)，而海水的鲉鱼（*Scorpaena*）为1.2 mL/(kg·d)，杜父鱼（*Myoxocephalus*）为2.5~4.0 mL/(kg·d)。一般排尿量极少超过体重的20%。在有肾小球的鱼类，尿量与积极活动的肾单位数量成正比例。活动的肾单位数量增加，或者每个肾单位滤过作用的间歇时间减少，都会使尿量增加。由于背大动脉和肾脏的血压通常都保持相对的稳定性，所以血压的调节对肾脏的过滤作用影响不大。通过测定^{14}C标记的菊粉在血液中的清除情况表明，淡水硬骨鱼类的r_{GF}和尿量是成正比例关系的，即尿量随着r_{GF}的增大而增加，因为肾小管对通过肾小球滤过的水分重吸收的比例相当稳定。

通常，影响体表对水渗透性的因素也影响排尿量。小鱼都有较大的相对尿量（以体重为单位计算），这是因为它们有较大的可进行渗透作用的相对体表面积。皮肤损伤和温度升高会使鱼类体表对水的渗透性增加。如白亚口鱼（*Catostomus commersonii*）在

2～13℃的范围内，温度升高使r_{GF}和尿量都增加，但肾小管对水分的吸收量在2～14℃的温度范围内并没有明显变化。由此可见，温度主要影响鱼类体表水的可渗透性，而对r_{GF}和肾小管对水的可渗透性没有直接作用，r_{GF}和尿量的变化只是对水分通过体表的渗入量增加的次级性反应。由于温度升高，通过体表渗入的水量增加，使注入肾脏的血液流量增加，因而使肾脏的滤过作用增强，而肾小球和肾小囊的膜通透性并没有明显变化。这也可以解释淡水鱼类在运动时尿量往往增加的原因。因为淡水鱼类在运动时血液循环中的儿茶酚胺含量升高，使鳃上皮对水的渗透性增加，进入鳃的血压搏动性增强，血流灌注量增多，从而使鱼体对水的吸收量增加，导致尿量增加。所以，淡水鱼类游泳越快，产生的尿量就越多。此外，许多学者还注意到，鱼类处于人工操作、麻醉、手术、缺氧条件下都会引起持续数小时的利尿作用，这可能是由于体表渗透性增加。一方面，因为鱼处于紧急状态时代谢率增高，在呼吸频率增加时通过鳃渗入体内的水分就随之增多；另一方面也由于肾小管对离子的重吸收受到影响，使得在这种情况下尿的成分和尿量出现明显的变化。

三、肾脏的渗透压调节作用

鱼类肾脏的另一重要作用是维持水盐平衡，进行渗透压调节。鱼类生活在不同水环境中，由于淡水和海水所含的盐分不同以及鱼类体液所含的盐分不同，因此，各种鱼类进行渗透压调节的方式也不同（表6-1，图6-7）。

表6-1 鱼类的血液、尿液和环境水的渗透浓度（冰点降低度 Δ℃）比较

种　类	血液/Δ℃	尿液/Δ℃	环境水/Δ℃
淡水鱼类			
鲤　鱼	-0.49	-0.07	-0.02
弓鳍鱼	-0.54	-0.07	-0.03
海水硬骨鱼			
鮟　鱼	-0.70	-0.65	-2.30
鳕　鱼	-0.76	-0.63	-1.73
鮟　鱇	-1.44～-0.77	-0.78～-0.64	-2.30
海水软骨鱼			
角　鲨	-1.95	-1.87	-1.85
鳐	-1.61	-0.90	-1.48

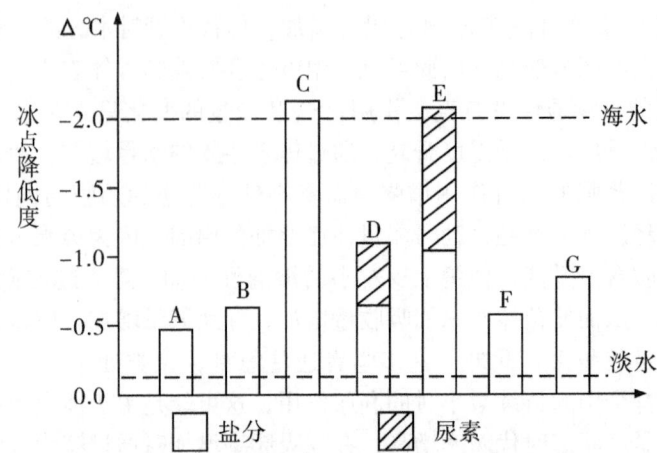

图6-7 鱼类血液渗透压与海水和淡水渗透压的比较
A. 淡水七鳃鳗；B. 海水七鳃鳗；C. 盲鳗；D. 淡水板鳃类；
E. 海水板鳃类；F. 淡水硬骨鱼类；G. 海水硬骨鱼类

圆口类中盲鳗类的血液渗透压和海水渗透压相等或稍高，因此它们不必像其他海水鱼类那样进行低渗透压调节（Hypoosmoregulate）。盲鳗鳃上皮没有氯细胞；皮肤中的黏液腺（Slime Gland）分泌的黏液量大，它们可以通过增加黏液分泌量而提高血液的离子浓度；黏液中含有大量 Mg^{2+}、Ca^{2+} 和 K^+ 等离子，可以将这些多余的阳离子排出体外。因而，盲鳗黏液腺的作用是最原始的排盐机制。海水七鳃鳗的体液对周围水环境是低渗性的（Hypoosmotic），它们能进行低渗透压调节，包括：吞饮海水以补偿体液水分丧失；肠黏膜能吸收单价离子和水分；通过肾脏排出的尿量减少；体内多余的盐分通过鳃或皮肤排出体外；鳃上皮含有氯细胞，其数量在进入海水后增多。

淡水硬骨鱼类的体液对周围水环境是高渗性的（Hyperosmotic），尽管鱼体表对水的可渗透性并不强，水还是不断地经过鳃和体表进入体内；同时，摄食时也有部分水和食物一起由消化道吸收。为了维持体内高的渗透压，淡水硬骨鱼类通过肾脏排出体内过多的水分，这就使得淡水硬骨鱼类的肾脏特别发达，肾小体数目多，肾小球的相对体积（肾小球总体积与体表面积之比）高达 $30\sim126.5\ mm^3/m^2$，而海洋硬骨鱼类只有 $1.49\sim3.14\ mm^3/m^2$。淡水硬骨鱼类的排尿量也比海水鱼类大得多，但肾小管对各种离子（如 Na^+、Cl^- 及二价离子）进行大量重吸收，尤其是 Na^+ 和 Cl^- 被完全重吸收，因此，淡水硬骨鱼类的肾脏是以稀薄尿的形式排出水分的，其尿液的渗透压仅为海水硬骨鱼类的 0.5%。

海水硬骨鱼类的体液对周围水环境是低渗性的，海水鱼类血液的渗透浓度一般为 $380\sim450\ mosM/L$，外界水环境的渗透浓度为 $800\sim1200\ mosM/L$，因此体内水分通过鳃和体表不断地渗到海水中去，若不调节，就会因大量失水而死亡。海水硬骨鱼类通过大量吞饮海水和从食物中获取水分以补充失去的水分，其饮水量在不同种类有所不同，一般每小时为体重的 0.2%~0.5%，同时从海水中吸收的 NaCl 以及各种二价离子又会使体液的含盐量升高，过多的单价离子（Na^+、Cl^-）从鳃排出。与淡水鱼类相反，海洋硬骨鱼类的肾脏比较退化，肾小球小而少，甚至消失，肾小管也缩短，其每天排尿量只占体重的 1%~2%；尿液浓，但二价离子（如 Mg^{2+}、SO_4^{2-}、Ca^{2+}）的含量极高，这就可以防止水分随尿流失，同时又能大量地排出二价离子和三价离子（如 PO_4^{3-} 等），以维持体液的低渗透性。

生活在海水中的板鳃类与海水硬骨鱼类不同，它们的血液中含有大量尿素和 TMAO，使血液的渗透压比海水稍高而接近等渗（Isoosmotic）。海水板鳃类的体液渗透浓度高达 1000~1100 mosM/L，而周围水的渗透浓度为 930~1030 mosM/L。海水板鳃类体液的微高渗性，是因为海水板鳃类的肾小管能大量重吸收尿素和 TMAO，滤液中 70%~90% 的尿素由肾小管重吸收，尿素进入血液后，使血液中的尿素含量很高，一般可达 350 mosM/L，占血液的 2.0%~2.5%，而尿液中的尿素含量仅为 100 mosM/L。一般高等脊椎动物血液中的尿素含量仅为 0.01%~0.03%，TMAO 含量仅为 10 mosM/L。由于板鳃类体液的微高渗性，少量的水分从鳃和随食物进入体内，多余的水分以及从消化道吸收的二价离子、三价离子都通过肾脏排出。所以，板鳃鱼类的肾脏兼有淡水和海水硬骨鱼类肾脏的特点：既排出水分，也排出体内过多的二价离子。体内多余的单价离子主要通过直肠腺（Ractal Gland）排出。直肠腺是指形的管状腺（图 6-8），有一中央管由腺体的后腹方向前延伸进入直肠。腺体由三个同心层组成：外膜由外周结缔组织和肌肉组成，分布有一些小动脉；内层由环绕中央管的许多小管道和小静脉组成；中央管的上皮由 4~6 层细胞组成，它是一条简单的管道，但也可能具有吸收和分泌的功能。在外膜和内层之间的腺层由大量简单的和分支的分泌小管组成；方形分泌细胞的细胞质膜在基底外侧部形成许多交错折叠，内含大量线粒体和少量光滑与粗面内质网，与鳃部的氯细胞非常相似。这些分泌细胞含有腺苷三磷酸酶（ATP 酶）、碳酸酐酶、酸性磷酸酶、碱性磷酸酶、琥珀酸脱氢酶等，其中的 ATP 酶大部分是 Na^+-K^+ 激活的，少部分是 Mg^{2+} 激活的。这些 Na^+-K^+-ATP 酶系说明直肠腺对排出盐分起重要作用。直肠腺的分泌液中，NaCl 的浓度约为血浆的两倍，而且比海水的 NaCl 浓度还要高。直肠腺也排出少量 K^+、二价离子和尿素。如果切除直肠腺，板鳃类体液仍能保持的盐浓度仅为海水的 1/2 左右，而不会增加，表明部分 NaCl 还是通过肾脏排出。尿素是海水板鳃鱼类维持体液水和盐分平衡的主要因子，当血液中的尿素含量高时，从鳃进入的水分就多。水分的增加会冲淡血液的浓度，排尿量随之增加，因而尿素流失也多。当血液中尿素浓度降低到一定程度后，进入体内的水分减少，排尿量也随之减低，因而尿素浓度又会逐渐升高，从而自动地调节尿素的浓度，维持体内渗透压的相对稳定。

一些原始硬骨鱼类［如全头类的银鲛（*Chimaera*）和腔棘鱼类的矛尾鱼（*Latimeriu*）］也依靠血液积累尿素和 TMAO 来进行渗透压调节。矛尾鱼血液中的尿素和 TMAO 含量比板鳃类还要高，但血液中的 NaCl 浓度稍低于板鳃类，血浆的渗透浓度为 923~1181 mosM/L。全头类血浆中的尿素和 TMAO 浓度不及板鳃类，但 NaCl 浓度高于软骨鱼类。

鱼类肾脏的渗透压调节作用可用图 6-9 表示。

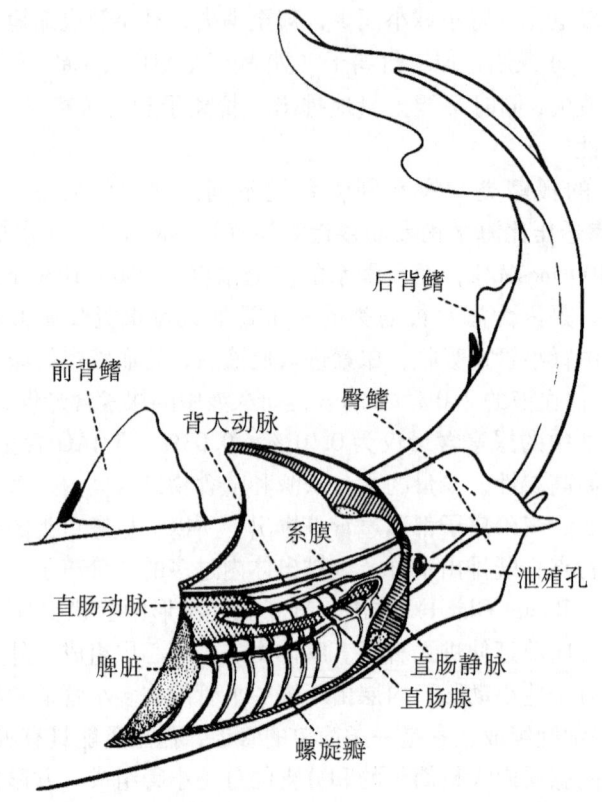

图6-8 白斑角鲨（*Squalus acanthias*）直肠腺在腹腔内的位置

参考 F. P. Conte, 1969

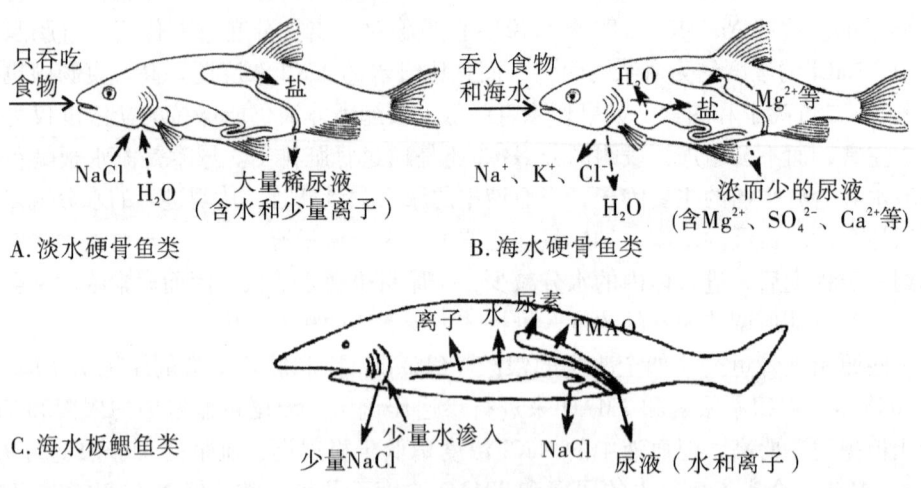

图6-9 各种鱼类肾脏的渗透压调节作用

参考 R. Eckert

第二节 鳃的排泄与渗透压调节作用

鱼类的鳃不仅是进行 O_2 和 CO_2 交换的呼吸器官，而且参与代谢产物的排泄、渗透压调节和酸碱调节。

一、鳃上皮结构

鳃上皮（Gill Epithelium）主要是指包围鳃丝（Filaments）和鳃小片（Lamellae）的上皮组织，它是鳃与外界环境接近并进行气体交换、排泄和渗透压调节的部位。鱼类鳃的多功能性是与其鳃上皮特化的形态结构相联系的。在鳃上皮中，鳃丝上皮（Filament Epithelium）和鳃小片上皮（Lamelae Epithelium）的组织结构和功能不同，后者又称为呼吸上皮（Respiratory Epithelium），因为其薄且适于进行气体交换。

（一）鳃丝上皮

鳃丝上皮有多层上皮细胞，最外层为扁平上皮，下方为结缔组织，结缔组织中有血管和神经分布。鳃丝上皮包含五种主要的细胞类型，即扁平上皮细胞、黏液细胞（Mucous Cell）、未分化细胞、氯细胞（Chloride Cell）和神经上皮细胞（图6-10）。

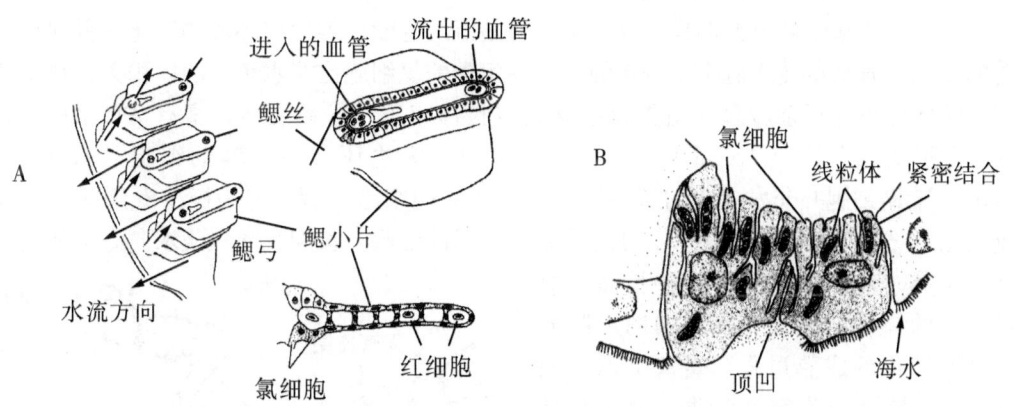

图6-10 硬骨鱼类的鳃起渗透压调节作用

A. 鳃丝从鳃弓延伸出来，有小血管（进入和流出的）分布；扁平的鳃小片从鳃丝延伸出来，由扁平上皮细胞覆盖，含有氯细胞、红细胞等。B. 分布于呼吸上皮中的氯细胞（参考 R. Eckert）

扁平上皮细胞覆盖于上皮组织的最外面，细胞多边形，直径 3～10 μm，具明显的高尔基体。扁平上皮细胞的外缘形成复杂的微脊结构（Microridge），在有的扁平上皮细胞之间露出氯细胞的顶部。黏液细胞在鳃丝的前缘和尾缘最多，它们并排在一起。另外，有些黏液细胞分布于鳃小片之间的鳃丝上皮中，并靠近氯细胞。不同鱼类的黏液细胞在数目和位置上变化很大，同时黏液细胞还受环境盐度变化的影响。广盐性鱼类随着从淡水向海水生活的适应，其鳃丝上皮的黏液细胞体积增大，但数目逐渐减少。黏液细胞在渗透压调节中的作用尚不清楚，但在淡水中鳃的黏液细胞最丰富，表明它们可能参与控制离子或水的内流。

鳃丝上皮最主要的特征之一是氯细胞的存在。氯细胞在鱼类鳃的离子交换和渗透压调节中起重要作用。氯细胞最早称为泌氯细胞（Chloride Secreting Cells），此外，氯细胞又有离子细胞（Ionocyte）或富含线粒体细胞（Mitochondria-rich Cell）之称。氯细胞除了在鳃丝上皮内，还存在于鱼的皮肤、假鳃和鳃盖上皮中。在鱼鳃中，氯细胞主要位于鳃小片间的鳃丝上皮内以及鳃丝的尾缘上皮中。氯细胞在上皮中无规则地分布而形成互不相邻的细胞群。在一些鱼类中还发现氯细胞分布于鳃小片基部的柱状血管基板（Pillar Capillary Basal Lamina）上；在一些冷水性鱼类中，氯细胞也分布于鳃小片中。

氯细胞的结构十分特化，它们具有密集分支的管状系统、大量的线粒体，朝向水流的细胞顶端有微绒毛和许多小囊泡。管系（Tubular System）形成一个三维的网络，且或多或少地均匀分布在细胞内。在靠近细胞顶部的细胞质中分布有大量圆形或长形的囊泡，管系中管和线粒体膜之间的距离常小于 10 nm。冰冻蚀刻术（Freeze-fracture）的研究表明，这些管和膜之间有颗粒排列；颗粒与管膜的网状表面相联系，这些颗粒可能是依赖于 Na^+ 和 K^+ 的 ATP 酶转换复合体的一部分。氯细胞管系的管腔是相通的，并且与氯细胞基侧的细胞外空间相通。管系可能还通过一个迅速的囊泡转移系统与细胞顶部的膜系联系，这种联系是氯细胞进行离子转移的机制之一。因此，氯细胞发达的内膜系统包含三个部分，即：与细胞基侧质膜相连的管状系统、位于细胞顶部的囊管系统（Vesicle-tubular）和内质网等一般的细胞内膜。

淡水和海水硬骨鱼类都具有氯细胞，但是氯细胞随鱼类生存环境的变化而呈现出显著的变化。海水鱼类或适应于海水的广盐性鱼类的氯细胞比淡水鱼类的体积大，数量较多，结构也较为复杂。海水鱼类氯细胞的线粒体丰富，管系发达，富有 ATP 酶活性，在顶部形成顶隐窝（Apical Crypt），每个氯细胞旁边还有一个辅助细胞（Accessory Cell），辅助细胞并非发展中的氯细胞，而是独立的细胞类型，因为极少看到两个氯细胞互相紧靠在一起，而是一个氯细胞挨着一个辅助细胞。长期观察从淡水向海水适应生活的鱼类，辅助细胞都保持狭长而比氯细胞小的体积，没有观察到辅助细胞向氯细胞转化的成熟过程。当鱼类返回淡水中时，辅助细胞突然消失。海水鱼类狭长的辅助细胞楔在氯细胞和扁平上皮细胞之间，氯细胞和辅助细胞都与邻近的上皮细胞形成很紧密的多脊结合，也即紧密连结（Tight Junction）；但氯细胞和辅助细胞之间的联系却很松散，并且有可以通漏的细胞旁道（Paracellular Pathways），形成所谓的渗漏上皮（Leaky Epithelium）（图 6-11）。这种细胞旁道为海水鱼类所特有，对 NaCl 的排出起重要作

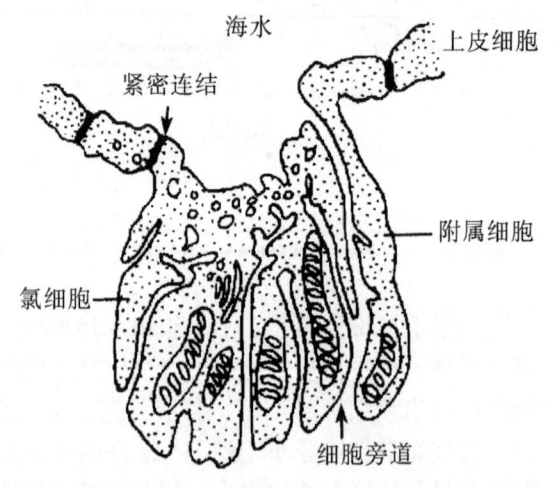

图 6-11 海水鱼类的氯细胞和附属细胞

用。淡水鱼类的氯细胞数量少，氯细胞旁边没有辅助细胞，和邻近上皮细胞之间缺少紧密的多脊结合，在顶部没有凹入的顶隐窝，内部构造（如线粒体、管系和内质网等）较少而不发达，表明其排出 NaCl 的功能已大大减弱。

硬骨鱼类和板鳃鱼类的鳃丝上皮中存在大量的神经上皮细胞（Neuro-epithelial Cell），它们的特征与高等脊椎动物呼吸道的神经上皮细胞相似。这些细胞周围分布有神经纤维，并且可能释放某些物质进入周围组织，对上皮的转运作用产生影响。

此外，鳃丝上皮还存在一些未分化细胞，尤其在上皮组织的最深层。

（二）鳃小片上皮

鳃小片上皮分为内外两层，两层之间为窦状隙，入鳃动脉的血管在此分支成血管网，并与中间的静脉腔相联系。因此，此处的血管仅透过单层上皮细胞与外界联系，易于进行气体交换。鳃小片上皮是鳃进行气体交换的主要场所，又称为呼吸上皮。鳃小片上皮的外层细胞具有发达的高尔基器、丰富的光滑内质网和大量不同大小的囊泡。这些细胞具有对水和离子的不通透性，从而避免大幅度的离子获取（在海水中）和散失（在淡水中），因为鳃小片的表面积相当于鱼体外表面积的两倍。鳃小片上皮的这种通透特性与其细胞膜结构、细胞间联系和细胞外被膜的特点有关。鳃小片上皮的外表细胞之间是通过多脊的紧密连接和桥粒（Desmosomes）相联系，并且这种连接不随环境而变化。另外，这种细胞的外表面具有一层连续的短绒毛状细胞外被。因此，鳃小片上皮是一种"紧密"上皮。鳃小片上皮的内层为大量未分化或少分化的细胞，这些细胞既可分化为表层细胞，也可分化为氯细胞。

当鱼从淡水迁入无离子水或其他任何会增加离子流失的环境时，都会导致氯细胞的发育，并且进入鳃小片上皮内。鱼的某些病理状态（如皮肤损伤、霉菌病等）都会引起氯细胞在鳃小片上皮的异常增生，这可能是由于离子流失或废物积累以及酸碱失调刺激的结果。

二、鳃的排泄作用

鱼类除了在鳃部进行气体交换排出 CO_2 外，还可以以氨的形式排泄氮代谢产物。大部分氨是在肝脏中产生，由血液运送到鳃而排出体外的。无论是淡水鱼类还是海水鱼类，氨都是通过鳃小片上皮的上皮细胞排泄。

鱼类的氮代谢产物主要以氨的形式通过鳃上皮排出体外，与肾脏对氮的排泄相比，鳃排泄氨的含氮量是肾脏以各种形式排出的总氮量的 6～10 倍。此外，鳃排泄物中还含有一些易溶的含氮物质，如尿素、胺、氧化胺等。与排泄尿素、尿酸相比，除了氨具有毒性外，鱼类排泄氨有许多优点。首先，蛋白氮转化为氨不需要消耗能量，而且一些产生氨的反应中同时还伴随着自由能的产生（如脱氨反应）。其次，氨具有较小的体积和高的脂质可溶性，因此很容易通过生物膜排出，而不必伴随水的额外流失。最后，氨还可以以 NH_4^+ 的形式排泄。在淡水鱼类中 NH_4^+ 可与 Na^+ 进行离子交换，Na^+ 的吸收在维持水盐平衡中是十分重要的。同时，NH_4^+ 的排泄还与 H^+、HCO_3^- 的排泄相联系。另外,有人还观察到谷氨酰胺和腺苷酸也能通过鳃上皮而消失,通过鳃上皮酶定位研究发现鳃组织有谷氨酸盐脱氢酶和腺苷酸脱氨酶的活性。因此,有些通过鳃上皮排出的氨可能是由进入鳃组织的谷氨酸盐或腺苷酸经过脱氨基作用产生(图6-12)。

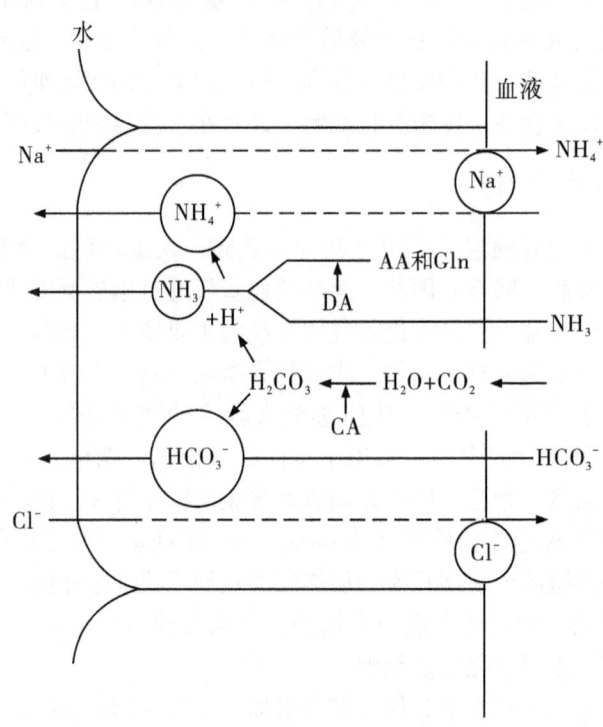

图6-12 鱼鳃上皮对氨的排泄作用
DA:脱氨酶和脱酰胺酶;AA:氨基酸;CA:碳酸酐酶;Gln:谷氨酰胺

三、鳃的渗透压调节作用

物质通过上皮细胞主要有两种方式:一种是通过细胞之间的缝隙,即细胞旁道(Paracellular Channel);另一种是穿过细胞本身,即通过细胞的运动(Transcellular Movement),包括胞饮作用(Pinocytosis)和胞吐作用(Exocytosis),使物质的运动经过上皮细胞的基膜和顶膜。穿过细胞的物质运输还包括细胞膜上各种通道或离子泵的主动或被动的转运以及脂溶性物质的扩散。

鱼类鳃上皮对氚(^{3}H)化水的吸收与排出实验表明,基膜对水分的渗透性比顶膜差,因而影响水分的运输,使整个鳃上皮对水分的可渗透性不是很强。但是,由于鳃上皮的面积很大,通过鳃上皮渗透的水分量是相当大的。绝大部分进入体内的水分是穿过细胞而移动,只有少量(1.5%左右)通过细胞旁道移动。

分布于鳃上皮的氯细胞内有微管结构,但微管对水分运送不起作用,因为加入抑制微管形成的秋水仙碱,虽然抑制了海水鱼类通过氯细胞的NaCl分泌,但对水分的渗透性没有影响。

鱼类鳃上皮对水渗透性的调节作用还不清楚。用作用于 β-肾上腺素能受体的肾上腺素能使以水灌注鳟鱼游离鳃的渗透系数增加一倍，这可能是由于改变了细胞膜的流动性所致；但是，用一种肾上腺素抑制剂酚妥拉明（Phentolamine）却未能影响肾上腺素引起的水分渗透性增强。

通常，鱼类鳃上皮对 H^+ 的通透性最大，接下来依次是 H_2O、K^+、Na^+、Cl^-、Ca^{2+} 等。

在淡水硬骨鱼类，鳃是主动吸收 Na^+ 和 Cl^- 的部位，用以补偿肾脏 NaCl 的流失。鱼头部灌注及同位素示踪实验表明，淡水鱼类的 Na^+ 和 Cl^- 内流完全是通过鳃小片上皮进行的，即通过呼吸细胞而进入血液。相反，Ca^{2+} 是通过鳃丝上皮渗入，但主要由氯细胞转运。鳃部 Ca^{2+} 的转运会影响其他离子（如 Na^+、K^+）的转运。进入体内多余的钙最后由肾脏排出体外。Na^+ 和 Cl^- 的转运还分别与 NH_4^+ 或 H^+ 和 HCO_3^- 相联系。这种离子转换的程度与酸碱调节和氨的排泄紧密相关。因此，除了主要进行气体交换外，鳃小片呼吸细胞同时起着氨排泄、酸排泄等重要生理作用。而在哺乳中，氨和酸的排泄是由肾脏完成的。

海水鱼类的氯细胞极为发达，有辅助细胞，而且主要分布于鳃丝上皮中。海水鱼类是低渗性的，所以必须大量饮水以补偿水的流失，但随海水带进体内的大量 Na^+、Cl^- 和其他离子必须排出体外，以维持渗透压平衡。海水鱼类的 Na^+ 和 Cl^- 主要从鳃丝上皮排出体外。通过用放射性标记的 Ringer 氏液（含 ^{36}Cl 和 ^{24}Na）灌流实验，然后计算背腹动脉清除率，可以测定通过鳃丝和鳃小片上皮外流的离子组成，结果表明：鳃小片上皮的 Na^+ 和 Cl^- 内流量和外流量没有明显不同，即没有净排泄量通过呼吸细胞；但是，鳃丝上皮的 Na^+ 和 Cl^- 外流量显著大于内流量，表明有 Na^+ 和 Cl^- 的净排出。

海水鱼类的 Na^+ 和 Cl^- 在鳃丝上皮的排泄是通过氯细胞和辅助细胞进行的。在鳃上皮，氯细胞通常只与流量小而压力很低的非呼吸作用的静脉淋巴循环发生联系，与大流量和高压力地进行气体交换的鳃小片循环无关，这样，血液循环中的大量物质和水分就不会由氯细胞和辅助细胞之间的细胞旁道通漏出去。由于氯细胞内的管系发达，含有丰富的 ATP 酶，它们提供能量将血液运送来的 Cl^- 以主动运输的方式通过顶隐窝排出体外；Na^+ 则主要通过氯细胞和辅助细胞之间的细胞旁道扩散到体外（图 6 – 13）。

海水鱼类的呼吸上皮也进行 Na^+ / NH_4^+ 和 Cl^- / HCO_3^- 的离子转换，但大约占总流量的 70% 是通过 Na^+ / Na^+ 和 Cl^- / Cl^- 单向流

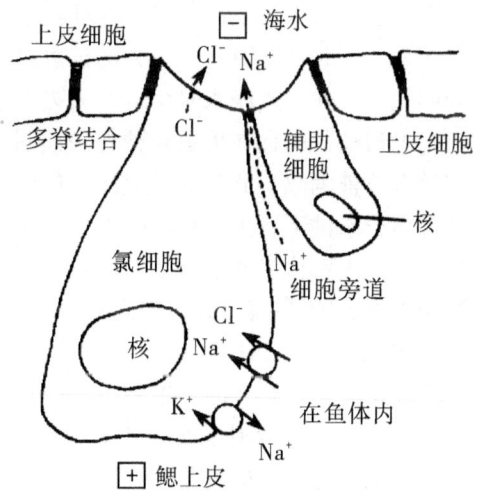

图 6 – 13 海水鱼类氯细胞对 Na^+ 和 Cl^- 的排泄示意图

动的。

四、鳃上皮离子转运的机理

（一）跨上皮电位

跨上皮电位（Transepithelia Potential）是通过鳃上皮的电位差，它由扩散电位（Diffusional Potential）和电致电位（Electrogenic Potential）组成。扩散电位是指因血液和外界水环境所含的组成成分不同所导致的电位差；电致电位则是鳃上皮离子主动转运所产生的电位差。鳃的跨上皮电位在淡水鱼类通常是水流侧阳性，血流侧阴性，电位为负值；在海水鱼类则相反，水流侧阴性，血流侧阳性，为正电位。但是，淡水和海水鱼类都会因环境条件变化而发生鳃跨上皮电位的逆转。

1. 海水鱼类的跨上皮电位

海水鱼类的跨上皮电位大多在广盐性鱼类中测出，少数在狭盐性鱼类中测出。一般海水狭盐性鱼类的鳃上皮都维持低的电位差，而广盐性种类的电位差较高。广盐性鱼类鳃上皮的高电位差主要是Na^+和Cl^-的扩散电位。当外界环境的离子浓度下降时会发生去极化，在低渗溶液中会发生电位逆转，即转变为血流侧阴性和水流侧阳性。

很少研究涉及那些具有低的或负电位值的海水狭盐性鱼类，虽然这些鱼类才是典型的海水鱼类。如鳕鱼（Gadus callarias）的跨上皮电位为2.9 mV，这是结合负的扩散电位和较小的正的电致电位的结果。在这些低电位鱼类中，虽然Na^+的通透性稍微大于Cl^-，但它被Cl^-较高的流动量所抵消，因此在所有跨上皮电位小的鱼类中，扩散电位也小，从而Na^+和Cl^-的通透性相似。

广盐性鱼类鳃上皮的Cl^-绝对通透性低，以致当鱼类从海水进入淡水时，Cl^-被保存下来，同时立即引起一个大的扩散电位以阻止Na^+的流失。对于Na^+和Cl^-通透性相同的鱼类，在进入淡水时会继续失去大量的Na^+和Cl^-，直到通透性减少。

电致电位的存在可由几种方法证明。如将鱼浸入人工的与血浆组分相似的溶液时，扩散电位被消除，此时的跨上皮电位就是由于离子的主动转运所致，为电致电位。在这种等离子条件下测出鲻鱼的跨上皮电位为5.0 mV。但是有证据表明，此时的鳃离子流量和电位差都比自然状态下的电致电位高。另一种方法是灌流分离的鳃，并且浸泡于与灌流液组成相同的溶液中。用这种方法测出一种鲽鱼的电致电位为2~12 mV，内侧为正，水流侧为负，这个电位能被缺氧、乌本苷或肾上腺素所降低。

在扩散电位存在时，电致电位的测定十分困难，一般是从跨上皮电位和扩散电位之差算出，扩散电位则是根据鳃上皮对Na^+、Cl^-和K^+的通透性测定。有人利用鳃上皮跨上皮电位随时间的变化率计算电致电位。一般海水鱼类的电致电位是内正外负，表明离子泵的主要活性是将Cl^-主动排出体外，而Na^+的外排主要是扩散电位所致。

2. 淡水鱼类的跨上皮电位

淡水鱼类的跨上皮电位主要是扩散电位，一般为10~30 mV，内负外正，为负电位差。淡水鱼类的电位差随外界环境离子浓度梯度的逆转而发生逆转，因此大多数的广盐性鱼类进入淡水时电位逆转为内负外正。

淡水鱼类鳃上皮的扩散电位是由内外环境的离子梯度决定的,其中 H^+、Na^+、Cl^- 和 Ca^{2+} 都是决定扩散电位的最主要因素。在海水鱼类,因海水的缓冲性好,且微带碱性,因此 H^+ 的浓度很低,对扩散电位的产生无明显作用。淡水是弱酸性的,且各种工业废水都会降低湖泊、河流水的 pH 值;在酸水中,鳃上皮对 H^+ 的通透性比 Na^+ 或 Cl^- 高几百或几千倍。因此,淡水鱼类 H^+ 梯度水平是鳃上皮扩散电位的主要决定因素,H^+ 对淡水鱼类的水分和盐分的平衡有明显影响。在 Na^+ 的吸收中 H^+ 作为平衡离子,当水的 pH 值降低时,Na^+ 的吸收将受到抑制;此外,在酸水中鳃上皮电位的逆转也会增加 Na^+ 的流失。如生活于淡水的褐鳟,跨上皮电位血流侧为负,水流侧为正。当水的 pH 值降低时,大量的 H^+ 经过鳃上皮渗入到鱼体内,使鳃上皮的电位差发生变化,跨上皮电位水流侧变为负而血流侧为正,这种正电位促进 Na^+ 的外排。

Ca^{2+} 在淡水和海水鱼类中都可以调节鳃上皮的渗透性,但是淡水含 Ca^{2+} 约为 20 mmol/L,而且大量 Ca^{2+} 通过鳃上皮进入鱼体内。因此,Ca^{2+} 对淡水鱼类的离子通透性的影响更为明显。Ca^{2+} 可与细胞内生物大分子阴离子族发生反应,改变其水化程度,减少 Na^+ 和 Cl^- 的通透性;Ca^{2+} 还可沿着细胞膜离子通道增加正电荷量,从而不同程度地减少 Na^+ 的通透性。扩散电位除了由 H^+、Na^+、Cl^- 和 Ca^{2+} 决定外,其他离子也有重要作用。K^+ 对跨膜电位有很大影响,外界环境 K^+ 可增加 Na^+ 和 Cl^- 的外流,这种作用主要由于细胞外 K^+ 浓度增加后,Na^+-K^+ 离子转换也增加。因此,K^+ 不仅是扩散电位的组成部分,而且对电致电位也有影响。Mg^{2+} 主要通过扩散电位组成而影响电位差。HCO_3^- 在外界可刺激 Cl^- 外流,但对跨上皮电位无影响。

当广盐性鱼类从海水进入淡水后,便会由于扩散电位的逆转而使 Na^+ 大量外流。一般海水硬骨鱼类 Na^+ 外流率为体内总钠量的 (10%~25%)/h;在移入淡水不久,外流率迅速减少至总钠量的 (5%~10%)/h,而在几小时之后,Na^+ 的外流率就会降至总钠量的 (0.1%~1.0%)/h 或更小,甚至产生负电位差。这表明其鳃上皮对 Na^+ 的绝对通透性显著减少。狭盐性海水鱼类被移入淡水时,由于没有大的瞬间电位变化以减少钠的流失,因此会因失盐而很快死亡。

到目前为止,还没有证据表明淡水鱼类的鳃上皮有电致电位存在;但是,淡水鱼类的 Na^+ 和 Cl^- 主要通过主动转运而吸收,因此存在离子泵。但淡水鱼类这种离子泵和海水鱼类的性质有所不同,淡水鱼类的 Na^+ 和 Cl^- 分别与 H^+ 和 HCO_3^- 转换吸收,而 H^+ 和 HCO_3^- 可由 CO_2 和 H_2O 在体内产生,所以这种离子泵也许不会产生电致电位。

(二) 鳃离子转运与 ATP 酶

在海水鱼类中,Na^+ 和 Cl^- 的跨上皮流量最大,鳃主动地排泄 Na^+ 和 Cl^-,这种离子转运过程需要能量消耗用以补偿内外环境中离子组成不同所产生的离子内流。在淡水鱼类中,即使内外环境的化学梯度较小,但从低渗的环境中吸取盐分的过程也是耗能的。

离子跨上皮转运的能源是三磷酸腺苷 (ATP)。有些离子(如 K^+、Na^+ 和 Ca^{2+} 等)是通过分子载体转运的,这些分子载体以水解 ATP 供给能量。贮存于 ATP 中的能量利用是由一些 ATP 酶（ATPase）决定的。这些 ATP 酶中，对离子转运起主要作用的是 Na^+、K^+ 依赖的 ATP 酶（Na^+、K^+-ATPase）以及 Ca^{2+} 依赖的 ATP 酶（Ca^{2+}-ATPase）和 K^+ 依赖的 ATP 酶（K^+-ATPase）。在鱼类鳃中主要研究鉴定的是 Na^+、K^+-ATP 酶和 Ca^{2+}-ATP 酶，同时还报道有决定于阴离子的 ATP 酶。但 ATP 酶的存在并不一定意味着它在离子跨上皮转运中起作用。

ATP 酶催化 ATP 水解出磷酸并产生自由能，如下式：

$$ATP + H_2O \xrightarrow[Mg^{2+}]{ATPase} ADP + Pi + 30.54 \text{ kJ/mol}（释放的能量）$$

这种反应是在 Mg^{2+} 存在和充分离子化的环境条件下进行的。这种离子化环境，对于 Na^+、K^+-ATP 酶则必须含有 Na^+ 和 K^+，对于 Ca^{2+}-ATP 酶则需存在 Ca^{2+}，对于阴离子-ATP 酶则需存在阴离子。Na^+、K^+-ATP 酶的水解反应可被强心苷［如乌本苷（Ouabain）或钒酸］所抑制；钌红抑制 Ca^{2+}-ATP 酶，寡霉素或羟基苍术苷抑制阴离子-ATP 酶。ATP 酶对其他的三磷酸核苷分解也有催化活性，但和 ATP 的亲和力最强。

ATP 酶在上皮细胞中的主要功能是维持细胞质膜的离子通透性，保持细胞内环境中各种离子浓度的相对稳定以及细胞内环境与体外环境的渗透压平衡。

一般地，Na^+、K^+-ATP 酶由 α、β 两种多肽键组成，α 和 β 键的分子量分别为 95000 和 45000～57000。电镜观察表明，Na^+、K^+-ATP 酶是对称的结构，可能为四聚体，而且大多认为是 $α_2β_2$ 的亚基组成形式。高度纯化的 Ca^{2+}-ATP 酶主要成分的分子量为 102000，此成分的氨基酸顺序与 Na^+、K^+-ATP 酶分子量为 100000 左右的亚基的顺序十分相似。

1. 鱼类鳃的 Na^+、K^+-ATP 酶

淡水和海水鱼类的鳃上皮都具有 Na^+、K^+-ATP 酶活性，但淡水鱼类的 Na^+、K^+-ATP 酶活性明显比海水鱼类低。在狭盐性鱼类中，海水鱼类的 Na^+、K^+-ATP 酶活性是淡水鱼类的 4～10 倍。

通过细胞匀浆分级分离的结果表明，海水鱼类鳃上皮含氯细胞的分离部分的 ATP 酶活性是富含呼吸上皮细胞的分离部分的 10～30 倍。因此，海水鱼类鳃上皮的 ATP 酶主要存在于氯细胞中，并且 Na^+、K^+-ATP 酶的活性不仅与适应海水生活的鳃的离子转运有关，而且与广盐性鱼类适应环境变化过程中鳃上皮特殊细胞类型的分化相关。许多研究证明，氯细胞中 ATP 酶复合体位于管系、细胞顶部的囊泡以及质膜表面或附近，且氯细胞的管系与细胞内发达的线粒体接近，推测 ATP 酶的水解底物来源于线粒体的氧化磷酸化作用。因此，氯细胞中较高的 ATP 酶活性与其细胞结构和功能是一致的。

鱼类鳃上皮中 Na^+、K^+-ATP 酶的性质与其他组织的 Na^+、K^+-ATP 酶没有差异。例如，鳗鲡鳃上皮的 Na^+、K^+-ATP 酶由两部分组成，即分子量为 90000 的蛋白质和分子量为 45000 的糖蛋白。鳗鲡鳃的 ATP 酶无论是适应于淡水或海水生活，其特性不变。

Na^+、K^+-ATP 酶可促进鳃上皮的 Na^+ 外排和 K^+ 内流。通常，海水狭盐性鱼类比淡水狭盐性鱼类含有较高的 ATP 酶活性，由此导致海水鱼类鳃部发生大量的双向跨上皮转运和 Na^+、Cl^- 的净排出。无论是狭盐性鱼类还是广盐性鱼类，外界水环境中 K^+ 浓度都影响 Na^+ 和 Cl^- 的流动。

在广盐性鱼类适应海水生活的过程中，伴随有鳃 Na^+、K^+-ATP 酶活性的激活。如欧洲鳗鲡在适应海水生活中，其鳃 ATP 酶活性的增加与离子转运的幅度，尤其与海水 K^+ 和 Na^+ 外排有着密切的关系。日本鳗鲡在适应海水过程中，鳃的功能性氯细胞增生与鳃的 ATP 酶活性增加相平行。因此，分布于氯细胞中的 Na^+、K^+-ATP 酶是 Na^+ 主动排出的生物化学介质。

在鳗鲡和鲻鱼的研究中，还有人观察到 Cl^- 外排受到外界 K^+ 的刺激，因此 Na^+、K^+-ATP 酶可能也参与 Cl^- 的主动排泄。

2. 鱼类鳃的依赖阴离子的 ATP 酶

在淡水和海水鱼类，氯离子的吸收或排泄都是逆着电化学梯度的主动转运，这种转运是耗能的。ATP 是细胞膜离子转运唯一的供能分子。许多研究表明，依赖于阴离子的一种 ATP 酶存在于鱼类鳃中，这种 ATP 酶可能位于鳃上皮细胞的线粒体膜或质膜上。Cl^- 或 HCO_3^- 可以激活这种 ATP 酶活性；硫氰酸同时抑制淡水鱼类鳃的 Cl^-/HCO_3^- 离子转换和阴离子敏感的 ATP 酶活性。阴离子-ATP 酶分解 ATP 产生的能量能促进淡水鱼类的外界 Cl^- 与内部 HCO_3^- 的离子转换，而这种离子转换在广盐性鱼类中可能会保留到它们生活在海水中，因为从适应于海水和淡水的鱼鳃抽提液中未发现阴离子-ATP 酶活性有明显差异。因此，有人认为依赖阴离子的 ATP 酶活性主要是在酸碱调节中发挥作用，而不是在渗透压调节中发挥作用。

第三节 鱼类在淡水和海水中的渗透压调节

各种鱼类对于水中盐度变化的适应能力不同。广盐性鱼类能生活在盐度变化范围较大的水环境中，或能在淡水和海水之间迁移。例如，罗非鱼、刺鱼、虹等以及溯河洄游的鲑鱼类和降河洄游的鳗鲡，它们都能在较大的盐度变化范围中维持相对稳定的渗透压和离子浓度。本节着重分析广盐性鱼类在淡水和海水之间的洄游过程中离子和渗透压的变化与调节机理。

一、由淡水进入海水的调节

鱼类由淡水进入海水后，由于海水对鱼体液是高渗的，因此面临的主要问题是大量失水的补偿和如何将吞饮海水而吸收的过多盐分排出体外。此时，广盐性鱼类在淡水中的渗透压调节机制被抑制，而在海水中的渗透压调节机制被激活。广盐性鱼类由淡水进入海水后通过以下途径调节盐水平衡。

（一）吞饮海水

广盐性鱼类体液的渗透压比海水低得多，为了补偿失水，最明显的反应是大量吞饮海水。例如，美洲鳗鲡在进入海水后的头 10 h 通过体表渗透的失水量达体重的 4% 左右，然后通过吞饮海水逐渐补偿失水，其吞水量达 $50 \sim 200$ mL/(kg 体重·d)。如果在进入海水的鳗鲡食道口放置一个充气的小气球，不让它们吞饮海水，它们就会继续失水并在几天内因失水过多而死亡。虹鳟在淡水中基本不饮水,但进入海水后每天的饮水量等于体重的4%~15%。罗非鱼在海水中每天的饮水量可达体重的30%。表6-2是几种鱼类在不同盐度水中的饮水率,表示进入海水后饮水率增加。

表6-2 几种广盐性鱼类在不同盐度水中的饮水率

鱼类	体重/g	水环境	饮水率/[μL/(100 g体重·h)]
鲫鱼	0.5~3.0	淡水 海水 200%海水	76 2000 2700
虹鳟	150~250	淡水 50%海水 海水	0 396 536
鳗鲡	185	淡水 海水	0 370
虹鳉	2~5	淡水 海水	148~830 1540~2300
莫桑比克罗非鱼	0.5~3.0	淡水 海水 200%海水	260 975~1110 1590

一般广盐性鱼类进入海水后几小时内饮水量显著增大,并在1~2 d内补偿失水而使体内的水分代谢达到平衡,饮水量随之下降并趋于稳定。相反,离子外排机制的激活则较为缓慢,一般需要几天时间(图6-14)。

多种因素参与海水鱼类吞饮海水的调节。肾素-血管紧张素系统(RAS:Renin-angiotensin System)参与饮水活动的调节。RAS中的血管紧张素Ⅱ(ANG Ⅱ)刺激延脑的吞咽中枢而启动吞饮海水。在广盐性鱼类,适应海水生活时血浆中ANG Ⅱ含量或肾素活性通常都比适应淡水生活时高,这表明海水鱼类经常都有较高的饮水率。

提高水环境中的Cl^-含量而不是Na^+,能在几分钟内,在血浆渗透压发生变化之前刺激饮水反射,这是盐度升高后的一种先行反应。当消化道因饮入海水而变得膨胀和高浓度的Cl^-为肠壁吸收时,出现负反馈环(Negative Feedback Loop)而使饮水率下降。这种负反馈环和RAS之间可能存在的联系还有待于研究。

由于血管舒张而引起的血压和血量降低也会刺激饮水反射,而只提高血浆渗透压则产生抑制作用。但给川鲽(*Platichthys flesus*)安置食道导管后使血浆张力升高以及血量降低的联合作用,能刺激饮水。由于血管舒张引起饮水反应增强能为血管紧张素肽转变酶(ACE:Angiotensin-converting Enzyme)抑制剂所阻抑,表明在低血压和血容量减少时引起的饮水活动增强是由RAS系统所介导。

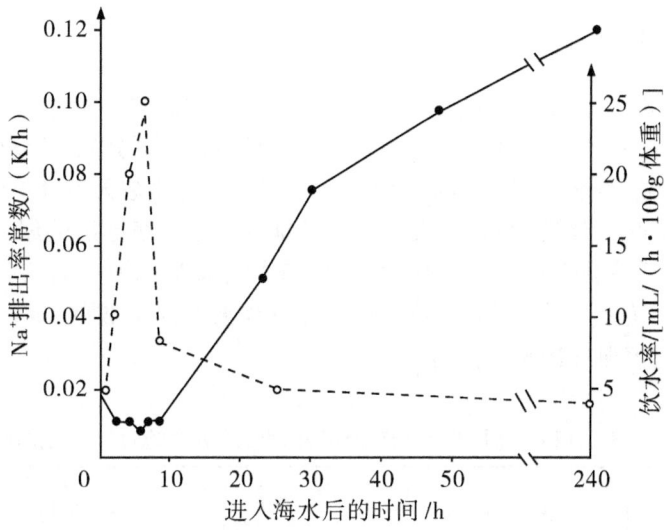

图 6-14 虹鳟（*Salmo gairdneri*）由淡水进入 67% 海水后的饮水率（—）和 Na⁺ 排出率常数（- - -）的变化

参考 D. J. Randall

哺乳类激肽释放酶-激肽系统（KK：Kallikrein-kinin System）活性成分中的缓激肽（BK：Bradykinin）能影响血管通透性。鱼类也有 BK，能抑制海水鳗鲡的饮水反射。值得注意的是，KK 和 RAS 系统都是利用 ANG I 肽转变酶，它生成 ANG II 而同时降低 BK。心房钠尿肽（ANP：Atrial Natriuretic Peptide）也参与饮水反射的作用，当血浆中 ANG II 的含量降低时 ANP 阻抑饮水。目前还不清楚 ANP 是否直接影响饮水反射，或者 ANP 是通过 RAS 传递而起作用。

用皮质醇处理广盐性鱼类能刺激直接而明显的饮水反应，但皮质醇对淡水鱼类的饮水率没有影响，并能抑制在海水中充分驯化的广盐性鱼类的饮水率。同样，生长激素对淡水大麻哈鱼的饮水率没有影响，却能刺激进入海水中鱼类的饮水。皮质醇和生长激素是否参与狭盐性海水鱼类饮水率的调节还有待于研究。

吞饮的海水离子组成经过消化道后发生明显变化。食道开始吸收 NaCl，使 Na^+、Cl^- 浓度和渗透压降低，因而胃液的浓度要比海水低得多。食道上皮对其他离子是不透性的，对水的通透性也很低，它通过基底外侧 Na^+、K^+-ATP 酶的作用而主动摄入 Na^+，并且是 Cl^- 依赖性的。肠液的摩尔渗透压浓度进一步降低，前肠约为 400 mosM，而直肠液为 300~360 mosM。肠液中的主要渗透物质不是 Na^+ 和 Cl^-，而是 Mg^{2+}、SO_4^{2-} 和 HCO_3^-。肠上皮的渗透通透性要比食道上皮强得多，水分以及 Na^+ 和 Cl^- 都在肠管被吸收，其吸收机理包括通过细胞旁道和跨细胞转运。虽然肠组织中有水通道蛋白（Aquaporin），但还没有直接证据表明它们参与水的吸收。但是，几种协同转运蛋白（Co-transporter），包括 K^+:Cl^- 和 Na^+:葡萄糖协同转运蛋白已证明能转运水分，并且对海水硬骨鱼类肠道跨细胞的水分移动起重要作用。

(二) 减少尿量

广盐性鱼类进入海水后,在神经垂体分泌的抗利尿激素作用下,肾小球的血管收缩,使肾小球滤过率(r_{GF})降低;与此同时,肾小管壁对水的渗透性增强,使大量水分从滤过液中被重新吸收,结果导致尿量减少。尽管进入海水数天后肾小球滤过率又可以恢复到原来的水平,但因肾小管重吸收水分的能力很强,使排出的尿量继续保持低水平:仅为每天每千克体重数毫升。不同种类的鱼由淡水进入海水后,其肾小球滤过率和尿量的变化幅度有所不同(表6-3)。鱼类在吞饮海水时吸收的 Ca^{2+}、Mg^{2+}、SO_4^{2-}、PO_4^{3-} 等主要经过肾脏在尿液中排出。

表6-3 几种广盐性鱼类在海水和淡水中的肾小球滤过率和尿量比较

种类	水环境	肾小球滤过率/[mL/(h·kg)]	尿量/[mL/(h·kg)]
欧洲鳗鲡	淡水	4.60±0.53	3.53±0.41
	海水	1.03±0.21	0.63±0.09
底鳉	淡水	25	8.33
	海水	1.35	0.52
川鲽	淡水	4.16±0.22	1.78±0.09
	海水	2.40±0.27	0.60±0.05
日本鳗鲡	淡水	2.80±0.26	2.26±0.17
	海水	3.13±0.78	0.38±0.04
牙鲆	淡水	3.88	2.90
	海水	1.69	0.22

(三) 排出 Na^+ 和 Cl^-

广盐性鱼类进入海水后,大量吞饮海水时吸收的 NaCl 主要通过鳃上皮的氯细胞排出体外,维持体内的离子和渗透压平衡。

鱼类从淡水移入海水后,鳃上皮的氯细胞发生明显的细胞学变化。首先是氯细胞数量增加,并在氯细胞旁边出现辅助细胞,它们之间形成细胞旁道;其次是氯细胞直径增大,形成顶隐窝,细胞基部质膜内褶增加,形成发达的管系,同时与管系相联系的线粒体数量增加。

氯细胞的细胞学变化与其生物化学特征的变化相联系。例如,给鳗鲡注射放线菌素-D(Actinomycin D)会减少其在海水中排出 Na^+ 和 Cl^- 浓度而导致死亡(图6-15)。放线菌素-D 是 mRNA 合成的抑制剂,因此,广盐性鱼类对海水的适应过程也包括有某些蛋白质种类的合成。例如,川鲽在适应海水环境的过程中伴随着鳃匀浆液中蛋白质含量的显著增加,并且这些增加的蛋白质中最主要的是 Na^+、K^+-ATP 酶。对许多广盐性鱼类的研究表明，随着水环境盐度的增加，伴随有 Na^+、K^+-ATP 酶活性的增加；ATP 酶活性的增加又与氯细胞数量的增加以及鳃 Na^+ 的外排量增加成正比（图 6-16）。因此，Na^+ 的外排量至少部分地依赖于盐水中的 K^+ 浓度，并且通过 Na^+/K^+ 离子转换而进行；同时，Cl^- 的外排也依赖于 Na^+、K^+ 激活的 ATP 酶，因为 ATP 酶为氯细胞通过基膜吸收 Cl^- 提供动力。总之，Na^+、K^+-ATP 酶活性的增加为广盐性鱼类在海水中大量排出 NaCl 提供能量。

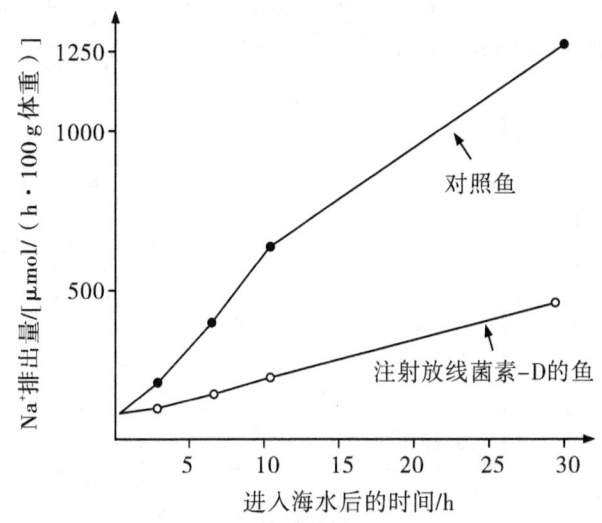

图 6-15　注射放线菌素-D 对鳗鲡转移入海水时 Na^+ 排出量的影响

参考 D. J. Randall

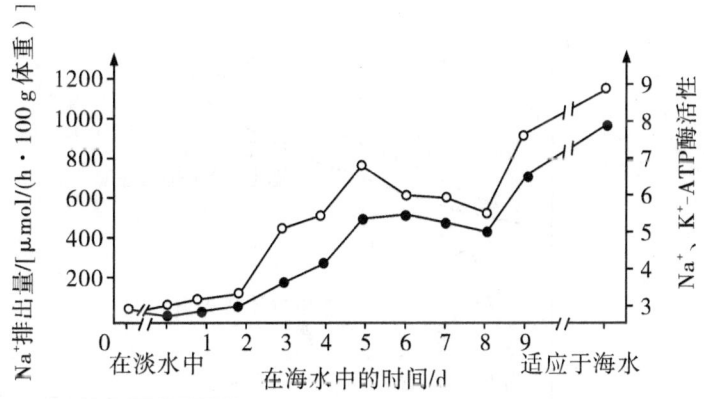

图 6-16　美洲鳗鲡进入海水后鳃 Na^+、K^+-ATP 酶活性（○—○）和 Na^+ 排出量（●—●）的变化

参考 D. J. Randall

广盐性鱼类在海水中对 Na^+ 和 Cl^- 的外排受到激素的调控。鱼类由淡水进入海水时，血浆中的皮质醇含量升高。已证明对鱼类注射皮质醇能使鳃的氯细胞数量增加，并减少血浆 Na^+ 浓度，增加 Na^+ 外排量和 Na^+、K^+-ATP 酶活性。摘除肾间组织的鳗鲡从

淡水进入海水时，Na^+外排量比正常鱼显著降低（图 6-17）。因此，皮质醇可能是鱼类对海水适应的调节剂，它不仅可以增加鳃Na^+的转运和Na^+、K^+-ATP酶活性，而且也对鳃上皮氯细胞的分化和增殖有影响。皮质醇的调节过程可能包括以下步骤：广盐性鱼类由淡水进入海水后由于失水和NaCl吸收的增加而使血浆的Na^+含量升高；Na^+含量升高刺激肾上腺皮质分泌皮质醇而使血浆皮质醇含量升高；后者促使鳃上皮氯细胞数量增加，导致较多的Cl^-由氯细胞的顶隐窝排出，Na^+通过氯细胞与辅助细胞之间的细胞旁道排出；最后，血浆中Na^+含量逐渐降低并恢复到原来水平，肾上腺皮质分泌皮质醇和血浆皮质醇含量也随之恢复到原来的水平（图 6-18）。

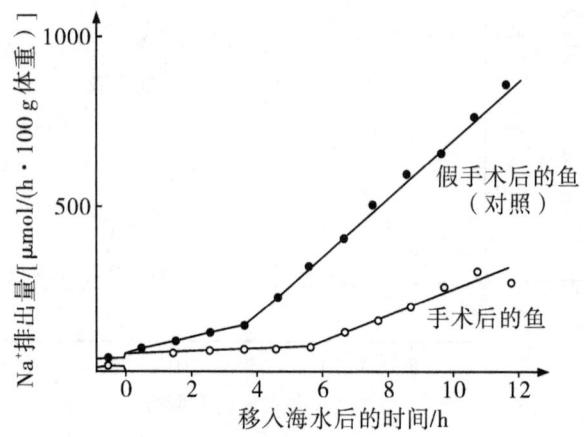

图 6-17 摘除肾间组织对鳗鲡从淡水进入海水后Na^+排出量的影响
参考 D. J. Randall

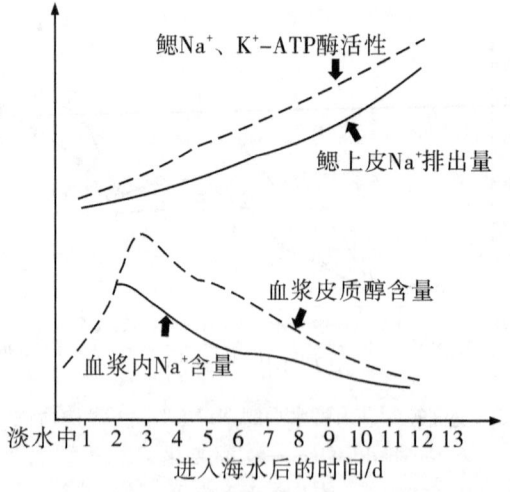

图 6-18 鱼类由淡水进入海水后血浆内Na^+含量和皮质醇含量的变化
以及鳃Na^+、K^+-ATP酶活性和Na^+排出量的变化示意图
参考 D. J. Randall

鱼类也能适应环境盐度的长期性变化。如果将某种广盐性鱼类放在海水中饲育，鱼肾脏的肾单位不发达，尿量减少；如放在淡水中饲育，则其肾脏较大，肾单位发达，尿量多。这种形态与生理上的适应性主要是通过脑垂体的催乳激素进行调节的。如果切除脑垂体，广盐性鱼类由淡水移入海水后就不能适应而很快死亡。

二、由海水进入淡水的调节

硬骨鱼类由海水移入淡水后，适应于海水的渗透压调节机制受到抑制，而适应于淡水的调节机制被激活，从而维持体内的高渗透压。

当鱼类由海水进入淡水后，停止吞饮水，Ca^{2+}、Mg^{2+}、SO_4^{2-} 等的吸收和排出都迅速减少。开始几小时，鱼体重因水分渗入体内而有所增加；但在 1～2 d 内，由于神经垂体分泌的激素起调节作用，促使肾小球滤过率增大，肾小管对水的渗透性降低，从而减少水分的重吸收，使肾脏排出大量稀薄的尿液，致使渗入体内的水分与通过肾脏排出的水分达到相对稳定的状态，鱼体重也恢复正常。

与此同时，鱼类鳃上皮排出的 NaCl 也迅速下降到低水平，尽管这时氯细胞和辅助细胞的数量还很多，氯细胞内的 Na^+、K^+-ATP 酶活性仍很高。如果这时把鱼从淡水再移回海水，则鳃上皮排出 NaCl 的量又会迅速升高。所以，Na^+ 排出量的多少主要决定于从体外进入体内的 Na^+ 量，而不是决定于鳃上皮氯细胞的多少。在这种情况下，可能存在某些调节机理影响氯细胞排出 NaCl 的作用。首先是鳃上皮细胞对 Na^+、Cl^- 的通透性降低。当鱼从海水移入淡水后，水中 Na^+ 含量很低，顶隐窝对 Cl^- 的可通透性降低，细胞旁道关闭，影响 Na^+ 扩散出去，整个氯细胞不能很好地将 NaCl 排出体外。反之，如果鱼类由淡水移入海水，水中 Na^+ 含量很高，吸收到体内的 NaCl 增多，顶隐窝对 Cl^- 的可渗透性升高，细胞旁道也打开，使 Na^+ 很容易扩散到体外，从而使 NaCl 通过鳃上皮大量排出体外。

鱼类从海水进入淡水后，鳃上皮减少 Na^+ 和 Cl^- 的流失还受到许多因素的控制。有证据表明，催乳激素对鱼类适应低盐度环境起着关键的作用。当鱼类从海水进入淡水时，催乳激素分泌细胞被激活，血液的催乳激素水平升高。给切除脑垂体的鱼类注射催乳激素，可明显地减少 Na^+ 外排，并可控制 Na^+、K^+-ATP 酶活性。催乳激素还可抑制 Cl^- 外排，这种作用可能是通过影响离子转运通道和氯细胞的分化和数量以及与鳃上皮细胞间的连接而完成的。

外界 Ca^{2+} 的离子浓度能影响广盐性鱼类对淡水环境的适应。水环境中额外增加 Ca^{2+}，会减少鳃 Na^+ 和 Cl^- 外排。Ca^{2+} 主要影响鳃上皮的离子通透性。肾上腺素抑制进入淡水的广盐性鱼类主动排出离子。给鳗鱼注射肾上腺素可抑制 Na^+ 和 Cl^- 的外排，并且肾上腺素的作用是通过 α 肾上腺素能受体发挥作用的。所以，肾上腺素分泌增加对鱼类适应低盐度环境有重要的作用。

广盐性鱼类由海水进入淡水后，尿液的摩尔渗透压浓度随着盐度的降低而相应地下降，尿液中 Na^+ 浓度也逐渐降低，减少 NaCl 外排（图 6-19）；同时，可能与淡水鱼类相似，广盐性鱼类能通过离子主动转换系统，从低渗的水环境中吸收 Na^+ 和 Cl^-。离子

转换系统包括 Na^+/NH_4^+、Na^+/H^+ 和 Cl^-/HCO_3^- 的转换。这些离子转换系统同时也在酸碱调节和氮代谢产物排泄中起到重要作用。

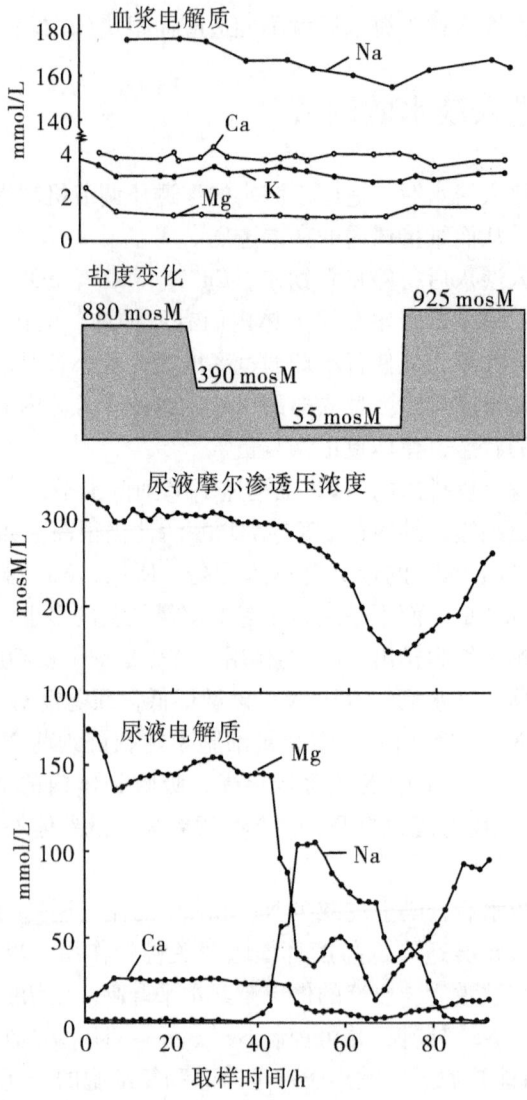

图 6-19　广盐性漠斑牙鲆处在盐度变化过程中肾脏调节渗透压的作用

尿样用导管从膀胱吸取，血样用导管从尾静脉抽取。尿液的摩尔渗透压浓度随着外界水环境中盐度的变化呈现相应的变化。尿液中 Mg^{2+} 浓度随着水中盐度的降低而下降，与此同时 Na^+ 浓度升高，表明鱼进入淡水后 NaCl 取代 $MgSO_4$ 由尿液中排出。但是，随着肾小管形成对水分的不通透性（Impermeability），使它能够吸收单价离子而不会同时引入水分，尿液中 Na^+ 浓度逐渐降低，尿液的摩尔渗透压浓度也下降。当水中盐度回复到原来的高水平，尿液中的 Mg^{2+} 又有所升高。由于肾脏的渗透压调节作用，血浆各种电解质（Na、K、Ca、Mg 等）的浓度在盐度明显变化的过程中仍保持相对稳定（引自 P. H. Cleveland 等，1969）

有些板鳃鱼类也能从海水进入到淡水中生活。例如，锯鳐（*Pristis*）和真鲨（*Carcharinus*）都是广盐性鱼类，这些广盐性板鳃鱼类处在淡水中时，其体液的尿素水平以及 Na^+ 和 Cl^- 浓度均比在海水中低，其血液中的尿素浓度降低到在海洋中生活时尿素浓度的 25%～35%，但血液的渗透压还是略高于周围的淡水，渗入体内的过多水分通过稀的尿液由肾脏排出。

无肾小球海水硬骨鱼类由海水进入淡水后有特殊的调节机理。如广盐性的蟾鱼（*Ospanus tau*），平时生活在海水中，但也可进入淡水，由于没有肾小球，不能通过过滤作用形成滤液，其尿液的形成完全依靠肾小管的分泌作用而把离子分泌到肾小管中，水分随之也渗透到肾小管内，所以它们的尿液和体液是等渗的。蟾鱼由海水进入淡水后，就不能通过肾脏产生稀的大量低渗性尿液以排出体内过多的水分。这时，蟾鱼体内是高渗性的，体外的淡水通过鳃上皮不断渗入体内，而 NaCl 虽可以经过鳃上皮排出体外，但它的鳃吸收 NaCl 的能力很强，使 NaCl 的吸收量大大超过排出量，积累在体内过多的 NaCl 由血液运送到肾脏并分泌到肾小管内；随着 NaCl 大量进入肾小管内，体内多余的水分也会随之渗入肾小管而形成尿液并排出体外。因此，蟾鱼在淡水中是通过鳃不断地主动吸收 NaCl，而肾脏在排出 NaCl 的同时，把多余的水分排出体外。

许多洄游性鱼类在淡水中生活一段时间后，身体已发生一些变化，包括体表皮肤的变化、肾脏结构的变化和尿量减少等，以便为洄游到海水中做预先的适应。通常，同种鱼类中个体较大的对盐度变化有较强的适应能力，所以鱼类在幼体时多为狭盐性，而成体则可能为广盐性。小鱼和大鱼对渗透压调节能力的差别很可能与身体表面积和体重的比例不同有关，因为小鱼的相对体表面积较大，需要付出较多能量才能调节水分和离子的渗透压平衡；而大鱼正相反，相对体表面积较小，比较容易保持体内和体外的渗透压平衡。

第四节　酸碱调节

与其他脊椎动物一样，鱼类必须调节和保持相对稳定的酸碱度，以维持体内各种代谢途径的正常进行和生物膜的稳定性。

在物质代谢活动过程中常产生各种有机酸和无机酸（如乳酸、尿酸、磷酸、碳酸等），因此，鱼体需要持续地进行酸的排泄，把过多的酸排出体外。代谢活动也产生碱性产物（如氨和各种有机胺），虽然量少，但也需要及时排出。只有在很少的情况下，鱼类需要从体外吸收酸以调节体内的 pH 值。

鱼类是水生变温动物，体液的 pH 值不仅随着环境温度的变化而变化，而且受水环境中酸碱度变化的影响。对于鱼类，由于体液的缓冲机制和气体交换机制在酸碱调节中的作用受到一定限制，因此，排泄机制在鱼类酸碱调节中的作用比在空气中呼吸的脊椎动物中的作用更为重要。这种调节不仅是稳定状态的 pH 值调节，而且还包括环境条件变化时的酸碱调节。

一、稳定状态的酸碱调节

（一）一般的酸碱状态

鱼类体液的 pH 值受到 H^+ 浓度变化的影响，而 H^+ 浓度变化主要是由于挥发性的 HCO_3^- 和 CO_2 的浓度变化，或是由于非挥发性的有机酸、无机酸以及可中和 H^+ 成为非解离状态的碱的浓度变化所导致。

体液中与酸碱状态有关的离子可分为两类：一类是绝对的酸碱相关离子，如 H^+、OH^- 和 HCO_3^-，这些离子在任何条件下发生变化都会影响体液的酸碱状态；另一类是潜在的酸碱相关离子，包括不同的缓冲离子对和 NH_4^+ 等，它们仅在一定条件下影响体液的酸碱状态。

与其他变温动物一样，鱼类不能像恒温动物那样保持体液恒定的 pH 值，而是变化于一定的范围内，一般为 7.4 到略高于 7.8 的范围。

鱼类稳定状态的体液 pH 值随体温的升高而降低，这种 pH 值的变化可通过 P_{CO_2} 和 HCO_3^- 浓度的变化得到调整。不同鱼类血液的 P_{CO_2} 有很大差异，从猫鲨的 133.3 Pa 到鲤鱼的 426.6 Pa；并且 P_{CO_2} 随温度的变化幅度在不同种类中也有很大不同，如硬头鳟的 P_{CO_2} 几乎不随温度而变，但在成体猫鲨（Scyliorhinus）中，P_{CO_2} 随温度的变化幅度却相当大。血液 HCO_3^- 浓度以及 HCO_3^- 随温度的变化幅度在不同种类中也不尽相同。

鱼类血液的 P_{CO_2} 不能像在空气中呼吸的脊椎动物那样自由地调整，因为 P_{CO_2} 的变化受到鱼类身体结构和水呼吸习性的限制。一般鱼类组织中的 P_{CO_2} 比陆栖脊椎动物低得多，而且在体液中 CO_2 主要以 HCO_3^- 的形式存在，因此，虽然 P_{CO_2} 随温度的升高而增高，但 P_{CO_2} 的变化幅度是很小的，不能导致明显的 pH 值变化。但是，HCO_3^- 浓度随温度升高而减少却很显著，从而导致明显的 pH 值下降。因此，HCO_3^- 浓度的调整（包括 HCO_3^- 的转运和排泄）是鱼类酸碱调节的主要机制。例如，猫鲨在低温时，用人工灌注大量 CO_2 可以逆转低温时 P_{CO_2} 较低的状态，但是 P_{CO_2} 的有限增加完全被 HCO_3^- 浓度的增加所补偿，以致对绝对的 pH 值和随温度而变化的 pH 值都没有影响。鱼类的这种调节方式与两栖类、爬行类等陆生变温动物不同，后者的 pH 值主要通过气体交换所引起的 P_{CO_2} 变化来调节。

鱼类体液的细胞内液 pH 值随体温变化而变化的方式没有细胞外液那样一致。因为不同组织进行的代谢不同，它们在不同的 pH 值时可能有不同的适应方式。例如，高碳酸化（Hypercapnia）对血液的酸碱状态有显著影响，但对细胞内液 pH 值调节的影响却很小。

（二）稳定状态的酸碱调节

鱼类处于稳定酸碱状态时，由代谢不断产生的过剩的 H^+ 或 OH^- 不断地被转移，以维持酸碱稳定状态。即使由于食物、摄食时间或活动时间变化而引起代谢产物变化时，

鱼类仍能维持 H^+ 和 OH^- 的产生与转运和排泄之间的平衡。鱼类稳定状态的酸碱调节机制包括以下 6 个方面：

1. P_{CO_2} 变化

由于水的含氧量比空气低，因此与肺呼吸的动物相比，为了吸收充足的氧气，鱼类必须具备很高的鳃呼吸率。同时，由于 CO_2 在水中的溶量系数比 O_2 大得多，鱼类的高频率换气也导致吸入水的 P_{CO_2} 与动脉中的 P_{CO_2} 差异很小。因此，为调节酸碱状态而降低换气频率，增加 P_{CO_2}，在鱼类中受到很大限制。例如，严重的高碳酸化对鳃换气的影响很小，或者仅短暂地增加换气，直到因其他机制积累 HCO_3^- 而使血液的 pH 值部分恢复。只有在水环境严重缺氧时，鱼类才增加换气，伴随 P_{CO_2} 下降；而在高含氧水中，换气减少，随之 P_{CO_2} 上升。基于这些原因，鱼类稳定状态的 P_{CO_2} 对酸碱调节并不重要，而仅作为一个重要参量。

2. 缓冲系统

生物缓冲系统包括 CO_2/HCO_3^- 缓冲对和各种非碳酸氢盐系统，后者以 B^-/HB 表示，其中 B^- 为碱性的弱酸盐形式，HB 为弱酸形式。生物缓冲系统的缓冲作用可表示为：

$$CO_2 + H_2O \rightleftharpoons \boxed{\begin{array}{c} H^+ \\ H^+ \end{array}} \begin{array}{c} +HCO_3^- \\ +B^- \rightleftharpoons HB \end{array}$$

CO_2 的缓冲：

$$\begin{array}{c} CO_2 + H_2O \rightarrow \\ \uparrow \\ CO_2 \end{array} \boxed{\begin{array}{c} H^+\uparrow \\ H^+\uparrow \end{array}} \begin{array}{c} +HCO_3^-\uparrow \\ +B^-\downarrow \rightarrow HB\uparrow \end{array}$$

H^+ 的缓冲：

$$\uparrow CO_2 + H_2O \leftarrow \boxed{\begin{array}{c} H^+\uparrow \\ H^+\uparrow \end{array}} \begin{array}{c} +HCO_3^-\downarrow \\ +B^- \rightarrow HB\uparrow \end{array}$$
$$\nearrow$$
$$H^+$$

当 CO_2 浓度升高时，使得 H^+ 浓度升高，此时可通过 B^-/HB 缓冲系统而得到调节。当非挥发性酸浓度增大时，H^+ 浓度升高，可通过 CO_2 和 HB 的产生得到缓冲。

鱼类体液中细胞外液和细胞内液的缓冲能力不同。鱼类的细胞外液（组织液和血液）与高等脊椎动物相比含有较少的 HCO_3^-，并且非碳酸根缓冲系统的浓度也很低。但是，在一些空气呼吸的鱼类中，细胞外液的 HCO_3^- 浓度和血液的非碳酸根缓冲值都比较高，甚至比哺乳类高。由于鱼类一般都具有较低的缓冲容量（Buffer Capacity），因此，酸碱有关离子的转移和排泄在细胞外液的酸碱调节中起主导作用。

鱼类细胞内液占体液的 75%～80%。鱼类细胞内液最大部分是肌肉组织的细胞内液，占细胞内液体积的 50%～75%，其中 80%～95% 为白肌组织的细胞内液。鱼类细胞内液的缓冲值虽然比哺乳类低，但与细胞外液相比，其缓冲能力大得多。鱼类体液的总缓冲容量约90%来自于细胞内液。

3. H^+ 的排泄

代谢产生的过剩 H^+ 通过体液由鳃上皮和肾脏排出体外。在鳃中，H^+ 的排出与 Na^+ 的吸收机制相联系，通过 Na^+/H^+ 的主动离子转换方式进行排泄（图6-20）。Na^+ 和 H^+ 转换的程度在不同鱼类中变化较大，而且依赖于其他因素，如氨的产生和排泄状态。

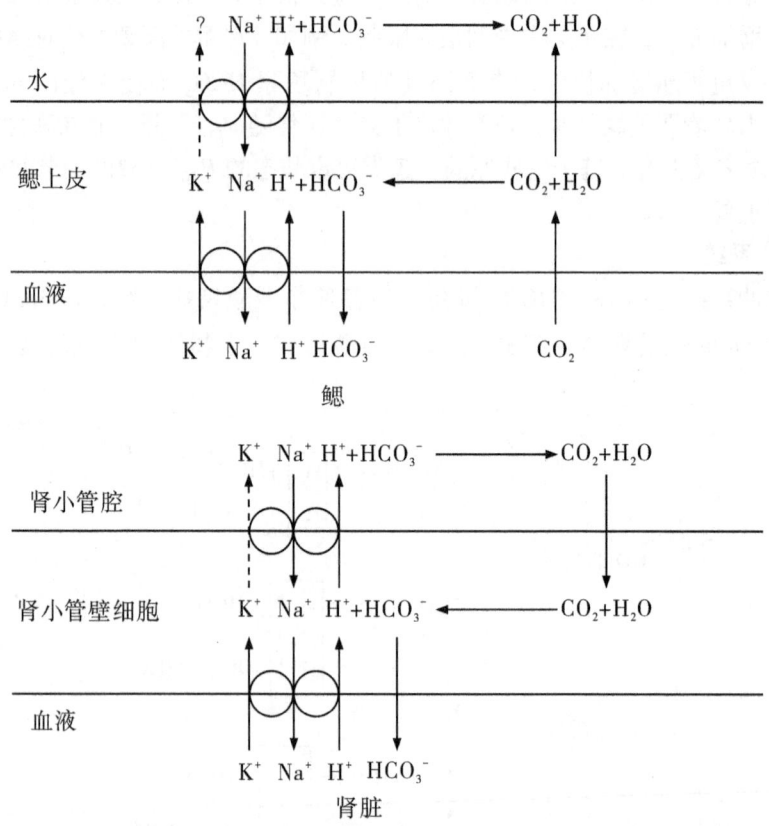

图6-20　H^+ 在鱼类鳃和肾脏中的排泄机制

肾脏中 H^+ 排入肾小管腔有两种作用（图6-20）：一种是排出体液过多的 H^+；另一种是调节滤液中 HCO_3^- 的保存和重吸收。一般由血液滤过的 HCO_3^- 量很大，如虹鳟为 1.5 mmol/(kg体重·d)，角鲨为 0.4 mmol/(kg体重·d)，分别为体内总 HCO_3^- 量的 60%和25%；但在排出的尿液中仅有小部分的 HCO_3^-，大部分的 HCO_3^- 在通过肾小管时被重吸收。HCO_3^- 重吸收量取决于肾小管中 H^+ 浓度以及由于排泄 H^+ 所产生的 CO_2 扩散量。

4. 氨的排泄

氨是鱼类主要的氮代谢终产物之一，它由肝脏、肾脏和肌肉中的 α-氨基酸经脱氨基作用而产生。氨产生之后，97%以上的氨迅速与 H^+ 结合而离子化为 NH_4^+，以 NH_4^+ 的形式转移至排泄部位。鱼类氨的90%在鳃上皮排泄，只有少量通过尿液排出。因此，

H^+ 可以通过氨排泄而进行转移和排泄（图 6-21）。

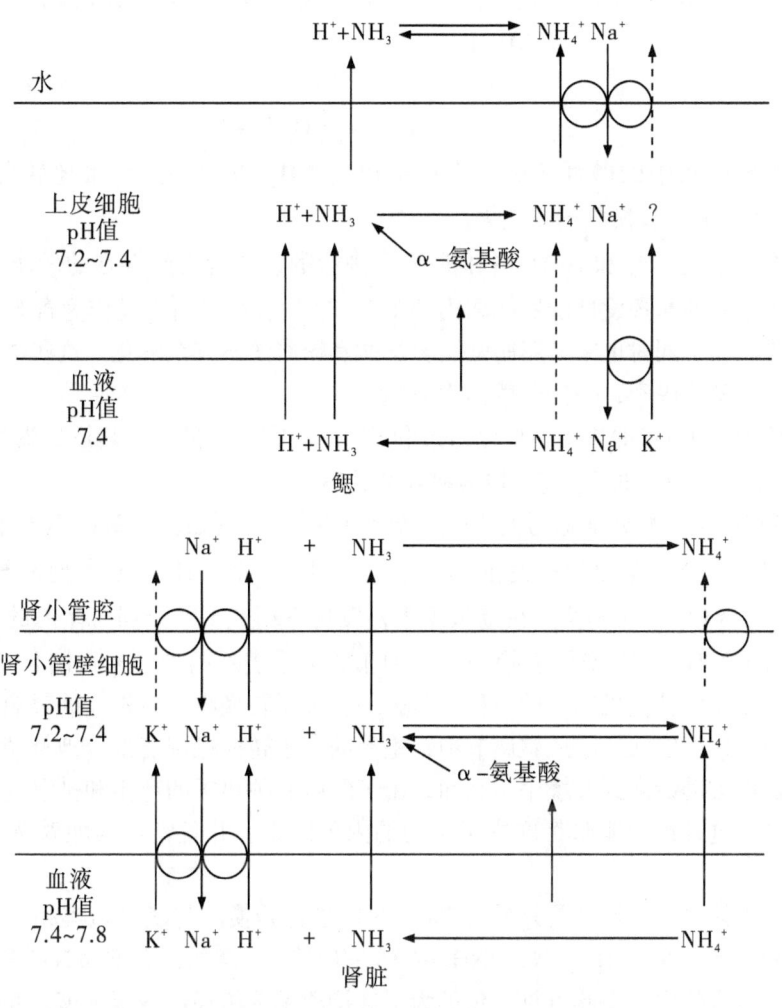

图 6-21　H^+ 通过氨排泄的机制

在鳃上皮中，氨主要以 NH_4^+ 形式由载体通过 NH_4^+/Na^+ 的主动转运机制排出。由于氨的高度脂溶性导致高的膜通透性，部分氨可以扩散通过鳃上皮排出体外。这种情况在氨产生量超过 Na^+ 主动吸收时或体液的 pH 值下降时更容易发生。

离子化和非离子的氨在鳃中的排泄，对鱼类酸碱平衡状态有不同的影响。NH_4^+ 的排泄与 H^+ 的排泄有相同的效果，而 NH_3 的扩散可产生酸化效应。在酸性尿中，氨总是以 NH_4^+ 的形式排泄而不管氨通过肾小管壁的方式如何。非离子化的 NH_3 都与滤液中的 H^+ 结合，离子化为 NH_4^+ 形式而排出体外。

5. HCO_3^- 的排泄

当 NH_3 通过吸收 H^+ 而离子化时，由于碱化导致大量 HCO_3^- 产生。无论 NH_3 的排泄机制如何，NH_3 与 HCO_3^- 在理论上总是以等物质的量排出体外。当氨以离子形式

(NH_4^+）排出时，总是伴随等量的 HCO_3^- 转换；当 NH_3 以非离子形式扩散出体外时，则 CO_2 也因 NH_3 排出的酸化效应而在排泄器官以非离子形式排出。如下式：

$$NH_4^+ \rightarrow NH_3 \uparrow + H^+$$
$$+$$
$$HCO_3^- \rightarrow CO_2 \uparrow + H_2O$$

此时，如果环境水中的碱性不强，则扩散出的 NH_3 和 CO_2 又大量地转化为 NH_4^+ 和 HCO_3^-，产生与离子转换相同的效果。

实际上，鱼类 NH_3 和 HCO_3^- 并不是等量排泄的，二者之间存在的较小差异是由于代谢中产生过剩的非挥发性酸所解离出的 H^+。这些酸在代谢中是作为含 S、P 和 Cl 等有机物的终产物，同时也来自脂肪酸、氨基酸和糖酸的不完全氧化。这些物质有部分可为代谢产生的碱所中和，一部分解离为 H^+。

一般认为，HCO_3^- 的排出主要是通过和 Cl^- 的吸收相转换，尤其是在淡水鱼类中。

6. H^+、NH_4^+ 和 HCO_3^- 离子转换机制的关系

NH_4^+ 和 H^+ 至少部分地通过与 Na^+ 的转换而排泄，例如，金鱼在不同条件下，H^+ 和 NH_4^+ 的排泄与 Na^+ 吸收的相关性是相同的，表明 H^+ 和 NH_4^+ 可竞争性地与 Na^+ 转换。HCO_3^- 的转运与 Cl^- 密切相关。在金鱼鳃中，发现 Na^+ 或 Cl^- 分别与体内的 H^+ 和 NH_4^+ 或 HCO_3^- 离子具有相同的离子转换率。这种相关关系表示两种转换机制是相互依赖的，如抑制或阻断两种转换机制中的一种，对另一种离子转换将产生很大的影响。

淡水鱼类在稳定状态的酸碱调节中，主动的离子转换机制能部分地补偿 Na^+ 和 Cl^- 沿电化学梯度被动泄漏到环境中。然而，由于酸碱有关离子的产生和排泄受到各自代谢途径的限制，这种被动泄漏将取决于不同的内外因素，并且常常与酸碱调节的需要不一致。

海水鱼类体内要尽量少与外界的 Na^+、Cl^- 进行转换。与淡水鱼类相反，如果海水鱼类的这种转换（Na^+/H^+、Na^+/NH_4^+ 和 Cl^-/HCO_3^-）增加，会推动 Na^+ 和 Cl^- 沿电化学梯度被动进入体内。由此可见，鱼类为了维持酸碱平衡和渗透压平衡，并不需要酸碱调节机制和渗透压调节机制相互紧密联系。

二、应激状态的酸碱调节

鱼类体液的酸碱状态不仅受到体内代谢产物及代谢状态的影响，同时也受到不同环境因子变化的影响，这些环境因子中最主要的是水温变化、高碳酸化、环境水酸化以及由于缺氧或剧烈的肌肉活动产生的乳酸酸中毒（Lactic Acidosis）等。

1. 水温变化

大多数鱼类所处的水体都有相当大的季节性水温变化，其水温的差异可高达 20℃ 或更大。如鲑鱼类在夏季所处的水温达 22℃，而冬季的水温接近冰点。一般季节性的水温变化较缓慢，鱼类可适应的时间也较长。在某些条件下，鱼类也会遇到短时间剧烈的温度变化，当温度升高时，pH 值下降；反之，温度下降，pH 值升高。因此，环境温

度变化明显地影响鱼类体液的酸碱状态，表现在 pH 值、P_{CO_2} 和 HCO_3^- 浓度的变化。鱼类对温度变化导致的酸碱状态变化主要通过酸碱有关离子的保持或排泄机制来调节，以维持体液相对稳定的 pH 值。

温度变化后鱼类酸碱调节的动力学研究曾在猫鲨（*Scyliorbinus stellaris*）和在热带能进行空气呼吸的合鳃类中进行。

当环境温度从 10℃ 上升至 20℃ 时，猫鲨血浆 pH 值急剧下降，然后达到一个稍低于原状态的稳定值。pH 值在开始几小时内急剧下降，主要是由于在温度变化后 1 h 内血浆 P_{CO_2} 的急剧升高。pH 值调整至一个新的稳定值的过程则主要是血浆 HCO_3^- 浓度在温度变化后缓慢增加，最后达到稳定的结果。当环境温度从 20℃ 降至 10℃ 后，pH 值的变化和调整过程正好与温度上升的变化过程相反，并且 pH 值达到新的稳定状态时升高的幅度比温度上升后 pH 值下降的幅度低，达到新的酸碱稳定状态所需的时间也较长（图 6-22）。

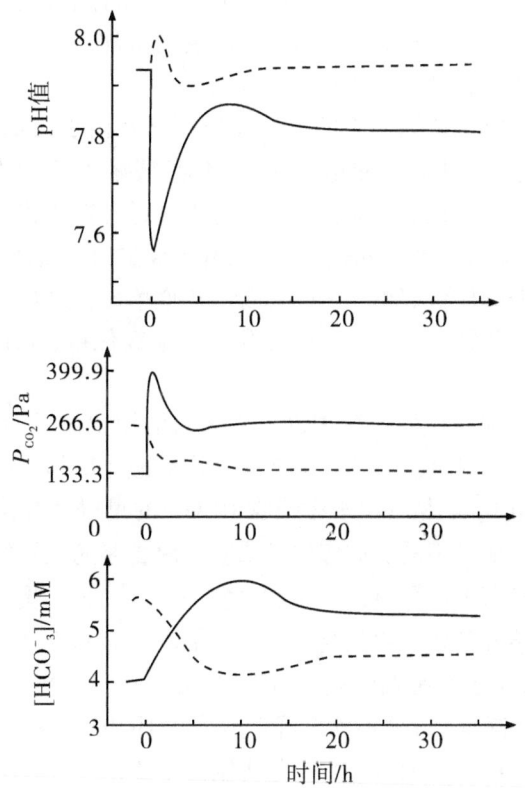

图 6-22 猫鲨在温度变化后血浆 pH 值、P_{CO_2} 和 HCO_3^- 浓度的变化

实线：10℃→20℃；虚线：20℃→10℃（参考 N. Heisler）

因此，在温度变化之后，血浆 pH 值不是通过 P_{CO_2} 的调节迅速达到新的稳定状态，而是通过细胞外液 HCO_3^- 浓度明显缓慢的变化来调节的。HCO_3^- 浓度的变化不可能是由于细胞外液的非碳酸根缓冲系统的作用结果，因为猫鲨的非碳酸根缓冲容量非常小。因

此，血浆 HCO_3^- 浓度的变化主要是由于酸碱有关离子跨上皮和跨膜的离子转移的结果。

当温度变化后，HCO_3^- 因非碳酸根缓冲系统的作用在细胞内液形成或解离，同时伴随着在细胞内液和细胞外液之间的跨膜转移，使细胞内液和外液的 pH 值达到新的稳定状态。一般认为，HCO_3^- 的转移是主动运输，虽然其载体及转运方式尚不清楚，但对猫鲨的研究表明，HCO_3^- 浓度的变化主要是通过 HCO_3^-/Cl^- 和 H^+/Na^+ 离子交换的结果。

鱼类在温度变化之后，进行 pH 值调整以达到新的稳定状态一般需要 10~24 h，即使其中的缓冲作用的速度很快，但是温度变化后 HCO_3^- 在环境水、细胞外液和细胞内液之间的转移率要比在其他应激状态下（如高碳酸化或乳酸酸化）低一个数量级。这是温度变化后酸碱调节动力学的一个显著特点。HCO_3^- 转移和调整的缓慢进程是温度变化后酸碱状态缓慢调节的主要原因，当然也可能涉及其他未知的因素。

2. 高碳酸化

高碳酸化即环境水的 P_{CO_2} 比正常时显著升高，它经常发生于自然水域中。高碳酸化的主要原因是由于温度分层（Thermo-stratification）或水体表面植物层密集导致水和空气之间 CO_2 转移受到抑制。在海水中，随着水深度的增加，P_{CO_2} 也会明显升高，因为深水中缺乏植物的光合作用和进行厌氧呼吸的细菌。

当环境水 P_{CO_2} 升高时，鱼类血浆的 P_{CO_2} 在很短时间内也会随之升高到比环境水的 P_{CO_2} 更高的状态。因此，环境高碳酸化时对鱼类体液酸碱状态有明显的影响。

酸碱状态对环境高碳酸化的反应在不同的鱼类中通常都比较一致。随着血浆 P_{CO_2} 的升高，体液 pH 值首先下降，然后 pH 值开始回升到稳定值，最后 pH 值几乎被完全补偿并接近于对照值，一般仅比对照少 0.10~0.05 pH 值单位，这是由于血浆的 HCO_3^- 浓度在高碳酸化后显著增加的结果。无论高碳酸化是否继续保持，pH 值都能恢复到新的稳定值（图 6-23）。

许多证据表明，高碳酸化后血浆 HCO_3^- 浓度的增加主要是通过从水环境中吸收所致，并且是通过鳃上皮的跨上皮转移。如鲤鱼在高碳酸化期间，可以从环境水中吸收约 4.2 mmol/kg 体重的 HCO_3^-。从环境水中吸收 HCO_3^- 的量以及补偿血液 HCO_3^- 的时间进程在海水和淡水鱼类中明显不同。如海水的猫鲨和康吉鳗完成补偿 HCO_3^- 和使 pH 值恢复只需 10 h，而鲤鱼仅获得部分 HCO_3^- 补偿就需 46 h。HCO_3^- 吸收率的差异是由于淡水鱼类和海水鱼类在血浆和环境水之间具有不同的 HCO_3^- 浓度和不同的 H^+ 浓度梯度。在高碳酸化时，水的 pH 值也会影响体液 pH 值的恢复进程。增加水 pH 值会明显加速猫鲨 HCO_3^- 的补偿；反之，降低水 pH 值就会降低或停止 HCO_3^- 的补偿作用。

鱼类高碳酸化后，鳃上皮 HCO_3^- 的吸收机制尚不清楚。一些实验表明，当高碳酸化时，鱼类鳃的 Cl^- 内流减少而 Na^+ 内流增加，因此，Cl^-/HCO_3^- 和 $Na^+/(H^+ + NH_4^+)$ 的离子转换可能参与 HCO_3^- 的吸收机制。

在一些可进行空气呼吸的鱼类中，从水呼吸向空气呼吸的转变可导致血浆 P_{CO_2} 升高，发生高碳酸化，这是因为空气中的高氧含量导致鳃换气减少或/和在空气呼吸器官中较低的碳酸酐酶活性所致。如合鳃鱼（Synbranchus marmoratus）从水呼吸转变为空气呼吸时，在 2~3 d 内导致血浆 P_{CO_2} 从 666~800 Pa 上升至 3466 Pa，血浆 pH 值下降 0.6

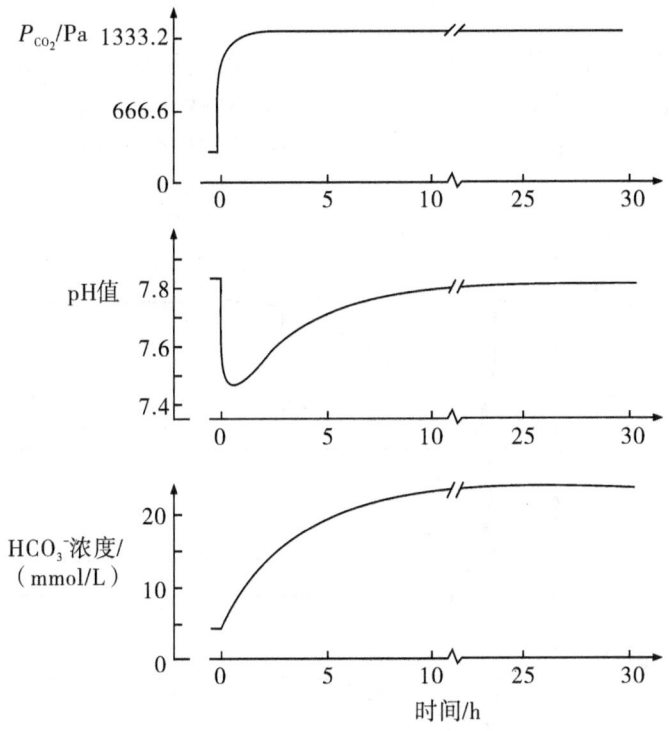

图 6-23　环境高碳酸化后康吉鳗血浆 P_{CO_2}、pH 值和 HCO_3^- 浓度的变化

参考 N. Heisler

个 pH 值单位，并且没有伴随 HCO_3^- 浓度的升高以补偿 P_{CO_2} 的上升，所以血浆 pH 值不能恢复。相反，细胞内液（白肌组织）P_{CO_2} 的上升则完全被 HCO_3^- 浓度的上升所补偿，因此细胞内液的 pH 值得到保护。细胞内液 HCO_3^- 浓度的增加是非碳酸氢根缓冲作用以及细胞外液 HCO_3^- 向细胞内液的跨膜转移的结果。这种细胞内液的 pH 值保护机制尚不清楚。

自然水体由于许多因素变化可能导致局部高氧含量（高 P_{O_2}）（Hyperoxia）。在高氧含量导致的高碳酸化中，鱼类的酸碱调节机制与一般高碳酸化时的调节机理相似，都是通过 HCO_3^- 的跨上皮转移补偿增高的 P_{CO_2}，使 pH 值恢复到稳定状态。不同的是，在高氧含量变化过程中，P_{CO_2} 的增加比较缓慢，而 HCO_3^- 的跨上皮补偿却非常充足，甚至超过体液 HCO_3^- 补偿所需的量，结果避免了血浆 pH 值的较大波动。这是因为在高氧含量水中，氧的提供不受任何限制，血浆 P_{O_2} 不需要通过鳃换气来调节，因此可以通过鳃换气的逐渐增加来调节 P_{CO_2} 的变化率和 HCO_3^- 的吸收率，以调节 pH 值的恢复和稳定。

3. 乳酸酸化

鱼类的肌肉是由大量白肌和少量红肌组成的。红肌组织有丰富的毛细血管，主要进行有氧代谢，与一般的肌肉活动和定位活动有关，因此鱼类在非应激状态时血浆的乳酸浓度一般很低。在紧急状态和摄食活动期间，鱼类剧烈的肌肉活动需要血流量较小的白肌组织进行厌氧代谢提供能量，并产生大量的乳酸，在这种条件下，大量乳酸在白肌组织中积累。

乳酸是脊椎动物主要的厌氧代谢终产物。在正常鱼类体液的 pH 值条件下，乳酸可完全解离为等克分子量的 H^+ 和乳酸根离子。当鱼类剧烈活动后，大量的 H^+ 和乳酸根离子从白肌组织释放出来进入血液，对鱼类的酸碱状态产生极大的影响，使血液 pH 值下降（图 6 – 24）。

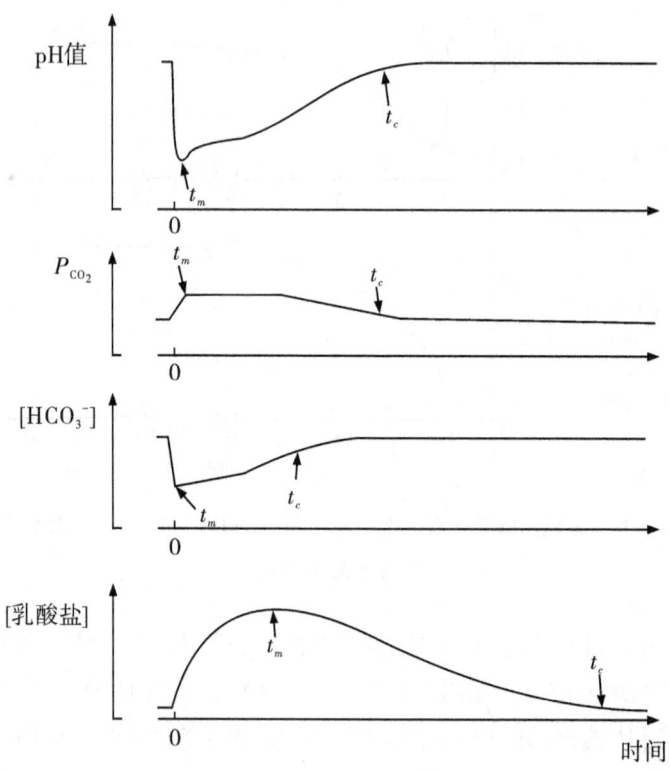

图 6 – 24　鱼类剧烈活动后动脉血浆 pH 值、P_{CO_2}、HCO_3^- 浓度和乳酸盐浓度的变化特征

t_m：表示最大反应的时间；t_c：表示重新恢复到对照值的时间（参考 N. Heisler）

H^+ 从肌肉细胞释放的速度通常比乳酸根离子快，在剧烈活动后 1 h 左右 H^+ 的外流大部分就已经完成，并导致血液 pH 值的变化；但血清的乳酸根离子浓度在 2~8 h 之内才达到最大值。尽管如此，细胞外液中多余的乳酸根离子浓度比 H^+ 浓度却多几倍，因为 H^+ 能通过鳃上皮迅速扩散至水中以及通过肾脏排泄到体外。因此，实际上从白肌组织释放出来的 H^+ 的量在恢复期的大部分时间里比转移到细胞外液中的乳酸根离子的量要大。

剧烈活动后，肌肉组织产生的乳酸根离子中 50% 以上从肌肉组织排出并暂时贮存于细胞外液中，而细胞外液中多余的 H^+ 不超过 10%，大部分 H^+ 被暂时地转移到环境水中。这种 H^+ 向环境的净转移使得血液的酸碱状态得到恢复。此后，为了乳酸的有氧代谢和糖元的重合成的需要，H^+ 又重新被吸收到细胞外液中，当体内 40%~50% 的乳酸被有氧代谢转化后，鱼类的酸碱状态恢复正常。

4. 环境水酸化

自然水体的 pH 值一般为 7~9。环境水酸化是指一些缺乏电解质的河流，如南美洲的亚马孙河流域，那里水的 pH 值仅为 4~5，有的可达到 6。近几十年来，由于各种工业废水大量排入河流中，也人为地造成世界上许多江河流域的水酸化。

关于酸水中鱼类体液酸碱状态调节的研究较多，但结果往往相差很大，甚至相互矛盾。比如，美洲红点鲑（*Salvelinus fontinalis*）处于 pH 值为 4.2 的水中 5 d 时间，鳟鱼（*Salmo trutta*）处于 pH 值为 4.0 的水中 8 d 时间，酸化水对两种鱼的血液 pH 值几乎没有什么影响；但当硬头鳟（*Salmo gairdneri*）处于 pH 值为 3.15~4.15 或 pH 值为 5 的水环境中时，动脉血液的 pH 值却显著下降；当红点鲑处于 pH 值为 3.0~3.3 的水中时，血液的 pH 值和 HCO_3^- 浓度也会明显降低。

各种鱼类对环境水的酸化有一定的忍受范围。在这个范围内，鱼类能进行调节，使受影响的酸碱状态重新趋向稳定。但当水的酸化超过鱼的忍受和调节范围时，可导致鱼类代谢紊乱而死亡。如鲤鱼在 pH 值为 5.1 的水环境中，体内的酸碱状态几乎不受影响，血浆 P_{CO_2}、Na^+、Cl^- 和 K^+ 维持不变，血浆 pH 值和 HCO_3^- 浓度仅稍稍下降，但很快就达到新的稳定值。当水的 pH 值降至 4.0 时，鲤鱼的酸碱状态受到极大的影响，血浆 pH 值、HCO_3^- 浓度以及 Na^+、Cl^- 浓度都显著而稳定降低，在 75 h 之后尚未能达到新的稳定值。当水的 pH 值降到 3.5 时，酸碱状态进一步恶化，几小时后可导致鲤鱼死亡。

当环境水酸化后，鱼类体液酸碱状态的变化主要是体内碱的流失（HCO_3^- 的流失和 H^+ 的吸收）而导致血液 HCO_3^- 浓度和 pH 值的变化。HCO_3^- 的流失量远远大于体液 HCO_3^- 的贮存量以及对 HCO_3^- 的缓冲容量。因此有人认为，HCO_3^- 的大量流失可能会刺激鱼类骨组织中碳酸的动员。

为了补偿碱通过鳃上皮的流失，调节体内酸碱状态，鱼类一方面增大肾脏尿中 H^+ 的排泄量，另一方面通过鳃上皮的离子转换机制以及 NH_3 的扩散将 H^+ 排出体外。鳃通过 H^+/Na^+ 或 NH_4^+/H^+ 离子转换机制，不仅补偿 Na^+ 的扩散流失，而且也增加 H^+ 的排泄，促进酸碱状态的恢复。但是 Na^+/H^+ 的转换在低 pH 值水中更为困难，因为在低 pH 值水中，鱼类体内和体外的 H^+ 浓度梯度很大，如在 pH 值为 4.0 的水中，鱼体内外的 H^+ 浓度梯度比在 pH 值为 7.4 的水中大 2500 倍。相反，NH_4^+/Na^+ 的转换却较为容易。在酸化水中，鱼类鳃的 NH_3 释放量明显增大，并且主要以非离子形式扩散通过鳃上皮，这是因为在酸化水中，NH_3 大部分已离子化为 NH_4^+，水中 NH_3 的浓度很低。NH_3 进入水中后可在几毫秒内与 H^+ 结合而离子化为 NH_4^+，因此 NH_3 的排泄促进了 H^+ 的外排。

主要参考文献

1. Abbers, C. Acid-base regulation. In: Fish Physiology. Vol. 4. Hoar, W. S. and Randall, D. J., eds. New York: Academic Press, 1970: 173-208
2. Ando, M., and Mukuda, T., and Kozaka, T. Water metabolism in the eel acclimated to seawater: from mouth to intestine. *Comp. Biochem. Physiol.*, 2003, 136B: 621-633
3. Baustian, M. D., and Beyenlach, K. W. Natriuretic peptides and the acclimation of aglomerular toadfish to hypo-osmotic media. *J. Comp. Physiol.*, 1999, 169B: 507-514

4. Boisen, A. M. Z., Amstrup, J., Novak, I., and Grosell, M. Sodium and chloride transport in soft water and hard water acclimated zebrafish (*Danio rerio*). *Biochem. Biophys. Acta*, 2003, 1618: 207 – 218

5. Bulger, R. Fine structure of the rectal (salt-secreting) gland of *Squalus acanthias. Anat. Recordo.*, 1963, 147: 95 – 127

6. Bulger, J. Roles of the rectal gland and the kidneys in salt and water excretion in the spiny dogfish. *Physiol. Zool.*, 1965, 38: 191 – 196

7. Cameron, J. N., and Heisler, N. Studies of ammonia in rainbow trout: physioco-chemical parameters, acid-base behaviour and respiratory clearance. *J. Exp. Biol.*, 1983, 105: 107 – 125

8. Cameron, J. N., Acid-base status of fish at different temperature. *Am. J. Physiol.*, 1984, 246: R452 – R459

9. Claiborne, J. B. Acid-base regulation. In: The Physiology of Fishes. Second Edition. D. H. Evans, ed. Boca Raton: CRC Press, 1998: 177 – 198

10. Claiborne, J. B., and Heisler, N. Acid-base balance and ion transfer in the carp (*Cyprinus carpio*) during and after exposure to environmental hypercapnia. *J. Exp. Biol.*, 1984, 108: 25 – 43

11. Claiborne, J. B., and Evans, D. H. Acid-base balance and ion transfer in the spiny dogfish (*Squalus acanthias*) during hypercapnia: a role for ammonia excretion. *J. Exp. Zool.*, 1992, 281: 9 – 17

12. Claiborne, J. B., Walton, J. S., and Compton McCullough, D. Acid-base regulation, branchial transfers and renal output in a marine teleost fish (the long-horned sculpin, *Myoxocephalus octodecimspinosus*) during exposure to low salinities. *J. Exp. Biol.*, 1994, 193: 79 – 95

13. Claiborne, J. B., Edwards, S., and Morrison-Shetlar, A. I. Acid-base regulation in fishes: cellular and molecular mechanisms. *J. Exp. Biol.*, 2002, 293: 302 – 319

14. Conley, D. M., and Mallatt, J. Histochemical localization of Na^+-K^+ ATPase and carbonic anhydrase activity in the gills of 17 fish species. *Can. J. Zool.*, 1988, 66: 2398 – 2405

15. Conte, F. Salt secretion. In: Fish Physiology. Vol. 1. Hoar, W. S., and Randall, D. J., eds. New York: Academic Press, 1969: 241 – 292

16. Conte, F., Wagner, H., Fessler, J., and Gnose, C. Development of osmotic and ionic regulation in juvenile coho salmon (*Oncorhynchus kisutch*). *Comp. Biochem. Physiol.*, 1966, 18: 1 – 15

17. Curtis, B. J., and Wood, C. M. The function of the urinary bladder in vivo in the freshwater rainbow trout. *J. Exp. Biol.*, 1991, 155: 567 – 583

18. Dang, Z., Balm, P. H., Flik, G., Wendeloar Bonga, S. E., and Lock, R. A. Cortisol increases Na^+-K^+ ATPase density in plasma membranes of gill chloride cells in freshwater tilapia *Oreochromis mossambicus*. *J. Exp. Biol.*, 2004, 203: 2349 – 2355

19. Delaney, R. G., Lahiri, S., Hamilton, R., and Fishman, A. P. Acid-base balance and plasma composition in the aestivating lungfish (*Protopterus*). *Am. J. Physiol.*, 1977, 232: R10 – R17

20. De Vlaming, V. L., and Sage, M. Osmoregulation in the euryhaline elasmobranch, *Dasyatis Sabina*. *Comp. Biochem. Physiol.*, 1973, 45A: 31 – 44

21. Dickman, K. G., and Renfro, J. L. Primary culture of flounder renal tubule cells-transepithehial transport. *Amer. J. Physiol.*, 1986, 251: F424 – F432

22. Eckert, R., and Randall, D. J. Animal Physiology. Third Edition. W. H. Freeman and Company, 1988: 413 – 414

23. Eckert, S. M. Yada, T., Shepherd, B. S., Stetson, M. H., Hirano, T., and Grau, E. G. Hormonal control of teleost osmoregulation in the channel catfish *Ictalurur punctatus*. *Gen. Comp. Endocrinol.*,

2001, 122: 270 - 286

24. Eddy, F. B. Acid-base balance in rainbow trout (*Salmo gairdneri*) subjected to acid stresses. *J. Exp. Biol.*, 1976, 64: 159 - 171

25. Epstein, F., Katz, A., and Pickford, C. Sodium and potassium-activated adenosine triphosphatase of gills: Role in adaptation of teleosts to salt water. *Science.*, 1967, 156: 1245 - 1247

26. Esbaugh, A. J., Lund, S. G., and Tufts B. L. Comparative physiology and molecular analysis of carbonic anhydrase from the red blood cells of telost fish. *J. Comp. Physiol.*, 2004, 174B: 429 - 438

27. Evans, D. H. Kinetic studies of ion transport by fish gill epithelium. *Am. J. Physiol.*, 1980, 238: R224 - R230

28. Evans, D. H. Mechanisms of acid extrusion by two marine fishes: The teleost, *Opsanus beta* and the elasmobranch, *Squalus acanthiss*. *J. Exp. Biol.*, 1982, 97: 289 - 299

29. Evans, D. H. Osmotic and ion regulation. In: The Physiology of Fishes. Evans, D. H., eds. Boca Raton: CRC Press, 1993: 315 - 341

30. Evans, D. H. Cell signalling and ion transport across the gill epithelium. *J. Exp. Zool.*, 2002, 293: 336 - 347

31. Evans, D. H., Piermarini, P. M., and Choe, K. P. The multifunctional fish gill: Dominant site of gas exchange, osmoregulation, acid-base regulation and excretion of nitrogenous waste. *Physiol. Rev.*, 2005, 85: 97 - 177

32. Forrest, J. N. Cellular and molecular biology of chloride secretion in the shark rectal gland: Regulation by adenosine receptors. *Kidney Int.*, 1996, 49: 1557 - 1562

33. Foskett, J. K., and Scheffey, C. The chloride cell: definitive identification as the salt-secretory cell in teleosts, *Science.*, 1982, 215: 164 - 166

34. Foskett, J. K., Bern, H. A., Machen, T. E., and Conner, M. Chloride cells and the hormonal control of teleost osmoregulation. *J. Exp. Biol.*, 1983, 106: 255 - 281

35. Heisler, N. Intracellular and extracellular acid-base regulation in the tropical freshwater teleost fish *Symbranchus marmoratus* in response to the transition from water breathing to air breathing. *J. Exp. Biol.*, 1982, 99: 9 - 28

36. Heisler, N. Transepithelial ion transfer processes as mechanisms for fish acid-base regulation in hypercapnia and lactacidosis. *Can. J. Physiol.*, 1982, 60: 1108 - 1122

37. Heisler, N. Acid-base regulation in fishes. In: Fish Physiology. Vol. X, part A. Hoar, W. S. and Randall, D. J., eds. New York: Academic Press, 1984: 315 - 401

38. Heisler, N. Acid-base regulation in response to changes of environment: characteristics and capacity. In: Fish Ecophysiology. Rankin, J. C. and Jensen, F. B., eds. Chapman & Hall, 1993: 207 - 230

39. Heisler, N., Holeton, G. F., and Toews D. P. Regulation of gill ventilation and acid-base status in hyperoxia-induced hypercapnia in the large spotted dogfish (*Scyliorhinus stellaris*). *Physiologist*, 1981, 24: 305

40. Hickman, C. Glomerular filtration and urine flow in the euryhaline Southern flounder, *Paralichthys lethostigma*, in sea water. *Can. J. Zool.*, 1968, 46: 427 - 437

41. Hickman, C. P., and Trump, B. F. The kidney. In: Fish Physiology. Vol. 1. Hoar, W. S., and Randall, D. J., eds. New York: Academic Press, 1969: 91 - 239

42. Hirose, S., Kaneko, T., Naito, N., and Takei, Y. Molecular biology of major components of chloride cells. *Comp. Biochem. Physiol.*, 2003, 136B: 593 - 620

43. Hootman, S. R., and Philpott, C. W. Accessory cells in teleost branchial epithelium. *Amer. J. Physiol.*, 1980, 238: R199 - R206
44. Iwama, G. K., and Heisler, N. Effect of environmental water salinity on acid-base regulation during environmental hypercapnia in the rainbow trout (*Oncorhynchus mykiss*). *J. Exp. Biol.*, 1991, 158: 1 - 18
45. Karnaky, K. J. Osmotic and ionic regulation. In: The Physiology of Fishes, D. H. Evans, ed. Second Edition. Boca Raton: CRC Press, 1998: 157 - 176
46. Lin, H., and Randall, D. J. H^+-ATPase activity in crude homogenates of fish gill tissue-inhibitor sensitivity and environmental and hormonal regulation. *J. Exp. Biol.*, 1993, 180: 163 - 174
47. Lin, H., Pfeiffer, D. C., Vogl, AW., Pan, J., and Randall, D. J. Immunolcalization of proton-ATPase in the gill epithelia of rainbow trout. *J. Exp. Biol.*, 1994, 195: 169 - 183
48. Lin, H., and Randall, D. J. Proton pump in fish gills. In: Cellular and Molecular Approaches to Fish Ionic Regulation. Wood, C. M., and Shuttleworth, T. J., eds. San Diego: Academic Press, 1995: 229 - 255
49. Maetz, J., and Skadhauge, E. Drinking rates and gill ionic turnover in relation to external salinities in the eel. *Nature*, 1968, 217: 371 - 373
50. Marshall, W. S., and Grosell, M. Ion transport, osmoregulation and acid-base balance. In: The Physiology of Fishes. Third Edition. Evans, D. H., and Claiborne, J. B., eds. Boca Raton: CRC Press, 2006: 177 - 230
51. McCormick, S. D., Hasegawa, S., and Hirano, T. Calcium uptake in the skin of a freshwater teleost. *Proc. Natl. Acad. Sci. U. S. A.*, 2004, 89: 3635 - 3638
52. McDonald, D. G., Cavdek, V., Calvert, L., and Milligan, C. L. Acid-base regulation in the Atlantic hagfish, *Myxine glutinosa*. *J. Exp. Biol.*, 1991, 161: 201 - 215
53. McDonald, M. D., and Wood, C. M. Reabsorption of urea by the kidney of the freshwater rainbow trout. *Fish Physiol. Biochem.*, 1998, 18: 375 - 386
54. Nishimura, M., and Imai, M. Control of renal function in freshwater and marine teleosts. *Fed. Proc.*, 1982, 41: 2355 - 2360
55. Parry, G. Osmotic adaptation in fishes. *Biol. Rev.*, 1966, 41: 312 - 444
56. Payan, P., Girard, J. P., and Mayes-Gostan, N. Branchial ion movements in teleosts: the roles of respiratory and chloride cells. In: Fish Physiology. Vol. X, part B. W. S. Hoar & R. J. Randall, eds. New York: Academic Press, 1984: 39 - 63
57. Perrot, M. N., Grierson, N., Hazon, N., and Balment, R. J. Drinking behavior in sea water and freshwater teleost: the rode of the renin-angiotensin system. *Fish Physiol. Biochem.*, 1992, 10: 161 - 168
58. Perry, S. F. The chloride cell: structure and function in the gill of freshwater fishes. *Ann. Rev. Physiol.*, 1997, 59: 325 - 347
59. Perry, S. F., and Raid, S. G. The effect of acclimation temperature on the dynamics of catecholamines release during acute hypoxia in the rainbow trout, *Oncorhynchus mykiss*. *J. Exp. Biol.*, 1994, 186: 289 - 307
60. Pisam, M., and Rambourg, A. Mitochondria-rich cells in the gill epithelium of teleost fish: an ultrastructural approach. *Int. Rev. Cytol.*, 1991, 130: 191 - 232
61. Potts, W., and Evans, D. Sodium and water balance in the cichlid teleost, *Tilapia mossambica*. *J. Exp. Biol.*, 1967, 47: 461 - 470
62. Potts, W., and Evans, D. Sodium and chloride balance in the killfish, *Fundulus heteroclitus*. *Biol.*

Bull., 1967, 133: 411 – 424

63. Potts, W. Transepithelial potentials in fish gills. In: Fish Physiology. Vol. X, part B. W. S. Hoar and D. J. Randall, eds. New York: Academic Press, 1984: 105 – 128

64. Randall, D. J., Wood, C. M., Perry, S. F., Bergman, H., Maloiy, G. M., Mommsen, T. P., and Wright, P. A. Urea excretion as a strategy for survival in a fish living in a very alkaline environment. *Nature*, 1989, 337: 165 – 166

65. Randall, D. J. and Lin, H. Effects of water pH on gas and ion transfer across fish gill. In: Fish Ecophysiology. J. C. Rankin and F. B. Tensen, eds. Chapman & Hall, 1993: 265 – 275

66. Rolin, E. D., Murdaugh, H. V., and Millen, J. E. Acid-base, fluid and electrolyte metabolism in the elasmobranch. Ⅲ. Oxygen, CO_2, bicarbonate and lactate exchange across the gill. *J. Cellular Physiol.*, 1966, 67: 93 – 100

67. Sullivan, G. V., Fryer, J. N., and Perry, S. F. Localization of mRNA for proton pump (H^+-ATPase) and Cl^-/HCO_3^- exchanger in rainbow trout gill. *Can. J. Zool.*, 1996, 74: 2095 – 2103

68. Tang, Y., McDonald, D. G., and Boutilier, R. G. Acid-base regulation following exhaustive exercise: a comparison between freshwater-and seawater-adapted rainbow trout (*Salmo gairdneri*). *J. Exp. Biol.*, 1989, 141: 407 – 418

69. Takei, Y., and Tsuchida, T. Role of the renin-angiotensin system in drinking of the seawater adapted eel *Anguilla japonica*: reevaluation. *Amer. J. Physiol.*, 2000, 279: R1105 – R1111

70. Thomas, S. Changes in blood acid-base balance in trout (*Salmo gairdneri*) following exposure to combined hypoxia and hypercapnia. *J. Comp. Physiol.*, 1983, 152: 53 – 57

71. Thurston, R. V., and Russo, R. C. Ammonia toxicity to fishes: Effect of pH on the toxicity of the unionized ammonia species. *Environ. Sci. Technol.*, 1981, 15: 837 – 840

72. Ultsch, G. R., Ott, M. E., and Heisler, N. Acid-base and electrolyte status in carp (*Cyprinus carpio*) exposed to low environmental pH. *J. Exp. Biol.*, 1981, 93: 65 – 80

73. Usher, M. L., Talbot, C., and Eddy, F. B. Drinking in atlantic salmon smolts transferred to seawater and the relationship between drinking and feeding. *Aquaculture*, 1988, 73: 237 – 246

74. Walsh, P. T., and Moon, T. W. The influence of temperature on extracellular and intracellular pH in the American eel, *Anguilla rostrata* (Le Suer). *Respir, Physiol.*, 1982, 50: 129 – 140

75. Wilkie, M. P., and Wood, C. M. Nitrogenous excretion, acid-base regulation, and ion regulation in rainbow trout (*Oncorhynchus mykiss*) exposed to extremely alkaline water. *Physiol. Zool.*, 1991, 64: 1069 – 1086

76. Wilkie, M. P. Mechanisms of ammonia excretion across fish gills. *Comp. Biochem. Physiol.*, 1997, 118A: 39 – 50

77. Wood, C. M. Acid-base and ion balance, metabolism and their interactions, after exhaustive exercise in fish. *J. Exp. Biol.*, 1991, 160: 285 – 308

78. Wood, C. M. Ammonia and urea metabolism and excretion. In: The Physiology of Fishes. D. H. Evans, ed. Boca Raton: CRC Press, 1993: 157 – 176

79. Wood, C. M., and Marshall, W. S. Ion balance, acid-base regulation, and chloride cell function in the common killifish, *Fundulus heteroclitus*, A euryhaline estuarine teleost. *Estuarise*, 1994, 17: 34 – 52

80. Wood, C. M., and Munger, R. S. Carbonic anhydrase injection provides evidence for the role of blood acid-base status in stimulating ventilation after exhaustive exercise in rainbow trout. *J. Exp. Biol.*, 1994, 194: 225 – 253

81. Zadunaisky, J. A., Cardona, S., Au, L., Roberts, D. M., Fisher, E., Lowenstein, B., Cragoe, E. J., and Spring, K. R. Chloride transport activation by plasma osmolarity during rapid adaptation to high salinity of *Fundulus heteroclitus*. *J. Membr. Biol.*, 1995, 143: 207-217

82. Zhou, B., Kelly, S. P., Ianowski, J. P., and Wood, C. M. Effects of cortisol and prolactin on Na^+ and Cl^- transport in cultured branchial epithelia from freshwater rainbow trout. *Amer. J. Physiol.*, 2003, 285: R1305-R1316

复习与思考

1. 鱼类肾脏的结构和排泄机能的关系如何？
2. 鱼类的肾脏通过哪三个主要过程形成排出体外的尿液？
3. 哪些因素影响肾小球的滤过作用？如何计算肾小球滤过率（r_{GF}）？
4. 鱼类的肾脏如何起调节渗透压和维持体内外水盐平衡的作用？
5. 鱼类鳃的结构和排泄及渗透压调节作用的关系如何？
6. 鱼类鳃的跨上皮电位对鳃上皮离子转运起什么作用？
7. 海水鱼类、淡水鱼类以及洄游鱼类如何维持渗透压的稳态？
8. 广盐性鱼类进入海水后的吞饮海水反应受到哪些因素的调节？它们的作用机理如何？
9. 鱼类氯细胞排出盐分的细胞结构和作用机理如何？
10. 板鳃鱼类直肠腺的构造有何特点？它如何排出鱼体内多余的盐分？
11. 鱼类在正常生活的水环境中如何调节和保持体内相对稳定的酸碱度？
12. 鱼类在应激状态或逆境（Stress）中（如温度或酸碱度的剧烈变化）如何调节体内的酸碱状态？

第七章 生殖生理

第一节 生殖方式和生殖周期

一、生殖方式

鱼类的生殖方式（Modes of Reproduction）是多种多样的。

大多数鱼类是反复生殖的（Iteroparous），即一生中繁殖多次；但也有一些鱼类是终生一次生殖的（Semelparous），即一生中只繁殖一次，产卵后就死亡，如大麻哈鱼类。从进化观点分析，每一次繁殖都要经过长距离洄游，使成鱼的死亡率提高，这可能是太平洋大麻哈鱼终生一次生殖方式起源的原因；因为低效的反复生殖伴随着每次生殖的高度体能消耗，这迫使它们在进化过程中逐渐形成很高的幼鱼成活率与极低的成鱼生存率的终生一次生殖方式。

大多数鱼类是卵生的（Oviparus），卵产出体外受精，胚胎在母体生殖系统外发育；但有些鱼是胎生的（Viviparus），卵在母体内受精，胚胎在母体生殖系统内发育，如在卵泡内（如一些花鳉科鱼类），或者在输卵管内（如一些谷鳉科鱼类和鱨科鱼类），许多软骨鱼类还形成完善的胎盘。

大多数鱼类是雌雄异体的（Gonochoristic），即雌性和雄性的性腺分别处于不同的个体，而且终生保持着明显不同的性别。但也有一些鱼类属于不同类型的雌雄同体（Hermaphroditism）：①同时型雌雄异体（Simultaneous Hermaphrodites）：如一些鮨属（*Serranus*）鱼类，性腺中同时包含精巢和卵巢。②雌性先熟型雌雄同体（Protogynous Hermaphrodites）：如石斑鱼属（*Epinephelus*）鱼类，雌性性腺首先发育成熟，然后（下一个季节或数年后）经过性别转变而成为雄鱼。③雄性先熟型雌雄同体（Protandrous Hermaphrodites）：如鲷属（*Sparus*）鱼类和尖吻鲈（*Lates calcarifer*），雄性性腺首先发育成熟，然后性别转变为雌鱼。

许多鱼类终生都生存在它们所适应的一种渗透压水环境中，但也有一些鱼类洄游到另一种渗透压水环境中产卵。溯河洄游（Anadromous）鱼类（如大麻哈鱼）在大海中生长数年，度过青春期后洄游到它们早年孵化的江河中产卵。降河洄游（Catadromous）鱼类（如鳗鲡）出生在大海，经过在江河湖泊中生长数年后，又洄游到大海中产卵。

二、生殖周期

大多数鱼类的生殖活动都有季节性，只有少数鱼类是常年连续产卵的。在季节性生殖的鱼类当中，产卵时间有很大不同。温带的鱼类在春、夏季产卵，冷水性的鲑鳟鱼类在秋季产卵，而热带地区的许多鱼类在雨季产卵。各种鱼类生殖周期（Reproductive Cycle）的精确时间性，使它们产生的幼鱼能够得到适宜的生存条件。

许多研究已经证明，鱼类能够按照环境条件的周期性综合调整它们的生理机能。事实上，许多生理活动过程的内在周期性就是对季节性生殖活动的反映。在各种环境因子当中，光周期、温度和降雨对调节鱼类的生殖周期最为重要。在温带，它们表现为明显而时间精确的一年四季变化；在热带，旱季和雨季的交替使水分和食物来源出现明显的季节差别。对于温带的鲤科鱼类，温度可能是最主要的调节生殖周期的环境因素。秋季产卵的冷水性鲑科鱼类，光周期变化对生殖周期起着重要作用。所以，在鱼类当中形成生殖周期的机理可能是多种多样的。由于许多试验只是短时间的并且缺乏适宜的调控措施，目前还很难从各种各样综合作用的环境条件中全面而准确地评价各种环境因子对鱼类生殖周期所起的作用。在2万多种鱼类当中，只有几十种是曾经进行试验研究的。下面选择几种重要养殖鱼类做扼要介绍。

鲤科鱼类：生殖周期主要受温度的影响，其次是光周期。我国的四大家鱼（青鱼、草鱼、鲢鱼、鳙鱼）、鲤鱼、鲮鱼等以Ⅱ期卵巢越冬，性成熟系数一般为 1% ~ 4%；冬末部分鱼的卵巢发育到Ⅲ期或Ⅳ期初，性成熟系数为 5% ~ 10%；进入春季，水温上升到 15 ~ 20℃，卵巢迅速发育而进入Ⅳ期，性成熟系数可达到 15% ~ 25%；春末夏初水温达到 20℃以上，性腺发育完全成熟并开始排卵。各种鱼类生殖季节的早晚略有不同。如鲤鱼成熟最早，春末就达到性成熟和产卵；草鱼、鲢鱼、鳙鱼稍晚些；而鲮鱼、鳊鱼等通常要在每年 5 月性腺才完全发育成熟。每年 9 月开始，水温逐渐降低，光周期开始缩短，没有产卵的鱼的性腺进入退化阶段，性成熟系数降低到 3% ~ 10%。在华南地区，由于水温较高，在 4 ~ 5 月人工催产后的亲鱼经过培育，还可在 6 ~ 9 月份进行 1 ~ 2 次人工催产。温度对鲤科鱼类缩短性成熟年龄起重要作用。在华南亚热带地区，水温较高，光周期较长，加上较丰富的饲料条件，鲤科鱼类性成熟一般比北方地区早 1 ~ 2 年，如鲢鱼的成熟年龄为 2 ~ 3 年，鳙鱼为 4 年，草鱼为 4 ~ 5 年；在华中地区，鲢鱼为 3 年，鳙鱼为 5 年，草鱼为 5 ~ 6 年；在华北和东北地区，鲢鱼为 5 ~ 6 年，鳙鱼为 6 ~ 7 年，草鱼为 6 ~ 7 年。试验和生产实践都已证明：适当提高水温能促进我国北方地区鲤鱼的性腺提早成熟并产卵。初步的分析测定表明：一些鲤科鱼类脑垂体中促性腺激素（GtH）含量、血液中 GtH 含量的变化以及脑垂体 GtH 分泌细胞对注射的促性腺激素释放激素类似物（LHRH-A）的反应等，都表现出明显的季节性变化而和鱼类的生殖周期相吻合。

印度的鲤科养殖鱼类，如野鲮（*Labeo rohita*）、喀拉鲃（*Catla catla*）、印鲮（*Cirrhina mrigala*）等，在每年 3 ~ 6 月，随着温度升高与光周期延长而达到性腺发育成熟。如印鲮在温度 19 ~ 30℃ 并处于长光周期（L:D = 14:10 或 18:6）时能促进性腺发育，且雄鱼达到性成熟比雌鱼早；但如果使印鲮所处的光周期由 L:D = 4:20 逐渐增加到 14:10 而最后是 20:4 的条件下，在自然温度下雌鱼比雄鱼成熟得早，升高温度（27 ~ 30℃）则雄鱼比雌鱼较早成熟。此外，处于长期黑暗下的雄鱼能和在自然光周期下的雄鱼同时达到性成熟；但对于雌鱼，长时期光照能加速性腺发育成熟，长时期黑暗则延缓性腺发育。由于在自然条件下雄鱼比雌鱼较早成熟，因此可以认为精巢发育成熟的温度阈值要比卵巢的低。

鲶鱼类：如印度鲶鱼（*Heteropneustes fossilis*），生殖周期是每年 2～4 月性腺明显发育，5～6 月处于产卵前期，7～8 月为产卵期，9～10 月为产卵后期。其生殖周期的两个主要生理过程是：①准备产卵和产卵前期，由于卵母细胞卵黄生成和精子生成而使性腺逐渐增大，这是伴随着日光周期延长和水温升高而持续进行的；②在 7～8 月雨季环境因素的综合作用下促使性腺发育成熟的鱼排卵和产卵，而在这之前要经过炎热、日照长而干旱的夏季。在性腺开始发育时期（水温 15～17℃），如果把鲶鱼置于 L:D = 12:12 或 14:10 的光照和 25～34℃ 的水温下 36 d，能明显促使卵母细胞卵黄生成。卵黄形成的起始温度为 25℃，较高温度能加快卵黄生成过程，降低温度能起抑制作用。雄鲶鱼精子生成过程的最适温度是 25℃，但较高温度并不影响精子生成的进程。在产卵期之后，未产卵鲶鱼的卵巢退化，在较高温度下要比在较低温度下迟缓得多；而光周期对卵巢退化没有明显影响。总的看来，鲶鱼生殖周期主要受到季节性温度变化的影响，光周期也起着增强温度效应的重要作用，人工调节温度和光周期可在实验室内每年 4 月用激素诱鱼排卵，提早成熟的卵母细胞受精后能孵出正常鱼苗；而排卵亲鱼加强培育并在适宜的光照和温度条件下能再次成熟和排卵，据报道在一年的 4～7 月能诱导产卵 3～4 次。

鲑鳟鱼类：如虹鳟和美洲红点鲑（*Salvelinus fontinalis*），秋季产卵，光周期是影响性腺发育的主要因素。配子在夏末和秋季形成而与光周期缩短及温度降低相联系。光周期长（L:D = 15:9）或短（L:D = 8:16），甚至连续照明都不能诱导鲑鱼性腺发育；但在 2～6 月缩短光周期（由 L:D = 16:8→L:D = 8:16）能诱导精子生成和排精，并且缩短光周期在较高温度（16℃）而不是较低温度（8℃）下能明显加快精子形成和提高血浆 GtH 含量，表明温度也起重要作用。

鲻鱼类：如鲻鱼（*Mugil cephalus*），在夏威夷地区是每年 1～2 月产卵，而卵母细胞的卵黄生成是在每年的短光周期开始时进行。试验表明，持续的短光周期（L:D = 6:18）可在 49～62 d 内有效地促进卵黄生成，而对照组的卵黄生成推迟到第 235 天才开始。所以，在正常的季节之外，可采取短光周期（L:D = 6:18）和较高的温度（21℃ 左右）促使鲻鱼性腺发育，并且能使它们的繁殖季节延长而全年都能得到成熟卵。

罗非鱼类：在热带和赤道地区，全年的光照和温度条件比较稳定，罗非鱼也表现出一定的生殖周期。如赤道地区的罗非鱼（*Sarotherodon leucosticta*，*S. negia* 等），其性腺在秋季和冬季处于休止状态；卵巢在一年温度高与光周期长的季节中发育成熟，而产卵是在温度最高的雨季开始时进行。光周期的作用还不很清楚，但温度的作用明显，一般在 22℃ 以上能促使卵巢发育和排卵。根据测定结果，蓝帚齿罗非鱼（*S. aurea*）在 30℃ 时的类固醇性激素、血浆中睾酮、11β-羟睾酮、11-酮睾酮和 11-去氧皮质酮的含量都比在 18℃ 时明显增高。

鱼类是变温动物，温度对代谢和繁殖的影响主要是由于对酶活性和受体-激素复合物提供最适温度。但光周期也起一定作用，因为对金鱼雄鱼的试验表明：在一个昼夜 24 h 内的 6 个不同时间段来升高温度所得到的精巢成熟系数明显受到光周期和温度周期相互关系的影响。在一天的不同时间所开始的温度周期对精巢成熟系数可能起促进或抑制的作用。据报道,刺鱼(*Gasterosteus aculeatus*)的感光反应有昼夜节律,其敏感期是在光周期(即光照)开始后的12~18 h之间,而印度鲶鱼是在16~17 h和20~21 h之间。

概括起来,性腺发育主要由温度和光周期的季节变化所调节,而产卵通常为温度和降雨所控制。环境信息由感觉器官的受体接受后通过神经传导到达中枢神经的脑,而这种神经信息在下丘脑转换为激素的调控,通过促性腺激素释放激素促使脑垂体分泌GtH,进而作用于性腺。这种下丘脑→脑垂体→性腺的调控中轴就是繁殖内分泌生理的基本内容。

第二节 脑/下丘脑-脑垂体-性腺轴

鱼类的生殖受到外界环境因素的影响。感觉器官把外界环境的刺激(如温度、光照、降雨等)传送到脑,使下丘脑分泌促性腺激素释放激素,激发脑垂体分泌促性腺激素,它作用于性腺并促进性腺分泌性类固醇激素,以促使性腺发育成熟与排出精子和卵子。这就是调控鱼类生殖活动的脑/下丘脑-脑垂体-性腺轴(图7-1)。

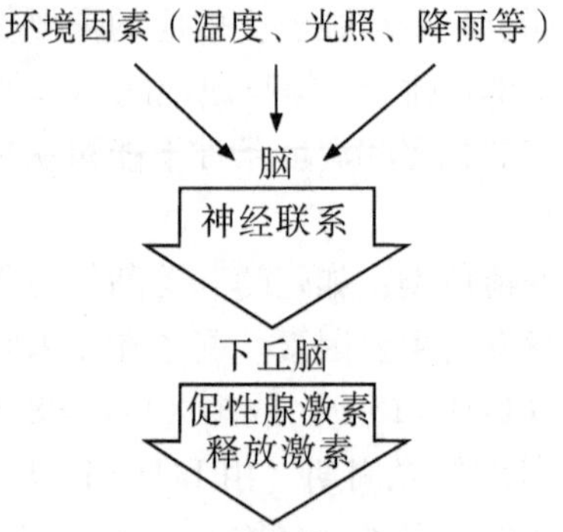

整个生理过程的前阶段是神经联系起主要作用,而后阶段则主要是激素起作用。由神经联系转变为激素控制是在下丘脑和脑垂体之间的接触面,而实现这种转变是通过神经分泌细胞的神经内分泌活动(Neuroendocrine Activity)。

典型的神经分泌细胞是在细胞体合成激素,通过轴突将激素释放到血液中,又通过血液运送到靶细胞(组织或器官),而激素的分泌活动是由神经支配与调节的。神经分泌细胞是特殊的神经元,同时是神经细胞和内分泌细胞(图7-2、图7-3)。

图7-1 鱼类从接受环境因素刺激到释放成熟配子之间的生理联系主要环节

从整体看,神经内分泌活动有三种情况:

第一,神经递质(Neurotransmitter)。神经递质在神经元内合成,以小囊泡形式(体积较小,为3000~6000 nm^3)分泌出来;其分泌活动受神经刺激调节,通过突触联系从一个神经元影响到另一个神经元;它们引起的作用快,效应时间短,失活也快,如多巴胺、肾上腺素等。

第二,神经调节剂(Neuromodulator)。分泌物在神经元内合成,也以小囊泡形式分

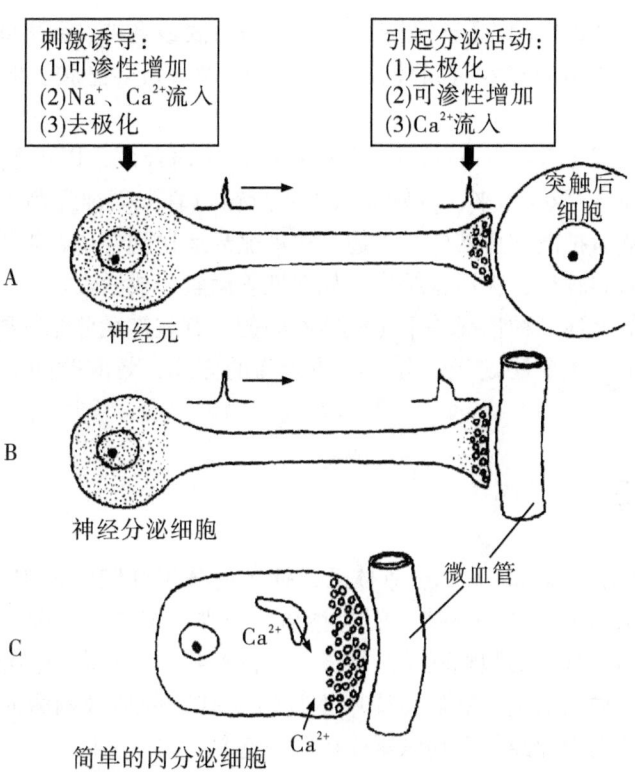

图 7-2 典型的神经分泌细胞（B）和神经元（A）以及
简单的内分泌细胞（C）形态构造的比较

参考 R. Eckert

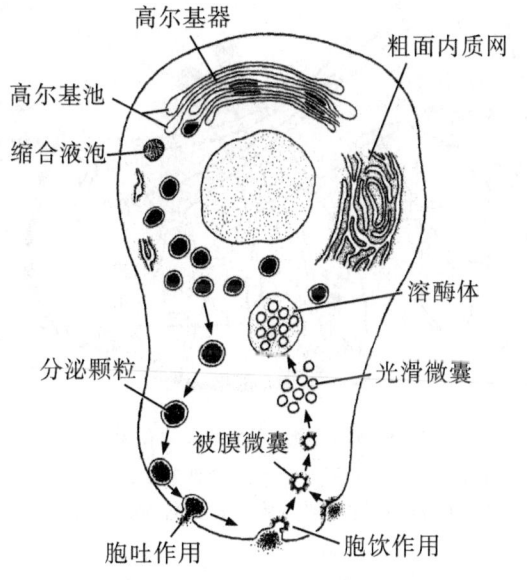

图 7-3 神经分泌细胞的分泌物合成与释放示意图

泌出来；分泌活动受神经的支配与调节，通过扩散方式或者神经元之间的突触联系而影响邻近的细胞；其作用的有效时间较长，失活也较慢，如多巴胺、促性腺激素释放激素等。

第三，神经激素（Neurohormone）。激素在神经元内合成，以小囊泡形式（体积较大，为 $10 \sim 40 \mu m^3$）释放出来，其轴突末端靠近微血管，受神经刺激而将分泌物释放于微血管间隙，然后扩散到血液中，再通过血液循环运送到各个靶组织与特异性受体相结合；其作用的时间较长，失活也缓慢，如促性腺激素释放激素。

神经内分泌的上述三种情况并不是截然不同的，有些神经分泌物质可以兼有上述两种情况的共同特征，主要决定于：分泌物质传递的方式，效应时间的长短和失活的快或慢。

一、下丘脑

在下丘脑（Hypothalamus）和脑垂体区，神经内分泌细胞的细胞体位于下丘脑内，它的轴突纤维和末梢组成神经垂体，而这些轴突纤维的细微分支则广泛分布于腺垂体内，与位于腺垂体的分泌细胞相联系。这样，分泌产物在神经内分泌细胞体内合成和包装，经过轴突而运输到末梢，然后接受中枢神经（脑）的信号刺激而释放到分泌细胞或微血管附近，从而把神经信息和激素作用联系起来（图7-4）。

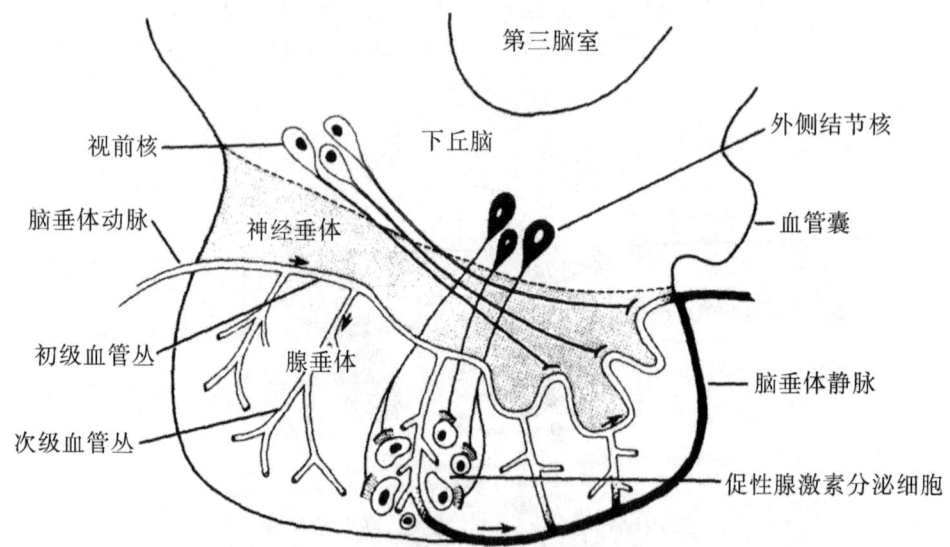

图7-4 硬骨鱼类下丘脑、神经垂体和腺垂体的示意图
表示神经分泌细胞的细胞体位于下丘脑（它们形成许多细胞群，称为"核"），其轴突组成神经垂体；而轴突的末梢与腺垂体的分泌细胞直接联系，或者把分泌产物释放到微血管附近

神经内分泌细胞的细胞体在下丘脑内形成一些细胞群（或称为"核"），可以根据解剖位置和染色性质不同（由于它们通常能产生不同性质的分泌物）而区别。其中的

视前核（NPO：Nucleus Preopticus）和侧结节核（NLT：Nucleus Laterals Tubers）与鱼类生殖内分泌的关系十分密切。由视前核神经元产生的激素主要释放到位于神经垂体和腺垂体之间的血液通道，有些鱼类的视前核还能把神经纤维直接分布于腺垂体的细胞；而侧结节核的神经元能直接发出神经纤维分布到腺垂体间叶的分泌细胞，并在连接处释放激素，促进腺垂体分泌细胞的分泌活动。例如，对鳂虎鱼、金鱼等的研究表明，促性腺激素（GtH：Gonadotropic Hormone；Gn：Gonadotropin）分泌细胞都直接分布有下丘脑神经分泌细胞末端的神经纤维，它们含有的小囊泡特征和大小与侧结节核的一些神经元内的分泌小囊泡相似。这些鱼类腺垂体的 GtH 分泌细胞也发现直接分布有来自视前核神经分泌细胞的神经纤维，也有一些鱼类视前核神经末梢由于基膜而与 GtH 细胞分隔开。这些观察结果表明，鱼类的视前核和侧结节核参与调节 GtH 细胞的分泌活动。

硬骨鱼类的下丘脑没有正中隆起，脑垂体也没有真正的门脉系统，而是位于下丘脑的神经内分泌细胞的神经纤维末梢通过神经垂体直接侵入腺垂体，以调节控制各种分泌细胞的活动，这与哺乳类或其他较高等脊椎动物具有发达的正中隆起和门脉系统明显不同（图 7-5）。但在低等的软骨鱼类中存在正中隆起和下丘脑-脑垂体门脉系统；而七鳃鳗的促性腺激素释放激素（GnRH：Gonadotropin Releasing Hormone）神经元辐射到神经垂体和第三脑室，GnRH 经过这些区域扩散而进入腺垂体。

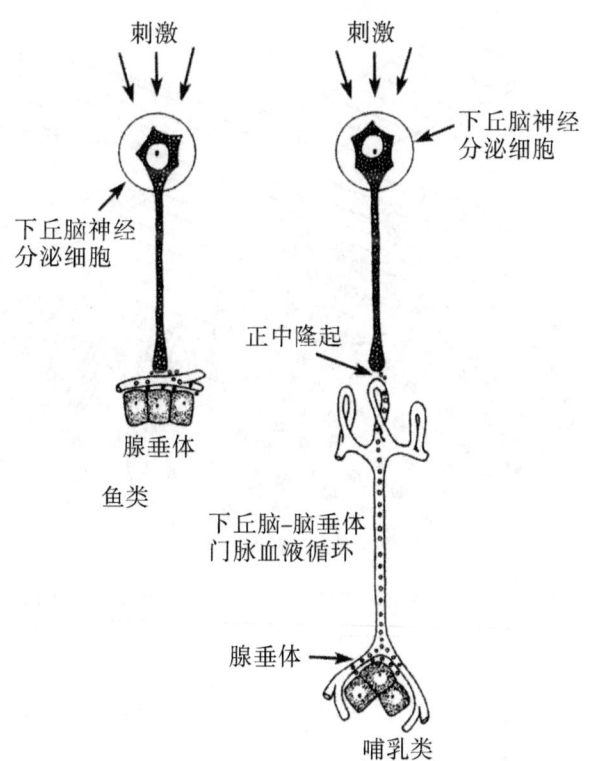

图 7-5　硬骨鱼类和哺乳类下丘脑和脑垂体之间联系的示意图

近年来的研究表明，脊椎动物腺垂体内分泌细胞的分泌活动受到九种由下丘脑神经内分泌细胞分泌的激素的控制。这九种下丘脑激素中有些是释放激素，有些是抑制激素。其中，三种腺垂体激素（即生长激素、催乳激素和黑色素刺激素）分别受到下丘脑分泌产生的释放激素和抑制激素的调节控制，而促性腺激素、促甲状腺激素和促肾上腺皮质激素则分别受到下丘脑分泌产生的相应的释放激素所调节控制。

关于鱼类的下丘脑激素将在第八章中介绍。本章将着重介绍和鱼类生殖活动有密切关系的下丘脑分泌产生的 GnRH。

鱼类的脑垂体与其他脊椎动物一样，其胚胎起源来自两方面：①来源于神经成分的称为神经垂体，将腺垂体连接到脑的基底部；②来源于胚胎口腔上皮成分的称为腺垂体，是真正的内分泌腺。

二、神经垂体

神经垂体（Neurohypophysis）主要由神经内分泌细胞的轴突和它们的末梢组成，此外还有一些脑垂体细胞（包括室管膜细胞和神经胶质细胞）和微血管。神经垂体和腺垂体广泛地交错对插，在后腺垂体尤为明显（图7-6），它们的神经纤维主要是无髓鞘纤维，也有一些有髓鞘纤维。

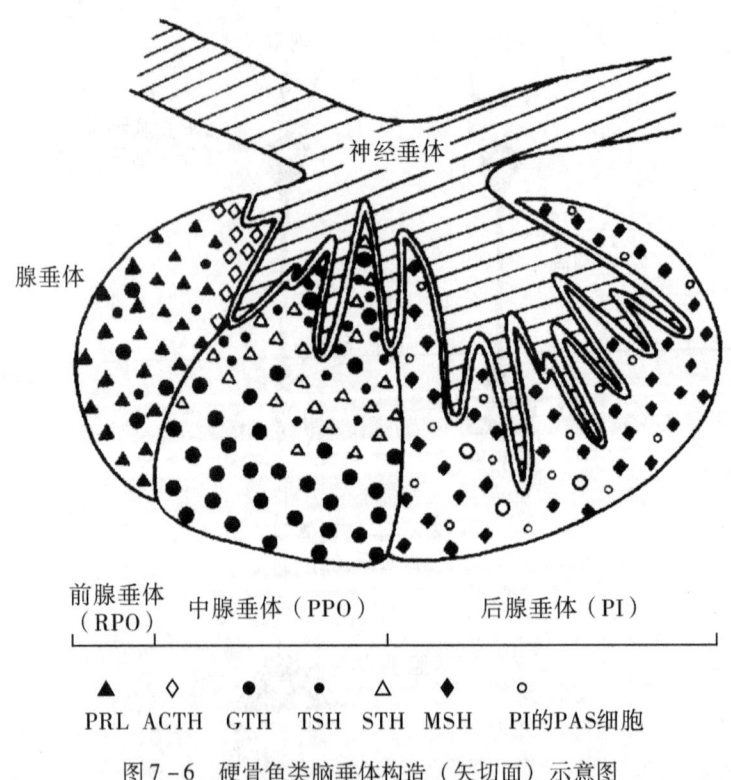

图7-6 硬骨鱼类脑垂体构造（矢切面）示意图

这些位于下丘脑内的神经内分泌细胞合成的分泌物质和后叶激素运载蛋白（Neurophysin）结合后就运送到神经垂体内的神经血管器官（Neurohemal Organ）或神经纤维末

梢中贮存,然后释放到周围的微血管内。但如前所述,也有一些神经内分泌细胞的轴突可以直接进入腺垂体,与分泌细胞发生突触联系,从而调节控制它们的分泌活动。

由神经垂体的神经纤维末梢释放的是两种由九个氨基酸组成的肽类激素(由于它们含有两个半胱氨酸残基,故又称为"八肽激素"),即后叶加压素(Vasopressin),又称抗利尿激素(ADH:Antidiuretic Hormone)和催产素(Oxytocin)。各个类群脊椎动物神经垂体分泌的激素其分子结构有所不同。硬骨鱼类神经垂体通常含有两种激素,即精氨酸催产素(Arginine Vasotocin)和硬骨鱼催产素(Isotocin),也即^{4}丝—^{8}异亮催产素。它们的化学结构是:

精氨酸催产素:

半胱 — 酪 — 异亮 — 谷 — 天冬 — 半胱 — 脯 — 精 — 甘 — NH$_2$

　1　　 2　　 3　　 4　　 5　　 6　　 7　 8　 9

硬骨鱼催产素:

半胱 — 酪 — 异亮 — 丝 — 天 — 半胱 — 脯 — 异亮 — 甘 — NH$_2$

　1　　 2　　 3　　 4　　 5　　 6　　 7　　 8　　 9

神经垂体激素在鱼类中的生理作用还需深入研究。但目前的研究结果已经表明,精氨酸催产素参与渗透压调节和盐-水代谢平衡,例如能促进海水鱼类钠的交换,以便适应于较高盐度的水环境。而硬骨鱼催产素参与生殖活动,特别是交配和产卵。这种情况与哺乳类十分相似,因为精氨酸抗利尿激素能影响肾脏机能,而催产素的主要作用是分娩时刺激子宫收缩和乳腺排乳。

三、腺垂体

鱼类的腺垂体(Adenohypophysis)由六种不同的分泌细胞分别分泌六种多肽激素,它们是:促肾上腺皮质激素(ACTH:Adrenocorticotrophic Hormone)、促甲状腺激素(TSH:Thyroid Stimulating Hormone)、促性腺激素(GtH:Gnadotropin Hormone)、生长激素(GH:Growth Hormone)、催乳激素(PRL:Prolactin)和黑色素细胞刺激激素(MSH:Melanophore Stimulating Hormone)。此外,后腺垂体还有一种分泌物性质尚未确定的分泌细胞。由于这些不同类型的分泌细胞在形态解剖学上的不均匀分布,所以可以把腺垂体区分为三个部分(图7-7),即:

(1)前腺垂体(Pro-adenohypophysis;又称吻端远侧部垂体,RPD:Rostral Pars Distalis):主要含有催乳激素分泌细胞和促肾上腺皮质激素分泌细胞。

(2)中腺垂体(Meso-adenohypophysis;又称近端远侧部垂体,PPD:Proximal Pars Distalis):包括生长激素分泌细胞、促甲状腺激素分泌细胞和促性腺激素分泌细胞。

(3)后腺垂体(Meta-adenohypophysis;又称垂体中间部,PI:Pars Intermedia):主要含有黑色素细胞刺激激素分泌细胞和另一种性质还未确定的分泌细胞。

不同类型的分泌细胞由于其分泌内含物的化学性质不同,用细胞化学染色方法可以划分为嗜碱性细胞和嗜酸性细胞。例如，应用 Herlant 氏的阿利新蓝（AB）-过碘酸雪夫（PAS）-橙黄 G（OG）染色液染色而区分的嗜碱性和嗜酸性细胞的特征是：①嗜碱性细胞：由于其分泌物含有糖蛋白而对过碘酸雪夫起反应，染成紫红色；有些分泌物氧化后出现酸基，能被阿利新蓝染成蓝色。此外，前腺垂体的嗜碱性细胞可用铅苏木精（PbH）染成黑褐色。②嗜酸性细胞：由于其分泌物不含糖蛋白和带强酸基的物质，所以它们不和 PAS 或阿利新蓝起反应而为橙黄 G 染上橙黄色。如果采用橙黄和藻红的多色染色技术，可以区分两个类型的嗜酸性细胞，即一部分为橙黄 G 染成橙黄色，另一部分为藻红染成红色，它们的分布明显不同，前者主要在中腺垂体，而后者主要在前腺垂体。

此外，还有未染上色的嫌色细胞，它们可能是未分化细胞或者正在发育的分泌细胞。后腺垂体的细胞（包括 MSH 分泌细胞）的染色反应不很规则，常依种类而异。

在电子显微镜下区别嗜酸性细胞和嗜碱性细胞的主要可靠特征是颗粒内质网（GER）的形状不同：嗜酸性细胞通常含有平坦而平行排列的颗粒内质网，而嗜碱性细胞则包含扩大的形状不规则的内质网池。此外，嗜酸性细胞分泌颗粒内含物的电子密度通常比较大，而嗜碱性细胞的较小。

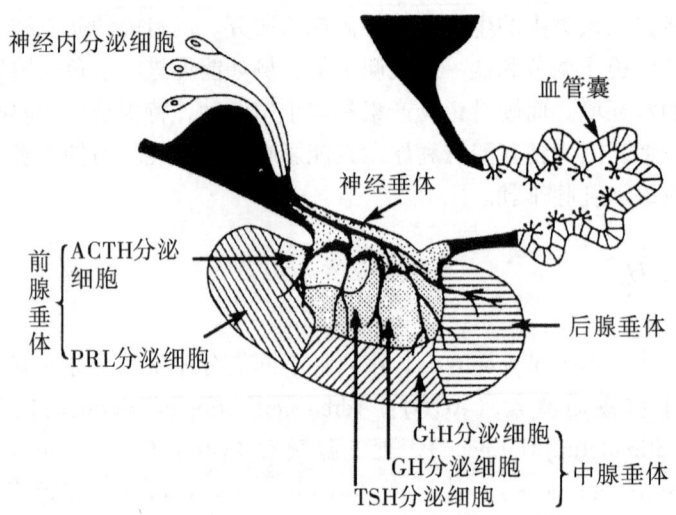

图 7-7　鱼类脑垂体各种激素分泌细胞分布示意图
参考 R. E. Peter

根据细胞的染色反应、形态结构和显微构造的特点，并结合组织生理学的研究结果，可以辨别鱼类腺垂体中下列七种不同的分泌细胞类型：

（1）前腺垂体中的铅苏木精阳性嗜碱性细胞为促肾上腺皮质激素（ACTH）分泌细胞。

（2）前腺垂体中的嗜酸性细胞为催乳激素（PRL）分泌细胞。

（3）中腺垂体中的嗜酸性细胞为生长激素（GH）分泌细胞。

（4）中腺垂体中的阿利新蓝阳性嗜碱性细胞为促甲状腺激素（TSH）分泌细胞。

(5) 中腺垂体中的过碘酸雪夫阳性嗜碱性细胞为促性腺激素（GtH）分泌细胞。

(6) 后腺垂体中的铅苏木精阳性嗜碱性细胞为黑色素细胞刺激素（MSH）分泌细胞。

(7) 后腺垂体中的弱过碘酸雪夫阳性嗜碱性细胞的分泌物机能尚未确定，可能参与钙代谢调节、体色调节及生殖活动调节等（图7-7）。

在20世纪后期，对鱼类腺垂体的促性腺激素（GtH）分泌细胞做了许多研究，初步阐明了下列问题：

1. GtH 分泌细胞与鱼类生殖周期的相互关系

鱼类GtH分泌细胞是在性成熟之前还没有出现或者处于静止状态的、其分泌活动和生殖周期相互联系而表现明显变化的、分布在中腺垂体的嗜碱性细胞。这说明GtH分泌细胞的形成和发展与生殖周期的变化密切相关；要准确地鉴别GtH分泌细胞，就必须在鱼类生殖周期的不同阶段观察这类细胞的动态变化。但是，由于TSH分泌细胞也与生殖周期有一定的联系，它们也是分布在中腺垂体的嗜碱性细胞。为准确区分GtH分泌细胞和TSH分泌细胞，免疫细胞化学技术提供了有效的研究手段。使用荧光素标志的抗GtH血清处理鱼脑垂体的冰冻切片，可在中腺垂体腹部的嗜碱性细胞产生荧光，而其他部分的嗜碱性细胞则没有，因而可以确定产生荧光的嗜碱性细胞就是GtH分泌细胞。近年使用PAP（Peroxidase-anti-peroxidase，过氧物酶抗过氧物酶）和ABC（Avidin-biotin Complex，抗生物素蛋白-生物素复合物）的免疫细胞化学技术，以抗鲤GtH血清处理鲤科鱼类脑垂体切片，可以准确无误地确定GtH分泌细胞在中腺垂体的分布情况。

综合免疫细胞化学和组织生理学的研究结果，可以确定大多数硬骨鱼类中腺垂体的中央和背部的嗜碱性细胞分泌产生TSH，而腹部的嗜碱性细胞分泌产生GtH。

2. GtH 分泌细胞的类型

鱼类GtH分泌细胞是一种还是两种，在20世纪七八十年代，许多学者有不同的观察结果和看法，有些学者认为只有一种，而另一些学者报道他们在欧洲鳗鲡、太平洋鲑鱼、鲻鱼等观察到两种类型的GtH分泌细胞。Nagahama对处于不同生殖周期与不同生理状态的金鱼、鳉鱼（*Oryzias latipes*）、日本鳗鲡（*Anguilla japonica*）、大麻哈鱼和红大麻哈鱼（*Oncorhynchus nerka*）的脑垂体进行仔细的电镜观察和分析比较后，认为这些鱼类只有一种GtH分泌细胞，但它们的数量和形态构造特征能依生殖周期的不同而发生变化。同时，他认为观察到两种GtH分泌细胞的学者往往只注意脑垂体的位置和形态特征而忽略它们在不同生理状况下的细胞化学变化。以鲑鱼（*Salmo salar*）为例，用光学显微镜观察不同生殖时期的脑垂体，认为存在两种GtH分泌细胞；但使用免疫荧光（Immunofluorescent）技术，在电镜下观察比较产卵前、产卵期间和产卵后以及注射LHRH后的脑垂体，却只观察到一种GtH分泌细胞，但它们的大小、形态和细微结构有明显变化（有球形的或囊状的）并取决于鱼的生殖时期；在产卵和注射LHRH后，许多GtH分泌细胞呈空泡状，而空泡内含物没有免疫荧光。因此，在光学显微镜下GtH分泌细胞不同类型的变化可能是一种GtH分泌细胞类型的不同超显微结构的"型式"的变化，而这些"型式"中的哪一个占主要位置就取决于生殖周期的不同时期。近年对鰕虎鱼 GtH 分泌细胞进行超显微结构研究，进一步证实 GtH 分泌细胞在不同的生殖时期会出现不同的细微结构变化，因而可以把 GtH 分泌细胞划分为 I、II、III、IV、V 个不同的时相。其中：第 I 时相是鱼处于生殖活动的静止期，细胞内有丰富的线粒体和形状比较规则的内质网，分泌小囊泡很小；第 II 和第 III 时相是鱼处于排卵前期，第 II 时相的细胞内含有大量分泌小囊泡；第 III 时相的细胞，分泌小囊泡已经减少并出现一些扩大的内质网池；第 IV 时相是鱼处于排卵和产卵期，细胞内的分泌小囊泡大大减少，扩大的内质网池进一步增多；第 V 时相是鱼产卵之后，细胞内很少见到分泌小囊泡，一些扩大的内质网池相连而形成形状更大的池，核膜模糊，核呈不规则形。产卵后不久，GtH 分泌细胞就由第 V 时相逐渐回复到第 I 时相（图 7-8）。

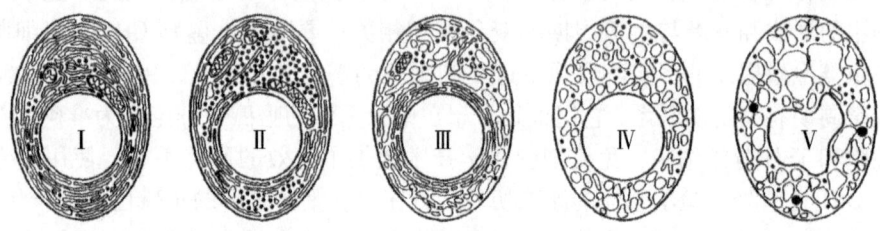

图 7-8 鰕虎鱼 GtH 分泌细胞划分为 I、II、III、IV、V 个不同时相的示意图
引自 Toyoji

当时普遍认为鱼类存在着一种具有明显特征而又较易鉴别的典型 GtH 分泌细胞类型，它们常集中在中腺垂体腹区，在性腺发育成熟期间数量增多、体积增大，含有直径为 200～300 nm 的过碘酸雪夫反应和阿利新蓝阳性分泌颗粒以及形状较大、电子密度较小的球形分泌颗粒，颗粒内质网池圆形或不规则形。

3. GtH 分泌细胞的分泌颗粒（小囊泡）

关于鱼类 GtH 分泌细胞的分泌颗粒，电子显微镜的观察得到比较一致的结果，即存在两种分泌颗粒：小的颗粒数量多，嗜碱性，电子密度大；大的（或球形）颗粒数量较少，嗜酸性，电子密度较小。但是，两种分泌颗粒的功能如何，则未完全清楚。排卵后或注射促性腺激素释放激素（GnRH）后，观察到 GtH 分泌细胞的小分泌颗粒显著减少，因而小颗粒和鱼类排卵有直接关系，可能含有类似促黄体激素（LH）的物质，而大（球形）分泌颗粒在排卵后或注射 GnRH 后并无明显变化。

采用蛋白质 A-金（Protein A-gold）的免疫细胞化学技术，在电子显微镜下观察到金鱼 GtH 分泌细胞的小型分泌颗粒和大的球形颗粒上都带有与 GtH 抗体相结合的金颗粒，这表明这两种颗粒都含有 GtH。因此，球形颗粒可能含有另一种 GtH，是低糖的或者不含糖的蛋白质，其嗜碱性较弱。随着鱼类两种类型 GtH 研究的深入进行，将有助于阐明 GtH 分泌细胞球形颗粒的性质和功能。

4. GtH 分泌细胞的神经支配

对一些鱼类细胞神经支配的研究表明，下丘脑神经内分泌细胞的轴突能直接到达 GtH 分泌细胞或者建立突触联系，并支配它们的分泌活动。这些神经分泌纤维因其含有分泌物质的染色性质和颗粒的直径不同而分为两种类型：A 型纤维为 Gomori 阳性，为铬-明矾苏木精、阿利新蓝、酸性复红、醛硫堇等染色，分泌颗粒直径为 100～200 nm；B 型为 Gomori 阴性，分泌小囊泡直径为 60～100 nm。有些鱼类（如鲫鱼、青鳉）的 A 型和 B 型神经分泌纤维都与 GtH 分泌细胞有直接的突触联系；而有些种类（如日本鳗鲡、康吉鳗、丁鲅）的 A 型和 B 型神经分泌纤维都不与 GtH 分泌细胞直接联系，它们之间被基底膜分隔开。超显微结构和细胞化学的研究表明，这些神经分泌纤维可能来自下丘脑的视前核和侧结节核。许多学者认为，GtH 分泌细胞受到这两种神经分泌纤维的双重支配可能反映对 GtH 的合成和释放有不同的调节机理。

第三节 促性腺激素：结构和功能

许多硬骨鱼类的促性腺激素（GtH）已经从脑垂体被分离提取与纯化，包括鲤鱼、草鱼、虹鳟、大鳞大麻哈鱼（*Oncorhynchus tshawytscha*）、大麻哈鱼（*O. keta*）、罗非鱼（*Tilapia mossambica*）等。这些硬骨鱼类的 GtH 是一种糖蛋白，具有与高等脊椎动物 GtH 相似的结构和功能。

早期对鲤鱼和大鳞大麻哈鱼 GtH 制品的生物学研究表明，它们对切除脑垂体的鱼类能诱导其配子生成的整个过程，这是鱼类只有一种 GtH 的主要根据，因为它们同时具有促黄体激素（LH）和促滤泡激素（FSH）的功能。

直到 20 世纪 70 年代，化学分离提纯和生物测定的研究结果都支持硬骨鱼类脑垂体只产生一种 GtH 的观点。随后，对鱼类 GtH 的化学结构进行了深入研究，并与哺乳类的促黄体素和促滤泡激素做了比较。例如，分析大麻哈鱼的 GtH 分子量为 37000，其中糖含量（己糖、氨基葡糖和唾液酸）占 10.7%，分子量约为 4000；多肽占 89.3%，分子量约为 33000。如果与哺乳类的 LH 或 FSH 相比，大麻哈鱼的 GtH 与羊-FSH（分子量为 32000）的组氨酸、精氨酸、天冬氨酸、丝氨酸、谷氨酸、甘氨酸组成相似，而与牛-LH（分子量为 29300）的丙氨酸、半胱氨酸和蛋氨酸组成相似；此外，大麻哈鱼的 GtH 含有的脯氨酸和亮氨酸组成介于 FSH 和 LH 之间，苏氨酸、缬氨酸和异亮氨酸比 FSH 与 LH 的多，而缬氨酸和苯丙氨酸比 FSH 与 LH 的少。所以，从氨基酸组成看，大麻哈鱼的 GtH 和羊-FSH 的相似程度大于和牛-LH 的相似程度。有些鱼类的 GtH 含有较多的脯氨酸（鲤鱼 19、鲟鱼 18、大麻哈鱼 18、罗非鱼 18）而和 LH 有些相近，但谷氨酸和天冬氨酸却又比 LH 多而和 FSH 相近。所以，如果考虑氨基酸组成，鱼类的 GtH 与 LH 和 FSH 都有相似之处。在碳水化合物的组成方面，鱼类的 GtH 含有的己糖和氨基糖与 LH 的比较接近，而唾液酸的含量较小（表 7-1）。鱼类的 GtH 与哺乳类的 LH 和 FSH 一样都由 α 亚单位和 β 亚单位组成；它们的 α 亚单位都含有 96 个氨基酸，其组成十分相似，但鲤鱼 GtH 的 α 亚单位含有较多的天冬氨酸和缬氨酸，而认为起重要作用的脯氨酸和半胱氨酸则差别不大。β 亚单位的差别比较明显：哺乳类 LH 的 β 亚单位含有 119 个氨基酸，而鲤鱼只含有 116 个氨基酸，且谷氨酸和天冬氨酸的含量要比 LH 的多。总的看来，鲤鱼 GtH 的 β 亚单位与哺乳类 LH 的较相似，而与 FSH 的差别较大（表 7-2）。

表7-1 几种 LH、FSH 和鱼类 GtH 的碳水化合物组成（占总量的%）

激素	种类	己糖（Hexose）	氨基葡糖（Aminoglucose）	唾液酸（Sialic Acid）
LH	羊	7.2	9.1	0.4
	鸡	5.2	7.1	1.4
	海龟	6.4	8.9	1.9
	牛蛙	3.6	5.5	0.2
FSH	羊	5.7	4.5	2.8
	鸡	3.1	3.2	0.8
	海龟	4.9	6.6	0.6
	牛蛙	7.2	9.8	3.0
GtH	鲤鱼	12.5	8.7	0.4
	鲑鱼	6.0	2.7	1.5
	罗非鱼	5.9	9.8	0.7
	鲟鱼	8.7	未能检测	未能检测

表7-2 鲤鱼 GtH 和羊、鸡 LH 的 α 和 β 亚单位氨基酸组成

氨基酸	α 亚单位			β 亚单位		
	鲤鱼	羊	火鸡	鲤鱼	羊	火鸡
赖氨酸	10	10	10	4	2	2
组氨酸	3	3	3	3	3	1
精氨酸	4	3	5	5	8	8
天冬氨酸	11	6	7	10	5	6
苏氨酸	6	9	9	10	7	8
丝氨酸	6	6	5	7	8	6
谷氨酸	6	8	7	11	6	9
脯氨酸	6	7	7	13	20	15
甘氨酸	3	4	5	4	7	17
丙氨酸	5	7	7	2	8	11
半胱氨酸	10	10	9	12	12	8
缬氨酸	8	5	3	12	8	10
蛋氨酸	3	4	3	2	3	—
异亮氨酸	2	2	4	3	5	4
亮氨酸	5	2	4	9	12	9
酪氨酸	5	5	3	6	2	3
苯丙氨酸	3	5	5	3	3	2
色氨酸	—	—	—	—	—	—
共计	96	96	96	116	119	119

在 20 世纪 70 年代中期，加拿大学者使用能有选择性吸收糖蛋白的伴刀豆球蛋白 – 琼脂糖凝胶（Concanavalin-A-Sepharose）进行亲和层析，先后报道了从拟庸鲽、大麻哈鱼和鲤鱼的脑垂体提取物中分离出两种类型的 GtH：一种用 Con-A-Sepharose 层析时不被吸附，因而不是糖蛋白或者含糖量很少，称为 ConA-I 部分；另一种被 Con-A-Sepharose 吸附而后用含有 α-甲基-D-葡糖苷的缓冲液洗脱出来，是含糖量很高的糖蛋白，称为 ConA-II 部分。生物活性研究表明，这两个 GtH 部分有明显差别：ConA-I 的生物活性只限于刺激卵黄蛋白渗入到正在发育的卵母细胞内以及刺激类固醇生成；ConA-II 的生物活性范围很广，包括：刺激性腺组织产生 cAMP 和类固醇生成，精子发生，精子释放，卵母细胞生长、成熟和排卵。在化学组成方面，ConA-II 的己糖总含量变动于 6%～15% 之间，而 ConA-I 只是 1%～2%；ConA-II 的氨基糖和唾液酸含量也明显比 ConA-I 高。根据对大麻哈鱼、拟庸鲽、鲤鱼 ConA-I 和 ConA-II 氨基酸组成的分析，尽管它们都富含天冬氨酸、谷氨酸、丝氨酸和亮氨酸，但 ConA-I 含有较多的谷氨酸，而 ConA-II 含有较多的苏氨酸。此外，试验证明 ConA-I 和 ConA-II 之间没有明显的放射免疫测定交叉反应；将它们和大剂量的碳水化合物分解酶一起孵育并不影响其免疫反应能力，说明这两种 GtH 之间的免疫学差别是由于它们的蛋白质部分不同。根据 ConA-I 和 ConA-II 表现明显不同的层析的、化学组成的、免疫的和生物学的特征，将它们分别称为促卵黄生成激素（即 ConA-I）和促性腺成熟激素（即 ConA-II），以直接反映它们在硬骨鱼类中的生理机能。虽然促性腺成熟激素能刺激卵母细胞成熟和性类固醇激素生成而可与哺乳类的 LH 比拟，但促卵黄生成激素则不同于哺乳类的 FSH，因为哺乳类的 FSH 并不能够刺激卵黄蛋白原渗入硬骨鱼类的卵母细胞，而且，哺乳类的卵巢生长和成熟过程并没有卵黄生成阶段。所以，鱼类的这两种促性腺激素并不完全与哺乳类的促滤泡激素（FSH）和促黄体激素（LH）相似。

鲤鱼促性腺激素的亚单位结构已被阐明。用变性剂（如尿素和丙酸）能把鲤鱼促性腺激素离解为其亚单位，然后在二乙氨乙基葡聚糖凝胶柱上层析进行分离。α 亚单位不被吸收，分子量为 14000；β 亚单位为这种离子交换剂所吸收，分子量为 17000。每个亚单位只保留整个激素生物活性的很小部分，将两个亚单位再结合能使原来生物活性的大部分得到恢复。α 亚单位有两种类型，差别在于 NH_2-端有或没有一个九肽；NH_2-端有一个九肽的类型，其 NH_2-端的 33 个氨基酸的序列表明与哺乳类 LH 和 FSH 的 β 亚单位同源。β 亚单位 NH_2-端的头 26 个氨基酸的序列表明与哺乳类 LH 和 FSH 的 β 亚单位同源。用鲤鱼促性腺激素的 β 亚单位与哺乳类 LH 或 FSH 的 α 亚单位相结合能形成有活性的杂种分子，但鲤鱼的 α 亚单位不能与哺乳类的 β 亚单位相结合。与哺乳类一样，鱼类的 α 亚单位含有抗原决定因素，而 β 亚单位起生物学特异性作用。许多研究表明，硬骨鱼类促性腺激素具有明显的免疫特异性，脑垂体和血浆中促性腺激素含量的放射免疫测定，通常只能在很相近的种类中进行。到目前为止，促性腺激素的特异性放射免疫测定已经在鲤科、鲑科、鲶科、鲷科、罗非鱼属和鲟鱼科中建立；而鲤鱼 GtH 的 β 单位抗血清已被证明可以用来对鳗鲡和大鳞副泥鳅的 GtH 进行放射免疫测定。

近十多年来，由于采用更为精密和准确的生物化学和分子生物学技术，先后在大麻哈鱼、银大麻哈鱼、鲤鱼、红鲷、底鳉、东方狐鲣、金枪鱼、鲟鱼等许多种鱼类中分离出两种GtH，并定名为GtH I和GtH II。采用的分离提纯技术大致相同：先用35%乙醇-10%醋酸铵从脑垂体中抽提糖蛋白，然后通过一系列层析（包括葡聚糖凝胶G-100和G-75的凝胶过滤层析、二乙氨乙基纤维素的离子交换层析）进行纯化，并用凝胶电泳和反相高功能液相色谱检测纯化的GtH，最后用十二烷基磺酸钠-聚丙烯酰胺凝胶电泳和分子量标志物测定纯化GtH的分子量，用LKB自动氨基酸分析仪分析GtH的氨基酸组成。

分离纯化和鉴别的GtH I和GtH II都是糖蛋白，但化学结构明显不同。以大麻哈鱼为例，GtH I和GtH II的主要化学结构特征为：

	GtH I	GtH II
分子量	50000	36000
等电点	4.5~5.2	4.0~4.5
唾液酸含量	3.3%	2.1%
N-端残基	酪—甘	酪—丝

GtH I和GtH II都由α-亚基和β-亚基组成。GtH I的α-亚基有两个类型，即α_1和α_2，它们分别由95和92个氨基酸组成，并有72%的同源性，其中GtH I的α_2-亚基和GtH II的α-亚基氨基酸组成相同，分子量都是22000，N-端残基是酪氨酸。GtH I和GtH II的β-亚基则明显不同：GtH I的β-亚基由113个氨基酸组成，分子量为17000，N-端残基是甘氨酸；而GtH II的β-亚基由119个氨基酸组成，分子量为18000，N-端残基是丝氨酸。它们之间只有31%的氨基酸顺序相同。如果与牛的FSH和LH氨基酸顺序相比较，GtH I β-亚基和牛FSH β-亚基的相似性（41%）要比牛LH β-亚基的相似性（只有35%）大；而GtH II β-亚基和牛LH β-亚基的相似性（42%）要比牛FSH β-亚基的相似性（只有38%）大。通过大麻哈鱼GtH I与GtH II的β-亚基和牛LH与FSH β-亚基cDNA编码的氨基酸顺序的比较也表明：大麻哈鱼GtH I β-亚基和牛FSH β-亚基较为相似，有53%同源，而和LH β-亚基只有45%相同；大麻哈鱼GtH II β-亚基和牛LH β-亚基较为相似，有51%同源，而和FSH β-亚基只有48%相同。

这些化学结构分析明确证明，大麻哈鱼脑垂体产生两种不同的GtH分子，它们分别与哺乳类的FSH和LH相似。

从银大麻哈鱼、鲤鱼、红鲷、东方狐鲣等脑垂体中分离纯化的GtH I和GtH II，它们的化学结构与大麻哈鱼的GtH I和GtH II十分相似。

大麻哈鱼的GtH I和GtH II具有明显不同的免疫特性：GtH I的兔抗血清基本上只对GtH I起反应，而对GtH II没有免疫交叉反应；反过来也一样，GtH II的兔抗血清也基本上只对GtH II起特异性免疫反应。用大麻哈鱼GtH I和GtH II的β-亚基兔抗血清，以纯化的大麻哈鱼GtH I和GtH II为标准品，已分别建立鲑科鱼类GtH I和GtH II的放射免疫测定技术，并证明各种鲑科鱼类（如银大麻哈鱼、虹鳟等）的GtH I在GtH II的放射免疫测定中,或者 GtH Ⅱ 在 GtH Ⅰ 的放射免疫测定中,只有 10% 左右的免疫交叉反应。

用放射免疫测定大麻哈鱼和虹鳟的 GtH,发现在精子发生和卵黄生成的早期,脑垂体和血液中的 GtH 以 GtH Ⅰ 为主,脑垂体的 GtH Ⅰ 含量大约是 GtH Ⅱ 的 10 倍;而在性腺发育成熟和排精与排卵时,脑垂体和血液中的 GtH Ⅱ 含量明显增高并超过 GtH Ⅰ,这时,脑垂体的 GtH Ⅱ 含量是 GtH Ⅰ 的 2 倍(雌鱼)到 6 倍(雄鱼)。

对大麻哈鱼的研究还表明:GtH Ⅰ 和 GtH Ⅱ 对卵黄生成的卵巢都能同样地刺激卵母细胞滤泡产生雌二醇;而在卵黄生成完成后的卵巢,GtH Ⅱ 刺激卵母细胞滤泡产生诱导卵母细胞最后成熟的 $17\alpha,20\beta$-二羟黄体酮的活性要比 GtH Ⅰ 强得多。因此,很明显,GtH Ⅰ 是在鱼类性腺发育的早期(即精子生成和卵黄生成阶段)起主导作用,刺激性腺分泌雌二醇和睾酮等性类固醇激素,以调节配子生成;而 GtH Ⅱ 是在性腺成熟时大量分泌并达到高峰,主要刺激 $17\alpha,20\beta$-二羟黄体酮生成,从而促使卵母细胞和精子最后成熟并刺激排精和排卵。

用促黄体素释放激素类似物(LHRH-A)刺激虹鳟的 GtH 分泌活动,结果表明:在卵黄生成和精子发生的早期,注射 LHRH-A 后明显刺激 GtH Ⅰ 的释放,但对 GtH Ⅱ 的分泌没有明显作用;相反,LHRH-A 明显刺激性腺成熟的虹鳟脑垂体大量释放 GtH Ⅱ,而 GtH Ⅰ 则释放得很少。

很明显,GtH Ⅰ 和 GtH Ⅱ 在鲑科鱼类生殖周期的不同时期有不同程度的合成与分泌活动,因而对性腺的发育成熟与配子释放起着不同的生理调节功能。但是,对鲤鱼 GtH Ⅰ 和 GtH Ⅱ 的生理功能做了比较,发现它们对性腺发育和生殖活动调节作用的分化不如在鲑科鱼类那样明显。这是否同鲑科鱼类卵巢发育成熟是典型的完全同步性而鲤科鱼类则是不完全同步性有关,还有待于进一步研究。

用大麻哈鱼 GtH Ⅰ 和 GtH Ⅱ 的 β-亚基特异性抗血清对虹鳟和大西洋大麻哈鱼的脑垂体进行免疫细胞化学研究,在光学显微镜下观察到和 GtH Ⅰ β-亚基抗血清起特异性免疫(染色)反应的细胞主要分布在中腺垂体腺索的周围,和生长激素细胞很靠近;而和 GtH Ⅱ β-亚基抗血清起特异性免疫(染色)反应的细胞主要分布在中腺垂体腺索的中央部分。这两种分别含有 GtH Ⅰ 和 GtH Ⅱ 的细胞定位明显不同,并没有观察到在同一个细胞内同时含有 GtH Ⅰ 和 GtH Ⅱ。电镜观察排卵和排精时的脑垂体,可看到染上 GtH Ⅱ 抗血清的细胞内充满扩大的粗面内质网池,大型和小型分泌颗粒都含有特异性显示 GtH Ⅱ 的金颗粒;而染上 GtH Ⅰ 抗血清的细胞内没有扩大的内质网池,大型分泌颗粒稀少,金颗粒只出现于小型分泌颗粒。这表明在排精和排卵时,GtH Ⅱ 细胞处于活跃的合成与分泌状态。进一步的观察表明:在性未成熟鱼中,脑垂体只有 GtH Ⅰ 细胞,精子发生和卵黄生成开始后脑垂体才出现 GtH Ⅱ 细胞;在性成熟和排精与排卵时,脑垂体内同时有 GtH Ⅰ 和 GtH Ⅱ 细胞,但后者的数量要多得多。所以,在整个配子发生和成熟期,GtH Ⅰ 和 GtH Ⅱ 分别由脑垂体不同的 GtH 细胞合成与分泌。

用纯化的 GtH Ⅰ 和 GtH Ⅱ 证明大麻哈鱼的性腺存在着两种类型的 GtH 受体。第一种受体(GtH-R Ⅰ)分布在卵黄生成期卵母细胞的膜细胞层和颗粒细胞层、排卵前期卵母细胞的膜细胞层以及精子生成各个时期精巢的谢尔托立氏细胞,它能与 GtH Ⅰ 和 GtH Ⅱ

相结合。第二种受体（GtH-RⅡ）只分布在排卵前期卵母细胞的颗粒细胞层和排精期精巢的莱迪氏细胞，并且只特异性地与 GtHⅡ 结合，而不与 GtHⅠ 结合。

由于在卵黄发生期卵母细胞存在能与 GtHⅠ 和 GtHⅡ 结合的 GtH-RⅠ型受体，GtHⅠ 和 GtHⅡ 都能同样地刺激雌二醇产生。在排卵期的卵母细胞，尽管 GtHⅠ 和 GtHⅡ 都能与存在于膜细胞层的 GtH-RⅡ型受体结合而刺激17α-羟基黄体酮的生成，但在颗粒细胞层只有与 GtHⅡ 特异性结合的 GtH-RⅡ型受体，因而 GtHⅡ 促进17α-羟基黄体酮转化为17α，20β-二羟黄体酮的作用就比 GtHⅠ 大得多。

鱼类 GtHⅠ 和 GtHⅡ 的 α-亚基和 β-亚基的基因（cDNA）也已经在大鳞大麻哈鱼、大麻哈鱼、底鳉、鲤鱼、斜带石斑鱼等鱼类中被分离和测序。

现以鲤鱼 GtH 的基因为例和哺乳类的做比较：鲤鱼 GtH α-亚基的基因组结构和四足类 GtH α-亚基的很相似，都是由四个外显子和三个内含子组成，但其长度只有1.2 kb（千碱基），而哺乳类的是8.0～16.5 kb。这是因为鲤鱼的内含子要短得多，其第一个内含子是177 bp（碱基对），第二个内含子是82 bp，第三个内含子是108 bp。鲑鱼 GtH α-亚基的基因组，其长度和结构与鲤鱼的一样。

与哺乳类的一样，鲤鱼 GtH β-亚基的基因也含有三个外显子和两个内含子，其长度也都是1.2 kb。外显子/内含子的接连部位在进化上很保守，鲤鱼与哺乳类相似，都在氨基酸密码子 −22/−21 和 38/39 处。鲤鱼 GtH β-亚基基因的 TATAA 盒位于自转录起点上游的21碱基对处，与哺乳类相似。鲤鱼 GtH β-亚基基因三个外显子的可读框大小与哺乳类 GtH β-亚基基因相应的外显子几乎也完全一样。

鲤鱼 GtH β-亚基基因和哺乳类 GtH β-亚基基因的主要差别是第三个外显子的非编码区要比哺乳类的长得多，而它的内含子要比哺乳类的短。不过，在脊椎动物 GtH α- 和 β-亚基的基因进化过程中，内含子的长度是否都有增加的趋势，还有待于阐明。

鱼类 GtH 的合成与分泌活动受到中枢神经系统（通过下丘脑）的神经内分泌系统、脑垂体的 GtH 分泌组织、性类固醇激素的反馈作用等因素的正（刺激性）和负（抑制性）的作用机理等调控。近年来，运用分子生物学技术研究了这些因素对 GtH 基因表达和 GtH 合成（在预转译阶段）的调控。

以性类固醇激素对鲑鱼 GtHⅡβ-亚基基因表达的影响为例，从幼年虹鳟（性腺成熟系数 0.03%～0.08%）得到的脑垂体细胞以不同剂量的睾酮（T）和雌二醇（E）孵育，然后提取总 RNA，用 RNA 斑迹法测定 GtHⅡβ-亚基 mRNA 的含量。结果表明：GtHⅡβ-亚基的基因表达受到睾酮刺激作用的影响，而这种影响至少部分是通过脑垂体的；雌二醇也发现有类似睾酮的作用。

采用 RNA 酶保护测定技术（RPA）来定量测定雌二醇（E）反馈作用时银大麻哈鱼（*Oncorhynchus kisutch*）GtHⅠ 和 GtHⅡ 亚基转录水平的影响，结果表明：在性未成熟的鱼，雌二醇能增加 GtHⅡβ-亚基的转录水平，但对 GtHⅠ 的 α-亚基或 β-亚基的转录没有影响。采用 RPA 测定技术研究几种因子对罗非鱼 GtHⅡβ-亚基转录的影响，结果表明：GnRH 能使脑垂体细胞 GtHⅡβ-亚基 mRNA 的含量比对照组增加35%；多巴胺（DA）虽然抑制 GtH 释放，但对 GtHⅡβ-亚基 mRNA 含量却没有影响；蛋白质激酶 C（PRK）和 cAMP-蛋白质激酶（PKA）也参与 GnRH 对 GtH 释放的调控，所以，增加 cAMP 或激活

PKC 都能使 GtH Ⅱ β-亚基基因的转录水平提高。给性腺成熟的非洲鲶鱼（*Clarias gariepinus*）注射 10 μg/kg 体重的 11-酮基睾酮或者 11β-羟基雄烯二酮，都能使 GtH Ⅱ 的 α-亚基和 β-亚基的 mRNA 含量增加。目前，正在广泛开展鱼类 GtH 基因表达调控的研究，以期在分子生物学水平深入了解 GtH 的神经内分泌调控作用机理。

归纳起来，目前已阐明鱼类 GtH Ⅰ（即 FSH）和 GtH Ⅱ（即 LH）的下列主要特性：

1. GtH Ⅰ 和 GtH Ⅱ 具有不同的免疫反应特性

例如，在分别建立的大麻哈鱼 GtH Ⅰ 和 GtH Ⅱ 的放射免疫测定（RIA）系统中，GtH Ⅰ 在 GtH Ⅱ 的 RIA 测定中，或者 GtH Ⅱ 在 GtH Ⅰ 的 RIA 测定中，交叉免疫反应只有 10% 和 12%，表明 GtH Ⅰ 和 GtH Ⅱ 之间具有不同的免疫反应特性。

2. GtH Ⅰ 和 GtH Ⅱ 具有不同的生物活性

GtH Ⅰ：在性腺发育早期（即卵黄生成期和精子生成期）由脑垂体大量分泌产生，并对刺激性腺组织分泌产生雌二醇和睾酮起主要作用。

GtH Ⅱ：在性腺发育后期和成熟期以及排精排卵时由脑垂体大量分泌产生，并刺激诱导卵母细胞和精子细胞最后成熟的类固醇激素（如 17α，20β-双羟孕酮）大量生成。

3. 两种不同的 GtH 受体

鱼类性腺存在两种 GtH 的受体。①GtH 受体 Ⅰ（GtH-R Ⅰ）：能分别与 GtH Ⅰ 和 GtH Ⅱ 特异性结合，分布于卵黄生成期的卵母细胞滤泡的膜细胞和颗粒细胞、精子生成期精巢的谢尔托立氏细胞。②GtH 受体 Ⅱ（GtH-R Ⅱ）：只和 GtH Ⅱ 特异性结合，分布在排卵前发育成熟的卵母细胞滤泡的膜细胞和颗粒细胞、排精时精巢的莱迪氏细胞。

在性腺发育的早期，虽然 GtH Ⅰ 和 GtH Ⅱ 都可以与 GtH-R Ⅰ 特异性结合刺激睾酮和雌二醇生成，但因脑垂体分泌产生的 GtH Ⅱ 很少，起主要作用的是 GtH Ⅰ。在性腺发育成熟和排精排卵时，只有 GtH Ⅱ 和 GtH-R Ⅱ 特异结合而起主导调节作用。

4. 两种不同的 GtH 生成细胞

GtH Ⅰ 和 GtH Ⅱ 分别由脑垂体不同的 GtH 生成细胞分泌产生。

在光学显微镜下，GtH Ⅰ 细胞主要分布在中腺垂体的腺索（Glandular Cord）周围，和生长激素细胞靠近。GtH Ⅱ 细胞主要分布在中腺垂体腺索的中央部分。

在电子显微镜下（排卵和排精时），GtH Ⅰ 细胞的球形分泌颗粒很少，免疫染色反应的金颗粒集中于小分泌颗粒；GtH Ⅱ 细胞含有许多扩大的粗面内质网池，免疫染色反应的金颗粒大量分布在球形分泌颗粒和小分泌颗粒。

此外，GtH Ⅰ 细胞在鱼类性腺开始发育之前已在脑垂体出现；而 GtH Ⅱ 细胞在卵母细胞卵黄发生期和精子生成期开始时才形成。在性腺成熟期，脑垂体同时存在 GtH Ⅰ 和 GtH Ⅱ 细胞，但后者数量要比前者多。

5. GtH Ⅰ 和 GtH Ⅱ α-亚基和 β-亚基的基因结构与表达

一些鱼类的 GtH α-亚基和 GtH Ⅰ 与 GtH Ⅱ 的 β-亚基的基因已经被克隆和测序，并建立 RNA 酶保护测定技术研究它们在性腺发育不同时期的表达水平。

以条纹鲈（*Morone saxatilis*）为例，在三龄雌鱼，处于性腺发育早期，卵黄生成尚未开始，GtH Ⅰ 和 GtH Ⅱ 的 β-亚基 mRNA 含量有所增加，脑垂体的 GtH Ⅱ 含量也增加。在四龄雌鱼，处于性腺发育和成熟期，GtH Ⅰ β-亚基的 mRNA 含量持续增加，而 GtH α-亚基和 GtH Ⅱ β-亚基的 mRNA 含量增加十分明显，分别增加 11 倍和 8 倍。在卵母细胞卵黄生成后期，GtH Ⅰ β-亚基的 mRNA 含量降低到基础水平，而 GtH α-亚基和 GtH Ⅱ β-亚基的 mRNA 含量还保持在很高水平。这表明 GtH Ⅰ 和 GtH Ⅱ β-亚基的 mRNA 含量随着性腺发育成熟周期而明显增加，特别明显的是 GtH Ⅰ β-亚基的 mRNA 在性腺发育期明显增加，而 GtH Ⅱ β-亚基的 mRNA 直到卵母细胞卵黄生成后期仍保持在很高水平。

黑鲩、鲻鱼、罗非鱼、石斑鱼、鲷鱼等 GtH Ⅰ（FSH）和 GtH Ⅱ（LH）的 β-亚基 cDNA 都已经被克隆和进行序列分析，它们的基因结构十分保守，都是由 3 个外显子和 2 个内含子组成。将这些基因分别在细菌和杆状病毒的表达系统中表达，已获得有免疫活性和生物活性的基因重组激素。

随着分子生物学和基因工程技术的发展和应用，目前已有可能采用高效的基因表达系统，获得基因重组的有活性的鱼类 FSH 和 LH。例如，将金鱼 GtH-α、GtH Ⅰ（FSH）β-和 GtH Ⅱ（LH）β-亚基的 cDNA 分别构建到杆状病毒表达载体中，然后感染家蚕幼虫；经过 5d 培育，收集家蚕幼虫血淋巴液，注射到性成熟的雄金鱼和雌鲫鱼体内，结果表明：注射含有重组 GtH Ⅰ 和 GtH Ⅱ 家蚕血淋巴液的雄金鱼精液量增加，而注射含有重组 GtH Ⅱ 家蚕血淋巴液的雌鲫鱼顺利排卵；使用 GtH-α、GtH Ⅱ β-亚基的抗血清进行蛋白质印迹分析结果也证实：GtH Ⅰ 和 GtH Ⅱ 是由 GtH-α、GtH Ⅰ β-和 GtH Ⅱ β-亚基的 cDNA 所表达。同样，构建斜带石斑鱼 LH β-亚基的重组杆状病毒转移表达载体，转染草地夜蛾细胞系后大量表达，重组蛋白（基因重组 LH）约占总蛋白的 15%；经离体和在体实验都证明它具有生物活性。

第四节　促性腺激素分泌活动的调节机理

由于对鱼类 GtH Ⅰ（即 FSH）分泌活动的调节研究不多，大部分研究都是阐述 GtH Ⅱ（即 LH）分泌活动的调节作用机理，因此本节介绍的鱼类 GtH 分泌活动调节作用机理基本上都是对 GtH Ⅱ（即 LH）而言。

一、下丘脑和脑垂体的神经内分泌因子

（一）促进 GtH 释放的刺激性因子

许多下丘脑和脑垂体的神经内分泌因子参与刺激硬骨鱼类 GtH 的释放（图 7-9）。采用分离的脑垂体细胞或者脑垂体碎片进行离体孵育的实验结果证明：促性腺激素释放激素（GnRH）、去甲肾上腺素（NE）、神经肽 Y（NPY）、5-羟色胺（5-HT）、激活蛋白/抑制素（Activin/Inhibin）、烟碱（Nicotine）、铃蟾肽（BBS）、缩胆囊素（CCK）、甘丙肽（GAL）等直接刺激 GtH Ⅱ 释放。在体的实验结果也证明：GnRH、NE、5-HT 等起着刺激 GtH 分泌的生理调节作用。

在硬骨鱼类，免疫组织化学研究证明：GnRH、NPY、BBS、CCK、GAL 等都是由下丘脑的神经元分泌而直接到达脑垂体的促性腺激素分泌细胞。5-HT 和激活蛋白/抑

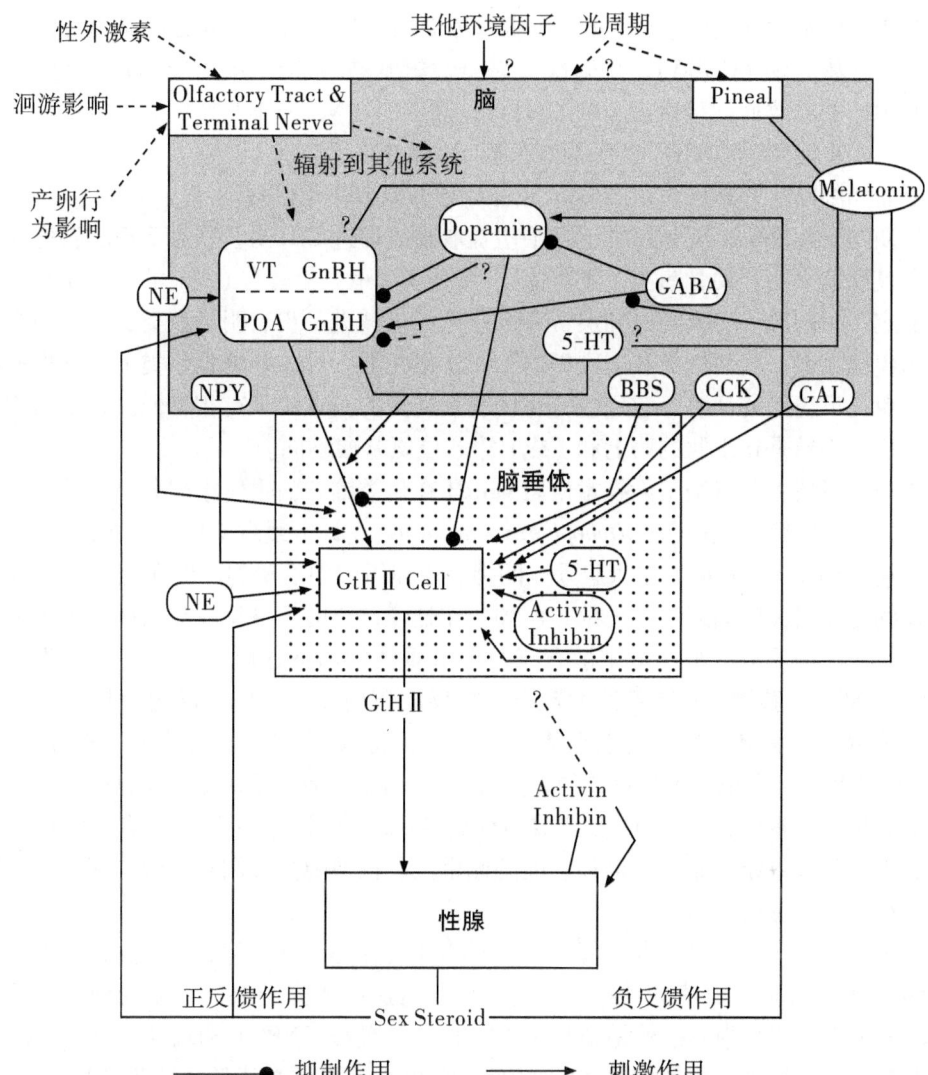

图7-9 硬骨鱼类脑垂体促性腺激素（GtHⅡ）分泌活动的主要神经内分泌调控通路示意图
BBS：铃蟾肽；CCK：缩胆囊素；GABA：γ-氨基丁酸；GAL：甘丙肽；GnRH：促性腺激素释放激素；5-HT：5-羟色胺；NE：去甲肾上腺素；NPY：神经肽Y；POA：下丘脑视前区；VT：端脑腹下丘脑区；Activin：激活蛋白；Dopamine：多巴胺；Inhibin：抑制素；Melatonin：褪黑激素；Pineal：松果体；Sex Steroid：性类固醇激素；Olfactory Tract：嗅囊；Terminal Nerve：端神经（引自 Van Der Kraak G. 等，1998）

制素等都来自脑垂体，起旁分泌作用，如在金鱼的生长激素分泌细胞中可检测到激活蛋白/抑制素的亚单位；脑垂体的5-HT是非神经元来源，可能局部产生或者来自于外周组织。脑垂体没有NE的神经纤维分布，因此NE和褪黑激素可能是内分泌来源的。

此外，近年来的研究表明，刺激鱼类生长激素分泌的脑垂体腺苷酸环化酶激活多肽（PACAP）和脑肠肽（Ghrelin）也参与刺激GtH的释放。

在所有的刺激性因子中，GnRH 对脑垂体促性腺激素细胞的分泌机能起着最重要的作用。γ-氨基丁酸（GABA）、牛磺酸、兴奋性氨基酸（Excitatory Amino Acid）等通过促进 GnRH 的释放而间接刺激 GtH 的释放；而 NPY、NE、5-HT 等除了直接作用于 GtH 细胞之外，也能刺激 GnRH 神经元而促进 GtH 释放。

下面详细阐述 GnRH 对鱼类 GtH 分泌活动的调节作用机理。

早期的研究表明，硬骨鱼类下丘脑粗提取物能促进 GtH 分泌。对下丘脑粗提取物的放射免疫研究表明，硬骨鱼类（罗非鱼）、爬行类（龟）和鸟类（鸡）的 GnRH 有相似的免疫反应。用阳离子交换与亲和层析和高压液相色谱进一步表明，鱼类、爬行类和鸟类的 GnRH 很相似，而两栖类和哺乳类的 GnRH 很相似。对一些硬骨鱼类下丘脑提取物的层析和免疫反应研究证明，它们的 GnRH 和哺乳类的 GnRH 虽有相类似的化学结构，但并不一样，推想是在十肽的第七和（或）第八位氨基酸不同。

许多学者使用免疫细胞学技术检验 GnRH 在鱼类脑和脑垂体中的分布情况。免疫反应的物质曾在虹鳟、剑尾鱼（*Xiphophorus maculatus*）、日本鳗鲡（*Anguilla japonica*）和星点东方鲀（*Fugu niphobles*）进入腺垂体的神经垂体组织中检验到。但在脑中有免疫反应核周体的定位研究的结果却不一致。例如，在虹鳟，小的免疫反应核周体散布于端脑中央背区，而免疫反应的神经纤维散布于朝向脑垂体的前下丘脑；在剑尾鱼，侧结节核（NLT）后部、端脑侧部和腹部区发现有免疫反应核周体，而免疫反应的神经轴突束则在脑垂体柄和由视交叉背侧到水平缝合尾腹侧被检验到；在日本鳗鲡，视前区腹侧、NLT、缰核和视叶发现有免疫反应神经纤维，却没有看到有免疫反应的核周体。对鲤鱼的研究证明，视前核（NPO）是合成与释放 GnRH 的部位，可以看到有免疫反应的核周体，而其神经纤维分布于视前核、前脑侧束区、视前隐窝腹侧和尖端、视交叉中间以及沿视束和下丘脑外侧区。

以上研究结果的差别，既可能是因为 GnRH 的分泌核群有种属的差异，也可能和各个学者使用抗 GnRH 血清的性质不同有关。归纳这些研究结果，可以看到：硬骨鱼类 GnRH 分泌细胞三个中心是外侧结节核（NLT）、视前核（NPO）和端脑（图 7-10）。

早期研究已证明，电流损伤 NLT 能使金鱼的性成熟系数下降，表明 NLT 参与 GtH 分泌的调节，并推想它可能是 GnRH 的来源。进一步研究发现，电流损伤金鱼的 NLT 和 NPO 都使卵巢退化与性成熟系数降低。损伤太平洋鲑鱼（*Salmo salar*）的 NLT，也使性成熟系数和脑垂体的 GtH 含量明显下降。用对脑部有神经毒作用的单钠谷氨酸盐（MSG：Monosodium L-glutamate），以 2.5 mg/g 体重的剂量对金鱼做腹腔注射，使 NLT 在注射后头 2 d 肿大，5~8 d 后坏死；在视前区的前腹侧也有一小块细胞坏死，脑的其他部分未受影响。MSG 注射后的 2 d，金鱼血清 GtH 水平显著增高，即和 NLT 神经元肿大的时间一致。所以，血清 GtH 水平增高明显反映 NLT 神经元的 GnRH 释放作用受到了刺激。同样，成熟雌金鱼的性成熟系数在 MSG 注射 5 d 后增高，也反映了对血清 GtH 水平短期增高的影响。MSG 注射后 5~8 d，血清 GtH 水平和对照组没有明显差别。MSG 注射后的长期效果是使性成熟系数下降，并且在高剂量注射后血清 GtH 水平下降，而低剂量注射则没有明显影响。根据这些研究结果证明：用电流或者 MSG 损伤 NLT 后能影响 GnRH 参与 GtH 分泌的促进作用。

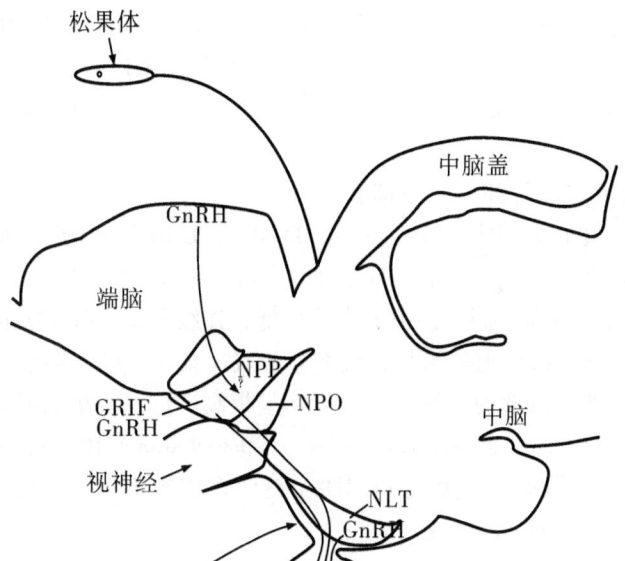

图 7-10 硬骨鱼类促性腺激素（GtH）分泌活动的神经内分泌调节示意图
NLT：外侧结节核；NPO：视前核；NPP：视前围脑室核（依 R. E. Peter）

卵巢正在发育或者已经发育成熟的雌金鱼，其血清 GtH 水平表现出明显的昼夜周期性，而卵巢退化的雌金鱼则没有，由此可见血液中 GtH 水平的明显昼夜周期性对促进性腺活动是很重要的。损伤 NLT 对金鱼卵巢发育的影响可能就是因为消除了血清 GtH 水平的昼夜周期性，因为做假手术的对照雌金鱼，其血清 GtH 水平表现出明显的昼夜周期性，卵巢的性成熟系数较大；而损伤 NLT 的金鱼，其血清 GtH 水平没有昼夜周期性，卵巢的性成熟系数也较小。这就证明金鱼的 NLT 参与引起血清 GtH 水平的昼夜周期性，而消除血清 GtH 水平的昼夜周期性变化可能就是导致卵巢退化的原因。

最早发现与确定化学结构并进行人工合成的促性腺激素释放激素（GnRH）是哺乳类的促黄体素释放激素（LHRH：luteinizing-hormone Releasing-hormone；亦即哺乳类促性腺激素释放激素，mGnRH）。给鲤鱼注射 LHRH，2~4 min 后血液中的 GtH 水平开始提高；对河鳟注射 LHRH 也取得同样效果。我国学者于 20 世纪 70 年代开始使用 LHRH 对家鱼进行人工催产试验，取得初步结果。但当时所使用的有效催产剂量都要比哺乳类高出许多倍，明显反映了这种激素的种族反应特异性。对比脑内注射和肌肉注射 LHRH 对雌鲤鱼成熟的影响，发现在脑垂体部位给予（灌注与浸渍）低剂量（1 μg/kg 体重，每天注射一次，连续 9 d）LHRH，能促进鲤鱼性腺成熟；而腹腔肌肉注射同样剂量则没有作用，表明 LHRH 直接作用于脑垂体能较好地促进 GtH 分泌。

体内注射 LHRH 和 LHRH-A，系统研究它们诱导金鱼 GtH 分泌和性腺发育成熟取得的主要的结果是：

(1)"自身增效作用"和"自身抑制作用"。

将 LHRH 及其九肽类似物（Des-Gly^{10}-［D-Ala^6］LH-RH Ethylamide）以不同剂量和不同次数注射后观察对金鱼血液中 GtH 水平的影响，发现间隔 12 h 进行两次注射的金鱼，血液的 GtH 水平最高，而只注射 1 次的最低，连续 3 d 注射 3 次的次之；同样的剂量，分两次注射要比一次注射效果好；而剂量过高（如 1 μg/g 体重）反而降低 GtH 细胞分泌作用的敏感性，血液的 GtH 水平没有明显提高。这些结果表明，LHRH 类似物在上述使用状况下，存在着"自身增效作用"（Self-potentiation）和"自身抑制作用"（Self-suppression）的机理。因此，在使用 LHRH-A 类似物诱导鱼类产卵时，剂量不宜过高，最好是以低剂量多次（如两次）注射。

(2) 对 LHRH-A 反应的季节变化。

在 2 月、5～6 月、8 月和 11 月，用性腺发育状况不同的雄金鱼进行了 4 次试验，每次试验均包括 3 组：第一组以 12 h 间隔两次注射 LHRH-A；第二组以 12 h 间隔两次注射 LHRH-A，2 d 后，又以同样的时间间隔再注射两次；第三组以 12 h 间隔两次注射 LHRH-A，共重复进行 3 次，每次均间隔两天。每组试验金鱼共 28 尾，再分为 4 个小组，分别注射高剂量、中剂量和低剂量的 LHRH-A，对照组注射生理盐水。

试验结果表明，金鱼对 LHRH-A 的反应有明显的季节变化。在 2 月，生殖季节刚开始前注射 LHRH-A 后诱导的血清 GtH 含量最高，如在第一组，低剂量和中剂量一次注射后 6 h，血清 GtH 含量是 35 ng/mL，高剂量是 55 ng/mL；而中剂量和高剂量两次注射后 24 h，血清 GtH 含量分别增高达到 55 ng/mL 和 110 ng/mL（图 7-11）。在 5～6 月，旺盛的生殖季节刚结束，金鱼对 LHRH-A 的 GtH 释放反应减弱，表现为注射 LHRH-A 后诱导的血清含量低于生殖季节刚开始时，如在第一组，各不同剂量 LHRH-A 两次注射后 6 h，血清 GtH 含量仅为 22～33 ng/mL，

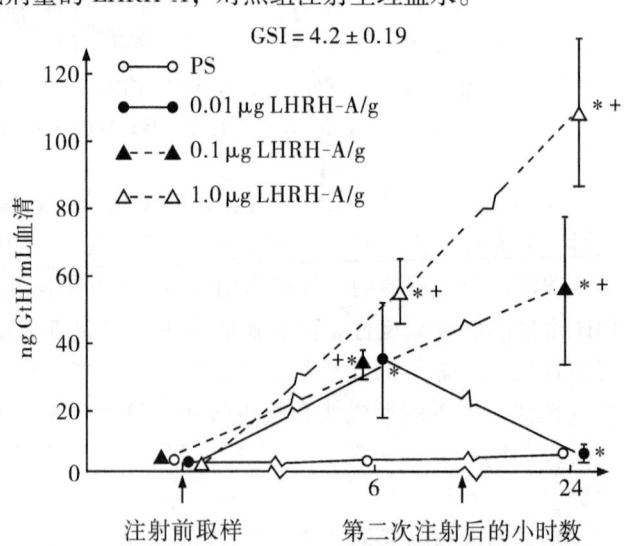

图 7-11　早春（2 月）生殖季节刚开始，12 h 间隔两次注射 LHRH-A 后（即试验的第一组），雄金鱼血清 GtH 含量

+表示和注射前有显著差别；*表示和对照组有显著差别。
GSI = 性腺成熟系数；PS = 生理盐水

而且在注射 24 h 后没有明显增高（图 7-12）。在 8 月，金鱼性腺处于退化状况，对

LHRH-A 的 GtH 释放反应微弱，甚至没有反应，如在第三组，注射 LHRH-A 后血清 GtH 含量没有明显变化（图 7 – 13）。

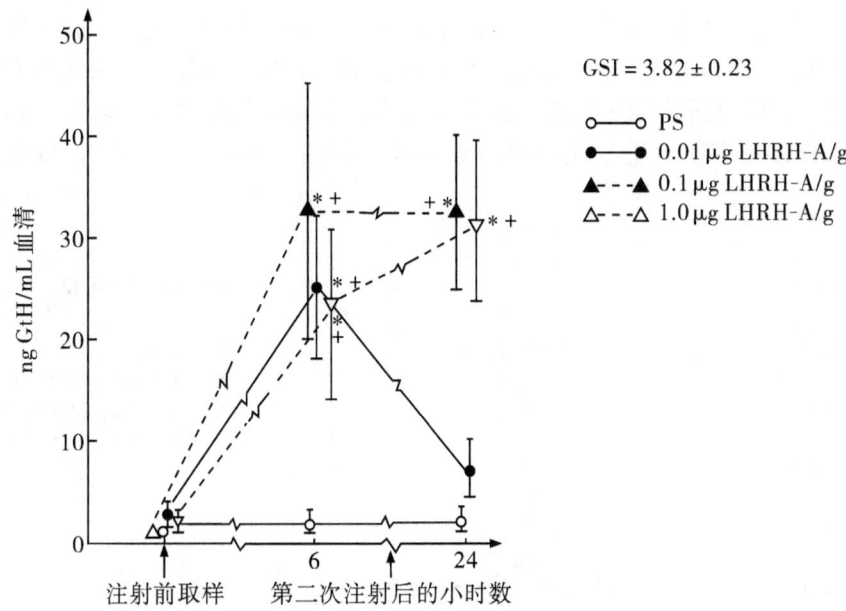

图 7 – 12　5～6 月生殖季节过后，12 h 间隔两次注射 LHRH-A 后（即试验的第一组），雄金鱼血清 GtH 含量
＋表示和注射前有显著差别；＊表示和对照组有显著差别。GSI = 性腺成熟系数；PS = 生理盐水

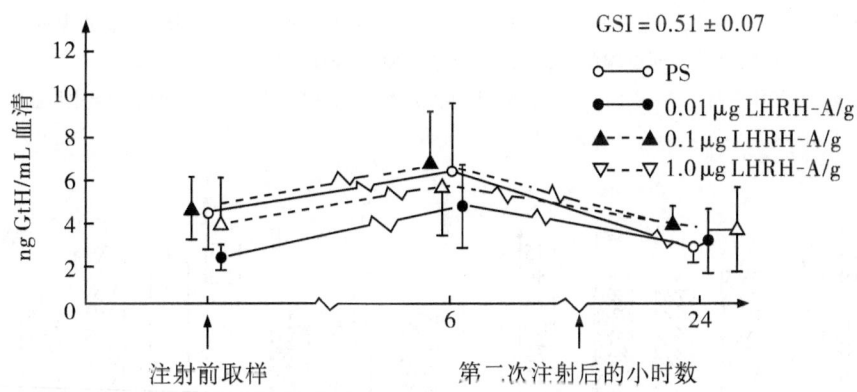

图 7 – 13　8 月雄金鱼性腺处于退化状况，12 h 间隔两次注射 LHRH-A，重复进行三次之后（即试验的第三组）血清 GtH 含量
GSI = 性腺成熟系数；PS = 生理盐水

（3）LHRH-A 的剂量依存反应。

LHRH 或 LHRH-A 注射剂量的高低对血清 GtH 含量增高的影响并不很明显，也就是说，剂量依存反应不明显。例如，低剂量（0.01 μg LHRH-A/g 体重）和中剂量（0.1

μg LHRH-A/g 体重）诱导金鱼血清 GtH 含量增高的幅度很相近，而高剂量（1.0 μg LHRH-A/g 体重）诱导的血清 GtH 含量比较高，且持续较长时间（图 7 - 14）。连续注射 2 次或 4 次不同剂量的 LHRH-A 后金鱼脑垂体的 GtH 含量没有发生明显变化，但是连续注射 5 次较高剂量（0.1 μg/g 或 1.0 μg/g 体重）的 LHRH-A 之后，脑垂体 GtH 含量明显降低（图 7 - 15）。由此可见，采用适宜的 LHRH-A 剂量、注射次数和注射间隔时间进行注射以诱导 GtH 释放，脑垂体的 GtH 含量能够保持正常状态；但如果以高剂量 LHRH-A 多次地重复注射以诱导 GtH 释放后，脑垂体的 GtH 含量就会显著下降。

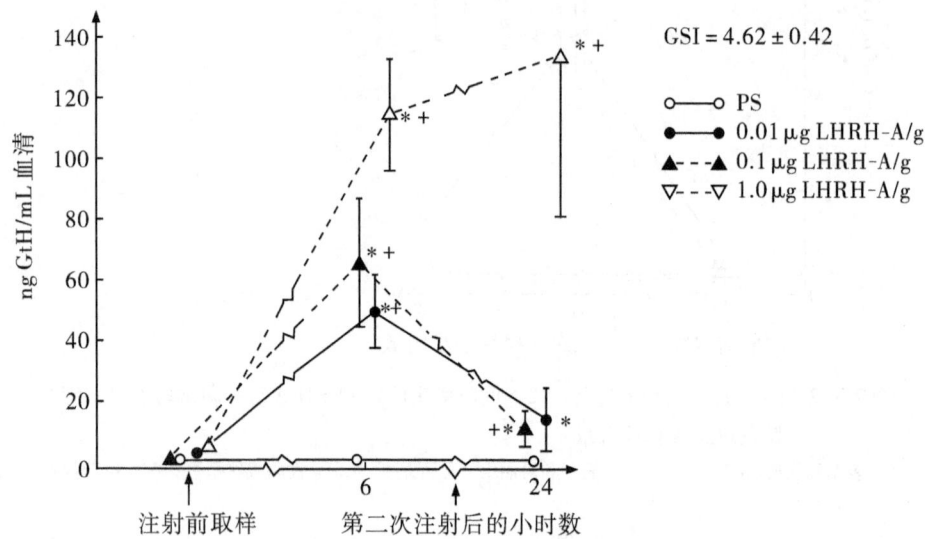

图 7 - 14　早春（2 月）生殖季节刚要开始前，12 h 间隔两次注射 LHRH-A，重复进行 2 次之后（即试验的第二组），雄金鱼血清 GtH 含量

+ 表示和注射前有显著差别；* 表示和对照组有显著差别。GSI = 性腺成熟系数；PS = 生理盐水

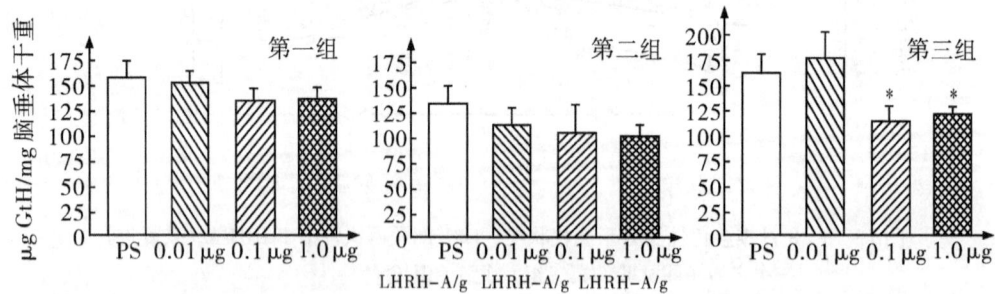

图 7 - 15　5 ~ 6 月生殖季节过后，12 h 间隔两次注射 LHRH-A，重复进行三次之后，雄金鱼脑垂体的 GtH 含量

* 表示和对照组有显著差别；PS = 生理盐水

(4) 温度和注射时间间隔对 LHRH-A 效应的影响。

在 20℃ 时，卵巢正在发育成熟的金鱼，两次注射 LHRH-A 后 5 h 取血样测定 GtH，其中，两次注射的间隔时间为 3 h 的一组，其血清 GtH 含量较两次注射的间隔时间为 9 h 的一组为高。但在注射后 16 h 取的血样，两组的血清 GtH 含量十分相似（图 7-16、图 7-17）。在 12~14℃ 时，以 3 h 间隔两次注射低剂量 LHRH-A 后 5 h 和 16 h 取血样进行测定，其血清 GtH 含量都较间隔时间为 9 h 的高；但两次注射中剂量 LHRH-A，则 3 h 和 9 h 的不同时间间隔对血清 GtH 含量没有影响。还可以看到，以较短的 3 h 间隔进行 LHRH-A 两次注射，在 12~14℃ 时，血清 GtH 含量增高的持续时间（16 h 以上）要比在 20℃（不足 16 h）的长；而以较长的 9 h 间隔进行 LHRH-A 两次注射，不同的温度对血清 GtH 含量增高的持续性没有明显影响。

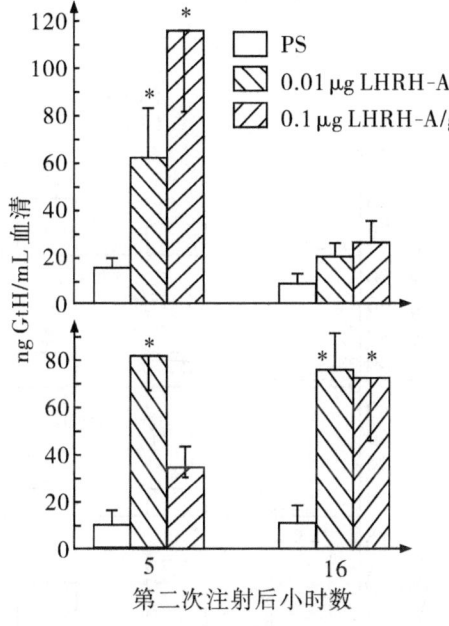

图 7-16 雄金鱼在 12~14℃（下）和 20℃（上），3 h 间隔两次注射 LHRH-A 后血清 GtH 含量

*表示和对照组有显著差别。PS 为生理盐水

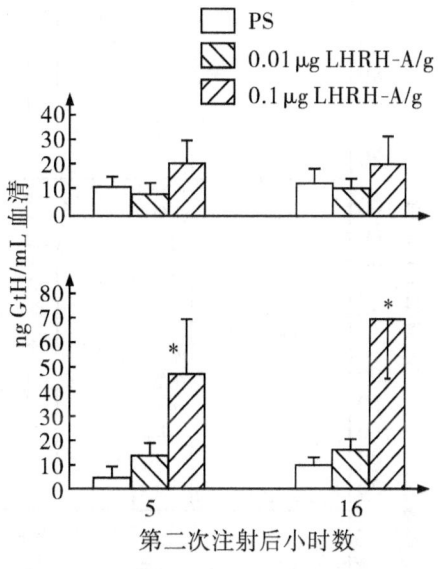

图 7-17 雌金鱼在 12~14℃（下）和 20℃（上），9 h 间隔两次注射 LHRH-A 后血清 GtH 含量

*表示和对照组有显著差别。PS 为生理盐水

从这些结果可以看到，温度、LHRH-A 注射剂量或两次注射的间隔时间等因素对于诱导血清 GtH 含量的作用效应并不是简单的直接依赖关系，而是这几个因素互相影响和相互制约的结果。无论在较高或较低的温度下，以较短的时间间隔进行 LHRH-A 两次注射，都能诱导血清 GtH 含量迅速而明显地增高；但在较低温度下，GtH 含量增高的持续性要比在较高温度时长些。如果两次注射的间隔较短，则低剂量在较低温度下能比高剂量诱导出较强的反应；而如果两次注射的间隔时间较长，则高剂量能诱导比较明显的反应。

(5) 连续多日注射 LHRH-A 的反应。

8 月份用卵巢处于退化状况的雌金鱼做实验，结果表明：LHRH-A 连续注射 10 d 后 6 h 取血样，低剂量和高剂量都能诱导血清 GtH 含量增高到 60~80 ng/mL（图 7-18）；与此同时，雌金鱼的性成熟系数比对照组高，尤其是高剂量诱导的雌鱼卵巢明显增大。各试验组脑垂体 GtH 含量也比对照组有所增高。2 月份用卵巢正在发育成熟的雌金鱼做的试验结果（图 7-19）表明：经过 9 d 连续注射 LHRH-A，低剂量和高剂量所诱导的血清 GtH 含量均增高不多，仅为 20 ng/mL 左右；而高剂量组的性成熟系数明显降低，脑垂体的 GtH 含量也减少。这些结果表明：连续 9~10 d 每日注射 LHRH-A 能刺激性腺已经退化的金鱼恢复性腺发育，表现为血液中保持较高的 GtH 含量和性成熟系数增大；但对于性腺正在发育的金鱼，多次注射高剂量 LHRH-A 却会抑制或减慢其性腺的进一步发育，表现为血清 GtH 含量增高不明显和性成熟系数减少。

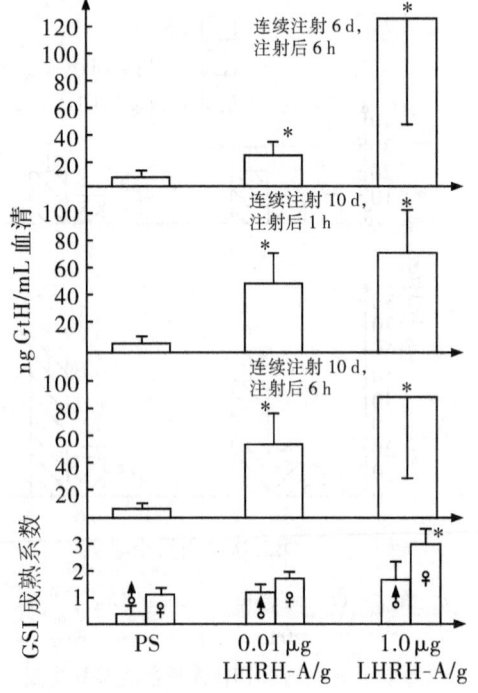

图 7-18　8 月份雌金鱼性腺处于退化状况，每日注射 LHRH-A，连续 10 d 后，血清 GtH 含量和性腺成熟系数（GSI）

* 表示和对照组有显著差别。PS 为生理盐水

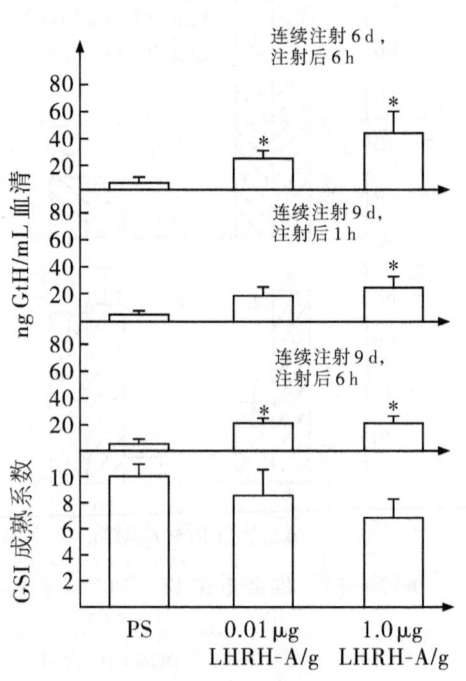

图 7-19　早春（2 月）雌金鱼性腺恢复发育时，每日注射 LHRH-A，连续 9 d 后，血清 GtH 含量和性腺成熟系数（GSI）

* 表示和对照组有显著差别。PS 为生理盐水

(6) 高活性 LHRH-A 的作用特点。

对金鱼和大麻哈鱼的研究表明，LHRH 和高活性 LHRH-A 所诱导的血液 GtH 水平升高的幅度很相似，不同的是高活性 LHRH-A 能使血液 GtH 水平升高的持续时间延长。

用凝胶过滤和高功能液相色谱等技术从大麻哈鱼脑提取液分离出 GnRH，证实第 7 位和第 8 位的氨基酸和哺乳类的 GnRH（亦即 LHRH）不同：

哺乳类 GnRH：　　1　2　3　4　5　6　7　8　9　10
（mGnRH）　　焦谷—组—色—丝—酪—甘—亮—精—脯—甘—NH_2
大麻哈鱼 GnRH：焦谷—组—色—丝—酪—甘—色—亮—脯—甘—NH_2
（sGnRH）

比较 mGnRH 和 sGnRH 的化学结构表明：GnRH 的结构在长期进化过程中是相当稳定而保守的，因为整个分子的肽链长度、NH_2 和 COOH 的末端以及 1~6 位、9 位与 10 位的氨基酸都保持不变。sGnRH 和 mGnRH 第 8 位的精氨酸不同，在第 7 位增多一个色氨酸，因而表现出较强的疏水性；sGnRH 第 8 位的亮氨酸转移到 mGnRH 的第 7 位上，这可能是在进化过程中两个独立的氨基酸的取代，即第 7 位的色氨酸为亮氨酸所取代，第 8 位的亮氨酸为精氨酸所取代。sGnRH 和 mGnRH 在进化过程中产生的化学结构的差别可能对与受体的结合能力起重要作用，但对机能效应的影响不大，因为 mGnRH 的第 2 位组氨酸和第 3 位色氨酸是产生机能作用（促进 LH 和 FSH 释放）的关键氨基酸；这两个位置为其他氨基酸取代的类似物虽能和脑垂体受体竞争性结合，却没有 GnRH 的活性，而其他位置的氨基酸（即第 1 位和第 4 位到第 10 位）只参与构象作用（空间结构）和受体结合以及抵抗酶的分解作用等，所以，mGnRH 第 7 位亮氨酸和第 8 位精氨酸为其他相近氨基酸取代时通常都会使生物活性有所降低。事实也的确是这样：sGnRH 对哺乳类的活性要比 mGnRH 低，用合成的 sGnRH 刺激鼠脑垂体分泌 LH，其活性只有 mGnRH 的 2%~3%，但是，sGnRH 对大麻哈鱼却显示出相当强的活性，对银大麻哈鱼每千克体重注射 20 μg 人工合成的 sGnRH，能诱导 12 尾中的 9 尾排卵；用 sGnRH 类似物注射的效果还要好些。

对一些有经济价值的鱼类（如鳕鱼、遮目鱼、虹鳟等），取脑粗提取物（经丙酮/HCl 和石油醚抽提），再经过高压液相色谱分离提纯 GnRH，然后进行免疫交叉反应，证明这些鱼类脑中含有的多肽在层析和免疫特点方面都和合成的 sGnRH 一样。而在这几种鱼的脑中却检测不到类似 mGnRH 的物质。这表明鲑鱼型的 GnRH 可能广泛分布在硬骨鱼类当中，因为这几种鱼代表三个不同的目（鲟形目、鳕形目、鲑形目）。对鲽鱼、金鱼和鳗鱼进行类似试验，也证明它们的 GnRH 和 sGnRH 一样。因此，目前认为 sGnRH 就是硬骨鱼类中比较普遍存在的一种 GnRH。

用 mGnRH、sGnRH 和一种鸟类 GnRH（bGnRII）以及它们的类似物对金鱼进行一系列对比试验，并且利用多巴胺拮抗物 Pimozide 以增强它们促使金鱼脑垂体 GtH 分泌的效应，以分析对比 mGnRH 和 sGnRH 以及它们的类似物的结构和活性的相互关系。试验使用的 GnRH 及类似物有以下几种：

	1	2	3	4	5	6	7	8	9	10	
mGnRH	焦谷	—组	—色	—丝	—酪—		—甘	亮	—精—	脯—	甘 —NH$_2$
mGnRH-A						—D 丙—					—NEt
mGnRH-B						—（imB$_2$1）	—D 组—				
bGnRH								—谷—			
bGnRH-A						—D 色—		—谷—			
sGnRH							—色	—亮—			
sGnRH-A						—（imB$_2$1）	—D 组—	—色	—亮—		—NEt
sGnRH-B								—色			
sGnRH-C							—色	—亮—			—OH
sGnRH-D							—谷	—亮—			
sGnRH-E						—D 丙	色	—亮—			—NEt
sGnRH-F						—D 精	色	—亮—			—NEt

结果表明：① mGnRH、bGnRH 或 sGnRH 分别单独注射对诱导金鱼 GtH 分泌的作用很小，甚至没有作用；注射 Pimozide 3 h 后才注射 mGnRH、bGnRH 或 sGnRH，诱导金鱼 GtH 释放明显增加，而增加的幅度和持续时间很相似，这提示金鱼脑垂体的 GnRH 受体通常并不能辨别 GnRH 在第 7 位和第 8 位之间的氨基酸替换。② 将色氨酸移到第 8 位的 sGnRH-B，即和 sGnRH 的第 7 位和第 8 位的氨基酸序列相反，对诱导金鱼脑垂体 GtH 分泌的活性很小，这说明 sGnRH 的真正原始结构就是［色^7—亮^8］-GnRH。③ 第 7 位为谷氨酸的 sGnRH-D，与 Pimozide 共同作用促进金鱼脑垂体 GtH 分泌的活性要比 mGnRH 或 sGnRH 和 Pimozide 共同作用明显增强，这提示 Pimozide + sGnRH-D 对金鱼是高活性的。由于金鱼脑抽提物的稀释液和 sGnRH 放射免疫测定的标准相平行，因而（色^7—亮^8）-GnRH（即 sGnRH）是金鱼的一种 GnRH。④ mGnRH 的类似物在第 6 位换上芳香族的 D-氨基酸，如 D-组氨酸（imB$_2$1—D—His）或 D-色氨酸，并去掉第 10 位甘氨酸，对哺乳类的活性要比 mGnRH 提高近 100 倍；而第 6 位换上 D-丙氨酸或 D-精氨酸并去掉第 10 位甘氨酸的 mGnRH 类似物，对哺乳类的活性也比 mGnRH 提高 10~30 倍。用 mGnRH-B 与 bGnRH-A 和 Pimozide 一起对金鱼脑垂体 GtH 分泌的活性也为 mGnRH 或 sGnRH 的几倍，虽不及在哺乳类中提高几十到 100 倍，但对金鱼来说也是高活性的类似物。这表明金鱼脑垂体 GnRH 受体的亲和性和（或）GnRH 多肽的代谢降解情况与哺乳类有所不同。⑤ 在哺乳类，C-末端为甘^{10}—OH 构型的 mGnRH 类似物其活性要比 mGnRH 小。而在金鱼，sGnRH-C（C-末端为甘^{10}—OH）单独注射对促使 GtH 分泌没有作用，但加上 Pimozide，使金鱼脑垂体 GtH 分泌增加的幅度却与 mGnRH 或 sGnRH 相似，可见 GnRH 的结构和活性的相互关系在哺乳类与在鱼类并不一样。⑥ mGnRH 的第 6 位换上 D-精氨酸的类似物对哺乳类的活性比 mGnRH 大约提高 4 倍；而 sGnRH-F，即第 6 位换上 D-精氨酸的 sGnRH 类似物，单独注射或者与 Pimozide 协同作用促使金鱼脑垂体 GtH 分泌的活性都比其他各种 GnRH 及其类似物高。相反，sGnRH-E，即第 6 位换上 D-丙氨酸的 sGnRH 类似物对金鱼的活性，却并不像 mGnRH-A（第 6 位换上 D-丙氨酸）对哺乳类那样表现出高活性。这可能是由于 sGnRH 第 6 位换上一个酸性 D-氨基酸

后影响了它在金鱼中的代谢降解情况以及对受体的结合亲和性。⑦ 在体外对金鱼脑垂体碎片的灌注试验表明，mGnRH、sGnRH 和 mGnRH-A 的活性相等；对金鱼在体内的注射试验表明，mGnRH 和 sGnRH 的活性相近，而 mGnRH-A 则显示出相当高的活性。这说明 mGnRH-A 的高活性可能是由于它在金鱼体内的降解作用降低，而不是由于脑垂体的受体结合亲和性增强。相反，mGnRH-A 对哺乳类的高活性既由于降解速率降低，也由于和受体结合的亲和性增强。这也说明决定特异性 GnRH 多肽对金鱼产生高活性的因素与哺乳类并不完全相同。

近十多年来，GnRH 的研究取得了很大的进展。到目前为止，GnRH 家族至少已经有 24 个类型（即同种型，Molecular Isoform），其中：14 种来自脊椎动物，10 种来自无脊椎动物；每个 GnRH 类型都以它们最先鉴别出来的动物命名，它们的分子结构如表 7-3 所示。

表 7-3 GnRH 家族的 24 个 GnRH 类型

GnRH		1	2	3	4	5	6	7	8	9	10
脊椎动物											
哺乳类	mammalian	pGlu	His	Typ	Ser	Tyr	Gly	Leu	Arg	Pro	Gly—NH$_2$
豚鼠	guinea pig	pGlu	Tyr	Typ	Ser	Tyr	Gly	Val	Arg	Pro	Gly—NH$_2$
鸡Ⅰ	chicken I	pGlu	His	Typ	Ser	Tyr	Gly	Leu	Gln	Pro	Gly—NH$_2$
蛙	rana	pGlu	His	Typ	Ser	Tyr	Gly	Leu	Trp	Pro	Gly—NH$_2$
鲷鱼	sea bream	pGlu	His	Typ	Ser	Tyr	Gly	Leu	Ser	Pro	Gly—NH$_2$
鲑鱼	salmon	pGlu	His	Typ	Ser	Tyr	Gly	Trp	Leu	Pro	Gly—NH$_2$
白鲑	whitefish	pGlu	His	Typ	Ser	Tyr	Gly	Met	Asp	Pro	Gly—NH$_2$
青鳉	medaka	pGlu	His	Typ	Ser	Phe	Gly	Leu	Ser	Pro	Gly—NH$_2$
鲶鱼	catfish	pGlu	His	Typ	Ser	His	Gly	Leu	Asn	Pro	Gly—NH$_2$
鲱鱼	herring	pGlu	His	Typ	Ser	His	Gly	Leu	Ser	Pro	Gly—NH$_2$
鸡Ⅱ	chicken Ⅱ	pGlu	His	Typ	Ser	His	Gly	Trp	Tyr	Pro	Gly—NH$_2$
鲨鱼	dogfish	pGlu	His	Typ	Ser	His	Gly	Trp	Leu	Pro	Gly—NH$_2$
七鳃鳗Ⅲ	lamprey III	pGlu	His	Typ	Ser	His	Asp	Trp	Lys	Pro	Gly—NH$_2$
七鳃鳗Ⅰ	lamprey I	pGlu	His	Tyr	Ser	Leu	Glu	Trp	Lys	Pro	Gly—NH$_2$
无脊椎动物											
章鱼	octopus	pGlu Asn Tyr	His	Phe	Ser	Asn	Gly	Trp	His	Pro	Gly—NH$_2$
海鞘Ⅰ	tunicate I	pGlu	His	Typ	Ser	Asp	Try	Phe	Lys	Pro	Gly—NH$_2$
海鞘Ⅱ	tunicate II	pGlu	His	Typ	Ser	Leu	Cys	His	Ala	Pro	Gly—NH$_2$
海鞘Ⅲ	tunicate III	pGlu	His	Typ	Ser	Tyr	Glu	Phe	Met	Pro	Gly—NH$_2$
海鞘Ⅳ	tunicate IV	pGlu	His	Typ	Ser	Asn	Gln	Leu	Thr	Pro	Gly—NH$_2$
海鞘Ⅴ	tunicate V	pGlu	His	Typ	Ser	Tyr	Glu	Tyr	Met	Pro	Gly—NH$_2$
海鞘Ⅵ	tunicate VI	pGlu	His	Typ	Ser	Lys	Gly	Tyr	Ser	Pro	Gly—NH$_2$
海鞘Ⅶ	tunicate VII	pGlu	His	Typ	Ser	Tyr	Ala	Leu	Ser	Pro	Gly—NH$_2$
海鞘Ⅷ	tunicate VIII	pGlu	His	Typ	Ser	Leu	Ala	Leu	Ser	Pro	Gly—NH$_2$
海鞘Ⅸ	tunicate IX	pGlu	His	Typ	Ser	Asn	Lys	Leu	Ala	Pro	Gly—NH$_2$

引自 Gorbman 等，2003。

1. GnRH 的结构和功能

除章鱼 GnRH (octo GnRH) 外,所有的 GnRH 肽都由 10 个氨基酸组成,包括起始的焦谷氨酸 (pGlu)[1]、丝氨酸 (Ser)[4]、脯氨酸 (Pro)[9]、甘氨酸 (Gly)[10] 和 NH_2。GnRH 分子的长度及部分氨基酸序列在脊椎动物近 5 亿年的进化过程中保持不变,表明这些保守的分子结构对 GnRH 肽的生物活性和构象、与受体结合、对酶解的抵抗力等是起重要作用的。

每种脊椎动物的脑至少合成两种 GnRH 类型,其中一种出现在下丘脑而作用于脑垂体以刺激 GtH 释放,通常表现出明显的种族特异性,可称为 GnRH-I;其他的一两种出现在下丘脑以外的脑区,可能不直接参与 GtH 合成与分泌的调控,可称为 GnRH-II 或 GnRH-III。如下所示:

GnRH 类型	在脑区的分布/来源	基本功能
GnRH-I	下丘脑,间脑	刺激脑垂体 GtH 的合成与分泌
GnRH-II	中脑盖	起神经递质作用,间接参与生殖活动特别是生殖行为的调节
GnRH-III	嗅叶,端脑和端神经	与 GnRH-II 类似

以鱼类为例,它们的脑至少产生两种 GnRH 类型,而且许多鱼类还产生三种 GnRH 类型。到目前为止,所有被研究的鱼类都有 cGnRH-II,所以它是非常保守的。除鳗鲡、鲶鱼、齿蝶鱼外,所有的硬骨鱼都有 sGnRH。至于产生三种 GnRH 类型的鱼类,其第三种 GnRH 类型变化较大,包括 sbGnRH (鲷鱼)、hgGnRH (鲱鱼)、wfGnRH (白鲑)、pjGnRH (青鳉) 等。

许多 GnRH 类型的 cDNA 序列已经被克隆和分析,它们的前体 (prepro GnRH) 包括:信号肽 (20~25 氨基酸残基),具有生物活性的 GnRH 十肽,加工位点 (Gly—Lys—Arg) 和 GnRH 连接肽 (GAP,40~50 氨基酸残基)。根据脊椎动物的 GnRH 前体,可将 GnRH 的进化划分为三个主要分支:①包括由鱼类、两栖类到哺乳类的下丘脑促激素分泌的 GnRH 类型;②包括由鱼类到哺乳类的 cGnRH-II;③包括所有鱼类的 sGnRH。

采用免疫组织化学和原位杂交技术,可以定位分析产生不同 GnRH 类型的神经元在脑中的分布位置。如图 7-20 所示,在欧洲鳗鲡中,分布于下丘脑视前区并进入脑垂体刺激 GtH 释放的是 mGnRH;在金鱼 (鲫鱼) 和马苏大麻哈鱼中,分布于下丘脑视前区并进入脑垂体刺激 GtH 释放的主要是 sGnRH;而在海鲈中,分布于下丘脑视前区并进入脑垂体刺激 GtH 释放的主要是 sbGnRH。

在无脊椎动物鉴别的 10 种 GnRH 类型当中,有 9 种出现在两种尾索动物 (定名为被囊类 GnRH-I 到被囊类 GnRH-IX) 中,另外 1 种是由 12 个氨基酸组成的章鱼 GnRH。采用免疫细胞化学、免疫学和层析技术,已在海绵动物、腔肠动物、线虫动物、环节动物、软体动物、节肢动物、棘皮动物、半索动物、头索动物等证明存在 GnRH 免疫反应或类似 GnRH 免疫反应的物质。

研究表明,GnRH 及其类似物在无脊椎动物也起着刺激生殖活动的作用。例如,用

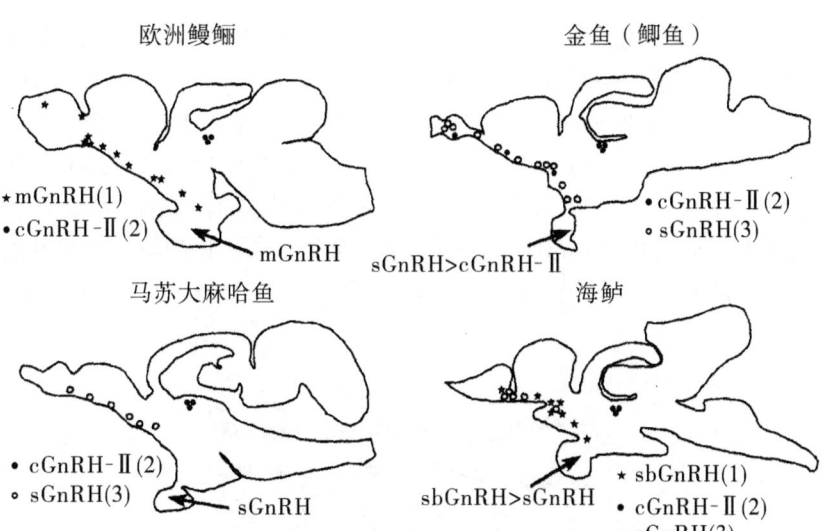

图 7-20 硬骨鱼类 GnRH 系统的主要类型
引自 Lethimonier 等，2004

mGnRH 和 cGnRH-I 与一种被囊动物（*Ciona intestinalis*）的性腺进行离体孵育，能促进性类固醇激素的释放；注射各种 GnRH 类型，包括被囊动物 GnRH-I 和 GnRH-II，能诱导被囊动物（*C. intestinalis*）配子的释放；合成的哺乳类 GnRH 能刺激田螺（*Helisoma tricolois*）产卵量增加。免疫细胞化学研究还显示，起 GnRH 免疫反应的细胞分布在与田螺生殖系统有联系的神经节中，证明 GnRH 调节它的生殖活动。

最近的研究还表明，GnRH 在一些无脊椎动物起着性外激素的作用。例如，在海水中加入低浓度的 GnRH，能诱导半索动物（*Saccoglossus* sp.）和软体动物（*Mopalia* sp.）迅速将成熟的配子脱落到海水中；七鳃鳗 GnRH-Ⅰ 和被囊动物 GnRH-Ⅱ 以 1.0 mg/L 的浓度能刺激成熟配子释放，但七鳃鳗 GnRH-Ⅲ、被囊动物 GnRH-Ⅰ 和 cGnRH-Ⅱ 以同样的浓度却不起作用，表明这些软体动物存在某种分子识别的机能，可能是受体-信号的传导通路。于是，一些特定的 GnRH 起着性外激素作用，刺激成熟的个体自行产卵，并在它们生存的水体中成功受精。

由此说明，在由低等无脊椎动物到高等脊椎动物的进化发展过程中，GnRH 对动物生殖活动的调控都起着重要作用。

2. GnRH 的受体（GnRH-R）

自 1992 年从小鼠克隆 GnRH 受体转录物以来，至少已在 22 种动物中克隆 32 个 GnRH 受体 cDNA，其中 11 种是哺乳动物，11 种是非哺乳类脊椎动物。无脊椎动物只在果蝇（*Drosophila melanogaster*）中鉴别出一种类 GnRH 受体，初步研究表明这种受体的基因结构与哺乳类 GnRH 受体基因在进化上有联系。

以鱼类为例，在金鱼、虹鳟、非洲鲶鱼（*Clarias geripinus*）、青鳉（*Oryzias latipes*）、条纹鲈（*Morone saxatilis*）、杜氏鲕（*Seriola dumerilii*）、伯氏朴丽鱼（*Haplochromis bertoni*）、日本鳗鲡（*Anguilla japonica*）、斜带石斑鱼（*Epinephelus coioides*）等都已得到编码

GnRH-R 的 cDNA。氨基酸序列分析表明，鱼类的 GnRH-R 和许多肽类激素受体一样属于 G-蛋白偶联受体家族（GPCRs）中视紫红质（Rhodopsin）亚族中的 β-亚群。

以日本鳗鲡（*Amguilla japonica*）的 GnRH-R 为例（图 7-21），它由三个主要功能域组成，包括 N-端细胞外功能域（30~40 氨基酸）、7 个跨膜功能域（280~290 氨基酸）和 C-端细胞质功能域（30~50 氨基酸）。7 个跨膜功能域是保守的跨膜 α-螺旋，将受体固定到细胞膜上。与哺乳类 GnRH-R 不同的是，鱼类 GnRH-R 的第二跨膜域以天冬氨酸（Asp）取代天冬酰胺（Asn），而最明显的差别是鱼类 GnRH-R 有一个 C-端的细胞质功能域。

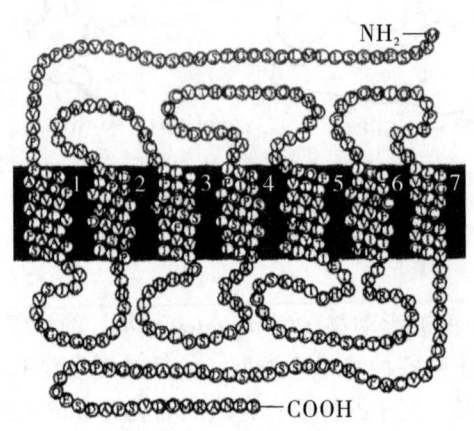

图 7-21 日本鳗鲡 GnRH 受体的基因结构

鳗鲡 GnRH-R 的 cDNA 由 3233 bp 组成，包括 5′非翻译区（320 bp）、可读框（1140 bp）、终止密码子（TAG）和 3′非翻译区（1 770 bp）。可读框编码 380 个氨基酸的 GnRH-R。

鳗鲡 GnRH-R 的氨基酸序列与鲶鱼和金鱼的 GnRH-R 有 73% 和 72% 的相似性，而与大鼠和人的 GnRH-R 只有 37% 和 36% 的相似性。鳗鲡 GnRH-R 基因由 3 个外显子（1，2，3）和两个内含子（A，B）组成。外显子 1 包含 5′非翻译区和部分可读框（跨膜功能域 TM 1~3 和 TM 4 的一部分），外显子 2 包括 TM 4 和 TM 5，外显子 3 包含可读框的其余部分和 3′非翻译区。内含子 A 和 B 的长度分别为 2296 bp 和 331 bp。

采用 RT-PCR 检测 GnRH-R 在鳗鲡各种组织中的表达，结果显示：GnRH-R 在脑垂体的表达最明显，在脑的各个部分和精巢都有表达，在眼和嗅觉上皮有较弱的表达，而在肝脏、肾脏、脾脏、心脏、鳃、肠、胰脏、肌肉、皮肤和鳍没有表达。这表明 GnRH 主要作用于脑垂体，促进 GtH 的合成与释放；此外，在脑、视觉器、嗅觉器、性腺等处，GnRH-R 也起着局部的功能作用。

根据对红鳍东方鲀（*Fugu rubripes*）整个基因组和斑马鱼（*Danio rerio*）部分基因组草图以及金鱼、鲶鱼等 GnRH-R 序列的综合分析，表明鱼类的 GnRH-R 主要有两个类型，即 I 型和 II 型，每个类型还包括 2~3 个亚型。例如，红鳍东方鲀的 GnRH-R1、GnRH-R2 和 GnRH-R3 属于 GnRH-R I 型，而 GnRH-R4 和 GnRH-R5 属于 GnRH-R II 型；斑马鱼的 GnRH-R2 和 GnRH-R4 属于 GnRH-RⅠ型，而 GnRH-R1 和 GnRH-R3 属于 GnRH-RⅡ型。

鱼类 GnRH-RⅠ型和Ⅱ型的区别主要是在跨膜功能域 TM 3 和 TM 7 有不同的基元。在 TM 7，GnRH-RⅠ型有 C/GAFVT 基元，而 GnRH-RⅡ型有 SAFIL 基元；在 TM 7，GnRH-RⅠ型起始是 DLEGKVSHSLTH 等序列，而 GnRH-RⅡ型有 VTPEY 等基元。

GnRH-RⅠ型基因由 3 个外显子和 2 个内含子组成，5′旁侧区是 TATA 和 CAAT。GnRH-RⅡ型基因结构较为复杂。例如，虹鳟由 3 个或 4 个外显子组成，青鳉由 4 个外显子组成，红鳍东方鲀、鳗鲡、斑马鱼由 3 个外显子组成。

GnRH-R 基因的分布主要集中在生殖系统以及相关的器官和组织中，但每种鱼类 GnRH-R 的不同类型和亚型在组织或细胞中的具体分布有所不同。例如，条纹鲈和尖吻鲈的 GnRH-R 属于Ⅰ型，它在脑垂体高度表达，且在性腺成熟期的表达增加，而在脑和卵巢的表达较弱。相反，虹鳟的 GnRH-R 属于Ⅱ型，它在脑垂体的表达很弱，而在脑和性腺的表达较强。金鱼、鳟鱼、鲶鱼、罗非鱼等的Ⅱ型 GnRH-R 主要在不同的脑区（如视顶盖、下丘脑、端脑、小脑）表达，而在脑垂体、性腺、视网膜的表达较弱。金鱼、鲶鱼、鳗鲡等中Ⅰ型 GnRH-R 的分布比Ⅱ型 GnRH-R 广，但主要是在脑垂体表达。金鱼Ⅰ型和Ⅱ型 GnRH-R 在脑垂体促性腺激素分泌细胞表达，而在生长激素分泌细胞的表达较弱；罗非鱼Ⅱ型 GnRH-R 的 A 亚型和 B 亚型在脑垂体促性腺激素分泌细胞和催乳激素分泌细胞的时空表达也有所不同。条纹鲈Ⅰ型 GnRH-R 主要在脑垂体生长激素分泌细胞表达。

到目前为止，GnRH-R 属于这两个类型的代表种类包括鲑形目、鲤形目、鲶形目、鳗形目、颌针鱼目、鲈形目、鲀形目的鱼类，表明这两个 GnRH-R 类型的分布相当广泛。

哺乳类的 GnRH-R 与鱼类一样，也存在两个类型。最近的研究表明，两栖类的牛蛙有结构和分布都不同的三个类型 GnRH-R，它们都具有与 GnRH 特异结合的功能和不同的时空表达形式，因而都对生殖活动的调节起着重要作用。

值得注意的是，一种动物存在着不同类型以及亚型的 GnRH-R，它们是否具有不同的或独特的功能？要弄清这个问题，必须进行 GnRH-R 基因结构与调控、配体的特异性和选择性以及 GnRH-R 不同类型与亚型的组织/细胞分布等综合研究与分析。

3. GnRH 刺激 GtH 释放的信号转导（Signal Transduction）

对金鱼、鲤鱼、鲶鱼、罗非鱼等的研究表明，GnRH 刺激 GtH 释放都依赖于细胞外 Ca^{2+} 的有效性（Availability）。GnRH 和金鱼、鲶鱼、鳟鱼的脑垂体细胞一起孵育能剂量依存地使细胞内 Ca^{2+} 含量增加，而细胞内 Ca^{2+} 的含量至少有一部分是由于 GnRH 的作用而使细胞外 Ca^{2+} 通过"L 型"电压敏感通道流入。金鱼的促性腺激素分泌细胞具有这种类型的钙通道，能自发地使细胞外 Ca^{2+} 阵发式地流入，并且能自发产生 Na^+-和 Ca^{2+}-依存的动作电位。因此，GnRH 可能是通过改变促性腺激素分泌细胞的膜电位和自发性活动而介导细胞外的 Ca^{2+} 流入。

GnRH 刺激鱼类促性腺激素分泌细胞的作用也包括从细胞内的库存中把 Ca^{2+} 移动出来。在金鱼中，阻断 Ca^{2+} 流入和排除细胞外 Ca^{2+} 进入能够削弱由 sGnRH 诱导的细胞内

Ca^{2+} 增加和 GtH 释放。sGnRH 能使金鱼肌醇三磷酸（$InsP_3$）含量升高，而 $InsP_3$ 能刺激细胞内库存的 Ca^{2+} 释放出来。此外，在金鱼中，钙调蛋白（CAM）依存的酶类能介导细胞内钙增加。

如图 7-22 所示，GnRH 通过磷酸酯酶 C（PLC）介导的水解作用是 GnRH 信号转导通路的一部分，除产生肌醇三磷酸之外，还能通过产生甘油二酯（DAG）而激活蛋白激酶 C（PKC），从而移动细胞内库存的 Ca^{2+}。使用 PKC 抑制剂或排除 PKC 的细胞制剂可以证明 PKC 参与 GnRH 刺激 GtH 释放和增加细胞内 Ca^{2+} 的作用。和 GnRH 一样，PKC 的激活剂能调动细胞内和细胞外源的钙而使细胞内 Ca^{2+} 含量增加，但它们并不直接影响"L 型"钙通道。PKC 也参与性类固醇激素影响 GtH 释放的直接正反馈作用。在离体实验中，用睾酮处理能增强 PKC 激活剂引起的 GtH 释放反应，但不影响 Ca^{2+} 离子载体（Ionophore），表明性类固醇激素的正反馈作用能影响特定的第二信使通道。

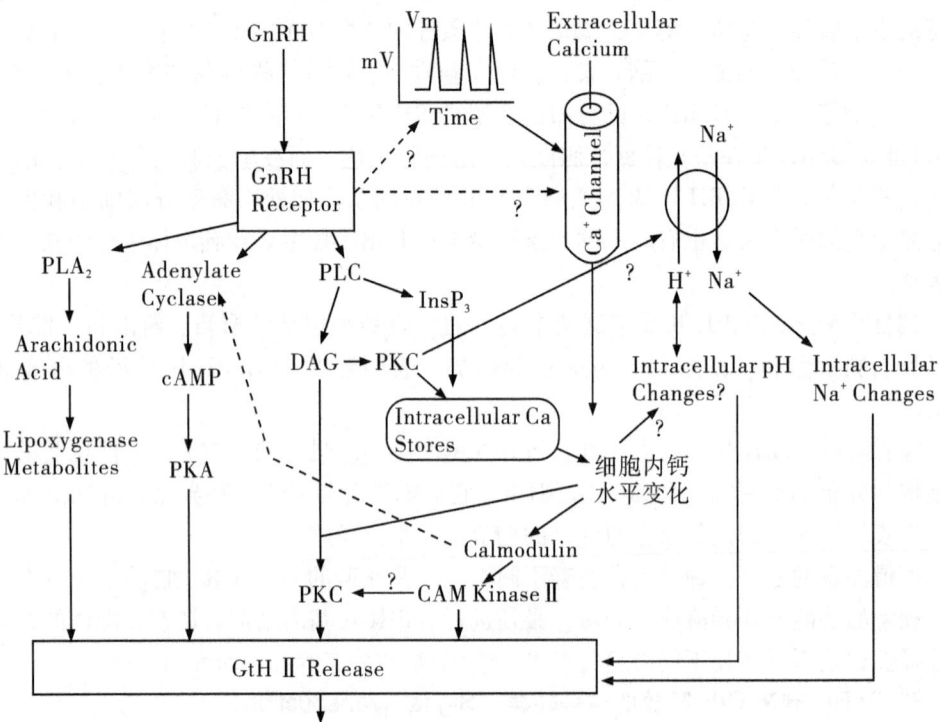

图 7-22　参与调控硬骨鱼类脑垂体促性腺激素细胞释放 GtHⅡ（LH）的细胞内信号通路示意图
CAM Kinase Ⅱ：钙调蛋白依存的激素 Ⅱ；DAG：甘油二酯；GnRH：促性腺激素释放激素；$InsP_3$：肌醇三磷酸；PKA：蛋白激酶 A；PKC：蛋白激酶 C；PLA_2：磷酸酯酶 A_2；PLC：磷酸酯酶 C。Adenylate Cyclase：腺苷环化酶；Arachidonic Acid：花生四烯酸；Calmodulin：钙调蛋白；Ca-channel：钙通道；Extracellular Calcium：细胞外钙；Intracellular Ca Stores：细胞内钙贮存；Intracellular Na^+ Changes：细胞内 Na^+ 变化；Intracellular pH Changes：细胞内 pH 变化；Lipoxygenase Metabolites：脂肪加氧酶代谢物（引自 G. Van Der Draak 等，1998）

GnRH 刺激 GtH 释放的另一个信号转导通道是磷酸酯酶 A_2（PLA_2）-花生四烯酸（AA）通道。使用 AA 和接着产生的脂肪加氧酶（Lipoxygenase）代谢物对于 GnRH 刺激 GtH 释放起着重要作用。

cAMP 也参与一些鱼类（如罗非鱼、鲶鱼）GnRH 刺激 GtH 释放的作用，但并非所有鱼类都一样。例如在金鱼中，GnRH 并不使 cAMP 含量增高，使用 cAMP 相关激酶的抑制剂也不会影响 GnRH 刺激 GtH 释放的作用。

最近的研究证明，其他一些新的第二信使系统也调节 GtH 的释放，如 Na^+/H^+ 交换器（Exchanger）以及 Na^+ 流入直接影响 GtH 释放，等等。

（二）抑制 GtH 释放的抑制性因子

对性成熟雌金鱼进行电流损伤试验的结果表明，破坏下丘脑外侧结节核靠近脑垂体柄区时会引起血清 GtH 含量急剧增高，并能持续至少 12 d，这些做过损伤手术的鱼尽管处于环境条件并不适宜于自然产卵的情况下（水温 12℃，没有产卵附着物等），绝大多数也能排卵，而对照组或在端脑背部做损伤手术的鱼都没有排卵。这证明下丘脑中存在着一种 GtH 释放的抑制因素，即促性腺激素释放的抑制因子（GRIF：Gonadotropin Release-inhibitory Factor），如果在脑垂体阻断 GRIF 的作用，就会使 GtH 自动释放。进一步的研究表明，GRIF 来自下丘脑视前隐窝区的前腹视前围脑室核（NPP：Nucleus Preopticus Periventricularis），并从这个中心经过侧视前区、前侧下丘脑和脑垂体柄而到达脑垂体（图 7 - 10）。采用 mGnRH 或 sGnRH 的抗血清对金鱼脑的免疫组织化学研究表明，GnRH 核周体主要集中在靠近视前围脑室核和视前核的外侧以及前围脑室前部的外侧视前区。所以，在金鱼下丘脑中，GnRH 核周体的分布和 GRIF 中心部位虽然靠近但并不重叠，说明它们有各自不同的细胞来源。将个体大小、性别、性腺发育状况相同的金鱼腺垂体移植到脑的不同部位后观察其对血清 GtH 含量的影响，进一步证明了 GRIF 的存在。这些移植的金鱼腺垂体，不管是移植到另一些金鱼脑旁边或者移入第三脑室靠近视前区，都能自动释放 GtH，表现为接受移植体的金鱼血清 GtH 含量增加，这说明在正常情况下原位腺垂体 GtH 的分泌活动是受到某种紧张性抑制的。再者，移植在脑旁边的腺垂体比移植到脑室内的腺垂体能释放较多的 GtH，这也表明脑室内存在着 GRIF。

对不同季节和不同性腺发育状况的雌雄性金鱼进行下丘脑电流损伤试验和腺垂体移植试验表明，在所有的性腺发育时期，雌雄性金鱼的 GtH 分泌活动都受到紧张性抑制，而 GRIF 的存在似乎是持续不断的，只是在性腺退化时期的雌鱼，其作用比较小。这表现为雌金鱼 GtH 分泌能力有明显差别：处于性腺退化时期，GtH 自动分泌的能力较弱；而在性腺成熟处于排卵前期，GtH 的分泌能力最强。

此外，金鱼脑垂体的超显微结构研究也表明，损伤下丘脑特定部位以清除 GRIF 的来源之后，脑垂体的 GtH 细胞处于分泌和合成活动都很活跃的状态。

由于早期的研究提到有些儿茶酚胺能够抑制孵育的虹鳟脑垂体释放 GtH，因此进而研究各种影响儿茶酚胺合成或胺能神经元活动的药物对金鱼血清 GtH 含量的影响。6-羟多巴胺是儿茶酚胺的神经毒素，能引起血清 GtH 含量增高，表明儿茶酚胺神经元抑制 GtH 的释放。利血平能使儿茶酚胺等神经递质在神经元突触前末梢消失，也能引起血清 GtH 含量升高，表明儿茶酚胺参与抑制 GtH 的释放。儿茶酚胺的生物合成过程包括多巴胺、去甲肾上腺素和肾上腺素的产生，而每个生物合成步骤都由不同的酶起催化作用（图 7 - 23）。用 α-甲基 - 副 - 酪氨酸（α-MPT：Alpha-methyl-para-tyrosine）抑制多巴胺的前身物二羟苯丙氨酸（L-多巴）的合成以及用卡必多巴（CBD：Carbidopa）抑制 L-多巴转变为多巴胺，都能引起血清 GtH 含量增高。但是，用二乙基二硫氨基甲酸（DDC：Diethyldithiocarbamate）抑制多巴胺转变为去甲肾上腺素，对血清 GtH 含量没有影响。这些研究结果说明多巴胺对 GtH 分泌可能起抑制作用。

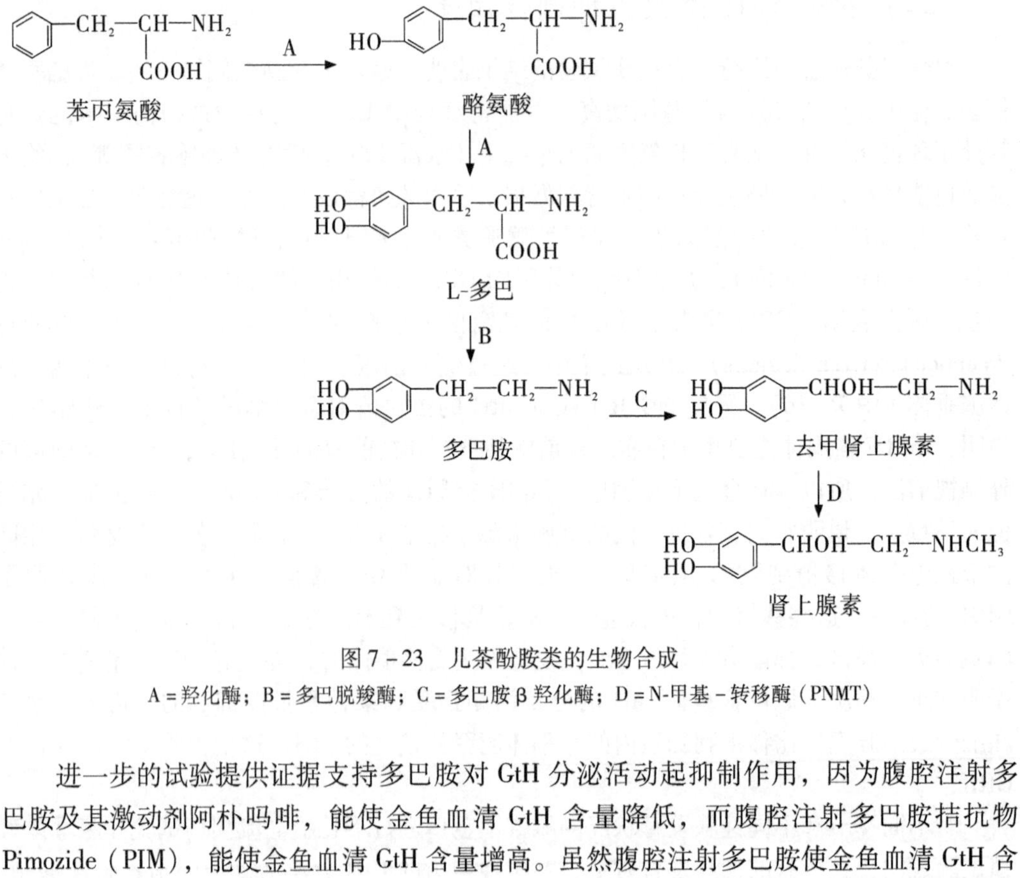

图 7 - 23　儿茶酚胺类的生物合成
A = 羟化酶；B = 多巴脱羧酶；C = 多巴胺 β 羟化酶；D = N-甲基 - 转移酶（PNMT）

　　进一步的试验提供证据支持多巴胺对 GtH 分泌活动起抑制作用，因为腹腔注射多巴胺及其激动剂阿朴吗啡，能使金鱼血清 GtH 含量降低，而腹腔注射多巴胺拮抗物 Pimozide（PIM），能使金鱼血清 GtH 含量增高。虽然腹腔注射多巴胺使金鱼血清 GtH 含量降低，但在第三脑室注射多巴胺对金鱼血清 GtH 含量却没有影响。已经知道多巴胺在哺乳类不能越过血脑屏障；同样，金鱼对多巴胺似乎也存在着血脑屏障，因为长期对金鱼腹腔注射放射性标志的多巴胺都没有发现其积累在脑内。由于脑垂体位于血脑屏障之外，而金鱼的 GtH 细胞为神经垂体神经元的轴突纤维所直接分布，这种神经元在形态上与胺能神经元相似，所以，从身体周围而不是从中枢神经系统给予的多巴胺能影响金鱼血清的 GtH 含量，这表明多巴胺是作用于血脑屏障之外的脑垂体而抑制 GtH 的分泌。

　　随后进行的一系列离体和在体的试验都证明多巴胺直接作用于金鱼脑垂体以抑制 GtH 的自动分泌。离体试验中，用金鱼脑垂体的碎片或分散细胞在柱形的灌流系统中孵育，能自动释放大量 GtH；如果在灌流液中加入多巴胺，就会使 GtH 自动释放的量减少。在体试验中，金鱼损伤视前区后由于体内 GRIF 被消除而使 GtH 自动分泌作用增强，从而使血清 GtH 含量增高；但如果对这些金鱼腹腔注射多巴胺或阿朴吗啡，就会使损伤视前区已经升高的血清 GtH 含量降低下来。同样，金鱼腺垂体移植体有很高的 GtH 自动释放速率，使血清 GtH 含量明显升高；对这些鱼注射多巴胺或阿朴吗啡，也会使接受腺垂体移植而导致升高的血清 GtH 含量明显降低。此外，多巴胺也明显抑制由 mGnRH-A 诱导的金鱼 GtH 的分泌活动，因为腹腔注射多巴胺或阿朴吗啡能明显降低由于注射 mGnRH-A 所刺激的血清 GtH 含量增加的幅度，而且这种抑制作用是剂量依存关系的，与多巴胺使脑垂体的 GnRH 受体数量减少有关。

另一方面，注射多巴胺的拮抗物 Pimozide 或 Domperidone，能明显增强 mGnRH、mGnRH-A 或 sGnRH 诱导金鱼血清 GtH 含量增高的作用，而且这种增强作用也是剂量依存关系的。

如果多巴胺是起 GRIF 的作用，则能阻抑多巴胺的合成，或者使多巴胺从神经元突触前的神经纤维末梢耗尽的药物都会影响到鱼类对注射 GnRH 后的反应性。事实上，对金鱼和大鳞副泥鳅的试验都表明，腹腔注射 6-羟多巴胺、利血平、α-MPT 和卡比多巴等都明显增强 mGnRH-A 诱导 GtH 释放的作用。这进一步证明多巴胺起着 GRIF 的作用。

免疫组织化学的研究证明，金鱼视前隐窝区的前腹视前围脑室核（NPP）存在着多巴胺能的核周体，这些多巴胺神经元通过外侧前区和前下丘脑的两侧神经束突入到脑垂体。这种多巴胺能的前腹视前围脑室核和神经通路的位置与前面提到的通过电流损伤试验所确定的 GRIF 中心及其通道相一致。电流损伤破坏 GRIF 的神经通道之后也使得 GtH 细胞附近的多巴胺能神经末梢退化。这些结果进一步证明了多巴胺在金鱼中起着 GRIF 的作用。

许多研究已经证明，硬骨鱼类卵母细胞的最后成熟和排卵是由于 GtH 大量而迅速的释放所诱导。对性成熟雌金鱼，注射多巴胺拮抗物 Pimozide 不仅能增强 mGnRH-A 刺激 GtH 分泌的作用，还能使血液 GtH 含量升高到自然产卵的水平并且诱导排卵，显著提高排卵率。所以，金鱼的排卵反应可能既取决于血液 GtH 含量升高的幅度，也取决于含量升高的速率。因为血液 GtH 含量虽大量但缓慢地增加，如由单独注射高剂量的 mGnRH-A 或埋植含有高剂量 mGnRH-A 小丸所引起的，却不能有效地诱导金鱼排卵。可见，在正常鱼体的情况下，清除多巴胺对 GtH 分泌的抑制作用和增强 GnRH 对 GtH 分泌的刺激作用，对于迅速而大量增加血液循环中 GtH 含量以及诱导排卵，很可能都是必要的。

由于多巴胺对 GtH 分泌的抑制作用是经常存在的，而注射 Pimozide 后引起的血液基础性 GtH 含量升高和增强 mGnRH-A 诱导的血液 GtH 含量升高的幅度，都和金鱼卵巢发育的程度有紧密联系，即卵巢退化的金鱼其血液 GtH 含量升高的幅度小，卵巢正在发育的金鱼其血液 GtH 含量升高的幅度较大，而卵巢发育成熟临近排卵的金鱼其血液 GtH 含量升高的幅度最大，所以，可以认为多巴胺抑制 GtH 的作用强度是随着卵巢发育的进展而增强的。此外，金鱼视前区电流损伤引起血液 GtH 含量升高的幅度也随着性腺再发育的进展程度而增加。因此，多巴胺这种抑制作用强度的增强是为了使金鱼在进入生殖季节面临着容易释放的 GtH 库增大时能保持较低的血液循环 GtH 水平，以便在排卵时能有大量的 GtH 迅速释放出来。

进一步的研究还表明,多巴胺抑制 GtH 分泌的作用是通过多巴胺能受体,而不是通过 α-或 β-肾上腺素能受体。因为多巴胺及其激动剂阿朴吗啡和 Bromocryptine 等都能抑制金鱼体内 GtH 的自动释放以及由 GnRH 刺激的 GtH 释放;而多巴胺受体拮抗物 Pimozide、Domperidone 等都能促使金鱼体内 GtH 自动释放以及由 GnRH 刺激的 GtH 释放,其中以 Domperidone(DOM)的作用最强,Pimozide(PIM)次之。相反,注射 α-肾上腺素能受体的拮抗物酚妥拉明(Phentolamine)或者 β-肾上腺素能受体的拮抗物 Propranolol 等对金鱼血液的 GtH 含量都没有影响。由于 Bromocrytine 是特异性的多巴胺能 D-2 受体激动剂,而 Pimozide、Domperidone 等又都是特异性的多巴胺能 D-2 受体拮抗物,因此可以认为多巴胺在金鱼中是通过特异性的 D-2 受体而实现其 GRIF 的作用。

多巴胺抑制 GnRH 诱导 GtH 释放的作用可能是通过几个互相联系的信号转导系统而介导的,包括多巴胺抑制 GnRH 促进 Ca^{2+} 的移动和肌醇三磷酸($InsP_3$)含量的升高、抑制 cAMP 的产生、影响 PKC 和 cAMP 的作用,等等。多巴胺虽然不影响 AA 诱导 GtH 的释放,但可能会影响 AA 的移动。此外,多巴胺抑制了在细胞内参与调控 GtH 合成与释放的多种信号通路,不仅会调节 GtH 对神经内分泌因子释放反应的量度和敏感度,还会影响到 GtH 持续的释放量。

最近的研究结果表明,多巴胺对 GtH 自动释放和 GnRH 诱导 GtH 释放的抑制作用广泛存在于鲑形目、鲤形目、鳗形目、鲻形目、鲶形目、鲈形目和其他科目的一些鱼类中。

综合上述的理论研究成果,可以确定硬骨鱼类 GtH 分泌活动受到神经内分泌的双重调节:促性腺激素释放激素(GnRH)刺激它的释放,而多巴胺起促性腺激素释放的抑制因素(GRIF)的作用,既抑制 GnRH 的作用,也抑制 GtH 的自行释放(图 7-24)。

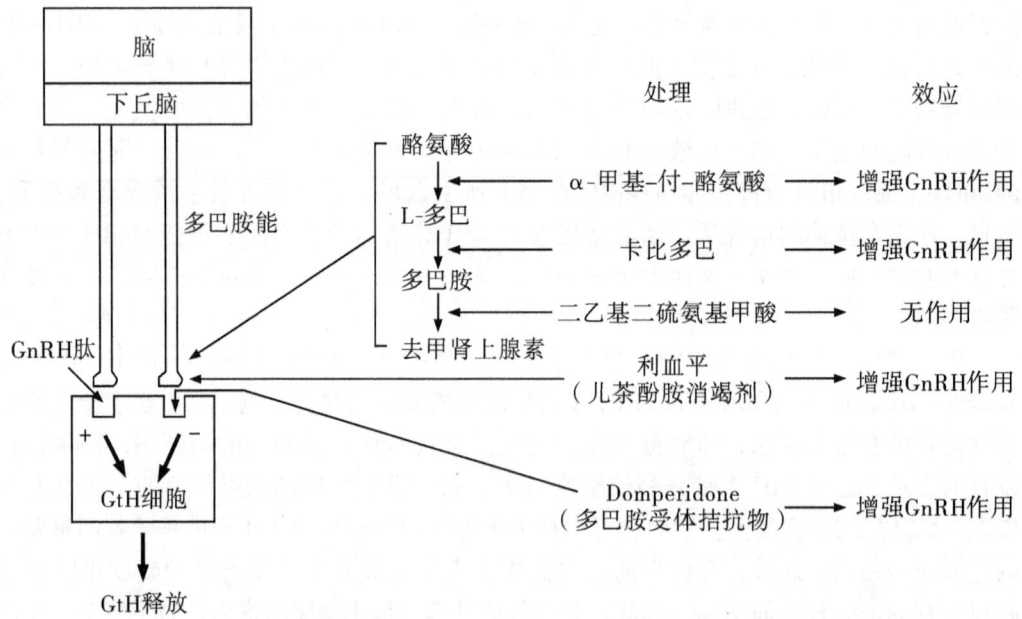

图 7-24 硬骨鱼类促性腺激素分泌活动受到神经内分泌双重调节的示意图

研究表明，多巴胺对 GtH 分泌的抑制作用强度在不同的鱼类中可能有所不同。例如，多巴胺的抑制作用在许多鲤科鱼类是很强的，对于金鱼，如果不注射多巴胺拮抗物 PIM 或 DOM，LHRH-A 或其他的 GnRH 类似物对促使 GtH 释放的剂量依存反应就不能表现出来。对于鲤鱼也是一样，必须注射 DOM 以抑制多巴胺的作用，才能表现 LHRH-A 和 sGnRH-A 之间活性的差别以及 sGnRH-A 诱导 GtH 分泌和排卵的剂量依存反应。对于长春鳊和大鳞副泥鳅，单独注射高剂量的 LHRH-A 也能促使 GtH 分泌和排卵，不过 LHRH-A 和 PIM 的协同使用能增强 GtH 释放的反应并缩短排卵的效应时间。多巴胺对 GtH 分泌的抑制作用强度在鲑鳟鱼类中较弱，但随着性腺发育成熟而有所增强。此外，在鲈形目的大西洋绒须石首鱼（*Micropogoniar urdulates*）中未能检测到多巴胺抑制 GtH 释放的作用。

前面已经介绍（D-精氨酸[6]）-sGnRH-A 对刺激鱼类 GtH 释放是 sGnRH 的类似物当中效果最好的一种，它比 LHRH-A 对金鱼脑垂体受体有更高的亲和力。因此，对诱导养殖鱼类人工产卵，sGnRH-A 有很大的优点。

正如图 7-24 中所列出的，许多种药物都能够阻断多巴胺对 GtH 释放的抑制作用。例如，利血平（RES）是儿茶酚胺的消竭剂，能有效地增强 LHRH-A 的作用，但它有一定的副作用，在生产中应用不太理想。在鱼类，PIM 和 DOM 是多巴胺最有效的拮抗物，特别是 DOM，它的活性比 PIM 还要强些，又不能通过血脑屏障，因此不会产生影响神经中枢的副作用。所以，使用 DOM 来阻断多巴胺抑制 GtH 分泌作用对诱导养殖鱼类排卵和产卵是比较理想的。

经过一系列的理论研究和生产实验，确定采用 GnRH 类似物（LHRH-A 或 sGnRH-A）和多巴胺拮抗物 DOM 作为高活性的新型鱼类催产剂以诱导鱼类人工繁殖，并于 1987 年在新加坡举行的"诱导鱼类繁殖"国际学术会议上定名为"林彼方法"（Linpe Method，即以林浩然和 Peter 的名字命名）。

表 7-4 归纳了使用 DOM 和 LHRH-A 或 sGnRH-A 诱导我国主要淡水养殖鱼类排卵的有效剂量。"林彼方法"对各种鱼类诱导排卵与产卵的有效性是根据以下几个指标来确定的：① 相当高（80% 以上）而稳定的催产率；② 卵巢排卵完全或者基本产空；③ 排卵效应时间短而有规律；④ 排出的卵质量好，受精率高；⑤ 亲鱼诱导排卵或产卵后不会影响下一次性腺正常发育成熟和生殖能力。到目前为止，各种主要的淡水养殖鱼类采用"林彼方法"诱导人工繁殖，都能达到上述指标。

高活性新型鱼类催产剂与传统使用的鱼类催产剂（鱼脑垂体匀浆液和人体绒毛膜促性腺激素）相比较的主要优点是：催产效果好而稳定；药物是人工合成的，成本低，来源不受限制，效价能长期保持稳定；排卵和产卵的效应时间短而有规律性，有利于安排生产；操作简便，只需进行一次注射，大大减少劳动力；没有副作用，亲鱼催产后的死亡率显著降低。目前，这种高活性新型鱼类催产剂已在我国各地鱼苗场推广使用并取代供不应求的传统鱼类催产剂，取得很好的生产效果，对我国近几年鱼类养殖产量的提高起了重大作用。加拿大的 Syndel 公司根据"林彼方法"制成鱼类催产注射液，商品名为"Ovaprim"，在世界各地销售。

表 7-4　诱导我国主要淡水养殖鱼类排卵和产卵的"林彼方法"

种　类	水　温	处　理	排卵效应时间/h
鲤鱼	20~25℃	Domperidone (5 mg/kg) + LHRH-A (10 μg/kg) Domperidone (1 mg/kg) + sGnRH-A (10 μg/kg)	14~16 14~16
鲢鱼	20~30℃	Domperidone (5 mg/kg) + LHRH-A (20 μg/kg) Domperidone (5 mg/kg) + sGnRH-A (10 μg/kg)	8~12 8~12
鲮鱼	22~28℃	Domperidone (5 mg/kg) + LHRH-A (10 μg/kg)	6
鳊鱼	22~30℃	Domperidone (3 mg/kg) + LHRH-A (10 μg/kg)	8~10
草鱼	18~30℃	Domperidone (5 mg/kg) + LHRH-A (10 μg/kg)	8~12
鳙鱼	20~30℃	Domperidone (7 mg/kg) + LHRH-A (50 μg/kg)	8~12
青鱼	20~30℃	Domperidone (5 mg/kg) + LHRH-A (10 μg/kg) 6 h 后再注射 Domperidone (7 mg/kg) + LHRH-A (15 μg/kg)	6~8

最近的研究表明，硬骨鱼类下丘脑分泌产生的阿片样肽（Opioid Peptide）能与 MU-型受体结合，在脑垂体水平抑制 GnRH 释放，从而减弱 GtH 的分泌活动。

二、性类固醇激素对 GtH 分泌的反馈作用

在鱼类性腺发育期间，性类固醇性激素对 GtH 的分泌有负反馈作用，在产卵期间尤为明显。例如，鳟鱼在精巢开始发育之前进行阉割，血液的 GtH 水平只略为升高；在精巢发育的早期阉割，血液的 GtH 水平升高约 2 倍；而在繁殖季节进行阉割则增高约 5 倍。如果给阉割的成熟雄鳟鱼注射睾酮，或者在脑垂体埋植 11-酮基睾酮，血液中很高的 GtH 水平就会降低下来。这种负反馈作用的机理是：当血液中的性类固醇激素（雌激素或雄激素）达到一定水平时就会与脑垂体和下丘脑的特异性受体相结合，阻止 GnRH 释放，使 GtH 分泌降低，从而使性类固醇激素含量相应降低并保持一定的水平（图 7-25）。

所以，注射抗雌激素物质，如克罗米芬柠檬酸盐（Clomiphene Citate）或者三苯氧胺（Tamoxifen），以便与雌激素在脑垂体和下丘脑的特异性受体进行竞争性结合，从而阻断雌激素的负反馈作用，就会人为地提高血液中 GtH 和性类固醇激素的水平，并且可以诱导脑垂体未被切除的成熟金鱼、鲶鱼、泥鳅排卵以及曾为消炎痛阻碍的鲤鱼排卵。在脑垂体内埋植克罗米芬柠檬酸盐和三苯氧胺，能使性成熟雌金鱼的血液 GtH 水平增高。如果在下丘脑外侧结节核中埋植三苯氧胺，也能使血液 GtH 水平增高，但不及在脑垂体内埋植那样明显。这说明，作为性类固醇激素负反馈作用的部位，脑垂体可能比外侧结节核重要些。

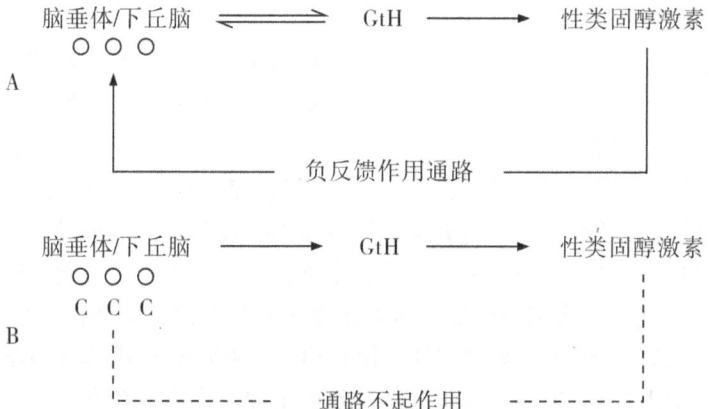

图 7-25 鱼类性类固醇激素对 GtH 分泌的负反馈作用示意图

A. 表示负反馈作用正常进行。性类固醇激素和位于下丘脑与脑垂体的特异性受体相结合而阻抑 GtH 的分泌活动；B. 表示下丘脑或脑垂体的特异性受体为抗雌激素克罗米芬分子所结合，使性类固醇激素所产生的负反馈作用受到阻断，GtH 的分泌作用不受控制，性类固醇激素的分泌也随之增加

进一步研究结果表明，性类固醇激素的负反馈作用是由 GABA 能刺激 GnRH 释放作用的减弱和多巴胺能抑制 GnRH 释放作用强度的增强而介导的。在鳟鱼，原位杂交的结果表明，雌激素受体 mRNA 出现在端脑腹部（VT）、视前区（POA）和内侧基底下丘脑（Medial Basal Hypothalamus）；此外还发现酪氨酸羟化酶阳性神经元和 GABA 神经元，这与性类固醇激素结合位点以及雌激素受体的分布情况相似，它们都靠近 GnRH 神经元的分布部位，但并不互相重叠。

性类固醇激素间接的负反馈作用还和 GnRH 系统有联系。鲑科和丽鱼科的雄鱼被阉割后，GnRH 神经元和 GnRH mRNA 含量在 VT-POA 区减少；在早熟的雄性马苏大麻哈鱼，性类固醇激素对 GnRH mRNA 含量的负反馈作用只限于 VT 脑区而不影响 GnRH 神经元细胞体的 POA 区，这表明不是所有在下丘脑 VT-POA GnRH 系统的 GnRH 神经元都受到性类固醇激素负反馈作用而影响 GnRH 的合成。

在性未成熟的金鱼，性类固醇激素对 GtH 的分泌有正的反馈作用。在脑垂体和下丘脑外侧结节核植埋睾酮，能使一龄大西洋鲑鱼 GtH 在血液中的浓度和在脑垂体中的含量明显增加。对性成熟虹鳟腹腔注射睾酮也使脑垂体的 GtH 含量增加。雌激素以及可以芳化（Aromatize）为雌激素的雄激素是使虹鳟提高 GtH 分泌的有效性类固醇激素。给未成熟的雌雄性欧洲鳗鲡注射雌二醇后显著促进 GtH 细胞的活性。同样，给未成熟的雄性和雌性日本鳗鲡多次埋植性类固醇激素（如睾酮或雄烯二酮），也能通过正反馈作用刺激脑-脑垂体-性腺轴，促进促性腺激素释放激素以及促性腺激素和性类固醇激素等的合成与释放，从而诱导精巢和卵巢发育成熟。由此看来，性类固醇激素能在下丘脑-脑垂体轴上起作用，以刺激性未成熟硬骨鱼类的 GtH 合成，而这可能就是启动性腺发育或成熟作用机理的一部分。此外，虹鳟和褐鳟在配子生成开始时，血清中的雌二醇水平会暂时性升高，这可能是它们在性未成熟时已产生适量的类固醇，以便对脑垂体的 GtH 产生正反馈作用。

性类固醇激素正反馈作用主要反映在性未成熟鱼类中，但其刺激作用也会出现在一些性成熟的鱼类中。在性成熟的非洲鲶鱼、罗非鱼和鲑鳟鱼类，用性类固醇激素处理能使脑垂体 GtH Ⅱ β mRNA 含量增加。性类固醇激素对 GtH Ⅱ 合成的影响是直接作用于脑垂体水平。用睾酮处理金鱼和青鱼的脑垂体制剂，使 GtH Ⅱ mRNA 含量增加。部分性类固醇激素的正反馈作用也可以通过影响下丘脑 GnRH 神经元而介导。埋植睾酮或雌二醇使虹鳟 VT-POA 区和脑垂体的 GnRH 含量增加；同样，用甲基睾酮处理使马苏大麻哈鱼 POA 区的 GnRH 神经元数量增加。尽管性类固醇激素的正反馈作用包括 GtH 合成和 GnRH 神经元的输入，但睾酮短时间处理使 GnRH 增强刺激 GtH 释放的作用，并不完全取决于细胞内 GtH Ⅱ 含量或者 GnRH 受体数量的增加。这表明性类固醇激素的正反馈作用可能也会影响到促性腺激素分泌细胞的刺激 - 释放偶联作用机理的其他一些成分。

利用放射自显影技术已经确定性类固醇激素在绿太阳鱼（*Lepomis cyanellus*）、斗鱼（*Macropodus opercularis*）、新月鱼和金鱼等脑中的结合部位。在斗鱼，^{3}H 标记的睾酮大量结合在脑垂体，此外的结合部位是外侧结节核、侧隐窝核（Nucleus Recessus Lateralis）、视前核腹方、视前围脑室核腹方以及端脑腹部腹区（Ventral Area of Pars Ventralis）。同位素标记的雌二醇在绿太阳鱼、新月鱼和金鱼中也可以看到类似的结合部位，只是在金鱼中，结合部位还包括后下丘脑的后围脑室核（Nucleus Posterior Periventricularis）和该核背方的丘脑围脑室区（Thalamic Periventriculer Region）。总的看来，性类固醇激素在脑的主要结合部位是外侧结节核、视前区、端脑腹部，以及后下丘脑一部分和脑垂体。除了外侧结节核和脑垂体参与性类固醇激素的反馈作用之外，它们在脑的其他结合部位的机能意义还不清楚。

三、促性腺激素分泌的周期性

虹鳟、褐鳟（*Salmo trutta*）、大西洋鲑鱼、溪红点鲑（*Salvelinus fontinalis*）、大鳞大麻哈鱼（*Oncorhynchus tschawytscha*）和红大麻哈鱼（*O. nerka*）等秋季产卵的鲑科鱼类，它们全年生殖周期的血液和脑垂体 GtH 水平曾被较系统地分析测定。

雄性鲑科鱼类通常在每年 2~3 月精子发生开始时血液的 GtH 水平最低；在精母细胞增殖时略为升高，然后保持相当稳定的水平到 7 月份；由 7 月到 11 月，血液 GtH 水平渐次增高而与精巢里出现精子细胞和精子相联系。但是，对处于精子生成时期的虹鳟，每周取样测定的结果表明：血液 GtH 水平虽然升高，但并不稳定。脑垂体的 GtH 含量也是在精子生成时期最高。在天然水域中生长的红大麻哈鱼，也以在产卵场捕获的精子正在生成的性成熟鱼血液的 GtH 水平为高。由此可以认为，血液 GtH 水平的逐渐升高对促进性腺的发育是必要的，而精子生成时尤为需要高的 GtH 水平。

雌性鲑科鱼类一般在性未成熟时血液 GtH 水平最低，晚春当卵母细胞开始发育时，血液 GtH 水平略为升高，和雄鱼相似；以后，随着卵母细胞的发育，血液 GtH 水平也逐渐升高。在卵母细胞成熟时，各种鲑鳟鱼类血液 GtH 水平非常高，但在不同种类之间或同种的个体之间有差别。例如，虹鳟血液的 GtH 水平在排卵后数十天内下降。但是，GtH 水平的高低和发生变化的时间受到排出卵在雌鱼体内停留情况的影响：保留排出卵的排卵亲鱼，血液 GtH 水平在排卵后 23 d 达到最高峰（约为 100 ng/mL），并且直到 41 d 后还很高；而把排出卵挤出体外的雌鱼，在排卵后 23 d 血液 GtH 水平较低（约为 50 ng/mL），并在 30 d 后下降到产卵前的水平。所以，血液 GtH 的高水平对于保持已排出卵巢但尚停留在雌鱼体内的卵细胞的生育能力是重要的；而排出卵巢的卵细胞可能通过某种途径影响下丘脑 – 脑垂体轴，从而使 GtH 的分泌保持高速率。

鲤科鱼类通常都在春季产卵。对鲤鱼血液和脑垂体的 GtH 水平进行年周期分析测定表明，雄鲤的血液 GtH 水平随着性腺发育而逐渐增高。在春季接近繁殖活动时，脑垂体的 GtH 水平最高。正在生殖的雄鲤，其血液 GtH 水平比生殖前提高 2 倍多，这说明生殖期间 GtH 的分泌受到短时间刺激。雌鲤在冬季和初春，血液 GtH 下降到其年周期的最低水平。在产卵前，血液 GtH 水平急剧增高，产卵后降低（图 7 – 26）。夏季雌鲤的卵巢开始重新发育，这时血液的 GtH 水平也达到高峰。金鱼血液的 GtH 水平随着性腺的逐渐发育而升高。夏季和秋季卵巢退化的雌金鱼，其脑垂体 GtH 水平要比冬季和春季卵巢正在发育或已经完全再次发育成熟的低。将成熟雌金鱼移入底有沙石、水面有人造漂浮植物、水温为 21℃ 的产卵池中，排卵发生于次日的下半夜，血液 GtH 水平在排卵开始时上升，在夜间大约 8 h 达到高峰水平，而在排卵后的早上降低，但仍比未排卵的鱼高些。雄金鱼在生殖行为开始后 1 h 血液 GtH 水平升高，并保持大约 3 h，与此同时，在生殖行为开始后 1 h，精液量增多。当成熟雌金鱼的血液 GtH 增加到高峰时，血浆中的皮质醇也大量增多。可以认为：金鱼在产卵时血液中 GtH 水平迅速而大量地增加是保证其繁殖顺利进行的生理反应之一。因为它们在冬季的低温下性腺继续发

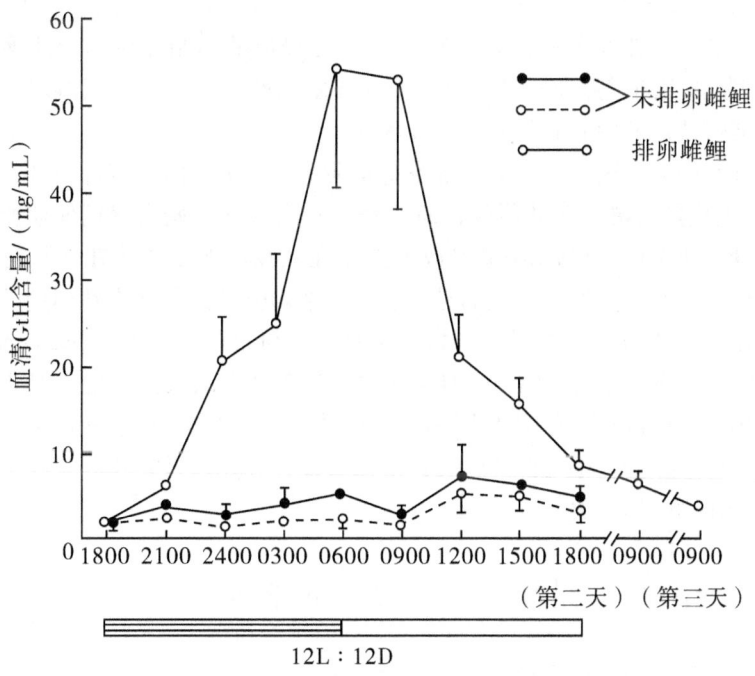

图 7 – 26　鲤鱼在排卵期间血液中 GtH 水平的急剧变化

育并较长时间地保持成熟的卵巢，在遇到适合于繁殖的环境条件时就在 1~2 d 内排卵。这和鲑鳟鱼类不同，它们在卵巢成熟后秋季产卵，对环境条件没有特别严格的要求，并且能在产卵之前把已排出卵巢的卵保留在体内几个星期。

对丁鲅（*Tinca tinca*）、长臀鮠（*Cranoglanis boudesius*）和拟鲤（*Rutilus rutilus*）等血浆和脑垂体 GtH 水平的生殖周期和季节变化也曾进行了研究。它们在性未成熟时血液 GtH 水平很低；丁鲅在性腺开始发育时血液 GtH 水平有短暂上升，而在产卵季节血液 GtH 水平明显增高；长臀鮠在性腺发育后期脑垂体 GtH 含量最低，而在性腺发育成熟和排卵时血液 GtH 含量最高。

在鱼类性腺发育成熟的生殖周期中，GtHⅠ（FSH）和 GtHⅡ（LH）的合成和分泌活动有所不同。在虹鳟和罗非鱼，卵黄发生期之前的雌鱼和性腺发育成熟的雄鱼，脑垂体中 GtHⅠ β mRNA 较多；相反，卵黄生成期间直到卵黄生成期完成的雌鱼和精子形成期间的雄鱼，GtHⅡ β mRNA 的含量要比 GtHⅠ β 高。在金鱼，脑垂体中 GtHⅠ和 GtHⅡ的 β mRNA 含量都随着性腺发育成熟的周期性而增加，但 GtHⅠ β 的含量通常都低于 GtHⅡ β。金鱼、鲶鱼等在性腺发育成熟后期 GtHⅡ释放活动增强与 GnRH 受体数量增加密切相关，但与 GnRH 受体的亲和力无关。金鱼在性腺开始发育的早期也发现脑垂体的 GnRH 受体数量短时间增加，这可能与在性腺开始发育时 GnRH 刺激 GtHⅠ分泌活动增强相联系。

在欧洲鳗、褐鳟、大麻哈鱼、鲽鱼等鱼类中都观察到在下丘脑（特别是 VT-POA 区）中 GnRH 的含量随着性腺发育成熟的周期性而增加；同样地，在非洲的丽鱼和其他一些鱼类中，随着性腺发育成熟还观察到下丘脑视前区 GnRH 细胞体的体积有所增加。

前面已经提到，在许多鱼类中，DA 对 GtHⅡ释放的抑制作用随着性腺发育成熟而增强；DA 抑制作用的增强和 GtH 细胞对 GnRH 敏感性的加强能互相协调和平衡地在排卵和产卵之前保持血液中 GtHⅡ的适宜含量。

其他的神经内分泌因子在鱼类性腺发育成熟的生殖周期中也起重要作用。在金鱼，NE 只在性腺退化期刺激 GtHⅡ释放，而 GABA 只在性腺开始发育期促使血液中 GtHⅡ含量升高。NPY 和 5-HT 刺激 GtHⅡ释放的作用在性腺成熟期要比在性腺退化期和性腺发育期显著得多。此外，值得注意的是，有些神经内分泌因子在生殖周期的不同时期还可以由刺激作用转变为抑制作用，例如在大西洋绒须石首鱼（*Micropogonias undulatus*）中，GABA 抑制性腺发育成熟鱼的 GtHⅡ释放，却刺激性未成熟鱼的 GtHⅡ释放。虽然目前还未能阐明不同的性腺发育时期和不同的季节如何影响神经内分泌因子调控 GtH 释放的作用，但这些变化很可能与性类固醇激素反馈作用以及环境因子在下丘脑和脑垂体水平的综合作用密切相关。

四、环境因素对促性腺激素分泌的影响

在各种环境因素中，以光照和温度对硬骨鱼类 GtH 分泌的影响较为明显。

许多研究已经表明：缩短光周期能促进秋季产卵的鲑鳟鱼类的性腺发育。在较高的

(16℃)和较低的(8℃)温度下,恒定的长光周期和短光周期对精子生成都没有影响。但是,处于短光周期下的两组鳟鱼完成了精子生成,而处在16℃的一组鳟鱼(即恒定长光周期组)则有较大的精巢。在光周期缩短的条件下,鳟鱼血清GtH水平要比处在相同温度而光周期恒定条件下的鱼高。到试验结束时,在16℃和短光周期下的鳟鱼,其血清GtH水平比其他组的鱼都要高。除光周期影响外,处于16℃的鳟鱼,其血清GtH水平要比相同光周期而处于8℃下的水平高些,这说明在16℃下GtH有较高的分泌速率。雌虹鳟受光周期和温度变化对其血清GtH水平产生的影响与雄虹鳟相似。

最近的研究表明,通过持续的光周期作用,可以调控舌齿鲈(*Dicentrarchus labrax*)雌鱼的产卵期;在持续的短光周期(9L:15D)影响下,二龄舌齿鲈的产卵期比对照组(自然光周期)提早27~53 d,而在持续的长光周期(15L:9D)影响下,产卵期推迟41~48 d。

鲤科鱼类和大多数温带淡水鱼类在春季和初夏产卵,在冬末和春季受较长光周期和较高温度的影响而性腺发育成熟。但也有一些种类在性腺发育开始时需要低的温度,并且还要求短光周期。由于各种鱼类能以不同方式适应它们的生殖周期,因而对环境因素的影响也会产生不同的反应。

在较高温度下,不管光周期或性腺状况如何,金鱼通常都有较高的血清GtH水平。但是,较高的温度对性腺的作用则取决于时间长短、光周期状况和生殖周期的不同阶段。在长光照(16 h光亮和8 h黑暗)和21℃±1℃时,血液GtH高峰常出现在中午12时;如果是长光照而温度在12℃±1℃时,高峰则在下午4时;如果是短光照(8 h光亮和16 h黑暗),则无论温度高低,血液中的GtH水平都不出现明显的高峰。通常,较高的水温和较长的光照期对金鱼血液中GtH水平的提高有较明显的影响。性腺正在发育的金鱼,长时间(60 d或90 d)处于恒定的长光周期和较高或较低的温度下,能促进性腺发育。不过较高的温度和长光周期在9 d左右对卵巢生长就会产生明显的促进作用。春季正常成熟的金鱼,处于较高温度和短光周期下30 d后卵巢就会退化,尽管血清GtH水平还比较高。同时,较高的温度对金鱼的成熟卵巢会很快产生不良的影响,因为温度升高数天后,萎缩的卵母细胞数目增多。

前面已经提到,性腺发育成熟的雌金鱼,其血清GtH水平有明显的昼夜周期性,而性腺退化的雌金鱼则没有。处在长光照和较高或较低的温度下,或者在短光照和较低的温度下9 d左右,成熟雌金鱼血清GtH水平的昼夜周期性明显,但处于短光周期和较高的温度下则没有血清GtH水平的昼夜周期变化。雌金鱼长时间处于较高温度和短光周期下,其成熟卵母细胞的萎缩也和血清GtH水平昼夜周期性的消失同时出现。此外,对于性腺退化的雌金鱼,较高的温度能够使血清GtH水平增高,但并不能刺激性腺发育,通常也没有血清GtH水平的昼夜周期性。由此可以认为:血清GtH水平的昼夜周期性对促进和保持性腺成熟状态是重要的。

血清GtH水平昼夜周期性对促进性腺成熟的重要性可能和性腺GtH受体的昼夜周期性有关。例如,金鱼在一天的特定时间注射低剂量鲑鱼粗提GtH(SG-G100)或鲤鱼脑垂体提取液能诱导性腺发育,这表明金鱼对GtH的反应有昼夜周期性。此外,用鲑鱼GtH、LH和前列腺素处理离体的鲻鱼卵母细胞时,所产生的cAMP量在24 h内有不同的变化。这些研究表明：硬骨鱼类性腺的 GtH 受体可能有昼夜周期性，而血清 GtH 水平的昼夜周期性和性腺受体周期性之间的同步性可能对诱导性腺发育是必要的。

温度也影响到 GtH 的代谢清除率（MCR：Metabolism Clearance Rate）和脑垂体的 GtH 分泌率。在 12℃，性腺退化的雌金鱼对 GtH 的 MCR 最低，性腺正在发育的次之，而性腺已发育成熟的最高。而在 20℃，性腺退化的和性腺正在发育的雌金鱼，GtH 的 MCR 比 12℃ 分别提高 1.6 倍和 1.1 倍。以 GtH 的 MCR 和血清 GtH 水平为基础来计算，GtH 的脑垂体分泌率在 12℃ 时也是性腺退化的雌金鱼最低，性腺正在发育的次之，而性腺已经发育成熟的最高；而在 20℃，性腺退化的和性腺正在发育的雌金鱼的脑垂体 GtH 分泌率分别提高 6.3 倍和 2.5 倍。性腺正在成熟的和性腺已经发育成熟的金鱼卵巢比性腺退化的金鱼卵巢，对 GtH 有较多的结合；而且，当温度由 12℃ 上升到 20℃，性腺正在发育的雌金鱼对 GtH 的吸收较快。给性未成熟的虹鳟注射部分提纯的 GtH 后暂养在三个不同的温度下，然后测定血液中的 GtH 水平，发现血液中的 GtH 清除率随着环境温度的下降而降低。性成熟金鱼对腹腔注射的外源鲤鱼 GtH 的吸收率在 20℃ 时要比在 12℃ 时高；内源的 GtH 不随温度的升高而增加；而血液中 GtH 的半消失时间（Half-disappearance Time）却随温度的升高而缩短，也即 GtH 在血液中的 MCR 随温度的升高而增大。所以，在较高水温下，注射外源的 GtH 很快从腹腔为金鱼的血液所吸收，而 GtH 在血液中的代谢与消失也较快，如果时间掌握不好，就容易导致注射 GtH 催产的失败。此外，观察 [125]I 标志的 GtH 在金鱼体内的分布和代谢情况，发现温度升高能促进性腺正在发育的金鱼对的吸收，但对性腺趋向退化的金鱼则没有影响。性腺正在成熟的金鱼在 20℃ 下能很快吸收外源的 GtH，在注射后 15 min 即达到最大值；而性腺趋向退化的卵巢吸收得很少。这些现象都可能与 MCR 随着卵巢发育的进展及温度的升高而加快有关。

环境因素（光周期、温度等）可能直接作用于中枢神经系统以调节控制 GtH 的分泌。温度还能直接作用于性腺、生殖细胞、类固醇激素的代谢等。例如，温度对 GtH 分泌速率的影响可能和对代谢率的影响相类似，即温度对下丘脑-脑垂体-性腺轴上的各个部位产生直接的效应；而较高的温度对金鱼成熟性腺的不良影响也可归因于代谢方面的变化以及影响到 GtH 分泌的昼夜周期性。温度能使金鱼精巢产生的主要雄激素发生变化，表明较高的温度可能直接影响到性腺。驯养于 10℃ 的金鱼，GtH 能引起血浆中脂类代谢发生变化，并可能影响到性腺。此外，如果长期处于较高温度下，金鱼的性腺也能再次发育，说明它们对较高温度的不良影响能产生某种补偿作用。

对鲤科和鳉科鱼类的研究证明：光周期对性腺发育的影响是通过松果体和眼睛而起作用的。驯养在长光周期和较高与较低温下的性腺已成熟和性腺正在发育的金鱼和欧鳊，在切除松果体后性腺退化。驯养在长光周期和 18℃ 的青鳉（*Oryzias latipes*），在变盲或切除松果体后性腺也发生退化。另一方面，切除松果体能促进驯养在短光周期和较低或较高温度下的金鱼性腺发育。驯养在短光周期和较高温度下的青鳉和欧鳊也有类似的结果。而性腺退化的金鱼切除松果体后，处于各种不同环境条件下，对性腺情况都不会产生明显的影响。

性腺成熟的金鱼在切除松果体和盲眼后处于长光周期和较高温度下只需 7~9 d 就

失去血清 GtH 水平的正常昼夜周期性，性腺成熟系数也有所下降。另一方面，切除松果体但未盲的性成熟雌鱼处于短光周期和较高温度下能使血清 GtH 水平昼夜周期性再次出现，而性腺成熟系数却未发生变化。这些研究结果表明，在长的或短的光周期下，松果体对性腺的促进或抑制作用，可以部分地归因于对 GtH 分泌的昼夜周期性的影响。至于松果体和眼睛传送光周期信息是神经活动方式或是化学传递，目前还不是很清楚。但后一种可能性较大，因为注射松果体分泌的褪黑激素（Melatonin）能抑制硬骨鱼类性腺的发育。

五、鱼类促性腺激素亚单位基因表达的调控

在 GnRH 作用下，GtH 亚单位基因的表达水平增加；通常，GtH α 和 GtH Ⅱ β（LH β）亚单位的 mRNA 含量增加都要高于 GtH Ⅰ β（FSH β）。在金鱼和鲤鱼，GtH 亚单位基因对 GnRH 表达的反应与性别和生殖周期密切相关；但在非洲鲶鱼，注射 GnRH 后 GtH α 和 LH β 亚单位的 mRNA 开始降低，8 h 后才增加；而对阉割后的鱼和游离的脑垂体细胞，GnRH 并不能使 GtH α 和 LH β 亚单位的 mRNA 水平增加，表明 GnRH 对 LH β 亚单位的基因表达没有直接作用；LH β 亚单位基因水平在 8 h 后升高，是由于 GnRH 注射后 LH 释放引起性类固醇激素大量产生所致。罗非鱼的脑垂体 GtH 细胞在 PACAP 作用下，GtH α、FSHβ 和 LH β 亚单位的 mRNA 含量都增加，GtH α 亚单位对 GnRH 的转录反应也增强，表明 PACAP 能和 GnRH 相互作用刺激脑垂体细胞释放 GtH。

GnRH 受体（属于 G-蛋白偶联受体）引起细胞核作用的信号是由胞质蛋白质激酶家族（Cytosolic Protein Kinases）的激活促细胞分裂原蛋白质激酶（MAPK；Mitogen-activated Protein Kinase）所传导，它们包括细胞外信号调控激酶（ERK 1/2）、jun N-端激酶（JNK 1/2/3）、p38 MAPK 和大 MAPK（ERK 5）。激活 MAPK 的能量传送到细胞核而启动基因表达，从而形成由细胞膜上的受体进入到细胞核内的信号通路。

在 GnRH 作用下，罗非鱼脑垂体细胞磷酸化的 ERK（PERK）含量增加，PKC 和 PKA 参与这个反应，也介导 GnRH 诱导 GtH 亚单位的基因表达。然而，抑制 PKC 或者 MAPK 激酶（MEK），虽然降低 ERK 水平以及 GtH α 和 LH β 亚单位转录体含量，但并不影响到 FSH β 亚单位的 mRNA 含量。这表明 GnRH 通过 PKC 和 PKA 在 ERK 水平的协同作用调控罗非鱼 GtH α 和 LH β 亚单位的转录，而 GnRH 调控 FSH β 亚单位的转录是通过 PKA 通路，与 PKC 和 ERK 没有关系。PACAP 38 和 NPY 能增强 GnRH 对 GtH 细胞的刺激作用，也能直接作用于 GtH 细胞调控 GtH 亚单位基因的表达；但 PACAP 能刺激 GtH 三个亚单位的基因表达，而 NPY 只调节 GtH α 和 LH β 亚单位的 mRNA，而对 FSH β 亚单位没有影响（图 7-27）。

如前所述，性类固醇激素对鱼类脑垂体 GtH 细胞起正的或负的反馈作用取决于性腺发育的不同阶段和生殖周期的不同季节。此外，性类固醇激素对 FSH 和 LH 的影响有所不同。通常，FSH 对性类固醇激素负反馈作用较为敏感，例如，鳟鱼埋植 E_2 后，脑垂体 FSH 含量降低 30 d；T 或 E_2 使银大麻哈鱼 FSH 转录体明显下降，给金鱼投喂含有性类固醇激素的颗粒饲料也使 FSH mRNA 减少。金鱼阉割后 FSH β 亚单位的 mRNA 含

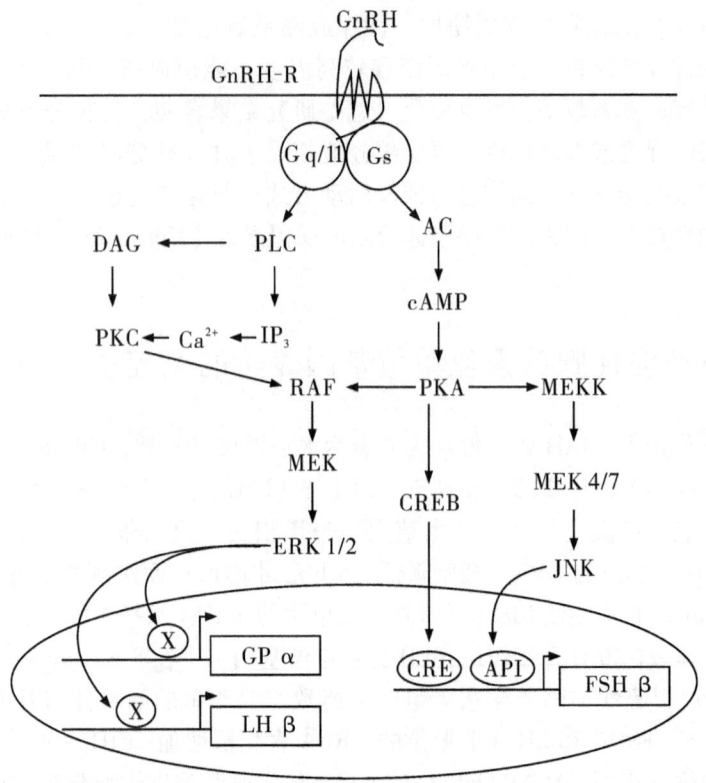

图 7-27 促性腺激素释放激素（GnRH）刺激罗非鱼促性腺激素（GtH）亚单位基因表达的主要信号转导通路

AC：腺苷环化酶；AP1：激活蛋白质 1 应答元件；cAMP：环腺苷酸；CRE：cAMP 应答元件；CREB：CRE 结合蛋白；DAG：甘油二酯；ERK 1/2：细胞外信号调控激酶 1/2；G q/11：激活 PLC 产生的蛋白；Gs：促进 AC 产生的蛋白；GP α：即 GtH α；IP_3：肌醇三磷酸；JNK：jun N-端激酶；MEK：MARK 激酶；MEK 4/7：MARK 激酶 4/7；MEKK：MARK 激酶 K；PKA：蛋白激酶 A；PKC：蛋白激酶 C；PLC：磷酯酶 C；RAF：受体活性因子；X：表示任何一种转录因子 SF1、Pitx 1 和雌激素受体或者它们的组合（引自 Z. Yaron 等，2006）

量升高，而用 T、E_2 或 11-KT 能使升高的含量降低。T、E_2 或者可芳香化的雄激素能使许多鱼类的 LH β 亚单位 mRNA 水平升高，脑垂体 LH 含量增加。欧洲海鲈埋植性类固醇激素后，使 LH β 亚单位 mRNA 对 GnRH 的反应增强，但对 FSH β 亚单位没有影响。非洲鲶鱼脑垂体细胞和 T 或 E_2 一起孵育后，LH β 亚单位转录体和 LH 合成都明显增加。

将金鱼脑垂体细胞和基因重组的刺激素（Activin）A 与 B 一起孵育，能剂量依存地导致 FSH β 的 mRNA 含量增加而 LH β 亚单位 mRNA 水平降低；刺激素也能刺激其他一些鱼类 FSH β 亚单位 mRNA 含量增加，但抑制 LH β 亚单位 mRNA 的作用出现明显的生殖周期变化，在性腺退化期明显而到达性腺成熟期有所减弱；也就是说，随着鱼类性腺发育成熟，刺激素抑制 LH β 表达的作用减弱。这表明刺激素对鱼类的 FSH 和 LH 起着不同的调节作用。刺激素的结合蛋白即促滤泡素抑制素（Follistatin）的作用正好相反，抑制 FSH β 亚单位而增强 LH β 亚单位的表达，这进一步证明刺激素参与脑垂体内调控鱼类 GtH 的自分泌/旁分泌系统。

第五节 性别决定和性别分化

鱼类的性别决定（Sex Determination）取决于遗传因素（性别决定基因）并受到环境因素（如温度）的影响。性别分化（Sex Differentiation）包括精巢和卵巢的分化和发育过程（形态学、生理学和分子生物学的变化）以及脑和脑垂体的性别分化。

一、性腺的早期发生

性腺由生殖细胞（Germ Cell）和体细胞（Somatic Cell）组成。生殖细胞发育成为卵子和精子，体细胞发育成为腺体的内分泌细胞和支持细胞。软骨鱼类和四足类性腺的体细胞来自腹膜腔的衬细胞（Lining Cell）（即生殖嵴）和中肾芽基（Mesonephric Blastema），而硬骨鱼类性腺的体细胞只来自组成腹膜腔衬里的生殖嵴。

与许多其他的动物一样，鱼类的生殖细胞从受精卵植物极的颗粒细胞质中形成，包含母体衍生的编码一个 DNA 解旋酶（Helicase）的 mRNA。在斑马鱼胚胎，由 vasa 基因（果蝇 vas 基因）编码的 DNA 解旋酶 mRNA 和四个特征不同的细胞联系；这些细胞增殖而形成原始生殖细胞（PGC：Primordial Germ Cell），其特点是含有碱性磷酸酶和 VASA 蛋白。

生殖细胞到达生殖嵴后就为体细胞所包围。在大多数情况下，它们分化为雌性性腺要早于分化为雄性性腺，如尼罗罗非鱼，雌性与雄性性腺之间发生第一次减数分裂的时滞（Time Lag）为 3~5 个星期。

硬骨鱼类性腺早期分化的特征是形成雌雄不同的生殖管道和腔。在雌鱼，性腺背区和腹区的体细胞延伸形成纵板（Longitudinal Plate）；它们向两侧生长并互相融合在一起，或者和腹膜腔衬里的细胞突起形成卵巢腔，腔内衬以体细胞；向尾部延伸的卵巢腔没有生殖细胞，将成为输卵管。在雄鱼，精巢的体细胞之间起初是形成裂缝，而后逐渐形成输精管。

二、性别决定

（一）遗传性别决定（Genetic Sex Determination）

1. 参与性别决定的基因

在无脊椎动物和脊椎动物中，参与性别决定的是含有 DM 区（参与果蝇 Drosophila [Dsx] 和线虫 Caenorhabditis elegans [Mab3] 性别决定的基因之间，经过鉴别为同源的一个模体）的基因家族。这些基因之一是 SRY-aY 连接基因，它只在塞托利（Sertoli）细胞表达，与启动人和鼠的精巢分化有关。SRY 通过阻抑精巢分化的其他负调控作用基因（如 DAX1）而起作用。其他的性别决定基因（Sox9、SF1、Wt 等）是带染色体，它们编码的 DNA 结合蛋白也参与雄性性别决定过程。它们的作用方式是：形成一个功能性串联，SRY 在其中起作用，引导 Sox9 表达并与 Wt1 和 SF1 协同作用激活 AMH（编码抗-苗勒氏激素，Anti-Müllerian Hormones）基因以及其他一些精巢发育需求基因的转录。近年来，我国学者在泥鳅、黄鳝、刺鳅等鱼类也获得一些有关 SRY 同源性的研究结果，但尚未能确认 SRY 是否是鱼类性别决定的基因。

在雌鱼的发育中，DAX1 可能通过和 SF1 的直接联系而抵消 AMH 的激活。鱼类也有 SF1 和 Sox9 同源物；由于 Sox9 在雌性和雄性的性腺发育过程有不同的表达，所以可以推断它在罗非鱼雄性的性别决定过程中起作用。

在青鳉（*Oryzias latipes*）的 Y 染色体发现与 SRY 相当的 DMY。这个基因的自然变异能导致 XY 鱼类的雌性化。原位杂交研究表明，DMY mRNA 的位置是在包围原始精巢生殖细胞的细胞中。只有 XY 青鳉的胚胎能够检测到 DMY mRNA，而 XX 胚胎则没有。这些特征表明，DMY 是鱼类雄性决定基因的主要候选基因。在 XY 青鳉性腺的体细胞中还发现与 DMY 有 80% 同源的一种 DM 相关基因，即 DMRT1，但它在性别分化之前还没有表达。在虹鳟，DMRT1 在精巢分化过程中表达，而在卵巢分化过程中不表达。这些以及其他一些实验结果表明，与其他脊椎动物一样，DMRT1 在虹鳟的精巢分化过程中起重要作用，尽管在虹鳟卵巢中也能检测到 DMRT1 基因的一些表达。用等级群分析法（Hierarchical Clustering Method）对虹鳟进行许多基因概况分析，结果表明，在早期雄性分化过程中，一些特异性基因群起增量调节作用，包括 DMRT1、Sox9、SF1、AMH 和其他一些参与雄激素合成的基因。AMH 在雌性性腺分化过程中一直保持低水平。起增量调节作用的雌性特异性基因包括编码芳香化酶和卵黄蛋白原受体的基因。

2. 鱼类的性染色体

对大约 1700 种鱼类进行了细胞遗传学特性分析，发现其中只有 10% 的鱼类具有明显的性染色体（Sex Chromosome）。它们当中的 2/3，雄性是异形配子性别（Heterogametic Gender），即在 XY 系统有雄性特异性 Y 染色体；而只有 1/3 的鱼类，雌性是异形配子性别，即在 ZW 系统有雌性特异性 W 染色体。但是，参与性别决定的基因能够分布在整个基因组中。在这样的多基因系统（Polygenic System）中，在不同染色体上的性别决定基因座能够在子代随机分离，因此，性别决定于一个个体所接受的所有遗传性别因子的累积遗传作用，而不是决定于单个基因座的等位基因状态（Allelic State）。

（二）外界因素对性别决定的影响

1. 温度的影响

与定温的脊椎动物（鸟类和哺乳类）不同，变温脊椎动物的性别决定是胚胎或幼体处在外界温度条件下进行的。于是，在许多变温脊椎动物，温度能够抑制遗传因素对性别发育的影响而控制性别决定。这种现象称为依赖温度的性别决定（TSD；Temperature Dependent Sex Determination），鱼类亦经常出现这种现象。在大多数情况下，高温有助于雄性决定，而低温则导致较高的雌性比例。但也出现相反的情况，如舌齿鲈（*Dicentrarchus labrax*）和斑点鮰（*Ictalurus punctatus*），高温使雌性的百分比增加；牙鲆（*Paralichthys olivaceus*）则是另一种情况，在极度的温度下，如高温（25~27.5℃）或低温（15℃）时出现雄性化效应，而在中等温度（20℃）下，性比接近1:1。TSD只在特定的发育时期才起作用，如罗非鱼受精后14~24 d，在这个时期，对性类固醇激素的处理也很敏感。TSD的作用机理是温度直接地或者通过调节处于性别分化串联上游的Sox9等基因的表达而改变芳化酶基因表达，进而影响鱼类早期性腺的类固醇激素生成。

2. 社会因素的影响

在一些雌雄同体鱼类，其社会单位（即"家族"）通常由一些较小的个体（即雌鱼和幼鱼）和一个较大的起支配作用的雄鱼组成。如果这尾雄鱼消失或者不能保持它对所有其他鱼类的控制时，一尾最大的雌鱼就会变性而承担雄鱼的作用。例如，雌性先熟的丝鳍花鮨（*Anthias squamipinnis*）、斜带石斑鱼（*Epinephelus coioides*）、纵纹九棘鲈（*Cephalapholis boenak*）以及雄性先熟的双锯鱼（*Amphiprion*）都出现这种现象。这种社会因素引起的性别改变可能是鱼类需要最大限度地保持它们的生殖能力，并受到它们社会单位内鱼的个体大小、社会等级、性别比例等的影响。

三、性类固醇激素和性别分化

雌激素能诱导鱼类性腺分化为有功能的卵巢，而雄激素能诱导遗传型雌鱼的雄性化。因此，内源的雌激素起着"雌性引诱剂（Gynoinducer）"作用，而内源的雄激素起着"雄性引诱剂（Androinducer）"作用。

由于鱼类的早期性腺中已证明存在着雄激素和雌激素的受体，这为外源性类固醇激素诱导性腺分化的作用机理提供了依据。用雄激素处理能有效地诱导许多种鱼类雄性化，处理方式包括拌入饲料中口服、浸泡、注射和埋植鱼体内缓慢释放等，其中17α-甲基睾酮（MT）最为常用。同样，用雌激素处理（如雌二醇、乙炔雌二醇、二乙基己烯雌酚）能使许多种鱼类雌性化。这些类固醇激素的有效剂量为口服5~500 mg/kg饲料和浸泡50~1 000 μg/L溶液，依鱼和化合物的种类、处理的时间和方式而异。例如，刚孵化的大鳞大麻哈鱼在400 μg/L的MT溶液中浸泡一次就能达到100%雄性化；尼罗罗非鱼在开始摄食时浸泡在5 μg/L MT溶液中75 h然后摄食50 mg MT/kg饲料40 d能达到雄性化；而鲤鱼在孵化后需摄食100 mg MT/kg饲料40~70 d才能雄性化。各种雄激素的效能也有所不同，以19-去甲-乙炔睾酮的效能最强，依次是17α-甲基睾酮、11-酮基睾酮和雄烷二酮，这可能是它们与性类固醇激素受体的亲和力不同以及性类固醇激素本身的代谢活动特点有关。此外，性类固醇激素处理的时机和持续时间十分重要。通常，原初性腺开始组织分化的时候或者稍前是最敏感的时期。许多顺序性雌雄同体（Sequential Hermaphrodite）硬骨鱼类，它们在低龄时体内产生一种类型的配子，然后进行性别转变而在高龄时产生另一种类型的配子，包括前述的先雄后雌（Protandrous）雌雄同体鱼类（如许多鲷科鱼类）和先雌后雄（Protogynous）雌雄同体鱼类（如许多石斑鱼类）。许多实验已证明，注射、埋植或投喂外源性类固醇激素能有效地诱导这些先雄后雌或先雌后雄的雌雄同体鱼类发生性别转化，而且在性别转化过程中常伴随雌激素或雄激素明显地升高或降低，表明性类固醇激素在性别转化过程起重要作用。

第六节 性腺的构造和配子形成

一、精巢和精子发育成熟

精子的发育成熟包括两个阶段，即精子发生（Spermatogenesis）和精子形成（Spermiogenesis）。

（一）精子发生

初级精原细胞在精巢小叶内经过不断的有丝分裂与增殖而形成许多次级精原细胞，这是增殖期。次级精原细胞停止分裂而进入生长期，原生质增长，成为初级精母细胞。初级精母细胞进行第一次减数成熟分裂而变成两个次级精母细胞，它们再经过第二次减数分裂而形成单倍体的精子细胞，染色体减少一半，细胞体积也变小，这是成熟期（图7-28）。

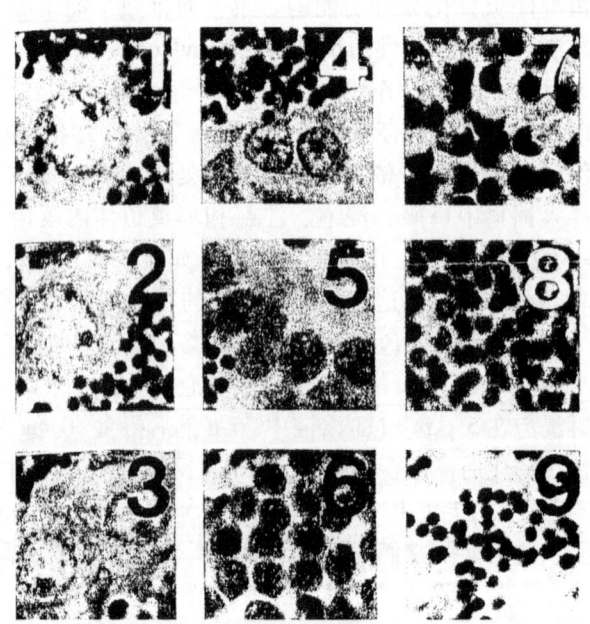

图7-28 鲤鱼（*Cyprinus carpio*）雄鱼生殖细胞（放大825倍）的发育过程
1和2. 单个的干精原细胞（Stem Cell Spermatogonium）；3. 成对的初级精原细胞（Primary Spermatogonia）；4. 成对的次级精原细胞（Secondary Spermatogonia）；5. 一群初级精母细胞（Primary Spermatocyte）；6. 一群次级精母细胞（Secondary Spermatocyte）；7. 一群正在减数分裂的次级精母细胞；8. 一群精子细胞（Spermatid）；9. 许多精子（引自 R. Patino 和 J. M. Redding, 2000）

（二）精子形成

精子细胞经过核与细胞质重组以及形态的变化（形成头部、颈部、中段和尾部，并产生鞭毛）而形成精子。除鲟鱼外，鱼类的精子没有顶体，这可能与鱼卵母细胞有卵孔有关。

精子的发育成熟与温度高低有关。例如鳉鱼，由初级精母细胞发育到精子形成，在15℃时约需20 d，在25℃时只需12 d。

鱼类精巢的基本构造有两个类型：叶状型和管状型（图7-29）。绝大多数种类的精巢结构是叶状型的，只有少数种类如花鳉（*Poecilia*）是管状型的。

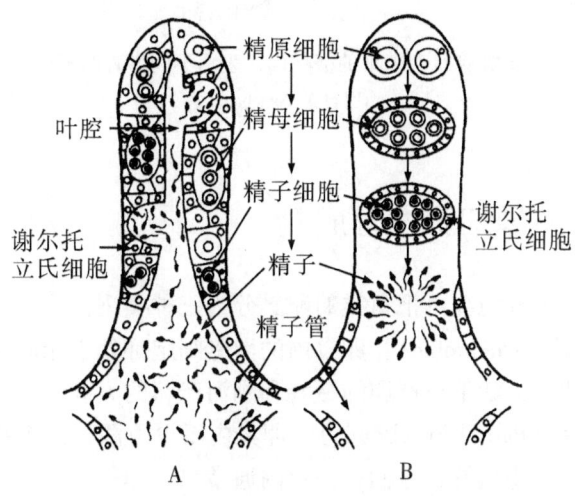

图7-29 硬骨鱼类精巢基本构造的两个类型
A. 叶状型；B. 管状型（引自 Y. Nagahama）

叶状型的精巢由许多小叶组成，小叶之间为纤维结缔组织的薄层隔开。在小叶内，初级精原细胞在有丝分裂过程时形成生精囊（Spermatocyst），内含许多精原细胞。在精子发育成熟过程中，一个生精囊内的所有生殖细胞都处于同一个发育阶段，经过精子发生与精子形成之后，生精囊内充满成熟的精子，生精囊最后扩大而破裂，精子释放到与输精小管相通的叶腔内。管状型精巢由许多在外固有层之间定向排列的小管组成，每个小管都通向一中央腔。初级精原细胞只分布在小管盲端，并形成生精囊；随着精子发生和精子形成的进行，生精囊逐渐向中央腔推移；中央腔与输精小管相通，靠近中央腔的生精囊破裂而把成熟的精子释放到中央腔内。小叶或小管之间为间质，由间质细胞组成，此外还有成纤维细胞、血管和淋巴（图7-30）。小叶或小管本身也有两种细胞，即生殖细胞和排列在小叶或小管周围的体细胞，称为塞托利细胞（Sertoli Cell），由它们组成小叶或小管内的生精囊。

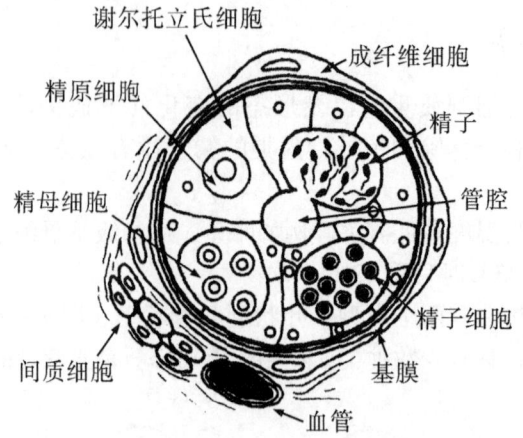

图 7-30　鱼类管状型精巢的横切面，表示不同发育时期的生殖细胞
引自 Y. Nagahama

二、卵巢和卵母细胞发育成熟

按照卵母细胞的发育情况可把鱼类的卵巢分为三种类型：

(1) 完全同步型（Synchronic）：卵巢内的卵母细胞都处于相同的发育阶段，通常一生中只产卵一次就死亡，如下海产卵的鳗鲡和溯河产卵的大麻哈鱼。

(2) 部分同步型（Partial Synchronic）：卵巢内至少由两种处于不同发育阶段的卵母细胞群组成，如虹鳟、鲽鱼等，它们在一年内通常只产卵一次，生殖季节相当短。

(3) 不同步型（Asynchronic）：卵巢内含有各个发育阶段的卵母细胞，一年内产卵多次，生殖季节相当长，如金鱼、鳉鱼。

卵母细胞的发育成熟包括三个阶段：

1. 卵母细胞增殖期

初级卵原细胞通过有丝分裂不断增殖而产生许多次级卵原细胞。

2. 卵母细胞生长期

次级卵原细胞生长发育为初级卵母细胞。次级卵原细胞开始生长时处于细胞分裂的细线期（Leptotene Stage），细胞核外周有许多核仁；核仁产生大量的核蛋白体（Ribosome-RNA）和编码卵母细胞持续生长所需蛋白质的 mRNA，如卵黄蛋白元受体、卵黄加工酶（组织蛋白酶 Cathepsin）。这个时期又可再分为小生长期和大生长期。

(1) 小生长期：是指卵母细胞的核与原生质的生长，而卵膜由单层滤泡上皮组成。这个时期持续的时间比较短。

(2) 大生长期：指卵母细胞的卵黄生成（Vitellogenesis）阶段，是卵母细胞相当长的生长期。由于卵黄积累而使卵母细胞的体积显著增大，如虹鳟的卵母细胞，在此生长期直径由 20 nm 增大到 4 mm。这个时期的卵膜由双层滤泡上皮（即颗粒细胞层和膜细胞层）组成（图 7-31）。

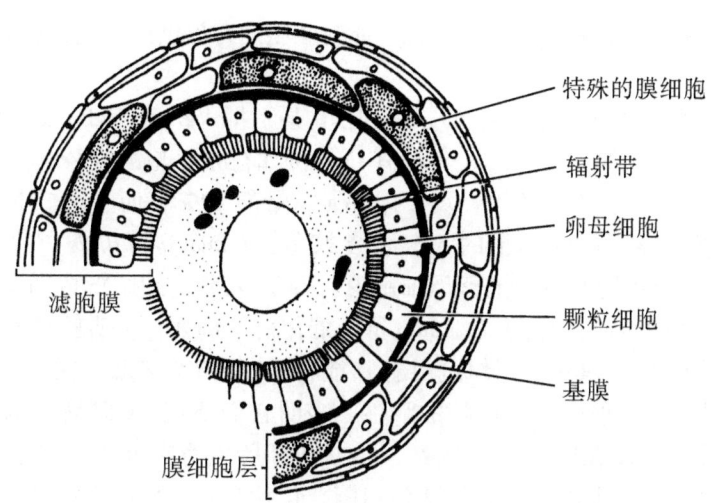

图 7-31　硬骨鱼类卵母细胞的双层滤泡膜结构示意图
引自 Y. Nagahama

鱼类卵母细胞通常有三种类型的卵黄物质，即油滴（Oil Drop）、卵黄囊（Yolk Vesicle）、卵黄球（Yolk Globule）。油滴最初出现在围核区，然后迁移到卵母细胞周围；它们出现时间的迟早因种类而异，如虹鳟，卵黄囊形成不久就出现油滴。卵黄囊含有黏多糖或糖蛋白，通常是最早在卵母细胞内出现的卵黄物质。电镜观察表明，内质网和高尔基体可能参与卵黄囊的形成，它们能结合 ^3H 标志的组氨酸和葡萄糖，表明它们可能是在卵母细胞内形成，因而是自体合成的或内源性的。卵黄囊先在卵母细胞的外周出现，逐步向中髓部扩展；随着卵母细胞的生长，它们的数量增多、体积增大。到卵母细胞发育成熟时它们又都移到卵母细胞外周而形成所谓的皮层小泡（Corticol Alveoli），在受精时起一定作用，其成分在受精后进入围卵腔内。卵黄球起初是在卵母细胞外围由许多被以囊泡的小球融合而成，体积逐渐扩大而融合成大团卵黄。到卵母细胞成熟时，细胞质内绝大部分是卵黄球，它们往往互相融合成一块，并由于水合作用而变得透明。鱼类与其他非哺乳类脊椎动物一样，在卵黄生成阶段，肝脏受到雌二醇的促进作用而合成雌性特有的蛋白质——卵黄原蛋白（Vg：Vitellogenin），释放到血液而运送到卵巢。电镜观察表明，Vg 以微胞饮作用掺入到卵母细胞内。其过程是：Vg 由毛细血管通过滤泡膜细胞之间的细胞外间隙，穿过基膜（Basal Lamina）；经过滤泡颗粒细胞之间的空隙，再穿过绒毛膜的微管而到达卵膜（Oolemma）；然后，Vg 和卵膜上的特异性受体结合，Vg-受体复合物经过内化作用（Internalize）而形成有被小窝（Coated Pit）；它们脱离卵膜而在卵质中形成有被小囊（Coated Vesicle）；有被小囊和溶酶体样的多泡体（Lysosome-like Multivesicular Body）融合，Vg 进行第一次蛋白酶剪切（Proteolytic Cleavage）而形成卵黄蛋白。因此，大部分卵黄蛋白是在卵母细胞外面合成的，亦即异体合成的或外源性的。鱼类卵黄蛋白的成分和两栖类、鸟类一样是由卵黄脂磷蛋白（Lv：Lipovitellin）和卵黄高磷蛋白（Pv：Phosphivitin）组成的。前者是主要的卵黄蛋白质，含有约 20% 的脂类，是鱼类胚胎发育的氨基酸和脂质来源；后者主要由多丝氨酸（Polyserime）组成，和磷结合并使卵黄蛋白具有钙结合的特性，能为胚胎发育提供矿物质，有助于骨髓发育和各种代谢功能。

许多鱼类都有两种不同的 Vg 转录体和蛋白质，即 VgA 和 VgB。最近在斑马鱼和其他一些鱼类中还发现第三种 VgC，它没有 Pv。例如在条斑星鲽（*Verasper moseri*），VgA 二聚体的分子量为 530000～550000，约占 Vg 总量的 40%，而 VgB 二聚体的分子量为 500000～520000，约占 Vg 总量的 60%。食蚊鱼（*Gambusia affinis*）的 VgC 分子量为 400000，以二聚体贮存在发育的卵母细胞内。Vg 进入卵母细胞形成卵黄蛋白的第一次降解是由溶酶体的组织蛋白酶（Cathepsin）催化的。例如，金头鲷的卵巢可分离出组织蛋白酶 B、D 和 L，其中的组织蛋白酶 D 能将 Vg 裂解为多肽。在卵母细胞发生过程中，卵巢都具有这三种组织蛋白酶的活性，表明它们能把 Vg 降解成为单个的卵黄蛋白；而组织蛋白酶 L 在卵母细胞成熟、排卵和胚胎发育期间的活性特别强。在底鳉（*Fundulus*）中也观察到各种半胱氨酸蛋白酶，包括组织蛋白酶 B 和 L，它们在卵黄生成期间的表达水平有所不同。

硬骨鱼类的 Vg 含有 20% 脂类，主要是磷脂，如缩醛磷脂酰胆碱（Phosphatidyl-choline）、缩醛磷脂酰乙醇胺（Phosphatidyl-ethanolamine）或富含缩醛磷脂酰-肌醇（Phosphatidyl-inositol）的多不饱和脂肪酸。这些极性脂类是各种生物膜的主要成分，也是一些细胞内介质如肌醇三磷酸（Inositol Trisphosphate）、花生四烯酸（Arachidonic Acid）的前体以及它们的类十二烷酸代谢物。这些脂类是 Vg 的一部分，通过和特异性 Vg 受体结合而进入卵母细胞。产浮性卵的硬骨鱼类，成熟的卵母细胞含有一个或多个油球以提高浮力，但也起着代谢能量储备的作用。显然，Vg 的主要作用是将结构脂类和必需脂肪酸运送到卵母细胞内以支持胚胎的生长发育，而由脂蛋白水解衍生的中性脂类主要用于胚胎和幼鱼生存能量的储备。

3. 卵母细胞成熟期

卵黄生成阶段完成后，卵母细胞的体积增长到最大，细胞质中充满粗大的卵黄颗粒，核仍位于细胞中央，此时处于第一次成熟分裂早期。接着，细胞核（又称胚胞 Germinal Vesicle）移向动物极，靠近卵孔（受精孔），出现卵黄与原生质的极化，核膜穿孔溶解，核仁离开核膜边缘而向中心移动，以后核膜消失，核仁分解，染色体显著。于是卵母细胞进入第一次成熟分裂，排出极体，完成由初级卵母细胞向次级卵母细胞的过渡。这时，卵母细胞处于临界成熟状态，并离巢而进入卵巢腔内，完成排卵过程。

各种鱼类卵巢发育分期的标准不完全一样，我国沿用前苏联学者提出的分期标准，习惯把鱼类卵巢的发育划分为 6 个时期。例如，鲢鱼卵巢的分期标准是：

第 I 期：为卵原细胞向初级卵母细胞过渡的阶段；细胞直径为 10～25 μm，核很大，占细胞体积的一半；核内染色质细线状，核仁数少。

第 II 期：为初级卵母细胞的小生长期阶段；细胞较大，直径为 30～300 μm；核仍占很大比例，核仁数增加；细胞外具单层滤泡膜。

第 III 期：为初级卵母细胞进入大生长期阶段；细胞直径为 300～500 μm，膜外出现薄的卵黄膜，其外具双层滤泡膜，细胞外周起先出现一层小型卵黄囊，它们逐渐扩大，数目及层次随着卵母细胞的增大而增多。

第Ⅳ期：为初级卵母细胞卵黄颗粒积累并完成卵黄生成的阶段；细胞体积进一步增大，直径达 400~1100 μm；卵黄颗粒最初出现在细胞外周的卵黄囊间，逐步扩展而到最后充满核外空间，只有核的周围及靠近核膜的边缘有一些细胞质；卵黄膜增厚，并发生辐射纹。

第Ⅴ期：为初级卵母细胞经过成熟分裂向次级卵母细胞过渡的阶段；细胞质中充满粗大的卵黄颗粒，它们在成熟过程中有相互融合的现象；细胞核位置偏移，出现卵黄与原生质的极化；接着，核膜穿孔溶解消失，核仁分解，染色体显著；细胞进入第一次成熟分裂，排出极体，并且离巢进入卵巢腔内。

第Ⅵ期：为产卵后不久的卵巢；卵巢组织中有排空的滤泡囊壁；未排出的过熟卵粒逐渐被分解和吸收。

西方学者主要根据原生质生长和营养物质积累情况把鱼类卵巢发育划分为好几个时期。例如，虹鳟的卵巢发育可划分为 8 个时期，即：Ⅰ. 染色质-核仁期（细胞核有明显的核仁和染色质线）；Ⅱ. 核仁外周期早期（细胞增长，核增大，多个核仁位于核周围）；Ⅲ. 核仁外周期晚期（细胞进一步增大，并出现"卵黄核"）；Ⅳ. 油滴期；Ⅴ. 初级卵黄期；Ⅵ. 次级卵黄期；Ⅶ. 三级卵黄期；Ⅷ. 成熟期。

三、GtH 促使性腺发育成熟的作用

鱼类性腺发育成熟是 GtH 分泌缓慢而稳定增加的促进作用的结果，而排卵和精子生成则必须以 GtH 大量涌出为先导。这是根据对一些鲑科和鲤科鱼类的研究结果所得出的结论。例如，分析几种鲑科鱼类血液中 GtH 水平的变化和性成熟的关系，发现其规律性是：生殖细胞成熟的早期，GtH 处于低水平；雌鱼在卵母细胞生长和卵黄大量积累时，GtH 水平缓慢提高；雌鱼达到性成熟时，GtH 水平显著提高；雌鱼在接近排卵时，GtH 水平达到最高峰。性成熟的雌金鱼在长日照（16 h 光亮，8 h 黑暗）下，当温度由 13℃ 上升到 21℃ 约经过 20 h，即在黑暗期的后半阶段发生排卵，而血液中的 GtH 水平在黑暗期前就已经达到最高峰。

促性腺激素对生殖细胞发育成熟的调节主要是通过刺激性类固醇激素的分泌产生而发生作用。

对雄鱼，以鳗鲡为例，塞托利（Sertoli）细胞具有 E_2 受体，E_2 刺激塞托利细胞产生一种鳗鲡精子生成相关物质 34（eSRS34）；基因重组的 eSRS34 能诱导精巢的精原干细胞再生，而用 eSRS34 的抗体能阻抑 E_2 诱导的精原干细胞再生，这表明 eSRS34 是一种精原干细胞再生因子。由精原细胞再生发展为精原细胞增殖以及随后的减数成熟分裂都依赖于 GtH 的刺激作用（图 7-32）。GtH 诱导精巢莱迪希（Leydig）细胞分泌产生 11-KT；11-KT 诱导塞托利细胞分泌产生几种介质（如刺激素 B、IGF-I 等），它们能诱导精原细胞增殖，但不能促进减数分裂和精子生成的进一步发展。用 cDNA 扣除克隆（Subtraction Cloning）技术分离获得的 eSRSs，即 eSRS21 参与调节精原细胞增殖。这个基因产生的多肽能阻抑 GtH 和 11-KT 的作用；在离体实验中，加入基因重组的 eSRS21 能抑制由 11-KT 诱导的精原细胞增殖，而用抗 eSRS21 血清进行免疫中和抵消作用

(Immunoneutralization) 就能促进精原细胞增殖。因此，在 11-KT 的影响下，刺激素 B 和 eSRS21 起着相反的作用：前者促使精子生成，而后者阻止这个过程。精原细胞增殖到最后的一次有丝分裂成为前细线期 (Preleptotene Phase) 的初级精母细胞。初级精母细胞进入第一次减数分裂的分裂前期 (Prophase)，经过细线期 (Leptotene)、偶线期 (Zygotene)、粗线期 (Pachytene) 和双线期 (Diplotene) 而形成次级精母细胞。次级精母细胞很快就进行第二次减数分裂而形成单倍体的精子细胞。精子细胞不再分裂，经过精子形成阶段而转变为具有鞭毛的精子。硬骨鱼类的精子没有顶体 (Acrosome)，这可能和卵母细胞具有卵孔 (Micropyle) 便于精子钻入进行受精有关。

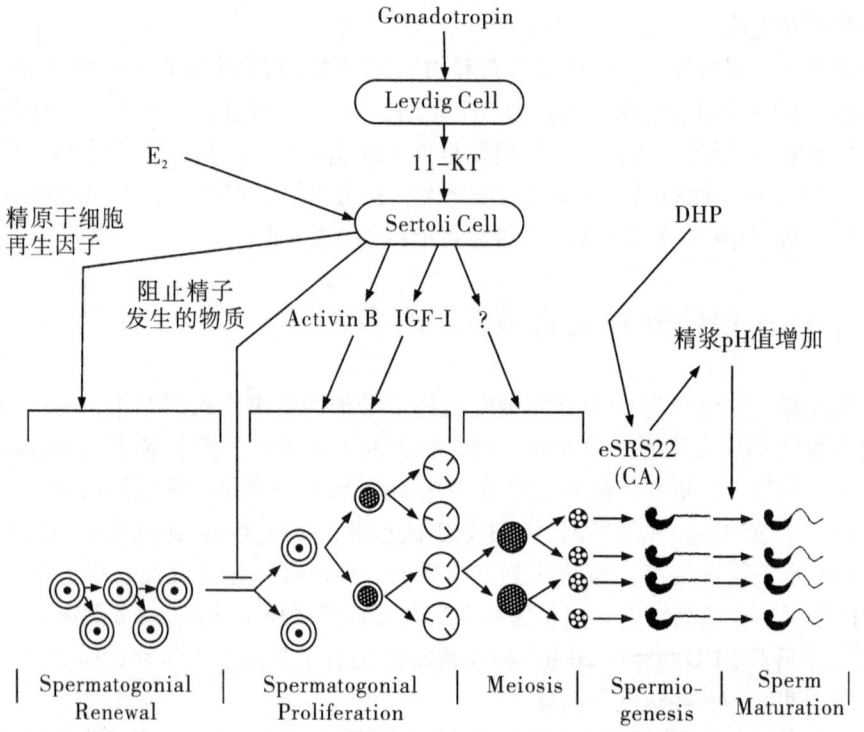

图 7-32 调控日本鳗鲡精子发育成熟的作用机理模式图

Activin B：刺激素 B；CA：碳酸酐酶；DHP：17α, 20β-双羟孕酮；E_2：雌二醇；eSRS：用 HCG 处理后鳗鲡精巢基因表达扫描发现的物质；11-KT：11-酮基睾酮；IGF-1：胰岛素样生长因子-1；Leydig Cell：莱迪希细胞；Meiosis：减数分裂；Sertoli Cell：塞托利细胞；Spermatogonial Renewal：精原细胞再生；Spermatogonial Proliferation：精原细胞增殖；Spermiogenesis：精子形成；Sperm Maturation：精子成熟（引自 Z. Yaron 等，2006）

在精子排放（Spermiation）期间，莱迪希细胞在 GtH 的作用下继续分泌产生性类固醇激素，其中的 17α-羟基孕酮由于 17-20 裂解酶的减少而不再转化为雄激素；精子利用未转化的 17α-羟基孕酮产生 17α, 20β-双羟孕酮（DHP）和 17α, 20β-21-三羟孕酮（20β-S），它们起着诱导成熟类固醇（MIS：Maturation Inducing Steroid）的作用，促进精子成熟并使精子获得活力。另一种和碳酸酐酶-II 型（CA-II）同源的 eSRS22 参与精浆的酸-碱调节。离体实验表明，DHP 激活 CA-II，使鳗鲡精浆的 pH 值明显升高，而用 CA 的抑制剂乙酰唑磺胺（Acetazolamide）或者 eSRS22 的特异性抗体都可以使由于 DHP 刺激而升高的 pH 值降低下来。因此，精子在 DHP 的直接作用下激活 eSRS22/CA，使精浆 pH 值升高和精子内的 cAMP 含量增加，从而使精子获得活力。

鱼类卵原细胞增殖时期以及卵母细胞小生长（原生质合成）与滤泡形成的早期，与脑垂体及 GtH 没有关系。

在卵母细胞的大生长期（即卵黄生成期间），下丘脑的 GnRH 刺激脑垂体分泌产生 FSH（GtH I）。FSH 作用于卵母细胞的滤泡而产生 17β-雌二醇（E_2）。E_2 促进肝细胞合成与分泌卵黄原蛋白（Vg）和卵壳原蛋白（Choriogenin），并释放到血液循环中，然后掺入到卵母细胞内形成卵黄蛋白和绒毛（图 7-33 a）。在虹鳟和银大麻哈鱼，卵黄生成期卵巢 GSI 的增加与血液循环中 FSH 和 E_2 含量、卵巢中 FSH 受体数量以及类固醇生成的急性调节蛋白（STAR）mRNA 的增加密切相关，这表明 FSH 和卵巢的受体相结合，一起刺激 E_2 合成与分泌，调节卵巢在卵黄生成期的生长。对切除脑垂体的美洲拟鲽（*Pseudopleuronectes americanus*）所做的观察提供了直接证明。卵黄原蛋白是受 E_2 的影响而在肝脏内合成的。脑垂体切除后，肝脏内 $^{33}PO_4^{3-}$ 和 [^{3}H]-亮氨酸结合到卵黄原蛋白的量减少，与此同时，卵巢积累标志的卵黄原蛋白也少。给切除脑垂体的比目鱼注射雌二醇，能提高其肝脏合成卵黄原蛋白的能力，血清中卵黄原蛋白累积的水平也比对照组高，但未能促使卵黄原蛋白掺入到卵母细胞内。给虹鳟雌鱼注射大麻哈鱼 FSH，能使卵巢摄取标志的 Vg 增加 2 倍，而注射 LH 则没有作用。离体实验进一步表明，FSH 能刺激 Vg 掺入到虹鳟游离的卵泡内，而 LH 没有作用。但并非所有硬骨鱼类都一样。金鱼的在体和离体实验表明，FSH 和 LH 都能同样地促进 Vg 掺入到完整的卵黄生成期的卵泡内。此外，E_2 促进肝脏分泌产生的卵壳原蛋白形成绒毛膜（卵壳）具纤维而呈纹状的内层，即轴射带（ZR：Zona Radiata）。

鱼类的甲状腺激素也参与卵巢发育。用低剂量的甲状腺素经 8 周和 17 周处理后能促进未成熟的金鱼卵巢发育。但是，甲状腺素对脑垂体切除后性腺退化的金鱼卵巢再发育没有直接影响，而只能增强它们对鲑鱼脑垂体抽提物的反应。所以，甲状腺素和 GtH 的协同作用可以促进卵巢发育，而甲状腺素本身的作用可能是提高卵巢对 GtH 刺激的敏感性。

下丘脑的 GtH 刺激脑垂体分泌产生的 LH（GtH II）作用于卵母细胞滤泡膜而产生的性固醇类激素——17α，20β-双羟孕酮（17α，20β DP）是诱导卵母细胞最后成熟的介体（图 7-33 b）。给人工诱导性腺发育成熟的雌性日本鳗鲡注射 17α，20β DP 能诱导它们达到卵母细胞最后成熟并顺利排卵。体外培养试验也证明，17α，20β DP 是金鱼、虹鳟、北美狗鱼等的卵母细胞最后成熟的有效诱导剂，并且可在低温下诱导鲤鱼产卵；但是其作用只限于在卵母细胞成熟的后期。皮质甾类（Corticosteroids）可提高卵母细胞对 17α，20β DP 作用的敏感性而间接促进卵母细胞的成熟。雌二醇只在卵细胞发育的早期（特别是卵黄生成时）起促进作用，并未参与卵细胞成熟的最后阶段。

滤泡破裂以及成熟卵细胞脱离滤泡膜而排到卵巢腔内是不受脑垂体分泌激素直接影响的。许多实验证明，前列腺素和儿茶酚胺是排卵的主要介体。例如，前列腺素能诱导

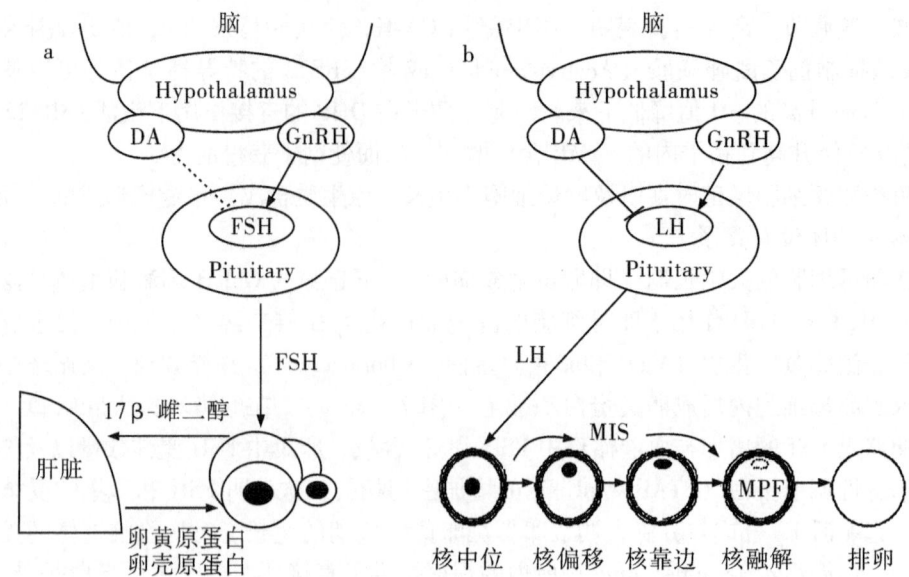

图 7-33 调控雌鱼卵黄生成（a）与卵母细胞最后成熟和排卵（b）的主要神经内分泌因子

a. 在卵黄生成期间，下丘脑分泌 GnRH 刺激脑垂体产生和释放 FSH，FSH 作用于卵母细胞的滤泡而产生 17β-雌二醇；17β-雌二醇促进肝细胞合成与分泌卵黄原蛋白（Vg）和卵壳原蛋白（Choriogenin）并进入血液循环中，然后由卵母细胞吸收以形成卵黄和绒毛膜（卵壳）。b. 在卵黄生成后期，GnRH 刺激脑垂体产生和释放 LH，它刺激卵母细胞的滤泡产生诱导卵母细胞成熟的性类固醇激素（MIS：Maturation Inducing Steroid）——17α，20β-双羟孕酮。17α，20β-双羟孕酮诱导卵母细胞产生由 cdc_2 激酶和细胞周期蛋白 B 组成的促进成熟因子（MPF：Maturation Promoting Factor）。MPF 促进卵母细胞进行减数分裂和排卵（引自 Z. Yaron 等，2009）

成熟的鳟鱼卵细胞体外排卵。消炎痛对 GtH 诱导金鱼排卵起阻碍作用，而注射外源的前列腺素能克服消炎痛的阻碍而诱导排卵。取性成熟雌鳗的卵细胞在体外培育 24 h，在介质中加入 HCG 和脑垂体匀浆的，只有 50% 卵细胞排出，而在介质中增加前列腺素的，排卵率可达 80%～90%。直接测定雌金鱼在排卵前后血液中前列腺素水平的变化，发现在开始排卵后 12 h，前列腺素提高 14 倍，而对照组没有变化。

第七节　性类固醇激素

一、性类固醇激素生成的组织

采用先进的研究技术，包括放射免疫测定、细胞或组织离体孵育、组织和细胞化学定位、超显微结构观察等，证明鱼类与其他脊椎动物一样，在 GtH 作用下由性腺特化的组织和细胞分泌产生多种性类固醇激素，其中精巢组织产生的睾酮（T：Testosterone）和 11-酮基睾酮（11-KT：11-ketotestosterone）、卵母细胞分泌产生的 17β-雌二醇（17β-E：Estradiol-17β）和 17α，20β-双羟孕酮分别诱导精子和卵母细胞生长发育和成熟（图 7-34）。

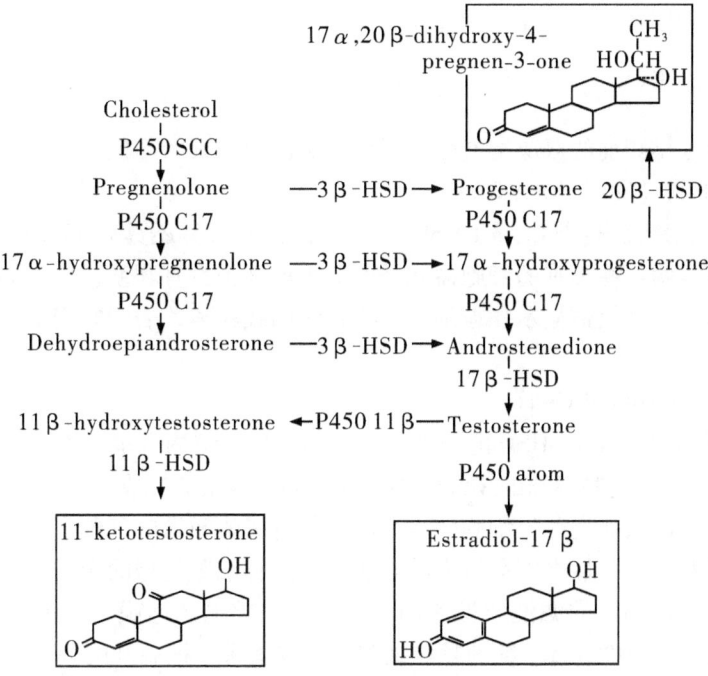

图 7-34 鱼类性类固醇激素生物合成过程图解

Cholesterol：胆固醇；Pregnenolone：孕烯醇酮；17α-hydroxypregnenolone：17α-羟基孕烯醇酮；Dehydroepiandrosterone：脱氢表雄酮；11β-hydroxytestosterone：11β-羟基睾酮；Progesterone：黄体酮；17α-hydroxyprogesterone：17α-羟基黄体酮；Androstenedione：雄烷二酮；P450 SCC：胆固醇侧键分裂细胞色素 P450；P450C17：细胞色素 P450 17α-羟化酶；3β-HSD：3β-羟基类固醇脱氢酶；11β-HSD：11β-羟基类固醇脱氢酶；17β-HSD：17β-羟基类固醇脱氢酶；20β-HSD：20β-羟基类固醇脱氢酶；P450 11β：细胞色素 P450 11β-羟化酶；P450 arom：细胞色素 P450 芳化酶（引自 Nagahama）

（一）精巢

产生性类固醇激素的细胞主要有两种：

1. 间质细胞

间质细胞又称 Leydig 细胞，它们主要分布在精巢小叶之间的间质中。用组织化学方法处理发现有类固醇合成的 3β-羟-Δ^5-类固醇脱氢酶（3β-HSD）活性，证明类固醇激素存在于许多硬骨鱼类精巢的间质组织中。电镜观察也证明这些间质细胞具有典型的产生类固醇细胞的特征：细胞较大而呈多角形，具发达的光滑型内质网和许多有管嵴的线粒体。这表明这些细胞和哺乳类精巢的 Leydig 细胞同源，是雄激素合成的主要部位。

2. 叶边细胞或塞托利细胞（Sertoli Cell）

它们是组成小叶的非生殖细胞。组织化学研究表明这些细胞也具有 3β-HSD 酶活性。但电镜观察表明有些鱼类的叶边细胞具有产生类固醇细胞的特征,即具有发达的光滑内质网和有管嵴的线粒体,但有些鱼类的叶边细胞并没有产生类固醇细胞的特征,而表现为有吞噬作用和参与代谢产物运输的作用。

(二) 卵巢

卵母细胞在排卵前的双层滤泡膜是产生性类固醇激素的部位。

1. 颗粒细胞 (Granulosa Cell)

组织化学研究表明它们有 3β-HSD 酶活性,有些鱼类还具有 17β-HSD 酶活性。但有些电镜观察表明这些细胞的细胞器和类固醇生成细胞没有联系,而它们可能参与蛋白质的合成;而另一些报道显示颗粒细胞含有管嵴的线粒体,表明它们也可能参与类固醇生成的作用。

2. 膜细胞 (Thecal Cell)

有部分膜细胞具有 3β-HSD 酶活性,它们的超显微结构也很典型(光滑内质网和有管嵴线粒体),表明这些特殊的膜细胞参与性类固醇激素的合成。

最近在系统深入研究卵母细胞的滤泡层如何合成雌激素的基础上,证明滤泡膜的膜细胞和颗粒细胞都参与性类固醇激素的合成,即两种细胞类型的合成模式。

采用虹鳟卵母细胞的滤泡膜做成四种制品:完整的滤泡膜、单纯的膜细胞层(沾染的颗粒细胞少于10%)、单纯的颗粒细胞层和辐射带、把剥开的膜细胞层和颗粒细胞层放在一起,并把它们分别和部分提纯的鲑鱼 GtH (SG-G100) 一起进行孵育。孵育介质分析测定的结果表明:鲑鱼 GtH 能使完整的滤泡膜以及把剥开的膜细胞层和颗粒细胞层放在一起孵育的 17β-雌二醇生成量增加,而对单纯的颗粒细胞层或膜细胞层则没有作用。但是,如果把分离的颗粒细胞层放入曾经以 GtH 和膜细胞层孵育过的介质中孵育时,则能产生大量的 17β-雌二醇(图 7-35)。孵育介质的分析测定还表明:GtH 能促使膜细胞层产生大量睾酮;而如果用睾酮做底物和颗粒细胞层一起孵育,就能产生大量的 17β-雌二醇。这说明滤泡的膜细胞层和颗粒细胞层对于 GtH 诱导的 17β-雌二醇产生过程都是必要的。基于这些研究结果而提出卵母细胞滤泡产生雌激素的两种细胞类型的模式:膜细胞层在 GtH 作用下由胆固醇合成雄激素(睾酮),然后转移到颗粒细胞层,经芳化酶作用而芳化为 17β-雌二醇(图 7-36)。这说明鱼类雌性类固醇激素生成的过程和哺乳类是相似的。

由于只有部分膜细胞具有产生类固醇细胞的超显微结构特征,因此可以确定只有这些特殊的膜细胞才是合成睾酮(雌激素前体)的。颗粒细胞已被证明具有芳化酶和 17β-羟基类固醇脱氢酶的活性,但它们的细胞器与类固醇生成没有联系而与蛋白质合成有关,所以它们的确切机能还需进一步研究。

诱导鱼类卵母细胞最成熟的类固醇激素已经确定是 17α,20β-双羟孕酮(17α,20β DP)。对日本鳗鲡的研究证明,它也是在 GtH 诱导下由卵母细胞滤泡膜合成后释放,在卵母细胞最后成熟时雌鱼血液内的含量大大增加,诱导卵母细胞核融解和排卵。

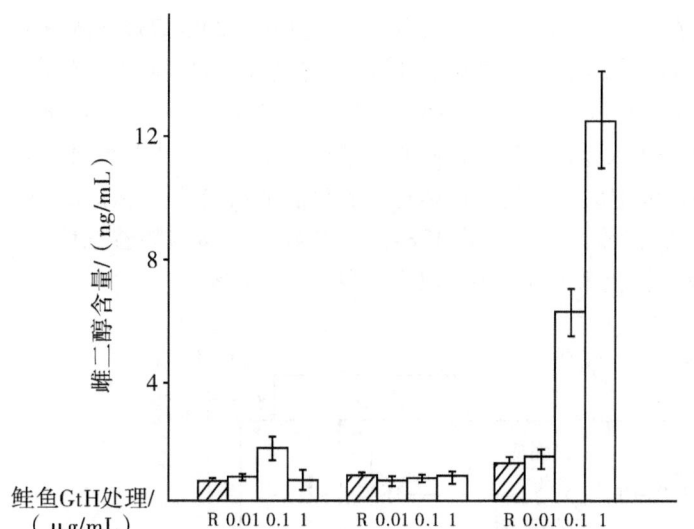
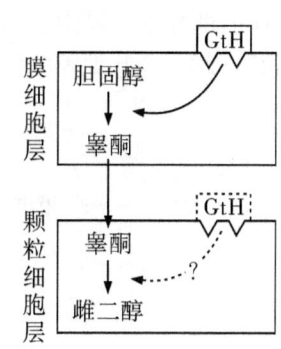

图 7-35　鲑鱼 GtH 诱导虹鳟卵母细胞滤泡膜的不同制品产生雌二醇
R 为任氏生理盐水（引自 Y. Nagahama）

图 7-36　硬骨鱼类卵母细胞滤泡膜的两层细胞合成雌二醇的模式图
引自 Y. Nagahama

用体外孵育技术进行与前面相类似的试验，可以确定滤泡膜各层在它的合成过程中所起的作用。用充分生长发育的虹鳟卵母细胞滤泡膜做成三个制品：膜细胞层、颗粒细胞层、把剥开的膜细胞层和颗粒细胞层放在一起，分别加入 GtH 进行孵育。用放射免疫测定技术测定孵育介质中 17α，20β-双羟孕酮的含量，表明 GtH 能诱导膜细胞层和颗粒细胞层的两层共同培养物产生大量的 17α，20β-双羟孕酮（图 7-37）。

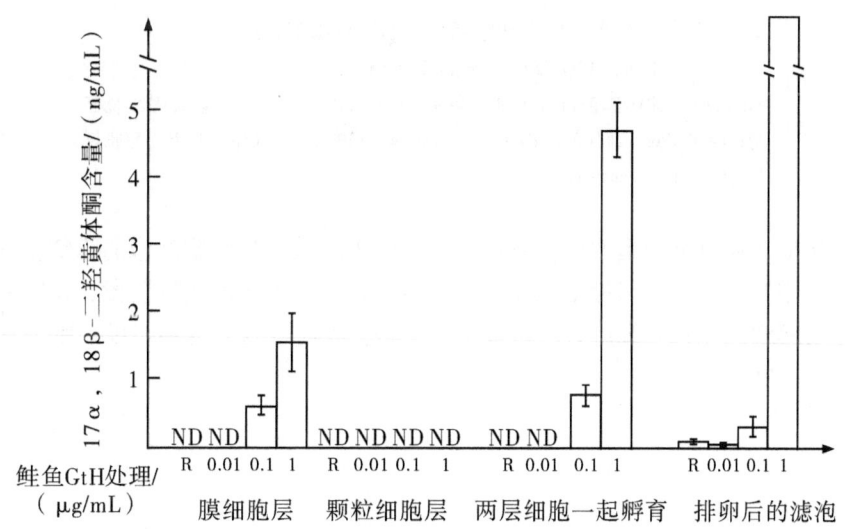

图 7-37　鲑鱼 GtH 诱导虹鳟卵母细胞滤泡膜的不同制品产生 17α，20β-双羟孕酮
R 为任氏生理盐水；ND 为未能测定出来（引自 Y. Nagahama）

这说明膜细胞和颗粒细胞在 GtH 诱导下的相互作用对产生 17α，20β-双羟孕酮是必要的，而膜细胞层能产生少量 17α，20β-双羟孕酮很可能是因为它沾染颗粒细胞（未剥离干净）的结果；单独的颗粒细胞层则完全没有作用。但是，在 GtH 诱导下，颗粒细胞层和 17α-羟基孕酮一起孵育能产生大量的 17α，20β-双羟孕酮。所以，这也是两种细胞类型的合成模式，在卵母细胞的滤泡膜产生能诱导卵母细胞最后成熟的类固醇激素，即在 GtH 的诱导下，膜细胞层合成其前体，可能是 17α-羟基孕酮，转移到颗粒细胞层，由那里的 20β-羟基类固醇脱氢酶转化为 17α，20β-双羟孕酮（图 7-38）。

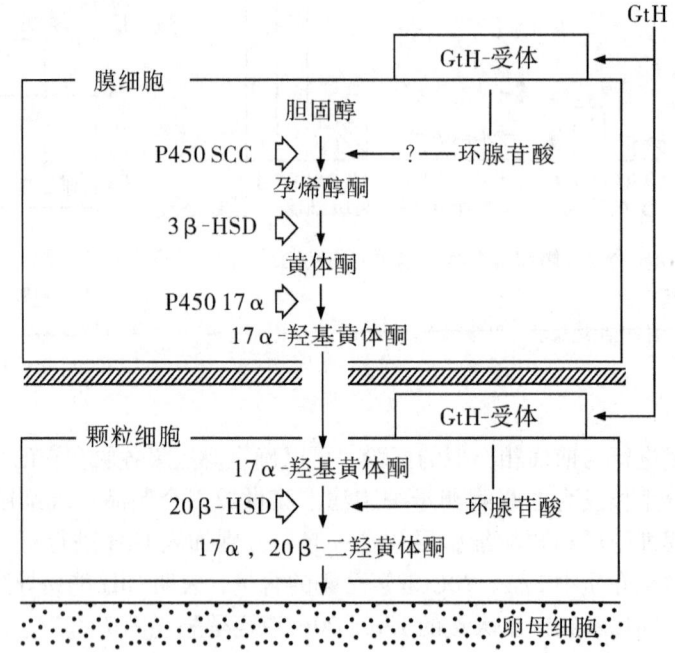

图 7-38　硬骨鱼类卵母细胞滤泡膜的两层细胞合成
17α，20β-双羟孕酮的模式图
P450 SCC：胆固醇侧键分裂细胞色素 P450；3β-HSD：3β-羟基类固醇脱氢酶；P450 17α：细胞色素 P450 17α-羟化酶；20β-HSD：20β-羟基类固醇脱氢酶（引自 Y. Nagahama）

归纳起来，在鱼类卵巢的生长发育阶段，GtH 刺激卵母细胞滤泡的膜细胞和颗粒细胞共同合成雌二醇，诱导卵母细胞完成卵黄生成；而在卵巢的成熟阶段，GtH 刺激卵母细胞滤泡的膜细胞和颗粒细胞共同合成 17α，20β-双羟孕酮，诱导卵母细胞最后成熟和排卵（图 7-39）。

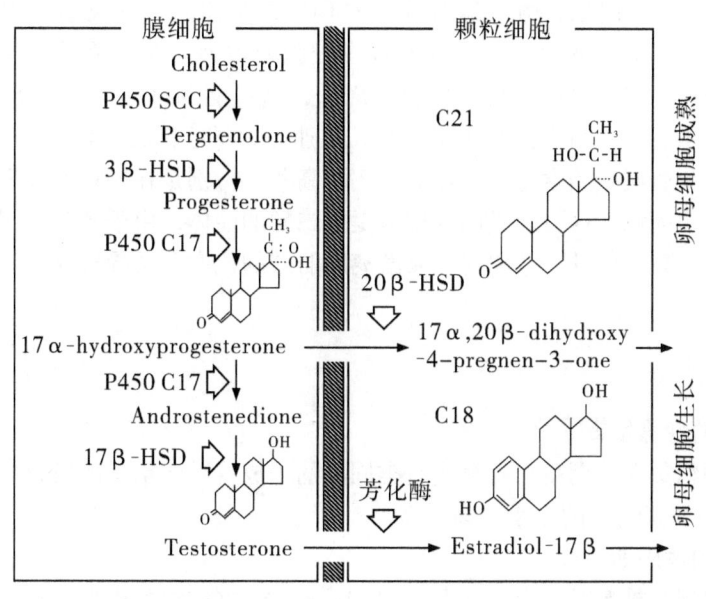

图7-39 鱼类卵母细胞滤泡合成雌二醇和17α, 20β-双羟孕酮的两层细胞膜式图解
引自 Y. Nagahama

二、性类固醇激素在性腺发育成熟过程中的作用

(一) 卵巢

1. 幼鱼的性腺发育

对幼鱼性腺发育的研究还很少。在鱼苗阶段，用电镜观察未能在已分化的卵巢鉴别出类固醇激素的生成细胞。在3~5月龄的鳟鱼和幼鳗，可以观察到卵巢间质里的类固醇激素生成细胞；稍后可检测到芳化酶活性，血液中可以测到低含量的雌二醇；注射GtH能促使血液中睾酮和雌二醇的含量增加。所以，幼鱼的卵巢已经具有类固醇激素的生成能力和对GtH刺激的敏感性。在这个时期，雌二醇对GtH的合成和分泌有正的反馈作用，如对鳗鲡，注射或埋植雌二醇能促使GtH细胞发育并使脑垂体和血液的GtH含量增加。但雌二醇对幼鱼卵巢发育的影响如何还不很清楚，有些学者报道它对鳗鲡卵母细胞的生长发育有明显的促进作用，但有些学者报道它对幼鳟没有作用，这方面的研究还有待于深入。

2. 成鱼的性周期

将雄激素转化为雌激素的芳化酶活性随着卵巢的发育而增强，但在卵黄生成期之前，雌激素可能和脑垂体分泌的激素起协同作用，也可能诱导卵母细胞的增殖。在卵黄生成期，血液的雌激素含量增加，主要是雌二醇，它诱导肝脏合成卵黄原蛋白。此外，雌二醇还参与碳水化合物和脂类代谢的调节，促使脂类从身体脂肪贮存中以及钙从鳞片中调动出来。在这个时期，雌二醇对脑垂体 GtH 的分泌起负的反馈作用，例如，用雌二醇能抑制由于切除卵巢后引起脑垂体 GtH 细胞的增大。在生殖周期后期，特别是卵母细胞成熟和排卵前，血液中雌二醇含量降低，这可能和排卵前消除雌二醇对 GtH 分泌的负反馈作用有关，因为排卵前需要 GtH 迅速而大量地释放出来。

睾酮在雌鱼血液中的含量有时比雄鱼还要高些，特别是在卵黄生成末期，而在排卵前还会出现一小高峰。这可能是因为睾酮是雌二醇的前体，由于芳化作用减弱而使它在血液中的含量增高。此外，睾酮对血浆游离脂肪酸的代谢和诱导排卵后的产卵行为都有一定作用。

（二）精巢

1. 幼鱼的性腺发育

未成熟的精巢在早期就可检测到有类固醇的生成；随着精巢的发育，血液中雄激素（主要是11-酮基睾酮）的含量逐渐增多。

2. 成鱼的性周期

在精子出现和排精时，血液的睾酮和11-酮基睾酮的含量达到高峰。通常，11-酮基睾酮在血液中的含量和雄鱼的性腺成熟系数几乎平衡增长，在生殖季节后期急剧增加，所以，11-酮基睾酮在血液中的含量可以用来做成熟鳟鱼、鳕鱼等性别鉴别的指标。有报道显示，注射睾酮或11-酮基睾酮会促进一些鱼类的排精活动。

雌二醇在雄性精巢内的含量很低，甚至测定不到。离体的孵育试验表明雌二醇对精巢发育也不起作用，甚至还发现长时间投喂含低剂量雌二醇的饲料会抑制雄鱼精子的生成。

（三）卵母细胞的最后成熟

在卵黄生成的后期，下丘脑的 GnRH 刺激脑垂体合成与释放 LH，它刺激卵母细胞滤泡膜的双层细胞产生诱导卵母细胞最后成熟的 17α，20β-双羟孕酮（图 7 – 33 b）。

把虹鳟或鲈鱼的成熟卵放入 17α，20β-双羟孕酮溶液中 1 h 就能诱导 100% 的最后成熟。17α，20β-双羟孕酮和卵膜的特异性受体相结合，诱导产生成熟促进因子（MPF：Maturation-promoting Factor）。最近的研究已证明，MPF 由 cdc2 激酶和细胞周期蛋白 B（Cyclin B）组成，它们促进卵母细胞的减数成熟分裂而完成最后成熟，为排卵和受精做好准备（图 7 – 40）。有些学者发现皮质类固醇也能诱导一些鱼类卵母细胞最后成熟，特别是11-脱氧皮质类固醇激素，但作用不如 17α，20β-双羟孕酮。也有些学者发现这两类类固醇激素的协同作用最好，特别是对那些在生殖季节血液中皮质类固醇含量增加的鱼类。因此，卵巢和肾间组织很可能都参与诱导卵母细胞的最后成熟。

鲑鳟鱼类血液中 17α，20β-双羟孕酮和其他激素含量的变化规律是：卵母细胞临近最后成熟和排卵时，血液中雌二醇含量降低，GtH 含量急剧增加，紧接着 17α，20β-双羟孕酮的含量在排卵时迅速增加。例如，虹鳟在排卵时 17α，20β-双羟孕酮的含量可以升高到 300～500 ng/mL，而它的升高和卵母细胞的核偏位几乎同时发生。

对鲤鱼的研究表明：放入鱼巢和性成熟的雌雄鱼配对后的当天下午和黄昏（水温

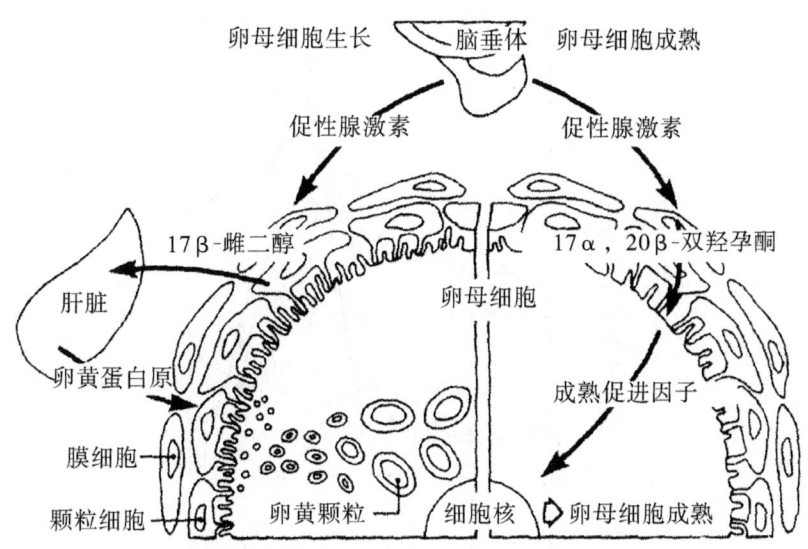

图 7-40　鱼类雌二醇和 17α, 20β-双羟孕酮诱导卵母细胞生长发育和最后成熟的示意图

成熟促进因子（MPF），即 cdc 2 激酶和细胞周期蛋白 B 的复合物，其作用是促使卵母细胞的核膜分解和进行有丝分裂与减数分裂，使卵母细胞进入准备受精的状态
（引自 Y. Nagahama）

16～20℃），血液中 GtH 含量开始增加，而在午夜产卵前达到最高峰，产卵完成后迅速降低。与此同时，血液中 17α, 20β-双羟孕酮含量出现和 GtH 相似的变化，表明 GtH 通过刺激 17α, 20β-双羟孕酮的大量产生而诱导卵母细胞的最后成熟和排卵。17α, 20β-双羟孕酮的前体 17α-羟基孕酮在血液中的含量变化和 17α, 20β-双羟孕酮十分相近，这种类固醇激素在血液中含量的增长要比 17α, 20β-双羟孕酮出现得早一些。血液中睾酮含量在温度升高时有所增加，而在 GtH 出现高峰时含量最高。血液中雌二醇的含量在排卵过程中都很低，产卵后明显降低，表明雌二醇的合成在排卵之前就已经减弱（图 7-41）。

雌激素（包括雌二醇、雌三醇和雌酮）对卵母细胞的最后成熟没有促进作用，但可能对卵母细胞最后成熟时间性的调节控制起间接作用，因为用抗雌激素处理能刺激金鱼和泥鳅排卵；而用 GtH 和鱼脑垂体制品对虹鳟和河鳟的离体卵母细胞进行孵育以促进最后成熟时，加入雌二醇就会减弱 GtH 或鱼脑垂体制品的作用。所以，雌二醇可能直接抑制孕酮类的作用，或者抑制它们的生物合成，从而调节卵母细胞自然达到最后成熟的时间性。

（四）排卵

排卵是指最后成熟的卵母细胞脱离滤泡膜进入卵巢腔。这时卵母细胞和滤泡膜之间的许多微绒毛脱离联系，然后滤泡形成明显的孔使卵脱出。卵母细胞的释出不是被动过程，而是某些化学因子的作用，使滤泡主动收缩破裂而把卵细胞排出。

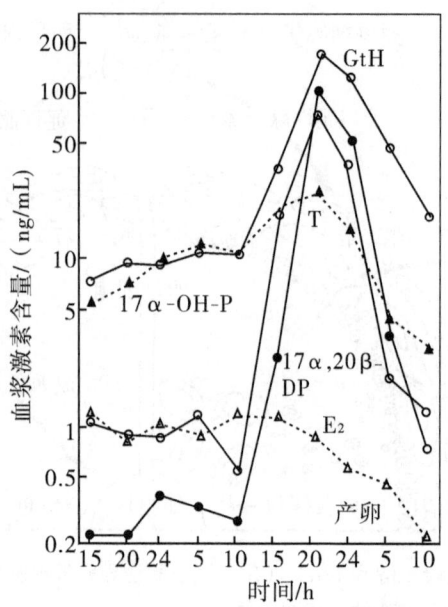

图 7-41 鲤鱼产卵前后血液中促性腺激素和性类固醇激素含量的变化

＊表示温度由 15℃ 升高到 20℃。T：睾酮；E_2：雌二醇；17α-OH-P：17α-羟基孕酮；$17\alpha,20\beta$ DP：$17\alpha,20\beta$-双羟孕酮（引自 K. Aida）

1. 滤泡降解与破裂

这个过程可能与哺乳类一样是一些蛋白酶的作用。例如，泥鳅的卵母细胞周围在核融化后和排卵前出现大量蛋白酶活性；$17\alpha,20\beta$-双羟孕酮和前列腺素 PGF 能使金鱼卵母细胞滤泡膜的一些蛋白分解酶活性提高，也使鲈鱼溶解胶原的蛋白水解酶活性增强。此外，前列腺素 PGF 能刺激美洲红点鲑卵母细胞的滤泡膜收缩。

2. 卵母细胞排出

还不完全清楚卵母细胞如何从滤泡排出，但可以观察到排卵时卵母细胞的滤泡出现类似平滑肌的收缩活动。电镜观察表明，排卵时滤泡层的膜细胞微丝增加，这可能是排卵时需要某种类似的肌肉或微丝收缩。如果使用 Mn^{2+} 或 La^{3+} 等离子以抑制肌肉收缩时所必需的 Ca^{2+} 的流入，就会抑制离体卵母细胞的排卵。电镜观察表明，在卵母细胞排出时，一些滤泡细胞由立方形变为柱形构型，这可能就是滤泡收缩的机能。

与哺乳类一样，鱼类的前列腺素参与排卵活动，其作用可能是刺激滤泡收缩。例如，使用前列腺素（PG：Prostaglandin）合成抑制剂（如消炎痛）能抑制金鱼自然排卵或 HCG 诱导的排卵。相反，前列腺素中的 PGE_1、PGE_2、$PGF_2\alpha$ 等都能诱导为消炎痛所阻抑的雌鱼排卵和产卵活动。前列腺素除直接作用于卵巢之外，还可能作用于下丘脑-脑垂体轴，因为 PGE_1、$PGF_2\alpha$ 只诱导完整的鲶鱼排卵，对切除脑垂体的鲶鱼就没有作用；而且注射前列腺素后能使脑垂体和血液中的 GtH 含量增加。同样，用 HCG 或鱼脑垂体匀浆液诱导排卵的鱼，血液中的前列腺素含量要比不排卵的鱼高几倍。

第八节 性外激素和生殖行为

鱼类的生殖行为是多种多样的。有的鱼类没有明显的生殖行为，只是雌鱼把卵子释放到水中，雄鱼尾随其后排出精子和卵子受精；有的鱼类则表现明显的配对、营巢、抚幼、保护巢区等行为。与其他脊椎动物一样，鱼类的下丘脑-脑垂体-性腺轴调节整个生殖活动，因而性激素对生殖活动的调节无疑起重要作用，或者直接作用于脑的某些部位而诱导某种生殖行为，或者通过第二性征的形成与发展而间接影响生殖行为。此外，外界环境条件的刺激和某些鱼类的"社会性"特征也对生殖行为起重要作用。

一、与生殖行为有关的性类固醇激素

1. 雄鱼

许多研究表明，鱼类雄激素在血液中含量的迅速升高是和精子排出同时发生的，因而为生殖行为的出现做准备。睾酮和11-酮基睾酮是鱼类最主要的雄激素。在虹鳟，每年7~11月，睾酮和11-酮基睾酮在血液中的含量开始是缓慢而随之迅猛增加；然后，睾酮的含量降低而11-酮基睾酮在冬季的产卵季节持续增加并在次年2月份达到高峰。排精和第二性征的出现与11-酮基睾酮含量的增高时期是互相联系的。对大西洋鲑鱼、河鳟、红点鲑和美洲川鲽的研究都表明，11-酮基睾酮是和生殖活动关系最明显的雄激素。睾酮已被证明具有雄激素的作用，但它与雄鱼第二性征和生殖行为的联系还不明显。所以，有些学者认为睾酮可能只是作为11-酮基睾酮合成的中间产物，或者只在精子发生的早期起作用，或者只在某些鱼类（如一些鲽鱼和鲻鱼）产卵时起作用，因为发现产卵时血液中睾酮的含量增加。

2. 雌鱼

许多鱼类血液的雌二醇含量在排卵之前已经达到高峰，而在排卵前不久降低。例如，在鲑鱼和鲽鱼，血液雌二醇的最高含量是在排卵前一个月左右，而在其他脊椎动物，用雌二醇诱导的雌性生殖行为的"潜伏期"一般只有几天。所以，这些鱼类似乎不可能由产卵前数月升高的血液雌二醇直接刺激生殖产卵行为。事实上，许多鱼类的血液雌二醇含量在排卵与产卵之前就已经明显降低。所以，雌二醇不可能像在其他脊椎动物那样刺激鱼类的生殖行为。

许多鱼类的雌鱼在产卵前血液的睾酮含量要比雄鱼高，而酮基睾酮的含量则很少，要比雄鱼少得多。血液中的睾酮在雌鱼中的作用还不很清楚，可能是调节 GtH 的分泌，或作为其他类固醇合成的前体，或者刺激生殖行为，都有待于深入研究。

对金鱼的研究表明，诱导雌鱼卵母细胞最后成熟的 17α，20β-双羟孕酮也起着性外激素的作用，它和前列腺素一起是金鱼生殖行为的主要诱导调节激素。

二、第二性征

鱼类在生殖时期出现的形态特征是与生殖行为相互联系和作用的，因而可以把第二

性征的形成包括在性激素对生殖行为调节的范围内。

1. 雄鱼

许多研究已证明雄激素处理（如阉割或不阉割）能调节鱼类的婚姻色。切除雄鱼（如鳉鱼）的脑垂体使婚姻色褪色或消失，用甲基睾酮处理又能使其恢复，表明脑垂体影响婚姻色是通过精巢产生雄激素而间接调节的。此外，雄激素也能影响有些鱼类第二性征的发生与维持，如鳍变形，出现追星、隆起等。

2. 雌鱼

雌激素对雌鱼第二性征作用的研究还不多。用雌二醇对大麻哈鱼进行处理，数月后发现体色变暗，这是鱼在产卵时的特征。但也有报道显示，使用雌二醇并不能使雌罗非鱼在切除卵巢后失去的鳃盖第二性征得到恢复。

三、性外激素

许多研究已经表明鱼类存在性外激素（Pheromone），它对诱导生殖行为起重要作用。

1. 雄鱼

已发现许多种类的雌鱼为成熟雄鱼的"气味"所吸引，例如斑马鱼（*Danio rerio*），在盛过雄鱼的水槽中放入"单独的"雌鱼，次日就能引起排卵；但如果是在盛过许多雌雄鱼的水槽中，就不会引起雌鱼产卵。对大神仙鱼（*Pterophyllum scalare*），用雄鱼的"化学"信息刺激诱导雌鱼的产卵率和雌雄鱼自然配对时的产卵率一样高。这种"化学"信息可能起某种引诱作用，并且可能通过雌鱼的内分泌系统而诱导生殖行为和产卵。

大多数研究结果表明，鱼类雄鱼的性外激素是起刺激作用的，只有格斗鱼科（Belontiidae）雄鱼释放的"化学"信息抑制其他雄鱼的攻击与营巢行为。

雄鱼性外激素主要来自精巢或其附属组织，并有独特的生物合成途径而与雄激素不同，然后与雄鱼的性腺产物（精液）一起释放出来。例如，产卵中盛有雄鱼的水对雌鱼很有吸引力，雄鱼的精液或精巢匀浆也能诱导雌鱼的产卵行为。有些种类雄鱼的性外激素存在于尿液而不是精液内，如鲶鱼的性外激素存在于尿液和皮肤黏液内。用组织化学方法证明这种存在于尿液中的性外激素是一种黏多糖。曾报道用 LH 和甲基睾酮能诱导雄鱼产生性外激素并使臀鳍附属物发育，这表明性外激素可能是在脑垂体 GtH 直接影响下产生的。

2. 雌鱼

许多鱼类的雌鱼已证明能产生性外激素以吸引雄鱼靠近它们。这些性外激素存在于排卵时从卵巢释放出来的液体中，也可能存在于尿液中。因为有研究证明雌金鱼的性外激素来自肾脏而不是卵巢，原因是用雌激素处理后使切除脑垂体雌金鱼的肾脏发生明显变化；也有研究证明一些鲶鱼的尿液是性外激素的载体。在食蚊鱼中已证明性外激素来自卵巢，因为切除脑垂体或卵巢后没有性外激素产生，用雌激素不能使卵巢切除的鱼产生性外激素，但却能使脑垂体切除的鱼恢复性外激素的产生，因而可以确定性外激素在卵巢内产生并为卵巢的雌激素所调控。

许多鱼类的性外激素都是可溶解于乙醚的，因而可能是类固醇或者脂类。有些鱼类的性外激素经鉴别是一种本胆烷醇酮（Etiocholanolone-3-glucuronide）。有报道显示，鲶鱼的性外激素可能有两种：一种是脂类，另一种是蛋白质类。

近年来对金鱼性外激素的研究取得显著进展。金鱼在排卵后分泌产生不同的性外激素：排卵前在 GtH 的诱导下，由卵母细胞滤泡膜分泌产生的 $17\alpha, 20\beta$-双羟孕酮迅速增多，它能促进卵母细胞的最后成熟；同时它又由雌鱼释放到水中，使雄鱼通过嗅觉感受后而使血液的 GtH 含量和精巢产生的精液量增加。所以，$17\alpha, 20\beta$-双羟孕酮是在排卵开始之前起作用的性外激素。在排卵开始后，雌金鱼前列腺素（PGF_5）释放到水中以诱导雄鱼的排精行为（图 7 - 42）。用嗅电图记录仪（Electro-olfactogram Recording）证明释放在水中的前列腺素能有效地刺激成熟雄鱼的嗅觉器官。前列腺素（$PGF_2\alpha$）及其代谢物 15-酮基-前列腺素 $F_2\alpha$（$15K\text{-}PGF_2\alpha$）是金鱼在排卵开始后分泌的效能最强的性外激素，前者可检测的阈值是 10^{-10} M，而后者是 10^{-12} M。使用嗅电图记录仪进行交叉调节的试验还证明，金鱼对 $PGF_2\alpha$ 和 $15K\text{-}PGF_2\alpha$ 具有独特的嗅觉受体部位而与其他的嗅觉刺激分开。把雄金鱼放在 PGF_5 浓度很低的水中所诱导的生殖行为与把它们和排卵雌金鱼放在一起的产卵情况非常相似。

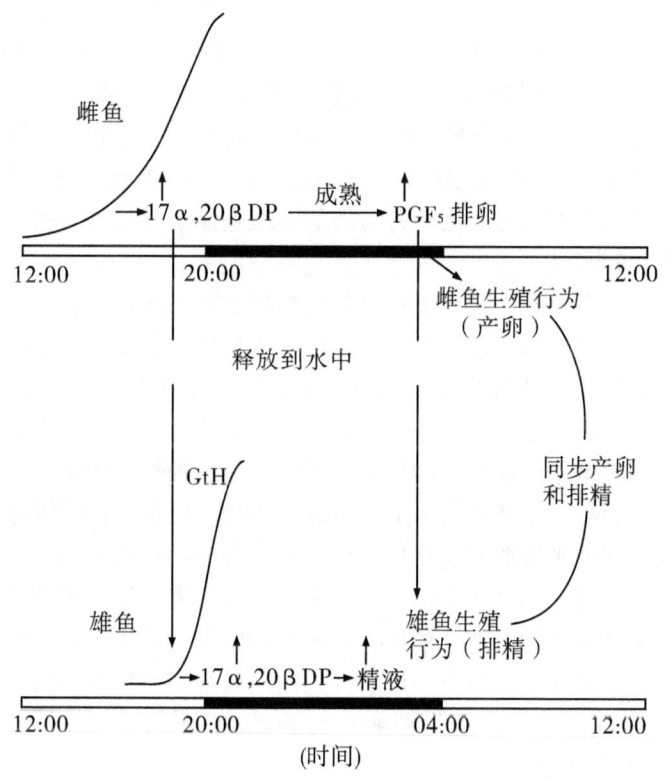

图 7 - 42　金鱼两种性外激素的作用模式图

环境因子诱导性腺成熟雌鱼 GtH 大量分泌，并刺激卵巢分泌产生 $17\alpha, 20\beta$-双羟孕酮（$17\alpha, 20\beta$ DP）。$17\alpha, 20\beta$ DP 诱导卵母细胞最后成熟，并释放到水中起着排卵前"引动"性外激素的作用。$17\alpha, 20\beta$ DP 在产卵前刺激雄鱼精液量增加，接着，雌鱼在排卵时产生 F 型前列腺素（PGF_5）以促使滤泡破裂和诱发雌鱼产卵行为。PGF_5 还释放到水中，起着排卵后性外激素的作用，刺激雄鱼的排精行为，从而协调雌雄性同步完成产卵和排精过程（参考 Sorensen, 1988）

四、生殖行为

1. 雄鱼

（1）产卵前的生殖行为：包括准备与保护巢区、领地，选择配偶等。许多研究证明，外源雄激素（如睾酮）能引起正常的或已阉割的鱼出现产卵前的生殖行为。例如三棘刺鱼，雄鱼在阉割后配对与营巢的行为消失，用抗雄激素（如环孕酮醋酸盐）处理可使冬季的鱼的生殖行为推迟出现，但在春季（生殖周期早期），同样处理只使雄鱼的攻击行为减弱而对营巢行为没有影响。这表明环孕酮醋酸盐只是一种弱的抗雄激素，但可以证明雄激素对雄鱼的产卵前生殖行为起着调节作用。

用雄激素处理能使阉割的三棘刺鱼的第二性征和生殖行为恢复，但其效应的强弱受到光周期的影响。阉割后的雄鱼用雄激素处理后处在长光周期下比处在短光周期下有更多的鱼营巢，生殖行为恢复得也比较快。这表明产卵前的生殖行为虽然受到性激素的调节，但只有在脑垂体的 GtH 活性由于处在长光周期而维持高水平时，才能充分表现出来。

（2）产卵行为：虽然性激素参与"长期的"生殖行为的出现与维持，包括营巢准备、保护巢区、配对等，但还发现在少数鱼类神经垂体激素参与产卵活动的"短期"调控。例如对切除性腺和脑垂体的底鳉，腹腔注射高剂量的哺乳类神经垂体激素制品能引起"产卵的反射反应"，对其他的鱼也有类似结果。但神经垂体激素对金鱼、泥鳅、刺鱼、鲶鱼等的作用并不明显。用硬骨鱼类的神经垂体激素处理底鳉，发现其中的精氨酸加压素的作用比较明显。

对鳉科鱼类的研究表明，破坏下丘脑的视前核会减弱或消除它们对神经垂体激素制品的反应，推想视前核参与产卵行为，而神经垂体激素的作用是通过对视前核的影响所致。但是，把精氨酸加压素直接注入第三脑室，并不能比腹腔注射引起较强的产卵反应，因此，这类激素的作用可能是通过身体外周的影响而不是通过中枢神经系统。由于通常需要相当大的剂量才能诱导产卵反应，所以，通过神经垂体激素来激活身体外周的受体可能不是硬骨鱼类启动产卵行为的正常调节机理。但是，神经垂体激素很可能是通过刺激卵巢和输卵管的平滑肌而起作用，而这对鳉科鱼类是很有意义的，因为它们在生殖季节可以持续几天或几周每天产卵，而每次产的卵不多，这就需要有肌肉发达的输卵管。看来，神经垂体激素能通过刺激雌鱼输卵管和卵巢的平滑肌而引起产卵行为。

（3）抚幼行为：只在少数鱼类中证明性类固醇激素参与雄鱼的抚幼行为。例如，阉割雄性三棘刺鱼使其抚幼（扇动受精卵）行为减少；用甲基睾酮处理能增强毛足鲈（*Trichogaster*）的抚幼行为。

许多研究证明，催乳激素及其类似物能诱导雄鱼的抚幼行为，如注射低剂量的哺乳类催乳激素能诱导锯隆头鱼（*Crenilabras*）和神仙鱼（*Pterophyllum*）雄鱼的抚幼行为，注射后 48~72 h 效应最强，但注射高剂量则起抑制作用。但对一些丽鱼科鱼类，催乳激素诱导抚幼行为的作用不明显，只使攻击性行为和摄食活动减弱。此外，注射催乳激素的抑制剂（如 L-多巴）也使一些鱼类（如丽体鱼 *Cichlasoma*）的抚幼行为减弱。

其他的一些下丘脑激素也参与雄鱼抚幼行为的调节。例如，注射促甲状腺激素释放激素（TRH）会使丽体鱼的抚幼行为增强或者减弱，其效应的不同可能取决于鱼本身的激素状态。

2. 雌鱼

很早就有人注意到，如果把雌鱼的排出卵（保留在卵巢腔内）挤掉，其排卵行为就会中止。如果把排出卵通过产卵孔再注入卵巢腔内，挤掉排出卵的雌金鱼就能恢复排卵行为，也可以诱使未排卵的亲鱼迅速出现产卵行为。同样，如果把产卵孔塞住不让排出的卵产出体外，雌鱼生殖行为保持的时间就可以大大延长。注射排出的卵诱使未排卵雌金鱼出现产卵行为是不受卵巢成熟状况影响的。只要雌金鱼的卵巢内卵母细胞积累含有黏多糖的卵黄囊，注射排出的卵就能诱导它们产生正常的生殖行为。所以，雌金鱼的生殖行为在正常情况下虽然只在排卵开始时才出现，但是，注射排出卵使未排卵雌鱼能出现生殖行为表明：使排卵和生殖行为同步的生理变化并不一定与正常的卵巢成熟和排卵期相联系，而可以简单地由于卵巢腔内含有排出的卵所引起。

正如前面已经提到的：对金鱼的研究证明前列腺素（PG）是排出的卵引起生殖行为的媒介物。用PG合成的抑制剂消炎痛，可以完全抑制排卵雌鱼和注入排出卵雌鱼的生殖行为；而注射PG能很容易地抵消消炎痛的抑制作用。由于注射PG也能使在生殖管道中没有排出卵的雌鱼出现正常的生殖行为（尽管没有卵排出），所以，由卵巢腔内排出的卵所诱导的雌鱼生殖行为只是间接的，必须通过刺激PG的合成而起作用。

注射PG引起的生殖行为是迅速而短暂的（几个小时），并且也与注入排出卵的效应一样，不取决于成熟卵巢的存在。PG的剂量低到pg/g体重的水平就能起作用，而且注射几分钟后就引起产卵（必须同时有雄鱼和鱼巢）。产卵动作的频率（雄鱼和雌鱼进入鱼巢并出现产卵动作）和反应的持续时间与PG的剂量成正比关系。这种排卵与生殖行为之间短暂而密切的联系很可能是由于卵巢腔内排出卵的出现和所引起的PG合成迅速增加所诱导的。再者，这种由PG诱导的生殖行为还受到脑垂体激素的调控。如果切除脑垂体，对PG的反应就明显减弱；如果给切除脑垂体的鱼注射GtH，对PG的反应就会恢复。

一系列试验已表明，由PG诱导的排卵后生殖行为广泛存在于体外受精的硬骨鱼类。但参与生殖行为的PG是在哪里合成、在哪些部位起作用，则还不太清楚。用放射免疫测定鱼类血液中前列腺素含量的结果表明：一些鱼类在排卵前和排卵时血液中的PG含量明显增高。排卵前PG在血液中的含量升高是由于参与滤泡破裂的作用机理刺激PG的合成，而排卵后引起生殖行为的PG合成增强则可能是由于不同的机理所致。

在雌金鱼，注射PG所引起的生殖行为并不因为切除卵巢后部、输卵管或产卵孔周围而受到影响，表明PG并不是通过这些外周部位的作用而引起生殖行为。再者，在脑-脊髓内注射PG比在肌肉或腹腔注射PG能引起较明显的生殖行为，表明PG可能是在脑的某个部位起作用。排卵时由于排出卵的某种作用很可能通过神经联系而促使PG在脑内合成，然后参与生殖行为。

体外受精鱼类的这种排卵后生殖行为的调控机能具有明显的生理意义。因为这种调控机理保证排出卵是在生育能力最强时出现产卵反应与准备产卵，并使雌鱼保持活跃的生殖行为直到把全部排出卵都产出体外,以便最大限度地提高成熟卵的受精能力和存活率。

主要参考文献

1. 林浩然. 硬骨鱼类的生殖内分泌学. 水产生物学集刊, 1982, 7: 425-432
2. 林浩然. 硬骨鱼类促性腺激素(GtH)的分泌活动及其调节机理. 水产生物学集刊, 1982, 7: 551-562
3. 林浩然, 林鼎. 鳗鲡繁殖生物学研究, II. 下海雌鳗脑垂体超显微构造的研究. 水生生物学集刊, 1983, 8: 33-39
4. 林浩然, 梁坚勇, 李憪仪, 彭纯, 陈舜华, 李藻发. 多巴胺拮抗物 Pimozide 和 LHRH-A 对长春鳊血清 GtH 含量和排卵的影响. 中山大学学报, 1984, 4: 122-126
5. 林鼎, 林浩然. 鳗鲡繁殖生物学研究. III. 鳗鲡性腺发育组织学和细胞学研究. 水生生物集刊, 1984, 8: 157-171
6. 林浩然, R. E. 彼得, C. G. 娜霍奈克, O. 布雷斯. 高效能的促黄体素释放激素类似物对金鱼促性腺激素分泌的作用. 水生生物学集刊, 1984, 8: 183-194
7. 林浩然, 彭纯, 林鸿平. 多巴胺拮抗物 Pimozide 增强丘脑下部促黄体素释放激素类似物 LHRH-A 对大鳞副泥鳅排卵效应的研究. 科学通报, 1984, 29: 12
8. 林浩然, 彭纯. 抑制多巴胺合成的药物和丘脑下部促黄体素释放激素类似物对大鳞副泥鳅雌鱼促性腺激素的分泌和排卵的影响. 科学通报, 1985, 30: 1680
9. 林浩然, 彭纯, 刘龙志, 周溪娟. 诱导大鳞副泥鳅排卵的多巴胺拮抗物和下丘脑下部促黄体素释放激素类似物的协同作用. 水产学报, 1985, 9: 165-170
10. 林浩然, 彭纯, 刘龙志, 周溪娟. 利血平和丘脑下部促黄体素释放激素类似物 LHRH-A 对大鳞副泥鳅脑垂体细胞的分泌活动和排卵的促进作用. 动物学报, 1985, 31: 313-318
11. 林浩然, 张梅丽, 张素敏, 张为民. 鳗鲡繁殖生物学研究. IV. 人工催熟过程中下海鳗的 GtH 分泌活动、性腺发育状况和脑垂体 GtH 细胞超显微结构. 水生生物学集刊, 1987, 11: 320-328
12. 林浩然, 梁坚勇, 彭纯, 张梅丽, 张素敏, 陈朝. 多巴胺拮抗物 PIM 或排除剂 RES 和 LHRH-A 诱导养殖鱼类促性腺激素的分泌和排卵的研究. 水产学报, 1988, 12: 87-94
13. 林浩然, 梁坚勇, G. V. D. 克拉克, R. E. 彼得. 环境因素和促黄体素释放激素类似物 LHRH-A 对鲤鱼促性腺激素(GtH)的分泌活动和排卵的影响. 水生生物学报, 1988, 12: 272-275
14. 林浩然, 梁坚勇, Glen Van Der Kraak, R. E. Peter. 硬骨鱼类促性腺激素释放激素类似物(t-GnRH-A)和 Domperidone 诱导鲤鱼促性腺激素分泌和排卵的作用. 科学通报, 1988, 33: 478-479
15. 林浩然, 梁坚勇, 周溪娟, G. V. D 克拉克, R. E. 彼得. 鲑鱼促性腺激素释放激素类似物和 DOM 诱导几种养殖鱼类 GtH 分泌和排卵的研究. 动物学报, 1989, 35: 139-146
16. 陶亚雄, 林浩然. 黄鳝自然性反转的研究. 水生生物学报, 1991, 15: 274-278
17. 陶亚雄, 林浩然. 外源激素对雌性黄鳝血清类固醇激素的影响. 动物学报, 1993, 39: 274-278
18. 陶亚雄, 林浩然. 外源激素对雄性黄鳝血清类固醇激素的影响. 水生生物学报, 1994, 18: 189-191
19. 林浩然, 张梅丽, 张素敏, 陈练茜. 鳗鲡繁殖生物学研究. V. 性类固醇激素诱导雌鳗促性腺激素(GtH)分泌和卵巢发育的作用. 水生生物学报, 1994, 18: 272-279
20. 林信伟, 李英文, 林浩然. 细胞外钙和钾离子对调节离体鲤脑垂体促性腺激素分泌的影响. 海洋与湖沼, 1995, 26: 295-301

21. 林信伟，李英文，林浩然. 细胞外 Ca^{2+} 对脉冲式和持续性鲑 GnRH 类似物刺激鲤 GtH 分泌的影响. 水生生物学报，1995，19：203－209

22. 马广智，林浩然，张为民. 镉对鲤血清促性腺激素和生长激素的影响. 水产学报，1995，19：120－126

23. 王德寿，林浩然，H. J. Th. Goos. 大鳍鱊脑垂体和血清促性腺激素（GtH）水平的季节变化. 鱼类学论文集（第六辑），1997：22－27

24. 林浩然. 鱼类促性腺激素（GtH）的生理学和分子生物学. 鱼类学论文集（第六辑），1997：153－158

25. 王黎，林浩然，林信伟. 多巴胺能药物对鲤鱼促性腺激素分泌活动的影响. 动物学报，1997：43：74－79

26. 王黎，林浩然，张为民. 不同的下丘脑肽和神经递质对鲤鱼促性腺激素和生长激素分泌活动的影响. 动物学研究，1997，18：79－84

27. 王黎，林浩然，张为民. 阿扑吗啡对 LHRH-A 促进鲤鱼 GtH 和 GH 分泌的影响. 中山大学学报：自然科学版，1997，31：119－121

28. 王黎，林浩然. 年龄对促黄体素释放激素类似物（LHRH-A）刺激的和多巴胺能药物抑制的鲤鱼促性腺激素（GtH）分泌的影响. 水生生物学报，1997，21：286－289

29. 汪小东，林浩然. 硬骨鱼类卵母细胞最后成熟的调控. 水产学报，1998，22：72－77

30. 王德寿，林浩然，H. J. Th. Goos. 大鳍促性腺激素分泌调控的研究. 动物学报，1998，44：322－328

31. 林浩然. 脊椎动物促性腺激素释放激素的分子结构变异型和功能多样性. 动物学报，1998，44：226－234

32. 王德寿，林浩然，蒲德永，注射促黄体素释放激素类似物和地欧酮诱导大鳍鱊和长吻鮠排卵的研究. 动物学研究，1998，19：191－196

33. 王黎，林浩然. 不同年龄和性腺发育期鲤鱼不同脑区的 sGnRH 分布及其变化. 动物学研究，1998，19：197－202

34. 林浩然，谢刚，张利红，汪小东，叶星，陈练茜，潘德博. 激素诱导鳗鲡性腺发育成熟和排卵的作用机理. 中国动物科学研究（中国动物学会主编），1999：42－47

35. 汪小东，林浩然. 鳗鲡繁殖生物学研究. VI. 鳗鲡 17α，20β-双羟孕酮的生成和作用. 动物学报，1999，45：317－322

36. 汪小东，林浩然. 鲤脑垂体匀浆液和人绒毛膜促性腺激素混合注射对鳗鲡脑区促性腺激素释放激素和血清促性腺激素及性类固醇激素含量的影响. 水产学报，2000，24：123－129

37. 张利红，张为民，林浩然. 雄烯二酮和甲基睾酮诱导雌性日本鳗鲡性腺发育的反馈调节作用. 水产学报，2000，24：407－411

38. 邓岳松，林浩然. 渗透压和 pH 对日本鳗鲡精子活力的影响. 中山大学学报：自然科学版，2000，39：85－89

39. 刘付永忠，王云新，黄国光，刘晓春，林浩然. 斜带石斑鱼亲鱼强化培育及自然产卵研究. 中山大学学报：自然科学版，2000，39：81－85

40. 王黎，林浩然. 几种神经内分泌因子对鲤促性腺激素释放激素（GnRH）释放的调节作用：离体研究. 水生生物学报，2000，24：579－602

41. 张利红，张为民，林浩然，陈镬安. 性类固醇激素诱导雌性日本鳗鲡性腺发育过程中钙和脂肪的动员. 中山大学学报：自然科学版，2001，40：86－88

42. 温海深，林浩然. 促黄体素释放激素和多巴胺拮抗物对鲇促性腺激素释放的作用. 水产学报，

2001, 25: 393-397

43. 张利红, 张为民, 林浩然. 雄烯二酮和甲基睾酮对日本鳗鲡血清睾酮和 17β-雌二醇含量的影响. 水产学报, 2001, 25: 107-111

44. 邓岳松, 林浩然. 睾酮对日本鳗鲡离体下丘脑-脑垂体复合物 GtH 合成与分泌的影响. 动物学报, 2002, 48: 64-68

45. 周立斌, 刘晓春, 林浩然, 叶卫. 长臀鮠脑垂体和血清中促性腺激素的生殖周期变化. 动物学报, 2003, 49: 463-399

46. 赵会宏, 刘晓春, 林浩然, 刘付永忠, 王云新. 斜带石斑鱼精子超微结构及盐度、湿度、pH 对精子活力及寿命的影响. 中国水产科学, 2003, 10: 286-292

47. 张勇, 张为民, 李欣, 田静, 林浩然. 石斑鱼卵巢 cDNA 文库构建及脂肪酸结合蛋白克隆. 中山大学学报: 自然科学版, 2003, 42: 66-69

48. 赵会宏, 刘晓春, 刘付永忠, 王云新, 林浩然. 斜带石斑鱼雌鱼卵巢发育与血清性类固醇激素的生殖周期变化. 中山大学学报: 自然科学版, 2003, 42: 56-59

49. 李广丽, 刘晓春, 张勇, 贝锦新, 林浩然. 赤点石斑鱼两种芳香化酶 cDNA 的克隆及其表达的组织特异性. 动物学报, 2004, 50: 791-799

50. 林浩然. 促性腺激素释放激素 (GnRH) 结构与功能及其受体的进化发展. 中山大学学报: 自然科学版, 2004, 43: 1-5

51. 舒琥, 刘晓春, 赵会宏, 林浩然. 注射 LHRHa、17-P 及其他药物组合诱导赤点石斑鱼排精研究. 中山大学学报: 自然科学版, 2004, 43: 41-44

52. 周立斌, 刘晓春, 叶卫, 林浩然. 17β-雌二醇和甲基睾酮对离体长臀鮠脑垂体促性腺激素分泌的影响. 中国水产科学, 2005, 12: 113-118

53. 李广丽, 刘晓春, 林浩然. 芳香化酶抑制剂 Letrozole 对赤点石斑鱼 (*Epinephelus akaara*) 性逆转的作用. 生理学报, 2005, 57: 473-479

54. 舒琥, 刘晓春, 林浩然. LHRH-A 缓释剂对雌性赤点石斑鱼卵巢发育、性类固醇激素分泌及脑垂体 GtH 细胞超微结构的影响. 动物学研究, 2005, 26: 422-428

55. 舒琥, 刘晓春, 张勇, 林浩然. 赤点石斑鱼精子发生和形成的超微结构研究. 中山大学学报: 自然科学版, 2005, 44: 103-106

56. 舒琥, 刘晓春, 林浩然. LHRH-A 缓释剂促进雄性赤点石斑鱼性类固醇激素分泌和精巢发育与排精的研究. 水产学报, 2005, 29: 433-440

57. 谢骏, 余德光, 王广军, 刘晓春, 朱宏友, 林浩然. 人工诱导池塘养殖鳗鲡成熟产卵及胚胎与仔鱼发育. 水产学报, 2005, 29: 668-694

58. 舒琥, 张勇, 刘晓春, 李广丽, 林浩然. 雄烯二酮对赤点石斑鱼内分泌及性腺发育的影响. 动物学报, 2006, 52: 316-327

59. 李广丽, 刘晓春, 林浩然. 17α-甲基睾酮对赤点石斑鱼性逆转的影响, 水产学报, 2006, 30: 145-150

60. 胡红霞, 张勇, 刘晓春, 贝锦新, 朱华, 林浩然. 史氏鲟两种促性腺激素 β 亚基 cDNA 克隆及序列进化分析. 动物学报, 2006, 52: 362-375

61. 张海发, 刘晓春, 王云新, 刘付永忠, 黄国光, 罗国武, 王宏东, 林浩然. 温度、盐度及 pH 对斜带石斑鱼受精卵孵化和仔鱼活力的影响, 热带海洋学报. 2006, 25: 31-36

62. 谢嘉华, 刘晓春, 龙进, 林浩然. 投喂 LHRH-A 粗品对雌金鲫促性腺激素分泌和卵巢发育的作用. 中山大学学报: 自然科学版, 2007, 46: 91-94

63. 胡红霞, 贝锦新, 刘晓春, 张勇, 林浩然. 史氏鲟 (*Acipenser schrenckii*) 两种促性腺激素 β 亚基

的原核表达. 中山大学学报：自然科学版, 2008, 47：89 - 92

64. 周雯伊, 黄海, 尹绍武, 齐鑫, 张勇, 刘晓春, 陈国华, 林浩然. 人工诱导花鳗鲡的精巢发育成熟及其精子的生物学特征. 水产学报, 2009, 33：53 - 59

65. 黄海, 张勇, 刘晓春, 尹绍武, 杨丽萍, 朱培, 齐兴桂, 林浩然. 花鳗鲡脑 cNDA 文库的构建及 GnRH 基因克隆与表达分析. 水生生物学报, 2009, 33：214 - 221

66. Afonro, L. O., Iwama, G. K., Smith, J., and Donaldson, E. M. Effects of the aromatase inhibitor fadrozole on plasma sex steroid secretion and ovulation rate in female coho salmon, *Oncorhynchus kitsutch*, close to final maturation. *Gen. Comp. Endocrinol*, 1999, 113：221 - 229

67. Aida, K. A. A review of plasma hormone changes during ovulation in Cyprinid fishes. *Aquaculture*, 1988, 74：11 - 21

68. Baroiller, J. F., and D' Cotta H. Environment and sex determination in farmed fish. *Comp. Biochem. Physiol. C-Toxicol. Pharmacol.*, 2001, 130：399 - 409

69. Baroiller, J. F., Guigen, Y., and Fostier, A. Endocrine and environmental aspects of sex differentiation in fish. *Cell. Mol. Life Sci.*, 1999, 55, 910 - 931

70. Baron, D. and Guiguen, Y. Gene expression during gonadal sex differentiation in rainbow trout (*Oncorhynchus mykiss*)：from candidate genes studies to high throughout genomic approach. *Fish Physiol. Biochem.*, 2003, 28：119 - 123

71. Chang, J. P., Jobin, R. M., and Wong, A. O. L. Intracellular mechanisms mediating gonadotropin and growth hormone release in the goldfish, *Carassius auratus. Fish Physiol. Biochem.*, 1993, 11：25

72. Chang, J. P., Van Goor, F., Jobin, R. M., and Lo, A. GnRH signaling in goldfish pituitary cells. *Biol. Signals*, 1996, 5：70

73. Cui M., Li W. S., Liu W., Yang K., Pang Y., and Lin H-R. Production of recombinant orange-spotted grouper (*Epinephelus coioides*) luteinizing hormone in insect cells by the baculovirus expression system and its biological effect. *Biol. Reprod.*, 2007, 76：74 - 78

74. Cui Miao, Li Wensheng, Yang Kai, Pang Yi, and Lin Haoran. Biological activity of recombinant orange-spotted grouper (*Epinephelus coioides*) gonadoropin hormone IIβ, produced in insect cells by the baculovirus expression system. *Cybium*, 2008, 32：50 - 51

75. Devlin, R. H., and Nagahama, Y. Sex determination and sex differentiation in fish：an overview of genetic, physiological, and environmental influences. *Aquaculture*, 2002, 208：191 - 364

76. Donaldson, E. M., and Hunter, G. A. Induced final maturation, ovulation and spermiation in cultured fish. In：Fish Physiology. Vol. IXB. W. S. Hoar and D. J. Randall, eds. Acadmic Press, 1983：351 - 403

77. Eckert, R. Chemical messengers and regulators. In：Animal Physiology (Third Edition). New York：W. H. Freem and Company, 1988：266 - 328

78. Elizur, A., Zmora, N., Rosenfeld, H., Meiri, I., Hassin, S., Gordin, H., and Zohar, Y. Gonadotropins β-GTHI and β-GTHII from the gilthead seabream, *Sparus aurata. Gen. Comp. Endocrinol.*, 1996, 102：39

79. Ge, W., Chang, J. P., Peter, R. E., Vaughan, J., Rivier, J., and Vale, W. Effects of porcine follicular fluid, inhibin-A, and activin-A on goldfish gonadotropin release *in vitro. Endocrinology*, 1992, 131：1922

80. Ge, W. Roles of the activin regulatory system in fish reproduction. *Can. J. Physiol. Pharmacol.*, 2000, 78：1077 - 1085

81. Gorbman, A. , and Sower, S. A. Evolution of the role of GnRH in animal (Metazoan) biology. *Gen. Comp. Endocrinol.* , 2003, 134: 207 – 213
82. Gur, G. , Bonfil, D. , Safarian, H. , Naor, I. , and Yaron, I. GnRH signaling pathways regulate differentially the tilapia gonadotropin subunit genes. *Mol. Cell. Endocrinol.* , 2002, 189: 125 – 134
83. Gur, G. , Bonfil, D. , Safarian, H. , Naor, I. , and Yaron, I. Pituitary adenylate cyclase activating polypeptide and neuropeptide Y regulation of gonadotropin subunit gene expression in tilapia: role of PKC, PKA and ERK. *Neuroendocrinology*, 2002, 75: 164 – 174
84. Habibi, H. R. , and Peter, R. E. Gonadotropin releasing hormone (GnRH) receptors in teleosts. In: Proceedings of the Fourth International Symposium on the Reproductive Physiology of Fish. Published by Fish Symp. 91, Sheffield, U. K. , 1991: 109
85. Himick, B. A. , and Peter, R. E. Bombesin-like immunoreactivity in the forebrain and pituitary and regulation of anterior pituitary hormone release by bombesin in goldfish. *Neuroendocrinology*, 1995, 61: 365
86. Himick, B. A. , Vigna, S. R. , and Peter, R. E. Characterization of cholecystokinin binding sites in goldfish brain and pituitary. *Am. J. Physiol.* , 1996, 271: 137
87. Huang Hai, Zhang Yong, Huang Weiren, Li Shuisheng, Zhu Pei, Liu Yun, Yin Shaowu, Liu Xiaochun, and Lin Haoran. Molecular characterization of marbled eel (*Anguilla marmorata*) gonadotropin subunites and their mRNA expression profiles during artificially induced gonadal development. *Gen. Comp. Endocrinol*, 2009, 162: 192 – 202
88. Huang Weiren, Zhang Yong, Jia Xiaoping, Ma Xilan, Li Shuisheng, Liu Yun, Zhu Pei, Lu Danqi, Zhao Huihong, Luo Wenna, Yi Shibai, Liu Xiaochun, and Lin Haoran. Distinct expression of estrogen receptors in response to Bisphenol A and nonylphenol in Nile tilapias (*Oreochromis niloticus*). *Fish. Biochem. Physiol.* , 2008
89. Idler, D. R. , Bazar L. S. , and Hwang S. J. Fish gonadotropin. II. Isolation of gonadotropin (s) from chum salmon pituitary glands using affinity chromatography. *Endocrine Res. Commun.* , 1975, 2: 215 – 235
90. Idler, D. R. , Bazar L. S. , and Hwang S. J. Fish gonadotropin. III. Evidence for more than one gonadotropin in chum salmon pituitary glands. *Endocrine Res. Commum.* , 1975, 2: 237 – 249
91. Kah, O. , Anglade, I. , Lepretre, E. , Dubourg, P. , and de Monbrison, D. The reproductive brain in fish. *Fish Physiol. Biochem.* , 1993, 11: 85
92. Kawauchi, H. , Suzuki, K. , Itoh, H. , Swanson, P. , Naito, N. , Nagahama, Y. , Nozaki, M. , Nakai, Y. , and Itoh, S. The duality of teleost gonadotropins. *Fish Physiol. Biochem*, 1989, 7: 29 – 38
93. Kawauchi, H. , Itoh, H. , and Koide, Y. Additional evidence for duality of fish gonadotropins. In: Proceedings of the Fourth International Symposium on the Reproductive Physiology of Fish. Published by Fish Symp. 91, Sheffield, U. K. , 1991: 19 – 21
94. Khan, I. A. , and Thomas, P. Neuroendocrine control of gonadotropin II release in the Atlantic croaker. Involvement of gamma-aminobutyric acid. In: Proc. 5th Int. Symp. Reprod. Physiol. Fish. Goetz, F. and Thomas, P. , eds. , Fish Symp. 95, Austin, 1995: 73
95. Khan, I. A. , and Thomas, P. Melatonin influences gonadotropin II secretion in the Atlantic Croaker (*Micropogonias undulates*). *Gen. Comp. Endocrinol.* , 1996, 104: 231
96. King, J. A. , and Millar, R. P. Evolution of gonadotropin-releasing hormones. *Trends Endocrinol. Metabol.* , 1992, 3: 339
97. Klausen, C. , Chang, J. P. , and Habibi, H. R. The effect of gonadotropin-releasing hormone on growth

hormone and gonadotropin subunit gene expression in the pituitary of goldfish, *Carassius auratus Comp. Biochem. Physiol. B-Biochem Mol. Biol.* , 2001, 129: 511 – 516

98. Kobayashi, M. Sorensen, P. W. , and Stacey, N. E. Hormonal and pheromonal control of spawning behavior in the goldfish. *Fish Physiol. Biochem.* , 2002, 26: 71 – 84

99. Koide, Y. , Itoh, H. , and Kawauchi, H. Isolation and characterization of two distinct gonadotropins, GtH I and GtH II, from bonito (*Katsuwonus pleamis*) pituitary glands. *J. Peptide Protein Res.* , 1993, 41: 52 – 65

100. Kraus, S. , Naor, Z. , and Seger, R. Intracellular signaling pathways mediated by the gonadotropin releasing hormone (GnRH) receptor. *Arch. Med. Res.* , 2001, 32: 499 – 509

101. Larson, E. T. , Norris, D. O. , and Summers, C. H. Monoaminergic changes associated with social induced sex reversal in the saddleback wrasse. *Neuroscience*, 2003, 119: 251 – 263

102. Lethimonies, C. , Madigoe, T. , Munoz-Cuets, J. , Lareyre, J. , and Kah, O. Evolutionary aspects of GnRHs, GnRH nerturonal systems and GnRH receptors in teleost fish. *Gen. Comp. Endocrinol.* , 2004, 135: 1 – 16

103. Levivi-Sivan, B. , Ofir, M. , and Yaron, Z. Possible sites of dopaminergic inhibition of gonadotropin release from the pituitary of a teleost fish. *Tilapia. Mol. Cell. Endocrinol.* , 1995, 109: 87 – 95

104. Levavi-Sivan, B. , Avitan, A. , and Kanias, T. Characterization of the inhibitory dopamine receptor from the pituitary of tilapia. *Fish Physiol. Biochem.* , 2003, 28: 73 – 75

105. Lin Hao Ran, Peter R. E. , Nahorniak C. S. , and Bres O. Actions of superactive analogue LHRH-A on gonadotropin secretion in goldfish. In: Current Trends in Comparative Endocrinology. B. Lofts & W. N. Holmeseds. Hong Kong University Press, 1985: 77 – 79

106. Lin. H. R. , Peng, C. , Lu, L. Z. , Zhou, X. J. , Van Der Kraak, G. , and Peter, R. E. Induction of ovulation in the loach (*Paramisgurnus dabryanus*) using pimozide and (D-Ala^6, Pro^9-N-ethylamide) - LHRH. *Aquaculture*, 1985, 46: 333 – 340

107. Lin, H. R. , Peng, C. , Van Der Kraak, G. , Peter, R. E. , and Breton, B. Effects of (D-Ala^6, Pro^9-Net) -LHRH and catecholaminergic drug on gonadotropin secretion and ovulation in the Chinese loach (*Paramisgurnus dabryanus*). *Gen. Comp. Endocrinol.* , 1986, 64: 389 – 395

108. Lin. H. R. , Van Der Kraak, G. , Liang, J. Y. , Peng, C. , Li, G. Y. , Lu, L. Z. , Zhou, X. J. , Chang, M. L. , and Peter, R. E. The effects of LHRH analogue and dugs which block the effects of dopamine on gonadotropin secretion and ovulation in fish cultured in China. In: Aquaculture of Cyprinids. R. Billard and J. Marcel, eds. Paris: INRS Publications, 1986: 139 – 150

109. Lin Hao Ran and Peter R. E. Induction of GtH secretion and ovulation in teleost using LHRH analogs and catecholaminergic drugs: A Review. In: The First Asian Fisheries Forum. J. L. Maclean, L. B. Dizon and L. V. Hosillos, eds. Manila: Asian Fisheries Society, 1986: 667 – 670

110. Lin. H. R. , Liang, J. Y. , Van Der Kraak, G. , and Peter, R. E. Stimulation of gonadotropin secretion and ovulation in common carp by an analogue of salmon GnRH and domperidone. In: Proceedings of the First Congress of the Asia and Oceania Society for Comparative Endocrinology. E. Ohnishi, Y. Nagahama and H. Ishizaki, eds. Nagoya: Nagoya University Corporation, 1987: 155 – 156

111. Lin, H. R. , Zhou X. J. , Van Der Kraak G. , and Peter R. E. Comparision of D-Arg^6, Trp^7, Leu^8, Pro^9 Net-luteinizing hormone-releasing hormone (sGnRH-A) and D-Ala^6, Pro^9-luteinzing hormone-releasing hormone (LHRH-A), in combination with pimozide (PIM) or domperidone (DOM) in stimulating gonadotropin release and ovulation in the Chinese loach *Paramisgurnus dabryanus*. In: Porceedings of the

Third International Symposium on Reproductive Physiology of Fish. D. J. Idler, L. W. Crim and J. M. Walsh, eds. . 1987: 33

112. Lin, H. R., Van Der Kraak, G., Zhou, X. J., Ling, J. Y., Peter, R. E., River J. E. and Vale, W. W. Effects of D-Arg^6, Trp^7, Leu^8, Pro^9-Net-LHRH (sGnRH-A) and D-Ala^6, Pro^9 (LHRH-A), in combination with pimozide or domperidone release and ovulation in the Chinese loach and common carp. *Gen. Comp. Endocrinol.*, 1988, 69: 31-40

113. Lin, H. R., Liang, J. Y., Peng, C., Li, G. Y., Liu, L. Z., Zhou, X. J., Chang, M. L., Van Der Kraak, G., and Peter, R. E. Pimozide and reserpine potentiate the effects of LHRH-A on gonadotropin secretion and ovulation in cultivated fishes in China. In: Porceedings of the First Asian Symposium on Freshwater Fish Culture. Editorial Board, Journal of Fisheries, eds. Beijing: Academic Publisher, 1989: 213-222

114. Lin, H. R., Peng C., Van Der Kraak G., and Peter, R. E. Dopamine inhibits gonadotropin secretion in the Chinese loach (*Paramisgurnus dabryanus*). *Fish Physiol. Biochem.*, 1989, 6: 285-228

115. Lin, H. R., and Peter, R. E. Induced breeding of cultured fish in China. Bulletin U. S. Environmental Protection Agency. (EPA/600/9-90/011) 1989: 34-45

116. Lin, H. R., and Peter, R. E. The use of gonadotropin-releasing hormone analogue in cultivated fish in China. In: Proceedings of The International Symposium on Frontiers in Reproduction Research, "The role of growth factors, oncogenes, and gonadal polypeptides". 1989: 93-104

117. Lin, H. R., Zhang, M. L., Zhang, S. M., Van Der Kraak, G., and Peter, R. E. Effect of sex seteroids, D-Arg^6, Pro^9 N-ethylamide-LHRH (LHRH-A) and domperidome (DOM) on gonadotropin secretion in female silver eel, *Anguilla Japonica* Teminck & Schlegel. In: The Second Asian Fisheries Forum. R. Hirano and I. Hanyu, eds. Manila: Asian Fisheries Society, 1990: 591-594

118. Lin, H. R., Zhang, M. L., Zhang, S. M., Van Der Kraak, G., and Peter, R. E. Stimulation of pituitary gonadotropin and ovarian development by chronic administration of testosterone and androstenedione in female Japanese silver eel, *Anguilla Japonica*. *Aquaculture*, 1991, 96: 87-95

119. Lin, H. R., Zhou, X. J., Van Der Kraak, G., and Peter, R. E. Effect of gonadotropin-releaseing hormone agonists and dopamine antagonists on gonadotropin secretion and ovulation in Chinese loach, *Paramisgurnus dabryanus*. *Aquaculture*, 1991, 98: 139-147

120. Lin, H. R., Lu, M. and Peter, R. E. Effects of steroids on serum gonadotropin response to gonadotropin-releasing hormone and domperidone in the common carp and Chinese loach. In: Progress in Comparative Endocrinology—Proceedings of the Second Intercongress Symposium of the Asia and Oceania Society for Comparative Endocrinology. Chiangmai, Thailand, October 26-29, 1993: 52-54

121. Lin, H. R. Neuroendocrine regulation of gonadotropin secretion in teleost. In: Proceedings of the fourth International Symposium on Fish Physiology, Toxicology and Water Quality. US. EPA Publication (EPA/600/R-97/098), 1995: 31-42

122. Lin, H. R., and Wang, L. Dopaminergic regulation of gonadotropin and growth hormone secretion in common carp (*Cyprinus carpio*). Proceedings of the International Symposium in Biotechnology Application in Aquaculture, Asian Fisheries Society Publication No. 10. 1995: 17-28

123. Lin, H. R., and R. E. Peter. Hormones and spawing in fish. *Asian Fisheries Science*, 1996, 9: 21-33

124. Lin, X. W., Lin, H. R., and Peter, R. E. Direct influences of temperature on gonadotropin-II release from perifused pituitary fragments of common carp (*Cyprinus carpio*) *in vitro*. *Comp. Biochem. Physiol.*,

1996, 114A: 341-347

125. Lin Hao Ran, Gonadotropin (GtH) release in response to gonadotropin-releasins hormone (GnRH) from perifused pituitary fragments of common carp (*Cyprinus carpio*). In: Proceedings of the Third Congress of the Asia & Oceania Society for Comparative Endocrinology. 1996: 43-45

126. Lin H. R., and Li Y. W. Regional distributions of immunoreactive gonadatropin-releasing hormone (GnRH) in the brain of ricefield eel, *Monopterus albus* at different sexual phases. In: Proceedings of the Third Congress of the Asia & Oceania Society for Comparative Endocrinology. 1996: 181-182

127. Lin, H. R. Xie, G. Zhang, L. H. Wang, X. D. and Chen, L. X. Artificial induction of Gonadal maturation and ovulation in the Japanese eel (*Anguilla japonica*). *Bull. Fr. Peche Piscic.*, 1998, 349: 163-176

128. Lin H. R. Effects of pollutants on the reproduction of fishes. In: Proceedings of the fifth International Symposium on Fish Physiology, Toxicology and Water Quality. US. EPA Publication (EPA/600 / R-0 / 015). 1998: 17-30

129. Lin, X. W., Lin, H. R., and Peter, R. E. Seasonal variation in gonadotropin responsiveness, self-priming, and desensitization to GnRH peptides in the common carp pituitary *in vitro*. *Gen. Comp. Endocrinol.*, 1994, 93: 275-287

130. Lin, Y. W. P., Rupnow, B. A., Price, D. A., Greenberg, R. M., and Wallace, R. A. *Fundulus heteroclitus* gonadotropins. 3. Cloning and sequencing of gonadotropic hormone (GtH) I and II β-subunits using the polymerase chain reaction. *Mol. Cell. Endocriol.*, 1992, 85: 127-139

131. Li G. L., Liu X. C., Chang Y., and Lin H. R. Gonadal development. aromatase activity and P450 aromatase gene expression during sex inversion of protogynous red-spotted grouper *Epinephelus akaara* after implantation of the aromatase inhibitor, Fadrozole. *Aquaculture Res.*, 2006, 37: 484-491

132. Li G. L., Liu X. C., and Lin H. R. Effects of aromatizalbe and nonaromatizable androgens on the sex inversion of red-spotted grouper (*Epinephelus akaara*). *Fish Physiol. Biochem.*, 2006, 32: 25-33

133. Li G. L., Liu X. C., and Lin H. R. Seasonal changes of serum sex steroids concentration and aromatare activity of gonad and brain in red spotted grouper (*Epinephelus akaara*). *Animal Reprod. Sci.*, 2007, 99: 156-166

134. Liu, M., and Sadovy. The influence of social factors on adult sex change and juvenile sexual differentiation in a diandric, protogynous epinepheline, *Cephalopholis boenak* (Pisces, Serranidae). *J. Zool.*, (London), 2004, 264: 239-248

135. Liu X., Su H., Zhu P., Zhang Y., Huang J., Lin H. Molecular cloning, characterization and expression pattern of androgen receptor in *Spinibarbus denticulatus*. *Gen. Comp. Endocrinol.*, 2009, 160: 93-106

136. Matsubara, T. et al. Two forms of vitellogenin, yielding two distinct lipovitellins, play different roles during oocyte maturation and early development of barfin flounder, *Verasper moseri*, a marine teleost that spawns pelagic eggs, *Dev. Biol.*, 1999, 213: 18-32

137. Matsubara, T. et al. Multiple vitellogenins and their unique roles in marine teleosts, *Fish. Physiol. Biochem.*, 2003, 28: 295-299

138. Matsuda, M., Nagahama, Y., Shinomiya, A., Sato, T., Matsuda, C., Kobayashi, T., Morrey, C. E., Shibata, N., Asakawa, S., Shimizu, N., Hari, H., Hamaguchi, S., Sakaizumi, M. *DMY* is a Y-specific DM-domain gene required for male development in the medaka fish. *Nature*, 2002, 417: 559-563

139. Melamed, P., Gur, C., Elizur, A., Rosenfeld, H., Sivan, B., Rentier-Delrue, F., and Yaron Z. Differential effects on gonadotropin-releasing hormone, dopamine and somatostatin and their second messengers on the mRNA levels of gonadotropin-II Beta subunit and growth hormone in the teleost fish, *Tilapia. Neuroendocrinology*, 1996, 64: 320

140. Millar, R. P. GnRH II and type II GnRH receptors, *Trends Endocrin. Metab.*, 2003, 14: 35 – 43

141. Millar, R. P. Gonadotropin-releasing hormone receptors. *Endocr. Rev.*, 2004, 25: 235 – 275

142. Mirua, T. and Miura, C. Japanese eel: a model for analysis of spermatogenesis. *Zool. Sci.*, 2001, 18: 1055 – 1063

143. Miura, T. and Miura, C. I. Molecular control mechanisms of fish spermatogenesis. *Fish Physiol. Biochem.*, 2003, 28: 181 – 186

144. Moberg, G. P., Watson, J. G., Doroshow, S., Papkoff, H., and Pavlick, R. J. Jr. Physiological evidence for two Sturgen goradotropins in *Acipenser transmontanus*. *Aquaculture*, 1995, 135: 27 – 39

145. Mylonas, C. C., and Zohar, Y. Use of GnRHa-delivery systems for the control of reproduction in fish. *Rev. Fish Biol. Fish.*, 2001, 10: 463 – 491

146. Nagahama, Y. The functional morphology of teleost gonads. In: Fish Physiology. Vol. IX A. W. S. Hoar and D. J. Randall, eds. Academic Press, 1983: 223 – 275

147. Nagahama, Y. Gonadotropin action on gametogenesis and steroidogenesis in teleost gonads. *Zool. Sci.*, 1987, 4: 209

148. Nagahama, Y. 17α, 20β-dihydroxy-4-pregnen-3-one, a maturation-inducing hormone in fish oocytes: mechanisms of synthesis and action. *Steroids*, 1997, 62: 190 – 196

149. Nagahama, Y. Gonadal steroid hormones: major regulators of gonadal sex differentiation and gametogenesis in fish. In: Proceedings of the sixth International Symoposium on the Reproductive Physiology of Fish. Bergen, Norway, 1999: 211 – 222

150. Nagahama, Y., Yoshikuni, M., Yamashita, M., Sakai, N., and Tanaka, M. Molecular endocrinology of oocyte growth and maturation in fish. *Fish Physiol. Biochem.*, 1993, 11: 1

151. Nakamura, M., Kobayashi, T., Chang, X. T., and Nagahama, Y. Gonadal sex differentiation in teleost fish. *J. Exp. Biol.*, 1990, 281: 362 – 372

152. Naor, Z., Benard, O., and Seger, R. Activation of MAPK cascades by G-protein-coupled receptors: the case of gonadotropin-releasing hormone receptor. *Trends Endocrinol. Metab.*, 2000, 11: 91 – 99

153. Okada, T., Kawazoe, I., Kimura, S., Sasamoto, Y., Aida, K., and Kawauchi, H. Purification and characterization of gonadotropin I and II from pituitary glands of tuna (*Thunnus obersus*). *J. Peptide Protein Res.*, 1994, 43: 69 – 80

154. Okubo, K., Suetake, H., Usami, T., and Aida, K. Molecular cloning and tissue-specific expression of a gonadotropin-releasing hormone receptor in the Japanese eel. *Gen. Comp. Endocrinol.*, 2000, 119: 181 – 192

155. Pang, Y. F., and Ge, W. Gonadotropin and activin enhance maturational competence of oocytes in the zebrafish (*Danio rerio*). *Biol. Reprod.*, 2002, 66: 259 – 265

156. Patino, R., and Redding, J. M. Reproduction system. In: The Laboratory Fish. G. K. Ostrander, ed. New York: Academic Press, 2000: 489 – 500

157. Patiño, R. and Sullivan, C. V. Ovarian follicle growth, maturation, and ovulation in teleost fish. *Fish Physiol. Biochem.*, 2002, 26: 57 – 70

158. Pavlidis, M., Koumourdouros, G., Sterioti, A., Somarakis, S., Divanach, P., and Kentorui, M. Evi-

dence of temperature-dependent sex determination in the European sea bass (*Dicentrarchus labrax L.*). *J. Exp. Zool.*, 2000, 287: 225 – 232

159. Peter, R. E. The brain and neurohormones in teleost reproduction. In: Fish Physiology. Vol. IXA. W. S. Hoar and D. J. Randall, eds. New York: Academic Press, 1983: 97 – 135

160. Peter, R. E., Chang, J. P., Nahorniak, C. S., Omeljaniuk, R. J., Sokolowska, M., Shih, S. H., and Billard, R. Interactions of catecholamines and GnRH in regulation of gonadotropin secretion in teleost fish. *Recent Prog. Horm. Res.*, 1986, 42: 513

161. Peter, R. E., Lin, H. R., and Van Der Kraak, G., Drug/hormone induced breeding of Chinese teleosts. In: Proceedings of the Third International Symposium on Reproductive Physiology of Fish. D. R. Idler, L. W. Crim and J. M. Walsh, eds. Newfoundland: St. John's, 1987: 120 – 123

162. Peter, R. E. Lin, H. R., and Van Der Kraak, G. Induced ovulation and spawning of cultured freshwater fish in China: advances in application of GnRH analogues and dopamine antagonists. *Aquaculture*, 1988, 74: 1 – 10

163. Peter, R. E., Lin, H. R., and Van Der Kraak, G. Induced spawning in Chinese carps. In: Proceedings of the Aquaculture International Congress and Exposition. Vancouver: Aquaculture International Congress, 1988: 534 – 547

164. Peter, R. E., Lin, H. R. Van Der Kraak, G., and Litte, M., Releasing hormones, dopamine antagonists and induced spawning. In: Recent Advance in Aquaculture. Vol. IV. J. F. Muri and R. J. Roberts, eds. Oxford: Blackwell, 1993: 25 – 30

165. Piferrer, F. Endocrine sex control strategies for the feminization of teleost fish. *Aquaculture*, 2001, 197: 229 – 281

166. Quérat, B., Hardy, A., and Fontaine, Y. A. Regulation of the type-II gonadotrophin α and β subunit mRNAs by oestradiol and testosterone in the European eel. *J. Mol. Endocrinol.*, 1991, 7: 81 – 86

167. Rebers, F. E. M. et al. Gonadotropin-releasing hormone does not directly stimulate luteinizing hormone biosynthesis in male African catfish. *Biol. Reprod.*, 2002, 66: 1604 – 1611

168. Redding, J. M. and Patino, R. Reproductive physiology, In: The Physiology of Fishes. Evans, D. H., ed. Boca Raton: CRC Press, 1993

169. Sawaguchi, S., Koya, Y., and Matsubara, T. Deduced primary structures of three types of vitellogenin in mosquitofish (*Gambusia affinis*), a viviparous fish. *Fish Physiol. Biochem.*, 2003, 28: 363 – 364

170. Schulz, R. W., and Miura, T. Spermatogenesis and its endocrine regulation. *Fish Physiol. Biochem.*, 2002, 26: 43 – 56

171. Shapiro, D. Y. Serial female sex changes after simultaneous removal of males from social groups of a coral reef. *Science*, 1980, 209: 1136 – 1137

172. Sohn, Y. C., Kobayashi, M., and Aida, K. Regulation of gonadotropin subunit gene expression by testosterone and gonadotropin-releasing hormones in the goldfish. *Carassius auratus*, *Comp. Biochem. Physiol. B-Biochem. Mol. Biol.*, 2001, 129: 419 – 426

173. Sorensen, P. W. and Goetz, F. W. Pheromonal and reproductive function of F-prostaglandins and their metabolites in teleost fish. *J. Lipid Mediat.*, 1993, 6: 385 – 393

174. Sorensen, P. W., Hara, T. J., Stacey, N. E. and Goetz, F. W. F. Prostaglandins functions as potent olfactory stimulant which comprise the postovulatory female sex pheromone in goldfish. *Biol. Reprod.*, 1998, 39: 1039 – 1050

175. Stacey, N. et al. Hormonally derived sex pheromones in fish: exogenous cues and signals from gonad to

brain. Can. J. Physiol. Pharmacol., 2003, 81: 329-341

176. Strüssmann, C. A. and Nakamura, M. Morphology, endocrinology, and environmental modulation of gonadal sex differentiation in teleost fishes. Fish Physiol. Biochem., 2002, 26: 13-29

177. Suzuki, K., Kawauchi, H., and Nagahama, Y. Isolation and characterization of two distinct gonadotropins from Chum salmon pituitary glands. Gen. Comp. Endocrinol., 1988, 71: 292-301

178. Suzuki, K., Kawauchi, H., and Nagahama, Y. Isolation and characterization of subunits from two distinct salmon gonadotropins. Gen. Comp. Endocrinol., 1988, 71: 302-306

179. Suzuki, K., Nagahama, Y., and Kawauchi, H. Steroidogenic activities of two distinct salmon gonadotropins. Gen. Comp. Endocrinol., 1988, 71: 452-458

180. Suzuki, K., Kanamori, A., Nagahama, Y., and Kawauchi, H. Development of salmon GtH I and GtH II radioimmunoassay. Gen. Comp. Endocrinol., 1988, 71: 459-467

181. Swanson, P., Suzuki, K., Kawauchi, H., and Dickhoff, W. W. Isolation and characterization of two coho salmon gonadotropin, GtH I and GtH II. Biol. Reprod., 1991, 44: 29-38

182. Tanaka, H., Kagawa, H., Okuzawa, K., and Hirore, K. Purification of gonadotropins (pm GtH I and GtH II) from red seabream (*Pagrus major*) and development of a homologous radioimmunoassay for pm GtH II. Fish Physiol. Biochem., 1993, 10: 409-418

183. Tao, Y. X., Lin, H. R., Van Der Kraak G., and Peter, R. E. Hormonal induction of precocious sex reversal in the ricefiels eel, *Monopterus albus*. Aquaculture, 1993, 118: 131-140

184. Thomas, P., Pinter, J., and Das, S. Upregulation of the maturation-inducing steroid membrane receptor in spotted seatrout ovaries by gonadotropin during oocyte maturation and its physiological significance. Biol. Reprod., 2001, 64: 21-29

185. Toyoyi, K., Aida, K., and Hanyu, I. Ultrastructural changes in the pituitary gonadotropes during the annual reproductive cycles of the female chichibu-goby *Tridentiger obscurus*. Cell Tissue Res., 1986, 246: 137-144

186. Trudeau, V. L., Lin, H. R., and Peter, R. E. Testosterone potentiate the serum gonadotropin response to gonadortropin-releasing hormone in the common carp (*Cyprinus carpio*) and Chinese loach (*Paramisgurnus dabryanus*). Can. J. Zool., 1991, 69: 2480-2484

187. Tyler, C. R. Involvement of gonadotropin in the uptake of vitellogenin into vitellogenic oocytes of the rainbow trout, *Oncorhynchus mykiss*. Gen. Comp. Endocrinol., 1991, 84: 291-299

188. Tyler, C. R., Pottinger, T. G., Santos, E., Sumpter, J. P., Price, S.-A., Brooks, S., and Nagler, J. J. Mechanisms controlling egg size and number in rainbow trout, *Oncorhynchus mykiss*. Biol. Reprod., 1996, 54: 8

189. Van Der Kraak, G., Lin H. R., Donaldson, E. M., Dye H. M., and Hunter, G. A. Effects of LHRH and (D-Ala^6, des-Gly^{10})-LHRH-ethylamide on plasma gonadotropin levels and oocyte maturation in adult female coho salmon (*Oncorhynchus kisutch*). Gen. Comp. Endocrinol., 1983, 49: 470-476

190. Van Der Kraak, G., Pankhurst, N. W., Peter, R. E. and Lin, H. R. Lack of antigenicity of human chorionic gonadotropin in silver carp (*Hypophthalmichthys molitrix*) and goldfish (*Carassius auratus*). Aquaculture., 1989, 78: 81-86

191. Van Der Kraak, G., Suzuki, K., Peter, R. E., Itoh, H., and Kawauchi, H. Properties of common carp gonadotropin I and gonadotropin II. Gen. Comp. Endocrinol., 1992, 85: 217

192. Van Der Kraak. G., Chang, J. P. and Janz, D. M. Reproduction. In: The Physiology of Fishes. 2nd Edition. Chapter 18. Evans, D. H., ed. Boca Raton: CRC Press, 1998: 465-488

193. Van Goor, F., Goldberg, J. I., and Chang, J. P. Involvement of extracellular sodium in agonist-induced gonadotropin release from goldfish (*Carassius auratus*) gonadotrophs. *Endocrinology*, 1996, 137: 2859

194. Vischer, H. F., and Bogerd, J. Cloning and functional characterization of a gonadal luteinizing hormone receptor complementary DNA from the African catfish (*Clarias gariepinus*). *Biol. Reprod.*, 2003, 68: 262－271

195. Wang X. D., and Lin, H. R. Effects of 17α, 20β-dihydroxy-pregnan-3-one on final maturation of oocytes and ovulation in artificially matured Japanese eel *Anguilla Japonica*. In: Proceedings of the sixth International Symposium on the Reproductive Physiology of Fish. Bergen, Norway, 1999: 184

196. Wen H. S., Lin H. R., Mao Y. Z., Wang L., and Zhang Y. P. Annual variations of gonadotropin content and ovarian development of feral female catfish, *Silurus asotus*, in central China. *Environ. Biol. Fishes*, 2003, 68: 283－291

197. Wen H. S., and Lin H. R. Effects of exogenous neurohormone, gonadotropin (GtH) and dopaminergic drugs on the serum GtH content and ovulatory reponsiveness of wild catfish, *Silurus asotus* (Linnaeus, 1758). *Aquaculture Res.*, 2004, 35: 204－212

198. White, S. A., Nguyen, T., and Fernald, R. D. Social regulation of gonadotropin-releasing hormones. *J. Exp. Biol.*, 2002, 205: 2567－2581

199. Wong, A. O. L., Li W., Lee Eric K. Y., Lueng M. Y., Tse L. Y., Billy K. C. Chow, Lin H. and Chang J. P. Pituitary adenylate cyclase activating polypeptide as a novel hypophysiotropic factor in fish. *Biochem. Cell Biol*, 2000, 78: 329－343

200. Wong, T. T. and Zohar, Y. Novel expression of gonadotropin subunit in oocytes of the gilthead seabream (*Sparus aurata*). *Endocrinology*, 2004, 145: 5210－5220

201. Wourms, J. P. Viviparity: the maternal-fetal relationship in fishes. *Amer. Zool.*, 1981, 21, 473－515

202. Xiong, F., Chin, R., Gong, Z. Y., Suzuki, K., Kitching, R., Majumdar-Sonnylal, S., Elsholtz, H. P., and Hew, C. L. Control of salmon pituitary hormone gene expression. *Fish Physiol. Biochem.*, 1993, 11: 63－70

203. Yamamoto, T. Sex differentiation. In: Fish Physiology. Volume 3. Hoar, W. S. and Randall, D. J., eds. New York: Academic Press, 1969: 117－175

204. Yamamoto, E. Studies on sex-manipulation and production of cloned populations in hirame, *Paralichthys olivaceus* (Temminck et Schlege). *Aquaculture*, 1999, 173: 235－246

205. Yan, L., Swanson, P., and Dickhoff, W. W. A two-receptor model for salmon gonadotropins (GtH I and GtH II). *Biol. Reprod.*, 1992, 47: 418

206. Yaron, Z., Bogomolnaya, A., Drori, S., Biton, I., Aizen, J., Kulikorsky, Z., and Levavi-Sivan, B. Spawning induction in the carp: past experience and future prospects—A Review. *Bamidgch*, 2009, 61: 5－26

207. Yaron, Z., and Sivan, B. Reproduction. In: The Physiology of Fishes. Third Edition. Evans, D. H. and Claiborne, J. B., eds. Boca Raton: CRC Press, 2006: 343－386

208. Yoshikuni, M., and Nagahama, Y. Endocrine regulation of gametogenesis in fish. *Bull. Inst. Zool.*, Academia Sinica, Morograph, 1991, 16: 139－172

209. Yuen, C. W., and Ge, W. Follistatin suppresses FSH β but increases LH β expression in the goldfish-evidence for an activin-mediated autocrine/paracrine system in fish pituitary. *Gen. Comp. Endocrinol.*, 2004, 135: 108－115

210. Zhang Y., Zhang W., Zhang L., Li X., Zhu T., Tiang J. and Lin H. Two distinct Cytochrome P450 aromatases in the orange-spotted grouper (*Epinephelus coioides*): cDNA cloning and differential mRNA expression. *J. Steroid Biochem. Mol. Biol.*, 2004, 92: 39–50
211. Zheng, W. B. and Stacey, N. E. A steroidal pheromone and spawning stimuli act via different neuroendocrine mechanisms to increase gonadotropin and milt volume in male goldfish, *Carassius auratus*. *Gen. Comp. Endocrinol.*, 1997, 105: 228
212. Zhu, P., Zhang, Y., Zhuo, Q., Lu, D. Q., Huang, J. H., Liu, X. C., and Lin, H. R. Discovery of four estrogen receptors and their expression profiles during testis recrudescence in male *Spinibarbus denticulatus*. *Gen. Comp. Endocrinol.*, 2008, 156: 265–276
213. Zohar, Y., and Mylonas, C. C. Endocrine manipulations of spawning in cultured fish: from hormones to genes. *Aquaculture*, 2001, 197: 99–136

复习与思考

1. 鱼类的生殖方式有什么特点？鱼类生殖方式的多样性与鱼类种类的繁殖有什么联系？
2. 什么是鱼类的生殖周期？它是如何形成的？不同类群鱼类的生殖周期有哪些特点？
3. 什么是神经内分泌？神经内分泌包括哪些类型？它们之间有哪些异同？
4. 鱼类的下丘脑如何与脑垂体保持联系？它怎样调控脑垂体的激素分泌活动？
5. 鱼类的神经垂体与腺垂体的细胞组成有什么不同？它们之间有什么联系？
6. 鱼类的腺垂体由哪些细胞组成？如何区分各种不同类型的激素分泌细胞？
7. 如何鉴别鱼类腺垂体中的促性腺激素（GtH）分泌细胞？它们的形态和超显微结构有什么特点？
8. 阐明鱼类两种促性腺激素（GtH）的化学结构和功能。
9. 鱼类促性腺激素释放激素（GnRH）如何调控促性腺激素的释放？它们的结构和功能关系如何？其刺激促性腺激素释放的作用有何特点？
10. 什么是鱼类促性腺激素释放的抑制因素（GRIF）？其作用有什么特点？如何在生产中应用？
11. 促性腺激素分泌的周期性与鱼类的生殖周期性是否一致？环境因素对促性腺激素分泌有什么影响？
12. 鱼类的性别决定有何特点？目前的研究进展如何？
13. 鱼类精子发育成熟的过程和精巢各个发育时期的特点如何？
14. 鱼类卵母细胞发育成熟的过程如何？卵母细胞发育成熟各个时期的特点以及卵巢发育分期的标准是什么？
15. 阐述鱼类卵母细胞最后成熟的激素调控作用机理。
16. 鱼类的性腺怎样产生性类固醇激素？如何证明雌二醇和 $17\alpha, 20\beta$-双羟孕酮的产生是由滤泡的两种细胞类型生成的？
17. 阐述性类固醇激素在鱼类性腺发育成熟和生殖过程各个时期的作用。
18. 鱼类的生殖行为有哪些？它们如何受到性类固醇激素的影响？
19. 鱼类的性外激素有哪些？它们如何调控雌雄鱼的生殖行为并协调它们同步完成产卵和排精过程？

第八章 内分泌生理

第一节 鱼类内分泌系统的特点

与其他脊椎动物一样,鱼类的内分泌腺体有三个来源:

第一,起源于神经组织,如肾上腺髓质,是没有神经纤维的交感神经节后神经元。由于用铬盐(如重铬酸钾溶液)处理使细胞颗粒变为棕色,故又称之为嗜铬组织(Chromaffin Tissue)。

第二,起源于神经分泌组织,包括下丘脑、神经垂体、松果体和尾下垂体,其中尾下垂体(Urophysis)为鱼类所特有。

第三,起源于非神经组织,包括起源于口腔顶部的腺垂体、起源于咽部的甲状腺和鳃后体、起源于小肠的胰岛,以及由体腔后部的生肾组织分化形成的肾上腺皮质、斯氏小囊(Corpuscle of Stannius)和性腺,其中斯氏小囊为鱼类所特有(图8-1)。

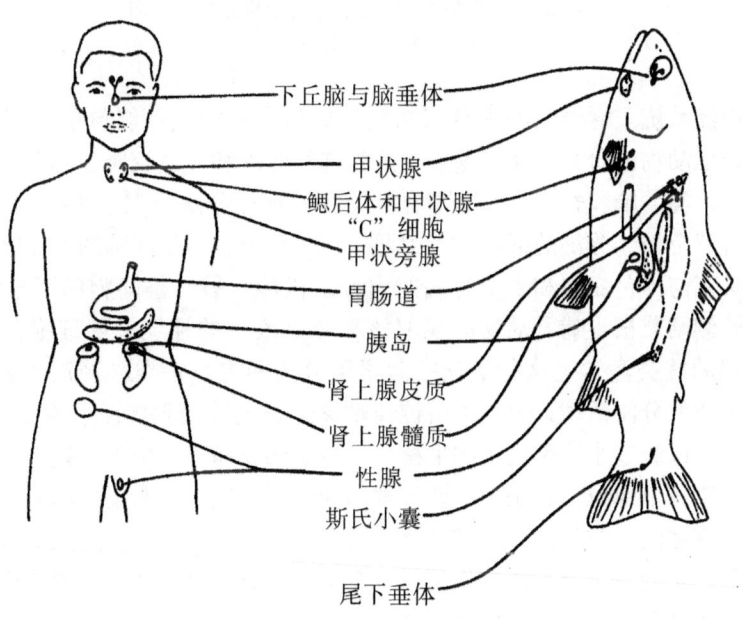

图8-1 人和硬骨鱼类内分泌系统的比较
参考 P. J. Bentley

以脊椎动物内分泌系统的原始模式构造图(图8-2)表示鱼类和其他脊椎动物的内分泌系统的起源进化,说明内分泌腺是由功能不同的一些细胞群发展起来的。它们的进化发展主要是三个部位:

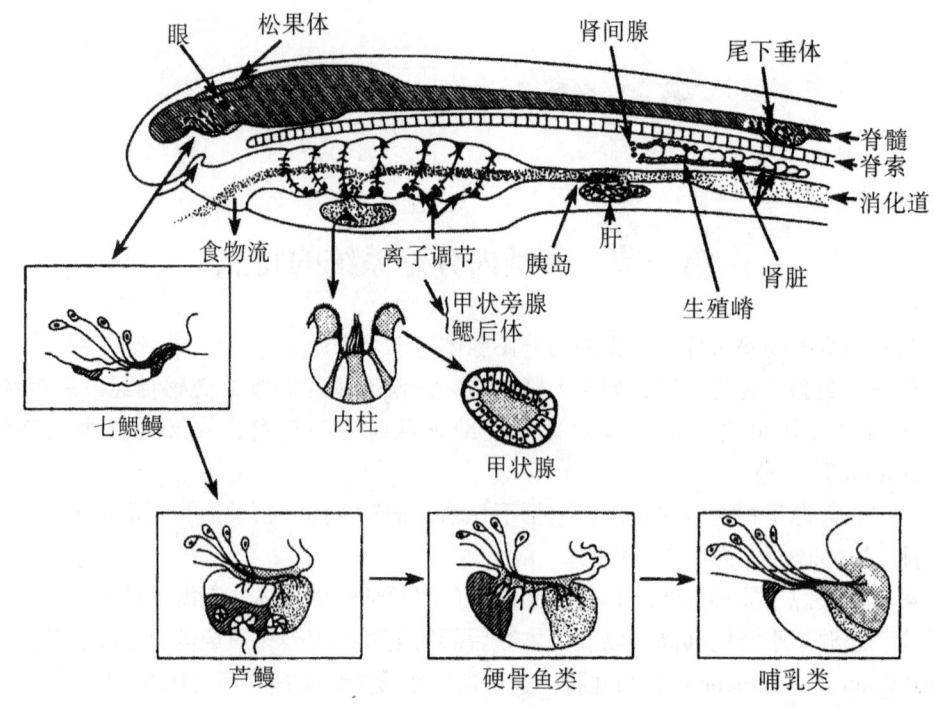

图 8-2 脊椎动物内分泌系统发生与进化示意图
参考 W. S. Hoar

首先是神经系统。脊椎动物内分泌系统的原始模式构造可能包括许多神经分泌细胞，对低等脊椎动物的研究证实了这点，因为神经分泌和神经胶质分泌（Glia Secretion）广泛分布于圆口类的脑和脊髓，而高等脊椎动物的神经分泌只限于 2~3 个范围很小的部位。鱼类有三个神经分泌的部位，其中两个位于脑内：一是间脑的上丘脑区发展起来的松果体，具有与体色变化和生殖有关的内分泌机能；另一是间脑的下丘脑（如鱼类的视前核和外侧结节核，哺乳动物的视上核和旁室核）的神经分泌细胞，产生一系列相近而又不同的肽类激素。这些下丘脑激素可分为两类：一类（释放或调节的因素）调节控制腺垂体的分泌活动；另一类由神经轴突运送到神经垂体或后腺垂体暂时贮存，必要时释放出来以调节水分和离子的平衡、平滑肌的收缩等。鱼类脊髓末端的尾下垂体是神经分泌的第三个部位，它是由一些分散的神经分泌细胞逐渐集中起来而形成的独立的小腺体，在有尾两栖类和高等脊椎动物中则不存在。

消化道前部是内分泌腺系统发生的第二个部位。原始脊索动物的消化道前部是滤食器官，在口腔和鳃部产生大量黏性分泌物，以黏住随水流进入口中的食物；在鳃弓和咽壁上有纤毛上皮，它们通过不断运动把黏性分泌物输送到消化道后部，在消化与代谢活动中起重要作用。随着颚的形成以及捕食习性和周期性摄食的发展，用黏着方式来滤取食物已经不能满足需要，而对化学调节物质的需求却增加，这可能是在这个部位形成与发展一系列内分泌腺的主要原因。甲状腺的发展是很好的说明。有颚脊椎动物的甲状腺是由咽底部早期形成的沟发展而来，七鳃鳗幼体没有甲状腺，变态时由幼体器官——内柱（Endostyle）形成甲状腺。内柱是有纤毛的沟或囊，在原索动物和七鳃鳗的幼体，其主要作用是分泌黏液来黏着食物，它也能使碘结合到酪氨酸上，而这就是脊椎动物甲状腺的主要功能。在这个部位的其他一些内分泌器官也有类似的进化发展情况。例如，胃和肠上皮散布着一些分泌激素（如肠促胰液肽和促胃酸激素）的细胞，以调节消化液的分泌。胰脏的腺上皮囊形成胰岛泡，它分泌胰岛素和高血糖素以调节血液的葡萄糖浓度。鱼类的鳃上皮不仅能交换气体以及分泌与吸收盐分，而且还是调节钙和磷平衡的甲状旁腺（鱼类无此腺体）和鳃后体的发源地。它们和甲状腺一样，都是由原始脊索动物的黏液分泌细胞发展而来的。由消化道前部发展形成腺垂体的过程较为复杂：胚胎时期口腔顶部上皮形成凹窝或囊，向上生长而和其上方的下丘脑紧密接触，这种上皮增生就形成腺垂体，与从下丘脑往下生长的神经垂体结合在一起就形成脑垂体。鱼类的芦鳗属（*Calamoichthys*）还保留开口于口腔的脑垂体囊，且具有外分泌和内分泌的功能。此外，硬骨鱼类的腺垂体只有一个囊状物与扁平的神经垂体相接连，而神经垂体的神经分泌纤维直接进入腺垂体；其他较高等的脊椎动物形成特有的垂体门脉系统，神经分泌产物释放到这些血管中，然后送到腺垂体。

　　生肾组织是内分泌腺形成的第三个部位。胚胎时期，生肾组织与体腔相联系，而在原始脊索动物，体腔具有排泄和生殖的功能。由这个组织发展形成的肾上腺和性腺分泌的激素都属于类固醇，并且有相似的合成途径。不同的是肾上腺分泌的激素主要调节物质代谢，而性激素主要调控生殖作用。鱼类的肾上腺皮质是分散的，称为肾间腺，且与嗜铬组织（相当于高等脊椎动物的肾上腺髓质）分开。

　　总的来说，鱼类和其他脊椎动物的内分泌腺是由分散的神经分泌细胞、原始脊索动物的黏液分泌细胞以及形成性腺、肾脏和体腔的一部分中胚层形成的。促使它们进化发展的主要因素，一方面是生殖、发育和生长季节性调节的需要；另一方面是颌的形成，无选择的被动的滤食方式被有选择的主动的捕食方式所替代，因而需要调节消化与代谢的机能。在长期进化发展过程中，内分泌腺形态构造的主要变化是由分散的内分泌细胞发展为密实的血管丰富的腺体。由于鱼类是低等脊椎动物，其有些内分泌腺的构造还处于比较原始的阶段，如甲状腺和肾上腺皮质与髓质。

第二节　脑　垂　体

　　鱼类的种类繁多，其不同类群脑垂体的形态和结构也呈现明显的差异和多样性。以辐鳍亚纲鱼类为例，低等的硬骨鱼类（Chondrostean）[如多鳍鱼（*Polypterus*）]、软骨硬鳞类（Cartilaginous ganoids）[如鲟鱼（*Acipenser*）]、硬骨硬鳞类（Holostean Ganoids）[如弓鳍鱼（*Amia*）]、真骨鱼类（Teleostean）[如鳗鱼（*Anguilla*）和鲫鱼（*Carassius*）]，它们脑垂体的形态和结构就各不相同（图8-3）。鱼类脑垂体的典型特征是缺乏正中隆起，神经垂体由间脑宽而薄的底部分化形成，与腺垂体完全交错对称，其中进入腺垂体中间部（Pars Intermedia，相当于后腺垂体）的神经垂体神经元主要来自下丘脑视前区，其神经分泌物质具有特殊的染色反应；而进入腺垂体远部（Pars Distalis，相当于前腺垂体和中腺垂体）的神经垂体神经元主要来自下丘脑的外侧结节核和腹下丘脑区，其神经分泌物质的染色反应与进入腺垂体中间部的明显不同，它们的神经末梢靠近或到达腺垂体分泌细胞并形成突触结构。因此，下丘脑是通过其神经元产生的神经分泌物质直接调控腺垂体（中间部和远部）的分泌活动。

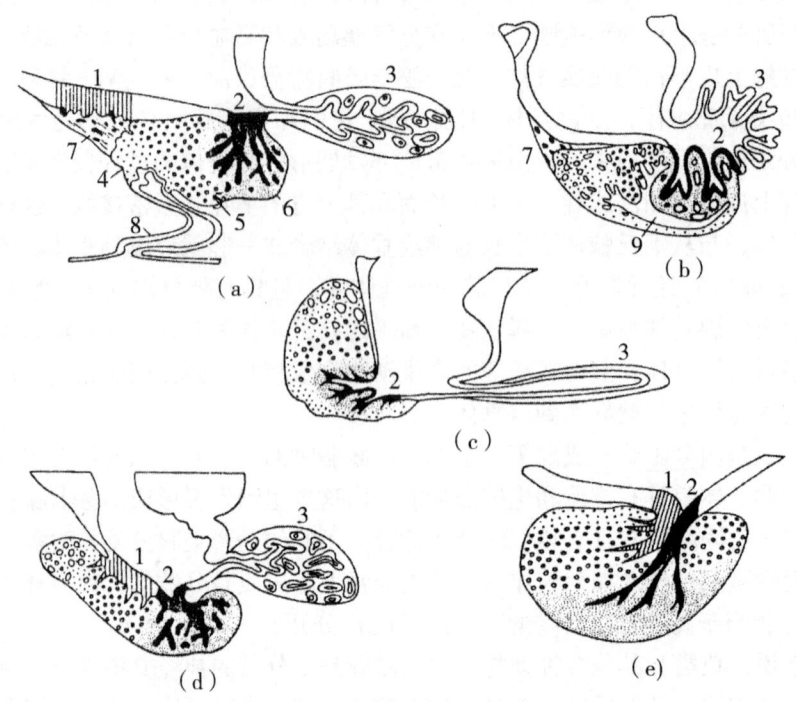

图 8-3 辐鳍亚纲（Actinopterygians）不同类群鱼类脑垂体的矢中切面

（a）硬骨鱼类（Chondrostean）的多鳍鱼；（b）软骨硬鳞类（Cartilaginous Ganoids）的鲟鱼；（c）硬骨硬鳞类（Holostean Ganoids）的弓鳍鱼；（d）真骨鱼类（Teleostean）的鳗鱼；（e）鲫鱼。直线部分表示相当于正中隆起的部位；黑色部分表示神经垂体进入腺垂体中间部；细点部分表示腺垂体中间部；粗点和小圆点部分表示腺垂体远部分化的不同区。1. 相当于正中隆起的部位；2. 神经垂体；3. 血管囊；4.、5. 腺垂体远部；6. 腺垂体中间部；7. 血管韧带；8. 成体连接腺垂体远部和口腔的小管；9. 垂体裂缝（引自 Gorbman 等，1983）

一、神经垂体

神经垂体（Neurohypophysis）原本是下丘脑往下的突起部分。下丘脑的正中隆起（Median Eminence）和神经垂体直接联系。但硬骨鱼类没有明显的正中隆起，在发生过程中这部分内褶到腺垂体内，使围绕神经垂体的微血管把血液直接供应给腺垂体，来自下丘脑的神经纤维也直接分布到腺垂体的激素分泌细胞。

神经垂体主要由神经分泌细胞的轴突和它们的神经末梢组成。这些轴突的细胞体主要位于下丘脑的视前核和室旁核（Paraventricular Nucleus）。由这些神经分泌细胞合成的分泌物与富含半胱氨酸的蛋白质分子［后叶激素运载蛋白（Neurophysin）］结合后贮存在神经末梢，然后释放到周围的微血管中。

神经垂体的分泌末梢主要释放两类激素，即后叶加压素［Vasopressin，又称抗利尿激素（ADH：Antidiuretic Hormone）］和催产素（Oxytocin），它们都是由9个氨基酸组成的多肽。各个类群脊椎动物神经垂体分泌的这两类激素的分子结构有所不同：在软骨鱼类中有精氨酸催产素（Arginine Vasotocin）、软骨鱼催产素（谷催产素，Glumitocin）、缬催产素（Valiotocin）和天冬催产素（Aspartocin）等，在硬骨鱼类中有鸟催产素（Mesotocin）和硬骨鱼催产素（Ichthyotocin）等。在已经确定的脊椎动物9种有活性的神经垂体肽类激素中，鱼类有其中的7种（表8-1）。这些多肽类中有一类在第8位含有碱性氨基酸，而另一类在第8位含有中性氨基酸；前者属抗利尿的加压素一类，而后者属催产素一类。

表8-1 神经垂体激素的氨基酸顺序

它们共同的化学结构是（在第3、4和8位置的变化用X表示）：	1	2	3	4	5	6	7	8	9
	半胱	酪	(X)	(X)	天冬	半胱	脯	(X)	甘(NH$_2$)$_2$
在3、4、8位的氨基酸是：			3	4				8	
精氨酸加压素（AVP）			苯丙	谷				精	⎫
赖氨酸加压素（LVP）			苯丙	谷				赖	⎬ 碱性氨基酸
精氨酸催产素（AVT）			异亮	谷				精	⎭
催产素			异亮	谷				亮	⎫
鸟催产素			异亮	谷				异亮	⎪
硬骨鱼催产素			异亮	丝				异亮	⎬ 中性氨基酸
谷催产素（GLT）			异亮	丝				谷	⎪
缬催产素（VLT）			异亮	谷				缬	⎪
天冬催产素（AST）			异亮	天冬				亮	⎭

精氨酸催产素在所有鱼类以及所有脊椎动物中都存在，所以，它可能是神经垂体激素的祖先，由它衍生其他的类型。

神经垂体激素在鱼类的生理作用还有待于深入研究。目前的研究表明，鱼类输卵管的平滑肌对精氨酸催产素很敏感，用pg/mL的剂量就能使花鳑离体的输卵管出现反应，而且这种反应受到GtH和雌激素的影响。因此，这种肽类可能会调节鱼类生殖器官的某些机能。精氨酸催产素还影响血管的平滑肌，从而调节身体外周血液循环的阻力。据报道，精氨酸催产素在鳗鱼的剂量阈值是5×10^{-11} mol/kg 体重。硬骨鱼催产素和鸟催产素能促使鳃血管收缩，从而引起身体血管的反射性血管舒张。硬骨鱼催产素使有些鱼类血压升高的阈值约为1×10^{-11} mol/kg 体重。神经垂体激素通过影响肾脏的肾小球和微血管的平滑肌而参与渗透压调节和水-盐代谢平衡，例如能促进海水鱼类的钠交换，以便适应于较高盐度的水环境。神经垂体激素对鱼类代谢活动也起一定作用，例如给银大麻哈鱼注射低剂量精氨酸催产素能使血液中的游离脂肪酸含量增加，但注射高剂量精氨酸催产素则减低血液中的游离脂肪酸含量。精氨酸催产素还能使大麻哈鱼血液中生长激素以及葡萄糖的含量增加。硬骨鱼催产素还能诱导有些鱼类（如鳉鱼）的生殖活动，甚至在切除脑垂体和阉割后并不影响注射硬骨鱼催产素后所产生的反应。

二、腺垂体

鱼类的腺垂体（Adenohypophysis）分泌六种多肽激素，其靶组织和生理机能列于表 8-2 中。

表 8-2 腺垂体分泌的激素及其生理机能

激 素	靶组织	生理机能	调 节
促肾上腺皮质激素（ACTH）	肾上腺皮质	增加肾上腺皮质类固醇激素的生成与分泌	CRH 刺激其释放；ACTH 抑制 CRH 的释放
促甲状腺激素（TSH）	甲状腺	增加甲状腺激素的合成与分泌	TRH 促进其释放；甲状腺素抑制其释放
促性腺激素（GtH）	精巢和卵巢	增加性腺类固醇激素的生成与分泌；促进配子生成、性腺发育成熟和排精排卵	GnRH 促进其释放；性类固醇激素和 GRIF 抑制其释放
生长激素（GH）	所有组织	促进组织生长，增加 RNA 合成、蛋白质合成、葡萄糖与氨基酸运输；促进脂解与抗体形成；等等	GRH 的分泌刺激其释放
生长乳素（SL）	所有组织	参与对水环境（包括盐度、pH 值、钙离子、背景色等）适应性和应激反应的调节；促进性腺生长和降河迴游习性的形成	未明
催乳激素（PRL）	鳃、肾脏	渗透压调节和水盐代谢	PIH 的分泌抑制其释放
黑色素细胞刺激素（促黑激素，MSH）	黑色素细胞	促进黑色素细胞的黑色素合成及其在细胞内分散	MIH 的分泌抑制其释放

上述各种腺垂体激素分别由不同的分泌细胞分泌。前腺垂体主要含有催乳激素分泌细胞和促肾上腺皮质激素分泌细胞；中腺垂体包括生长激素分泌细胞、促甲状腺激素分泌细胞和促性腺激素分泌细胞；后腺垂体主要含有黑色素细胞刺激素分泌细胞。

按照生物化学特征，可以将腺垂体激素归纳为三类：①促甲状腺激素和促性腺激素,它们都是由两个亚单位组成的糖蛋白,每个亚单位的分子量为 14000~15000;②催乳激素、生长激素和生长乳素(Somatolactin),它们都是很相似的单链多肽,分子量较大,约为 22000,如大麻哈鱼的生长激素和催乳激素有 26% 的同源性;③促肾上腺皮质激素和黑色素细胞刺激素,它们都是分子较小的直链多肽,分子量为 4000~5000。

由于腺垂体激素都是蛋白质,特别是催乳激素、生长激素和促性腺激素等大分子,因此,它们都具有明显的种族特异性。虽然采用脑垂体碎片进行种间试验都会产生一些反应,但相近种类的作用通常要大得多。这与蛋白质分子的大小以及构造的复杂性也有关系。例如,虽然各种脊椎动物对异种的促性腺激素都能起一些反应,但生物学效能不相同。哺乳类的促性腺激素对各种类群脊椎动物都有一定活性,如哺乳类的 LH 和人体的 HCG 对鱼类有作用,而鱼类的促性腺激素对哺乳动物没有作用。在鱼类中,通常以同种或相近种类的促性腺激素活性较强。两栖类、爬行类和鸟类对鱼类和哺乳类的促性腺激素也有一定反应,而鸟类的促性腺激素对蜥蜴的活性要比对哺乳动物强,爬行类的促性腺激素对鸟类和两栖类的活性亦比对哺乳动物强。这表明激素的种族特异性是相对的,很可能与其分子结构的差异性有关。

在鱼类腺垂体激素中,被促性腺激素的研究最受重视,这已在第七章中详细介绍。近几年来,对鱼类生长激素、催乳激素和甲状腺素的研究也逐渐深入。

(一) 生长激素(GH)

鲤鱼、草鱼、鲢鱼、鳙鱼等鲤科鱼类以及罗非鱼、大西洋鲑、石斑鱼等许多种鱼类的生长激素已经被分离提纯并阐明了化学结构。鱼类的 GH 由 173~188 个氨基酸组成,分子量为 20000~22000,它们与哺乳类 GH 化学结构的主要相同特征是:①有 4 个半胱氨酸残基(鲤科鱼类有 5 个),形成两个双硫链;②在第 82 位置上都保留一个色氨酸残基;③有 4 个相同的氨基酸顺序区(功能性区段),即由第 6 位到第 22 位、第 60 位到第 82 位、第 110 位到第 119 位、第 158 位到第 180 位的氨基酸残基。

在鱼类中,同一目的种类,其 GH 的氨基酸组成大约有 80% 以上是相同的。例如,鲤鱼、草鱼、鲢鱼和鳙鱼的 GH 完全相同,鲑鱼和鳟鱼的 GH 也完全相同,鳗鲡和海鳗的 GH 有 97% 相同,而鲈形目的金枪鱼、鲹鱼和罗非鱼的 GH 有 82%~91% 是相同的。由此可见,同一目的鱼类,GH 化学结构是相当保守的;但在不同目的鱼类之间,GH 就有较大差异,只有 49%~68% 相同,表现出明显的种类特异性。鱼类和四足类脊椎动物的 GH 氨基酸组成只有 37%~58% 相同。

在草鱼背大动脉安置导管进行长时间连续取血样测定其 GH 含量,证明 GH 分泌活动是阵发式分泌,其分泌形式有两种情况:一种是每 6 h 的连续取血样期间有两个阵发式的分泌波峰,其间隔时间平均是 2.5 h;另一种是每 6 h 的连续取血样期间只出现一个明显波峰或者几个小波峰的聚集。鱼类 GH 的这种分泌形式与在一些鸟类和哺乳类中观察到的情况相似。

对鲤鱼和金鱼的研究证明,生长激素的分泌活动受到脑(特别是下丘脑)产生的许多神经内分泌因子以及性类固醇激素的调节,其中有刺激性的,也有抑制性的。这已在第四章中详细介绍。

(二) 催乳激素 (PRL)

鱼类催乳激素的生理作用与哺乳类和鸟类的都不同，因为已经证实鱼类脑垂体提取物对哺乳类的乳腺和鸟类的嗉囊不起作用。但是，鱼类脑垂体提取物能诱导切除脑垂体的蝶螈产生"返水"（Water Drive）反应，而这种效应与哺乳类的脑垂体提取物及哺乳类催乳激素对蝶螈的作用相似。这表明鱼类脑垂体具有某种能引起与哺乳类的催乳激素相似反应的因子。现在已经确定硬骨鱼类脑垂体中含有对它们在淡水中保持电解质和水分平衡起重要作用的激素。给切除脑垂体的广盐性鱼类（如底鳉和剑尾鱼）注射哺乳类的催乳激素，能使它们在淡水中生存，而在正常情况下，它们必须移入稀释的海水中（1:3）才能生存。其他的淡水硬骨鱼类切除脑垂体后虽然能够存活，但电解质平衡受到损害。例如，欧洲鳗鲡切除脑垂体后其血浆中的钠和钙慢慢减少，如果用哺乳类的催乳激素处理就可以制止这种情况，如用羊催乳激素能使离体的鳃吸收钙量增加 2～3 倍，用羊催乳激素对鳗鲡进行灌注能明显提高其血浆中的钙含量。褐鳟切除脑垂体后使其体内水分的周转率减低，而用催乳激素处理可以使水分周转率恢复正常。由此可见，催乳激素对广盐性鱼类是最重要的水盐调节激素。虽然有些试验表明催乳激素能减缓一些海水鱼类钠的流出，例如，在鲽鱼中催乳激素能使钠的周转减少 50%，但对钠的流出没有明显作用；催乳激素降低膀胱和肾小管的水分可渗性，也使肾脏和鳃的 Na^+、K^+、ATP 酶的活性降低，但催乳激素对广盐性海水鱼类的作用还不像对淡水鱼类那样明确。催乳激素影响鱼类体内水分和钠的转运主要通过鳃、肾脏和膀胱，但也作用于皮肤和消化道。例如，催乳激素能使已适应海水生活的鳗鲡和刺鱼体内水分的渗出减少，也能使鰕虎鱼和鲀鱼皮肤黄色素细胞的色素扩散。此外，还发现催乳激素参与鱼体的脂质代谢和脂肪贮存以及能使血浆中甲状腺素的含量降低。

由于建立了催乳激素的放射免疫测定技术，最近的研究进一步证明催乳激素对鱼类在淡水中的渗透压调节起重要作用。例如，罗非鱼、大麻哈鱼和鳗鱼进入淡水后其血液中的催乳激素含量都明显增加。而催乳激素在低渗性水环境中调节水盐平衡的作用机理包括：①降低膜的可渗透性：在鳃部减少离子的被动流失和水分从低渗环境的被动渗入，在肠管减少对钠和水的吸收，在肾脏增加尿量等（图 8-4）。②刺激黏液细胞的分化和增生：如淡水中的鳗鱼，食道表层覆盖一层黏液细胞，对水和离子是不渗透性的；当鳗鱼适应于海水生活，食道的大部分黏液细胞消失，表面只有单层上皮细胞，只对离子是可渗透性的，以便保持从高渗性海水中得到水分而排出过多的盐分。可见，黏液细胞对生活在低渗性水环境中的鱼类是必要的。

在罗非鱼，以不同渗透压的介质孵育腺垂体，催乳激素的释放量和介质的渗透压成反比，即低渗性介质刺激催乳激素释放，而在高渗性介质中，催乳激素释放量大大减少。此外，介质中的钙含量虽然对催乳激素的释放量没有影响，但如果介质中完全没有钙，则催乳激素的释放活动完全受阻抑。这说明，与其他激素相似，钙同样是催乳激素释放的必要媒介离子。

从罗非鱼脑垂体首次得到高度提纯的催乳激素，其分子量为 19400，其氨基酸组成表明有 1 个色氨酸和 4 个半胱氨酸残基，这是所有已知脊椎动物生长激素结构的特征

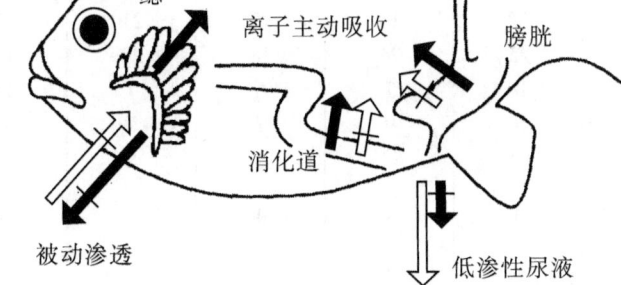

图 8-4 催乳激素对淡水鱼类保持水盐平衡的作用
依据 T. Hirano

（表 8-3），但并不是哺乳类催乳激素的特点，因为鱼类催乳激素在氨基末端（N-末端）没有一个二硫桥。罗非鱼催乳激素对硬骨鱼类保持水分和钠的作用要比羊催乳激素强得多，但并不能刺激哺乳类的乳腺和鸽的嗉囊。大麻哈鱼的催乳激素也已经被分离提纯，它比其他硬骨鱼类的催乳激素含有较多的亮氨酸和天冬氨酸。鲤鱼的催乳激素化学结构最近已经被阐明：由 86 个氨基酸残基组成，含 2 个二硫键，分别在第 46～160 位和第 177～186 位的残基之间形成；与罗非鱼和大麻哈鱼的催乳激素一样缺少氨基末端的二硫键；其氨基酸组成与大麻哈鱼催乳激素有 77% 相同，而与哺乳类催乳激素只有 36% 相同（表 8-4），但是它们在 1～32、46～66、71～94 和 155～182 位 4 个区的氨基酸残基组成都是相同的。

许多环境因素（如温度、光照、应激状态等）都对鱼脑垂体的催乳激素分泌速率有影响。鱼类催乳激素含量以及靶组织对催乳激素的反应也有昼夜周期变化，并受到环境条件的影响。例如，剑尾鱼催乳激素分泌细胞的大小有昼夜变化，金鱼脑垂体提取的催乳激素的电泳特征有昼夜差别；肝脏中的糖元含量对催乳激素的反应也有明显的昼夜周期性；等等。这种昼夜的节律可能是对温度和光照的适应性变化，因为温度升高和光照增强会使代谢活动加强和钠流失增加，而催乳激素分泌增加能补偿这种损失；同样，代谢活动减弱也会导致催乳激素分泌活动减弱。

表8-3　罗非鱼与其他脊椎动物的生长激素和催乳激素氨基酸组成的比较

氨基酸	羊 GH	鸭 GH	龟 GH	牛蛙 GH	罗非鱼 GH	罗非鱼 PRL	羊 PRL
Lys	11	12	12	11	8	9	9
His	3	5	4	6	5	5	8
Arg	13	10	13	17	11	7	11
Asp	16	21	20	30	19	16	22
Thr	12	10	9	12	12	9	9
Ser	13	12	14	12	21	22	15
Glu	24	25	24	18	29	17	22
Pro	6	10	7	6	7	11	11
Gly	10	10	9	7	7	8	11
Ala	15	11	11	6	8	10	9
$\frac{1}{2}$Cys	4	4	4	4	4	4	6
Val	6	8	8	11	6	7	10
Met	4	4	4	4	1	5	7
Ile	7	6	7	8	9	9	11
Leu	27	26	26	18	27	24	23
Tyr	6	6	7	10	7	3	7
Phe	13	10	12	11	7	5	6
Trp	1	1	1	1	1	1	2

引自 A. Gorbman。

表8-4　鲽鱼、鲤鱼、大麻哈鱼、罗非鱼和羊的催乳激素氨基酸组成

氨基酸	鲽鱼	鲤鱼	大麻哈鱼	罗非鱼	羊
Lys	14.2	16.6	13.5	8.9	9
His	2.9	4.2	5.2	4.9	8
Arg	7.6	9.4	8.8	6.8	11
Asp	20.5	24.0	26.5	16.4	22
Thr	24.6	13.6	8.8	9.4	9
Ser	17.8	18.0	19.9	21.6	15
Glu	19.6	18.8	18.6	17.4	22
Pro	8.5	10.8	9.2	10.8	11
Gly	12.9	15.6	12.6	8.1	11
Ala	15.3	13.2	11.8	9.6	9
Cys	3.4	5.0	3.4	4.2	6
Val	9.1	9.3	8.9	6.8	10
Met	3.3	4.6	4.7	5.4	7
Ile	8.5	5.5	8.1	9.3	11
Leu	16.9	17.6	26.2	24.5	33
Tyr	4.1	3.6	5.4	3.0	7
Phe	7.2	7.2	7.4	4.7	6
Typ	未能测定	未能测定	未能测定	1.0	2

(三) 促甲状腺激素 (TSH)

硬骨鱼类的促甲状腺激素已经被分离提纯，和促性腺激素一样都是糖蛋白，由 α 和 β 两个亚基组成，其分子量 (28000) 和氨基酸组成都与牛的 TSH 相似；只有鳗鲡的 TSH 与牛的 TSH 差别稍大，而与鼠、羊或人的 TSH 很相似。总的说来，已经分离出来的所有硬骨鱼类 TSH 的氨基酸组成都是很相似的。虽然哺乳类和硬骨鱼类的 TSH 对鱼类甲状腺细胞都能引起反应，但是硬骨鱼类的 TSH 对哺乳类的甲状腺没有活性。哺乳类的生长激素也能激活硬骨鱼类的甲状腺，看来硬骨鱼类的甲状腺细胞并不能区分哺乳类的生长激素和 TSH。对于饥饿的鳟鱼或切除脑垂体的鳗鲡，哺乳类 TSH 的活性在 20℃ 或 25℃ 要比在 10~15℃ 中强，而鲤鱼 TSH 的活性在较高的和较低的温度中是一样的。鱼类脑垂体中 TSH 的含量变化很大，这可能与甲状腺参与生殖、生长或其他代谢活动的情况有关。有些鱼类脑垂体的 TSH 含量比哺乳类的高 10~20 倍。例如，非洲肺鱼 (*Protopterus annectans*) 脑垂体有高的 TSH 含量，尽管这时它们的甲状腺活动性已经减弱。

促甲状腺激素的分泌既受到下丘脑的促甲状腺素释放激素 (TRH) 的调控，也受到血液循环中甲状腺素反馈作用的影响 (图 8-5)。恒温动物如哺乳类，当外界温度降低时，下丘脑迅速释放 TRH，刺激脑垂体以释放 TSH，TSH 作用于甲状腺促使其产生大量甲状腺素，使代谢活动产热量增加，从而调节与保持正常的体温。变温动物如鱼类，当外界温度降低时，身体温度也随之降低，此时下丘脑的 TRH 和脑垂体的 TSH 分泌减少，甲状腺的活动也随之减弱。当血液中的甲状腺素增加时 (如人为注射甲状腺素)，TRH 和 TSH 的释放活动减弱，它们在血液中的含量降低。一些试验结果表明，脑垂体对甲状腺素的反馈作用要比下丘脑敏感一些。

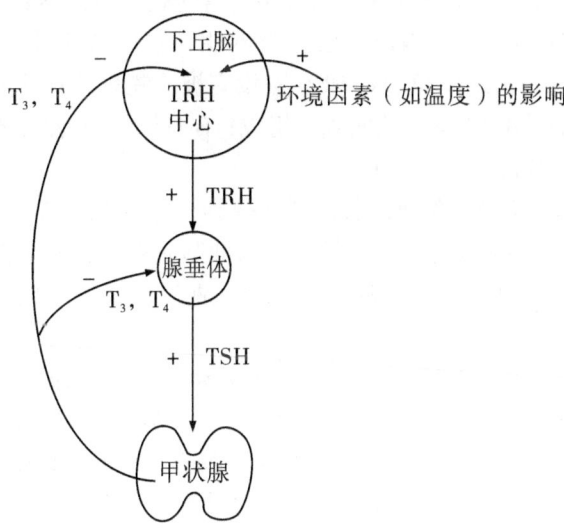

图 8-5　促甲状腺素释放激素 (TRH) 和促甲状腺激素 (TSH) 的刺激作用促使甲
　　　　状腺素 (T_3 和 T_4) 分泌活动增强的示意图
甲状腺素 T_3 和 T_4 的负反馈作用部位在下丘脑和腺垂体 (引自 A. Gorbman)

(四) 促肾上腺皮质激素 (ACTH) 和促黑激素 (MSH)

促肾上腺皮质激素和促黑激素由共同的前体分子阿黑皮素原 (POMC) 衍生而来，它们的化学结构有相似之处：都有相同的七肽片段，即 Met—Glu—His—Phe—Arg—Trp—Gly，虽肽链的长短不一，但都是单链，没有半胱氨酸残基，也就不存在二硫键。大麻哈鱼腺垂体的促肾上腺皮质激素分泌细胞与用荧光标记的猪 ACTH 和合成 ACTH 的抗体都能产生反应，这表明哺乳类与硬骨鱼的 ACTH 有相似的结构：都是由 39 个氨基酸残基组成，其中由 NH_2-终端起始的 24 个氨基酸组成的肽链是这个分子具有活性所必需的。哺乳类的 ACTH 能刺激硬骨鱼类肾上腺皮质类固醇的产生；同样，硬骨鱼类的 ACTH 也能刺激哺乳类肾上腺皮质类固醇的产生，但鲨鱼 ACTH 的氨基酸顺序约有 1/3 与哺乳类不同，其活性仅为哺乳类 ACTH 的 15%。部分提纯的太平洋鲑鱼 ACTH 能诱导鳟鱼血液中皮质醇含量增加，这与用猪 ACTH 处理后的反应结果相似。

在圆口类和板鳃鱼类，体色的变化（即皮肤色素细胞内的色素颗粒扩散和收缩）是由促黑激素调节的。但在硬骨鱼类，体色变化部分地受交感神经系统控制，因为硬骨鱼类的黑色素细胞有神经分布与支配。然而，硬骨鱼类的体色变化也为 MSH 所调节。用硬骨鱼类脑垂体提取液灌注鳗鲡的皮肤，能使黑色素细胞的色素颗粒扩散。如果把鳗鲡从黑的底色移到白的底色中，或者切除脑垂体，要经过好多天才出现灰白的体色，这表明内源的 MSH 作用缓慢，尽管它能调控色素的扩散。MSH 对有些硬骨鱼类的作用不明显，如注射同一种鱼的脑垂体提取液对其体色没有影响，切除脑垂体也不会使体色变白。这是因为这些鱼类的黑色素细胞为色素结集神经纤维所分布与支配，它们的作用抵制了 MSH 使色素扩散的作用。从硬骨鱼的脑垂体提取物未能分离出使黑色素浓集的激素。虽然许多硬骨鱼类的后腺垂体含有两种不同类型的细胞，但只有一种类型的细胞当鱼适应于黑色背景时才出现肥大现象。把鱼移到白的底色中并不能引起后腺垂体的细胞增大。硬骨鱼类 MSH 的化学结构最近已经被阐明，它们与哺乳类一样是两种，即 α-MSH 和 β-MSH。例如，大麻哈鱼的 α-MSH 除没有被乙酰化的 N-末端之外，与哺乳类的 α-MSH 结构相似，都是由 13 个氨基酸残基组成；β-MSH 与哺乳类的非常相似，是由 18 个氨基酸残基组成的多肽。

如前所述，腺垂体内分泌细胞的分泌活动受到 9 种由下丘脑神经分泌细胞产生的激素所调控，其中 4 种是释放激素，3 种是释放的抑制激素，它们全部是肽类，其名称和机能列于表 8-5 中。至于催乳激素的释放激素和促黑激素的释放激素，它们的特性目前还未研究清楚。

如图 8-6 所示，GH、MSH 和 PRL 的分泌活动分别为下丘脑的释放激素和释放的抑制激素所调节，它们都直接作用于非内分泌性（非神经性）的身体组织；下丘脑还产生三种释放激素，分别刺激三种促进性的腺垂体激素 ACTH、TSH 和 GtH 的分泌活动，后者转而刺激身体的内分泌腺释放激素；而这些激素对下丘脑的神经分泌细胞以及腺垂体的分泌细胞起负反馈作用。有些身体代谢反应的产物（如血液葡萄糖）在有些情况下会对下丘脑起附加的负反馈作用。

表8-5 调控腺垂体激素释放的下丘脑激素

名 称	结 构	机 能	调 节
促肾上腺皮质激素释放激素（CRH）	由41个氨基酸组成的多肽	刺激ACTH释放	应急性神经传入增强分泌活动；ACTH抑制其分泌
促甲状腺激素释放激素（TRH）	三肽	刺激TSH释放和PRL分泌	大量进食和低的体温引起分泌；甲状腺素抑制其分泌
生长激素释放激素（GHRH）	由45个氨基酸组成的多肽	刺激GH释放	低血糖刺激分泌
促性腺激素释放激素（GnRH）	十肽	刺激GtH释放	神经传入和性激素含量降低刺激分泌；GtH含量增高抑制其分泌
生长激素释放抑制激素（GHIH或SRIF）	由14个氨基酸组成的直链多肽	抑制GH释放，干扰TSH释放	低血糖和运动诱导分泌活动
催乳激素释放抑制激素（PIH）	多肽，但化学结构还不清楚	抑制PRL释放	催乳激素含量增高使分泌活动增强；神经刺激与性激素抑制其分泌
促黑激素释放抑制激素（MIH）	三肽	抑制MSH释放	褪黑激素刺激其分泌

脊椎动物的TRH是一个三肽，能促进TSH释放，对有些种类还能促使GH和PRL释放。用合成的TRH建立的放射免疫测定技术已证实圆口类和硬骨鱼类的脑内存在TRH。合成的TRH对圆口类脑垂体和甲状腺的细胞结构没有影响；但对有些硬骨鱼类，TRH能抑制甲状腺对碘的摄取。用金鱼下丘脑提取物处理也能抑制其自身甲状腺对^{131}I的摄取。但是，如果向脑腔注射合成的TRH，对身体外围血液循环中甲状腺素的含量就没有影响。用免疫组织化学技术可以证明TRH在鱼类脑和脑垂体的分布。在舌齿鲈（*Dicentrarchus labrax*）中发现TRH的免疫反应神经分泌纤维分布于端脑背侧和腹侧、下丘脑的视前核和侧结节核、丘脑、视顶盖和延脑，并大量出现于神经垂体后部和后腺垂体附近；但未发现它们与TSH细胞有明显联系（图8-7）。这些观察结果表明，TRH可能与后腺垂体的机能有联系，并且可能作为神经递质参与感觉和自主神经活动的调节。在鲤鱼中同样也观察到TRH的免疫反应神经分泌纤维大量进入后腺垂体，而在前中腺垂体的染色反应微弱。此外，TRH的免疫反应神经分泌纤维大量出现于嗅球和嗅囊，其作用还不清楚。最近还曾报道TRH能刺激金鱼的黑色素细胞释放α-MSH和ACTH。目前的研究结果表明，鱼类TRH的功能和TSH分泌活动的调控机理可能与哺乳类有所不同。采用微电极刺激金鱼下丘脑视前区，在刺激15 min后血液中皮质醇的含量升高，这表明下丘脑的视前区可能是鱼类产生CRH的部位。用猪的CRH与金鱼前腺垂体一起孵育，能刺激ACTH释放；注射猪的CRH也能刺激虹鳟和金鱼释放皮质醇。猪的CRH还能刺激金鱼黑色素细胞释放α-MSH和ACTH。给金鱼静脉注射精氨酸加压

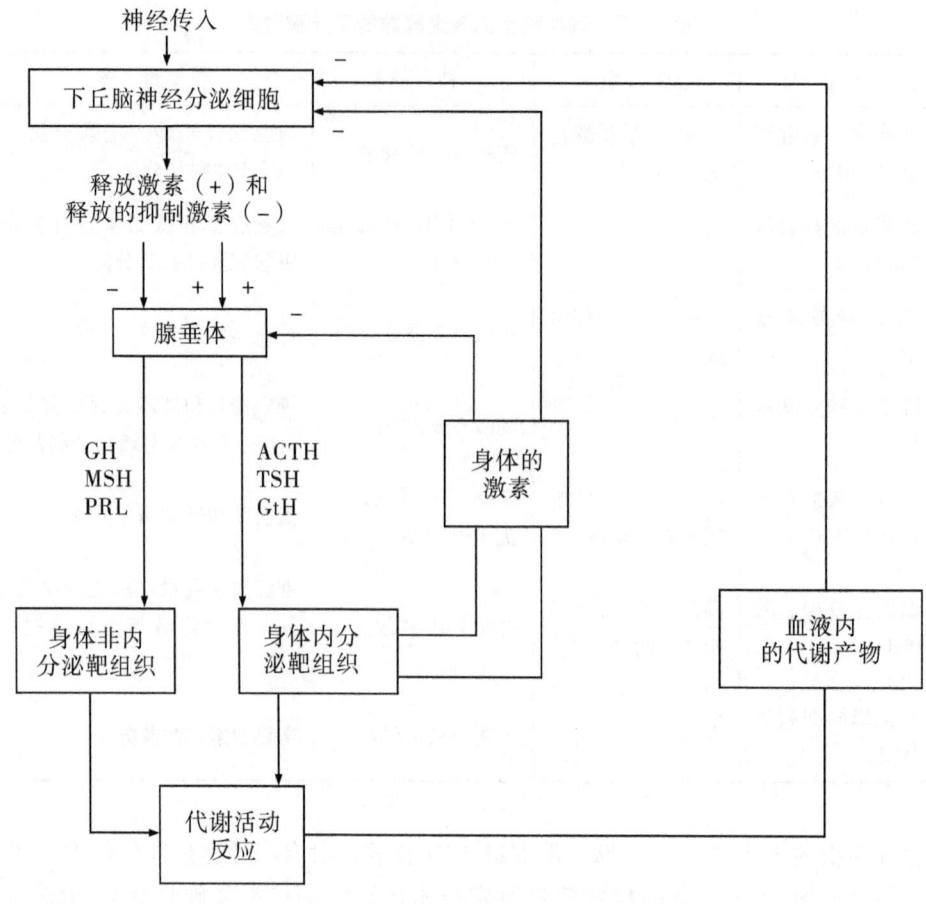

图 8-6 腺垂体激素的调节通路

素、精氨酸催产素和硬骨鱼类催产素等，能使其血浆中皮质醇的含量上升，说明它们能刺激皮质醇分泌并具有类似 CRH 的活性。

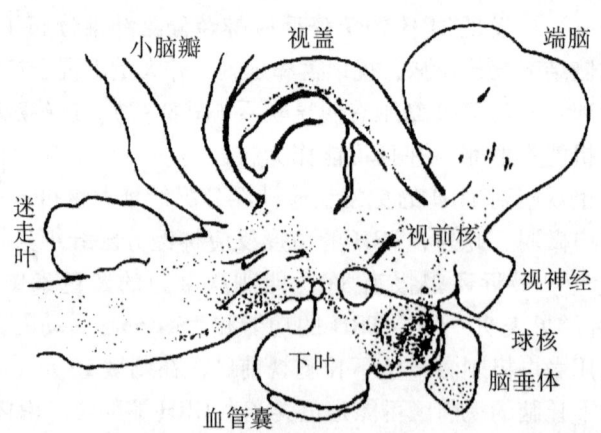

图 8-7 TRH 免疫反应神经元（以细黑点表示）在舌齿鲈脑区和脑垂体的分布
依据 T. Batten

下丘脑对 PRL 分泌活动的调控主要是抑制而不是促进。在哺乳类,如果破坏下丘脑的特定部位(如鼠类的下丘脑中基部),会使 PRL 大量分泌;将腺垂体移植到身体其他部位,PRL 也会大量分泌。另一方面,注射下丘脑提取物会使血液中 PRL 的含量降低。PIH 还没有被分离提纯出来,但现已证明多巴胺可能是一种 PIH,它直接作用于下丘脑的 PIH 神经分泌细胞或者神经分泌细胞与其他神经元之间的突触而调控 PRL 的分泌活动。对罗非鱼 PRL 分泌活动调节机理的研究发现,注射生长激素释放抑制激素(SRIF)后可能通过抑制腺苷环化酶的活性而抑制 PRL 的释放。

采用离体孵育技术和免疫细胞化学研究证明,金鱼 ACTH 和 MSH 的分泌活动受到下丘脑产生的许多种神经肽类的影响。例如,羊的 CRH、尾紧张素Ⅰ、精氨酸加压素、硬骨鱼催产素以及血管紧张素Ⅰ和Ⅱ等都能刺激脑垂体的 ACTH 细胞释放 ACTH,而哺乳类 CRH、尾紧张素Ⅰ、TRH 和神经肽 Y 等能刺激脑垂体的促黑色素细胞释放 MSH。

第三节 甲 状 腺

软骨鱼类的甲状腺是一个单一的腺体,鳐类为蝶形而鲨鱼为瓶状。硬骨鱼类的甲状腺是单个或成群的腺泡散布在咽部下方、沿着腹大动脉和鳃部背侧疏松的结缔组织中,但也有少数鱼类〔如鹦嘴鱼(*Scarus*)、剑鱼(*Xiphias*)、金枪鱼(*Thunnus*)等〕具有单叶或双叶的结实甲状腺。除咽部之外,甲状腺腺泡还常出现在一些鱼类的头肾中,如新月鱼(*Platypoecilus*)(图 8-8),也有少量出现在脑、眼、食道和脾脏。这些零星散布的甲状腺腺泡可能是由于它们没有包囊包被而由咽部迁移出去。

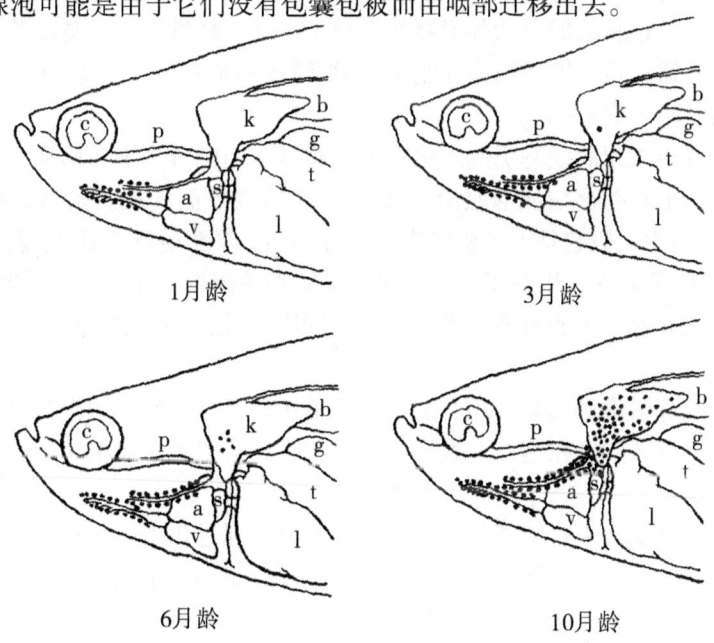

图 8-8 在新月鱼,随着鱼体长大,头肾的甲状腺腺泡逐渐增多(以黑点表示)
a. 心房;b. 气鳔;c. 脉络腺;g. 胆囊;k. 肾脏;l. 肝脏;p. 咽部;
s. 静脉窦;t. 胃;v. 心室(引自 Gorbman 等,1983)

甲状腺滤泡由简单的上皮组成，滤泡腔内充满可凝固的液体，即所谓的胶体（Colloid），它是蛋白质结合型甲状腺激素合成与贮存的部位。甲状腺滤泡上皮的形态在同一种鱼类中依不同的生理状态而发生明显变化。通常，由低矮的鳞片状细胞组成的甲状腺滤泡上皮，表明其功能在减弱；而由较高的柱形上皮组成的滤泡，表示甲状腺处于十分活跃的状态。甲状腺滤泡内胶体的变化也与甲状腺处于不同的功能状况密切联系。稠密而均匀着色的嗜伊红性胶体常出现在由鳞片状上皮组成的甲状腺滤泡内，而活跃的甲状腺滤泡胶体是不均匀的，部分嗜碱性，含有许多不着色的小空泡。这些小空泡可能表示甲状腺激素已经从与它结合的蛋白质中大量水解和释放出来。甲状腺滤泡上皮的细胞学特征也是甲状腺活动性的指标之一，例如，上皮细胞内高尔基器的大小和线粒体的数量通常与甲状腺的活动性呈现互相一致的变化。

甲状腺激素是唯一含有卤族元素的激素，主要是3，5，3-三碘甲状腺原氨酸（T_3）和四碘甲状腺原氨酸（即甲状腺素，T_4）。甲状腺激素与儿茶酚胺一样，由于分子小，在进化过程中变化不大，所以鱼类的甲状腺激素结构与其他脊椎动物的一样。

鱼类甲状腺激素的合成也与其他脊椎动物基本相似：第一步是甲状腺分泌单位（滤泡）通过离子的主动运输方式从血液中浓集碘；第二步包括碘离子被氧化成活性碘以及活性碘与酪氨酸作用产生一碘酪氨酸（Monoiodotyrosine）和3，5-二碘酪氨酸。碘化过程不发生在游离酪氨酸上，只发生在甲状腺球蛋白中原球蛋白的酪氨酸残基上。由两个碘酪氨酸分子的缩合作用而形成3，5，3-三碘甲状腺原氨酸（T_3）和甲状腺素（T_4）（图8-9）。

甲状腺激素的合成和分泌活动受脑垂体分泌的促甲状腺激素（TSH）的调节控制；TSH的释放又受下丘脑的促甲状腺素释放激素（TRH）的调节。而血液循环中，甲状腺激素水平的升高通过负反馈作用会抑制下丘脑TRH和脑垂体TSH的释放，使甲状腺激素保持适当的水平（图8-10）。

合成的甲状腺激素的残基仍然连接在甲状腺球蛋白的分子上，因此，甲状腺激素是以甲状腺球蛋白形式贮存在滤泡腔内，并受TSH的调节而释放。虽然，从鱼类甲状腺组织释放的T_3很少，但它是甲状腺激素的活性类型，其生物活性比T_4强。鱼体血液循环中的大部分T_3都是在非甲状腺组织通过酶（5'-单脱碘酶）作用由T_4转化而来。鱼类的肝脏以及肾脏和鳃是T_3产生的主要部位。所以，T_4是一种原激素，其半衰期为7 d，而T_3只有1 d左右。

鱼类的甲状腺激素对代谢活动、生长、渗透压调节、生殖、中枢神经活动和行为等方面都有影响。许多学者在这方面做了大量研究，并且揭示了鱼类甲状腺激素生理机能的特点。

在高等脊椎动物，甲状腺素对呼吸活动有明显的促进作用，但在硬骨鱼类，这种影响很不一致。例如，切除甲状腺对虹鳟的耗氧量没有影响，用抗甲状腺药物对鱼也没有作用，但另一些学者用硫脲嘧啶能使鲤科的曲口鱼（Campostoma）耗氧量降低。尤为特别的是，硫脲嘧啶能降低虹鳟的耗氧量，甲状腺素能使硫脲嘧啶抑制的呼吸活动恢复过来，但是如果单独使用甲状腺素（没有硫脲嘧啶），却又会降低耗氧量。不同的学者给鱼类多次注射甲状腺素，对其呼吸活动产生不同的影响。较为一致的研究结果是：许多

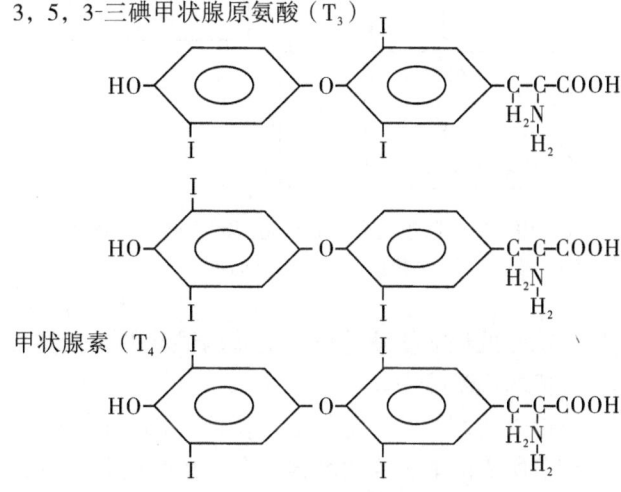

图 8-9 甲状腺素生物合成的过程

鱼类对甲状腺素没有呼吸活动的反应。用非常高剂量的甲状腺素（0.6~1.0 mg）能刺激金鱼的耗氧量升高；用 0.5 mg 甲状腺素却未能使耗氧量发生变化，用硫脲嘧啶也没有作用。

值得注意的是，尽管甲状腺素对硬骨鱼类的耗氧量没有一致的影响，但把离体的鱼组织置于 10 mol/L 的甲状腺素浓度中能引起线粒体膨胀而与哺乳类的情况一样。由于甲状腺素引起的线粒体变化能影响到线粒体膜上的酶作用发生变化，这就会使耗氧量增加以产生大量化学能量。

许多学者认为，甲状腺素对鱼体组织碳水化合物代谢有直接影响。甲状腺素或 T_3 能刺激河鳟的肝脏小片或匀浆把 ^{14}C 标记的葡糖酸转变为 CO_2，这种作用可能是戊糖循环的激活作用。氨的排泄增加是甲状腺素的另一种代谢机能。例如，甲状腺素能影响褐鳟和金鱼的氮代谢，促使 ^{14}C 标志的亮氨酸掺入到蛋白质中。许多学者还观察到鲑鳟鱼类经甲状腺素处理后皮肤发生"银化"（Silvering），这是由于甲状腺素能影响皮肤的鸟

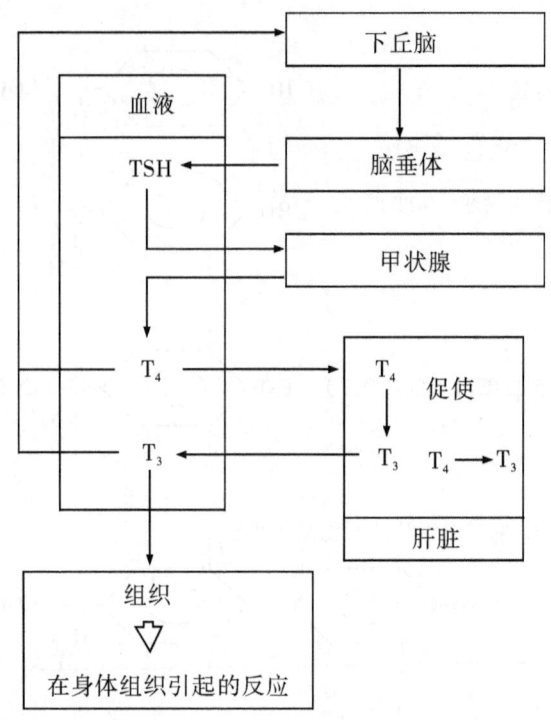

图 8-10　甲状腺激素合成和分泌活动的神经内分泌调节
依据 J. F. Leathertand

嘌呤代谢。曾报道用甲状腺处理能使硬骨鱼类皮肤鸟嘌呤的含量增加，并且促进 ^{14}C 标志的甘氨酸掺入到新合成的鸟嘌呤中。

　　甲状腺素对鱼类的渗透压调节起一定作用。硬骨鱼类处于渗透压变化的环境中，甲状腺素能促使渗透压调节所需的能量代谢增强。在广盐性鱼类的洄游过程中，甲状腺素对环境盐度变化的生理适应起重要作用。甲状腺活动增强对一些硬骨鱼类会引起对海水的行为选择，而对另一些鱼类则引起对淡水的行为选择。但是，催乳激素、皮质类固醇激素和神经垂体的肽类激素很可能在鱼类的水盐代谢调节中起着比甲状腺素更大的作用。

　　鱼类发育和生长的内分泌调节已进行了许多研究，并证明甲状腺素有明显的促进作用。检测 26 种鱼卵中的甲状腺素含量并确定淡水鱼和海水鱼 T_3 和 T_4 比率的特点，发现淡水鱼卵中含有较多的 T_4，而海水鱼卵主要含有 T_3。检测几种鲑科鱼类胚胎血浆中的甲状腺含量，推测它们可能是由卵黄和胚胎甲状腺滤泡进入血液循环。进一步的研究表明，甲状腺素是通过一些载体作为媒介由母体转运到鱼卵中。由于甲状腺素可以与鳟鱼血浆中的脂蛋白质结合，T_3 和 T_4 就可以通过母体的卵黄蛋白原而积累在卵母细胞的卵黄中。罗非鱼的卵和早期胚胎中都含有 T_3 和 T_4，但是罗非鱼在孵化后 5 d 才出现有机能的 5'-单脱碘酶活性，表明它们的早期胚胎和幼鱼不能使 T_4 脱碘形成 T_3，而在这期间它们也未能分泌自身的甲状腺素。因此，在胚胎发育和幼鱼早期发育过程中，鱼类可能完全依靠母体转运到卵黄中的 T_3。由于用甲状腺素处理鱼受精卵和鱼苗能明显提高孵化率和成活率，因此在生产中很有应用价值。对雌性鱼注射 T_3 和受精卵浸浴 T_3 都能明显提高六指多指马鲅（*Polydactylus sexfilis*）幼鱼的成活率（图 8-11，图 8-12），这是很好的实例。

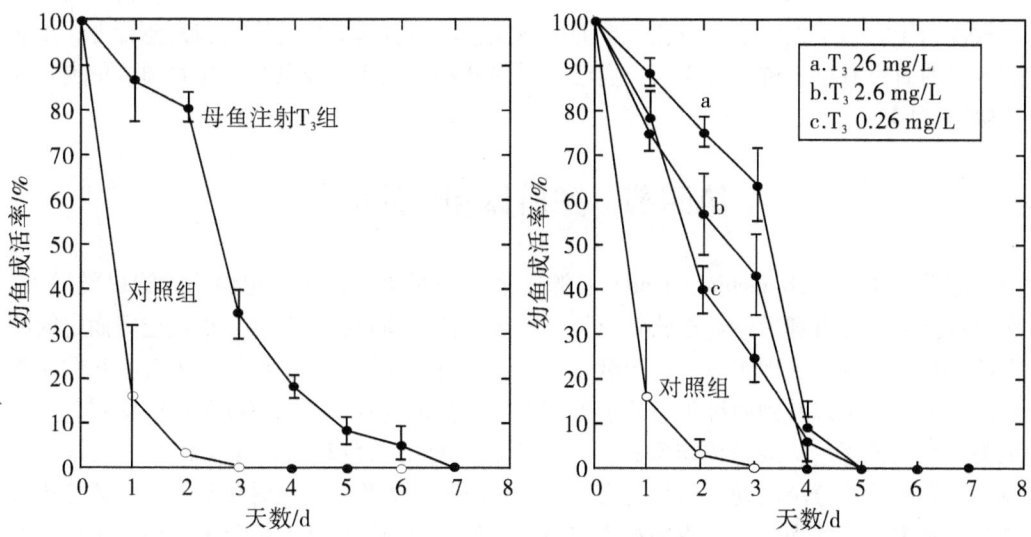

图 8-11　给六指多指马鲅雌亲鱼注射 T_3 后所产幼体的成活率和对照组的比较
依据 C. Brown

图 8-12　六指多指马鲅受精卵在 T_3 溶液中浸泡 1 h 后，幼鱼成活率明显提高
依据 C. Brown

甲状腺素对鱼体个别系统或器官的构造也有影响，尤其是对骨骼的成分。曾报道，鳟鱼经过甲状腺素处理后能加速鳞片和骨板的形成；鲑鱼类甲状腺切除后或者经过甲状腺素处理都会影响到骨骼的生长和钙化作用。甲状腺素也有助于鳟鱼吸收放射性硫并掺入到骨骼中。在斜带石斑鱼仔鱼变态的高峰期（第二背鳍棘完全吸收，体表色素条带形成，由浮游生活方式转为底栖生活方式），用低剂量（0.01 mg/L）T_4 处理，能加速它们的变态过程并提高存活率。

甲状腺素还对鱼体色有影响。曾报道，鳟鱼在甲状腺切除后，其皮肤的黑色素着色增强，这是由于皮肤单位面积黑色素细胞数量增加的结果。使用硫脲嘧啶能使鲤鱼的皮肤色素增加；使用硫脲嘧啶不仅能使翠鳢（*Channa punctatus*）皮肤的色素增加，还会使黑色素细胞的颗粒扩散，而甲状腺素的作用正相反。但也有学者报道，抗甲亢药物对鲢鱼和泥鳅的黑色素着色没有影响。

许多研究表明，甲状腺素能影响硬骨鱼类中枢神经系统的机能和行为。例如，鲑鱼类的洄游与甲状腺活动有密切关系。有些学者认为，光周期和温度等环境条件的周期性变化通过甲状腺的作用而使鲑鱼的二龄化作用（Smoltification，即完成下海生长的生理准备）和洄游行为同时发生。甲状腺素对许多鱼类的运动有明显影响，如虹鳟经过甲状腺素处理后使游泳活动受影响而增加跳跃的行为活动，耗氧量没有增加；而硫脲嘧啶的作用正相反。甲状腺素的这种行为作用与中枢神经系统受到影响有关。例如，甲状腺素能增强金鱼嗅球神经元的反应敏感性，能使金鱼端脑和间脑的电活动性发生变化。有些学者研究肺鱼的甲状腺状况与大脑（特别是嗅觉）电生成的关系，并以此为基础提出一种"神经内分泌"的假说来解释肺鱼在潮湿时从干燥的状态中苏醒过来回复到水中的生活方式。这可能是因为环境湿度增加通过下丘脑的神经联系作用于甲状腺，而甲状腺素作用于大脑中枢，增强嗅觉中枢的敏感性，从而引起正常的摄食和其他行为。虽然这方面的研究有待于进一步深入，但已说明内分泌系统和神经系统存在着调节鱼类行为的协同作用。

第四节　鳃后体和钙的调节

鳃后体（Ultimobranchial Gland）起源于最后一对（第Ⅳ对）鳃囊。除圆口类以外，所有脊椎动物都有鳃后体。在软骨鱼类，鳃后体位于围心膜与咽和食道接连腹面之间的左侧，腺体由许多腺泡组成，富于微血管；腺泡衬以柱形上皮，腺泡腔内含有颗粒状物质。在电镜下可以看到两种类型的上皮细胞，它们都含有小型而有膜包被的颗粒，一种细胞类型的核深色，线粒体丰富；另一种细胞类型的核色较淡，颗粒较少，线粒体很少。它们都参与分泌活动，但是否有不同的机能还不清楚。在硬骨鱼类，鳃后体位于腹腔与静脉窦之间的横膈上，正好在食道腹方。如虹鳟的鳃后体在横膈上呈白色带状，在光学显微镜下为多角形细胞组成的细胞窦，没有腺泡构造。

鳃后体分泌的激素是降钙素（Calcitonin），它是由32个氨基酸组成的直链多肽，分子量约为3600；与后叶加压素和催产素相似，在N端有一个二硫键，而在C端有一个脯氨酸酰胺。分离出来的鲑鱼降钙素同样由32个氨基酸组成，分子量比猪的略小，为3427。鱼类和哺乳类降钙素的结构十分类似（图8-13）。鲑鱼降钙素的生物活性约为猪的25倍，将它们注射到鼠或兔体内，其效应持续时间亦会长得多。这是因为哺乳动物体内使鱼降钙素降解失活的机制不如鲑鱼本身使其降钙素降解失活的机制那样有效，而且，鲑鱼降钙素与其受体的亲和力非常高。按单位体重计算，软骨鱼类与硬骨鱼类每千克体重的降钙素总含量与鸟类和哺乳类的相近。

哺乳动物的降钙素能促进Ca^{2+}沉积在骨骼内，使血钙含量降低。但是，软骨鱼类的骨骼内没有钙的沉积，许多硬骨鱼类的骨骼没有骨细胞，也就没有细胞外液的钙离子交换。所以，将猪降钙素注射到虹鳟体内未能引起血钙降低，因为这种鱼的骨骼没有细胞，不能够对钙进行正常的骨骼吸收。但是，给沟鲶和欧洲鳗鲡注射猪降钙素，能观察到血钙和磷明显降低，因为这两种鱼的骨骼有骨细胞。如果将鳗鲡的鳃后体除去，手术后四个星期血钙含量明显增加。由于鱼类有发达的鳃后体，分泌的降钙素又有高的生物活性，可以肯定它对控制血钙过高起重要作用。但这方面的调节机制还有待于深入研究。在软骨鱼类和骨骼没有细胞的硬骨鱼类，降钙素对血钙的调节作用不是通过骨骼，而可能是通过鳃、肠或肾脏的细胞膜把体内过多的Ca^{2+}排出体外。

硬骨鱼类还有由肾管壁发展而来的斯氏小囊（Corpuscles of Stannius, SC），位于肾脏上或肾脏内，其数目在各种鱼类不同，由2个到50多个成对地排列在肾脏的背侧后端（如金鱼、棘鱼），或者不规则地散布在肾脏背侧（如鲑科）（图8-14）。只有鲟科

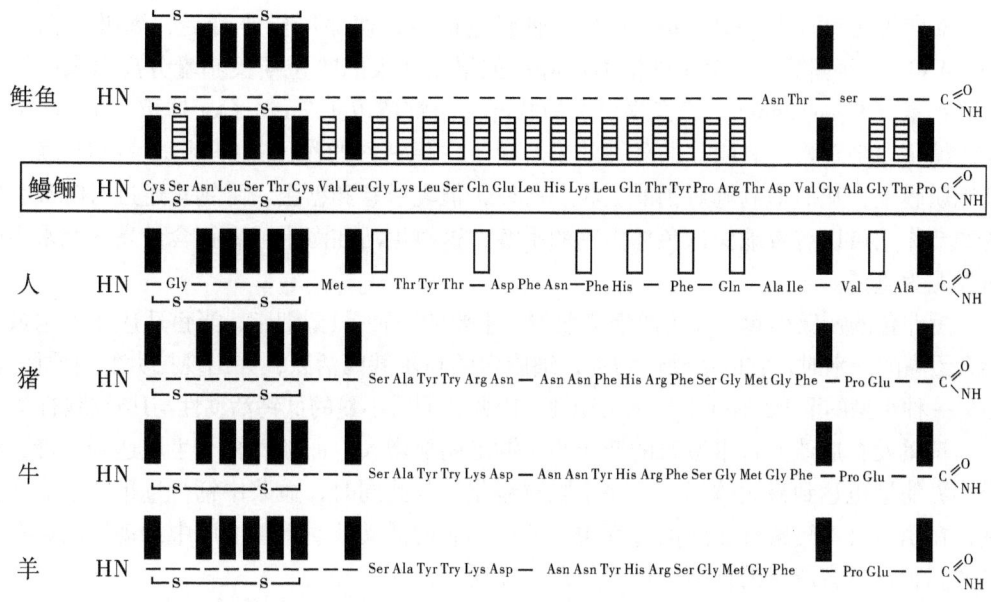

图 8-13 鱼类和哺乳类降钙素氨基酸序列的比较

以鳗鲡降钙素的氨基酸序列为中心进行比较。短杠表示氨基酸残基和鳗鲡降钙素完全相同；黑色柱表示在该位置所有脊椎动物降钙素的氨基酸残基都相同；线条柱表示在该位置鳗鲡与鲑鱼降钙素Ⅰ的氨基酸残基相同；空白柱表示在该位置鳗鲡与人的降钙素氨基酸残基相同（引自 Gorbman 等，1983）

鱼类没有斯氏小囊，它们是扁平的白色卵圆形构造，腺体有纤维包被，内有许多由柱形细胞组成的腺泡，在电镜下可看到这些细胞有发达的内质网和分泌颗粒以及一些小型线粒体。已经证明斯氏小囊与肾上腺或肾间腺没有联系，也不参与合成肾上腺皮质类固醇激素。对欧洲鳗鲡的研究证明斯氏小囊和血浆中的钙含量有关，因为切除它能使钙含量增加，而注射它的粗制抽提物又能使钙含量恢复正常。

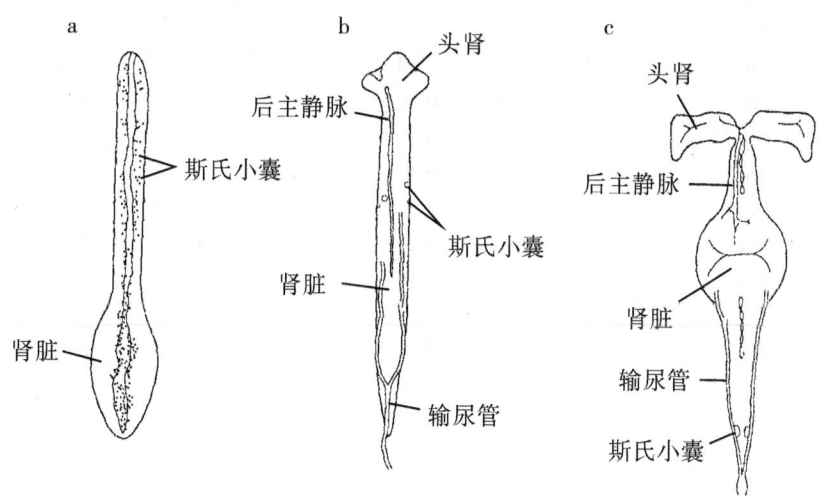

图 8-14 鱼类斯氏小囊的分布和数量
a. 全骨鱼类；b. 鲑科鱼类；c. 鲤科鱼类

对美洲鳗鲡（*Anguilla rostrata*）的研究也证明，切除斯氏小囊后，鳃吸收钙增加（3~4倍），而调节高钙含量的能力下降；如果用从大麻哈鱼斯氏小囊分离出来的糖蛋白降钙素（Teleocalcin），就能改变这种状况。给虹鳟以 1.7μg/（kg 体重·h）的剂量灌注糖蛋白降钙素，有明显的降钙效果。糖蛋白降钙素的作用是抑制 Ca^{2+}-ATP 酶结合到鳃质膜上，从而抑制鳃对钙的吸收。所以，催乳激素和糖蛋白降钙素通过对鳃吸收钙的调节作用可以有效地保持鱼体内钙的平衡，这对生活在海水或者钙含量高的淡水中的鱼类尤为重要。

罗非鱼的斯氏小囊含有两种分泌细胞，主要的一种是I型细胞，当鱼适应于海水或者钙含量高的淡水时，它的活动性增强，细胞内的高尔基区活跃，并出现扩大的内质网池。而另一种小型的II型细胞则不显示活动性。因此，斯氏小囊的低钙活动性与I型细胞有关。

精巢发育成熟的日本鳗鲡的斯氏小囊滤泡明显增大，而随着精子生成达到高峰，斯氏小囊滤泡也达到最大体积，且完全脱颗粒化；与此同时，血浆中钙含量迅速下降。显然，在诱导日本鳗鲡性成熟的过程中，斯氏小囊的活动性对于从血库中调动钙的贮存并输送到正在发育成熟的性腺中可能起重要作用。

最近的研究表明，从鱼类斯氏小囊分离出来的糖蛋白降钙素在功能和免疫反应方面都与哺乳类的甲状旁腺素（Parathyrin）相似。以红大麻哈鱼（*Oncorhynchus nerka*）和银大麻哈鱼（*O. kisutch*）为例，它们的糖蛋白降钙素约由100个氨基酸组成，分子量分别是27000和30000，并且都具有二硫键接连的寡聚物结构；其氨基酸和碳水化合物组成也相近，N-终端的头40个氨基酸有95%的相似性（表8-6）。

表8-6 两种大麻哈鱼的糖蛋白降钙素氨基酸组成的比较

氨基酸	红大麻哈鱼	银大麻哈鱼
Asp	10.4	13.4
Thr	6.4	5.7
Ser	9.2	7.9
Glu	12.8	12.6
Pro	6.9	4.9
Gly	8.7	9.3
Ala	8.4	7.7
Cys	2.3	2.0
Val	5.5	7.1
Met	2.0	1.4
Ile	2.9	3.6
Leu	7.6	8.5
Tyr	2.0	1.4
Phe	4.9	5.2
Lys	2.2	2.2
His	2.4	2.5
Arg	5.9	4.7
Typ	未测	未测

第五节 胰岛和胃肠激素

胰岛来源于内胚层。有些鱼类与高等脊椎动物一样,胰岛散布于胰脏内;但有些硬骨鱼类的胰岛组织分为几个小球状构造,位于胆囊附近(图8-15)。

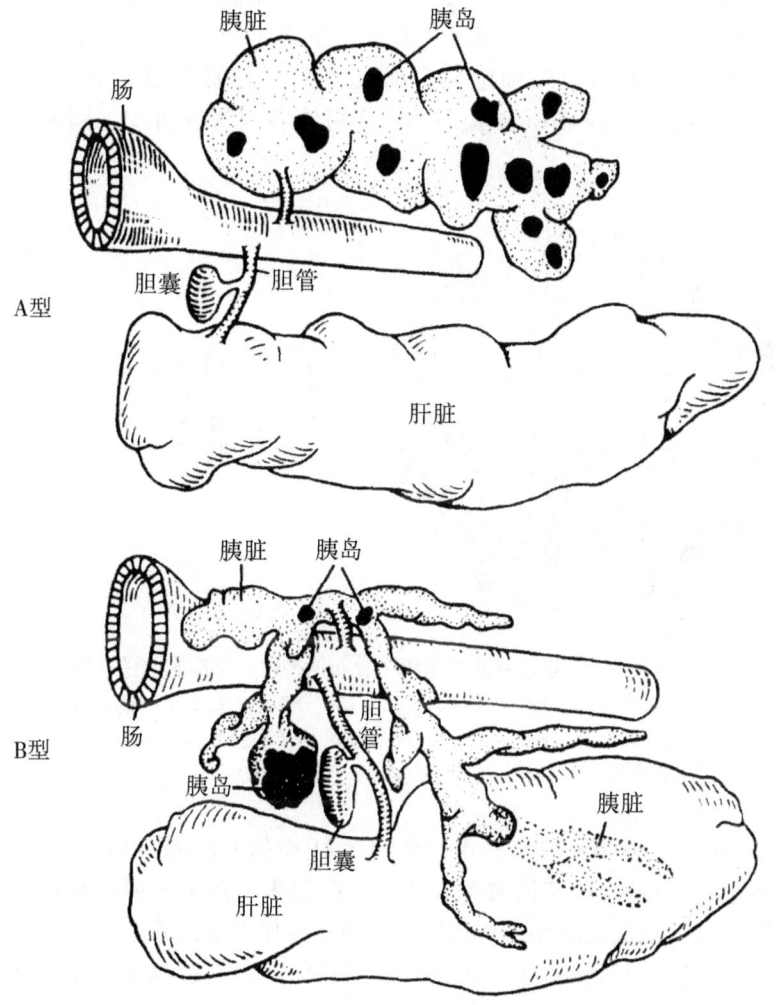

图8-15 硬骨鱼类胰脏和胰岛的两种类型
A型:结实的胰脏和散布其中的胰岛组织,与高等脊椎动物相似,只出现于少数鱼类中,如鳗鲡;B型:分散成许多小叶的胰脏和散布其中的胰岛组织,出现于大多数硬骨鱼类中(依A. J. Matty)

与其他脊椎动物一样,鱼类的胰岛组织含有四个类型的细胞,如图8-16所示。A细胞或α细胞受低血糖的刺激而分泌胰高血糖素(Glucagon),它通过激活肝糖元磷酸化酶而促进糖元分解,还刺激糖元异生和肝脏释放葡萄糖等,促使血糖升高。B细胞或β细胞受高血糖以及高血糖素和生长激素的刺激而分泌胰岛素(Insulin)。胰岛素促使葡萄糖由高浓度的血浆转移到低浓度的组织和器官内，其作用是增加细胞膜对葡萄糖的可渗透性。葡萄糖进入细胞内后立即磷酸化以防止渗出，并在肌肉内转化为糖元贮存。在肝脏细胞内，胰岛素通过刺激糖元生成（葡萄糖聚合为糖元）和脂肪形成而增加能量贮存。脂肪细胞也对胰岛素有反应而增加葡萄糖吸收和脂肪形成。胰岛素能促进 RNA 形成以影响蛋白质合成，它和生长激素一起促进氨基酸吸收并结合到蛋白质中。胰岛素也抑制氨基酸通过葡萄糖异生作用转化为葡萄糖。D 细胞或 δ 细胞的生理作用还不很清楚，通常有两种假设：①其分泌的激素与促胃酸激素（Gastrin）相同；②其作用与肝脏脂肪的调动有关。最近的免疫细胞化学研究表明 D 细胞可能分泌生长激素抑制素（SRIF）。PP 细胞分泌一些胰脏多肽，其作用可能参与胃腺分泌、胆囊收缩、胰腺分泌、消化酶分泌等的调节。

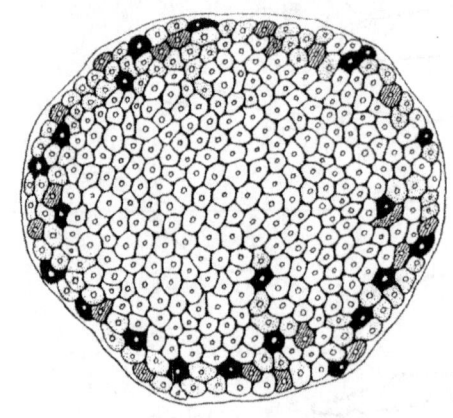

图 8-16 脊椎动物胰岛组织中分布四种内分泌细胞的模式图

A 细胞分泌产生胰高血糖素（Glucagon），B 细胞分泌产生胰岛素（Insulin），D 细胞分泌产生生长激素抑制素（Somatostatin），PP 细胞分泌产生胰脏多肽（Pancreatic Polypeptide）。B 细胞通常位于胰岛中央，四周围绕着 A、D 和 PP 细胞（引自 Gorbman 等，1983）

胰岛素的分子量为 6000 左右，由一个约含 21 个氨基酸的 A 链和一个约含 31 个氨基酸的 B 链组成，这两个肽链借两个二硫键连接起来。鱼类的胰岛素在结构（氨基酸数目和排列顺序）、免疫反应和生物活性等方面都与哺乳类的有所不同。有些鱼类（如川鲽）能产生两种不同的胰岛素。北美和欧洲鳕鱼的胰岛素也表现出不同的分子结构和生物活性，这可能与种族的特异性有关。

胰高血糖素的分子较小，是由 29 个氨基酸组成的直链多肽，分子量约为 3500。哺乳类胰高血糖素的化学结构都是相同的；鱼类的胰高血糖素虽然与哺乳类相似，但氨基酸组成有所不同。因此，鱼类的胰高血糖素能使鱼类产生高血糖，却对兔子没有作用，表明鱼类和哺乳类的胰高血糖素在化学结构上有显著的种族特异性。

脊椎动物的胃肠消化道及其附属的消化腺对食物的消化和吸收是一个复杂的生理过程，由胃肠内分泌细胞产生的胃肠激素对它起着重要的调控作用。

胃肠内分泌细胞弥散式地分布在消化道上皮（图 8-17），它们并不密集形成结实的腺体，但这些散布的内分泌细胞受到刺激时（如各种不同分量的食物在不同的间隔时间通过胃肠时）能产生整合式反应，从而影响食物消化与吸收过程。由于胃肠内分泌细胞广泛散布在非内分泌组织中，不可能以切除某一个内分泌细胞类型的方法来研究确定它的生理功能；而在整个胃肠消化道的提取物中，通常含有几种不同生物活性的激素，这些难点就使得对胃肠激素的研究进展远远落后于其他内分泌激素。但近年来由于建立了新的化学提纯技术和激素测定方法，使胃肠激素的研究不断深入。

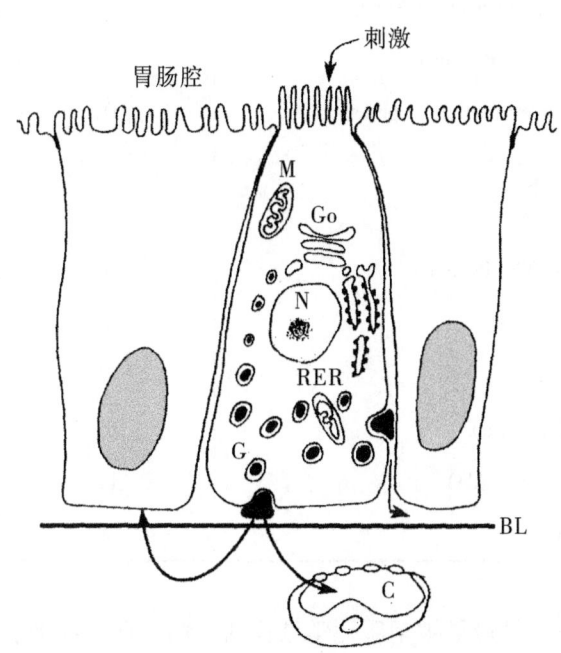

图 8-17　胃肠内分泌细胞的模式图

胃肠腔内的内含物为细胞顶部的微绒毛所感受，诱导激素在细胞内形成后以胞吐作用在细胞基部释放，分泌物可进入微细血管而输送到靶细胞，也可扩散到邻近的黏膜层细胞而引起局部的副分泌作用。BL. 基膜；C. 微血管腔；G. 分泌颗粒；Go. 高尔基器；M. 线粒体；N. 核；RER. 粗面内质网（引自 Gorbman 等, 1983）

胃肠内分泌细胞通常具有微绒毛突出在胃腔或肠腔内，使它们能感受到腔内含物通过时所引起的刺激，即形成"激素信号"，进而诱导细胞内的激素合成，通过胞吐作用将它们释放入毛细血管并输送到靶细胞，或者扩散到邻近的黏膜层细胞，起着局部的副分泌作用。

目前已报道从脊椎动物胃肠道鉴别出 14 种内分泌细胞类型，它们分泌产生 10 多种对消化道有生物活性的多肽（表 8-7）。对鱼类胃肠激素的研究起步较晚，但它们对消化道的调控机理也正在逐步被阐明。

表8-7　胃肠多肽激素的细胞类型和组织分布

多肽激素名称	细胞类型	组织分布
促胃液素（Gastrin）	G	胃，十二指肠
肠促胰液肽（Secretin）	S	小肠前段
胆囊收缩素或胰酶分泌素（Cholecystokinin）	I	小肠前段
抑胃多肽（Gastric Inhibitory Peptide）	K	小肠前段
血管活性肠肽（Vasoactive Intestinal Peptide）	D1	整个胃肠道
P物质（Substance P）	EC；EC_1	整个胃肠道
促胃动素（Motilin）	EC_1	小肠
类胰高血糖肽（Glucagonlike Peptide）	L	整个肠道
铃蟾肽（Bombesin）	P	胃，十二指肠
神经降压肽（Neurotensin）	N	小肠后段
生长激素抑制素（Somatostatin）	D	胃，胰脏
胰脏多肽（Pancreatic Polypeptide）	PP	小肠，胰脏
胰高血糖素（Glucagon）	A	胃，胰脏

　　促胃液素（GAS）是最早被阐明化学结构的胃肠多肽。在哺乳类，GAS有几种氨基酸链长度和排列不同的类型，但都有一个共同的以羧基为末端的五肽顺序。按所含氨基酸残基数目的多少可把GAS分为多种形式，主要是GAS-34和GAS-17两种，分别为含有34个和17个氨基酸的多肽，两者同时存在于同一种细胞，也能同时释放进入血液循环，而且都具有生物活性。GAS由胃窦黏膜的G细胞产生，主要生理作用是刺激胃酸分泌，也能促进胃液素的活性。用豚鼠胆囊和胃窦肌肉小片能从白斑角鲨（*Squalus acanthias*）和银大麻哈鱼的胃中鉴定出有促胃液素活性，也曾报道其他一些板鳃鱼类和硬骨鱼类的胃有促胃液素的活性。最近对黄尾鰤（*Seriola quiqueradiata*）的研究表明，用合成的促胃液素（浓度为50 μm）与幽门垂和胰脏样品一起孵育15min后能刺激胰蛋白酶和胰凝乳蛋白酶分泌。虽然还没有进一步证明黄尾鰤的幽门垂和胰脏是否存在与促胃液素相结合的受体，但已初步说明促胃液素能影响蛋白酶的分泌作用。

　　在有些板鳃鱼类和硬骨鱼类中观察到的类似促胃液素的生物学活性很可能是这些鱼类存在着类似胰酶分泌素（CCK）激素的反应，因为哺乳类的促胃液素和CCK都有相同的以羧基为末端的五肽顺序，而这个羧基末端都是这两种激素生物活性表现的分子中心。生物测定和免疫细胞化学研究都证明，在圆口类、板鳃鱼类和硬骨鱼类中具有类似CCK的激素。最近的研究证实，在无胃的鲤科鱼类（如鲤鱼和鲃鱼）的肠黏膜中存在GAS分泌细胞，在黄鳝和白鲳的胃贲门部也有GAS细胞分布。此外，角鲨和鼠鲨GAS-17的cDNA序列也已被鉴定。

在哺乳类，CCK 的全部生物学活性是在 C 端的八肽部分，有 39 个和 33 个氨基酸残基的两种类型。CCK 的生理作用是使胆囊收缩和刺激胰脏分泌酶液，增强肠促胰液肽刺激胰脏分泌碳酸氢盐的作用，刺激肠的活动，抑制胃排空，刺激胰脏的生长等。圆口类和鱼类的消化道虽然有相同的激素，但它们的功能还不太清楚。例如，盲鳗肠的 GAS/CCK 提取物能使豚鼠的胆囊收缩，但提纯的猪 CCK-33 并不能使盲鳗的胆囊收缩，这表明盲鳗的胆囊没有 CCK 受体。河七鳃鳗（*Lampetra flaviatilis*）的肠提取物也能使兔的胆囊收缩，而与哺乳类的 CCK 作用相似。因此，圆口类可能有 CCK，但其作用可能并不引起胆囊收缩。曾报道，注射猪的 CCK 后促使盲鳗分泌胰液。虽然盲鳗的胆囊缺乏 CCK 的受体，而硬骨鱼类的情况不同。猪 CCK 或 CCK 的八肽能刺激银大麻哈鱼胆囊收缩，而其他的一些结果证明硬骨鱼类有 CCK 的存在和功能。欧洲鳗鲡和狗鱼肠的收缩都证明具有类似 CCK 的活性。用 CCK（浓度为 10 μm）与黄尾鰤的幽门垂和胰脏样品在 25℃ 孵育 15 min 能刺激胰蛋白酶和胰凝乳蛋白酶分泌；如果温度降低到 10℃、15℃ 或 20℃，则孵育时间需要延长到 30 min 才起作用，表明 CCK 刺激胰蛋白酶分泌的作用要求较高的温度和较长的孵育时间。许多鱼类在进食或者注射富含脂类的物质后引起胆囊排空，也间接证明有 CCK 释放。值得注意的是，猪的 CCK 对刺激豚鼠和银大麻哈鱼胆囊肌肉收缩的效应是相等的，这表明从硬骨鱼类进化发展到四足类，CCK 与胆囊之间的机能联系很少变化。不过，已经知道在爬行类、鸟类和哺乳类，GAS 和 CCK 是由不同细胞产生的不同的激素，而在鱼类，据目前所知是由同一类型的细胞分泌产生类似 GAS/CCK 的激素。

在哺乳类，GAS 和 CCK 是一类胃肠激素，而胰高血糖素、肠促胰液肽、抑胃多肽（GIP）和血管活性肠肽（VIP：Vasoactive Intestinal Peptide）是另一类多肽。这后四种多肽的分子结构相似，特别是分子的 N-末端，但它们之间的关系不像 GAS 和 CCK 那样明显。肠促胰液肽是一个直链多肽，含有 27 个氨基酸残基。在哺乳类，当酸性胃液进入胃内并接触十二指肠的黏膜层时，就会引起胰脏产生分泌大量碱性胰消化液的反应；在肠内诱导胰脏对酸产生的血液媒介物就是肠促胰液肽。很早就曾报道，从鲨鱼、鳐鱼和鲑鱼的肠中得到有肠促胰液肽活性的提取物；接着，从圆口类、全头鱼类、板鳃鱼类和硬骨鱼类得到的粗提取物都能诱导哺乳类的胰液分泌。但是这些提取物也能刺激胰消化酶的分泌和胆囊收缩，所以它们可能也含有 CCK。由于 CCK 和肠促胰液肽在哺乳类能互相增强它们对胰脏的作用，很难精确分析一种提取物中是否含有这两种激素。狗鱼提取的肠促胰液肽能提高胰液的分泌率，但对火鸡胰消化酶的分泌没有作用。当分析比较狗鱼和猪的肠促胰液肽对大鼠的作用时，发现狗鱼的肠促胰液肽只能引起胰液分泌少量增加。哺乳类的 VIP 对哺乳类胰液分泌是很弱的刺激素，但在鸟类则有很强的刺激作用。所以，狗鱼的肠促胰液肽可能与 VIP 相似。

在鲨鱼和一些硬骨鱼类的胃肠提取物中已证明存在 VIP 的活性。特别是鲨鱼，其直肠腺主要分泌水分和盐分而与肠道相似，用猪的 VIP 能直接刺激鲨鱼直肠腺分泌含有大量盐分的液体；而当鲨鱼胃肠道的渗透压升高时，其血浆中 VIP 含量也随之增加，表明 VIP 可能是调节鲨鱼渗透压的激素之一。类胰高血糖肽也已证明存在于一些鱼类和低等脊椎动物中。抑胃多肽在鱼类的分布和作用如何还未有详细报道。

自1931年发现在脊椎动物的脑和胃肠道提取物中都存在着P物质以来，已经报道多种肽类存在于脑和消化道中，其中还有一些肽类存在于两栖类皮肤的提取液中。这些活性肽类的组织分布多样性可能反映了它们在哺乳类胃肠道中细胞分布的多样性，因为在消化道，肽类并不只存在于真正的内分泌细胞，它们有些存在于神经细胞，有些存在于类内分泌细胞，其分泌产物并不进入血液循环，而是扩散到邻近细胞，起着局部副分泌作用。起初从消化道分离出来而随后发现也存在于脑的肽类激素包括CCK、VIP、GAS和促胃动素，其中CCK和VIP还存在于蛙的皮肤中。从蛙皮肤分离的铃蟾肽也发现存在于消化道和脑。起先从脑分离出来而随后发现也存在于消化道的肽类激素包括生长激素抑制素（SRIF）、脑腓肽、TRH和神经降压素。这些同样存在于脑和消化道神经元、消化道内分泌细胞以及蛙皮肤外分泌细胞中的肽类激素可能起着激素、神经递质和副分泌剂的作用，它们对脑和皮肤的作用如何还不是很清楚。显然，胃肠道激素是一大类由不同组织产生的肽类激素，它们之间没有明显的系统发生、胚胎发育和功能方面的关系，表明这些分子在系统发生的早期已经进化并广泛保持在不同的动物类群中。这也表明动物有机体能够利用同一种化合物，通过不同化学媒介以神经分泌、内分泌或副分泌途径传送到靶细胞而产生不同的功能。

第六节 肾上腺髓质——嗜铬组织

嗜铬组织（Chromaffin Tissue）既是交感神经系统的一部分，也是内分泌系统的一部分。嗜铬组织的细胞与交感神经节一样来自神经脊，因此，它们实质上是没有纤维的交感神经节后神经元；它们的分泌物直接进入血液而不是经过轴突直接作用于靶器官，其分泌活动也直接受交感神经节前纤维的激活与调节。这是脊椎动物内分泌腺的特殊例子，因为其他的内分泌腺一般都是通过化学物质激活的。

圆口类的嗜铬组织小块（旁神经节）散布在第二个鳃囊到肛门后端的每个体节的主静脉附近。在鱼类，这些小块的数目减少，并逐渐增大而变得密实。板鳃鱼类还有两列独立的旁神经节，但在硬骨鱼类和其他高等脊椎动物，嗜铬组织与肾上腺皮质发生联系并埋到皮质组织内，主要分布在后主静脉附近并与后肾接连（图8-18）。由于用铬盐（如重铬酸钾溶液）处理时，这些细胞内的颗粒变为棕色，因而称其为嗜铬组织。嗜铬反应是这些细胞与交感神经系统相关的标志之一，因为交感神经也有这种染色反应，而这是因为它们都含有儿茶酚胺——肾上腺素和去甲肾上腺素。含有儿茶酚胺的细胞也可通过在紫外光下出现特有的黄色荧光而容易被鉴别出来，因为荧光来自贮存于这些细胞分泌颗粒内的儿茶酚胺分子。荧光和电子显微镜的研究都表明，肾上腺素和去甲肾上腺素是由混杂在嗜铬组织内的两类不同细胞产生。例如，最近对美洲鳗鲡嗜铬组织的免疫组织化学和超显微结构研究表明存在着去甲肾上腺素细胞（苯乙醇胺转甲基酶阴性）和肾上腺素细胞（苯乙醇胺转甲基酶阳性），而没有特异性的多巴胺细胞；血浆中的多巴胺很可能是由去甲肾上腺素细胞或者肾上腺素细胞产生的。此外，还发现嗜铬组织的细胞有吗啡的免疫反应性。

鱼类处于身体状况不良或者外界环境恶化的情况下，血液循环中的儿茶酚胺含量增

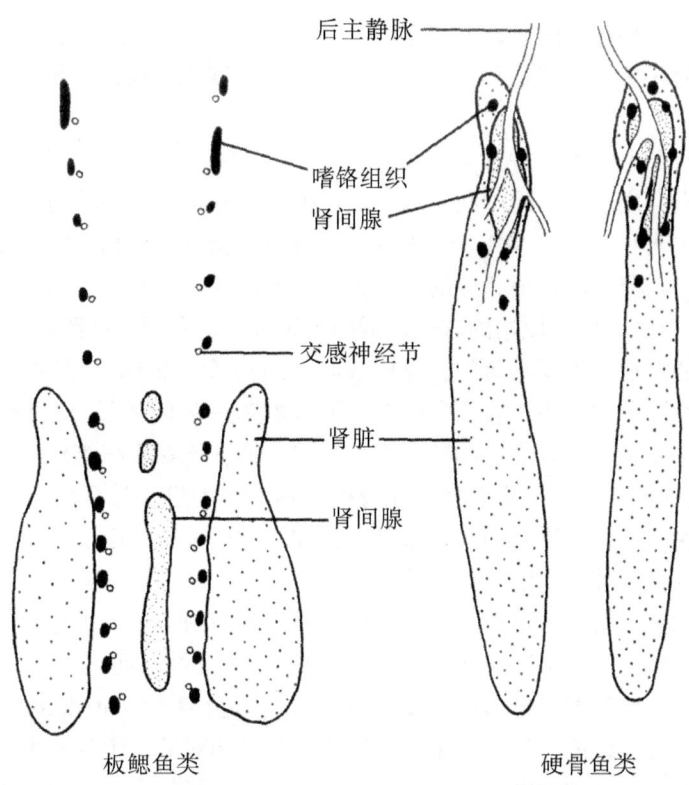

图 8-18　板鳃鱼类和硬骨鱼类的嗜铬组织和肾间腺分布位置
依据 A. J. Matty

加，如低氧、高碳酸血症、运动衰竭、代谢酸中毒、处于软水中等，其中肾上腺素和去甲肾上腺素的含量较高，而多巴胺的含量低。肾上腺素和去甲肾上腺素的机能是多方面的，主要是对紧急情况的交感性"应变"反应，以维持和增加能量和氧的供应。此外，它们刺激肝脏、骨骼肌和心肌的糖元分解，以调动体内的葡萄糖；它们也加强心搏力和提高心搏率，以及促进平滑肌的收缩而使血压升高。肾上腺素和去甲肾上腺素的作用并不完全相同，引起不同作用的原因是它们作用的膜受体分子有差别。通常，肾上腺素主要是与 β 类肾上腺素能受体结合，而去甲肾上腺素主要与 α 类肾上腺素能受体结合。

第七节　肾上腺皮质——肾间组织

肾上腺皮质（Adrenal Cortex）或肾间组织（Interrenal Tissue）和肾脏及性腺一起由体腔顶部的中胚层发展而来。位于体侧的生肾组织形成排泄系统的肾小管和导管，内侧的生殖嵴形成性腺，而两者之间的细胞就发展成内分泌的肾间组织或肾上腺皮质。圆口类的肾间组织沿着静脉的周围散布。鱼类在肾脏之间形成密实的肾间组织或肾间腺（图 8-18）。

由于起源与发生相似，肾上腺皮质与性腺和肾脏在生理方面也有密切关系。一方面，肾上腺皮质和性腺所产生的激素都属于类固醇，而且从这两种器官都可以分离出一些共同的激素，如某些性激素；另一方面，肾上腺皮质和肾脏的机能对离子的调节都起重要作用，因为从鱼类到哺乳类，肾上腺皮质产生的类固醇激素都参与调节体内的电解质平衡。

肾上腺皮质产生的类固醇激素种类比较多，但这些类固醇并不都是最终形成的激素，许多是激素合成过程中的中间产物。圆口类产生的皮质类固醇的量很微少。在鱼类当中，板鳃鱼类含有羟化酶（Hydroxylase），能把皮质酮转变为17-羟基皮质酮，使它的含量占绝对优势。与板鳃鱼类相近的全头鱼类没有这种酶，其主要的皮质类固醇是皮质醇或11-脱氧皮质醇。比较原始的软骨硬磷类（如鲟鱼）和硬骨硬磷类（如弓鳍鱼），其皮质醇是主要的。在高等硬骨鱼类，皮质醇和可的松（Cortisone）是主要的，但在肺鱼类以皮质酮和醛固酮占优势，表明它们与以醛固酮为主的四足类有较密切的亲缘关系。而两栖类、爬行类和鸟类以皮质酮和醛固酮为主，哺乳类除醛固酮外还有皮质醇、皮质酮和18-羟基皮质酮。这些差别表明，在脊椎动物的系统进化过程中，不同的类群都是依靠一种或几种不同的酶进行类固醇激素的合成。这很可能是由于某些特殊的生化或生态情况要求而选择某种特殊酶的作用途径。

根据不同的生理机能，可以把皮质类固醇激素分为两类：一类是促进葡萄糖异生作用，称为糖皮质激素（Glucocorticoids），如皮质醇、皮质酮、可的松等，以皮质醇的作用最为显著；另一类是调节电解质平衡，称为盐皮质激素（Mineralocorticoids），如醛固酮、脱氧皮质酮等，以醛固酮最为重要。这种区分是相对的，因为对葡萄糖异生很活跃的激素也有电解质调节的功能，反过来也一样。鱼类的肾间组织分散在头肾和后主静脉周围，手术切除很困难，但根据类固醇激素在体内产生的作用可以证明它们的存在。随着进化发展，肾上腺皮质的两方面作用，尤其是电解质平衡的调节，对陆生脊椎动物就显得更为重要。

与高等脊椎动物一样，鱼类调节控制糖皮质激素和盐皮质激素的机制是不同的。糖皮质激素由胆固醇衍生，其分泌受脑垂体分泌的 ACTH 控制。ACTH 的分泌为下丘脑的促肾上腺皮质激素释放激素（CRH）所控制，而 CRH 的分泌又受到血液中皮质类固醇激素的负反馈作用调节，使血液的皮质激素保持在一定的水平。由于 CRH 分泌的周期性，常使糖皮质激素分泌也出现昼夜节律。糖皮质激素作用于肝脏，增加酶的合成而促进葡萄糖异生（由碳水化合物以外的物质产生葡萄糖）；产生的葡萄糖进入血液，使血糖增加。当葡萄糖由肝脏调动时，肌肉对氨基酸的吸收减少，氨基酸由肌肉释放进入血液，使它们能在糖皮质激素的促进下在肝脏内脱氨基而转化为葡萄糖。脂肪组织贮存的脂肪酸也可调动起来以增加进行葡萄糖异生的物质。所有这些作用产生高血糖，增加肌肉和神经的快速能量，以适应身体遇到压力或某种紧急情况时的需要。

采用液相色谱和薄层层析技术研究罗非鱼（*O. mossambicus*）肾间腺的皮质类固醇生物合成情况，证明分布在头肾的肾间腺细胞把外源的17α-羟基黄体酮主要转变为皮质醇，此外还产生11-脱氧皮质醇、可的松、雄烷二酮等；而与孕烯醇酮一起孵育，除产生可的松外，还产生一些未能鉴别的类固醇。因此，皮质醇和可的松是罗非鱼肾间腺两种主要的皮质类固醇产物，它们主要是由孕烯醇酮、17α-羟基孕烯醇酮和17α-羟基黄体酮通过生物合成途径产生的。

盐皮质激素的分泌基本上不受脑垂体的控制，虽然ACTH对它的分泌也有影响。在哺乳类，肾上腺皮质的分泌活动受到血管紧张肽原酶（Renin）- 血管紧张肽（Angiotensin）系统（RAS）的影响，其作用过程是：当血液容量减少，血压因而降低或血浆的钠水平降低时，肾小球的旁肾小球器受刺激而释放血管紧张肽Ⅰ；血管紧张肽原酶是蛋白质分解酶，它把底物（或血管紧张肽原，Angiotensinogen）分解而产生十肽的血管紧张肽Ⅰ；血管紧张肽转化酶（ACE：Angiotensin-converting Enzyme）将血管紧张肽Ⅰ中的第9和第10位氨基酸去除而形成八肽的血管紧张肽Ⅱ，它是RAS系统中活性最强的成分，使血管收缩并促进肾上腺皮质分泌醛固酮；醛固酮是保持盐分的高效能激素，促进远段小管对肾小球滤液内Na^+的重吸收，使血液的Na^+水平和血液容量得以恢复到原来的水平。在板鳃鱼类和硬骨鱼类中都已鉴别出RAS，并且采用外源的血管紧张肽和药物对内源RAS的影响以确定血浆中血管紧张肽原酶的活性，从而证明RAS的作用。罂粟碱（Papaverine）能引起低血压（Hypotension），刺激内源的RAS，使血浆血管紧张肽原酶（PRA：Plasma Renin Activity）活性增强，从而提高血浆中血管紧张肽Ⅱ的含量。疏基甲基氧丙基左旋脯氨酸（Captopril）是一种转化酶的抑制剂，能与ACE的活性位点结合而抑制血管紧张肽Ⅰ转变为血管紧张肽Ⅱ。对于海水鱼类和适应于高渗性水环境中的广盐性鱼类，RAS对维持心血管系统和血液容量的稳态起重要调节作用。例如，生活在海水中的鳗鲡的血浆血管紧张肽原酶活性要比生活在淡水中的高，用放射免疫测定法检测血浆中血管紧张肽Ⅱ的含量，也证明适应海水生活的鳗鲡的血管紧张肽Ⅱ要比淡水生活的高。外源的血管紧张肽Ⅱ对许多鱼类都起着血管升压素（Vasopressor）的作用，可能是它们诱导儿茶酚胺的释放。对于适应海水生活的鱼类，RAS对于保持基础血压起着明显作用，这也可能是由于有较高的血浆血管紧张肽原酶活性和血浆中较高的血管紧张肽Ⅱ含量。此外，血管紧张肽Ⅱ还与一些内分泌引子相互作用，如参与刺激皮质醇的释放，影响激肽释放酶 - 激肽系统（KKS：Kallikrein-kinin System）等。

许多研究都已证明，皮质醇对海水鱼类水盐平衡的调节起重要作用。例如，皮质醇能增强海水中鳗鲡的肠对水和离子的吸收，增加氯细胞的数量和作用；增加比目鱼和鰕虎鱼膀胱对水和离子的吸收；增加海水鱼鳃上皮的离子可渗透性，以及激活Na^+、K^+-ATP酶并促使离子通过鳃排出体外；等等（图8-19）。采用银大麻哈鱼的鳃丝进行器官培养，加入皮质醇4 d后氯细胞的密度增加，Na^+、K^+-ATP酶的活性增强，直接证明皮质醇对氯细胞的作用。显然，皮质醇与前面提到的催乳激素的作用正好相反：皮质醇促进氯细胞的增生和分化，而催乳激素阻抑氯细胞的分化形成并通过减少主动转运和离子可渗透性而降低氯细胞的作用，因而分别对鱼类在海水和淡水中的水盐平衡和渗透压调节起不同的作用。

此外，对鲑鳟鱼类的研究表明，它们在二龄化过程中（即进入二龄并准备下海洄游），肾间组织肥大，血浆中皮质类固醇激素含量增加，而这对二龄鱼调节渗透压的器官、免疫系统、代谢活动和行为等方面的变化都起重要作用。

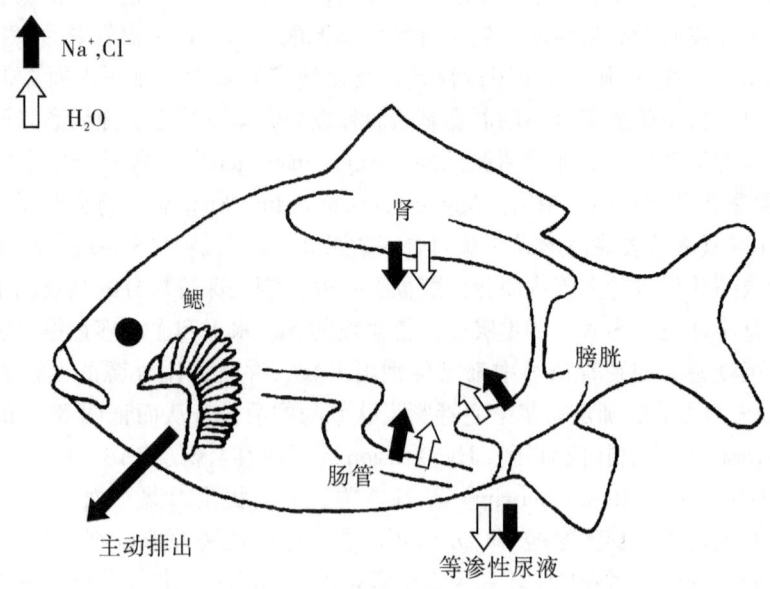

图 8-19 皮质醇对海水鱼类调节水盐平衡的作用
依据 T. Hirano

第八节 尾下垂体

鱼类特有的尾下垂体（Urophysis）是位于脊髓后部的神经内分泌器官，又称为尾神经分泌系统（CNSS：Caudal Neurosecretory System）。尾下垂体的分泌细胞是变态的神经元，突入到丰富的微血管内，分泌物集中在轴突的膨大部分，轴突则终止于轴突末端与微血管内皮之间的基膜附近。分泌细胞的核周体形状较大，具有多种形状的有时是多叶的核，细胞质呈嗜碱性。在软骨鱼类，通常有大型的尾部神经分泌神经元，其轴突延伸到脊髓基部的微血管丛，有些种类的轴突状突起和微血管汇集形成与神经垂体相似的神经血管连接点。这些细胞在板鳃鱼类的分布要比在硬骨鱼类广泛得多（图 8-20）。所以，尾神经分泌系统的进化是从原始的板鳃鱼类开始，具有扩散分布的神经分泌神经元而形成一个弥散的神经血管区，没有神经分泌束，神经分泌细胞短的轴突向腹方直接与微血管网接触。在大多数硬骨鱼类，神经分泌细胞的轴突伸长，微血管丛比较集中而形成裂片状的尾下垂体。但比较原始的硬骨鱼类（如鲱形目）和较高等的硬骨鱼类（如合鳃目和鳗形目）通常具有弥散的尾下垂体区，在外形上很难辨别出来。

已充分证明尾下垂体与鱼类的渗透压调节有密切关系。早期的研究已发现，在不同的渗透压环境中尾下垂体组织学构造发生变化，而切除尾下垂体后，鱼类对淡水和海水的适应能力降低。图 8-21 表示尾下垂体在渗透压调节中所起的作用。近期的研究从生物化学、细胞生理、药理学和组织化学等方面都证明尾下垂体参与鱼类渗透压的调节。

鱼类尾神经分泌系统至少产生两种激素，即尾紧张素（Urotensin）Ⅰ（u-Ⅰ）和Ⅱ（u-

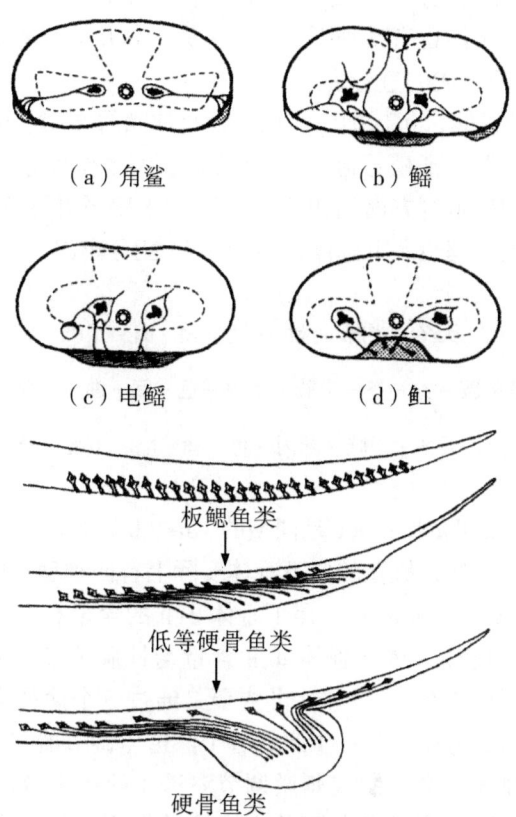

图 8-20 鱼类尾下垂体结构示意图

表示四种板鳃鱼类的尾神经分泌神经元和血管（虚线内），以及尾神经内分泌系统的进化（依据 A. J. Matty）

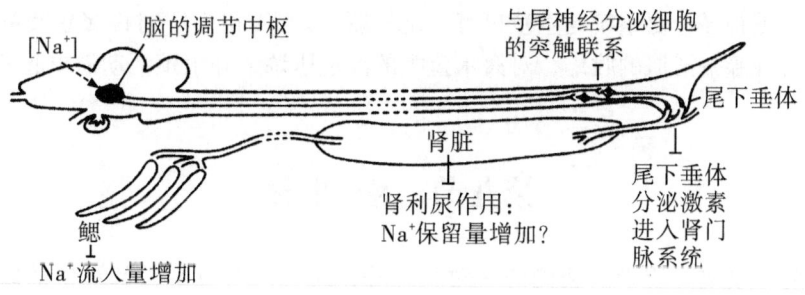

图 8-21 尾下垂体在鱼类渗透压调节中所起作用的图解

依据 H. Bern

Ⅱ）。尾紧张素Ⅲ是影响钠离子运动的因子，已证明它不是一种化学物质的实体。而所谓的尾紧张素Ⅳ，在生物化学和药理学上都与精氨酸催产素没有区别。硬骨鱼类的尾下垂体还含有乙酰胆碱，其生理作用尚不清楚。

u-I 在鱼体的生理作用是参与渗透压调节活动。由于 u-I 的化学结构与猪的下丘脑 CRF 十分相似，所以它可能也有某种下丘脑促激素的作用。鲤鱼和亚口鱼 u-I 的化学结构是由大约 41 个氨基酸组成的直链多肽。

u-Ⅱ 对鱼类有多种机能，包括加压作用、肾小球利尿作用、尾淋巴心刺激作用、平滑肌收缩作用（血管、肠、泄殖管道），以及渗透压调节作用等。归纳起来，u-Ⅱ 具有心血管、渗透压调节和生殖等方面的作用。u-Ⅱ 是由 12 个氨基酸残基组成的多肽，并具有两个二硫键。最近从鲤鱼尾下垂体提纯的 u-Ⅱ 能分离出三种不同的型式，即：

u-Ⅱa：甘－甘－甘－丙－天冬－半胱－苯丙－色－赖－酪－半胱－缬

u-Ⅱb：甘－甘/丝－天冬酰胺－苏－谷－半胺－苯丙－色－赖－酪－半胱－缬

u-Ⅱr：甘－甘－甘－丙－天冬－半胱－苯丙－色－赖－酪－半胱－异亮

薄层层析的结果表明：u-Ⅱa 和 u-Ⅱr 是同型的，u-Ⅱb 则是两种成分的混合物，它们第二位置的氨基酸不同。因此，鲤鱼的尾下垂体实际上有四种型式的 u-Ⅱ。

长颌姬虎鱼（*Gillichthys mirabilis*）尾下垂体 u-Ⅱ 的含量有季节变化而与某些环境条件和生理因素有联系。例如，尾下垂体 u-Ⅱ 含量与性腺成熟系数和降雨呈相反关系，与温度及光照长度呈正比关系。u-I 和 u-Ⅱ 主要是通过三个途径影响鱼体内水分和离子的运输过程，从而参与渗透压调节：①影响各个渗透压调节器官的血液供应，如增高血压，促进尿液形成和排泄。②抑制或刺激调节渗透压的激素分泌，如 u-Ⅱ 能抑制罗非鱼催乳激素的分泌。③直接影响各种膜的离子输送作用，包括皮肤、鳃盖膜、膀胱和肠。在皮肤和鳃盖膜，影响氯化物运输；在膀胱，影响钠的运输；在前肠，影响水和离子移动。此外，u-I 和 u-Ⅱ 对肠的运输机能有不同影响，这取决于鱼是适应于淡水生活还是海水生活。u-I 减少淡水鱼类的肠对水和氯化钠的吸收，而对海水鱼类没有影响；而 u-Ⅱ 对淡水鱼类没有作用，但增加海水鱼类对水和氯化钠的吸收。

此外，尾神经分泌系统与生殖也有一定的联系。u-I 和 u-II 对许多鱼类的生殖有影响，如引起性腺平滑肌的收缩，对海水鱼类的渗透压调节和生殖活动需求起着协调同步作用。

第九节 松 果 体

原始脊椎动物除位于头两侧的一对眼睛外，还有一对位于头部正中的眼睛，即顶眼，或称松果旁体（Parapineal Body）和松果眼。在进化过程中，顶眼逐渐退化，松果眼失去感光作用而发展成为内分泌器官的松果体或松果腺（Pineal Gland）。

在圆口类，间脑顶部形成的两个中央背部外褶，靠近的一个形成松果旁体，靠后的一个形成松果体；松果旁体在成鱼中通常都退化消失，但在盲鳗类以外的圆口类仍很发达，位于松果体下方。板鳃鱼类和硬骨鱼类通常有发达的松果体，而松果旁体退化消失或只留下小小的痕迹（图 8-22）。位于松果体附近的脑上旁突体（Paraphysis）是在胚胎发育时期由前脑区向上长出的一个薄壁的囊,在大多数鱼类的成体中都已消失,其机能未明,可能是产生糖元并送入脑脊髓液。

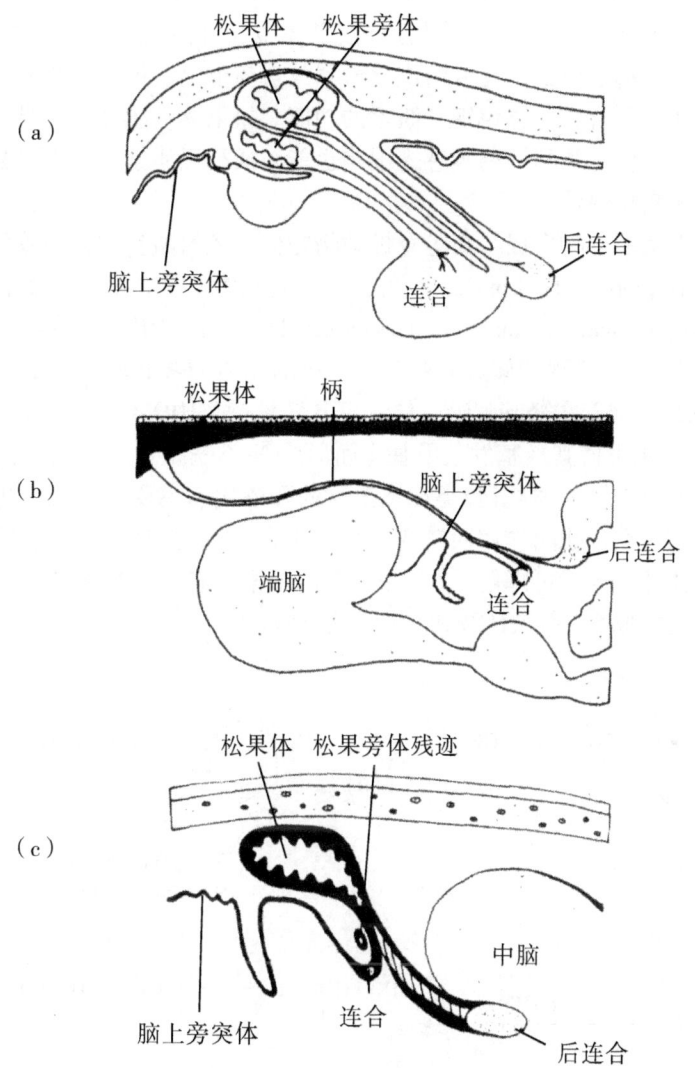

图 8-22　圆口类 (a)、板鳃鱼类 (b) 和硬骨鱼类 (c) 的松果体矢切面示意图
依据 A. J. Matty

对硬骨鱼类松果体的研究较多。如三棘刺鱼的松果体复合体（Pineal Complex）由松果体、松果体柄及位于其左侧的小松果旁体组成；松果体和松果体柄主要由管室膜型的间质细胞和具有发达外节的感光细胞（Photoreceptor Cell）组成；有髓鞘和无髓鞘的神经纤维分布，神经束由松果体柄进入松果体缰核后连合；组织化学研究表明，松果体和松果体柄的细胞体都含有吲哚胺，并有儿茶酚胺能神经纤维围绕松果体复合体。又如黄鳝（Monopterus albus）的松果体复合体由终囊（End-vesicle）、松果体柄和背囊（Dorsal Sac）三部分组成，每部分都含有感光细胞、支持细胞和神经节细胞等，其中的感光

细胞与视网膜中的感光细胞相似，但其外节主要为膜性扁囊，并未形成复杂的片层结构，细胞质中含有分泌样颗粒，表明具有感光和分泌的功能。

从太平洋鲑鱼的松果体首次分离出褪黑激素（Melatonin），也即 N-乙酰-5-甲氧色胺（5-methoxy-N-acetyltryptamine），表明鱼类松果体也与哺乳类一样能产生褪黑激素。接着对许多鱼类采用薄层层析、免疫组织化学和放射免疫测定做进一步研究，都证明松果体具有昼夜节律性的合成与分泌褪黑激素的功能。松果体的感光细胞是褪黑激素生物合成的位点。虽然一些鱼类的视网膜感光细胞也能合成褪黑激素，但大多数鱼类血液中的褪黑激素主要来自松果体。

鱼类褪黑激素的生物合成与高等脊椎动物相似：色氨酸首先被吸收到松果体，在色氨酸羟化酶（Tryptophan Hydroxylase）的催化下转化为5-羟色氨酸，然后经芳香族的L-氨基酸脱羧酶（Aromatic L-amino Acid Decarboxylase）的作用，脱羧基而形成5-羟色胺（5-HT）；5-羟色胺-N-乙酰转移酶（NAT：5-serotonin-N-acetyltransferase）将5-HT转变成N-乙酰-5-羟色胺，接着在羟基吲哚－氧－甲基转移酶（HIOMT：Hydroxyindole-o-methyl-transferase）的作用下使其羟基发生甲基化而形成N-乙酰-5-甲氧色胺（褪黑激素）（图8-23）。与其他脊椎动物一样，鱼类褪黑激素的降解代谢主要在肝脏中进行。褪黑激素由血液进入肝脏后经羟化酶作用而转变为6-羟褪黑素，然后与硫酸盐或葡萄糖醛酸结合而随尿排出体外；少量可降解成5-甲氧吲哚醋酸。在鱼类松果体或视网膜内，部分褪黑激素可转化生成5-甲氧色胺和5-甲氧色醇。

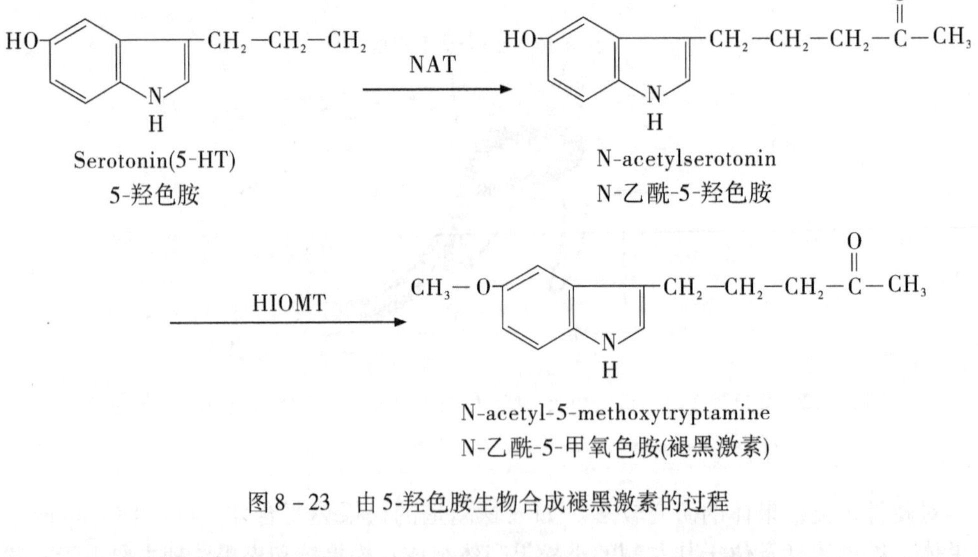

图8-23　由5-羟色胺生物合成褪黑激素的过程

鱼类褪黑激素的合成与分泌与其他脊椎动物一样有明显的日周期节律。通常，鱼类血液中褪黑激素的含量呈现昼夜变化，即白天含量低，夜间含量高（图8-24）。虽然鱼类的视网膜也能合成褪黑激素，但许多学者认为血液中褪黑激素的节律主要是由于松果体合成褪黑激素的日周期性。鱼类褪黑激素的分泌还呈现生殖周期变化，特别是在排卵时，血液中褪黑激素的含量明显低于排卵以前的各个时期。

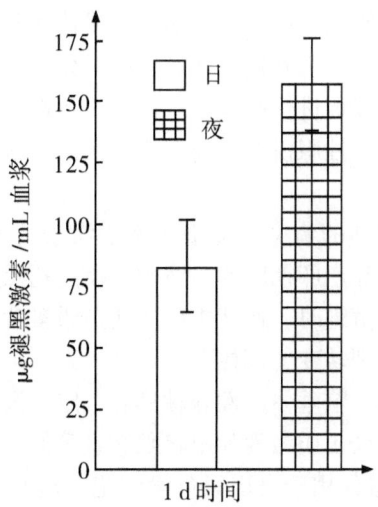

图 8-24 鳟鱼（8尾）在日间和夜间的血浆褪黑激素含量
夜间比日间显著增高（依据 A. J. Matty）

鱼类褪黑激素合成与分泌的节律主要受到光照和温度的影响。光照明显抑制鱼类松果体合成与分泌褪黑激素。在正常光周期的夜间对鱼类进行光照，其松果体分泌褪黑激素的活性就会受到抑制；而在正常光周期的白天将鱼置于黑暗环境中，则可促使松果体分泌褪黑激素量增加。例如，采用虹鳟离体的松果体进行静态孵育以研究褪黑激素分泌活动受光照和黑暗影响的速度，结果表明：在黑暗环境中孵育的松果体进行着褪黑激素的合成与分泌，突然光照 10 min，褪黑激素分泌量显著减少，光照 12 min 后分泌量减少 50%，而光照 25 min 后的分泌量已降低到原来的基础值；相反，在光照环境中孵育的松果体保持低含量的基础水平，置于黑暗中 5 min，褪黑激素分泌量明显增加，35 min 后分泌量达到最大值。此外，光周期的改变可导致鱼类松果体在夜间大量分泌褪黑激素的持续时间发生变化。

由于鱼类是变温动物，环境温度会影响松果体、视网膜和血液的褪黑激素水平。对鱼类松果体进行离体孵育研究，表明温度可通过调控 cAMP 的合成和 NAT 酶活性来影响褪黑激素的生物合成，如白亚口鱼松果体褪黑激素的分泌高峰在低温时出现，而梭状鲻的分泌高峰出现在高温下。这可能是不同鱼类在相同温度下 cAMP 的合成速率不同，从而导致温度对褪黑激素分泌活动的影响出现种间差异。

同其他脊椎动物一样，鱼类褪黑激素的生理作用比较广泛，如参与生殖、发育和生长等方面的调节。褪黑激素对性腺发育的作用受到季节、光周期、水温以及处理鱼体的年龄和性腺发育时期等因素的综合影响，因此，切除松果体或注入外源褪黑激素就会出现促进、抑制或不影响性腺活动的不同作用。例如，对金鱼和青鳉，注射褪黑激素抑制长光周期对性腺发育有促进作用。对底鳉，褪黑激素抑制处于长光周期的雌雄鱼的性腺发育，而对处于短光周期的鱼的性成熟系数没有影响。对三棘刺鱼，高剂量褪黑激素（4 μg/d，持续注射 21 d）对处于长光周期的雌雄鱼有抑制性腺发育的作用，而低剂量褪黑激素（0.8 μg/d，持续注射 21 d）对雌鱼性腺发育则有促进作用。对鲤科和鳉科鱼类的研究表明,光周期对性腺发育的影响是通过松果体而起作用的。驯养在长光周期下的性腺正在发育的金鱼和青鳉,切除松果体后性腺退化,而驯养在短光周期下的性腺正在发育的金鱼,切除松果体能促进性腺发育。但是,将性腺退化的金鱼置于各种不同的环境条件下,切除松果体后对性腺没有任何影响。因此,松果体参与了光周期影响鱼类性腺发育的调节作用。

黄鳝(雌雄同体雌性先熟的鱼类)血液中褪黑激素的含量在生殖时期发生明显变化。在雌黄鳝性腺发育成熟和产卵期间的血液中,夜间褪黑激素含量很低,但产卵季节后雌黄鳝发生性别转变为雄黄鳝时,血液中夜间褪黑激素含量明显升高,这表明褪黑激素在一定程度上参与黄鳝性别转变的调控。

褪黑激素对鱼类下丘脑－脑垂体－性腺轴具有一定的调节作用,并且这些作用还会受到血液中性类固醇激素、糖皮质激素和甲状腺激素等的影响。褪黑激素不仅可调节脑垂体 MSH 的分泌,还能直接作用于表皮黑色素细胞,从而影响皮肤的色素沉积。褪黑激素可参与调节血液中血糖、催乳激素和电解质水平,例如,鲑科鱼类从淡水进入海水时,随着褪黑激素的合成与分泌活动的增强,血液中电解质、皮质醇和催乳激素的含量以及皮肤色素沉积也发生相应变化。

第十节 利尿钠肽

利尿钠肽(NP:Natriuretic Peptides)是近年来在脊椎动物中新发现的一些结构相似的肽类家族,它们存在于血流中,具有内分泌功能,成员中有些是存在于脑区的神经肽,有些可能是由性腺、消化道和肾脏等产生而起着局部作用的旁分泌激素。

按照氨基酸序列不同,脊椎动物的利尿钠肽可分为四个主要类型。由心房心肌细胞合成与分泌的心房利尿钠肽(ANP:Atrial Natriuretic Peptide)是单链多肽,含有一个二硫键,形成 17 个氨基酸的分子内环,并有 N-端和 C-端的延伸。心室利尿钠肽(VNP:Ventricular Natriuretic Peptide)从鳟鱼和鳗鲡心室中分离出来,其 C-端有 14 个氨基酸的延伸。B 型利尿钠肽(BNP)存在于鱼类和四足类的心脏。从硬骨鱼类已经鉴别出四种 C 型利尿钠肽(CNP-1 到 CNP-4)。VNP 和 BNP 是由心脏分泌进入血液循环的多肽。CNP 是在脑和血管组织起局部作用的旁分泌激素,它们没有从分子内环延伸的 C-端氨基酸序列。连锁分析表明,其中的 CNP-4 是哺乳类 CNP 的直向同源物(Ortholog),而 CNP-3、ANP、BNP 和 VNP 都定位在同一条染色体上,表明 ANP、BNP 和 VNP 基因都是从 CNP-3 基因串联复制而来。在板鳃类的心脏和脑中只鉴别出一种与 CNP-3 相似的 CNP。圆口类的七鳃鳗与板鳃类相似,也只有一种 CNP;而盲鳗具有一种独特的 NP,称为盲鳗 NP(hfNP),它从分子内环延伸出长的 C-端氨基酸序列,并且 C-端酰胺化,与硬骨鱼类的 ANP 相似。系统发生分析表明,七鳃鳗 CNP 和盲鳗 hfNP 都与 CNP-4 型相似,所以 CNP-4 可能是 NP 家族中的祖分子。由于 4 个 CNP 的基因都在不同的染色体上,CNP-1、CNP-2 和 CNP-3 可能是在脊椎动物早期进化过程中由基因组或基因复制而产生(图 8-25)。

利尿钠肽的受体(NPRs)有两类:鸟苷酸环化酶(GC)偶联受体和鸟苷酸环化酶

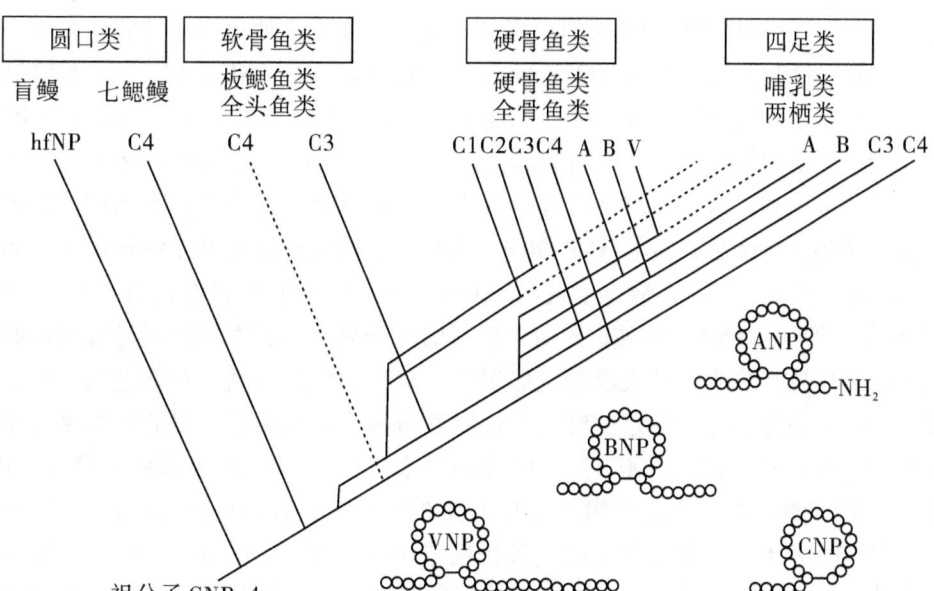

图 8-25 脊椎动物利尿钠肽家族多样性的系统进化示意图
引自 Y. Takei 和 C. A. Loretz, 2006

非偶联受体。GC 偶联受体以 cGMP（环鸟苷酸，Cyclic Guanosine Monophosphate）作为起生物活性的细胞内信使。GC 非偶联受体不与酶偶联，生物活性沉默而起着清除受体的作用，可能是通过它们的清除功能（Clearance Function）而调节血浆中 NP 的含量，也可能有其他的一些作用。GC 偶联受体有 NPR-A 和 NPR-B 两个类型，ANP、VNP、BNP 和 CNP-3 与 NPR-A 结合，而 CNP-1、CNP-2 和 CNP-4 与 NPR-B 特异性结合。GC 非偶联受体也有两种类型：NPR-C 和 NPR-D，它们对 ANP、VNP、BNP 和 CNP 都具有同等的高亲和力；NPR-D 只出现在鳗鲡的脑区，而 NPR-C 分布广泛。

利尿钠肽的功能涉及多方面，主要参与调控下列生理机能：

（1）饮水行为。ANP 和 VNP 对鳗鲡是作用显著的抗饮水性（Antidipsogenic）激素。在血管内注入 ANP，不仅使鳗鲡的饮水率降低，也使血浆中促进饮水的 ANG Ⅱ 含量减少。但是，ANP 制止饮水的作用是直接的，不必通过降低 ANG Ⅱ，因为采用疏基甲基氧丙基左旋脯氨酸（Captopril）消除或者用 ANG Ⅱ 的抗体免疫中和血浆中的 ANG Ⅱ 都不会明显抑制饮水行为。ANP 的作用部位在脑内，因为在第四脑室内注射 ANP 的作用要比外周组织注射强烈得多。在板鳃鱼类，同源的 CNP 单独对真鲨的饮水率没有影响，但却能降低由 ANG Ⅱ 提高的饮水率。

（2）渗透压调节。在鳗鲡，CNP-1 不仅在脑部起旁分泌激素的作用，而且也进入血流中，其血浆的浓度在鳗鲡进入淡水后比在海水中明显升高；而且其特异性受体 NPR-B 在淡水鳗鲡的鳃和其他渗透压调节器官中也明显地大量表达。给淡水鳗鲡注入 CNP 使血浆中 Na^+ 的浓度增加，这表明鳃对内环境中钠的摄取增强。显然，CNP 能增强处于低渗性水环境中鱼类的渗透压调节作用。

另一方面，ANP 参与硬骨鱼类在海水中适应性的调节。鳗鲡由淡水转移到海水后，血浆中 ANP 的含量暂时增加数小时，尽管这时由于失水而使体内血液容量减少，这表明是血浆重量摩尔渗透压浓度（Osmolatlity）的增加刺激了 ANP 分泌，而不像哺乳类那样是由于血量增加而刺激 ANP 分泌。其他的鱼类处于较高的盐度中，血浆中 ANP 浓度也都比较高。给鳗鲡和其他一些鱼类的血管注射 ANP，能抑制饮水和肠对水分与 NaCl 的吸收；尿液中 Na^+ 含量增加，但由于 ANP 的抗利尿作用而使 Na^+ 在尿中的排出量没有变化。值得注意的是，注射 ANP 期间，血浆 Na^+ 含量和重量摩尔渗透压浓度明显降低，而 ANP 引起的这种低钠血症（Hyponatremia）是由于抑制吞饮海水和肠道吸收 NaCl 所致。所以，ANP 是鳗鲡进入海水后暂时性分泌的，其作用是通过抑制口腔和肠吸收 Na^+ 而缓减血浆中 Na^+ 浓度的突然增加。ANP 的作用有利于鱼类进入海水的初期适应。ANP 也刺激适应于海水的鲽鱼、虹鳟和鳗鲡分泌皮质醇。ANP 在鳗鲡血浆中的半寿期（Half-life）大约是 90 s，它们分泌出来后会迅速在血液循环中消失。因此，ANP 是通过刺激皮质醇分泌而间接参与鱼类在海水中长时间适应的调控。总的来说，ANP 是使硬骨鱼类适应海水生活的一种快速作用的激素，它的分泌是由于水环境盐度的突然变化而引起的。VNP 与最近鉴别的硬骨鱼类 BNP 对适应海水生存具有相同的作用，它们都与同一种受体 NPR-A 结合，且具有高度亲和力。

板鳃鱼类只有 CNP，它既是由心脏分泌产生而进入血液循环的激素，也是在脑区产生的旁分泌因子，因而具备硬骨鱼类 ANP、BNP、VNP 和 CNP 的功能。将狭盐性的低鳍真鲨（*Carcharhinus leucas*）由淡水移入海水后，其血浆中的 CNP 含量增加；CNP 能刺激小点猫鲨（*Scyliorhinus canicula*）和白斑角鲨（*Squalus acanthias*）的直肠腺分泌高盐分溶液。由于板鳃鱼类的血液对于海水是轻微高渗性的，CNP 清除 NaCl 的作用有利于它们适应海水生活，因此 CNP 是使板鳃鱼类适应海水生活的激素，与 ANP 对硬骨鱼类的作用相似。

（3）心血管的调节。哺乳类 ANP 和心脏提取物能有效地降低一些硬骨鱼类的动脉血压。用鼠 ANP 灌注海湾豹蟾鱼（*Opsanus beta*）的头部和腹大动脉，也能使其血管松弛。给鳗鲡注射 ANP、VNP 和 CNP，其中 ANP 和 VNP 的血管减压作用要比 CNP 强得多。在鳟鱼，NPs 的血管松弛作用在不同的血管有所不同，例如，对出鳃动脉，ANP 和 VNP 的松弛作用比 CNP 强，而对前主静脉，VNP 比 ANP 和 CNP 的作用强。此外，在鳗鲡，来自自身的同源 NPs 具有较强的血管减压作用；而在鳟鱼，哺乳类 ANP 和鳟鱼自身的 ANP 和 VNP 具有相近的血管松弛效应，表明鳟鱼 NPR-A 对配体的选择能力低。

哺乳类 ANP 能增加鳟鱼和鳕鱼的心搏率但减低每搏输出量，对美洲鳗鲡，ANP 只降低每搏输出量而不影响心搏率。与 ANP 对心脏作用相联系的是，鳗鲡心脏各个部分都密布着高亲和力的 ANP 受体。ANP 诱导的心动过速（Tachycardia）可采用阿托品和心搏安阻抑，表明硬骨鱼类的心动过速是一种反射性引起的反应（Reflexogenic Response）。给白斑角鲨注射 ANP 会立即引起低血压反应；用同源的 CNP 对小点猫鲨也会引起长时间低血压，而且同源 CNP 比哺乳类 ANP 的功能高 100 倍。这种低血压可能是由于身体周围血管阻力减少所致，因为 CNP 能引起长时间的与内皮无关的血管舒张。

第十一节 前列腺素

前列腺素（PG：Prostaglandin）是在动物体内分布最广、效应最大的生物活性物质之一。严格地说，前列腺素不是激素，但常与激素放在一起讨论。鱼类同样也存在前列腺素。前列腺素是一族 20 个碳的多不饱和脂肪酸，都包含一个称为前列酸（Prostanoic Acid）的基本骨架，它具有一个五碳环和两条侧链：

$$PGE_2$$

所有的 PG 在 C_{13} 和 C_{14} 之间有双键，C_{15} 有羟基。PG 依五碳环的结构不同而分为四类：E、F、A、B：

PGE　　PGF　　PGA　　PGB

它们又根据五碳环外两条侧链上的双链数目而分为 1，2，3 等，如 PGA_2、PGF_2、PGE_2 等。此外，PG 的立体构型可用 α，β，S，B 来表示。

已有报道，鱼类的前列腺素存在于精巢、卵巢（包括卵巢液）和血液中。

体内受精的脊椎动物（如哺乳类、鸟类、爬行类以及一些卵胎生鱼类），卵巢的雌性激素是使性行为与卵母细胞成熟同时发生的主要内源因素。但是，体外受精的种类（如两栖类和鱼类），雌性性行为有不同的调节机制，它们的性行为只有在排出的卵准备产出时才出现。例如，雌金鱼正常的产卵行为是在排卵后开始并且持续到所有排出的卵都产出来。如果把排出的卵通过生殖孔注射到卵巢腔内，也能诱导产卵行为。PG 是排出的卵产生这种诱导作用的介质，因为如果注射 PG 合成阻抑剂——消炎痛（IM：Indomethacin），就会抑制已排卵的金鱼产卵；而注射 PG，就能使受 IM 抑制的金鱼恢复产卵或者诱导未排卵的金鱼出现产卵行为。受外源 PG 的诱导，产卵行为常在注射后几分钟就开始，持续到 PG 被代谢分解。但是，只有雌鱼处于临近排卵以及脑垂体和卵巢活动性增强时，PG 才诱导这种反应。研究证明，与产卵有密切联系的内源 PG 是在卵巢或输卵管内合成的，进入血液循环后作用于脑而刺激产生产卵行为。对一些卵生鱼类和蛙类的研究也观察到，注射 PG 和 PG 合成阻抑剂后所产生的反应与金鱼的相似。这表明，PG 对一系列体外受精脊椎动物雌性发生产卵行为起重要作用。

PGE$_1$ 能促进囊鳃鲇（*Heteropneustes fossilis*）正在发育的卵巢对 ^{32}P 的吸收，但对切除脑垂体的鱼就没有这种作用。产卵后的鲶鱼，PG 对正常的和切除脑垂体的卵巢吸收 ^{32}P 都没有影响。对卵巢正在发育的鲶鱼，PG 能促使性腺成熟系数和脑垂体 GtH 细胞活动增加，但未能促使血液 GtH 含量升高。而产卵后的鲶鱼，PG 对性腺成熟系数、脑垂体和血液中 GtH 的含量都没有影响。这说明，在鲶鱼性腺发育成熟期间，PG 能增强 GtH 的分泌和性腺活动性，而这种作用很可能是通过下丘脑-脑垂体-性腺轴实现的。

已证明，PG 对哺乳类的血压和代谢活动起作用，在鱼类也同样如此。例如，给乌鳢（*Ophiocephalus maculates*）静脉注射 PG（5～60 μg/kg 体重）后测定动脉血压的变化：PGE$_1$ 和 PGA$_1$ 使血压降低（受剂量高低的影响），但 PGB$_1$ 却产生高血压。这些血压的最大变化都在注射后 2～5 min 内出现。注射 PGF$_1$α 和 PG 前身物——花生四烯酸，血压没有明显变化。所有这些血压变化并不伴随着心搏率和换气率的变化，但在注射 PGA$_1$ 和 PGE$_1$ 后耗氧量明显减少。预先用戊双吡铵酒石酸盐处理鱼，能部分消除 PGA 的降血压作用和 PGB$_1$ 的升血压作用，但 PGE$_1$ 的降血压作用仍保持。注射抑制 PG 合成的消炎痛，能明显降低动脉血压。给乌鳢腹腔注射 PG（0.75 mg/kg 体重），观察血浆和组织的化学变化：注射花生四烯酸、PGA$_1$、PGB$_1$、PGE$_1$ 和 PGF$_1$α 后出现明显的血糖过多，但只有注射花生四烯酸的鱼观察到肝糖元明显降低；注射 PGE$_1$ 和 PGF$_1$α 出现明显的血蛋白质过低，但血脂类过低只在 PGE$_1$ 注射后出现。所有这些代谢反应都是在注射后 1～3 h 内观察的，但是这些结果表明 PG 对乌鳢的作用与哺乳类的并不完全相同。

主要参考文献

1. 林浩然. 鱼类内分泌学研究的动向. 水生生物学集刊，1984，8：363－370.
2. 陶亚雄，林浩然. 外源激素对雌性黄鳝血清类固醇激素的影响. 动物学报，1993，39：274－278
3. 陶亚雄，林浩然. 外源激素对雄性黄鳝血清类固醇激素的影响. 水生生物学报，1994，18：189－191
4. 林信伟，李英文，林浩然. 细胞外钙和钾离子对调节离体鲤脑垂体促性腺激素分泌的影响. 海洋与湖沼，1995，26：295－301
5. 林信伟，李英文，林浩然. 细胞外 Ca^{2+} 对脉冲式和持续性鲑 GnRH 类似物刺激鲤 GtH 分泌的影响. 水生生物学报，1995，19：203－209
6. 马广智，林浩然，张为民. 镉对鲤血清促性腺激素和生长激素的影响. 水产学报，1995，19：120－126
7. 马广智，林浩然，张为民. Cd^{2+} 对离体的鲤鱼脑垂体分泌促性腺激素的影响. 动物学研究，1995，16：60－66
8. 张为民，林浩然，马广智. 草鱼血清生长激素水平的日变化. 水产学报，1995，19：263－267
9. 石琼，林浩然，邓柏澧. 外源性褪黑激素对黄鳝性腺发育及性腺激素分泌的影响. 动物学报，1998，44：435－442
10. 石琼，林浩然，邓柏礼. 褪黑激素在黄鳝体内分布与生殖季节性变化. 中山大学学报：自然科学版，1998，37：81－84
11. 石琼，林浩然，邓柏礼. 黄鳝松果腺复合体的超显微结构研究. 水生生物学报，1999，23：83－84
12. 肖东，朱美诗，李继仁，黄安林，林浩然. 垂体腺苷酸环化酶激活多肽对鲤鱼脑垂体细胞内

cAMP 和 Ca^{2+} 的影响. 生物化学与生物物理学报, 2002, 34: 790 - 795

13. 唐啸尘, 刘晓春, 林浩然, 张海发, 刘付永忠. 甲状腺素对斜带石斑鱼仔鱼变态的影响. 热带海洋学报, 2006, 25: 33 - 37

14. 唐啸尘, 刘晓春, 林浩然. 三碘甲腺原氨酸对斜带石斑鱼卵黄囊期仔鱼消化道发育和存活的影响. 水产学报, 2006, 30: 727 - 732

15. 唐啸尘, 刘晓春, 林浩然. 斜带石斑鱼仔鱼变态过程中甲状腺的发育变化. 水生生物学报, 2010, 34 (1): 210 - 214

16. Amano, M., Iigo, M., Ikuta, K., Kitamura, S., Yamada, H., and Yamamori, K. Roles of melatonin in gonadal maturation of underyearling precocious male masu salmon. *Gen. Comp. Endocrinol.*, 2000, 120: 190 - 197

17. Arnold-Reed, D. E., and Balment, R. J. Atrial natriuretic factor stimulates in vivo and in vitro secretion of cortisol in teleosts. *J. Endocrinol.*, 1991, 128: R17 - R20

18. Batten, T. F. C., Moons, L., Cambre, M. L., Vandesende, F., Seki, T., and Suzuki M. TRH-immunoreactive system in the brain and pituitary gland of the sea bass. *Gen. Comp. Endocrinol.*, 1990, 79: 385 - 392

19. Bentley, P. J. Endocrinology. In: Introduction to Comparative Endocrinology. Goldstein L., ed. Holt, Rinehert and Winston, 1997: 402 - 475

20. Bern, H. A. Urophysis and caudal neurosecretory system. In: Fish Physiology. Vol. II. W. S. Hoar and D. J. Randall, eds. New York: Academic Press, 1969: 399 - 418

21. Bern, H. A., and Nishioka, R. S. The caudal neurosecretory system and osmoregulation. *Gumna Symp. Endocrinol.*, 1979, 16: 9 - 17

22. Björnsson, B. T. The biology of salmon growth hormone: from daylight to dominance. *Fish Physiol. Biochem.*, 1997, 16: 17 - 24

23. Brown, C. L., and Nunlz, J. H. Hormone actions and applications in embryogenesis. In: Perspectives in Comparative Endocrinology. K. G. Davey, R. E. Peter and S. S. Tobe., eds. Ottawa: National Researeh Council Canada, 1994: 333 - 339

24. Chen Rong, Li Wensheng, and Lin Haoran. cDNA cloning and mRNA expression of neuropeptide Y in orange-spotted grouper *Epinephelus coioides*. *Comp. Biochem. Physiol.*, part B. 2005, 142: 79 - 89

25. Comrie, M. M., Cutler, C. P., and Cramb, G. Cloning and expression of two isoforms of guanylate cyclase C (GC-C) from the European eel (*Anguilla anguilla*). *Comp. Biochem. Physiol.*, part B, 2001, 129: 575 - 586

26. Conlon, J. M. Bradykinin and its receptors in non-mammalian vertebrates. *Regul. Pept.*, 1999, 79: 71 - 81

27. Cook, H., Zuidhof, A., Kaneko, T., Lin, H. R., Zhang, M. L., and Peter, R. E. Somatotrop, gonadotrop, and prolactin cells in the pars distails of juvenile grass carp (*Ctenopharyngodon idellus*): an immunocytochemical study. *Can. J. Zool.*, 1991, 69: 803 - 806

28. Ekstrom, P., and Meissl, H. The pineal organ of teleost fishes. *Rev. Fish Biol. Fisheries*, 1997, 7: 199 - 284

29. Epple A. The endocrine pancreas. In: Fish Physiology. Vol. II. W. S. Hoar and D. J. Randall, eds. New York: Academic Press, 1969: 275 - 320

30. Fukada, H., Ozaki, Y., Pierce, A. L., Adachi, S., Yamauch, K., Hara, A., Swanson, P., and Dickhoff, W. W. Identification of the salmon somatolactin receptor, a new member of the cytokine recep-

tor family. *Endocrinology*, 2005, 146: 2345 – 2361

31. Gorbman, A., Dickhoff, W. W., Vigna, S. R., Clark, N. B., and Ralph, C. L. Comparative Endocrinology. John Willy & Sons, Inc., 1983: 69 – 71, 185 – 211, 277 – 303, 325 – 346, 517 – 544

32. Hazon, N., and Balment, R. T. Endocrinology. In: The Physiology of Fishes. Second Edition. D. H. Evans., ed. Boca Raton: CRC Press, 1998: 441 – 464

33. Hirano, T. Endocrine control of osmoregulation in migratory fishes. In: Marine Biology, Its Accomplishment and Future Prospect. J. Mauchline, T. Nemoto., eds. New York: Elsevier, 1991: 1 – 4

34. Hirose, S., Hagiwara, H., and Takei, Y. Comparative molecular biology of natriuretic peptide receptors. *Can. J. Physiol. Pharmacol.*, 2001, 79: 665 – 672

35. Hoar, W. S. General and Comparative Physiology. Third Edition. Prentice-Hall, Inc., 1983: 176 – 204

36. Hyodo, S., Tsukada, T., and Takei, Y. Neurohypophysial hormones of dogfish, *Triakis scyllium*: structure and salinity-dependent secretion. *Gen. Comp. Endocrinol.*, 2004, 138: 97 – 104

37. Huang Xifui, Jiao Baowei, Fung Chun kit, Zhang Yong, Ho Walter K. K., Chan Chi Bun, Lin Haoran, Wang Deshou and Cheng Christopher H. K. The presence of two distinct prolactin receptors in sea bream with different tissue distribution patterns, signal transduction pathways and regulation of gene expression by steroid hormones. *J. Endocrinol.*, 2007, 194: 1 – 21

38. Iigo, M., Kezuka, H., Aida, K., and Hanyu, I. Circadian rhythms of melatonin secretion from superfused goldfish (*Carassius auratus*) pineal glands *in vitro*. *Gen. Comp. Endocrinol.*, 1991, 83: 152 – 158

39. Inoue, K., Naruse, K., Yamagami, S., Mitani, H., Suzuki, N., and Takei, Y. Four functionally distinct C-type natriuretic peptides found in fish reveal new evolutionary history of the natriuretic system. *Proc. Nata. Acad. Sci. U. S. A.*, 2003, 100: 10079 – 10084

40. Kaiya, H., and Takei., Y. Osmotic and volaemic regulation of atrial and ventricular natriuretic peptide secretion in conscious eels. *J. Endocrinol.*, 1996, 149: 441 – 447

41. Kaiya, H., Kojima, M., Hosoda, H., Riley, L. G., Hirano, T., Grau, E. G., and Kangawa, K. Identification of tilapia ghrelin and its effects on growth hormone and prolactin release in the tilapia. *Oreochromis mossambicus*. *Comp. Biochem. Physiol*, part B, 2003, 135: 421 – 429

42. Kaneko, T., and Hirano, T. Role of prolactin and somatolactin in calcium regulation in fish. *J. Exp. Biol.*, 1993, 184: 31 – 45

43. Katafuchi, T., Takashima, A., Kashiwagi, M., Hagiwara., H., Takei, Y., and Hirose, S. Cloning and expression of eel natriuretic peptide receptor B (NPR-B) and its comparison with the mammalian counterparts. *Eur. J. Biochem.*, 1994, 222: 835 – 842

44. Kawakoshi, A., Hyodo, S., Inoue, K., Kobayashi, Y., and Takei, Y. Four natriuretic peptides (ANP, BNP, VNP and CNP) coexist in the sturgeon: new evidence for the presence of BNP in fish lineage. *J. Mol. Endocrinol.* 2004, 32: 547 – 555

45. Kofuji, P. Y. M., Mursshita, K., Hosokawa, H., and Masumota, T. Effects of exogenous cholecystokinin and gastrin in the secretion of trypsin and chymotrypsin from yellowtail (*Seriola quinquerdiata*) isolated pyloric caeca. *Comp. Biochem. Physiol.*, part A, 2007, 146: 124 – 130

46. Leatherland, J. F. Reflections on the thyroidology of fishes: from molecules to humankind. *Guelph Ichthyology Reviews*, 1994, 2: 1 – 67

47. Lipke, D. W., and Olson, K. R. A specific inhibitor of mammalian kallikrein, Phe-Phe-Arg-chloro-

methol ketone, inhibits the production of vasoactive substances form trout plasma by kallikrein and blocks endogenous kallikrein-like activity in trout gills. *Fish Physiol. Biochem.*, 1992, 10: 339 – 346

48. Loretz, C. A., and Pollina, C. Natriuretic peptides in fish physiology. *Comp. Biochem. Physiol.*, part A, 2000, 125: 169 – 187

49. Lu, M. Q., Wagner, G. F., and Renfro, J. L. Stanniocalcin stimulates phosphate reabsorption by flounder renal proximal tubule in primary culture. *Am. J. Physiol.*, 1994, 36: R1356 – R1362

50. Matty, A. J. Fish Endocrinology. Croom Helm Ltd., Provident House, Burrell Row., 1985: 84 – 196

51. McCormick, S. D., Moriyama, S., and Björnsson, B. T. Low temperature limits photoperiod control of smolting in Atlantic salmon through endocrine mechanisms. *Amer. J. Physiol.*, 2000, 278: R 1352 – 1361

52. Mojsov, S. Glucagon-like peptide-1 (GLP-1) and the control of glucose metabolism in mammals and teleost fish. *Amer. Zool.*, 2000, 40: 246 – 258

53. Perez, R., Tagawa, M., Sekai, T., Hirai, N., Takahashi, Y., and Tanaka, M. Developmental changes in tissue thyroid hormones and cortisol in Japanese sea bass *Lateolabrax japonicus* larvae and juveniles. *Fish. Sci.*, 1999, 65: 91 – 97

54. Power, D. M., and Canario, A. V. M. Immunocytochemistry of somatotrophs, gonadotrophs, prolactin and adrenacorticotropin cells in larval sea bream (*Sparus auratus*) pituitaries. *Cell Tissue Res.*, 1992, 269: 341 – 346

55. Qgoshi, M., Inoue, K., and Takei, Y. Identification of a novel adrenomedullin gene family in teleost fish. *Biochem. Biophys. Res. Commun.*, 2003, 311: 1072 – 1077

56. Rand Weaver, M., Noso, T., Muramoto, K., and Kawauchi, H. Isolation and characterization of somatolactin, a new protein related to growth hormone and prolactin from Atlantic cod (*Gadus morhua*) pituitary glands. *Biochemistry* (NY), 1991, 30: 1509 – 1515

57. Rand Weaver, M., Pottinger, T. G., and Sumpter, J. P. Plasma somatolactin concentrations in salmonid fish are elevated by stress. *J. Endocrinol.*, 1993, 138: 509 – 515

58. Rand Weaver, M. and Swanson, I. Plasma somatolactin levels in coho salmon (*Oncorhyncus kisutch*) during smoltification and sexual maturation. *Fish Physiol. Biochem.*, 1993, 11: 175 – 182

59. Randall, D. J., and Perry, S. F. Catecholamines, In: Fish Physiology. Volume XII B. Hoar, W. S., Randall, D. J., and Farrell, A. P., eds. San Diego: Academic Press, 1992: 135 – 254

60. Rotllant, J., Worthington, G. P., Fuentes, J., Guerreiro, P. M., Teitsma, C. A., Ingleton, P. M., Balment, R. J., Canario, A. V. M., and Power, D. M. Determination of tissue and plasma concentrations of PTHrP in fish: development and validation of a radioimmunoassay using a teleost 1 – 34 N-terminal peptide. *Gen. Comp. Endocrinol.*, 2003, 133: 146 – 153

61. Schreiber, A. M., and Specker, J. L. Metamorphosis in the summer flounder, *Paralichthys dentatus*: thyroidal status influences salinity tolerance. *J. Exp. Biol.* 1999, 284: 414 – 424

62. Sherwood, N. Molecular biology of fish neuropeptides. In: Biochemistry and Molecular Biology of Fishes. Vol 2. P. W. Hochachka and T. P. Mommsen, eds. 1993: 357 – 372

63. Sherwood, N. M., Krueckl, S. L., and McRory, J. E. The origin and function of the pituitary adenylate cyclase-activating polypeptide (PACAP) /glucagon superfamily. *Endocr. Rev.*, 2000, 21: 619 – 670

64. Shi, Q. Melatonin is involved in sex changes of the ricefield eel, *Monopterus albus* Zuiew. *Rev. Fish Biol. and Fisheries*, 2005, 15: 23 – 36

65. Solomon, R., Protter, A., McEnroe, G., Porter, J. G., and Silva, P. C-type natriuretic peptides

stimulate chloride secretion in the rectal gland of *Squalus acanthias*. Am. J. Physiol., 1992, 262: R707 – R711

66. Suzuki, R., Togashi, K., Ando, K., and Takei, Y. Distribution and molecular forms of C-Type natriuretic peptide in plasma and tissue of a dogfish, *Triakis scyllia*. Gen. Comp. Endocrinol., 1994, 96: 378 – 384

67. Takahashi, A., Tsuchiya, K., Yamanome, T., Amano, M., Yasuda, A., Yamamori, K., and Kawauchi, H. Possible involvement of melanin-concentrating hormone in food intake in a teleost fish, barfin flounder. *Peptides*, 2004, 25: 1613 – 1622

68. Takei, Y. Structure and function of natriuretic peptides in vertebrates. In: Perspectives in Comparative Endocrinology. Davey, K. G., Peter, R. E., and Tober, S. S., eds. Ottawa: National Research Council Canada, 1994: 149 – 154

69. Takei, Y., and Balment, R. J. Biochemistry and physiology of a family of eel natriuretic peptides. *Fish Physiol. Biochem.*, 1993, 11: 183 – 188

70. Takei, Y., Hasegawa, Y., Watanabe, T. X., Nakajima, K., and Hazon, N. A novel angiotensin I isolated from an elasmobranch fish. *J. Endocrinol.*, 1993, 139: 281 – 285

71. Takei, Y., Hyodo, S., Katafuchi, T., and Minamino, N. Novel fish-derived adrenomedullin in mammals: structure and possible function. *Peptide*, 2004, 25: 1643 – 1655

72. Takei, Y., and Loretz, C. A. Endocrinology. In: The Physiology of Fishes. Third Edition. D. H. Evans and J. B. Claiborne, eds. Boca Raton: CRC Press, 2006: 271 – 318

73. Takei, Y., Tsuchida, T., Li, Z., and Conlon, M. J. Antidipsogenic effects of eel bradykinins in the eel. *Amer. J. Physiol.*, 2001, 281: R1090 – R1096

74. Tiemey, M. L., Luke, G., Cramb, G., and Hazon, N. The role of the renin-angiotensin system in the control of blood pressure and drinking in the European eel, *Anguilla anguilla*. Gen. Comp. Endocrinol., 1995, 100: 39 – 48

75. Toop, T., and Donald, J. Comparative aspects of natriuretic peptide physiology in non-mammalian vertebrates: a review. *J. Comp. Physiol. B*, 2004, 174: 189 – 204

76. Vaughan, J., Donaldson, C., Bittencourt, J., Perrin, M. H., Lewis, K., Sutton, S., Chan, R., Turnbull, A. V., Lovejoy, D. A., Sawchenko, P. E., Rivier, J. E., and Vale, W. W. Characterization of urocortin, a novel mammalian neuropeptide related to fish urotensin-I and to CRF. *Nature*, 1995, 378: 287 – 292

77. Wagner, G. F., Miliken, C., Friesen, H. G., and Copp, D. H. Studies on the regulation and characterization of plasma stanniocalcin in rainbow trout. *Mol. Cell. Endocrinol.*, 1991, 79: 129 – 138

78. Warne, J. M., Harding, K. E., and Balment, R. J. Neurohypophysial hormones and renal function in fish and mammals. *Comp. Biochem. Physiol*, part B, 2002, 132: 231 – 237

79. Winter, M. J., Ashworth, A., Bond, H., Brierley, M. J., McCrohan, C. R., and Balment, R. J. The caudal neurosecretory system: control and function of a novel neuroendocrine system in fish. *Biochem. Cell. Biol.*, 2000, 78: 193 – 203

80. Yasuda, A., Miyazima, K., Kawauchi, H., Peter, R. E., Lin, H. R., Yamaguchi, K., and Sano, H. Primary structure of common carp prolactins. *Gen. Comp. Endocrinol.*, 1987, 66: 280 – 290

81. Yuge, S., Inoue, K., Hyodo, S., and Takei, Y. A novel guanylin family (guanylin, uroguanylin and renoguanylin) in eels: possible osmoregulatory hormones in intestine and kidney. *J. Biol. Chem.*, 2003, 278: 22726 – 22733

82. Zachmann, A., Ali, M. A. and Falcon, J. Melatonin and its effects in fishes: an overview. In: Rhythms in Fishes. Ali, M. A., ed. New York: Plenum Press, 1992: 149-165
83. Zhang Weimin, Tian Jing, Zhang Lihong, Zhong Yong, Li Xin and Lin Haoran. cDNA sequence and sptio-temporal expression of prolactin in orange-spotted grouper *Epinephelus coioides*. *Comp. Biochem. Physiol.*, 2004, 136: 134-142
84. Zhang Yong, Zhang Weimin, Zhang Lihong, Li Xin, Zhu Tiangang, Tiang Jing and Lin Haoran. Two distinct Cytochrome P450 aromatases in the orange-spotted grouper (*Epinephelus coioides*): cDNA cloning and differential mRNA expression. *J. Steroid Biochem. Mol. Biol.*, 2004, 92: 39-50

复习与思考

1. 与高等脊椎动物相比，鱼类内分泌系统有什么特点？
2. 阐述鱼类内分泌系统的起源进化。
3. 鱼类的神经垂体起什么作用？它含有哪些激素？其功能如何？
4. 鱼类的腺垂体由哪些细胞组成？它们分泌哪些激素？其功能如何？
5. 阐述鱼类甲状腺素的结构和功能。
6. 鱼类体内的钙调节受到哪些激素的调控？它们各自的功能如何？
7. 鱼类斯氏小囊的分布和构造如何？它怎样参与鱼体内钙的调节？
8. 鱼类的利尿钠肽有哪几种类型？它们的生理功能有哪些？
9. 鱼类的血管紧张肽原酶-血管紧张肽系统（RAS）参与哪些生理功能的调节？其作用机理如何？
10. 鱼类的胰岛和胃肠激素有哪些？这些激素的功能是什么？
11. 鱼类嗜铬组织的结构和功能有何特点？
12. 鱼类肾上腺皮质分泌产生哪些激素？它们的功能如何？
13. 鱼类的尾下垂体如何形成？它分泌的激素有什么功能？
14. 鱼类的褪黑激素如何由松果体合成与分泌？其功能如何？
15. 鱼类的前列腺素在哪里产生？起什么作用？

第九章 免 疫

第一节 鱼类免疫系统的细胞、组织与器官

一、免疫细胞

免疫细胞是参与免疫应答或与免疫应答有关的细胞，主要存在于免疫组织、器官以及血液和淋巴液中，包括淋巴细胞和吞噬细胞。

（一）淋巴细胞

淋巴细胞（Lymphocyte）参与特异性免疫反应，在免疫应答中起主要作用。鱼类的淋巴细胞是白细胞中数量最多的，通常为白细胞的90%左右，其个体小，含有大形细胞核。现已证明，鱼类存在着与哺乳类相当的T、B两种淋巴细胞，其中：T淋巴细胞主要介导细胞免疫并在免疫应答中起调节作用，而B淋巴细胞在体液免疫中参与抗体的合成。例如，以海鲈（*Dicentrarchus labrax*）的免疫球蛋白（Ig）重链和轻链的特异性单克隆抗体，采用流式细胞仪和免疫细胞化学技术研究海鲈T淋巴细胞和B淋巴细胞的发生，证明胸腺是T淋巴细胞的初生器官，而头肾是B淋巴细胞的初生器官。最近对圆口类七鳃鳗的研究证明，鳃部和肾脏中的浆细胞能分泌可溶性抗体，抑制入侵的微生物，是B淋巴细胞的原始类型。

（二）吞噬细胞

吞噬细胞（Phagocyte）具有辅助特异性免疫反应的功能，也是组成非特异性防御系统的重要成分。包括：

1. 单核细胞（Monocyte）

单核细胞为血液中无颗粒白细胞的一种，具有较多的胞质突起，细胞内含有较多的液泡和吞噬物，可进行活跃的变形运动；具有较强的黏附和吞噬能力，能在血流中吞噬异物和衰老细胞。环境污染或疾病感染都能引起鱼类血液中单核细胞数量显著增加。

2. 巨噬细胞（macrophage）

巨噬细胞能像变形虫一样伸出伪足，识别与吞噬微生物。它们往往在不同的组织中，甚至在同一组织中形成多种类型，如在鲫鱼的头肾培养物中可以分离出在形态构造、细胞化学特性和杀菌机制等方面都不同的三个类型的巨噬细胞。巨噬细胞在正常鱼类血液中很少见到，但当鱼体受到细菌感染时它们就会大量出现，可以分泌许多生物活性物质，如酶、防卫素、氧代谢物、细胞分裂素等，还能生成肿瘤坏死因子，增强巨噬

细胞的呼吸爆发活动（Respiratory Burst Activity），从而促进活性氧离子和氮离子的释放以杀死微生物。现已发现干扰素、一些多肽和蛋白质、脂多糖、葡聚糖等物质能使巨噬细胞的形态特征发生变化，分泌物增多，吞噬和胞饮能力增强。

3. 粒细胞（Granulocyte）

粒细胞即血液中的颗粒白细胞。软骨鱼类粒细胞的主要生成部位是脾脏和其他淋巴髓样组织，硬骨鱼类粒细胞主要由脾脏和肾脏生成。根据其来源、形态和功能，粒细胞可分为嗜中性（Neutrophil）、嗜酸性（Acidophil）和嗜碱性（Basophil）粒细胞，它们在不同鱼类中的数量和染色反应有很大差异，但都具有一定的吞噬能力。嗜中性粒细胞最为常见，具有活跃的吞噬和杀伤功能，但吞噬能力较单核细胞弱。鲤鱼的血液中存在这三种粒细胞，其中：嗜碱性粒细胞数量很少，其核呈肾脏形，含有两种细胞质颗粒——小的过氧化物酶阴性颗粒和大的过氧化物酶阳性颗粒；嗜中性和嗜酸性粒细胞数量多，含有过氧化物酶阳性的圆形或不规则形颗粒。在鲑鱼类，嗜中性和嗜酸性粒细胞是主要的，而嗜碱性粒细胞很少或者没有。鳗鱼和鲽鱼（*Pleuronectes platessa*）只有嗜中性粒细胞。

二、免疫组织和器官

免疫组织和器官是免疫细胞发生、分化、成熟、定居、增殖以及产生免疫应答的场所。鱼类免疫组织和器官包括胸腺（Thymus）、肾脏（Kidney）、脾脏（Spleen）和黏膜淋巴组织（MALT：Mucosa-associated Lymphoid Tissue）。鱼类没有哺乳类的骨髓和淋巴结。

（一）胸腺

胸腺是鱼类的中枢免疫器官。胸腺是脊椎动物（包括鱼类）最先发育形成的淋巴器官，起源于咽部内胚层上皮。鱼类的胸腺由胚胎期第3和第4对鳃弓原基上方、咽腔上皮内侧的胸腺原基发育而来。以斜带石斑鱼为例，孵化后第13 d，位于鳃腔背侧的一对左右对称的胸腺原基形成，由4~5层未分化的细胞组成，外被一层上皮薄膜，与鳃腔相隔，随后胸腺原基进一步发育与分化；孵化后58 d的幼鱼，胸腺呈长椭圆形，乳白色半透明，表面光滑，质地松软，与成鱼的胸腺相似，组织切片观察可分为明显的内区和外区。髓质区位于内区，网状上皮细胞较多而淋巴细胞较少，主要由上皮细胞-淋巴细胞复合体及分布于网状上皮细胞形成的基质网孔中的中、小淋巴细胞组成；皮质区位于外区，淋巴细胞多而密集，处于由上皮细胞形成的网状结构中。进入 I 龄后的斜带石斑鱼，胸腺可明显区分为外皮质区、内皮质区和髓质区。外皮质区主要由网状上皮细胞、黏液细胞、成纤维细胞和少量淋巴细胞组成，细胞排列疏松；内皮质区含有大量密集的淋巴细胞，还有网状上皮细胞；髓质区主要由淋巴细胞和较多的网状上皮细胞组成，但淋巴细胞数量比内皮质区的少，且排列较疏松。胸腺是产生功能性T淋巴细胞的主要免疫器官，在鱼类免疫细胞发生过程中，胸腺是最先检测到T淋巴细胞的淋巴组织；T淋巴细胞在胸腺中发育成熟并进入血液循环，运送到头肾、脾脏等外周免疫器官。将放射性同位素注射到虹鳟胸腺内，可观察到胸腺淋巴细胞大量迁移到脾脏，小部分迁移到肾脏。由胸腺分离出来的胸腺素（Thymosin），其作用很可能是促使胸腺细胞发育与分化成为成熟的胸腺淋巴细胞，并使它们具有免疫功能。许多研究还表明，鱼类的胸腺直接参与抗体产生和体液免疫反应。例如在虹鳟的迟缓型超敏性反应中，胸腺的淋巴细胞数量急剧增多，表明胸腺本身直接参与细胞免疫反应。鱼类胸腺的切除实验也证明它在免疫系统功能方面起重要作用，因为切除胸腺后严重削弱鱼体的移植排斥反应和抗体产生能力。例如，虹鳟在发育早期切除胸腺使脾脏淋巴细胞衰竭，也使同种异体移植排斥（Rejection of Allograph）延缓，但如果在性成熟后才切除胸腺，就不会出现这种情况。

与哺乳动物一样，鱼类的胸腺也随着成长而逐步退化，其组织学变化是胸腺体积逐渐缩小，淋巴细胞逐渐被脂肪组织、上皮细胞以及由角质化、钙化或形成泡囊的同心排列上皮细胞形成的哈氏小体（Hassall's Corpuscles）所取代，最后胸腺完全消失。各种鱼类胸腺的退化历程有所不同，如鲢鱼的胸腺在成长到 2～2.5 龄时就完全消失；草鱼在 3～4 龄后胸腺组织被大量脂肪组织所取代；青鳉在 4 月龄时胸腺中的结缔组织开始增加，6 月龄时上皮组织剧增，12 月龄时胸腺完全退化；2 龄以上的斜带石斑鱼胸腺出现哈氏小体，外皮质区增厚，结缔组织增加，内皮质区和髓质区组织逐渐萎缩变薄。此外，生殖周期、季节变化、环境胁迫等也会引起鱼类胸腺体积和细胞组成的变化，例如，长期处于应激状态，胸腺变为扁平状或退化；生殖季节或产卵时，胸腺体积也会变小。

（二）肾脏

鱼类的肾脏位于体腔背面，紧贴在脊柱下面，呈紫红色。它由两部分组成：前部称为前肾（Pronephros，亦即头肾，Head Kidney），在发育过程中失去排泄功能而成为次级淋巴器官；中部和后部称为中肾，主要是排泄器官，但其肾小管间的组织也有一定的造血和免疫功能。

鱼类的头肾作为造血器官，与高等脊椎动物的骨髓在形态上相似，而作为免疫器官，又与高等脊椎动物的淋巴节类似。头肾的主体散布在窦状血管的系统中，并为肾脏的网状内皮基质所支撑；基质由内皮细胞（铺垫窦状隙）、外膜细胞和网状细胞组成，它们具有吞噬功能。头肾的基质既支撑造血组织，也具有非特异性免疫和清除残渣与死亡细胞的功能。在一些鱼类肾脏的造血-淋巴组织中已证明含有 T 样和 B 样淋巴细胞、抗原结合细胞和抗体产生细胞；还证明头肾含有比脾脏较多的 Ig-阳性细胞，在抗原刺激后散布或形成小的嗜派洛宁性（Pyroninophilic）细胞丛。因此，肾脏的免疫功能包括吞噬作用（Phagocytosis）、抗原加工（Antigen Processing）、IgM 样抗体形成、免疫记忆（Immunologic Memory）等。

通常，鱼类头肾中的 B 淋巴细胞散布于造血组织的细胞群中，并与黑色素巨噬细胞中心（MMC：Melano-macrophage Center）和血管紧密相连，表明它们在免疫防御中的协同作用。

（三）脾脏

脾脏位于腹腔下后方的腹腔肠系膜上，通常包围以内脏脂肪，体表光滑，有被膜包被，由于充满红细胞而呈暗红色。通常，硬骨鱼类的前肾具有丰富的淋巴造血细胞，其脾脏的淋巴组织不发达；而在板鳃鱼类，成体时肾脏的淋巴造血组织消失，脾脏成为重要的淋巴器官。脾脏由三种主要组织组成：髓质（Pulp）、椭圆体（Ellipsoid）和黑色素巨噬细胞中心。髓质包括造血的红色髓质和淋巴细胞生成的白色髓质。脾脏椭圆体是分离的小动脉形成管壁稠密的微血管，能够收集大量的小颗粒抗原。鱼类受到病原侵袭或免疫接种后，脾脏的巨噬细胞增多，并与淋巴细胞及抗体生成细胞聚集在一起形成黑色素巨噬细胞中心，与小血管毗连，对外源或内源异物进行贮存、破坏或脱毒，产生体液免疫和炎症反应。

板鳃鱼类的脾脏含有大量的淋巴组织，它为中央的动脉和外围的椭圆体所包围，形成白色髓质。淋巴组织含有各种大小的淋巴细胞、许多发育的和成熟的浆细胞以及分布于成纤维网状细胞形成支持网中的吞噬细胞，由它们形成的细胞簇参与免疫功能。此外，采用免疫荧光双重染色显示，有些板鳃鱼类的脾脏含有两种类型的抗体产生细胞。在有些板鳃鱼类，淋巴组织的白色髓质与造血的红色髓质（含有发育的与成熟的类红细胞和血小板）之间的界限不明显，但经过抗原刺激后，淋巴组织能清晰显示出来。

硬骨鱼类脾脏的淋巴组织不发达，含有分布在网状细胞网眼中的各种大小的淋巴细胞，它们围绕以小动脉，并扩散到脾脏基质中，形成黑色素吞噬细胞中心。在脾脏可检测到抗原结合细胞和抗体产生细胞；而且，鳟鱼的脾脏细胞能为脂多糖（LPS）和伴刀豆球蛋白A（ConA）所刺激，间接表明硬骨鱼类的脾脏存在类似的T淋巴细胞和B淋巴细胞。

（四）黏膜淋巴组织

黏膜淋巴组织包括皮肤、鳃、消化道的黏膜层，其上皮组织和固有膜（Lamina Propria）中含有淋巴细胞、巨噬细胞、浆细胞和不同类型的粒细胞，成为防御病原侵入鱼体的门户。例如，斜带石斑鱼（*Epinephelus coioides*）的皮肤、鳃、肠的黏膜组织中含有杯状细胞、淋巴细胞、巨噬细胞、单核细胞、粒细胞等免疫相关细胞，表明它们具有在黏膜局部独立完成免疫应答的细胞基础。罗非鱼（*Oreochromis mossambicus*）肠上皮的巨噬细胞在正常情况下含有微粒状残渣，而用铁蛋白（Ferritin）处理1 h后，上皮基底区的巨噬细胞数量明显增加，并与上皮内的淋巴细胞紧密接连；孵育24 h后，含有铁蛋白的巨噬细胞占据固有膜。鲤鱼肠黏膜巨噬细胞的外表有抗原决定因子表达，还可能具有Ig结合能力。因此，肠黏膜的巨噬细胞具有重要的抗原表现（Antigen-presenting）功能，产生特异性免疫以抵抗消化道病原体。

第二节 非特异性免疫系统

一、细胞免疫（防御）

鱼类具有多种类型的白细胞参与非特异性的细胞免疫防御作用，包括单核细胞/巨噬细胞、粒细胞和细胞毒细胞（Cytotoxic Cell）。巨噬细胞和粒细胞是血液和淋巴细胞中能移动的吞噬细胞，在微生物侵袭和身体组织损伤而引起的炎症反应中起重要作用。鱼体组织中的粒细胞较少移动，也参与细菌和寄生病原体侵害鳃和消化道黏膜的防御功能，它们能脱颗粒化并释放免疫性物质，与哺乳类的肥大细胞相似。血液、淋巴组织和黏膜中的细胞毒细胞能通过细胞程序死亡（Apoptic）和细胞坏死（Necrotic）的机理破坏已被病毒感染的细胞和原生动物病原体。

（一）非特异性免疫细胞的形态特征和分离培养

1. 巨噬细胞

巨噬细胞能很容易地从血液的单核细胞、淋巴器官以及腹膜腔中分离出来。例如，用密度梯度离心（Density Gradient Centrifugation）可以将形状较大与颗粒较多的巨噬细胞与淋巴细胞和胚细胞（Blast Cell）分离开。但是，用这种方法很难将粒细胞与巨噬细胞分开。用致炎剂引起发炎反应可以使巨噬细胞进入腹腔而得以浓集。由于粒细胞移动性强，注射致炎剂后头几天粒细胞占有优势，而巨噬细胞稍后才会增多，因此，选择适宜的收集时间，就可以得到高纯度的巨噬细胞。巨噬细胞能与底物紧密粘连，并能在培养物中存活数周，因此，黏附在玻璃或塑料培养器皿上能大大增加浓集巨噬细胞悬浮液的纯度，且只需 2～3 h 就能得到；尽管操作过程可能会粘上一些粒细胞，但它们的存活时间短，培养 1～2 d 后就可以得到纯度 95% 以上的巨噬细胞。

巨噬细胞的典型特征是单核，非特异性酯酶阳性和过氧化物酶阴性，其功能包括在淋巴细胞反应中起佐细胞（Accessory Cell）作用，吞噬活动强烈、分泌氧和氮的自由基以杀死各种病原体。巨噬细胞的表面标志（Surface Marker）还了解不多，但它们显然具有抗体和補体的受体，能表达Ⅱ类主要组织相容性复合体（MHC：Major Histocompatibility Complex）分子。

2. 粒细胞

粒细胞可分为嗜中性、嗜酸性和嗜碱性三种类型，其中嗜中性和嗜酸性较为常见，而嗜碱性在大多数鱼类都没有。从血液、淋巴组织和腹腔中能分离出粒细胞。粒细胞黏附于培养器皿上，特别是预先用火棉喷涂后。用密度梯度离心可以从白细胞悬浮液中浓集粒细胞；注射诱导剂后数天收集的腹膜腔细胞中也可浓集粒细胞。分离的粒细胞其最明显的特征是细胞质中含有为许多染料（如苏丹黑）和酶（如过氧化物酶）染为阳性的颗粒。鲑鳟鱼类的嗜中性粒细胞是多形核的，很容易鉴别。嗜中性粒细胞特异性单克隆抗体（MoAb）已在斑点叉尾鲴（*Ictalurus punctatus*）和大西洋鲑（*Salmo salar*）产生；分离的粒细胞移动性强，有吞噬作用，能产生活性氧，但其杀菌能力不及巨噬细胞。粒细胞也有抗体和補体的受体。嗜酸性粒细胞分布在鳃、皮肤、脑膜以及消化道的颗粒层（Stratum Granulosum）；用胶原酶将消化道组织消化后再用密度梯心离心和黏附方法能分离得到嗜酸性粒细胞，其功能是胞吞外源蛋白质并以组织蛋白酶 D 将它们降解。

3. 非特异性细胞毒细胞

鱼类非特异性细胞毒细胞（NCC：Nonspecific Cytotoxic Cell）的功能相当于哺乳类的天然杀伤细胞（Natural Killer Cell），它们能溶解各种哺乳类的肿瘤细胞系以及破坏鱼的寄生原生动物。在鲨鱼，具有这种细胞毒性的细胞类型被列为巨噬细胞；但在硬骨鱼类，它们是一种比较小的淋巴细胞样的细胞类型。与哺乳类的天然杀伤细胞不同的是，鱼类非特异性细胞毒细胞的细胞质中不含颗粒，而细胞核是多形的；它们能从血液、淋巴组织和消化道中被分离出来，如在肾脏，有20%的白细胞被认为是NCC，用密度梯度离心和流式细胞仪可以从肿瘤靶细胞中分离并浓集NCC。

4. 细胞系

目前已在少数几种鱼类中建立了白细胞系，如斑点鲷的白细胞系，在没有进一步刺激、没有饲养细胞和外在因子的情况下，细胞能持续增殖，与哺乳类的白细胞系相似。长期的纯系的B淋巴细胞系、T淋巴细胞系和单核细胞/巨噬细胞系都曾被建立。采用致癌基因转染的无限增殖化（Immortalization）能建立鱼类白细胞系。这些细胞系通常含有40%~45%的淋巴细胞，5%~25%的嗜中性粒细胞和30%~55%的血小板，主要用于研究细胞因子的分泌活动。

（二）非特异细胞免疫（防御）的作用机理

1. 炎症（Inflammation）

动物有机体对炎症反应的第一步是在感染部位增加血液流量，接着毛细血管的通透性增强，白细胞从毛细血管移行出来，进入感染的组织中。因此，病原体一旦进入宿主的组织，就会被大量能杀死微生物的吞噬细胞所包围，不让病原体散布或者将它们消灭。

（1）急性炎症。一系列天然的或者实验性刺激能引起鱼类急性炎症反应，包括细菌感染、寄生虫侵袭、真菌皮下接种、损伤等，其共同特征是血液中的嗜中性粒细胞和吞噬细胞大量聚集在感染或损伤的部位。嗜中性粒细胞在炎症刺激1 h就出现，约在48 h后数量达到高峰。由于在渗入的细胞中没有出现有丝分裂的特征，表明嗜中性粒细胞是移行到达而不是在炎症部位的周边血管进行增殖。给鱼类注射脂多糖（LPS）或胞壁酰二肽（MDP）等刺激物后，血液中出现头肾白细胞（特别是吞噬细胞）的群体，并在注射1~2 d后达到高峰。嗜中性粒细胞是吞噬的，在炎症反应高峰时，大多数细胞含有摄入物质的吞噬体；而且由于强烈的吞噬作用和细胞质液泡化，使细胞质呈现"泡沫状"。由于嗜中性粒细胞的数量远超过吞噬细胞，它们对消除外来细菌的作用十分显著。主要的吞噬作用发生在炎症反应的头3~4 d，随后吞噬细胞回复至静止状态，数量也减少。

炎症之后组织开始修复。表皮的愈合很快，几小时之内就有2~3层表皮细胞覆盖伤口。这些表皮细胞是从邻近的正常皮肤已有的马尔皮基氏细胞（Malpighian Cell）移行过来的。损伤的坏死肌肉清除后就开始纤维质生成和肌肉纤维再生。炎症后的第一周出现长的成纤维细胞，第二周形成纤维组织，第三周肌肉和鳞片再生，到第四周真皮的细胞结构形成，损伤处的黑色素细胞也增加，呈现较深颜色。

寄生虫引起的炎症反应也如上所述，但由于病原体太大而不能被吞噬掉，它们能与宿主一样存活。寄生虫感染一般是慢性的，引起类似慢性的炎症反应，但也可在开始时引起急性炎症反应后形成被囊化；包囊由寄生虫的膜组成，外被以宿主成纤维细胞形成的被囊，有时还有黑色素细胞形成的"黑点"。

嗜酸性粒细胞在炎症反应中的作用还不清楚。在有些鱼类，它们参与抗寄生物的反应。但是有些研究表明，给虹鳟腹腔注射气单胞菌或弧菌的外毒素 1 h 后肠内的嗜酸性粒细胞脱粒化，组织中的组胺含量降低，嗜酸性粒细胞还出现在血液、肾脏和脾脏中，表明它们是在一定状况下的移动细胞群。给斑点鲴和虹鳟注射胺释放剂也使嗜酸性颗粒细胞脱粒，细胞质液泡化。电镜观察表明，这些反应与哺乳类肥大细胞排出过敏性颗粒十分相似，因而，鱼类嗜酸性粒细胞与哺乳类肥大细胞似乎有相类似的功能。

(2) 慢性炎症。在急性炎症反应期间，如果炎症刺激未能消除，接着就会引发慢性炎症反应，其典型特征是出现肉芽肿（Granuloma），即在纤维组织基质内聚集许多成熟的单核吞噬细胞。细菌、真菌或寄生物感染以及与食物相关的疾病、注射佐剂、自身免疫（Autoimmunity）等都可能引起慢性炎症。

在慢性炎症的浸润液中，最先出现淋巴细胞，接着是巨噬细胞并伴随着单核细胞增多症（Monocytosis）。接着，巨噬细胞聚集在一起并转变为上皮样细胞（Epithelioid Cell）和多核巨大细胞（MGC：Multinucleated Giant Cell），由它们形成肉芽肿。有些伤口也可能由巨噬细胞组成，外面为上皮样细胞区所包围。上皮样细胞大，呈多角形，紧密相接在一起，细胞边界不甚清楚，核卵圆形，细胞质内含有许多游离核糖体和稠密的溶酶体囊泡。多核巨大细胞为多核体，由巨噬细胞或上皮样细胞融合而成；其核的大小相近，在一个多核体内可能有两个到数百个核，排列成环形、弓形或随意散布在细胞质内，此外还有许多小囊泡、线粒体、黑素颗粒等；多核巨大细胞也有吞噬能力，但不及巨噬细胞。

(3) 炎症的控制。炎症反应的发展受到一系列媒介体的调控，包括细胞因子、类花生酸（Eicosanoid）、補体因子（Complement Factor），以及由吞噬细胞、嗜酸性粒细胞和血小板释放的血管活性化合物。

1) 血管活性胺类或蛋白质：一些主要的血液酶系产生的血管活性分子影响炎症反应，包括凝血系统、纤溶系统、激肽系统和補体系统。这些系统对鱼类炎症的作用与哺乳类有许多相似之处。例如，鱼类具有相当于補体因子 C3 和 C5 的分子，它们分解后成为过敏性化合物 C3a 和 C5a。C3a 和 C5a 的炎症前作用是间接的并通过它们诱导肥大细胞和嗜碱性粒细胞的脱粒化而介导。这些细胞以及血小板是血管活性胺（如组胺、5-羟色胺）的重要来源。鱼类对细菌外毒素反应所引起的嗜酸性粒细胞脱粒化可能就是由補体因子的释放而介导的。给虹鳟注射细菌外毒素后肠道的组胺释放到血液中，引起"休克"反应，如内脏器官血管舒张、呕吐、排便、瘀斑出血等，表示组胺是鱼类炎症反应介体，尽管它可能不是唯一的媒介物。

2) 类花生酸：由二十碳多烯酸（Eicosapolyenoic Acid）衍生而来的一类脂质媒介物，特别是花生四烯酸，能引起炎症前的效应。类花生酸不贮存在细胞内，而是在细胞刺激和磷脂酶转移后产生并释放出来，包括环加氧酶活动产生的前列腺素（PGs）和血栓烷（TXs：Thromboxanes）、脂氧化酶活动产生的白细胞三烯（LTs：Leucotrienes）和脂氧体（LXs：Lipoxins）。它们都是由鱼类白细胞（包括巨噬细胞、嗜中性粒细胞和血小板）释放出来的。脂氧化酶产物主要由吞噬细胞产生，而前列腺素可由大多数白细胞释放出来。

LTs 和 LXs 具有多种非特异性和特异性免疫活性。在非特异性免疫方面，它们能增强吞噬作用，并对嗜中性粒细胞起化学引诱物的作用。前列腺素能抑制鱼类巨噬细胞的呼吸爆发活动，抑制淋巴细胞增殖和抗体产生。

3）细胞因子：一系列细胞因子参与炎症反应，包括肿瘤坏死因子 α（TNFα）、白细胞介素（IL-1、IL-6）和许多趋化因子（Chemokines）。TNFα 是对革兰氏阴性细菌起反应的主要媒介，它能引起其他细胞因子（如 IL-1、IL-6 和趋化因子）的释放。虽然已证明人的 γTNFα 对鳟鱼嗜中性粒细胞是很好的化学引诱物，但这些细胞因子在鱼类炎症反应中的作用还有待阐明。

2. 吞噬细胞移行（Migration）

在炎症反应时白细胞的运动行为，使它们能结集在感染部位而起重要作用。例如，注射致炎剂后引起白细胞特别是巨噬细胞和嗜中性粒细胞聚集在一定部位。通过离体的观察表明，鱼类白细胞主要有两种类型的运动行为：加快移行的速度（化学激活现象，Chemokinesis）和加快定向的移行（趋化性，Chemotaxis）。例如，采用琼脂糖测定法检测单个细胞的移行途径表明，虹鳟白细胞对胎牛血清的移行是随意而无方向的，对鳟鱼血清则是单方向的；检测的结果还表明，鱼类白血球对细菌产物、寄生虫提取物和脂毒素（Lipoxin）的移行是随意的，而对白细胞三烯、哺乳类 C5a 和脂多糖激活的血浆是定向的。

许多宿主衍生的和病原体衍生的因子是鱼类白血球的化学引诱剂。在宿主衍生的因子当中，脂氧化酶产物的化学引诱作用特别明显，如脂毒素引起的反应比白细胞三烯强 3~4 倍。但是，用离子载体刺激巨噬细胞得到的富含类花生酸的上清液诱导鳟鱼离体嗜中性粒细胞的效能有所不同，而取决于产生巨噬细胞的鱼所取食的饲料。取食富含 n^{-3} 高不饱和脂肪酸的鱼所得到的上清液，其化学引诱作用要强于取食富含 n^{-6} 高不饱和脂肪酸的。鱼类血浆衍生的因子也是效能很强的化学引诱剂，特别是经过适宜的激活之后（如用脂多糖、酵母聚糖等），就如同发炎溢出液中的因子。有些细胞因子也是白细胞的化学引诱剂，特别是趋化因子。人 γTNFα 能剂量依存地引诱虹鳟的嗜中性粒细胞，并为抗-TNF 受体的单克隆抗体（MoAB）所抑制。病原体衍生的化学引诱因子包括鲦虫、棘头虫等寄生虫提取液和细菌产物。将宿主的因子（如正常血清）和细菌的衍生因子相结合能使引诱作用明显增强。

在哺乳类，白细胞在体内的移行情况主要通过黏附分子（如选择蛋白和螯联蛋白）的表达而确定，如嗜中性白细胞出现在急性炎症部位必须由选择蛋白 ELAM 在该部位内皮的表达而显示。黏附分子在鱼类的作用如何，目前还不很了解。

3. 吞噬作用（Phagocytosis）

吞噬作用是细胞内在化、杀死和消化入侵微生物的过程。它可以分为三个主要时相：微粒黏附到细胞表面，吞入并形成吞噬体，微粒在吞噬体内分解。在体和离体的研究表明，鱼类单核细胞/巨噬细胞和粒细胞（嗜中性粒细胞和一些嗜酸性粒细胞）具有吞噬作用，能吞入各种惰性和抗原性微粒以及可溶性的配体。血小板也有吞噬作用，但其吞噬能力很低，而且还不清楚它们是否具有细胞内消化的能力。

微粒吸附到吞噬细胞表面是消化吸收的前提，并且是相对被动的过程。然而，鱼类吞噬细胞能够识别不同的对象，表明有细胞表面的受体参与。由于吞噬作用能在没有血清的离体情况下进行，提示巨噬细胞存在着一些类凝集素的受体。例如，罗非鱼（*Oreochromis spilurus*）的巨噬细胞用 L-岩藻糖、D-半乳糖、D-果糖、D-甘露糖、α-甲基-D-甘露糖苷、N-乙酰-D-葡糖胺等进行预温育后，都能明显抑制吞噬作用。大西洋鲑鱼的巨噬细胞也证明存在 β-葡聚糖的受体。

微粒经过溶血活性的正常血清调理作用后，能大大增强巨噬细胞和嗜中性粒细胞对它的黏附以及随后的消化吸收作用。经过调理的微粒和鱼类补体3（C3）的抗血清一起温育后能使调理的效果消失，表明补体是必要的因子。将吞噬细胞用胰蛋白酶作预处理，会大大降低它们对经过调理的微粒的吸收，这表明吞噬细胞吸收微粒是通过受体介导的。此外，另一种血清成分——C-反应蛋白（CRP：C-reactive Protein，）也是鱼类的一种调理剂。

吞噬细胞吞入微粒是吞没或包入的主动过程。吞没时，伪足延伸，将微粒包围并融合，所形成的吞噬体引进细胞内；包入时，伪足包围微粒，在融合前将它卷绕数次才形成吞噬体。这些过程需要细胞骨架蛋白质的主动参与，特别是肌动蛋白（Actin）。如果用减除细胞内肌动蛋白活性的物质［如肉毒杆菌毒素（Botulinum Toxin）］进行孵育，就可以终止鱼类吞噬细胞的吞入活动。Ca^{2+} 离子也是必需的，缺少它，吞噬作用就会受阻抑。温度、孵育时间、病原体对吞噬细胞的比率等都能影响吞噬作用的动力学。

4. 吞噬细胞的杀伤机理（Killing Mechanisms）

吞噬细胞杀死病原体的机理可以分为氧依赖性和氧不依赖性两种类型。

（1）氧依赖性机理（Oxygen-dependent Mechanisms）。当吞噬细胞吞入微粒时氧的摄取量增加而不依赖于线粒体的呼吸作用。例如，虹鳟头肾的吞噬细胞用酵母聚糖刺激后每分钟消耗氧量是 12 nmol $O_2/10^7$ 细胞，而静止的吞噬细胞每分钟消耗氧量只有 1.3 nmol $O_2/10^7$ 细胞。吞噬细胞的呼吸爆发能产生一些氧和氮的自由基，对细菌和原生动物寄生物起毒杀作用。

A. 活性氧种类（ROS：Reactive Oxygen Speices）。

鱼类吞噬细胞在呼吸爆发时产生氧自由基，它可用超氧阴离子（O_2^-）和过氧化氢直接检测，也可使用和化学发光相联系的单个氧的生成而间接证明。呼吸爆发的初级反应是由 NADPH（Nicotinamide Adenine Dinucleotids Phosophate）氧化酶催化的分子氧还原一个电子而成为 O_2^-。NADPH 氧化酶是在吞噬细胞质膜上发现的一种复杂的多成分酶，主要由低效能的细胞色素 b 和 α-黄素蛋白组成。NADPH 通过磷酸己糖支路（Hexose Monophosphate Shunt）产生，因而是葡萄糖依赖性的。对虹鳟的研究表明，巨噬细胞产生的 O_2^- 对鱼类细菌病原体没有特别的毒杀作用，而过氧化氢及其衍生物则有强烈的毒杀作用。

吞噬细胞和嗜中性粒细胞都能产生 ROS，但在不同的鱼类中有所不同。例如，大西洋鲑鱼用佛波酯（Phorbol Ester）刺激后，嗜中性粒细胞产生的 O_2^- 要比巨噬细胞多；而在斑点鮰，嗜中性粒细胞只能产生很少的 ROS。

微粒的调理作用（Opsonization）能在吞噬作用中增加 ROS 的产生。因此，用正常血清或者热灭活的抗血清进行调理后的细菌能增加 ROS 的产生，用抗体和补体调理后的细菌能引起最强的反应。吞噬细胞对病原体的比值〔即效应物-靶（Effector-target）比值，E∶T Ratio〕影响 ROS 的产生，例如用气单胞菌（A. salmonicida）和大西洋鲑鱼的嗜中性粒细胞孵育，最适宜的比值是 1∶100～1∶50。活的细菌通常比灭活的细胞有较大的刺激作用，但过高的 E∶T 比值（如大于 1∶100）会抑制 ROS 的产生。在离体试验中发现温度也影响 ROS 的产生，通常是在低温下反应较低；但是，鱼类经过低温驯养后能很好地克服低温对 ROS 产生的影响。

B. 活性氮种类（RNS：Reactive Nitrogen Species）。

鱼类能够产生活性氮，如氧化氮（NO）。早先的研究已证明，NO 在鱼类神经系统中起着细胞内或细胞间的信使作用。NO 是通过 NO 合成酶（NOS）的作用而由精氨酸合成的；NO 合成酶羟基化精氨酸末端的碳而产生瓜氨酸（Citrulline）和 NO。酶组织化学（采用心肌黄酶）研究证明，在大西洋鲑鱼和虹鳟的中枢神经系统和脑中有 NOS。最近的研究还表明，鱼类与哺乳类一样，经过细胞因子刺激后，在吞噬细胞（特别是巨噬细胞）中出现一种可诱导型的 NOS（iNOS）。

给斑点鲖腹腔注射活的 Edwardsiellc ictaluri 后，其头肾的白细胞能检测到 NOS。金鱼的巨噬细胞系和培育的肾脏巨噬细胞，用脂多糖或者经过伴刀豆凝集素 A（ConA）和佛波酯刺激后的白细胞上清液一起孵育能分泌 NO（通过检测亚硝酸盐的积累）。在这些孵育液中加入精胺酸类似物〔如 N^G-单甲基-L-精氨酸（N^G-monomethyl-L-arginine）或氨基胍（Amino-guanidine）〕能阻抑 NO 产生，证明鱼类 NO 的产生依赖于精氨酸的代谢活动。

（2）氧不依赖性机理（Oxygen-independent mechanisms）。鱼类的吞噬细胞含有许多酶类，当溶酶体和吞噬体一起溶合后能够杀菌；吞噬细胞还含有溶菌酶（Lysozyme），能杀死许多鱼类的病原体，而且还能分泌出来在细胞外杀死病原体。阳离子蛋白质也能杀死许多鱼类病原体，但它们还未曾从鱼类中分离出来。细胞毒性的细胞因子也参与厌氧性的杀菌作用，如肿瘤坏死因子（TNF：Tumor Necrosis Fectors）。

（3）杀伤机理的调节。一系列体内的和外界的因子都能影响鱼类的吞噬细胞活性，包括环境因子、异生素（Xenobiotics）、免疫刺激剂、食物成分、应激反应、病原体等。但从免疫系统的正常功能看，吞噬细胞的活性主要受到细胞因子和类花生酸的调节，而它们可能与病原体衍生的次级因素协同起作用。类花生酸的作用已在前一段中提到，这里着重说明细胞因子的作用。

鱼类白细胞产生的一些因子能激活巨噬细胞。这种巨噬细胞激活因子（MAF）主要存在于用大小排阻层析法（Size-exclusion Chromatography）分离得到的 19-kDa 分部，与干扰素（Interferon）活性是共分层次的（Cofractionates），而且是酸性和对温度敏感的。巨噬细胞还能够释放一些因子以自分泌方式增加 ROS 的产生。生长激素（GH）与造血细胞因子的结构相似。给虹鳟注射大麻哈鱼（Oncorhychus keta）GH 能增强肾脏白细胞的呼吸爆发活性。在虹鳟的吞噬细胞中加入大麻哈鱼生长激素（剂量为 10～100 ng/mL）也能增强呼吸爆发作用。

细胞因子也会使吞噬细胞的活性减弱。例如，含有 MAF 的上清液能增加虹鳟巨噬细胞的 ROS 生成量, 却降低 5' 核苷酸酶的活性。将天然的牛转化生长因子 β1（TGF β1：Transforming Growth Factor β1）以 1 ng/mL 的剂量加入活化细胞中能抑制鳟鱼巨噬细胞 ROS 的产生。

此外，交感神经的神经递质也能增强或者抑制虹鳟肾脏吞噬细胞的呼吸爆发活动。α-肾上腺素能受体的激动剂脱羟肾上腺素（Phenylephrine）和胆碱能的激动剂氨甲酰胆碱（Carbachol）能增加 ROS 的生成量，而 β-肾上腺素能受体的激动剂异丙基肾上腺素（Isoproterenol）和肾上腺素抑制 ROS 的生成。

5. 吞噬细胞起佐细胞（Accessory Cell）作用

在鱼类，淋巴细胞的反应需要有佐细胞。鱼类吞噬细胞通过两种主要途径起佐细胞的作用：一是能够吸收和处理抗原，并将抗原呈递在细胞表面而与 II 类主要组织相容性复合体（MHC）分子联系一起；二是能够分泌可溶性媒介物参与激活淋巴细胞，如白细胞介素 1（IL-1）。

（1）抗原的处理和呈递（Presentation）。鱼类淋巴组织（脾脏、肾脏、消化道）的组织学研究表明，巨噬细胞参与体内抗原的吸收；对斑点鮰抗原呈递的研究还表明，自体的血液白细胞在抗原的冲击后能有效地刺激白细胞增殖和抗体分泌。在抗原冲击之前固定的外周血液白细胞不能起佐细胞的作用。

采用细胞匀浆的分级分离法可以显示，抗原在鱼类的抗原呈递细胞表面重表达。用放射性同位素标志的抗原在 4℃中孵育后，抗原呈递细胞的质膜出现放射性，接着在 27℃孵育 3 h，质膜上结合的抗原逐渐减少，而与核内体（Endosome）或溶酶体联合的抗原相应增加；孵育 5 h 后，质膜结合的放射性再次增加而核内体/溶酶体分部随之减少。这些细胞的质膜制品能有效地刺激接触过抗原的鱼自身的白细胞增殖，表明处理过的抗原能再循环到细胞表面以便呈递于淋巴细胞。

在低温下，血液中的白细胞能进行抗原处理和呈递，但在固定前需和抗原接触较长时间（例如 17℃需 8 h，27℃需 5 h），以便得到最适的刺激，因为在低温下抗原的分解代谢率较低。

（2）白细胞介素 1（IL-1）的活性。鱼类吞噬细胞的上清液能刺激鱼类 T-细胞和鼠类 IL-1 依赖的细胞系增殖，并诱导鱼类离体的 B-细胞对胸腺依赖和不依赖抗原刺激所引起的抗体生成。鲤鱼的上皮细胞、巨噬细胞和嗜中性粒细胞分泌这些细胞因子，而斑点鮰主要由单核细胞产生。用 LPS 或佛波酯刺激这些细胞能得到最大的白细胞介素 1 活性。蛋白质印迹分析这些细胞的上清液能显示它们与哺乳类 IL-1α 和 IL-1β 抗血清的抗原性交叉反应，而且这些抗血清也能中和上清液的生物学活性。这些研究结果表明，鱼类细胞分泌的一种白细胞介素 1 对激活淋巴细胞起重要作用。

含有哺乳类 IL-1 的上清液也能刺激斑点鮰 T-细胞的增殖，虽然这些细胞对 rIL-1 并不起反应。因此，鱼类淋巴细胞也具有表面受体，能够识别 IL-1 并起反应。但有关类白细胞介素的特性还有待于深入研究。

6. 非特异性细胞毒性（Cytotoxicity）

一些硬骨鱼类的白细胞能够对一系列鱼类和哺乳类细胞系、病毒感染的细胞、寄生性原生动物等产生自发的细胞毒素反应，这是非特异性细胞防御体系的组成之一。非特异性细胞毒细胞（NCC）存在于一系列淋巴器官（胸腺、肾脏、脾脏）、腹腔和血液中，此外在肝脏还发现类 NCC 细胞，但其细胞毒性作用很小。

NCC 的细胞毒性是非特异性的，但通常还是有选择性的，因此，它们往往只能溶解一种类型的靶目标。细胞毒性能防备已建成的成纤维细胞、上皮细胞或者恶性转化的细胞系，但并不能防备正常的静止异源细胞，提示有某种保护性作用以防止瘤形成（Neoplasia）。NCC 对抵抗病毒和寄生物感染起重要作用，能杀死原生动物（如 *Ichthyophthirius multifiliis* 和四膜虫 *Tetrahymena pyriformis*）；其最强的杀伤能力是当靶细胞的活动受到抑制，并且需要约 10 h 或更长的细胞毒性作用时间。分离的硬骨鱼类 NCC 是最小的白细胞，具有多形而半裂的核，细胞质很少，不含细胞质颗粒；细胞表面有微绒毛，并以长的膜丝体（Membranous Filament）黏附靶物质。

影响 NCC 活性的因素很多，包括食物、温度、应激反应、生长激素、鱼的品系、年龄等。NCC 在年龄小的鱼和低温时活性较强，表明 NCC 在特异性免疫（由淋巴细胞介导）反应较弱时特别重要。

硬骨鱼类 NCC 识别和结合靶细胞是通过受体介导的。用抗纯化 NCC 产生的单克隆抗体（MoAb）对未经分离的 NCC 预温育后能抑制它对靶细胞的溶解作用，而靶细胞用这种 MoAb 预温育后对溶解靶细胞没有影响。NCC 用 MoAb 预温育后也能阻抑效应物和靶细胞之间形成偶联物。用蛋白质印迹分析法确定这些 MoAb 识别的决定因子存在于细胞膜中，是分子量 40 kDa 和 42 kDa 的单个蛋白质。抗波形蛋白（Anti-vimentin）MoAb 和 NCC 受体蛋白质有交叉反应，表明它含有类波形蛋白的决定因子。

NCC 溶解靶细胞的机理还了解得不多。NCC 和靶细胞形成偶联物后，NCC 的细胞器重定方向，细胞质极化，高尔基器朝向与靶细胞接触的部位。NCC 不含嗜苯胺蓝的细胞质颗粒，因此颗粒胞吐作用不是杀死靶细胞的主要因素。NCC 溶解靶细胞是能量依赖的过程，需要完整的细胞骨架结构、分泌小泡和钙。值得注意的是，NCC 可采用坏死的和凋亡（DNA 断裂）的机理杀死靶细胞。

二、体液免疫（防御）

鱼类的血清、黏液和卵中含有许多种物质能非特异性地抑制各种感染的微生物的生存。这些物质主要是蛋白质或者糖蛋白，在鱼类的体液免疫（防御）中起重要作用，但它们的生物学和生理化学特性尚未被充分阐明。这里主要介绍这类非特异性体液免疫因子中的溶菌酶（Lysozyme）、補体（Complement）、干扰素（Interferon）、C-反应蛋白（C-reactive Protein）、运铁蛋白（Transferrin）、凝集素（Lectin）或血凝素（Hemagglutinin）等。

（一）溶菌酶

溶菌酶广泛存在于各种脊椎动物中，包括鱼类，是抵抗微生物侵害的重要体液防御因子之一。溶菌酶能分裂革兰氏阳性细菌细胞壁（肽聚糖层，Peptidoglycan Layer）N-乙酰胞壁酸（N-acetylmuramic Acid）和 N-乙酰氨基葡糖（N-acetylglucosamine）之间的键，从而制止它们的入侵。对于革兰氏阴性细菌，溶菌酶不能直接杀伤它们，但当补体或其他的酶将细菌外层细胞壁破坏而暴露肽聚糖内层后就能有效地将它们杀死。此外，溶菌酶作为一种调理素，能促进吞噬作用，并能直接激活多形核白细胞和巨噬细胞。

鱼类的溶菌酶主要分布于富含白细胞的组织中，如头肾、皮肤、鳃、消化道、卵等。这表明溶菌酶在鱼类防御疾病感染的作用机理中起重要作用。

在鲽鱼（*Pleuronectes platessa*），组织化学检测证明溶菌酶活性存在于单核细胞和嗜中性粒细胞，而它们的数量随着血清溶菌酶水平的升高而增加，因此，血清的溶菌酶活性就是由这些细胞提供的。一些大麻哈鱼的卵中含有大量溶菌酶，如银大麻哈卵黄中溶菌酶浓度达到 1900 μg/mL，其来源可能由亲鱼肾脏或其他富含溶菌酶的组织释放并通过血液转运到发育成熟的卵内。银大麻哈鱼卵的溶菌酶以 700 μg/mL 的浓度能杀死气单胞菌（如 *Aeromonas hydraplila*，*Aeromonas salmonicida*），但是以 1900 μg/mL 的浓度孵育 90 min 却不能杀死肾脏疾病的病原菌 *Renibactecium salmoninarum*，表明卵的溶菌酶只能防御一部分由亲鱼垂直传递给仔鱼的细菌病原体。从虹鳟的肾脏分离出能防御细菌的溶菌酶的两个变型（Ⅰ型和Ⅱ型），其中Ⅰ型的效能很强，能杀死和溶解各种革兰氏阴性细菌。从银大麻哈鱼卵分离的溶菌酶只有杀菌而没有溶菌作用，表明溶菌酶的杀菌和溶菌的作用机理并不完全相同。

从虹鳟肾脏分离出的两个变型溶菌酶（Ⅰ型和Ⅱ型）都是 C-型（即鸡型）溶菌酶，由 129 个氨基酸组成，其差别只在第 86 位，Ⅰ型为天冬氨酸而Ⅱ型为丙氨酸，分子量为 14.4 kDa，等电点分别为 9.5 和 9.7，最适 pH 为 5.5。从香鱼（*Plecoglossus altivelis*）的皮肤黏液中也曾分离出两类变型溶菌酶，分子量为 18 kDa，等电点分别为 9.4 和 9.8，最适 pH 为 6.3~6.9；所不同的是，Ⅰ型溶菌酶活性为肝素（100 国际单位/mL）所抑制，但两种变型都被组胺（10 mM）灭活。

鱼类溶菌酶活性受到一些因素的影响。如圆鳍鱼（*Cyclopterus lumpus*）的溶菌酶活性有季节性变化，且雄鱼比雌鱼高；鲤鱼产卵亲鱼的溶菌酶活性最高；大西洋鲑鱼和鳟的溶菌酶活性在一龄幼鱼转变为二龄并开始降河入海期间明显降低。低温能使一些鱼类（如鲽鱼、鲤鱼）的血清溶菌酶水平降低；但蓄养在 15℃ 的日本鳗鲡，其血清溶菌酶水平却比蓄养在 20~30℃ 的高。水质污染和人工操作引起的应激反应能使虹鳟的血清溶菌酶水平降低。通常，鱼类感染细菌和原生动物寄生虫后，其血清溶菌酶水平升高。

（二）补体

补体系统是脊椎动物免疫系统的重要组成之一，由存在于体液中具有酶活性的 30 多种蛋白质组成。在哺乳类，补体有两种不同的激活途径，即经典（抗体依赖性）补体途径（CCP：Classical Complement Pathway）和旁路（抗体非依赖性）补体途径（ACP：Alternative Complement Pathway）。在 CCP，C1 首先由抗原-抗体复合物激活，接着是一连串的 C4，C2，C3，C5，C6，C7，C8 和 C9 相互作用；而迟一些作用的补体成分（C5 到 C9）一起形成攻膜复合体（MAC：Membrane Attack Complex），诱发靶细胞死亡（细胞溶解）。在 ACP，C3 在因子 B 和 P 存在的情况下由脂多醣、菊粉、酵母聚糖（Zymosan）、兔红细胞等直接激活，也导致攻膜复合体形成。CCP 或 ACP 激活后都产生许多重要的肽类参与炎症反应。例如，C3a 是一种过敏毒素（Anaphylatoxin），能使肥大细胞释放组胺而使肌肉收缩和增加微血管通透性；C3b 是一种调理素，能增强吞噬细胞对微粒的吞噬作用，对防御感染起重要作用；C5a 是巨噬细胞和嗜中性粒细胞的有效趋药性因子，也具有过敏毒素活性；C5b 则是攻膜复合体形成的核心。

1. 圆口类的补体系统

圆口类的补体系统的主要作用是促进细胞的吞噬作用，没有细胞溶解的活性，其 C3 只有通过旁路补体途径激活。从日本七鳃鳗（*Lampetra japonica*）和蒲氏粘盲鳗（*Eptatretus burgeri*）分离出与哺乳类同源的 C3，它们只有与同源性血清一起孵育才能与酵母聚糖颗粒结合并增强巨噬细胞的吞噬作用，这表明血清中有一些其他的因子参与激活 C3，也表明圆口类巨噬细胞膜表面有 C3 的受体。七鳃鳗和盲鳗 C3 的分子量为 189~190 kDa，由三个亚多肽键（α-键，β-键，γ-键）组成，二硫键将它们连接起来，在 α-键有一个硫羟酸酯键。它们的氨基酸序列与哺乳类的 C3 较为相近，虽然哺乳类的 C4 也有三个亚多肽键结构。从蒲氏粘盲鳗还分离出由两个亚多肽键（115 kDa 和 77 kDa）组成的 C3，表明盲鳗 C3 具有两个不同的稳定形式。从太平洋盲鳗（*Eptatretus stoutii*）的白血球表面鉴别出一种 C3 受体，而且它们的粒细胞对于人的 C5a 和 LPS 激活的盲鳗血浆能产生趋药性的移行反应，这表明盲鳗白细胞表面具有特异性的化学吸引性（Chemoattractant）受体，而盲鳗血浆在 LPS 激活后能产生一种有效能的趋药性产物。

2. 软骨鱼类的补体系统

饺口鲨（*Ginglymostoma cirralum*）的补体系统由 CCP 和 ACP 激活。CCP 包含 6 个有功能的成分，即 C1n，C2n，C3n，C4n，C8n 和 C9n。其中，C1n 相对于哺乳类的 C1，C2n（184 kDa）和 C3n 相对于哺乳类的 C4 和 C2，C8n（185 kDa）和 C9n（约 190 kDa）是哺乳类 C8 和 C9 的类似物。只有 C4n 还不清楚与哺乳类的哪一个补体相关。激活饺口鲨的补体能使靶细胞形成 MAC，在电镜下可以观察到 MAC 造成的膜损伤平均内径为 8.0 nm。用猪的 C5a 和 LPS 激活的鼠血清能引起饺口鲨白细胞趋药性移行，表明鲨鱼白细胞具有能识别哺乳类 C5a 的细胞表面受体。EDTA、LPS、酰肼（Hydrazine）、酵母聚糖、菊粉（Inulin）或高温（48~50℃）等能使软骨鱼类补体的溶血活性（Hemolytic）失活或消失；用 EDTA 使软骨鱼类的血清补体失活后，再加入过量的 Ca^{2+} 和 Mg^{2+}，也不能使它们的活性恢复。

3. 硬骨鱼类的补体系统

（1）功能。在硬骨鱼类，如日本鳗鲡、鲤鱼、斑点鮰、香鱼、大西洋鲑鱼、金头鲷、罗非鱼、长鳍金枪鱼（*Thunnus alalunga*）等都已证明具有与哺乳类相当的 CCP 和 ACP。此外，在虹鳟的皮肤黏液中也检测到补体。

硬骨鱼类的补体都有杀菌的功能，主要是由于激活 ACP 途径而不是 CCP 途径。大麻哈鱼（*O. keta*）的 5 月龄仔鱼与幼鱼一样具有补体活性，不容易受到造血坏死（Hematopoietic Necrosis）和胰脏坏死（Pancreatic Necrosis）病毒的感染，表明鱼类的补体具有杀灭病毒的活性，以防止病毒的入侵。

鱼类补体的杀菌活性通常能抵御革兰氏阴性细菌的非致病品系，但不能抵御革兰氏阳性细菌或革兰氏阴性细菌的致病（Virulent）品系。斑点鮰的 ACP 能有效地防御不含唾液酸（非病原性）的革兰氏阴性细菌，但是含有大量唾液酸的病原性革兰氏阴性细菌（如 *A. salmonicida* 和 *F. columnaris*）能阻抑 ACP 的作用，表明唾液酸是一个起始感染的重要致病因子。*A. salmonicida* 能抵抗虹鳟和斑点鮰 ACP 的杀菌作用，可能是由于它们有一个 A 层和/或 LPS，能防止補体蛋白质进入细菌的外膜。

通过 ACP 激活后的虹鳟血清能溶解病原性的血鞭毛虫（Hemoflagellate）（如 *Cryptobia salmositica*）；将虹鳟的免疫血浆（抗 *C. salmositica*）和少量同源的補体一起孵育也能溶解寄生虫，表明虹鳟 CCP 也能有效地杀死寄生物。

很多鱼类的補体具有广泛的调理活性，如对白细胞的化学吸引作用（趋药性）、过敏作用、促进细胞吞噬活性的作用等。

（2）生物化学。虹鳟的 CCP 由抗原-抗体复合物（用同源性抗体敏化羊红细胞）与 Ca^{2+} 和 Mg^{2+} 激活，而 ACP 由酵母聚糖、菊粉或兔红细胞加 Mg^{2+} 激活。从虹鳟的血浆中分离 C3 和 C5 蛋白质。C3 由两个多肽链组成，即 α-链（128 kDa）和 β-链（74 kDa），二硫键将它们连接起来，在 α-链有一个硫羟酸酯键。C5 也由两个多肽链（133 kDa 和 86 kDa）组成，由一个二硫键连接起来。

从鲤鱼血清分离纯化補体 C1 到 C9 以及 B 因子和 P 因子，并且证明：①在有 Ca^{2+} 的情况下，C1 和 C4 可以与用鲤鱼抗体敏化的羊红细胞（即 EA）结合，而 C2 在有 Mg^{2+} 的情况下与 EAC14 结合；②EA 很稳定，而 EAC14 在室温下迅速失活；③C3 能与 EAC14 在 0℃ 结合，这与哺乳类的情况不同，因为哺乳类的结合反应是温度依存的，从未在低温下发生结合反应；④Mg^{2+} 对 ACP 的激活是必需的；⑤C3 转变酶可将 C3（184 kDa）分解为 C3a（14 kDa）和 C3b（168 kDa），而 D 因子可将 B 因子（93 kDa）分解为 Ba（34 kDa）和 Bb（66 kDa）；⑥C5（C5b），C6，C7，C8 和 C9 以 1:1:1:1:4 的摩尔比率在靶细胞（兔红细胞）膜上共同形成 MAC。这些研究结果显示，硬骨鱼类的補体系统在系统发育过程中已高度发展。将虹鳟血清和菊粉一起孵育以检测 C3 的降解，结果表明与哺乳类 C3 的降解过程相似。虹鳟 C3 和 C9 的氨基酸序列也与哺乳类 C3 和 C9 相似。

鱼类的補体活性有明显的季节性变化。例如在冬季，丁鲅的 ACP 效价（ACH50 值）很高，而 CCP 活性和特异性免疫反应都降低。鱼类的性成熟也影响補体活性。例如在产卵季节，虹鳟血清的杀菌作用减弱，大西洋鲑鱼在性成熟时補体的溶血活性降低。

（三）干扰素

干扰素（IFN）是蛋白质或糖蛋白，能抑制病毒复制。在哺乳类，根据生物学和生物化学特征可以区分三种类型的 IFN（α，β 和 γ）。IFN-α 和 IFN-β 的抗原性虽不同，但其特征相似而常归结为 I 型 IFN，它们的核苷酸有 45% 同一性而氨基酸序列有 29% 同一性，与同一个受体结合而起作用的基因都位于同一条染色体上。相反，IFN-γ 与 IFN-α 和 IFN-β 没有相似之处而列为 II 型 IFN，它与 IFN-α 和 IFN-β 氨基酸序列的同一性不到 10%，基因位于不同的染色体上。IFN-α 和 IFN-β 都是糖蛋白，分子量在 16～26 kDa 之间，等电点为 6.5 和 7.5；IFN-α 是多态的，如人类有 9 个类型，而 IFN-β 只有一个类型。IFN-γ 是糖蛋白或蛋白质，分子量为 12~25 kDa，在人类有两个类型。

硬骨鱼类也产生 IFN，而圆口类和软骨鱼类没有 IFN。许多鱼类在病毒感染后都能分泌产生 IFN-α 或 IFN-β。例如，虹鳟用病原性病毒（如出血性败血病毒）感染后血清中出现 IFN-α 或 IFN-β，并参与感染的防御；虹鳟肾脏的白细胞能分泌类似 IFN-γ 分子，用促细胞有丝分裂原（Mitogen）刺激后表明它具有抗病毒和巨噬细胞激活因子（MAF）活性。又如，从牙鲆用癌基因传染而无限增殖的淋巴细胞系孵育液中分离的 IFN 是分子量为 16 kDa 的糖蛋白，由 138 个氨基酸组成，其抗病毒的活性是胰蛋白酶敏感的，在 pH 4~8 之间很稳定，在 60℃ 时还保持约 60% 的活性，表现出相当广泛的抗病毒活性，表明牙鲆的 IFN 可能是 IFN-α 或 IFN-β。

（四）C-反应蛋白

人和许多动物的组织受损伤、感染或发炎时，C-反应蛋白（CRP）是最早出现在血浆中的蛋白质，它在有 Ca^{2+} 时能识别和沉淀链球菌细胞壁中的 C-多糖（CPS）。自 1930 年在人体血清中发现 CRP 以来，已在许多动物（包括无脊椎动物中的蟹类和软体动物）中发现 CRP。

人的 CRP 由 5 个同一的、非糖基化的、由非共价键连接的多肽亚基组成，每个亚基有一个链内二硫桥和两个钙结合位点。电镜观察表明，CRP 的 5 个亚基以环形五聚体对称排列。人的 CRP 由 187 个氨基酸组成，分子量为 110 kDa，等电点为 6.4，每个亚基的分子量约为 24 kDa。

1. 鱼类 CRP 的功能

在鱼类［如大西洋星鲨（*Mustelus conis*）、日本鳗鲡、斑点鲷、虹鳟、圆鳍鱼（*Cyclopterus lumpus*）、莫三比克罗非鱼、翠鳢（*Channa punctatus*）、鲽（*Pleuronectes platessa*）等］中都曾分离得到 CRP。鲽鱼的血清在 Ca^{2+} 存在的情况下，CRP 与肺炎球菌的 C-多糖（CPS）结合。细菌的内毒素能使血清的 CRP 浓度增加。

CRP 能在鱼类的许多组织被检测到，包括血清、卵和精子。在圆鳍鱼雌鱼，卵的 CRP 浓度最高，表明雌鱼合成的 CRP 都集中在卵子。在罗非鱼，皮肤黏液中可检测到很少量的 CRP，而在血清中完全没有 CRP，只在身体受伤后才可在血清中检测到。

鱼类血清中分离出来的 CRP 在 Ca^{2+} 参与下与 CPS 结合，而 CRP-CPS 复合物能抑制弧菌 *V. anguillarum* 的生长并增强腹腔渗出细胞对细菌的吞噬作用，表明 CRP 通过激活补体系统而起着防御功能。虹鳟感染弧菌 *V. anguillarum* 后血清 CRP 水平比正常鱼提高 3 倍。

2. 鱼类 CRP 的生理化学特性

各种鱼类 CRP 的化学结构大同小异。例如，鲽鱼的 CRP 分子由 10 个非共价键连接的亚基组成，排列成两个互相面对面的亚聚体，分子量为 186.8 kDa，其氨基酸序列与人 CRP 有 42% 的同源性，与兔 CRP 有 47% 的同源性。

圆鳍鱼 CRP 分子量为 125~150 kDa，由相同的分子量为 21.5 kDa 的亚基以非共价键连接而成，等电点为 5.3。虹鳟 CRP 的分子量为 110 kDa，其亚基约为 20 kDa。但也有报道认为虹鳟 CRP 是一个三聚体的糖蛋白（分子量为 81.4 kDa），由一个单体亚基

(26.6 kDa) 和一个二硫键连接的二聚体 (43.7 kDa) 组成。日本鳗鲡的 CRP 是由 24 kDa 的相同亚基组成的五聚体，分子量为 120 kDa，亚基之间没有二硫键。

CRP 的活性受到一些因子的影响。圆鳍鱼的雄鱼血清 CRP 水平比雌鱼高，而雌雄鱼的 CRP 水平都有明显的季节性变化。斑点鲖血清 CRP 水平在夏季最高而在冬季最低；鲽鱼 CRP 最高值是每年的 6~9 月之间。高温休克使虹鳟血清 CRP 水平比正常（70 μg/mL）升高约 18 倍，而低温休克使斑点鲖血清 CRP 水平明显降低。

（五）运铁蛋白

运铁蛋白是由单一多肽链组成的与铁结合的糖蛋白，分子量约为 80 kDa，等电点为 5.5~5.6，取决于铁的含量，其结合铁的能力通常是一个分子结合两个铁原子；运铁蛋白对脊椎动物的铁在吸收、贮存和利用部位之间的转运起重要作用。铁是许多病原体代谢和繁殖的必要元素，而运铁蛋白具有很强的铁结合能力，通过螯合金属而减少可供病原体利用的内源铁。因此，对于病原体易感的宿生来说，其血液中运铁蛋白的含量对抗病起重要作用。

圆口类（如盲鳗、七鳃鳗）、软骨鱼类（如猫鲨）和许多硬骨鱼类中都已分离出运铁蛋白。许多鱼类的运铁蛋白表现出多态性。海七鳃鳗（*Petromyzon marinus*）运铁蛋白的分子量为 77 kDa，等电点为 9.1，不含有碳水化合物，有 6 个变体。硬骨鱼类运铁蛋白的分子量为 61~87 kDa，鲤鱼的等电点为 5.0，大麻哈鱼为 5.3；鲢鱼、鳙鱼、狗鱼、美洲红点鲑和大西洋大麻哈鱼的运铁蛋白含有碳水化合物；草鱼、鲶鱼、狗鱼、大麻哈鱼运铁蛋白的 N-端氨基酸是丙氨酸，而丁鲅、鲢鱼、鳙鱼、鲤鱼运铁蛋白的 N-端是封闭的，没有氨基酸。

鱼类运铁蛋白的抗病作用还研究得不多。在银大麻哈鱼，对细菌性肾病的防御作用依运铁蛋白的基因型而有所不同：AA 遗传型最易受感染，AC 遗传型次之，而 CC 遗传型的抗病能力最强；同样，CC 遗传型对弧菌病的抗病能力也比 AA 遗传型强。

（六）凝集素

凝集素或血凝素是非免疫起源的蛋白质或糖蛋白，能凝集细胞和／或沉淀复合糖。凝集素含有至少两个糖结合的位点，凝集素的特异性通常以单糖或糖基糖（Glycosaccharids）抑制凝集素诱导的凝集作用（Agglutination）或沉淀作用（Precipitation）而确定。凝集素最早在植物被发现，随后在脊椎动物和无脊椎动物的各种组织和器官中都有发现。在高等脊椎动物，凝集素参与多种作用，包括形态发生（Morphogenesis）、阻抑多精受精（Polyspermy Blocking）、肝脏血清筛查（Serum-screening）以及防御微生物入侵。

哺乳类的凝集素主要分为 C-型和 S-型。C-型或钙依赖型凝集素是细胞外的或膜结合的分子，具有各种不同的碳水化合物特异性；S-型或巯基依赖型凝集素是细胞外的或细胞内的非阳离子依赖分子，具有 β-半乳糖苷（β-galactosides）或者较为复杂的含有 β-半乳糖苷的寡糖（oligosaccharides）的特异性。

1. 鱼类凝集素的生物学作用

（1）卵凝集素。许多鱼类的卵含有凝集素，其作用尚未研究清楚。但凝集素存在于卵的皮质颗粒内，可能参与受精（防止多精受精）、个体发育（胚胎分化）和／或防御微生物入侵等作用。例如，大鳞大麻哈鱼和拟鲤的卵凝集素能抑制一些病原菌（如 *V. anguillarum*, *A. hydrophila* 等）的生长，银大麻哈鱼的卵凝集素能凝集 *A. salmonicida*，虹鳟的卵凝集素能抑制病原性真菌的生长。总的来看，鱼卵的凝集素能对正在发育的卵起保护作用，直到其免疫系统获得有效的功能。

（2）皮肤黏液的凝集素。鱼类皮肤黏液对身体运动起润滑剂作用，同时也是防止细菌和真菌在体表聚集的机械性防御屏障。鱼类皮肤黏液中含有许多抗病原体的物质，如免疫球蛋白、溶菌酶、補体、C-反应蛋白、凝集素、溶血素等。

从许多鱼类的皮肤黏液中已分离出凝集素，但其功能尚未充分了解。一般认为皮肤黏液的凝集素是鱼类皮肤抗拒细菌感染的防御机制的一部分，因为分离的鱼类皮肤黏液凝集素能凝集并溶解一些病原菌。此外，鱼类皮肤黏液凝集素也可能抑制细菌生长。有关这方面的作用机理还需进一步研究。

（3）血清凝集素。许多鱼类的血清中也已分离出凝集素，但其作用还不清楚。值得注意的是从日本鳗鲡分离的甘露聚糖结合性（Mannan-binding）凝集素。哺乳类的甘露聚糖结合性凝集素是对病原体吞噬作用的调理剂，能抑制人免疫缺陷病病毒引起的 H9 淋巴母细胞（Lymphoblast）的感染，并且参与激活補体 CCP 途径。虽然鳗鲡甘露聚糖结合性凝集素的作用还不清楚，但可以推测它很可能与哺乳类的甘露聚糖结合性凝集素一样参与体液免疫防御作用。

2. 鱼类凝集素的生理化学特征

大多数鱼类凝集素是糖结合特异性的，它们亚基的分子量都在脊椎动物凝集素的范围内。此外，在鱼卵凝集素普遍存在的 L-鼠李糖特异性（Rhamnose-specific）凝集素是特异性凝集人的 B 型红细胞和兔的红细胞，而在鱼卵和血清中的 L-岩藻糖/D-葡萄糖特异性凝集素则主要凝集人的 O 型红细胞。在鱼皮肤黏液中占主要组成的 D-半乳糖／乳糖特异性凝集素能凝集人的 ABO 型红细胞和兔的红细胞。由于研究的资料有限，鱼类凝集素还不能区分为 C-或 S-型或其他类型，但根据它们的特征，鱼类卵和黏液的大多数凝集素属于哺乳类凝集素的 S-型。

此外，鱼卵凝集素的药理学作用值得重视。有些鱼卵凝集素是哺乳类淋巴细胞的有丝分裂原，抑制蛋白质合成，刺激人的淋巴细胞释放白细胞介素 IL-2，并且促进人的单核细胞产生前列腺素类衍生物，如血栓烷 B_2（TXB_2：Thromboxano B_2）和前列腺素 E_2。

（七）其他物质

有些鱼类的血清和黏液中还含有溶血素（Hemolysin）、蛋白水解酶（Proteinase）、α_2-巨球蛋白（α_2-macroglobalin）、几丁质酶（Chitinese）、α-沉淀素（α-precipitin）、青蓝纤维蛋白溶酶（Caeruloplasmin）、金属硫蛋白（Metallothionein）等物质，它们都参与非特异性抵抗病原体的防御机理。

（1）溶血素。如欧洲鳗鲡血清中含有一种热稳定的抗人 ABO 红血球的细胞溶素；

日本鳗鲡的皮肤黏液中含有一种热不稳定的溶血素，分子量为290 kDa，对兔红血球有高度特异性。

（2）蛋白水解酶。虹鳟、大西洋鲑、鲽鱼、大麻哈鱼、鳕鱼等的皮肤黏液中含有蛋白酶，其活性类似胰蛋白酶，能杀灭革兰氏阴性细菌。

（3）α_2-巨球蛋白。鱼类α_2-巨球蛋白（α_2-M）的分子量约为360 kDa，是人α_2-M（725 kDa）的一半大小。虹鳟和美洲红点鲑的α_2-M能抑制气单胞菌蛋白酶的蛋白水解活性，表明α_2-M起着防御气单胞菌感染的作用。

（4）几丁质酶。几丁质酶水解N-乙酰葡糖胺（N-acetylglucosamine四聚体）和寡糖（包括几丁质）而产生N，N'-二乙酰几丁二糖（N，N'-diacetylchitobiose）。几丁质酶在鱼类血清和其他组织中的作用还不是很清楚，可能参与防御含有几丁质的病原体和寄生物。

（5）α-沉淀素。从大西洋鲑鱼血清中分离的α-沉淀素，对几种真菌的碳水化合物和糖蛋白以及溶解淀粉，特别是支键淀粉（Amylopectin）起反应。α-沉淀素的生物学作用还不清楚，但当溃疡性皮肤坏死病（UDN：Ulcerative Dermal Necrosis）流行时，它在血清中的浓度发生变化，可能参与防御作用。

总的来看，鱼类非特异性体液免疫（防御）因子（HDF_S：Haemoral Defense Factors）与高等脊椎动物基本相似。但目前对鱼类的研究较为注重少数几种重要经济鱼类，今后还应加强对其他各种不同类群鱼类（包括圆口类和软骨鱼类）的研究，才能进一步全面而深入地掌握鱼类体液免疫系统的特点。

尽管鱼类HDF_S与哺乳类在功能和生理化学特性方面基本相似，但还是显示出一些差别，例如：①一些鱼类的黏液和卵含有溶菌酶、補体、CRP、凝集素、溶血素等，在体表起着阻抑细菌感染的作用以及防止一些病原体由母体直接传播给子代；②溶菌酶具有很强的抗微生物活性，能抵抗革兰氏阳性和阴性细菌；③鱼类的補体在低温下（0~4℃）还能保持活性；④鱼类的旁路補体（ACP）活性非常高，表明这一途径对鱼类的防御系统起重要作用。

此外，水温、季节、应激、性腺发育成熟等因素对鱼类HDF_S的影响还需进一步研究，鱼类HDF_S的个体发育和吞噬细胞的補体受体（CRI，CR2，C5a受体）的识别还有待于阐明。鱼类的CRP是否能像哺乳类那样激活補体系统？鱼类的凝集素是否像无脊椎动物那样起调理素作用以促进吞噬作用？这些问题都值得深入研究。鱼类对微生物感染的敏感性显示出很大的种间差异，造成这种差异的作用机理与HDF_S的遗传多态性之间的关系也值得研究。如果鱼类对一些疾病的敏感性差别程度是与HDF_S的不同遗传类型有联系，那么，对能抵抗某种特异性疾病的鱼进行选择性繁育将是可行和可取的。采取现代分子生物学技术（如重组DNA技术），进行HDF_S的细菌重组生产以应用于鱼病的治疗或预防，或者进行转基因研究以提高或优化鱼类的HDF_S活性，帮助它们克服和度过不良的养殖环境条件，都值得今后深入进行研究。

第三节 特异性免疫系统

一、细胞免疫（防御）

细胞介导的免疫是由于淋巴细胞中 T 细胞的直接作用，它不同于由抗体介导的特异性免疫（体液免疫）。在哺乳类，细胞介导的免疫是两种不同的 T 细胞亚群的功能：主要的一个是细胞毒性 T 细胞（Tc），它们具有与I类主要组织相容性复合体（MHC I）的非多态区结合的受体，只能识别在 MHC I 类分子上呈递的肽。Tc 细胞通过诱导细胞凋亡（程序性细胞死亡），杀伤病毒感染的细胞；另一个是辅助 T 细胞（Th），它们为免疫系统中某些细胞（如 B 细胞）的活化和分化所必需。Th 细胞有与 MHC II 类非多态区结合的受体，只能识别在 MHC II 类分子上呈递的肽；此相互作用能激活 Th 细胞产生细胞因子，并增生和分化成记忆 T 细胞。Th 细胞对抗原呈递细胞（如巨噬细胞、B 细胞）的活化、增生和分化也能提供帮助。低等脊椎动物（如鱼类）与哺乳类的细胞介导免疫反应基本相似，但具体的作用机理还有待于进一步深入了解。

（一）T 细胞和 B 细胞

鱼类具有与哺乳类 T 细胞和 B 细胞相类似的淋巴细胞群。在高等脊椎动物，B 淋巴细胞表面有免疫球蛋白（Ig），而 T 淋巴细胞具有不同类型的抗原特异性受体，即 T-细胞受体（TCR）。用同源的血清免疫球蛋白产生的单克隆抗体可以从鱼类含有 T 淋巴细胞的白细胞群中标识和分离表面有免疫球蛋白的 B 淋巴细胞，其数量在血液、脾脏和肾脏中占淋巴细胞的 40% 左右，而在胸腺中只有 2%~5%。采用免疫金标志（Immuno-gold-laleled）的抗鱼 Ig 血清进行超显微结构的研究，结果表明表面的 Ig 主要簇集在 B 淋巴细胞膜上。

在哺乳类，植物凝集素（PHA：Phytohemagglutinin）和伴刀豆球蛋白 A（Con A）是作用于 T 淋巴细胞的特异性碳水化合物群。这些 T 淋巴细胞促细胞分裂原的适宜剂量能诱导 T 淋巴细胞增殖而不影响 B 淋巴细胞。另外一些促细胞分裂原（如细菌脂多糖）则激活 B 淋巴细胞而不影响 T 淋巴细胞。

在圆口类，PHA 使离体的幼七鳃鳗淋巴细胞产生胚细胞，表明七鳃鳗存在着类 T 淋巴细胞。同样，用 PHA 和 Con A 也使铰口鲨（*Ginglymortoma cirratum*）的淋巴细胞产生类 T 淋巴细胞反应。许多硬骨鱼类都已经证明促细胞分裂原能诱导 T 淋巴细胞和 B 淋巴细胞增殖，而且还表明离体孵育的必需条件起重要作用。例如，使用同源的血浆能使鲑鳟鱼类白细胞的孵育得到较好的结果。斑点鮰血液淋巴细胞的孵育证实辅助细胞对促细胞分裂原激活 T 淋巴细胞是必要的，因为将含有 Ig 的淋巴细胞和不含 Ig 的淋巴细胞分离后，含 Ig 淋巴细胞在有或没有单核细胞参与的情况下，都对 LPS 起反应；而不含 Ig 的淋巴细胞，只有在辅助细胞（即单核细胞）参与的情况下才对 LPS 或 Con A 产生反应。这些辅助细胞（单核细胞）的作用可能起着分泌细胞因子（如白细胞介素 IL-

1)的作用。

(二)鱼类的细胞因子

免疫系统中细胞之间的相互作用不仅通过细胞和细胞的直接接触,也通过它们释放的可溶性蛋白质或小分子多肽,即细胞因子(Cytokine)。因此,细胞因子在细胞间发送信号,产生多种功能,包括诱导免疫细胞生长、发育、分化以及趋化作用、活化作用,调节免疫应答,诱导炎症反应,影响造血功能等,在免疫系统中起着调节或者增强的作用,其作用范围通常局限于产生细胞因子细胞的邻近细胞。鱼类能产生一系列类细胞因子的可溶性物质,使免疫反应能和谐协调地进行,它们中的大多数都已经采用以哺乳类细胞因子活性的相似功能性为基础的生物检测法进行鉴别,有些还通过它们与哺乳类细胞因子的交叉反应来检测。例如,肿瘤坏死因子(TNFα:Tumour Necrosis Factor α)是巨噬细胞衍生的细胞因子,其氨基酸序列的同源性很高而种族特异性很小。

鱼类细胞因子的主要类型有:

(1) 白细胞介素1(IL-1)。IL-1是在系统发生早期进化产生的相当保守的分子,其作用能跨过不同种族的屏障。IL-1的活性范围较广,包括免疫系统中的许多重要功能,主要由巨噬细胞产生,但也有一些由其他类型细胞产生。在哺乳类,IL-1是一连串反应的起点,其作用包括刺激T淋巴细胞释放IL-2以及增强T淋巴细胞在IL-2受体的表达。

在鱼类,斑点鮰的外周血液淋巴细胞能识别人的IL-1并产生反应,它们也能产生类IL-1物质。从鲤鱼上皮细胞系产生的IL-1能刺激斑点鮰血液淋巴细胞增殖。孵育斑点鮰单核细胞的上清液也有类IL-1。感染春季病毒血症鲤病毒(Spring Viremia Carp Virus)的鲤鱼、感染出血败血症病毒(Hemmorrhagic Septicemia Virus)或传染性造血坏死病毒(Virus of Infectious Hematopoietic Necrosis)的虹鳟血清中都含有IL-1。

(2) 白细胞介素2(IL-2)。IL-2因为能诱导T淋巴细胞增殖而被认为是T细胞生长因子。在哺乳类,IL-2由T细胞产生,它作为一种关键的自分泌生长因子,对T细胞的增殖是必需的。在T细胞活化时,其抗原受体复合物与抗原呈递细胞上MHC分子中的抗原肽相互作用,使T细胞产生和分泌IL-2,同时IL-2的受体和释放的IL-2结合。当IL-2和/或其受体缺乏时,许多抗原特异性的T细胞不扩增,导致免疫应答受到损害。

鱼类离体的T淋巴细胞被激活后,可从中检测到类IL-2活性的可溶性因子。长期孵育的斑点鮰T淋巴细胞系经佛波酯和离子载体刺激而无限增殖化后,能产生类IL-2的细胞因子。

(3) 白细胞介素4(IL-4)。哺乳类的T淋巴细胞也释放IL-4,起着启动正常B淋巴细胞激活通道的作用。在斑点鮰,长期孵育的T淋巴细胞不仅产生IL-2,也产生刺激B淋巴细胞的类IL-4细胞因子。

(4) 白细胞介素3(IL-3)和白细胞介素6(IL-6)。哺乳类的IL-3是多能的造血生长因子,刺激淋巴和造血细胞谱系早期阶段的生长。IL-6由于具有抗病毒活性,也被认为是干扰素(IFNβ$_2$),它也有促进B淋巴细胞增殖的作用。在病毒感染的鲤鱼和虹鳟的血清中，根据与哺乳类细胞因子相关抗体的交叉反应可检测到 IL-1、IL-3 和 IL-6，但鱼类 IL-3 和 IL-6 的生物活性还有待于研究。

(5) 白细胞介素 15 (IL-15)。在哺乳类，IL-15 和 IL-2 相似，起着 T-细胞生长因子的作用，还能刺激天然杀伤细胞（NK 细胞）的发育。最近，从红鳍东方鲀（*Takifugu rubrips*）、黑斑鲀（*Tetraodon nigroviridis*）和斑马鱼（*Danio resio*）三种硬骨鱼中分离和鉴别出两种不同的 IL-15 全长 cDNA，其中一种 IL-15 的 cDNA 与哺乳类的相似，编码 167 个氨基酸组成的肽，其信号肽由 53 个氨基酸组成；另一种 IL-15 的 cDNA 则不同，编码 158 个氨基酸组成的类 IL-15 分子，其信号肽由 47 个氨基酸组成。这两种 IL-15 cDNA 的线性结构、组织分布和对促细胞分裂原的表达反应都不同，表明它们有不同的来源。因此，鱼类 IL-15 基因的进化以及 IL-15 的免疫功能值得进一步研究。

(6) 干扰素 (IFNs) 和巨噬细胞激活因子 (MAF)。干扰素是各种细胞对病毒感染应答时产生的蛋白质异源家族，分为三群：IFN-α、INF-β 和 IFN-γ。其中，IFN-α 和 INF-β 由多种不同细胞对病毒感染应答时产生，它们抑制病毒在未感染细胞内的复制、抑制细胞增殖、增加天然杀伤（NK）细胞的溶解活性和调节 MHC 分子的细胞表达，两者的受体是共同的；IFN-γ 由 T 细胞和 NK 细胞产生，参与特异性免疫反应的调节和激活免疫系统的细胞（如巨噬细胞）。IFN-γ 的分子量比 IFN-α 和 INF-β 的大，因其在免疫反应中的作用而被称为免疫干扰素。鱼体或孵育的细胞系在受各种病原性病毒感染后可激发 IFN-α 或 INF-β 的合成，如虹鳟幼鱼感染胰脏坏死病毒（IPNV）后血清中出现 IFN。

虹鳟的白细胞受促细胞分裂原刺激后，其孵育的上清液中可检测到类 IFN-γ 的活性，它是一种巨噬细胞激活因子 (MAF)，能诱导虹鳟巨噬细胞提高呼吸爆发作用从而增强杀菌能力。这些上清液中含有的 MAF 由 T 淋巴细胞产生。因此，与哺乳类相似，鱼类的防病能力不仅来自感染病毒后产生的 IFN-α 和 INF-β，还由于刺激 T 淋巴细胞而产生的类 IFN-γ 的细胞因子。

(7) 肿瘤坏死因子 (TNF)。哺乳类 TNF 参与细胞介导的细胞毒性反应，它由巨噬细胞产生，与 IFN-γ 协同作用杀死靶细胞。与 IL-1 一样，TNF 在进化上是保守的分子，显示范围较广的活性，其中部分活性与其他细胞因子是重叠的。在鱼类，虹鳟的巨噬细胞有 TNFα。在病毒感染的鱼类中也检测到这种细胞因子。虹鳟的淋巴细胞和巨噬细胞能与重组的人 TNFα 产生功能性反应，表明鱼类白细胞具有特异性的 TNFα 受体。此外，虹鳟细胞对 TNF 起反应还需要一些附加的因子，如淋巴细胞需要促细胞分裂原，巨噬细胞需要 IFN-γ，以便 TNF 能显示其作用。

(8) 转化生长因子 (TCFβ$_1$: Transforming Growth Factor β$_1$)。哺乳类的 TGFβ 是由单核细胞、巨噬细胞、T 细胞和软骨细胞等的各种细胞产生的，能抑制巨噬细胞的活化以及 B 细胞和 T 细胞的生长，在抑制性免疫应答中起重要作用。现已证明，鱼类巨噬细胞具有与哺乳类 TGFβ$_1$ 交叉反应的受体，因而，牛的 TGFβ$_1$ 能使由 MAF 激活的虹鳟巨噬细胞的活性降低。

(9) 趋化因子 (CF: Chemotactic Factor) 和巨噬细胞移动抑制因子 (MIF: Migration Inhibition Factor)。哺乳类的 CF 和 MIF 主要由单核细胞、巨噬细胞产生，但也由其

他细胞如内皮细胞、血小板、T 细胞、成纤维细胞等产生，是炎症反应时影响白细胞移动的细胞因子。鱼类也有类似的细胞因子吸引白细胞到达炎症反应部位（如 CF）或者防止白细胞移走他处（如 MIF）。许多种软骨鱼类和硬骨鱼类都已被证明具有类 MIF 活性。鲤鱼用抗原或促细胞分裂原刺激后能监测到 CF。人的 TNFα 对虹鳟头肾的嗜中性粒细胞有化学引诱作用，而嗜中性粒细胞用抗 TNFα 受体的单克隆抗体预温育后可阻抑这种作用。

（三）鱼类的主要组织相容性复合体

主要组织相容性复合体（MHC）是由一组高度多态性基因组成的染色体区域。MHC 基因产物通常称为 MHC 分子或 MHC 抗原，能在不同细胞中表达。由于这些抗原在器官移植中代表供者与受者双方的组织相容程度，因此也称为移植抗原或组织相容性抗原。在脊椎动物中，从鱼类到哺乳类都存在着结构和功能相似的 MHC 遗传区域。MHC 是已知的多态性最为丰富的基因系统，拥着大量的等位基因，使物种能适应体内和体外环境的复杂变化。MHC 对 T 细胞的分化发育是必需的，在特异性免疫应答的启动和调节中也起重要作用。

两类（I 类和 II 类）多态性的 MHC 基因编码两类结构和功能不同的起着肽受体作用并且对抗原呈递起关键作用的抗原。MHC 在人类中是定位于第 6 号染色体短臂（HLA 区），在小鼠中是定位于第 17 号染色体的一个狭窄区（H-2 区）。I 类基因编码两条多肽链：一条多态性重链（45 kDa）和一条 $β_2$ 微球蛋白（12 kDa）。II 类基因编码由两条不同多态性的多肽链（α 和 β 链）组成的分子。其中，α 链为重链，分子量为 30～34 kDa；β 链为轻链，分子量为 26～29 kDa。MHC I 类分子在所有的有核细胞表面上表达，MHC II 类分子在 B 细胞、巨噬细胞、激活的 T 细胞中表达。与 MHC I 类分子结合的肽来自感染宿主细胞的病毒。在细胞质溶胶中产生的肽链（如来自病毒蛋白）和移动到表面的 MHC I 类分子联合，并被 $CD8^+$ 细胞毒性 T 细胞识别。而与一些病原体微生物有关的蛋白降解的肽（病原体在巨噬细胞的小泡内复制，或者从细胞外环境被胞吞到内吞泡内），主要是在 MHC II 类分子上呈递给 $CD4^+$ 辅助 T 细胞（T Helper）。

从鲤鱼和其他一些鱼类中已经分离出 MHC 基因并进行了序列分析，包括 I 类 α、$β_2$、II 类 α、II 类 β 等基因。鱼类的 MHC 基因总体上与哺乳类的非常相似，但氨基酸序列有很大差异，它们之间的同一性最高只有 40%；糖基化作用的位点和组成二硫键的半胱氨酸则相当保守。曾研究过的鱼类 MHC 基因，它们的内含子长度都不到 1 kb，而大多数还不到 100 bp 长，所以，短的内含子是鱼类 MHC 基因的特点。鱼类 MHC 基因的氨基酸序列，在 CD4 与 CD8 分子相连的部分以及与肽类结合的重要部分都十分保守。

丰富的多态性（Polymorphism）是 MHC 基因的重要特点之一。哺乳类 MHC 复合体中很多基因座位的 DNA 序列在种群中存在许多变异体，即等位基因（Allele）。鱼类（如大西洋鲑鱼、斑条鲈、斑马鱼等）的 MHC-II α 和 MHC-II β 基因都被检测到许多变异。例如，在 MHC-II α 基因的肽类结合区（Peptide-binding Region）至少有 5～6 个由许多氨基酸替代的等位基因，在 MHC-II β 基因也有两个等位基因。在鱼类中的这些发现与哺乳类 MHC-II 基因很相似,表明鱼类 MHC 分子的功能与哺乳类也可能是相似的。如同在哺乳类,MHC 的多态性可应用于鱼类原种(或种群)的鉴定。据初步报道,在鲑鳟鱼类已开展这方面的研究。如果能在鱼类中发现一个 MHC 的多肽性是与某种疾病相联系的,那将有助于繁育这种鱼类的抗病品系。事实上,一些鱼类的不同品系具有不同的抗病力或者疾病易感性,这是否与 MHC 的多态性有关,值得深入研究分析。

二、体液免疫(防御)

鱼类特异性体液免疫(防御)机理研究目前比较着重于鲑鳟鱼类、鲶科鱼类和鲤鱼鱼类等重要养殖鱼类。尽管鱼类的种类繁多,免疫反应在不同鱼类类群之间可能存在着一些种族特异性,但是现有的研究表明,鱼类特异性体液防御反应的基本特征与哺乳类很相似,包括抗体的结构、诱导抗体产生的细胞需求(Requisites)、抗体的作用(如中和作用、補体结合、调理作用)等。

(一)鱼类抗体(Antibody)的结构

抗体是脊椎动物在对抗原刺激引起的免疫应答中,由淋巴细胞(B 细胞)接受抗原刺激后增殖分化为浆细胞而产生的能以高度特异性和亲和力与抗原结合的具有免疫功能的球蛋白,是介导特异性体液免疫的重要免疫分子,也称为免疫球蛋白(Igs: Immunoglobulin)。抗体是生物学功能的概念,免疫球蛋白是化学结构的概念。抗体和免疫球蛋白是经常可以互相交换使用的术语。但由于免疫球蛋白包括抗体和一些未被证实有抗体活性的异常免疫球蛋白,所以,抗体都是免疫球蛋白,而免疫球蛋白并非都是抗体。Ig 可分为分泌型(SIg: Secreted Ig)和膜型(MIg: Membrane Ig),前者主要存在于血液和组织液中,具有抗体的各种免疫功能,后者是 B 细胞表面的抗原受体 BCR。

所有抗体都有相同的 4 条多肽链基本单位:两条轻链(L)和两条重链(H)(图 9-1)。

在这个基本单位中,一条轻链通过二硫键和非共价相互作用与一条重链结合,而两条重链通过共价二硫键以及通过非共价的亲水的与疏水的相互作用结合在一起。与哺乳类相似,鱼类的免疫球蛋白分子结构可分为两区:①抗原结合区(Fab),即氨基端(N-端);②生物学活性区(Fc),即羧基端(C-端)。软骨鱼类和肺鱼的 Ig 是五聚体,与高等脊椎动物(人类)的一样(图 9-2A),含有 10 条重链和 10 条轻链,分子量为 900~1000 kDa。硬骨鱼类的 Ig 为四聚体(图 9-2B),分子量为 610~900 kDa,含有 8 条重链和 8 条轻链,由四个单体亚单位组成,每个单位含有两条重链(分子量约为 72 kDa)和两条轻链(分子量约为 27 kDa)。在四聚体内,单体亚单位通过共价二硫键或者非共价的相互作用而相连接。Ig 的抗原结合区(Fab)由每条重链和轻链的 N-端组成,使每个抗体分子产生 8 个结合位点。每个抗体分子的重链和轻链具有不同的氨基酸序列,但一个抗体内的所有重链氨基酸序列是相同的,所有轻链的氨基酸序列也是相同的。每个 B 细胞产生一个单一的抗体分子,而在一个抗体分子内的所有结合位点具有相同的重链和轻链连接,这些结合位点的特异性与亲和力也是一致的。Ig 的重链和轻

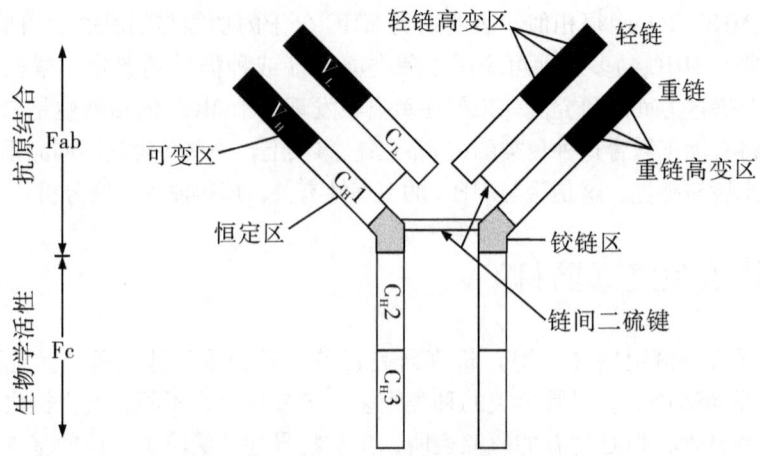

图 9-1　免疫球蛋白基本的四肽链结构
引自 Lydyard 等，2000

链分别含有数个独特的功能区，轻链有两个而重链有 5 个。重链和轻链的近 N-端约 110 个氨基酸序列的变化很大，可称为可变区（V），其他部分的氨基酸序列相对恒定，称为恒定区（C）。可变区是 Ig 的抗原结合部位，识别及结合抗原，并决定抗体识别的特异性，其 V_H 和 V_L 各有 3 个区域的氨基酸组成和排列顺序高度变化，可称为高变区（HVR）或互补决定区（CDR 1-3：Complementary Determining Region），CDR 以外区域的氨基酸组成和排列顺序相对稳定，组成 4 个骨架区（FR 1-4：Framework Region）。

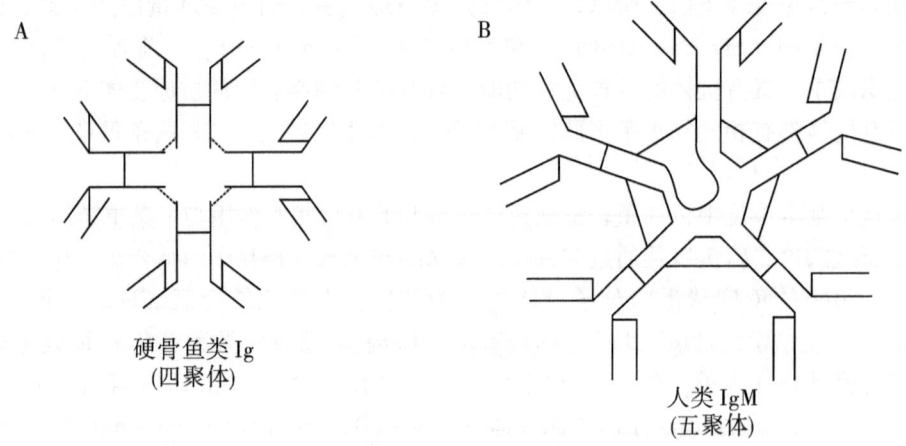

图 9-2　硬骨鱼类 Ig 和人类 IgM 的基本结构模式
引自 S. L. Kaattari 和 J. D. Piganelli，1996

陆生脊椎动物 Ig 结构的多样性普遍存在，首先表现在类和型上。例如，人类 Ig 有五类不同的重链（称为 μ、δ、γ、ε、α 链）和两型不同的轻链（称为 κ 和 λ 链），使 Ig 有 5 类（IgG、IgA、IgM、IgD、IgE）和两型（κ 型和 λ 型），其次是重链和轻链恒定区某些氨基酸残基的改变而衍生出来的亚类和亚型；而结构上更大的多样性来自重链和轻链可变区氨基酸残基的组成。鱼类 Ig 是否也具有类或亚类的多样性，目前尚未很好阐明。已有的报道表明，硬骨鱼类主要由于在四聚体 Ig 分子内不均匀的单体亚单位交联而在不同种类产生一些明显的 Ig 结构多样性。例如，斑点鲫的 Ig 既具有完全交联的四聚体，也有由 $\frac{1}{2}$-、1-、$1\frac{1}{2}$-、2-、$2\frac{1}{2}$-、3-和 $3\frac{1}{2}$-交联的混合体；羊鲷（*Archosargus probatocephalus*）的 Ig 四聚体由共价联接的四聚体和非共价相连的二聚体组成；虹鳟的 Ig 四聚体是完全共价联接的或者由三聚体、二聚体和/或单体组成；光圆鲀（*Sphaersides glaber*）的 Ig 也有类似的结构多样性。

（二）鱼类抗体的功能

1. 识别和结合抗原

抗体特异性识别和结合抗原的活性是由其 V 区 CDR 所组成的抗原结合槽结构决定的。抗体的抗原结合槽和抗原表位的结合是空间构象（如同锁与匙的方式）的直接互补。由于抗体可为单体、二聚体、四聚体和五聚体，故其结合抗原表位的数目不同。抗体结合抗原表位的个数称为抗原结合价。抗体的单个表位结合部位和单价抗原的结合力称为亲和力。抗体与抗原的结合是非极性的，结合和解离处于可逆状态；当两者达到平衡状态时，结合和解离的比率就是抗体的亲和力，用亲和常数（Ka：Affinity Constant）表示。解离率越低，亲和力就越高。抗体能够通过它与病毒或毒素的生物学活性关键组成部分紧密结合而中和并阻断病毒或毒素与细胞表面受体的相互作用（因病毒或毒素通过细胞表面受体得以进入）。例如，在鲑鱼类，由传染性造血坏死病毒（IHNV：Infectious Hematopoietic Necrosis Virus）的糖蛋白（G 蛋白质）诱导产生的抗体是所谓的中和抗体（Neutralizing Antibody）。G 蛋白质是宿主细胞表面受体的配体，如果 G 蛋白质与宿主细胞的这种受体相结合，就会导致宿主细胞为病毒所感染，而抗体的作用就是阻断病毒的 G 蛋白质与宿主细胞表面受体的相互结合，从而阻止病毒的感染。因为如果没有宿主细胞的受体与之结合，病毒最终会被排出或者失活。

2. 沉淀（Precipitation）和凝集（Agglutination）作用

抗体与抗原相互结合的另一作用是通过它们多价结合容量（Multivalent Binding Capacity）的产物，从而得到抗体和抗原的大分子复合体。如果这种交联过程是在最适的抗原浓度下发生，就可能产生特别大的抗原和抗体的晶格（Lattice），而足够大的晶格不会在鱼体的血浆中溶解而将被排除在溶液之外。对于是分子的抗原来说，这个过程称为沉淀；而对于细胞的抗原来说，这个过程称为凝集。例如，抗体能引起细菌的凝集，从而防止其在黏膜区定居。这种复合体的产生使宿主明显受益，因为颗粒状物质是比较容易被吞噬的。此外，在复合体内大量抗体的紧密靠近也有助于激活补体和促使抗体与吞噬细胞受体的黏附，从而更有效地清除这些复合物。

3. 调理作用

抗体与细菌等颗粒性抗原结合后，能促进吞噬细胞对这些抗原的吞噬，特别是对一些有包被的细菌、真菌和寄生物，抗体的这种调理作用很重要。

4. 激活补体

抗体与相应抗原结合后，由于抗体生物学活性区（Fc）的构型改变而激活补体经典途径，导致补体介导的其上有抗原的微生物（或其他细胞）溶解；抗体与抗原形成的凝集物（晶格）可激活补体旁路途径。补体激活后可通过攻膜复合物（MAC）破坏抗原物质，也可以通过激活的各类补体片段，进而引起能吞噬抗原表达细胞的免疫细胞（趋化性）和补体被活化细胞的调理作用和吞噬作用。

第四节 免疫系统的个体发育

鱼类的免疫系统及其功能在个体发育过程中有明显变化，特别是许多鱼类在胚胎发育过程以及孵化的幼鱼尚未具备完善的免疫能力；而随着年龄的增长，老化又使免疫功能降低。

一、非特异性免疫的个体发育

刚孵出的幼鱼通常都已具有一系列非特异性免疫的功能，在特异性免疫系统尚未充分发育成熟之前，这些功能对抵抗外来病原体的侵袭和幼鱼存活起着至关重要作用。此外，在鱼类的整个生活史中，非特异性免疫功能不会受到温度的影响，因此，当特异性免疫系统受到低温抑制时，非特异性的免疫功能也显得很重要。

鱼类的卵和孵出的幼鱼都具有非特异性的凝集素和血凝素，而且，许多刚孵出的幼鱼也具有吞噬作用。例如，给不同时期的虹鳟幼鱼注射胶态碳以观察网状内皮的发育情况，证明孵出后 4 d 的幼鱼已具备有效的吞噬能力，碳为聚集在皮肤、结缔组织、消化道和鳃中的巨噬细胞所吞没；孵出后 14 d，对抗原的吞捕机能已与成鱼相似，脾脏和肾脏的巨噬细胞能从血液中结合与汇集碳颗粒。又如，体长不到 2.5 cm 的牙鲆幼鱼，其 2%～10% 的黏着性脾脏细胞能吞噬外来的酵母颗粒；体长 4 cm 的幼鱼，35%～50% 的脾脏细胞有吞噬作用；而体长 6～7 cm 幼鱼的吞噬细胞，用酵母聚糖刺激能产生过氧化氢。体重 2.5 g 的虹鳟幼鱼感染传染性胰脏坏死病毒（IPNV：Infectious Pancreatic Necrosis Virus）后能产生干扰素。

二、淋巴器官的个体发育

1. 淋巴器官的组织发生 (Histogenesis)

一些重要经济鱼类淋巴器官（胸腺、肾脏、脾脏、消化道、淋巴组织）的个体发育已进行了组织学研究（表 9-1）。与其他脊椎动物一样，鱼类的胸腺是最早发育和形成的淋巴器官，接着是肾脏；而脾脏发育又稍迟些，并在整个生命周期以红细胞占优势，淋巴细胞比较少。消化道淋巴组织的发育也在胸腺和肾脏之后。

虹鳟孵化之前 5 d（14℃）的咽腔背方已出现胸腺原基，经过数天活跃的淋巴细胞生成，到孵化后 5 d，胸腺已发育形成淋巴器官；与此同时，在肾脏出现小的淋巴细胞。对金头鲷组织发生的研究表明，胸腺和肾脏存在着"桥"的联系；对虹鳟的研究也表明，放射性标志的胸腺细胞能从胸腺移行到外周的淋巴器官。但是，也有的研究结果表明，幼鱼早期切除胸腺后对肾脏淋巴细胞的数量没有影响。因此，在鱼类淋巴器官的发育过程中，淋巴细胞是否从一个器官转移到另一个器官，还有待于进一步阐明。

表9-1 鱼类淋巴器官的组织发生

种 类	胸 腺		肾 脏		脾 脏		参考文献
	器官发生	淋巴细胞出现	器官发生	淋巴细胞出现	器官发生	淋巴细胞出现	
玫瑰鲃 Barbus conchonius	+4	+4	+4	+4	+8	+8	Gracc 等（1981）
鲤鱼 Cyprinus carpio	+2	+4~5	+1	+6~8	+5	+8~9	Botham & Manning（1981）
舌齿鲈 Dicentrarchus labrax	+21	+21	+15	>+21	?	?	Breuil 等（1997）
虹鳟 Oncorhynchus mgkiss	-5	+3	-8	+5	+3	+6	Grace & Manning（1980）
真鲷 Pagrus major	+11	+22	<+1	+31	+3	+36	Chantanachooklin 等（1991）
牙鲆 Paralichthys olivaceus	+10	+21	+7	+28	+8	+30	Chantanachooklin 等（1991）
大西洋鲑 Salmo salar	?	-22	-23	-14	+42	?	Ellis（1977）
金头鲷 Sparus aurata	+22~29	+29~47	<+1	+45~47	+12	?	Josefason & Tatner（1993）
五条狮 Seriola quinqueradiata	+11	+20	+1	+26	+3	+36	Chantanachooklin 等（1991）
罗非鱼 Orcochromis mossambicus	-2	+6~8	+1	+13~16	+1	>+32	Sailendri（1973）
东方金枪鱼 Thunuus orientalis	+5	+7	<+1	+7	+2	>+30	Watts 等（2003）
斜带石斑鱼 Epinephelus coioides	+13	+14	+10	+18	+11	+14	吴金英等（2003）
鳜鱼 Siniperca chuatsi		+7		+5		+5	马红等（2007）

说明：-表示孵化前的天数，+表示孵化后的天数，? 表示未知。（参考 Watts 等，2003）

鱼类各个淋巴器官的相对生长情况有所不同。对鲤鱼的研究表明，在幼鱼刚孵出的头几个星期，胸腺含有最大量的淋巴细胞（约占总量的70%）；2月龄后，淋巴细胞在各个淋巴器官的分布较为均匀，其中肾脏含有38%，胸腺含有32%，头肾含有15%，周围血液含有12%，脾脏含有3%。对虹鳟的研究表明，各个淋巴器官都在2~3月龄达到它们最大的相对重量（即占体重的百分比）。

2. T 淋巴细胞和 B 淋巴细胞的个体发育

采用鱼类免疫球蛋白（Ig）的抗体可以观察在细胞表面带有 Ig 的细胞（即 sIg$^+$ B 细胞）或在细胞质内含有 Ig 的细胞（即 cIg$^+$ 浆细胞）的个体发育情况。

例如，采用兔抗鲤鱼 Ig 的抗血清观察鲤鱼具有免疫球蛋白淋巴细胞的个体发生，结果表明：受精后 14 d（21℃）的幼鱼胸腺和头肾出现 sIg$^+$ B 细胞，受精后 28 d 的幼鱼肾脏和脾脏具有 sIg⁺B 细胞，而 cIg⁺ 浆细胞最早是受精后 21 d 在头肾出现。淋巴器官中 sIg⁺B 细胞占有的百分比与鱼的年龄成正比，2 周龄的幼鲤最低，在 3 月龄到 16 月龄期间逐渐增加，其中血液由 15.8% 增加到 48.1%，头肾由 9.7% 增加到 21.6%，肾脏由 7.2% 增加到 16.8%，脾脏由 15.9% 增加到 21.6%，胸腺由 1.5% 增加到 3.7%，而 cIg⁺ 浆细胞的百分比很低，甚至在胸腺、脾脏和血液中完全没有。在虹鳟，sIg⁺B 细胞最早是孵化后 4～5 d 出现在肾脏，孵化 1 个月后才出现在脾脏和胸腺。在舌齿鲈，Ig 细胞最早是孵化后 38 d（16～20℃）出现在头肾，孵化后 49 d（16℃）出现在脾脏和胸腺。

采用鼠抗鲤鱼胸腺细胞单克隆抗体研究鲤鱼 T 淋巴细胞的个体发育，结果表明：抗原决定因素（Determinant）在受精 4 d 后在胸腺出现，7 d 后在头肾出现。对舌齿鲈的研究表明：胸腺是 T 淋巴细胞的初生器官，头肾是 B 淋巴细胞的初生器官。

3. Ig 存在于鱼卵中和雌亲鱼将免疫性（Immunity）传送给幼鱼

生活在水中的鱼类，胚胎发育期间和孵化前就可能受到一些病原的侵害，其早期的免疫（防御）机制对幼鱼的存活起重要作用。

非特异性的体液因子如 C-反应蛋白和凝集素样的凝集素（Agglutinin）已证实存在于鱼卵内。免疫球蛋白也在鲤鱼、鲽鱼、罗非鱼、斑点鲖、银大麻哈鱼、虹鳟等的卵中被检测到，如虹鳟未受精卵的 Ig 含量是（11.2±2.6）mg/g 卵重。罗非鱼幼鱼在孵化后的 Ig 发生明显变化，在幼鱼前期卵黄囊吸收时开始降低，孵化后 12 d 当卵黄囊完全吸收并开始摄食时下降到最低点，表明幼鱼早期的 Ig 可能来自母体，经过幼鱼发育阶段后消耗殆尽，而这时幼鱼的免疫器官已发育得较为完善，可以产生自身的 Ig。用 ^{125}I-标记的同源 Ig 也证明 Ig 能为胎生的（Viviparous）绵鳚（*Zoarces viviparous*）和剑尾鱼（*Xiphophorur hellori*）的母体内幼鱼以及卵生的鲽鱼卵从母体摄取。

由于卵和幼鱼存在着来自母体的 Ig，因此完全可以通过母鱼的接种疫苗而为其仔鱼提供防御外来病原体侵袭的防御机制，特别是防止垂直传播的病原体，如神经坏死病毒（NNV）、胰脏坏死病毒（PNV）等的传染。对罗非鱼和虹鳉（*Lebistes reticulates*）的研究证明，母鱼以各种不同的蛋白质抗原进行免疫接种后，特异性的 Ig 能由母鱼转移到其体内的卵或体内受精与发育的仔鱼。对尼罗罗非鱼的研究表明，从接种疫苗的母鱼产下的并且是从母鱼口腔中孵化而得到的仔鱼，其成活率达到 95%；从接种疫苗母鱼产下的但不在母鱼口腔中孵化的仔鱼，其成活率为 78%；不是接种疫苗母鱼产下但在母鱼口腔中孵化的仔鱼，其成活率为 37%；而对照组（既不是接种疫苗母鱼产下又不在口腔中孵化）的仔鱼成活率为零。这进一步证明给母鱼免疫接种后，其免疫作用能由母鱼转移到仔鱼，而且起免疫功能的 Ig 既来自母鱼产下的卵，也来自母鱼的口腔黏膜。

三、特异性免疫的个体发育

1. 细胞介导的免疫

鱼类细胞免疫个体发育的研究主要是在鲤鱼和鲽鱼等进行的同种异体移植排斥反应

（Allograft Rejection Response），并且证明这种免疫反应出现在个体发生的早期，表明对这种反应起作用的 T 淋巴细胞在它们的形态形成后不久就具备完善的功能。例如，孵化后 14 d 的虹鳟幼鱼（14℃），通过淋巴细胞渗入、色素分解、色素扩散、色素的吞噬作用等检验而表明它们能够消除皮肤的同种异体移植（Allograft）；孵化后 26 d 的幼鱼，这种反应与成鱼一样活跃，移植的平均存活时间是 14～20 d 之间。对外来的组织，移植的反应能力与胸腺和肾脏淋巴细胞群的发育成熟以及血液循环中的淋巴细胞直接相关；如果在虹鳟幼鱼孵化 5 d 后就给以移植，它们能保持一段时间而没有淋巴细胞的渗入；但这种反应只是推迟而已，一旦淋巴细胞和淋巴器官发育成熟，排斥过程就会开始。鲤鱼幼鱼孵化后 16 d（22℃），也表现明显的同种异体移植反应性。在海水的褐菖鲉（*Sebastiscus marmoratus*），1.5 月龄的幼鱼与成鱼一样表现同种异体移植反应（通过眼移植检验）。给孵化后 16 d 的鲤鱼幼鱼进行同种异体移植，能在 1 月龄幼鱼经过反复移植（Regrafting）而诱导产生回忆反应（Anamnestic），表明鲤鱼 T-淋巴细胞的免疫记忆（Immune Memory）能迅速发育成熟。此外，从体长不到 60 mm 的雀鲷（*Pomacentrus partitus*）分离的脾脏和肾脏白细胞能对 PHA 和 Con A（均为 T 淋巴细胞的有丝分裂原）产生反应。给孵化后 2 个月的幼鲤注射人的 γ-球蛋白和 Freund 佐剂，放射自显影检测的结果表明能诱导脾脏淋巴细胞的增殖。这些研究结果都说明鱼类的细胞免疫系统发育相当快。

2. 体液免疫

有关抗体产生反应的个体发育还只在少数几种鱼类中进行研究。4 周龄的幼鲤对羊红细胞（一种依赖胸腺的抗原）尚未能产生空斑形成细胞（PFC；Plague Forming Cell）反应，对 4 月龄的幼鲤注射羊红细胞后才产生与成鱼一样的反应。但是，给 8 周龄幼鲤注射加入佐剂的人 γ-球蛋白（HGG）（另一种依赖胸腺抗原）或者经福尔马林杀死的 *Aeromonas salmonicida*（一种非胸腺依赖的抗原）却能引起体液免疫反应。这表明，只有在一定的时期内（如在 2 月龄鲤鱼之前），对依赖胸腺抗原的耐量（Talorance）才能被诱导出来。

用福尔马林杀死的 *A. salmonicida* 直接浸泡 2 月龄的虹鳟幼鱼能引起免疫反应，同样处理 3 月龄幼鱼能引起记忆反应；而用 HGG 浸洗 3 月龄虹鳟幼鱼才能引起初步的免疫反应，表明虹鳟幼鱼对 HGG 的"无应答性"比 *A. salmonicida* 要持续得长一些，这可能是由于免疫系统尚未充分发育成熟，因而未能对 HCG 产生反应。

总之，鱼类特异性体液免疫功能的发育成熟与鱼的年龄、体重以及所生活的水温都有联系。通常，幼鱼第一次检测到抗体出现都是胸腺达到其最大的体重百分比以及胸腺的细胞数量达到高峰的时期。

四、老化对免疫系统的影响

年龄对鱼类免疫功能的发育成熟有一定的影响。对 1～15 月龄虹鳟淋巴器官的生长和细胞组成的检测结果表明，胸腺、脾脏和肾脏的组织在此期间内持续稳定地生长，并在 2～3 月龄时达到它们最大的相对重量（以体重的百分比表示）。这是虹鳟淋巴器官发育成熟和活性增强的时期（图9-3）。淋巴器官的白细胞总数随着年龄的增长而增加，但如果按淋巴器官和鱼体的大小（体积）来计算，白细胞的实际数量随着年龄的增长以及鱼体与淋巴器官的增大而减少。组织学的研究表明，淋巴器官的组织结构随着年龄的增长而逐渐发生变化。例如，虹鳟的胸腺在最初几个月显示出强烈的细胞有丝分裂活性，然后慢慢减弱，没有大量细胞死亡的迹象，但出现细胞外移到周围的淋巴器官；从9月龄起胸腺的组织呈现衰退变化。脾脏和肾脏的黑色素沉积随着年龄的增长而增加，肾脏比脾脏能保持白细胞类型较大变化的范围；但血液循环中淋巴细胞数量在第1年仍保持稳定。

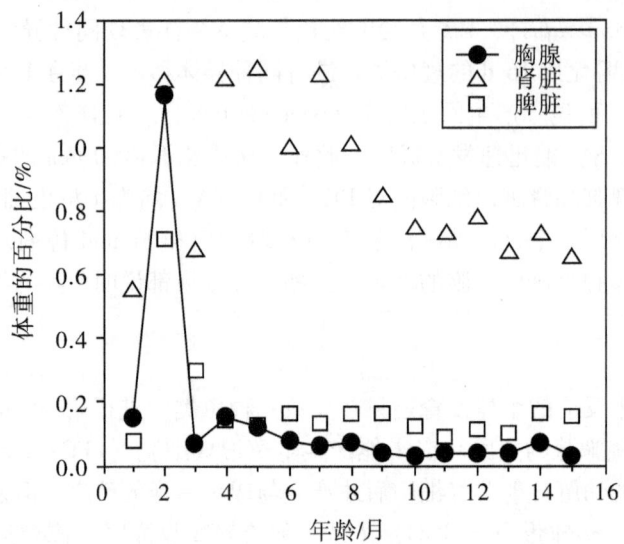

图9-3　虹鳟由1月龄到15月龄淋巴器官相对重量的变化
引自Tatner和Manning，1993

在斑点鲴，由3月龄到10月龄，从胸腺收集的胸腺细胞保持稳定；由11月龄到12月龄，胸腺细胞数量急剧增加；13月龄后直到16月龄逐渐减少，这时的胸腺萎缩成薄的上皮层，已检测不到淋巴细胞。

老化对淋巴组织最明显的影响是胸腺的衰退。胸腺衰退与年龄增长和老化、季节变化以及性腺发育成熟过程的激素变化都有关系。有些鱼类，如鳐、牙鲆和鳕鱼，性成熟后胸腺仍继续生长，而在鳗鱼，性成熟之前胸腺就已经衰退；许多鲨鱼和鲤科鱼类的胸腺并不出现退化现象。鳉科的贡氏拟鳉鳉（*Nothobranchius guentheri*），胸腺依年龄而出现明显的组织学变化：4月龄开始出现衰退现象，而到12月龄就完全退化。衰退的组织学特征是结缔组织增生，淋巴细胞密度降低，脂肪细胞渗入，出现网状细胞和胶原纤维以及形成上皮小囊泡。

第五节 免疫和内分泌的相互作用

由于脊椎动物的淋巴组织都有神经分布，而免疫系统的细胞具有神经递质、神经肽和激素的受体，使得免疫和神经内分泌的相互作用对于调节免疫系统和脑的功能具有重要意义。免疫系统的细胞能产生神经肽和激素，而中枢神经系统能产生细胞因子并通过特异性受体而起反应。从身体外周来源的细胞因子可以通过血-脑屏障。例如，鱼类在应激反应时，神经内分泌与免疫功能相互作用会引起分子生物学和生理学的变化。调节应激反应的CRH族多肽、受体和结合蛋白，也能对免疫系统起作用；而免疫细胞在炎症反应时产生的IL-1细胞因子家族及其受体，也能在下丘脑刺激CRH调节应激反应轴的活性。

生长激素（GH）对鱼类免疫系统起着重要作用。皮质醇是应激反应的初级因子和免疫功能的强抑制剂，能刺激淋巴细胞的GH合成；GH进而刺激免疫功能，即通过增加巨噬细胞的呼吸爆发活动而增强杀菌作用。这表明GH能够抵制皮质醇的免疫抑制作用。

一、下丘脑-脑垂体-肾间腺轴和鱼类免疫系统的相互作用

下丘脑-脑垂体-肾间腺（HPI：Hypothalamo-pituitary-interrenal）轴分泌产生的激素和免疫系统之间的相互联系与相互作用是阐明脊椎动物（包括鱼类）内分泌-免疫之间相互沟通的范例，激素和细胞因子是沟通神经内分泌系统和免疫系统的信使。糖皮质激素以及GH、催乳激素、血管活性肠肽（VIP）、甲状腺激素、性类固醇激素等都会影响免疫功能，而沟通神经内分泌和免疫功能的细胞因子是白细胞介素1β（IL-1β）、白细胞介素6（IL-6）、肿瘤坏死因子α（TNFα）等。硬骨鱼类是研究神经内分泌-免疫相互作用尤为恰当的模式，因为它们的头肾既是分泌皮质醇和儿茶酚胺又是淋巴细胞生成和抗体产生的特殊器官，显然，这些免疫功能是在激素和旁分泌的调节下进行的。

图9-4概括表示鱼类下丘脑-脑垂体-肾间腺轴和免疫系统之间的相互关系。

（一）皮质醇和可的松对免疫功能的调节

皮质醇是鱼类主要的皮质类固醇激素，它在下丘脑-脑垂体-肾间腺轴的调节下由肾间腺细胞分泌产生；在体内，皮质醇迅速转变为可的松，因而两者的作用经常被同时考虑。

鱼类在应激状态或者受到各种刺激（如过高或过低温度、病原侵袭等）时，血液皮质醇的含量增加。如鲤鱼在水温降低到9℃时，血浆皮质醇含量由10 ng/mL增加到300 ng/mL。皮质醇升高使白细胞增殖，产生抗体的细胞数量、抗体产生量以及血液循环中的淋巴细胞数量都降低。

细胞程序性死亡（Apoptosis）是一种重要的免疫调节机理，对免疫系统的发育和分

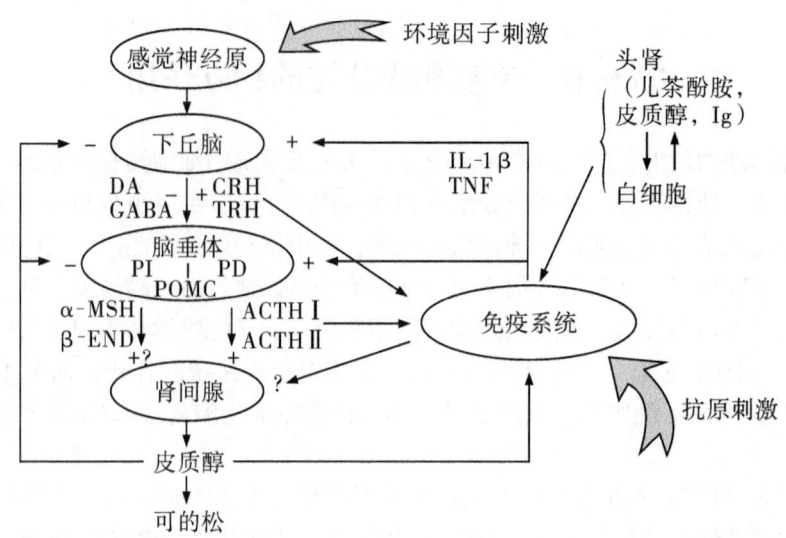

图9-4 鱼类下丘脑-脑垂体-肾间腺轴与免疫系统之间相互联系和相互作用的示意图
POMC：阿黑皮素；IL-1β：白细胞介素1β；TNF：肿瘤坏死因子；MSH：黑色素细胞刺激素；END：内啡肽；PD：中腺垂体；PI：后腺垂体；DA：多巴胺；GABA：γ-氨基丁酸；CRH：促肾上腺皮质素释放激素；TRH：促甲状腺素释放激素；ACTH：促肾上腺皮质素（引自 Verburg-Van Kemenade 等，2001）

化起重要作用。皮质醇是否诱导免疫细胞进行细胞程序性死亡，取决于免疫细胞的分化阶段和活动状态。在鱼类，受到刺激的发育成熟的 B 淋巴细胞对诱发细胞程序性死亡特别敏感，而血小板和 T 淋巴细胞则不敏感，嗜中性粒细胞也不会受皮质醇影响而进行细胞程序性死亡。因此，经历一次免疫反应后，替补原有的 B 淋巴细胞对鱼体持续保持稳态十分重要。许多研究表明，鱼类受到各种不同的刺激后血液循环中 B 淋巴细胞数量减少而嗜中性粒细胞数量增加，它们与巨噬细胞一起形成第一道抵御微生物侵入的防线。这与鱼类用皮质醇处理后的情况相似。

皮质醇诱导细胞程序性死亡是由糖皮质类固醇激素受体（GR：Glucocorticoid Receptor）介导的，用 GR 的拮抗物 RU-486 能抑制细胞程序性死亡。此外，可的松由于对 GR 的低亲和力而不能诱导细胞程序性死亡，因而，由皮质醇转变为可的松成为鱼类改变皮质类固醇激素对免疫功能影响的一种调节机理。

（二）白细胞介素1β（IL-1β）对免疫功能和内分泌作用的调节

IL-1β 对下丘脑-脑垂体-肾间线轴有重要影响。它能通过血脑屏障或者局部产生（如由小胶质细胞产生）而到达脑部，刺激下丘脑产生促肾上腺皮质素释放激素（CRH），并直接或者通过 CRH 刺激脑垂体分泌阿黑皮素（POMC）-衍生肽类（如 ACTH、MSH、END 等），从而刺激肾间腺细胞分泌产生皮质醇。

尖吻鲈、金头鲷、虹鳟、鲤鱼、斜带石斑鱼等的 IL-1β 序列都已被阐明，与哺乳类 IL-1β 的氨基酸序列只有 21.8%~24.7% 的同源性。鲤鱼的 IL-1β 由 7 个与人 IL-1β 基因相似的外显子组成，但 IL-1β 基因的内含子要比人 IL-1β 基因的内含子短得多。鱼类 IL-1β 基因的显著特点是没有高等脊椎动物 IL-1β 基因的白细胞介素转化酶（ICE：Interleukin-converting-enzyme）分裂位点。鸡的 IL-1β 基因具有 ICE 位点，这表明 ICE 作为高等脊椎动物 IL-1β 的特点在进化中较迟才出现。鱼类 IL-1β 的功能与哺乳类的相似，能刺激头肾免疫细胞的增殖和吞噬作用，诱导免疫相关基因的表达，特别是分布在不同的脑区，参与免疫和内分泌系统功能的调节。

基因重组的鲤鱼 IL-1β 在应激状态和非应激状态下能影响免疫细胞功能和 HPI 轴。例如，在以 MSH 细胞为靶细胞的离体试验中，IL-1β（剂量 100 ng/mL，相当于发炎时的水平）能刺激脑垂体释放 MSH（超过基础量的 400%）和乙酰化的内啡肽（超过基础量的 1000%）。

（三）HPI 轴衍生的其他因子对内分泌-免疫相互作用的调节

除皮质醇和可的松外，CRH 和 POMC 衍生肽类对免疫功能的影响也值得重视。鲤鱼 CRH 和 POMC 的序列分析已经完成，POMC 衍生肽类的转录后修饰已在分泌前（脑垂体内）和分泌后（血浆中）被鉴别，CRH、TRH 和多巴胺已被确定为诱导 POMC 衍生肽类释放的主要下丘脑调节因子。这些因子在免疫细胞的表达方面可能是激活免疫功能的主要旁分泌调节剂。

初步研究已证明，CRH 和 POMC 在鲤鱼白细胞中表达，它们产生的肽类能有力地调节免疫功能。此外，最近克隆鲤鱼的两个 TNFα，它们对神经内分泌调节免疫功能也可能起重要作用。

二、生长激素和鱼类免疫系统

（一）生长激素对鱼类免疫功能的影响

切除脑垂体能使一些鱼类的免疫功能降低，表明下丘脑和脑垂体的激素对鱼类免疫系统的调节起重要作用。给墨西哥丽脂鲤（Astyanax mexicanus）注射鲤鱼脑垂体匀浆液能使头肾和脾脏的白细胞数量增加；给莫桑比克罗非鱼和虹鳟注射牛 GH，不仅促进鱼体生长，还能增加抗这种异源 GH 的抗体产生。

给虹鳟注射大马哈鱼 GH（与虹鳟 GH 相同）后，使从虹鳟的肾脏、脾脏和外周血液中分离出来的白细胞非特异性细胞毒性增强；GH 能使离体的鱼类白细胞增强对颗粒的吞入能力，表明激活了吞噬作用；并且能增加杀死外来病毒的超氧化阴离子（Superoxide Anion）的产生。GH 还能使超氧化物歧化酶（Superoxide Dismutase）mRNA 含量增加，而这种酶能催化超氧化物发生歧化作用而成为氧和过氧化氢。GH 不仅调节吞噬作用，也调节鱼类的体液免疫系统。注射外源的 GH 能增强虹鳟血清与补体系统相关的溶血活性以及血浆的溶菌酶活性。

生长激素对鱼类抗体的产生和特异性免疫功能的影响还了解得不多。使用同源的 GH 对鳟鱼血液循环中 Ig 的含量并没有影响，但切除脑垂体后血液循环中 Ig 的含量和分泌 Ig 的白细胞（可能是 B 淋巴细胞）数目明显降低，而注射 GH 后又能使血液循环中的 Ig 恢复到正常水平。这表明内源的 GH 对维持 Ig 的正常水平起重要作用，而注射到鱼体内的同源 GH 还未能被识别为抗原。此外，GH 能刺激鳟鱼离体的外周血液中白细胞的增殖。

采用配体结合试验（Ligand-binding-assay）证明金头鲷的淋巴细胞有 GH 的受体。用实时 PCR 技术检测到虹鳟的一些组织（包括脾脏）中有大量 GH 受体的 mRNA，这表明 GH 能以旁分泌方式通过 GH 受体和 GH 受体超家族的其他受体而直接调节鱼类的免疫功能。

（二）生长激素在鱼类免疫系统中的表达

生长激素能在虹鳟、罗非鱼的淋巴组织和淋巴系统的外周组织中表达，但斑点鮰的淋巴组织和淋巴细胞中却检测不到生长激素的 mRNA。生长激素在鱼体组织中分布的差异可能是由于在不同鱼类中生长激素调控免疫功能的程度有所不同。

注射皮质醇能剂量依存地提高鳟鱼淋巴细胞的生长激素 mRNA 含量，表明皮质醇是生长激素基因表达的有力刺激因子。生长素释放肽（又称脑肠肽，Ghrelin）能刺激鳟鱼吞噬性白细胞产生超氧化物，还能使鳟鱼离体孵育的吞噬性白细胞的生长激素 mRNA 含量增加。如果在孵育介质中加入抗生长激素血清，GH 的免疫中和作用（Immunoneutralization）就会阻抑生长素释放肽刺激超氧化物增加的作用。这表明，生长素释放肽的作用是通过局部产生的生长激素所介导的。在受感染的部位，生长激素旁分泌的调节作用对于白细胞在外周防御病原体可能起重要作用。

（三）生长激素-胰岛素样生长因子轴与鱼类免疫系统的联系

与哺乳类一样，鱼类的胰岛素样生长因子-1（IGF-1）具有免疫调控的作用。例如，大麻哈鱼的 IGF-1 能刺激罗非鱼头肾白血球的繁殖和超氧化物的产生。采用反转录酶-多聚酶链式反应（RT-PCR），在许多种鱼类的淋巴组织中都曾检测到 IGF-I 基因的表达。例如，用大麻哈鱼生长激素和罗非鱼淋巴组织进行离体孵育，能促使吞噬性白细胞表达 IGF-1 基因并且分泌产生 IGF-1。这表明 GH/IGF-1 轴对鱼类免疫系统起着重要的调节作用。

总的来看，生长激素对鱼类免疫系统的功能起着明显的促进作用，这在鱼类养殖生产中具有重要的应用前景。许多研究已证明，生长激素有助于虹鳟抵御弧菌病而提高成活率，是治疗免疫缺陷的良方；生长激素也起着鱼类消炎剂的作用，能促进受损伤鱼类的痊愈；生长激素还能对抗糖皮质激素的免疫抑制作用（Immunosuppression），从而有助于克服鱼类受到应激反应的不良影响。因此，在鱼类养殖生产中，特别是苗种培育阶段，在投喂苗种的配合饲料中添加生长激素或者促进生长激素分泌的神经内分泌分子，不仅能显著提高鱼类的生长速率，而且还能够增强免疫功能而显著提高成活率，这必将带来可观的经济效益。

主要参考文献

1. 马红，常藕琴，石存斌，潘厚华，吴淑勤，李明林. 鳜淋巴器官的个体发育. 中国水产科学，2009，14：756－781
2. 吴金英，林浩然. 斜带石斑鱼淋巴器官个体发育的组织学. 动物学报，2004，49：819－828
3. 吴金英，林浩然. 斜带石斑鱼胸腺的显微和超显微结构. 动物学报，2008，54：342－355
4. 周光炎. 免疫学原理. 第一部分 免疫系统. 上海：上海科学技术出版社，2007：29－116
5. 利迪亚德，P. M.，惠兰，A.，范杰，M. W. 免疫学. 北京：科学出版社，2007：1－110
6. 罗晓春，李安兴，谢明权. 斜带石斑鱼黏膜免疫系统结构的研究. 水生生物学报，2005，29：193－198
7. Alexander, J. B., and Ingram, G. A. Noncellular nonspecific defence mechanism of fish. *Annu. Rev. Fish Dis.*, 1992, 2: 249－279
8. Bei, J. X., Suetake, H., Araki, K., Kikuchi, K., Yoshiura, Y., Lin, H. R., and Suzuki, Y. Two interleukin (IL) -15 homologues in fish from two distinct origins. *Mol. Immunol.*, 2006, 43: 860－869
9. Bly, J. E., Miller, N. W., Clem, L. W. A monoclonal antibody specific for neutrophils in normal and stressed channel catfish. *Dev. Comp. Immunol.*, 1990, 14: 211－221
10. Botham, J. W., and Manning, M. J. Histogenesis of the lymphoid organ in the carp, *Cyprinus carpio* L., and the ontogenetic development of allograft reactivity. *J. Fish. Biol.*, 1981, 19: 403－414
11. Breuil, G., Vassiloglou, B., Pepin, J. F., and Romestand, B. Ontogeny of Ig M-bearing cells and changes in the immunoglobulin M-like protein level (IgM) during larval stages in sea bass (*Dicentrarchus labrax* L.). *Fish Shellfish Immunol.*, 1992, 7: 29－43
12. Chantanachooklin, C., Seikai, T., and Tanaka, M. Comparative study of the ontogeny of the lymphoid organs in three species of marine fish. *Aquaculture*, 1991, 99: 143－155
13. Chilmonczyk, S. The thymus in fish: Development and possible function in the immune response. *Annu. Rev. Fish. Dis.*, 1992, 2: 181－200
14. Claire, M., Holland, H., and Lambris, J. D. The complement system in teleosts. *Fish Shellfish Immunol.*, 2002, 12: 399－420
15. Dalmo, R. A., Ingebrigtsen, K., and Bogwald, J. Non-specific defence mechanisms in fish, with particular reference to the reticulo-endothelial system (RES). *J. Fish Dis.*, 1997, 20: 241－273
16. Dexiang, C., and Ainsworth, A. J. Assessment of metabolic activation of channel catfish peripheral blood neutrophils. *Dev. Comp. Immunol.*, 1991, 15: 201－208
17. Doggett, T. A., and Haris, J. E. Morphology of the gut-associated lymphoid tissue in *Oreochromis mossambicus* and its role in antigen absorption. *Fish Shellfish Immunol.*, 1991, 1: 213－228
18. Dos Santos, N. M. S., Romano, N., De Soura, M., Ellis, A. E., and Rombout, J. H. W. M. Ontogeny of B and T cells in sea bass (*Dicentrarchus labrax*). *Fish Shellfish Immunol.*, 2000, 10: 583－596
19. Ellis, A. E. Ontogeny of the immune response in *Salmo salar*. Histogenesis of the lymphoid organs and appearance of membrane immunoglobulin and mixed leucocyte reactivity. In: Developmental Immunology. J. B. Solomon and J. D. Horton, eds. Elsevier/North Holland Biomedical Press, 1997: 225－231
20. Evans, D. L., Jaso-Friedmann, L. Nonspecific cytotoxic cells are effectors of immunity in fish. *Annu. Rev. Fish Dis.*, 1992, 2: 109－121
21. Fouriner-Betz, V., Quentel, C., and Lamour, F. Immunocytochemical detection of Ig-positive cells in

blood, Iymphoid organs and the gut associated lymphoid tissue of the Turbot (*Scophthalmus maximus*). *Fish shellfish Immunol.*, 2000, 10: 187-202

22. Gonzalez, S. F., Buchmann, K., and Nielsen, M. E. Complement expression in common carp (*Cyprinus carpio* L.) during infection with *Ichthgophthirius multifiliis*. *Dev. Comp. Immunol.*, 2007, 31: 576-586

23. Grace, M. F., and Manning, J. J. Histogenesis of the lymphoid organs in rainbow trout, *Salmo gairdneri* Rich. 1836. *Dev. Comp. Immunol.*, 1980, 4: 255-264

24. Grace, M. F., Botham, J. W., and Manning, M. J. Ontogeny of lymphoid organ function in fish. In: Aspects of Developmental and Comparative Immunology. Vol. 1. J. B. Solomon, ed. Pergamon Press Oxford, 1981: 467-468

25. Greenlee, A. R., Brown, R. A., and Ristow, S. S. Nonspecific cytotoxic cells of rainbow trout (*Oncorhynchus mykiss*) kill YAC-1 targets by both necrotic and apoptic mechanisms. *Dev. Comp. Immunol.*, 1991, 15: 153-164

26. Grinde, B. Lysozyme from rainbow trout, *Salmo gairdneri* Richardson, as an antibacterial agent against fish pathogen. *J. Fish Dis.*, 1989, 12: 95-104

27. Hanington, P. C., and Belosevic, M. Interleukin-6 family cytokine M17 induces differentiation and nitric oxide response of goldfish (*Carassius auratus* L.) macrophages. *Dev. Comp. Immunol.*, 2007, 31: 817-829

28. Hardie, L. J., Fletcher, T. C., and Secombes, C. J. Effect of temperature on macrophage activation and the production of macrophage activating factor by rainbow trout (*Oncorhynchus mykiss*) leucocytes. *Dev. Comp. Immunol.*, 1994, 18: 57-66

29. Hou Y, Suzuki Y., and Aida K. Changes in immunoglobulin producing cells in response to gonadal maturation in rainbow trout. *Fish. Sci.*, 1999, 65: 844-849

30. Hou Y, Suzuki Y., and Aida K. Effect of steroids on the antibody producing activity of lymphocytes in rainbow trout. *Fish. Sci.*, 1999, 65: 850-855

31. Jang, S. I., Hardie, L. J., and Secombes, C. J. Effects of transforming growth factor β_1 on rainbow trout, *Oncorhynchus mykiss* macrophage respiratory burst activity. *Dev. Comp. Immunol.*, 1994, 18: 315-323

32. Jang, S. I., Mulero, V., Hardie, L. J., and Secombes, C. J. Inhibition of rainbow trout phagocyte responsiveness to human tumor necrosis factor α (TNFα) with monoclonal antibodies to the hTNFα 55 KDa receptor. *Fish Shellfish Immunol.*, 1995, 5: 61-69

33. Josefsson, S., and Tatner, M. F. Histogenesis of the lymphoid organ in sea bream, *Sparus aurata* L. *Fish Shellfish Immunol.*, 1993, 3: 35-50

34. Kaattari, S. L., and Piganelli, J. D. The specific immune system: humoral deffense. In: The Fish Immune System. Iwama, G. and Nakanishi, T. eds. Academic Press, 1996: 207-243

35. Kajita, Y., Sakai, M., Kobayashi, M., and Kawauchi, H. Enhancement of nonspecific cytotoxic activity of leucocytes in rainbow trout *Oncorhynchus mykiss* injected with growth hormone. *Fish Shellfish Immunol.*, 1992, 2: 155-157

36. Lemorvan-Rocher, C., Troutaud, D., and Deschaux, P. Effects of temperature on carp leukocyts mitogen-induced proliferation and nonspecific cytotoxic activity. *Dev. Comp. Immunol.*, 1995, 19: 87-95

37. Lloyd-Evans, P., Barrow, S., Hill, D. J., Bowden, L. A., Rainger, G. E., Kright, J., and Rowley, A. F. Eicosanoid generation and effects on the aggregation of thrombocytes from the rainbow trout, *On-*

corhynchus mykiss. Biochem. Biophys. Acta. , 1994, 1215: 291 - 299

38. Lu, D. Q. , Bei, J. X. , Feng, L. N. , Zhang, Y. , Liu, X. C. , Wang, L. , Chen, J. L. , and Lin, H. R. Interleukin-1β gene in orange-spotted grouper, Epinephelus coioides: Molecular cloning, expression, biological activities and signal transduction. *Mol. Immunol.* , 2008, 45: 857 - 867

39. Matsuyama, H. , Yano, T. , Yamakawa, T. , and Nakao M. Opsonic effect of the third complement component (C3) of carp (*Cyprinus carpio*) on phagocytosis by neutrophils. *Fish Shellfish Immunol.* , 1992, 2: 69 - 78

40. Manning, M. J. , Grace, M. F. and Secombes. C. J. , Ontogenic aspects of tolerance and immunity in carp and rainbow trout: studies on the role of thymus. *Dev. Comp. Immunol.* , 1982, 2: 1075 - 1082

41. Manning, M. J. , and Nakanishi, T. The specific immune system: cellular defenses. In: The Fish Immune System. Iwama, G. and Nakanishi, T. eds. Academic Press, 1996: 160 - 193

42. Miller, N. W. , Chinchar, V. G. , and Clem, L. W. Development of leukocyte cell lines from the channel catfish (*Ictalurus punctatus*). *J. Tissue Culture Methods*, 1994, 16: 1 - 7

43. Nagelkerke, L. A. J. , Pannevis, M. C. , Houlihan, D. F. , and Secombes, C. J. Oxygen uptake of rainbow trout, *Oncorhynchus mykiss*, phagocytes following stimulation of the respiratory burst. *J. Exp. Biol.* , 1990, 154: 339 - 353

44. Nakanishi, Y. , Kodama, H. , Murai, T. , Mikami, T. , and Izawa, H. Activation of rainbow trout complement by C-reactive protein. *Am. J. Vet. Res.* , 1991, 52: 397 - 401

45. Peterson, B. C. , Small, B. C. , and Bilodeau, L. Effects of GH on immune and endocrine response of channel catfish challenged with *Edwardsiella ictaluri*. *Comp. Biochem. Physiol.* , part A, 2007, 146: 47 - 53

46. Pettersen, E. F. , Fyllingen, I. , Kavlie, A. , Maaseide, W. P. , Glette, J. , Endresen, C. , and Wergeland, H. I. Monoclonal antibodies reactive with serum IgM and leukocytes from Atlantic salmon (*Salmo salar*). *Fish Shellfish Immunol.* , 1995, 5: 275 - 287

47. Press, C. M. L. , Dannevig, B. H. , and Landsverk, T. Immune and enzyme histochemical phenotypes of lymphoid and nonlymphoid cells within the spleen and head kidney of Atlantic salmon (*Salmo salar L.*). *Fish Shellfish Immunol.* , 1994, 4: 79 - 93

48. Press, C. Mcl. , and Evensen, O. The morphology of the immune system in teleost fishes. *Fish Shellfish Immunol.* , 1999, 9: 309 - 318

49. Rainger, G. E. , Rowley, A. F. , and Pettitt, T. R. Effect of inhibitors of eicosanoid biosynthesis on the immune reactivity of rainbow trout, *Oncorhynchus mykiss*. *Fish Shellfish Immunol.* , 1992, 2: 143 - 154

50. Saggers, B. A. , and Gould, M. L. The attachment of microorganisms to macrophages isolated from tilapia *Oreochromis spilurus* Gunther. *J. Fish Biol.* , 1989, 35: 287 - 294

51. Sakai, D. K. Repertoire of complement in immunological defense mechanisms of fish. *Annu. Rev. Fish Dis.* , 1992, 2: 223 - 247

52. Sakai, M. , Kobayashi, M. , and Kawauchi, K. Enhancement of chemiluminescent responses of phagocytic cells from rainbow trout, *Oncorhynchus mykiss*, by injection of growth hormone. *Fish Shellfish Immunol.* , 1995, 5: 375 - 379

53. Sailendri, K. Studies on the development of lymphoid organs and immune responses in the teleost, *Tilapia mossambicus* (Peters). Ph. D. Thesis. University of Madurai, India. 1973

54. Scapigliati, G. , Romano, N. , Buonocore, F. , Picchietti, S. , Baldassini, M. R. , Prugnoli, D. , Golice, A. , Meloni, S. , Secombes, C. J. , Mazzini, M. , and Abelli, L. The immune system of sea bass.

Dicentrarchus labrax, reared in aquaculture. *Dev. Comp. Immunol.*, 2002, 26: 151-160

55. Schoar, W. P., and Plumb, J. A. Induction of nitric oxide synthase in channel catfish, *Ictalurus punctatus* by *Edwardsiella ictaluri*. *Dis. Aquat. Org.*, 1994, 19: 153-155

56. Secombes, C. J. Enhancement of fish phagocyte activity. *Fish Shellfish Immunol.*, 1994, 4: 421-436

57. Secomles, C. J. The nonspecific immune system: cellular defenses. In: The Fish Immune System. Iwama, G. and Nakanishi, T. eds. Academic Press, 1996: 63-94

58. Secombes, C. J., and Fletcher, T. C. The role of phagocytes in the protective mechanisms of fish. *Annu. Rev. Fish Dis.*, 1992, 2: 53-71

59. Secomles, C. J., Wang, T., Hong, S., Peddie, S., Crampe, M., Laing, K. L., Cunningham, C., and Jou, J. Cytokines and innate immunity of fish. *Dev. Com. Immunol.*, 2001, 25: 713-723

60. Segal, A. W., and Abo, A. The biochemical basis of the NADPH oxidase of phagocytes. *TIBS.*, 1993, 18: 43-47

61. Sharp, G. J. E., Pike, A. W., and Secombes, C. J. Leucocyte migration in rainbow trout (*Oncorhynchus mykiss*): Optimization of migration conditions and responses to host and pathogen (*Diphyllobothrium dendriticum* Nitzsch) derived chemoattractants. *Dev. Comp. Immunol.*, 1991, 15: 295-305

62. Sharp, G. J. E., and Secombes. C. J. The role of reactive oxygen species in the killing of the bacterial fish pathogen *Aeromonas salmonicida* by rainbow trout macrophages. *Fish Shellfish Immunol.*, 1993, 3: 119-129

63. Sontos, N. M. S. Dos, Romano, N., de Sousa, M., Ellis, A. E., and Rombout, J. H. W. M. Ontogeny of B and T cells in sea bass (*Dicentrarchus labrax*, L.). *Fish Shellfish Immunol.*, 2000, 10: 583-596

64. Suzuki, Y., and Iida, T. Fish granulocytes in the process of inflammation. *Annu. Rev. Fish Dis.*, 1992, 2: 149-160

65. Tahir, A., and Secombes, C. J. Modulation of dab (*Limanda limanda L.*) macrophage respiratory burst activity. *Fish Shellfish Immunol.*, 1996, 6: 135-146

66. Tamai, T., Shirahata, S., Sato, N., Kimura, S., Nonaka, M., and Hiroki, M. Purification and characterization of interferon-like antiviral protein derived from flatfish (*Paralichthys olivaceus*) lymphocytes immortalized by oncogenes. *Cytotechnology*, 1993, 11: 121-131

67. Tatner, M. F. The migration of labeled thymocytes to the peripheral lympoid organs in the rainbow trout, *Salmo gairdneri* Richardson. *Dev. Comp. Immunol.*, 1985, 9: 85-91

68. Tatner, M. F. Natural changes in the immune system of fish. In: The Fish Immune System. Iwama, G. and Nakanishi, T. eds. Academic Press, 1996: 255-278

69. Tatner, M. F., and Manning, M. J. Growth of the lymphoid organs in rainbow trout, *Salmo gairdneri*, from one to fifteen month of age. *J. Zool.* (London), 1983, 199: 503-520

70. Temkin, R. J., and McMillan, D. B. Gut-associated lymphoid tissue (GALT) of the goldfish, *Carassius auratus*. *J. Moph.*, 1986, 190: 9-26

71. Vallejo, A. N., Miller, N. W., and Clem, L. W. Antigen processing and presentation in teleost immune responses. *Ann. Rev. Fish Dis.*, 1992, 2: 73-89

72. Vallejo, A. N., Miller, N. W., and Clem, L. W. Cellular pathways of antigen processing in fish APC: Effect of varying *in vitro* temperatures on antigen catabolism. *Dev. Comp. Immunol.*, 1992, 16: 367-381

73. Verburg van Kemenade, B. M., Weyts, F. A. A., Debets, R., and Flik, G. Carp macrophages and

neutrophilic granulocytes secrete an interleukin 1-like factor. *Dev. Comp. Immunol.*, 1995, 19: 59 – 70

74. Verburg Van Kemenade, B. M. L., Engelsma, M. Y., Huising, M. O., Kwang, J., Van Muiswinkel, W. B., Saeij, J. P. J., Metz, J. R., and Flik, G. Crosstalk between the neuroendocrine and immune system in teleosts. In: Perspective in Comparative Endocrinology: Unity and Diversity. H. J. Th. Goor, R. K. Rastogi, H. Vaudry, R. Pierantoni, eds. Monduzzi Editore, Bologna, 2002: 359 – 367

75. Walke R. E. Piscine macrophage aggregates: a review. *Ann. Rev. Fish Dis.*, 1992, 2: 91 – 108

76. Watts. M., Kato, K., Munday, B. L., and Burke, C. M. Ontogeny of immune system organ in northern bluefin tuna (*Thunnus orientalis*, Teminck & Schlegel). *Aquaculture Research.*, 2003, 34: 13 – 21

77. Woo, P. T. K. Immunological responses of fish to parasitic organisms. *Annu. Rev. Fish Dis.*, 1992, 2: 339 – 366

78. Yada, J. Growth hormone and fish immune system. *Gen. Comp. Endocrinol.*, 2007, 152: 353 – 358

79. Yano, T. The nonspecific immune system: humoral defenses. In: The Fish Immune System. Iwama, G. and Nakanishi, T. eds. Academic Press, 1996: 106 – 139

80. Zapata, A. G., and Cooper, E. L. The Immune System: Comparative Histophysioloty. John Wiley and Sons, Chichester, 1990

81. Zapata, A. G., Chiba, A., and Varas, A. Cells and tissues of the immune system of fish. In: The Fish Immune System. Iwama, G. and Nakanishi, T. eds. Academic Press, 1996: 1 – 51

复习与思考

1. 鱼类免疫细胞有哪些类型？它们有什么功能？
2. 鱼类免疫组织和器官有什么特点？它们的构造和功能如何？
3. 说明鱼类免疫细胞在炎症反应中的作用。
4. 鱼类吞噬细胞在炎症反应中怎样吞噬入侵的微生物？说明吞噬细胞杀死病原体的作用机理。
5. 鱼类非特异性细胞毒细胞具有哪些免疫防御作用？
6. 鱼类的非特异体液免疫因子主要有哪些？鱼类免疫因子中的补体、干扰素、c-反应蛋白、凝集素等有什么特点？主要功能是什么？
7. 与哺乳类相比较，鱼类的 T 淋巴细胞和 B 淋巴细胞有哪些异同？
8. 鱼类的细胞因子有哪些主要类型？它们各自的功能如何？
9. 说明鱼类主要组织相容性复合体的结构和主要功能。
10. 说明鱼类抗体的基本结构和主要功能。
11. 鱼类主要淋巴器官个体发生有什么特点？受到哪些因素影响？
12. 鱼类个体发育早期如何获得免疫（防御）机制？其重要意义如何？
13. 以下丘脑-脑垂体-肾间腺轴为例，分析说明鱼类的内分泌系统与免疫功能之间的互相联系与互相作用。
14. 鱼类的生长激素如何影响免疫功能？这种影响对鱼类养殖业有何实际意义？

第十章 神经生理

第一节 鱼类神经系统的发生和分化

与其他脊椎动物一样,在胚胎发育时期,鱼类的神经系统由外胚层向内凹下,由神经板到神经沟然后封闭而形成神经管,管内的神经还形成神经内腔。神经管的前部膨大而形成三个泡囊状构造,即脑髓原始的三个部分:前脑(Prosencephalon)、中脑(Mesencephalon)和后脑(或称菱脑,Rhombencephalon)。

由前脑进一步分化为端脑(Telencephalon)和间脑(Diencephalon)。在硬骨鱼类的胚胎时期,端脑的顶板向外侧延伸,使其侧内板(Alar Plate)的成对背部形成半球形的壁并向外侧腹方铺开,即外翻(Eversion)过程,结果使端脑盖上一层薄的组织(由顶板衍生)包被左右侧脑室。在成鱼,端脑的中央有一浅纵行沟,分为左右两部分,但未形成发达而明显的大脑半球,所以只可称为左右大脑(Cerebrum)。端脑内有左右两个侧脑腔;底部是一对大的神经节,称为纹状体(Corpus Striatum),而顶部是由顶板衍生的薄而没有髓质的表皮,即大脑皮质(Pallium);端脑的两侧也有神经细胞;端脑前方形成一对极大的嗅叶,内是嗅脑腔。间脑较小,其内是第三脑室。间脑的背壁很薄,并有一小突起而形成松果体;间脑的左右侧脑壁很发达,称为丘脑或视丘(Thalamus Opticus);间脑的腹方是发达的下丘脑(Hypothalamus),其底部的漏斗腺(Infundibulum)与脑垂体接连;在其后方形成富有血管的血管囊(Saccus Vasculosus)。漏斗腺的前方伸出视神经的基部,并形成视交叉(Optic Chiasma)。

中脑没有继续分化,本身形成视叶(Optic Lobe),其内腔形成狭窄的管,即中脑水管或西耳维氏管(Aquaeductus Sylvii),连接第三和第四脑室。视叶中央的沟不深,不明显分为左右两叶,只有少数鱼例外。

由后脑进一步分化为后脑(Metencephalon)和末脑(Myelencephalon)。后脑形成形状较大的小脑(Cerebellum),其前叶为视叶所掩,后部为延脑所盖;小脑内有小脑室(Ventriculus Cerebelli)。末脑就是延脑(Medulla Oblongata),其背壁呈膜状,膜内形成第四脑室,这部分又称为菱形沟(Fossa Rhomboidea)。延脑与脊髓相连,而第四脑室则通到脊髓管。

以上是鱼类脑的发生与分化的概况。在进一步的进化发育过程中,各种不同类群鱼类其脑各部分发生不同的变化而形成各自的特点(图10-1)。

圆口类:脑的特点是嗅叶发达,端脑不发达,间脑和视叶都较发达,而小脑则很不明显,与延脑没有明显的区分。盲鳗类和七鳃鳗类彼此还有不同之处。盲鳗的脑比较简单,前方是一对很膨大的嗅叶;端脑小,尤为特殊的是端脑室变成非常狭小的裂缝;间脑很大,明显分为左右两半;中脑只有一个,不明显分为左右两半,但占的面积较大,

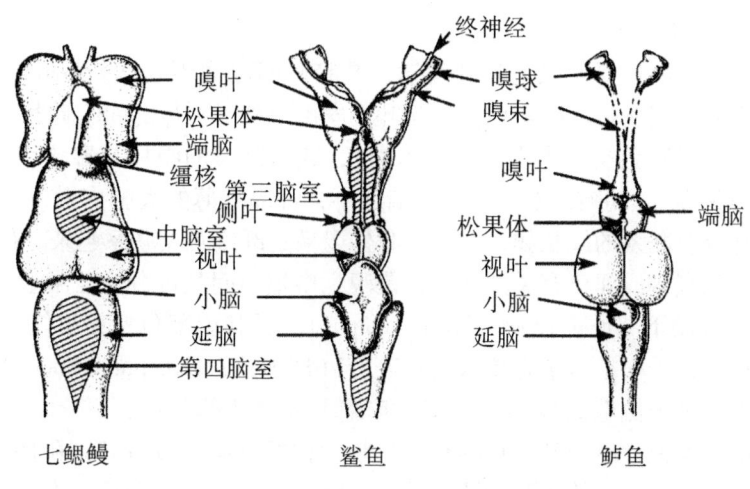

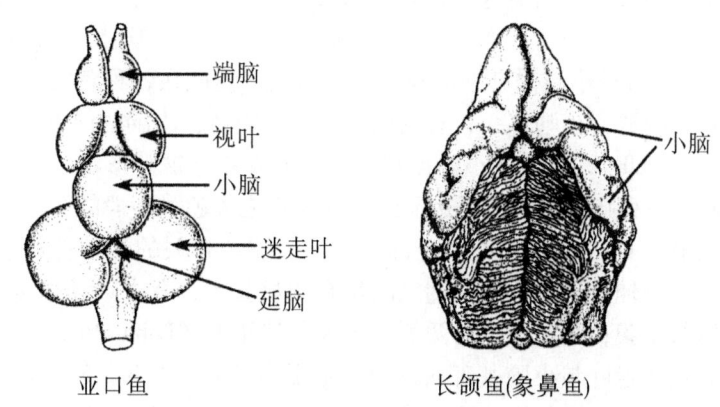

图 10-1 圆口鱼、板鳃鱼类和硬骨鱼类脑的背面图
引自 W. S. Hoar

把小脑挤得极小，几乎看不见；延脑很发达，是脑最发达的部分。七鳃鳗的端脑不发达，其内的脑室不成对；其前方是发达的块状嗅球和形状较小的嗅叶；间脑发达，背中部突出发达的松果体和松果旁体，腹方有漏斗腺、脑垂体和血管囊，前方还有视交叉；中脑也很发达，它和延脑大部分的上方都被以脉络膜（Chorioidea）；在中脑和第四脑室之间的间隔部分成为膜状的是小脑，很不发达；延脑很发达。

软骨鱼类（板鳃鱼类和全头鱼类）：脑的主要特点是嗅叶和端脑都较发达，间脑也发达，中脑则不发达，而小脑很明显，且可分为几叶，延脑没有变化。端脑虽发达但不分为左右大脑半球，且只有一个总的脑室，有的鳐类脑室甚至消失而脑是结实的。端脑前方的嗅叶很发达，它常常不直接连接端脑而是借助于长的嗅柄（Tractus Olfactorius）。间脑上方的松果体发达，但松果旁体退化；下方有发达的下叶、血管囊和脑垂体。中脑形成视叶，不及小脑发达。小脑可分为前后两部分，鳐类小脑的后方还围绕有块状的绳状体（Corpus Restiforme）。延脑前部为小脑所遮被；电鳐的延脑前部发展成为发达的电叶（Lobus Electrici），体积不小于前脑；全头鱼类沿延脑的两侧也有两叶突起，称为外侧隐窝（Recessus Lateralis）。

硬骨鱼类：脑的主要特点是嗅叶发达，端脑和间脑都不发达，视叶和小脑都较发达，而延脑没有特别变化。脑最前方是嗅叶，发出嗅神经到鼻窝的嗅觉器；嗅叶或直接与端脑相连（如鲑科鱼类和大多数硬骨鱼类），或借助长的嗅柄与端脑相连（如鲤科、鲶科、鳕科等鱼类）。端脑不发达，比中脑还小，背部是薄的大脑皮质，下方是发达的与嗅觉神经纤维有联系的纹状体，左右纹状体以横走纤维互相联系起来。鱼类的端脑几乎全部是与嗅觉直接或间接有关的区域，是嗅觉中枢。间脑可分为丘脑上部（Epithalamus）、丘脑和丘脑下部或下丘脑（Hypothalamus）。丘脑上部包括松果体和一对从前脑感受嗅觉兴奋和接受松果体信息传入的神经节（即缰核，Habenular Nuclei）。丘脑位于丘脑上部内方，其内侧壁组成第三脑室。丘脑下部包括漏斗腺、下叶、脑垂体和血管囊，漏斗腺前方是视神经交叉。丘脑和下丘脑的神经细胞形成许多细胞团，或称为核，发出神经纤维调控脑垂体的激素分泌活动。中脑发达，由形成背面左右两半球的视叶、组成中脑腔上部中央的纵向突起、被视叶覆盖着的半环状突起（半圆枕）以及中脑的基底部组成，是视觉和身体平衡的中枢。小脑发达，包括小脑体（Corpus Cerebelli）和两个侧突起（或叶）；小脑体有纵走沟。小脑的发达程度在各种鱼类有所不同：有的不发达，如鲶鱼、鳗鲶，小脑体小；有的很发达，如鲤鱼，小脑的前侧部形成发达的小脑瓣（Valvula Cerebelli），其后的小脑覆盖在延脑上方并遮被菱形沟；尤为特别的是长颌鱼（*Mormyrus*）的小脑向前延伸到达前脑，其体积之大超过一般的脊椎动物而可与人的大脑相比（图 10-1）。小脑是调节全部与游泳、捕食有关的运动神经中枢。延脑由中脑的基部向后方延伸而形成，与脊髓之间没有明显分界；背方以菱形沟（或第四脑室）开口，上被以管室膜；沿菱形沟的两侧是膨大的迷走叶（Lobus Vagus），内是第十对迷走神经的核；在迷走叶与小脑基部之间有突起状的面叶（Lobus Facialis）；包被菱形沟的管室膜上面有血管形成的第四脑室脉络丛（Plexus Chorioideus Ventriculi Quarti）。网状结构（Reticular Formation）组成复杂的神经元网络，延伸至整个延脑并且进入大脑脚盖（被盖部，Tegmentun）。延脑的网状结构可分为三个纵走柱，即内侧柱、外侧柱和正中柱。内侧柱包括网状结构的上核、中间核和下核，简称为上网状结构、中间网状结构、下网状结构，它们与视顶盖以及小脑有交互的神经连接，中间网状结构的神经元也投射到脊椎。正中柱的网状结构神经元（羟色胺能的上缝核）投射到端脑，而下缝核投射到小脑和脊髓。外侧柱的核投射到小脑的外侧网状核（Nucleus Reticularis Lateralis）。此外，还有一些髓质构造也是延脑网状结构的一部分，如茂氏细胞或蓝斑。由延脑发出大部分脑神经，包含由第五对到第十对脑神经的核。延脑也是脑的各部分与脊髓传导联系的纽带，还是调节呼吸和其他内脏器官活动的中枢。

低等的圆口类和盲鳗，脑神经简单而不完全，它们没有三对调控眼球活动的脑神经（动眼、滑车、外旋），而总共只有七对脑神经。其中，第一对嗅神经发达；第二对视神经不发达，未形成视交叉；第五对三叉神经也发达；第七对面神经细长；第八对听神经还发出侧线分支；第九对舌咽神经分布头部；第十对迷走神经分布到鳃囊、消化道和其他内脏器官。板鳃鱼类和硬骨鱼类都形成十对脑神经，而相当于高等脊椎动物的第十一对副神经并未从第十对迷走神经分出来，与第十二对舌下神经同源的则是鱼类的第一对脊神经。

与高等脊椎动物一样，鱼类由脊髓按体节发出成对的脊神经。七鳃鳗的脊神经构造很原始，其背根与腹根不互相连接，而成为分开的独立的神经。盲鳗类和鱼类只在胚胎时期才是这样，成体时每节脊椎骨的脊髓发出一对脊神经，其背根与腹根连合在一起，形成混合的（即感觉与运动的）神经。

鱼类的交感神经系在躯干部是两条沿脊椎纵走的交感神经干，它们与每对脊神经的相对应处膨大为交感神经节，后者借助交通支（Ramus Communicans）在椎体后与脊神经相连；而由交感神经节发出交感神经纤维到内脏。尾部的两条交感神经干和它们的交感神经节均包在脊椎骨的脉弓内。

第二节 中枢神经系统

一、脑的构造和机能

（一）端脑和嗅叶

鱼类的端脑是嗅觉中枢。例如，金鱼嗅觉的神经末梢分布在端脑腹区的中央核、腹核、背核以及端腹背区的后部和带核（Nucleus Taeniae），还出现在间脑的视前区和后结节区（图 10-2）。

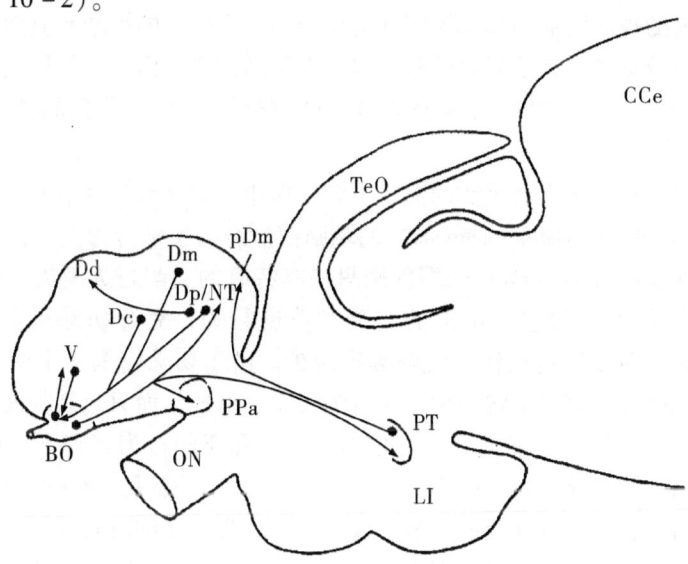

图 10-2 鲤科鱼类脑的矢状切面，表示嗅觉在脑部的神经连接通路

BO：嗅球；CCe：小脑体；Dc：端脑背区中间部分；Dd：端脑背区背部；Dm：端脑背区内侧部分；Dp/NT：端脑后背部/带核；LI：下丘脑下叶；ON：视神经；pDm：端脑背区内侧的后部；PPa：小细胞视前核的前部；PT：后结节核；TeO：视顶盖；V：端脑腹区；小黑点表示神经连接的起源，箭头表示神经连接的靶目标，箭号表示神经连接（引自 M. F. Wullimann, 1998）

鱼类的嗅叶和端脑可以记录到自发的电活动。如在金鱼，嗅球表面自发的电活动经常保持较高的幅度（频率为 14~16 Hz，70~100 μV）；在鼻腔内灌注盐溶液可诱发频率相当高的同步电位（150~200 μV），这种同步的放电形式随后减弱并出现高频率而低幅度的去同步放电形式。在"归家"的和幼年的大麻哈鱼，嗅球的自发电活动频率相当低（7~9 Hz 和 35~65 μV）；而在孵化场培育的小鱼，自发电活动的频率较高（8~10 Hz 和 35~65 μV）。随着灌注鼻腔的盐溶液浓度的增加，诱发嗅球的反应也随之增强。切断同侧嗅束的中央小束能使嗅球对盐溶液灌注引起的同步电活动增强；但切断同侧嗅束的外侧小束对嗅球的自发放电活动和诱发的同步电活动都没有影响。如果用电刺激嗅球，切断一侧的嗅束能增强传出诱导的活动性与加速兴奋性周期，从而导致电对嗅球诱发电位的阈值降低。这说明离心的紧张性阻抑作用影响着嗅球的兴奋性，而这种影响是通过嗅束的中央小束传导的。

对同侧嗅球给以反复的电刺激能使对侧嗅球的自发电活动受到阻抑；用强的嗅觉刺激也起同样的阻抑作用，但较弱的嗅觉刺激却能促进对侧嗅球的自发电活动并使之同步化。这种现象说明对侧嗅球的电活动通过嗅束能衍生一种抑制作用。由于切断对侧嗅束后并没有出现明显的变化，对侧嗅球的抑制作用很可能不是强直性的，而是当对同侧嗅球的刺激强于对对侧嗅球的刺激时就会激发出来。此外，当端脑的前连合受到电刺激，对侧嗅球对生理的和电刺激的放电都受到阻抑，这表明嗅球间的嗅觉信息联系是由端脑的前连合传导的。

刺激端脑的后部能使嗅球的同步电活动发生变化，这种变化依刺激频率的不同而异。刺激端脑的前部只稍微阻抑嗅球内在的电活动，并且只在高频率和高强度的刺激时才出现。刺激间脑的视前区能加强同侧嗅球的反应性，视前区的神经元显然受到嗅球刺激的影响。这说明嗅觉离心系统对嗅球起着强直性阻抑作用，而这种作用是由嗅束中央的离心神经纤维束传导的。对刺激端脑的研究已充分证明嗅球受到同侧端脑活动的影响。

鱼类的端脑对生殖行为起着重要的但是不同的作用。切除双斑伴丽鱼（*Hemichromis bimaculatus*）和五彩搏鱼（*Betta splendens*）的端脑使所有的生殖行为完全消失；但切除大头罗非鱼（*Tilapia macrocephala*）的端脑则只使其特有的交配行为消失。部分摘除虹鳉端脑，只抑制但并不消除它们正常的交配和攻击行为；完全切除斑剑尾鱼（*Xiphophorus maculates*）的端脑也只使交配的频率减少。由于切除端脑并未使生殖行为完全消失，因此，端脑并不直接影响各种生殖行为类型的形成，而只起某些促进作用。摘除三棘刺鱼端脑的不同部分，发现它们对攻击、生殖和抚幼行为起着不同的作用。例如，切除端脑的前部或两侧，攻击行为受抑制，交配的时间缩短，而抚幼行为增强；切除端脑的中部和后部，却得到相反的影响，攻击行为增强，交配时间延长而抚幼行为减弱；只切除端脑中部，攻击行为增强而生殖行为受到抑制。这些观察表明损伤端脑的特定部位会损害一些特定行为（如攻击、交配、抚幼等）的平衡，而端脑对这些先天性行为起着组织和综合的作用。

端脑还参与鱼类色觉（对外界环境颜色变化的感觉）、摄食行为、游泳运动、集群能力、对敌害和障碍物的回避等的协调和综合作用。切除端脑后对这一系列生理活动会产生不同程度的影响，而在手术后 5～15 d 又可以恢复。将端脑和小脑同时切除后，其损害的性质和程度往往与只切除小脑的结果一样，表明鱼类的端脑与小脑之间还没有建立起像高等脊椎动物所具有的那种功能上的联系。

近来的比较研究结果表明，硬骨鱼类和四足类脊椎动物端脑之间的组织结构和功能要比以前所知的有较多的相似之处：①大多数感觉系统都把信息传入到硬骨鱼类的端脑，而且在大脑与间脑的感觉区之间有明显的交互联系；②有上行的激活系统到达硬骨鱼类的端脑，如去甲肾上腺素能的蓝斑、羟色胺能的缝核（Raphe Nucleus）等；③硬骨鱼类有两个主要的端脑分区，端脑腹区由许多核组成，而端脑背区分为几个大区，有时甚至分层（Lamination），其后部接受嗅觉投射，相当于高等脊椎动物外侧大脑皮层。

鱼类嗅叶和端脑的再生能力依不同种类及其年龄而不同。鲤鱼的嗅束能再生。切除嗅束后从嗅球再生的轴突较多地分布到端脑下方，并逐渐形成嗅脚（即再生的嗅束）；鱼对嗅觉刺激的反应也恢复。在虹鳟，端脑切除后 60～120 d 内能完全再生，其形状和大小与正常鱼没有差别。在三棘刺鱼，除端脑前部切除后不能再生外，切除端脑其他部分都可以再生。端脑的再生首先从管室膜开始，然后形成新的神经元和神经纤维。但是，金鱼的嗅束可以再生而端脑却不能再生。切除或损伤金鱼端脑的一部分或大部分后，端脑的薄壁组织并不重新组成被摘除的脑质；坏死区为神经胶质细胞和管室膜细胞所取代，并由管室膜细胞衍生出新的神经元并分布在脑室周围。这些差别可能是由于鱼类的种类和年龄的不同直接影响到被切除前脑脑质重新组成的能力。

（二）间脑

间脑包括上丘脑、丘脑和下丘脑三部分。上丘脑由松果体和缰核组成，其主要功能是对光的感受性和分泌产生褪黑激素。丘脑的发育较差，由于正中沟（Sulcus Medianus）不明显而未能划分为丘脑背部和丘脑腹部；两侧形成外侧膝状核（Lateral Geniculate Nucleus），其大小在各种鱼类中有所不同；此外还形成一些丘脑核，具有神经的和神经内分泌的功能；由丘脑发出神经束和下丘脑、中脑以及神经中枢的较下部位联系；还有从端脑发出的神经纤维经过丘脑而到达下丘脑。下丘脑包含许多由不同神经细胞组成的核团，是汇集来自端脑各种信息的主要中心；信息传入主要来自端脑的中央和外侧神经束而中止于下丘脑的视前核，从味觉区和听觉侧线系统也有神经纤维进入下丘脑；从下丘脑有输出通路分别到达端脑各部、小脑的运动中枢、丘脑背部、中脑盖和神经垂体。

鱼类的下丘脑与高等脊椎动物一样具有神经分泌的功能。例如，鱼类的视前核并不像高等脊椎动物那样分化为视上核（Supraoptic Nucleus）和旁脑室核（Paraventricular Nucleus），而是由大神经细胞组成的大细胞视前核（Nucleus Preopticus Magnocellularis）和小神经细胞组成的小细胞视前核（Nucleus Preopticus Parvocellularis）组合而成，其神经分泌细胞分泌物质通过轴突输送到达脑垂体的激素分泌细胞，调节激素的分泌活动。许多实验曾研究视前核神经分泌细胞的电生理特性。金鱼大细胞视前核的神经分泌细胞的直径为 12～30 μm，大的可达 50 μm；对单个细胞的逆行刺激可伴随着对脑垂体本身的刺激，逆行激活的平均潜伏期是 6.0 ms；由于轴突的长度为 2.8 mm，这些神经分泌细胞轴突的传导速度为 0.46 m/s；神经分泌细胞的峰电位可高达 117 mV，放电的持续时间为 3.5 ms。刺激嗅束产生长潜伏期的去极化兴奋性突触后电位（EPSP）能引起视前核神经元的传入刺激，并引发动作电位。刺激脑垂体引起的逆行刺激能激活神经垂体的神经束，并在视前核产生动作电位，使大多数神经元出现抑制性突触后电位（IPSP）。值得注意的是，通过刺激脑垂体能使视前区神经分泌细胞出现逆向抑制性，而通过嗅神经刺激能使这些细胞出现顺向兴奋性。这表明鱼类下丘脑视前核的神经分泌细胞不仅具有神经分泌的功能，也起着神经传导作用。对金鱼的研究证明，嗅觉系统在视前区内交错联系，刺激同侧嗅束能使对侧嗅球受到抑制。其他的一些实验还证明，金鱼的嗅觉和视前区存在功能联系。例如，用 0.1% NaCl 灌注嗅觉上皮能使视前核的小细胞受到抑制，而对其他部位没有影响；对嗅束的短时间（60 s）刺激能使视前核的神经分泌细胞完全去颗粒化（Degranulation）。

（三）中脑

鱼类的视叶，亦即视顶盖（Optic Tectum），与其他脊椎动物一样由几层神经细胞层和神经纤维层组成。所区分的6层是：第1层是视觉层，含有来自中央和两侧视束的原视神经纤维；第2层是接受传入联系的神经细胞和神经纤维层；第3层是中央灰质区，含有许多神经细胞与神经细胞之间的相互连接，这些神经细胞来自较大的传出神经束；第4层是中央白质层，含有通到较低中枢的传出神经束的轴突；第5层由传出神经纤维组成，其神经细胞位于灰质层（即第3层）；第6层是灰质的围脑室层，由轴突进入中央白质的神经细胞组成。由于视叶含有丰富的传入和传出的神经连接，所以是综合协调视觉和其他感觉通道的主要中心，也是来自其他神经中枢的上行和下行外感受信息的综合中心。

与其他脊椎动物一样，鱼类接受眼球视网膜视觉输入信息的主要脑区是：视顶盖、丘脑、前顶盖（Pretectum）、副视觉系统（Accessory Optic System）和视前区。视网膜的神经节细胞是视觉系统第一级的多极神经元，它伸入对侧视顶盖并形成数束神经末梢。在金鱼，大部分外周视网膜神经纤维都集中在视顶盖浅层的白质区和灰质区；特别大的视网膜神经末梢也出现在前丘脑核、外侧丘脑核和腹侧丘脑核。硬骨鱼类的丘脑背部有两条视觉神经通路进入端脑：一条经过前丘脑核，另一条经过后丘脑核背部（图10-3）。

硬骨鱼类的视顶盖接受各种不同来源的多种模式传入，包括视网膜和附加的视觉中心（如背侧和腹侧丘脑、顶盖前核、峡核）以及非视觉来源的半规隆凸和端脑背区中部（图10-4）。其中，半规隆凸的腹侧核是传入视顶盖的侧线信息来源。在长颌鱼科，电感受信息也通过半规隆凸传入视顶盖。纵圆枕（Torus Longitudinalis）是一对由颗粒细胞组成的纵隆起，位于顶盖室内，它的许多神经元投射到视顶盖的最表层（边缘层）。

对鳕鱼视叶的脑电图研究证明存在着丘脑和中脑的视网膜激活系统。驯养于黑暗中的鱼，其中脑和端脑的主要频率为 8~13 Hz，用光照和听觉刺激使鱼苏醒后的频率提高为 18~32 Hz。金鱼的情况亦类似，视叶的主要频率是 7~14 Hz，光刺激（苏醒）后上升到 18~24 Hz。使用视野检查法（Perimetry）可以观察视觉（小光点或小圆碟）诱发视叶外表三层传入视神经纤维产生的和视网膜内的神经纤维相似的反应。

鱼类的视神经是完全交叉的，右眼的视神经只进入视叶的左半部，而左眼的视神经只进入视叶的右半部。所以，鱼类的视觉信号能在中枢神经系统贮存和重新恢复。研究

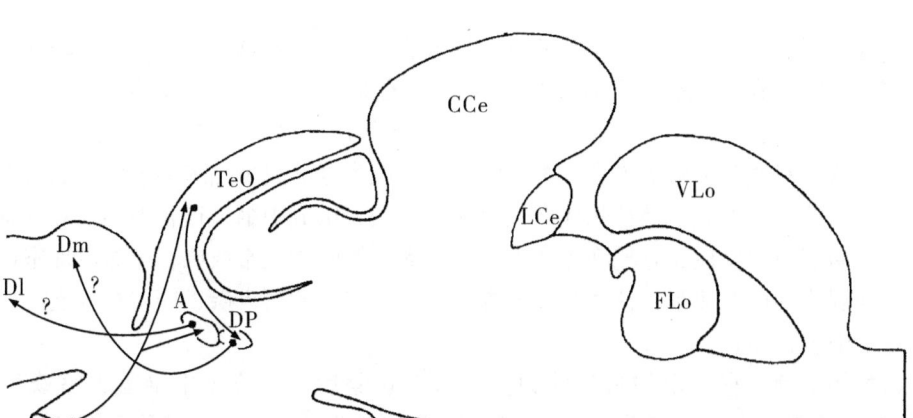

图 10-3 鲤科鱼类脑的矢状切面，表示视觉在脑部的上行神经连接通路

A：前丘脑核；CCe：小脑体；Dl：端脑背区外侧部分；Dm：端脑背区内侧部分；Dp：后丘脑核背部；FLo：面叶；LCe：尾小脑叶；LI：下丘脑下叶；ON：视神经；TeO：视顶盖；VLo：迷走叶。小黑点表示神经连接的起源，箭头表示神经连接的靶目标，箭号表示神经连接（引自 M. F. Wullimann, 1998）

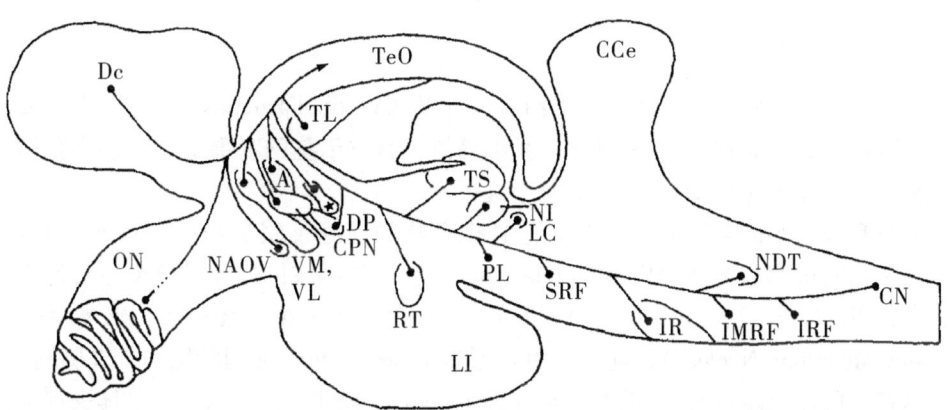

图 10-4 蓝太阳鱼（*Lepomis cyanellus*）脑的矢状切面，表示视顶盖传入的神经通路

A：前丘脑核；CCe：小脑体；CN：外侧楔束核；CPN：正中顶盖前核；Dc：端脑背区中部；DP：后丘脑核背侧；IMRF：中间网状结构（Intermediate Reticular Formation）；IR：下缝（Inferior Raphe）；IRF：下网状结构；LC：蓝斑；LI：下丘脑下叶；NAOV：腹副视核；NDT：下行三叉神经根的核；NI：峡核；ON：视神经；PL：回丘系核；RT：吻侧顶盖核（Rostral Tegmental Nucleus）；SRF：上网状结构；TeO：视顶盖；TL：纵圆枕；TS：半规隆凸；VL：腹侧丘脑核；VM：腹内侧丘脑核。★为背室周顶盖前核。小黑点表示神经通路的起源，箭头表示神经通路的靶目标，箭号表示神经通路（引自 M. F. Wullimann, 1998）

表明，鱼类中脑盖的信号转移并不很发达。但是，例如金鱼，在穿梭来回移动的箱内，视觉辨别力未能在两眼间转移是由于视觉的运动学习（Visual Motor Learning）未能转移；而如果所测定的反应不包括视觉运动反应，对颜色的视觉信号就能很好地在两眼间

转移。这表明，在一定条件下鱼类的视觉传入能在两眼间转移，而实现这种眼间视觉信号转移的关键不在于感受，而在于感受和运动的综合作用。中脑盖连合（Tectal Commissure）对颜色视觉辨别力在两眼间转移起重要作用，横切断这个连合就会失去眼间的信息转移。对金鱼中脑盖连合的神经纤维进行电生理研究虽然未能证明它们对在两眼视野内移动的小光点或小黑色物体产生反应，但是，组成中脑盖连合的神经纤维轴突对一般的照明能引起反应；它们在光照下受抑制而在黑暗中正常放电，突然增加室内照明强度会抑制这种放电速率。这些神经纤维通常位于视叶的第3层，即中央灰质区，其细胞体位于中脑盖连合。

鱼类的中脑盖有一定的再生能力。中脑盖切除后，由位于中脑盖管室膜细胞区（它们铺衬第三脑室）的基质区衍生的细胞逐渐再生新的中脑盖。基质区有三个：背基质区位于纵圆枕旁边；尾基质区位于中脑盖的末端，由一群未分化的细胞组成；而基质区（Basic Matrix Zone）位于中脑盖基部。这些基质区能在中脑盖内不断产生新的细胞，但产生实质细胞的能力受年龄的影响，因为基质区随着年龄增长而变薄，直到老化时基质区不再产生新的细胞。如果基质区受到破坏，手术后300 d中脑盖仍未能再生和恢复正常的细胞结构；如果切除背基质区和尾基质区，就只有中脑盖的基部能够再生。所以，只有保留基质区的部位才能再生。再生通常由基基质区的细胞开始，而尾基质区是中脑盖再生最活跃的部位。

（四）小脑

硬骨鱼类的小脑包括三部分：①前庭外侧叶（Vestibulolateralis Lobe），它组成颗粒隆起（Eminentia Granularis）和尾叶；②小脑体，它位于菱脑吻部上方；③小脑瓣，它延伸到视顶盖室内（Tectal Ventricle）。

硬骨鱼类小脑的前庭外侧叶与其他脊椎动物的前庭小脑（Vestibulocerebellum）同源，接受来自前庭和侧线的投射（Projection）。传入到小脑体的神经通路与其他脊椎动物也大体相似，包括来自下橄榄体（Inferior Olive）的攀缘纤维传入、感受性髓质核（Sensory Medullary Nucleus）、前运动中心（Premotor Center，如网状结构、外侧网状核）以及蓝斑（Locus Coeruleus）的类苔藓纤维（Mossy Filer-like）传入；小脑体的视觉传入来自前顶盖（Pretectum）、峡核（Nucleus Isthmi）和副视觉系统（Accessory Optic System）（图10-5 A）。此外，还有来自外侧瓣核（Nucleus Lateralis Valvulae）、背侧被盖核（Dorsal Tegmental Nucleus）、副连合核（Nucleus Paracommissuralis）等传入神经通路进入小脑体。小脑瓣也接受来自下橄榄体、蓝斑、外侧瓣核、背侧被盖核和峡核的传入信息（图10-5 B）。在金鱼，还有来自峡初级感觉三叉神经核（Isthmic Primary Sensory Trigeminal Nucleus）、颗粒隆起（Eminentia Granularis）和前隆起核（Preeminential Nucleus）的分支进入到小脑体；而在长颌鱼（象鼻鱼），小脑的传入来自前小球区（Preglomerular Region）和半规隆凸（Torus Semicircularis）。由小脑体发出的对侧传出神经通路主要由宽树枝状细胞（Eurydendroid Cell）形成，到达腹侧丘脑、顶盖前、动眼核、红核、内侧纵束核（Nucleus of the Medial Longitudinal Fascicle）、网状结构等（图10-5 C）

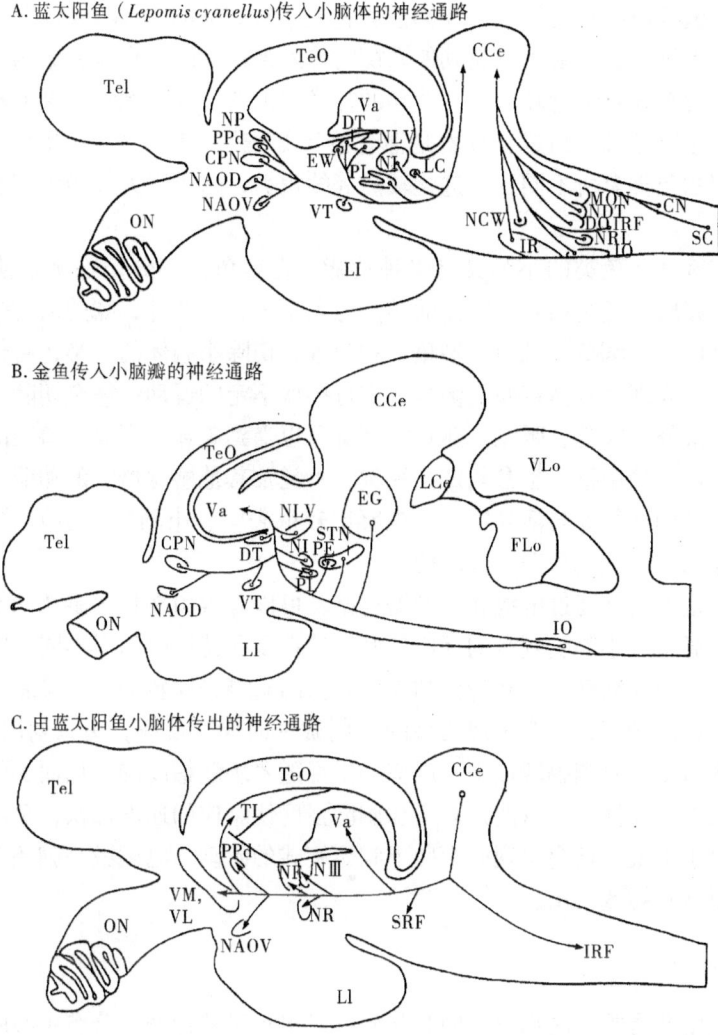

图 10-5 硬骨鱼类小脑的传入（A、B）和传出（C）的神经通路

CCe：小脑体；CN：外侧楔束核（Lateral Cuneate Nucleus）；CPN：正中顶盖前核（Central Pretectal Nucleus）；DO：下行八元核（Descending Octaval Nucleus）；DT：背侧被盖核（Dorsal Tegmental Nucleus）；EG：颗粒隆起（Eminentia Granularis）；EW：Edinger-Westphal 核的核周细胞；FLo：面叶；IO：下橄榄体（Inferior Olive）；IR：下缝（Inferior Raphe）；IRF：下网状结构（Inferior Reticular Formation）；LC：蓝斑（Locus Coeruleus）；LCe：尾小脑叶；LI：下丘脑下叶；MON：内侧八元外侧核；NAOD：背副视核（Dorsal Accessory Optic Nucleus）；NAOV：腹副质核（Ventral Accessory Optic Nucleus）；NCW：Wallenberg 连合的核；NDT：下行三叉神经根的核；NF：内侧纵束的核；NⅢ：动眼核；NI：峡核（Nucleus Isthmi）；NLV：外侧瓣核（Nucleus Lateralis Valvulae）；NP：副联合核（Nucleus Paracommissuralis）；NR：红核；NRL：外侧网核（Lateral Reticular Nucleus）；ON：视神经；PE：前隆起核（Preeminential Nucleus）；PL：回丘系核（Perilemniscular Nucleus）；PPd：背室周顶盖前核（Dorsal Periventricular Pretectal Nucleus）；SC：脊髓；SRF：上网状结构；STN：峡初级感觉三叉神经核（Isthmic Primary Sensory Trigeminal Nucleus）；Tel：端脑；TeO：视顶盖；TL：纵圆枕（Longitudinal Torus）；Va：小脑瓣；VL：腹侧丘脑核（Ventrolateral Thalamic Nucleus）；VLo：迷走叶；VM：腹内侧丘脑核；VT：腹侧被盖核（Ventral Tegmental Nucleus）。圆点表示神经通路的起源，箭头表示神经通路的靶细胞，箭号表示神经通路（引自 M. F. Wullimann, 1998）

小脑的前庭外侧叶接受侧线神经和前庭神经（Vestibular Nerve）纤维，小脑体接受来自脊髓、三叉神经、中脑盖以及其他系统的传入神经纤维。小脑的结构与其他脊椎动物相似，内层含有来自邻近较低的和较高的神经中枢的传入神经纤维轴突和传出神经纤维轴突，次层由颗粒细胞组成，接着是蒲肯野氏细胞层（Purkinje Cell Layer）。蒲肯野氏细胞在不同的鱼类有所不同，在进化较高等的鱼类，这种巨大神经细胞有十分复杂的树状突结构。

许多研究都证明鱼类的小脑具有多种功能。在鲨鱼，部分切除小脑使活动能力降低，感觉功能减弱；完全切除小脑使活动能力完全丧失；此外，鳃的活动受损害，对外界刺激缺乏反应。在鲫鱼、鲤鱼、鲈鱼、狗鱼等，切除小脑体的一半，身体的平衡和运动机能受破坏，表现为身体弯曲、侧身、进行摇摆不定的运动；完全切除小脑，除身体平衡和运动紊乱外，视觉、听觉、触觉、痛觉等也受到破坏。因此，鱼类的小脑既是身体平衡和肌肉运动的中枢，也参与调控视觉、听觉及其他感觉器官的功能。对许多种鱼类的小脑形态结构和行为与活动特征的观察比较也表明，小脑体和小脑瓣发达的鱼类，其活动与游泳的能力强，行动十分敏捷。

在小脑埋植电极并通过电线和刺激器连接，可以观察鱼在自由游泳状态时小脑受到刺激的反应。通常，小脑受刺激的反应依刺激的强度和持续时间而不同。电刺激小脑的立即反应是鱼的快速活动，头和身体朝向受刺激的对侧方向转动。如果刺激部位靠近小脑体的正中线或前半部，就会出现典型的"刺激-回弹"反应，鱼只朝向刺激侧打转，而在刺激停止后朝向对侧翻转过来。反应的强度随着刺激幅度的增加而加强。轻微的刺激只使鱼的头部或身体轻度弯曲，而增加刺激强度使反应的速度加快，鱼体的快速转动不只是在一个水平上，还会出现向上向下和螺旋式的游动。电刺激小脑还会使鲶鱼等的触须收缩，眼球收缩或突出。

（五）延脑

延脑是鱼脑非常重要的部分，因为从延脑发出6对脑神经，分布于心脏、各种内脏器官以及听觉器、侧线、呼吸器官等；延脑又是脑与脊髓之间运动和感觉各种信号传递的通道。

根据信号传递的类型可把延脑区分为几个发出神经纤维的区，即身体与内脏的感觉性区和身体与内脏的运动性区。身体的感觉性区传送来自皮肤、侧线、前庭（Vestibular）以及一般感觉和三叉神经纤维的信息，这些神经丛（复合体）组成由延脑发出的皮肤感觉神经支，功能是外受性（Extroceptive）本体感受的。内脏的感觉性区传送来自化学感受器（味觉）和内脏器官神经纤维的信息，联合面神经、舌咽神经和迷走神经的感觉支，功能是内受性（Introceptive）信息的传送。身体的运动区发出传出运动神经纤维到眼球肌肉和舌咽部肌肉。内脏的运动性区包含来自面神经、舌咽神经和迷走神经的传出运动神经纤维，分布到内脏器官的肌肉和腺体，功能有运动、分泌、内脏运动和血管舒缩等。

鱼类机械感觉信息由侧线神经传入脑部。硬骨鱼类以一支前侧线神经根和一支后侧线神经根伸入小脑和面叶之间的延髓背部；这个机械感觉接受区分为一个内侧八元外侧核（Medial Octavolateralis Nucleus）和一个尾八元外侧核（Caudal Octavolateralis），然后上行到达前隆起核（Preeminential Nucleus）和半规隆凸（Torus Semicircularis）的腹侧核，进而伸入到间脑的外侧前小球核，再由这个间脑核团把输入信息传送到端脑背区（图10-6）。例如，鲤科鱼类和鲶鱼端脑背区的外侧、内侧和中间部分都能接受由外侧前小球核传送的输入信息。

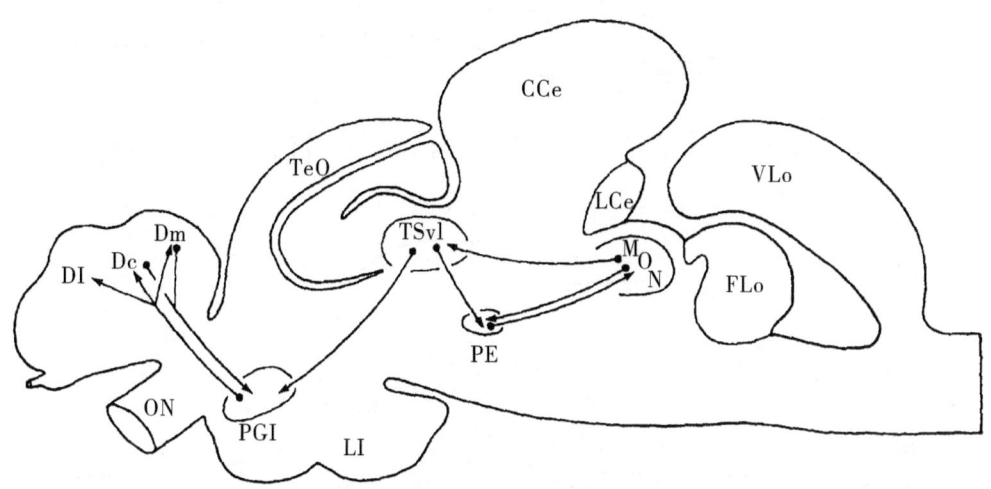

图10-6 鲤科鱼类脑的矢状切面，表示机械感觉在脑部的上行神经连接通路
CCe：小脑体；Dc：端脑背区中间部分；DI：端脑背区外侧部分；Dm：端脑背区内侧部分；FLo：面叶；LCe：尾小脑叶；LI：下丘脑下叶；MON：内侧八元外侧核（Medial Octavolateralis Nucleus）；ON：视神经；PE：前隆起核（Preeminential Nucleus）；PGI：前小球核外侧；TeO：视顶盖；TSvl：半规隆凸的腹侧核（Ventrolateral Nucleus of Torus Semicircularis）；VLo：迷走叶。小黑点表示神经连接的起源，箭头表示神经连接的靶目标，箭号表示神经连接（引自 M. F. Wullimann, 1998）

裸背鳗科（gymnotoid）、长颌鱼科和鲶科鱼类侧线系统的机械感受上行神经通路由接受感觉信息的内侧八元外侧核经过半规隆凸到外侧前小球核，再伸入到端脑（图10-7 A）。长颌鱼科电感受的上行神经通路开始也与机械感受一样经过半规隆凸，但却经过中脑而转道进入非常发达的小脑瓣和小脑体，再由小脑瓣内侧叶传送到端脑（图10-7 B）。

除发达的迷走叶外，延脑还有一些明显的突起或膨大部分，如面叶与面神经联系，听叶（Acoustic Lobe）与听神经联系，听觉侧线叶（Acoustical-lateral Lobe）与侧线神经支联系；味叶（Gustatory Lobe）和分布到头部、口腔和咽腔的味蕾的味觉神经联系。此外，鱼类的延脑还包含一些特殊类型的细胞，如缪氏神经细胞（Muller Nerve Cell）和纤维、茂氏细胞（Mauthner Cell）、髓上细胞（Supramedullary Cell）、大型网状细胞等。其中，茂氏细胞是巨大的神经元，其轴突交叉到对侧，贯穿整个脊髓，树突与第八对脑神经形成兴奋性突触，与中间神经元形成抑制性突触。

鱼类的八元核（Octaval Nucleus，亦即前庭和听核，Vestibular and Auditory Nucleus）是初级听觉中心。在鲤科鱼类，从前八元核的背部和下行八元核的背内侧部发出的次级

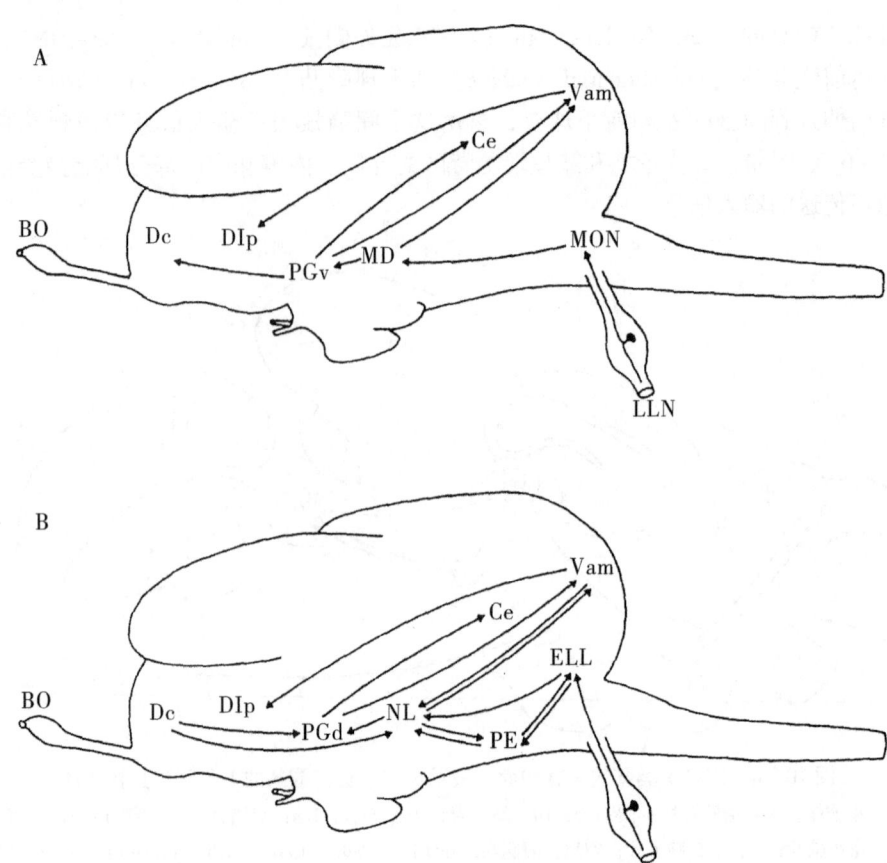

图 10-7 长颌鱼科（象鼻鱼科，Mormyrids）鱼类脑的矢状切面，表示机械感觉
（A）和电感受（B）在脑部的上行神经通路

BO：嗅球；Ce：小脑；Dc：端脑背部中间部分；DIp：端脑背区外侧后部；ELL：电感受的侧线叶；LLN：侧线神经；MD：半规隆凸的内侧背核（Mediodorsal Nucleus of Torus Semicircularis）；MON：内侧八元外侧核；NL：半规隆凸的外侧核；PE：前隆起核；PGd：前小球核背侧；PGv：前小球核腹侧；Vam：小脑瓣内侧叶。小黑点表示神经连接的起源，箭头表示神经连接的靶目标，箭号表示神经连接（引自 M. F. Wullimann, 1998）

八元核分支上行进入外侧纵束（Lateral Longitudinal Fascicle）而终止于半规隆凸的内侧部和次级八元神经元群（Secondary Octaval Population of Neuron），再从这里投射到半规隆凸的中间核，进而投射到后丘脑核，在这里产生听觉功能（图10-8）。虽然已证明端脑背区的中间部分和内侧部分接受听觉信息，但在鲤科鱼类还未曾证明后丘脑核中间部分的分支直接进入端脑。

面神经（分布到鱼头部和躯干的味蕾）、舌咽神经和迷走神经（分布到口咽腔和鳃部的味蕾）都与外周的味觉感受器接触并接受和传送来自外界环境的味觉信息。在硬骨鱼类当中，对鲤科鱼类和鲶鱼类的味觉系统研究得较为深入，而它们之间又各有特点。鲤科鱼类口内的味觉发达，迷走叶较大而复杂；而鲶鱼类口外的味觉发达，面叶较大而复杂。硬骨鱼类味觉在神经中枢的上行神经通路是面叶、迷走叶等初级味核接受来

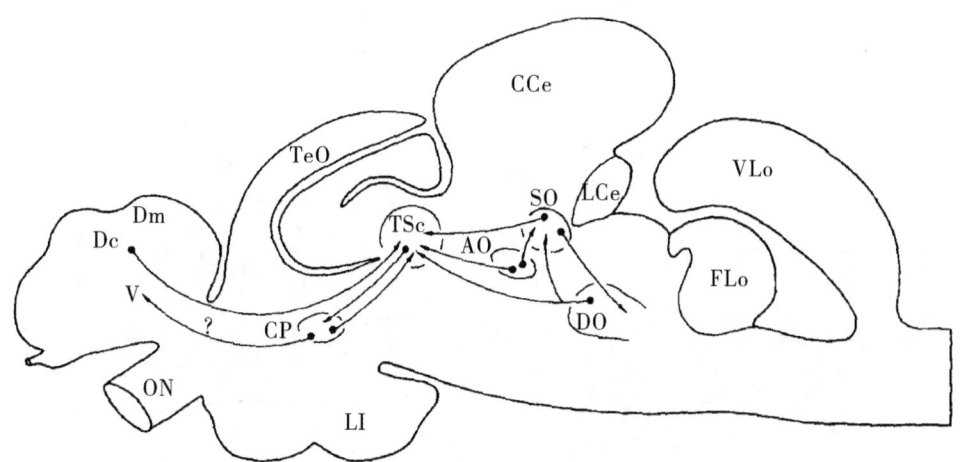

图 10-8 鲤科鱼类脑的矢状切面，表示听觉在脑部的上行神经通路

AO：前八元核（Anterior Octaval Nucleus）；CCe：小脑体；CP：后丘脑核中间部分；Dc：端脑背区中间部分；Dm：端脑背区内侧部分；DO：下行八元核（Descending Octaval Nucleus）；FLo：面叶；LCe：尾小脑叶；LI：下丘脑下叶；ON：视神经；SO：次级八元细胞群（Secondary Octaval Population）；TeO：视顶盖；TSc：半规隆凸的中间核；V：端脑腹区；VLo：迷走叶。小黑点表示神经连接的起源，箭头表示神经连接的靶目标，箭号表示神经连接（引自 M. F. Wullimann，1998）

自外周味觉感受器的输入信息，发出次级味觉神经束到达次级味核，然后分支进入下丘脑下叶而到达内侧前小球区（Medial Preglomerular Area）内的三级味核。鲤科鱼类在前小球区内只有一个三级味核，而鲶鱼类在前小球区有两个味觉中心：一个外侧丘脑核，与鲤科鱼类的三级味核同源，而另一个是位置靠后的叶球核（Nucleus Lobobulbaris）。从不同的三级味核，即鲤科鱼类的下丘脑下叶和鲶鱼类的叶球核发出下行神经连接到面叶和迷走叶。不是所有硬骨鱼类的味觉信息都通过间脑进入端脑。鲤科鱼类只有后丘脑核（PTh）分支进入端脑，鲶鱼类的叶球核分支进入端脑背区的内侧部和中间部（Dm，Dc），下丘脑下叶的中间核分支进入端脑背区的中间部分（Dc）。此外，鲶鱼类的三级味核之间也有神经连接，由下丘脑下叶的中间核分支进入叶球核（L_B）和外侧丘脑核（L_T）（图 10-9）。

用脑电描记器可记录延脑的自发电活动。鳕鱼在黑暗的静止状态，延脑的主要电活动是较不明显的低频率（8~13 Hz），而光亮开始后数秒钟，放电量增加；听觉刺激（咔哒声）能诱导延脑反应，以 25（咔哒声）/s 刺激诱发的电位幅度达到 80~110 mV；刺激频率增加到 80（咔哒声）/s 时可以产生 2~3 个大幅度的峰电位。金鱼延脑的电活动通常是低频率的（0.5~2.0 Hz），在黑暗时，在这种低频率上出现重叠的高频率（8~11 Hz）电位，而在轻度麻醉或室内照明时可达到 20~35 Hz。在延脑味叶或者迷走叶进行脑电描记时记录不到光照或声音诱导的反应。

由于延脑调控许多内脏器官的生理功能，又是脑和脊髓之间神经联系的通道，因此，在不同的水平位置破坏或切断延脑可以观察到各种不同的损害情况，其中有些是由于破坏了位于延脑内的脑神经的核，有些则是由于破坏了神经传递的通道。例如，把鲨鱼的中脑和延脑完全切断，鱼体的运动虽能保持协调，但不能正常地在水平面或垂直面

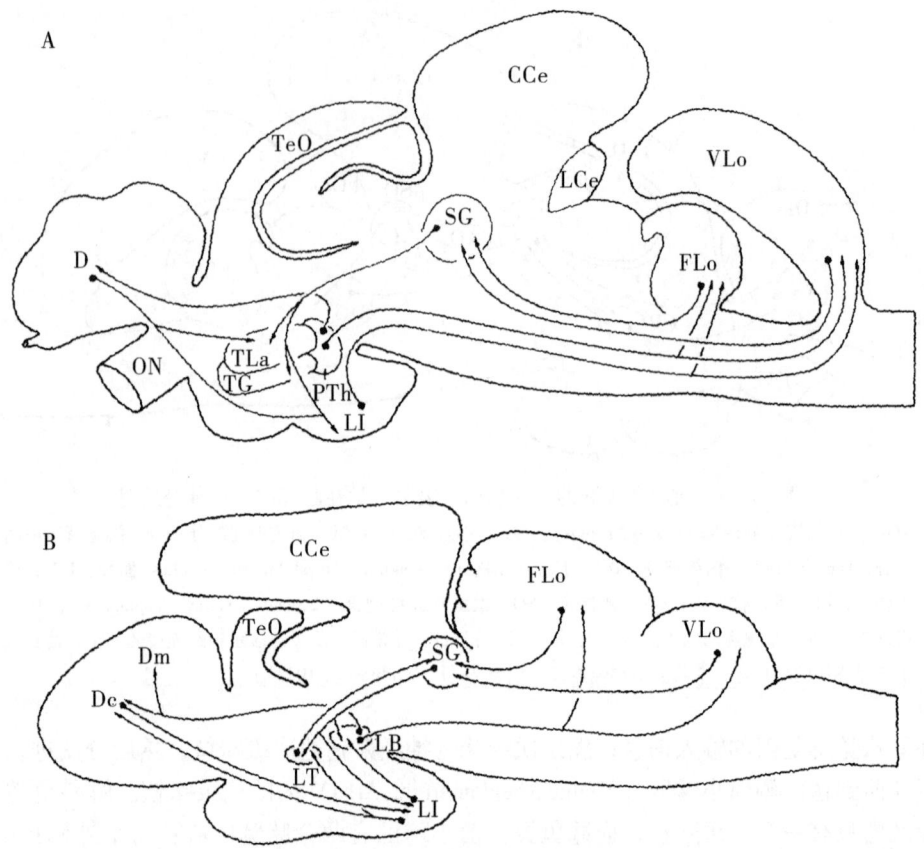

图 10-9 鲤科鱼类（A）和鲶鱼类（B）脑的矢状切面，表示味觉在脑区的上行神经通路
CCe：小脑体；D：端脑背区；Dc：端脑背区中间部分；Dm：端脑背区内侧部分；FLo：面叶；LB：叶球核（Nucleus Lobobulbaris）；LCe：尾小脑叶；LI：下丘脑下叶；LT：外侧丘脑核；ON：视神经；PTh：后丘脑核；SG：次级味核；TeO：视顶盖；TG：三级味核；TLa：外侧圆枕；VLo：迷走叶。小黑点表示神经连接的起源，箭头表示神经连接的靶目标，箭号表示神经连接（引自 M. F. Wullimann, 1998）

转变方向；在第八对与第九对脑神经发出处之间横切延脑，会导致周期性的游泳运动发作，鱼向前直游，但这种周期性运动极易为各种体表的刺激所抑制；在迷走神经发出处之后切断延脑，会使鲨鱼长时间活跃地向前游动，如果在这个部位只切断延脑的左半部或右半部，则鱼朝向切断的一侧游动，而切断的对侧保持平静；把鲨鱼的延脑从听神经发出处到迷走神经发出处沿着中线进行对称的纵切，不会引起特殊的运动，如果在一侧切断听神经，然后再在同侧或对侧的迷走神经发出处之后做延脑的半切，会使鳍的活动紊乱并引起鱼出现摇摆不定的游动，表明由听神经发出到身体肌肉的神经通路是沿着延脑的两侧下行，其中一部分直行，另一部分交叉到对侧，因此，不管半切左侧或右侧，都会破坏运动的平衡。鱼类的延脑是重要的呼吸生理调节中枢，所以当鳐类延脑沿中线纵切后，喷水孔和鳃（包括鳃裂和鳃弓）的活动不协调；由于延脑调控呼吸器官的活动不仅在左右两侧存在着不同的功能部分，而且在同一侧也可能存在不同的功能部分，因此，如果把延脑沿中线纵切，又在延脑的不同部分横切，就可以区分出诸如控制喷水

孔、控制第一对鳃裂和鳃弓活动等的调节部分。同样，破坏鲤鱼或狗鱼延脑的左侧或右侧，会导致对侧鳃盖的呼吸运动停止；如果破坏延脑的中部，则两侧的鳃盖运动都会中止。

鱼类还没有形成高等脊椎动物所特有的对于形成条件反射（Conditional Reflex）有重要意义的大脑半球皮层（Cerebral Hemisphere Cortex），但许多研究工作表明鱼类经过各种不同的刺激训练后具有形成条件反射的能力。苏联学者最早研究鱼类的条件反射，他们以感应电流做无条件刺激，用光和声做条件刺激，认为鱼类条件反射的特点是能很快建立但不能持久，对条件反射的内抑制（需逐渐形成和巩固）很难形成而又不稳定；还认为由于大脑（即端脑）未必能感受光和声，所以鱼类对这些刺激形成条件反射不是在大脑（端脑）而是在脑的其他部分进行的。例如，部分或全部切除鲫鱼和刺鱼的端脑，已建立的视觉反射的训练并没有消失，甚至还能重新建立，表明鱼类的间脑、中脑或小脑都可能是原始条件反射的器官。由于鱼类在水中生活，许多研究者根据它们的生理机能特点采用摄食行为、鱼体的运动反应、鳍的运动、鳃盖的活动、心率变化、体色变化、脑电图、各种感觉器官对外界环境条件的反应等作为指标来研究鱼类的条件反射活动，表明鱼类可以很快形成摄食条件反射、防御条件反射、逃避条件反射、体色变化条件反射、气味条件反射等，亦即取决于各种不同的非条件反射而形成不同类型的条件反射。这些研究说明，鱼类的神经系统形成条件反射的能力已经发展到较高的程度。

二、脊髓的构造和机能

鱼类的脊髓延伸至整个脊椎管（Vertebral Canal）内，为略呈扁圆形的长管，其内有一小管，称中央管或髓管（Neural Canal）；末端是特化的尾神经内分泌系统（已在第八章中介绍）。脊髓的背部有大型的罗-毕二氏细胞（Rohon-Beard Cell），它们是巨神经节细胞，存在于幼体，而在成体中消失；只有少数原始鱼类终身保持这种细胞。

圆口类的脊髓扁平，没有髓内的血管和血液流通；神经元的树突由腹方的灰柱延伸到背方的白质，并与无髓鞘白柱内的神经纤维连接。脊髓内有连合细胞（Commissural Cell），它们的轴突在腹方交叉到中央管，然后在脊髓内分支上行或下行。茂氏细胞的轴突贯穿脊髓，而缪氏细胞的神经纤维在脊髓内组成下行运动性共济神经纤维（Motor Coordinating Nerve Fiber），它们并不在髓质内交叉，所以与鱼类有髓鞘而交叉的茂氏细胞的轴突不同。

软骨鱼类的脊髓分化程度较圆口类高，其有髓鞘神经束的数量增加；灰质分化为明显的背角和腹角；神经元树突的分布区较广。有些神经元的树突灰质进入白质，在腹角有许多连合细胞的轴突和其他的神经纤维，连合细胞的轴突在脊髓的正中线交叉而在脊髓中央管下方形成两个不同的连合。

硬骨鱼类的脊髓与软骨鱼类的相似。灰质分为背角和腹角，背角为未划分的灰质块，使脊髓的灰质呈倒丫字形。成体没有罗-毕二氏细胞，但有大型的髓上神经元，有的直径可达 1 mm，与特殊构型的突触相连，而这种突触是电传导性的，所以髓上细胞是电紧张性偶联的。硬骨鱼的灰质含有许多大的运动角细胞（Motor Horn Cell），它们通常分为两群：一群位于灰质背部中央，把信号传送到躯干部肌肉；另一群位于灰质腹部，把信号传送到较特化的部位，如胸鳍。硬骨鱼类的脊髓也有许多连合神经元和神经纤维，有些神经纤维还可上升到延脑、小脑，甚至中脑盖。硬骨鱼类脊髓还含有茂氏细胞的神经纤维，它们在脊髓内产生许多短的侧突，与腹角的运动角细胞有密切联系。

对斑马鱼、金鱼和大麻哈鱼等的研究表明，由神经中枢下行的轴突通过延髓束（Bulbospinal Tract）、内侧纵束（Medial Longitudinal Fascicle）、前庭脊髓束（Vestibulospinal Tract）、茂氏细胞发源点、网状结构的三个部分、内侧纵束的核、红核和八元核（Octaval Nuclei）的一部分。其中，与前庭输入相关的八元核下行到脊髓，而下行八元核的与听觉相关的背外侧部分并不到达脊髓。在鲤科鱼类（斑马鱼、金鱼），还有视前区、外侧丘系核和下缝（Inferior Raphe）分支也下行到达脊髓（图10-10）。

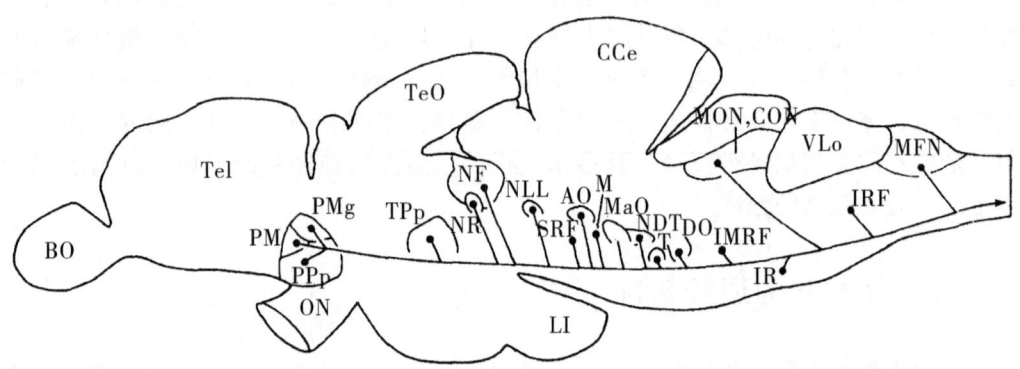

图10-10　斑马鱼（*Danio rerio*）脑的矢状切面，表示下行的脊髓神经通路

AO：前八元核；BO：嗅球；CCe：小脑体；CON：尾八元外侧核（Caudal Octavolateralis Nucleus）；DO：下行八元核；IMRF：中间网状结构（Intermediate Reticular Formation）；IR：下缝（Inferior Raphe）；IRF：下网状结构（Inferior Reticular Formation）；L1：下丘脑下叶；M：茂氏细胞（Mauthner Cell）；MaO：大细胞八元核（Magnocellular Octaval Nucleus）；MFN：内侧索状核（Medial Funicular Nucleus）；MON：内侧八元外侧核（Medial Octavolateralis Nucleus）；NDT：下行三叉神经根的核；NF：内侧纵束的核（Nucleus of the Medial Longitudinal Fascicle）；NLL：外侧丘系核（Nucleus of the Lateral Lemniscus）；NR：红核（Nucleus Ruler）；ON：视神经；PM：大细胞视前核；PMg：大细胞视前核的巨细胞部分（Gigantocellular Part of Magnocellular Preoptic Nucleus）；PPp：小细胞视前核的后部；SRF：上网状结构（Superior reticular Formation）；T：弦向核（Nucleus Tangentialis）；Tel：端脑；TeO：视顶盖；TPp：后结节的室周核（Periventricular Nucleus of Posterior Tuberculum）；VLo：迷走叶。小黑点表示神经连接的起源，线条表示神经连接（引自M. F. Wullimann，1998）

鱼类脊髓的再生能力与年龄有密切关系。例如，小于1龄的金鱼切除部分脊髓后可以再生和重新组成90%的原有轴突，而2~3龄的金鱼只能重组60%左右。神经胶质再生和重组脊髓直径的能力也与年龄有关，通常，年幼的鱼能再生和重组与原来大小一样的脊髓。

第三节 外周神经系统

一、脑神经

鱼类从脑发出十对脑神经。以鲤鱼为例，十对脑神经的分布和功能（图10-11）如下：

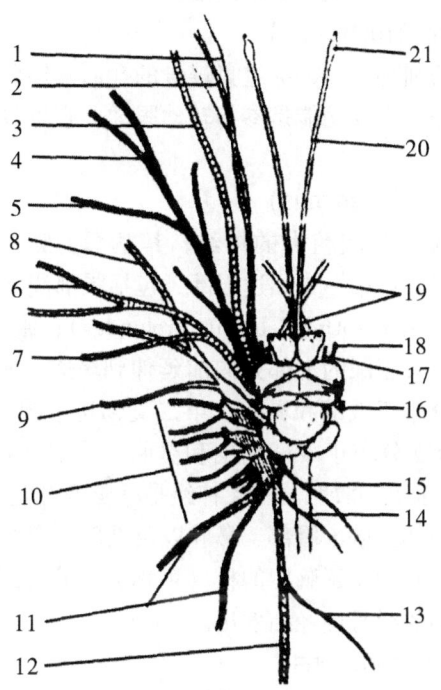

图10-11 鲤鱼从脑发出的十对脑神经的背面图

1. 第五，眼部浅支（Ophthalmicus Superficialis，Ⅴ）；2. 第七，眼部浅支（Ophthalmicus Superficialis，Ⅶ）；3. 第七，颊支（Buccalis，Ⅶ）；4. 第五，上颌支（Maxillaris，Ⅴ）；5. 第五，下颌支（Mandibularis，Ⅴ）；6. 第七，下颌支（Mandibularis，Ⅶ）；7. 第七，舌颌支（Hyomandibularis，Ⅶ）；8. 第九，颚支（Palatinus，Ⅸ）；9. 第九，鳃支（Branchialis，Ⅸ）；10. 第十，鳃支（Branchialis，Ⅹ）；11. 第十，脏支（Visceralis，Ⅹ）；12. 第十，大侧线支（Great lateralis，Ⅹ）；13. 第十，浅侧线支（Lateralis Superficialis，Ⅹ）；14. 第十，背肤支（Cutaneous Dorsalis，Ⅹ）；15. 第十，上颞支（Temporalis Superius，Ⅹ）；16. 第八，听神经（Auditorius，Ⅷ）；17. 第三，动眼神经（Oculomotorius，Ⅲ）；18. 第四，滑车神经（Trochlearis，Ⅳ）；19. 第二，视神经；20. 第一，嗅神经；21. 嗅球（引自秉志）

1. 嗅神经（Nervus Olfactorius）

由端脑向前延伸达到嗅囊，末端为嗅球，其神经纤维分布于嗅囊的嗅觉上皮细胞。嗅神经是向心的感觉性神经，将嗅觉传送到端脑和间脑。有些板鳃鱼类和硬骨鱼类由端脑中央下方还发出一对附加的神经到达嗅囊，并分成小支散布于嗅囊的嗅觉上皮，叫终神经（Nervus Terminalis）。

2. 视神经（Nervus Opticus）

由间脑的漏斗腺前方的视交叉发出，穿过头颅翼蝶骨和副蝶骨的孔而到达眼球，分布于眼球的视网膜。视神经也是向心的感觉性神经，将视觉传送到间脑和中脑的背部。

3. 动眼神经（Nervus Oculomotorius）

由中脑侧腹面发出的细小神经，穿过翼蝶骨和副蝶骨的孔而到达眼部的上直肌、内直肌、下直肌和下斜肌。动眼神经是离心的运动性神经，主要功能是转动眼球；它也含有小部分感觉性纤维，与眼肌的肌感（Muscle Sense）有关。动眼神经也接受来自网状结构神经元的传入信息，以协调眼球的肌肉活动。

4. 滑车神经（Nervus Trochlearis）

由中脑侧背面发出的细小神经，穿过翼蝶骨的孔而延伸到达眼部的上斜肌。滑车神经也是离心的运动性神经，主要功能是参与转动眼球；它也包含感觉性纤维，对眼肌的肌感起作用。

5. 三叉神经（Nervus Trigenimus）

由延脑的前部腹侧发出的较粗大的神经，其基部为膨大的半月神经结（Ganglion Semilunare），由此分出三支：第一支到达眼部，包括眼部浅支（Ramus Ophthalmicus Superficialis）和眼部深支（Ramus Ophthalmicus Profundus）；眼部浅支和第七对面神经的眼部浅支大部分合并，分布于眼的上部并向前延伸到鼻腔；眼部深支在鲤鱼中不发达，在其他鱼类中明显，也分布于眼部和鼻腔。第二支到达上颌，叫上颌支（Ramus Maxillaries），在眼部腹面再分支分布于眼球周围和鼻腔。第三支到达下颌，叫下颌支（Ramus Mandibularis），分布于下颌收肌。三叉神经是感觉性和运动性的混合神经，主要功能是主管颌部的运动和头部皮肤、唇部、鼻腔以及颌部肌肉的感觉，其运动性神经纤维是特殊的内脏离心纤维，起始于延脑中的核（可称为第五神经核）；而感觉性神经纤维为身体向心纤维，由延脑的半月神经结发出。

6. 外展神经（Nervus Abducens）

由延脑腹面接近中线的两侧发出的细小神经，到达眼部的外直肌。外展神经是离心的运动性神经，主要功能是使眼球向外侧转动，但也含有起自感作用的感觉性纤维。外展神经核由较小的吻亚核和尾亚核组成；尾亚核接受网状结构和眼球快速活动有关的传入信息，而吻亚核影响眼球的缓慢活动。

7. 面神经（Nervus Facials）

由延脑的侧面发出，与第五对及第八对脑神经的基部接近，其主要分支有：眼部浅支（Ramus Ophthalmicus Superficialis），与三叉神经的眼部浅支并行，分布到眼部和鼻腔的背面；颊支（Ramus Buccalis），分布到颊部；颚支（Ramus Palatinus），分布到颚部；舌颌支（Ramus Hyomandibularis），分布到下颌、舌弓、舌颌骨、鳃盖、鳃弓等。面神经是感觉性和运动性的混合神经，主要功能是支配头部、颌部和舌部肌肉的运动以及头部皮肤、舌根前部和咽鳃部的感觉，其离心的运动性神经纤维由延脑中的核（可称为第七神经核）发出，而感觉性神经纤维则集中于延脑的面叶。

三叉神经和面神经的运动神经核参与一系列的行为活动，包括摄食、呼吸、攻击、生殖、抚幼等。在鲤科鱼类，三叉神经和面神经运动核的吻部发出神经分布到上颚和舌颌部，收缩口腔和鳃腔的肌肉，而这些运动核的尾部发出神经分布到扩张口腔和鳃腔的肌肉，它们的功能紧密联系以协调摄食和呼吸活动。三叉神经和面神经的运动神经核还接受来自初级感受性三叉神经核（Primary Sensory Trigeminal Nucleus）和面叶腹部神经元的传入信息，以便对触觉和味觉信息进行整合和协调反射。

8. **听神经（Nervus Auditorius）**

由延脑的侧面发出，与第五对、第七对及第九对脑神经的基部接近，分布于内耳的壶腹（或称坛状体，Ampulla），以及球囊（Sacculus）和椭圆囊（Utriculus）。听神经是向心的感觉性神经，将鱼类特殊的躯体感觉和平衡与静位的感觉传送到延脑。

9. **舌咽神经（Nervus Glossopharyngeus）**

由延脑的侧面发出，位于第五对、第七对和第八对神经基部之后，其基部形成小结，结后是一主支；由主支分出一背支分布于背部皮肤，一腹支到达颚部；主支末端又分出两支：一支分布于第一对鳃裂（鳃弓），另一支又分为数小支分布于口盖和咽部。舌咽神经是感觉性和运动性的混合神经。运动性神经纤维起自延脑的疑核（Nucleus Ambiguous），支配咽部的全部活动；感觉性神经纤维来自延脑的第九神经核，将头部一部分皮肤的感觉、咽部和舌基部的感觉以及口腔的味觉等传送到延脑。

10. **迷走神经（Nervus Vagus）**

由延脑侧面发出，基部有几个根，每一根都有一个神经结，最前的是侧线结（Ganglion Laterals），其后是颈结（Ganglion Jugulare），这些神经结往往相连而形成一个大结；神经分支很多，分别到达咽部及第二对到第五对鳃弓，并由咽部到达食道、肠、心脏、鳔、侧线及内脏各器官。迷走神经是感觉性和运动性的混合神经。离心的运动性神经纤维起自延脑的第十神经核（又叫背运动核，Nucleus Dorsalis Motorius）和疑核，由此延展与分支，分布于鳃弓的是鳃支（Ramus Branchia），分布于咽、食道、肠和其他内脏器官的是内脏支（Ramus Viscerales），分布于侧线的是大侧线支（Ramus Great Lateralis），支配咽部、鳃部、侧线和内脏器官的运动；向心的感觉性神经纤维分布于咽部、鳃部、侧线和各内脏器官，由许多分支作向心延展，最后都汇集于延脑的迷走叶，传送咽部的味觉、侧线的感觉、躯干部和鳍部皮肤的各种感觉。

二、脊神经

每个脊椎骨的脊髓从背侧面和腹侧面都分别发出一对神经，前者叫背根，后者叫腹根。背根的起点稍后于腹根，以此向后排列；背根和腹根是脊神经的基部，在穿出脊椎之前，背根与较前的腹根合并而形成一条脊神经。各种鱼类依脊椎骨（亦即体节）的数目而由脊髓发出同等数目的成对脊神经。脊神经形成后又分成三支：第一支是脊神经背支（Ramus Dorsalis）；第二支是脊神经腹支（Ramus Ventralis），这两支含有身体的运动性和感觉性的神经纤维（Somatic Motor and Sensory Fiber），身体的皮肤和每一肌节（体节）的背部和侧部受这些纤维支配；第三支是脊神经内脏支（Ramus Visceralis），含有内脏的运动性和感觉性神经纤维（Visceral Motor and Sensory Fiber），支配邻近的内脏器官、血管、腺体等，并加入交感神经系统的构成（图 10-12）。身体和内脏的向心感觉性神经纤维通过背根而进入脊髓。身体的离心运动性神经纤维起自脊髓灰质的腹角，通过腹根，离开脊髓而分布到身体各处，支配所有随意肌的运动。内脏的离心运动性神经纤维来自背根和腹根。在鱼类的肩带区，最前的三对脊神经腹支和第十对脑神经的分支常互相连接而形成网状的肩带（胸鳍）神经丛（Brachial Plexus），其细小分支分布于胸鳍。在腰带（腹鳍）区也有脊神经分布，但结构比较简单，未形成明显的神经丛。

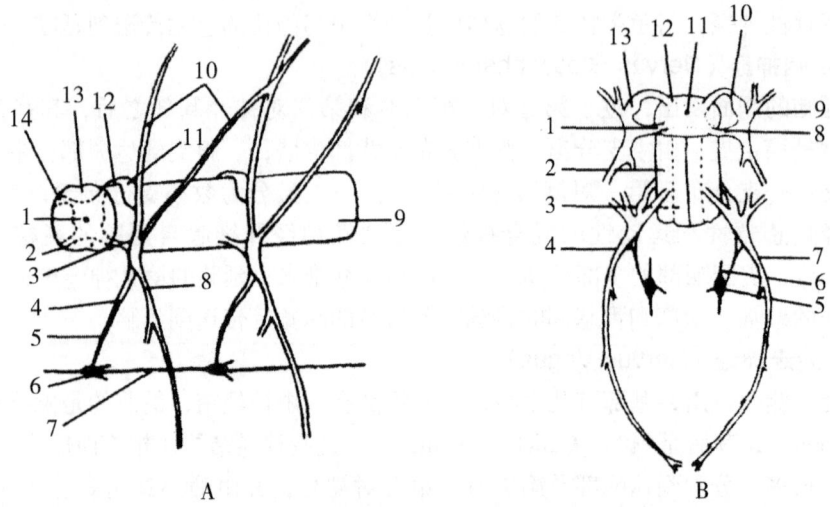

图 10-12　鲤鱼脊神经及交感神经的侧面图和前腹面图

A. 脊神经及交感神经侧面：1. 中央管（Central Canal）；2. 腹角（Ventral Horn）；3. 腹根（Vertral Root）；4. 脊神经内脏支（Visceral Nerve）；5. 交感神经支（Sympathetic Nerve）；6. 交感神经节（Sympathetic Ganglion）；7. 交感神经干（Sympathetic Trunk）；8. 脊神经腹支；9. 脊髓（Spinal Cord）；10. 脊神经背支；11. 脊神经节；12. 背根（Dorsal Root）；13. 裂沟（Fissure）；14. 背角（Dorsal Horn）。B. 脊髓和脊神经、交感神经前腹面：1. 腹角；2. 侧（白）柱（Lateral White Column）；3. 腹柱（Ventral Column）；4. 脊神经内脏支；5. 交感神经节；6. 交感神经干；7. 脊神经腹支；8. 腹根；9. 脊神经背支；10. 背根；11. 中央管；12. 背角；13. 神经节（引自秉志）

第四节　自主神经系统

自主神经系统（ANS：Autonomic Nervous System）是指中枢神经系统（CNS）之外的有神经节突触（Ganglionic Synapse）的神经系统。自主神经系统调控消化、呼吸、血液循环、排泄以及其他非随意性功能的内脏效应器（Effector），亦即发出运动性神经分布到平滑肌、心肌和各种腺体。自主神经系统的基本特点是存在神经节。与随意肌联系的运动性神经纤维，其细胞体位于中枢神经系统；而与内脏肌肉（非随意肌）联系的运动性神经纤维，其细胞体位于远离中枢神经系统的神经节内，然后由神经节通过神经纤维与中枢神经系统相联系（图 10-13）。所以，由中枢神经系统发出的节前神经纤维在神经节和节后神经纤维形成突触，然后由节后神经元发出纤维分布到各内脏器官的效应器（图10-14）。

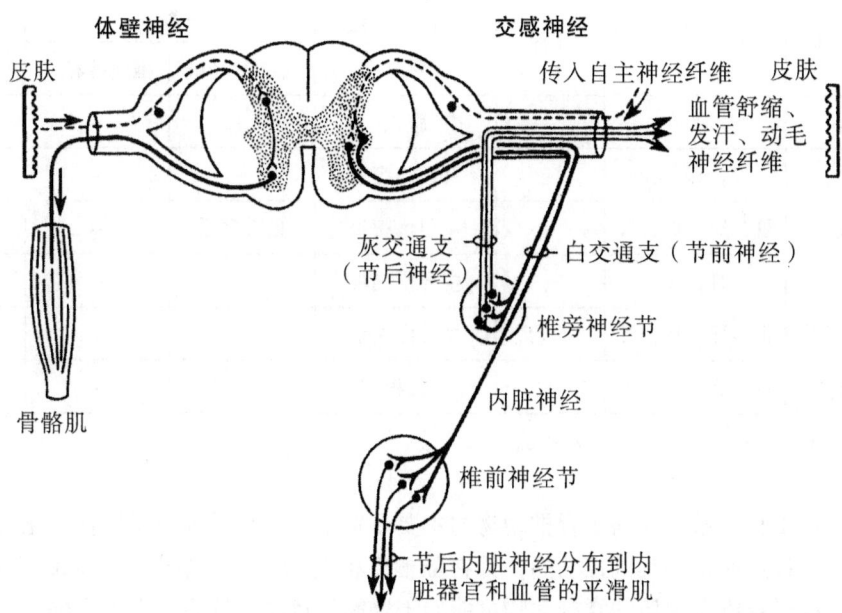

图10-13　自主神经系统的结构及其和中枢神经系统联系的模式图
引自 W. S. Hoar

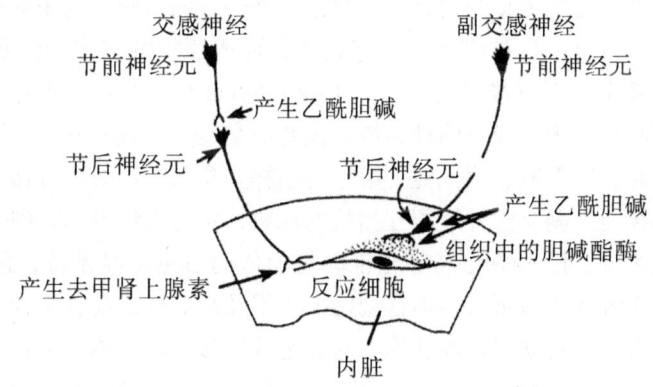

图10-14　自主神经系统神经纤维组成的模式图
引自 W. S. Hoar

与其他脊椎动物一样，鱼类的自主神经系统包括交感神经系、副交感神经系和肠道系统（Enteric System），即消化道的内在神经丛，它们的基本结构也是相似的（表10-1）。

表 10 – 1　鱼类和高等脊椎动物自主神经系统的比较

动物类群	副交感神经		交感神经			
	脑神经	骶部	起源：背根或腹根	神经节		灰交通支
				交感神经链	椎前神经节	
盲鳗	X	-	腹根	-	-	-
七鳃鳗	Ⅲ，Ⅶ，X	-	背根与腹根	-	-	-
板鳃鱼类	Ⅲ，Ⅶ，Ⅸ，X	-	主要由腹根	松散联系	-	-
硬骨鱼类	Ⅲ，X	-	主要由腹根	+	-	+
无尾两栖类	Ⅲ，Ⅶ，Ⅸ，X	原始	主要由腹根	+	+	+
有羊膜类	Ⅲ，Ⅶ，Ⅸ，X	+	腹根	+	+	+

注：依 Hoar, 1983。+表示有；-表示无。

鱼类自主神经系统与高等脊椎动物的主要差别是：副交感神经系统在进化过程中通过较多的脑神经而扩展其调控功能，并在陆栖脊椎动物开始有骶部（Sacral）副交感神经；交感神经纤维在原始的脊椎动物可能始于脊髓的背侧，然后，由于交感神经节的神经元从脊髓移出并组成交感神经链，因而就逐渐转为与脊髓腹侧的联系。此外，低等脊椎动物的自主神经系统比较简单，随着动物的进化而趋向结构复杂而完善。例如，七鳃鳗的自主神经系统是分散的，没有形成交感神经链，只有背大动脉周围的神经节丛和神经纤维分布到血管；支配消化管的是第十对迷走神经，而直肠、输尿管和泄殖腔有来自脊髓的神经纤维，也有节后神经元。板鳃鱼类已形成原始的交感神经系和副交感神经系，但交感神经系由一系列椎旁神经节（Paravertebral Ganglion）组成，它们通过白交通支与脊神经相联系，未形成交感神经链，没有灰交通支，且不支配皮肤和头部；副交感神经系有第三对、第七对、第九对、第十对脑神经参与，但对内脏器官还没有双重的神经支配与交感神经和副交感神经相互拮抗的现象；肠道系统发达。硬骨鱼类除了没有骶部副交感神经之外，已形成与高等脊椎动物相似的自主神经系统，包括交感神经系统、副交感神经系统和肠道系统，但在功能上还不及高等脊椎动物完善。

硬骨鱼类只有第三对动眼神经和第十对迷走神经参与副交感神经系。动眼神经发出节前神经纤维到睫状神经节（Ganglion Ciliare），然后由该神经节的节后神经纤维进入眼球（图 10 – 15）。刺激动眼神经能引起鱼类瞳孔扩大，这可能与括约肌受抑制和扩张肌的兴奋有关。用肾上腺素和乙酰胆碱处理能使䲢鱼（*Uranoscopus*）的瞳孔扩张和收缩，阿托品能抑制由刺激交感神经和乙酰胆碱引起的瞳孔收缩，因此可以认为交感神经和动眼神经都是胆碱能的，交感神经的兴奋性神经纤维分布于眼球括约肌，而刺激动眼神经能激活扩张肌。

迷走神经的鳃裂后支（Ramus Posttrematicus）分布于鳃部血管，可能发出胆碱能的血管收缩神经纤维。迷走神经内脏支（Ramus Viscerales）的传出神经纤维分布于心脏、胃、气鳔以及各种附属消化器官和它们的血管。分布到心脏的迷走神经纤维是胆碱能的，使心搏率降低。对有胃的鱼类，刺激迷走神经使胃收缩，但对肠没有影响；而对无胃鱼类，刺激迷走神经能使肠的一部分或全部收缩。用阿托品不能抑制有胃的褐鳟由于刺激迷走神经而引起的胃兴奋性，但阿托品能阻抑无胃的丁鲅刺激迷走神经引起的肠平滑肌兴奋性。因此，刺激迷走神经对鱼类消化道的影响还需多加分析，有些反应性很可能是由于刺激与迷走神经混合在一起的交感神经纤维所引起的。与两栖类一样，鱼类头部的副交感神经和身体前部的交感神经混合为迷走交感神经（Vagosympathetic Nerve）。

硬骨鱼类的交感神经系统是在脊髓的腹侧面、背大动脉的两侧，由脊神经的内脏支通过椎旁交感神经节彼此连接而成的两条交感神经干支，由体腔的前端延伸到体腔后端。交感神经干支是通过灰交通支和白交通支与脊神经连接。由体腔向头部可观察到交感神经干支延伸达到脑的侧腹面，其最前部与第五对、第七对、第九对、第十对脑神经相连，其向前的细小分支还与第三对脑神经相连。

由体腔向尾部可观察到交感神经干支穿过尾椎骨的脉弓而达到尾部末端。由交感神经干支向各个内脏器官、血管和腺体发出神经分支，如右交感神经干支发出前内脏神经（Anterior Splanchnic Nerve）分布于消化道，在鳟鱼还有后内脏神经；由交感神经干支的后部发出生殖神经（Genital Nerve）和膀胱神经（Vesical Nerve）分别分布于生殖管道和膀胱。

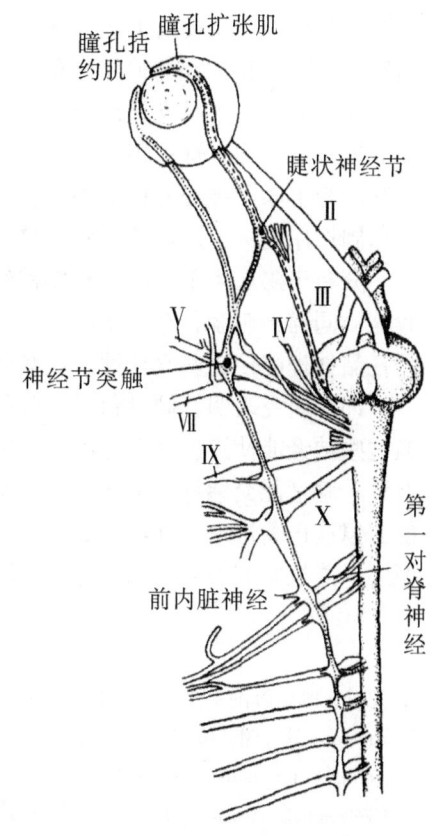

图 10-15　鳟鱼交感神经系统前部的腹面图，表示分布于虹膜的交感神经和副交感神经

Ⅱ，…，Ⅹ为脑神经；……表示交感神经通道；----表示副交感神经通道（引自 G. Campbell）

硬骨鱼类的虹膜有交感神经分布。这些神经纤维由脊髓前部的脊神经发出，向头部延伸而和三叉神经的交感神经节形成突触（图 10-15）。刺激交感神经干能引起瞳孔收缩，而用阿托品处理能阻抑这种反应，说明这些神经纤维是胆碱能的。交感神经还发出运动性纤维分布于横纹的眼外直肌，因为切断交感神经使眼球不正常地突出。

采用组织化学研究方法证明鳟鱼心脏有肾上腺素能的神经分布，其神经纤维内含有典型肾上腺素能神经的颗粒小囊泡，它们来自与迷走神经混合的迷走交感神经而分布于静脉窦和心房。刺激迷走神经能引起心跳加快，而用肾上腺素能的抑制剂则可以阻止这种反应。

分布到消化道各部分的交感神经都含有兴奋性和抑制性的神经纤维，兴奋性神经纤维是胆碱能的，用阿托品能阻抑其兴奋性；而抑制性神经纤维是肾上腺素能的，因为儿茶酚胺能使许多鱼类的消化道弛缓。用组织化学方法也证明在鳟鱼、鳗鱼和丁鲅的消化道肌肉有肾上腺素能的神经分布。

交感神经的内脏支发出分支直接分布于硬骨鱼的气鳔，切断这一分支能使气鳔内气体的氧含量增加。这可能是由于腹腔交感神经节的细胞体发出的肾上腺素能神经末梢和气腺的肾上腺素神经元形成围细胞网，切断内脏支的分支就会使气腺神经节上突触传递的抑制作用消失，从而使气腺的分泌活动增强。

分布于泌尿生殖系统的交感神经受到刺激，或者用乙酰胆碱处理，都能引起输卵管收缩；同样，刺激分布于膀胱的交感神经或用乙酰胆碱处理，能使膀胱收缩和排尿，用阿托品处理能使这些兴奋性反应减弱。所以，这些神经都是胆碱能的。

许多研究表明，硬骨鱼类皮肤的黑色素细胞也受到肾上腺素能交感神经的调控，刺激这些神经能使黑色素细胞的色素集中。也有报道光蟾鱼（*Porichthys*）的皮肤发光细胞有肾上腺素能交感神经分布。有些学者认为胆碱能的交感神经使黑色素细胞的色素扩散，但这还需进一步证实。此外，儿茶酚胺能使有些硬骨鱼类黑色素细胞的色素扩张，但还不清楚它们如何影响黑色素细胞的神经分布。

主要参考文献

1. 秉志. 鲤鱼解剖. 北京：科学出版社，1960：72-92
2. Anadón, R., Manso, M. J., Rodriguez-Moldes, J., and Becerra, M. Neurons of the olfactory organ projecting to the caudal telencephalon and hypothalamus: a carbocyanine-dye labeling study in the brown trout (Teleostei). *Neurosci. Lett.*, 1995, 191: 157-160
3. Aronson, L. R. Forebrain function in teleost fish. *Trans. N. Y. Acad. Sci.*, 1967, 29: 390-396
4. Bartheld, C. S. von and Meyer, D. L. Comparative neurology of the optic tectum in ray-finned fishes: patterns of lamination formed by retinotectal projections. *Brain Res.*, 1987, 420: 277-288
5. Bartheld, C. S. von, Meyer, D. L., Fiebig, E., and Ebbesson, S. O. E. Central connections of the olfactory bulb in the goldfish, *Carassius auratus*. *Cell Tissue Res.*, 1984, 238: 475-487
6. Bass, A. H. Telencephalic efferents in the channel catfish, *Ictalurus punctatus*: projections to the olfactory bulb and optic tectum. *Brain Behav. Evol.*, 1981, 19: 1-16
7. Becker, T., Wullimann, M. F., Becker, C., Bernhardt, R. R., and Schachner, M. Axonal regrowth after spinal cord transection in adult zebrafish. *J. Comp. Neurol.*, 1997, 377: 577-595
8. Bernstein, J. J. Role of the telencephalon in color vision in fish. *Exp. Neurol.*, 1962, 6: 173-185
9. Bernstein, J. J. The regenerative capacity of the telencephalon of the goldfish and rat. *Exp. Neurol.*, 1967, 17: 44~56
10. Bernstein, J. J. Anatomy and physiology of the central nervous system. In: Fish Physiology. Vol. 4. W. S. Hoar and R. J. Randall, eds. New York: Academic Press, 1970: 1-90
11. Bjenning, C. and Holmgren, S. Neuropeptides in the fish gut. An immunohistochemical study of evolutionary trends. *Histochemistry*, 1988, 88: 155-163
12. Bone, Q. Some observation upon the peripheral nervous system of the hagfish, *Myxine glutinosa*. *J. Marine Biol. Assoc. U. K.*, 1963, 43: 31-47
13. Brandstatter, R. and Kotrschal, K. Brain growth pattern from juveniles to adults in four Mid-European cyprinid fishes, roach (*Rutilus rutilus*), bream (*Abramis brama*), carp (*Cyprinus carpio*) and sabre-carp

(*Pelecus cultratus*). *Brain. Behav. Evolut.*, 1990, 35: 195 – 211

14. Bruning, G., Hattwig, K., and Mayer, B. Nitric oxide synthase in the peripheral nervous system of the goldfish, *Carassius auratus. Cell Tissue Res.*, 1996, 284: 87 – 98

15. Bunt, S. M. Retinotopic and temporal organization of the optic nerve and tracts in the adult goldfish. *J. Comp. Neurol.*, 1982, 206: 209 – 226

16. Burnstock, G. The effects of drugs on spontaneous motility and on response to stimulation of the extrinsic nerves of the gut of a teleostean fish. *Brit. J. Pharmacol.*, 1958, 13: 216 – 226

17. Campbell, G. Autonomic nervous systems. In: Fish Physiology. Vol. 4. W. S. Hoar and R. J. Randell, eds. New York: Academic Press, 1970: 109 – 132

18. De Wolf, F. A., Schellart, N. A. M., and Hoogland, P. Octavolateral projections to the torus semicircularis of the trout, *Salmo gairdneri. Neurosci. Lett.*, 1993, 38: 209 – 213

19. Donald, J. A. The autonomic nervous system. In: The Physiology of Fishes. Second Edition. D. H. Evans, ed. Boca Raton: CRC Press, 1998: 407 – 440

20. Donald, J. A. and Campbell, G. A comparative study of the adrenergic innervation of the teleost heart. *J. Comp. Physiol.*, 1982, 147B: 85 – 91

21. Ebbesson, S. O. E. and Schroeder, D. M. Connections of the nurse shark's telencephalon. *Science*, 1971, 173: 254 – 256

22. Echteler, S. M. Connections of the auditory midbrain in a teleost fish, *Cyprinus carpio. J. Comp. Neurol.*, 1984, 230: 536 – 551

23. Echteler, S. M. Organization of central auditory pathways in a teleost fish, *Cyprinus carpio. J. Comp. Physiol.* A, 1985, 156: 267 – 280

24. Echteler, S. M. and Saidel, W. M. Forebrain connections in the goldfish support telencephalic homologies with land vertebrates. *Science*, 1981, 212: 683 – 685

25. Eckert, R. Animal Physiology. Fourth Edition. W. H. Freeman and Company, 1997. 163 – 216

26. Finger, T. E. Organization of the teleost cerebellum. In: Fish Neurobiology. Vol. I. R. G. Northcutt and R. E. Davis, eds. Univ. Michigan Press, 1983: 261 – 284

27. Finger, T. E. Organization of the chemosensory systems within the brain of bony fishes. In: Sensory Biology of Aquatic Animals. J. Atema et al. eds. Springer-Verlag, 1988: 339 – 363

28. Finger, T. E., Bell, C. C., and Russell, C. J. Electrosensory pathways to the valvula cerebelli in mormyrid fish. *Exp. Brain Res.*, 1981, 42: 23 – 33

29. Finger, T. E., and Tong, S. L. Central organization of eighth nerve and mechanosensory lateral line systems in the brainstem of ictalurid catfish. *J. Comp. Neurol.*, 1984, 229: 129 – 151

30. Funakoshi, K., Abe T., and Kishida, R. The spinal sympathetic preganglionic cell column in the puffer fish, *Takifugu niphobles. Cell Tissue Res.*, 1996, 284: 111 – 116

31. Gannor, B. J., and Burnstock, G. Excitory adrenergic innervation of the fish heart. *Comp. Biochem. Physiol.*, 1969, 29: 765 – 773

32. Gibbins, I. L. Comparative anatomy and evolution of the autonomic nervous system. In: Comparative Physiology and Evolution of the Autonomic Nevous System. Nilsson, S., Holmgren, S., Burnstock, G., eds. London: Harwood Academic, 1994: 1 – 67

33. Gibbins, I. L., Olsson, C., and Holmgren, S. Distribution of neurons reactive for NADPH-diaphorase in the branchial nerves of a teleost fish, *Gadus morhua. Neurosci. Lett.*, 1995, 193: 113 – 116

34. Grafstein, B. Transport of protein by goldfish optic nerve fibers. *Science*, 1967, 157: 196 – 198

35. Grover, B. G., and Sharma, S. C. Organization of extrinsic tectal connections in goldfish (*Carassius auratus*). *J. Comp. Neruol.*, 1981, 196: 471-488
36. Hara, T. J., and Gorbman, A. Electrophysiological studies of the olfactory system of the goldfish, *Carassius auratus* L. 1. Modification of the electrical activity of the olfactory bulb by other central nerve structure. *Comp. Biochem. Physiol.*, 1967, 21: 185-200
37. Hara, T. J., Ueda, K., and Gorbman, A. Electroencephalographic studies of homing salmon. *Science*, 1965, 149: 884-885
38. Haugedé-Carré, F. The mormyrid mesencephalon. II. The medio-dorsal nucleus of the torus semicircularis: afferent and efferent connections studied with the HRP method. *Brain Res.*, 1983, 268: 1-14
39. Hayama, T. and Caprio, J. Lobule structure and somatotopic organization of the medullary facial lobe in the channel catfish *Ictalurus punctatus*. *J. Comp. Neurol.*, 1989, 285: 9-17
40. Healey, E. G. Experimental evidence for regeneration following spinal section in the minnow (*Phoxinus phoxinus*). *Nature*, 1962, 194: 395-396
41. Hoar, W. S. General and Comparative Physiology. New Jersey: Prentice-Hall, Inc., Englewood Cliffs, 1983: 169-175, 285-316
42. Holmgren, S., and Jensen, J. Comparative aspects on the biochemical identity of neurotransmitters of autonomic neurons. In: Comparative Physiology and Evolution of the Autonomic Nervous System. Nilsson, S. and Holmgren, S., Burnstock, G., eds. London: Harwood Academic, 1994: 69-95
43. Imagawa, T., Kitigawa, H., and Uehara, M. The innervation of the chromaffin cells in the head kidney of the carp, *Cyprinius carpio*: regional differences of the connections between nerve endings and chromaffin cells. *J. Anat.*, 1996, 188: 149-156
44. Ito, H., Murakami, T., and Morita, Y. An indirect telencephalo-cerebellar pathway and its relay nucleus in teleosts. *Brain Res.*, 1982, 249: 1-13
45. Kanwal, J., S., Finger, T. E., and Caprio, J. Forebrain connections of the gustatory system in ictalurid fishes. *J. Comp. Neurol.*, 1988, 278: 353-376
46. Karila, P., Gibbins, I. L., and Matthew, S. Dendritic morphology of neurons in sympathetic ganglia of the goldfish, *Carassius auratus*. *Neurosci. Lett.*, 1995, 198: 87-90
47. Killiaan, A. J., Scholten, G., and Groot, J. A. Ultrastructural study of the presence of vasoactive intestinal polypeptide and serotonin in mucosal nerve fibers and endocrine cells of the intestine of goldfish (*Carassius auratus*) and tilapia (*Oreochromis mossambicus*). *Cell Tissue Res.*, 1996, 283: 143-150
48. Lamb, C. F., and Caprio, J. Diencephalic gustatory connections in the channel catfish. *J. Comp. Neurol.*, 1993, 337: 400-418
49. Levine, R. L., and Dethier, S. (1985). The connections between the olfactory bulb and the brain in the goldfish. *J. Comp. Neurol.*, 1985, 237: 427-444
50. Li, Z. S., and Furness, J. B. Nitric oxide synthase in the enteric nervous system of the rainbow trout, *Salmo gairdneri*. *Arch. Histol. Cytol.*, 1993, 56: 185-193
51. Long, D. M., Bothenheimer, T. S., Hartmann, J. F., and Klatzo, I. Ultrastructural features of the shark brain. *Am. J. Anat.*, 1968, 122: 209-236
52. Lu, Z., and Fay, R. R. Acoustic response properties of single neurons in the central posterior nucleus of the thalamus of the goldfish, *Carassius auratus*. *J. Comp. Physiol.* A, 1995, 176: 747-760
53. Mark, R. F., and Davidson, T. M. Unit responses from commissural fibers of the optic lober of fish. *Science*, 1966, 152: 797-799

54. McCormick, C. A., and Braford, M. R., Jr. Organization of inner ear endorgan projections in the goldfish, *Carassius auratus*. *Brain Behav. Evol.*, 1994, 43: 189 – 205
55. McCormick, C. A., and Hernandez, D. V. Connections of the octaval and lateral line nuclei of the medulla in the goldfish, including the cytoarchitecture of the secondary octaval population in goldfish and catfish. *Brain Behav. Evol.*, 1996, 47: 113 – 138
56. Meek, J. Tectal morphology: connections, neurons and synapses. In: The Visual System of Fish. Douglas, R. H. and Djamgoz, M. B. A., eds. London: Chapman & Hall, 1990: 239 – 277
57. Morita, Y., Ito, H., and Masai, H. Central gustatory paths in the crucian carp, *Carassius carassius*. *J. Comp. Neurol.*, 1980, 191: 119 – 132
58. Morita, Y. and Finger, T. E. Topographic and laminar organization of the vagal gustatory system in the goldfish, *Carassius auratus*. *J. Comp. Neurol.*, 1985, 238: 187 – 201
59. Murakami, T., Fukuoka, T., and Ito, H. Telencephalic ascending acousticolateral system in a teleost, *Sebastiscus marmoratus*, with special reference to fiber connections of the nucleus preglomerulosus. *J. Comp. Neurol.*, 1986, 247: 383 – 397
60. Ngai, J., Dowling, M. M., Buck, L., Axel, R., and Chess, A. The family of genes encoding odorant receptors in the channel catfish. *Cell*, 1993, 72: 657 – 666
61. Ngai, J., Chess, A., Dowling, M. M., Necles, N., Macagno, E. R., and Axel, R. Coding of olfactory information: topography of odorant receptor expression in the catfish olfactory epithelium. *Cell*, 1993, 72: 667 – 680
62. Nicol, J. A. C. Autonomic nervous system in lower chordates. *Biol. Rev.*, 1952, 27: 1 – 49
63. Nieuwenhuys, R. The forebrain in some groups of fishes. *Anat. Record*, 1962, 142: 262
64. Nieuwenhuys, R. Comparative anatomy of the spinal cord. *Progr. Brain Res.*, 1967, 11: 1 – 57
65. Nieuwenhuys, R. Comparative anatomy of the cerebellum. *Progr. Brain Res.*, 1967, 25: 1 – 93
66. Nieuwenhuys, R., and Nicholson, C. Cerebellum of mormyrids. *Nature*, 1967, 215: 764 – 765
67. Nilsson, S. *Autonomic Nerve Function in the Vertebrates*. Berlin: Spinger-Verlag, 1983
68. Nilsson, S. and Holmgren, S. Comparative Physiology and Evolution of the Autonomic Nervous System. Burnstock G., Ser. ed. London: Harwood Academic, 1994
69. Northcutt, R. G. Cells of origin of pathways afferent to the optic tectum in the green sunfish, *Lepomis cyanellus*, *Ophthalmol. Visual Sci. Suppl.*, 1982, 22: 245
70. Northcutt, R. G. and Wullimann, M. F. The visual system in teleost fishes: morphological patterns and trends. In: Sensory Biology of Aquatic Animals. Atema, J., Fay, R. R., Popper, A. N., and Tavolga, W. N., eds. New York: Springer-Verlag, 1988: 515 ~ 552
71. Ohnishi, K. Proposed tertiary olfactory pathways in teleost, *Carassius auratus*. *Zool. Sci.*, 1986, 4: 427 – 431
72. Oka, Y., Satou, M., and Ueda, K. Descending pathways in the himé salmon (landlocked red salmon, *Oncorhynchus nerka*). *J. Comp. Neurol.*, 1987, 254: 91 – 103
73. Olsson, C. and Karila P. Coexistence of NADPH-diapharose and vasoactive intestinal polypeptide in the enteric nervous system of the Atlantic cod (*Gadus morhua*) and the spiny dogfish (*Squalus acanthias*). *Cell Tissue Res.*, 1995, 280: 297 – 305
74. Prasada Rao, P. D., Jadhao, A. G., and Sharma, S. C. Descending projection neurons to the spinal cord of the goldfish, *Carassius auratus*. *J. Comp. Neurol.*, 1987, 265: 96 – 108
75. Rajjo, I. M., Vigna, S. R., and Crim, J. W. Immunocytochemical localization of vasoactive intestinal

polypeptide in the digestive tracts of a holostean and a teleostean fish. *Comp. Biochem. Physiol.*, 1989, 94C: 411 – 418

76. Read, J. B., and Burnstock, G. Comparative histochemical studies of adrenergic nerves in the enteric plexuses of vertebrate large intestine. *Comp. Biochem. Physiol.*, 1968, 27: 505 – 517

77. Rombout, J. H. and Reinecke, M. Immunohistochemical localisation of (neuro) peptide hormones in endocrine cells and nerves of the gut of a stomachless teleost fish, *Barbus conchonius*. *Cell Tissue Res.*, 1984, 237: 57 – 65

78. Russell, C. J. and Bell, C. C. Neuronal responses to electrosensory input in mormyrid valvula cerebelli, *J. Neurophysiol.*, 1978, 41: 1495 – 1510

79. Santer, R. M. Chromaffin systems. In: Comparative Physiology and Evolution of the Autonomic Nervous System. Nilsson, S., Holmgren, S., Burnstock, G., eds. London: Harwood Academic, 1994: 97 – 117

80. Scalia, F. and Ebbesson, S. O. E. The central projection of the olfactory bulb in a teleost (*Gymnothorax funebris*). *Brain Behav. Evol.*, 1971, 4: 376 – 399

81. Schnitzlein, H. N. The habenula and dorsal thalamus of some teleosts. *J. Comp. Neurol.*, 1962, 118: 225 – 268

82. Segaar, J. Behavioural aspects of degeneration and regeneration in fish brain: A comparison with higher vertebrates. *Progr. Brain Res.*, 1965, 14: 143 – 231

83. Striedter, G. F. Auditory, electrosensory and mechanosensory lateral line pathways through the forebrain in channel catfishes. *J. Comp. Neurol.*, 1991, 312: 311 – 331

84. Striedter, G. F. Phylogenetic changes in the connection of the lateral preglomerular nucleus in ostariophysan teleosts: a pluralistic view of brain evolution. *Brain Behav. Evol.*, 1992, 39: 329 – 357

85. Von, Euler, U. S., and Fange, R. Catecholamines in nerves and organs of *Myxine glutinosa*, *Squalus acanthias* and *Gadus Callarias*. *Gen. Comp. Endocriaol.*, 1961, 1: 191 – 194

86. Westerman, R. A., and von Baumgarten, R. Regeneration of olfactory paths in carp (*Cyprinus carpio*). *Experientia*, 1964, 20: 519 – 521

87. Wilson, J. A. F., and Westerman, R. A. The fine structure of the olfactory mucosa and nerve in the teleost *Carassius auratus* L. *Z. Zellforsch. Mikroskop. Anat.*, 1967, 83: 196 – 206

88. Wullimann, M. F. The central nervous system. In: The Physiology of Fishes. Second Edition. D. H. Evans, ed. Boca Raton: CRC Press, 1998: 245 – 282

89. Wullimann, M. F. and Meyer, D. L. Possible multiple evolution of indirect telencephalo-cerebellar pathways in teleosts: studies in *Carassius auratus* and *Pantodon buchholzi*. *Cell. Tissue Res.*, 1993, 274: 447 – 455

90. Wullimann, M. F. and Northcutt, R. G. Connections of the corpus cerebelli in the green sunfish and the common goldfish: a comparison of perciform and cypriniform teleosts. *Brain Behav. Evol.*, 1988, 32: 293 – 316

91. Wullimann, M. F. and Northcutt, R. G. Visual and electrosensory circuits of the diencephalon in mormyrids, an evolutionary-perspective. *J. Comp. Neurol.*, 1963, 297: 537 – 552

92. Wullimann, M. F. and Rooney, D. J. A direct cerebello-telencephalic projection in an electrosensory mormyrid fish. *Brain Res.*, 1990, 520: 354 – 357

93. Yagi, K., and Bern, H. A. Electrophysiologic indications of the osmoregulatory role of the teleost urophysis. *Science*, 1963, 142: 491 – 493

94. Young, J. Z. Sympathetic innervation of the rectum and bladder of the skate and parallel effects of ATP and adrenaline. *Comp. Biochem. Physiol.*, 1988, 89C: 101-107

复习与思考

1. 鱼类神经系统如何发生和分化？鱼类各个类群神经系统有哪些特点？
2. 鱼类脑各个部分的主要功能是哪些？
3. 鱼类端脑的结构和功能与哺乳类端脑比较有何异同之处？
4. 鱼类的嗅觉和视觉通过哪些神经通路将信息传入端脑？
5. 鱼类脊椎的构造和功能如何？脊神经如何分支到身体各部？
6. 鱼类的脑区有哪些下行的神经通路进入脊椎？它们的主要功能是什么？
7. 阐述鱼类十对脑神经的起源、分布和功能。
8. 鱼类如何形成条件反射？鱼类形成的条件反射有什么特点？
9. 鱼类小脑的功能有哪些？试说明硬骨鱼类主要的传入神经通路和传出神经通路。
10. 鱼类自主神经系统如何形成？有何特点？
11. 如何研究鱼类自主神经系统的分布和作用？试举例说明。

第十一章　感觉器官及其生理功能

与其他脊椎动物一样，鱼类通过感受器和感觉器官接受内外环境的信息或刺激，并把它们转变为神经冲动，传送到中枢神经系统，经过中枢神经系统的分析和整合作用后再传送到效应器，使鱼体产生适当的反应。

内外环境的刺激多种多样，如机械的、化学的、光的、温度的、电的等。感受器可分为外感受器（如视、听、嗅、味、皮肤感受器）和内感受器（如本体感受器、消化管和循环系统内的感受器）；而根据所感受刺激的性质，感受器可分为化学感受器（Chemoreceptor）、机械感受器（Mechanoceptor）、光感受器（Photoreceptor）、温度感受器、电感受器等等。

第一节　化学感受器

化学感受（Chemoreception）对鱼类的行为起着重要而不可缺少的作用，它可帮助鱼类获得食物、识别异性、辨别同种或不同种的个体、防御与躲避敌害、抚幼、定向和"归巢"等。化学感受通常包括三种情况：嗅觉、味觉和一般的化学感受，但这些感觉通道并非截然不同，有些物质能够引起两种感觉器的反应。特别是生活在水中的鱼类，嗅觉和味觉都是通过稀释的水溶液传递的，它们之间只能通过解剖构造和生理反应来区分。

一、嗅觉器

鱼类的嗅觉器（Olfactory Organ）由第一对脑神经即嗅神经分布，其轴突延伸到嗅球的嗅觉细胞；又通过嗅束到达端脑以及间脑的上、下丘脑。具有发达嗅觉的鱼类称为嗅觉灵敏鱼类（Macrosmatic Fish），而嗅觉不发达的鱼类称为嗅觉不灵敏鱼类（Microsmatic Fish）。

鱼类头部背侧通常有一对嗅窝（Olfactory Pit），每个嗅窝的开口被皮肤褶分隔为前后两部分，前部进水而后部出水。鳗鱼的嗅觉发达，其嗅窝大而延长，前嗅孔位于吻端，而后嗅孔位于眼前（图11-1）。传送嗅觉的水流可以通过鱼类的向前游动或者嗅窝内的纤毛活动以及颚部和鳃部的肌肉活动而由前鼻孔进入嗅窝，然后由后鼻孔流出来。

嗅窝内的嗅觉上皮通过形成瓣状的皱褶（图11-1），使嗅觉的面积大为增加。花瓣状的皱褶有圆形的（如狗鱼）、长形的（如鳗鱼）和卵圆形的（大多数鱼类）。对嗅觉上皮的比较分析测定表明，具圆形花瓣状皱褶的鱼类，其嗅觉上皮的相对面积最小，如狗鱼只为体表总面积的0.2%，刺鱼为0.4%；具长形花瓣状皱褶的鳗鱼，其嗅觉上皮发达，为体表总面积的1.4%，江鳕（Lota lota）为1.3%；具卵圆形花瓣状皱褶的鲶

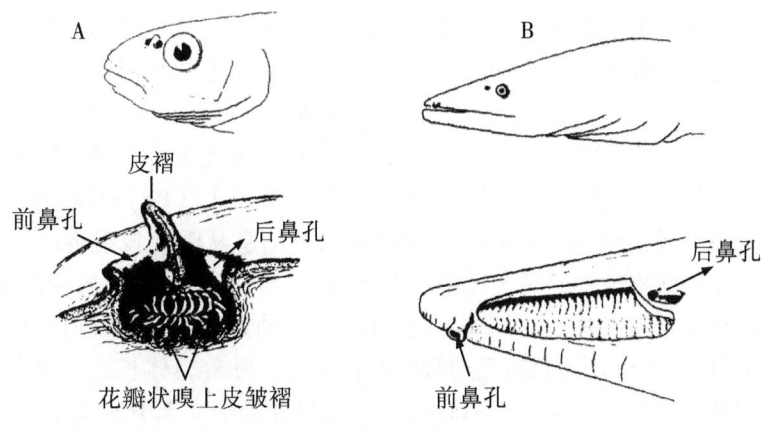

图 11-1　鱼嗅窝的位置和内部构造
A. 鲈鱼；B. 鳗鱼（依据 T. J. Hara）

鱼，其嗅觉上皮面积为体表总面积的 1.9%，鮈（*Gobio*）的嗅觉上皮尤为发达，为体表总面积的 3.6%。

鱼类的嗅觉上皮通常位于隔离的感觉区而与柱形纤毛细胞区（即未分化的上皮）分开。嗅觉上皮由嗅觉细胞、支持细胞和基细胞组成（图 11-2）；有些鱼类（如鳗鱼）还有大型的杯状细胞，可能是黏液腺细胞；有些鱼类（如江鳕）还可看到插入上皮的胶质细胞。嗅觉细胞的密度在各种鱼类有所不同，如鲑科是 25000 个/mm²，鳉鱼科是 500000 个/mm²。支持细胞围绕着嗅觉细胞，并从固有膜（Lamina Propria）延伸到上皮表面，具有分泌、吸收和胶质的作用，还具有纤毛或微绒毛。基细胞圆球形，位于固有膜上方，是嗅觉细胞和支持细胞的祖细胞（Progenitor Cell）。

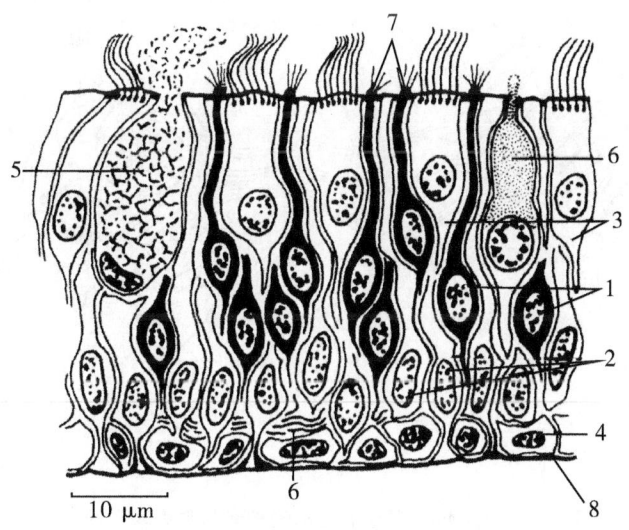

图 11-2　鳗鱼嗅觉上皮组织结构模式图
1. 嗅觉细胞；2. 支持细胞；3. 纤毛细胞；4. 基细胞；5. 杯状细胞；
6. 棒形分泌细胞；7. 嗅结及感觉毛；8. 固有膜（依据 T. J. Hara）

嗅觉细胞是两极的初级神经元，发出细长的树状突到达上皮表面，树状突末端梢膨大并具有一些纤毛，称为嗅结（Olfactory Knob）。嗅觉细胞的基部分布有细小的嗅觉神经纤维，它穿过基膜，在黏膜下层结集而形成嗅神经小束，并向后终止于嗅球（Olfactory Bulb），与嗅球神经元形成突触联系（图 11-3）。嗅觉是接受嗅神经输入信息的第一个交换站。嗅觉神经元的轴突和次级的嗅觉投射神经元（Projection Neuron，即僧帽细胞）形成突触后发出嗅束，它能把嗅神经输入的信息从嗅觉投射神经元送到神经中枢。嗅觉神经元和僧帽细胞的聚合比例是 1000∶1。嗅神经的长度在各种鱼类有所不同。有的鱼类嗅神经短而嗅束很长（如鲫、鲶、鲷），有的鱼类嗅神经长而嗅束短（如鲑鳟鱼类、鳗、狗鱼）。金鱼在幼鱼时嗅球和嗅叶很靠近，随着鱼体长大，嗅束的长度也增加。狗鱼嗅神经纤维的直径为 $0.1\sim0.4\ \mu m$，而嗅神经中央部分轴突的平均数目是 29 个/μm^2。鱼类嗅球的分层结构与其他脊椎动物大体相似，从表到里依次为：①嗅神经层，主要由嗅神经元的轴突组成；②嗅小球层（Glomerular Layer），是嗅觉神经元和僧帽细胞树状突形成突触的交汇部位；③僧帽细胞层；④内细胞层（图 11-4）。与哺乳类相似，鱼类僧帽细胞的突触还延伸到颗粒细胞，可能会对僧帽细胞的自发性活动起抑制性影响。此外，有些鱼类的僧帽细胞层还有一些波缘细胞，它们的轴突与僧帽细胞的一样突入端脑，而不同的是它们的树状突并不与嗅神经的轴突发生突触联系；波缘细胞围绕僧帽细胞并与颗粒细胞产生许多交互的突触联系，其功能还不清楚。嗅球的信息通过两个主要的神经纤维通路（即外侧和中间的嗅束）而传送到端脑基部。中间嗅束的外侧较厚些，它们再分为两个小束；两个主要的神经纤维束含有直径小于 $6.5\ \mu m$ 的有髓鞘神经纤维，其数量约为 10^4 个，因而嗅觉细胞（初级神经元）与嗅束的有髓鞘神经（次级神经元）之间的比例为 1000∶1。这与兔子嗅觉细胞和僧帽细胞的聚合比例相似。

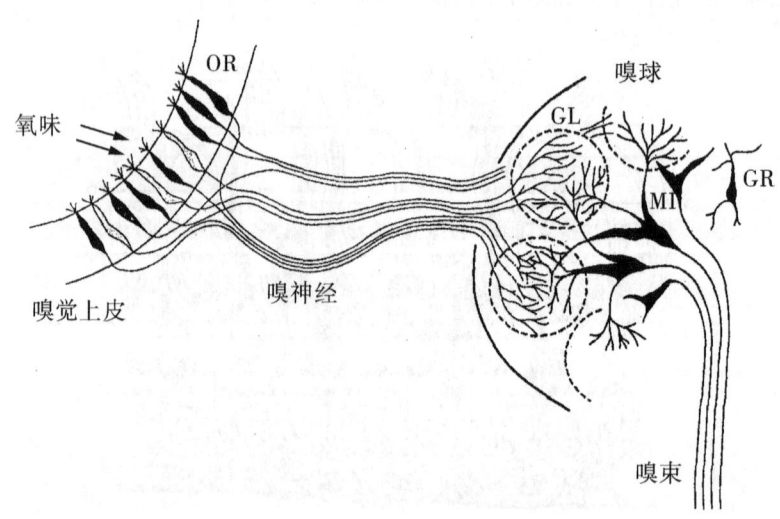

图 11-3 硬骨鱼类嗅觉上皮和嗅神经与嗅束联系的示意图

嗅觉细胞（OR）随意分布于嗅觉上皮，其基部的细小嗅觉神经纤维结集形成嗅神经小束，并聚合成为在嗅球内的嗅小球（GL）；然后通过共同的僧帽细胞（MI）和颗粒细胞（GR）形成的嗅束将嗅觉信息传送到神经中枢（引自 T. J. Hara, 2000）

中间嗅束的一些神经纤维直接通到下丘脑，而另一些神经纤维横过前连合（Anterior Commissure）。三叉神经的神经末梢也分布于嗅觉上皮，但其机能还不清楚。嗅觉细胞在嗅觉上皮中的分布并不均匀，通过对几种鱼类嗅觉细胞的计算，得到其平均数量是（$4 \times 10^4 \sim 8 \times 10^4$）/mm²。支持细胞是多角的柱形上皮细胞，排列于嗅觉细胞之间，有少量不规则的微绒毛和大的卵圆形核，细胞质内有丰富的内质网和线粒体；它们除了机械的支持作用外，可能还有其他功能。

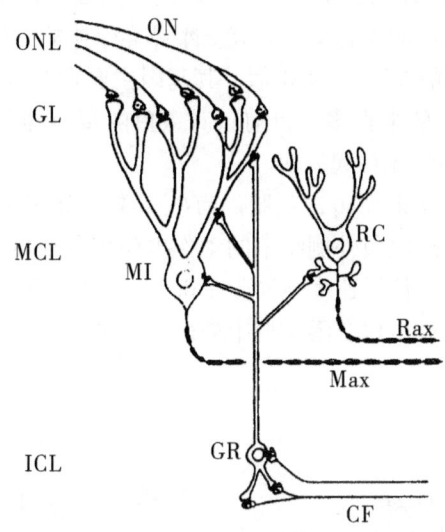

图 11-4　硬骨鱼类嗅球突触传导示意图

ONL：嗅觉神经层；GL：嗅小球层；MCL：僧帽细胞层；ICL：内细胞层；ON：嗅觉神经纤维；MI：僧帽细胞；Max：僧帽细胞轴突；RC：波缘细胞；Rax：波缘细胞轴突；GR：颗粒细胞；CF：离心纤维（引自 P. W. Sorensen 和 J. Caprio, 1998）

许多鱼类具有灵敏的嗅觉，经过训练后能够辨别纯粹的气味（如香豆素、粪臭素）和品味（如葡萄糖、醋酸、奎宁等）的物质。切除端脑后鱼类不能辨别有气味的物质，但仍能感受有味道的物质，说明嗅觉和味觉的受体功能是不同的。鱼类的嗅觉上皮对乙醇、酚和许多其他化合物的敏感性阈值范围与哺乳类相似，如虹鳟能感受浓度为 1×10^{-9} mol/L 的 β-苯乙醇，红大麻哈鱼能感受浓度为 1.8×10^{-7} mol/L 的丁子香酚。欧洲鳗的嗅觉更为敏锐，能感受浓度为 2×10^{-16} mol/L 的芷香酮和 3.5×10^{-19} mol/L 的苯乙醇，其阈值范围要比虹鳟低 80~100 倍，而与哺乳类中嗅觉非常灵敏的狗相似。许多化学物质能引起鱼类的嗅觉反应，主要是氨基酸、胆汁酸、性类固醇激素及其衍生物，以及前列腺素等四大类；其他如酒精、羧酸、多胺类（如精胺、亚精胺）、核苷酸、芳香碳氢化合物等对不同的鱼类也能引起不同程度的嗅觉反应，但它们的功能尚未了解清楚。

对金鱼嗅觉系统的电生理学研究表明，嗅球表面的自发神经电活动稳定，频率为 14~16 Hz，幅度为 70~100 μV；用化学溶液注入鼻腔能诱发高幅度（150~200 μV）的特异性同步电波型。虽然不断地对嗅束给以化学刺激物，但其诱发反应的最长持续时间是 3~6 s；在 NaCl 的试验浓度范围内（$1×10^{-2}$ ~ $5×10^{-2}$ mol/L），反应的强度随着浓度的增加而加强。虽然化学刺激嗅束诱发的反应特性还不清楚，但这种电位变化很可能是由于嗅觉细胞的非特异兴奋性所引起的。用电刺激也能诱导嗅球出现特别的电位，其最大幅度约为 1.2 mV，持续时间为 50 ms。

最近已在鲶鱼和斑马鱼中鉴别出两种与其他脊椎动物相似的 G-蛋白偶联的气味受体，即嗅觉受体（ORs：Olfactory Receptor）和犁鼻样受体（VNRs：Vomeronasal Receptor）。嗅觉受体基因主要在纤毛的嗅觉神经元表达，其数量在鲶鱼和斑马鱼中估计要比哺乳类少 5~10 倍，但其功能还有待于研究。犁鼻样受体的结构与其他脊椎动物犁鼻器官（Vomeronasal Organ）的 V2R 受体相似，其基因主要在有微绒毛的嗅觉神经元表达。V2R 的配体通常要比 ORs 的少得多。目前只对金鱼的犁鼻样受体进行了功能鉴别，它对 L-精氨酸和结构类似的气味剂起反应。

嗅觉信号由嗅球通过嗅束而传送到脑。有些鱼类（如鲤鱼、鲫鱼等）在端脑与嗅球之间有长的嗅束。有报道鲤鱼外侧嗅束的动作电位传导速度为 0.6 m/s；江鳕电刺激嗅束诱发的动作电位有三个传导速度不同（在 0.25~5.5 m/s 的范围内）的成分，其中传导速度最慢的第三个成分出现在嗅束的中央束，它可能是无髓鞘的。

二、味觉器

味觉器（Gustatory Organ）是味蕾。与其他脊椎动物相似，鱼类的味蕾呈橙形，由味觉细胞、支持细胞和基细胞组成。顶部形成味孔，味觉细胞呈长梨形，顶端有短的微绒毛和许多电子稠密的小管。味蕾的基部有神经纤维分布，它们与味觉细胞形成突触联系处有许多小囊（图 11-5）。

板鳃鱼类的味蕾只分布于口部和咽，而硬骨鱼类还分布于鳃弓、鳃耙、触须、鳍等；有些鱼

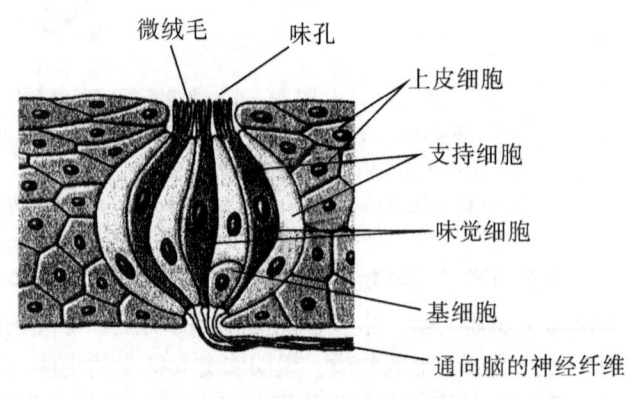

图 11-5 味蕾结构模式图
表示三个味觉细胞和四个支持细胞。味觉细胞基部与味神经的神经元形成突触（依据 R. Eckext）

类（如鲶鱼），味蕾分布于整个身体的表面（图 11-6）。第七对（面）、第九对（舌咽）和第十对（迷走）脑神经发出神经分支分布于味蕾。味觉发达的鱼类在延脑两侧形成明显的面叶、迷走叶以及小的舌咽叶。

根据对鱼的研究，其味蕾对糖的敏感性阈值是 $2×10^{-5}$ mol/L，对盐是 $4×10^{-5}$ mol/L，这比人对糖和盐的阈值分别低 512 倍和 184 倍。切除嗅叶后对这些阈值没有影响，证明其味觉是确实存在的。

由于鱼类的味觉细胞（味蕾）散布在身体表面，对味觉功能的电生理研究主要是

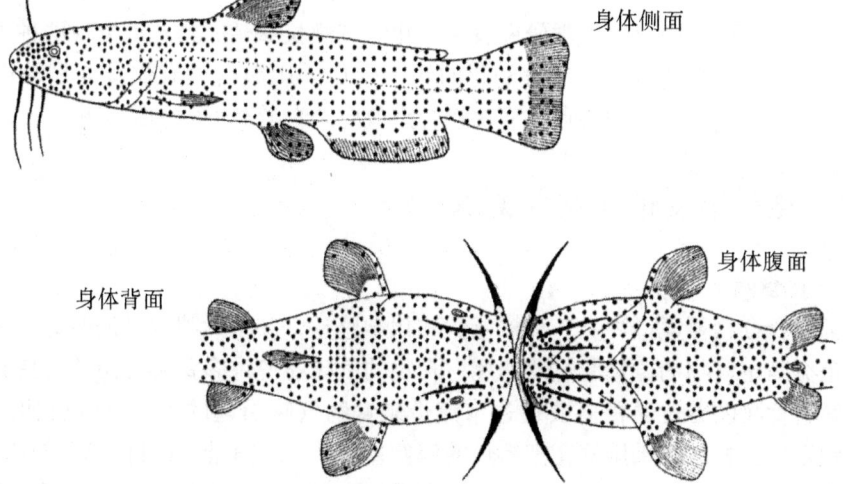

图 11-6 鲶鱼味蕾在身体各部分的分布
1 个黑点表示 100 个味蕾，唇部和触须的味蕾密度较高

记录分布于口部、触须、鳃耙等部位味蕾的面神经、舌咽神经、鳃神经的神经纤维对各部位被有味物质刺激后所产生的电反应。对鲤鱼的研究表明，颚部的味蕾对味觉起主要作用，0.5 mol/L 的糖、0.005 mol/L 的醋酸和 0.01 mol/L 的奎宁都能产生明显的味觉反应。将舌咽神经细分为单个的神经纤维，可以观察到它们对一些有味物质的刺激有不同的反应，例如，有些神经纤维只特异性地对 NaCl 有反应，有些神经纤维可以对糖和人的唾液起反应，而大多数神经纤维都对醋酸起反应。当两种化合物同时或者相继刺激味觉细胞，还会出现抑制性的相互作用，如在右旋糖、果糖、左旋糖之间出现竞争性的刺激作用；用氯化汞（10^{-4} mol/L）能阻抑这三种糖对鲤鱼味觉的反应，但对甘氨酸和 NaCl 则没有影响。这表明鲤的口部至少有两种不同的味觉细胞：一种能对许多种物质起反应，而另一种只对甘氨酸有反应。鲤鱼对具有多价阴离子的化合物（如柠檬酸钠、磷酸氢钠、$Na_4Fe(CH)_6$、四甲基铵-Cl、胆碱-Cl、谷氨酸钠、果糖、甘氨酸等）都有强烈的味觉反应。此外，味觉反应随着化合物浓度的增加而减弱，然后，再提高浓度则能使反应显著增强。鲤鱼的口部味蕾对 CO_2 十分敏感，而且不受溶液 pH 值的影响，但对氧和氮没有反应。鲶鱼的触须对摄取食物起重要作用。有味物质能诱导分布于黑鲴（*Ameiurus melas*）鼻须的面神经产生峰电位，对摩尔浓度相同的各种氯化物的反应幅度顺序是：KCl > NH₄Cl > NaCl > LiCl，它们的味觉敏感性阈值是 0.1 mol/L。鲶鱼（*Parasilurus asotus*）的单条神经纤维能记录到电位变化，它们对盐酸和盐反应明显，但对糖和奎宁没有反应。

三、一般的化学感受

鱼类的皮肤分布有许多脊神经的神经末梢，它们对化学物质产生反应，但其敏感性要比嗅觉上皮和味蕾低。例如，长鳍鳕（*Urophycis*）的鳍条有脑神经和脊神经分布的味蕾，而锯鲂鲱（*Prionotus*）的鳍条没有味蕾，但上皮有丰富的脊神经分布，它们对化学刺激都能产生反应。而电生理学研究表明，化学刺激长鳍鳕的鳍条后出现两种类型的神经放电，即快的和慢的接合；而锯鲂鲱的鳍条受化学刺激后只有快接合型放电。这表明，慢接合型放电是味蕾的特点，而快接合型放电来自游离的脊神经末梢。

四、化学感受的生物学意义

1. 寻觅食物

鱼类寻找食物要通过视觉、机械感觉和化学感觉，其中的嗅觉已证明对许多鱼类特别是鲨鱼类确定食物的位置起重要作用。食物的气味能使许多鱼类开始并保持其摄食行为，但确定食物的方位通常需要通过水流带来食物气味引起的嗅觉，然后朝向水流游动，直到发现食物。如果用棉花把鲨鱼的嗅窝塞住，它就不能识别和确定蟹肉的位置。增加食物的浓度能诱导鲨鱼非常迅速地转向受到食物强烈刺激的一侧。致盲的钝吻胖头鲹（*Hyborhynchus notatus*）也能辨别非常稀的水生植物气味。

2. 诱导异性的生殖行为

许多鱼类的雌鱼或雄鱼在生殖时释放性外激素于水中，异性的鱼类通过嗅觉感受这种刺激并传送到中枢神经，诱导促性腺激素分泌和交配产卵行为。此内容在第七章中已有介绍。

3. 辨别同种个体和结群

鱼类能通过皮肤分泌黏液引起的嗅觉反应来识别同种或不同种的个体。例如，致盲的鱼经过训练后能够识别 8 个科 15 种不同鱼类的身体气味，也能辨别同种的不同个体的气味，但除去嗅叶后就失去这种能力。这种嗅觉联系对鱼类结群很重要。对嗅觉和视觉在拟鲤（*Rutilus rutilus*）结群行为中所起作用的研究表明，视觉在白天起主要作用，而嗅觉在夜间起主要作用。

4. 感受警报物质

有些鱼类（如鳉鱼）的皮肤含有特化的上皮细胞，当皮肤受损伤时，它们把起着"警报物质（Alarm Substances）"作用的内含物释放到水中，同种的其他鱼感受后产生惊吓反应，使鱼不规则地剧烈游动。这种反应出现于一尾鱼受到损伤的鱼群中，可能对逃离捕食者起重要作用。警报物质可能是一种喋呤（Pterine），与异黄喋呤（Isoxanthopterin）相近。洄游的大麻哈鱼对人或熊的气味十分敏感，人在鱼梯（鱼洄游的通道）处洗手就会使它们停止向上游洄游几小时，并在下游兴奋地打转游动，表现出警戒性反应，直到气味消除为止。化学分析表明，人皮肤分泌的驱逐性物质是 L-丝氨酸，其非常低的浓度（8×10^{-10} mol/L）就能对鱼起强烈的驱逐作用。用人的洗手水和 10^{-6} mol/L 的 L-丝氨酸处理后能在虹鳟的嗅球记录到脑电反应。

5. 洄游过程的定向

嗅觉信息对洄游性鱼类（如溯河洄游的大麻哈鱼和降河洄游的鳗鱼）的定向十分重要。通过记录回到原产地产卵的大麻哈鱼脑各个部位的自发电位，发现嗅球和小脑后部的电位幅度比脑的其他部位高很多，而视叶则非常低。相反，不洄游的虹鳟和金鱼，其嗅球的自发电位相当低，而视叶的自发电位明显高于产卵的大麻哈鱼。给洄游的大麻哈鱼鼻腔灌注"家乡水"，能在其嗅球记录到刺激性的电位，而用邻近水源的水灌注则没有反应，表明嗅觉是在"归家"洄游的最后阶段起导向作用的主要因素，而这种嗅觉辨别本领是在嗅球或嗅觉上皮。用"家乡水"灌注鼻腔引起嗅球产生高幅度的电位反应是特异性的，因为用另一群洄游大麻哈鱼产卵点的水来灌注，只能诱导微弱的反应或完全没有反应。这表明每个产卵点都有自己特异性的刺激物，洄游的大麻哈鱼能够识别它们并且诱发反应。成年大麻哈鱼在由海洋向江河的洄游过程中很可能再追溯一些刺激因素的痕迹，而这些刺激因素是幼鱼在下海洄游时留有深刻印迹的。但这个问题还需进一步深入研究。有人给"归家"的大鳞大麻哈鱼颅腔注射代谢拮抗物（如嘌呤霉素、放射菌素或放射菌酮），能明显抑制其嗅球对"家乡水"和其他天然水的辨别能力，而用吗啡刺激嗅觉能使脑的 RNA 含量增加。这表明 RNA 的合成可能是大麻哈鱼建立记忆能力的作用机理之一。

第二节　机械感受器

鱼类主要的机械感受器包括触觉器（Touch Receptor）、侧线器官（Lateral Line Organ）、听觉器（Acoustic Organ）等。本节研究触觉器和侧线器官，听觉器将在第三节专门介绍。

一、触觉器

鱼类能感受接触固体物质的触觉器主要分布在口部和唇部。板鳃鱼类的触觉器在吻部很丰富，是带有罗氏壶腹（Lorenzini's Ampulla）的黏膜管和感觉板；管的末端开口于体表，其基部是壶腹，管内有感觉细胞，可感受触觉；壶腹末端有神经纤维和小血管分布。电鳐的感觉薄板呈球形，是封闭的组织，其基部是一块粗厚的腱板，上方铺以由感觉细胞和支持细胞组成的感觉上皮，神经纤维通过腱板而分支到感觉上皮的感觉细胞；由感觉细胞可以感受外界固体物质的存在。有些硬骨鱼类也有类似的触觉器。在鱼类的触觉中，痛觉的反应很弱，如对鱼做手术时，它们没有明显的挣扎。有人经过试验确定鱼的痛觉点主要在头部，身体其他部分较少。

二、侧线器官

侧线是鱼类感受水中微小活动的感觉系统，对鱼类的许多行为，包括趋流性（Rheotaxis）、结群、识别目标、沟通、追捕猎物、逃避敌害等起主导作用。侧线的感觉单位是神经丘（Neuromast）。鱼类的神经丘主要有两种类型：浅表神经丘（SN；Superficial Neuromast）位于鱼体表面的表皮内；管状神经丘（CN；Canal Neuromast）埋入真皮的管道内，通过侧线孔与外界相通。

低等板鳃鱼类的侧线结构简单，是一条纵走的深沟，由头部延伸到尾部，沟的边缘

铺以结集排列的楯鳞；全头鱼类的侧
线也是开沟型的，沟内分布浅表神经
丘。在高等板鳃鱼类和硬骨鱼类，侧
线沟已发展为封闭的侧线管，并有间
隔排列的一系列侧线孔与外界相通。
硬骨鱼类的侧线有各种不同的类型
（图 11 - 7），它们不只限于体侧，还
延伸到头部，有眼上支、眼下支、舌
颌支或鳃盖 - 下颌支等（图 11 - 8）。
沿侧线的每个鳞片都有一侧线孔，孔
的内端开口于一铺以上皮组织的纵走
管，管内充满黏液，并分布有许多管
状神经丘。每个神经丘由毛细胞、支
持细胞和套细胞（Mantle Cell）组成。
套细胞围绕神经丘外周而与周围的上
表皮分开，其上方形成一个胶质的顶
器（Cupula），被覆一系列感觉毛。
感觉毛从藏于上皮组织的毛细胞
（Hair Cell）伸出。毛细胞呈长梨形，
有一条长的动纤毛（Kinocilium）位
于细胞一端，邻近有许多条较短的静
纤毛（Stereocilium）。动纤毛由一对
中央小管和围绕它的 9 对外周小管组

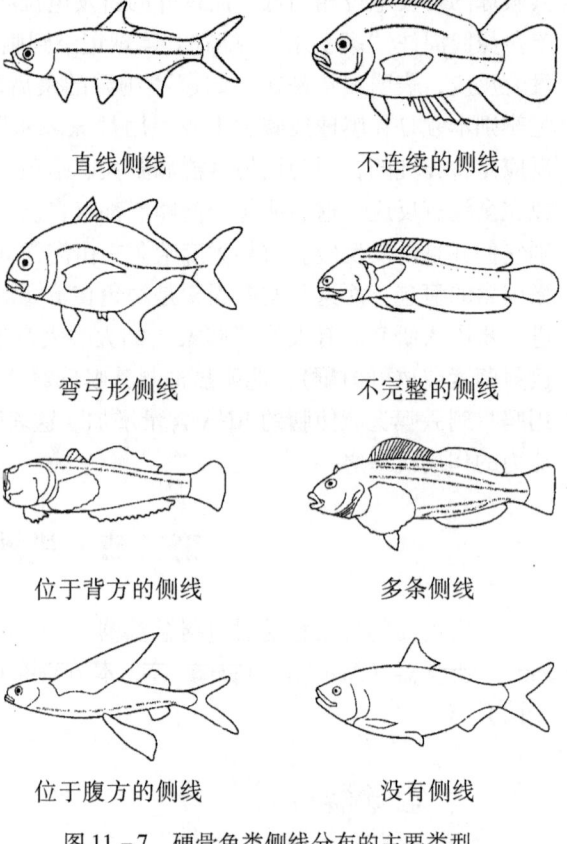

图 11 - 7　硬骨鱼类侧线分布的主要类型
引自 J. F. Webb, 1989

成，但在基部中央小管消失而外周小管延伸到毛细胞内并形成基体。毛细胞基部有迷走
神经的侧线神经支分出的神经纤维分布，并形成化学性突触（图 11 - 9、图 11 - 10）。
浅表神经丘的直径为 20 ~ 100 μm，基部有许多传入神经纤维分布。管状神经丘较大，
平均直径为 200 ~ 600 μm，由于神经丘内含有较多的毛细胞，因此基部分布的传入神经
纤维也较多，为浅表神经丘的 2 ~ 6 倍。浅表神经丘的功能是感受水流速度，即对围绕
顶器的水流速度产生反应。管状神经丘的功能是感受水流加速度，即对侧线管道外的水
流加速度起反应。由于受到侧线管道外水流的影响，侧线管道内的水流是由侧线孔之间
的压力差所引起的，管状神经丘所感受的是压力的梯度。

　　在鱼类躯干部的神经丘分布有由后侧线神经（PLLN：Posterior Lateral Line Nerve）
发出的传出和传入的神经纤维，而头部的神经丘分布有由前侧线神经（ALLN：Anterior
Lateral Line Nerve）发出的神经纤维。每支传入神经纤维分布到一个管状神经丘或者一
个或数个浅表神经丘。

　　每个顶器覆盖有一系列毛细胞，当顶器受水流的影响而弯曲时，使毛细胞的纤毛弯
曲而诱导侧线神经纤维产生电活动。对毛细胞内放电活动的记录表明：当纤毛向动纤毛
所伸出的方向弯曲（或倾斜）时，引起与毛细胞联系的感觉神经纤维的兴奋（去极

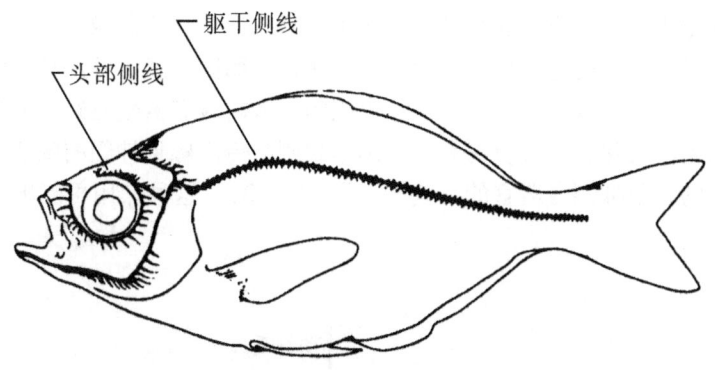

图 11-8　大眼海鲫（*Hyperprosopon*）的侧线系统
依据 W. N. Tavolga

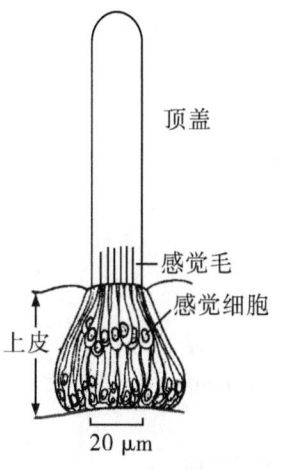

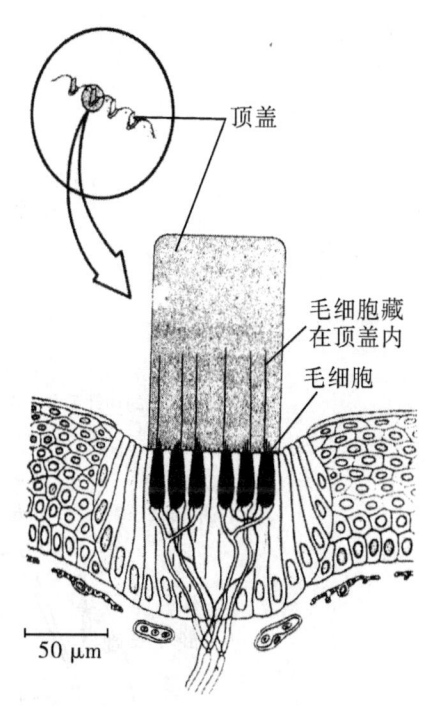

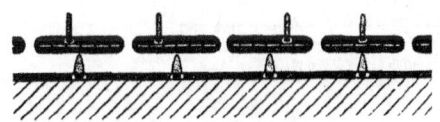

图 11-9　鱼类侧线器官模式图
上图表示几个感觉细胞结集在一起，上方包被以胶膜状顶盖；下图表示侧线的纵切面，水流使顶盖变形（依据 W. s. Hoat）

图 11-10　鱼类由毛细胞组成的侧线感觉器官
依据 R. Eckert

化）；而朝向相反的方向（静纤毛伸出处）弯曲时，使感觉神经纤维的电发放受抑制（超极化）。因此，由于纤毛弯曲（或倾斜）的方向不同而改变毛细胞的感受电位，从而影响感觉神经纤维的电活动（图 11-11、图 11-12）。用细胞内微电极记录毛细胞的感受电位和感觉神经纤维发放的冲动时，可以看到当感受器去极化时，发放的频率增加，而超极化时，发放的频率减少。毛细胞与传入的神经末梢有突触联系。每条神经与许多毛细胞接触，它们的动纤毛位置相同，于是，一条神经对顶器偏转的反应就只有一个方向；毛细胞激活后使突触联系处的许多小囊释放递质，从而激活传入神经。由于膜电位的变化使释放递质的速率也相应地发生变化，因而影响感觉神经轴突电发放冲动的频率。毛细胞也有传出神经分布，其神经末梢的小囊内含有乙酰胆碱；如果激活传出神经，会使毛细胞超极化，并且提高激活毛细胞和刺激传入感觉神经的阈值。所以，传出神经是抑制性的，阻抑侧线器官的反应性（图11-12）。这种作用可能出现在鱼类快速游泳的时候。

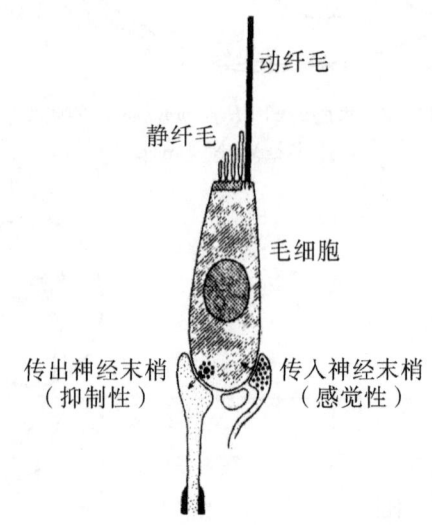

图 11-11 毛细胞模式图
表示较长的动纤毛和一组较小的静纤毛，并有传入神经和传出神经分布

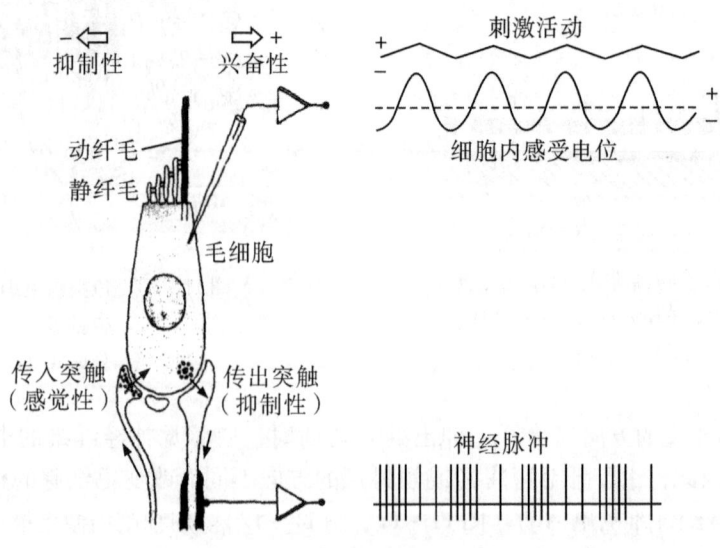

图 11-12 毛细胞接受刺激产生动作电位与神经传递模式图
依据 R. Eckert

根据毛细胞的结构可以分析它们感受水流方向变化的作用机理。毛细胞的动纤毛与其邻近的静纤毛之间有微丝相连，静纤毛的基部又固定在基质内。因此，当外侧的水流使顶器向左侧弯曲时，动纤毛也向左侧倾斜，使动纤毛基部的细胞膜向下压，这就使细胞膜受到牵张，导致离子通透性增加而引起去极化；而当水流方向改变而使顶器向另一侧弯曲时，动纤毛基部的细胞膜向上升起，改变细胞膜静止时的张力而引起相应的离子通透性变化，进而导致超极化。

最近采用双极（Dipole）刺激对金鱼和虹鳟的前侧线神经和后侧线神经进行研究，证明它们都有两种不同的传入神经纤维：Ⅰ型主要分布于浅表神经丘，能感受单一方向的水流流速（10~15 cm/s）；Ⅱ型主要分布于管状神经丘，对流水刺激不敏感。因而，Ⅰ型传入纤维对于窦状隙水流活动的反应会受到外界流水的干扰，而Ⅱ型传入纤维所接受的反应不会受到外界流水的影响。

鱼类借助侧线器官可以感受身体周围的水流情况、其他鱼类或敌害的运动情况以及还没有触及鱼体的任何物体的位置和水中各种对侧线器官产生反压力的变化，还与听觉器密切联系而能感受水中低频率的振动，包括在水体以外的声音。于是，鱼类就能够确定水中敌害和各种障碍物的位置，以至于可以不分昼夜地在深水或污水中游动。但是，侧线器官不能够感受直接的接触和鱼体处在不同深度所产生的水压力变化。

第三节 听 觉 器

鱼类的听觉器是内耳，而侧线器官和气鳔也参与或辅助内耳的听觉作用。此外，鱼类的内耳还是身体平衡的器官。

一、内耳的构造

内耳通常称为迷路（Labyrinthus），包括膜迷路（Labyrinthus Membranaceus）及其外面的骨迷路（Labyrinthus Osseus），由侧线系统前部扩大发展而形成，包括球状囊（Sacculus）、椭圆囊（Utriculus）、半规管（Semicircular Canal）和耳石（Otolith）。椭圆囊与半规管相连，半规管为弯曲的膜质管，膜迷路内充满内淋巴（Endolymph），其成分与细胞内液相近。膜迷路的外面是骨迷路，其内面是外淋巴，与脑脊液相通。半规管的一端扩大为圆形的壶腹（Ampulla），壶腹内含有起感觉作用的壶腹嵴（Crista Ampullaris），或称为听嵴（Crista Acoustica）。听嵴被以由感觉毛细胞和支持细胞组成的感觉上皮。感觉毛细胞顶部发出的纤毛伸到位于壶腹腔的胶质顶器内，它们可以随着半规管内淋巴液的流动而偏斜，从而反射性地引起某些平衡反应。由钙盐组成的耳石通常有三块，即位于椭圆囊内近圆形的微石（Lapillus）、位于椭圆囊下方的球状囊内呈箭状的箭石（Sagitta）、位于球状囊后面圆形突起的听壶（Lagena）内呈扁平星状的星石（Asteriscus）（图11-13）。耳石通过胶质固着在感觉毛细胞上方，当鱼体位置发生变化时，它们也会影响到毛细胞纤毛上方的胶质顶器，从而引起平衡反应。

圆口类的内耳很原始。盲鳗只有一个突出的囊与一垂直的半规管相连，没有球状囊。半规管末端形成壶腹，内含有由感觉细胞和支持细胞组成的听斑（Acoustic Macula）；由囊还发出一内淋巴管，它以盲端中止。七鳃鳗的内耳较发达，初步形成椭圆囊和球状囊，由囊发出两对互相垂直的半规管，管的末端形成壶腹；在球状囊内还有较大的钙质耳石。板鳃鱼类和硬骨鱼类的内耳较为复杂，位于头骨内面积较大的软骨或硬骨室内，椭圆囊和球状囊发达，球状囊后面突起的听壶（Lagena）相当于高等脊椎动物内耳的耳蜗（Cochlea）。由椭圆囊在三个互相连接的平面发出三个半规管，两个垂直、一个平行，半规管的末端形成壶腹。进入内耳的听神经分为两大支：第一大支分为三小支，第二大支分为四小支，它们分布到内耳的七个神经末梢区，即：三个半规管末端壶腹内的三个听嵴、椭圆囊底部、椭圆囊与球状囊之间、球状囊壁和听壶内的听斑。内耳内全部充满内淋巴，在内耳与骨室之间充满周围淋巴。由球状囊发出的内淋巴管，在硬骨鱼类以盲端终止，在板鳃鱼类则在头骨上开孔而与外界相通。肺鱼类的淋巴窦还可再分为数目很多的盲管突起，位于延脑上方（图11-14）。

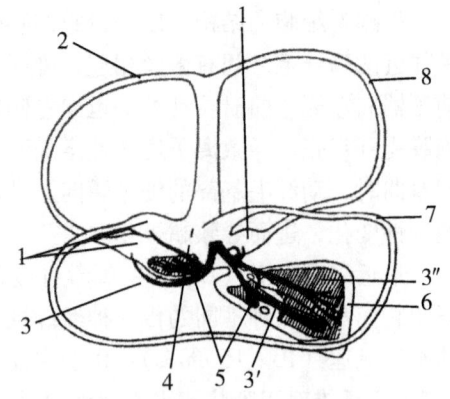

图11-13 鲤鱼内耳左侧面
1. 壶腹；2. 前半规管；3. 耳石（微石）；3′. 耳石（箭石）；3″. 耳石（星石）；4. 椭圆囊；5. 神经（VⅢ）；6. 球状囊；7. 横半规管；8. 后半规管（依据秉志）

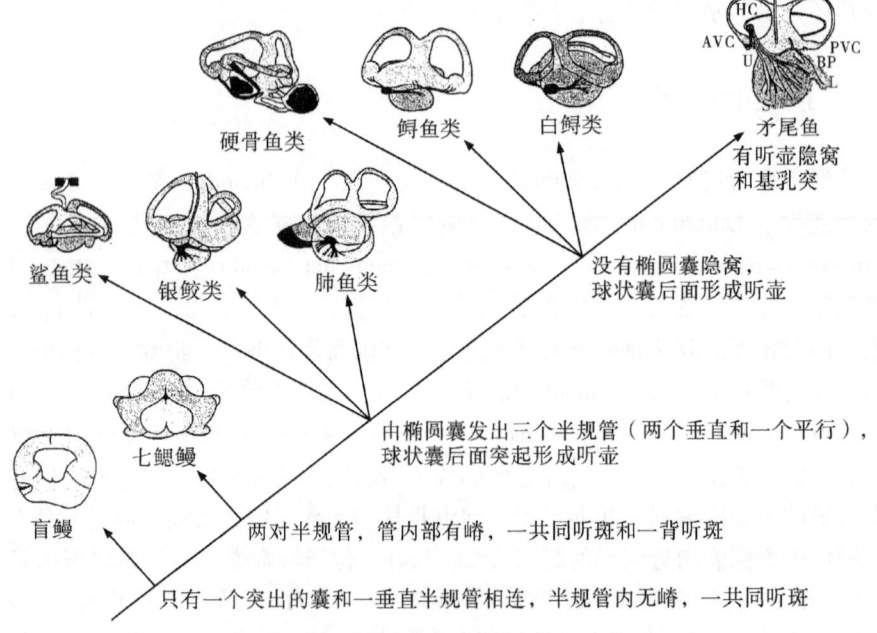

图11-14 鱼类各个主要类群内耳的形态构造
AVC：前垂直半规管；BP：基乳突；HC：水平半规管；L：听壶；S：球状囊；U：椭圆囊；PVC：后垂直半规管（引自 B. Fritzsch, 2000）

内耳起感觉作用的感觉毛细胞与侧线系统的毛细胞是同源的。图 11-15 表示鳐类内耳感觉上皮两个感觉毛细胞的超显微构造，一个毛细胞发出直径大的静纤毛，另一个毛细胞发出直径小的静纤毛，它们之间为支持细胞。毛细胞为圆柱形含大型细胞核，顶端的细胞质含有电子稠密的角质板，并由此发出许多由纵走的细小纤丝构成的静纤毛，静纤毛数量由 10~100 不等，其长度通常由靠近动纤毛一侧起呈梯度递减。动纤毛比最长的静纤毛要长得多，其结构与侧线器官毛细胞的一样。毛细胞的基部有髓鞘神经纤维末梢分布。神经末梢有两种类型：一种是突触后神经末梢，是由第八对脑神经（听神经）分支出来的感觉神经元，其树状突到达毛细胞基部并形成突触，突触附近有丰富的线粒体，化学性物质的传导方向是由毛细胞到传入的神经末梢；另一种是传出的神经末梢，亦即突触前神经末梢，充满突触小囊泡，传导的方向是由神经末梢到毛细胞，其作用是抑制性的。

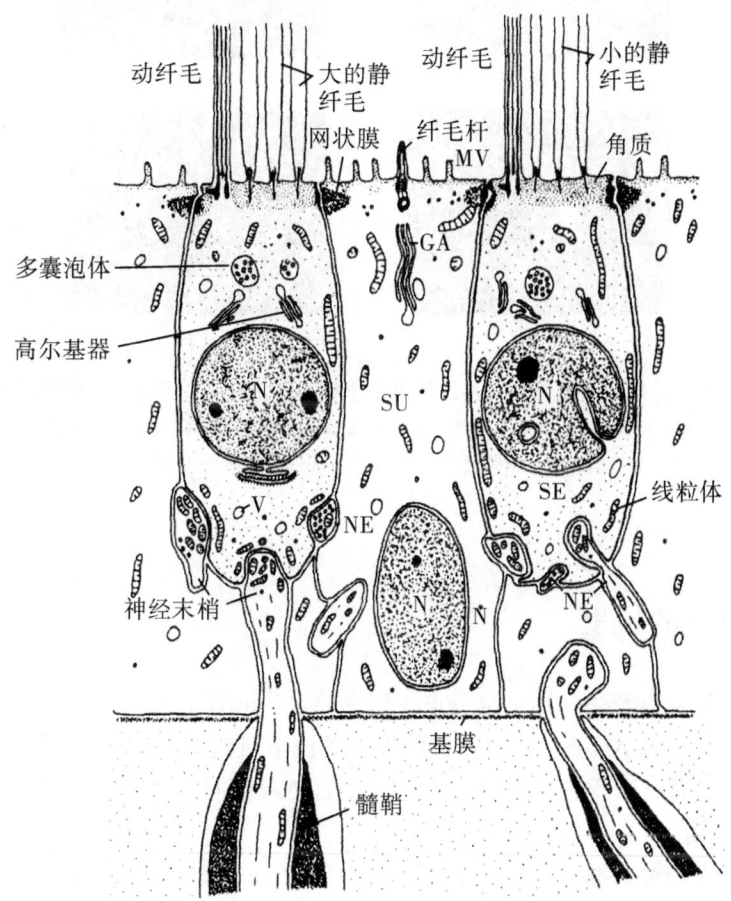

图 11-15　鳐类内耳感觉上皮构造模式图，示两个感觉细胞
GA：高尔基器；MV：微绒毛；N：细胞核；NE：神经末梢；
SE：感觉细胞；SU：支持细胞；V：小泡囊（依据 O. Lowenstein）

用高倍扫描电镜可以观察到舌齿鲈（*Dicentrarchus labrax*）内耳球状囊感觉上皮毛

细胞纤毛束有规则的定向情况。这些毛细胞纤毛束可分为四个不同的定向群，它们之间以狭小的过渡区分隔开。在听斑孔（Ostium of Macela）或吻位点（Rostral Locics），感觉毛细胞纤毛束的极化（Polarization）分为两区：在听斑背侧的毛细胞纤毛束朝向尾侧（图11 - 16 A），而在听斑腹方的毛细胞纤毛束朝向吻部（图11 - 16 B）；在听斑尾侧背区的毛细胞纤毛束朝向背方（图11 - 16 C），而在听斑尾侧腹区的毛细胞纤毛束朝向腹方（图11 - 16 D）。感觉毛细胞纤毛束的有规律定向情况在许多鱼类甚至两栖类和爬行类内耳也同样出现。

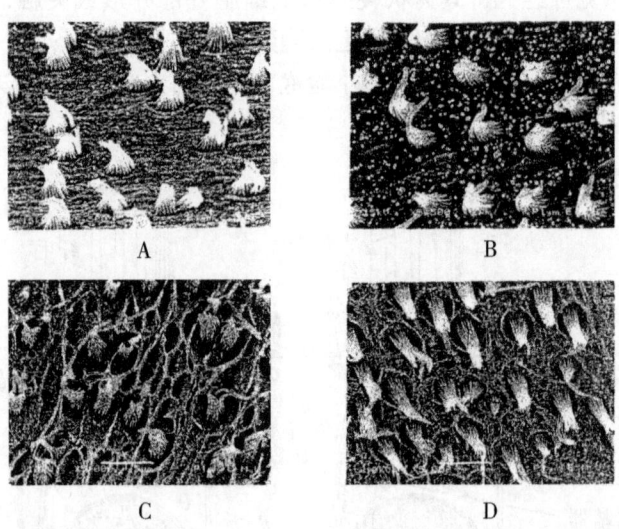

图11 - 16　高倍扫描电镜观察舌齿鲈内耳球状囊感觉上皮毛细胞纤毛束的定向情况
A. 表示听斑背侧的毛细胞纤毛束朝向尾侧；B. 表示听斑腹方的毛细胞纤毛束朝向吻部；C. 表示听斑尾侧背区的毛细胞纤毛朝向背方；D. 表示听斑尾侧腹区的毛细胞纤毛束朝向腹方（引自 Lovell 等）

二、内耳的机能

鱼类的内耳是声音感受器，也是重力感受器（Gravity Receptor）和角加速度感受器（Receptor for Angular Acceleration），还能保持和调节肌肉紧张性。如果完全摘除两侧的内耳，鱼就会变聋，严重丧失身体的平衡以及暂时或长期失去肌肉的紧张性。

1. 听觉作用

鱼类能感受声波的振动，但大多数鱼类的听觉能力很弱，所感受的频率也比较低，这可能与鱼类的听觉器官结构简单、还没有形成高等脊椎动物特化的耳蜗有关。曾报道一些鱼类感受声波的频率范围是：欧洲鳗鲡为36～488（～650）Hz，底鳉为44～1200 Hz，鰕虎鱼为600～800 Hz，石首鱼科的 Corvina nigra 为1000 Hz，鲷科的 Sargus annularis 为1250 Hz；而具有魏氏器（Weberian Apparatus）的骨鳔鱼类（Ostariophysi）对声波的感受较为敏感，感受的频率比较高，如鲫鱼为3480 Hz，鲅鱼（Phoxinus phoxinus

为 5000~7000 Hz，圆腹雅罗鱼（*Leuciscus idus*）为 5524 Hz，火红鲃脂鲤（*Hyphessobrycon flammeus*）为 6900 Hz。图 11-17 表示鲤形目魏氏器的结构和位置。魏氏器把气鳔和内耳联系起来，气鳔接受由声波引起的冲击压力波的刺激而振动并起着传感器的作用，魏氏器最大的三脚骨通过其他的骨片（间插骨、舟骨、闩骨）把振动波传送到内耳的内淋巴液，使球状囊内的箭石、听壶内的星石等感受到声波的刺激。鱼类必须有传感器才能在水中感受声波，而气鳔就是效能很好的声波传感器。一些研究结果表明，鱼的气鳔是高效的声反射体，50% 以上冲击声波能由气鳔反射，而鱼体的其他部分如头颅只反射很小的比例。因此，有鳔的鱼类通常听觉较为敏感，而气鳔与内耳有密切联系的鱼类，听觉的灵敏性最强，对声波的感受范围也最宽。将鲖鱼（*Ictalurus*）的气鳔破坏，其听觉敏感性在 330~750 Hz 时失去 13 dB（分贝），而在 1 500 Hz 时失去 30 dB；如果摘除魏氏器中的一块骨片，则使其听觉敏感性降低 30~40 dB。在没有魏氏器的鱼类当中，对声波的敏感性通常都在 500~800 Hz 之间。鲷科和鲱科鱼类由于气鳔向内耳突出，因而有较高的声波敏感性；而在攀鲈科和长颌鱼科鱼类，内耳与气室紧密相连，是非骨鳔鱼类当中听觉最强的，感受声波的频率分别为 2637~4699 Hz 和 2794~3136 Hz。没有气鳔和其他气室与内耳相联系的板鳃鱼类也能感受在近处和远处的声波，如低鳍真鲨（*Carcharhinus leucas*）能感受 100~1500 Hz 之间的声波；对远距离（15~25 m）的低频率脉冲声波也有反应。这可能是由于头颅、脊柱和身体其他部分参与声波的反射，也可能是有侧线感受器的作用，因为它们也能感受水中的振动。许多研究都证明，鱼类侧线器官能感受低频率声波和察觉近距离的物体，并起着近处声波感受器的作用。由于内耳与侧线器官在结构和功能方面十分相似，如都具有感觉毛细胞及其动纤毛和静纤毛的排列与作用，都有第八对听神经的分支分布，都能感受声波的振动等，因此有些学者把它们都列为鱼类的听觉器，侧线器官主要是近处声波感受器，而内耳和气鳔组成远处声波感受器。

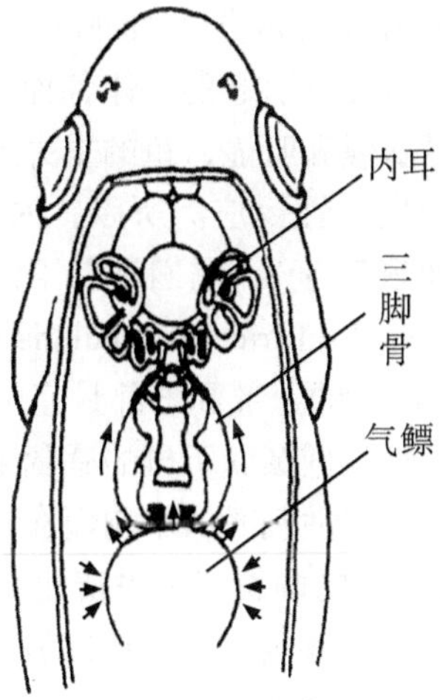

图 11-17　鲤形目（骨鳔目）鱼类魏氏器的结构与位置示意图

气鳔受压力波冲击而振动，起传感器和共鸣器作用；气鳔的振动（箭头所示）为魏氏器的三脚骨传递，并通过魏氏器的其他三枚骨片（间插骨、舟骨、闩骨）而与内耳的淋巴液（半规管）起偶联反应（依据 W. N. Tavolga）

2. 平衡作用

鱼类对平衡反射的效应器官是眼睛、鳍以及躯干肌肉系统；而平衡反射就是由内耳的半规管和椭圆囊的感受器调控。

如前所述，半规管内充满内淋巴液，当内淋巴流动使顶器以及毛细胞的纤毛朝向动纤毛一侧偏移时，会引起兴奋。因此，当鱼体无论朝哪个方向转动或产生角加速度时，由于内淋巴的惯性都可能刺激到其中一组毛细胞，从而反射性地引起鱼体的某些平衡反应。对板鳃鱼类内耳的电生理研究表明，在静止状态时内耳每个壶腹的感觉末梢都有感觉脉冲的自发放电，而朝着适宜方向移动时脉冲的放电频率增加或者被抑制；水平半规管对鱼体垂直轴的转动产生反应，但对身体纵轴和横轴的转动没有作用；同侧的转动移位（壶腹尾随的）使脉冲放电增强，而对侧转动移位（壶腹引导的）抑制脉冲放电。前垂直半规管和后垂直半规管对鱼体三个轴的转动都产生反应。鱼体在水平的纵轴转动时，两对垂直半规管进行壶腹引导的移位而使放电活动增强，而壶腹尾随的移位时放电活动受抑制。在传入神经纤维记录到的静止状态自发放电可能是来自毛细胞与传入神经末梢之间突触的持续性兴奋活动，而这种持续性兴奋活动是由于神经递质不断通过突触渗出所引起。当鱼体位置变动时，感觉毛细胞的兴奋性是由于神经递质的转运增加，抑制性是由于神经递质的转运停止；而神经递质释放量的调节是由毛细胞纤毛活动的方式和状态所决定。但是，传入神经的放电活动与毛细胞纤毛机械活动之间的一些中间联系和作用机理目前还不十分清楚。可以肯定的是，感觉毛细胞的极化是半规管调节鱼体平衡作用的重要因素。毛细胞在听嵴（壶腹嵴）的位置是均一的；在水平半规管的听嵴，毛细胞的动纤毛都由壶腹的半规管末端朝向壶腹－椭圆囊的开口，因此，壶腹尾随的加速度就会引起纤毛束的偏斜，使动纤毛弯向其基部的一侧，从而产生兴奋性。在垂直半规管的听嵴，毛细胞的动纤毛朝向壶腹的半规管末端而远离壶腹－椭圆囊开口，因此，壶腹引导的加速度也会引起动纤毛产生兴奋性的偏斜。

对一些板鳃鱼类（如星鲨）和硬骨鱼类（如鲫鱼、鰕虎鱼、鳑鱼、犬牙石首鱼等）的研究表明，椭圆囊能够调控位置变动引起的鱼体各种姿势反应，包括角加速度引起的效应器动态反应。摘除两侧的球状囊和听壶，鱼的重力反应没有受到损害；但摘除两侧的椭圆囊，鱼就失去全部姿势的反射性反应。所以，内耳的解剖构造可分为上部（椭圆囊和半规管）和下部（球状囊和听壶），它们具有不同的生理功能。在鳑鱼，只有一条狭小的椭圆囊－球状囊管（Canalis Utriculo-saccularis）把内耳的上部与下部连接起来，而在鰕虎鱼（*Gobius joro*），内耳的上部和下部是完全分开的，这与其他脊椎动物的情况相似。进一步的研究表明，鱼类椭圆囊听斑的感觉毛细胞的动纤毛是朝外侧和朝内侧散开排列的，当耳石受到重力或惯性刺激的影响而在听斑表面流动时，能对鱼体各轴（包括由头部到尾部、两侧和对角）的倾斜产生兴奋性反应。此外，有些板鳃鱼类（如鳐）的球状囊和听壶也与椭圆囊一样参与身体平衡的调节。

总的说来，鱼类的内耳起着重力感受器的作用，除了对直线加速度产生反应之外，对直线移动、离心刺激、恒定速度的转动和加速转动以及振荡性直线加速度等都有反应，因而对平衡起重要的调节作用。

第四节 光感受器

与其他脊椎动物一样，鱼类的光感受器是眼睛。眼睛的结构和功能在各种脊椎动物中也基本相似，但在鱼类也有一些差别。

一、眼睛的构造

圆口类的眼睛较原始和不发达。盲鳗的眼睛退化到外表看不见而失去作用，经解剖后可看到环形的眼球，围以巩膜，但缺乏色素，无水晶体、玻璃体、虹膜等。七鳃鳗幼体的眼睛不发达而被于皮下；成体的眼睛发育较好，但还较原始，其巩膜尚未由软骨来加固，结膜未与角膜融合，水晶体没有悬韧带连接而悬浮于眼球内，瞳孔的大小固定不变。除眼睛外，七鳃鳗的皮肤内也有光感受器，以尾部最丰富，当用光照尾部时，会驱使它们逃离；如果在头部后面切断脊髓，再用光照尾部，仍可引起头部出现运动反应，但如果再切断侧线神经，则头部的运动反应消失，表明这种皮肤光感受器是通过侧线神经把光刺激传送到脑内。

板鳃鱼类和硬骨鱼类都有发达的眼睛，其基本构造与高等脊椎动物的眼睛相似（图11-18），但由于适应水中生活使眼睛具有与其他脊椎动物不同的一些特点。通常眼睛位于头的两侧，适于单眼的视觉；眼球椭圆形而角膜平坦；球形水晶体与角膜相距很近，使光线不只从前方且从上方和两侧穿入眼球，所以鱼眼的视野很大，加上六条眼肌调控眼球的转动，使视角在水平面是166~170度，在垂直面是150度。鱼类没有眼睑，但有些板鳃鱼类眼前方有可活动的瞬膜（Nictitating Membrane）。许多快速游泳的鱼类具有透明的流线型眼睛保护装置，如鲱形目和鲻形目鱼类眼前方盖以两片厚的脂肪睑，只在眼中央留下一裂缝；还有些鱼类（如杜父鱼 Cottus、条鳅 Nemachilus 等）有特殊的护眼设备，即角膜的前部和后部有间隔分开，间隔内充满液体，起类似眼镜的作用。

眼球的最外方被以坚厚的巩膜，其外方是结缔组织而内方有软骨加固，许多硬骨鱼类还有骨质板加固。巩膜的前方形成角膜，铺被角膜的外表皮变成较厚的表皮结膜，呈环形围绕眼球。许多鱼类的角膜含有色素，可滤过紫外线以提高视觉敏感力。巩膜的内方是银膜（Argentea），它也可列为脉络膜的一部分而称为脉络膜的银膜（Argentea of Chorioid），由数层含有针状鸟粪素结晶的扁平细胞组成，使眼球具有特殊的不透明的光泽。银膜的内方是脉络膜（Chorioid），由结缔组织组成，有丰富的血管；有些鱼类（如弓鳍鱼 Amia）还形成特化的脉络腺（Chorioid Gland），由致密的血管网组成，可称为迷网（Rete Mirabile），紧位于视网膜之后，与气鳔的气腺相似。具有发达脉络腺的硬骨鱼类，视网膜正前方玻璃体的氧分压非常高，可达33~109 kPa；脉络腺较小的鱼类，氧分压为2.66~28 kPa；而没有脉络腺的鱼类，氧分压只有1.33~2.66 kPa。所以，脉络腺与氧的主动分泌有密切联系。外侧的脉络膜逐渐转变为虹膜，它形成类似瞳孔的隔膜，在虹膜中间是球形的水晶体。大多数硬骨鱼类的瞳孔是固定不变的，但许多板鳃鱼类的虹膜有相当强的收缩能力。眼球的最内层是视网膜，主要由感光的视锥细胞

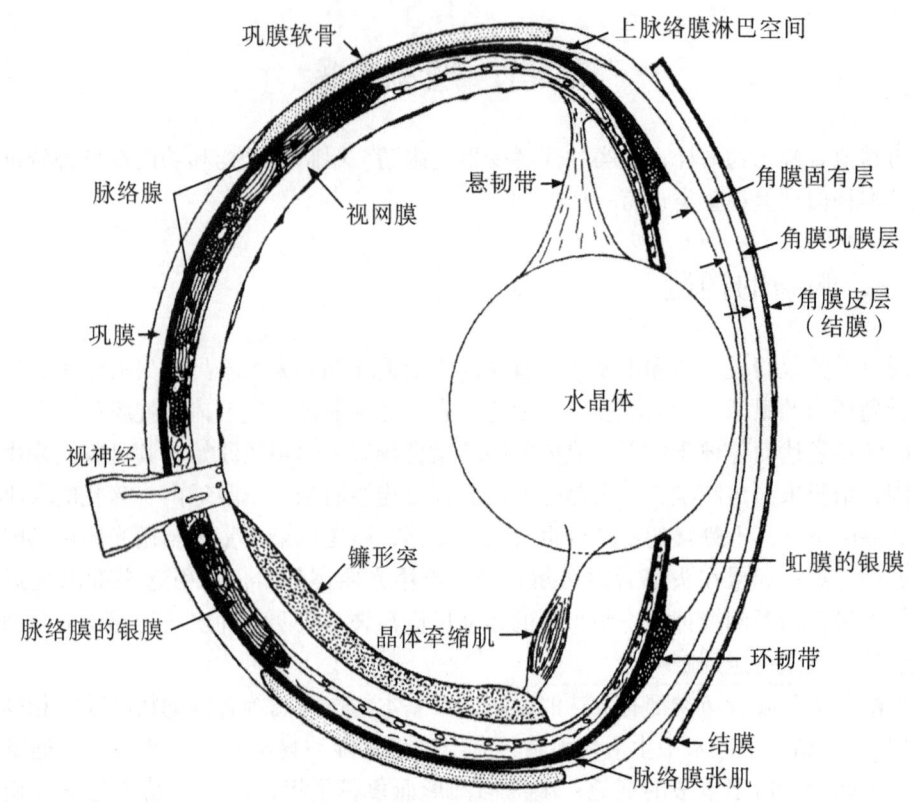

图 11-18　硬骨鱼类眼球垂直切面模式图，表示主要构造
依据 F. W. Munz

(Cone Cell) 和视杆细胞 (Rod Cell) 组成，它与脉络膜相邻处有色素上皮，还有神经元和胶质细胞。大多数板鳃鱼类的视网膜只有视杆细胞，另一些板鳃鱼类（如星鲨、鼠鲨、扁鲨、柠檬鲨、真鲨、双髻鲨、铰口鲨、魟等）与硬骨鱼一样有视锥细胞和视杆细胞，并且还有特化的"双视锥细胞"，两个视锥细胞的形态相似且纵向融合在一起。许多深海鱼类的视网膜完全没有视锥细胞。眼睛视力的调节是依靠水晶体的移动，水晶体的上方挂在悬韧带 (Suspensory Ligament) 上，下方连接强大的晶体牵缩肌 (Musculus Retractor Lentis)，可调节水晶体向后移动；调节水晶体移动的还有富于血管和色素的镰状突 (Falciform Process)，它以末端的铃状体 (Campanula Halleri) 和水晶体相接，镰状突的另一端连接靠近视神经入口处的银膜。板鳃鱼类和有些硬骨鱼类都没有镰状突，它们依靠位于脉络膜转变为虹膜处的睫状体 (Corpus Ciliare) 来调节水晶体的位置。眼球腔内（前房和后房）充满玻璃体 (Vitreous Body)，它由非常细小的原纤维组成。

二、眼睛的机能和视觉能力

与其他脊椎动物一样，鱼类的感光细胞是视网膜的视锥细胞和视杆细胞。视杆细胞对放射能具有高度敏感性，是低阈值细胞，其受体（杆）具有长的"光罩"（即外节）；视锥细胞感受亮光，具高阈值受体，外节较短小（图 11-19）。据统计，人的视网膜含有超过 1 亿的视杆细胞和 600 万以上的视锥细胞，而视神经纤维只有 100 万左右，因而有 100 多倍的视杆细胞和 6 倍多的视锥细胞需要与视神经纤维连接，将信息传导到脑的视觉中枢。所以，视杆细胞和视锥细胞与传入的视神经的联系是复杂而不均匀的。通常由若干个视杆细胞和/或视锥细胞与一条视神经纤维联系，而这是依动物对视觉的需要而异，如有些夜出性动物，其视网膜完全由视杆细胞组成，而一些昼出性动物，其视网膜全是视锥细胞。鱼类由于不同的摄食习性和生活在不同的生态环境中，其视网膜有各种不同的视锥细胞镶嵌排列；而在需要视觉高度灵敏性和对细微物体清晰聚焦的部位则形成高度特化的视锥斑；在视锥斑当中最稳定的是视网膜正中凹（Fovea Centralis Retinae），是视锥细胞最集中、分辨率最好的部位，而在视网膜的外周部位主要是视杆细胞，对运动的检测与暗光下的视觉起作用。许多动物的视网膜通常只有一个中央凹，但有些鱼类还有暂时的凹。视网膜中视锥细胞密度高的区域，视觉灵敏性亦较高。例如，黄鳍鲷（*Sparus lates*）和鲻鱼（*Mugil cephalus*）的视锥细胞高密度区位于视网膜颞侧区，表明它们对视野前方的视觉对象有较高的分辨能力；蓝圆鲹（*Decapterus maruadsi*）和圆小沙丁鱼（*Sardinella aurita*）的视锥细胞高密度区位于视网膜腹-颞侧区，对前上方视觉对象有较高视觉灵敏性，有助于它们发现与辨别水面的敌害和食饵；而赤点石斑鱼（*Epinephelus akaara*）的视锥细胞高密度区位于视网膜颞侧区和腹-颞侧区，对视野前方和前上方有较高视觉灵敏性，这与它们生活于水中下层相适应。

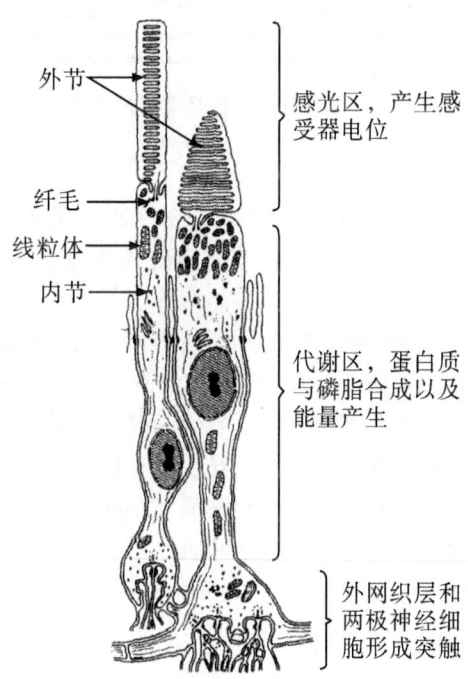

图 11-19 视杆细胞（左）和视锥细胞（右）的超显微构造
依据 W. S. Hoar

视觉能力取决于视网膜网织层（Plexiform Layer）的突触组成和视锥细胞与视杆细胞的分布。光信号的传递是垂直的，感光细胞把信号经过两极神经细胞（Bipolar Nerve Cell）传送到组成视神经的神经节细胞（Ganglion Cell），而无长突神经细胞（Amacrine Cell）进行信号的水平传送（图 11-20）。

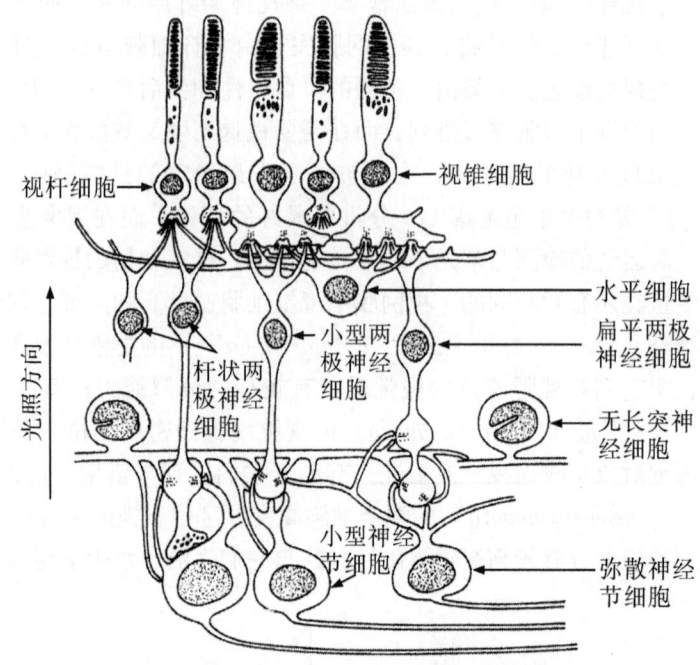

图 11-20　视网膜超显微结构模式图
依据 W. S. Hoar

鱼类能够通过一些途径，如瞳孔的活动、视网膜运动以及透明反光层（Tapetum Lucidum）的作用等，在感光细胞水平调节有效的光强度，从而适应光亮或者黑暗的环境。

板鳃鱼类通常都有活动性很强的瞳孔，当眼睛处于光亮环境中，瞳孔能在 2～15 min 内迅速关闭；但在黑暗中瞳孔扩大较慢，约需 30 min。它们的瞳孔缩小不是由神经调控，而是虹膜括约肌在光亮直接刺激下收缩；瞳孔扩张肌有动眼神经的分支分布。鳗鱼是极少数瞳孔能活动的硬骨鱼类之一，光线能直接影响虹膜而使其括约肌收缩，但在黑暗中瞳孔张弛。䲢鱼（*Uranoscopus*）和鮟鱇（*Lophius*）的虹膜有双重的神经分布，动眼神经分布于扩张肌而交感神经分布于括约肌。

大多数硬骨鱼类能通过视网膜运动（Retinomotor，Photomechanical Movement）调节光强度。视网膜感光细胞层的最外侧是色素上皮，色素细胞的长突起向感光细胞延伸并与它们的外节交错对插。在黑暗中，色素细胞的黑色素颗粒集中收拢而远离感光细胞；而移到光亮中不久，色素颗粒转移到长突起中（图 11-21、图 11-22）。鲫鱼的视网膜运动表现持久的昼夜节律，将它们放置到黑暗中 3 d，视锥细胞仍能继续调整其位置以便与昼夜周期一致；如果将它们麻醉并让一只眼睛处于光亮中，另一只处于黑暗中，眼

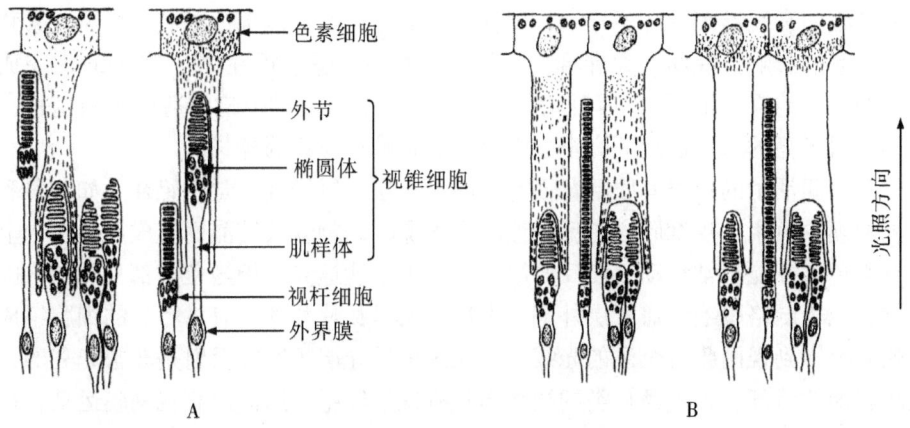

图 11-21 硬骨鱼类视网膜运动的变化

A. 表示大多数鱼类视锥细胞和视杆细胞外节的位置变化和色素移动；B. 表示少数鱼类（如豹蟾鱼）只出现色素移动。左侧是适应光亮的细胞；右侧是适应黑暗的细胞（依据 W. S. Hoar）

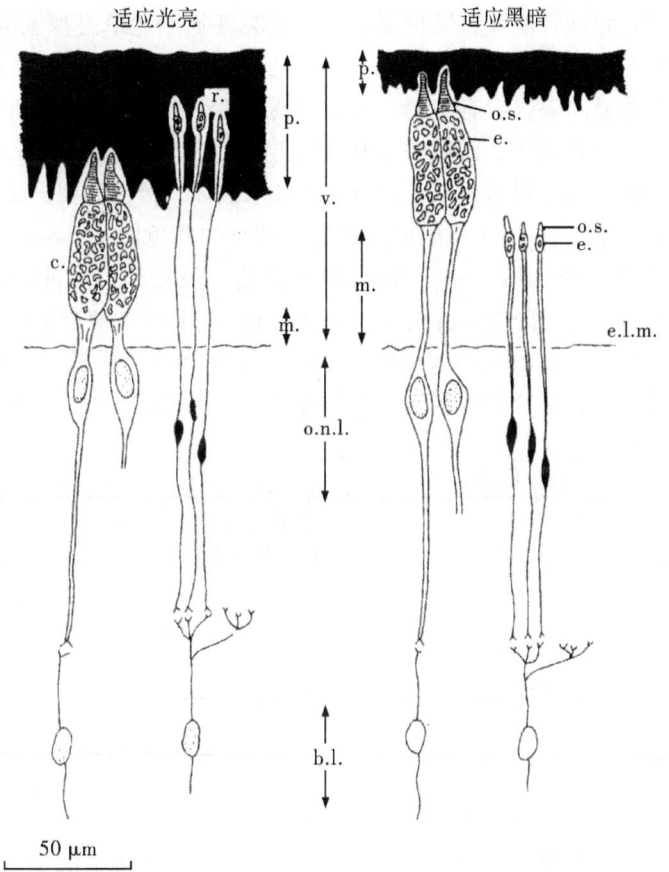

图 11-22 鲱鱼（*Clupea*）视网膜适应于光亮和黑暗中的模式图

b. l. 两极神经细胞；c. 视锥细胞；e. 椭圆体；e. l. m. 外界膜；m. 视锥细胞肌样长度；o. n. l 外核层；o. s. 外节；p. 色素上皮；r. 视杆细胞；v. 视觉细胞层（依据 F. W. Munz）

睛的视杆细胞和视锥细胞并不移动，但视网膜的黑色素仍能部分扩展，推测色素移动可能受到激素的影响。在幼年大麻哈鱼，眼睛对光亮的适应可在 20～25 min 内完成，但对黑暗的适应约需 1 h；长大后对光亮的适应时间缩短而对黑暗的适应时间延长，处于强光下，对光亮的适应迅速而完全，而后对黑暗的适应更为延长。

一些夜间活动的鱼类其眼睛背面有透明反光层，以增加视觉敏感性。如鲤科和鲈科鱼类视网膜的色素上皮细胞含有反射性物质鸟嘌呤的颗粒或结晶而形成反光层；上皮细胞也有黑色素并能正常移动，使反光层在光亮中不能透光。板鳃鱼类都具有脉络膜透明反光层，位于脉络膜毛细血管层外侧，由扁平而呈瓦片状的含有鸟嘌呤的细胞组成，垂直地朝向投影到视网膜每个区的光线；而从这种反光层折回的反射是非常光亮的，能显著提高影像的清晰度。板鳃鱼类的视网膜只有视杆细胞，因而没有视网膜运动，视网膜的色素上皮也缺乏黑色素，所以，依靠可活动的瞳孔和发达的脉络膜透明反光层，使它们适于夜间活动的视觉系统能够应付较强的光亮刺激。

深海鱼类由于处在光线十分微弱的环境中，其眼睛的结构发生相应的变化以增加视觉的敏感性。它们的视网膜通常只有视杆细胞，其数量很多并具有很长的外节，甚至排列成明显的几层；眼球背侧没有黑色素。由于双眼视觉能比单眼视觉的视力成倍提高，许多深海硬骨鱼类形成向前方或向上方伸出的长管状眼睛，角膜明显弯曲，水晶体很大，与视网膜有明显间隔，没有虹膜，视力的调节机制也退化。有些在非常深的深海中生活的鱼类，由于没有光线，眼睛失去作用而退化，如一种深海鱼 *Ipnops*，吻部匙形，有透明的骨板覆盖眼部，眼球扁平，没有角膜和水晶体，但仍有视杆细胞和视神经。

视觉色素由视蛋白（Opsin）组成，并与光敏感的发色团［Chromophore，即辅基维生素 A 醛，亦即视黄醛（Retinene，Retinal）］结合。视觉的传入冲动是光作用于视网膜上的视觉色素后，视黄醛发生异构化作用（Isomerization），使视蛋白进行一系列化学重新排列，并在感光细胞激发引起视觉的兴奋性电活动中，由视神经纤维传入视觉中枢。由视黄醛及与其相结合的视蛋白组成的视觉色素有两种类型，其相互关系如下：

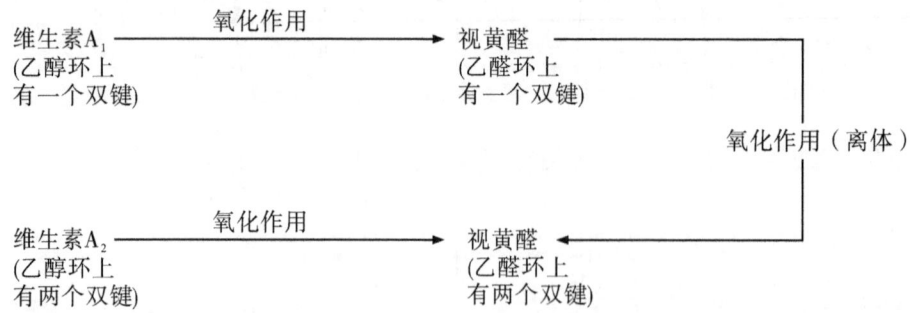

以视黄醛 1 为基础形成的视觉色素称为视紫红质（Rhodopsin），以视黄醛 2 为基础形成的视觉色素称为视紫质（Porphyropsin）；前者吸收光谱的范围为 430～562 nm，后者为 570～620 nm。图 11-23 表示鱼类视杆细胞内视觉色素视紫红质的位置和结构。

早年对鱼类视觉色素的研究表明，海水鱼类具有视紫红质，淡水鱼类具有视紫质；在海水与淡水之间进行洄游的鱼类具有两种视觉色素的混合物，而产卵场的盐度是决定

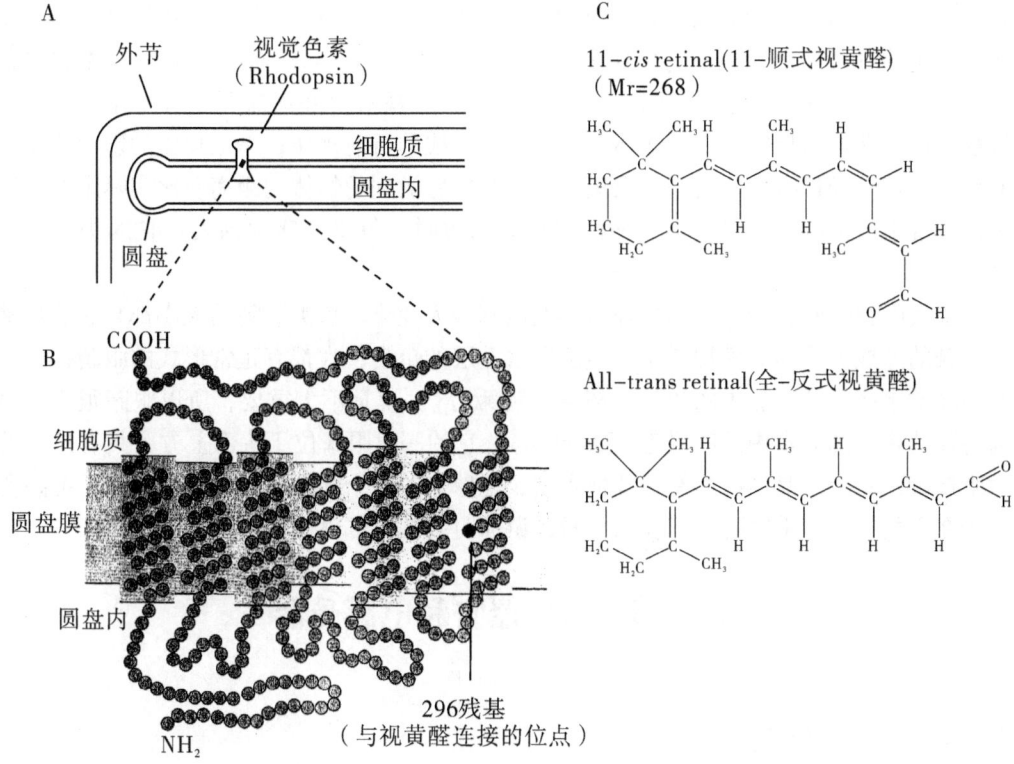

图 11-23　视杆细胞内视觉色素视紫红质的位置和结构

A. 表示位于视杆细胞外节圆盘膜内的视紫红质；黑色长方形代表发色团（Chromophore），即视黄醛。B. 表示视紫红质的结构。视蛋白由 348 个氨基酸组成，分子量约为 40000 Da，它来回弯曲 7 次跨过视杆细胞圆盘膜，其 N-端位于圆盘内而 C-端位于圆盘膜的细胞质内。视黄醛以双价键与第 7 弯中 296 赖氨酸残基连接。7 个疏水性跨膜区段呈螺旋杆状包围视黄醛分子。C. 视紫红质的非活性型含有视黄醛的 11-顺式异构体。在视觉转导过程中光线首先为 11-顺式视黄醛吸收，并围绕 11-顺式的双键产生旋转，使视黄醛回复到比较稳定的全-反式异构体。由于全-反式异构体并不适合视蛋白的结合位点，使视紫红质的视蛋白部分发生构象变化，从而引发另外一种形式的视觉转导（引自 C. W. Hawryshyn, 1998）

视觉色素的主要因素，即产卵场在淡水的洄游鱼类，以视紫质为主，而产卵场在海水的洄游鱼类，以视紫红质为主。但进一步采用比较精细技术的分析研究表明，淡水鱼类的视网膜内既有视紫质，也有视紫红质，只含有视紫质的鱼类很少（主要是淡水的鲶鱼类和棘鳍鱼类），而有些鲤科和花鳉科鱼类的视网膜只含有视紫红质。此外，有些鱼类的两种视觉色素比例呈现季节性变化；采用不同的光照强度也可以影响这种比例。

鱼类通过视觉以辨别外界环境中各种物体的大小、亮度和颜色、距离、方位、移动情况等，从而调整自身的行为。例如，许多鱼类可以感觉光的明暗而出现明显的趋光性，如鳀鱼、鲹鱼、带鱼、鲭鱼等，在生产上已应用于灯光诱捕。对光的感觉在有些鱼类能引起行为反应，如鳗鲡由江河下海洄游是回避光线的，在月黑的夜里洄游最为活跃。鱼对亮度的感觉和对颜色的感觉比较难以区分，因为不同的颜色往往也表现出不同的明亮度。鱼类的视觉也能分辨物体的大小和形状，如鲫鱼对大小的感觉很灵敏，能分别出直径为 2.7 cm，3 cm，3.3 cm 的不同大小的圆圈；经过训练的鰕虎鱼可区别出具有一个尖端和两个尖端的玻璃块，甚至能训练它们区别字母 R 和 L。由于圆形的水晶体，使鱼的视力都是近视，它们明显的视觉几乎不超过 1 m，而在调节水晶体的位置时，也不超过 10～12 m。由于水的透明度较小，远视对鱼并不需要。鱼类在水中虽然近视，但却能看得见空气中的物体，这是由于光线的折射规律，岸上物体的影像传到水面后，必定先经过折射才落到鱼眼里，使鱼眼所感觉到的物体的距离要比实际距离近得多，位置也较高些。所以，当人还没有靠近水边时，鱼就已感觉到人在它的头上而躲开了。

鱼类的视觉器官受到其栖息环境影响而有很大变化。鱼类眼睛的大小都与它们日常所接触的光线的强弱有密切联系。生活在水上层的鱼类，大都有正常形式的眼睛；生活在污浊的水底和钻入泥中的鱼（如鳗鲡、泥鳅等），视觉不大重要，所以眼睛很小。最为特殊的是美洲淡水中的四眼鱼（*Anableps*），它的一对眼睛位于头部上方，具有扩大的双眼视野，每个水晶体前面有一片横膈膜，把原来的一个瞳孔分隔为上下两个，上瞳孔适于在空气中看，下瞳孔适于在水中看，游泳时眼的上部就露在水面上。

第五节 发电器官和电感受器

一、发电器官

有些鱼类具有能在体外产生电场的发电器官（Electric Organ）。它们可以分为发强电的和发弱电的两种类型。发强电的鱼能产生很强的电流，其发电器官可用来攻击敌害或者觅取猎物；发弱电的鱼产生很微弱的对敌害或猎物都没有影响的电流，其作用只是作为电感受系统的一部分。

表 11-1 列举了主要的发电鱼类的类群，而图 11-24 表示主要的发电鱼类代表及其发电器官的形状和位置。

表 11-1 发电鱼类的类群

科 名	属和种	发电强度	分 布
鳐科（Rajidae）	鳐属（*Raja*）的许多种类	弱电	全世界的海洋
电鳐科（Torpedinidae）	各个属和许多种类	强电，高达60 V 或1 kW；有些种类也发弱电	全世界的海洋
长颌鱼科（或象鼻鱼科，Mormyridae）	各个属和许多种类	弱电	非洲的淡水
裸臀鱼科（Gymnarchidae）	裸臀鱼（*Gymnarchus nilaticus*）	弱电	非洲的淡水
电鳗科（Electrophoridae）	电鳗（*Electrophorus electricus*）	强电，高达 500 V	南美洲淡水

续表 11-1

科 名	属和种	发电强度	分 布
裸背鳗科（Gymnotidae）	裸背鳗（*Gymnotus carapo*）	弱电	南美洲淡水
线鳍电鳗科（Sternopygidae）	四个或五个属的许多种类	弱电	南美洲淡水
鳍电鳗科（Sternarchidae）	九个属的许多种类	弱电	南美洲淡水
吻电鳗科（Rhamphichthyiade）	两个属两个种	弱电	南美洲淡水
电鲶科（Malapteruridae）	电鲶（*Malapterurus electricus*）	强电，高达 300 V	南美洲淡水
䲢科（Uranoscopidae）	星䲢属（*Astroscopus*）的几个种	强电，约 5 V	西太平洋

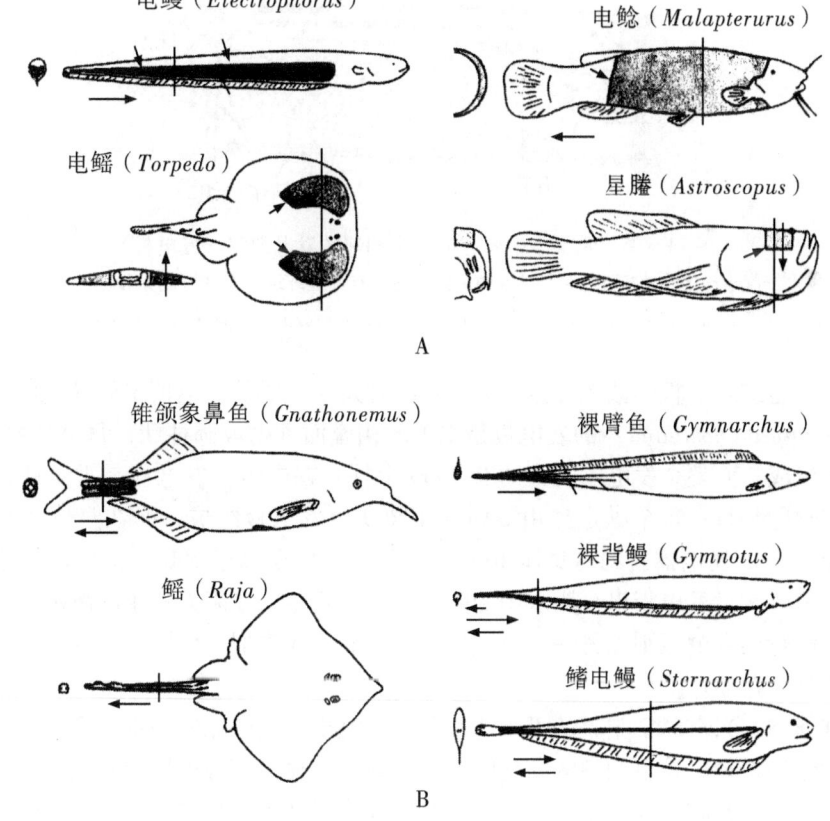

图 11-24 发电鱼类的代表

A. 发强电鱼类；B. 发弱电鱼类。发电器官为黑色或深灰色，并以小箭头指出。横线表示横切面经过的部位，横切面结构图位于鱼体尾侧。大箭头表示通过发电器官的电流方向（依据 M. Bennett）

发电器官是以发电细胞（Electrocyte）或发电板（Electroplate）为单位组成的。它们通常是由肌肉纤维（或细胞）衍变形成的神经肌肉器（Myoneural Apparatus），还有的是特化的运动终板或者特化的运动轴突末梢本身（如裸背鳗科）。例外的是鳍电鳗科的 *Adontosternarchus*，它是由特化的感觉神经元发出高频率的电脉冲。

典型的发电细胞是扁平的薄饼形，有规则地排列，一侧为特化的神经层而另一侧为乳突状的营养层；各个发电细胞神经层的表面都朝向同一个方向。有些鱼类的神经层直接由稠密的神经纤维网组成，有些则是一条或几条分布在表面的神经分支。图 11-25 表示两个相邻的发电细胞，它们是特化的多核骨骼肌细胞，核靠近细胞膜；发电细胞的一侧光滑，有神经肌肉接点（突触），而另一侧是血管和乳突；发电细胞包埋在胶质物中并为结缔组织组成的分室分隔开。

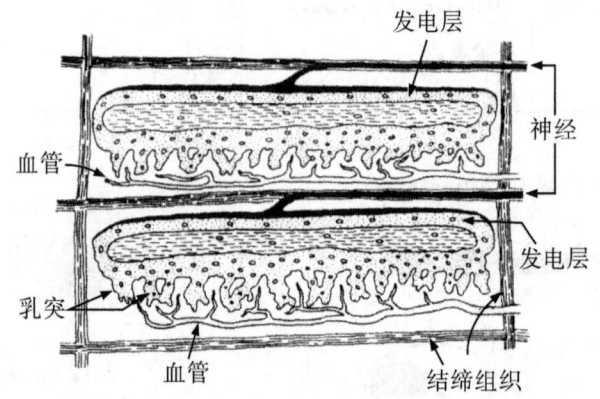

图 11-25　鱼类发电器官的两个相邻的发电细胞（发电板）
发电细胞是特化的骨骼肌细胞，发电的一侧光滑，有神经纤维分布并形成突触，另一侧是血管和许多乳突。发电细胞为结缔组织和细胞间的胶质所分隔（依据 W. S. Hoar）

发电细胞或发电板的数量和排列方式依各种发电鱼类的发电情况而异。例如，大西洋电鳐（*Torpedo nobiliana*）的发电板是水平的相叠而堆砌成圆柱状，每个柱由 1000 多个发电板组成，而整个发电器官大约有 2000 个柱。在电鳗，发电板是垂直地排成一纵走柱，与脊髓平行；每个纵走柱由 6000~10000 个发电板组成，而在身体的每侧约有 60 条纵走柱；其发电器官约占身体 40% 的容积，能发出高于 500 V 的电。电鳗生活在淡水中，需要大量发电板以克服水中的阻力；而电鳐生活在阻力较小的海水中，发出较弱的电。电鲶的发电板则以另一种形式排列，它们形成类似一件厚层的外套，从鳃部到尾部围绕整个鱼体。

根据细胞在兴奋时细胞膜的可渗透性和离子流出发生变化的基本原理，可以说明发电细胞的作用机理。发电细胞的细胞膜有选择地对钾离子可渗透性而对钠离子不可渗透性，如同肌肉细胞和神经细胞一样。静止时，细胞膜处于极化状态，膜内负极，膜外正极。当受到刺激时，发电细胞的两个表面有不同的反应，神经组织的一面出现去极化（跨膜电位消失）或反极化（跨膜电位极性反转），而非神经组织的一面保持其极化状态不变，因此，发电细胞的两个表面之间形成电位差，每个发电细胞成为一个小电池。

当它们串联起来时,发电细胞的两个表面都对发电器官的发电起作用(图 11 – 26)。电鳗就是采用这种放电系统发出高电压的能起麻痹作用的电震荡。产生弱电并利用电脉冲引起电 – 回波定位作用(Electro-echo Orientation) 的鱼类则有不同的情况。裸背鳗和锥颌象鼻鱼产生双相或三相而不是单相的电脉冲,发电细胞的两个表面都出现可渗透性(亦即电位)的变化,但不是同时发生的,因而,神经组织一面和非神经组织一面的交替活动性能产生非常快的双相电脉冲(锥颌象鼻鱼为 0.3 μs)。

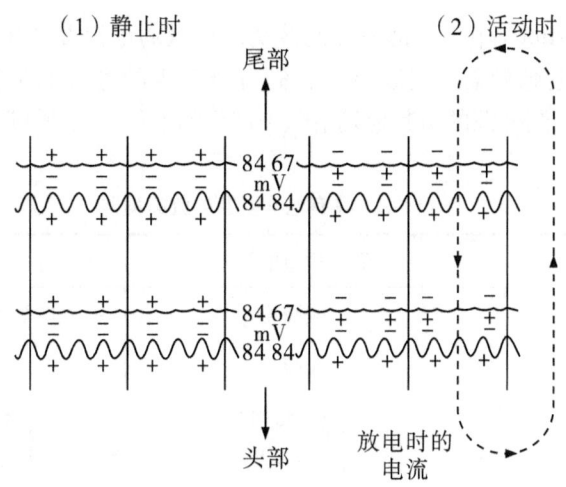

图 11 – 26　电鳗放电细胞累加放射的作用机理
(1)静止时,没有净电位通过发电细胞;(2)活动时,所有的电位串联起来,头部相对于尾部变为正电(阳性)。小波幅曲线代表发电细胞的神经面;大波幅曲线代表发电细胞的无神经面(依据 W. S. Hoar)

　　在发电器官由肌肉衍生而来的系统发生过程中,有些鱼类的发电器官(如鳐)是利用肌肉的终板电位,而另一些鱼类(如一些具发电器官的淡水鱼类)则利用肌肉的动作电位。使用电生理记录仪还发现电鳗的发电器官能接受电流的直接刺激而电鳐的发电器官则不能,所以在电鳗的发电器放电到耗尽时刺激它们的神经,发电细胞还能对这些机械的或电的刺激起反应;而电鳐的发电器官对这些刺激完全没有反应,其疲劳的发电器官只有直接使用乙酰胆碱才能引起反应。进一步的研究发现,神经肌肉接点的突触后膜是对电刺激的无反应膜,而肌肉细胞膜能直接受电刺激而产生兴奋性(电兴奋性膜),以及间接地通过其神经在神经肌肉接点释放和积累乙酰胆碱而产生终板电位。所以,电鳐的发电器官是特化的突触后膜(对电刺激无反应性),而电鳗是特化的肌肉膜,是电兴奋性的,可以通过刺激神经而被激活。
　　与其他效应器一样,发电器官是由神经中枢(脑)在接受某些感觉信号并经过协调后发出适宜的运动性脉冲而引起放电活动。发电器官由脑的特定部位,特别是小脑和与侧线系统相联系的脑区以及延脑和邻近的脊髓的小群神经元(它们组成"核")所调控。神经元的数量由电鲶的两个到裸背鳗的数十个不等。在用电流防御敌害或捕捉猎物的发电鱼类,接受相应的环境信号后,神经元的调控作用就开始生效;而用电流作为电定位作用（Electro-orientation）的发电鱼类，调控中枢的起搏神经元保持着节律性的脉冲输出，并对环境信号产生反应而适当地改变脉冲的频率和幅度。调控中枢的神经元通过电紧张突触（Electrotonic Synapse）而互相联系，使一个核团内的所有神经元能自动激活和同时发出脉冲，从而同步激活发电细胞，以产生较强的电流。

二、电感受器

电感受器（Electroreceptor）是一种能接受外界微弱电流并产生传入冲动的特殊结构。许多鱼类具有电感受器，用以检测它们自身产生的进行电定位（Electrolocation）的电场变动，或者检测外源的由其他发电鱼类产生的电信号（表 11-2）。

表 11-2 具有电感受器的鱼类类群

鱼类类群	形态构造的类型	生理作用的类型
板鳃鱼类	壶腹型	紧张性电感受器
鲶鱼类	壶腹型	紧张性电感受器
裸背鳗科	壶腹型 结节型	紧张性电感受器 相位性电感受器
象鼻鱼科	壶腹型 结节型	紧张性电感受器 相位性电感受器
裸臀鱼	壶腹型 结节型	紧张性电感受器 相位性电感受器

电感受器通常由侧线感受器衍变而成并有侧线神经的分支分布，其感觉细胞呈柱形或立方形，基部和传入神经形成突触而顶部表面有许多微绒毛伸向外方，但没有侧线感觉毛细胞所具有的动纤毛（罗伦晋尼氏壶腹例外）。早期的研究者把罗伦晋尼氏壶腹（板鳃鱼类头部）、壶腹器官（裸背鳗）、眼前窝（Pit Organ，鲶类）和长颌丘（象鼻鱼）等几种表皮结构列为电感受器。根据解剖学和生理学的特点，可把鱼类电感受器分为两个类型：①壶腹型（Ampullary Type）呈长颈瓶形，内充满胶质物，几个感觉细胞埋藏在壶腹底部的壁内，只有小部分的细胞体处在壶腹腔内和胶质物接触；②结节型（Tuberous Type）的管腔没有胶质物，而在腔与体表之间充满疏松排列的上皮细胞，感觉细胞位于这些上皮细胞"塞"的下方，细胞表面覆盖许多微绒毛（图 11-27）。裸背鳗、象鼻鱼和裸臀鱼具有这两个类型的电感受器，而板鳃鱼类和鲶鱼类只有壶腹型电感受器。

两种类型的电感受器具有不同的生理学特性。壶腹型是紧张性电感受器（Tonic Electroreceptor），特点是有自发性的节律脉冲发放，在弱电流作用下其自发性峰电位频率发生改变，能持久地对低频率（0.1~50 Hz）或直流电刺激产生反应，如用微电极

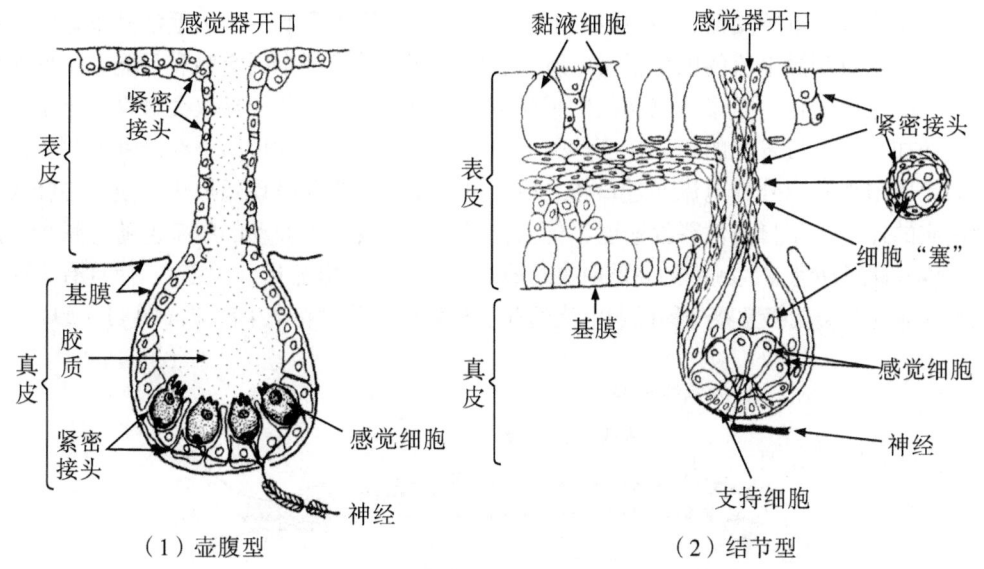

（1）壶腹型　　　　　　　　　　　　（2）结节型

图 11-27　鱼类电感受器的两个类型
依据 W. S. Hoar

插入细胞内可记录到稳定的感受器电位。结节型是相位性电感受器（Phasic Electroreceptor），特点是经常处于不活动状态，只对高频率（50~2000 Hz）电流刺激产生反应，对低频率或直流电刺激不敏感并迅速出现消退性反应，可记录到波动的感受器电位。

鱼类电感受器的感觉细胞如何将外界环境电场的变化转导为感觉神经的动作电位而传入神经中枢，目前还没有研究得很清楚。电感受器感觉细胞膜的电特性与其他许多感觉细胞相似，而它们对电的敏感性与感受器的组织构造有密切联系。围绕电感受器和形成管腔的表皮结构是由紧密排列的高电阻的上皮细胞组成，有些部位还形成紧密接头，如在感受器的开口处和与感觉细胞相邻处，可以防止电流通过细胞间隙漏出并且能引导电流直接通过感觉细胞，使电位差主要在经过电感受器的感觉细胞时出现（图 11-28）。

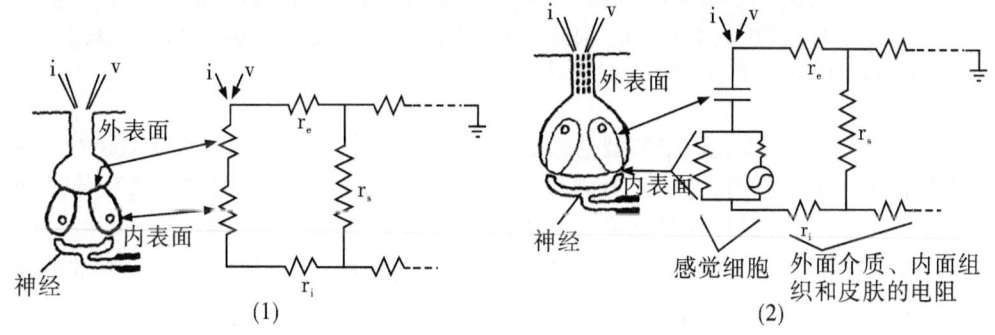

图 11-28　淡水鱼类电感受器的构造和电路模式图
(1) 壶腹型紧张性电感受器；(2) 结节型相位性电感受器。结节型电感受器的外开口表示为细胞"塞"所阻塞。电路图中表示外界介质（r_e）、皮肤（r_s）和内面组织（r_i）的电阻。感觉细胞的细胞质和感受器腔内的电阻估计很小，可忽略不计。感受器开口处表示刺激的 (i) 和记录的 (v) 微电极（依据 M. L. Bennett）

对于壶腹型电感受器，壶腹腔内的胶质物和感觉细胞顶部的微绒毛都是很好的电传导体，而且对刺激电流的电阻很小，所以感觉细胞和神经纤维的突触联系能直接反射外界环境的电压变化。密集的电流使电感受器的基膜迅速去极化，导致突触释放化学递质显著增加，超过自发性的释放速度，因而使分布在感觉细胞的传入神经纤维发放传入冲动的频率增加。当外界电流通过鱼体之后，电感受器的基膜呈现超极化，使突触释放化学递质的速度小于自发性释放速度，传入神经纤维发放传入冲动的频率也随之减少。这样，传入神经冲动发放频率的高低取决于通过电感受器的电流量（强度），使具有壶腹型电感受器的鱼类能够觉察外界微弱电流的存在和变化，并对它产生反应（图11-29）。

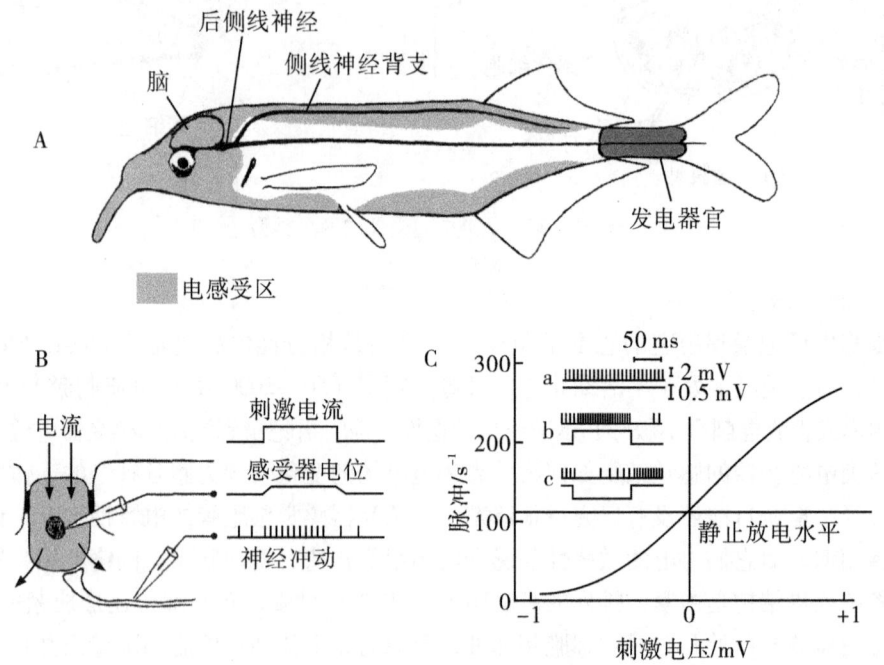

图11-29 鱼类的电感受器

A. 彼氏锥颌象鼻鱼（*Gnathonemus petersii*）电感受器的分布和发电器官与侧线神经的位置。B. 电感受器细胞顶膜的电阻比基膜的小。C. 电感受器细胞的电位记录：a. 进入细胞的电流；b. 去极化，递质释放增加；c. 电流离开细胞，递质释放减少（依据 R. Eckert）

能感受电场发生变化的结节型电感受器，其感觉细胞顶部发出的微绒毛起着一列电容器的作用，当长时间持续的外界电脉冲刺激通过低电阻的上皮细胞"塞"传送到感觉细胞时，引起的即时反应是基膜的去极化，使内膜产生峰电位并激活传入神经纤维，随后，电容器逐渐充电而持续的电压对突触的作用逐渐减弱以至中止。当外界的电脉冲刺激结束时出现相反的变化过程。

鱼类对外界电场和电脉冲刺激所产生的反应受到神经中枢的调控。电感受器把接受到的信息通过侧线神经传入到小脑和延脑，经过分析和整合后发出指令到效应器官而产生相应的反应。发电的鱼类通常都有发达的小脑，其中最突出的是长颌鱼，非常发达的小脑几乎完全覆盖其他脑区。具有发电器官的鱼类能利用自身的放电和电感受器感受电流的特性来探测环境和确定外界物体的位置，由于它们大多生活在深而混浊的水中，能见度很低，眼睛也不发达，便利用电感受器来探测周围环境的变化和追寻食饵。有些没有发电器官而有电感受器的鱼类能够感受其他鱼类的肌肉（如呼吸肌）运动所产生的微弱电流（动作电位）。例如，鲨鱼和鳐鱼可通过这种方式寻找其他鱼类做自己的食饵。试验证明，一条鲨鱼从距离埋藏在沙里的鲽鱼不到 15 cm 的地方经过时，能够很轻易地发现这个猎物而翻开泥沙将它捉住。这是由于鲨鱼的电感受器感受到鲽鱼呼吸运动所产生的微弱电流而发现它的位置，而并非由于嗅觉或其他化学感受器的作用，因为用一个藏在沙里的小型人工发电装置发放与鲽鱼呼吸动作所产生的相似的微弱电流（约为 4 μA），鲨鱼经过时也会不顾一切地翻开泥沙试图捕捉这个假猎物。

总的说来，发电鱼类利用它们发放的电流击昏猎物，探测外周环境状况和进行同种个体之间的联系。具有电感受器而不发电的鱼类能够感受鱼类或其他动物由肌肉正常活动所产生的微弱电流而发现猎物的方位。

第六节 其 他

一、温度的感受

鱼类的皮肤能感受温度（Thermoreception）的变化，如果把它们放在温度梯度中，它们能选择接近于它们所适应的温度。试验的结果表明，鱼类感受温度变化的阈值为 0.05~0.1℃，最低可达 0.03℃，如鳚鱼（*Blennius pholis*）、杜父鱼（*Cottus bubalis*）、鳕鱼（*Gadus merlangus*）等，而且海水鱼类的温度阈值要比淡水鱼类略低些。

鱼类主要是由皮肤中密布的神经末梢（Cutaneous Nerve Ending）感受温度的变化。试验表明，用较热的棒（例如比鱼所处的水温高 2℃）接触鱼体的各个部分，包括鳍，鱼都能感觉到温度的变化而游往别处；如果用和鱼所处水温相同温度的棒触及鱼体表，鱼没有出现反应。对鳟鱼的试验表明，在有温度梯度的水池中，它们都是喜欢停留在适宜的温度区内；如果切断侧线神经，它们仍能选择适宜的温度，但如果用可卡因处理鱼体皮肤，鱼就丧失这种能力。所以，鱼类对温度的感受主要是通过皮肤，与侧线感觉器的关系不大。但是，鱼类皮肤神经末梢对感受温度刺激的机理还不是很清楚。许多学者试图测定鱼类温度感受器的电脉冲活动，都未能成功，原因可能是鱼类并没有特化的温度感受器，没有神经纤维传导对温度变化的反应，而只有机械性的感受器，它们对皮肤接触的敏感反应也受到温度变化的影响。将雅罗鱼（*Leuciscus rutilus*）用箭毒麻醉不动并进行人工鳃呼吸，发现对皮肤神经用单独的温度刺激不能使其产生脉冲发放的反应，但在不同的温度下用单个或重复的机械刺激能使其产生不同的相位脉冲，当温度突然变化时它们也发生变化；用较热的物体触及鱼皮肤时产生的脉冲较少，而用较冷的物体触及就产生较多的脉冲，表明鱼类对这种接触温度的联合感受是"冷敏感的"，即温度降低时反应增强而温度升高时反应减弱；当温度变化约为 1.5℃ 时，鱼体表对标准机械刺激的脉冲反应变化约为 10%。

板鳃鱼类的罗伦晋尼氏壶腹也起温度感受器的作用，它们对温度变化的基本反应模式是温度降低时相位电位脉冲发放频率增加，而温度升高时减少，如鲨鱼的相位电脉冲反应很敏感，可达到90脉冲/(s·℃)。

二、茂氏细胞

茂氏细胞（Mauthner Cell，简称 M 细胞）是硬骨鱼类和两栖类延脑内的一对大神经元，其细胞体有许多突触小体，它们大多数属于第八对脑神经（听神经），每个神经元有一巨大的运动轴突分布到对侧发达的纵走尾肌，听神经收集外界环境的声波振动刺激能由这个运动轴突迅速传送到尾部肌肉而产生惊吓逃跑反应。但 M 细胞的功能还有待于深入研究。

在不同的鱼类中，M 细胞的形状、大小及其主要的树突数目与排列位置有所不同。图 11-30 表示金鱼的 M 细胞结构。在体长为 12 cm 的金鱼，M 细胞位于脑中线的两侧，与延脑相距约 700 μm，并处在延脑表面下方 1.0~1.5 mm 处，上方为小脑覆盖；细胞体卵圆形，一侧发出"侧树突"，它在第八对脑神经进入延脑处延伸，长达 500 μm 以上；细胞体的另一侧发出"腹树突"，它弯向前腹方，长度也为 500 μm 左右；两个树突在其末端之前有一个或两个分支。轴突由细胞体的背中线发出，途中变为有髓鞘，并延伸到延脑的中线而与对侧 M 细胞的相应轴突交叉 [图 11-31 (a)]；两条轴突再向尾部的脊髓延伸，并进入脊髓中央线两侧背面约 700 μm 深处，距脊髓中央管约 200 μm；轴突的直径在 50 μm 以上，沿途发出许多侧枝，延伸到尾部时变得细小以至消失。

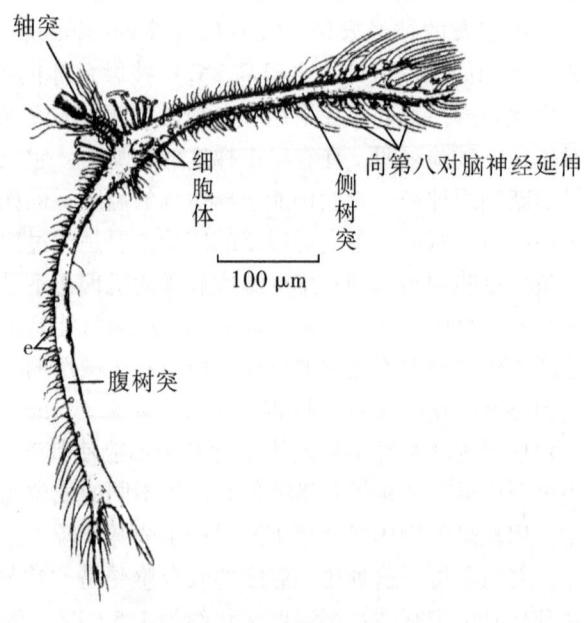

图 11-30 金鱼茂氏细胞的结构
依据 W. S. Hoar

单个 M 细胞的逆向或顺向兴奋性都通过同侧的第八对脑神经,在 M 细胞兴奋轴突同侧的躯干和尾部产生强有力的冲击;与此同时,两个眼球、鳃盖和下颚都产生突发活动,在水槽中可看到鱼的鳃裂向后喷射出一股水流[图 11-31 (b)]。肌电图(Electromyogram)的记录表明,在兴奋的 M 细胞轴突的对侧,从脊髓发放电流;对侧的兴奋性反应要比同侧的弱些,而且推迟 1~3 ms。

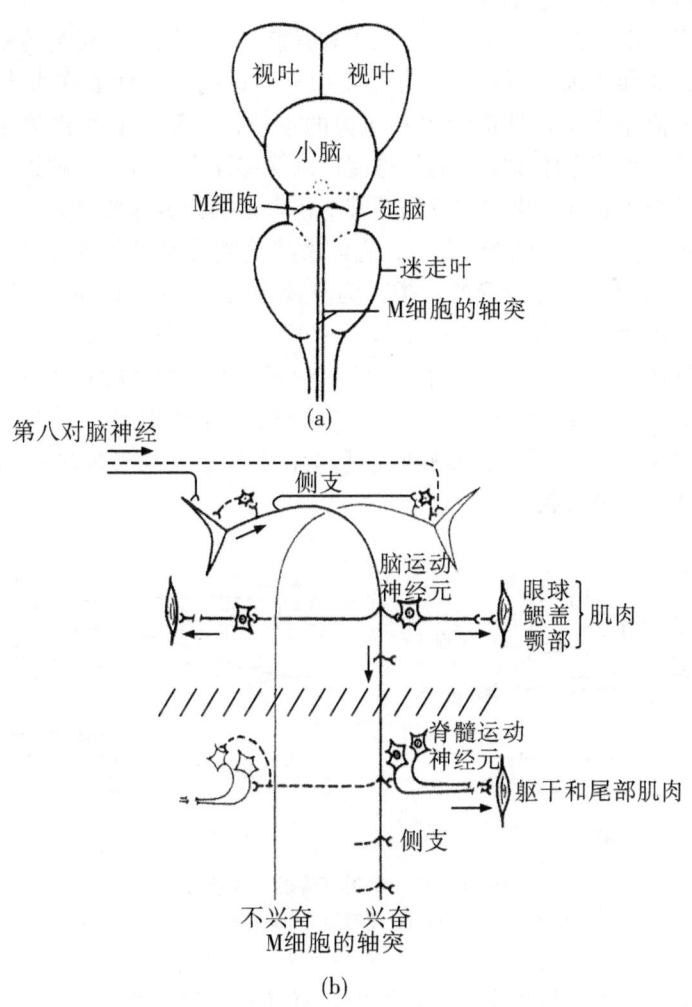

图 11-31　茂氏细胞在延脑内的位置(a)及其神经联系(b)的模式图
依据 J. Diamond

硬骨鱼延脑内的 M 细胞是研究脊椎动物中枢神经系统神经元突触传递规律的理想模型。从 20 世纪 60 年代起,许多学者利用它进行了系统而深入的研究,如突触药理学的定量研究、中枢神经元的发育生理学研究、神经元的蛋白质合成研究等。我国学者也建立了 M 细胞腹侧树突多点胞内穿技术,为系统进行 M 细胞腹侧树突电生理学研究提供了新的方法。

三、气鳔

硬骨鱼类的气鳔（Air Bladder, Swim Bladder）用来增加身体的浮力，起流体静力器官（Hydrostatic Organ）的作用。有些鱼也利用气鳔进行空气呼吸，或者辅助声音的发生和感受。板鳃鱼类没有气鳔。

鱼体的密度比水的密度稍大，因为鱼体有骨骼和大量肌肉。脂类的密度比水小，可以抵消较重的骨骼和肌肉，所以，鱼类需要积累大量脂肪以便能在水中保持浮力。但是，如果鱼类只依靠脂肪来抵消骨骼和肌肉的重量，则脂肪必须占体重的 50% 左右，而这是不可能的。鱼依靠体积很小的气鳔就可以保持浮力。所以，硬骨鱼类通常都有气鳔，而板鳃鱼类则依靠较疏松的软骨和肝脏中较丰富的脂类保持浮力。

气鳔通常占鱼体总体积的 5% 左右，它们由消化道的前部发展而成，许多鱼类还保留与消化道联系的鳔管。有鳔管的鱼类称为开鳔鱼类（Physostomi），而鳔管已退化消失的鱼类称为闭鳔鱼类（Physoclisti）（图 11-32）。开鳔鱼类可以在水表面吞入空气，通过鳔管把空气送入鳔内，也可以通过气鳔周围肌肉的收缩经鳔管把空气排出。闭鳔鱼类是通过特殊的气腺（Gas Gland），使气鳔充满气体，而由位于气鳔背侧血管分布稠密的卵圆窗（Oval Window）将气体重吸收而移走；有些鱼类还形成由膈膜分隔的气鳔后室，专门对气体进行重吸收。

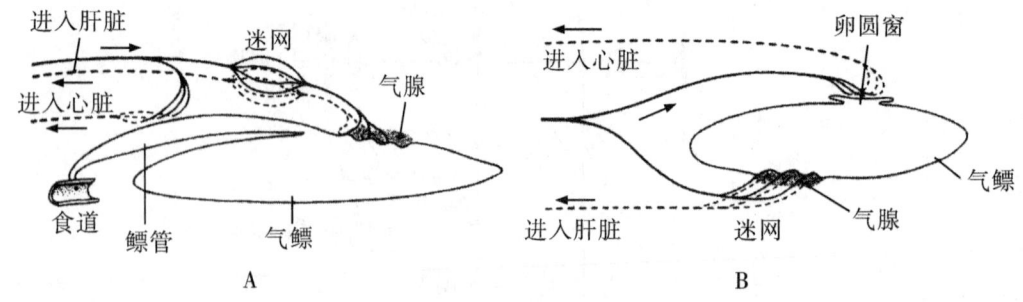

图 11-32 鱼类气鳔的两个类型
A. 开鳔类（如鳗鱼）；B. 闭鳔类（如鲈鱼）（依据 R. Eckert）

鱼类如要在一定的水层中保持中性浮力，就要使气鳔有稳定的体积。但气鳔是有弹性而可以压缩的，当鱼在水中下沉时，水的压力增加，而当鱼上浮时，水压力减少。这意味着当鱼下沉时气鳔受到水中增大的压力而使体积减小，鱼体变得比较重而沉下去；相反，当鱼上浮到水表层，水中压力减少而使气鳔体积扩大，鱼体变得较轻而浮在水面（图 11-33）。所以，鱼类要保持中性浮力以便节省能量消耗和在一定的水层中自由游泳，在上升到水表层时，气鳔内的气体要适当地移走一些；而下降到较深的水层时，气鳔内的气体必须适当地增加。由于水深每增加 10 m，流体静压增大 100 kPa，当鱼类进入较深水层时，鱼体承受的压力增加，气体必须加入到气鳔中以保持其中性浮力。在 2000 m 深度曾发现鱼类气鳔内的气体达到 2×10^4 kPa 的压力。气鳔内的气体主要是氧，

还有 CO_2 和氮等。用放射性同位素标记的试验表明，进入鱼类气鳔的气体都来自水中，它们进入血液后通过血液循环而进入气鳔内。

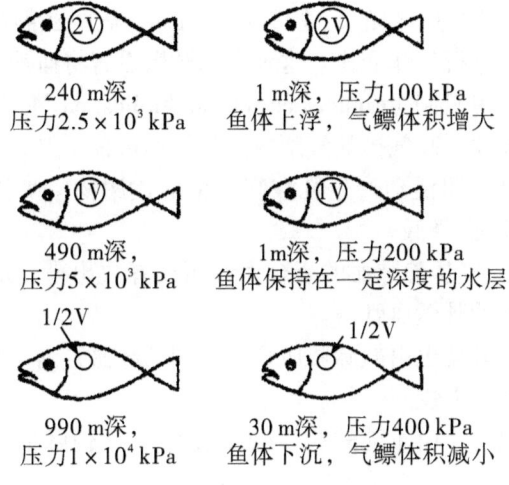

图 11-33 鱼类在水中垂直移动时气鳔体积的变化
V 表示气鳔的相对体积

在任何水层深度，氧在溶液中大约只有 20 kPa。由于氧溶解在表层的水中，然后表层水与深层水混合，使氧进入到较深层的水中，所以在 2000 m 的深度，氧是由 20 kPa 的水中移入压力高达 $2×10^4$ kPa 的气鳔内。气鳔如何能够保持这样高气压的氧气而不会让它们扩散到气鳔外进入身体组织而后进入很低气压的水中？气鳔又如何从氧分压很低的水中把氧气移入气压非常高的气鳔内？这些曾经使学者们感到迷惑的问题现在已有清晰的了解。

首先，气鳔壁是富有弹性、可以膨胀而又非常坚韧的，对气体是高度不可渗透性的，而在卵圆窗和气腺也有一厚层灌满鸟嘌呤的结缔组织使 O_2 和 CO_2 的渗透性显著降低。其次，气鳔具有非常特化的气腺，在气体的溶解度和扩散压力方面起着重要的作用。事实上，气腺并不是产生和分泌气体到气鳔内，而是将来自水中的氧"浓缩"然后通过动脉血输送到气鳔内。气腺包括上皮组织和输送血液的由许多动脉和静脉微血管组成的迷网（Rete Mirabile）。气腺上皮能进行糖酵解，甚至能在氧含量很高时分解葡萄糖而产生大量乳酸；气腺没有三羧酸循环的酶，乳酸盐产生后使血液 pH 值明显降低，同时使血液渗透压升高，因为 1 mol 葡萄糖产生 2 mol 乳酸盐；乳酸还能使 $NaHCO_3$ 释放 CO_2，由于 pH 值降低和 CO_2 增加，使氧离解（平衡）曲线右移（通过 Bohr 效应）和血红蛋白的最大氧饱和度降低（通过 Root 效应），从而使 O_2 从氧合血红蛋白释放出来。由于血液渗透压升高，使氧在血浆中的可溶解性也降低，这两者都使血液的氧分压（P_{O_2}）增高，氧便很容易地由血液扩散到气鳔内。所以，乳酸的产生是使气腺能释放大量氧气的主要因素。气腺含有大量碳酸酐酶，它也参与氧气释放到气鳔内的作用过程；如果使用碳酸酐酶的抑制剂乙酰唑拉酰胺（Acetozolamide）处理使它失去活性，气体就会停止释放到气鳔内。

气腺的迷网有密集排列的非常长而壁很薄的微血管，其横切面与棋盘相似；在不同的鱼类，微血管长度在 4~25 mm 之间。在鳗鱼，有人计算其迷网有 88000 条静脉微血管和 116000 条动脉微血管，总长度分别为 352 m 和 464 m；动脉和静脉接触的表面积为 100 cm^2，而静脉血和动脉血分隔的距离只有 1.3 μm，表明在静脉和动脉之间有非常巨大而密切相连的表面积进行气体交换。这种由动脉微血管将血液流入和由静脉微血管使血液流出的逆流倍增作用机制（Counter-current Multiplication Mechanism）证明迷网的血管能够把氧气输送和释放到高气压的气鳔内。其作用过程（图 11-34）是：

（1）气腺上皮通过代谢活动产生乳酸和其他的代谢物，使从气腺返回的静脉血的 pH 值降低，氧的溶解度也降低。

（2）pH 值降低使氧气从静脉血的氧合血红蛋白释放出来，从而使静脉中的氧分压显著增高，氧气扩散到动脉微血管内。

（3）与此同时，乳酸盐也由静脉微血管扩散到动脉血管内，使含有丰富氧气和乳酸盐的动脉血输送到气腺的上皮。

（4）血液经过上皮时，由于乳酸盐等继续增加，pH 值降低使氧分压继续增加，使氧气扩散到气鳔内。

（5）从气腺上皮流回迷网的静脉微血管血液，由于乳酸盐和其他代谢物不断产生，以及 Bohr 效应和 Root 效应，使 pH 值和氧合血红蛋白含量以及氧的溶解度继续降低，氧分压持续保持高于动脉微血管的血液。由于氧分压在静脉血和动脉血中的梯度差，使氧气不断从静脉血通过微血管扩散到动脉血。

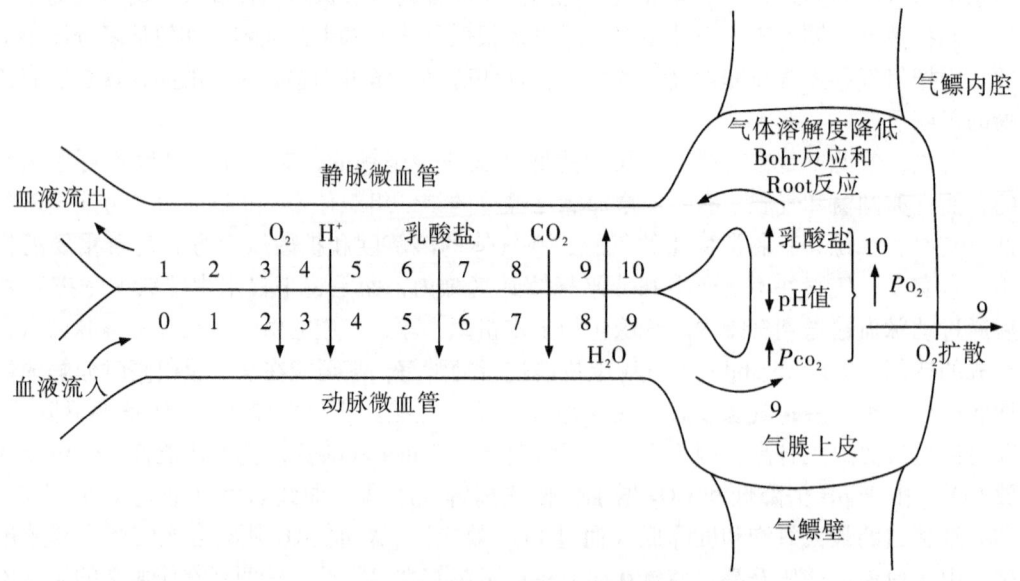

图 11-34 鱼类气鳔的气腺迷网将氧气释放在气鳔内的图解
小箭头表示含量的增加或减少；大箭头表示扩散梯度（依据 R. Eckert）

由于 H$^+$ 增加（pH 值降低），使氧从氧合血红蛋白释放出来的作用进行得非常快，半衰期仅 50 ms，而氧和血红蛋白结合要慢得多，半衰期为 10～20 s，因此当血液流经迷网的静脉微血管时，释放出来的氧在短暂的时间内不会与血红蛋白再结合。但是，经过微血管的血流量对氧气释放到气鳔内也有一定影响。如果动脉和静脉微血管的血流缓慢，血红蛋白就有可能在静脉微血管与氧结合，使输送到气腺上皮的氧减少。所以，血流量直接影响到氧气释放到气鳔的量；输送到气鳔的血液流量增加，将提高氧的释放量，反之将使氧释放量减少。

此外，迷网微血管的长度和鱼类生存的水层深度有一定联系，如生活在水深 2500 m 的鱼类，其微血管长度为 4～12 mm，而生活在水深 5000～7000 m 的鱼类为 15～25 mm。微血管长度与"逆流倍增"系统的氧气扩散和释放的效率是直接相关的。

气鳔作为流体静力器官调节鱼体浮力的作用受到自主神经系统的控制，由肠迷走神经的副交感神经纤维和体腔神经节的交感神经纤维分布到气鳔壁的平滑肌和气腺；气鳔壁的张力受体（Tension Receptor）能产生有效的调整气鳔容积的反射性反应。

气鳔也能辅助鱼类感受声波和发声。气鳔是声波有效的共鸣器，在第三节"听觉器"中已提到骨鳔鱼类有连接气鳔和内耳的魏氏器官，使气鳔产生共鸣的声波经过魏氏器官传送到内耳，明显提高听觉的敏感性。许多鱼类利用肩带击打气鳔附近的体壁，而气鳔起鼓的作用。石首鱼科鱼类有肌肉插到气鳔，它们能进行高频率收缩以振动鳔壁而产生击鼓似的声音；发生声音的基本频率和肌肉收缩频率直接有关。此外，有些鱼类在气鳔收缩使气体由鳔管释放时产生声音。

四、抗冻蛋白

鱼类的抗冻蛋白（AFP：Antifreeze Protein）和抗冻糖蛋白（AFGP：Antifreeze Glycoprotein）是由于研究一些海水硬骨鱼为何能在结冰的海水中生存而被发现的。

海水通常在 -1.9～-1.7℃时结冰（取决于盐度的高低）。北极和南极大部分水域都处在能结冰的温度而常年结冰。许多生活在这些水域的鱼类，它们的血液和体液与海水相比是低渗性的，血浆的冰点在 -1.5～-1.0℃之间，却能生存在 -1.73℃的海水中而不结冰。但是，如果把这些鱼类移到表层为 -1.73℃的海水中和冰在一起，它们就会立即结冰。研究的结果表明，这些鱼类能够在较深水层中处于过度冷却（Supercool）状态，而且因为没有冰（冰的密度比水小，冰形成后就会浮到水表层），鱼体由于没有"冰种"而不结冰，所以能够生存下来。

许多鱼类能增加身体的电解质含量以提高血液的渗透压，从而使冰点降低。如鳕鱼（*Gadus*）和床杜父鱼（*Myoxocephalus*），夏季的 Cl^- 浓度是 200 mmol/L，冰点为 -0.79℃；到了冬季，Cl^- 浓度增高到 234～243 mmol/L，冰点也降低为 -0.94℃和 -1.25℃。但是，电解质含量增加使冰点降低还不足以使鱼体液和血液的冰点降低到海水的冰点（-1.9～-1.7℃）那样低。

对北极和南极的鱼类研究发现，当水温降低时鱼类血液中的蛋白质和糖蛋白含量增加，它们是热稳定而能溶解于三氯醋酸的大分子，其降低冰点的效应要比 NaCl 大两个数量级；另一方面，它们降低冰的溶点的作用很微小，即使其浓度在鱼类血液中很高

（达到 10~30 mg/mL）亦如此。在冰点和溶点之间的间隔称为热滞现象（Thermal Hysteresis），在起抗冻作用的蛋白质和糖蛋白处于高浓度时，通常是 1℃ 的差别，这时冰结晶保持悬浮状态，既不增大也不溶解。

目前在鱼类已确定有两类大分子的抗冻物质（表 11-3 和图 11-35）。第一类是抗冻糖蛋白（AFGP），分子量在 2700~32000 之间，由重复的丙氨酰丙氨酰苏氨酸（Alanylalanyl Threonine）单位组成，并由一双糖连接每个苏氨酸。抗冻糖蛋白为几种南极硬骨鱼类和北鳕（*Boreogadus saida*）所特有，能非常有效地降低冰点，如在南极的 *Trematomus* 鱼，抗冻糖蛋白的作用比浓度相同的最理想的溶质要大 200~300 倍。这种糖蛋白和甘油相似，具有许多无掩蔽的羟基。第二类是在美洲拟鲽（*Pseudopleurorectes americanus*）、短角床杜父鱼（*Myoxocephalus scorpius*）和其他一些北方硬骨鱼类中发现的抗冻多肽（蛋白质）（AFP），分子量为 10000~11000，它们和 AFGP 一样含有大量丙氨酸，但没有双糖。抗冻多肽受到由光周期引起的周年节律影响而在冬季大量出现于血液中，到来年春天它们从血浆中消失，这是由于环境温度变化而通过脑垂体调节的。

表 11-3 鱼类抗冻蛋白的种类

	AFGP	AFP I	AFP II	AFP III
基本特征	富含碳水化合物	富含丙氨酸	富含胱氨酸	富含蛋氨酸，少许脯氨酸
分子量	2.6~34 kDa	3.3~4.5 kDa	11.3~24 kDa	6 kDa
一级结构	（丙-丙-苏）$_n$，双糖	（11 氨基酸重复）	二硫键	不显著
二级结构	扩展	亲水脂 α-螺旋结构	含 β-层	主要是 β-层
生物合成的前体	聚（多）蛋白质	前期 AFP	前期 AFP	前期 AFP
鱼的种类	南极鱼（*Nototheniids*）、北方鳕鱼、北极鳕鱼	鲽鱼、杜父鱼	美洲绒杜父鱼、胡瓜鱼、大西洋鲱	狼鱼、长臀鳕

AFGP 和 AFP 降低鱼体冰点和防止冰形成的作用机理还未充分了解。如果把硼酸盐加入到抗冻蛋白，会使它失去抗冻特性，因为硼酸盐能和羟基结合，如果把硼酸盐移走，它的抗冻特性就能恢复，所以抗冻作用与羟基有关。通过酶的水解作用把糖蛋白的多肽支柱除去，也会使抗冻蛋白的抗冻作用消失。所以，羟基团和多肽支柱对抗冻蛋白的抗冻活性是必要的。由于羟基团的亲水性很强，抗冻蛋白通过它们与冰晶结合，并以多肽腱将冰晶包围，防止冰晶增大，所以在抗冻蛋白的作用下，冰晶形成非常缓慢，只是细长的针状。此外，这些抗冻蛋白对细胞蛋白质（如酶类）可能还起着某种保护作用，防止在低温下经常会出现的第三级和第四级的蛋白质结构变化，从而使一些重要的

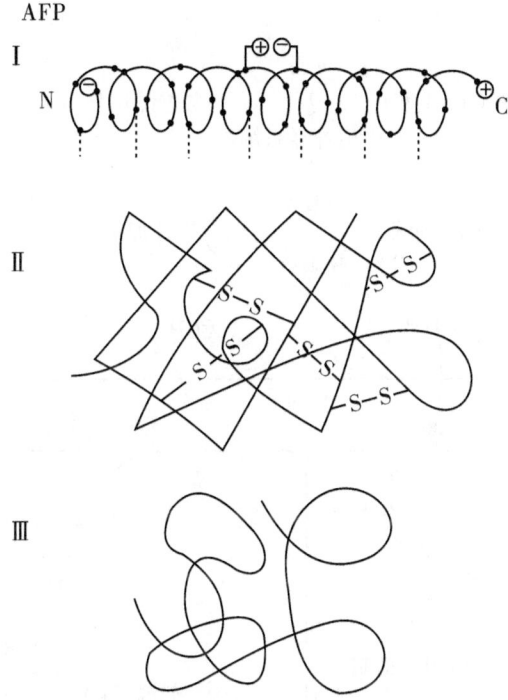

图 11-35　鱼类四种抗冻蛋白的结构

AFGP：表示糖肽的结构；AFP Ⅰ：表示其螺旋结构，A_{SP1}、Arg_{37} 和内盐桥的电位，潜在的氢键和冰的相互作用（........）；AFP Ⅱ：表示三级结构和双硫桥（-S-S-）；AFP Ⅲ：三级结构示意图（依据 P. L. Davies）

酶类能在低温下保持其活性。

具有抗冻蛋白的鱼类，肾脏通常无肾小球，主要通过分泌作用产生等渗性的尿液；而在尿液中也可能含有抗冻蛋白，以防止尿液在收集管或膀胱内结冰。

抗冻蛋白在肝脏内合成，然后输送到血液中。例如，美洲拟鲽的 AFP 是在肝脏内先合成由 86 个氨基酸组成的前体，然后在次末端残基是丙氨酸或脯氨酸的特异性酶的作用下加工而成。这些酶（如二肽基肽酶Ⅳ）可在肾脏、肠黏膜的刷状缘和顶区、肝细胞的胆小管膜中被发现。但是，这些酶在 AFP 合成过程中的作用以及它们的细胞定位还有待于进一步研究。

最近对美洲拟鲽 AFP 基因表达的调节进行了研究。AFP 基因表达在转录的（Transcriptional）和转译的（Translational）水平受到调控（图 11-36）。转录水平的调控受到光周期的影响。夏季的长日照刺激下丘脑和脑垂体，使 GH 的分泌增加，从而抑制 AFP 基因的转录；而在长日照过后的秋季，GH 的分泌大大减少，AFP 基因转录的抑制因素消失，使肝脏 AFP 的 mRNA 含量升高。在转译水平的调控与水温有关。低的水温使 AFP mRNA 的降解率降低，于是在秋季高的 AFP mRNA 含量和转移 RNA（tRNA）升高以及丙氨酰-tRNA 合成酶活性增强，促进 AFP mRNA 的转译而使血液中 AFP 的含量显著升高。水温也可能影响到 AFP 生物合成过程中多肽的加工和形成以及蛋白酶对它的降解作用。

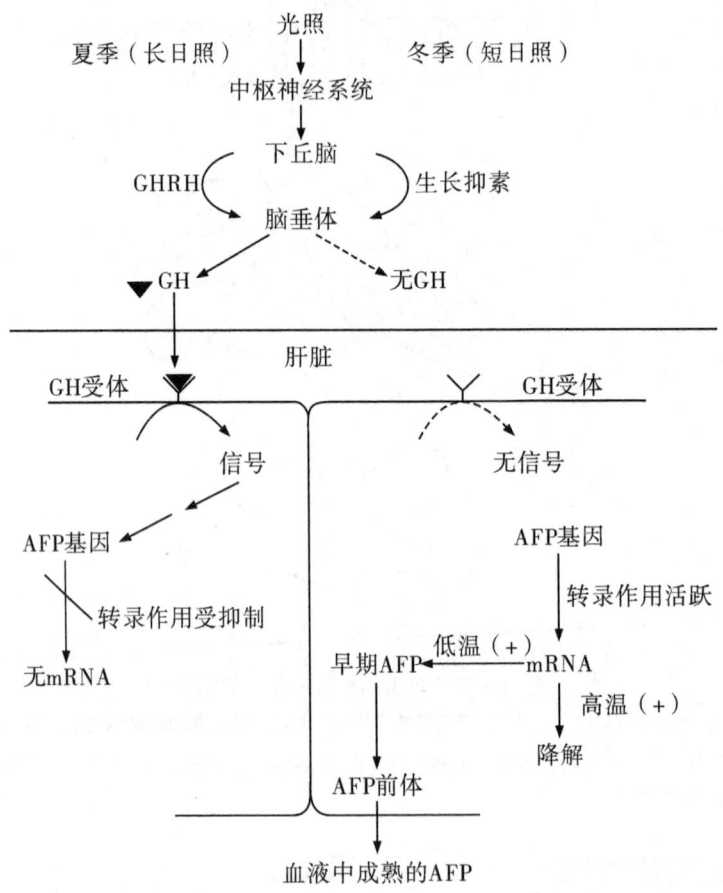

图 11-36　美洲拟鲽抗冻蛋白（AFP）产生的调控模式

（+）低的水温增强 AFP mRNA 的转译作用；高的水温增加 AFP mRNA 的不稳定性（依据 S. L. Chan）

主要参考文献

1. 何大仁，徐永淦．五种海水鱼视网膜结构的比较．台湾海峡，1993，12：342-350
2. Alberts, J. S., and Crampton, G. R. Electroreception and electrogenesis. In: The Physiology of Fishes.

Third Edition. D. H. Evans and J. B. Claiborne, eds. Boca Raton: CRC Press, 2006: 429-470

3. Altamirano, M. Electrical properties of the innervated membrane of the electroplax of electric eel. *J. Cell. Comp. Physiol.*, 1995, 46: 249-278

4. Altman, J. A., Butusov, M. M., Voitulevich, S. F., and Sokolov, A. V. Responses of the swimbladder of the carp to sound stimulation. *Hear. Res.*, 1984, 14: 145-154

5. Assad, C., Rasnow, B., Stoddard, P. K., and Bower, J. M. The electric organ discharges of the gymnotiform fishes. II. *Eigenmannia. J. Comp. Physiol.* A, 1998, 183: 419-432

6. Bannister, L. H. The fine structure of the olfactory surface of teleostean fishes. *Quart. J. Microscop. Sci.*, 1965, 106: 333-342

7. Bardach, J. E., and Bjorklund, R. G. Temperature sensitivity of some American freshwater fish. *Am. Naturalist*, 1957, 91: 233-252

8. Bardach, J. E. Todd, J. H., and Crickmer, R. Orientation by taste in fish of the genus *Ictalurus*. *Science*, 1967, 155: 1276-1278

9. Bass, A. H., and McKibben, J. R. Neural mechanisms and behaviors for acoustic communication in teleost fish. *Prog. Neurobiol.*, 2003, 69: 1-26

10. Baylor, E. R. Air and water vision of the Atlantic flying fish, *Cypselurus heterurus. Nature*, 1967, 214: 307-309

11. Bennett, M. V. L. Comparative physiology: Electric organs. *Am. Rev. Physiol.*, 1970, 32: 471-528

12. Bennett, M. V. L. Electric organs. In: Fish Physiology. Vol. 5. W. S. Hoar, and D. J. Randal, eds. New York: Academic Press, 1971: 347-491

13. Bennett, M. V. L. Electric organs. In: Fish Physiology. Vol. 5. W. S. Hoar, and D. J. Randal, eds. New York: Academic Press, 1971: 493-574

14. Bennett, M. V. L., and Grundfest, H. Analysis of depolarizing and hyperpolarizing inactivation responses in Gymnotid electroplaques. *J. Gen. Physiol.*, 1966, 50: 141-169

15. Blaxter, J. H. S., and Jones, M. P. The development of the retina and retinomotor response in herring. *J. Marine Biol. Assoc. U. K.*, 1967, 47: 677-697

16. Blaxter, J. H. S., and Tytler, P. Physiology and function of the swimbladder. *Adv. Comp. Physiol. Biochem.*, 1978, 8: 311-371

17. Bleckmann, H. Role of lateral line in fish behaviour. In: The Behaviour of Teleost Fishes. T. J. Pitcher, ed. Croom Helm, 1986: 114-151

18. Bleckmann, H., and Munz, H. Physiology of lateral-line mechanoreceptors in a teleost with highly branched multiple lateral line. *Brain Bchav. Evol.*, 1990, 35: 240-250

19. Byrd, C. A., and Brunjes, P. C. Organization of the olfactory system in the adult zebrafish: histological, immunohistochemical and quantitative analysis. *J. Comp. Neurol.*, 1995, 358: 247-259

20. Caprio, J., Brand, J. G., Tecter, J. H., Valentincic, T., Kalinoski, D. L., Kohlara, J., Kumazawa, T., and Wegert, S. The taste system of the channel catfish: from biophysics to behavior. *Trends Neurosci.*, 1993, 16: 192-197

21. Chagnaud, B. P., Hofmann, M. H., and Mogdans, J. Responses to dipole stimuli of anterior lateral line nerve fibres in goldfish, *Carassius auratus*, under still and running water conditions. *J. Comp. Physiol.* A, 2007, 193: 249-263

22. Chan, S. L., Fletcher, G. L., and Hew, C. L. Control of antifreeze protein gene expression in winter flounder. In: Biochemistry and Molecular Biology of Fishes. Volume 2. Molecular Biology Frontiers. P.

W. Hochachka and T. P. Mommsen, eds. Elsevier, Amsterdam, 1993: 293 – 305

23. Chardon, M., and Vandewalle, P. Evolutionary trends and possible origin of the Weberian apparatus. *Netherlands J. Zool.*, 1997, 47: 383 – 403

24. Cohen, M. J., and Winn, H. E. Electrophysiological observations on hearing and sound production in the fish, *Porichthys notatus. J. Exp. Zool.*, 1967, 165: 355 – 370

25. Collin, S. P., and Whitehead, D. The functional roles of passive electroreception in non-electric fishes. *Anim. Biol.*, 2004, 54: 1 – 25

26. Davies, P. L., Ewart, K. V., and Fletcher, G. L. The diversity and distribution of fish antifreeze proteins: new insights into their origins. In: Biochemistry and Molecular Biology of Fishes. Volume 2. Molecular Biology Frontiers. P. W. Hochachka and T. P. Mommsen, eds. Elsevier, Amsterdam, 1993: 279 – 291

27. Diamond, J. The activation and distribution of GABA and L-glutamate receptors on goldfish Mauthner neurons, an analysis of dendritic remote inhibition. *J. Physiol. (London)*, 1968, 194: 669 – 723

28. Diamond, J. The Mauthner cell. In: Fish Physiology. Vol. 5. W. S. Hoar, and D. J. Randall, eds. New York: Academic Press. 1971: 265 – 346

29. Dijkgraaf, S. The function and significance of the lateral line organs. *Biol. Rev.*, 1963, 38: 51 – 105

30. Dijkgraaf, S. Electroreception in the catfish, *Amiurus nebulosus. Experientia*, 1968, 24: 187 – 188

31. Doving, K. B. Comparative electrophysiological studies on the olfactory tract of some teleosts. *J. Comp. Neurol.*, 1967, 131: 365 – 370

32. Eckert, R. Animal Physiology. Mechanisms and Adaptations. Fourth Edition. New York: W. H. Freeman and Company, 1997: 231 – 255, 565 – 568

33. Edstrom, A., and Sjostrand, J. Protein synthesis in the isolated Mauthner nerve fiber of goldfish. *J. Neurochem.*, 1969, 16: 67 – 81

34. Engelmann, J., Hanke, W., Mogdans, J., and Bleckmann, H. Hydrodynamic stimuli and the fish lateral line. *Nature*, 2000, 408: 51 – 52

35. Engelmann, J., Hanke, W., and Bleckmann, H. Lateral line reception in still and running water. *J. Comp. physiol.* A, 2002, 188: 513 – 526

36. Enger, P. S. Hearing in fish. In: Hearing Mechanisms in Vertebrates. A. V. S. de Reuck and J. Knight, eds. London: Churchill, 1968: 4 – 17

37. Fange, R. Physiology of the swimbladder. *Physiol. Rev.*, 1966, 46: 299 – 322

38. Fernald, R. D. Aquatic adaptations in fish eyes. In: Sensory Biology of Aquatic Animals. J. Atema et al., eds. New York: Springer-verlag, 1988: 435 – 466

39. Finger, T. E. The gustatory system in teleost fish. In: Fish Neurobiolgy. Vol. I. R. G. Norhtcutt and Davis, R. E., eds. Univ. Michigan Press, 1983: 285 – 311

40. Finger, T. E. Evolution of taste and solitary chemoreceptor cell systems. *Brain Behav. Evol.*, 1997, 50: 234 – 243

41. Flock, A. The lateral-line organ mechanoreceptors. In: Fish Physiology. Vol. 5. W. S. Hoar, and D. J. Randall, eds. New York: Academic Press, 1971: 241 – 263

42. Flock, A., and Wersall, J. A study of the orientation of the sensory hair of the receptor cells in the lateral-line organ of a fish with special reference to the function of the receptors. *J. Cell. Biol.*, 1962, 15: 19 – 27

43. Friedrich, R. W., and Laurent, G. Dynamics of olfactory bulb input and output activity during odor stim-

ulation in zebrafish. *J. Neurophysiol.*, 2004, 91: 2658 – 2669

44. Fritzsch, B. Hearing. In: The Laboratory Fish. G. K. Ostrander, ed. San Diego: Academic Press, 2000: 250 – 259
45. Furukawa, T. Synaptic interaction at the Mauthner cell of goldfish. *Progr. Brain Res.*, 1966, 21A: 46 – 70
46. Hansen, A., Anderson, K. T., and Finger, T. E. Differential distribution of olfactory receptor neurons in goldfish: structural and molecular correlates. *J. Comp. Neurol.*, 2004, 477: 347 – 359
47. Hansen, A., Rolen, S. H., Anderson, K., Morita, Y., Caprio, J., and Finger, T. E. Correlation between olfactory receptor cell type and function in the channel catfish. *J. Neurosci.*, 2003, 23: 9328 – 9339
48. Hara, T. J. An electrophysiological basis for olfactory discrimination in homing salmon: A review. *J. Fisheries Res. Board Can.*, 1970, 27: 565 – 586
49. Hara, T. J. Chemoreception. In: Fish Physiology. Vol. 5. W. S. Hoar, and D. J. Randall, eds. New York: Academic Press, 1971: 17 – 120
50. Hara, T. J. Role of olfaction in fish behaviour. In: The Behaviour of Teleost Fishes. T. J. Pitcher, ed. London and Sydney: Croom Helm, 1986: 152 – 176
51. Hara, T. J. Chemoreception. In: The Laboratory Fish. G. K. Ostrander, ed. San Diego: Academic Press, 2000: 471 – 479
52. Harris, G. G., Frishkorf, L., and Flock, A. Receptor potentials from hair cells of the lateral line. *Science*, 1970, 167: 76 – 79
53. Hawryshyn, C. W. Vision. In: The Physiology of Fishes. Second Edition. D. H. Evans, ed. Boca Raton, 1998: 345 – 379
54. Hemmings, C. C. Olfaction and vision in fish schooling. *J. Exp. Biol.*, 1966, 45: 449 – 464
55. Higgs, D. M., and Fuiman, L. A. Ontogeny of visual and mechanosensory structure and function in Atlantic menhaden *Brevoortia tyrannus*. *J. Exp. Biol.*, 1996, 199: 2619 – 2629
56. Higgs, D. M., Lu, Z., and Mann, D. A. Hearing and Mechanoreception. In: The Physiology of Fishes. D. H. Evans and J. B. Claiborne, eds. Third Edition. Boca Raton: CRC Press, 2006: 389 – 428
57. Hoar, W. S. General and Compartive Endocrinology. Third Edition. New Jersey: Prentice Hall, Inc, 1983: 250 – 284, 365 – 376, 580 – 584, 667 – 668
58. Jacob, B. A., McEachran, J. D., and Lyons, P. L. Electric organs in skates: variation and phylogenetic significance (Chondrichthyes: Rajoidei). *J. Morpho.*, 1994, 221: 45 – 63
59. Jakubowski, M., and Whitear, M. Comparative morphology and cytology of taste buds in teleosts. I. *Mikrosk. Anat. Forsch.*, 1990, 104: 529 – 560
60. John, K. R., Segall, M., and Zawatzky, L. Retinomotor rhythms in the goldfish, *Carassius auratus*. *Biol. Bull.*, 1967, 132: 200 – 210
61. Kang, J., and Caprio, J. Electrophysiological responses of single olfactory bulb neurons to amino acids in the channel catfish, *Ictalurus punctatus*. *J. Neurophysiol.*, 1995, 74: 1421 – 1434
62. Konishi, J., and Hidaka, I. On the stimulation of fish chemoreceptor by dilute solutions of polyelectrolytes. *Jap. J. Physiol.*, 1969, 19: 315 – 326
63. Kraese, A. B. A., and Schellart, N. A. M. Velocity and acceleration sensitive units in the trunk lateral line of the trout. *J. Neurophysiol.*, 1992, 68: 2212 – 2221
64. Kramer, B. Electrocommunication in teleost fishes: Behavior and experiments. Berlin: Springer Verlag,

1990: 1-240

65. Krother, S., Mogdans, J., and Bleckmann, H. Brainstem lateral line responses to sinusoidal wave stimuli in still and running water. *J. Exp. Biol.*, 2002, 205: 1471-1484

66. Landsman, R. E., Harding, C. F., Moller, P., and Thomas, P. The effects of androgens and estrogen on the external morphology and electric organ discharge waveform of *Gnathonemus petersii* (Mormyridae). *Horm. Behav.*, 1990, 24: 532-553

67. Lissmann, H. W. On the function and evolution of electric organs in fish. *J. Exp. Biol.*, 1958, 35: 156-191

68. Lissmann, H. W., and Machin, K. E. Electric receptors in a non-electric fish (*Clarias*). *Nature*, 1963, 199: 88-89

69. Lovell, J. M., Findlay, M. M., Harpes, G., Moate, R. M., and Pilgrum, D. A. The Polarisation of hair cells from the ear of the European bass (*Dicentrarchus labrax*). *Comp. Biochem. Physiol.*, part A, 2005, 141: 116-121

70. Lowenstein, O. The labyrinth. In: Fish Physiology. Vol. 5. W. S. Hoar, and D. J. Randall, eds. New York: Academic Press, 1971: 207-240

71. Lowenstein, O., Osborne, M. P., and Thornhill, R. A. The anatomy and ultrastructure of the labyrinth of the lamprey (*Lampetra Fluviatilis L.*). *Proc. Roy. Soc.* B, 1968, 170: 113-134

72. Lu, Z., Xu, Z., and Buchaer, W. Acoustic response properties of lagena nerve fiber in the sleeper goby, *Dormitator latifrons*. *J. Comp. Physiol.* A, 2003, 189: 889-905

73. McAnelly, L., Silva, A., and Zakon, H. H. Cyclic AMP modulates electrical signaling in a weakly electric fish. *J. Comp. Physiol.* A, 2003, 189: 273-282

74. Michel, W. C. Chemoreception. In: The Physiology of Fishes. Third Edition. D. H. Evans and J. B. Claiborne, eds. Boca Raton: CRC Press, 2006: 471-498

75. Michel, W. C., Sanderson, M. J., Olson, J. K., and Lipschitz, D. L. Evidence of a novel transduction pathway mediating detection of polyamines by the zebrafish olfactory system. *J. Exp. Biol.*, 2003, 206: 1697-1706

76. Mogdans, J., and Bleckmann, H. Responses of the goldfish trunk lateral line to moving objects. *J. Comp. Physiol.* A, 1998, 182: 659-676

77. Montgomery, J. C., Baker, C. F., and Garton, A. G. The lateral line can mediate rheotaxis in fish. *Nature*, 1997, 389: 960-963

78. Ngai, J., Dowling, M. M., Buck, L., Axel, R., and Chess, A. The family of genes encoding odorant receptors in channel catfish. *Cell*, 1993, 72: 657-666

79. Oshima, K., Hahn, W. E., and Gorbman, A. Olfactory discrimination of natural waters of salmon. *J. Fisheries Res. Board Can.*, 1969, 26: 2111-2121

80. Pfeiffer, W. The distribution of fright reaction and alarm substance cell in fishes. *Copeia*, 1977, 4: 635-665

81. Platt, C., Jorgensen, J. M., and Popper, A. N. The inner ear of the lungfish *Protopterus*. *J. Comp. Neurol.*, 2004, 471: 277-288

82. Rademaker, F., Surlemont, C., Sanna, P., Chardon, M., and Vandewalle, P. Ontogeny of the Weberian apparatus of *Clarias gariepinus* (Pisces, Siluriformes). *Can. J. Zool.*, 1989, 67: 2090-2097

83. Ramcharitar, J., Higgs, D. M., and Popper, A. N. Sciaenid inner ears: a study in diversity. *Brain Behav. Evol.*, 2001, 58: 152-162

84. Retzlalf, E. A mechanism for excitation and inhibition of the Mauthner's cell in Teleosts. A histological and neurophysiological study. *J. Comp. Neruol.*, 1957, 107: 209 – 225
85. Rolen, S. H., Sorensen, P. W., Mattson, D., and Caprio, J. Polyamines as olfactory stimuli in the goldfish *Carassuis auratus. J. Exp. Biol.*, 2003, 206: 1683 – 1696
86. Schellert, N. A. M., and Wubbels, R. J. The auditory and mechanosensory lateral line system. In: The Physiology of Fishes. Second Edition. D. H. Evans, ed. Boca Raton: CRC Press, 1998: 283 – 312
87. Schneider, H. Morphology and physiology of sound-producing mechanisms in teleost fish. In: Marine Bio-Acoustics. Vol. 2. W. N. Tavolga, ed. Oxford: Pargamon Press, 1967: 135 – 158
88. Schwanzara, S. A. The visual pigments of freshwater fishes. *Vision Res.*, 1967, 7: 121 – 148
89. Sheridan, M. N. The fine structure of the electric argan of *Torpedo marmorata. J. Cell. Biol.*, 1965, 24: 129 – 141
90. Sorensen, P. W., Hara, T. J., and Stacey, N. E. Sex pheromones selectively stimulate the medial olfactory tract of male goldfish. *Brain Res.*, 1991, 558: 343 – 347
91. Sorensen, P. W., Scott, A. P., Stacey, N. E., and Bowdin, L. Sulfated 17α, 20β-dihydroxy-4-pregnen-3-one functions as a potent and specific olfactory stimulant with pheromenal actions in the goldfish. *Gen. Comp. Endocrinol.*, 1995, 100: 128 – 142
92. Sorensen, P. W., and Caprio, J. Chemoreception. In: The Physiology of Fishes. Second Edition. D. H. Evans, ed. . Boca Raton: CRC Press, 1998: 375 – 405
93. Stoddard, P. K., Markham, M. R., and Salazar, V. L. Serotonin modulates the electric waveform of the gymnotiform electric fish *Brachyhypopomus pinnicaudatus. J. Exp. Biol.*, 2003, 206: 1353 – 1362
94. Tavolga, W. N. Sound production and detection. In: Fish Physiology. Vol. 5. W. S. Hoar, and D. J. Randall, eds. New York: Academic Press, 1971: 135 – 205
95. Unguez, G. A., and Zakon, H. H. Skeletal muscle transformation into electric organ in *S. macrurus* depend on innervation. *J. Neurobiol.*, 2002, 53: 391 – 402
96. Vischer, H. A. The morphology of the lateral line system in 3 species of Pacific cottoid fishes occupying disparate habitats. *Experentia*, 1990, 46: 244 – 250
97. Von der Ende, G. Electroreception. In: The Physiology of Fish. Second Edition. D. H. Evans, ed. Boca Raton: CRC Press, 1998: 313 – 343
98. Wachtel, A. W., and Szamier, R. B. Special cutaneous receptor organs of fish: The tuberous organ of *Eigenmannia. J. Morphol.*, 1966, 119: 51 – 80
99. Wachtel, A. W., and Szamier, R. B. Special cutaneous receptor organs of fish. IV. Ampullary organs of the non-electric organ catfish, *Kryptopterus. J. Morpho.*, 1969, 128: 291 – 308
100. Waltman, B. Electrical properties and the fine structure of the ampullary canals of Lorenzini. *Acta. Physiol. Scand.*, 1966, 264 (Suppl.): 1 – 60
101. Webb, J. F. Gross morphology and evolution of the mechanoreceptive lateral line system in teleost fishes. *Brain Behav. Evolut.*, 1989, 33: 34 – 53
102. Weeg, M. S., and Bass, A. H. Frequency response properties of lateral line superficial neuromasts in a vocal fish, with evidence for acoustic sensitivity. *J. Neruophysiol.*, 2002, 88: 1252 – 1262
103. Weiss, B. A. Lateral line sensitivity in the goldfish (*Carassuis auratus*). *J. Audit Res.*, 1969, 9: 71 – 75
104. Weiss, B. A., Strother, W. F., and Hartig, G. M. Auditory sensitivity in the bullhead catfish (*Iclaturus nebulosis*). *Proc. Natl. Acad. Sci. USA*, 1969, 64: 552 – 556

105. Westerman, R. A., and Wilson, J. A. F. The fine structure of the olfactory tract in the teleost *Carassius carassius*. L. *Z. Zellforsch. Mikroskop. Anat.*, 1968, 91: 186-199
106. Wubbels, R. J., Kroese, A. B. A., and Schellart, N. A. M. Response properties of lateral line and auditory units in the medulla oblongata of the rainbow trout (*Oncorhynchus mykiss*). *J. Exp. Biol.*, 1993, 179: 77-92
107. Zakon, H. H. The electiorecetpors: diversity in structure and function. In: Sensory Biology of Aquatic Animals. Atema, A., Fay, R. R., Popper, A. N., and Tavolga, W. N., eds. New York: Springer-Verlog, 1987: 813-850
108. Zakon, H. H., and Unguez, G. A. Development and regeneration of the electric organ. *J. Exp. Biol.*, 1999, 202: 1427-1434
109. Zielinski, B., and Hara, T. J. Morphological and physiological development of olfactory receptor cells in rainbow trout (*Salmo gairdneri*) embryos. *J. Comp. Neural.*, 1998, 271: 300-311
110. Zippel, H. P., Lago-schaaf, T., and Caprio, J. Ciliated olfactory receptor neurons in goldfish (*Carassius auratus*) partially survive nerve axotomy rapidly regenerate and respond to amino acids. *J. Comp. Physiol.* A, 1993, 173: 537-547

复习与思考

1. 鱼类嗅觉器官的构造是怎样的？嗅神经纤维如何分布到嗅觉上皮的嗅觉细胞？
2. 鱼类的嗅觉信号如何由嗅觉细胞传送到脑？
3. 鱼类的味蕾如何感受有味物质的刺激？如何区分鱼类的嗅觉和味觉？
4. 鱼类化学感受的生物学意义有哪些？
5. 鱼类侧线器官的结构和功能如何？毛细胞如何感受水流的变化？
6. 鱼类内耳的构造是怎样的？它为何具有听觉作用和平衡作用？
7. 鱼类眼睛的构造有什么特点？其功能和视觉能力如何？
8. 鱼类的发电器官如何形成？阐述鱼类发电器官的发电原理。
9. 鱼类的电感受器如何感受外界的电场和电脉冲刺激？
10. 鱼类如何感受外界的温度变化？温度的感受对鱼类有什么生理学意义？
11. 鱼类茂氏细胞的结构和功能如何？
12. 鱼类的气鳔有哪些功能？气鳔的气腺迷网如何将氧气释放到气鳔内？
13. 说明鱼类抗冻蛋白的结构和功能。